多场赋能
洁净精密制造理论
与关键技术

李长河　张彦彬　安庆龙　刘新　著

化学工业出版社

·北京·

内容简介

多场赋能洁净精密制造工艺是实现清洁切削的最有效方法，即通过制备高性能润滑剂提升冷却润滑性能，通过多能场辅助提升润滑剂活性。本书主要介绍了环保型切削液中的生物失效机制问题，生物理化特性演变机制与添加剂性能提升原理，纳米生物润滑剂制备参数、理化特性和加工性能的量化关系，磁场赋能、超声赋能、静电雾化赋能、低温赋能及冷等离子体赋能等多能场辅助加工技术，多场赋能洁净精密制造力热耦合理论研究与加工性能评价。

本书适宜精密制造相关领域的技术人员参考。

图书在版编目（CIP）数据

多场赋能洁净精密制造理论与关键技术／李长河等著. — 北京：化学工业出版社，2025.6. — ISBN 978-7-122-47632-6

Ⅰ. TG580.1

中国国家版本馆 CIP 数据核字第 2025GP5925 号

责任编辑：邢　涛　　　文字编辑：林　丹　陈立璞
责任校对：张茜越　　　装帧设计：韩　飞

出版发行：化学工业出版社
　　　　　（北京市东城区青年湖南街 13 号　邮政编码 100011）
印　　装：中煤（北京）印务有限公司
787mm×1092mm　1/16　印张 33¼　字数 828 千字
2025 年 9 月北京第 1 版第 1 次印刷

购书咨询：010-64518888　　　售后服务：010-64518899
网　　址：http://www.cip.com.cn
凡购买本书，如有缺损质量问题，本社销售中心负责调换。

定　　价：198.00 元

在制造业中，矿物性切削液的使用已有数百年历史，能够解决切削加工界面强热力耦合作用下的冷却、润滑和排屑等技术难题。然而，这种传统工艺与绿色制造战略背道而驰。从切削液使用全过程分析存在以下危害：①每年全球消耗超过 400 万吨的切削液，其中我国用量高达 100 万吨，其制备消耗了大量的矿物质和淡水等战略性资源，在制造源头不符合清洁化和减量化原则；②切削液在高温高速高压加工环境下产生大量的油雾和 PM2.5 悬浮颗粒，排至大气会对自然环境造成不可修复的破坏，被工人吸入会对健康造成极大威胁；③不但在加工过程存在巨大的能耗和成本负担（与切削液有关的费用高达总成本的 18％～21％，是工具费用的 3～5 倍），而且废弃切削液需要严格无害化处理后才能排向自然环境，没有从源头上契合再循环原则。因此切削液成为制造业绿色发展的瓶颈。

美国发布的《关键和新兴技术清单》（2024 年）将清洁、可持续先进制造技术列为了发展重点。我国《2024 年国务院政府工作报告》中重点强调推动传统产业的高端化、智能化、绿色化转型升级。因此，通过技术创新实现切削冷却介质可控高效供给势在必行。各国学者们从绿色环保润滑介质研发和减量化供给两方面进行了探索，并提出了多种绿色加工方式，包括固体润滑、低温冷却润滑、准干切削等。其中，准干切削从制造源头实现了绿色、低碳零件加工，是实现制造工业"绿色化"的必由之路。准干切削又称为微量润滑，是一种绿色、高效、高精度的零件制造方法。它是将生物润滑剂与压缩气体混合雾化后形成微米级液滴，以射流的形式穿过刀具气障层喷入切削区，其润滑剂用量是浇注式的 1％～5％。然而，微量润滑仍然存在技术瓶颈，如刀具-工件的高温高压高速界面传统润滑剂无法满足润滑冷却要求，刀具-工件的楔形约束空间气流场阻碍了润滑剂的高效供给。

多场赋能洁净精密制造工艺是实现清洁切削的最有效方法，即通过制备高性能润滑剂提升冷却润滑性能，通过多能场辅助提升润滑剂活性。本书主要内容包括：①针对水基切削液中的生物稳定性问题，揭示了传统化学杀菌介质与新型生物友好型杀菌方式对微生物的作用机理和应用效果，旨在解决矿物性切削液的环境污染难题，形成生物友好型切削液。②针对植物油易氧化、极压性能不足的技术瓶颈，总结了植物油基润滑剂改性方法与添加剂性能提升原理，以期形成高性能润滑剂制备工艺。③进一步揭示了纳米生物润滑剂的减摩抗磨和强化换热机制，建立了纳米生物润滑剂制备参数、理化特性和加工性能的量化关系，指导纳米生物润滑剂的参数化可控制备。④通过磁场赋能、超声赋能、静电雾化赋能、低温赋能及冷等离子体赋能等多能场辅助加工技术，突破了润滑剂雾化牵引浸润可控、热物理特性与减摩换热性能场定量调控关键技术，为冷却润滑增效赋能。⑤针对难加工材料切磨削，开展了多场赋能洁净精密制造力热耦合理论研究与加工性能评价，包括CFRP复合材料、钛合金、镍基合金、高强钢等；建立了润滑剂雾化粒径、浸润速度、磨削力和温度场数学模型，并探索了磨削性能实验验证和工件表面完整性评价。

本书第1~4、6、7章由青岛理工大学的李长河教授撰写，第8~11、13章由青岛理工大学的张彦彬教授撰写，第5、12章由上海交通大学的安庆龙教授撰写，第14、15章由大连理工大学的刘新教授撰写。全书由李长河教授统稿和定稿。在编写过程中，得到了笔者所在院校的大力支持，在此表示诚挚的感谢！同时也要感谢国家自然科学基金（52375477、52475469、52305477、52205481）、山东省自然科学基金（ZR2024ME255、ZR2024QE100、ZR2024ME205、ZR2022QE028）以及山东省泰山学者人才项目对本书研究的持续支持。

在本书编写过程中得到了许多专家、同仁的大力支持和帮助，并参考了许多教授、专家的有关文献，在此向他们表示衷心的感谢。由于笔者的水平有限，书中难免存在不足之处，恳请广大读者批评指正。

著者

第3章 生物润滑剂理化特性演变机制 与抗氧化改性提升技术 ———————————— 060

第4章 切削区气流场分布规律演变机制 与切削性能量化表征 ———————————— 094

第 7 章　难加工材料纳米润滑剂微量润滑磨削性能表征 ———— 230

第 10 章 超声赋能微量润滑磨削区浸润动力学与磨削性能评价 ——————— 317

第 14 章　冷等离子体赋能微量润滑加工机理与 材料去除机制 ————————————— 443

第 15 章 难加工材料冷等离子体赋能微量润滑切削性能研究 —————— 499

第 1 章

绿色制造工艺及赋能技术发展

随着全球工业化革命进程的不断推进，车、铣、钻、磨、刨等材料切削工艺也日益成熟。磨削加工作为一种精加工工序，往往决定了最终加工精度和工件表面质量，是整个切削工艺流程的最终保障[1]。工业砂轮通常采用多磨粒协同负前角切削的方式去除材料，故相较于其他切削方式磨削加工去除工件材料需消耗更多的能量[2]。磨削加工中所消耗的能量大部分转化为了热能，由于磨削过程中产生的磨屑极为细小，因此磨削区的热量难以通过磨屑转移，故磨削区 90% 左右的热量会扩散至砂轮基体和工件内部，这无疑会降低砂轮寿命和工件最终表面质量[3,4]。为了克服磨削热所引起的加工缺陷，需要对磨削区进行冷却。传统的冷却方式是将大量的冷却介质（切削液）注入砂轮与工件间的楔形区，亦称为浇注式冷却[5,6]。由于楔形区的高压特性以及返回流的存在，冷却介质难以渗透至磨削区，其真实有效利用率不超过 40%，大多数冷却介质仅在高温区外围进行热量交换[7]。

1.1 浇注式研究现状

浇注式冷却润滑所采用的切削液主要包括水溶性（水基）和油溶性（油基）两大类。水溶性切削液比热容较大，故换热能力较好，但其对黑色金属材料的腐蚀性较强，且存在润滑能力不足、易滋生细菌腐败等问题。为了提高水溶性切削液的润滑、抗腐蚀、防锈等性能，需向其中添加极压剂、防腐剂、杀菌剂等添加剂[8,9]。油溶性切削液为了得到更为理想的吸附稳定性、黏度指数、摩擦性能以及防腐性能，也需添加极压剂、防腐剂、摩擦改性剂等添加剂。因而切削液中常含有大量亚硝酸盐、硫化物、溴硝丙二醇、氯化物、磷酸盐等有害物质[10,11]。由于此类有害物质降解能力较差，一旦排放至自然环境便会长期滞留在土壤和水源中。相关研究指出，油类物质对水生生物具有急性致死和长期亚急性致死的毒性，水中含油量超过 10×10^{-6}，即可使海洋生物死亡[12]。切削液基础油和添加剂对环境的危害是多方面的，如极压剂是海洋严重的污染物之一，防锈剂中所含的磷酸盐会导致河流、湖泊及海洋富营养化，出现赤潮和藻华[13]。若有害物质与操作人员长期接触，会引发过敏、皮肤病、呼吸道疾病、肺病等众多职业性疾病，进而导致后续高昂的医疗费用[14]。

近年来，全球切削液用量呈逐年增加趋势，仅 2013 年全球用量就高达 273.3 万吨。其中我国用量为 78.3 万吨，占全球用量的 28.65%。据估计切削液使用成本占比（切削液使用成本占总加工成本的比例）为 16%，特别是加工难加工材料时，切削液使用成本占比高达 20%～30%，而刀具使用成本占比仅 2%～4%[15]。特别值得注意的是切削液的成本不仅仅局限于使用成本。由于切削液自身的毒性及难降解特性，其预处理及后处理成本更高，约为使用成本的2～4 倍[16]。综上可知，采用浇注式冷却润滑已不能满足制造业的可持续发展要求。

1.2 干式加工研究现状

基于传统浇注式冷却润滑使用及后处理成本高、对土地水源等自然资源污染严重、对操作人员的健康威胁大等现实问题的思考，认为其不再符合当前快速发展的绿色、高效可持续发展意识形态[17]。特别是在新兴复合材料、航空航天难加工材料及医用无害材料等加工领域，已然成为发展的瓶颈问题[18,19]。针对该技术瓶颈，学者们通过摒弃/减少切削液的使用、改变换热介质类型、改变换热介质输送方式、提高换热介质清洁度等手段，提出了干切削、低温介质切削以及微量润滑切削等多种绿色切削加工工艺。

干切削最早由德国亚琛工业大学的 Klocke 教授在国际 CIRP 年度会议上所做的主题报告中提出。该报告称，干切削已在金属切削加工领域示范应用，该方法带来了绿色切削加工工艺革新，具有极为可期的应用前景[20]。需要注意的是，干切削并非简单地摒弃切削液的使用，而是在充分考虑工件表面加工精度和刀具寿命的前提下选择性地放弃使用切削液。学者们在车削、铣削和钻削等多种加工工况下，针对铸铁、铝合金、铜合金、镁合金和淬火钢等材料进行了大量的干切削实验。研究表明，在一些特殊工况下使用涂层刀具或超硬刀具进行干切削加工，由于切削温度的升高可以软化工件表面材料，使得切削过程变得更为容易，最终能够获得可接受的工件表面质量和刀具使用寿命[22,23]。

然而在绝大多数切削加工过程中，由于干切削完全摒弃了切削液的使用，仅依靠空气自然对流换热进行冷却，因此切削区的冷却润滑能力明显不足，切削力和切削温度显著升高，最终导致工件表面质量较差，且刀具磨损加剧，使用寿命快速缩短[24,25]。特别值得注意的是，在加工钛合金、镍基合金这类导热性能差且化学反应能力较高的金属材料时，切削区会聚集大量的热且无法传导至外界环境，此时高温会加速刀具与工件间的化学反应过程，这无疑会极大地降低工件表面质量和刀具使用寿命。

综上可知，干切削由于摒弃了切削液的使用，因此提升了切削加工的环保性能，节省了切削液相关费用，规避了对操作人员健康的威胁。但干切削对刀具、工件材料及工艺参数要求较高，严重限制了其在材料去除加工领域的推广应用。

1.3 微量润滑研究现状

基于干切削冷却换热能力差，低温介质切削系统复杂、成本高的实际，学者们提出了微量润滑（minimum quantity lubrication，MQL）切削工艺，也称为准干式切削，即在满足切削区冷却润滑的前提下尽可能降低切削液用量[26]。其具体工作过程是首先微量切削液与压缩空气在两相流喷嘴内部充分混合，然后切削液雾化形成细颗粒油雾，接着油雾在空气射流拖曳作用下输送至切削区并沉积为油膜，起到冷却润滑效用[27]。在该技术中空气压力通常在 0.4～0.6MPa 的范围内。当压缩空气射流进入切削区后，由于其速度较快，会引起附近空气剧烈扰动，增加了对流换热能力；同时高速气流能够起到清洗作用，避免了切屑堆积[28]。沉积于工件表面的油膜具有一定的吸附强度和抗磨减摩性能，因此可起到有效的润滑作用；同时由于液体介质的换热系数明显高于气体介质，因此油膜还可以在一定程度上起到冷却作用[29]。

浇注式润滑切削液流量较大，平均单位砂轮宽可达 20～60L/h，而 MQL 工艺中切削液流量仅为单位砂轮宽度 30～100mL/h，其用量约为浇注式用量的千分之一[30]。虽然微量润滑切削液用量较小，但由于其注入磨削区动能较大，能够有效突破气障层阻碍，并以小液滴的形式沉积形成润滑油膜，因此润滑效果较为理想。在某些工况下微量润滑的润滑效果甚至优于浇注式润滑[31]。

微量润滑辅助加工技术是流场理论在切削加工中的应用。如图 1-1 所示，将雾化的切削液喷入加工区域的微毛细管中可取代浇注式方法改善摩擦学状态，实现冷却和润滑的作用。微量润滑辅助加工技术的切削液用量较少，可以阻止绝缘蒸气膜的产生，具有清洁、高效等优点。

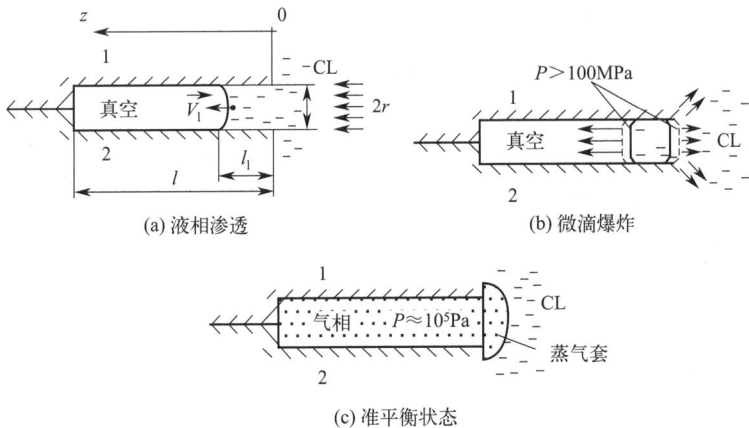

图 1-1 切削液渗入单界面微毛细管的三个阶段

1.4 微量润滑赋能技术研究现状

1.4.1 织构刀具辅助

在刀具表面加工出有序的微观结构，即微织构，可增强其抗磨减摩性能，是改善刀具性能的有效途径。大连理工大学的康仁科教授团队[32]综述了微织构刀具的制备方法及切削加工性能。分析结果表明，激光加工具有加工可控性好、加工速度快、热影响区小、加工变形小等优势，其加工出的织构表面质量高，且加工精度可以达到纳米级，是目前最常用的微织构加工手段之一。山东大学的邓建新教授团队[33] 制备了微织构刀具并应用于干切削加工。研究结果表明，合理排列织构的存在不仅有利于减少摩擦，还可将微细切屑存储在织构内部，防止工件被碎屑划伤及产生塑性变形。哈尔滨工业大学的单德彬教授团队[34] 发现织构刀具对润滑介质的渗透具有协同增效作用。织构可以作为润滑剂的储存空间，可以减少润滑介质的横向流动，并且可以在车削过程中释放润滑剂以减少摩擦。Wei 等[35] 发现，在流体动压润滑条件下，微织构刀具表面上的微凹坑可以提供额外的流体动力压力，从而提高承载能力。织构表面的流体压力高于常规表面，并且受表面动态压力的增加影响，降低了界面间摩擦。焦云龙等[36] 发现，织构的存在增加了液滴扩散过程中的接触面积，扩散前沿的液体分子部分渗入织构内部。因此，液滴内的液面曲率和拉普拉斯压力增大，相邻离散织构之间的液体获得额外的驱动力和能量。最终，液滴的扩散速度加快，平衡接触角减小。凹槽离散织构对表面润湿性影响最大，液滴在其上的扩散过程具有各向异性特征。Mishra 等[37] 发现，由于液滴的织构空间和毛细管抽吸时间缩短，产生高真空，促进了液滴的形成和蒸发，切削区的热耗散行为得到了增强。

对织构刀具辅助微量润滑技术研究发现，车削、铣削加工中刀具尺寸较大，可较为容易地加工各种构型的微织构。Zhang 等[38] 研究了 Cu/WS$_2$ 纳米生物润滑剂对 YG8 硬质合金织构刀具切削钛合金的影响，发现新工艺提高了前刀面的耐磨性并减少了切屑黏附。在微量润滑工况下，点状织构有效地改善了钛合金加工的润滑条件。纳米生物润滑剂可在磨损路径上形成润滑膜并在点状织构储存，增强了切削过程中的抗磨性能，降低了刀具-切屑界面的切削力和摩擦系数。Mishra 等[37] 利用织构刀具辅助植物油和水基 Al$_2$O$_3$ 纳米生物润滑剂开展了钛合金 Ti6Al4V 的可持续加工。结果表明，在微量润滑工况下，使用织构刀具可以降低前刀面上的切削力、摩擦系数、刀具-切屑接触长度、刀具磨损和切屑黏附力。但是，基于水基 Al$_2$O$_3$ 纳米生物润滑剂的冷却具有有限的优势，该学者认为氧化铝纳米颗粒积聚在织构空间中限制了织构刀具的性能。然而，由于该纳米生物润滑剂的基液并非植物油，水基纳米生物润滑剂相较于植物油冷却润滑性能提升有限，上述研究结论并不能够作为通用规律推广。Wang 等[39] 将流体动力学模拟引入到了织构刀具辅助微量润滑车削中。研究结果表明，微槽织构不仅能降低刀具-切屑接触长度、储存润滑介质，还会限制液滴在垂直于微槽方向的流动，促进液滴在平行于微槽方向运动，形成非均匀铺展状态。因此，可利用织构表面对微液滴浸润输运的动力学特性实现微量润滑加工性能的调控。在磨削加工中，可通过砂轮开槽方式制备织构砂轮。Zhang 等[40] 针对单晶镍基高温合金磨削区的高温热损伤问题，提出了织构砂轮辅助 MWCNTs 纳米生物润滑剂微量润滑磨削工艺，并对镍基高温合金 DD5 开展了磨削试验。与传统的浇注式磨削工艺相比，织构砂轮辅助纳米生物润滑剂微量润滑磨削工艺使磨削力降低了 12%，磨削温度降低了 9%，工件表面粗糙度降低了 6%，磨削表面的再结晶厚度降低了约 8%。上述研究均表明，织构刀具/砂轮辅助纳米生物润滑剂微量润滑加工工艺是一种提升切/磨削冷却润滑性能的有效方法。然而，部分研究表明织构刀具与切屑接触界面会存在衍生切削现象，造成刀具表面材料堆积[39,41]。因此，织构刀具的几何构型需要进一步优化。

除传统的点阵和沟槽外，崔晓斌等[42] 提出了仿生多层次织构刀具辅助纳米生物润滑剂微量润滑间歇车削加工工艺，集成了仿生菱形、仿生椭球、仿生纵向微沟槽，在冲击后仍能够保持润滑剂输运功能。该织构降低了切削载荷，有效减少了刀具磨损。如图 1-2 所示，Hao 等[43,44] 将刀具润湿性引入微量润滑车削加工，为刀具表面微观结构提供了一种新的设计思路。目前的研究中，织构形式仍以微坑阵列和微槽阵列为主，尚未考虑微量润滑工况下液滴可控输运的科学问题，对于连续过程中微液滴可控输运微织构刀具的研究尚未开展。

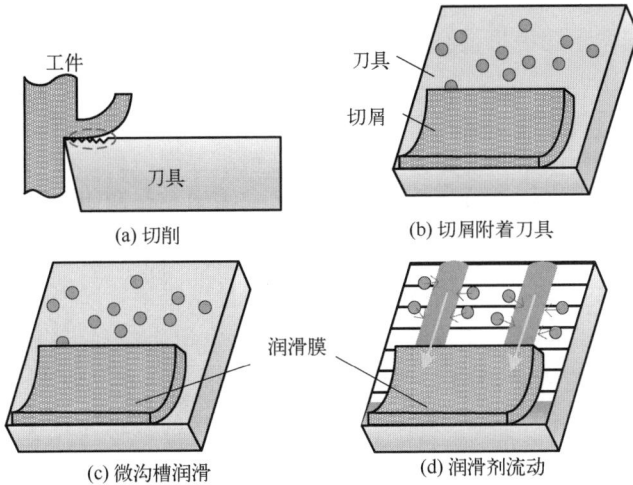

图 1-2　织构刀具辅助液滴定向牵引

1.4.2　磁场赋能

磁场赋能纳米生物润滑剂微量润滑工艺通过磁场与磁性纳米生物润滑剂配合实现加工性能的调控。纳米生物润滑剂的磁性来自其中的磁性颗粒。在外加磁场的作用下，这些颗粒会呈现出磁响应，并且能够随着磁场的变化而改变自己的形态和运动方式，如排列、聚集、分散等，从而实现对其他物质的吸附、分离、操控等功能[45]。与传统润滑相比，磁流体润滑策略可以通过在外部磁场作用下改变磁感应强度来控制磁流体的黏度，从而提高磁流体的润滑成膜性能，增强润滑效果，减少摩擦引起的热量。磁场可以显著提高磁性流体的抗磨减摩能力，延长摩擦材料的使用寿命。磁场影响下磁性纳米颗粒更容易吸附在摩擦界面上，从而填充和修复摩擦坑，最终形成润滑膜，并且可以显著提高材料的摩擦性能。此外，磁场还可影响磁性液滴的表面能，减小液滴的接触角，提高传热表面的相变传热能力。

磁场赋能纳米生物润滑剂微量润滑工艺有两种不同的发展趋势，一种以提升纳米生物润滑剂的沉积性能为导向，另一种则以磁性纳米生物润滑剂定向输送为导向。Lv 等[46] 将漆包铜线缠绕在铜管上制成电磁线圈，并放置在喷嘴中，开发了磁场赋能微量润滑雾化供给设备。在较高的磁感应强度下，Fe_3O_4 纳米生物润滑剂表现出较高的动力学黏度和较大的液滴尺寸。在 100mT 的磁感应强度下，纳米生物润滑剂产生的 PM10 和 PM2.5 的测量浓度分别为 $1.21mg/m^3$ 和 $0.56mg/m^3$，与其他润滑方法相比，表现出最小的油雾浓度。此外，Lv 等[47] 还比较了 Fe_3O_4 纳米生物润滑剂和 LB-2000 植物油在 430 不锈钢铣削中的加工性能。与传统植物油微量润滑相比，新工艺的切削温度、刀具磨损和切削力分别降低了35.5%、52.4% 和 43.2%。在磁场的影响下，Fe_3O_4 纳米生物润滑剂液滴的接触角减小，渗透性得到了提高，可以更多地渗透到刀具-切屑接触区域，最终提高了润滑和冷却效率。同时，具有更高黏度的 Fe_3O_4 纳米生物润滑剂液滴渗透到切削界面中，形成了更厚的润滑膜，表现出更高的负载能力，最终呈现出更好的加工性能。Kulandaivel 和 Kumar[48] 使用磁场赋能微量润滑工艺加工了 Monel K500 合金，发现磁场赋能微量润滑液与传统切削液相比，增强了液滴在刀具表面上的渗透和沉积。与微量润滑加工相比，磁场赋能微量润滑可使刀具磨损和表面粗糙度降低 32% 和 23%，切削温度降幅为 10.36%。上述研究表明，磁场赋能纳米生物润滑剂微量润滑可提升纳米生物润滑剂的物理性能，进而改善材料去除过程中的机械载荷与热载荷。

学者们还通过在刀具处施加磁场促进磁性纳米生物润滑剂渗透至刀具-切屑界面中。在磁场与织构刀具的双重赋能下，大量磁性纳米颗粒集中在微织构凹槽中，这有利于在工件和刀具之间形成润滑层，从而降低摩擦力和切削力。如图 1-3 所示，Guo 等[41] 采用磁场赋能织构刀具辅助 Fe_3O_4 纳米生物润滑剂微量润滑技术对 316L 不锈钢进行了切削，研究了不同磁场参数对加工特性的影响，揭示了微织构刀具和磁性纳米生物润滑剂在磁场下的耦合作用机制。结果表明，在磁场存在的情况下，Fe_3O_4 纳米生物润滑剂可以有效地迁移到微织构刀具-切屑界面中，从而有效地抑制了微织构刀具引起的衍生切削现象。磁场方向平行于微槽方向时，微织构刀具显示出最佳的切削性能，与无磁场的微织构刀具相比，切削力和工件表面粗糙度值分别降低了 25.5% 和 19.4%。Zhang 等[49] 揭示了磁场赋能织构刀具辅助纳米生物润滑剂微量润滑工艺的摩擦学特性，发现在最高磁场强度下，与传统 45 钢切削加工相比，新工艺工况下切削力降低了 48.6%，工件的表面粗糙度降低了 49.1%。此外，Zhang 等[50] 采用磁场赋能纳米生物润滑剂微量润滑进行了钛合金的切削试验，发现 Fe_3O_4/CNTs 纳米生物润滑剂可以有效地减少刀具的黏着磨损，降低切削区温度。在较高的磁场强度下，刀具后刀面几乎没有碎屑与黏着磨损。

磁场赋能纳米生物润滑剂微量润滑工艺对润滑性能的调控作用已得到广泛证实。然而，磁性纳米生物润滑剂的配比较为单一，因此开展新型磁性纳米生物润滑剂的研发工作可为磁场赋能工艺广泛应用提供技术支撑。

1.4.3　超声赋能

施加不同方向的超声振动具有不同的作用机理。以车削加工为例，径向和轴向超声振动因其几何学运动学特性，可在工件表面加工出一定的微观形貌，从而为回转类零件织构表面的快速制造提供了新的技术解决方案[51]。对于微量润滑工艺，可借助切向超声振动的刀具-切屑分离行为，为润滑介质进入切削区提供几何微空间。超声赋能微量润滑的接触分离特性打开了刀具和切屑之间的一个区域，切削液在瞬时真空的作用下由于泵送作用而被吸入切屑分离空间，从而充分发挥其润滑作用。Zhang 等[52] 发现，停留在超声振动表面上的液滴可以爆发成较小液滴的微喷雾或在表面上形成稳定的毛细波，增强了液滴的浸润特性。

在车削加工中，学者们对超声赋能微量润滑技术的多参数作用规律开展了研究。Yan 等提出了一种具有超声波振动辅助的连续微量润滑系统，开展了 Ti6Al4V 径向超声振动微量润滑加工工艺性能研究（图 1-4）。在切削速度为 17.6m/min 和 35.2m/min 时，使用超声振动辅助微量润滑，切削力降幅为 36.4% 和 33.5%。随着切削速度的增大，由于超声振动在高速切削中的润滑增效作用减弱，切削力的降幅随之减小。此外，在铝合金 2A21 的加工中发现，润滑介质可以进入切屑-刀具接触界面，并对刀具振动下的摩擦力产生影响[54]。选用相较于植物油接触角更小的润滑脂，可提供较高的穿透能力，两种润滑介质下切削力的平均降幅分别为 47% 和 51%。Airao 等[55] 研究了在干切削、浇注式微量润滑和低温二氧化碳条件下使用常规和超声赋能车削对 Ti6Al4V 进行加工，发现在超声赋能车削条件下，与干切削相比，浇注式微量润滑和低温二氧化碳条件下后刀面磨损的平均宽度减少了 35%、54%。Agar 等[56] 对比了干切削、轴向超声赋能（20kHz、30kHz）、微量润滑、超声赋能微量润滑车削（20kHz、30kHz）六种加工条件下车削淬硬轴承钢时切削力随切削速度的变化规律。研究结果表明，较高的超声振动频率能够得到较小的切削力。王大中等[57] 将椭圆超声赋能微量润滑工艺应用于 Inconel 718 微切削中，发现与干切削相比，超声赋能的切削温度降低了 10.8%，切削力和进给力分别降低了 61.5% 和 73.9%；超声赋能微量润滑工艺的切削温度降低了 15.7%，切削力和进给力分别降低了 67.6% 和 79.4%；超声赋能低温微量润滑工艺的切削温度降低了 19.8%，切削力和进给力分别降低了 62.7% 和 75.3%。综上所述，超声赋能微量润滑技术应当选用较高的频率或低接触角的纳米生物润滑剂以提升加工性能，耦合低温场后，可获得更低的切削温度。

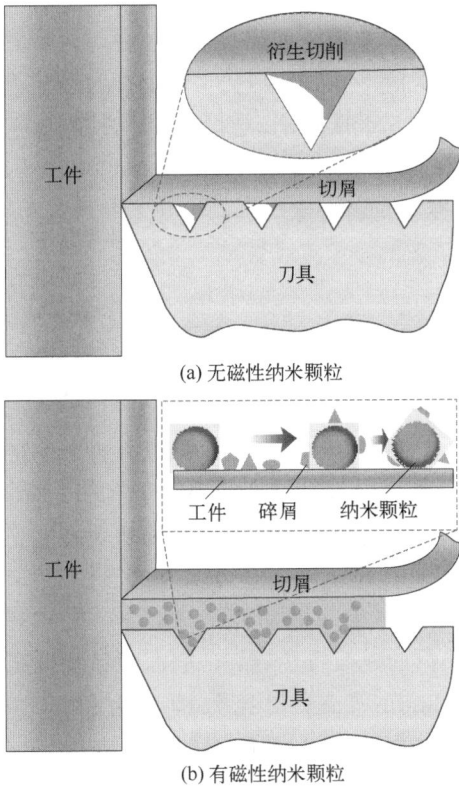

(a) 无磁性纳米颗粒

(b) 有磁性纳米颗粒

图 1-3　磁性纳米颗粒作用机制

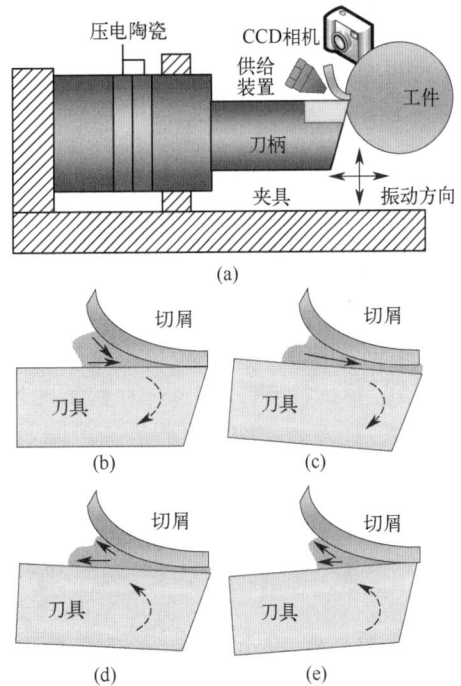

图 1-4　超声赋能浸润增效行为

在铣削加工中，Ni 等[58] 发现超声振动的间歇切削机制，超声赋能微量润滑工艺的耦合效应可以获得均匀的微结构表面，并改善轮廓波动。与干切削和超声振动辅助铣削的工件表面粗糙度相比，超声赋能微量润滑工艺的工件表面粗糙度提高了 30%～50% 和 20%～30%。优异的加工性能证明了超声赋能微量润滑工艺的可行性和有效性。类似地，Namlu 等[59] 在用超声振动赋能微量润滑铣削 Ti6Al4V 时发现，微量润滑和超声振动辅助铣削的组合显著提高了粗加工中的切削力和粗/精加工中的工件表面粗糙度。Amirnia 等[60] 将超声赋能于不同的冷却和润滑方法（干切削、浇注式和微量润滑）并应用于碳纤维增强复合材料铣削加工中。分析表明超声赋能微量润滑技术是复合材料高质量表面加工的理想方式，在此工况下表面粗糙度数值降幅可达 55%。因此，超声赋能微量润滑铣削加工是提高工件表面质量的可靠工艺。

在磨削加工中，Molaie 等[61] 研究了超声赋能 MoS_2 油基纳米生物润滑剂微量润滑磨削工艺的力学特性。结果表明，施加水平超声振动会显著降低磨削法向力，使用纳米生物润滑剂会显著降低磨削切向力，超声赋能纳米生物润滑剂微量润滑技术可将磨削力降低约 60%，并提高工件表面质量。类似地，Rabiei 等[62] 发现超声赋能 Al_2O_3 纳米生物润滑剂微量润滑磨削加工中进给力和切向力平均降低了 20% 和 42.6%。与干磨削相比，磨削区的温度降幅高达 48%，获得了光泽的表面，避免了干磨削加工中的热损伤表面。此外，在硬脆材料的加工中，超声赋能微量润滑技术的优势更为显著。Das 和 Pandivelan[63] 使用金属结合金刚石砂轮对氧化铝陶瓷磨削，发现超声振动减少了材料脆性断裂，超声赋能微量润滑技术通过延性域去除实现了最低磨削力和最优表面质量。Yang 等[64] 将超声赋能纳米生物润滑剂微量润滑技术应用于生物骨材料微磨削中。分析结果表明，新工艺与干磨削、滴灌、超声振动、微量润滑、纳米生物润滑剂微量润滑磨削相比，摩擦系数分别降低了 31.3%、17.0%、19.0%、9.8% 和 12.5%，比磨削能分别降低了 83.0%、72.7%、77.8%、52.3% 和 64.7%；与单独使用超声振动或纳米生物润滑剂微量润滑相比，磨削温度分别降低了 33.5% 和 10.0%。

综上所述，超声赋能纳米生物润滑剂微量润滑改变了材料去除机理，提升了润滑剂在切/磨削区的抗磨减摩效应，为难加工材料高效去除提供了新的技术路线。

1.4.4 低温赋能

纳米生物润滑剂和低温冷却加工工艺各有优势。Yildirim[65] 比较了石墨烯纳米生物润滑剂和液氮低温冷却在 AISI 420 硬车削过程中的加工性能。结果表明，深冷在刀具-切屑界面温度、刀具寿命和切屑形态方面控制更好，而纳米生物润滑剂在表面粗糙度和表面形貌方面效果更优。尽管纳米生物润滑剂的热导率很高，但与其相比，液氮（LN_2）优异的冷却性能使刀具-切屑界面的温度降低了 24.57%～31.72%，刀具寿命提升了 28.66%～852.68%。纳米生物润滑剂微量润滑与低温冷却加工相比，所获得的表面质量更好，表面粗糙度提高了 2.19%～68.43%，且在较低进给量下更为明显。Jamil 等[66] 对比分析了低温 CO_2 和 $MWCNTs/Al_2O_3$ 混合纳米生物润滑剂微量润滑对 Ti6Al4V 车削的影响。结果表明，与低温冷却相比，混合纳米生物润滑剂 MQL 使平均表面粗糙度降低了 8.72%，切削力降低了 11.8%，刀具寿命延长了 23%。但是，与混合纳米生物润滑剂 MQL 相比，低温冷却使切削温度降低了 11.2%。

纳米生物润滑剂微量润滑切削在常规材料的切削加工中已取得显著的成效，可大幅提高加工效率或降低工件微观损伤，然而在难加工材料高效切削中仍然存在切削温度失控导致的刀具黏着磨损等热损伤问题。因此，需要采用外场赋能进一步强化切削过程中的热耗散性能。在车削加工中，Yildirim[67] 研究了 Inconel 625 车削过程中不同冷却方法（干切削，微量润滑，纳米生物润滑剂微量润滑，液氮低温冷却及其与微量润滑、纳米生物润滑剂微量润滑的组合，纳米生物润滑剂的纳米添加相包括 hBN、Al_2O_3 和 hBN/Al_2O_3）对刀具-切屑界面温度、工件表面粗糙度和刀具磨损的影响。实验结果表明，Inconel 625 的加工效率随着车削过程中冷却方法的使用而显著提高。与干切削相比，微量润滑和液氮低温冷却的使用使切削温度降低了 26.77% 和 45.58%，而当 0.5%（体积分数）hBN 纳米生物润滑剂和液氮低温冷却共同应用时，切削温度降幅达 58.32%，表面质量提高了 44.54%，刀具磨损降低了 68.94%。在铣削加工中，Kim 等[68] 建立了低温赋能纳米生物润滑剂微量润滑铣削钛合金 Ti6Al4V 过程中的传热数值模型，发现新工艺在 Ti6Al4V 铣削过程中为工件和刀具提供了极其有效的冷却。在磨削加工中，Cui 等[69] 研究了钛合金 Ti6Al4V 在低温冷风、纳米生物润滑剂微量润滑和低温赋能纳米生物润滑剂微量润滑工况下的磨削性能，发现低温纳米生物润滑剂显著提高了润滑剂的成膜性能和抗磨减摩性能，改善了砂轮磨损状态，有效避免了表面缺陷；在低温赋能纳米生物润滑剂微量润滑条件下获得了最低的 Ra 值（$0.468\mu m$），与纳米生物润滑剂微量润滑相比降低了 25.6%，产生的缺陷显著减少。Zhang 等[70] 研究了低温冷风、纳米生物润滑剂微量润滑及低温赋能纳米生物润滑剂微量润滑工况下钛合金磨削加工磨削区的换热性能。实验结果表明，低温赋能纳米生物润滑剂微量润滑的冷却换热效果最优并得到了最低的磨削温度（155.9℃）、最小的比切向磨削力（2.17N/mm）和比法向磨削力（2.66N/mm）。此外，Zhang 等[71] 研究了不同涡流管冷流比（0.25、0.35、0.45、0.55、0.65）对冷风纳米生物润滑剂微量润滑磨削换热机理的影响。对不同涡流管冷流比条件下的磨削区温度场进行有限差分数值仿真和验证性实验，发现磨削区的最高温度在冷流比为 0.35 时达到最小值（183.9℃），同时也得到了较低的磨削比能（66.03J/mm^3）；冷流比为 0.35 时兼具良好的润滑效果和优异的换热能力，并得到了最低的磨削区温度。

以低温场赋能于纳米生物润滑剂微量润滑加工，不仅可利用纳米生物润滑剂的挤压抗磨减摩特性，还可以通过低温强化换热进一步降低加工热损伤，提升难加工材料的磨削性能。目前使用的低温冷却介质主要包括低温液氮、低温二氧化碳和低温冷风。Liu 等[72] 详细分析了低温赋能微量润滑的作用机理（图 1-5），认为在持续高温的摩擦界面，生物润滑剂边界润滑膜的黏度降低、强度下降，易产生破裂造成润滑失效，直至后续润滑剂微液滴渗透至摩擦界面。由生物润滑剂的黏温特性可知，在低温工况下，不仅润滑剂的黏度增大，油膜强度与承载能力提升，还可以避免油膜氧化失效。但是，在低温工况下润滑剂的渗透特性受到抑制，进入毛细管微通道的能力降低，一定程度上影响了切削过程中生物润滑剂的润滑区域。在低温介质的温度降低至润滑剂凝点后，微液滴无法在切削区浸润成膜，需要通过调控低温和润滑介质的喷射顺序来保证生物润滑剂的浸润性能。在低温赋能微量润滑加工中，低温介质的强化换热和润滑介质在切削区的沸腾传热同时进行[73]。沸腾换热过程中，传热系数随温度升高而先增大后减小，因此，需要选取合适的冷却介质，将生物润滑剂的传热系数调控在合理区间，以增强换热性能。单独采用低温介质，材料去除的热软化效应消失，会使切削力增大。低温赋能微量润滑虽然兼具了低温和微量润滑加工的冷却和润滑性能，但是温度过低可能也会导致材料硬化的程度大于降低摩擦的程度而引起切削力增大。因此，需要调控温度，以实现较小的机械载荷。此外，低温可抑制刀具/工件在接触界面的黏附作用，有效防止积屑瘤或积屑层堆积。同时，低温有助于抑制难加工合金中特殊元素的化学反应活性，极大减缓扩散磨损速度。

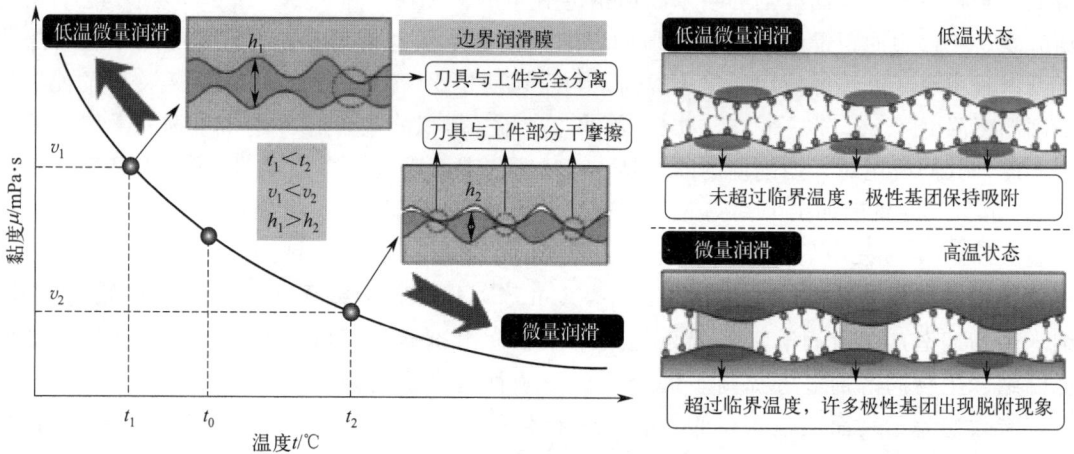

图 1-5 低温赋能微量润滑作用机制

参考文献

[1] 李伯民，赵波 . 现代磨削技术 [M]. 北京：机械工业出版社，2003.

[2] 王晓铭，李长河，杨敏，等 . 纳米生物润滑剂微量润滑加工物理机制研究进展 [J]. 机械工程学报，2024，60（9）：286-322.

[3] 许文昊，李长河，张彦彬，等 . 静电雾化微量润滑研究进展与应用 [J]. 机械工程学报，2023，59（7）：110-138.

[4] Xu H，Zang J，Yang G，et al. High-efficiency grinding CVD diamond films by Fe-Ce containing corundum grinding wheels [J]. Diamond and Related Materials，2017，80：5-13.

[5] Jia D Z，Li C H，Zhang Y B，et al. Experimental evaluation of surface topographies of NMQL grinding ZrO$_2$ ceramics combining multiangle ultrasonic vibration [J]. International Journal of Advanced Manufacturing Technology，2019，100（1/4）：457-473.

[6] Gao T，Zhang X P，Li C H，et al. Surface morphology evaluation of multi-angle 2D ultrasonic vibration integrated with nanofluid minimum quantity lubrication grinding [J]. Journal of Manufacturing Processes，2020，51：44-61.

[7] Zhang Y B，Li C H，Zhang Q，et al. Improvement of useful flow rate of grinding fluid with simulation schemes [J]. International Journal of Advanced Manufacturing Technology，2016，84（9/12）：2113-2126.

[8] Oberg E，Jones F D，Horton H L，et al. Machinery's handbook [M]. 27th ed. New York：Industrial Press，2004：1143-1146.

[9] Grzesik W. Advanced machining processes of metallic materials：theory，modelling and applications [M]. 2nd ed. Amsterdam：Elsevier Science，2016：67-105.

[10] Shokrani A，Dhokia V，Newman S T. Environmentally conscious machining of difficult-to-machine materials with regard to cutting fluids [J]. International Journal of Machine Tools and Manufacture，2012，57：83-101.

[11] Roy S，Kumar R，Sahoo A K，et al. A brief review on effects of conventional and nano particle based machining fluid on machining performance of minimum quantity lubrication machining [J]. Materials Today：Proceedings，2019，18：5421-5431.

[12] Jia D Z，Li C H，Zhang D K，et al. Investigation into the formation mechanism and distribution characteristics of suspended microparticles in MQL grinding [J]. Recent Patents on Mechanical Engineering，2014，7（1）：52-62.

[13] 贾东洲，李长河，王胜，等 . 微量润滑磨削悬浮微粒分布特性研究 [J]. 制造技术与机床，2014，2（2）：66-69.

[14] Karadzic I，Masui A，Fujiwara N. Purification and characterization of a protease from pseudomonas aeruginosa grown in cutting oil [J]. Journal of Bioscience and Bioengineering，2004，98：145-152.

[15] Pusavec F，Kramar D，Krajnik P，et al. Transitioning to sustainable production—part Ⅱ：evaluation of sustainable machining technologies [J]. Journal of Cleaner Production，2010，18（12）：1211-1221.

［16］　Hong S Y，Zhao Z. Thermal aspects，material considerations and cooling strategies in cryogenic machining ［J］. Clean Products and Processes，1999，1（2）：107-116.

［17］　Zhang Y B，Li C H，Yang M，et al. Experimental evaluation of cooling performance by friction coefficient and specific friction energy in nanofluid minimum quantity lubrication grinding with different types of vegetable oil ［J］. Journal of Cleaner Production，2016，139：685-705.

［18］　Gao T，Li C H，Jia D Z，et al. Surface morphology assessment of CFRP transverse grinding using CNT nanofluid minimum quantity lubrication ［J］. Journal of Cleaner Production，2020，277：123328.

［19］　Jia D Z，Li C，Zhang Y B，et al. Experimental research on the influence of the jet parameters of minimum quantity lubrication on the lubricating property of Ni-based alloy grinding ［J］. International Journal of Advanced Manufacturing Technology，2016，82（1/4）：617-630.

［20］　Klocke F，Eisenblätter G. Dry cutting ［J］. CIRP Annals-Manufacturing Technology，1997，46（2）：519-526.

［21］　吴克忠，陈永洁，朱丹丹. 干式切削及其刀具技术 ［J］. 硬质合金，2005，22（1）：47-50.

［22］　Yin Z B，Yan S Y，Ye J D，et al. Cutting performance of microwave-sintered sub-crystal Al_2O_3/SiC ceramic tool in dry cutting of hardened steel ［J］. Ceramics International，2019，45（13）：16113-16120.

［23］　Zheng G，Cheng X，Dong Y，et al. Surface integrity evaluation of high-strength steel with a TiCN-NbC composite coated tool by dry milling ［J］. Measurement，2020，166：108204.

［24］　Wang Z G，Wong Y S，Rahman M. High-speed milling of titanium alloys using binderless CBN tools ［J］. International Journal of Machine Tools and Manufacture，2005，45（1）：105-114.

［25］　Karthik R M C，Malghan R L，Herbert M A，et al. Dataset on flank wear，cutting force and cutting temperature assessment of austenitic stainless steel AISI316 under dry，wet and cryogenic during face milling operation ［J］. Data in Brief，2019，26：104389.

［26］　宋宇翔，许芝令，李长河，等. 纳米生物润滑剂微量润滑磨削性能研究进展 ［J］. 表面技术，2023，52（12）：1-19，488.

［27］　吴喜峰，许文昊，马浩，等. 静电雾化机理及微量润滑铣削 7075 铝合金表面质量评价 ［J］. 表面技术，2023，52（6）：337-350.

［28］　吴淑晶，王大中，谷顾全，等. 多种能场高性能加工复杂曲面关键技术研究进展 ［J］. 机械工程学报，2024，60（9）：152-167.

［29］　张彦彬，孙令伊，徐帅强，等. 变矩器壳体智能洁净制造生产线设计 ［J］. 制造技术与机床，2024，（8）：16-25.

［30］　Barczak L M，Batako A D L，Morgan M N. A study of plane surface grinding under minimum quantity lubrication（MQL）conditions ［J］. International Journal of Machine Tools and Manufacture，2010，50（11）：977-985.

［31］　Davim J P，Sreejith P S，Gomes R，et al. Experimental studies on drilling of aluminium（AA1050）under dry，minimum quantity of lubricant，and flood-lubricated conditions ［J］. Proceedings of the Institution of Mechanical Engineers Part B-Journal of Engineering Manufacture，2006，220（10）：1605-1611.

［32］　郭江，王兴宇，赵勇，等. 微织构刀具制备技术及加工性能研究新进展 ［J］. 机械工程学报，2021，57（13）：172-200.

［33］　Liu Y Y，Deng J X，Wu F F，et al. Wear resistance of carbide tools with textured flank-face in dry cutting of green alumina ceramics ［J］. Wear，2017，372：91-103.

［34］　王志远，邢志国，王海斗，等. 液滴在固体织构化表面上的润湿行为研究现状 ［J］. 机械工程学报，2022，58（1）：124-144.

［35］　Wei Y，Kim M R，Lee D W，et al. Effects of micro textured sapphire tool regarding cutting forces in turning operations ［J］. International Journal of Precision Engineering and Manufacturing-Green Technology，2017，4（2）：141-147.

［36］　焦云龙，刘小君，刘焜. 离散型织构表面液滴的铺展及其接触线的力学特性分析 ［J］. 力学学报，2016，48（2）：353-360.

［37］　Mishra S K，Ghosh S，Aravindan S. Machining performance evaluation of Ti6Al4V alloy with laser textured tools under MQL and nano-MQL environments ［J］. Journal of Manufacturing Processes，2020，53：174-189.

［38］　Zhang G F，Chen B X，Wu G C，et al. Experimental assessment of textured tools with nano-lubricants in orthogonal cutting of titanium alloy [J]. Journal of Mechanical Science and Technology，2022，36（5）：2489-2497.

[39] Wang X M，Li C H，Zhang Y B，et al. Influence of texture shape and arrangement on nanofluid minimum quantity lubrication turning [J]. International Journal of Advanced Manufacturing Technology，2022，119（1/2）：631-646.

[40] Zhang G F，Deng X，Liu D，et al. A nano-MQL grinding of single-crystal nickel-base superalloy using a textured grinding wheel [J]. International Journal of Advanced Manufacturing Technology，2022，121（3/4）：2787-2801.

[41] Guo X H，Huang Q，Wang C D，et al. Effect of magnetic field on cutting performance of micro-textured tools under Fe_3O_4 nanofluid lubrication condition [J]. Journal of Materials Processing Technology，2022，299：117382.

[42] Cui X B，Sun N N，Guo J X，et al. Performance of multi-bionic hierarchical texture in green intermittent cutting [J]. International Journal of Mechanical Sciences，2023，247：108203.

[43] Hao X Q，Cui W，Li L，et al. Cutting performance of textured polycrystalline diamond tools with composite lyophilic/lyophobic wettabilities [J]. Journal of Materials Processing Technology，2018，260：1-8.

[44] Hao X Q，Li H L，Yang Y F，et al. Experiment on cutting performance of textured cemented carbide tools with various wettability levels [J]. International Journal of Advanced Manufacturing Technology，2019，103（1/4）：757-768.

[45] 崔歆，李长河，张彦彬，等. 磁力牵引纳米润滑剂微量润滑磨削力模型与验证 [J]. 机械工程学报，2024，60（9）：323-337.

[46] Lv T，Xu X F，Yu A B，et al. Ambient air quantity and cutting performances of water-based Fe_3O_4 nanofluid in magnetic minimum quantity lubrication [J]. International Journal of Advanced Manufacturing Technology，2021，115（5/6）：1711-1722.

[47] Lv T，Xu X F，Weng H Z，et al. A study on lubrication and cooling performance and machining characteristics of magnetic field-assisted minimum quantity lubrication using Fe_3O_4 nanofluid as cutting fluid [J]. International Journal of Advanced Manufacturing Technology，2022，123（11/12）：3857-3869.

[48] Kulandaivel A，Kumar S. Effect of magneto rheological minimum quantity lubrication on machinability, wettability and tribological behavior in turning of Monel K500 alloy [J]. Machining Science and Technology，2020，24（5）：810-836.

[49] Zhang L，Guo X H，Zhang K D，et al. Enhancing cutting performance of uncoated cemented carbide tools by joint-use of magnetic nanofluids and micro-texture under magnetic field [J]. Journal of Materials Processing Technology，2020，284：116764.

[50] Zhang K D，Li Z H，Wang S S，et al. Study on the cooling and lubrication mechanism of magnetic field-assisted Fe_3O_4@CNTs nanofluid in micro-textured tool cutting [J]. Journal of Manufacturing Processes，2023，85：556-568.

[51] Guo P，Lu Y，Ehmann K F，et al. Generation of hierarchical micro-structures for anisotropic wetting by elliptical vibration cutting [J]. Cirp Annals-Manufacturing Technology，2014，63（1）：553-556.

[52] Zhang H X，Zhang X W，Yi X，et al. Dynamic behaviors of droplets impacting on ultrasonically vibrating surfaces [J]. Experimental Thermal and Fluid Science，2020，112：110019.

[53] Yan L T，Zhang Q J，Yu J Z. Effects of continuous minimum quantity lubrication with ultrasonic vibration in turning of titanium alloy [J]. International Journal of Advanced Manufacturing Technology，2018，98（1/4）：827-837.

[54] Yan L T，Zhang Q J，Yu J Z. Analytical models for oil penetration and experimental study on vibration assisted machining with minimum quantity lubrication [J]. International Journal of Mechanical Sciences，2018，148：374-382.

[55] Airao J，Nirala C K，Bertolini R，et al. Sustainable cooling strategies to reduce tool wear, power consumption and surface roughness during ultrasonic assisted turning of Ti-6Al-4V [J]. Tribology International，2022，169：107494.

[56] Agar S，Tosun N. Ultrasonic assisted turning of AISI 52100 steel using nanoparticle-MQL method [J]. Surface Topography-Metrology and Properties，2021，9（1）：015024.

[57] 王大中，吴淑晶，林靖朋，等. 基于 MQL 的超声椭圆振动微切削 Inconel718 的机理研究 [J]. 机械工程学报，

2021，57（9）：264-272.

[58]　Ni C B，Zhu L D. Investigation on machining characteristics of TC4 alloy by simultaneous application of ultrasonic vibration assisted milling（UVAM）and economical-environmental MQL technology [J]. Journal of Materials Processing Technology，2020，278：116518.

[59]　Namlu R H，Sadigh B L，Kilic S E. An experimental investigation on the effects of combined application of ultrasonic assisted milling（UAM）and minimum quantity lubrication（MQL）on cutting forces and surface roughness of Ti-6Al-4V [J]. Machining Science and Technology，2021，25（5）：738-775.

[60]　Amirnia M，Akbari J，Lotfi M. Ultrasonic lubrication assisted milling of CFRP：elimination of fiber pull-out [J]. Proceedings of the Institution of Mechanical Engineers Part E-Journal of Process Mechanical Engineering，2022，236（6）：2651-2657.

[61]　Molaie M M，Akbari J，Movahhedy M R. Ultrasonic assisted grinding process with minimum quantity lubrication using oil-based nanofluids [J]. Journal of Cleaner Production，2016，129：212-222.

[62]　Rabiei F，Rahimi A R，Hadad M J，et al. Experimental evaluation of coolant-lubricant properties of nanofluids in ultrasonic assistant MQL grinding [J]. International Journal of Advanced Manufacturing Technology，2017，93（9/12）：3935-3953.

[63]　Das S，Pandivelan C. Grinding characteristics during ultrasonic vibration assisted grinding of alumina ceramic in selected dry and MQL conditions [J]. Materials Research Express，2020，7（8）：085404.

[64]　Yang Y Y，Yang M，Li C H，et al. Machinability of ultrasonic vibration-assisted micro-grinding in biological bone using nanolubricant [J]. Frontiers of Mechanical Engineering，2023，18（1）：1.

[65]　Yildirim C V. Investigation of hard turning performance of eco-friendly cooling strategies：cryogenic cooling and nanofluid based MQL [J]. Tribology International，2020，144：106127.

[66]　Jamil M，Khan A M，Hegab H，et al. Effects of hybrid Al_2O_3-CNT nanofluids and cryogenic cooling on machining of Ti-6Al-4V [J]. International Journal of Advanced Manufacturing Technology，2019，102（9/12）：3895-3909.

[67]　Yildirim C V. Experimental comparison of the performance of nanofluids，cryogenic and hybrid cooling in turning of Inconel 625 [J]. Tribology International，2019，137：366-378.

[68]　Kim W Y，Senguttuvan S，Kim S H，et al. Numerical study of flow and thermal characteristics in titanium alloy milling with hybrid nanofluid minimum quantity lubrication and cryogenic nitrogen cooling [J]. International Journal of Heat and Mass Transfer，2021，170：121005.

[69]　Cui X，Li C H，Zhang Y B，et al. Grindability of titanium alloy using cryogenic nanolubricant minimum quantity lubrication [J]. Journal of Manufacturing Processes，2022，80：273-286.

[70]　Zhang J C，Li C H，Zhang Y B，et al. Temperature field model and experimental verification on cryogenic air nanofluid minimum quantity lubrication grinding [J]. International Journal of Advanced Manufacturing Technology，2018，97（1/4）：209-228.

[71]　Zhang J C，Wu W T，Li C H，et al. Convective heat transfer coefficient model under nanofluid minimum quantity lubrication coupled with cryogenic air grinding Ti-6Al-4V [J]. International Journal of Precision Engineering and Manufacturing-Green Technology，2021，8（4）：1113-1135.

[72]　Liu M Z，Li C H，Zhang Y B，et al. Cryogenic minimum quantity lubrication machining：from mechanism to application [J]. Frontiers of Mechanical Engineering，2021，16（4）：649-697.

[73]　刘明政，李长河，张彦彬，等. 低温冷风微量润滑磨削钛合金换热机理与对流换热系数模型 [J]. 机械工程学报，2023，59（23）：343-357.

第2章

环保型切削液生物失效机制与制备循环净化技术

▲▲▲▲▲▲▲

2.1 传统切削液概述

2.1.1 制备

最早的切削液并不是现在我们所熟知的油或油水混合物,而是水,后来开始使用一些肥皂水、石灰水等简单的水基溶液以及亚麻油等动植物油。慢慢地,人们发现这些成分简单的切削液并不能满足金属加工中所需要的冷却润滑效果,于是在能够从原油中提炼出大量的润滑油之后,油基切削液才真正意义上地发展起来。随着金属加工精度的提高,对冷却、润滑的要求越来越苛刻,油基切削液的冷却性能已经不能完全满足高速切削的需求。由于水的比热容比油大,冷却性能更好,人们开始重新审视水的冷却性能。然而,水的润滑性能和防锈性能不足,于是人们在其中加入润滑剂、防锈剂等各种添加剂,以满足金属加工中所需的润滑、防锈等性能[1,2]。

2.1.2 功能

切削液具有冷却、润滑、清洗和防锈的作用[3]。

冷却作用:在金属加工过程中,刀具与工件、刀具与切屑之间的摩擦,金属的变形等都会产生大量的热,而加工区域热量太高容易造成刀具与工件的烧伤,影响工件表面的精度和光洁度[4]。切削液在金属加工过程中,可以通过热传导、热对流实现热交换作用,再通过不停流动和汽化即可带走切削区的热量[5],降低刀具温度,从而提高刀具在切削过程中的稳定性,提高工件加工精度,减少刀具磨损,延长刀具寿命[6,7]。

润滑作用:在金属加工过程中,刀具-工件和刀具-切屑界面会产生强烈的摩擦[8,9]。切削液通过渗入到切削区形成润滑膜（这种润滑膜可以分为吸附膜和反应膜。切削液中的活性物质吸附在工件表面形成的是吸附膜，切削液中的添加剂与工件发生化学反应形成的是反应膜[10]），可降低刀具-工件和刀具-切屑之间的摩擦，减少切削过程中的能量消耗，降低切削力，延长刀具使用寿命[11]。

清洗作用：金属加工过程中产生的切屑、空气中的粉尘油污等都会吸附在刀具和工件表面上，对加工产生一定影响[12,13]。切削液在流动过程中可以带走各种污垢，实现对工件和刀具的清洗[14]。

2.1.3 分类

按照切削液的成分可以将其分为两类，即油基切削液和水基切削液[15,16]。水基切削液又可以分为乳化液、半合成液、合成液，如图 2-1 所示。

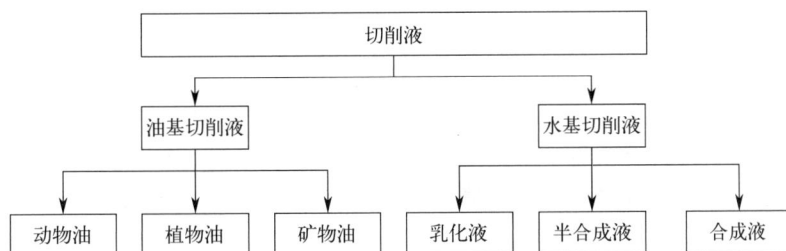

图 2-1 切削液分类[19]

油基切削液的主要成分包括动物油、植物油、矿物油等。油基切削液最开始是由动、植物油生产的，但由于动、植物油在使用过程中易发生腐败，后来逐渐被矿物油所替代[17]。油基切削液具有良好的润滑性，但在使用过程中存在易产生油雾、易起火等缺点[18]，因此油基切削液主要用于大型或重型零件加工。同时，因为油基切削液的润滑性能好而冷却性能差，其一般用于低速切削。而在高速切削中为了保证加工精度多采用水基切削液。

乳化液是基础油与水按一定比例混合后形成的，油含量 $60\%\sim90\%$，粒径 $1\sim10\mu m$，外观呈乳白色[20]。乳化液兼具润滑与冷却的作用，但其稳定性较差，在使用过程中易滋生细菌。半合成液集成了乳化液与合成液的优点，其相较于乳化液添加了更多的表面活性剂，油滴粒径更小，介于 $0.05\sim0.1\mu m$，因此也更加稳定，较不易变质。半合成液的外观呈透明或半透明状，因此在加工过程中也更易观察切削区的状况。合成液不含任何油的成分，而是使用水溶性合成脂等其他添加剂来实现其润滑性能。其外观呈透明状，且拥有优异的冷却性能，但使用后机床易产生锈蚀[21]。不同类型切削液的区别见表 2-1。

表 2-1 不同类型切削液的区别

类型	油含量/%	粒径/μm	外观
油基切削液	100	—	透明
乳化液	60～90	>1	乳白色
		0.1～1	乳状蓝色
半合成液	10～30	0.05～0.1	半透明灰状
		<0.05	透明
合成液	0	—	透明

随着加工条件要求的提高，节能减排等理念的普及以及润滑剂、缓蚀剂、杀菌剂等添加剂的研究深入，水基切削液因优异的冷却性能和较低的成本得到了迅猛发展[22-24]。2018年，水基切削液的需求已经占全球金属切削液总需求的90%。

2.1.4 添加剂

水基切削液由矿物油或合成油与水按一定比例配合而成，是广泛应用于加工过程中的冷却剂和润滑剂。同时为了加强其性能和延长其使用寿命，往往需要在其中加入各种添加剂，如油性剂、极压剂、乳化剂、消泡剂、缓蚀剂、杀菌剂等，如表 2-2 所示。

表 2-2　添加剂的分类

分类	添加剂	作用
油性剂、极压剂	硫、磷、氯等有机化合物	增强润滑膜的性能
缓蚀剂	亚硝酸钠、苯乙醇胺	防止工件锈蚀
消泡剂	二甲基硅油、乳化硅油	减少或消除泡沫
乳化剂	石油磺酸钠	形成乳化液
杀菌剂	甲醛释放剂、异噻唑啉酮	抑制细菌繁殖

油性剂能在摩擦界面形成吸附膜，从而减少切削区的摩擦。常用的油性剂有动植物油，高级脂肪酸，胺、酰胺化合物等。但当摩擦界面的温度升高时，分子的活性也会增加，从而使油膜的吸附强度下降，导致油性剂失效。而极压剂中含有的磷、硫、氯等元素的有机化合物，在高温高压边界润滑条件下会和金属表面发生反应，形成化学反应膜，因此可以在油性剂失效时起润滑作用。

金属工件在加工后表面会残留水分，与氧气接触后易发生锈蚀，因此需加入缓蚀剂，以保证工件在一段时间内不会生锈[25]。缓蚀剂可以分为阳极缓蚀剂、阴极缓蚀剂和混合型缓蚀剂[26]。阳极缓蚀剂可以在金属工件表面形成氧化膜，从而延缓工件锈蚀[27]。阴极缓蚀剂可以沉积在阴极区域，阻止电子从阳极流向阴极[28,29]。混合型缓蚀剂可以在工件表面吸附成膜，进而防止工件发生腐蚀。混合型缓蚀剂为极性物质，其头部吸附在工件表面，非极性的尾部垂直于工件紧密排列，形成紧密的保护膜。另外，其非极性的尾部还可以吸附碳氢化合物以增加保护膜的厚度，如图 2-2 所示[30]。

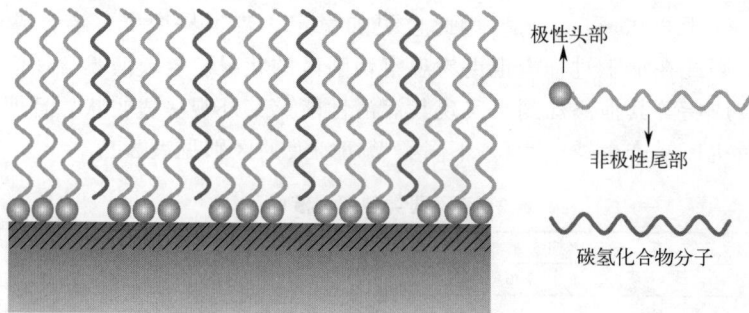

极性头部

非极性尾部

碳氢化合物分子

图 2-2　缓蚀剂作用机理

在加工过程中，由于切削液中存在表面活性剂，切削液在对工件或机床造成冲击时易产生泡沫，而泡沫中的气体会降低切削液的冷却性能，因此需要加入消泡剂。消泡剂主要通过抑制泡沫产生，使泡沫膜变薄直至破裂以及使泡沫更易融合以加速气泡破裂等方式发挥作用。

　　乳化剂多为表面活性剂，其一端为疏水基，另一端为亲水基，可以在油和水界面形成分子薄膜，降低其表面张力，使油和水形成稳定的乳状液，如图 2-3 所示。

　　因为各种添加剂的出现，水基切削液的性能得到了很大提升，但因此也极易受到微生物的侵袭。每年都有大量切削液因为微生物的大量繁殖而腐败变质，造成能源和资源的浪费，因此切削液的微生物腐败问题亟待解决。

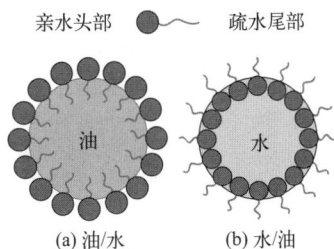

图 2-3　乳化剂作用机理[30]

2.2　传统切削液的生物稳定性

　　水基切削液极易受微生物污染。在切削液使用过程中，存在于水中、工件上、工人皮肤上、机床之前残留的液体中以及空气中的细菌和微生物都会混入其中，并且切削液中含有微生物繁殖所需的有机物，氮、磷、硫等微量元素，水分，以及切削液的流动使其中有较多的氧气，给微生物繁殖和代谢提供了有利条件[31]。同时，切削液中一种微生物的代谢产物还可能会成为另一种微生物的食物，从而加速了微生物的繁殖。另外，机床内的水基切削液是一个复杂的系统，在切削液使用期间，微生物的种类和数量会不断发生变化。

2.2.1　微生物种类

　　切削液中的微生物包括细菌和真菌。其中细菌分为好氧细菌和厌氧细菌两类，例如大肠杆菌、金黄色葡萄球菌、肺炎球菌、沙门氏伤寒菌、铜绿色伪原细胞菌、好油伪原细胞菌、硫酸盐还原菌等。兼性厌氧菌较为特殊，是一种重要的生物降解剂。其在氧气充足时表现得像好氧菌，当氧气不足以支持其有氧代谢时又表现得像厌氧菌。特别是在生物膜群落中，兼性厌氧菌会消耗氧气，从而创造出适合厌氧菌生存的条件[32]。真菌分为酵母菌和霉菌两类，有青霉属、头孢菌属、曲霉属、镰刀菌属等。

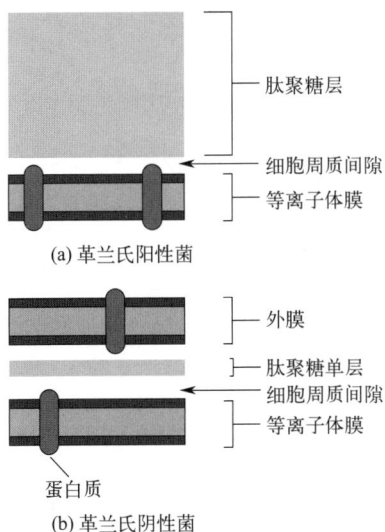

图 2-4　革兰氏阳性菌和革兰氏阴性菌
细胞壁结构[33]

　　另外，因为细胞壁的化学成分、形状和代谢物质不同，细菌对染色的反应也不同，还可以据此将其分为革兰氏阳性菌和革兰氏阴性菌[33]。其中，革兰氏阳性菌有较厚的细胞壁，细胞壁内存在多个肽聚糖层；革兰氏阴性菌的细胞壁比革兰氏阳性菌的细胞壁薄，具有特征性的外膜，如图 2-4 所示。

　　切削液中微生物的数量是影响切削液性能以及判断是否需要更换切削液的关键。部分学者通过研究发现，被污染的切削液的微生物浓度范围为 $10^4 \sim 10^{10}$ CFU/mL（CFU，菌落形成单位）[34]。 J. L. Shennan 研究发现，水基切削液中的细菌主要是革兰氏阴性菌，微生物浓度约为 10^8 CFU/mL。有学者进一步对使用后的金属切削液中的微生物进行了 16S 核糖体 DNA 宏基因组分析，发现大量细菌属于假单胞菌属，且假单胞菌属细菌的多样性较低。假单胞菌是一种革兰氏阴性好氧菌，是金属切削液中最常见的属，并且广泛存在于土壤和水等环境中[35]。

另外，切削液中的微生物种类是随着污染程度不断变化的。在污染不严重时，腐败细菌主要是假单胞菌[36]。当微生物污染至 10^8 CFU/mL 时，主要的细菌为兼性厌氧菌。在切削液腐败的最后阶段，其 pH 值下降，细菌多样性增加，可以分离出各种革兰氏阴性菌，例如不动杆菌、无色杆菌和产碱杆菌。除此之外，金属切削液中还有其他常见的污染菌，如革兰氏阳性菌（微球菌、葡萄球菌、链球菌和芽孢杆菌）和非典型分枝杆菌[36-38]。酵母菌和丝状真菌也会对切削液造成污染，但其含量较少（$10^2 \sim 10^4$ CFU/mL）[39]。霉菌则大多黏附在机床壁或管道中。

当切削液中的微生物繁殖到一定程度时，许多微生物喜欢聚集起来形成一种多细胞群落。这种多细胞群落称为生物膜，如图 2-5 所示。生物膜表现为聚集在潮湿壁面的黏滑薄膜或液体中的絮状体，如图 2-6 所示。其具有液体和营养运输的通道等复杂的结构，可以为微生物提供庇护。在生物膜的不同位置可以形成氧气浓度梯度、有机物浓度梯度和 pH 值梯度，使其中的好氧和厌氧菌、嗜酸和厌酸菌等微生物共存。生物膜中微生物的互相作用可以使其中的微生物对杀菌剂的耐药性提高 1000 倍，部分微生物还可以进入休眠状态，直至外部环境适合其生存[40]。

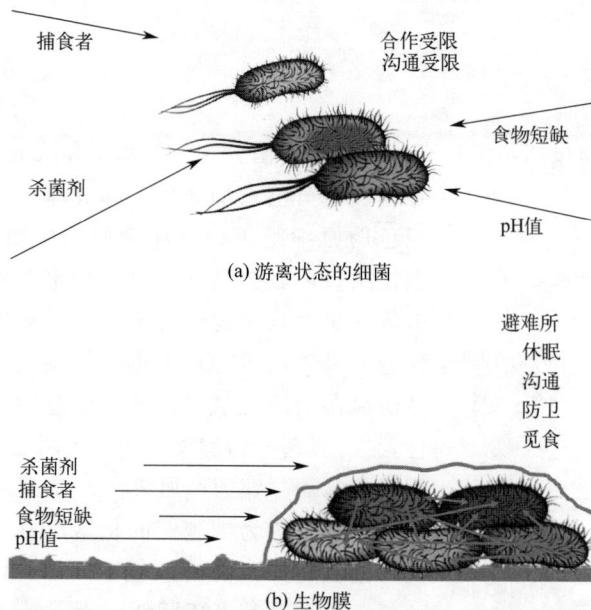

图 2-5　游离状态的细菌与生物膜

上述提到的微生物种类在环境适宜时，每隔 30min 左右就可分裂一次，其数量呈几何级数增长。当机床停机时，切削液处于静止状态，好氧菌的繁殖会消耗切削液中的氧气。氧气不足时厌氧菌便会大量繁殖，硫酸盐还原菌、柠檬酸杆菌等厌氧菌会分解硫酸盐中的含硫基团。厌氧菌通过代谢生成的硫化氢会溶解在切削液中，当机床再次启动时硫化氢会被释

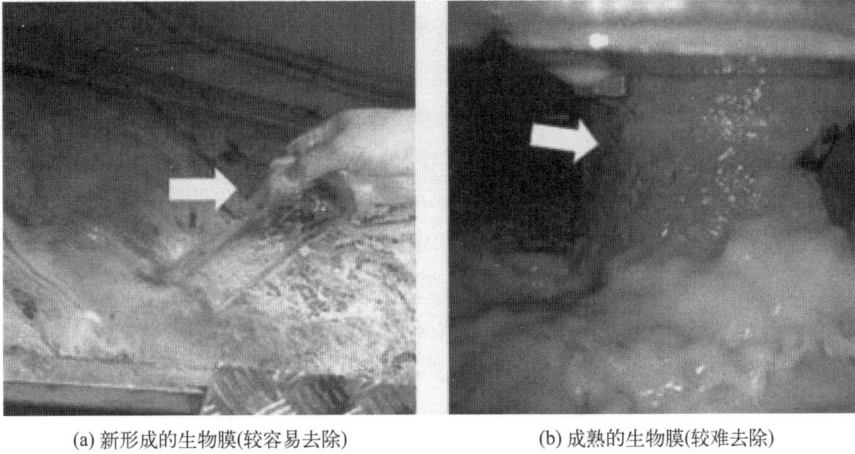

(a) 新形成的生物膜(较容易去除)　　　　　　(b) 成熟的生物膜(较难去除)

图 2-6　新形成的生物膜与成熟的生物膜

放，使机床周围产生异味。同时由于厌氧菌的繁殖速度低于好氧菌，当出现臭气即为切削液腐蚀的征兆[41]，如图 2-7 所示。

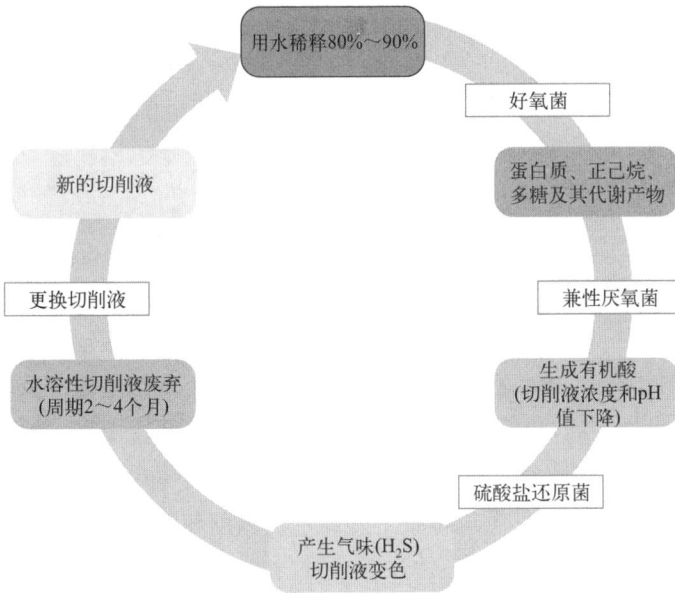

图 2-7　微生物降解水基切削液的机理研究

2.2.2　微生物对生物稳定性的影响

切削液中的微生物会对切削液和机床产生不可逆的损害。细菌会分解切削液中的乳化剂，当乳化剂被消耗到一定程度时，切削液的稳定性会遭到破坏；油会从这种稳定状态中析出，从而影响切削液的润滑性能。另外，还会使切削液的 pH 值降低，从而使切削液的防锈性能下降[42]；使切削液中的不饱和键变成饱和键，去除复杂分子中的侧链，使链长缩短[43]，降低切削液的功能；引发恶臭，缩短刀具寿命（金属腐蚀），增加摩擦热及能耗，降低工件表面光洁度[44]。

霉菌与真菌大量繁殖时会使切削液的颜色发生变化，出现块状物，堵塞切削液的循环系统，使循环系统过负载，对过滤器和供液管道产生一定影响。同时霉菌和真菌是孢子生殖，孢子的生存力极强，具有很高的耐热性和抗干燥性，若要完全清除霉菌和真菌需要连同孢子一块去除，因此霉菌和真菌比细菌更难去除[45]。

微生物还会聚集形成生物膜，如图 2-8 所示。生物膜是在切削液中生长的复杂的微生物群落，可以由多种生物组成，包括革兰氏阳性菌和革兰氏阴性菌以及酵母菌等。生物膜可以生成黏液，导致过滤器堵塞，污染产品和损坏设备等。生物膜还可以产生促进电化学的条件，电子可以从生物膜覆盖下的阳极区域流向金属表面的阴极区域形成电流，对金属产生腐蚀（由微生物引起的腐蚀常见形态是点蚀）。另外，微生物产生的多为酸性代谢物（主要为$C_1 \sim C_6$ 羧酸)[46]。这些有机酸虽腐蚀性不强，但可以与无机氯化盐反应，生成弱有机碱和强无机酸，特别是盐酸［式(2-1)］，使金属被进一步腐蚀。

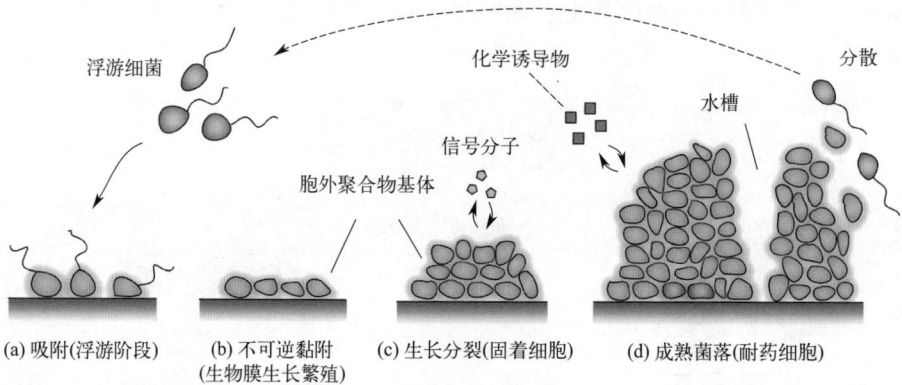

$$R—COOH + NaCl \longrightarrow R—COONa + HCl \tag{2-1}$$

图 2-8　生物膜形成的主要阶段[47]

除上所述，切削液中的微生物对人的身体健康也会产生一定影响。其中，对工人健康造成的伤害主要是过敏性疾病。切削液中分枝杆菌属的细菌及其代谢产物都有可能引发从轻度鼻炎到致命的过敏性肺炎等一系列炎症。厌氧菌的代谢产物硫化氢是一种恶臭且具有很高毒性的气体，会对人的肺、心脏等造成毒害。另外，还有多种致病菌可能会对工人的伤口造成感染[48]。

切削液在使用过程中还会产生生物气溶胶。生物气溶胶是包含生物或其代谢产物的空气悬浮颗粒，这些颗粒通常有毒或具有致敏性。有毒的气溶胶又分为外毒素和内毒素。外毒素是由生物体分泌出来的，主要是革兰氏阳性菌分泌到周围培养基中的扩散蛋白；内毒素是生物体内部的结构成分，并且是促炎性细胞因子的诱导物[49]，如图 2-9 所示。工人最常接触到的内毒素是一种脂多糖，存在于革兰氏阴性菌细胞壁的外膜中。细胞壁破裂产生的内毒素暴露在空气中可能会导致呼吸障碍，使人的支气管变窄，增加促炎性细胞因子释放，使工人产生发热和呼吸道感染症状[50]，引起急性或慢性的肺部炎症反应，包括慢性咳痰、肺功能衰退、疲劳、动脉粥样硬化甚至休克。

综上所述，微生物造成的危害不可估量，必须采取措施控制微生物在切削液中的繁殖。影响微生物繁殖的主要因素有水基切削液的 pH 值、温度、含油量和水质等。因此，可以从

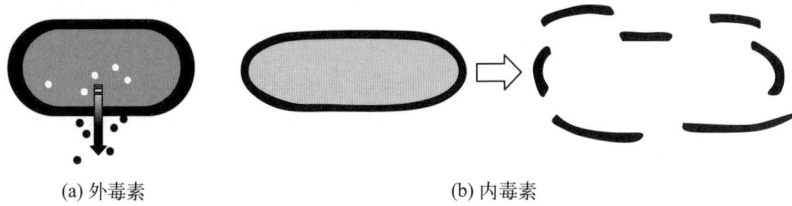

(a) 外毒素　　　　　　　　　(b) 内毒素

图 2-9　外毒素与内毒素

以下几点入手：①切削液使用自来水或软化水稀释，尽量不用硬度高的水；②尽量避免机床长时间停机，以使切削液处于流动状态，避免厌氧菌的大量繁殖；③切削液注入前将机床及周围清洗干净，避免一开始就带入细菌；④在切削液中加入杀菌剂，并及时补充。这些方法可把微生物控制在一定数量的范围内，从而延长切削液的使用寿命。

2.2.3　传统杀菌剂

2.2.3.1　常用杀菌剂

杀菌剂对微生物的作用一般分为三个阶段：杀菌剂在微生物表面的物理化学吸收；杀菌剂渗透到细胞内；杀菌剂对靶部位的作用。但是并不是所有杀菌剂都要渗透到细胞内才能发挥作用，部分杀菌剂可以作用于一个或多个靶部位，如细胞膜或细胞内的蛋白质、核酸等。另外，由于微生物的多样性，每种杀菌剂都有自己的灭菌机制，如阻碍细菌呼吸、影响细菌代谢过程、抑制蛋白质合成、破坏细胞壁、阻碍核酸形成等，见表 2-3。

表 2-3　不同杀菌剂杀灭微生物的机理

杀菌剂种类	作用机制
酸	与细胞膜作用
醇	使蛋白质变性,溶解细胞膜
甲醛和甲醛释放型	与氨基基团结合,影响蛋白质和核酸
双胍类	与细胞膜作用,影响蛋白质和核酸
异噻唑啉酮	抑制酶
酚类化合物	使蛋白质变性,使细胞膜改性

切削液中使用的杀菌剂应该具有广谱性、低浓度可用、稳定性、对金属没有腐蚀性、不污染环境、价格便宜、不会对目标外的生物产生太大的危害、不会使目标生物产生耐药性的特点[51]。

工业上常用的两种主要的杀菌剂是甲醛释放型杀菌剂和异噻唑啉酮。甲醛释放型杀菌剂可以释放挥发性很强的甲醛，甲醛通过变性作用改变蛋白质的结构并通过烷基化反应与细菌的核酸相互作用来抑制细菌和真菌种群的过度繁殖，包括假单胞菌种、硫酸盐还原菌、镰刀菌种、头孢菌种和念珠菌种。异噻唑啉酮类的生物杀菌剂具有不依赖于甲醛的作用机制的优点，主要作用于细菌的膜和蛋白质[52]。其对硫酸盐还原菌有较强的灭活效果，对假单胞菌科和分枝杆菌的灭活效果较差。

甲醛释放型杀菌剂杀菌速度快，但稳定性较差，同时对皮肤的刺激性较强；异噻唑啉酮在金属切削液中有较强的稳定性，可以迅速杀死微生物，但异噻唑啉酮是皮肤致敏剂，会引发接触性皮炎，现已减少了它的使用。其他杀菌剂还有酚类、碘代丙炔基氨基甲酸酯、吡啶硫酮钠等[53]。

　　酚类物质是一种作用于细胞膜的抗菌剂。它通过与细胞膜表面相互作用，使细胞解体，释放细胞内的物质来灭活细菌。酚类物质还会使细胞液凝固，导致细胞死亡或抑制细胞生长。另外，酚类杀菌剂相比其他杀菌剂能更有效地灭活耐酸细菌。但其成分含有的氯会产生特殊气味，且在废液中难以去除[54]。因此酚醛树脂虽然已注册用于金属切削液，但仍然受到废水排放法规的限制。碘代丙炔基氨基甲酸酯是一种广谱防霉剂，具有快速杀菌的效果，但其水溶性较差，热稳定性一般。吡啶硫酮钠防霉剂的水溶性较好，在切削液中有较好的稳定性，但杀菌速度较慢[55]。

2.2.3.2　硼酸类及甲醛释放型杀菌剂

　　硼酸类与甲醛释放型杀菌剂是工业上切削液中常用的杀菌剂。硼酸分子式为 H_3BO_3，是一种无机酸，其结构单元是平面三角形[56]，如图 2-10 所示。硼在元素周期表中的原子序数为 5，价电子结构是 $2s^2 2p^1$，其价电子数少于价轨道数，具有失电子性[57]，因此易与有机化合物中的羟基发生反应（脱水后形成硼酸酯），可形成硼酸单酯、双酯、三酯及四取代螺环结构。

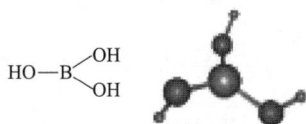

图 2-10　硼酸结构式

　　甲醛（HCHO）是一种具有刺激性气味的无色气体。福尔马林即为 $37\%\sim40\%$ 的甲醛水溶液。甲醛释放型杀菌剂具有广泛的抗菌活性，是迄今为止应用在切削液中最流行和最有效的杀菌剂。Anton C. de Groot 等列出了几种水基切削液中常用的甲醛释放型杀菌剂的CAS、化学结构、分子式[58]，见表 2-4。

表 2-4　甲醛释放型杀菌剂

名称	CAS	分子式	化学结构
Bioban® CS-1135	75673-43-7	$C_6H_{13}NO$	
	51200-87-4	$C_5H_{11}NO$	
Bioban® CS-1246	7747-35-5	$C_7H_{13}NO_2$	
Bioban® P-1487	37304-88-4	$C_{13}H_{25}N_3O_4$	
		$C_8H_{16}N_2O_3$	
（乙二氧基）二甲醇	3586-55-8	$C_4H_{10}O_4$	

（1）杀菌原理

　　硼酸是一种酶抑制剂，可以在磷脂代谢中阻断酶。硼酸盐中的硼为缺电子的元素，能与外界电子结合。其通过与带负电荷的细胞表面结合，可以改变细胞膜或细胞壁的渗透性，使细胞破裂死亡。甲醛释放型杀菌剂通过释放甲醛来控制微生物繁殖，作用目标是细菌的氨基酸或蛋白质，通常是酶或其他承担细胞主要功能的蛋白质或重要组成部分。其释放甲醛的速度与杀菌剂的性质、浓度，切削液的 pH 值、温度、微生物污染程度等有关系。醛类属于亲电加成活性物质，由于其羰基碳原子处缺乏电子，因此可以与细胞亲核体发生反应，从而发挥抗菌活性。细胞中与醛发生亲核反应的是氨基和硫醇基团、氨基酸或蛋白质的酰胺基团，这些都是酶的组成部分，如图 2-11 所示。

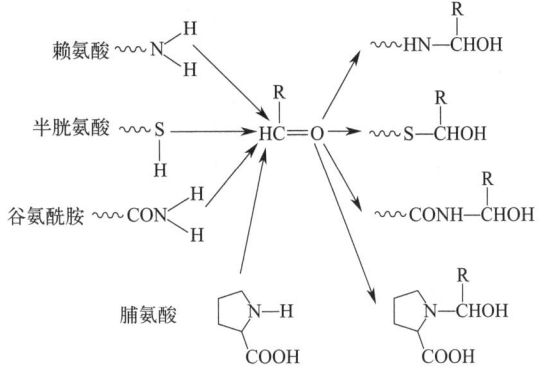

图 2-11　醛与氨基酸的反应[59]

甲醛和蛋白质上的氨基反应过程如下：

在酸性或中性溶液中：

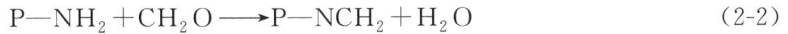

$$P—NH_2+CH_2O \longrightarrow P—NCH_2+H_2O \tag{2-2}$$

在碱性溶液中：

$$2P—NH_2+CH_2O \longrightarrow P—NHCH_2NH—P+H_2O \tag{2-3}$$

蛋白质分子上的巯基和甲醛反应过程如下：

$$P—SH+CH_2O \longrightarrow P—SCH_2OH \tag{2-4}$$

（2）杀菌效果

Li 等对不同浓度的硼酸类杀菌剂（硼酸铵）和甲醛释放型杀菌剂（三嗪类）的杀菌效果进行了实验。实验开始前细菌的菌落总数在 10^7CFU/mL 以上，真菌的菌落总数在 10^3CFU/mL 以上。实验结果如图 2-12 所示。

通过实验可以看出，硼酸铵和三嗪类杀菌剂的抗菌能力均与浓度呈正相关，且对细菌的灭活效果强于真菌。其中，硼酸铵的浓度在 5％时便拥有了较好的灭菌性能。三嗪类的灭菌速度快，但灭菌后对细菌和真菌的抑制时间不够长，且真菌菌落数量很快便恢复到了初始值。

（3）危害性

硼是岩石、土壤和水中普遍存在的元素，吸入硼酸或硼酸盐会引起呼吸道刺激。研究人员发现，当硼酸的平均摄入量为 $4.1mg/m^3$ 时，人的眼睛会受到刺激，口腔、鼻子或喉咙会干燥，喉咙还会疼痛并引发咳嗽[61]。另外，硼是一种动态的微量元素，会影响生命过程中涉及的多种物质的代谢或利用，包括钙、铜、镁、氮、葡萄糖、甘油三酯、活性氧和雌激素。通过这些作用，硼可以影响包括免疫系统、血液、大脑和骨骼在内的多个人体系统的功能或组成。欧盟监管机构认为应将硼酸列为 1B 类生殖毒素。世界卫生组织规定，工业排水和饮用水中硼的最高浓度限值分别为 10mg/L 和 1mg/L[62]。

由于甲醛释放型杀菌剂的存在，手经常与切削液接触的工人易得职业性皮炎。据报道，工人手部湿疹的患病率或三年内发病率为 20％～25％。甲醛还是一种强效致敏剂，是引起过敏性接触性皮炎的常见原因。在美国，这种过敏原致敏频率为 8％～9％，欧洲斑块试验结果的研究报告致敏频率在 2％～3％，西班牙的致敏频率为 1.61％。刺激性接触性皮炎相比过敏性接触性皮炎更为常见，Anton de Groot 统计了不同种类甲醛释放型杀菌剂对人的致敏率[63]。

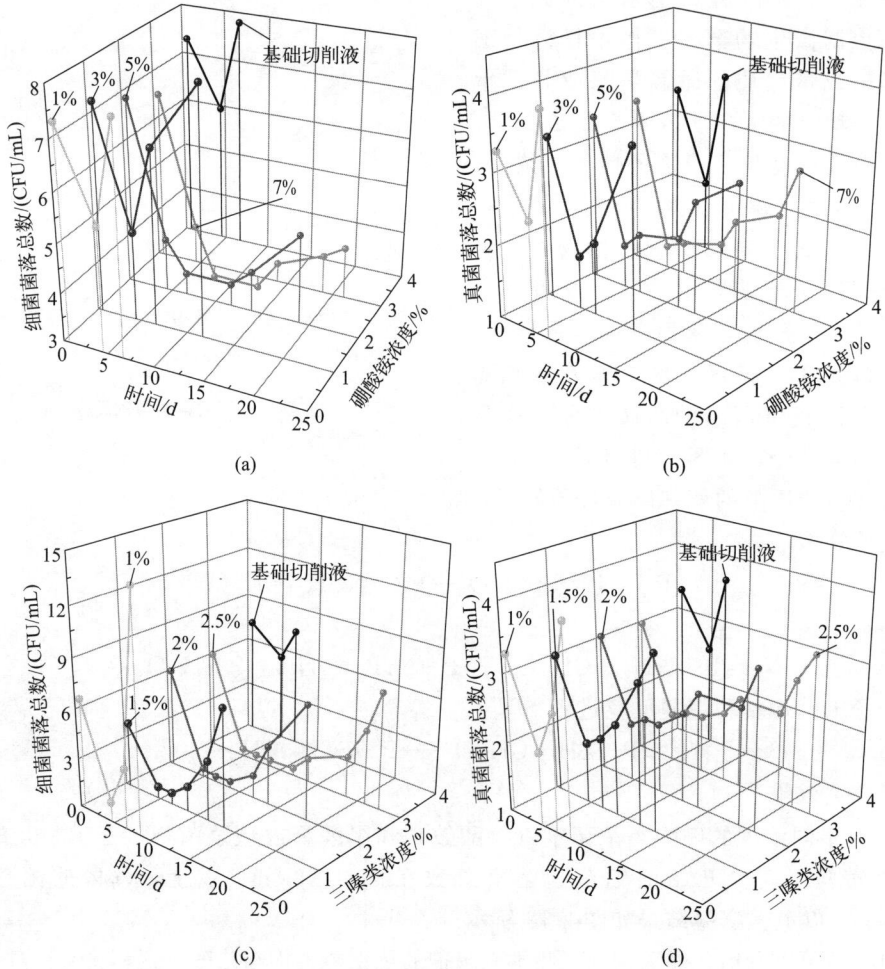

图 2-12 不同浓度硼酸铵和三嗪类杀菌剂的细菌、真菌菌落总数[60]

2.2.4 新型杀菌剂

除现有应用在切削液中的杀菌剂外，还可以挖掘应用在其他领域的杀菌剂，以探索各种杀菌材料应用在切削液中的更多可能性。如应用在医学、动植物学等领域的纳米材料、过渡金属配合物等。

2.2.4.1 纳米材料

细菌可以通过分泌降解杀菌剂的酶、改变细胞膜的通透性、改变杀菌剂的目标蛋白质来对杀菌剂产生耐药性[64]。因此，杀菌剂在应用一段时间后其灭菌性能会大打折扣，所以不得不考虑其他可以替代的方式。纳米粒子尺寸较小，可以轻易穿过细胞膜。同时由于纳米粒子进入细胞的速度快于细胞清除纳米粒子的速度，因此纳米粒子可以在细胞内积累，从而阻碍细胞的生理过程，破坏细胞的结构与功能[65]。所以可以考虑使用纳米材料替代杀菌剂。有学者研究发现纳米材料的抗菌活性与其形状、大小、电子结构和表面性质有关，并且纳米材料可以通过多种机制灭活细菌，包括使细胞膜破裂、抑制营养物质进入细胞、阻碍细胞附着在固体表面。现已知多种纳米材料可以对革兰氏阴性菌和革兰氏阳性菌产生杀菌效果，如 Cu[66]、CuO[67,68]、Ag[66]、磷酸银[69]、石墨烯衍生物、碳纳米管[70] 等，并且纳米颗粒对革兰氏阴性菌的影响明显比对革兰氏阳性菌的影响显著[71]。

自古以来，人们就知道银及其化合物具有较强的抑菌杀菌作用，其对细菌和真菌具有广谱抗菌活性。不同于其他金属，银对微生物的毒性高于对哺乳动物细胞的毒性[72]。Humberto H. Lara 研究发现，银纳米颗粒不仅可以通过破坏白色念珠菌的细胞壁从而抑制生物膜的形成，还可以通过扰乱膜电位，使细胞膜产生小孔，从而引发细胞内的离子等物质泄漏使细菌死亡，并通过实验证明了银纳米颗粒对白色念珠菌的灭菌活性。Anna Ogar 等[74] 研究了银纳米颗粒对真菌的抑制作用，实验结果表明，银纳米颗粒对真菌的灭活效果取决于银离子的浓度与释放速度，并且发现 30～200mg/L 浓度的银纳米粒子可以显著抑制真菌的生长。Melisa Monerris 等[75] 探究了银离子纳米复合材料对铜绿假单胞菌的灭菌能力。A. Nasrollahi 研究了银纳米颗粒对白色念珠菌、酿酒酵母菌的抑制作用。通过实验发现银纳米颗粒对白色念珠菌和酿酒酵母菌的 MIC50 分别为 0.5mg/mL 和 4mg/mL，MIC90 分别为 2mg/mL 和 32mg/mL，具有较强的灭活作用。分析原因可能是纳米银粒子通过破坏膜的完整性，影响膜的通透性，降低酶的活性来灭活细菌。抗菌活性实验中发现，在切削液中加入一定量的纳米杀菌材料后，粒径越小、表面积越大的纳米颗粒抗菌活性越高。Vijay C Verma 等[76] 研究了纳米银的合成以及其对白色念珠菌、荧光假单胞菌和大肠杆菌的抗菌活性。其中对白色念珠菌的平均最低抑菌浓度（MIC）为 5.83μg/mL，最低杀菌浓度（MFC）为 9.7μg/mL，表现出良好的抗菌活性。Chan 等[77] 研究了合成的银纳米粒子（AgNPs）对金黄色葡萄球菌、大肠杆菌、黑曲霉和白色念珠菌的抗菌性能。结果表明，AgNPs 具有较强的抗细菌和抗真菌活性。

S. Suresh[78] 分别研究了氧化镍（n-NiO）纳米颗粒和被 5-氨基-2-巯基苯并咪唑（AMB）表面功能化的氧化镍（f-NiO）纳米颗粒、Ag_3O_4 纳米颗粒和（AMB）表面功能化的 Ag_3O_4 纳米颗粒对铜绿假单胞菌、金黄色葡萄球菌和黑曲霉的抗菌活性。实验结果表明，功能化氧化镍纳米颗粒的抗细菌和抗真菌活性大于未修饰的非功能化氧化镍纳米颗粒，f-NiO 的 MIC 为 20mg/mL，n-NiO 的 MIC 为 80mg/mL；而非功能化 Ag_3O_4 纳米颗粒的抗细菌和抗真菌活性大于功能化 Ag_3O_4 纳米颗粒。功能化氧化镍纳米颗粒的抗菌效果较强可能是因为其分散性增强了，而功能化 Ag_3O_4 纳米颗粒的抗菌效果较弱可能是因为其粒径的增大。

Pooja Devi 等[79] 研究了二氧化硅/银核壳纳米粒子的合成以及其对枯草芽孢杆菌（革兰氏阳性）和大肠杆菌（革兰氏阴性）的杀菌活性，发现所合成的纳米粒子对革兰氏阳性菌和革兰氏阴性菌均有抑制作用。实验材料的抑菌能力与硅核表面上的银占比有关，银的质量分数为 0.5% 时 MIC 为 250μg/mL，银的质量分数为 15% 时 MIC 为 7.8μg/mL。

氧化石墨烯可以通过化学反应破坏细胞膜来杀灭细菌；还原氧化石墨烯则通过机械应力破坏细胞膜来杀灭细菌。Iman Sengupta 通过实验研究了氧化石墨烯（GO）和还原氧化石墨烯（r-GO）对革兰氏阳性金黄色葡萄球菌和革兰氏阴性铜绿假单胞菌的影响。结果发现，氧化石墨烯对金黄色葡萄球菌和铜绿假单胞菌的抑制率分别为 93.7% 和 48.6%，还原氧化石墨烯对金黄色葡萄球菌和铜绿假单胞菌的抑制率分别为 67.7% 和 93.3%。

Muhammad Arshad 等[80] 研究了三种不同的溶剂（乙腈、正己烷和异戊醇）合成的锌掺杂二氧化硅纳米粒子的抗细菌和抗真菌活性，主要研究了对枯草芽孢杆菌和大肠杆菌的生物活性，以及对假丝酵母和黑曲霉的抑菌活性。

铜离子可以通过被吸附到细菌细胞表面，固化蛋白质结构或改变酶功能来破坏细胞膜。

其抗菌机制主要归因于细菌细胞对铜离子的强吸附作用，这种吸附作用与铜离子的浓度有很大关系。C. Ramesh 等[81] 合成了一种简单、低成本、环保的 Cu_2O 纳米颗粒，并以大肠杆菌为模型研究了含有不同浓度的 Cu_2O 纳米颗粒的琼脂板对革兰氏阴性菌的抗菌性能。琼脂板上大肠杆菌菌落的初始数量约 10^6 CFU。图 2-13 显示了大肠杆菌菌落数量随 Cu_2O 纳米颗粒浓度的变化。当 Cu_2O 纳米颗粒的浓度为 $10\mu g/cm^3$ 时，大肠杆菌的生长被抑制了 65%。在 Cu_2O 纳米颗粒浓度超过 $30\mu g/cm^3$ 的琼脂板上生长的大肠杆菌菌落数量明显减小。Cu_2O 纳米颗粒的浓度为 $50\sim60\mu g/cm^3$ 时对大肠杆菌的抑制率为 100%。

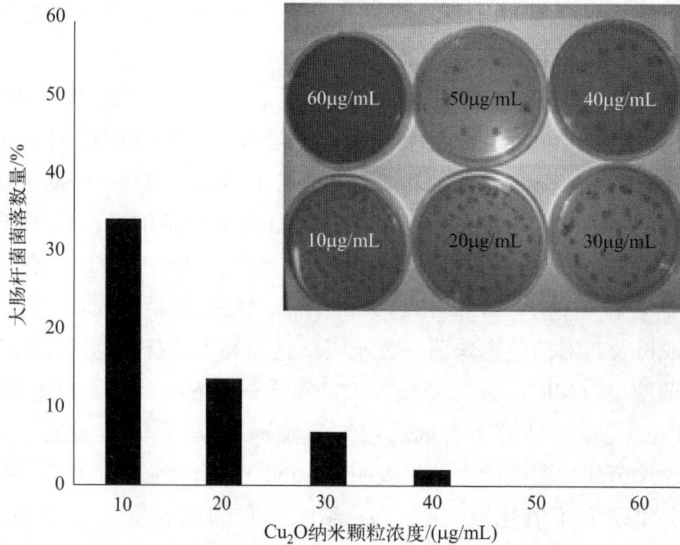

图 2-13　大肠杆菌菌落数量与 Cu_2O 纳米颗粒浓度的关系

Lu 等[82] 研制了一种新型的纳米二氧化钛乳液，并测试了该新型乳剂的抗菌性能，发现在弱紫外辐射下可以提高 TiO_2 的光催化活性，增强 TiO_2 的抗菌能力。

表 2-5 总结了不同纳米材料及其粒径对杀菌性能的影响。通过上述研究可以发现，纳米材料大多是通过扰乱细胞膜的电位、破坏细胞膜等方式来实现对微生物的灭活。又由于革兰氏阳性菌与革兰氏阴性菌的结构不同，革兰氏阳性菌的多个肽聚糖层可以加固细胞膜的稳定性，因此纳米材料对革兰氏阴性菌的作用效果强于革兰氏阳性菌。另外从表 2-5 中可以看出，纳米粒子的粒径越小，其杀菌能力越强。这是因为纳米粒子的粒径越小，越有利于通过细胞膜，与细胞内的其他物质结合。

表 2-5　纳米材料的杀菌性能

材料	粒径/nm	MIC/(mg/mL)	抑菌区直径/mm	抑菌比例	参考文献
AgNPs			$8.1\sim36.4$		[74]
	$50\sim80$	$0.3\times10^{-4}\sim0.047$	金黄色葡萄球菌:$1.4\sim2.0$ 大肠杆菌:$0.8\sim1.8$		[76]
			$9\sim16$		
		白色念珠菌:MIC50=0.5,MIC90=2 酿酒酵母:MIC50=4,MIC90=32			[72]
	$10\sim25$	5.8×10^{-3}			[75]

续表

材料	粒径/nm	MIC/(mg/mL)	抑菌区直径/mm	抑菌比例	参考文献
n-Ag$_3$O$_4$	18		金黄色葡萄球菌:13~16 铜绿假单胞菌:13~16		[78]
f-Ag$_3$O$_4$	30		金黄色葡萄球菌:7~8 铜绿假单胞菌:7~11		
n-NiO	16		金黄色葡萄球菌:5~6 铜绿假单胞菌:6~7		[71]
f-NiO	20		金黄色葡萄球菌:7~15 铜绿假单胞菌:12~17		
Cu$_2$O		MIC50=0.01,MIC90=0.055			[81]
SiO$_2$	50~100	枯草芽孢杆菌:2%~6% 大肠杆菌:1%~4.5%			[80]
SiO$_2$+Ag	16~35	枯草芽孢杆菌:0.016~0.500 大肠杆菌:0.008~0.25			[79]
GO				金黄色葡萄球菌:97.3% 铜绿假单胞菌:48.6%	
r-GO				金黄色葡萄球菌:67.7% 铜绿假单胞菌:93.3%	

2.2.4.2　过渡金属配合物

金属是电和热的良导体,它们可以与非金属形成离子和离子键。金属中的原子很容易失去电子,形成被自由电子包围的阳离子,因此产生导电和抗菌效果[83]。重金属可以对细菌产生毒性,这种毒性可能是它们与大分子硫醇基团的化学亲和性导致的[84]。重金属对细菌的几种作用方式如图 2-14 所示。

有报道称,杀菌剂与过渡金属络合可以提高其生物活性。Li 等[84] 以商用杀菌剂多效唑(L^1)和烯康唑(L^2)为配体合成了两种 Cu(Ⅱ)配合物,即 [CuL$_2^1$(OAc)$_2$]·MeOH(1)和 [CuL$_2^2$(OAc)$_2$](2)。由于配体 L^2 同时具有 C≡C 键和 2,4-二氯苯基团,并且具有较高的协同作用水平,因此配合物 2 具有更强的抗真菌活性。通过对 Cu^{2+} 与配体之间协同作用的实验研究以及对配合物电子结构的理论研究发现,Cu 离子活性位点的增加、Cu 离子与配体之间的协同作用以及增强对微生物细胞膜的渗透性都有助于增强杀菌性能[85]。

V. M. Farzaliyev 研究了席夫碱及其与过渡金属(Cu^{2+}、Ni^{2+}、Co^{2+})的配合物(图 2-15)对乳酸菌、铜绿假单胞菌、黑曲霉、树脂枝孢霉、青霉、绿色木霉的抗菌性能,并通过实验结果得出,席夫碱及其金属配合物的抗菌性能均达到了所选标准杀菌剂的水平,在某些情况下甚至超过了标准杀菌剂。另外,由于分子中存在二甲胺片段,4-二甲氨基-1 苄苯胺及其与 Cu^{2+}、Ni^{2+}、Co^{2+}(6-9)的配合物即使在低浓度(0.25%~0.5%)下也具有杀菌性能[85]。

P. A. Fatullayeva[86] 合成了丁二酸二肼的双-(3,5-二叔丁基-水杨酸)二腙及其类似物,并得到了 Mn(Ⅱ)和 Fe(Ⅱ)与这些配体的配合物,而且通过测试发现所得配合物均具有较高的杀菌活性。Abdel-Rahman[87] 合成了 Cu(Ⅱ)和 Ni(Ⅱ)与 N,N-双(对二甲氨基苄基)二氨基丙烷的配合物,并分析了其抗菌性能,发现所得配合物具有较强的杀菌活性。

过渡金属与配体在螯合作用下,由于配体轨道的重叠和金属离子正电荷与供体的部分参

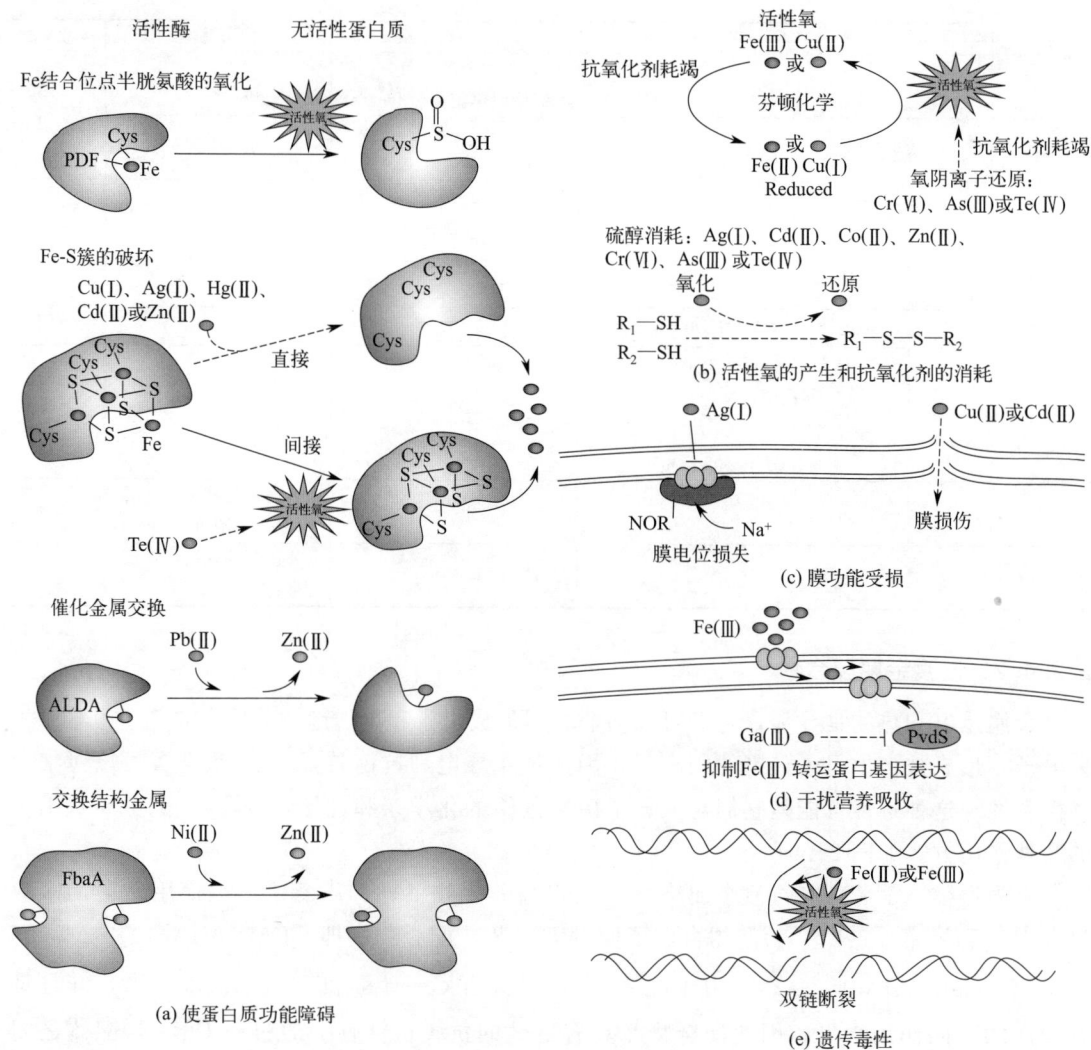

图 2-14　重金属对细菌的几种作用方式

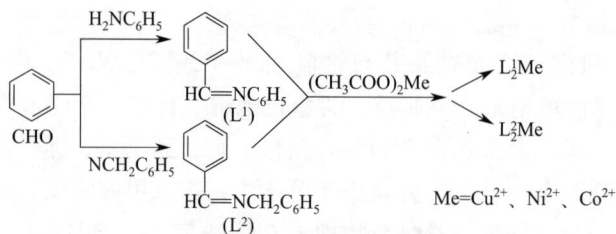

图 2-15　席夫碱与过渡金属的合成方案

与，金属离子的极性大大降低[88]。另外，配合过程可以增加中心金属原子的亲脂性，有利于配合物穿透微生物细胞膜的脂层[89]。表 2-6 总结了现有文献中部分过渡金属配合物的杀菌性能。从中可以得出一个规律，随着过渡金属原子序数的增加，其配合物的杀菌性能也有了一定提升。

表 2-6　部分过渡金属配合物的杀菌性能

材料	原子序数	抑菌区直径/mm	参考文献
Mn	25	9.5	[89]
Fe	26	15～30	[90]
Co	27	20～34	[91]
Ni	28	10～40	[90]
Cu	29	7～36	[90]

通过各位学者的研究可以发现，过渡金属与杀菌剂络合后的产物可以延长杀菌剂的使用时间，增强杀菌能效。另外金属加工过程中会产生大量切屑，其中析出的金属离子亦有可能增强配合物的杀菌能力。

2.2.4.3　物理杀菌方式

除研究新型化学杀菌剂外，也可以采用物理的方式对切削液中的微生物进行灭活。如臭氧、紫外线等在各个领域均有一定的杀菌作用。

（1）紫外线

紫外线波长为 10～400nm。紫外线辐射会使 DNA 中相邻的嘧啶碱基之间产生连接，从而抑制其在细胞分裂过程中的正确复制，影响微生物的繁殖。根据经验，紫外线辐射可能损害微生物的机制如下：①生物组织直接吸收紫外线光子产生的光诱导反应；②外源和内源性光敏剂在受紫外线照射后产生的活性氧（ROS）引发的光氧化[92]。

此外，紫外线几乎没有危险性，不会产生火灾或与工人产生有毒性接触。紫外线的灭菌效果取决于辐射功率、辐射时间与辐射面积。由于切削液的透明度较低，紫外线的穿透深度较低，灭菌效果也会大打折扣。而且微生物有自我修复的能力，可以修复辐射带来的损伤，进一步降低了紫外线的灭菌能力。若想实现较好的除菌效果，紫外线对切削液进行杀菌处理时需要较高的功率，并且切削液应保持持续流动[93]。

一个值得注意的细节是，微生物的失活严格取决于吸收的辐射量。因此，一些参数对消毒行为起着关键作用。最重要的是紫外线剂量（称为通量），通常表示为单位面积内紫外线强度（I）和辐照时间（T_{irr}）的乘积，其单位为 J/cm^{-2} 或 $W \cdot s/cm^{-2}$[94]。

Souza 使用 16 盏紫外线灯对切削液进行了 24h 处理，平均减少了合成切削液 99.70% 的污染。另外考虑到切削液的不透明性会对紫外光的传播造成一定程度的削弱，David L. Johnson 等采用一种高输出并且能承受恶劣化学环境的紫外灯管进行了实验，同样得到了较好的实验效果，紫外线杀菌率达到 99% 以上。Kris M. Weigel 等[95] 的紫外线灭菌实验结果表明，大肠杆菌细胞在 5～15s 内失活。

（2）臭氧

臭氧是最有效的强氧化剂之一，能够有效地灭活微生物。此外，它能在水中迅速分解成氧分子，不会形成任何二次污染物。Nadine Madanchi 开发了一种实验用的切削液循环系统，并研究了在该系统下臭氧、紫外线对切削液中微生物的灭活效果，结果如图 2-16 所示。实验发现两种灭菌方式均有较好的效果，2h 内臭氧对切削液的作用效果并不明显，但 4h 后细菌数量从 $10^{4.5}CFU/mL$ 降至 $10^{2}CFU/mL$；24h 紫外线的灭菌效果异常显著，几乎检测不到细菌。

Gerulova Kristina 等通过实验验证了臭氧的灭菌能力，实验初始细菌浓度为 $10^{7}CFU/mL$，20min 后细菌被完全消灭。Sukhwal Ma 提出了一种利用空气 DBD 等离子体稳定产生

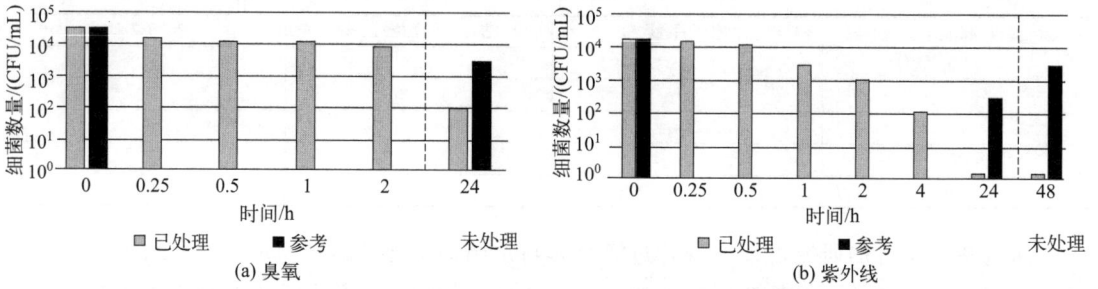

图 2-16 臭氧对切削液中细菌的影响以及紫外线对切削液中细菌的影响

高浓度臭氧并注入水基切削液中的臭氧处理系统，且以肺炎克雷伯菌、铜绿假单胞菌、大肠杆菌和寻常型假单胞菌为实验对象进行灭菌实验，对处理后的水进行了 3 天的微生物菌落计数，结果如图 2-17 所示。实验证实，水基切削液的灭菌率可达 99.99%，水基切削液的浊度、pH 值和气味均得到了改善。其中肺炎克雷伯菌在灭菌 2 天后轻度增殖，铜绿假单胞菌在灭菌 3 天后轻度增殖。因此为保持臭氧处理的效果，提出了一种每隔 3 天使用空气 DBD 系统对切削液进行一次处理的策略。

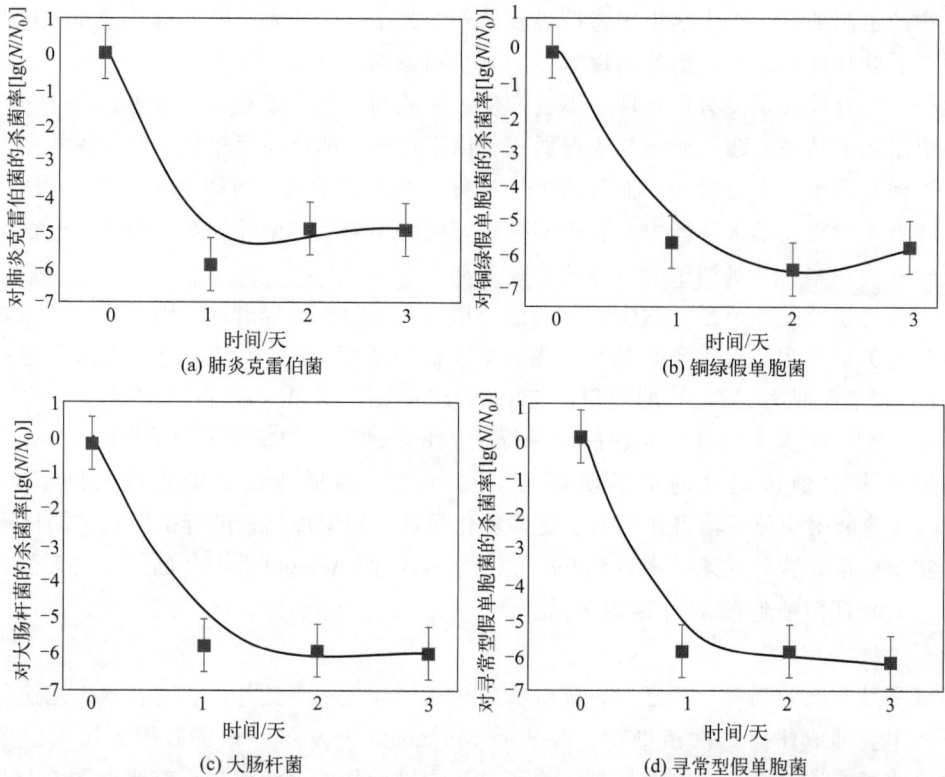

图 2-17 臭氧处理空气 DBD 血浆中肺炎克雷伯菌、铜绿假单胞菌、大肠杆菌和寻常型假单胞菌的消毒曲线

图 2-17 的纵轴为 N/N_0 的对数值，其中 N_0 为对照菌落的存活菌数，单位为 CFU/mL。平均对照菌落的存活菌数分别为 8.2×10^6 CFU/mL、7.0×10^6 CFU/mL、2.4×10^6 CFU/mL 和 2.8×10^6 CFU/mL。结果显示，$\lg(N/N_0)$ 值分别为 -6、-5.6、-5.9 和 -6.15。这个对数标度意味着 99.9% 以上的细菌被杀灭。

（3）微气泡

微气泡（定义为直径 $100\mu m$ 以下的气泡，简称 FB）可以根据其气体成分、气泡大小和气泡密度实现不同功能，如破碎杀菌、清洗等[96]。其中直径在 $1\sim100\mu m$ 的称为微纳米气泡（MB），直径在 $1\mu m$ 以下的称为纳米气泡（UFB）。由于 UFB 体积更小，可以在液体中停留更长时间，因此其发挥作用的时间也更长。Hiroko Yamada 制备了含两种气体（空气和 CO_2）的 UFB，并通过实验验证了其对铜绿假单胞菌（革兰氏阴性菌）和金黄色葡萄球菌（革兰氏阳性菌）的杀菌效果。结果发现 CO_2-UFB 对铜绿假单胞菌的灭菌率为 100%，对金黄色葡萄球菌的灭菌率为 0%。另外通过荧光显微观察发现，铜绿假单胞菌死亡的原因是细胞壁受损。出现这种结果是因为铜绿假单胞菌的细胞壁厚度为 $6\sim10nm$，金黄色葡萄球菌的细胞壁厚度为 $20\sim40nm$。此外，革兰氏阳性菌的细胞壁是由多个肽聚糖层组成的，这些肽聚糖层可以减小细菌的内部压力，阻止细胞破裂。

表 2-7 总结了不同杀菌方式的杀菌效果。臭氧和紫外线的杀菌效果较好，微气泡杀菌只能作用于革兰氏阴性菌。

表 2-7 物理杀菌方式的杀菌效果

方法	MIC/(mg/mL)	菌落数/(CFU/mL)	抑菌比例
O_3	金黄色葡萄球菌:0.24 大肠杆菌:90	$10^{4.5}\sim10^2$	99.9%
紫外线		$10^{6.5}\sim0$	99.2%
微气泡			铜绿假单胞菌:100% 金黄色葡萄球菌:0%

2.3 绿色切削液

传统切削液的污染问题主要来自生物降解能力差的基础油和对生物、环境有害的添加剂。根据污染问题的来源，研究者们研发了生物降解能力好、对生物和环境危害小的绿色切削液。Bhaumik 等[97] 采用了生物降解好、对生物危害小的纳米微量甘油来作为传统切削液的替代品。Sultan 等[98] 综述了生物降解能力好的植物油基切削液在钻削过程中对工件表面完整性的影响。为了更好地介绍绿色切削液的研究进展，本书根据传统切削液的污染成分，通过总结几种常用的绿色添加剂和生物降解能力好的基础油来进行说明。

2.3.1 防锈剂

在金属加工领域，工件及机床的锈蚀常常给企业造成很大的经济损失，在切削液中加入防锈剂是解决该问题的有效途径。切削液中常用的防锈剂种类非常多，主要分为无机和有机两大类。无机类防锈剂包括亚硝酸钠、钼酸盐等无机盐，其作用机理主要是在金属表面生成一层不溶的钝化膜，从而防止金属生锈。无机防锈剂的主要优点为防锈性能好、经济性优异，但大多数的无机防锈剂对环境有较大的污染，对生物易产生毒性。有机类防锈剂由亲水的极性基团与亲油的非极性烃基基团构成，主要包括醇胺类、羧酸类、酰胺类、硼酸酯等。其作用机理是因静电吸附及化学吸附作用，防锈剂的极性端吸附在金属表面，而非极性端则随机定向排列于远离金属表面的一边，从而在金属表面形成一层非极性疏水膜。有机类防锈剂能够在保证防锈性能的同时，对生物、环境的危害很小。有机类防锈剂的研发是研究绿色防锈剂的重要内容。

酰胺类有机防锈剂因具有环保性能优异、防锈性能好等优点成为研究绿色防锈剂的主要方向。周海等[99] 合成出了水溶性以及防锈效果都有所提高的十二烯基丁二酸二乙醇酰胺防锈剂。其合成过程如图 2-18(a) 所示。该防锈剂的极性基团对金属有较大的亲和力，可牢固地吸附在金属表面上，形成定向吸附层。研究者分别进行了防锈剂浓度为 1%、3%、5%、7% 的铸铁单片防锈实验，其防锈性能符合标准 GB/T 6144。甘万里等[100] 合成了一种水溶性防锈添加剂——十二烯基琥珀酸二乙醇酰胺 T746-X。其合成过程如图 2-18(b) 所示，单片防锈实验结果如图 2-19 所示。不含 T746-X 防锈剂的半合成切削液的试片出现了 5 个锈点；含有质量浓度为 1.25g/L 的 T746-X 的半合成切削液的试片出现了 2 个锈点；当 T746-X 的浓度达到 3.75g/L 时，试片无锈点。此外，该防锈剂的各项指标均符合标准《半合成切削液》（JB/T 7453—2013）。

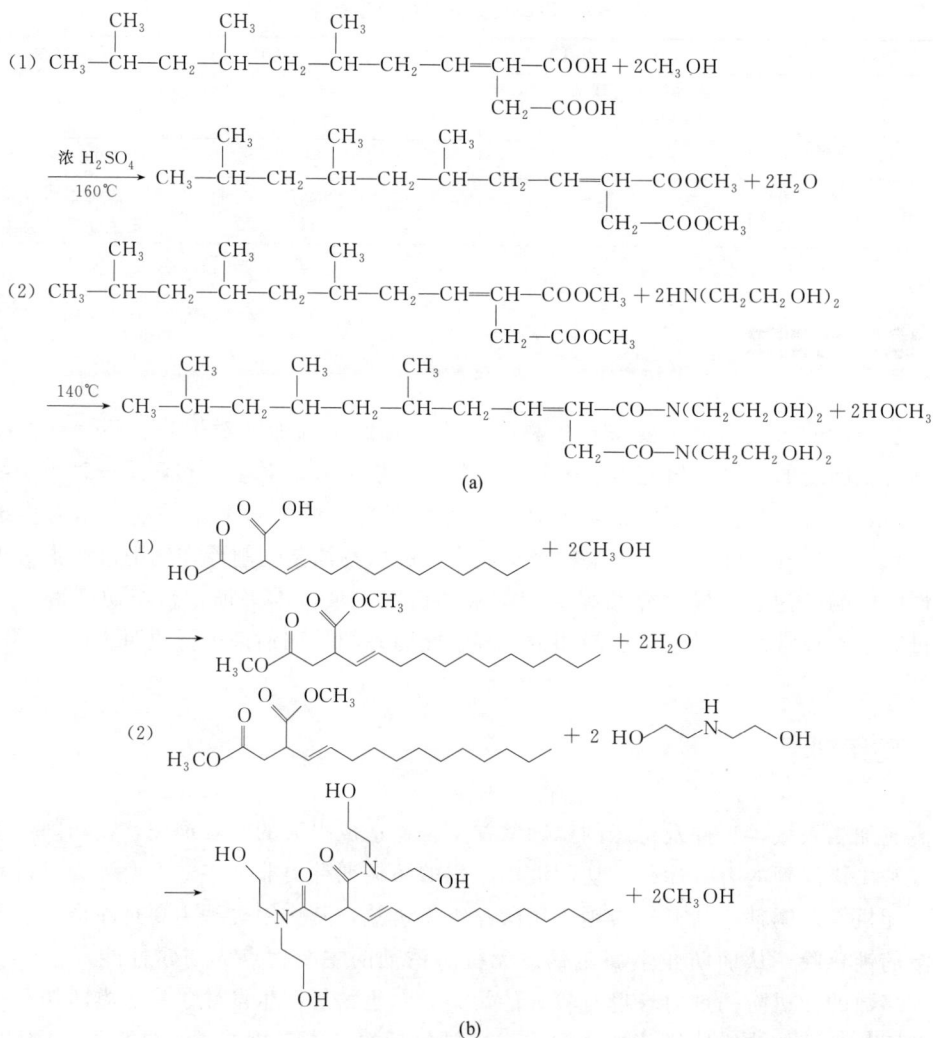

(a)

(b)

图 2-18 防锈剂的合成过程

(a) 不含 T746-X　　　　(b) 1.25g/L　　　　(c) 3.75g/L

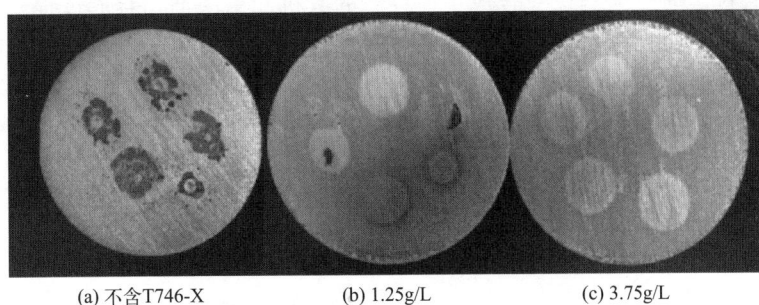

图 2-19　不同含量 T746-X 的单片防锈实验结果

除了酰胺类防锈剂外，硼酸酯类防锈剂也具有较好的环保性。刘佳等[101] 对硼酸酯类防锈剂与其他水溶性防锈剂的复配进行了探究，认为选择合适的水溶性防锈剂与硼酸类防锈剂复配可以使硼酸酯类防锈剂具有优良的防锈性能、生物稳定性和环保性能。王亚杰等[102] 以硼酸和三乙醇胺合成了具有优异防锈性能的三乙醇胺硼酸酯，并用 20 钢、45 钢在含 2.5％三乙醇胺硼酸酯的水溶液中浸泡了 30 天，结果试件表面无锈蚀现象发生。Yang 等[103] 采用羟基甲基化 BTA 和油酸-聚丙烯酰胺硼酸酯合成了有机硼酸氮酯，并对其进行了防锈实验。结果表明，当溶液浓度为 0.25％时，各项性能良好，且在较高的温度和较长的工作时间下，仍然能保持良好的防锈性能。一些国外专利也有对绿色防锈剂进行研究，其化学组分见表 2-8。这些绿色防锈剂也同样具有优异的防锈、环保性能。

表 2-8　防锈剂的化学组分

专利号	化学组成	结构式
EP05710526A	羟胺化合物	
US08619054	N-酰胺氨基酸	

2.3.2　杀菌剂

切削液本身具有微生物滋生的条件，容易腐败变质。目前，控制切削液中微生物繁殖最流行、最有效的方法是加入杀菌剂。常用的杀菌剂有酚类化合物、溴和氯类化合物和甲醛释放型化合物等。但这些传统的杀菌剂稳定性和杀菌性差。因此，增强杀菌剂的杀菌性和稳定性是目前研究新型绿色杀菌剂的重点方向之一。

研究者针对目前杀菌剂存在的问题，研发了高效、稳定的绿色杀菌剂。张秀研等[104] 合成了杀菌性能优异的异噻唑啉酮类化合物杀菌剂 4,5-二氯-2-丙基-4-异噻唑啉-3-酮，合成过程如图 2-20(a) 所示；而且通过杀菌实验对其进行了杀菌性能测定，当药量达到 60mg/L 时，杀菌率接近 100％。Hamed 等[105] 以乙二醇和甲酸为原料，使用对甲苯磺酸作为催化剂，二甲苯为共沸溶剂，通过酯化反应合成了具有抗菌效果的最佳产物 1,2-二基二甲酸乙烷，合成过程如图 2-20(b) 所示。王晓菲[106] 以盐酸胍、二乙烯三胺、长链有机胺等含胺基的单体为原料，通过缩合反应合成了一种新的有机胍杀菌剂，合成过程如图 2-20(c) 所示。当有机胍杀菌剂的加药量为 30mg/L 时，水基切削液乳液中异养菌、还原菌和铁细菌这3 种菌的杀灭率均大于 99%。此外，一些国外专利也有对绿色杀菌剂进行研究，其化学组分如表 2-9 所示。这些绿色杀菌剂具有更好的低温稳定性和更高的抗菌效率。

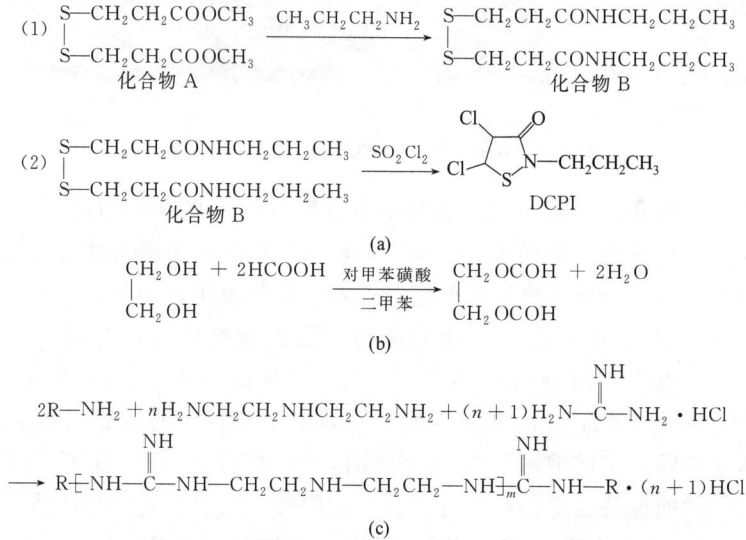

$$
\text{(1)} \quad
\begin{array}{l} S-CH_2CH_2COOCH_3 \\ | \\ S-CH_2CH_2COOCH_3 \end{array}
\xrightarrow{CH_3CH_2CH_2NH_2}
\begin{array}{l} S-CH_2CH_2CONHCH_2CH_2CH_3 \\ | \\ S-CH_2CH_2CONHCH_2CH_2CH_3 \end{array}
$$

化合物 A 　　　　　　　　　　　　　　　　　化合物 B

$$
\text{(2)} \quad
\begin{array}{l} S-CH_2CH_2CONHCH_2CH_2CH_3 \\ | \\ S-CH_2CH_2CONHCH_2CH_2CH_3 \end{array}
\xrightarrow{SO_2Cl_2}
\text{DCPI}
$$

化合物 B

(a)

$$
\begin{array}{l} CH_2OH \\ | \\ CH_2OH \end{array}
+ 2HCOOH
\xrightarrow[\text{二甲苯}]{\text{对甲苯磺酸}}
\begin{array}{l} CH_2OCOH \\ | \\ CH_2OCOH \end{array}
+ 2H_2O
$$

(b)

$$
2R-NH_2 + nH_2NCH_2CH_2NHCH_2CH_2NH_2 + (n+1)H_2N-\underset{NH}{\overset{NH}{C}}-NH_2 \cdot HCl
$$

$$
\longrightarrow R\underset{NH}{\underbrace{-NH-C-NH-CH_2CH_2NH-CH_2CH_2-NH}_{m}}\underset{NH}{-C}-NH-R \cdot (n+1)HCl
$$

(c)

图 2-20　杀菌剂的合成过程[n= 1~20, R= CH₃(CH₂)ₘ, m= 3~15]

表 2-9　绿杀菌剂的化学组分

专利号	化学组成	结构式
US11426825	氯化苯甲烃胺	
US12731403	吗啉衍生物	
US10852460	二烷基醚胺	

2.3.3　极压剂

极压剂是切削液中重要的添加剂。其通过在工件表面形成极压润滑膜使得切削液可以在高温、高压等极端苛刻条件下使用，拓宽了切削液的适用范围。这对难加工材料的切削、成形等加工方式的冷却润滑具有不可替代的作用。极压剂按照成膜机理，大致分为两种：一种是能和基体金属表面直接发生化学反应生成反应膜，如含硫或含氯的化合物、金属硫化物、金属氯化物等；另一种是通过加工中的热降解作用形成薄膜，如二硫化磷酸盐、含磷有机化合物等。但这些极压剂的生物降解能力差，而且有些极压剂为致癌物质，不满足绿色发展的要求。

因此，寻找生物降解能力好、对生物危害小的极压剂是金属加工领域中的重点研究方向。

随着研究者们对绿色极压剂的研发，发现硼酸酯类极压剂有望成为绿色的极压剂。袁博等[107] 以十二酸、二乙醇胺和硼酸为原料，通过酯化、缩合反应制备了十二酸二乙醇酰胺硼酸酯，合成过程如图 2-21(a) 所示。将质量分数 11.3% 的十二酸二乙醇酰胺硼酸酯加入半合成切削液中，制备的切削液具有很好的极压抗磨性，其摩擦因数可以低至 0.056。此外，用十二酸二乙醇酰胺硼酸酯配制的半合成金属切削液，各项指标都符合标准 GB/T 6144—2010。孟祥涛等[108] 以蓖麻油酸、硼、二乙醇胺为原料，采用共沸原理制备了一种醇胺型硼酸酯抗磨添加剂，合成过程如图 2-21(b) 所示。另外，他还使用四球摩擦试验机考察了该硼酸酯抗磨添加剂的摩擦学性能。结果表明，当添加剂量在 $200\mu g/g$ 时，基础油的抗磨效果较好，磨斑直径最低为 $419\mu m$。

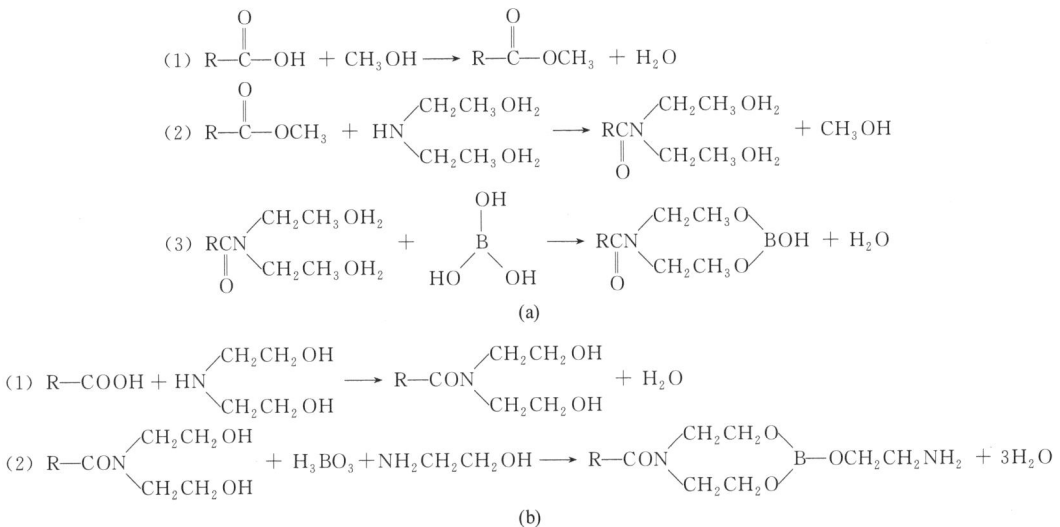

图 2-21　极压剂的合成过程

除上所述，也发明了一些新型环保极压剂。其中聚酯类和松香酸及其衍生物等已取代氯化石蜡等成为重要的环保极压剂类型，其化学组分如表 2-10 所示。

表 2-10　极压剂的化学组分

专利号	化学组成	结构式
US10219919	聚酯部分酯化酸和多元醇酯	$R^7-\overset{O}{\overset{\|}{C}}-O-R^8\overset{}{\underset{a}{]}}OH$
JP2009059085W	烷基脂肪酸聚丙烯酰胺	$H_2C=\overset{R}{\overset{\|}{C}}-\overset{OH}{\overset{\|}{C}}-N\overset{}{(}CH_2\overset{}{)_n}COOH$

对绿色添加剂的研究，并不局限于上述三种添加剂。比如，为了增强水基合成切削液的冷却性和清洗性，需要在其中加入能降低切削液表面张力的表面活性剂；为了解决切削液的泡沫问题，需要加入消泡剂等。这些添加剂多为无机添加剂，是需要进行绿色研发的。为了遵循可持续的发展理念，研究者要不断开发新的绿色添加剂，使切削液在保持功能多样化的同时，更加绿色环保。

2.3.4 基础油

植物油因生物降解性能好、产量高、无毒性、资源充足等天然优势逐步成为绿色切削液基础油的选择。将植物油作为切削液的基础油，使加工工艺更具绿色性的同时，还增强了磨削区的抗磨、润滑性能。植物油的主要成分是由脂肪酸和甘油化合而成的甘油三酯[109-111]。不同的植物油，其脂肪酸种类和含量不同，这会影响其本身的物理化学性能。脂肪酸可以与金属表面反应形成单分子层或者多分子层的脂肪酸皂吸附膜，起抗磨和减摩作用。另外，当植物油分子垂直、紧密、均匀地排列在金属的表面上时便在其表面形成润滑性能优异的单分子边界层润滑薄膜。脂肪酸分为饱和脂肪酸和不饱和脂肪酸。常见植物油的脂肪酸含量及脂肪酸分子结构式见表 2-11。油酸、亚油酸、亚麻酸是不饱和脂肪酸，硬脂酸和棕榈酸则是饱和脂肪酸。对于脂肪酸而言，饱和脂肪酸的润滑性能要优于不饱和脂肪酸。

表 2-11　几种常见植物油的脂肪酸含量及脂肪酸分子结构式

类别	分子式	结构式	植物油的脂肪酸含量/%				
			大豆油	菜籽油	蓖麻油	玉米油	花生油
油酸	$C_{17}H_{33}COOH$	~~~~~~COOH	22~31	40~60	3~9	26~40	53~71
亚油酸	$C_{17}H_{31}COOH$	~~~~~~COOH	49~55	11~23	2.0~3.5	40~55	13~27
亚麻酸	$C_{17}H_{29}COOH$	~~~~~~COOH	6~11	5~13	—	1~2	
棕榈酸	$C_{15}H_{31}COOH$	~~~~~~COOH	7~10	1.5~6	—	9~19	6~9
硬脂酸	$C_{17}H_{35}COOH$	~~~~~~COOH	3~5	0.5~3	—	1~3	3~6

研究者依据植物油的理化特性，研发了润滑性能优异的植物油基绿色切削液。其中，大豆油的脂肪酸含量最多，因而成为绿色切削液基础油的研究重点。Lodhi 等[112] 采用大豆油等作为切削液的基础油，并用四球测试仪进行了试验。结果表明，在 1600N 以上的载荷下，植物油基切削液相比传统切削液来说，仍能保持较低的摩擦系数。郭树明等[113] 研究了蓖麻油与其他植物油（大豆油、玉米油、棕榈油等）混合作为微量润滑切削基础油的润滑机理，发现混合基础油相比蓖麻油具有较好的润滑效果，大豆油/蓖麻油混合基础油效果最优，切向力和法向力分别降低了 27.03% 和 23.15%。此外，在零件加工过程中，摩擦界面大多数以边界润滑为基础。然而，在边界润滑条件下，在植物油中添加纳米颗粒可以显著改善其润滑性能。李明等[114] 将石墨烯纳米粒子添加到植物油基切削液中强化了其冷却润滑性能。在石墨烯纳米粒子质量分数 0.1%、切削液流量 60mL/h、气体压强 0.6MPa 时，其最优的铣削加工表面粗糙度为 $0.406\mu m$。张彦彬等[115] 针对植物油作为纳米粒子射流微量润滑基础油的磨削加工工况，研究了不同植物油分子结构和纳米流体物理特性对磨削区成膜机理及减摩抗磨特性的影响规律；用粒径 50nm 的 MoS_2 粒子混合植物油研制了植物油纳米流体，并研究了其润滑性能。结果表明植物油纳米流体作为微量润滑磨削液较纯植物油能得到更低的微观摩擦系数，植物油纳米流体的润滑性能更好。不同植物油基微量润滑的微观摩擦系数如图 2-22 所示。

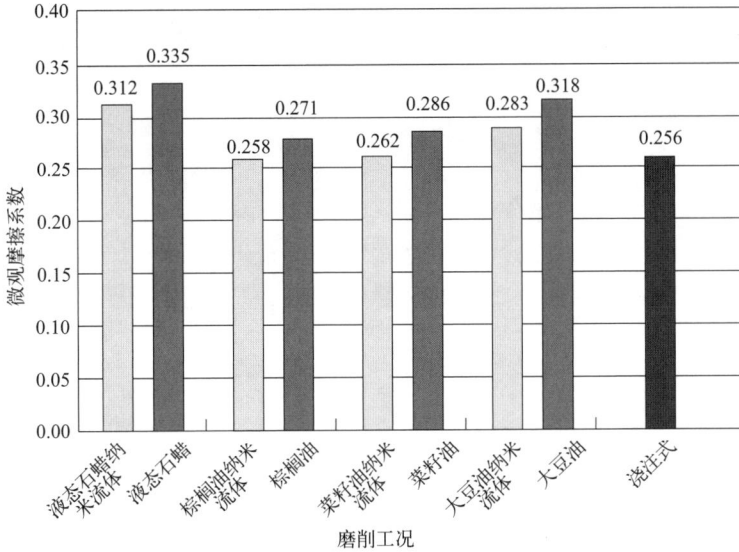

图 2-22　不同磨削工况下的微观摩擦系数

2.4　切削液的循环净化技术

为了遵循绿色、可持续的环保理念，除了对添加剂进行改性、使用无害添加剂、将生物降解能力好的植物油作为基础油和研发新型绿色加工方式外，还应虑及切削废液的处理问题。虽然目前绿色切削液的生物降解性得到了提高，减少了有害添加剂的使用，但是，切削液中仍含有能对生物、环境造成危害的因素，比如切削液中含有有害微生物生存所必需的碳、氢、氧元素，有害微生物的滋生不可避免，切削废液如果未合理排放必然会导致污染问题。为此，我们一方面要虑及排放到自然环境中的切削废液的污染物去除问题，使得切削废液对环境和生物的危害降至最低；另一方面，还要虑及通过循环净化技术对成分简单的切削废液进行处理，对其进行回收利用，使得切削液达到最大限度的经济效益。

2.4.1　废弃切削液过滤机制及方法

切削废液排放到自然环境中主要有两个途径：一是通过切削油雾排放到空气中，由于加工方式的局限性，切削液需要喷射在刀具/工件的加工区间，这就不可避免地造成切削液滴在刀具表面、工件表面进行激烈的冲击溅射，从而导致其机械雾化。此外，切削液受到切削热的作用会导致其汽化，随后经过冷凝即生成油雾。切削油雾的生成机理见图 2-23。生成的油雾会被工作人员吸入，进而对工作人员的身体造成长期的危害。二是切削废液通过回收装置，经过简单处理后排放至自然环境中。为此，我们需要根据切削液的排放途径，寻找绿色、高效的切削废液处理方式。

2.4.1.1　空气污染物去除方法

可用于降低切削油雾浓度的有效方法有机械降雾法和化学降雾法。机械降雾法主要是利

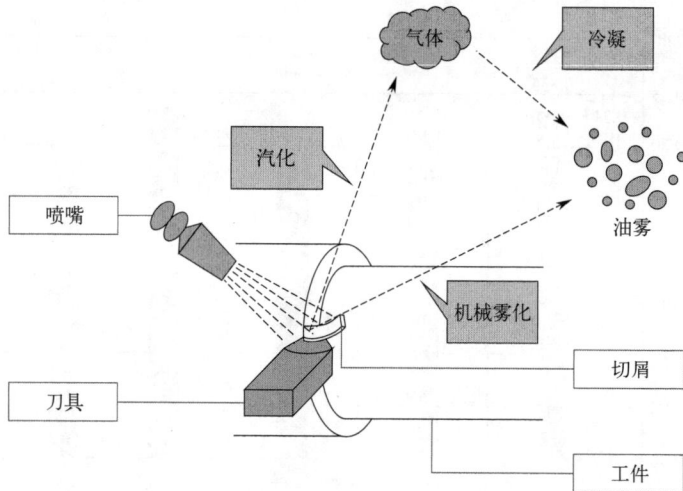

图 2-23 切削油雾的生成机理

用外部设备，通过影响空气流动来降低油雾浓度或限制油雾扩散的方法，主要包括采用排风扇、油雾捕集器、油雾过滤器等。机械降雾法的实施简单，且效果显著，被广泛应用在了金属加工中。蒋林艳等采用集中油雾收集处理系统对机械加工车间里的油雾进行了净化与控制。净化后，整个机械加工车间内的切削油雾浓度在 $0.5mg/m^3$ 以下，总悬浮颗粒物浓度下降幅度高达 24%。净化设备及其过滤原理如图 2-24 所示。

对于机械降雾还有很多发明装置，这些发明装置能有效对空气内的油雾颗粒进行分离、回收并可实现再利用，使加工空间内的空气更加干净清新，更有利于工人的健康。相关专利号及设备见表 2-12。

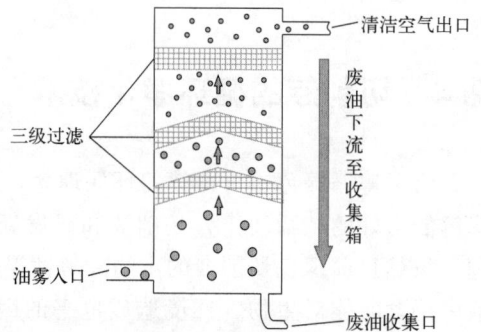

图 2-24 净化设备及其过滤原理

表 2-12 机械降雾相关专利号及设备组成

专利号	设备组成
CN201711400817.8	组成:外壳、伸缩管、出风管、来风管道、风道。风道内设有网状过滤器、离心叶轮、初级过滤器、二级过滤器和三级过滤器,出风管内装有辅助排气扇 作用:先通过网状过滤器进行初级过滤,吸附周围环境中的大颗粒,再通过多级活性炭过滤器吸附过滤有害物质
CN201720285550.1	组成:前箱体、中箱体、后箱体。前箱体内装有前过滤装置,前过滤装置包括框架、惯性碰撞板和填充棉,中箱体内装有离心叶轮,后箱体内设有电动机板、电动机和后过滤装置 作用:设有两个过滤装置,并且在进气口的前过滤装置内装有惯性碰撞板,可阻挡空气中的大颗粒,防止过滤器堵塞,从而提高了油雾过滤效率
CN201721027059.5	组成:中空平板、圆柱立板。圆柱立板设有相对的高压油雾入口和低压油雾入口,中空平板设有中空筒体和中空旋风筒体 作用:油雾介质进入旋分腔产生较大的离心力,可有效分离油雾介质中大于 $10\mu m$ 的颗粒和油,达到了良好的初级旋分效果
CN201910100369.2	组成:风分离机构包括管道和风扇,管道中有锥形滤网机构;过滤回收机构与管道相连,包括箱体、过滤机构和回收机构 作用:能有效分离、回收和再利用空气中的油雾颗粒,使处理空间内的空气更加清新,更有利于工人的身体健康,避免了设备被油污污染,延长了设备使用寿命

·

　　机械降雾法具有实施简单、效果明显等优点，但是机械降雾法所用设备的安装和维护费用太高，并且因为设备过大会妨碍工作人员的操作。化学降雾法是使用蒸发性小的基础油或向切削液中添加抗雾添加剂来降低油雾浓度的方法。普通基础油的蒸发损失如图 2-25 所示。由图可知，多元醇酯和植物油具有较低的蒸发损失，因此是低油雾、低危害、环保型切削液的首选基础油。据悉，德国 Binol AB 公司曾开发了一种植物油基的切削液，与矿物油基的切削液相比，油雾浓度可降低 90%。此外，基础油的黏度越大，分子间的内聚力就越大，其分散成细小颗粒的可能性就越小。25℃时，黏度对切削油雾浓度的影响如图 2-26 所示。因此，改变基础油的黏度也是降低空气污染的有效途径之一。

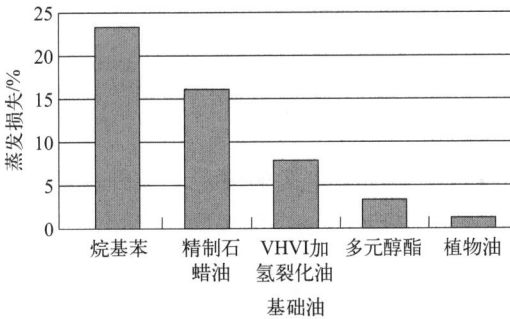

图 2-25　普通基础油的蒸发损失

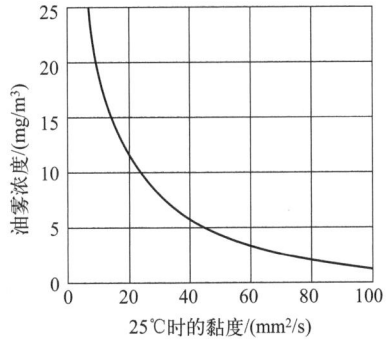

图 2-26　黏度对切削油雾浓度的影响

　　抗雾剂通常是一些高分子聚合物，这些聚合物可与油形成足够大、足够重的油滴，使之不易被空气携带，从而达到减少油雾的目的。抗雾剂包括油基切削液抗雾剂和水基切削液抗雾剂。其主要成分为聚甲基丙烯酸酯、聚环氧乙烷等有机聚合物。抗雾剂是从微观分子的角度来解决油雾，相对于机械降雾法来说，具有时效快的优点。因此，向切削液中添加抗雾剂是一种绿色的降低切削油雾浓度的办法。

　　空气污染物去除方法的特点见表 2-13。从环保、健康与安全的角度来看，降低切削油雾浓度的最好办法是化学降雾法。其中，抗雾剂具有环保性、时效快等优点，成为最优选择。抗雾剂在国外已得到广泛应用，我国应加强相关研究与推广应用，进而减少切削油雾对操作工人的危害。

表 2-13　空气污染物去除方法的特点

方法	措施	环保性	时效性	经济性
机械降雾法	排风扇、油雾捕集器、油雾过滤器等	好	差	差
化学降雾法	蒸发性小的基础油	好	好	边缘
	有机抗雾剂	极好	极好	边缘

2.4.1.2　切削废液处理技术

　　切削废液中含有大量的基础油、金属屑、有机物等，其化学耗氧量（COD）、总有机碳（TOC）和油浓度都很高。若未经处理的切削废液排入自然环境中，会对自然环境造成严重危害。切削废液流入河流后，由于基础油的密度小于水，会在水面形成油膜，从而造成水体缺氧，威胁水中生物的安全。此外，切削废液渗入土壤后，会流向地下水层，污染地下水源；进一步地，切削废液中的有害添加剂和细小切屑会通过食物链储存在人体中，造成潜在的危害。因此，切削废液如何绿色处理成为目前金属加工领域亟待解决的问题。

由于表面活性剂的存在，切削废液形成了非常稳定的油-水结构。因此切削废液处理的关键在于能否破乳实现油水分离。切削废液中的油分根据油粒直径主要分为溶解油（<5μm）、乳化油（<20μm）、分散油（20～150μm）和浮油（>150μm）。按照原理，油水分离方法可分为物理法、化学法和生物法。

（1）物理法

① 重力分离法。重力分离法是典型的初级处理方法，主要利用油和水的密度差及油和水的不相容性，在静止或流动状态下实现油珠、悬浮物与水的分离。分散在水中的油珠在浮力作用下缓慢上浮、分层，油珠的上浮速度取决于油珠颗粒的大小、油与水的密度差、流动状态及流体的黏度。常用的设备是隔油池，包括平流隔油池、斜板隔油池、波纹斜板隔油池等。侯建等[116]利用重力油水分离器进行了油水分离，并考察了其分离效果。结果显示，其出水含油量低于 0.5%，油水分离效果好。重力分离法主要用来处理浮油，不适合处理乳化较为严重的废液。

② 吸附法。吸附法是将切削废液通过多孔吸附剂或吸附剂组成的滤床，利用化学作用或物理作用使污染物质吸附在吸附剂上，从而将废液中的杂油和污染物去除。常用的吸附剂包括活性炭、高吸油树脂、粉煤灰、膨润土等。曹春艳等[117]以十六烷基三甲基溴化铵（CTAB）为改性剂，对纯化后的膨润土进行活化改性，制得了有机改性膨润土。其对废水中 COD 的去除率可达 85.84%。李和等[118]采用了活性炭、硅藻土、高岭土、白土和壳聚糖去吸附水中的微量油。其中活性炭的除油效果最好，吸附率为 95.74%。Songsaeng 等[119]将还原氧化石墨烯（r-GO）添加至天然橡胶（NR）胶乳中，制成了绿色吸附材料。该材料重复使用 30 次后除油效率仍高于 70%。

此外，天然木屑因具有价廉易得、吸附性好、天然环保等优点，从而成为了绿色吸附材料的重点研究对象。但是天然木屑对油和水都具有吸附作用，为了增大吸油率，减少吸水率，通常要对天然木屑进行改性。Banerjee 等[120]用接枝脂肪酸的方法对天然木屑进行了表面改性。与天然木屑（SD）相比，油酸接枝木屑（OGSD）对油的吸附性能较好，如图 2-27 所示。桑洪建等[121]采用热解的方法对天然木屑进行了改性，改性后的吸附剂在相同油浓度下的吸油量提高了 100% 以上，吸水量降低了 20%～30%。吸附剂材料的吸附容量有限，再生困难，因此多用于含油量少的废液。

③ 气浮法。气浮法是将微小气泡注入水中，利用气泡黏附水中的油滴，形成密度小于水的絮体，并在浮力作用下漂浮到水面形成浮油层，最终通过刮去浮油层达到油水分离的办法。水中油滴的亲水性与疏水性决定其能否黏附在气泡上。其亲水性与疏水性可用气、水、油界面张力线之间的夹角，即湿润（接触）角 θ 来解释。润湿角小于 90° 为亲水性，与气泡黏附比较困难；润湿角大于 90° 为疏水性，与气泡黏附比较容易。气浮法机理见图 2-28。其中气、水、油三相分别用 1、2、3 表示。

常用的气浮工艺有溶解气浮（dissolved air flotation，DAF）、电气浮（electro-flotation，EF）、散气气浮［induced（dispersed）air flotation，IAF］、离心气浮（centrifugal flotation，CF）等。雷倩茹[122]在采用两级气浮法预处理乳化液废水的实验中发现气浮对乳化液废水有独特的效果，废水经过两级气浮法处理后，COD 与石油类指标的去除率都高达 99%。气浮法一般用于油粒粒径小、与水密度差较小的乳化液油水分离。

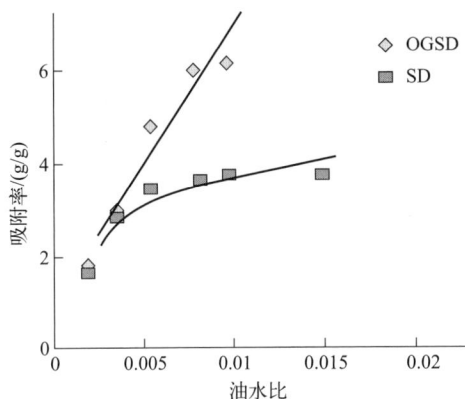

图 2-27　SD 和 OGSD 的吸附率与油水比的关系

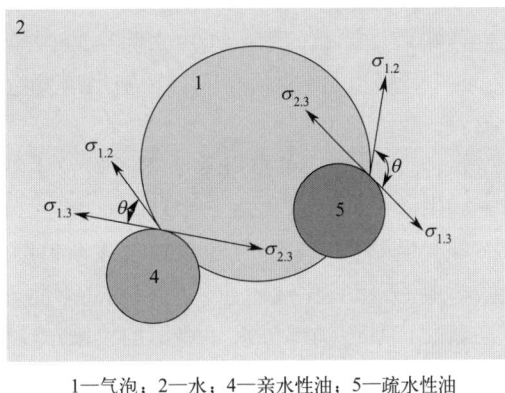

1—气泡；2—水；4—亲水性油；5—疏水性油

图 2-28　气浮法机理

④ 膜分离法。膜分离法是通过外力利用膜的选择透过性对废水中的油及其他有机物进行分离的方法。膜分离技术主要包括微滤（micro-filtration，MF）、超滤（ultra-filtration，UF）、纳滤（nano-filtration，NF）、反渗透（reverse-osmosis，RO）和正渗透（forward-osmosis，FO）等[123]。切削废液中的乳化油粒径小于 $10\mu m$，可通过超滤和微滤得到有效去除；纳滤、反渗透和正渗透的应用较少。而对于微滤和超滤来说，超滤膜的孔径更小，除油率更高，因此，为了确保稳定的渗透水质，在处理切削废液时，超滤应用最广泛。超滤机理见图 2-29。杨振生等在聚醚砜微孔膜表面通过 PES/TiO$_2$ 杂化处理得到了超滤尺度滤膜。该滤膜可将切削废液中的大部分油污过滤去除，COD 去除率为 89.7%。Shi 等[124] 在 PVDF 表面包覆纳米 TiO$_2$ 获得了亲水性膜。此改性超亲水膜的水通量可达 785L/（m^2·h），乳液的分离效率达 99%。

膜分离技术具有除油效率高、出水水质稳定、能耗低、占地面积小、无二次污染等优点，是一种绿色高效的废水处理方法。但是分离膜易被污染堵塞，清洗麻烦，且对 COD 的去除率可能不高，对膜材料的选择和结构有待进一步优化。

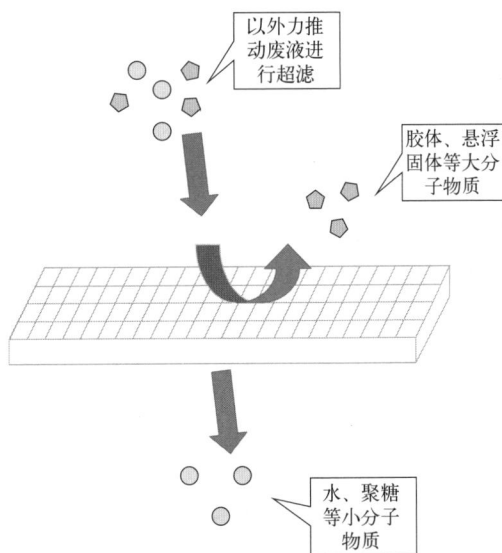

图 2-29　超滤机理

（2）化学法

① 酸析法。表面活性剂可使废水中的油珠带电。由于 ζ 电位和双电层的存在，乳化油颗粒之间无法接触聚集。通过加酸，增加体系中的 H$^+$，可中和乳化油颗粒表面的负电荷，从而降低 ζ 电位实现破乳。尹季璇等[125] 采用了酸析-混凝联用工艺处理切削废液，COD 去除率可达 61.2%。吴文珍等[126] 使用了硫酸酸化处理某机械加工废水，当采用酸析-混凝联用工艺时，COD 去除率可达 71%。

在切削废液的处理中，酸析法只用作简单的油水分离，一般都会联合其他技术共同对切削废液进行除杂处理。

② 混凝法。混凝法是利用混凝剂中的铝盐、铁盐水解产生羟基聚合物，通过羟基聚合物对水中胶体颗粒的絮凝作用来除杂的。其过程分为三个阶段：

a. 水解阶段。金属离子与羟基迅速发生络合反应，生成单核羟基络离子，切削废液 pH 值升高。

b. 聚合阶段。单核羟基络离子进行水解聚合反应，形成一种八面体结构，每两个八面体通过共享一对羟基形成二聚体，如图 2-30 所示。此后，羟基与二聚体进一步水解反应生成多核羟基络离子，并且随着羟基逐渐被结合，其聚合形态迅速增大。

c. 凝胶-沉淀生成阶段。生成的高聚物对羟基的吸收逐渐达到饱和，其形态向凝胶沉淀方向转化，且因局部沉淀导致切削废液 pH 值增高，最后其转化成 $Me(OH)_3$ 沉淀。

水解聚合反应的表达式为：

$$x Me^{3+} + y H_2O \Longrightarrow Me_x(OH)_y^{(3x-y)+} + y H^+$$

式中，Me^{3+} 代表 Al^{3+} 和 Fe^{3+}。

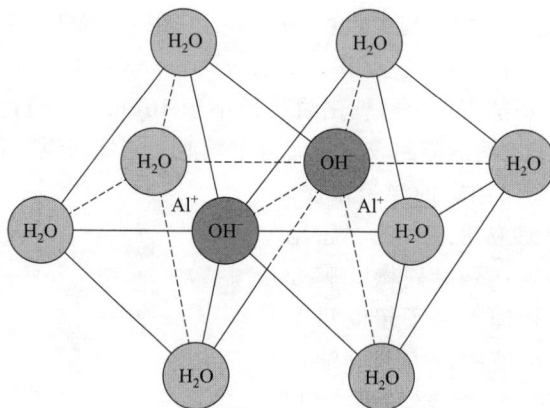

图 2-30　二聚体结构

程刚等[127] 采用了破乳-混凝-光催化化学氧化法处理切削废液，其 COD 去除率为 99.5%，脱色率为 100%。韩卓然等[128] 使用聚合氯化铝（polyaluminum chloride，PAC）与聚合硫酸铁（polyferricsulfate，PFS）处理某机械制造厂铝加工过程产生的切削废液时发现，PAC 和 PFS 的最佳投量均为 9g/L，且 PAC 对切削废液中大分子有机物的去除效果好于 PFS。

虽然混凝剂能够很快地对切削废液进行混凝除杂，但是处理过多的切削废液需要很多的混凝剂，这会增加处理成本。随着研究者的不断探索，电化学混凝（EC）技术逐步发展起来，这是一种新型的绿色混凝技术。EC 通过在阳极释放金属离子（Al^{3+} 和 Fe^{3+}），利用电解反应，从而在阴极处生成气体。其反应过程为：

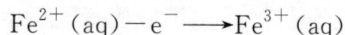

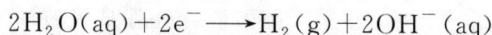

$$Al(s) - 3e^- \longrightarrow Al^{3+}(aq)$$

$$Fe(s) - 2e^- \longrightarrow Fe^{2+}(aq)$$

$$Fe^{2+}(aq) - e^- \longrightarrow Fe^{3+}(aq)$$

$$2H_2O(aq) + 2e^- \longrightarrow H_2(g) + 2OH^-(aq)$$

电化学混凝反应的机制如图 2-31 所示。阳极释放的金属离子作为絮凝剂，阴极产生气泡，絮凝剂与水中的污染物结合形成大絮体，然后通过沉淀或气浮去除。Guvenc 等[129] 证明了 Fe 电极比 Al 电极更适合处理金属加工液。Kobya 等[130] 采用连续电混凝工艺（continuous electrocoagulation process，CECP）处理切削废液时发现，Fe 电极的 COD、TOC 和浊度去除率分别为 98%、95%、99.9%。

③ 氧化法。一般采取芬顿（Fenton）氧化法和电化学氧化法。Fenton 氧化法是利用 Fe^{2+} 与双氧水产生羟基自由基（$\cdot OH$），通过 $\cdot OH$ 的强氧化性来降解有机污染物的。

$\cdot OH$ 的产生：

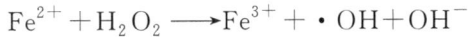

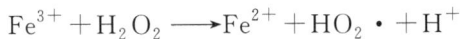

$$Fe^{2+}+H_2O_2 \longrightarrow Fe^{3+}+\cdot OH+OH^-$$
$$Fe^{3+}+H_2O_2 \longrightarrow Fe^{2+}+HO_2\cdot +H^+$$
$$Fe^{2+}+\cdot OH \longrightarrow Fe^{3+}+OH^-$$
$$Fe^{3+}+HO_2\cdot \longrightarrow Fe^{2+}+O_2+H^+$$
$$\cdot OH+H_2O_2 \longrightarrow H_2O+HO_2\cdot$$
$$Fe^{2+}+HO_2\cdot \longrightarrow Fe^{3+}+HO_2^-$$

$\cdot OH$ 氧化有机物：

$$RH+\cdot OH \longrightarrow R\cdot H_2O$$
$$R\cdot +Fe^{3+} \longrightarrow R^+ +Fe^{2+}$$
$$R^+ +O_2 \longrightarrow ROO^+ \longrightarrow CO_2+H_2O$$
$$Fe^{2+}+O_2+2H^+ \longrightarrow Fe(OH)_2$$
$$4Fe(OH)_2+O_2+2H_2O \longrightarrow 4Fe(OH)_3$$
$$Fe^{3+}+3HO^- \longrightarrow Fe(OH)_3$$

图 2-31　电化学混凝反应的机制

Amin 等[131] 在溶解气浮处理后，使用了光芬顿处理废切削液。在 pH 值为 3 的条件下，$FeSO_4$ 的用量为 35000mg/L，H_2O_2（30%）的用量为 17g/L，COD 去除率和除油率可达到 99% 左右。李雪伟等[132] 利用铜包铁粉作为类芬顿催化剂对切削废液进行了处理，其 COD 去除率可达 96.7%。但是，芬顿氧化法会产生大量的含铁污泥，后续污泥处理带来困难。另外芬顿氧化法一般在 pH 为 2~5 时才能顺利进行，这会增加成本，且对设备有一定的腐蚀作用。

电化学氧化法（electrochemical oxidation，EO）是指通过电化学方式产生氧化剂，从而氧化降解水中污染物的方法。EO 可以通过直接氧化和间接氧化这两种机制降解污染物，其机理如图 2-32 所示。周乃磊等[133] 研究了 PbO_2/Ti 电极电催化氧化处理切削废液，电解 5h 后，COD 去除率达 95%。Yang 等[134] 采用了 Ti/IrO_2 电极处理某工厂的切割和研磨冷却废液，在反应 60min 时，冷却废液的 COD 去除率为 78%。

（3）生物法

生物法是利用微生物的新陈代谢作用对切削废液中的油和其他污染物进行降解。根据微生物的需氧程度，可将生物处理法分为好氧生物处理和厌氧生物处理。史晨等[135] 利用生物接触氧化法处理机务段含油废水，发现其对 COD 和油的去除效果好。Zhang 等[136] 研究了膜生物反应器（MBR）与芬顿反应联合处理切削废液。在最佳条件下，COD 去除率可达 97%。

与物理法、化学法相比，生物法具有成本低、环境友好、高效等优点。然而，微生物对

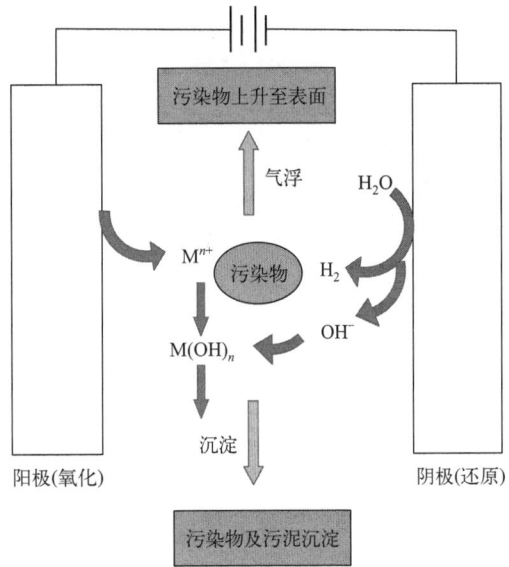

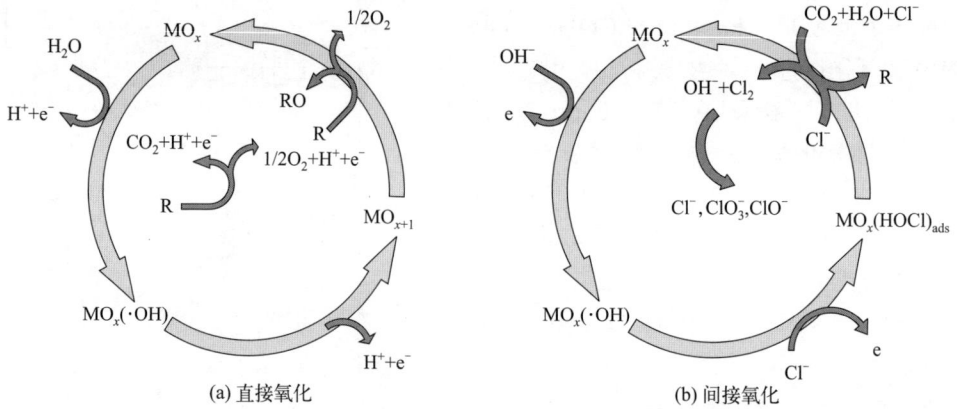

(a) 直接氧化　　　　　　　　　　　　(b) 间接氧化

图 2-32　电化学氧化法的两种氧化机制

环境条件要求苛刻，需要适宜的生存环境，故生物法很难直接处理可生化性低的特种有机废水。

（4）联合处理法

有些切削废液的成分复杂，采用单一的处理工艺并不能对这类切削废液进行净化。因此，研究者虑及了多种技术联用。汪昆平等[137] 采用了混凝破乳-芬顿氧化深度处理乳化液废水，COD 去除率接近 70%，处理后的废水满足排放要求。赵露霞等[138] 采用了混凝-热活化过硫酸盐氧化处理金属切削废液，COD 去除率为 76%。姜鑫等[139] 利用超滤-UASB（up-flow anaerobic sludge bed）-接触氧化工艺对乳化液废水进行了处理，处理后的废水满足排放标准。

切削废液除杂技术的特点如表 2-14 所示。从 COD 去除效率及环保等角度考虑，混凝法、氧化法、生物法以及联合处理法在处理切削废液方面都很出色。不过对于杂质成分复杂的切削废液来说，联合处理法是一种高效的切削废液处理方法。

表 2-14　切削废液除杂技术的特点

处理方法		COD 去除性	环保性	经济性
物理法	重力分离法	边缘	极好	极好
	吸附法	好	好	边缘
	气浮法	极好	好	好
	膜分离法	好	好	边缘
化学法	酸析法	边缘	边缘	好
	混凝法	极好	好	好
	氧化法	极好	好	好
生物法		好	极好	好
联合处理法		极好	好	好

2.4.2　微生物去除机制及方法

切削液中的基础油和各类添加剂会给微生物的生存繁殖提供必要的碳、硫、磷等元素，这会造成微生物的滋生，而微生物的生长会降解切削液，导致切削液变质并且产生异味。微生物降解水基切削液的过程如图 2-7 所示。此外，切削液中的细菌会导致操作人员患上严重的呼吸道疾病，危害身体健康。Perkins 等[140] 在受到微生物污染后的切削液中分离出了军团菌、肺炎克雷伯菌、大肠杆菌等病原体，检测出了葡萄球菌、链球菌、硫酸盐还原菌等微生物。

Rhodes 等[141] 在切削液中分离出了过敏性肺炎假单胞菌。切削液中的真菌也有很多，如青霉菌、曲霉属真菌、麦类黑变病菌等。因此，切削液中的微生物去除是减少切削液更换、降低生产成本、抑制切削液对生物危害的重点。迄今为止，对水溶性切削液进行杀菌的方式有很多，比如芬顿氧化法、生物法、注射杀菌剂等。但芬顿氧化法对药剂的利用率不高，而且会产生大量的铁泥，生物法对条件控制比较苛刻，在切削液中注射杀菌剂，细菌浓度仅初期降低，几周后又恢复到原来的数值。因此，这些方法都不是绿色环保的切削液除菌方法。

根据绿色环保的理念，我们在着手去除金属粉末以及杂油等污染物的同时，也要虑及抑制细菌滋生的绿色高效方法。目前已有的绿色高效除菌技术，大体上可分为纳米复合材料除菌技术、臭氧除菌技术、紫外线除菌技术、紫外光/臭氧协同除菌技术以及紫外光/氧气协同除菌技术。

2.4.2.1　纳米复合材料除菌技术

纳米复合材料除菌技术是近几年研制开发的一类抗菌杀菌技术，是纳米科技和抗菌技术研究的重点。Ramos 等[142] 用百里香酚和银纳米粒子（AgNPs）制备了具有抗氧化和抗菌性能的聚乳酸（PLA）基膜。Ebrahimi 等[143] 研制了一种含有亲水性头孢曲松钠的纳米结构脂质载体（NLC），并研究了其对革兰氏阴性菌大肠杆菌的抑制作用。纳米复合除菌材料发展至今，主要包括金属纳米复合材料和光催化纳米复合材料。金属纳米复合材料主要利用 Ag^+、Cu^{2+}、Zn^{2+} 等金属离子本身所具有的抗菌性能，它是通过物理吸附、离子交换或混合烧结等方法，将 Ag^+、Cu^{2+}、Zn^{2+} 或此类金属离子的氧化物固定在多孔材料中制成的。其中银离子因抗菌性能较强，对人体的危害性小等特点而成为了金属纳米复合材料的研究热点。光催化纳米复合材料主要依靠 TiO_2、ZnO 和 ZrO_2 等半导体氧化物的光学反应为基础的一系列化学反应进行杀菌。TiO_2 具有化学稳定性好、杀菌能力强、对人体无毒副作用等优点，因此 TiO_2 系光催化纳米复合材料成为了研究除菌抑菌材料的重点内容。

（1）银系纳米复合材料

银纳米颗粒灭活细菌的途径如图 2-33 所示，包括：

① 释放 Ag^+。银离子直接作用于细胞酶和蛋白质，影响细胞的呼吸作用和离子跨膜运动，最终导致细胞的死亡。

② 产生活性氧（ROS）。ROS 的不正常积累诱发氧化应激，活性氧攻击细胞膜，与脂肪、蛋白质和核酸反应，并阻碍细胞传输系统，导致 DNA 的损伤和细胞死亡。

③ 与细胞膜直接接触并破坏细胞完整性。

④ 改变细胞膜的通透性。银纳米颗粒能够累积在细胞膜上，与细胞膜结合，攻击细胞膜磷脂双分子层，在细胞膜上形成凸点和孔洞，导致细胞内的物质流失。

⑤ 与蛋白质结合并干扰其正常功能。银纳米颗粒可改变包膜和热激蛋白的表达，影响细胞膜功能，最终导致细胞死亡。

Zhang 等[144] 使用明胶作为稳定剂在常温下合成了氧化石墨烯-纳米银抗菌材料。当此材料的浓度为 10×10^{-6} 时，对大肠杆菌的抑制率达到 99.9%。Xu 等[145] 用氨基超支化聚酰胺（HBPAA）和羟基超支化聚酰胺酯（HBPAE）功能化银纳米粒子（AgNPs）协同自

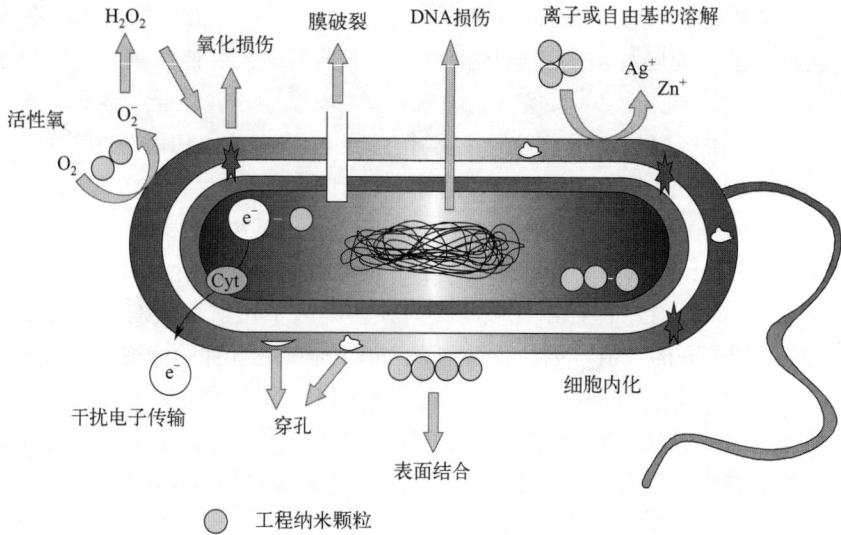

图 2-33　银纳米颗粒灭活细菌的途径

组装制备了棉纤维，制备过程如图 2-34 所示。Bilal 等[146] 利用旋花提取物中的生物银纳米粒子和壳聚糖，开发了具有抗菌和抗癌潜力、生态友好的新型缀合物。以金黄色葡萄球菌和大肠杆菌作为实验对象，添加该缀合物的菌落数量相比不添加缀合物显著降低。

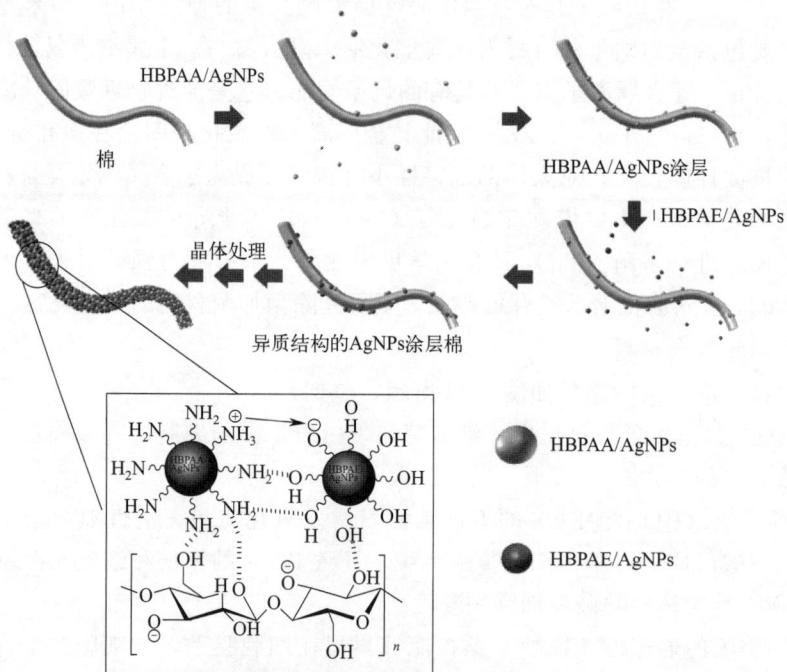

图 2-34　棉纤维的制备过程

（2）TiO_2 系光催化纳米复合材料

TiO_2 系光催化纳米复合材料在切削液杀菌方面的应用不多，主要应用在净化空气、水的设备中。TiO_2 有锐钛矿型、金红石型、板钛型三种晶型，其中锐钛矿型 TiO_2 具有较好的光催化作用。TiO_2 是一种 n 型半导体，其带隙能为 3.2eV，相当于 387.5nm 光子的能量，所以在大于其带隙能的光照下，半导体 TiO_2 的价电子就会被激发到导带上，从而在价带上产生光电子（e^-），在导带上产生空穴（h^+）：

$$TiO_2 \longrightarrow e^- + h^+$$

空穴具有很强的得电子能力，可夺取颗粒表面的有机物或体系中的电子，使原本不吸收光的物质被活化而氧化。TiO_2 在水和空气的体系中，在阳光尤其是紫外线的照射下，能够发生下面一系列化学反应：

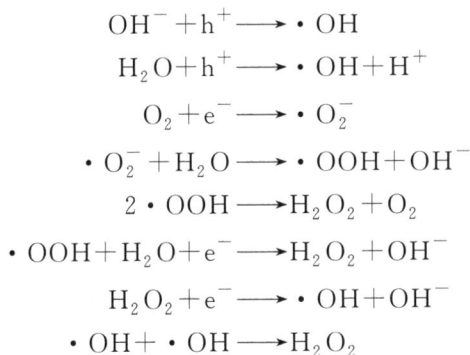

$$OH^- + h^+ \longrightarrow \cdot OH$$
$$H_2O + h^+ \longrightarrow \cdot OH + H^+$$
$$O_2 + e^- \longrightarrow \cdot O_2^-$$
$$\cdot O_2^- + H_2O \longrightarrow \cdot OOH + OH^-$$
$$2 \cdot OOH \longrightarrow H_2O_2 + O_2$$
$$\cdot OOH + H_2O + e^- \longrightarrow H_2O_2 + OH^-$$
$$H_2O_2 + e^- \longrightarrow \cdot OH + OH^-$$
$$\cdot OH + \cdot OH \longrightarrow H_2O_2$$

生成的活性羟基（$\cdot OH$）、超氧离子（$\cdot O_2^-$）、过羟基（$\cdot OOH$）和双氧水（H_2O_2）都可与生物大分子（如脂类、蛋白质、酶类以及核酸大分子）作用，通过一系列链式氧化反应直接破坏生物细胞的结构，从而起到杀菌、防霉、除臭的作用。其杀菌效能远远高于氯、次氯酸盐和过氧化氢等传统的杀菌剂。以 $\cdot OH$ 为例，它可攻击有机物的不饱和键或抽取其 H 原子：

$$R_3CH + \cdot OH \longrightarrow R_3C \cdot + H_2O$$

反应将产生新的自由基（$R_3C \cdot$），激发链式反应，致使细菌蛋白质变异和脂类分解，杀灭细菌并使之分解成无毒害的小分子。AL-Jawad 等[147] 制备了铁掺杂的二氧化钛薄膜，并对其进行了研究。结果表明随着掺杂铁量的增加，其对大肠杆菌和金黄色葡萄球菌的抗菌活性逐渐增强。Rizzo 等[148] 合成了一种优化的氮掺杂的二氧化钛，并以革兰氏阴性菌作为实验菌对其进行了评价实验。结果表明，在最佳辐照条件下，60min 后其杀菌率几乎达到 100%。

纳米复合材料具有耐老化、耐高温、综合性能优良、抗菌性稳定而长久等优点，是一种新型杀菌复合材料。纳米复合材料所产生的活性氧、活性羟基、超氧离子等都可以导致细菌死亡，是一种绿色的杀菌方式。目前纳米复合材料除菌技术在切削液除菌方面的应用并不广泛，不过随着科技的进步，纳米复合材料除菌技术有望成为切削液除菌领域的重要技术。

2.4.2.2　O_3 除菌技术

O_3 作为一种强氧化剂，能够有效地灭活微生物。O_3 的灭菌原理是组成臭氧的三个氧原子极其不稳定，臭氧分解时会释放出新生态氧（具有较强的氧化能力），从而氧化分解细菌内部葡萄糖所需的酶，使细菌死亡。其反应式为：

$$O_3 \longrightarrow O_2 + O$$

O_3 除菌技术具有能够彻底灭菌的优点，在切削液中的应用也日趋成熟。刘威风等[149] 采用了电絮凝/臭氧杀菌工艺作为切削液修复的处理方法，在臭氧曝气时间 10min 时，杀菌率达到 99.96%。Ratte 等[150] 开发了一种使用空气介质阻挡放电等离子体系统的臭氧处理技术，并在水溶性切削液中分别加入肺炎克雷伯菌、铜绿假单胞菌、大肠杆菌和普通变形杆菌进行了灭菌实验，结果显示超过 99.9% 的细菌被灭除。然而臭氧除菌技术也存在着对臭氧的检测及控制技术不成熟，残留臭氧对运输管道具有腐蚀性等亟待解决的问题。

2.4.2.3　UV 除菌技术

紫外线（UV）除菌技术是指利用波长在 240～280nm 范围的紫外线破坏细菌（病毒）中 DNA 或 RNA 的分子结构，造成生长性细胞死亡或再生性细胞死亡，从而实现杀菌消毒的技术。紫外线除菌技术在切削液中的应用早在 1983 年就由罗伯尔·格里赛等提出过，随后又有许多研究者进行了相关的研究。Johnson 等[151] 将荧光假单胞菌分别植入金属切削液中，并用 6W 的玻璃紫外灯对其进行了照射，发现切削液里的荧光假单胞菌在 60min 内减少了 99%。Saha 等[152] 在未使用的 5% 的稀释金属切削液样品中加入了不同浓度的荧光假单胞菌、嗜油假单胞菌嗜油亚种和龟分枝杆菌，并在静态以及混合搅动条件下，用高辐射强度（$192\mu W/cm^2$，55W）的紫外灯对其进行了照射。在静态条件下，对于假单胞菌，在 10min 内仅观察到减少了 56%；对于龟分枝杆菌，也仅仅减少了 74%。在混合搅动的条件下，曝光 3min 后，荧光假单胞菌、嗜油假单胞菌嗜油亚种和龟分枝杆菌分别减少了 98.8%、98.9% 和 82%。这表明高强度紫外线与混合搅拌相结合的方式能够成功地在较短的暴露时间内消除微生物。

相较于臭氧除菌技术而言，紫外线除菌技术不会对切削液及机器设备产生任何副作用，并且 UV 不需要储存及后续处理。然而，UV 灭活微生物的程度取决于 UV 强度和曝光时间以及微生物对紫外线的抵抗力。有时候由于紫外线光源较小或需要处理的切削液较多，会发生光照不充分等问题，致使微生物不能完全地消除。此外，有研究者发现，微生物有修复紫外线造成的辐射伤害的能力，并且幸存的微生物对紫外线辐射的抵抗力更强。

2.4.2.4　UV/O_3 和 UV/O_2 除菌技术

使用 O_3 和 UV 灭菌技术只能对切削液中的不稳定微生物产生强大的消除作用。但是，切削液中仍然存在一些高度稳定的微生物，仅通过使用 O_3 或 UV 照射无法清除。因此，UV/O_3 协同除菌技术应运而生。吴海东等[153] 研究了 UV/O_3 复合灭菌的性能，发现 UV/O_3 复合灭菌的效果较单独使用紫外线或臭氧灭菌有所提高，并且随紫外线辐射强度和臭氧投加量的增大，复合除菌的作用得到了提高，除菌率最高可达 99.99%。

但是，UV/O_3 协同除菌技术仍然存在一些尚未解决的问题，例如，管道和其他设备受到腐蚀的风险以及紫外线辐射不足。研究人员对这些问题进行了相关的探索。申媛媛等[154] 采用紫外光/氧气协同除菌技术对铝合金切削废液进行了处理，并对 UV、UV+O_2 以及 O_3 对切削液的杀菌效果进行了比对。在处理 3h 后，UV 的杀菌率为 92.4%，UV + O_2 的杀菌率为 99.27%，O_3 的杀菌率为 99.5%，如图 2-35 所示。O_3 对设备具有腐蚀作用而且对人体

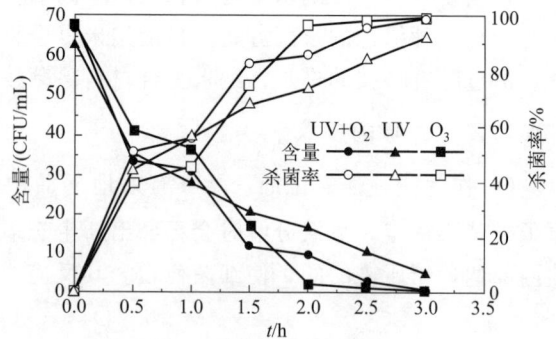

图 2-35　不同处理切削废液方法的杀菌率

有危害，虑及绿色环保的理念，采用 UV 协同 O_2 高级氧化法处理铝合金切削废液，能够在保证操作人员健康的前提下，快速有效地杀死切削废液中的细菌。

切削液中的细菌等对生物、环境的危害也是巨大的，同时也是切削液更换的主要原因。为此，在着手去除金属粉末以及杂油等污染物的同时，也要着重考虑抑制细菌滋生的方法。本节的微生物去除技术都具有较好的杀菌性能，它们各自的特点如表 2-15 所示。依据环保理念，紫外光/氧气协同除菌技术是一种高效的、危害低的绿色除菌技术。

表 2-15　各微生物去除技术的特点

处理方法	杀菌性	环保性	经济性
纳米复合材料	好	边缘	边缘
臭氧	好	边缘	好
紫外线	边缘	边缘	好
紫外线/臭氧	好	边缘	好
紫外线/氧气	好	好	好

2.4.3　循环净化再生装备

切削废液处理除了排放到自然环境外，对于成分简单的切削废液，可以对其进行除杂处理并回收再利用。汪舒等[155] 采用重力分离处理法，设计并研发了一套切削废液循环净化再生设备，如图 2-36(a) 所示。该设备的废液处理效率约为 17L/min。经废液净化试验，该设备处理后的切削废液符合国家废液排放标准。吴明兄[156] 设计了一套切削液再生处理系统，如图 2-36(b) 所示。该系统处理完的切削液含油量小于 0.5%，固体颗粒粒径小于 5μm，pH 范围为 5~14，可以直接回收利用，实现了加工车间切削液的零排放。范怡等[157] 设计并改进了减压脱水干燥装置，如图 2-36(c) 所示。该系统对废水中总悬浮物的平均去除率超过 99.38%，运行成本为 214 元/t。王云平等[158] 通过多级过滤、油水分离、智能控制等手段研制了一种集成化、低成本、高控制精度，能用于各种不同加工环境的数控机床自动排屑过滤系统，如图 2-36(d) 所示。该系统可避免废屑乱溅，降低切削液挥发造成的空气污染，并对切削废液实现了回收利用。李祝等[159] 先初步利用醇胺对切削液中微生物产生的酸性物质进行中和，并配合使用杀菌剂，再利用真空减压蒸馏设备对切削废液进行浓缩，实现了切削废液再生。以每月处理 10t 废液计算，该方案一年可以节省 45.4 万元。

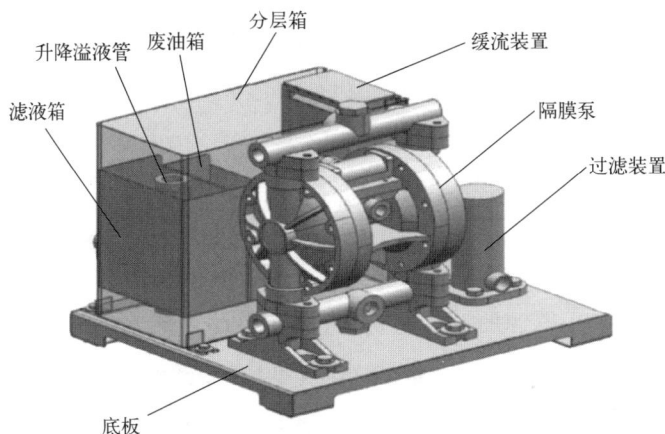

(a)

图 2-36

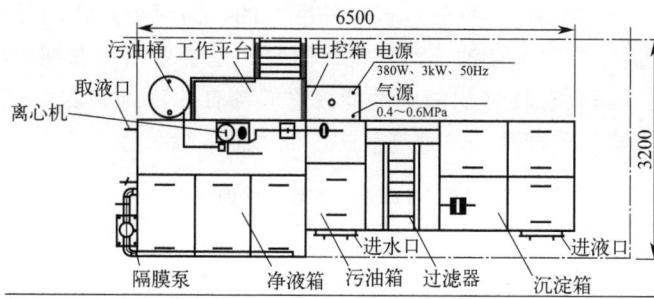

(b)

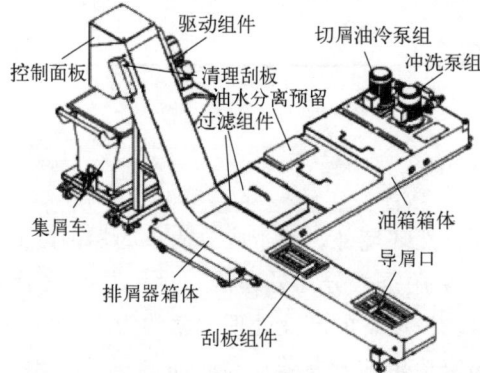

(c)

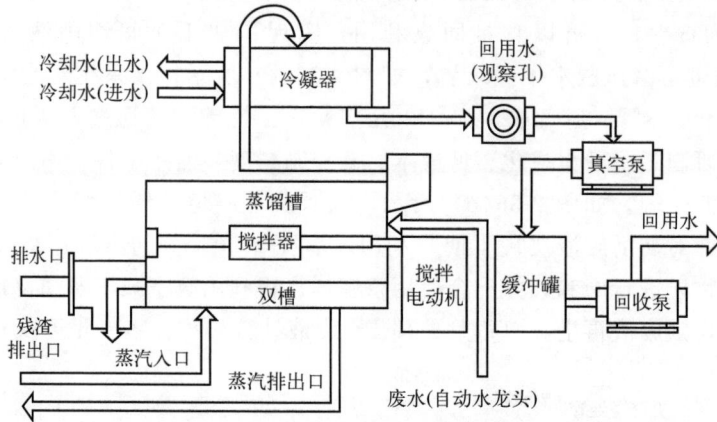

(d)

图 2-36　循环净化再生设备

　　此外，还有很多对切削液进行除杂处理并回收再利用的发明装置，见表 2-16。这些集成设备避免了切削废液的排放，减少了切削液对生物和环境的污染问题，降低了资源浪费。现有集成式循环净化再生设备依据除杂技术对切削废液进行净化处理，可使切削液得到循环利用，在一定程度上避免了资源的浪费，节约了企业的生产成本。

表 2-16　循环净化再生专利设备组成

专利号	设备组成及作用
CN201910216940.7	组成：切削液配比箱由油水分离器、除臭器、切削液回收配比箱、布袋过滤器、远心分离器、纸带过滤器组成 作用：结构紧凑，操作简单、方便，用途广泛，过滤效率高，使用寿命长

续表

专利号	设备组成及作用
CN201821474755.5	组成：切削液回收罐、切削液回收管、回液管。回液管一端与回液盖相连,回液盖内侧卡有滤板,回液盖靠近滤板的一侧卡有密封圈 作用：提高了滤板安装在回液盖内的稳定性,避免滤板在回液盖内偏斜。
CN201721868604.3	组成：沉淀池、离心机、螺旋输送机、废物吸附装置和浮油过滤装置。离心机上端有进料斗,下端有固体排出口和液体排出口,沉淀池内设有提升泵 作用：废料吸附装置能有效去除切削液中所含的废料,浮油过滤装置可以去除切削液中所含的浮油。这样避免了液体变质,回收液的性能比较好
CN201420162367.9	组成：外壳、磁辊和软辊、弧形托盘、铁屑切削液分离装置、切削液过滤装置 效果：具有更好的切削液回收质量和更高的回收率
CN201720047919.5	组成：切削液释放装置、切削台、切削液第一收集装置、收集器、切削液第二收集装置 作用：能有效及时地回收用过的切削液,减少清洗次数,提高金属加工效率

2.5　小结

本章综述了水基切削液中的生物稳定性问题,分析了传统化学杀菌介质与新型生物友好型杀菌方式对微生物的作用机理与应用效果以及金属加工中切削液的污染问题。得出的主要结论如下：

① 水基切削液中的分子结构极易被外侵微生物分解从而失效,导致切削液的寿命降低和加工成本提高。特别是微生物聚集形成生物膜后,其覆盖区域可能形成电流,对金属产生腐蚀,从而影响加工质量。因此提升水基切削液的生物稳定性至关重要。

② 传统的杀菌剂包括硼酸盐和甲醛等。硼酸盐主要通过改变细胞膜的渗透性使细菌破裂死亡,甲醛主要通过变性作用改变蛋白质结构,与核酸相互作用的方式抑制细菌繁殖。这两种杀菌剂杀菌效果的主要影响因素是杀菌剂的浓度,当浓度为5%时便有较好的抑菌效果。但这两种物质对人体健康具有极大的危害。

③ 纳米材料是一种新型的杀菌方式,具有对人体低毒性的特点和较强的杀菌性能,拥有较好的应用前景。它可以通过扰乱细胞膜电位,影响细胞膜的完整性和通透性,从而引发细胞内的物质泄漏。粒径较小的纳米杀菌材料具备较强的分散性,进而能够有效提升杀菌性能。

④ 过渡金属有较好的生物相容性且容易降解,其配位化合物中心的金属原子有较强的亲脂性,有利于配合物穿过微生物细胞膜的脂层,进而干扰细胞核内的遗传物质。过渡金属的原子序数越大,其配合物所具备的抑菌性能越强。同时,原子序数较大的过渡金属与杀菌化合物进行配合可以增强化合物的抑菌能力,但背后的机理还需进一步探究。

⑤ 臭氧、紫外线和微气泡等物理杀菌方式对人体的危害最小。它们是通过强氧化性、抑制DNA复制和表面张力来杀灭细菌的。这类杀菌方式的杀菌效果较好,但经济性不高。这类杀菌方式能否应用于工业生产有赖于新型低成本实现方式的研究。

⑥ 有机添加剂及可生物降解的植物性基础油是环保型切削液的主要组成成分。首先,酰胺类、硼酸类有机防锈剂的极性基团对金属有较大的亲和力,可牢固地吸附在金属表面,形成定向吸附层。另外,通过对二乙醇胺、十二烯基琥珀酸进行化学改性,进一步提高了有机添加剂的防锈性能。然后,对乙二醇和甲酸进行酯化反应,对盐酸胍、二乙烯三胺等单体

进行缩合反应均可获得杀菌性能优异的添加剂。再然后，脂肪酸与甲醇进行酯化缩合反应获得的十二酸二乙醇酰胺硼酸酯，利用共沸的原理合成的醇胺型硼酸酯都具有较好的极压性。最后，由于饱和脂肪酸具有优异的理化特性，因此植物油成为切削液基础油的首选。其中，大豆油的脂肪酸含量较高，从而成为研究的重点。此外，纳米粒子可以进一步提高植物油的润滑性能。

⑦ 切削液减量化技术（干切削、固体润滑、低温冷却、MQL、NMQL）的工艺特点复杂而不同。与干切削和固体润滑相比，MQL 和 NMQL 可有效降低切削温度。同时可以增加润滑油的黏度，油膜的厚度可以保持工具/工件界面完全分离。与低温冷却相比，MQL 和 NMQL 具有优异的润滑性能和经济性。纳米颗粒能够显著提高润滑液的导热性、渗透性和减摩抗磨性能。相较于 MQL，NMQL 的热机械水平降低更快。这不仅可以减缓刀具的磨损，而且有助于获得理想的工件表面质量。

⑧ 切削液的处理正面临着污染大、难循环的严峻挑战。首先，对于油雾的处理，最好办法是化学降雾法。其中，抗雾剂具有环保性、时效快等优点，成为最优选择。此外，从 COD 去除效率及环保等角度考虑杂油的去除效果，混凝法、氧化法、生物法以及联合处理法都很出色。不过对于杂质成分复杂的切削废液来说，联合处理法是一种高效的切削废液处理方法。然后，对于微生物的去除，考虑到杀菌性及环保等因素，紫外光/氧气协同除菌技术是一种高效的、低危害的绿色除菌技术。最后，现有循环净化再生设备依据轻量、集成的设计原理并结合除杂技术，在切削液的回收、减少成本等方面取得了初步成效。

参考文献

[1] 王晓铭，李长河，杨敏，等．纳米生物润滑剂微量润滑加工物理机制研究进展 [J]．机械工程学报，2024，60（9）：286-322．

[2] 崔歆，李长河，张彦彬，等．磁力牵引纳米润滑剂微量润滑磨削力模型与验证 [J]．机械工程学报，2024，60（9）：323-337．

[3] Lee C M，Choi Y H，Ha J H，et al. Eco-friendly technology for recycling of cutting fluids and metal chips：a review [J]．International Journal of Precision Engineering and Manufacturing-Green Technology，2017，4（4）：457-468．

[4] Yang M，Li C H，Zhang Y B，et al. Predictive model for minimum chip thickness and size effect in single diamond grain grinding of zirconia ceramics under different lubricating conditions [J]．Ceramics International，2019，45（12）：14908-14920．

[5] Jia D Z，Li C H，Zhang Y B，et al. Experimental evaluation of surface topographies of NMQL grinding ZrO_2 ceramics combining multiangle ultrasonic vibration [J]．International Journal of Advanced Manufacturing Technology，2019，100（1/4）：457-473．

[6] Groover M P. Fundamentals of modern manufacturing：materials，processes，and systems [M]．Hoboken：John Wiley and Sons，2020．

[7] Yang M，Li C H，Zhang Y B，et al. Maximum undeformed equivalent chip thickness for ductile-brittle transition of zirconia ceramics under different lubrication conditions [J]．International Journal of Machine Tools and Manufacture，2017，122：55-65．

[8] Gao T，Li C H，Yang M，et al. Mechanics analysis and predictive force models for the single-diamond grain grinding of carbon fiber reinforced polymers using CNT nano-lubricant [J]．Journal of Materials Processing Technology，2021，290：116976．

[9] Yin Q A，Li C H，Zhang Y B，et al. Spectral analysis and power spectral density evaluation in Al_2O_3 nanofluid minimum quantity lubrication milling of 45 steel [J]．International Journal of Advanced Manufacturing Technology，

2018，97 (1/4)：129-145.

[10]　Childs T. Friction modelling in metal cutting [J]．Wear，2006，260 (3)：310-318.

[11]　Cui X，Li C H，Zhang Y B，et al．Tribological properties under the grinding wheel and workpiece interface by using graphene nanofluid lubricant [J]．International Journal of Advanced Manufacturing Technology，2019，104 (9)：3943-3958.

[12]　Gao T，Li C H，Jia D Z，et al．Surface morphology assessment of CFRP transverse grinding using CNT nanofluid minimum quantity lubrication [J]．Journal of Cleaner Production，2020，277：123328.

[13]　Wang X M，Li C H，Zhang Y B，et al．Vegetable oil-based nanofluid minimum quantity lubrication turning：academic review and perspectives [J]．Journal of Manufacturing Processes，2020，59：76-97.

[14]　Zhang X P，Li C H，Jia D Z，et al．Spraying parameter optimization and microtopography evaluation in nanofluid minimum quantity lubrication grinding [J]．International Journal of Advanced Manufacturing Technology，2019，103 (5/8)：2523-2539.

[15]　Zhang J C，Li C H，Zhang Y B，et al．Temperature field model and experimental verification on cryogenic air nanofluid minimum quantity lubrication grinding [J]．International Journal of Advanced Manufacturing Technology，2018，97 (1/4)：209-228.

[16]　Li H N，Zhao Y J，Cao S，et al．Controllable generation of 3D textured abrasive tools via multiple-pass laser ablation [J]．Journal of Materials Processing Technology，2021，295：117149.

[17]　Li H N，Wang J P，Wu C Q，et al．Damage behaviors of unidirectional CFRP in orthogonal cutting：a comparison between single-and multiple-pass strategies [J]．Composites Part B Engineering，2020，185：107774.

[18]　Talib N，Rahim E A．Performance Evaluation of chemically modified crude jatropha oil as a bio-based metalworking fluids for machining process [J]．Procedia CIRP，2015，26：346-350.

[19]　Singh J，Gill S S，Dogra M，et al．A review on cutting fluids used in machining processes [J]．Engineering Research Express，2021，3 (1)：012002.

[20]　Mao C，Cai P H，Hu Y L，et al．Effect of laser-discrete-quenching on bonding properties of electroplated grinding wheel with AISI 1045 steel substrate and nickel bond [J]．Chinese Journal of Aeronautics，2020，34 (6)：79-89.

[21]　Debnath S，Reddy M M，Yi Q S．Influence of cutting fluid conditions and cutting parameters on surface roughness and tool wear in turning process using Taguchi method [J]．Measurement，2016，78：111-119.

[22]　Mao C，Lu J，Zhao Z H，et al．Simulation and experiment of cutting characteristics for single cBN-WC-10Co fiber [J]．Precision Engineering，2018，52：170-182.

[23]　Zhao Y J，Xu W H，Xi C Z，et al．Automatic and accurate measurement of microhardness profile based on image processing [J]．IEEE Transactions on Instrumentation and Measurement，2021，70：1-9.

[24]　宋宇翔，许芝令，李长河，等．纳米生物润滑剂微量润滑磨削性能研究进展 [J]．表面技术，2023，52 (12)：1-19，488.

[25]　Tang Z L．A review of corrosion inhibitors for rust preventative fluids [J]．Current Opinion in Solid State and Materials Science，2019，23 (4)：100759.

[26]　Rudnick L R．Lubricant additives：chemistry and applications [M]．Boca Raton：CRC Press，2017.

[27]　Talon A G，Lopes J C，Tavares A B，et al．Effect of hardened steel grinding using aluminum oxide wheel under application of cutting fluid with corrosion inhibitors [J]．International Journal of Advanced Manufacturing Technology，2019，104 (1)：1437-1448.

[28]　Fayomi O S I，Apeye P，Anawe L，et al．The impact of drugs as corrosion inhibitors on aluminum alloy in coastal-acidified medium [M] //Corrosion inhibitors，principles and recent applications．Rijeka：Intech Open，2018：79-94.

[29]　Talon A G，Lopes J C，Sato B K，et al．Grinding performance of hardened steel：a study about the application of different cutting fluids with corrosion inhibitor [J]．International Journal of Advanced Manufacturing Technology，2020，108 (9)：2741-2754.

[30]　Wickramasinghe K，Sasahara H，Rahim E A，et al．Green metalworking fluid as the sustainable machining applications：a review [J]．Journal of Cleaner Production，2020，257：120552.

[31]　Flemming H C，Wingender J．The biofilm matrix [J]．Nature Reviews Microbiology，2010，8 (9)：623-633.

［32］ Giovanella P，Vieira G A，Otero I V R，et al. Metal and organic pollutants bioremediation by extremophile microorganisms ［J］. Journal of Hazardous Materials，2020，382：121024.

［33］ Mang T. Encyclopedia of lubricants and lubrication ［M］. Berlin：Springer，2014.

［34］ Saha R，Donofrio R S. The microbiology of metalworking fluids ［J］. Applied Microbiology Biotechnology，2012，94 (5)：1119-1130.

［35］ Di Maiuta N，Rüfenacht A，Küenzi P. Assessment of bacteria and archaea in metalworking fluids using massive parallel 16S rRNA gene tag sequencing ［J］. Letters Applied Microbiology，2017，65 (4)：266-273.

［36］ Rabenstein A，Koch T，Remesch M，et al. Microbial degradation of water miscible metal working fluids ［J］. International Biodeterioration and Biodegradation，2009，63 (8)：1023-1029.

［37］ Gilbert Y，Veillette M，Duchaine C. Metalworking fluids biodiversity characterization ［J］. Journal of Applied Microbiology，2010，108 (2)：437-449.

［38］ Kapoor R，Yadav J S. Expanding the mycobacterial diversity of metalworking fluids (MWFs)：evidence showing MWF colonization by Mycobacterium abscessus ［J］. FEMS Microbiology Ecology，2012，79 (2)：392-399.

［39］ Burton C M，Crook B，Scaife H，et al. Systematic review of respiratory outbreaks associated with exposure to water-based metalworking fluids ［J］. Annals of Occupational Hygiene，2012，56 (4)：374-388.

［40］ Van Acker H，Van Dijck P，Coenye T. Molecular mechanisms of antimicrobial tolerance and resistance in bacterial and fungal biofilms ［J］. Trends in Microbiology，2014，22 (6)：326-333.

［41］ Liu Z C. Anti-corruption management of water-based cutting fluid ［J］. Mechanical Engineer，2008 (4)：68-71.

［42］ Ma S，Kim K，Huh J，et al. Regeneration and purification of water-soluble cutting fluid through ozone treatment using an air dielectric barrier discharge ［J］. Separation and Purification Technology，2018，199：289-297.

［43］ Piccardi P，Vessman B，Mitri S. Toxicity drives facilitation between 4 bacterial species ［J］. Proceedings of the National Academy of Sciences，2019，116 (32)：15979-15984.

［44］ De Groot A，Geier J，Flyvholm M A，et al. Formaldehyde-releasers：relationship to formaldehyde contact allergy. Part2：metalworking fluids and remainder ［J］. Contact Dermatitis，2010，63 (3)：117-128.

［45］ Dantigny P，Nanguy S P M. Significance of the physiological state of fungal spores ［J］. International Journal of Food Microbiology，2009，134 (1/2)：16-20.

［46］ Wolfe A J. Glycolysis for the microbiome generation ［M］. Hoboken：John Wiley and Sons，2015：1-16.

［47］ Gilmore B F. Antimicrobial Ionic Liquids ［M］. Rijeka：Intech Open，2011.

［48］ Tay S S，Roediger B，Tong P L，et al. The skin-resident immune network ［J］. Current Dermatology Reports，2014，3 (1)：13-22.

［49］ Cavaillon J M. Exotoxins and endotoxins：inducers of inflammatory cytokines ［J］. Toxicon，2018，149：45-53.

［50］ Hamed E，Saker N，Elshazly S，et al. Synthesis of antibacterial additive for metal working fluids application ［C］. MATEC Web of Conferences，2018.

［51］ Di Martino P. Ways to improve biocides for metalworking fluid ［J］. AIMS Microbiology，2021，7 (1)：13.

［52］ Gnanadhas D P，Marathe S A，Chakravortty D. Biocides-resistance，cross-resistance mechanisms and assessment ［J］. Expert Opinion Investigational Drugs，2013，22 (2)：191-206.

［53］ Forbes S，Knight C G，Cowley N L，et al. Variable effects of exposure to formulated microbicides on antibiotic susceptibility in firmicutes and proteobacteria ［J］. Applied Environmental Microbiology，2016，82 (12)：3591.

［54］ Alamri A，El-Newehy M H，Al-Deyab S S. Biocidal polymers：synthesis and antimicrobial properties of benzaldehyde derivatives immobilized onto amine-terminated polyacrylonitrile ［J］. Chemistry Central Journal，2012，6 (1)：111.

［55］ Xiang J G，Qi X H，Xin J J，et al. Development of multifunctional long-life extreme pressure emulsified cutting fluid ［J］. Lubrication Engineering，2015，40 (6)：104-110，132.

［56］ Li W，Ma T，Wang S，et al. Borate ester and its applications in water-based cutting fluid ［J］. Tool Engineering，2010，44 (5)：93-95.

［57］ Bi S N，Zhong J C，Qi Y，et al. Latest research progress and industrialization trend of boron-containing chemicals such as boric acid ［J］. Inorganic Chemicals Industry，2020，52 (1)：5-8.

[58] Rustemeyer T, Elsner P, John S M, et al. Kanerva's occupational dermatology[M]. Berlin: Springer, 2020.

[59] Paulus W. Microbicides for the protection of materials: a handbook [M]. Berlin: Springer Science and Business Media, 2012.

[60] Li G Y, Li C H, Zhang M M, et al. Research on the effects of compound bactericides on anti-microbial performance of water-based cutting fluid [J]. Chemistry and Adhesion, 2015, 37 (2): 85-90, 145.

[61] Recai Z, Hubbezoglu I, Ozdemir A, et al. Antibacterial effect of different concentration of boric acid against enterococcus faecalis biofilms in root canal [J]. Marmara Dental Journal, 2013, 1 (2): 76-80.

[62] Sasaki K, Qiu X, Moriyama S, et al. Characteristic Sorption of $H_3BO_3/B(OH)_4$-on magnesium oxide [J]. Materials Transactions, 2013, 54 (9): 1809-1817.

[63] De Groot A, White I R, Flyvholm M A, et al. Formaldehyde-releasers in cosmetics: relationship to formaldehyde contact allergy. Part 2. Patch test relationship to formaldehyde contact allergy, experimentalprovocation tests, amount of formaldehyde released, and assessment of risk to consumers allergic to formaldehyde [J]. Contact Dermatitis, 2010, 62 (1): 18-31.

[64] Kapoor G, Saigal S, Elongavan A. Action and resistance mechanisms of antibiotics: a guide for clinicians [J]. Journal of Anaesthesiology Clinical Pharmacology, 2017, 33 (3): 300-305.

[65] Abd-Elaal A A, Negm N A, Biresaw G, et al. Silver nanoparticles colloidal dispersions: synthesis and antimicrobial activity [M] //Surfactants in tribology. Boca Raton: CRC Press, 2017: 149-171.

[66] Ruparelia J P, Chatterjee A K, Duttagupta S P, et al. Strain specificity in antimicrobial activity of silver and copper nanoparticles [J]. Acta Biomaterialia, 2008, 4 (3): 707-716.

[67] Blair J, Webber M A, Baylay A J, et al. Molecular mechanisms of antibiotic resistance [J]. Nature Reviews Microbiology, 2015, 13 (1): 42-51.

[68] Tavakoli S, Nemati S, Kharaziha M, et al. Embedding CuO nanoparticles in PDMS-SiO$_2$ coating to improve antibacterial characteristic and corrosion resistance [J]. Colloids and Interface Science Communications, 2019, 28: 20-28.

[69] Bayón B, Cacicedo M L, Alvarez V, et al. Self-assembly stereo-specific synthesis of silver phosphate microparticles on bacterial cellulose membrane surface for antimicrobial applications [J]. Colloids and Interface Science Communications, 2018, 26: 7-13.

[70] Qi X B, Gunawan P, Xu R, et al. Cefalexin-immobilized multi-walled carbon nanotubes show strong antimicrobial and anti-adhesion properties [J]. Chemical Engineering Science, 2012, 84: 552-556.

[71] Suresh S, Karthikeyan S, Saravanan P, et al. Comparison of antibacterial and antifungal activities of 5-amino-2-mercaptobenzimidazole and functionalized NiO nanoparticles [J]. Karbala International Journal of Modern Science, 2016, 2 (3): 188-195.

[72] Nasrollahi A, Pourshamsian K, Mansourkiaee P. Antifungal activity of silver nanoparticles on some of fungi [D]. Iran: Islamic Azad University, 2010.

[73] Lara H H, Romero-Urbina D G, Pierce C, et al. Effect of silver nanoparticles on Candida albicans biofilms: an ultrastructural study [J]. Journal of Nanobiotechnology, 2015, 13 (1): 1-12.

[74] Ogar A, Tylko G, Turnau K. Antifungal properties of silver nanoparticles against indoor mould growth [J]. Science of the Total Environment, 2015, 521: 305-314.

[75] Monerris M, Broglia M F, Yslas E I, et al. Highly effective antimicrobial nanocomposites based on hydrogel matrix and silver nanoparticles: long-lasting bactericidal and bacteriostatic effects [J]. Soft Matter, 2019, 15 (40): 8059-8066.

[76] Verma V C, Kharwar R N, Gange A C. Biosynthesis of antimicrobial silver nanoparticles by the endophytic fungus Aspergillus clavatus [J]. Nanomedicine, 2010, 5 (1): 33-40.

[77] Chan S, Don M. Characterization of Ag nanoparticles produced by white-rot fungi and its in vitro antimicrobial activities [J]. International Arabic Journal of Antimicrobial Agents, 2012, 2 (3): 1-8.

[78] Suresh S, Karthikeyan S, Saravanan P, et al. Comparison of antibacterial and antifungal activity of 5-amino-2-mercapto benzimidazole and functionalized Ag$_3$O$_4$ nanoparticles [J]. Karbala International Journal of Modern Science, 2016, 2 (2): 129-137.

[79] Devi P, Patil S D, Jeevanandam P, et al. Synthesis, characterization and bactericidal activity of silica/silver core-shell nanoparticles [J]. Journal of Materials Science-Materials in Medicine, 2014, 25 (5): 1267-1273.

[80] Arshad M, Qayyum A, Shar G A, et al. Zn-doped SiO_2 nanoparticles preparation and characterization under the effect of various solvents: antibacterial, antifungal and photocatlytic performance evaluation [J]. Journal of Photochemistry and Photobiology B-Biology, 2018, 185: 176-183.

[81] Ramesh C, Hariprasad M, Ragunathan V. Antibacterial behaviour of Cu_2O nanoparticles against escherichia coli: Reactivity of Fehling's solution on Manihot esculenta leaf extract[J]. Current Nanoscience, 2011, 7 (5): 770-775.

[82] Lu Y D, Sun J L, Zhang B T. Preparation and lubricating properties of a new antibacterial emulsion containing nano-TiO_2 for cold rolling strips [J]. China Petroleum Processing and Petrochemical Technology, 2016, 18 (3): 110.

[83] Fraise A P, Maillard J Y, Sattar S. Russell, Hugo & Ayliffe's principles and practice of disinfection, preservation & sterilization [M]. London: Blackwell Pub, 2013.

[84] Li J, Ren G Y, Zhang Y, et al. Two Cu (Ⅱ) complexes of 1, 2, 4-triazole fungicides with enhanced antifungal activities [J]. Polyhedron, 2018, 157: 163-169.

[85] Farzaliyev V, Bayramov M, Jafarzadeh S K, et al. Metal complex compounds as effective additives to cutting fluids [J]. Kimya Problemleri, 2019, 17 (1): 81-86.

[86] Fatullayeva P A. Complexes of metals with dihydrazones of succinic acid dihydrazide [J]. Kimya Problemleri, 2019, 17 (4): 558-564.

[87] Abdel-Rahman L H, Abu-Dief A M, El-Khatib R M, et al. Some new nano-sized Fe (Ⅱ), Cd (Ⅱ) and Zn (Ⅱ) Schiff base complexes as precursor for metal oxides: sonochemical synthesis, characterization, DNA interaction, in vitro antimicrobial and anticancer activities [J]. Bioorganic Chemistry, 2016, 69: 140-152.

[88] Agertt V A, Bonez P C, Rossi G G, et al. Identification of antimicrobial activity among new sulfonamide metal complexes for combating rapidly growing mycobacteria [J]. BioMetals, 2016, 29 (5): 807-816.

[89] Hasi Q M, Fan Y, Yao X Q, et al. Synthesis, characterization, antioxidant and antimicrobial activities of a bidentate Schiff base ligand and its metal complexes [J]. Polyhedron, 2016, 109: 75-80.

[90] Anacona J R, Ruiz K, Loroño M, et al. Antibacterial activity of transition metal complexes containing a tridentate NNO phenoxymethylpenicillin-based Schiff base. An anti-MRSA iron (Ⅲ) complex [J]. Applied Organometallic Chemistry, 2019, 33 (4): 4744.

[91] Malik B, Maurya R, Mir J, et al. Cobalt (Ⅱ) bactericidal and heat resistant complexes of ONS donor schiff base ligands: synthesis and combined DFT-experimental characterization [J]. International Journal of Research in Chemistry and Pharmaceutical Sciences, 2016, 3 (4): 50-72.

[92] Cadet J, Douki T. Formation of UV-induced DNA damage contributing to skin cancer development [J]. Photochemical and Photobiological Sciences, 2018, 17 (12): 1816-1841.

[93] Madanchi N, Thiede S, Herrmann C. Functional and environmental evaluation of alternative disinfection methods for cutting fluids [J]. Procedia CIRP, 2017, 61: 558-563.

[94] Bono N, Ponti F, Punta C, et al. Effect of UV irradiation and TiO_2-photocatalysis on airborne bacteria and viruses: an overview [J]. Materials, 2021, 14 (5): 1075.

[95] Weigel K M, Nguyen F K, Kearney M R, et al. Molecular viability testing of UV-inactivated bacteria [J]. Applied and Environmental Microbiology, 2017, 83 (10): 00331-17.

[96] Takahashi M. Environmental improvement and food safety by micro-bubble technology [J]. Bulletin of the Society of Sea Water Science, 2005, 59 (1): 17-22.

[97] Bhaumik S, Paleu V, Sharma S, et al. Nano and micro additivated glycerol as a promising alternative to existing non-biodegradable and skin unfriendly synthetic cutting fluids [J]. Journal of Cleaner Production, 2020, 263: 121383.

[98] Sultan A Z, Sharif S, Kurniawan D. Examining the effect of various vegetable oil-based cutting fluids on surface integrity in drilling steel-a review [J]. Advanced Materials Research, 2014, 845: 809-813.

[99] 周海，陈远霞，陈文纳，等. 十二烯基丁二酸二乙醇酰胺的合成及其防锈性能研究 [J]. 化工技术与开发，2008，37 (2): 12-14，17.

[100] 甘万里，陈王觅，李想，等．改性十二烯基琥珀酸在半合成切削液中的应用［J］．润滑与密封，2019，44（6）：132-137.

[101] 刘佳，刘文，周红英．环保型水溶性防锈剂的制备及应用［J］．润滑与密封，2014，39（1）：119-124.

[102] 王亚杰，仲剑初，王洪志．三乙醇胺硼酸酯的合成及其防锈性能［J］．材料保护，2013，46（11）：6，29-31.

[103] Yang H G，Zhang J，Ye M. Research on the performance of an eco-friendly nitrogen organic boric acid ester antirust additive［J］. Advanced Materials Research，2012，399：1348-1351.

[104] 张秀妍，马琳，郝佳，等．水基切削液杀菌剂的合成及杀菌性能研究［J］．精细与专用化学品，2008，16（5）：15，16.

[105] Hamed E，Saker N，ElShazly S，et al. Synthesis of antibacterial additive for metal working fluids application［J］. MATEC Web of Conferences，2018，162：05011.

[106] 王晓菲．水基切削液杀菌剂的合成及性能评价［J］．化工技术与开发，2017，46（6）：26-28.

[107] 袁博，衣守志，杜天源．十二酸二乙醇酰胺硼酸酯的制备及其在半合成切削液中的应用［J］．润滑与密封，2015，40（12）：99-102.

[108] 孟祥涛，黄玮，丛玉凤，等．醇胺型硼酸酯抗磨添加剂的制备［J］．当代化工，2015，44（9）：2113-2115.

[109] 施壮，郭树明，刘红军，等．生物润滑剂微量润滑磨削 GH4169 镍基合金性能实验评价［J］．表面技术，2021，50（12）：71-84.

[110] 贾东洲，张乃庆，刘波，等．静电雾化微量润滑粒径分布特性与磨削表面质量评价［J］．金刚石与磨料磨具工程，2021，41（3）：89-95.

[111] 贾东洲，李长河，张彦彬，等．钛合金生物润滑剂电牵引磨削性能及表面形貌评价［J］．机械工程学报，2022，58（5）：198-211.

[112] Lodhi A P S，Kumar D. Natural ingredients based environmental friendly metalworking fluid with superior lubricity ［J］. Colloids and Surfaces A：Physicochemical and Engineering Aspects，2021，613：126071.

[113] Guo S M，Li C H，Zhang Y B，et al. Experimental evaluation of the lubrication performance of mixtures of castor oil with other vegetable oils in MQL grinding of nickel-based alloy［J］. Journal of Cleaner Production，2017，140：1060-1076.

[114] 李明，于天彪，张荣闯，等．基于石墨烯强化 MQL 的 GH4169 合金铣削表面质量研究［J］．东北大学学报（自然科学版），2020，41（3）：387-392.

[115] 张彦彬，李长河．植物油基纳米粒子射流微量润滑磨削机理与磨削力预测模型及实验验证［J］．机械工程学报，2020，56（9）：44.

[116] 侯健，俞接成，苏民德．重力油水分离器分离效果的实验研究［J］．化工机械，2015，42（1）：24-27，67.

[117] 曹春艳，于冰，赵莹莹．有机改性膨润土处理含油废水的研究［J］．硅酸盐通报，2012，31（6）：1382-1387.

[118] 李和，李国忠，钱晓斌，等．吸附法去除水中微量油的实验研究［J］．工业水处理，2014，34（5）：69-72.

[119] Songsaeng S，Thamyongkit P，Poompradub S. Natural rubber/reduced-graphene oxide composite materials：morphological and oil adsorption properties for treatment of oil spills［J］. Journal of Advanced Research，2019，20：79-89.

[120] Banerjee S S，Joshi M V，Jayaram R V. Treatment of oil spill by sorption technique using fatty acid grafted sawdust ［J］. Chemosphere，2006，64（6）：1026-1031.

[121] 桑洪建，丁文明，徐静年．改性木屑吸附除油性能研究［J］．北京化工大学学报（自然科学版），2013，40（1）：98-102.

[122] 雷倩茹．两级气浮＋铁碳氧化法工艺处理乳化液废水［J］．广东化工，2016，43（7）：127，128，143.

[123] 杨振生，冯立建，赵改．基于精密超滤法的废切削液处理与回用研究［J］．现代化工，2019，39（11）：158-162，167.

[124] Shi H，He Y，Pan Y，et al. A modified mussel-inspired method to fabricate TiO$_2$ decorated superhydrophilic PVDF membrane for oil/water separation［J］. Journal of Membrane Science，2016，506：60-70.

[125] 尹季璇，于静洁，陈兆波，等．高浓度切削液废水酸析-混凝破乳试验研究［J］．工业水处理，2017，37（1）：68-72.

[126] 吴文珍，景有海．酸析及混凝法处理切削废水研究［J］．能源与环境，2013（2）：78-80.

[127] 程刚，路小彬，李艳. 破乳-混凝-光催化化学氧化法处理废切削液新工艺 [J]. 纺织高校基础科学学报，2006，19（4）：376-380.

[128] 韩卓然，于静洁，王少坡，等. 铝盐和铁盐混凝对切削液废水中有机物的去除特性 [J]. 工业水处理，2018，38（3）：81-85.

[129] Guvenc S Y, Okut Y, Ozak M, et al. Process optimization via response surface methodology in the treatment of metal working industry wastewater with electrocoagulation [J]. Water Science and Technology, 2017, 75（4）：833-846.

[130] Kobya M, Omwene P I, Ukundimana Z. Treatment and operating cost analysis of metalworking wastewaters by a continuous electrocoagulation reactor [J]. Journal of Environmental Chemical Engineering, 2020, 8（2）：103526.

[131] Amin M M, Mofrad M M G, Pourzamani H, et al. Treatment of industrial wastewater contaminated with recalcitrant metal working fluids by the photo-Fenton process as post-treatment for DAF [J]. Journal of Industrial and Engineering Chemistry, 2017, 45：412-420.

[132] 李雪伟，张春桃，梁文懂，等. 类 Fenton 反应催化剂的制备及其处理废切削液的研究 [J]. 现代化工，2018，38（8）：94-98.

[133] 周乃磊，王中琪，徐旭东. 采用 Fenton/UV 处理金属切削液废水的试验研究 [J]. 环境科技，2009，22（6）：6-9.

[134] Yang S B, Jang S H, Hong S C, et al. Treatment of COD from wasted soluble cutting fluids using Ti-IrO$_2$ electrode [J]. Journal of the Korean Society for Applied Biological Chemistry, 2017, 34（7）：744-750.

[135] 史晨，杨庆，李娜. 生物接触氧化法处理机务段含油废水试验研究 [J]. 工业水处理，2012，32（12）：42-44，92.

[136] Zhang Q, Yu C J, Fang J, et al. Using the combined Fenton-MBR process to treat cutting fluid wastewater [J]. Polish Journal of Environmental Studies, 2017, 26（3）：1375-1383.

[137] 汪昆平，卢畅，何琴，等. 化学破乳-Fenton 氧化处理乳化液废水 [J]. 环境工程学报，2015，9（6）：2880-2886.

[138] 赵路霞，张洛红，王蔚，等. 混凝-热活化过硫酸盐氧化处理金属切削液废水 [J]. 西安工程大学学报，2017，31（2）：192-196，203.

[139] 姜鑫，黄天寅，李晓峰，等. 超滤＋UASB＋接触氧化组合工艺处理乳化液废水 [J]. 中国给水排水，2018，34（22）：100-103.

[140] Perkins S D, Angenent L T. Potential pathogenic bacteria in metalworking fluids and aerosols from a machining facility [J]. FEMS Microbiology Ecology, 2010, 74（3）：643-654.

[141] Rhodes G, Fluri A, Ruefenacht A, et al. Implementation of a quantitative real-time PCR assay for the detection of Mycobacterium immunogenum in metalworking fluids [J]. Journal of Occupational and Environmental Hygiene, 2011, 8（8）：478-483.

[142] Ramos M, Beltran A, Fortunati E, et al. Controlled release of thymol from poly（lactic acid）-based silver nanocomposite films with antibacterial and antioxidant activity [J]. Antioxidants, 2020, 9（5）：395.

[143] Ebrahimi S, Farhadian N, Karimi M, et al. Enhanced bactericidal effect of ceftriaxone drug encapsulated in nanostructured lipid carrier against gram-negative Escherichia coli bacteria：drug formulation, optimization, and cell culture study [J]. Antimicrobial Resistance and Infection Control, 2020, 9：1-12.

[144] Zhang D H, Liu X H, Wang X. Green synthesis of graphene oxide sheets decorated by silver nanoprisms and their anti-bacterial properties [J]. Journal of Inorganic Biochemistry, 2011, 105（9）：1181-1186.

[145] Xu S, Zhang F, Yao L, et al. Eco-friendly fabrication of antibacterial cotton fibers by the cooperative self-assembly of hyperbranched poly（amidoamine）-and hyperbranched poly（amine-ester）-functionalized silver nanoparticles [J]. Cellulose, 2017, 24：1493-1509.

[146] Bilal M, Zhao Y, Rasheed T, et al. Biogenic nanoparticle-chitosan conjugates with antimicrobial, antibiofilm, and anticancer potentialities：development and characterization [J]. International Journal of Environmental Research and Public Health, 2019, 16（4）：598.

[147]　AL-Jawad S M H，Taha A A，Salim M M. Synthesis and characterization of pure and Fe doped TiO_2 thin films for antimicrobial activity [J]. Optik，2017，142：42-53.

[148]　Rizzo L，Sannino D，Vaiano V，et al. Effect of solar simulated N-doped TiO_2 photocatalysis on the inactivation and antibiotic resistance of an E. coli strain in biologically treated urban wastewater [J]. Applied Catalysis B：Environmental，2014，144：369-378.

[149]　刘威风，费庆志，许芝，等. 电絮凝/臭氧杀菌工艺修复切削液试验研究 [J]. 大连交通大学学报，2018，39 (1)：105-109.

[150]　Ratte H T. Bioaccumulation and toxicity of silver compounds：a review [J]. Environmental toxicology and chemistry：an international journal，1999，18 (1)：89-108.

[151]　Johnson D L，Phillips M L. UV disinfection of soluble oil metalworking fluids [J]. AIHA Journal，2002，63 (2)：178-183.

[152]　Saha R，Donofrio R S，Bagley S T. Determination of the effectiveness of UV radiation as a means of disinfection of metalworking fluids [J]. Annals of Microbiology，2014，64：831-838.

[153]　吴东海，尤宏，孙丽欣，等. 紫外/臭氧复合杀灭水中细菌性能研究 [J]. 哈尔滨工业大学学报，2010，42 (11)：1793-1797.

[154]　申媛媛，董耀华，董丽华，等. 基于 $UV+O_2$ 的铝合金切削废液再生处理研究 [J]. 水处理技术，2018，44 (12)：96-100.

[155]　汪舒，罗健，张韬，等. 切削液净化处理器设备的研究 [J]. 广州化工，2020，48 (3)：115-117，154.

[156]　吴明兄. 切削液（乳化液）再生处理系统 [C] // "广汽传祺杯" 广东省汽车行业第八期学术会议论文集. 2015.

[157]　范怡，邹振东，李瑞利，等. 基于减压脱水干燥装置的高浓度切削液废水的处理及回收利用 [J]. 北京大学学报（自然科学版），2018，54 (6)：1267-1275.

[158]　王云平，刘永财，赵金鹏. 基于数控机床自动排屑过滤系统的技术研究 [J]. 制造技术与机床，2020，(5)：136-139.

[159]　李祝，梁小武，冯维清. 切削废液的再生与回用 [J]. 电镀与涂饰，2021，40 (1)：80-82.

第 3 章

生物润滑剂理化特性演变机制与抗氧化改性提升技术

▲▲▲▲▲▲▲

3.1　生物润滑剂的特性

3.1.1　生物润滑剂的理化特性

不同的植物油具有不同的物理和化学性质。因此，它们在加工过程中的特性各不相同。从黏度、表面张力、分子结构等方面了解植物油的润滑机理，是实现植物油更好的润滑性能的关键。

黏度是影响植物油基切削液冷却和润滑性能的主要因素之一。它是由分子间不规则运动引起的可变交换和黏附，是测量植物油流动阻力的一种方法[1]。植物油在室温下黏度较高，其大小主要受颗粒组成和颗粒间相互吸引的影响。植物油的黏度与温度、压力、剪切速率、脂肪酸组成等有关[2]。植物油的黏度与单不饱和脂肪酸的含量呈正相关，与多不饱和脂肪酸的含量呈负相关[3]。图 3-1 显示了几种常见植物油在 40℃和 100℃下的黏度。

不同的切削液由于黏度不同，从而具有不同的润滑效果。黏度主要影响切削液在刀具与切屑界面处的热交换和润滑效果。

在热交换方面，切削热是切削过程中重要的物理现象。切割所消耗的能量中，除了 1%～2%以晶格畸变的形式形成新的表面和势能外，98%～99%的能量转化为了热能。切削液的黏度对刀具与工件界面处热交换的影响也称为切削液的冷却效果或换热性能[4,5]。在特定的加工过程中，切削液以一定的角度进入刀具与工件界面的加工区域，在刀具与工件界面处形成一层致密的润滑油膜，并沿刀具进给方向以一定的速度流动。由于刀具与工件之间的相对运动，润滑油膜中的液层也呈现相对运动[6,7]。因此，加工过程中形成的润滑油膜符合流动流体的对流换热理论，如图 3-2 所示。微量润滑磨削的雷诺数 Re 一般大于 2300。因此，在刀具与工件界面处形成的润滑油膜以湍流的方式进行对流换热，换热系数的大小与黏度密切相关。在紊流形式对流换热的润滑油膜中，存在一层温度变化显著的薄层[8]，被称

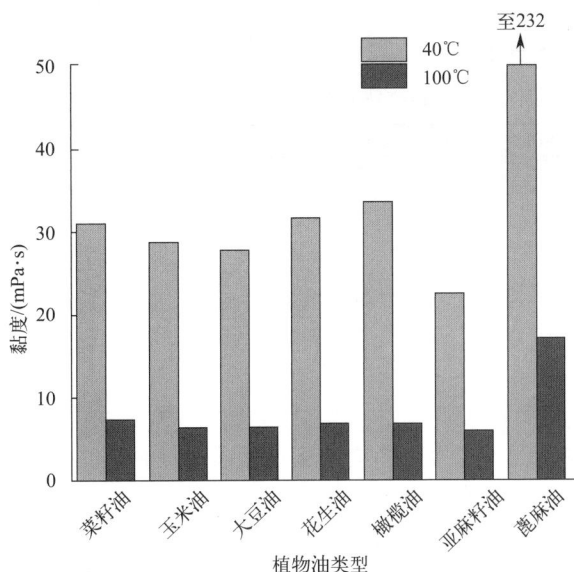

图 3-1　几种常见植物油在 40℃和 100℃下的黏度

为热边界层[9]。湍流流动的热边界层可分为黏性底层和湍流分支层。根据换热理论，热边界层的温度梯度在黏性底层最大，在湍流分支层变化平缓[10]。切削液的传热能力取决于下层的黏度。因此，切削液的黏度越大，黏性底层越厚，单位时间内切削液的温度变化越低，即传热系数越低。

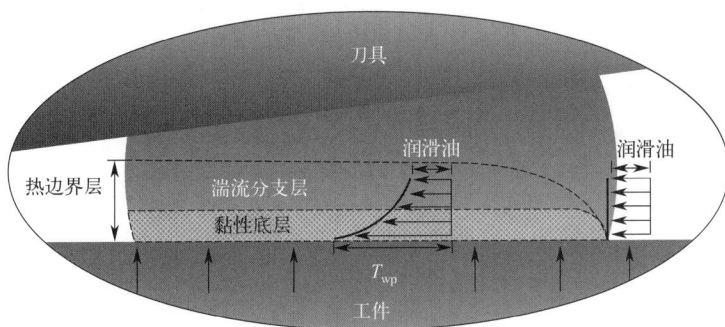

图 3-2　刀具与工件界面处流体的对流换热

在润滑过程中，植物油的黏度影响切削液的渗透性，而切削液的渗透性进一步影响其在加工过程中的换热性能。植物油液滴通过喷嘴进入工件与刀具之间的界面，由于惯性作用，其可以继续前进一定距离。但由于附着力不同，不同黏度的植物油液滴的运行距离不同。高黏度的植物油由于附着力大，其流动性差，移动距离短，难以穿透工件与刀具之间的间隙。因此，低黏度的植物油可以有效地渗透这些空隙。所以，切削液的黏度与渗透率呈负相关关系。

Harpinder 研究了以三种植物油（菜籽油、大豆油和橄榄油）作为润滑剂研磨 Ti6Al4V-ELI 时的效果。菜籽油的切削力最小（$F_t = 4.68\text{N}$，$F_n = 15.25\text{N}$），摩擦系数最小（0.307），切削比能最小（17.16J/mm³）。菜籽油的黏度在 40℃时达到 38mPa·s，大豆油和橄榄油的黏度分别为 26mPa·s 和 32mPa·s。结果表明，黏度对提高摩擦性能起着关键作用。

此外，植物油的黏度也不是恒定的，随切削温度的升高而减小[12]，遵循幂律模型。表

3-1 显示了几种植物油在 $35\sim180℃$ 的黏度变化趋势。黏度值由牛顿黏度定律方程拟合实验剪应力-剪切速率数据的斜率得到[14]。

表 3-1　几种植物油在 35～180℃ 的黏度变化趋势　　单位：mPa·s

温度/℃	菜籽油	玉米油	橄榄油	花生油	大豆油
35	42.49	37.92	46.29	45.59	38.63
50	25.79	23.26	27.18	27.45	23.58
65	17.21	15.61	18.07	17.93	15.73
80	12.14	10.98	12.57	12.66	11.53
95	9.01	8.56	9.45	9.40	8.68
110	7.77	6.83	7.43	7.47	7.17
140	5.01	4.95	5.29	5.14	4.58
180	4.65	3.33	3.44	3.26	3.31

在微量润滑加工中，表面张力是影响液滴尺寸的关键因素。表面张力的大小与液滴尺寸呈正相关。表面张力小的切削液润滑效果较好。

一方面，表面张力小意味着形成的液滴尺寸小、数量多、比表面积大，小的液滴尺寸意味着更多的液滴进入工具和工件之间的间隙，更大的比表面积代表着更大的换热面积；另一方面，根据对流换热理论，液滴在热对流过程中可分为热边界层和主流区，热边界层的厚度保持不变。然而，在吸收足够的热量之前，主流区的磨削液迅速从磨削区排出。换句话说，主流区的磨削液不能提供满意的换热效果。当接触角减小时，热边界层膨胀，磨料流体在主流区的比例减小。这一结果解释了为什么接触角小的 MQL 液滴具有高的冷却效率[16,17]。

植物油的类型对黏度有显著的影响，但对表面张力没有影响。表面张力随植物油密度的增大而增大，随温度的升高而线性降低[18]。表 3-2 给出了几种植物油在 $20\sim200℃$ 的表面张力变化趋势（具体数据乘以作者根据滴重法得到的表面张力值及一定的修正因子 ψ）。

表 3-2　几种植物油在 20～200℃ 的表面张力变化趋势　　单位：mN/m

温度/℃	菜籽油	玉米油	棕榈油	葵花籽油	大豆油
20	33.8	33.8	—	34.0	33.9
40	32.0	32.2	31.5	32.3	32.2
60	30.5	30.6	30.0	30.7	30.6
80	29.0	29.1	28.5	29.2	29.1
100	27.5	27.6	27.1	27.7	27.6
120	26.0	26.1	25.7	26.3	26.1
140	24.5	24.6	24.4	24.8	24.7
160	23.1	23.2	23.0	23.0	23.2
180	21.7	21.8	21.6	21.6	21.8
200	20.3	20.4	—	20.2	20.4

在植物油用于加工润滑的过程中，植物油可在工件表面形成一层润滑油膜。根据形成机理，润滑油膜可分为物理膜和化学膜。物理膜的形成：在金属加工过程中，由于强烈的挤压作用，工件表面的植物油由原来的液体润滑状态变为边界润滑状态。植物油中所含的极性原子（如 S、O、N 和 P）和极性基团［如酯键（—COOR）、羧基（—COOH）和羟基（—OH）］都具有很强的金属亲和力，它们可以通过范德瓦耳斯力物理吸附在金属工件的表面形成一层分子膜。这层膜具有抗磨减摩的作用，从而有利于切削区域的润滑[20,21]。由于植物油中极性基团的作用，更容易形成高强度的润滑油膜，在加工过程中具有更强的抗磨、减摩、冷却、润滑作用。化学膜的形成：在加工过程中高温（100℃）的作用下，植物油中的极性分

子容易与金属表面发生"金属皂化反应"。在反应过程中,脂肪酸中羧基(—COOH)的 H 原子与金属表面的原子发生反应,形成单层半化学键合的油性润滑膜。油性润滑膜可以由单分子层或多分子层组成。它作为边界膜吸附在工件材料表面,从而延长了刀具寿命[22]。

由于脂肪酸的种类不同,其饱和度和碳链长度也不同。不同碳链长度和饱和度的脂肪酸形成的油膜具有不同的强度。

碳链长度与润滑性能的关系如下:分子间的内聚力与碳原子数成正比,碳链中的碳原子数对分子间的内聚力有重要影响。因此,使用碳链较长的脂肪酸形成的润滑油膜的强度和润滑性能要好于使用碳链较短的脂肪酸形成的润滑油膜[23]。对于饱和脂肪酸,当碳原子数大于 16 时,形成的润滑油膜的摩擦阻力和耐磨性达到峰值,并保持不变。在这种情况下,润滑效果不会随着碳原子数的增加而改变。对于不饱和脂肪酸,由于极性不饱和键的存在,在烯烃键的吸附下,吸附膜的密度降低,从而降低了润滑油膜的强度和润滑性能。

饱和度与润滑性能的关系如下:饱和度对润滑性能的影响可以归结为两个方面。首先,C=C 的存在使不饱和脂肪酸容易氧化,从而降低了植物油的抗氧化性和热稳定性,最终导致形成的物理吸附油膜失效。而且,C=C 含量越高,植物油的抗氧化性和热稳定性越差,从而其润滑性能越差。其次,脂肪酸分子之间的吸引力受到脂肪酸分子形状的影响。饱和脂肪酸分子没有 C=C,其分子链多为直链,因此分子间结合度高[25]。然而,不饱和脂肪酸中 C=C 导致碳链弯曲,降低了分子间结合的程度。另外,由于不饱和脂肪酸分子中存在烯烃键,烯烃键表现出极强的分子吸附作用,导致物理吸附膜的密度降低,从而降低了润滑油膜的强度。图 3-2 为饱和和不饱和脂肪酸分子的三维模型。

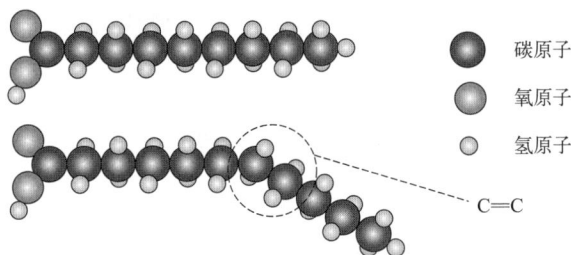

图 3-3　饱和脂肪酸和不饱和脂肪酸分子的三维模型

综上所述,在碳链长度相同的情况下,饱和脂肪酸在加工过程中形成的润滑油膜相比不饱和脂肪酸在加工过程中形成的润滑油膜强度更高,润滑性能更好,因此加工后的工件表面粗糙度更低。同时,在碳链长度相同的情况下,单不饱和脂肪酸形成的润滑油膜相比多不饱和脂肪酸形成的润滑油膜强度和润滑性能更好,因此可获得更低的表面粗糙度。

Hu 等[26] 研究了以饱和和不饱和长碳链和短碳链植物油脂肪酸作为润滑油添加剂的摩擦学性能。十八烷酸和二十烷酸两种饱和脂肪酸的润滑性能相同。对于不饱和脂肪酸,长碳链二烯酸($C_{22}H_{42}O_2$)的润滑性能优于短碳链二烯酸($C_{18}H_{34}O_2$)。此外,当碳链长度相同时,饱和脂肪酸的润滑性能优于不饱和脂肪酸。

3.1.2　生物润滑剂的限制

植物油作为润滑剂表现出了令人满意的物理化学性质。然而,其抗氧化性能较差。

虽然植物油的特定甘油三酯结构决定了它相比矿物油具有更好的润滑性能，但也导致了其抗氧化性能比矿物油差。氧化性和热稳定性差是植物油基润滑油不可避免的缺陷[27]。脂肪酸中 C═C 越多，其不饱和程度越高，植物油越容易被氧化[28]。例如，蓖麻油含有大量的蓖麻酸（单不饱和脂肪酸），因此，它相比多不饱和脂肪酸含量高的植物油具有更好的氧化稳定性[29]。同样，菜籽油（RO）含有约 64.42% 的单不饱和脂肪酸，因此具有较高的氧化稳定性[30]。一项对氧化菜籽油摩擦学特性的研究表明，氧化会对其抗摩擦性能产生不利影响[31]，如图 3-4 所示。

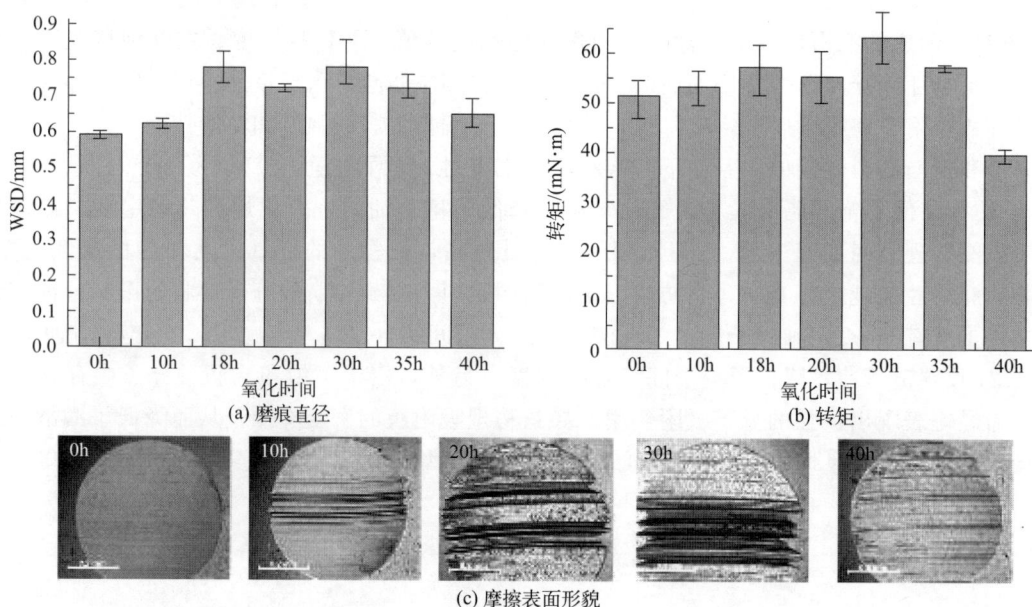

(a) 磨痕直径

(b) 转矩

(c) 摩擦表面形貌

图 3-4　非氧化和氧化菜籽油的磨痕直径、平均转矩测量和摩擦表面形貌

植物油作为润滑油基础油时，主要发生氧化反应。氧化会使植物油中的不饱和脂肪酸含量降低，其泡沫、色泽、黏度、密度、比热容、游离脂肪酸含量、极性物质含量、聚合物化合物含量等随时间升高[32]。这种变化的趋势如图 3-5(a) 所示。

由于不饱和脂肪酸中大量的 C═C 可以作为氧化反应的活性位点，因此植物油的稳定性很低。不饱和程度越高，即 C═C 越高，说明植物油对氧化越敏感[33]。低氧化稳定性意味着，如果未经处理，植物油在使用过程中会迅速氧化，变稠和聚合，对润滑性能有不利影响。对于十八碳甘油三酯（C18），饱和及单、二和三不饱和甘油三酯的相对氧化不稳定性约为 1∶10∶100∶200[34,35]。

植物油氧化有四种类型：植物油自动氧化、酶促氧化、光氧化和金属氧化。其中，植物油自动氧化是一种不受外界影响的氧化反应，是植物油氧化的主要方式[36,37]。

植物油的氧化过程包括起始、增殖和终止三个阶段。这三个阶段非常复杂，包括连续和不连续的反应[38]。在植物油分子中，由于亚甲基（—CH₂—）在 C═C 旁的 C—H 键强度较低，亚甲基中的氢原子更容易分离。植物油的初始氧化阶段涉及 C═C 附近亚甲基的氢原子脱离，导致烷基自由基（R·）的形成。这些烷基自由基与氧反应形成烷基过氧化自由基（ROO·）。初级抗氧化剂可以中和这些新形成的氧化产物，但如果不使用或不能完全中和，则会发生进一步的氧化阶段[39,40]。在氧化传播阶段，烷基过氧化自由基攻击剩余脂肪酸分

(a) 各物质含量

(b) 摩擦学特性

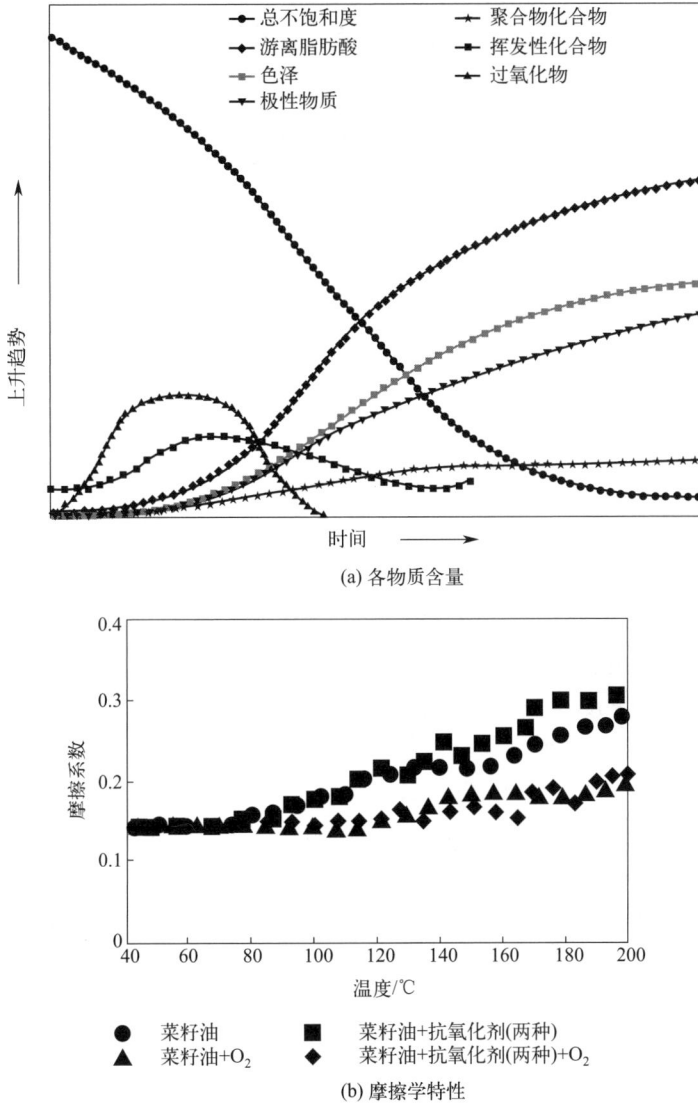

图 3-5 植物油氧化过程中各物质含量及 1.38kg 下摩擦学特性的变化趋势

子中的 C—H 键，获得氢原子和新的自由基，形成初级氧化化合物过氧化氢。这个过程产生
了一系列新的氧化反应。过氧化氢在后期形成，这是植物油自动氧化的限速步骤[41]。断裂
碳氢键的强度决定了限速步骤的速率常数。过氧化氢的分解导致更多自由基的形成。新形成
的烷氧基自由基（RO·）可以反复攻击脂肪酸的 C—H 键，生成更多的过氧化氢，加速氧
化过程[42]。植物油在氧化过程中产生的自由基种类和含量取决于脂肪酸的组成，自由基的
生长速度变化很大。然而，并不是所有的自由基都会加速氧化过程，一些自由基相互反应以
终止氧化过程。过氧化氢在氧化过程中不断积累，叠加到一定程度后分解成无数挥发性和非
挥发性二次氧化物。挥发性有机物多为断链烃和醇类，由于其碳链短、极性低，对植物油的
耐磨性影响不大。在非挥发性有机化合物中，环氧化合物因较高的氧化稳定性和较低的沉淀
倾向而比其他非挥发性有机化合物存在的时间更长。环氧化已被证明是一种有效的化学改性
方法，对提高植物油的氧化稳定性和黏度有益[43]。

某些二次氧化物还能参与聚合反应，产生大分子化合物，最终在工件的润滑表面形成沉淀，显著提高植物油的黏度。这代表了植物油氧化过程的最后阶段。植物油的自氧化机制如表 3-3 所示。

表 3-3　植物油自氧化机制

初始氧化阶段	$RH \longrightarrow R\cdot + H\cdot$
传播阶段	$R\cdot + O_2 \longrightarrow ROO\cdot$
	$ROO\cdot + RH \longrightarrow ROOH + R\cdot$
分枝生长阶段	$ROOH \longrightarrow RO\cdot + \cdot OH$
	$RO\cdot + RH + O_2 \longrightarrow ROH + ROO\cdot$
	$\cdot OH + RH + O_2 \longrightarrow H_2O + ROO\cdot$
终止阶段	$ROO\cdot + ROO\cdot + H_2O \longrightarrow 2ROOH + \frac{1}{2}O_2$
	$ROO\cdot + H^+ \longrightarrow ROOH$
	$R\cdot + R\cdot \longrightarrow R-R$
过氧化物分解	$ROOH \longrightarrow$ 分解为低分子量化合物
聚合反应	$ROOH \longrightarrow$ 生成高分子量化合物

在植物油氧化初期，过氧化氢是植物油的主要氧化化合物。过氧化氢的存在抑制了植物油切削液的抗磨性能。随着氧化过程的进行，植物油的黏度和表面张力也随着过氧化氢含量的增大而提高。过高的黏度和表面张力导致植物油的流动性能变差，降低了植物油的润滑性能[44]。Rounds[45] 确定了过氧化氢对磨损的影响。在 $15\sim45\mathrm{kg}$ 的负荷下，过氧化氢含量的增大会导致磨损增加。然而，在 $75\sim95\mathrm{kg}$ 的高负荷下，与纯植物油相比，添加过氧化氢的植物油可以减少磨损。这表明过氧化氢的存在具有一些极端压力特性。此外，在油品混合物中加入二烷基二硫代磷酸锌抗磨添加剂可使过氧化氢含量的阈值升高，最终导致高磨损。Fox 等[46] 的研究表明，在边界润滑条件下，过氧化氢含量的增大会降低葵花籽油润滑油的抗磨性能。Habeeb 等[47] 研究了过氧化氢对发动机的磨损作用。过氧化氢与金属表面的相互作用增加了凸轮叶的磨损，其磨损量与过氧化氢含量成正比。该实验未检测到明显的油氧化现象，说明过氧化氢对金属表面的直接腐蚀是造成磨损的原因。

热稳定性是润滑油在高温下应用的重要参数，同时也影响着植物油的摩擦学性能。闪点是表征热稳定性的一个参数。当闪点低于切削温度时，植物油无效。此外，闪点也是评价易燃液体燃烧风险的重要参数。可燃液体（植物油）可能会遇到热表面（工件-工具界面），这可能导致火灾和爆炸事故[48]。几种常见植物油的闪点、燃点和自燃温度见表 3-4。

表 3-4　几种常见植物油的闪点、燃点和自燃温度

植物油	闪点/℃	燃点/℃	自燃温度/℃
大豆油	316	352	402
桐油	330	355	410
葵花籽油	320	345	401
稻米油	322	346	398
花生油	327	351	406

高温有足够的能量破坏酰基骨架中的 C—C 或 C—H 共价键，形成各种自由基。如 90℃ 时主要存在烷氧基自由基，120℃ 时主要存在烷基自由基[49]。发生自由基氧化链式反应，提高了植物油的氧化速率[50]。

在高温氧化过程中，植物油的一次氧化产物 ROOH 的含量随着反应温度的升高而增大。植物油在 60℃时的过氧化值约为室温时的两倍[51]。但当温度高于 150℃时，一次氧化产物 ROOH 分解形成挥发性小分子，且其分解速率大多快于生成速率，ROOH 的含量逐渐降低。此外，高温会导致植物油的氧化和聚合。植物油的热分解可分为三个步骤，分别涉及多不饱和脂肪酸、单不饱和脂肪酸和饱和脂肪酸[52]。在植物油热分解的第一阶段，植物油中的多不饱和脂肪酸开始分解。在加热过程中，植物油中的多不饱和脂肪酸（如亚油酸）受热反应生成挥发性化合物等如二聚体、三聚体和聚合物，它们在加热过程中产生的蒸气不断地除去。植物油热分解的第二阶段对应油酸等单不饱和脂肪酸的分解。在反应过程中，植物油中不饱和脂肪酸的双键断裂，导致甘油三酯分子饱和。植物油热分解的第三阶段对应棕榈酸等饱和脂肪酸的热分解[53]。

高温引起的脂肪酸碳链分解是植物油性能下降的重要原因。Li 等[54] 观察到当温度高于 120℃时，亚油酸（C18：2）、亚麻酸（C18：3）等多不饱和脂肪酸开始分解，而油酸（C18：1）单不饱和脂肪酸分解缓慢。160℃以上，植物油中单不饱和脂肪酸（油酸）的下降率逐渐增大。在 240℃时，油酸含量下降了 52.33%，亚油酸含量下降了 58.21%，亚麻酸含量下降了 82.56%。Kim 等[56] 通过高温加速氧化对生物柴油的稳定性和聚合进行了研究。在 95℃加速氧化过程中，生物柴油中不饱和脂肪酸甲酯的含量随时间不同程度下降，表明氧化导致不饱和脂肪酸甲酯的结构发生了变化。在 180℃高温加速氧化过程中，氧化不饱和脂肪酸甲酯和未氧化不饱和脂肪酸甲酯通过 Diels-Alder 反应聚合，形成二聚体和氧化二聚体等聚合产物。

在低载荷下纯植物油的抗磨性能、摩擦性能、粘接载荷能力和抗疲劳性优于矿物油，但在极端载荷下，植物油基切削液的有效性明显降低。

Syahrullail[57] 的研究表明，在正常负荷 126kg 的极端压力条件下，与矿物油（商业冲压油）相比，麻疯树油（JAT）、棕榈油（PO）和棕榈油脂肪酸组分（PFAD）的摩擦系数分别提高了 20%、54% 和 107%，同时磨痕直径也显著增大。这是因为矿物油中含有的抗磨添加剂有助于减少磨损。

此外，植物油的氧化也会影响其极压性能。Murakami[58] 发现，在 0.17kN（平均接触压力 1.77GPa）下，橄榄油在 100℃时产生低摩擦，而在高温（170℃）时产生高摩擦。相比之下，菜籽油在低温时的摩擦系数较高，而在 170℃以上的摩擦系数较低。橄榄油含有油酸和大量的饱和脂肪酸，而菜籽油的饱和脂肪酸含量较低，油酸、亚油酸、亚麻酸、芥酸等不饱和脂肪酸含量高。脂肪酸在高温下氧化过程的不同，导致了不同温度范围内摩擦系数的不同。进行氧化试验，测定抗氧剂和溶解氧对 1.38kN 高压下摩擦性能的影响，如图 3-5（b）所示。高氧含量产生稳定的低摩擦并提高承载能力。当溶解氧浓度较低时，抗氧化剂降低承载能力。作者还发现，在亚麻酸（C18：3）的磨损疤痕周围存在溶解氧含量高的氧化形成的摩擦聚合物，该摩擦聚合物在高温下起到保护作用。

3.1.3　生物润滑剂的应用现状

Arnšek[59] 证明植物油是一种有效的边界润滑剂，因为它具有高极性，允许与润滑表面强相互作用。边界润滑的性能受润滑分子对表面的吸引力及其与表面的反应影响。与矿物油润滑油相比，全配方植物油润滑油具有更低的摩擦系数、相似的抗刮蚀能力和更好的抗点蚀性[60]。特别是菜籽油，由于其脂肪酸在金属表面形成的物理和化学吸附膜，与矿物油相比，具有较高的黏度指数，从而具有较低的摩擦系数和表面温度、良好的抗磨减摩性能。然而，植物油在高负荷下的抗磨性能仍有待提高。在 Zdziennicka 等[61] 的一项研究中，对一系列矿物油和植物油基切削液在各种加工操作中的性能进行了评估。该植物油配方在所有操作中表现出与参考商业矿物油相同或更好的性能。Bahari 等[62] 在改进的发动机试验台上评估了几种植物油的应用性能，发现这些油具有可靠的润滑效果。然而，随着时间的推移，油的黏度逐渐增大，并在孔中形成沉积物。

植物油虽然具有优良的性能，可用于各种机械加工领域，但在加工过程中容易氧化，从而失去功效。植物油氧化对其极压性能有不利影响，植物油氧化的机理尚不清楚。为了解决这些问题，目前的研究重点是通过化学或物理改性来改善植物油基切削液的应用。

3.2 抗氧化性能提升机制

目前，提高植物油抗氧化性能的方法主要有基因修饰、化学改性和添加抗氧化剂等。其中，化学改性和添加抗氧化剂是世界范围内的研究热点。

3.2.1 化学改性

植物油稳定性差的原因可分为两个方面：一是植物油分子中的醇羟基，原位的 C—H 键在高温下易分解，与羟基结合生成酸和烯烃；二是植物油甘油三酯中 C = C 的存在[63]。植物油的化学改性引起了全世界的关注。该方法主要是对不饱和脂肪酸的羧基和碳链进行化学反应，以改变植物油脂肪酸的不饱和度、碳链长度和支化程度，从而提高植物油的热氧化稳定性、低温性能和黏温性能。其重点是提高氧化稳定性。常见的改性方法包括氢化[64]、酯交换[65]、环氧化[66] 和异构化[67]。氢化、酯交换和环氧化是主要方法，其反应过程如图 3-6 所示。不同改性方法对甘油三酯的分子结构有不同的影响。脂肪酸不饱和度、碳链长度和支化程度对改性后植物油性能的影响见表 3-5。

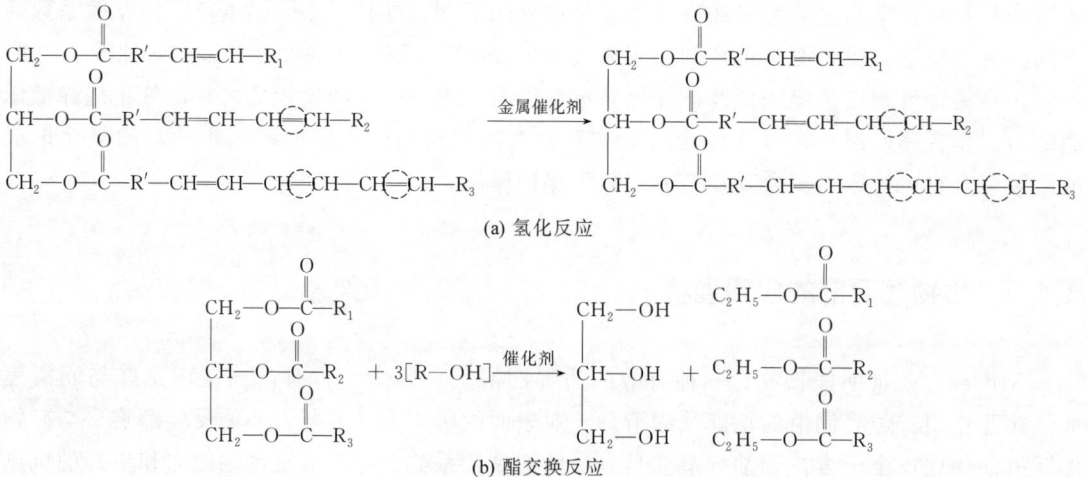

(a) 氢化反应

(b) 酯交换反应

(c) 环氧化反应

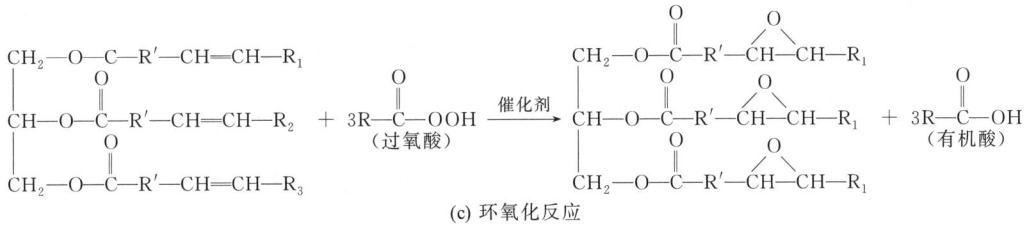

图 3-6　氢化、酯交换和环氧化反应过程

表 3-5　脂肪酸不饱和度、碳链长度和支化度对植物油性能的影响

项目	润滑	黏度指数	低温表现	氧化性能	挥发性
碳链长度	++	+	−	−	+
支化度	−	−	+	+	−
不饱和度	−	±	+	−	±

由于含有大量的不饱和脂肪酸（油酸 C18：1、亚油酸 C18：2、亚麻酸 C18：3 等），植物油的热氧化稳定性极差，在高温下易聚合成胶体物质。用作润滑剂时，其会产生沉积物和腐蚀性物质，从而缩短使用寿命。氢化反应是通过亲电加成将 H 原子添加到植物油甘油三酯的 C＝C 中，以降低植物油的不饱和度。常见的加氢方法有超声加氢、催化转移加氢、磁场加氢、电化学催化加氢等[68]。Mäki-Arvela[69] 分析了加氢改性所需的催化剂的性能，并总结了不同反应参数、催化剂稳定性、模型和热力学的影响。Liu[70] 开发了一种非硫化 NiMoLa/Al$_2$O$_3$ 催化剂，用于麻风树油加氢制备可再生 C15～C18 烷烃。在 370℃、3.5MPa 和 0.9h 添加 5.0％（质量分数）稀土金属 La 的条件下，C15～C18 的烃收率为 78％，选择性为 94％，转化率为 83％。选择性加氢改性的植物油的低温流动性优于完全加氢改性的植物油，通过减少甘油三酯中的双键数量，在一定程度上提高了植物油的热稳定性。

虽然目前工业上采用的完全加氢方法提高了植物油的抗氧化性能，但改性产品由于结构整齐，容易聚集形成刚性结构，影响其低温性能。植物油的氢化反应可以选择性地降低亚油酸（C18：2）和亚麻酸（C18：3）的组成，从而提高植物油中油酸（C18：1）的含量，避免硬脂酸（C18：0）含量的增加。这种处理提高了油的氧化稳定性，同时保持了可接受的黏度和低温性[71]。Belkacemi 使用一种新的负载型钯（Pd）催化剂进行了葵花籽油和菜籽油的氢化反应。在温和条件下，与商业 Ni 催化剂相比，Pd 负载量为 1％（质量分数），碘值（IV）降低，产生的饱和脂肪酸更少，反式脂肪酸水平大致相同。Nohair 等[72] 发现，以钯（Pd）、铂（Pt）和钌（Ru）为催化剂进行葵花籽油乙酯氢化反应时，在 Pd 中加入铜或铅可以提高顺式油酸异构体的选择性。Laverdura 等[73] 使用市售的 Lindlar 催化剂催化了菜籽油和葵花籽油的氢化反应。在 180℃和 0.4MPa 的氢气环境下，加氢效果最佳。然而，从葵花籽油中获得的反式异构体的浓度高于从菜籽油中获得的反式异构体的浓度。Wang 等[74] 设计了一种通过结合脱氧和异构化来进一步加氢处理植物油的工艺。在双功能催化剂上，植物油通过脱羧、脱羰基、加氢脱氧和异构化转化生成无氧产物。载体的酸度在加氢脱氧反应中起决定性作用。选择性加氢改性的植物油的低温流动性优于完全加氢改性的植物油，通过减少甘油三酯中的双键数，在一定程度上提高了植物油的热稳定性。在成本方面，加氢处理改性方法价格低廉，可以大规模生产。

在植物油甘油三酯中，甘油分子中的醇羟基中原位的 C—H 键在高温下易分解[75]。这一特性可导致有益分子的部分碎裂和不饱和化合物的形成，如图 3-7 所示。形成的化合物可以聚合，增大液体的黏度，从而形成沉淀颗粒。随着研究的不断推进，酯交换研究的重点已转向使用多元醇代替甘油合成脂肪酸多元醇酯润滑剂。这些合成途径可分为两种类型：①甘油三酯水解产生游离脂肪酸，然后用于生成脂肪酸多元醇酯；②甘油三酯酯化生成脂肪酸甲酯，然后与多元醇反应生成脂肪酸多元醇酯[76]。由于植物油脂肪酸的组成和反应的多元醇不同，合成的多元醇酯具有不同的分子结构，因此它们具有不同的物理和化学性质。在氧化稳定性方面，其热氧化稳定性随着多元醇中羟基（—OH）基团数量的增加而提升，但随着甘油三酯中双键数量的增加而降低[77]。植物油中的游离脂肪酸含量会影响酯交换的转化效率。

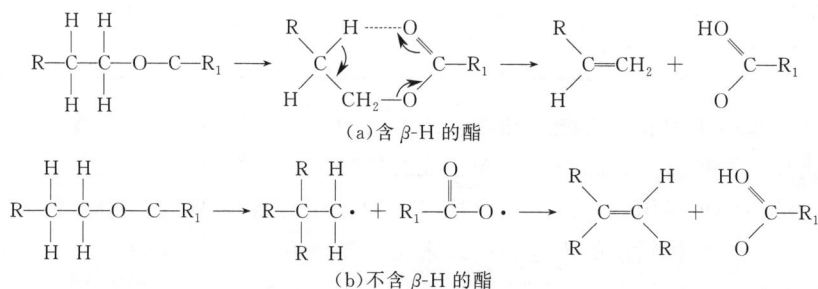

图 3-7　酯类的热破坏

Farag 等[78] 以纯油酸和 H_2SO_4 为催化剂，温度为 60℃，催化剂浓度为 2.5%，搅拌速度为 300r/min 进行酯交换；当摩尔比为 6：1 时，最佳转化率为 96.6%。酯交换已被证明可以提高植物油的氧化稳定性。Dodos 使用 Lunaria 合成了 Lunaria TMP 酯。Lunaria TMP 酯具有非常低的氧化速率，其氧化诱导时间可达 30.5h，抗氧化性能是棉籽油甲酯、葵花籽油甲酯、棕榈油甲酯、橄榄油甲酯和菜籽油甲酯的 11.2 倍、11.2 倍、1.18 倍、1.9 倍和 5.1 倍。Gryglewicz[79] 使用菜籽油和橄榄油制备了新戊二醇（NPG）和三羟甲基丙烷（TMP）酯。橄榄油基酯类相比菜籽油基酯类具有更好的氧化稳定性。这是因为橄榄油的主要成分是油酸，油酸含有相对少量的亚油酸（7.2%）和约 14% 的饱和脂肪酸。与橄榄油相比，菜籽油的饱和脂肪酸含量较低（8.3%），多不饱和脂肪酸含量较高（28%）。大量多不饱和酸的存在导致其热氧化稳定性降低。此外，TMP 酯相比 NPG 酯具有更好的热稳定性。此外，脂肪酸的 NPG 和 TMP 酯表现出比甘油三酯更高的抗氧化活性。类似地，Fernandes 使用棕榈油脂肪酸馏出物（PFAD）与新戊二醇（NPG）和三羟甲基丙烷（TMP）酯化制备了多元醇酯。在高温（160℃）下，TMP 酯的氧化稳定性比 NPG 酯高约 75%。然而，TMP 酯和 NPG 酯的倾点都相对较高，分别为 12℃ 和 18℃。这可以通过添加抗凝剂来降低。Arumugam 合成了菜籽油季戊四醇（PE）酯，并将其热稳定性与合成压缩机油（SAE30）的热稳定性进行了比较。结果 PE 与 SAE30 表现出相似的热稳定性，其初始氧化温度分别为 240℃ 和 236℃。随着温度的升高，PE 和 SAE30 分别呈现出两级和单级分解。PE 酯在 339℃ 和 424℃ 时分别对应饱和脂肪酸和不饱和脂肪酸的氧化。SAE30 在 376℃ 时表现出分解峰。因此，PE 酯表现出比 SAE30 更好的热稳定性。Padmaj 通过与三种多元醇 [三羟甲基丙烷（TMP）、新戊二醇（NPG）和季戊四醇（PE）] 反应，合成了 10-十一烯酸（UDA）的季戊四醇酯。润滑油基材的热稳定性与其分解起始温度成正比。UDA 的季戊四醇酯在初始温度 390℃ 时表现出优异的热稳定性。Reeves 等[83] 证明了植物油的热稳定性和氧化稳定性取决于脂肪酸组成。含有高比例单不饱和脂肪酸（如油酸）的天然油在高温环境中表现出优异的热氧化稳定性。在摩擦性能方面，改性植物油与某些石油制品具有竞争力。Dodos等[84] 使用月桂油合成了月桂油 TMP 酯，其表现出优异的润滑性能。与常规 GPI 基础油相比，其摩擦系数（COF）降低了 52.4%，磨痕直径降低了 21.8%。Arumugam 等[85] 观察到菜籽油季戊四醇（PE）酯和合成压缩机油（SAE30）之间的平均摩擦力矩降低。SAE30压缩机油的摩擦力矩约为 0.18N·m，而生物降解压缩机油的摩擦力矩约为 0.15N·m，下降了约 16.7%。SAE30 和 PE 混合压缩机油样品的摩擦力矩显著降低。与 SAE 30 相比，PE50 和 PE75 的摩擦力矩分别降低了约 27% 和 38%。这可归因于菜籽油及其相关极性基团中油酸、亚油酸、亚麻酸、棕榈酸和芥酸等脂肪酸的存在。这些脂肪酸可以吸附在摩擦副表面，从而形成了碳结构层。该层最终通过避免摩擦副的金属与金属接触来减少摩擦。此外，酯交换反应可以通过提高植物油的支化度和抗氧化性能来改善植物油的低温性能。植物油一般在 -15℃ 下凝固，但是其作为切削液的基础油时，必须具有优良的低温性能。Yunus 等[86] 合成了基于棕榈油和棕榈仁油的基础油。高油酸棕榈油的 TMP酯，倾点提高到了 -33℃，表现出优异的低温性能。另外，它还表现出良好的热稳定性和润滑性。

环氧化改性作为一种非常方便的方法，是提高植物油热稳定性最常用的方法之一。相关研究表明，环氧化反应可以去除植物油甘油三酯分子中的不饱和成分，从而显著提高植物油的热氧化稳定性，改善润滑剂的高温应用性能[87]。在反应过程中，甘油三酯中的双键与 H_2O_2、过氧甲酸或过氧乙酸反应形成环氧化物。常用的催化剂有沸石、120 号苯酚甲醛离子交换树脂、无水 Na_2CO_3、$(NH_4)_2SO_4$ 和 $SnCl_2$。环氧化改性的大豆油在 150℃ 时的氧化诱导时间比未改性的大豆油高 6 倍，即使在 195℃ 下也是如此。由于环氧化改性的大豆油在金属表面能形成稳定的高分子膜，稳定性更强，因此具有优良的抗磨和减摩性能[88]。与原始油相比，环氧油具有良好的分子量，更高的极性结构，分子之间的相互作用更强。Wu等[89] 提出，环氧植物油可以在金属表面形成摩擦聚合物膜，因此相比原来的油，环氧植物油具有更好的抗摩擦和极压性能。Chaurasia 通过环氧化改性 Sal 油，将其摩擦系数降低了约 23.5%。

此外，环氧化改性过程中形成的环氧基团中的三个原子是共面的，其氧原子键角约为 60°，比正常的氧原子键角小约 49.5°，如图 3-8 所示。这种显著偏差表明，三元环中 C—O 键的张力远大于常规的 C—O 键。

因此，脂肪酸分子链在开环反应后，通过环氧化可以选择性地添加到不同链长的侧链中，有效改善植物油的低温性能及其摩擦学性能[91]。另外，改性植物油的氧化稳定性随着支链基团碳链长度的增加而降低。Sharma 等[92] 使用醋酸酐改性环氧

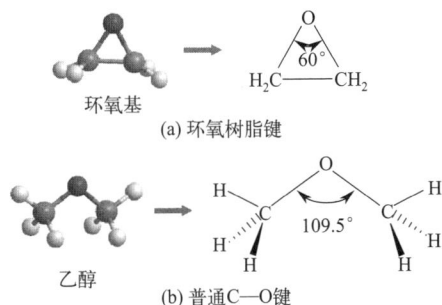

图 3-8　环氧树脂键和普通 C—O 键

大豆油（ESBO）的结构得到了反应产物 ACE-SBO，ACE-SBO 在高温（300℃）下具有与ESBO 相似的热稳定性；同时使用丁酸、异丁酸和己酸酐分别生成了二酯衍生物 But-SBO、Isobut-SBO 和 Hex-SBO。然而，ACE-SBO 相比未改性的大豆油（SBO）具有更好的氧化稳定性。该作者还发现，初始氧化温度（OT）随着支链基团碳链长度的增加而降低。ACE-

SBO 的 OT 值最高（174℃），而 Hex-SBO 的 OT 值最低（161℃）。同样，Sharma 等[93] 使用不同的酸酐（乙酸酐、丙酸酐、丁酸酐、戊酸酐、己酸酐和庚酸酐）和大豆油进行了环氧化开环反应，生成的二酯衍生物分别为 ASO、PSO、BSO、VSO、HxSO 和 HpSO，反应过程如图 3-9 所示。而且该作者对这些二酯衍生物的性质也进行了研究[94]。随着侧链的加入，改性大豆油的低温性能显著提高。例如，未改性大豆油的倾点为 −9℃，而 HxSO 和 HpSO 的倾点可以达到 −21℃。在另一项研究中，大豆油异丙酯的倾点低至 −50℃[95]。此外，与未改性大豆油相比，改性大豆油的抗氧化性能提高了 5.1%～7.4%。将改性大豆油以 5% 的浓度添加到十六烷中。在 400lb（181.44kg）的高负载和 5r/min 的低速下，所有产品在 5%（质量分数）时均表现出优异的减摩性能，摩擦系数（COF）在 0.11～20.12。与纯十六烷相比，其 COF 下降了 75.6%。

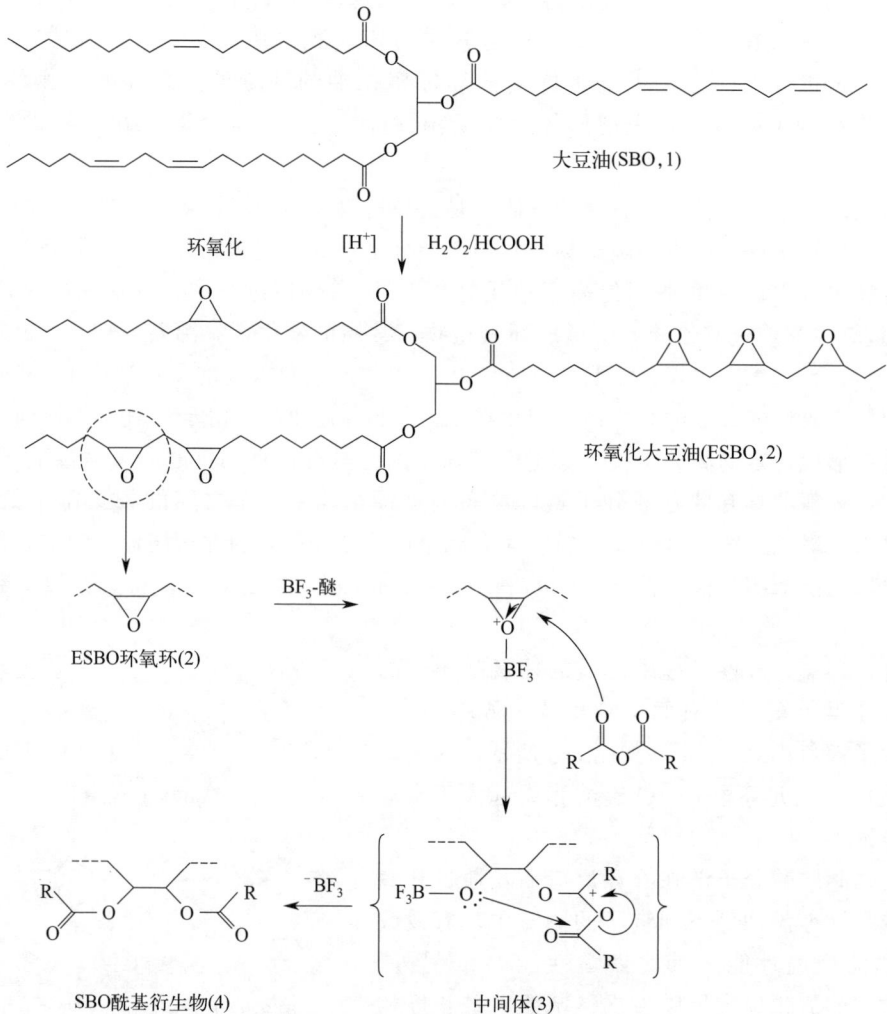

图 3-9　大豆油的环氧化开环反应

植物油脂肪酸甲酯的环氧化开环反应除打开环氧基外，也是提高植物油氧化稳定性的重要方法。Sharma 等[96] 用市售的油酸甲酯和羧酸合成了一系列支链脂肪酯，分别为羟基油酸甲酯的丙酸酯（PMO）、羟基油酸甲酯的乙酰丙酸酯（LMO）、羟基油酸甲酯的己酸酯（HMO）、羟基油酸甲酯的辛酸酯（OMO）和羟基油酸甲酯的 2-乙基己酯（EH-MO）。PMO 的氧化初始温度（OT）最高（175℃），其次是 EHMO（166℃）、LMO（162℃）和 OMO（160℃）。该作者还表明，氧化稳定性随着酯侧链长度的增加而降低。这可能是因为较长的侧链具有更容易到达的氧化位点，从而使它们比较短的侧链更容易分裂。

不同的化学改性方法会对植物油的理化性质（如黏度、倾点、摩擦学性能、氧化稳定性等）产生不同的影响。综上所述，加氢改性在一定程度上降低了植物油的不饱和度，但相对整齐的分子结构导致低温性能较差，无法解决 β 羟基在高温下易分解的问题。酯交换反应改善了基础油的摩擦性能。然而，双键仍然存在于反应产物中。在一定程度上，酯交换反应取决于基础油的种类。含有高比例单不饱和脂肪酸的植物油是提高氧化稳定性和热稳定性的最佳选择。菜籽油季戊四醇酯的初始氧化温度可达到 236℃。环氧化反应通过生成环氧基团消除了双键结构，从分子结构上提高了改性产物的氧化稳定性。随后，通过开环反应加入侧链结构和极性基团可以产生强度更高的润滑油膜，提高抗磨性能。此外，随着侧链的加入，基础油的低温流动性能得到了改善。

由此可知，酯交换和环氧化开环反应消除了 β 羟基、C═C，提高了植物油的抗氧化性能，其氧化诱导温度相应升高，可作为植物油基高温润滑剂的潜在来源。环氧化开环反应通过加入不同结构的侧链，可以从多方面改善基础油的理化性能，其可以作为开发植物油基润滑油的有效手段。

3.2.2　抗氧化剂

抗氧化剂是防止氧和植物油发生氧化反应的物质，可以帮助捕获和中和自由基，以消除自由基导致植物油氧化的一类物质[97]。基础油改性后，油品品质可进一步提高，添加抗氧化剂可降低生产成本。对植物油进行化学改性后，Wu 对环氧菜籽油进行环氧化处理，得到了环氧值为 4.13% 的环氧菜籽油。在环氧菜籽油中加入 1% 的抗氧化剂后，其氧化诱导时间比不加抗氧化剂的环氧菜籽油高约 4.9 倍，比纯菜籽油高 13 倍。

植物油氧化后的降解显著影响其润滑性能并增加磨损。抗氧化剂可以通过保护切削液免遭氧化降解来延迟或抵抗氧化过程。当应用于植物油时，抗氧化剂通过抑制初始步骤中自由基的形成或阻止自由基链的传播来抑制氧化过程[98]。抗氧化剂根据作用机制可分为自由基清除剂（主抗氧化剂）和过氧化物分解剂（次抗氧化剂）。自由基清除剂是主要的抗氧化剂。它优先与植物油中的脂肪自由基反应，生成稳定的自由基，不会与氧气快速反应。常见的自由基清除剂包括丁基羟基苯甲醚（BHA）、丁基羟基甲苯（BHT）、单叔丁基氢醌（TB-HQ）、没食子酸丙酯（PG）和天然的生育酚（维生素 E）。具有各种环取代的羟基苯酚化合物是最流行的自由基清除剂[99]。在酚类抗氧化剂的研究中，发现其抗氧化能力与芳环中占据 1,2 或 1,4 位的分级结构数量以及现有环取代基的体积和电子性质有关。与自由基清除剂的作用机制相反，过氧化物分解剂是通过与氢过氧化物反应将其分解，同时生成稳定的化合物，加快链式反应的实际速度，从而达到抗氧化效果。此外，一些抗氧化剂，例如二烷基二硫代氨基甲酸酯化合物和丁基羟基甲苯（BHT），也充当自由基清除剂和过氧化物分解剂[100]。自由基清除剂和过氧化物分解剂的作用机制如图 3-10 所示。自由基清除剂含有不稳定的氢，它会快速供给过氧化氢并干扰脂质氧化过程，如图 3-10(a) 所示。图 3-10(b) 显示了过氧化物分解剂和链增长反应之间的竞争。

$$ROO \cdot + AH \longrightarrow ROOH—A \cdot \qquad\qquad ROO + A \cdot \longrightarrow ROOA$$
$$RO \cdot + AH \longrightarrow ROH + A \cdot \qquad\qquad RO + A \cdot \longrightarrow ROA$$

(a)自由基清除剂 　　　　　　　　　　(b)过氧化物分解剂

图 3-10　自由基清除剂和过氧化物分解剂的作用机制

抗氧化剂可以显著提高植物油的抗氧化性能。Lampi 等测试了两种生育酚（α-生育酚和 γ-生育酚）的抗氧化活性。生育酚可以抑制菜籽油的自氧化。只要有生育酚存在，氢过氧化物的稳定性就会大大提高，并且不会形成挥发性醛。在较低水平（$\leqslant 50\mu g/g$）时，α-生育酚比 γ-生育酚稳定。当 α-生育酚水平较高（$>100\mu g/g$）时，过氧化氢的生成对 α-生育酚的消耗呈现相对增加的趋势，而 γ-生育酚则没有这种趋势。因此，在 $100\mu g/g$ 以上，γ-生育酚相比 α-生育酚是较好的抗氧化剂。Hamblin 介绍了应用无灰抗氧化剂来控制几种可生物降解植物油的氧化降解，并且还评估了天然抗氧化剂（例如维生素 E）的作用。无灰抗氧化剂无论是单独使用还是组合使用，都可以提高天然酯（例如菜籽油）的氧化性能。保持菜籽油稳定性最有效的酚类抗氧化剂是混合酚。维生素 E 在短期实验中表现出中等活性，但这需要进一步研究。Sharma 等[103] 研究了二烷基二硫代氨基甲酸锌（ZDDC）、烷基化二苯胺（ADPA）、丁基羟基甲苯（BHT）以及烷基化苯酚、二硫代磷酸盐和二苯胺混合物（AP-DD）在大豆油（SO）中的抗氧化性。添加 2% ZDDC 的大豆油，其初始氧化温度从 171℃ 升高到了 207℃。ADPA 的抗氧化性能最差。反应温度低（150℃）是其抗氧化性能差的重要原因。据报道，二苯胺在低温和高温下具有不同的抑制机制。抗氧化剂也会影响植物油的热降解温度，不同植物油对抗氧化剂的适应性不同。

Quinchia 等[104] 评估了 α-生育酚（TCP）、没食子酸丙酯（PG）、L-抗坏血酸 6-棕榈酸酯（AP）和 4,4′-亚甲基双(2,6-二叔丁基苯酚)（MBP）对葵花籽油（HOSO）和蓖麻油（CO）抗氧化性能的影响。其中，HOSO/抗氧化剂混合物的热分解起始温度通常较低，只有抗氧化剂 PG 才能提高 HOSO 的热稳定性，热降解温度从 331℃ 升高到了 347℃。相比之下，三种抗氧化剂（PG、MBP 和 AP）延缓了 CO 的热降解。由于功能性极性基团（—OH）的存在，大多数抗氧化剂与 CO 的亲和力高于与 HOSO 的亲和力。Xu 等[105] 通过松香酸与季戊四醇的酯化反应合成了一种环保型抗氧化剂——季戊四醇松香酯（PRE）。当 PRE 的质量分数为 20% 时，菜籽油（RO）和大豆油（SO）的氧化诱导时间（OIT）分别增加了 305% 和 124%。此外，在 425℃ 时，RO 和 SO 的失重率分别下降了 35.8% 和 25.5%，并且随着 PRE 含量的增加，润滑油样品的热稳定性逐渐提高。这是因为润滑油的热稳定性取决于其成分和化学结构。由于 PRE 中的高氢苯基和相似的芳香基团含量高，这种稳定的分子结构可以吸收大量的化学能并延缓自由基反应的发生，从而产生良好的热稳定性[106]。

Feng 等[107] 利用分子内协同策略，通过结合生物基苯酚和芳香胺生产了高效的抗氧化剂，并采用氢氰醇（HC）与芳香胺和聚甲醛进行曼尼希缩合生产了三种酚胺抗氧化剂（BA）。由于二苯胺基团的存在，这三种 BA 的热稳定性远高于商业抗氧化剂 BHT 和 DPA。BA1 的初始降解温度比 DPA 高约 100℃。由于 BA 的分子量较高、芳环较多，排列有更紧密的长烷基链（$C_{15}H_{31}$），以及苯酚和苯胺分子之间热稳定性的差异，因此其具有较高的热稳定性。同样，Zhao 通过将生物酚和芳香胺结合在一个分子中合成了三种类型的生物基多功能抗氧化剂 BMA1、BMA2 和 BMA3。这三种抗氧化剂的制备过程如图 3-11 所示。生物酚和芳香胺之间的化学键增加了分子量和电子转移速率，使得 BMA 作为抗氧化剂非常有效（无论植物油的饱和度如何）。它使菜籽油（RO）、椰子油（CO）和环氧化大豆油（ESO）的氧化诱导时间（OIT）分别增加了 2.2、14.0 和 32.0 倍。环氧化大豆油中 BMA 的抗氧化活性分别是商业抗氧化剂 BHT 和 DPA 的 2 倍和 12 倍。此外，三种 BMA 相比商业抗氧化剂 BHT 和 DPA 具有更好的热稳定性。其中 BMA1 表现出最好的热稳定性。失重 5% 时的温度高达 296℃，远高于 BHT（103℃）和 DPA（136℃）。优异的热稳定性可归因于其高的分子量和可能的分子间氢键。在自由基清除活性方面，BMA3 清除自由基的能力可超过90%，BMA3 和 BMA2 对自由基的清除活性优于现有商业抗氧化剂 BHT 和 DPA。三种BMA 的自由基清除活性顺序为 BMA3＞BMA2＞BMA1，由于羟基引起的自由基清除活性，随着羟基（—OH）数量的增加，清除活性显著增加。

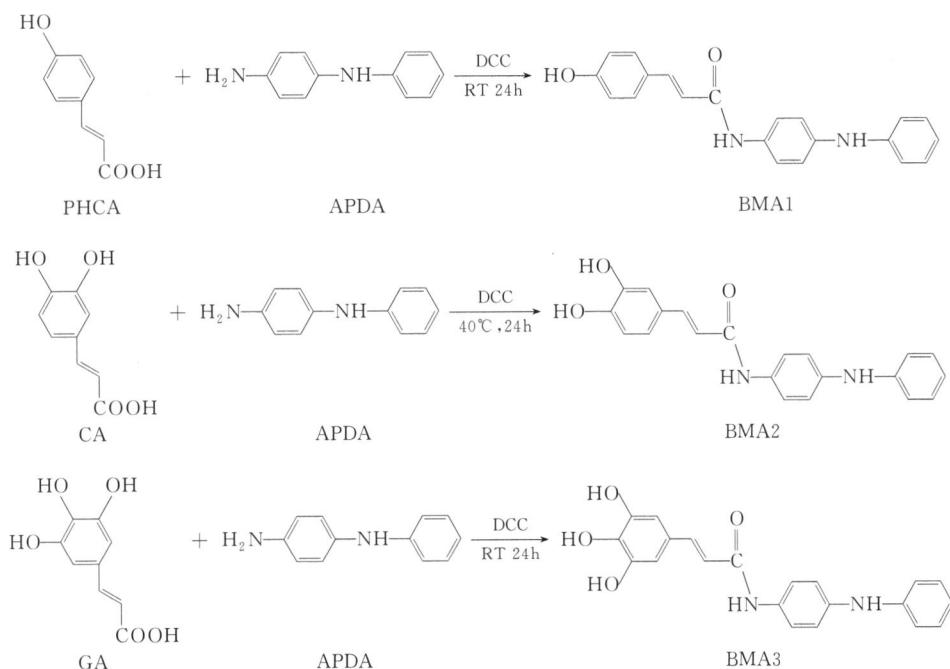

图 3-11　用没食子酸（GA）、咖啡酸（CA）、羟基肉桂酸（PHCA）、4-氨基二苯胺（APDA）
和二环己基-3-碳二亚胺（DCC）制备的三种生物多功能抗氧化剂 BMA1、BMA2、BMA3

　　开发高温稳定抗氧化剂的另一个成功方法是连接单个酚分子制备多酚化合物。Jin等[109] 合成了两种多酚抗氧化剂 THA 和 PTP，它们表现出优异的热稳定性。与 THA 相比，由于 THA 抗氧化剂中的 C—S 键在 310℃ 下不稳定，因此 PTP 抗氧化剂具有更好的热稳定性，而酯桥联的多酚抗氧化剂（PTP）在高温下具有更稳定的分子结构。该作者通过将这两种化合物添加到酯类润滑剂中并测量油的氧化起始温度（OOT）和氧化诱导时间（OIT）测试了这两种化合物的抗氧化性能。与未添加的基础油相比，含两种化合物的润滑油均表现出更高的抗氧化性，但 PTP 的抗氧化性优于 THA。PTP（199.4℃）的 OOT（199.4℃）高于 THA（180.7℃），OIT 比 THA 长 12.3min。这表明在酯类润滑油中 PTP的抗氧化性比 THA 优异。抗氧化能力的差异与化合物的官能团有关。室温下，官能团的自由基清除活性遵循 O—＞NH— 的顺序，且自由基清除活性随着羟基（—OH）数量的增加而增强。因此，羟基较多的 PTP 相比 THA 具有更强的抗氧化作用。

有些抗氧化剂可以提高植物油的氧化稳定性，满足工业要求。Guo 等[110] 发现分散剂、清净剂、抗氧化剂、摩擦改进剂、黏度指数改进剂等常规添加剂可以降低乙酸二异辛酯（DIOS）的摩擦系数。特别是添加 AO-1（T534，胺类抗氧剂），DIOS 油的平均摩擦系数降低了 28.93%。添加 AO-2（RF1135，酚类抗氧化剂），DIOS 的摩擦系数略有下降。值得注意的是，添加到 DIOS 中的 Cu 纳米颗粒的摩擦系数比 DIOS+Cu 的大，如图 3-12(a) 所示。这意味着 AO-1 和 AO-2 在改善 DIOS 的润滑效果方面与 Cu 纳米颗粒是拮抗的。这主要是所用添加剂的性能和结构造成的。然而，AO-1 和 AO-2 的添加优化了纯 DIOS 的耐磨性，并且磨痕直径略有减小。添加 AO-1、AO-2 和 Cu 纳米颗粒的磨痕直径如图 3-12 (b) 所示。

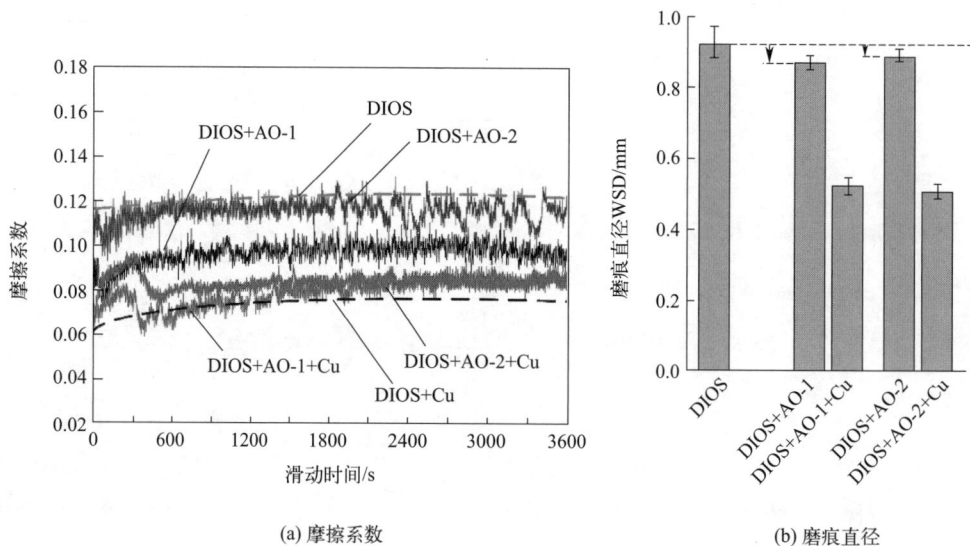

(a) 摩擦系数　　　　　　　　　　　(b) 磨痕直径

图 3-12　添加 AO-1、 AO-2 和 Cu 纳米颗粒后 DIOS 的摩擦系数和磨痕直径

Wang 等[111] 研究了四种席夫碱桥酚二苯胺抗氧化剂（SSPD）对传统添加剂二烷基二硫代磷酸锌（ZDDP）功能特性的影响。任意添加 SSPD 和 ZDDP 均可提高基础油的极压性能。与单独添加 ZDDP 相比，PB 值提高 18%～22%。这种性能的提高可归因于混合物与金属表面的反应速率较高，从而形成了更硬的 EP 薄膜。两种添加剂的协同作用是由于 SSPD 分解 ZDDP 的笼状结构，然后通过 ZDDP 的亚胺氮和锌原子配位形成配合物。该配合物更容易通过 ZDDP 的硫原子，SSPD2b 的氨基、苯基等各种活性中心吸附在金属表面，从而在摩擦过程中加速摩擦膜的形成。此外，过量的 SSPD2b 通过与自由基反应减少了 ZDDP 的消耗并保留了其他的功能活性成分。图 3-13 说明了抗氧化剂 SSPD2b 和 ZDDP 的协同机制。

抗氧化剂通过优先与自由基反应产生不与氧快速反应的自由基来抑制氧化过程。在实际应用中，由于不同官能团的抗氧化活性不同，羟基（—OH）较多的抗氧化剂会导致自由基清除活性增加，因此其具有更强的氧化抑制作用。在高温环境下，多酚抗氧化剂被证实是成功的，分子间化学键的稳定是提高耐高温性能的关键因素。使用抗氧化剂可以优化基础油的黏度和抗磨性能。

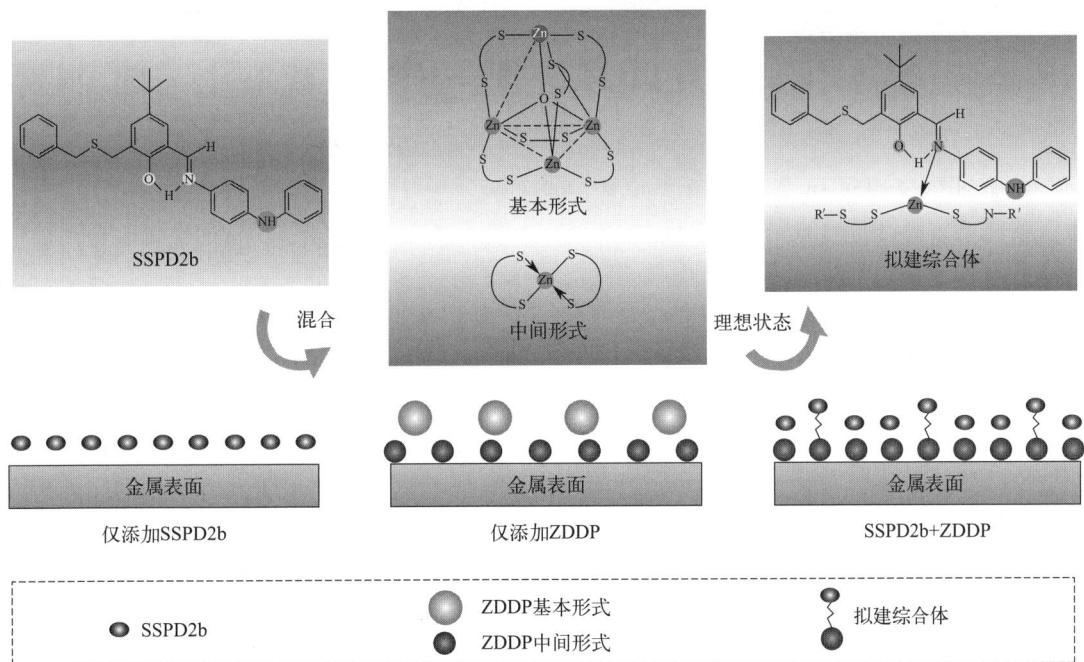

图 3-13　抗氧化剂 SSPD2b 和 ZDDP 的协同机制

3.3　极压抗磨性能提升机制

油基润滑剂可以在摩擦界面形成致密的吸附膜，从而减少刀具与工件界面之间的摩擦。但随着摩擦界面压力和温度的升高，吸附膜的分子间活性也增大，吸附膜的强度下降。润滑油中的油剂失效，油膜会被基本摩擦界面破坏，从而失去润滑作用[112]。极压添加剂（EP）的添加是实现润滑油高温高压边界润滑的必要条件。其主要作用是提高润滑油的承载能力，减少加工过程中工件和刀具的磨损。EP 增强油膜可以承受更大的载荷并提供更强的减摩性能。因此，极压润滑剂的理想性能包括在温和摩擦条件下提供耐磨性，并在恶劣的极压条件下防止黏着磨损[113,114]。

3.3.1　传统添加剂的作用机制

3.3.1.1　常规 EP 添加剂

传统的含硫[115,116]、磷[117]、氯[118] 的极压添加剂属于活性极压剂的范畴。在应用过程中，首先添加剂中含有极性基团的分子吸附到金属表面上，然后在高温高压载荷下，分子中的硫、磷、氯等元素与金属表面发生摩擦化学反应，形成附着力好、易剪切的边界润滑膜，从而达到抗磨减摩的目的[119,120]。基于硫、磷和氯化物的极压添加剂在特定温度范围内通过与金属表面反应而被激活[121]。含氯极压添加剂可在 200~300℃与金属发生反应，耐600℃高温，并表现出良好的润滑性能。含磷极压添加剂与金属的反应温度为 350~600℃。含硫极压添加剂与金属表面的反应温度为 600~900℃，可在 1000℃左右的高温下保持润滑性能。这些添加剂的使用还具有协同效应，可以满足较宽的切削温度范围。图 3-14 显示了三种极压添加剂的工作范围。

3.3.1.2 作用机制

添加剂在应用过程中，与环境如氧、水、载体等相互作用，可产生活性物质。这些活性物质可以吸附到金属表面并进一步与其他活性分子相互作用，在高温高压下形成聚合物薄膜。吸附层可以通过基本方法形成。当含有 Cl、S 和 P 的添加剂与

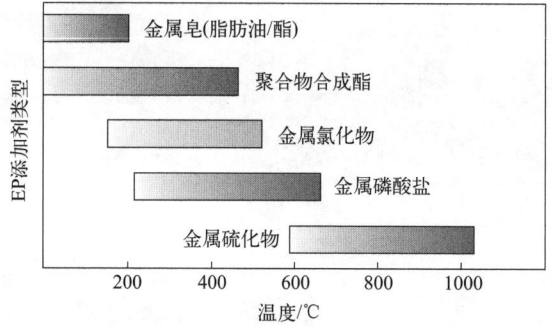

图 3-14 三种极压添加剂的工作范围

金属表面碰撞时，检测到聚合物膜的自发形成，同时伴随着铁的化合物形成。三氯化铁、硫化铁、磷酸铁是金属表面与含 Cl、S、P 的添加剂反应的重要产物。在应用过程中，氯基极压剂首先吸附在摩擦表面。随着压力和温度的升高，氯与摩擦金属表面发生反应，形成层状结构的氯化铁润滑油膜。这个油膜具有极压和抗磨作用。氯化石蜡具有良好的化学稳定性和阻燃性，常用作极压剂。其他商业类型的极压剂包括氯化烯烃、脂肪酸和酯[122]。含硫极压剂的作用机理可以从物理吸附、化学吸附、硫与金属表面的反应几方面阐述[123]。含硫极压剂首先吸附在金属表面，形成物理流体吸附膜，起到流体润滑的作用。随着压力和温度的升高，S—S 键断裂，生成的硫通过摩擦化学与金属表面发生反应，形成铁硫醇的化学吸附膜。随着压力和温度再次升高（800℃以上），C—S 键断裂并形成硫化铁固体薄膜，有效抑制烧结。常见的含硫极压剂有硫化酯、硫化润滑油脂、硫化烃、多硫化物等。因不同的工艺，这些添加剂要么是深色的，要么是浅色的[124]。含磷极压剂主要是指磷酸酯极压添加剂。磷酸酯是单酯和二酯的混合物。通过调整单酯和二酯的比例可优化极压性能。在温和条件下，磷酸酯首先吸附在摩擦副表面。当介质中存在水时，含磷极压剂首先水解成磷酸，然后磷酸与金属形成磷酸铁。随着载荷和温度的升高，磷酸酯在边界润滑条件下与金属氧化物反应生成磷酸盐或多磷酸盐，起到极压和抗磨作用[125]。

3.3.2 传统添加剂的应用效果

Wang 等[126] 研究了氯化石蜡作为植物油（菜籽油）极压添加剂的摩擦学特性。氯化石蜡添加剂显著提高了菜籽油的承载能力和耐磨性，其最佳质量分数为 0.5%。但在高载荷（>600N）加工中，氯化石蜡添加剂提高承载能力的效果并不明显。当氯化石蜡添加剂浓度过高时，润滑效果下降。另外，该作者还测定了硫化异丁烯和硫化棉籽油作为菜籽油挤出抗磨添加剂的摩擦学性能。硫化异丁烯可以显著提高菜籽油的承载能力和抗磨性能。与硫化棉籽油相比，硫化异丁烯菜籽油的最大咬合自由载荷（PB）和磨痕直径（WSD）分别降低了 32% 和 30.6%。值得注意的是，添加剂的含量越高越好；否则，WSD 增大。Asadauskas 等[127] 测试了氯化石蜡对大豆油（SO）和矿物油（150N 油）边界润滑性能的影响。在 4-Ball EP 测试中，在没有 EP 添加剂的情况下，两种油的焊接点均为 120kgf（1kgf = 9.80665N）。添加 5% 的 EP 后两种油的边界润滑性能得到了显著改善。

Li 等[128] 评估了菜籽油（RSO）中三种磷酸酯添加剂的摩擦学特性。合成的磷酸酯用

作菜籽油添加剂时表现出了良好的承载能力和抗磨性能。在 RSO 中添加磷酸酯添加剂可显著减小磨痕的直径。类似地，Li[129] 制备了三种含有苯并三唑基团的磷酸酯作为 RSO 添加剂，并使用标准四球测试仪测试了它们的影响。结果发现它们表现出良好的耐磨性和承载能力。但不同添加剂对不同基础油的适应性可能有所不同，添加剂的效果取决于基础油和添加剂的化学性质以及材料表面的性能和磨损状态。Fan 等[130] 合成了一种由亚磷酸苯并三唑铵衍生的新型极压添加剂（PN），该添加剂在极压条件下表现出优异的减摩抗磨性能。在 392N 载荷下，1%（质量分数）PN 的 Te 摩擦系数（COF）比普通添加剂 ZDDP 和 T304 低约 22.2% 和 12.5%。在负载和高速条件下，其 COF 随着负载的增大而保持相对稳定，如图 3-15 所示。Johnson 等[131] 回顾了磷酸酯和硫代磷酸酯作为抗磨或极压添加剂的应用，并讨论了它们的应用行动机制。虽然不同添加剂的薄膜细节和成膜条件有所不同，但它们都会形成有效的涂层，减少表面的摩擦和磨损。

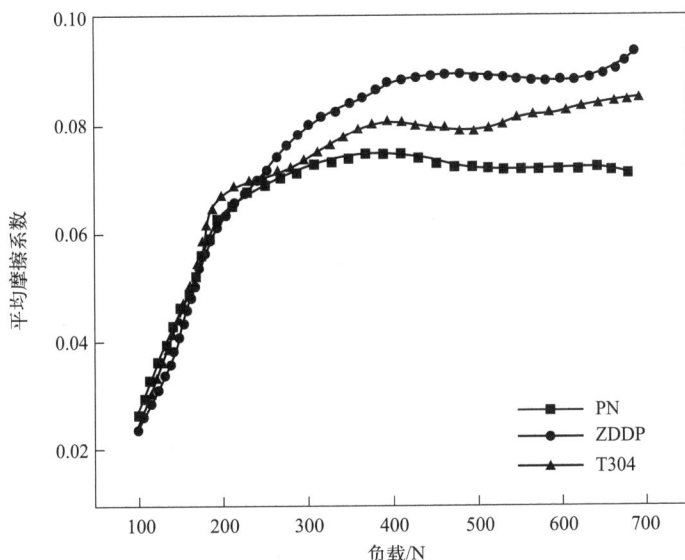

图 3-15　三种不同添加剂的 COF 曲线

Wang 等[132] 比较了两种不同植物油添加剂硫化异丁烯和硫化棉籽油添加到菜籽油中时的摩擦学性能。结果表明，添加硫化异丁烯的菜籽油的 PB 值（油膜破裂前的最大承载能力）比添加硫化棉籽油的菜籽油高 66.7%，磨痕直径比添加硫化棉籽油的菜籽油小 48%。因此，与硫化棉籽油相比，硫化异丁烯在菜籽油中表现出更好的极压和抗磨性能。此外，增加添加剂的用量可以提高性能，但最佳用量为 2%。Anand 等[133] 开发了一种可生物降解、无毒的节能 EP 齿轮油。与传统的硫酸化烯烃和烷基芳基硫代磷酸酯相比，润滑剂提供了优异的抗磨性能。

添加剂的有效性可能受到植物油中存在的不同不饱和脂肪酸的影响。Castro 等[134] 研究了有机硫和磷抗磨添加剂（A）、磷酸二酯（B）和磷酸铵（C）在普通精炼大豆油（含约 25% 油酸侧链）、高油酸大豆油（含约 85% 油酸）和环氧化大豆油（其中所有双键均通过添加氧进行化学改性，形成环氧环）中的作用。在三种不含添加剂的植物油中，环氧化大豆油表现出最好的耐磨性。添加 1%（质量分数）的 A、B、C 添加剂后，A、B 添加剂在两种不饱和植物油（精炼大豆油和高油酸大豆油）中表现出良好的抗磨性能，与普通油相比，磨损

降低了 $54.5\%\sim77.8\%$。然而，在环氧化大豆油中加入 A 和 B 添加剂后磨损增加。添加剂 C 在不同饱和度的三种植物油中均表现出较低的磨损率，可减少约 $40\%\sim53.5\%$ 的磨损。

传统极压剂对提高植物油的极压和抗磨性能具有良好的效果。但传统的含硫、磷、氯的极压抗磨剂造成的环境污染也不容忽视。硫可污染环境，磷能引起水的富营养化。含氯添加剂由于毒性和腐蚀性在许多国家受到了限制[119]。因此，对新型添加剂的研究刻不容缓。世界各地的研究人员对绿色纳米粒子添加剂进行了各种研究。

3.3.3　纳米添加剂的作用机制

纳米颗粒一般是指尺寸在 $1\sim100nm$ 的颗粒，其处于原子团簇和宏观物体之间的过渡区域。纳米颗粒具有非挥发性、高温稳定、尺寸小、表面能高且具有良好的传热性[135,136]。纳米流体是指将尺寸小于 100nm 的非金属或金属纳米颗粒添加剂分散到基础流体中形成的新流体。纳米流体相比基础流体表现出更好的极压性能、抗磨减摩性能、传热性能和承载能力[137]。纳米流体的润滑和传热性能可以通过改变纳米添加剂的浓度来控制。由于纳米颗粒具有抗磨、减摩和冷却特性，在加工难加工材料时，在植物油润滑剂中添加纳米颗粒可以更好地解决加工过程中的高温问题[138]。此外，纳米颗粒不污染环境。因此，它们是传统极压抗磨剂的有效替代品[139]。常见的纳米颗粒如表 3-6 所示。

表 3-6　常见的纳米颗粒

分类	纳米颗粒
碳及其衍生物	石墨烯,金刚石,单壁碳纳米管,多壁碳纳米管,单层碳纳米片,多层碳纳米片
纳米金属元素	Sn,Fe,Bi,Cu,Ag,Ti,Ni,Co,Pd,Au
纳米氧化物	TiO_2,Al_2O_3,ZnO,CuO,AlOOH,Fe_3O_4
纳米二硫化物	WS_2,CuS,MoS_2,$NiMoO_2S_2$
纳米稀土化合物	LaF_3,CeO_2,$La(OH)_3$,Y_2O_3,$CeBO_3$
纳米复合材料	Cu/SiO_2,Cu/氧化石墨烯,Al_2O_3/SiO_2,蛇纹石/$La(OH)_3$,Al_2O_3/TiO_2
其他	$CaCO_3$,$ZnAl_2O_4$,ZrP,SiO_2,PTFE,BN,蛇纹石

Mello 等[140] 比较了传统 EP 添加剂和纳米颗粒在边界润滑条件下的摩擦学性能。对于矿物油 ZnO 纳米颗粒表现出了更强的亲和力，并且其表现出与 ZnDDP 相似的抗磨性能和与硫添加剂一样的低摩擦性能。这表明纳米颗粒在金属表面沉积可以形成物理摩擦膜，吸附在摩擦表面上形成保护膜。SEM 图像显示出与其他添加剂相当的均匀表面。因此，它可以作为良好的抗磨减摩添加剂。

纳米颗粒主要通过滚压、修复、抛光和保护膜的形成来减少摩擦和磨损[141]，具体流程如图 3-16 所示。

由于"成球效应"和"填充效应"，纳米颗粒的添加也使切削液的润滑性能得到了很大的提高。由于不同结构的纳米颗粒物理性质和形状特征具有差异，其润滑机制也存在差异，因此，它们具有不同的润滑效果[142]。与其他颗粒结构相比，层状、球状和洋葱状纳米颗粒表现出优异的摩擦学性能[143,144]。

由于特定的晶体结构，层状纳米颗粒通过层之间的范德瓦耳斯力连接，并且表面之间容易形成滑移。分子沿分子层断裂后，产生滑移面，形成延伸的物理膜，隔离两个摩擦表面，减少摩擦和磨损[145,146]。层状纳米颗粒的滑动如图 3-17(a) 所示。另外，由于层状纳米颗

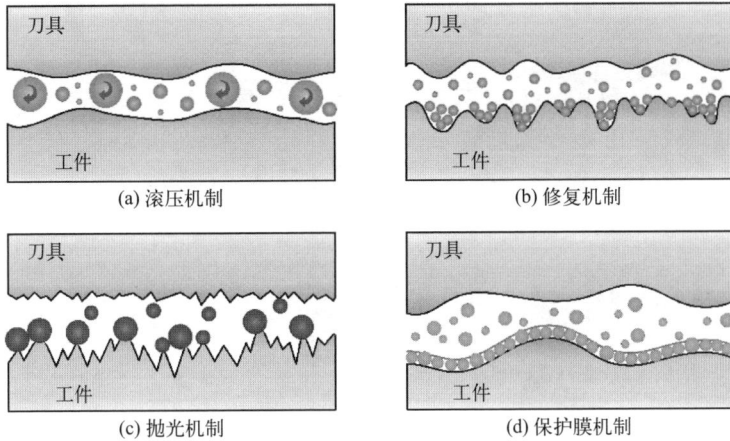

图 3-16　纳米颗粒改善摩擦学性能的不同机制

粒的边界往往具有较强的表面能，在加工过程中高温、高压等极端条件下，吸附在金属表面的纳米颗粒容易发生氧化反应，形成致密的氧化膜，因此其具有优良的抗磨、减摩效果，在机械加工润滑领域表现出良好的润滑性能。然而，这些纳米颗粒的传热系数较低，传热能力不理想。一些层状纳米颗粒，例如二硫化钼，容易碳化而失效，会导致润滑性能下降。常见的具有层状结构的纳米颗粒包括石墨和 Al_2O_3 纳米颗粒。

　　球状纳米颗粒的表面能在所有方向上都是均匀的。在加工过程中，球状纳米颗粒在工具和工件之间的界面处形成一层物理沉积薄膜。此外，根据其结构特征，球状纳米颗粒可以被视为一个又一个的"小球"，在摩擦副表面起到类似于"微型轴承"的作用[147]。这样，刀具与工件界面之间的滑动摩擦变为了滚动摩擦，摩擦系数降低。加工过程中，加工表面的一些微凸体的峰顶冲破油膜，会发生碰撞断裂，并伴有新的磨痕产生。在工具与工件界面处的高摩擦剪切力和高法向载荷作用下，球状纳米颗粒会因挤压而变形，其中一些会剥落。随着新磨损痕迹的产生，脱落的纳米颗粒会填充新的划痕，修复摩擦表面，使加工表面光滑、肥厚，进一步减少磨损。球状纳米颗粒的变形和剥落[148] 如图 3-17(b) 所示。

　　与球状纳米颗粒类似，洋葱状纳米颗粒也是球形的。然而，它的内部是分层的，内部没有悬挂键，导致颗粒和表面之间的相互作用较少。与球状纳米颗粒的润滑机理类似，洋葱状纳米颗粒由于尺寸小，也能进入刀具和工件的加工表面，在接触区域滑动或滚动，起到"微型轴承"的作用。随着载荷的增加，在各向异性加工压力下，洋葱状纳米颗粒发生分裂，外部薄片在摩擦作用下剥离并黏附。由此形成的纳米粒子类似于层状结构，在摩擦表面形成一层具有抗磨损和减摩作用的物理薄膜[149]。洋葱状纳米颗粒结合了球状纳米颗粒和层状纳米颗粒的优点，因此其润滑能力比球状纳米颗粒和层状纳米颗粒更加突出。常见的纳米颗粒如二硫化钼、洋葱石墨烯等都属于这种结构。洋葱状纳米颗粒的抗磨损机制如图 3-17(c) 所示。

3.3.4　纳米添加剂的应用效果

　　针对传统加工存在的切削液消耗大、后处理困难、对环境和人体具有危害等问题，微量润滑技术成为一种有效的替代方案[150-152]。微量润滑（MQL）加工，也称为准干式或半干

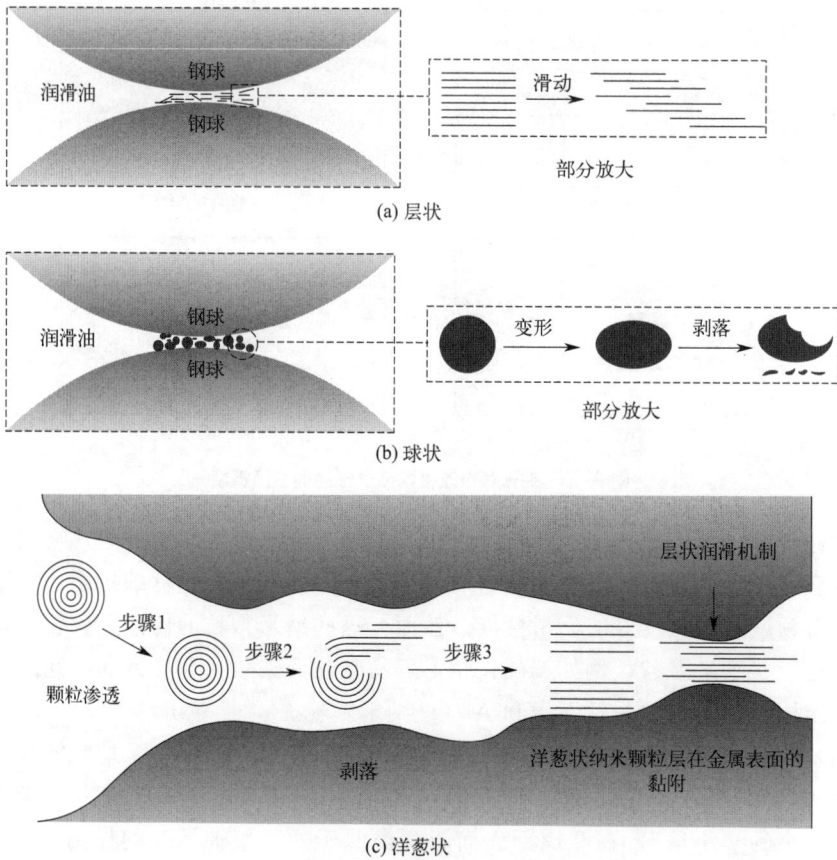

(a) 层状

(b) 球状

(c) 洋葱状

图 3-17　层状、球状和洋葱状纳米颗粒的抗磨机理

式加工，是一种将少量润滑油与空气、氮气和二氧化碳等压缩气体混合并汽化，形成微米级润滑脂的加工方法。小的液滴，以气溶胶的形式喷洒到加工区域，可以在加工过程中形成有效润滑[151,153,154]。作为与环保型植物油基切削液相匹配的绿色加工方法，如何提高纳米颗粒作为植物油基切削液极压剂的性能已成为各国学者关注的焦点。

3.3.4.1　切削力

在植物油中添加纳米颗粒可以显著降低切削力。Singh 等[155] 对石墨烯纳米片的摩擦学特性进行了深入研究。与使用合成切削液的传统铸造加工相比，添加 1.5%（质量分数）石墨烯的菜籽油的 MQL 使 F_n 和 F_t，降幅为 22.1% 和 33.8%。其受力情况如图 3-18(a) 所示。这是因为石墨烯的光滑表面和独特的二维（2D）结构有助于减少摩擦。此外，石墨烯层数决定了摩擦学特性。由于施加切向载荷时在各层中会发生滑动，因此摩擦力会随着层数的增加而减小。然而，少的层数很容易产生折叠效果。

Gao 等[156] 研究了干式加工、棉籽油微量润滑（MQL）和氧化铝（Al_2O_3）纳米颗粒微量润滑对切削力的影响。不同润滑模式下铣削铝合金上的受力如图 3-18(b) 所示。与其他润滑条件相比，无润滑干式加工中 x、y 和 z 方向的切削力（234.486N）明显更高。使用棉籽油的 MQL 中的切削力相比干式加工降低了 19.2%，并且在添加纳米氧化铝后进一步降低。研究发现，添加纳米颗粒可以将切削时的排屑方式从滑动模式转变为滚动模式，从而提高润滑性并减少摩擦。

(a) 石墨烯纳米颗粒的影响

(b) Al₂O₃纳米颗粒的影响

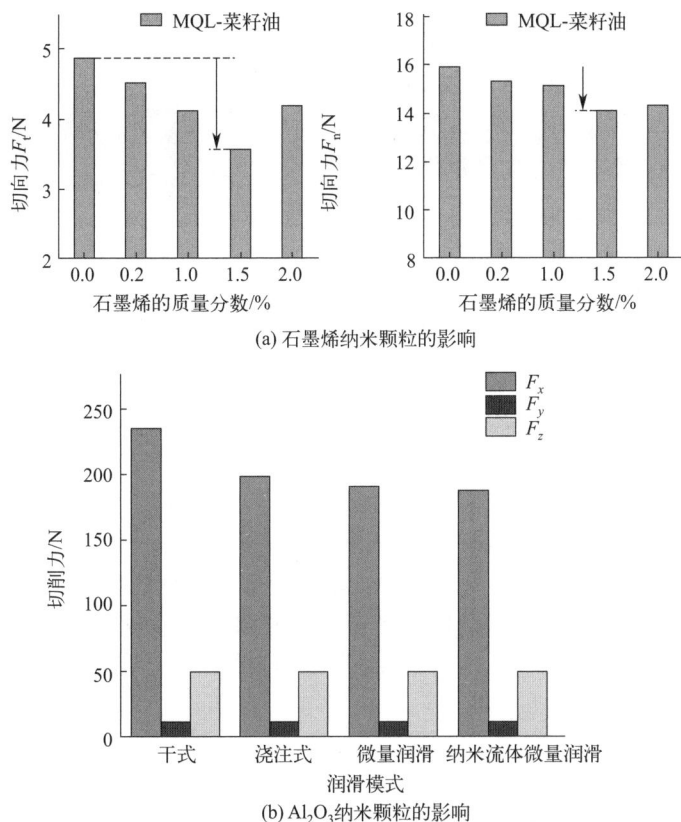

图 3-18　石墨烯和 Al_2O_3 纳米颗粒对植物油 MQL 加工中切削力的影响

Zhang 等[157] 对 MoS_2/CNT 混合纳米颗粒和单一纳米颗粒的润滑性能进行了研究，发现混合纳米颗粒相比单一纳米颗粒表现出更好的冷却和润滑性能。MoS_2/CNT 的最佳混合比和纳米流体浓度分别为 2∶1 和 6%（质量分数）。混合物（2∶1）比纯 MoS_2 表现出更高的减摩性能，其 F_n 和 F_t 相比纯 CNT 降低了 16.29% 和 29.12%，最低摩擦系数相比纯 MoS_2 和纯 CNT 分别降低了 15.32% 和 8.79%。将两种不同结构的纳米颗粒混合，可以通过物理协同作用改善研磨区域的润滑状态，并显著降低磨削力。然而，不同形式的纳米颗粒对冷却和润滑性能有不同的影响。球状和层状纳米颗粒具有良好的减摩和抗磨性能，但热导率较低。管状碳纳米管颗粒具有较高的热导率和传热能力，但不利于润滑。

另外，并非所有的纳米颗粒都能提高植物油基润滑剂的加工性能。Alves 等[158] 研究了在植物油基润滑剂中添加纳米颗粒的效果，发现在向日葵油和大豆油中添加 CuO 纳米颗粒可使摩擦系数增加约 20% 和 7.5%。研究表明，添加纳米氧化物颗粒可能会恶化植物基润滑剂的成膜效果。他解释说，这可能与这些氧化物的第三体行为有关，它增加了样品表面之间的摩擦并降低了电导率（较小的 ECR）[159]。

3.3.4.2　切削温度

在植物油中添加不同的纳米颗粒也会影响切削温度。由强化传热理论可知，固体的传热能力优于液体。因此，需要在植物油基础油中添加适量的固体纳米颗粒以形成纳米流体。在微量润滑过程中，纳米流体以高压气体雾化的形式喷射到研磨区域，从而增强了研磨区域液

体的热交换能力，提高了冷却效果。Li
等[160] 研究了多种基于纳米流体［二硫化钼
（MoS$_2$）、氧化锆（ZrO$_2$）、碳纳米管（CNT）、
多晶金刚石、氧化铝（Al$_2$O$_3$）和二氧化硅
（SiO$_2$）］植物油（棕榈油）的微量润滑对表
面磨削温度的影响。其磨削温度如图 3-19 所
示。CNT 纳米流体表现出最佳的冷却性能。
在基础油中添加纳米颗粒可以显著改善基础
油的传热性能，高热导率的纳米粒子具有更
好的传热性能，而 CNT 纳米粒子的热导率
是其中最高的［3000W/（m·K）］。Li 等从
增加纳米颗粒黏度的角度出发，利用边界层
理论分析了纳米流体微量润滑的对流换热效应。

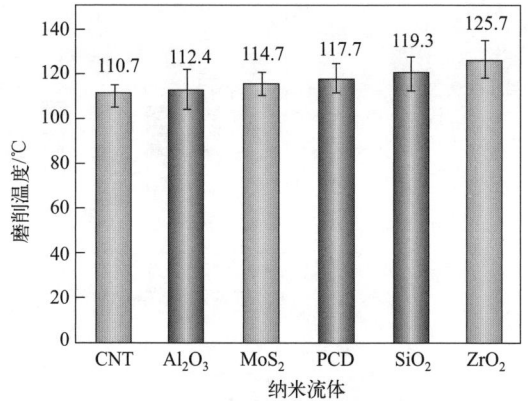

图 3-19　六种纳米流体的磨削温度

　　Li 等[161] 研究了含有碳纳米管的棕榈油对三种不同工件材料（45 钢、镍基合金和球墨
铸铁）磨削过程中传热性能的影响，并建立了 MQLC 磨削温度的数值模拟传热模型。在用含
2％碳纳米管的棕榈油进行微量润滑的磨削过程中，45 钢获得了最高磨削温度（363.9℃），球
墨铸铁获得了最低磨削温度（143.2℃），这表明，在相同的工况条件下，工件材料的类型对
磨削温度有显著影响。

3.3.4.3　刀具磨损

　　刀具磨损也是影响刀具寿命的关键因素。Krishna 等[162] 使用硼酸纳米颗粒悬浮液研究
了 AISI 1040 钢车削过程中的刀具磨损性能。与基础油相比，含有硼酸纳米颗粒的润滑剂可
以显著减少刀具的侧面磨损。这是因为在较高的加工温度下，固体润滑剂在工件与支柱的界
面上形成了一层薄薄的润滑油膜；同时，固体润滑剂颗粒在油界面流动，减少了塑性接触和
侧面磨损。0.5％硼酸纳米颗粒的椰子油悬浮液的侧面磨损最小。该作者解释说，与 0.5％
的硼酸纳米颗粒相比，0.25％的硼酸纳米颗粒不能提供足够的润滑效果，而 1％的硼酸纳米
颗粒可能会降低润滑剂的流动性，阻止其进入切削区域，从而降低其有效性。

　　Yildirim 等[163] 研究了六方氮化硼纳米颗粒（hBN）在酯类润滑油微量润滑加工中对
刀具寿命的影响。与纯微量润滑和干切削相比，1％六方氮化硼纳米颗粒微量润滑的刀具寿
命分别提高了 24％和 105.9％。同时，当切削速度、进给速度和切削深度分别保持在 40m/
min、0.1mm/r 和 0.8mm 时，1％ hBN 纳米颗粒 MQL 与纯 MQL 和干切削相比分别减小
了 20％和 36％。这是因为纳米添加剂保留了油颗粒并防止切削油立即从切削区域释放。同
时，纳米流体的高导热性也降低了切割区域的温度。在植物油的微量润滑过程中添加纳米颗
粒，可以降低刀具后表面的磨损，进一步提高刀具寿命。纳米片的存在减少了间歇加工中由
冲击效应引起的微切削和刀具断裂。含有纳米片固体润滑剂的 MQL 在减小最大侧磨损宽度
和稳定侧磨损方面优于传统 MQL。

3.3.4.4　表面质量

　　不同的纳米颗粒对加工过程中的抗磨损和减摩效果不同。Zhang 等[164] 研究了菜籽油
微量润滑加工过程中 MoS$_2$、碳纳米管（CNT）和 ZrO$_2$ 纳米颗粒对磨削表面质量的影响。
三种纳米颗粒均明显提高了表面质量，其中 MoS$_2$ 纳米颗粒的润滑性能最好。MoS$_2$ 纳米颗

粒的磨削表面经氧化可形成 MoO_3 氧化膜，从而产生摩擦阻力。MoS_2 表现出最好的表面质量。Hosseini 等[165] 研究了具有不同浓度的 MoS_2、石墨和 Al_2O_3 纳米颗粒的植物油（葵花籽油）基和矿物油基润滑剂的研磨。沿磨削方向和横向磨削方向的表面粗糙度如图 3-20 所示。在纯微量润滑和纳米颗粒微量润滑两种润滑模式下，植物油基润滑剂沿磨削方向和横向磨削方向的表面粗糙度始终优于矿物油基润滑剂。对于不同的基础油，MoS_2 和石墨纳米颗粒均可以降低两个切削方向（沿磨削方向和横向磨削方向）的表面粗糙度值。这是因为 MoS_2 和石墨纳米粒子是固体润滑剂，可以减少摩擦。然而，在植物油和矿物油中添加 Al_2O_3 会增大所有磨削方向的表面粗糙度值。该作者推测，这可能是 Al_2O_3 纳米颗粒的高耐磨性以及磨削过程中工件表面形成的磨损划痕所致。

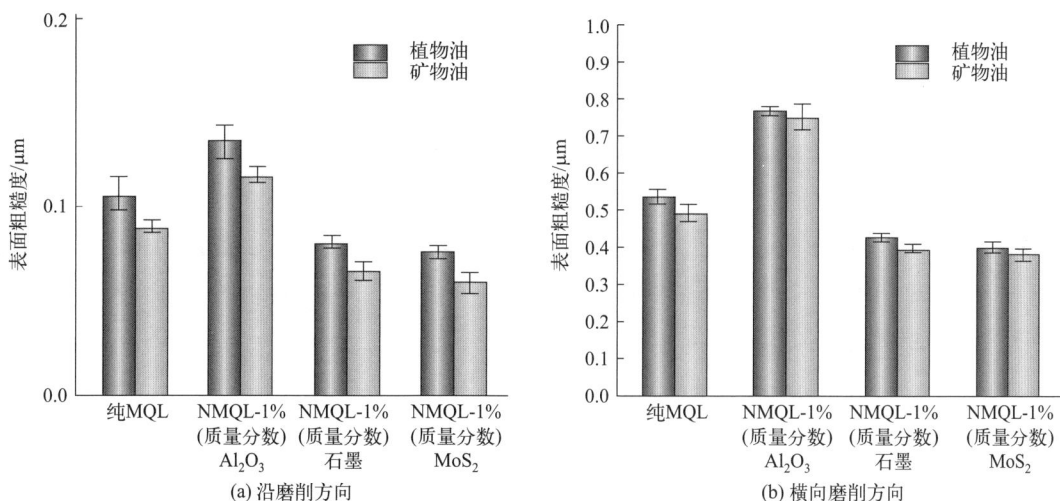

图 3-20　沿磨削方向和横向磨削方向的表面粗糙度

Li 等[165] 使用石墨烯分散植物油基切削液 MQL 改善了 TC4 合金的铣削特性，并对 TC4 合金的铣削力、铣削温度、表面显微硬度和表面粗糙度进行了评估和分析。当石墨烯分散植物油基切削液用于 TC4 合金的 MQL 铣削时，切削液的浓度是影响铣削特性的一个重要参数。植物油中纳米颗粒的浓度、切削液流量和气体压力对表面粗糙度有显著影响。最重要的参数是切削液浓度。这是因为适当浓度的纳米颗粒可以提高油膜的润滑和冷却性能，从而提高表面质量，降低表面粗糙度。

3.4　小结

本章不但总结了植物油基切削液的应用机理，而且针对植物油易氧化、极压性能不足等问题，总结了化学改性和添加剂改性方法的原理及应用效果。主要结论如下。

① 分析了植物油自氧化的机理。磨损增加的主要原因是植物油脂肪酸结构的破坏和高温下过氧化物含量的增加。虽然过氧化物具有一定的极压性能，但在 $75 \sim 95 kg$ 的高负荷下，与纯植物油相比，添加 2.5% 的氢过氧化物可以减少约 40% 的磨损。然而，在极端压力（$126kg$）下，与矿物油相比，植物油的摩擦系数增加了 $20\% \sim 107\%$。

② 研究了植物油抗氧化作用的机理。酯化反应是提高植物油氧化稳定性、降低其倾点的有效途径。例如，菜籽油季戊四醇酯的初始氧化温度高达 236℃，高油酸棕榈油 TMP 酯的倾点为−33℃。酯交换反应取决于所用植物油的类型。单不饱和脂肪酸含量高的植物油（如菜籽油）是开发高温润滑剂的最佳选择。环氧化开环反应通过异构化增加侧链，提高了植物油的抗氧化性能，降低了其倾点，提高了抗磨性能。氧化稳定性随着侧链长度的增加而降低。例如，油酸羟基丙酸甲酯的氧化起始温度为 175℃。在十六烷中加入 5％的环氧大豆油可使 COF 降低约 75.6％。大豆油异丙酯的倾点可达−50℃。环氧化开环改性可作为开发植物油基润滑剂的有效手段。

③ 抗氧化剂与各种植物油的相容性各不相同。例如，由于蓖麻油中存在极性基团（—OH），大多数抗氧化剂对蓖麻油具有更高的亲和力。高分子量和长烷基链的抗氧化剂具有较高的热稳定性，其抗氧化能力与其官能团的抗氧化活性有关。分子结合协同作用的应用是开发高温抗氧化剂的有效手段。例如，当温度约为 300℃时，BMA1 的失重仅为 5％，而 BMA3 去除自由基的能力可超过 90％。抗氧化剂可用作多功能添加剂。例如，添加 PTP 的植物油磨痕直径减小约 18％～22.91％，添加 BMA3 的植物油摩擦力减小约 25％，添加 PRE 的植物油黏度增加约 136％～179.3％。

④ 研究了植物油极压性能的改善机理。与硫、磷、氯极压添加剂相比，纳米颗粒添加剂具有环保特性，因此可作为传统极压添加剂的有效替代品。与纯油相比，纳米颗粒添加剂的优势体现在切削力、切削温度、刀具寿命和表面质量上。

参考文献

[1] Murillo G，Sun J，Ali S S，et al. Evaluation of the kinematic viscosity in biodiesel production with waste vegetable oil，ultrasonic irradiation and enzymatic catalysis：A comparative study in two-reactors [J]. Fuel，2018，227：448-456.

[2] Dabi M，Saha U K. Application potential of vegetable oils as alternative to diesel fuels in compression ignition engines：a review [J]. Journal of the Energy Institute，2019，92（6）：1710-1726.

[3] Kaur A，Singh B，Kaur A，et al. Chemical，thermal，rheological and FTIR studies of vegetable oils and their effect on eggless muffin characteristics [J]. Journal of Food Processing and Preservation，2019，43（7）：13978.

[4] Semyonova A，Khomutov N，Misyura S，et al. Dynamic and kinematic characteristics of unsteady motion of a water-in-oil emulsion droplet in collision with a solid heated wall under conditions of convective heat transfer [J]. International Communications in Heat and Mass Transfer，2022，137：106277.

[5] Raeisian L，Niazmand H，Ebrahimnia-Bajestan E，et al. Feasibility study of waste vegetable oil as an alternative cooling medium in transformers [J]. Applied Thermal Engineering，2019，151：308-317.

[6] Yang M，Li C，Luo L，et al. Predictive model of convective heat transfer coefficient in bone micro-grinding using nanofluid aerosol cooling [J]. International Communications in Heat and Mass Transfer，2021，125：105317.

[7] Neethu K C，Sharma A K，Pushpadass H A，et al. Prediction of convective heat transfer coefficient during deep-fat frying of pantoa using neurocomputing approaches [J]. Innovative Food Science and Emerging Technologies，2016，34：275-284.

[8] Jia D，Zhang Y，Li C，et al. Lubrication-enhanced mechanisms of titanium alloy grinding using lecithin biolubricant [J]. Tribology International，2022，169：107461.

[9] Zhang Y B，Li C H，Yang M，et al. Experimental evaluation of cooling performance by friction coefficient and specific friction energy in nanofluid minimum quantity lubrication grinding with different types of vegetable oil [J]. Journal of Cleaner Production，2016，139：685-705.

[10] Tang L，Zhang Y，Li C，et al. Biological stability of water-based cutting fluids：progress and application [J]. Chinese Journal of Mechanical Engineering，2022，35（1）：3.

[11] Singh H，Sharma V S，Dogra M. Exploration of graphene assisted vegetables oil based minimum quantity lubrication for surface grinding of Ti-6Al-4V-ELI [J]. Tribology International，2020，144：106113.

[12] Ike E. The study of viscosity-temperature dependence and activation energy for palm oil and soybean oil [J]. Global Journal of Pure and Applied Sciences，2019，25（2）：209-217.

[13] Sahasrabudhe S N，Rodriguez-Martinez V，O'Meara M，et al. Density，viscosity，and surface tension of five vegetable oils at elevated temperatures：measurement and modeling [J]. International Journal of Food Properties，2017，20：1965-1981.

[14] Fasina O O，Colley Z. Viscosity and specifc heat of vegetable oils as a function of temperature：35 ℃ to 180 ℃ [J]. International Journal of Food Properties，2008，11（4）：738-746.

[15] Ullah A. The influence of interfacial tension on rejection and permeation of the oil droplets through a slit pore membrane [J]. Separation and Purification Technology，2021，266：118581.

[16] 宋宇翔，许芝令，李长河，等. 纳米生物润滑剂微量润滑磨削性能研究进展 [J]. 表面技术，2023，52（12）：1-19，488.

[17] Das A，Patel S K，Das S R. Performance comparison of vegetable oil based nanofluids towards machinability improvement in hard turning of HSLA steel using minimum quantity lubrication [J]. Mechanics and Industry，2019，20（5）：506.

[18] Das M，Sarkar M，Datta A，et al. Study on viscosity and surface tension properties of biodiesel-diesel blends and their effects on spray parameters for CI engines [J]. Fuel，2018，220：769-779.

[19] Esteban B，Riba J R，Baquero G，et al. Characterization of the surface tension of vegetable oils to be used as fuel in diesel engines [J]. Fuel，2012，102：231-238.

[20] Golodnizky D，Rosen-Kligvasser J，Davidovich-Pinhas M. The role of the polar head group and aliphatic tail in the self-assembly of low molecular weight molecules in oil [J]. Food Structure，2021，30：100240.

[21] Daniel J，Rajasekharan R. Organogelation of plant oils and hydrocarbons by long-chain saturated FA，fatty alcohols，wax esters，and dicarboxylic acids [J]. Journal of the American Oil Chemists' Society，2003，80（5）：417-421.

[22] Jeevan T P，Jayaram S R. Tribological properties and machining performance of vegetable oil based metal working fluids—a review [J]. Modern Mechanical Engineering，2018，8（1）：42-65.

[23] Wardana I N G，Widodo A，Wijayanti W. Improving vegetable oil properties by transforming fatty acid chain length in jatropha oil and coconut oil blends [J]. Energies，2018，11（2）：1-12.

[24] De Oliveira V F，Parente E J S，Cavalcante C L，et al. Short-chain esters enriched biofuel obtained from vegetable oil using molecular distillation [J]. The Canadian Journal of Chemical Engineering，2018，96（5）：1071-1078.

[25] Li J W，Liu J，Sun X Y，et al. The mathematical prediction model for the oxidative stability of vegetable oils by the main fatty acids composition and thermogravimetric analysis [J]. LWT-Food Science and Technology，2018，96：51-57.

[26] Hu Y，Dang H，Liu W，et al. Friction characteristics of vegetable oil fatty acids [J]. Lubricating Oil，2000，15（4）：38-40.

[27] Owuna F. Stability of vegetable based oils used in the formulation of ecofriendly lubricants—a review [J]. Egyptian Journal of Petroleum，2020，29（3）：251-256.

[28] Kaur A，Singh B，Kaur A，et al. Impact of intermittent frying on chemical properties，fatty acid composition，and oxidative stability of 10 different vegetable oil blends [J]. Journal of Food Processing and Preservation，2021，45（12）：16015.

[29] Zeng Q. The lubrication performance and viscosity behavior of castor oil under high temperature [J]. Green Materials，2022，10（2）：51-58.

[30] De Boer A A，Ismail A，Marshall K，et al. Examination of marine and vegetable oil oxidation data from a multiyear，third-party database [J]. Food Chemistry，2018，254：249-255.

[31] Kreivaitis R，Padgurskas J，Gumbytè M，et al. The influence of oxidation on tribological properties of rapeseed oil [J]. Transport，2011，26（2）：121-127.

[32] Choe E，Min D B. Chemistry of deep-fat frying oils [J]. Journal of Food Science，2007，72（5）：77-86.

[33] Mujtaba M，Cho H M，Masjuki H，et al. Critical review on sesame seed oil and its methyl ester on cold flow and oxidation stability [J]. Energy Reports，2020，6：40-54.

[34] Oommen T. Vegetable oils for liquid-filled transformers [J]. IEEE Electrical Insulation Magazine，2002，18（1）：6-11.

[35] Farhoosh R，Niazmand R，Rezaei M，et al. Kinetic parameter determination of vegetable oil oxidation under Rancimat test conditions [J]. European Journal of Lipid Science and Technology，2008，110（6）：587-592.

[36] Monyem A，Canakci M，Van Gerpen J H. Investigation of biodiesel thermal stability under simulated in-use conditions [J]. Applied Engineering in Agriculture，2000，16（4）：373.

[37] Sun Y E，Wang W D，Chen H W，et al. Autoxidation of unsaturated lipids in food emulsion [J]. Critical Reviews in Food Science and Nutrition，2011，51（5）：453-466.

[38] Kanekanian A. The chemistry of oils and fats：Sources，composition，properties and uses [J]. British Food Journal，2005，107（7）：535-536.

[39] Cai Z，Li K，Lee W J，et al. Recent progress in the thermal treatment of oilseeds and oil oxidative stability：a review [J]. Fundamental Research，2021，1（6）：767-784.

[40] Vieira S A，Zhang G，Decker E A. Biological implications of lipid oxidation products [J]. Journal of the American Oil Chemists' Society，2017，94（3）：339-351.

[41] Rizwanul-Fattah I M，Masjuki H H，Kalam M A，et al. Effect of antioxidants on oxidation stability of biodiesel derived from vegetable and animal based feedstocks [J]. Renewable and Sustainable Energy Reviews，2014，30：356-370.

[42] Mannekote J K，Kailas S V. The efect of oxidation on the tribological performance of few vegetable oils [J]. Journal of Materials Research and Technology-JMR&T，2012，1（2）：91-95.

[43] Campanella A，Rustoy E，Baldessari A，et al. Lubricants from chemically modified vegetable oils [J]. Bioresource Technology，2010，101（1）：245-254.

[44] Xing C，Yuan X，Wu X，et al. Chemometric classification and quantification of sesame oil adulterated with other vegetable oils based on fatty acids composition by gas chromatography [J]. LWT，2019，108：437-445.

[45] Rounds F. Effects of hydroperoxides on wear as measured in four-ball wear tests [J]. Tribology Transactions，1993，36（2）：297-303.

[46] Fox N，Stachowiak G. Boundary lubrication properties of oxidized sunflower oil [J]. Tribology and Lubrication Technology，2003，59（2）：15.

[47] Habeeb J J，Stover W H. The role of hydroperoxides in engine wear and the effect of zinc dialkyldithiophosphates [J]. ASLE Transactions，1986，30（4）：419-426.

[48] Semyonova A，Khomutov N，Misyura S，et al. Dynamic and kinematic characteristics of unsteady motion of a water-in-oil emulsion droplet in collision with a solid heated wall under conditions of convective heat transfer [J]. International Communications in Heat and Mass Transfer，2022，137：106277.

[49] Xie Y F，Jiang S H，Li M，et al. Evaluation on the formation of lipid free radicals in the oxidation process of peanut oil [J]. LWT-Food Science and Technology，2019，104：24-29.

[50] Mishra S K，Belur P D，Iyyaswami R. Use of antioxidants for enhancing oxidative stability of bulk edible oils：a review [J]. International Journal of Food Science and Technology，2021，56（1）：1-12.

[51] Bjelica M，Vujasinović V，Rabrenović B，et al. Some chemical characteristics and oxidative stability of cold pressed grape seed oils obtained from diferent winery waste [J]. European Journal of Lipid Science and Technology，2019，121（8）：1800416.

[52] Liu X F，Hoshino N，Wang S，et al. A novel evaluation index for predicting the degradation rate of frying oils based on their fatty acid composition [J]. European Journal of Lipid Science and Technology，2018，120（7）：1700528.

[53] Souza A，Santos J，Conceição M，et al. A thermoanalytic and kinetic study of sunfower oil [J]. Brazilian Journal of Chemical Engineering，2004，21：265-273.

[54] Li Y F，Wang F L，Wang Y W，et al. Effects of heating on kinds and contents of fatty acid in flax seed oil [J]. Food Research and Development，2017，38（1）：10-13.

［55］　Qin Z J，Wu Z Y，Tu X H，et al. Changes of composition and content of oxidized fatty acids in diferent plant oils un-der heat treatment based on liquid chromatography tandem mass spectrometry［J］. Chinese Journal of Oil Crop Sciences，2020，42（3）：364.

［56］　Kim J K，Jeon C H，Lee H，et al. Efect of accelerated high temperature on oxidation and polymerization of biodiesel from vegetable oils［J］. Energies，2018，11（12）：3514.

［57］　Syahrullail S，Kamitani S，Shakirin A. Performance of vegetable oil as lubricant in extreme pressure condition.［J］. Procedia Engineering，2013，68：172-177.

［58］　Murakami T，Sakamoto H. Lubricating properties of vegetable oils and parafnic oils with unsaturated fatty acids under high-contact-pressure conditions in four-ball tests［J］. Journal of Synthetic Lubrication，2003，20（3）：183-201.

［59］　Arnšek A，Vižintin J. Lubricating properties of rapeseed-based oils［J］. Journal of Synthetic Lubrication，2000，16（4）：281-296.

［60］　Baruah N，Maharana M，Nayak S K. Performance analysis of vegetable oil-based nanofluids used in transformers［J］. Science，Measurement and Technology，IET，2019，13（7）：995-1002.

［61］　Zdziennicka A，Szymczyk K，Jańczuk B，et al. Adhesion of canola and diesel oils to some parts of diesel engine in the light of surface tension components and parameters of these substrates［J］. International Journal of Adhesion and Adhesives，2015，60：23-30.

［62］　Bahari A，Lewis R，Slatter T. Friction and wear response of vegetable oils and their blends with mineral engine oil in a reciprocating sliding contact at severe contact conditions［J］. Proceedings-Institution of Mechanical Engineers，2017，232（3）：244-258.

［63］　Esteban B，Riba J R，Baquero G，et al. Characterization of the surface tension of vegetable oils to be used as fuel in diesel engines［J］. Fuel，2012，102：231-238.

［64］　Troncoso F D，Tonetto G M. Highly stable platinum monolith catalyst for the hydrogenation of vegetable oil［J］. Chemical Engineering and Processing-Process Intensifcation，2022，170：108669.

［65］　Kayode B，Hart A. An overview of transesterifcation methods for producing biodiesel from waste vegetable oils［J］. Biofuels，2019，10（3）：419-437.

［66］　Ho Y H，Parthiban A，Thian M C，et al. Acrylated biopolymers derived via epoxidation and subsequent acrylation of vegetable oils［J］. International Journal of Polymer Science，2022，2022（1）：6210128.

［67］　Liu W，Lu G H，Yang G L，et al. Improving oxidative stability of biodiesel by cis-trans isomerization of carbon-carbon double bonds in unsaturated fatty acid methyl esters［J］. Fuel，2019，242：133-139.

［68］　De Oliveira V F，Parente E J S，Cavalcante C L，et al. Short-chain esters enriched biofuel obtained from vegetable oil using molecular distillation［J］. Canadian Journal of Chemical Engineering，2017，96（5）：1071-1078.

［69］　Mäki-Arvela P，Martinez-Klimov M，Murzin D Y. Hydroconversion of fatty acids and vegetable oils for production of jet fuels［J］. Fuel，2021，306：121673.

［70］　Liu J，Liu C，Zhou G，et al. Hydrotreatment of Jatropha oil over NiMoLa/Al$_2$O$_3$ catalyst［J］. Green Chemistry，2012，14（9）：2499-2505.

［71］　Owuna F J. Stability of vegetable based oils used in the formulation of ecofriendly lubricants—a review［J］. Egyptian Journal of Petroleum，2020，29（3）：251-256.

［72］　Nohair B，Especel C，Marécot P，et al. Selective hydrogenation of sunfower oil over supported precious metals［J］. Comptes Rendus Chimie，2004，7（2）：113-118.

［73］　Laverdura U P，Rossi L，Ferella F，et al. Selective catalytic hydrogenation of vegetable oils on lindlar catalyst［J］. ACS Omega，2020，5（36）：22901-22913.

［74］　Wang C，Tian Z，Wang L，et al. One-step hydrotreatment of vegetable oil to produce high quality diesel-range alkanes［J］. ChemSusChem，2012，5（10）：1974-1983.

［75］　Warner K. Chemistry of frying oils［M］//Food lipids. Boca Raton：CRC Press，2008：189-202.

［76］　Mujtaba M，Cho H M，Masjuki H，et al. Critical review on sesame seed oil and its methyl ester on cold flow and oxidation stability［J］. Energy Reports，2020，6：40-54.

［77］　Oommen T. Vegetable oils for liquid-filled transformers［J］. IEEE Electrical insulation magazine，2002，18（1）：

6-11.

[78] Farag H A, El-Maghraby A, Taha N A. Optimization of factors afecting esterifcation of mixed oil with high percentage of free fatty acid [J]. Fuel Process Technol, 2011, 92 (3): 507-510.

[79] Gryglewicz S, Piechocki W, Gryglewicz G. Preparation of polyol esters based on vegetable and animal fats [J]. Bioresource Technology, 2003, 87 (1): 35-39.

[80] Fernandes K V, Papadaki A, Da Silva J A C, et al. Enzymatic esterifcation of palm fatty-acid distillate for the production of polyol esters with biolubricant properties [J]. Industrial Crops and Products, 2018, 116: 90-96.

[81] Arumugam S, Chengareddy P, Sriram G. Synthesis, characterisation and tribological investigation of vegetable oil-based pentaerythryl ester as biodegradable compressor oil [J]. Industrial Crops and Products, 2018, 123: 617-628.

[82] Padmaja K V, Rao B V S K, Reddy R K, et al. 10-Undecenoic acid-based polyol esters as potential lubricant base stocks [J]. Industrial Crops and Products, 2012, 35 (1): 237-240.

[83] Reeves C J, Menezes P L, Jen T C, et al. The infuence of fatty acids on tribological and thermal properties of natural oils as sustainable biolubricants [J]. Tribology International, 2015, 90: 123-134.

[84] Dodos G S, Karonis D, Zannikos F, et al. Renewable fuels and lubricants from Lunaria annua L [J]. Industrial Crops and Products, 2015, 75: 43-50.

[85] Arumugam S, Chengareddy P, Sriram G. Synthesis, characterisation and tribological investigation of vegetable oil-based pentaerythryl ester as biodegradable compressor oil [J]. Industrial Crops and Products, 2018, 123: 617-628.

[86] Yunus R, Fakhru'l-Razi A, Ooi T L, et al. Lubrication properties of trimethylolpropane esters based on palm oil and palm kernel oils [J]. European Journal of Lipid Science and Technology, 2004, 106 (1): 52-60.

[87] Martín-Alfonso J E, Martín-Alfonso M J, Valencia C, et al. Rheological and tribological approaches as a tool for the development of sustainable lubricating greases based on nano-montmorillonite and castor oil [J]. Friction, 2021, 9: 415-428.

[88] Adhvaryu A, Erhan S. Epoxidized soybean oil as a potential source of high-temperature lubricants [J]. Industrial Crops and Products, 2002, 15 (3): 247-254.

[89] Wu X, Zhang X, Yang S, et al. The study of epoxidized rapeseed oil used as a potential biodegradable lubricant [J]. Journal of the American Oil Chemists' Society, 2000, 77: 561-563.

[90] Chaurasia S K, Singh N K, Singh L K. Friction and wear behavior of chemically modified Sal (Shorea Robusta) oil for bio based lubricant application with effect of CuO nanoparticles [J]. Fuel, 2020, 282: 118762.

[91] Moser B R, Cermak S C, Doll K M, et al. A review of fatty epoxide ring opening reactions: chemistry, recent advances, and applications [J]. Journal of the American Oil Chemists' Society, 2022, 99 (10): 801-842.

[92] Sharma B K, Adhvaryu A, Liu Z, et al. Chemical modification of vegetable oils for lubricant applications [J]. Journal of the American Oil Chemists' Society, 2006, 83: 129-136.

[93] Sharma B K, Liu Z, Adhvaryu A, et al. One-pot synthesis of chemically modified vegetable oils [J]. Journal of agricultural and food chemistry, 2008, 56 (9): 3049-3056.

[94] Erhan S Z, Sharma B K, Liu Z, et al. Lubricant base stock potential of chemically modified vegetable oils [J]. Journal of Agricultural and Food Chemistry, 2008, 56 (19): 8919-8925.

[95] Qinghua L, Dehua T, Jianhua Z, et al. Rheological and tribological characteristics of chemically modified rapeseed oil [M] //Advanced Tribology Berlin: Springer, 2010: 912-914.

[96] Sharma B K, Doll K M, Erhan S Z. Ester hydroxy derivatives of methyl oleate: tribological, oxidation and low temperature properties [J]. Bioresource technology, 2008, 99 (15): 7333-7340.

[97] Gulcin İ. Antioxidants and antioxidant methods: an updated overview [J]. Archives of Toxicology, 2020, 94 (3): 651-715.

[98] Lu M, Zhang T, Jiang Z, et al. Physical properties and cellular antioxidant activity of vegetable oil emulsions with different chain lengths and saturation of triglycerides [J]. LWT, 2020, 121: 108948.

[99] Machado M, Rodriguez-Alcala L M, Gomes A M, et al. Vegetable oils oxidation: mechanisms, consequences and protective strategies [J]. Food Reviews International, 2023, 39 (7): 4180-4197.

[100] Richards A，Chaurasia S. Antioxidant activity and reactive oxygen species（ROS）scavenging mechanism of Eriodictyon californium，an edible herb of North America [J]. Journal of Chemistry，2022（1）：6980121.

[101] Anna M，Lampi，Kataja L，et al. Antioxidant activities of α-and γ-tocopherols in the oxidation of rapeseed oil triacylglycerols [J]. Journal of the American Oil Chemists Society，1999，76：749-755.

[102] Hamblin P. Oxidative stabilisation of synthetic fuids and vegetable oils [J]. Journal of Synthetic Lubrication，1999，16（2）：157-181.

[103] Sharma B K，Perez J M，Erhan S Z. Soybean oil-based lubricants：a search for synergistic antioxidants [J]. Energy and Fuels，2007，21（4）：2408-2414.

[104] Quinchia L A，Delgado M A，Valencia C，et al. Natural and synthetic antioxidant additives for improving the performance of new biolubricant formulations [J]. Journal of Agricultural and Food Chemistry，2011，59（24）：12917-12924.

[105] Xu Z，Lou W，Zhao G，et al. Pentaerythritol rosin ester as an environmentally friendly multifunctional additive in vegetable oil-based lubricant [J]. Tribology International，2019，135：213-218.

[106] Hu J Q，Yang S Z，Zhang J J，et al. Synthesis and anti-oxidative properties of poly（diphenylamine）derivative as lubricant antioxidant [J]. Petroleum Chemistry，2019，59（9）：1037-1042.

[107] Feng J，Zhao H，Yue S，et al. One-pot synthesis of cardanol-derived high-efficiency antioxidants based on intramolecular synergism [J]. ACS Sustainable Chemistry and Engineering，2017，5（4）：3399-3408.

[108] Zhao H，Feng J，Zhu J，et al. Synthesis application of highly efficient multifunctional vegetable oil additives derived from biophenols [J]. Journal of Cleaner Production，2019，242：118274.

[109] Jin Y，Li J，Jia D，et al. Online infrared spectra analysis of multi-phenol antioxidants in ester lubricant during friction under high-temperature oxidation [J]. Tribology International，2022，176：107877.

[110] Guo Z，Wang Y，Gao J，et al. Interactions of Cu nanoparticles with conventional lubricant additives on tribological performance and some physicochemical properties of an ester base oil [J]. Tribology International，2020，141：015941.

[111] Wang S，Yu S，Huang B，et al. Unique synergism between zinc dialkyldithiophosphates and Schiff base bridged phenolic diphenylamine antioxidants [J]. Tribology International，2020，145：106134.

[112] Bahari A，Lewis R，Slatter T. Friction and wear phenomena of vegetable oil-based lubricants with additives at severe sliding wear conditions [J]. Tribology Transactions，2018，61（2）：207-219.

[113] Bhaumik S，Maggirwar R，Datta S，et al. Analyses of anti-wear and extreme pressure properties of castor oil with zinc oxide nano friction modifiers [J]. Applied Surface Science，2018，449：277-286.

[114] Ong C L，Jiang X，Juan J C，et al. Ashless and non-corrosive disulfide compounds as excellent extreme pressure additives in naphthenic oil [J]. Journal of Molecular Liquids，2022，351：118553.

[115] Takaki T，Kitamura K，Shibata J. Development of chloride-free oil with sulfur-based EP additive for cold forming of stainless steel [J]. Mechanical Engineering Journal，2018，5（2）：2187-9745.

[116] Johnson B，Wu H，Desanker M，et al. Direct formation of lubricious and wear-protective carbon films from phosphorus-and sulfur-free oil-soluble additives [J]. Tribology Letters，2018，66（1）：2.

[117] Anvarjon I A. Research on polishing properties of gear oils and ways to improve them [J]. Innovative Technologica：Methodical Research Journal，2022，3（9）：13-21.

[118] Gao F，Kotvis P V，Tysoe W T. The surface and tribological chemistry of chlorine-and sulfur-containing lubricant additives [J]. Tribology International，2004，37（2）：87-92.

[119] Ding H，Yang X，Xu L，et al. Analysis and comparison of tribological performance of fatty acid-based lubricant additives with phosphorus and sulfur [J]. Journal of Bioresources and Bioproducts，2020，5（2）：134-142.

[120] Tran B H，Wan S，Tieu A K，et al. Tribological performance of inorganic borate at elevated temperatures [J]. Tribology Transactions，2020，63（5）：796-805.

[121] Huang G，Yu Q，Ma Z，et al. Oil-soluble ionic liquids as antiwear and extreme pressure additives in poly-α-olefin for steel/steel contacts [J]. Friction，2019，7（1）：18-31.

[122] Dyaneshwar S，Manoj S，Gangadhar D，et al. Comparing the tribological properties of chloride-based and tetra fluoroborate-based ionic liquids [J]. Annales de Chimie Science des Matériaux，2019，43（5）：317-327.

[123] Danilov A M, Bartko R V, Antonov S A. Current advances in the application and development of lubricating oil additives [J]. Petroleum Chemistry, 2021, 61 (1): 35-42.

[124] Morita M, Tachiyama S, Onodera K, et al. Study on reaction mechanism of sulfur and phosphorus type additives using an acoustic emission technique [J]. Tribology Online, 2022, 17 (2): 78-85.

[125] Xiong S, Sun J. Sliding wear-induced nano-tribofilm formation from EP/AW agent on copper foil against ferroalloy counterparts under high load [J]. Surface and Interface Analysis, 2018, 50 (12): 1255-1264.

[126] Wang H. Study on tribological properties of content chlorine extreme-pressure additives in rap oil [J]. Lubrication Engineering, 2005, 5 (171): 110.

[127] Asadauskas S J, Biresaw G, McClure T G. Effects of chlorinated paraffin and ZDDP concentrations on boundary lubrication properties of mineral and soybean oils [J]. Tribology Letters, 2010, 37 (2): 111-121.

[128] Li J S, Rao W Q, Ren T H, et al. Tribological properties of phosphate esters as additives in rape seed oil [J]. Journal of Synthetic Lubrication, 2003, 20 (2): 151-158.

[129] Li J, Ren T, Zhang Y, et al. Tribological behaviour of three phosphate esters containing the benzotriazole group as additives in rapeseed oil [J]. Journal of Synthetic Lubrication, 2001, 18 (3): 225-231.

[130] Fan F, Liu Q, Zhou K, et al. A new benzotriazole phosphite ammonium salt derivative (PN) extreme pressure additive to improve gear oil tribological properties [J]. Research Square, 2021.

[131] Johnson D W, Hils J E. Phosphate esters, thiophosphate esters and metal thiophosphates as lubricant additives [J]. Lubricants, 2013, 1 (4): 132-148.

[132] Wang H, Zhao Z. Study on tribological properties of sulfurous extreme pressure and antiwear additives in rap oil [J]. Lubrication Engineering, 2006, 8 (18): 84.

[133] Anand O N, Kumar V, Singh A K, et al. Anti-friction, anti-wear and load-carrying characteristics of environment friendly additive formulation [J]. Lubrication Science, 2007, 19 (3): 159-167.

[134] Castro W, Weller D E, Cheenkachorn K, et al. The effect of chemical structure of basefluids on antiwear effectiveness of additives [J]. Tribology International, 2005, 38 (3): 321-326.

[135] Kumar N, Saini V, Bijwe J. Tribological investigations of nano and micro-sized graphite particles as an additive in lithium-based grease [J]. Tribology Letters, 2020, 68 (4): 124.

[136] Wang Y, Li C, Zhang Y, et al. Comparative evaluation of the lubricating properties of vegetable-oil-based nanofluids between frictional test and grinding experiment [J]. Journal of Manufacturing Processes, 2017, 26: 94-104.

[137] Turan N B, Erkan H S, Engin G O, et al. Nanoparticles in the aquatic environment: usage, properties, transformation and toxicity—a review [J]. Process Safety and Environmental Protection, 2019, 130: 238-249.

[138] Thampi A D, Prasanth M A, Anandu A P, et al. The effect of nanoparticle additives on the tribological properties of various lubricating oils—review [J]. Materials Today: Proceedings, 2021, 47: 4919-4924.

[139] Yadav A, Singh Y, Negi P. A review on the characterization of bio based lubricants from vegetable oils and role of nanoparticles as additives [J]. Materials Today: Proceedings, 2021, 46: 10513-10517.

[140] Mello V S, Trajano M F, Guedes A E, et al. Comparison between the action of nano-oxides and conventional EP additives in boundary lubrication [J]. Lubricants, 2020, 8 (5): 54.

[141] Shafi W K, Raina A, Haq M I U. Friction and wear characteristics of vegetable oils using nanoparticles for sustainable lubrication [J]. Tribology-Materials, Surfaces and Interfaces, 2018, 12 (1): 27-43.

[142] Ouyang T, Lei W, Tang W, et al. Experimental investigation of the effect of IF-WS2 as an additive in castor oil on tribological property [J]. Wear, 2021, 486-487: 204070.

[143] Li H, Zhang Y, Li C, et al. Extreme pressure and antiwear additives for lubricant: academic insights and perspectives [J]. The International Journal of Advanced Manufacturing Technology, 2022, 120 (1): 1-27.

[144] Sajeeb A, Rajendrakumar P K. Experimental studies on viscosity and tribological characteristics of blends of vegetable oils with CuO nanoparticles as additive [J]. Micro and Nano Letters, 2019, 14 (11): 1121-1125.

[145] Kerni L, Raina A, Haq M I U. Friction and wear performance of olive oil containing nanoparticles in boundary and mixed lubrication regimes [J]. Wear, 2019, 426-427: 819-827.

[146] Bai X, Jiang J, Li C, et al. Tribological performance of different concentrations of Al_2O_3 nanofluids on minimum

quantity lubrication milling [J]. Chinese Journal of Mechanical Engineering，2023，36（1）：11.

[147] Rawat S S，Harsha A P，Khatri O P. Synergistic effect of binary systems of nanostructured MoS_2/SiO_2 and GO/SiO_2 as additives to coconut oil-derived grease：enhancement of physicochemical and lubrication properties [J]. Lubrication Science，2021，33（5）：290-307.

[148] Wang Y，Li C，Zhang Y，et al. Experimental evaluation of the lubrication properties of the wheel/workpiece interface in MQL grinding with different nanofluids [J]. Tribology International，2016，99：198-210.

[149] Dassenoy F. Nanoparticles as additives for the development of high performance and environmentally friendly engine lubricants [J]. Tribology Online，2019，14（5）：237-253.

[150] Krolczyk G M，Maruda R W，Krolczyk J B，et al. Ecological trends in machining as a key factor in sustainable production—a review [J]. Journal of Cleaner Production，2019，218：601-615.

[151] 王晓铭，李长河，张彦彬，等. 微量润滑赋能雾化与供给系统关键技术研究进展 [J]. 表面技术，2022，51（9）：1-14.

[152] 吴喜峰，许文昊，马浩，等. 静电雾化机理及微量润滑铣削 7075 铝合金表面质量评价 [J]. 表面技术，2023，52（6）：337-350.

[153] 施壮，郭树明，刘红军，等. 生物润滑剂微量润滑磨削 GH4169 镍基合金性能实验评价 [J]. 表面技术，2021，50（12）：71-84.

[154] 许文昊，李长河，张彦彬，等. 静电雾化微量润滑研究进展与应用 [J]. 机械工程学报，2023，59（7）：110-138.

[155] Singh H，Sharma V S，Dogra M. Exploration of graphene assisted vegetables oil based minimum quantity lubrication for surface grinding of Ti-6Al-4V-ELI [J]. Tribology International，2020，144：106113.

[156] Gao W，Qi Q，Dong L，et al. Experimental analysis of milling aluminum alloy with oil-less lubrication of nano-fluid [J]. Journal of Physics：Conference Series，2020，1578（1）：012182.

[157] Zhang Y，Li C，Jia D，et al. Experimental evaluation of the lubrication performance of MoS_2/CNT nanofluid for minimal quantity lubrication in Ni-based alloy grinding [J]. International Journal of Machine Tools and Manufacture，2015，99：19-33.

[158] Alves S M，Barros B S，Trajano M F，et al. Tribological behavior of vegetable oil-based lubricants with nanoparticles of oxides in boundary lubrication conditions [J]. Tribology International，2013，65：28-36.

[159] Kumar G，Garg H C，Gijawara A. Experimental investigation of tribological effect on vegetable oil with CuO nanoparticles and ZDDP additives [J]. Industrial Lubrication and Tribology，2019，71（3）：499-508.

[160] Li B，Li C，Zhang Y，et al. Heat transfer performance of MQL grinding with different nanofluids for Ni-based alloys using vegetable oil [J]. Journal of Cleaner Production，2017，154：1-11.

[161] Li B，Li C，Zhang Y，et al. Numerical and experimental research on the grinding temperature of minimum quantity lubrication cooling of different workpiece materials using vegetable oil-based nanofluids [J]. The International Journal of Advanced Manufacturing Technology，2017，93（5）：1971-1988.

[162] Krishna P V，Srikant R R，Rao D N. Experimental investigation on the performance of nanoboric acid suspensions in SAE-40 and coconut oil during turning of AISI 1040 steel [J]. International Journal of Machine Tools and Manufacture，2010，50（10）：911-916.

[163] Yıldırım Ç V，Sarıkaya M，Kıvak T，et al. The effect of addition of hBN nanoparticles to nanofluid-MQL on tool wear patterns，tool life，roughness and temperature in turning of Ni-based Inconel 625 [J]. Tribology International，2019，134：443-456.

[164] Zhang D，Li C，Jia D，et al. Specific grinding energy and surface roughness of nanoparticle jet minimum quantity lubrication in grinding [J]. Chinese Journal of Aeronautics，2015，28（2）：570-581.

[165] Hosseini S F，Emami M，Sadeghi M H. An experimental investigation on the effects of minimum quantity nano lubricant application in grinding process of Tungsten carbide [J]. Journal of Manufacturing Processes，2018，35：244-253.

[166] Li M，Yu T，Yang L，et al. Parameter optimization during minimum quantity lubrication milling of TC4 alloy with graphene-dispersed vegetable-oil-based cutting fluid [J]. Journal of Cleaner Production，2019，209：1508-1522.

切削区气流场分布规律演变
机制与切削性能量化表征

4.1 切削区气流场模型

4.1.1 物理建模

首先使用 UG 对工件和真实铣刀进行几何建模，需要注意的是铣刀几何建模参数要和实际使用的铣刀参数保持一致，这样更加贴近真实；然后利用 Gambit 对几何模型进行网格划分，把划分好网格的模型导入 Fluent，并用 3D 求解器进行计算；接着选取流场介质并设置边界条件，最后设置残差监视器并计算。其仿真分析过程如图 4-1 所示。

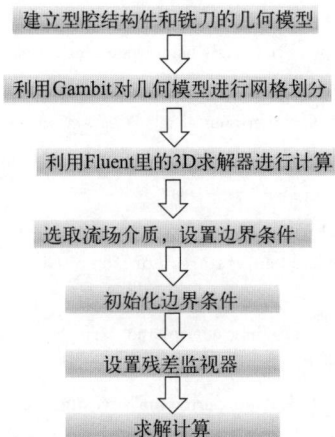

建立型腔结构件和铣刀的几何模型

↓

利用 Gambit 对几何模型进行网格划分

↓

利用 Fluent 里的 3D 求解器进行计算

↓

选取流场介质，设置边界条件

↓

初始化边界条件

↓

设置残差监视器

↓

求解计算

图 4-1 铣刀周围气流场仿真步骤

通过 UG 三维制图软件，建立型腔铣削的几何模型。模型条件如下：铣刀直径为 R，主

轴旋转速度为 n，铣刀螺旋角为 ρ，工件大小为 $100\text{mm} \times 100\text{mm} \times 40\text{mm}$，方形型腔。因为航空领域所使用的结构件方形或者类似方形的较多，本次建模以方形型腔为主，型腔深度为 20mm。模型几何参数见表 4-1，物理模型见图 4-2。

表 4-1　模型几何参数

名称	大小	名称	大小
铣刀直径/mm	R	流场高度/mm	150
螺旋角/(°)	ρ	流场直径/mm	200
铣刀转速/(r/min)	n	型腔尺寸/mm×mm×mm	$L \times W \times H$

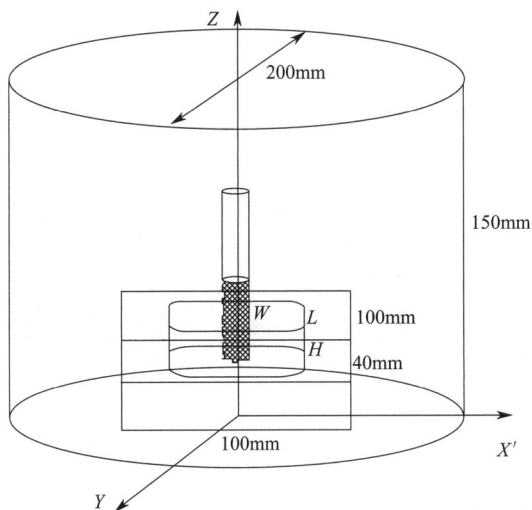

图 4-2　物理模型

4.1.2　模拟结果

流场介质选择空气，流场出口边界设置为压力出口边界，pressure-outlet 边界，铣刀边界条件设置为旋转的 wall，工件边界条件设置为静止的 wall，初始边界条件和设置残差监视后，对其进行求解计算，经过迭代一定次数，收敛后得到计算结果。具体仿真参数见表 4-2。

表 4-2　仿真参数

名称	大小	名称	大小
铣刀直径/mm	$R=12$	流场高度/mm	150
螺旋角/(°)	$\rho=35$	流场直径/mm	200
铣刀转速/(r/min)	$n=3000$	型腔尺寸 $L \times W \times H$ /mm×mm×mm	$60 \times 60 \times 20$

仿真结果如图 4-3～图 4-5 所示。图 4-3 为铣削区内空气流场矢量图。在计算区域中，紧贴铣刀周围的空气流动速度最大；随距铣刀中心的距离增大，空气流动速度逐渐减小，直至降为零。同时，铣刀周围还产生了一个封闭的"环形"区域，即气障。其会对润滑油雾注入铣削区产生阻隔作用，致使润滑油无法充分到达铣刀与切屑界面和铣刀与工件界面，从而使切削介质的冷却润滑效果降低。

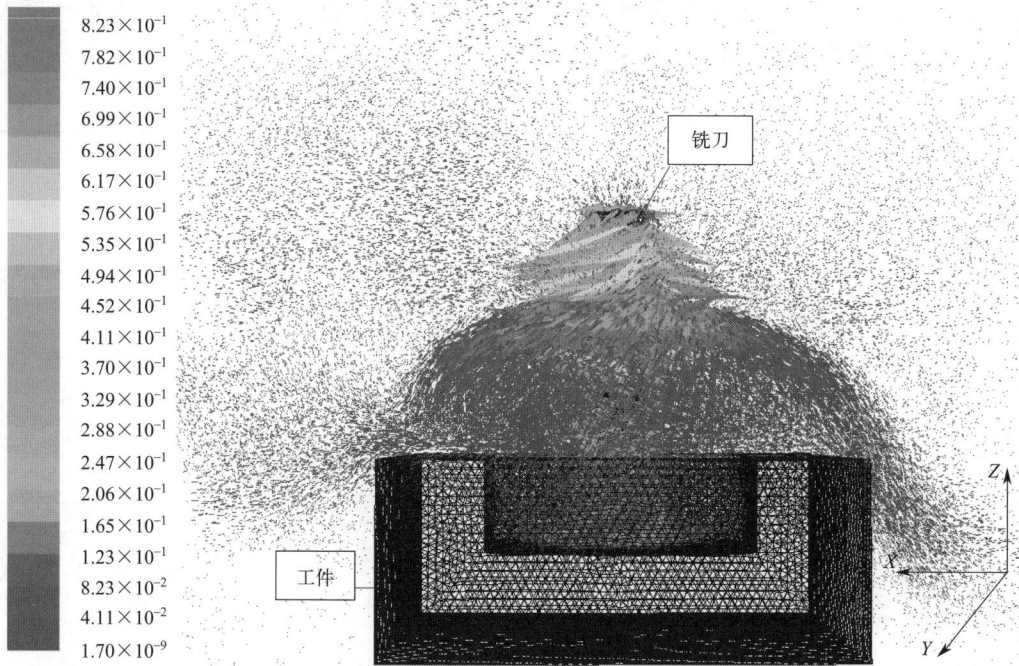

图 4-3　铣削区内空气流场矢量图（单位: m/s）

图 4-4 为铣刀端部截面空气流场矢量图。根据已有的研究可知，在射流参数中，靶距是喷嘴到铣刀端部的距离，对切削性能影响最大；喷嘴与刀具进给方向的夹角即入射角，影响次之；喷嘴的仰角影响最小。由图 4-4 可知，空气流场在刀具周围的圆周方向形成螺旋形，进给方向是 Y 轴正向，微量润滑油雾是朝向铣刀刀尖处注入的。当油雾射流方向和气流场线相切时，喷射的油雾会沿着气流方向进入铣削区，这时气流场可以提高切削液有效注入率，使更多的切削液输运到铣刀和工件界面。因此，此时的喷嘴射流角度是最佳的射流角（与铣刀进给方向成 35°）。

喷嘴与水平方向的角度，即仰角也会影响切削液的注入。根据图 4-5 可知铣削区周围气流的分布。最外一层是气障层，阻碍油雾的注入，因此喷嘴要避开气障层。径向流则有利于切削液进入，切削液会随径向气流到达铣刀槽和铣削区，其起到输运切削液的作用。切削液顺着径向流输运到铣削区后，部分切削液会在工件表面附着，并形成一层致密的润滑油膜，对铣刀与工件接触界面起到冷却润滑的效果，也有一部分切削液会随"返回流"流出。"返回流"的存在会降低切削液有效注入率，因此，切削液的注入应当避开"返回流"。最佳切削液的喷射角度和距离如图 4-5 所示。根据测量可知，在入射角为 35°时，当仰角为 60°～65°和靶距为 25～30mm 时，气流场会对切削液的输运起到辅助作用，同时也会降低"返回流"对切削液输运的阻碍，使切削液更易注入铣削区。

图 4-6 显示了在 35°截面上距铣刀中心不同距离处的七条测量断面。该原理图可用于定量研究铣削流场中返回流发生的位置和径向流的厚度。七个测量断面分别距离铣刀中心 8mm、10mm、12mm、15mm、20mm、25mm 和 30mm。

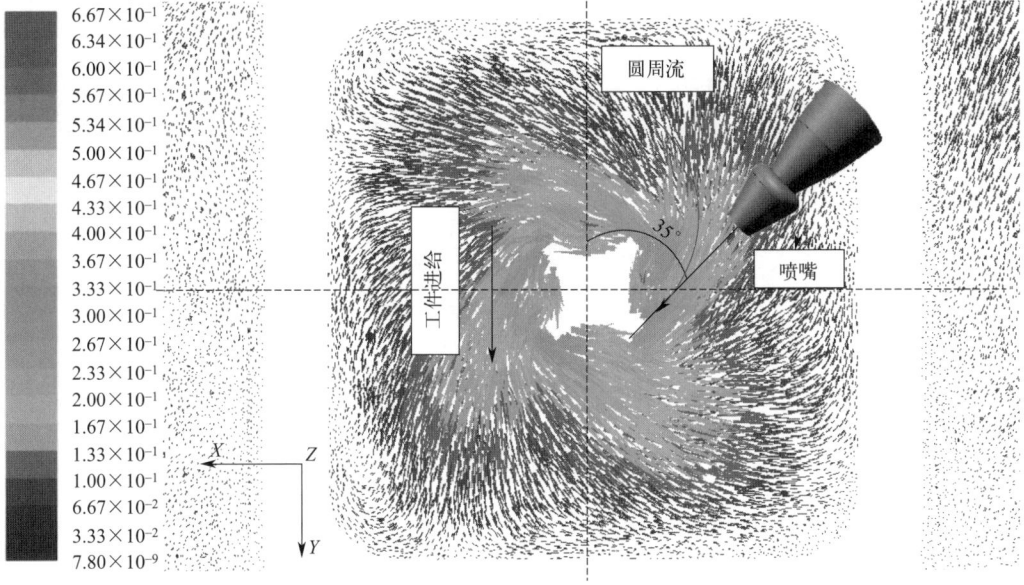

图 4-4　铣刀端部截面空气流场矢量图（单位：m/s）

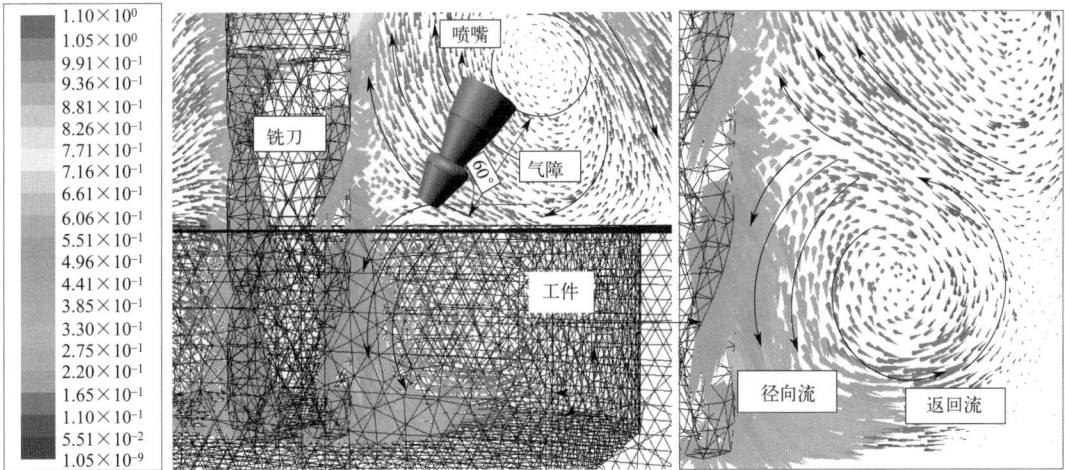

图 4-5　35°截面空气流场局部放大图（单位：m/s）

图 4-7 为铣刀周围截线上的 Z 向速度曲线。由图可知，在 35°截面上，当气流的 Z 方向速度为正时，表示气流方向是朝向铣刀，即进入流；当 Z 向速度为负时则表示气流流出铣刀，即返回流。X 轴代表相对于加工工件型腔底端的位置，$X = -0.075\mathrm{m}$ 时为型腔内底面，X 越大，则距离型腔底端表面越远。由图 4-6 和图 4-7 可知，在距离铣刀中心 $L=8\mathrm{mm}$ 的截线上，当 X 为 $-0.075 \sim -0.05\mathrm{m}$ 时，距离型腔底端 25mm 以内，Y 向速度为正，且气流速度最大，没有出现返回流，但当 $X = -0.05 \sim -0.025\mathrm{m}$，即距离型腔底端 $25 \sim 50\mathrm{mm}$ 时，Z 向速度出现负值，返回流出现，当 $X > -0.025\mathrm{m}$ 时，返回流又消失。在 $L=10\mathrm{mm}$ 时出现，径向流的厚度为 25mm。在 $L=13\mathrm{mm}$ 的截线上，当 X 为 $-0.075 \sim -0.052\mathrm{m}$ 时，

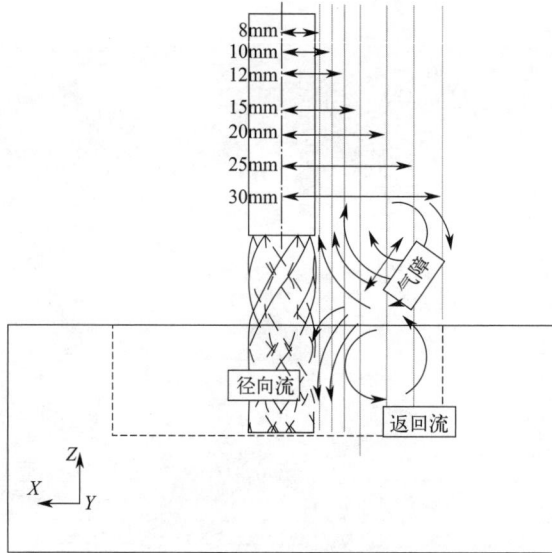

图 4-6 测量断面

速度均为正值，此时气流为进入流；当 $X > -0.052$m 时，速度为负值，气流为返回流。在 $L = 15$mm 的截线上，进入流在 $X = -0.075 \sim -0.055$m 时出现；而当 $X > -0.055$m 时，气流变成返回流。当 $L > 20$mm 时，即 X 在 $-0.075 \sim -0.04$m 时，Z 向速度都为负值，因此都为返回流，且距离铣刀越远，返回流的速度越小。

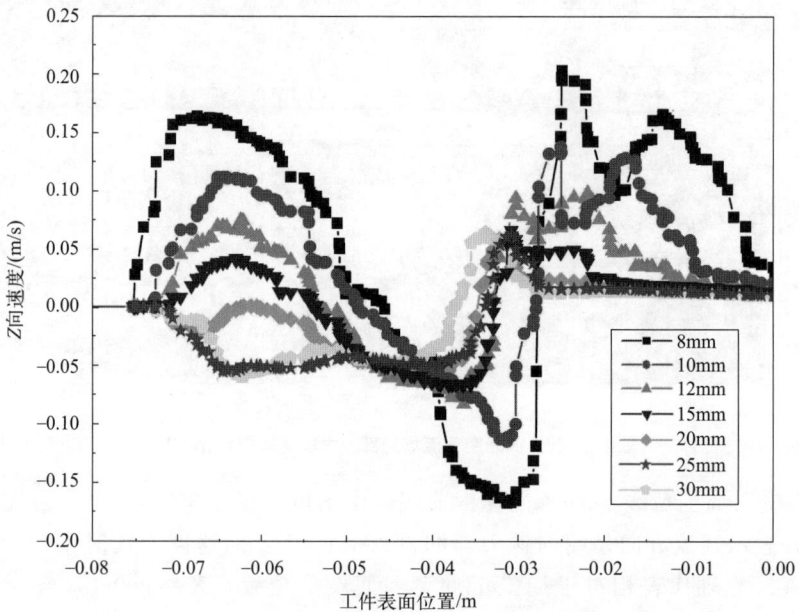

图 4-7 铣刀周围截线上的 Z 向速度曲线

导出距离铣刀中心 6mm、7mm、8mm、10mm、15mm、20mm、25mm 和 30mm 截线上的压强数据，分析旋转铣刀周围气流压强的分布。截线上的压强曲线如图 4-8 所示。铣刀表面上，气流压力最小在铣刀的刀槽处；距离铣刀中心越远，气流压力越大，甚至空气压力为正。在压力差的作用下，空气更容易进入铣刀与工件表面。

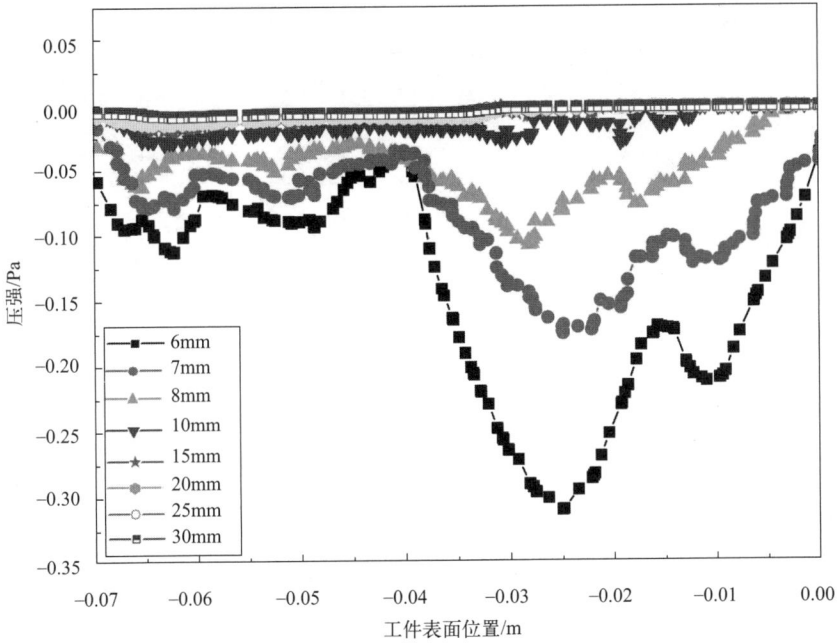

图 4-8　铣刀周围截线上的压强曲线

4.1.3　气流场演变规律分析

4.1.3.1　铣削速度对气流场的影响

铣刀的转速可能会影响铣削区的空气流场，因此，在刀具螺旋角（35°）、直径（12mm）、方形型腔（60mm×60mm×40mm）以及其他参数保证不变的情况下仅改变刀具转速（分别为 1000r/min、3000r/min、5000r/min、10000r/min、15000r/min 和 25000r/min），从而分析观察转速对气流场的影响。

图 4-9 为不同铣刀转速下 $Z=5$mm 截面的空气流场矢量图。从中能够看出，转速的高低并不影响空气流场在圆周方向上的形状。因此，铣刀转速不影响入射角，入射角为 35°时最有利于切削液的输运。

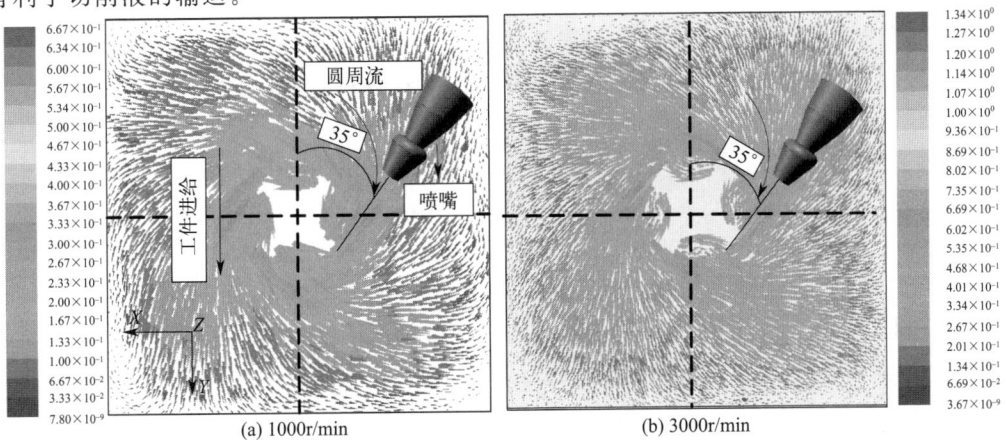

(a) 1000r/min　　　(b) 3000r/min

图 4-9

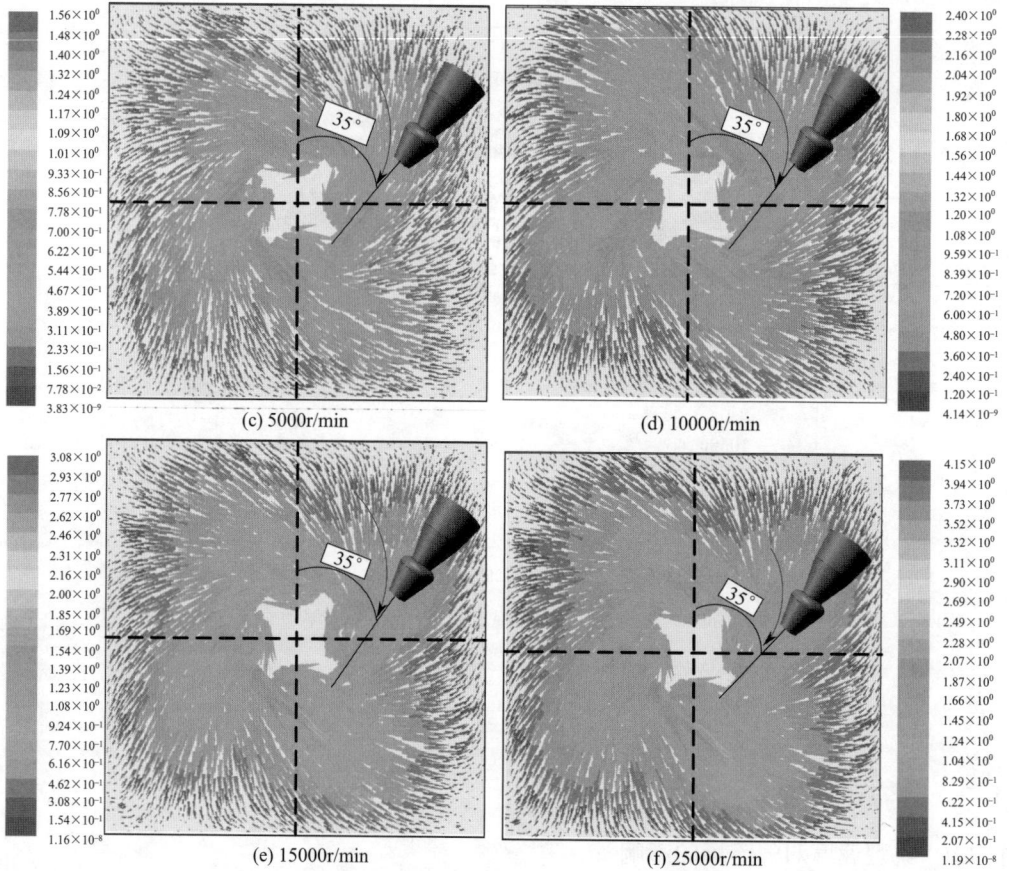

图 4-9　不同转速下的空气流场矢量图（单位：m/s）

图 4-10 为不同铣刀转速下 35°截面的空气流场矢量图。由图可知，进入流的气流速度随着铣刀转速的增加而增加，而气障的气流速度则逐渐增大，表明铣刀转速的增加会阻碍切削液注入铣刀和工件接触界面。同时，喷嘴的最佳距离应该在气障内，其靶距应该在 30mm 以内，考虑到铣削加工过程中喷嘴与毛坯件上表面发生碰撞，靶距在 25～30mm 较适宜。进一步分析可知，铣刀转速不会影响喷嘴的仰角。当仰角为 60°～65°时，最利于切削液注入铣刀和工件接触界面。

为进一步定量分析铣刀转速对铣刀周围气流速度的影响规律，分别导出了不同铣刀转速下铣刀周围 $L=6mm$ 的气流速度和压强，并建立了不同转速下铣刀周围的气流速度图和压强图。由图 4-11 可以看出，气流速度随工件表面位置改变呈现周期性变化，并且铣刀表面与排屑槽处的气流速度不同。其中，贴近铣刀表面的气流速度较大，分别可以达到 0.91m/s（$n=1000r/min$）、2.03m/s（$n=3000r/min$）、3.26m/s（$n=5000r/min$）、6.63m/s（$n=10000r/min$）、9.60m/s（$n=15000r/min$）和 15.62m/s（$n=25000r/min$）。随着铣刀转速的提高，其对铣刀周围气流速度的影响越来越明显，铣刀周围的气流速度随着铣刀转速的提高而增大。这也说明，铣刀转速的提高会不断增加铣刀周围的气障阻碍，同时，也增大了切削液注入铣刀/切屑和铣刀/工件界面的难度，从而降低冷却润滑效果。如果把喷嘴放在进入流的方向则切削液会避开气障层，顺着径向流进入工件表面，从而有利于气流场对切削液的输运作用。

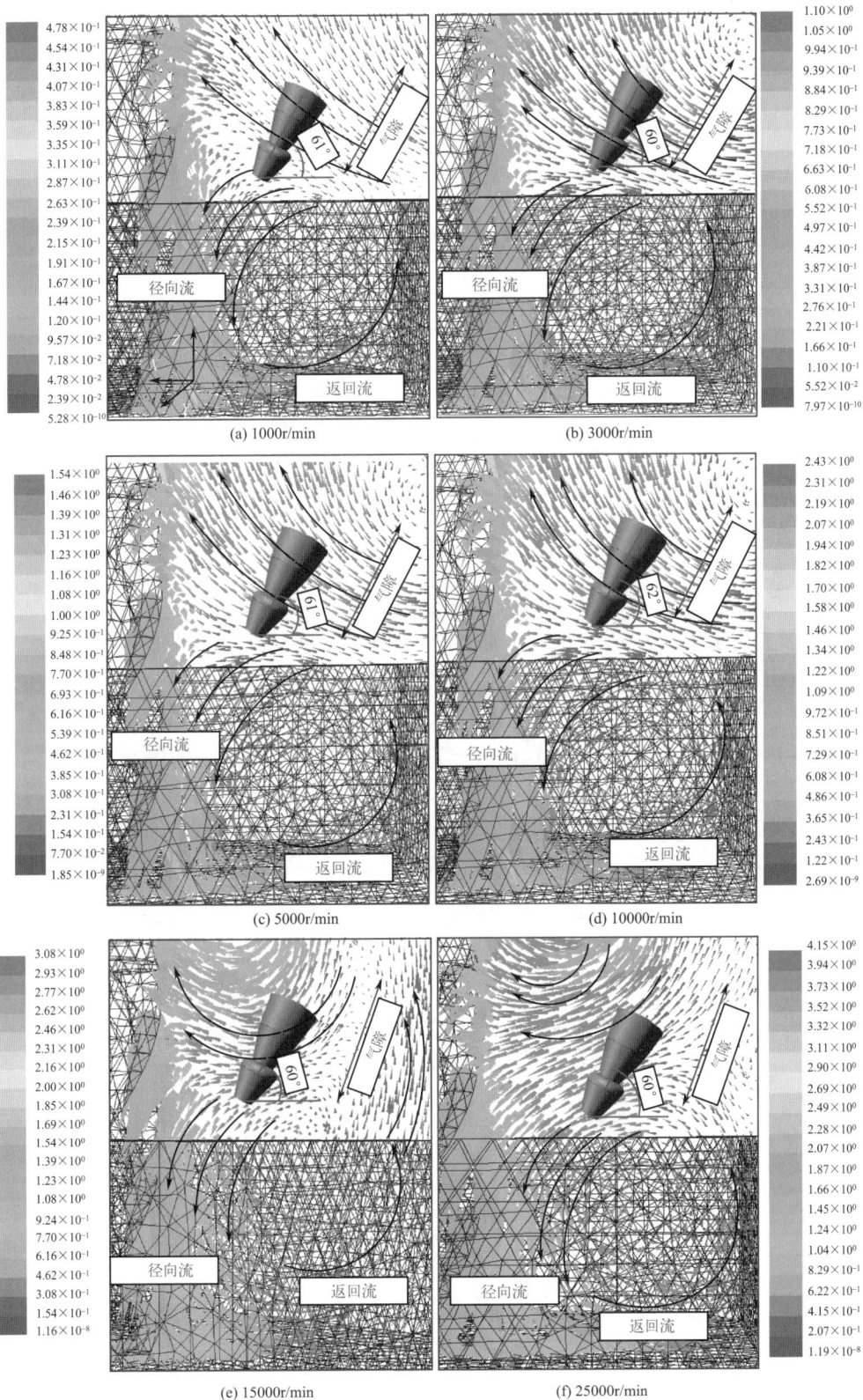

图 4-10　不同铣刀转速时 35° 截面的空气流场矢量图（单位：m/s）

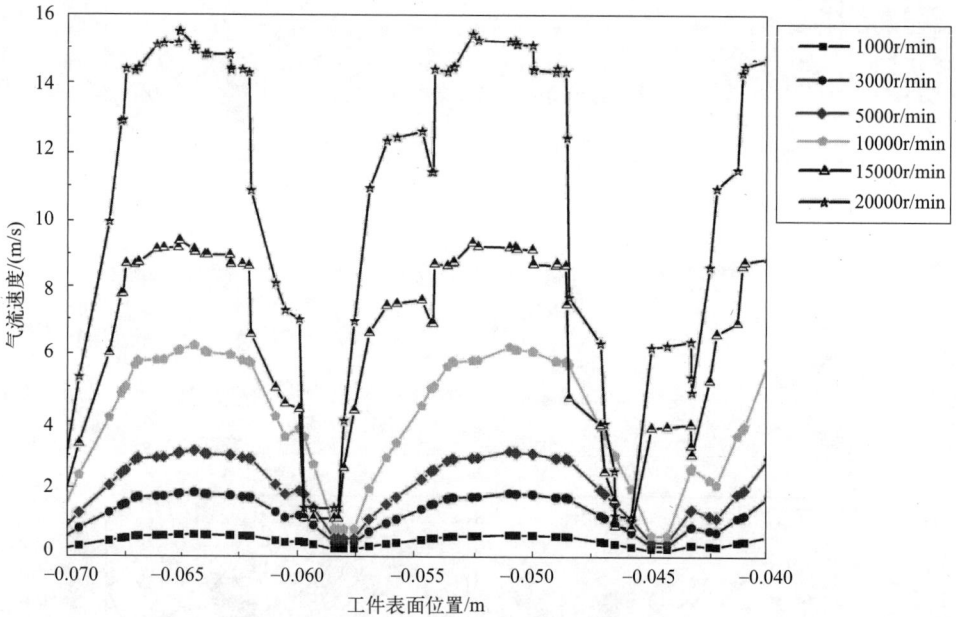

图 4-11 不同铣刀转速下铣刀周围的气流速度

图 4-12 表明了不同铣刀转速下铣刀周围气流压强的变化规律。铣刀周围的气流压强都为负值，且随着铣刀转速的提高负压增大，最大值分别可以达到 $-0.035\mathrm{Pa}(n=1000\mathrm{r/min})$、$-0.4\mathrm{Pa}(n=3000\mathrm{r/min})$、$-0.67\mathrm{Pa}(n=5000\mathrm{r/min})$、$-1.42\mathrm{Pa}(n=10000\mathrm{r/min})$、$-2.12\mathrm{Pa}(n=15000\mathrm{r/min})$ 和 $-3.72\mathrm{Pa}(n=25000\mathrm{r/min})$。随着铣刀周围的负压增大，进入流的压力差增大，更有利于切削液到达径向流，并进一步输送到铣刀和工件界面。因此，在保证喷嘴的位置在进入流中时，铣刀转速越高，气流对切削液的输运作用越明显，切削液的有效注入率越高。

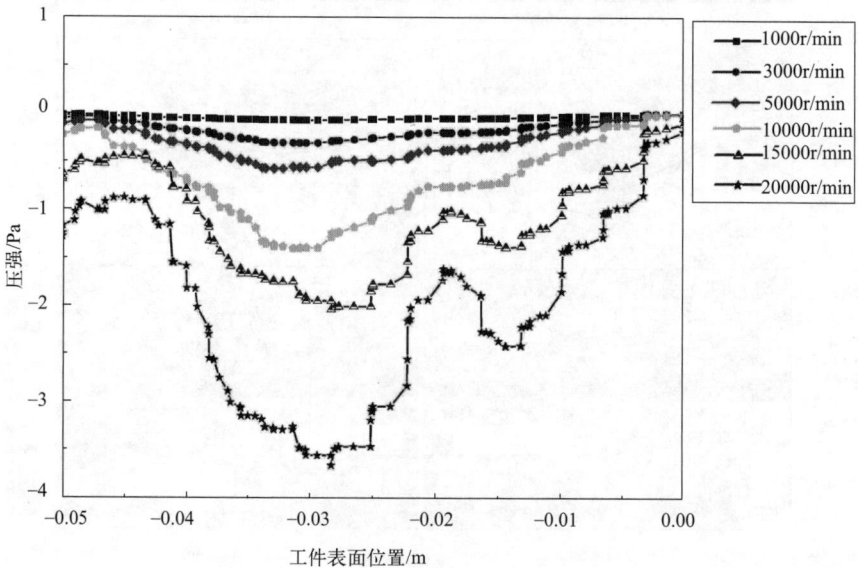

图 4-12 不同铣刀转速下铣刀周围的压强

4.1.3.2　铣刀螺旋角对气流场的影响

铣刀的螺旋角也可能会对铣削区的气流场产生影响，因此，在不改变流场边界高度（150mm）、刀具直径（12mm）、方形腔（60mm×60mm×20mm）、旋转速度（2000r/min）、流场直径（200mm）和其他参数的情况下仅改变铣刀螺旋角（分别为30°、35°、40°和45°），观察气流场的变化。

图 4-13 是不同螺旋角下 $Z=5$mm 截面的气流场矢量图。可以看出圆周流的方向会随铣刀螺旋角的变化而发生改变，即入射角发生变化。当入射角与铣刀螺旋角相同时，气流场会辅助切削液输运，便利于切削液注入到铣刀与工件界面，从而可提高切削液的有效利用率。

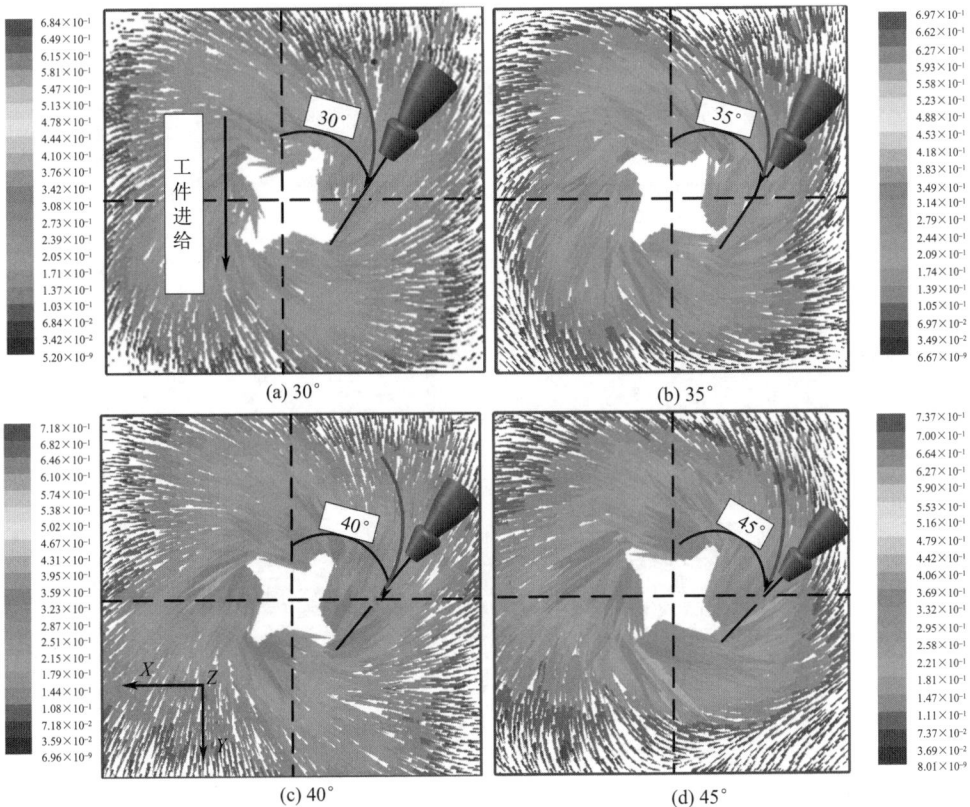

图 4-13　不同螺旋角时铣刀周围的空气流场矢量图（单位：m/s）

由图 4-14 可以看出，当入射角与铣刀螺旋角一致时，不同铣刀螺旋角的铣刀对周围空气气流扰动相差并不大。其中，靶距在 25~30mm 以内较为适宜，并且仰角也都相同，为60°~65°时，利于切削液的输运，从而可提高切削液的有效注入率。

为进一步定量分析螺旋角对铣刀工件约束界面条件下空气流场的分布，分别导出了不同螺旋角时铣刀周围的气流速度和压强，并制作了不同螺旋角下铣刀周围的空气流动速度图以及压强图，如图 4-15 和图 4-16 所示。其中，横坐标是距离型腔底部的长度。由图 4-15 可以看出，不同铣刀螺旋角并不影响铣刀周围的空气流动速度最大值（都为 1.25m/s 左右）。此外，不同螺旋角时铣刀周围的最大气流速度不同。这是因为不同螺旋角致使螺旋边缘和排屑槽的轴向厚度不尽相同。

不同螺旋角下铣刀周围的压强变化规律如图 4-16 所示。从中可以看出，铣刀附近的压

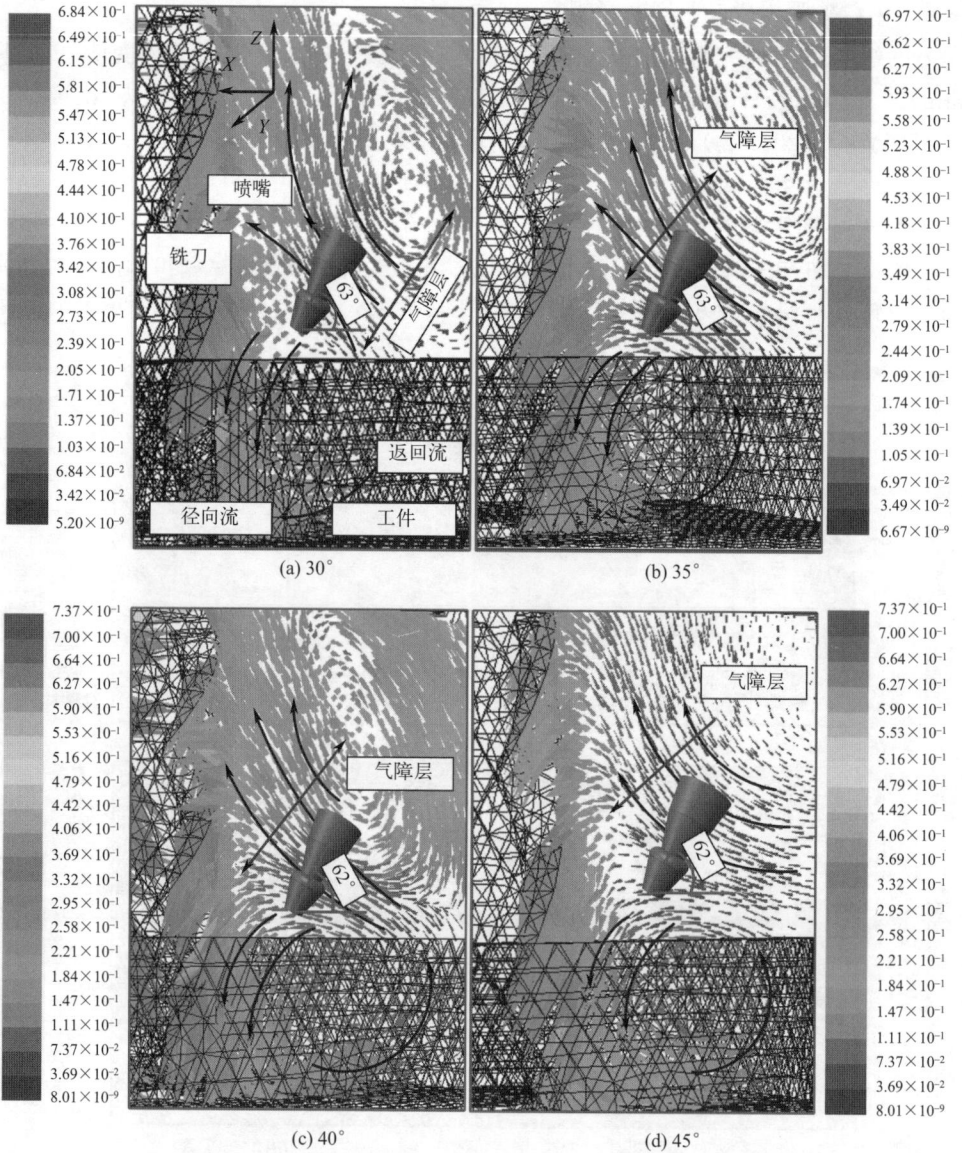

图 4-14 不同铣刀螺旋角时最佳入射角截面空气流场矢量图（单位：m/s）

强为负压，且不同螺旋角时铣刀表面的压强变化趋势均为先减小后增大的周期性变化。另外，不同螺旋角时铣刀周围气流负压的最大值不同，而且螺旋角越大，负压的最大值越小，最大值分别可达到 $-0.095\text{Pa}(\beta=30°)$、$-0.1\text{Pa}(\beta=35°)$、$-0.11\text{Pa}(\beta=40°)$、$-0.12\text{Pa}$ $(\beta=45°)$，随铣刀周围负压值的减小，进入流两端压力差也减小，则不利于切削液在进入流中的输运。因此，在保证喷嘴位置在进入流场中时，随铣刀螺旋角的增大，空气流场对切削液的输运效果减弱。

4.1.3.3 不同形状型腔对气流场的影响

铣削加工过程中，工件需要加工成各种各样的型腔，因此，有必要研究一下不同类型的型腔对气流场是否有影响。

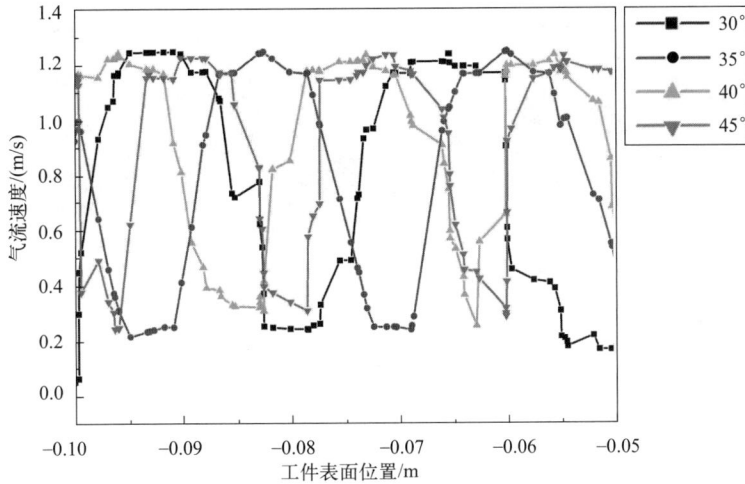

图 4-15　不同螺旋角时刀具周围的气流速度

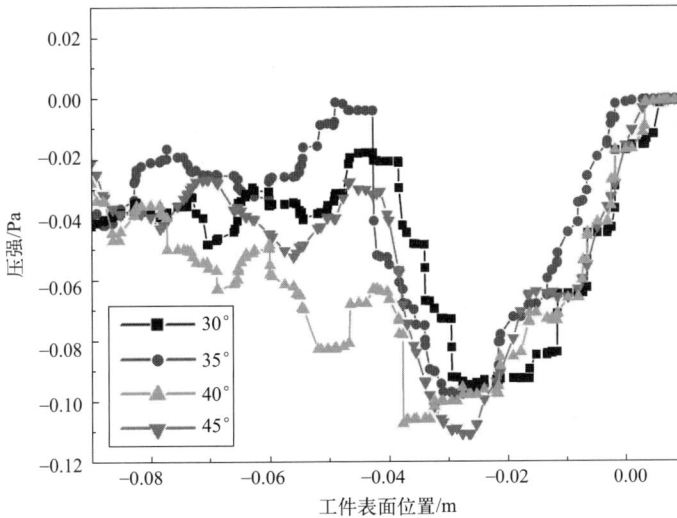

图 4-16　不同螺旋角时铣刀周围的压强

仿真参数只改变腔体的形状，如圆形型腔、方形型腔、不规则型腔以及四角形型腔等。型腔两壁之间最大尺寸相同（60mm），空腔深度为 20mm。采用 35°螺旋角的铣刀，转速为 2000r/min。

图 4-17 为不同型腔下 $Z=5$mm 截面的空气流场矢量图。可以看出圆周流的方向随型腔形状变化并未发生改变，即喷嘴与铣刀进给方向的最佳角度不受型腔形状的影响。

图 4-18 是不同形状型腔下 35°截面的空气流场矢量图。可以看出不同型腔下铣刀周围形成的气流速度相差不大。根据测量，其最佳靶距都在 30mm 以内，并且仰角也都相同，都为 60°~65°时，这有利于切削液的输运，提高了切削液的有效注入率。

为定量分析不同形状型腔对铣刀工件约束界面条件下空气流场的影响，分别导出了不同型腔时铣刀周围的空气流速和压强，并建立了不同型腔下铣刀周围的空气流动速度图和压强图，如图 4-19 和图 4-20 所示。其中，横坐标为距离工件表面的长度。由图 4-19 可以看出，型腔形状不影响铣刀周围的空气流动速度。同时，从图 4-20 中可以看出型腔形状也不影响铣刀周围的压强。

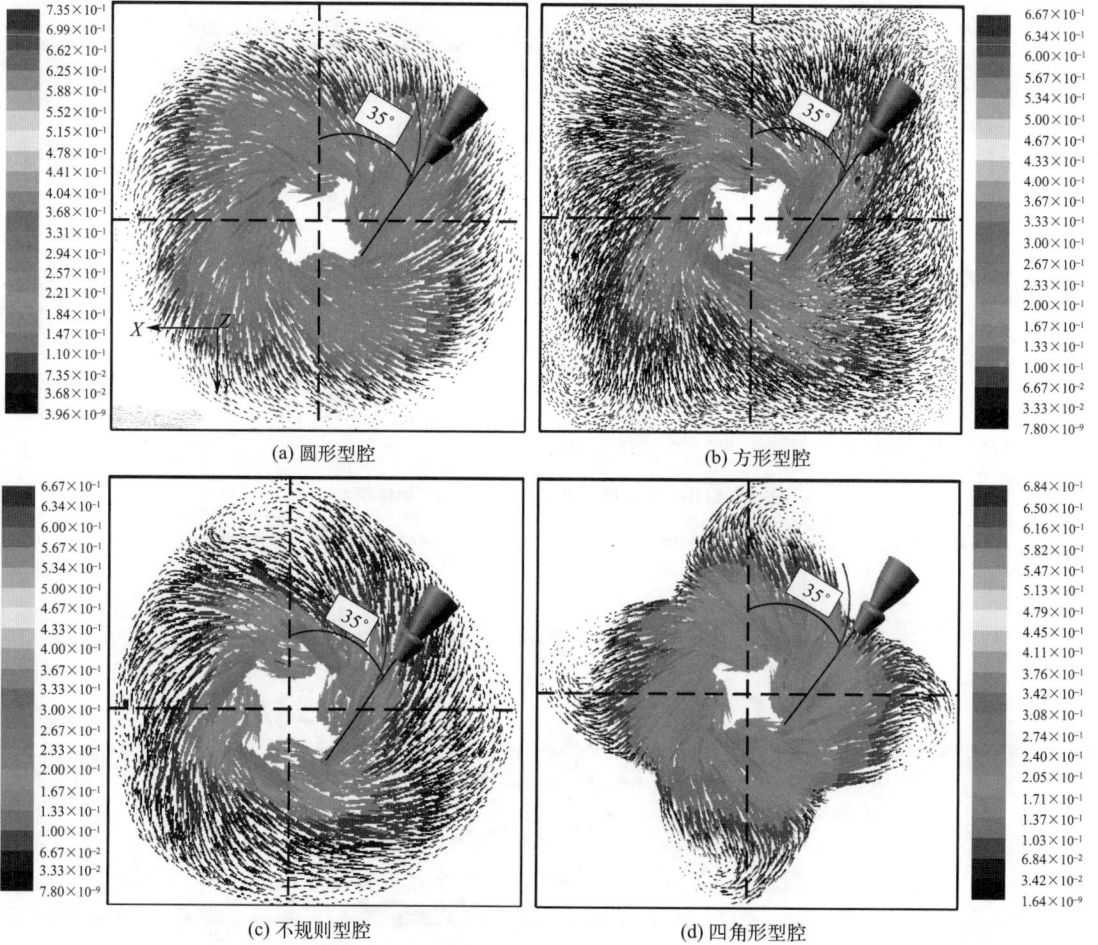

(a) 圆形型腔

(b) 方形型腔

(c) 不规则型腔

(d) 四角形型腔

图 4-17 不同型腔的空气流场矢量图（单位：m/s）

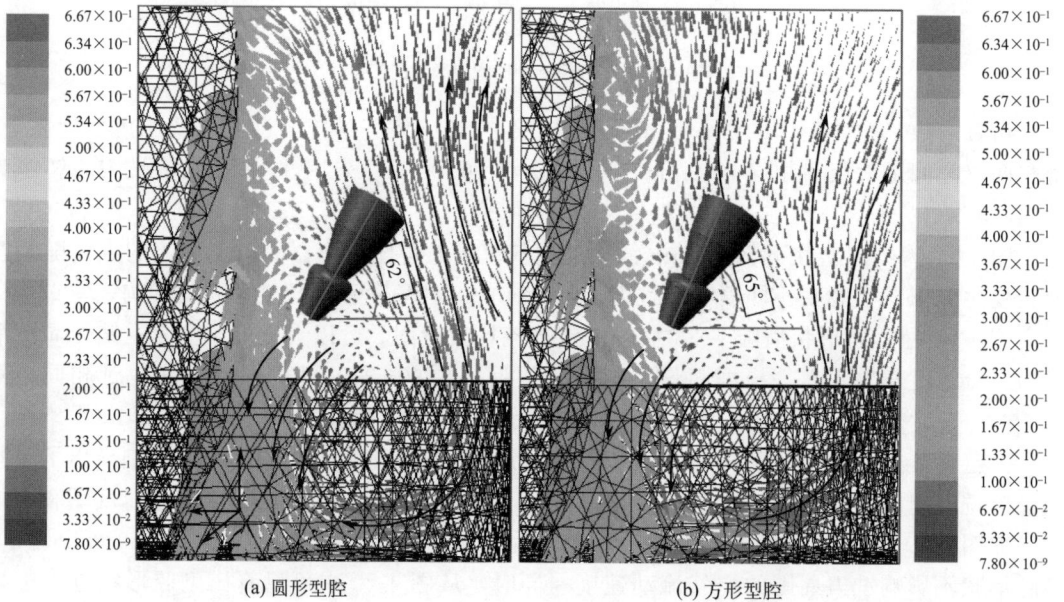

(a) 圆形型腔

(b) 方形型腔

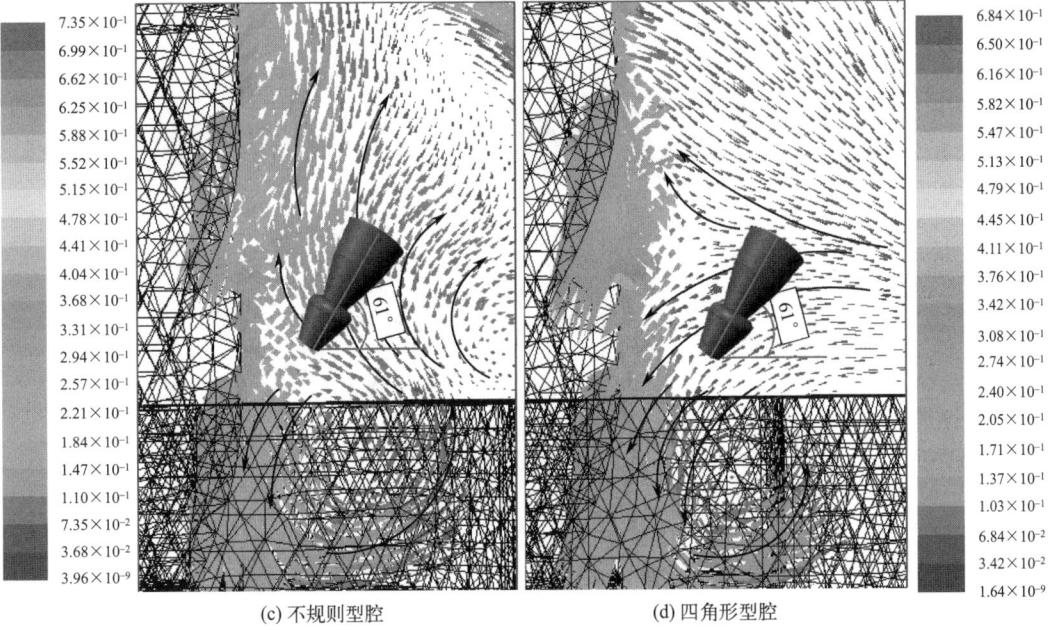

(c) 不规则型腔　　　　　　　　　　　(d) 四角形型腔

图 4-18　不同形状型腔的最佳射流角截面的空气流场矢量图（单位：m/s）

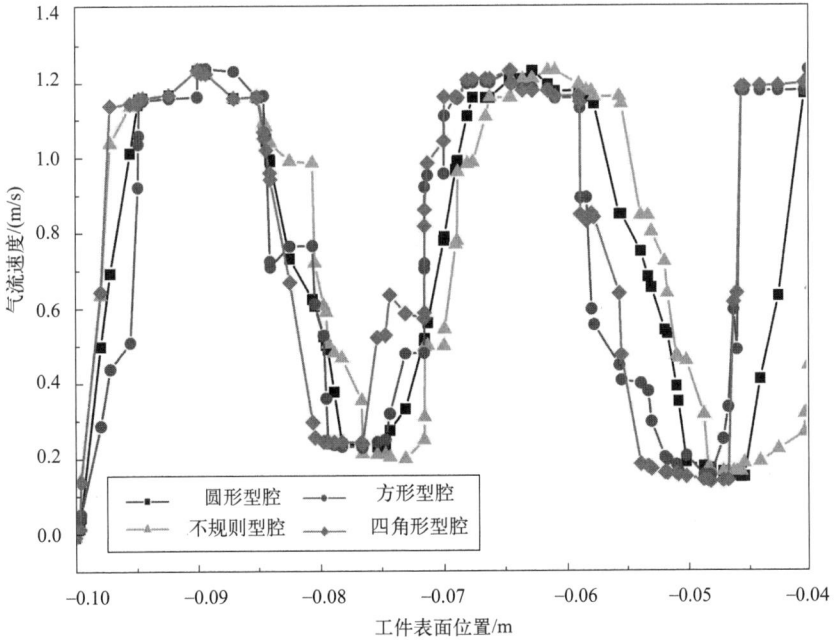

图 4-19　不同形状型腔时刀具周围的气流速度

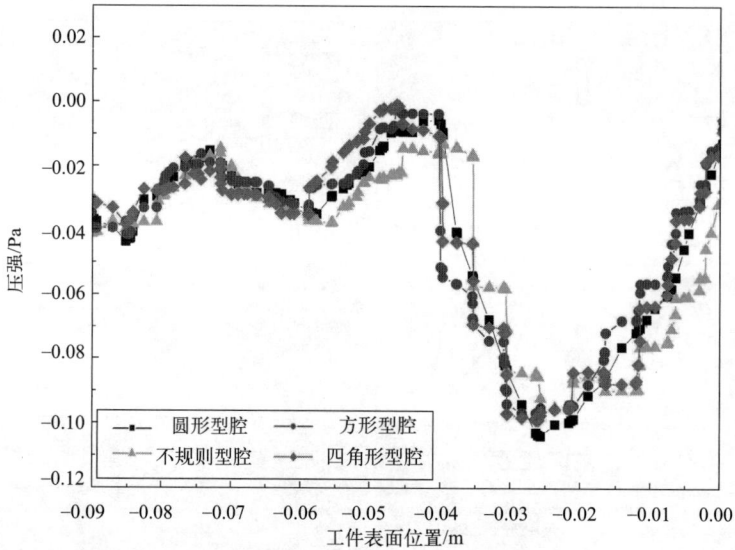

图 4-20 不同形状型腔时铣刀周围的压强

4.2 喷嘴位姿对切削性能影响

4.2.1 实验设置

铣削实验是在数控机床德马 ML1060B 上进行的，具体参数如表 4-3 所示。微量润滑供给使用的是金兆 KS-2106 微量润滑系统；采用 JR-YDCL-Ⅲ05B 型三向测力系统采集铣削力；测切屑表面微观形貌用的是电子扫描电镜 DV2TLV；粗糙度测量采用 SH6C 触针式表面粗糙度测量仪。图 4-21 为实验装置，图 4-22 为分析设备。

表 4-3 德马 ML1060B 加工中心的参数

机床参数	数值	机床参数	数值
主轴功率	11kW	切削范围	1000mm×600mm×600mm
工作台驱动电动机功率	5kW	切削进给速率	10000mm/min
最高进给速率	8000r/min		

4.2.2 实验材料

实验采用的工件尺寸为 100mm×100mm×40mm，材料为航空铝合金 7050。7050 铝合金的化学成分和性能参数见表 4-4 和表 4-5。

表 4-4 工件材料的化学成分

元素	Al	Cr	Zr	Zn	Si	Fe	Mn	Mg	Ti	Cu
含量/%	余量	≤0.04	0.08~0.15	5.7~6.7	≤0.12	0~0.15	≤0.10	1.9~2.6	≤0.12	1.9~2.6

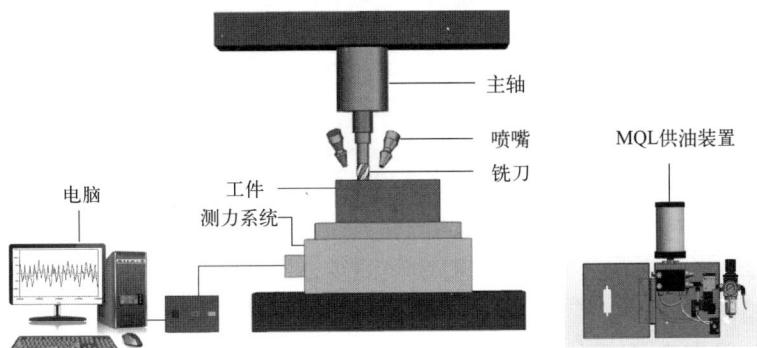

图 4-21　实验装置

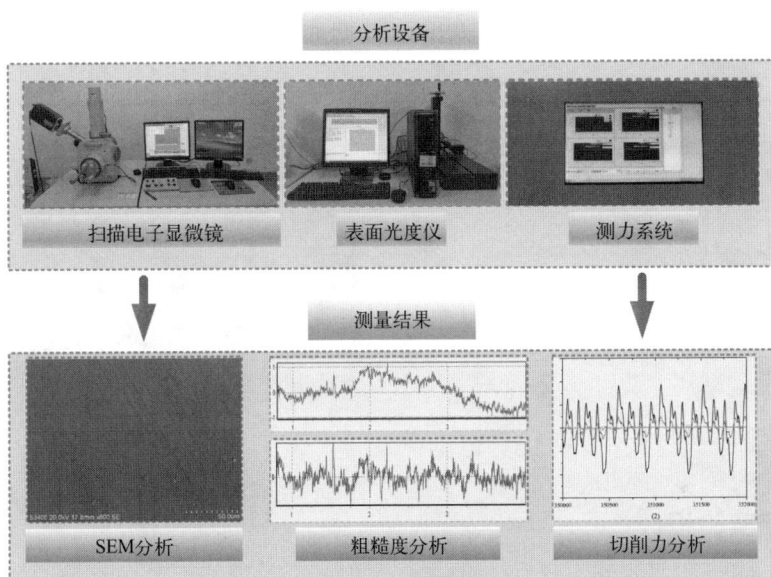

图 4-22　分析设备

表 4-5　工件材料的性能参数

抗拉强度/MPa	屈服强度/MPa	硬度/HB	延伸率/%	密度/(g/m³)
552	489	140	11	2.83

　　实验中采用棉籽油作为 NMQL 的基础油。表 4-6 列出了棉籽油的物理性质。表 4-7 为棉籽油的脂肪酸组成。表 4-8 列出了 Al_2O_3 纳米粒子的物理性质。

表 4-6　棉籽油的物理性质

相对密度	折射率 n_D^{40}	碘值/(g/100g)	闪点/℃	凝点/℃	皂化值	黏度/(mPa·s)
0.92(20℃) 0.93(30℃)	1.46~1.47	99~113	324	5	191~199	50.6(25℃) 27.9(40℃)

表 4-7　棉籽油的脂肪酸组成　　　　　　　　　　　　单位:%

肉豆蔻酸	棕榈酸	十八烯酸	亚油酸	硬脂酸	亚麻酸	其他
0.6~1.0	21.4~26.4	18.0~30.7	44.9~55.0	2.1~3.3	0.4	0.3~1.8

表 4-8 Al$_2$O$_3$ 纳米粒子的物理性质

形状	纯度/%	平均粒径/nm	表观密度/(g/cm^3)	比表面积/(m^2/g)	热导率/[W/(m·K)]
球形	99.9	50	0.33	30.21	40

Al$_2$O$_3$ 的分子结构如图 4-23 所示。Al$_2$O$_3$ 具有六方精密堆积的分子结构，因此具有优良的耐热性、硬度以及耐磨性。

实验所用棉籽油中的饱和脂肪酸含量可达 27.3%，其中，光棕榈酸就占 24.8%，硬脂酸的含量为 2.4%。饱和脂肪酸与工件表面的结合能最大，因此，棉籽油产生的吸附油膜强度较大且稳定性较好。另外，棉籽油中也含有油酸，其含量达到 25%，虽然油酸不是饱和脂肪酸，但是它只有一个碳碳双键，属于单不饱和脂肪酸，其与工件表面的结合能仅次于棕榈酸，摩擦系数和棕榈酸相差不大[1-3]。总的来说，棉籽油中较多的饱和脂肪酸以及单不饱和脂肪酸使其含有较多的极性支链，与工件表面结合能较大，形成的润滑油膜强度大，持久性好。因此，棉籽油的润滑性能优异。刀具使用 SGO 的四刃立铣刀 S550，如图 4-24 所示。

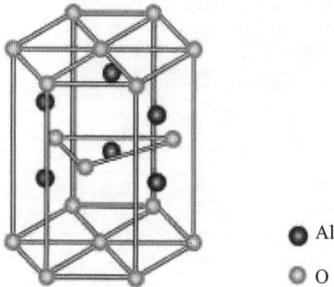

图 4-23 Al$_2$O$_3$ 的分子结构

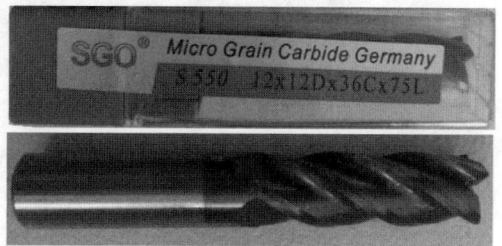

图 4-24 刀具

4.2.3 正交实验设计

正交实验设计分析方法是工艺参数优化的一种常用方法。它是以概率论、数理统计和实践经验为基础，并根据标准正交表 4-9 设计实验进行相应的计算分析，可以快速地获得优化参数结果，是一种分析研究多种因素、多水平优化问题的有效方法。针对喷嘴位姿的 3 个参数（靶距 d、入射角 β、仰角 α）进行正交实验分析[4-7]。

为验证所建立的铣刀周围气流场有限元仿真以及分析结果，进行了纳米流体微量润滑 7050 航空铝合金型腔铣削喷嘴位置正交实验，对喷嘴靶距 d、入射角 β 和仰角 α 三个因素进行分析，验证仿真得出的喷嘴适宜位置。铣削型腔为方形，根据前述方形型腔仿真数据和分析可知喷嘴到铣刀刀尖的距离，即靶距 $d=25\sim30$mm 较适宜，喷嘴轴线与工件表面呈一定角度即仰角 $\alpha=60°\sim65°$ 较适宜，根据仿真分析可知喷嘴与刀具进给方向的夹角即 $\beta=35°$ 较适宜，故采用 35°螺旋角立铣刀。实验方案见表 4-10。

表 4-9 正交实验因素水平表

水平	因素		
	d/(mm)	β/(°)	α/(°)
1	30	15	50
2	40	35	60
3	50	55	70

表 4-10　实验方案

序号	因素水平			
	A	B	C	D（误差）
1	1	1	1	1
2	1	2	2	2
3	1	3	3	3
4	2	1	2	3
5	2	2	3	1
6	2	3	1	2
7	3	1	3	2
8	3	2	1	3
9	3	3	2	1

4.3　航空铝合金切削性能

4.3.1　切削力

在切削加工中，切削力是一个重要参数，不仅影响切削过程中的功率消耗，也影响机床的设计，是选择合理切削参数的重要依据。切削力对切削热有重要影响，从而也影响刀具的磨损、损伤以及被加工工件的加工精度和表面质量，切削力过高会加速刀具的磨损，降低刀具寿命，进而影响工件的表面质量。切削力不仅能反映加工过程中的切削状态，而且可以反映各种切削液的润滑性能。因此，研究切削力对提高 7050 铝合金的加工性能具有重要意义[8,9]。

每种条件下的切削力测量三次。由于铣削是一种不连续的切削，铣刀和工件之间接触的不连续会引起切削力的剧烈变化。不同润滑条件下切削力的变化规律如图 4-25 所示。切削力呈现出明显的周期性变化规律。

由图 4-25 可知，各个方向的切削力周期性峰值是 $F_x > F_y > F_z$。其中，F_z 很小且变化不大，可以忽略。在高速铣削中，切削力通常由峰值（F_{max}）决定。以峰值切削力的平均值（$\overline{F}_{max}$）为参考，讨论了六种工况对切削力的影响。

$$F_{max} = \sqrt{F_x^2 + F_y^2 + F_z^2} \tag{4-1}$$

$$\overline{F}_{max} = \frac{F_{max}}{N} = \frac{\sum_{i=1}^{N} F_{pi}}{N} \tag{4-2}$$

式中，F_{pi} 是切削力信号采集中的第 i 个切削力峰值。

将测功仪采集到的 F_x、F_y 和 F_z 与计算出的切削合力集成式（4-1）中，可得到相应的切削力峰值（图 4-25）。

图 4-26 为切削力分力的柱状图。其中，F_z 非常小，可忽略。图 4-27 为 F_x、F_y 和 F_z 合力的柱状图。在第 2 组正交实验（$d = 30\text{mm}$、$\beta = 35°$、$\alpha = 60°$）中，最小切削力为 104N，比第 7 组（$d = 50\text{mm}$、$\beta = 15°$、$\alpha = 70°$）低 27.3%；而且第二组的 F_x 是最小值，比第 7 组低 27.5%。根据方形型腔铣削仿真分析可知，当目标距离大于 30mm 时，喷嘴处于气流屏障外，阻碍了油雾输送。实验中使用了螺旋角为 35°的端铣刀是因为仿真分析表明，35°的入

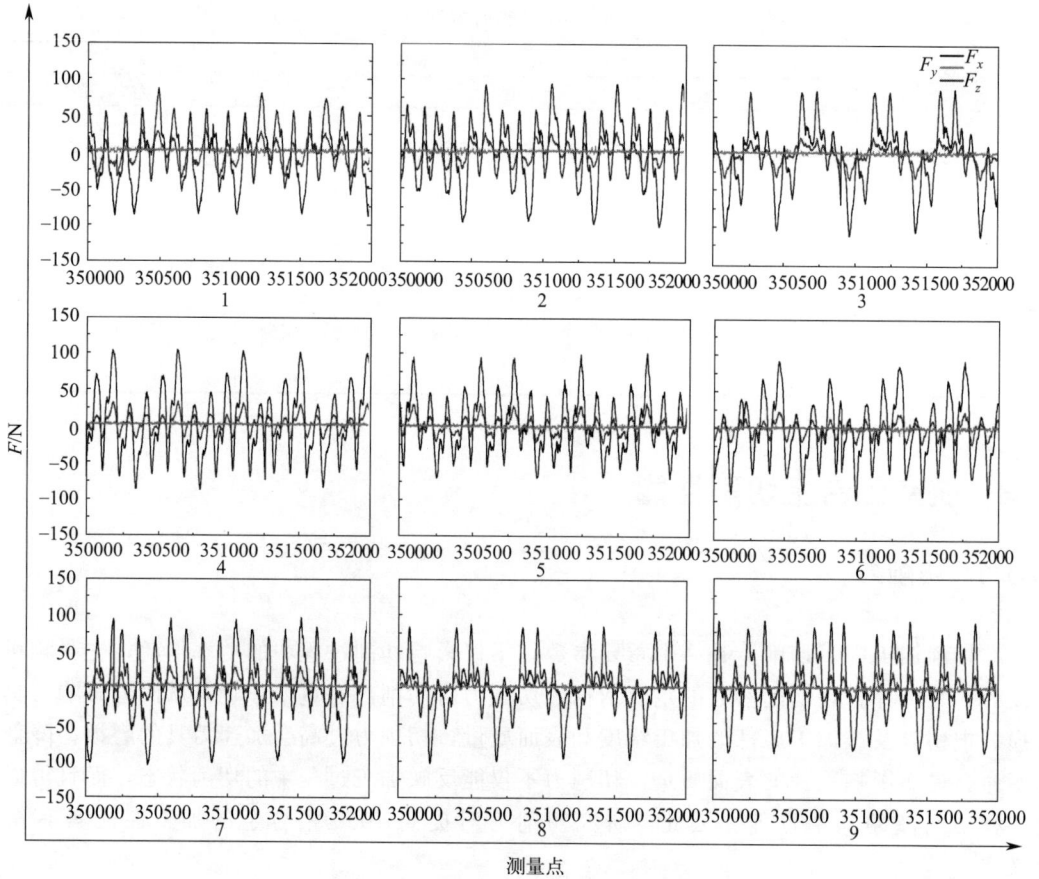

图 4-25　切削力的测试波形

射角比较合适。因此，第七组的入射角要小于润滑油雾的入射角。同样，第七组的仰角应大于适宜仰角的范围，妨碍润滑油雾进入铣削区。

4.3.2　表面粗糙度

表面粗糙度是评价工件表面质量的重要参数之一，其决定了工件表面光洁程度。表面粗糙度是指被加工表面具有微小峰谷和不均匀性的微观几何尺寸特征。较低的表面粗糙度反映了较高的表面平滑度。表面粗糙度不仅能影响工件的疲劳强度、耐腐蚀性能以及接触刚度，并且能显著影响工件的协同性能。此外，表面粗糙度还会影响机械产品的使用寿命及可靠性。这是因为工件表面质量差会使工件性能恶化，工件在预期寿命之前就会失效。

由图 4-28 可知，正交实验第 2 组（$d=30mm$、$\beta=35°$ 和 $\alpha=60°$）得到的粗糙度值最小，为 $0.082\mu m$，其下四分位数为 $0.085\mu m$，中位数为 $0.087\mu m$，上四分位数为 $0.09\mu m$，最大值为 $0.095\mu m$；并且第 2 组实验数据对应的箱式图比较短，数据比较集中，说明测得的粗糙度值比较均匀，工件表面质量较好。而第 7 组（$d=50mm$、$\beta=15°$ 和 $\alpha=70°$）中位数比较大，粗糙度值比较大，说明适宜的喷嘴位置有益于润滑油雾的输送，进入铣削区的油滴较多，润滑效果好。其他 7 组实验由于各个因素对应水平不一样，润滑效果也不尽相同。

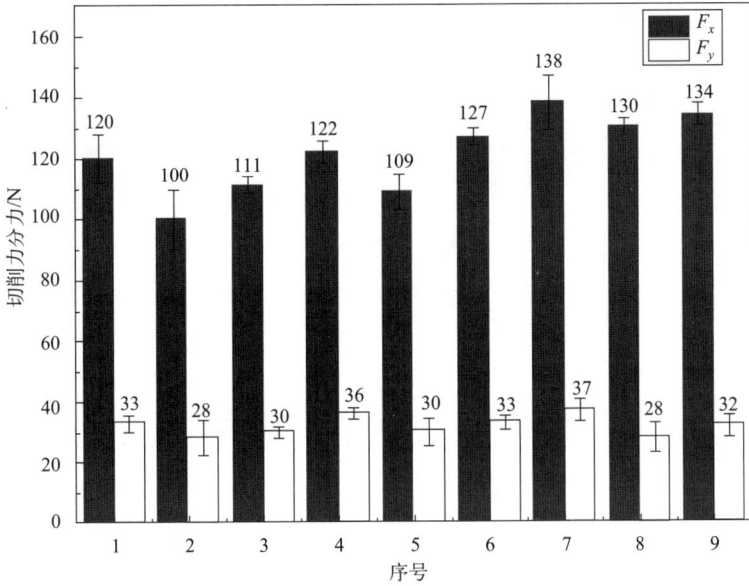

图 4-26 切削力分力

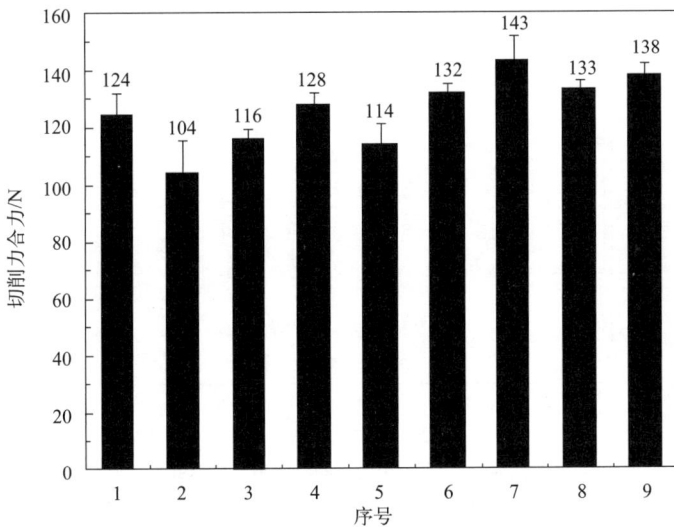

图 4-27 切削力合力

在 NMQL 铣削加工后的工件表面上，Rsm 值反映了铣削工件时划痕的直径。划痕直径大则会降低已加工工件表面的质量。由箱式图（图 4-29）对正交实验得到的粗糙度 Rsm 进行分析，可以得到粗糙度的有效质量。正交实验第 2 组（$d=30\text{mm}$、$\beta=35°$和 $\alpha=60°$）对应的箱式图虽然较长，数据不均匀，但是在这 9 组数据中，其得到的粗糙度 Rsm 值最小，为 0.04mm，并且中位数也最小，为 0.05mm，相比第 7 组的中位数（0.078mm）降低了 36％。第 2 组工件表面的划痕平均宽度较小。

从粗糙度 Ra 和 Rsm 分析可知，合适的喷嘴位置可以避开铣刀周围的气流场，便于更多的润滑油滴进入铣削区域，进而可以提高油滴的有效输送效率和铣刀与工件表面的润滑性能，降低工件的表面粗糙度值。

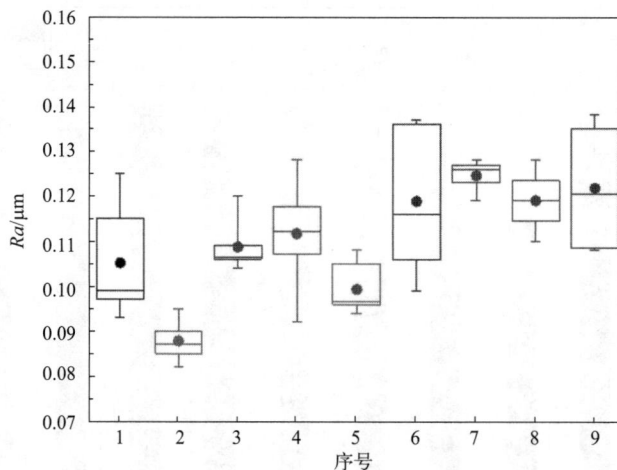

图 4-28 不同工况下的表面粗糙度 Ra

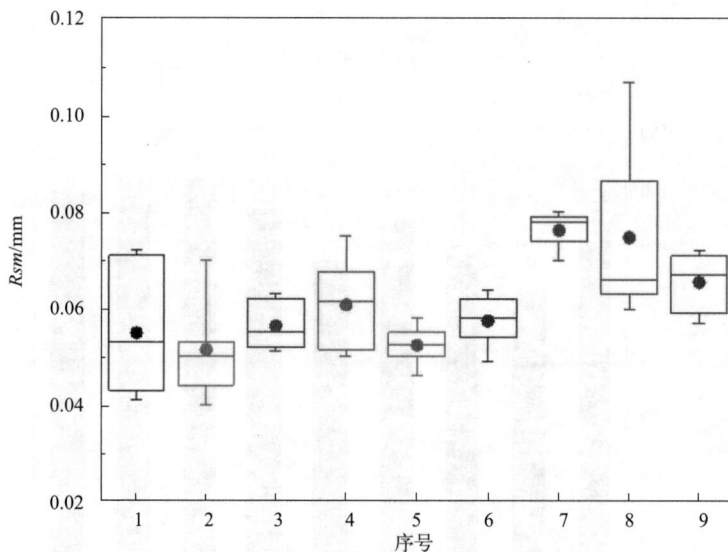

图 4-29 不同工况下的表面粗糙度 Rsm

4.3.3 切屑形貌

切屑的形成过程体现了切削力、切削温度等切削过程中物理化学现象变化的本质[10-12]。切屑形貌和表面微观形貌能较好地反映铣刀-工件和铣刀-切屑界面的摩擦学特性。当润滑良好时，切屑的正面是光滑的，而铣刀在切屑表面造成一些划痕。因此，应研究切屑的形态特征，以了解切削机理，提高加工效率[13]。

在图 4-30 所示的九种润滑条件下，切屑前端光滑。这种平滑度意味着切削过程稳定，切削力波动小。此外，切屑前表面的微观形貌显示有线性划痕。这些划痕表明，当切屑沿刀具前表面流出时，切屑受到刀具前刀面的剪切和挤压。在第 1 组正交实验中，划痕数量较少，除剥落现象外表面没有其他明显现象。研究结果表明，切削层金属变形相对均匀，切屑前端表面凸凹度小，表面平整度好。第 2 组无剥落，划痕少，表面光滑。第 3 组相比前两组有更多的颗粒沉积和划痕。第 4~6 组有颗粒沉积、微碎屑和许多划痕，表明润滑性能较差。第 7 组中存在颗粒沉积、微碎屑和裂纹，润滑效果最差。第 8 组和第 9 组出现了划痕，第 9 组还出现了颗粒沉积。切屑形貌分析表明，第 2 组的喷嘴位姿参数（$d = 30\text{mm}$、$\beta = 35°$、$\alpha = 60°$）是合适的。这些参数改善了工件表面的润滑效果。

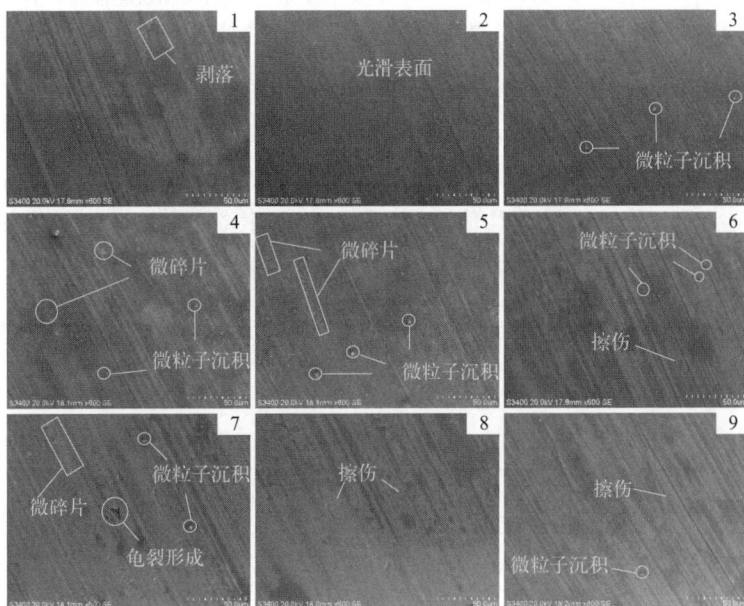

图 4-30　不同工作条件下切屑表面的扫描电镜图像

4.4　气流场对切削性能影响机制

4.4.1　正交实验极差分析

实验中以型腔铣削 3 次后的切削力 F 和被加工表面粗糙度 Ra 的平均值为实验指标。利用信噪比（signal to noise ratio，SNR 或 S/N）来表征测试指标，η_F 和 η_R 分别代表 F 和 Ra 的信噪比。计算公式如下[14-16]：

$$\eta_F = -10\lg F^2 \tag{4-3}$$

$$\eta_R = -10\lg Ra^2 \tag{4-4}$$

A 因素的 1 水平所对应的实验指标信噪比之和及平均值为

$$K_1 = \eta_1 + \eta_2 + \eta_3 \tag{4-5}$$

$$\overline{K}_1 = \frac{K_1}{3} \tag{4-6}$$

A 因素的 2 水平所对应的实验指标信噪比之和及平均值为

$$K_2 = \eta_4 + \eta_5 + \eta_6 \tag{4-7}$$

$$\overline{K}_2 = \frac{K_2}{3} \tag{4-8}$$

A 因素的 3 水平所对应的实验指标信噪比之和及平均值为

$$K_3 = \eta_7 + \eta_8 + \eta_9 \tag{4-9}$$

$$\overline{K}_3 = \frac{K_3}{3} \tag{4-10}$$

式中，K_1、K_2、K_3 和 $\overline{K}_1$、$\overline{K}_2$、$\overline{K}_3$ 中下角指的是水平，而 η_1、$\cdots$、η_9 中下角指的是实验序号。同理，可得 B 和 C 因素的三个水平所对应的实验指标信噪比之和及平均值。

最后计算各因素的极差 R_j。R_j 表示相应因素在其取值范围内实验指标变化的幅度。

$$R_j = \max(\overline{K}_i) - \min(\overline{K}_i) \tag{4-11}$$

极差分析结果如表 4-11 所示。$\overline{K}_{F1}$、$\overline{K}_{F2}$、$\overline{K}_{F3}$ 分别为各因素在三水平下切削力的信噪比 S/N 平均值，R_F 表示每个因素对应的极差。同理，$\overline{K}_{R1}$、$\overline{K}_{R2}$、$\overline{K}_{R3}$ 分别为各因素在三水平下粗糙度 Ra 的信噪比 S/N 平均值，R_R 表示每个因素对应的极差。由表可知，切削力和 Ra 两者的信噪比对应的极差趋势一样，都为 $R_A > R_B > R_C$。因此因素 A（喷嘴靶距）对实验指标（F 和 Ra）的影响程度最大，其次是因素 B（入射角 β），因素 C（喷嘴仰角 α）在 3 个因素中影响最小。对于本组正交实验，误差的影响很小，说明因素之间的交互作用对实验指标的影响很小。

表 4-11　极差分析结果

序号	因素和水平				实验指标		S/N	
	$A(d)$	$B(\beta)$	$C(\alpha)$	误差	F/N	$Ra/\mu\mathrm{m}$	η_F/dB	η_R/dB
1	1	1	1	1	124	0.105	−20.9	9.8
2	1	2	2	2	104	0.087	−20.2	10.6
3	1	3	3	3	116	0.109	−20.6	9.6
4	2	1	2	3	128	0.112	−21.1	9.5
5	2	2	3	1	114	0.1	−20.6	10.0
6	2	3	1	2	132	0.119	−21.2	9.2
7	3	1	3	2	143	0.125	−21.6	9.0
8	3	2	1	3	133	0.119	−21.2	9.2
9	3	3	2	1	138	0.122	−21.4	9.1
$\overline{K}_{F1}$	−20.58	−21.19	−21.13	−20.97				
$\overline{K}_{F2}$	−20.95	−20.66	−20.88	−20.98				
$\overline{K}_{F3}$	−21.40	−21.08	−20.92	−20.99				
R_F	0.81	0.42	0.04	0.01				
$\overline{K}_{R1}$	10.01	9.44	9.43	9.64				
$\overline{K}_{R2}$	9.58	9.95	9.75	9.63				
$\overline{K}_{R3}$	9.14	9.34	9.55	9.46				
R_R	0.87	0.61	0.20	0.17				

图 4-31 为粗糙度指标对应的各因素效应曲线，各因素中拥有最高信噪比的水平即为最优水平。由图可知，本实验条件下的最优组合为 $A_1B_2C_2$。即针对实验指标，本实验条件下的最优组合为靶距 30mm、入射角 35°、仰角 60°。

图 4-32 为切削力指标对应的各因素效应曲线，各因素中拥有最高信噪比的水平即为最优水平。由图可知，本实验条件下的最优组合为 $A_1B_2C_2$。即针对实验指标，本实验条件下的最优组合为靶距 30mm、入射角 35°、仰角 60°。

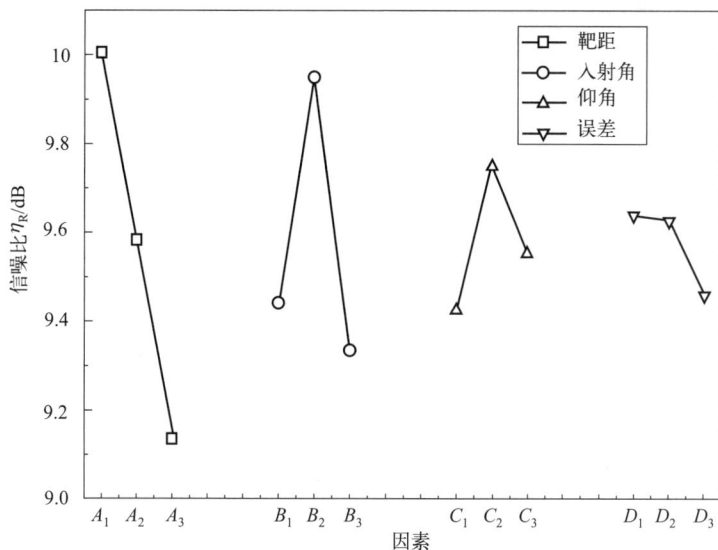

图 4-31　粗糙度指标对应的各因素效应曲线

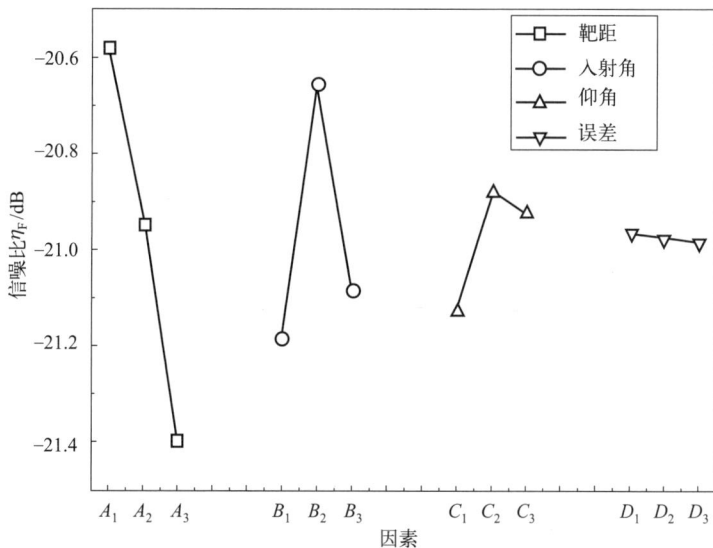

图 4-32　切削力指标对应的各因素效应曲线

4.4.2　正交实验方差分析

本正交实验中各因素的方差分析结果如表 4-12、表 4-13 所示。

列偏差平方和[6] 为

$$S_j = \frac{a}{b} \sum_{k=1}^{b} (\overline{y}_{jk} - \overline{y})^2 \tag{4-12}$$

式中，S_j 是相应实验指标的平均值与第 j 列各级总平均值之间的偏差平方和，表示由列水平变化引起的实验数据的波动。

偏差平方和分解如下：

$$S_T = S_{factor} + S_{error} \tag{4-13}$$

构造 F 统计量如下：

$$F_{factor} = \frac{S_{factor}}{S_{error}} \tag{4-14}$$

各因素贡献率为

$$\beta_{factor} = \frac{S_j - \dfrac{S_{error}}{f_e} f_j}{S_T} \tag{4-15}$$

式中，S_{error} 表示误差的偏差平方和；f_j、f_e 分别表示各因素与误差的自由度。本实验中，各因素和误差的自由度均为 2。

表 4-12　各因素方差分析表（Ra）

因素	偏差平方	DOF	F_{factor}	$F_{0.05}$	显著性	贡献率/%
A	1.14	2	22.8	19	*	55
B	0.65	2	13.0	19		30
C	0.16	2	3.2	19		6
误差	0.05	2	1.0	19		9
S_T	2					

由指标 Ra 的方差分析可知，$F_{0.05}(2,2) < F_A < F_{0.01}(2,2)$，$F_{0.1}(2,2) < F_B < F_{0.05}(2,2)$，$F_C < F_{0.1}(2,2)$。

由表 4-12 可知，因素 A（靶距）对指标 Ra 有显著性影响，其贡献率达到 55%；其次是因素 B（入射角），贡献率为 30%；因素 C（仰角）的贡献率最低，仅 6%。

表 4-13　各因素方差分析表（F）

因素	偏差平方	DOF	F_{factor}	$F_{0.05}$	显著性	贡献率/%
A	1	2	2121.3	99	* *	62.5
B	0.5	2	995.7	99	* *	31.2
C	0.1	2	221.3	99	* *	6.2
误差	0.001	2	1.0	99		0.1
S_T	1.601					

由表 4-13 可知，因素 A（靶距）、因素 B（入射角）、因素 C（仰角）对实验指标 F 都有极其显著的影响。其中，靶距的贡献率最大（62.5%），其次是入射角（31.2%），仰角的贡献率最小（6.2%）。

通过表 4-12 和表 4-13 发现，无论是切削力 F 还是粗糙度 Ra，因素 A（喷嘴靶距 d）对其影响程度均最大，其次是因素 B（入射角 β），因素 C（喷嘴仰角 α）影响最小。

4.4.3　润滑剂作用机制

在 NMQL 铣削中，纳米流体由高压气体携带，并由喷嘴雾化，然后喷入切削区域。高压气体可有效促进纳米流体注入切削区域。由图 4-33 可知，铣刀和工件表面会吸附一层纳米流体，形成一层润滑油膜。这一层油膜会减少铣刀与工件间的直接接触。纳米颗粒的抗摩擦、抗磨损特性显著提高了铣削区的润滑性能[17]。本实验选用棉籽油基（纳米 Al_2O_3 作为添加相）润滑油。氧化铝纳米粒子的分子结构为六边形堆积，因此具有优异的化学稳定性、高强度和高熔点等一系列优点[18-20]。此外，氧化铝纳米粒子的球形结构可降低铣刀与工件界面之间的摩擦，表现出良好的润滑性能，提高了工件的表面质量[21-23]。棉籽油中饱和脂肪酸含量为 27.3%，其中，棕榈酸为 24.8%，硬脂酸为 2.4%。饱和脂肪酸与工件表面的结合能最大，形成的吸附油膜强度高、稳定性好、润滑性能好。

图 4-33 显示，在铣削过程中，工件的表面质量是由刀具背面和工件表面的润滑性能决定的。然而，喷嘴位置较差会影响纳米流体润滑油进入铣削区，并由于铣刀周围空气流场的影响而降低其润滑性能。图 4-34 显示了铣刀后侧面附近的气流速度，其随铣刀转速的增大而增大。当铣刀转速为 3000r/min 时，铣刀后端面附近的气流速度达到 2.03m/s。当铣刀转速为 25000r/min 时，铣刀后端面附近的气流速度达到 15.6m/s。如果喷嘴位置不理想，则会阻止润滑油雾进入铣削区，影响润滑性能。适当的喷嘴位置可以方便润滑油雾沿空气流动方向进入铣削区，提高润滑油的利用率，实现高效润滑。

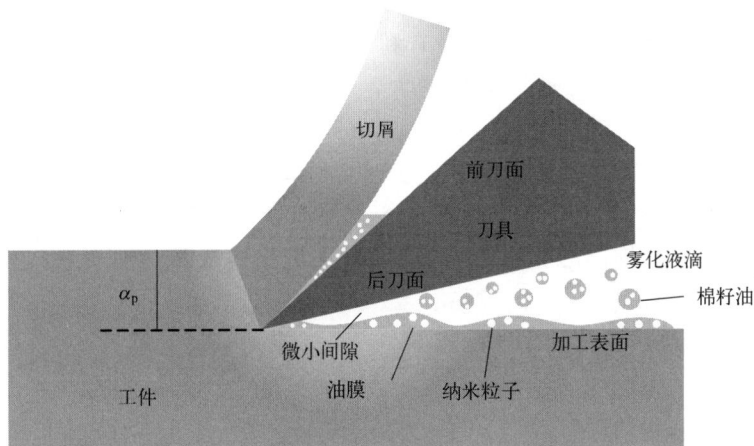

图 4-33　铣削界面润滑

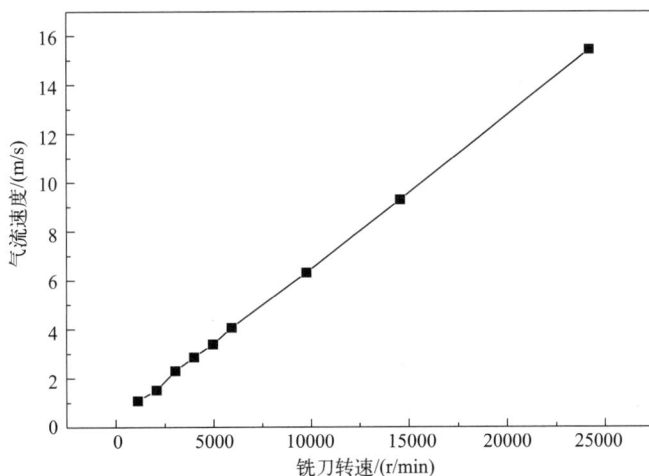

图 4-34　不同主轴转速下铣刀后侧面附近的气流速度

4.5 小结

本章通过 Fluent 对型腔铣削铣刀周围的气流场进行了仿真，并分析了铣刀转速、螺旋角以及型腔形状对铣刀周围空气流场的影响，确定了合适的喷嘴位姿以改善润滑油雾往切削区的输送。结合仿真分析得到了喷嘴适宜位姿参数，本章对航空铝合金 7050 方形腔进行了正交铣削实验。通过对铣削力和粗糙度的信噪比分析以及对切屑形貌的观察，对获得的参数进行了验证，并对喷嘴位置各参数的意义进行了分析。研究结果如下。

① 在型腔铣削约束条件下，旋转的铣刀周围的气流场主要有进入流、圆周流、径向流、返回流以及气障层。由旋转铣刀周围复杂的气流场判断喷嘴的适宜位姿，仰角（喷嘴和工件表面的角度），入射角（喷嘴和铣刀进给方向的角度）以及靶距，当喷嘴喷射的油雾随着圆周流并处于进入流中时，气流场会对切削液的注入起到辅助输运的效果，增加切削液的有效利用率。

② 在保证其他参数不变的情况下，分析了铣刀转速对铣刀周围气流场的影响。研究发现铣刀转速不会影响喷嘴的靶距、仰角和入射角。靶距在 $25\sim30\mathrm{mm}$，喷嘴仰角在 $60°\sim65°$，入射角和铣刀螺旋角保持一致时，最有利于切削液输运到铣刀和工件界面。但是，铣刀周围空气的流速随着铣刀转速增大而增大，分别可以达到 $0.91\mathrm{m/s}$（$n=1000\mathrm{r/min}$）、$2.03\mathrm{m/s}$（$n=3000\mathrm{r/min}$）、$3.26\mathrm{m/s}$（$n=5000\mathrm{r/min}$）、$6.63\mathrm{m/s}$（$n=10000\mathrm{r/min}$）、$9.60\mathrm{m/s}$（$n=15000\mathrm{r/min}$）和 $15.62\mathrm{m/s}$（$n=25000\mathrm{r/min}$）。由此可见，随转速的提高，铣刀对周围的气流场速度影响越来越明显。铣刀周围的气流场速度随铣刀转速的提高而增大，意味着铣刀转速的提高会扩大铣刀周围的气障阻碍，增大切削液到达铣刀-工件和铣刀-切屑界面的难度，从而降低冷却润滑效果。

③ 在保证其他参数不变的情况下，分析了刀具螺旋角对气流场的影响。研究发现螺旋角并不影响铣刀周围气流速度的最大值，也不会对喷嘴仰角及靶距造成影响，但是会对喷嘴入射角产生影响。当入射角与铣刀螺旋角一致时，圆周流会辅助切削液的输运。

④ 在保证其他条件不变的情况下，分析了型腔形状对气流场的影响。研究发现型腔形状对喷嘴位姿影响很小。

⑤ 因素 A（靶距）对 Ra 指标影响显著，贡献率为 55%，其次是因素 B（入射角），贡献率为 30%。所有因素（A、B、C）对实验指标的切削力均有显著影响，靶距的贡献率最大，为 62.5%，入射角次之，为 31.2%，仰角的贡献率为 6%。

⑥ 航空铝合金 7050 方形腔的正交铣削实验显示，当铣方腔（$60\mathrm{mm}\times60\mathrm{mm}\times20\mathrm{mm}$）喷嘴位置参数（$d=30\mathrm{mm}$，$\beta=35°$，$\alpha=60°$）较适宜时，产生的切削力和表面粗糙度值低。最小 Ra 值（$0.087\mu\mathrm{m}$）相比最大值（$0.125\mu\mathrm{m}$）降低了 30.4%。最小切削力为 $104\mathrm{N}$，相比第 7 组（$d=50\mathrm{mm}$、$\beta=15°$、$\alpha=70°$）的最大值降低了 27.3%。

⑦ 喷嘴位置参数为 $d=30\mathrm{mm}$、$\beta=35°$、$\alpha=60°$，即第 2 组的切屑无剥落，划痕少，表面光滑。第 3 组相比前两组有更多的颗粒沉积和划痕。第 4~6 组有颗粒沉积、微碎屑和许多划痕，表明润滑性能较差。

⑧ 气流速度随铣刀转速的增大而增大。当铣刀转速为 $3000\mathrm{r/min}$ 时，铣刀后端面附近的气流速度达到 $2.03\mathrm{m/s}$。当铣刀转速为 $25000\mathrm{r/min}$ 时，铣刀后端面附近的气流速度达到

15. 6m/s。

参考文献

［1］ Yuan S M，Zhu G Y，Liu S，et al. Orthogonal test study on the nozzle orientation of minimal quantity lubrication with cooling air technology ［J］. Aeronautical Manufacturing Technology，2016，59 （10）：64-69.

［2］ Zhang Y B，Li C H，Jia D Z，et al. Experimental evaluation of the lubrication performance of MoS_2/CNT nanofluid for minimal quantity lubrication in Ni-based alloy grinding ［J］. International Journal of Machine Tools and Manufacture，2015，99：19-33.

［3］ Gao T，Li C H，Zhang Y B，et al. Dispersing mechanism and tribological performance of vegetable oil-based CNT nanofluids with different surfactants ［J］. Tribology International，2019，131：51-63.

［4］ Yildirim C V，Kivak T，Sarikaya M，et al. Determination of MQL parameters contributing to sustainable machining in the milling of nickel-base superalloy waspaloy ［J］. Arabian Journal for Science and Engineering，2017，42 （11）：4667-4681.

［5］ Ming W W，Chen J，An Q L，et al. Dynamic mechanical properties and machinability characteristics of selective laser melted and forged Ti6Al4V ［J］. Journal of Materials Processing Technology，2019，271：284-292.

［6］ Tomiyama T，Gu P，Jin Y，et al. Design methodologies：industrial and educational applications ［J］. CIRP Annals，2009，58 （2）：543-565.

［7］ Sarikaya M，Gullu A. Multi-response optimization of minimum quantity lubrication parameters using Taguchi-based grey relational analysis in turning of difficult-to-cut alloy Haynes 25 ［J］. Journal of Cleaner Production，2015，91：347-357.

［8］ 刘德伟，许芝令，李长河，等. 端面铣削工件表面粗糙度数学模型与实验验证 ［J］. 表面技术，2024，53 （4）：125-139.

［9］ 吴喜峰，许文昊，马浩，等. 静电雾化机理及微量润滑铣削 7075 铝合金表面质量评价 ［J］. 表面技术，2023，52 （6）：337-350.

［10］ Xu D C，Feng P F，Li W B，et al. Research on chip formation parameters of aluminum alloy 6061-T6 based on high-speed orthogonal cutting model ［J］. The International Journal of Advanced Manufacturing Technology，2014，72 （5/8）：955-962.

［11］ Wang Y G，Li C H，Zhang Y B，et al. Processing characteristics of vegetable oil-based nanofluid MQL for grinding different workpiece materials ［J］. International Journal of Precision Engineering and Manufcturing-Green Technology，2018，5 （2）：327-339.

［12］ Guo S M，Li C H，Zhang Y B，et al. Analysis of volume ratio of castor/soybean oil mixture on minimum quantity lubrication grinding performance and microstructure evaluation by fractal dimension ［J］. Industrial Crops and Products，2018，111：494-505.

［13］ Sun J，Guo Y B. A new multi-view approach to characterize 3D chip morphology and properties in end milling titanium Ti6Al4V ［J］. International Journal of Machine Tools and Manufacture，2008，48 （12/13）：1486-1494.

［14］ Wojciechowski S，Maruda R W，Krolczyk G M，et al. Application of signal to noise ratio and grey relational analysis to minimize forces and vibrations during precise ball end milling ［J］. Precision Engineering，2018，51：582-596.

［15］ Sarikaya M，Gullu A. Taguchi design and response surface methodology based analysis of machining parameters in CNC turning under MQL ［J］. Journal of Cleaner Production，2014，65：604-616.

［16］ Sonawane G D，Sargade V G. Evaluation and multi-objective optimization of nose wear，surface roughness and cutting forces using grey relation analysis （GRA） ［J］. Journal of the Brazilian Society of Mechanical Sciences and Engineering，2019，41 （12）：557-569.

［17］ Yin Q A，Li C H，Zhang Y B，et al. Spectral analysis and power spectral density evaluation in Al_2O_3 nanofluid minimum quantity lubrication milling of 45 steel ［J］. The International Journal of Advanced Manufacturing Technology，

2018，97（1/4）：129-145.

［18］ Xu X F，Lv T，Luan Z Q，et al. Capillary penetration mechanism and oil mist concentration of Al_2O_3 nanoparticle fluids in electrostatic minimum quantity lubrication（EMQL）milling ［J］. The International Journal of Advanced Manufacturing Technology，2019，104（5/8）：1937-1951.

［19］ Gupta M K，Jamil M，Wang X J，et al. Performance evaluation of vegetable oil-based nano-cutting fluids in environmentally friendly machining of inconel-800 alloy ［J］. Materials，2019，12（17）：2792-2811.

［20］ Chetan G S，Rao P V. Comparison between sustainable cryogenic techniques and nano-MQL cooling mode in turning of nickel-based alloy ［J］. Journal of Cleaner Production，2019，231：1036-1049.

第 5 章

难加工材料微量润滑切削材料去除机制与工件表面完整性

▲▲▲▲▲▲

5.1 微量润滑辅助复合材料钻削加工表面完整性

5.1.1 碳纤维增强复合材料钻削加工表面完整性

碳纤维增强复合材料（CFRP）是一种新型功能材料，具有出色的机械/物理性能，包括高比强度、出色的耐腐蚀性和断裂韧性。在航空航天工业中，CFRP 通常与金属材料（如钛合金和铝合金）结合使用，以形成叠层结构，从而获得单种材料所不具备的优异力学性能和增强的结构功能性。由 CFRP 和 Ti6Al4V 构成的叠层结构在现代航空航天工业中得到了广泛使用，但由于复合材料和金属材料具有不同的力学性能和切削性能，因此 CFRP/Ti6Al4V 的制孔过程面临着重大挑战，如孔精度差、刀具磨损严重等。此外，钛合金加工过程中会产生大量的切削热并传递至 CFRP 表面，从而导致复合材料发生热降解甚至玻璃化转变。

目前 MQL 在金属切削过程中已经获得了广泛的应用，并在提高加工质量、降低刀具磨损方面取得了显著成效。但对于 MQL 是否适用于 CFRP/Ti6Al4V 叠层结构的加工仍缺乏探讨。因此下面的实验主要研究 MQL 在叠层结构钻削过程中的作用机理，与干切削相比，MQL 对切削力、转矩、切削比能、制孔质量以及刀具磨损的影响，以及 MQL 在叠层结构加工中的适用性。

实验在 Hurco 五轴加工中心进行，CFRP/Ti6Al4V 工件材料制作成矩形板，其尺寸为 200mm × 300mm × 12.88mm（其中 CFRP 板厚度为 6.60mm，Ti6Al4V 板厚度为 6.28mm）。测力系统为 KISTLER9272 四向压电式测力仪、KISTLER5070 电荷放大器以及相应的 Dynoware 数据采集与处理系统，实验现场如图 5-1 所示。机床上配置 ARMORINE IMQL 252IE 型的内冷 MQL 系统。本实验采用双刃带结构麻花钻，刀具参数如表 5-1 所示。

钻削参数如表 5-2 所示。MQL 参数为：供油量 15mL/h，喷射压力 0.6MPa，刀具内冷。

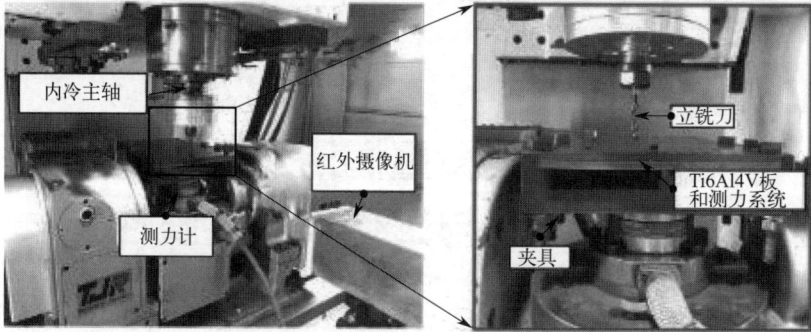

图 5-1 CFRP/Ti6Al4V 钻削实验现场

表 5-1 刀具结构参数

制造商	涂层	刀具	
ITF	PVD TiAlN		
ITF	CVD 金刚石		
参数	数值	参数	数值
直径/mm	6	螺旋角/(°)	30
顶角/(°)	140	横刃长度/mm	0.22
切削部分长度/mm	25	刃带宽度/mm	0.8
刀具长度/mm	70	前角/(°)	10
第一后角/(°)	12	第二后角/(°)	20

表 5-2 钻削参数

试验号	切削速度 V_c/(m/min)	进给速度 f/(mm/r)	冷却条件	刀具
1～4	15			TiAlN 涂层
5～8	30			
9～12	45	0.025,0.050,0.075,0.100	干切削	金刚石涂层
13～16	60			
1～4	15			TiAlN 涂层
5～8	30			
9～12	45	0.025,0.050,0.075,0.100	MQL	金刚石涂层
13～16	60			

Xu 等[1] 发现，对于两相材料而言，MQL 均增大钻削过程中的轴向力，如图 5-2、图 5-3 所示。其中，金刚石涂层刀具在 MQL 环境下产生的切削力增幅较大。这是因为金刚石涂层更加适合水基切削液，在油基润滑环境下，金刚石涂层的低摩擦特性将大幅下降。

此外，MQL 会加剧钻削过程中的切削力。这是因为 MQL 在叠层结构中的作用机理发生了转变。在金属切削过程中，MQL 可以在刀屑接触表面形成一层润滑油膜，从而将刀具与工件分开，降低切削过程中的摩擦以及刀具磨损，如图 5-4(a) 所示。但在 CFRP 切削过

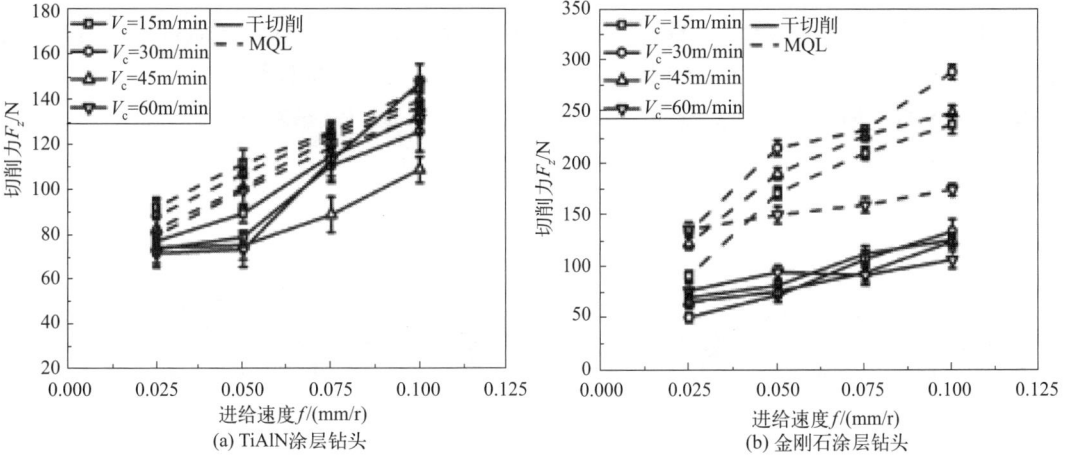

图 5-2　CFRP 层钻削切削力对比

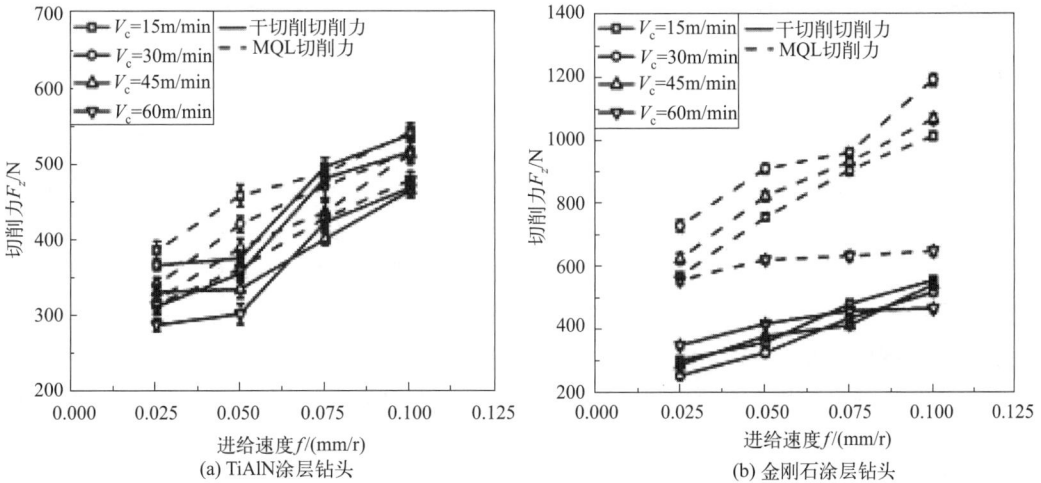

图 5-3　Ti6Al4V 层钻削切削力对比

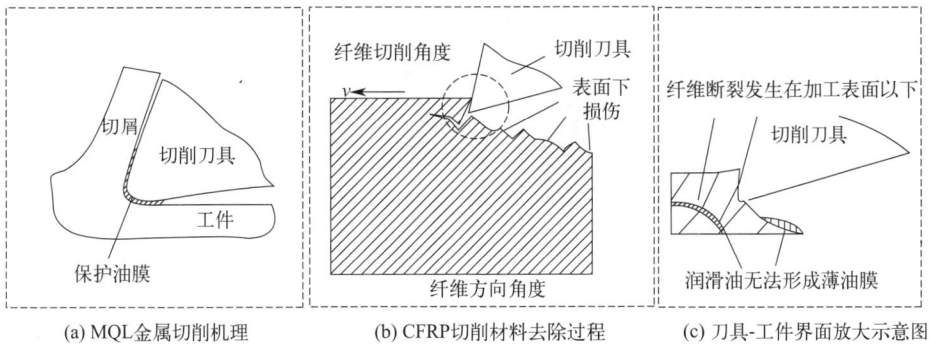

图 5-4　MQL 的作用机理

程中，由于纤维断裂总是发生在切削平面以下，导致已加工表面凹凸不平，因此润滑油将流入这些凹坑，从而无法在刀屑接触表面形成有效的保护层，如图 5-4(b)、(c)所示。另外，一方面，由于 CFRP 为多孔隙结构材料，润滑油将被吸入 CFRP 内部，从而丧失原有的润滑能力，如图 5-5 所示，在 1s 内，CFRP 表面的润滑油就完全被材料所吸收；另一方面，由于 CFRP 为粉末状切屑，在切削过程中会被油基润滑油粘聚成团，黏附在刀具表面，增大刀具表面与工件间的摩擦力。

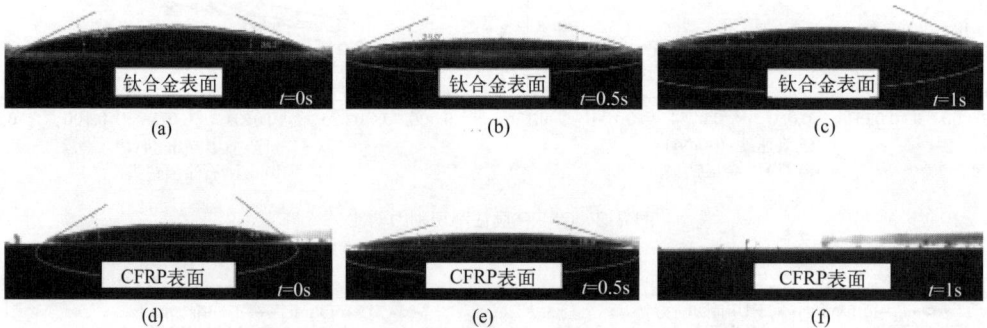

图 5-5　MQL 润滑油在两相材料上的铺张过程

Xu 等[2] 研究了 CFRP 层材料分层损伤结果，如图 5-6 所示，在切削环境（$V_c = 30m/min$）下，三维分层因子（F_v）随进给速度的增大而增大。这一现象与分层损伤的形成机制有关。分层主要是由钻孔过程的推力引起的，该推力在相邻复合材料层之间产生层间脱黏，从而导致复合材料孔处的分层。推力越大，分层破坏越严重。MQL 条件下的分层因子比干切削条件下的分层因子大得多。原因可解释为，MQL 钻削往往使两种钻头的推力增大，从而导致更大程度的复合材料分层损伤。当进给速度增加到最大值（0.100mm/r）时，金刚石涂层钻头产生的分层因子达到最大，这是因为复合相的推力达到了最大水平。SAM 图像可以证明这一现象，该条件下的分层区域沿径向发展，并扩展到周围较大的区域。从分层损伤的角度来看，MQL 条件不适合 CFRP/Ti6Al4V 叠层材料的钻孔。结果表明，MQL 环境下，CFRP 层分层损伤加剧，分层区间沿孔周向四周扩展。由于分层损伤主要受轴向切削力的影响，因此，更大的轴向力将形成更严重的分层损伤。

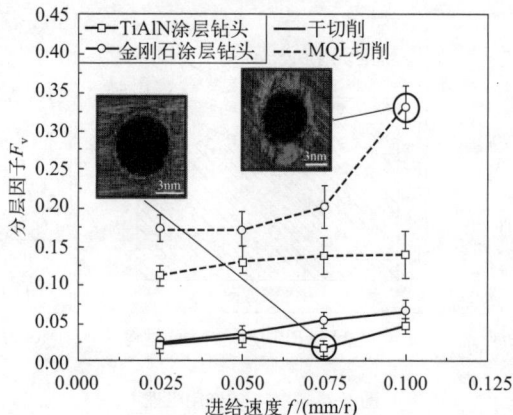

图 5-6　CFRP 分层因子对比

　　MQL 的一个主要作用是降低切削过程中的刀具磨损，延长刀具寿命。因此，对两种冷却条件下的刀具磨损形貌进行了分析。由于 CFRP/Ti6Al4V 的难加工性，在干切削条件下，刀具经历了严重的磨损，在刀具不同位置，出现了不同程度的黏结磨损、磨粒磨损以及崩刃现象，如图 5-7～图 5-9 所示。

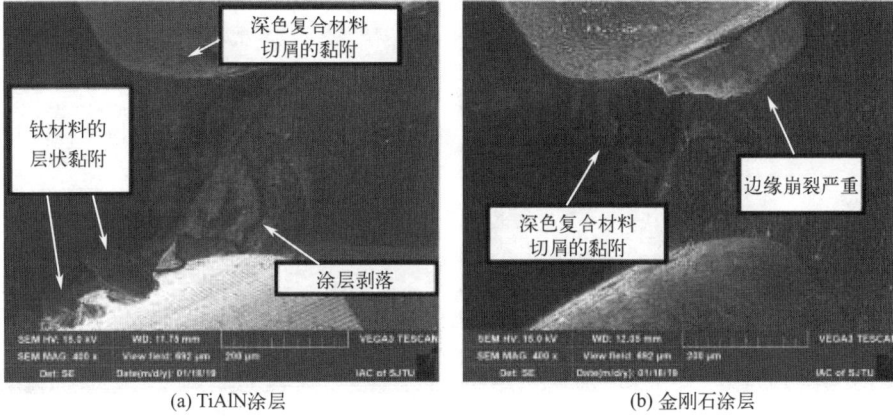

(a) TiAlN涂层　　　　　　　　　　(b) 金刚石涂层

图 5-7　干切削条件下横刃部分的磨损形貌

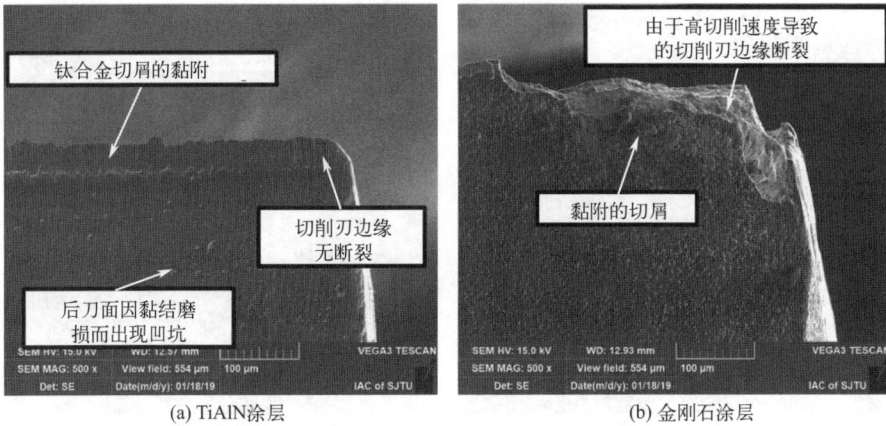

(a) TiAlN涂层　　　　　　　　　　(b) 金刚石涂层

图 5-8　干切削条件下外缘转点部分的磨损形貌

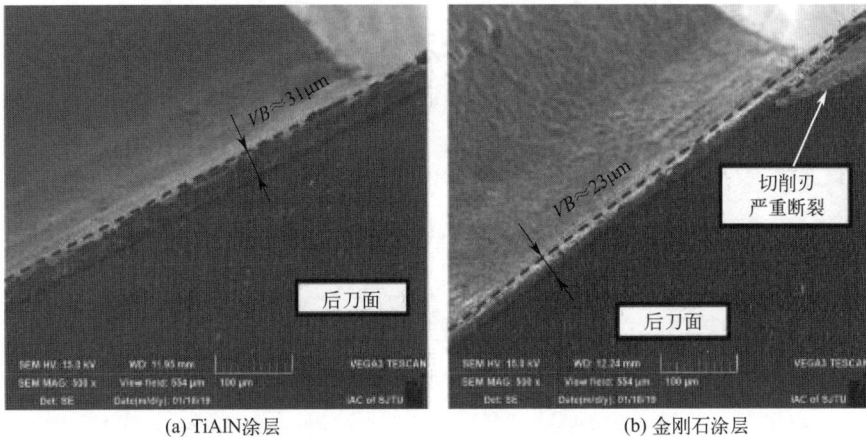

(a) TiAlN涂层　　　　　　　　　　(b) 金刚石涂层

图 5-9　干切削条件下切削刃部分的磨损形貌

MQL 环境下刀具的磨损形貌如图 5-10～图 5-12 所示。MQL 的引入并没有对刀具产生有效的保护作用，两种刀具均产生了严重的磨损。其中，磨粒磨损现象更加严重。这是因为在 CFRP 层钻削过程中，粉末状的 CFRP 切屑黏附在刀具表面，恶化了后续钛合金层钻削过程中刀屑接触区的摩擦环境。

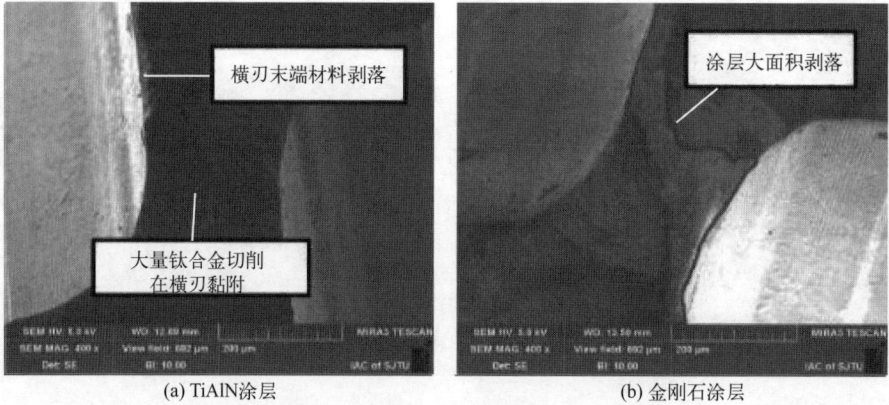

(a) TiAlN涂层　　　　　(b) 金刚石涂层

图 5-10　MQL 条件下横刃部分的磨损形貌

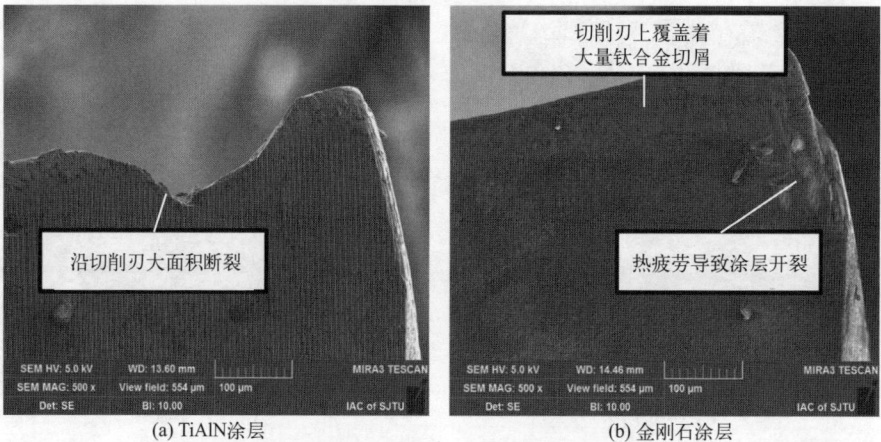

(a) TiAlN涂层　　　　　(b) 金刚石涂层

图 5-11　MQL 条件下外缘转点部分的磨损形貌

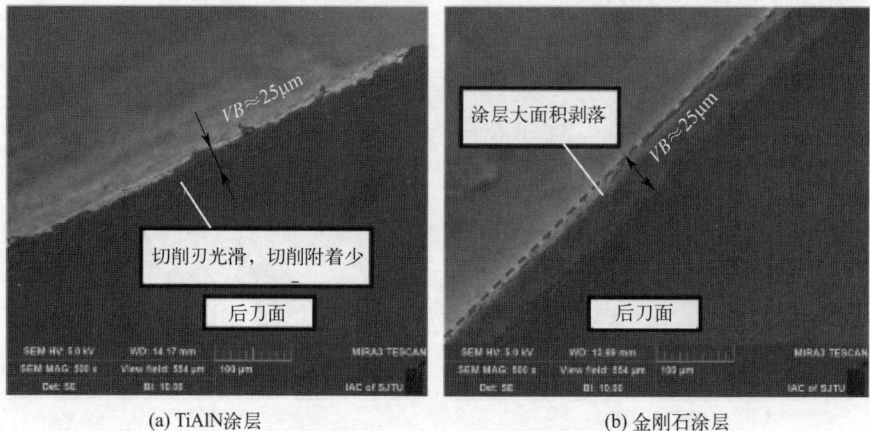

(a) TiAlN涂层　　　　　(b) 金刚石涂层

图 5-12　MQL 条件下切削刃部分的磨损形貌

Xu 等[2] 给出了干切削条件下两把刀具的制孔形貌，如图 5-13 和图 5-14 所示。两种条件下钻削的复合材料孔表现出相似的损伤特征，在碳纤维表面发现了许多线状沟槽形的划痕。已加工表面缺陷主要是表面孔洞和纤维剥落，这主要是切削过程中机械损伤导致的。棱角分明的钛合金碎片在碳纤维增强复合材料上严重刮擦导致孔壁表面产生严重的机械磨损，从而导致表面孔洞的产生。特别是在干切削条件下钻削温度较高，被加热的钛合金切屑会使树脂热降解，导致纤维/基体界面脱黏。由于缺乏树脂支撑，碳纤维暴露在加工表面之外，导致大面积的碳纤维拔出。在随后的钻削过程中，长纤维很容易断裂并进入夹层，导致层间结合强度降低。另外，当使用金刚石涂层钻头时，CFRP 的加工表面很少产生沟槽。这是因为金刚石涂层具有较好的摩擦学行为，减少了钻头和洞壁边缘之间的摩擦热。

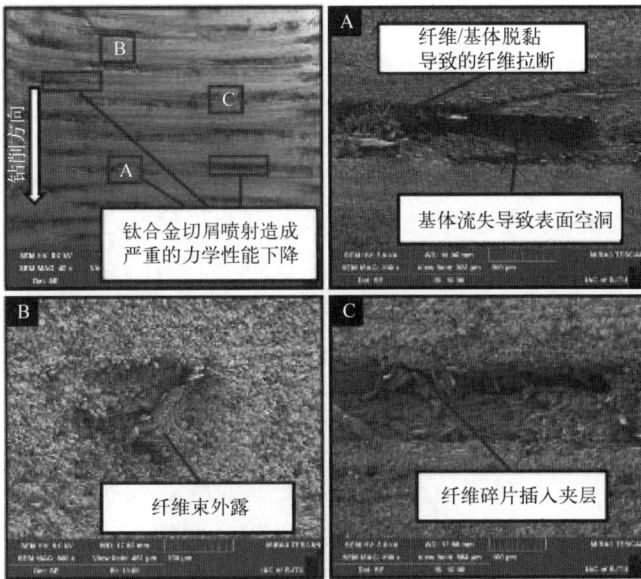

图 5-13　干切削条件下 TiAlN 涂层钻头的制孔形貌

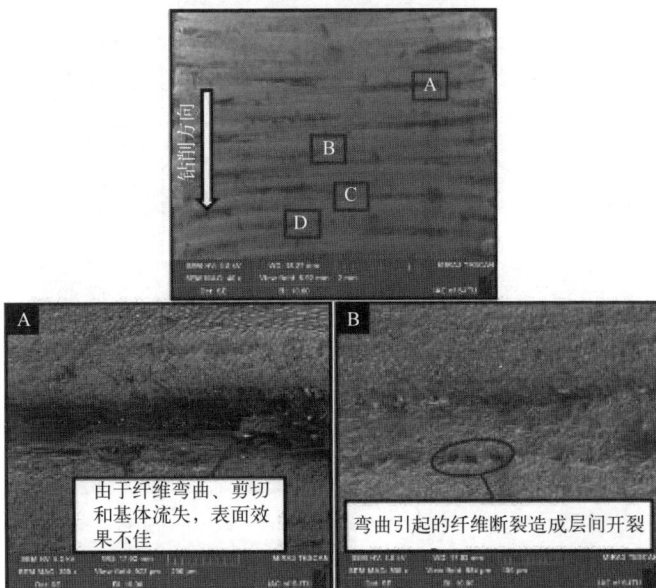

图 5-14

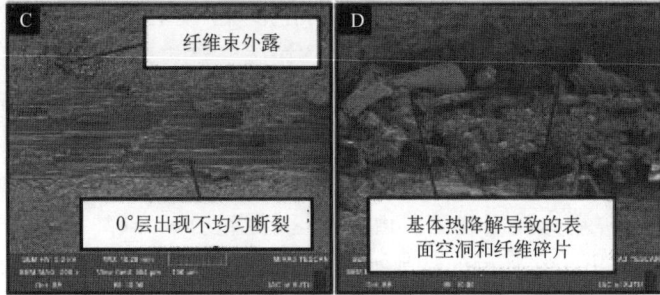

图 5-14　干切削条件下金刚石涂层钻头的制孔形貌

而在 MQL 条件下，CFRP 孔壁的质量得到了显著提升，孔壁表面较为光滑平整，无明显宏观缺陷，如图 5-15、图 5-16 所示。区域放大图显示表面缺陷主要集中在 $-45°$ 纤维方向。这是因为 $-45°$ 层的断裂主要受纤维/基体脱黏和纤维挤压断裂的影响，大部分纤维沿横向断裂，这是钻头刃口的挤压造成的。界面脱黏还导致部分碳纤维从切削表面突出，从而形成一系列孔洞，但孔洞的深度比干切削产生的孔洞要小得多。结果表明，在 MQL 条件下，CFRP 孔壁的缺陷主要由碳纤维本身的力学性能和断裂机制决定，而 TiAlN 涂层刀具切削对 CFRP 孔壁的损伤显著减少。值得注意的是，在 MQL 条件下，复合材料孔壁上出现了大量断裂的碳纤维碎屑。这证实了在 CFRP 钻削时，由于冷却润滑的作用，粉末状碳纤维切屑附着在刀具表面和孔壁上。MQL 显著提高了复合材料孔壁的表面光洁度，从而降低了表面粗糙度，获得了更高的孔壁质量。

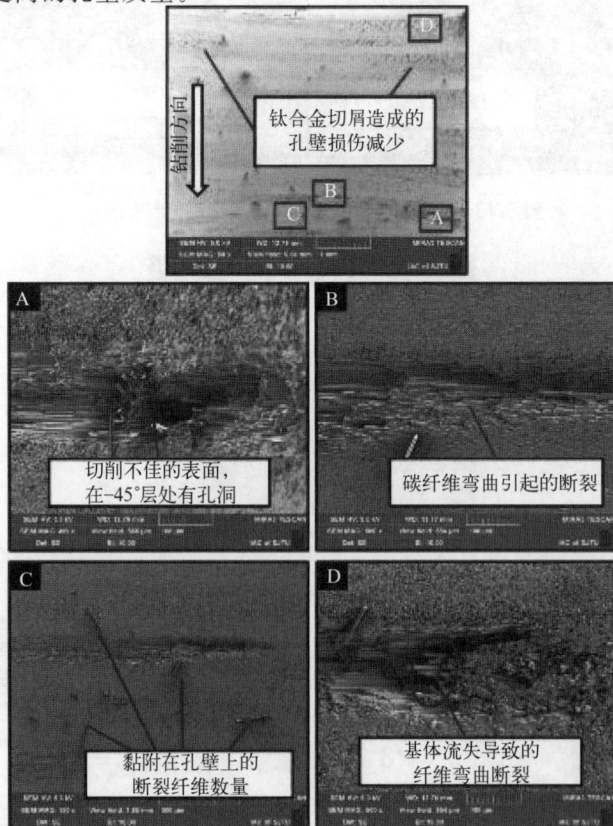

图 5-15　MQL 条件下 TiAlN 涂层钻头的制孔形貌

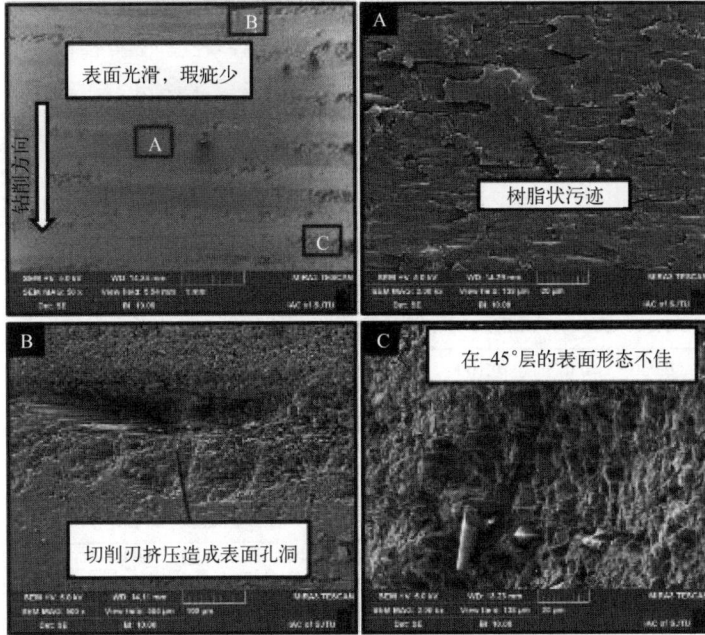

图 5-16　MQL 条件下金刚石涂层钻头的制孔形貌

金属合金毛刺的形成机制是工件在钻削力的作用下发生塑性变形，导致材料被压碎断裂，在孔口或出口产生尖角等不规则形状。毛刺缺陷不利于工件的疲劳性能以及部件的装配功能。热效应是金属毛刺形成的主要原因。在 CFRP/Ti6Al4V 叠层材料的钻孔过程中，随着钻头的推进，热量会不断积累，最终导致堆叠材料的孔出口切削温度最高。

在两种冷却条件下，随着进给速度的增大，出口毛刺高度增大。这是因为进给速度越大，切削温度越高，越易导致钛合金热软化，软化后的钛合金塑性变大。在干切削条件下，当进给速度为 0.025mm/r 时，金刚石涂层钻头的毛刺高度仅为 $33\mu\text{m}$。这是因为金刚石涂层钻头具有较高的热导率和较低的摩擦系数，从而减轻了加工过程中的温升。相比之下，由于 TiAlN 涂层钻头的导热性能非常差，在钻削过程中，过多的钻削引起的热不能有效地通过刀具传递。因此，在刀具-工件界面处发生热积聚，导致形成的毛刺高度较大。在 MQL 条件下，由于润滑油的冷却和润滑作用，TiAlN 涂层钻头的切削温度明显降低，钛合金切屑变硬变脆，更容易发生脱落。另外，在 MQL 条件下，金刚石涂层钻头产生的毛刺高度更大。这是因为钛合金切屑黏附在钻头上导致刀具-工件界面的摩擦系数增加，并使局部切削温度迅速上升，从而使出口处钛合金毛刺变长。干切削和 MQL 的毛刺高度对比如图 5-17 所示。

MQL 对提高 CFRP/Ti6Al4V 叠层结构的制孔精度有明显作用。图 5-18 给出了在两种冷却条件下进给量对 TiAlN 涂层和金刚石涂层钻头钻削的 CFRP 孔径的影响。结果表明，CFRP 的出口直径比在试验条件下测得的要大得多，这与钛金属出口产生的高温机械磨损直接相关。CFRP 的孔径随着进给量的增加而增加，提高进给速度会增大切屑厚度，从而提高切屑的刚度。由此，钛合金切屑的划痕效应会加剧。与干切削相比，MQL 条件下进出口 CFRP 孔径差值进一步减小，直径变得更接近公称孔径。这是因为 MQL 降低了 CFRP 孔壁的机械损伤。

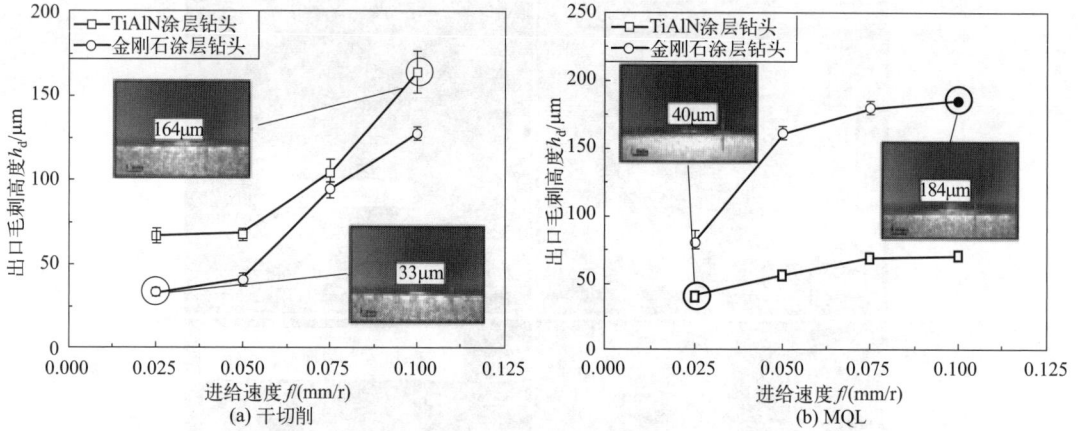

图 5-17 毛刺高度对比

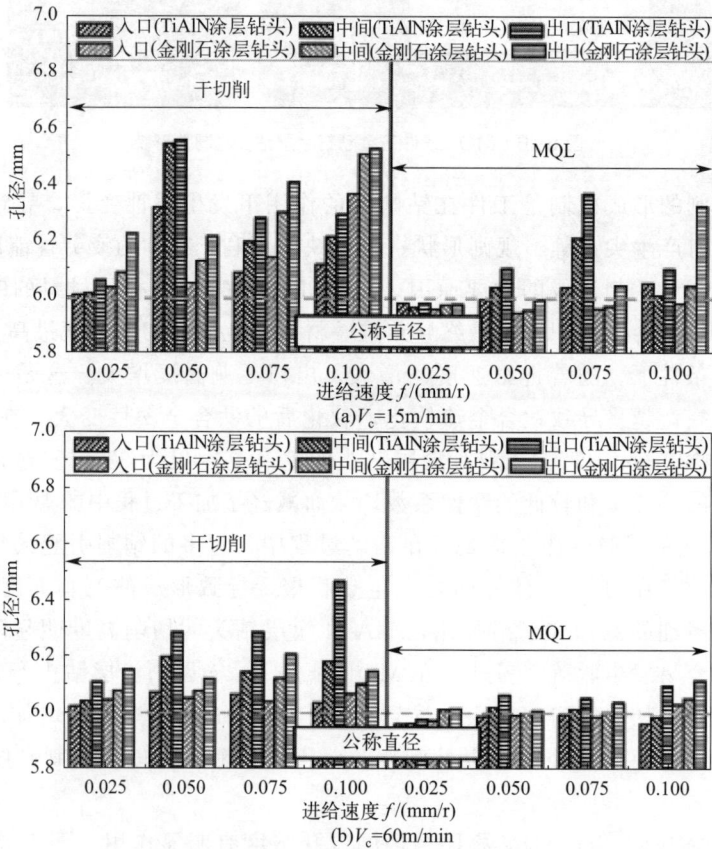

图 5-18 CFRP 层孔径尺寸对比

图 5-19 显示了不同冷却条件下钛合金孔径的变化。在干切削条件下，Ti6Al4V 孔的直径要比钻头直径大，这与钛合金的热胀系数有关。在 MQL 条件下，其孔径要小于公称直径，主要归结于工件冷却后出现孔径收缩。两种钻头在不同冷却条件下产生的孔的平均圆柱度如图 5-20 所示。TiAlN 涂层钻头加工的碳纤维复合材料孔和钛合金孔的平均圆柱度要比

金刚石涂层钻头加工的大。对于 CFRP 钻削，在 MQL 条件下，与干切削相比 TiAlN 涂层和金刚石涂层钻头钻孔的平均圆柱度分别降低了 16.11％和 15.08％。但是，在钻削钛合金时，MQL 导致平均圆柱度增大，TiAlN 涂层的钻头提高了 28.03％，金刚石涂层的钻头提高了 106.54％。这是因为引入 MQL 导致钛合金孔冷却收缩，缩孔率波动较大。

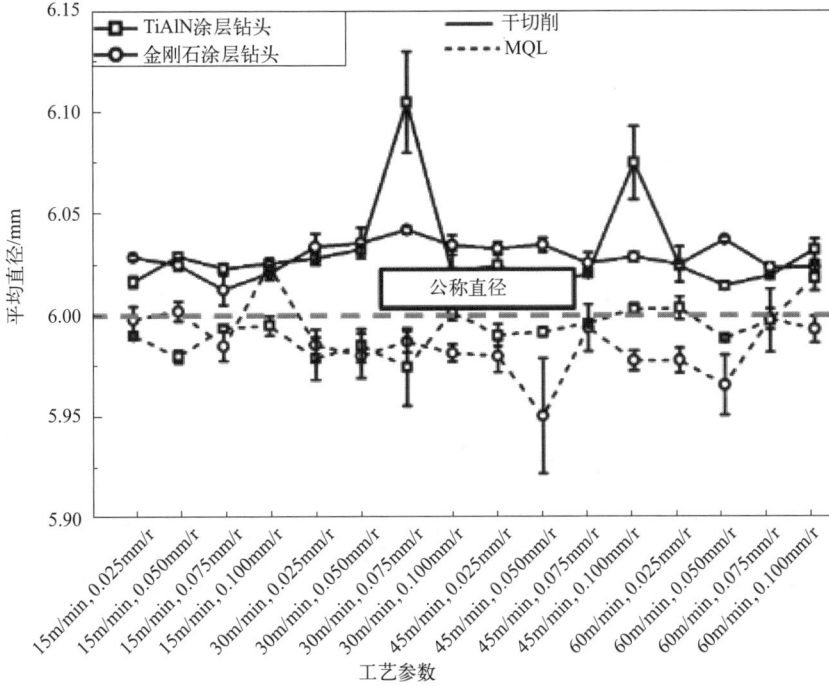

图 5-19　Ti6Al4V 层孔径尺寸对比

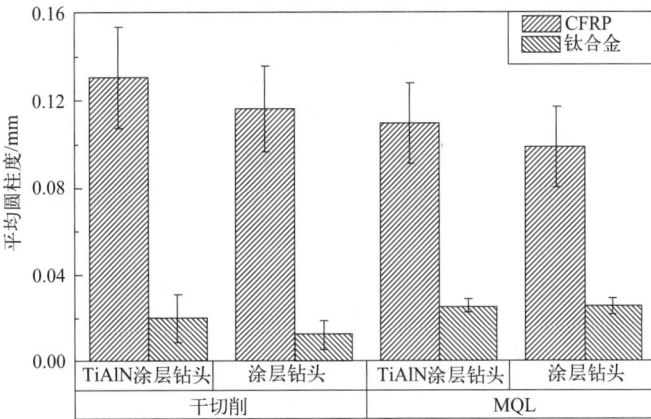

图 5-20　CFRP 以及 Ti6Al4V 层孔的平均圆柱度对比

　　结果表明，在 MQL 环境下，CFRP 层孔径偏差得到了大幅改善，在高速条件下，这一现象更为明显。对于钛合金层而言，原本的扩孔偏差变为了缩孔偏差。

　　文献［2］从能量的角度对这一现象进行了研究，在 CFRP/TiAl4V 叠层结构钻削过程中，轴向推力增大，但孔壁质量却得到了提升。为研究产生这一现象的原因，对两种冷却条件下的钻削转矩及切削比能进行了分析。转矩对比结果如图 5-21 所示。在 MQL 环境下产生的转矩基本都小于干切削条件下的转矩。利用式（5-1）可计算出切削过程中去除单位体积材料所消耗的能量，即切削比能。

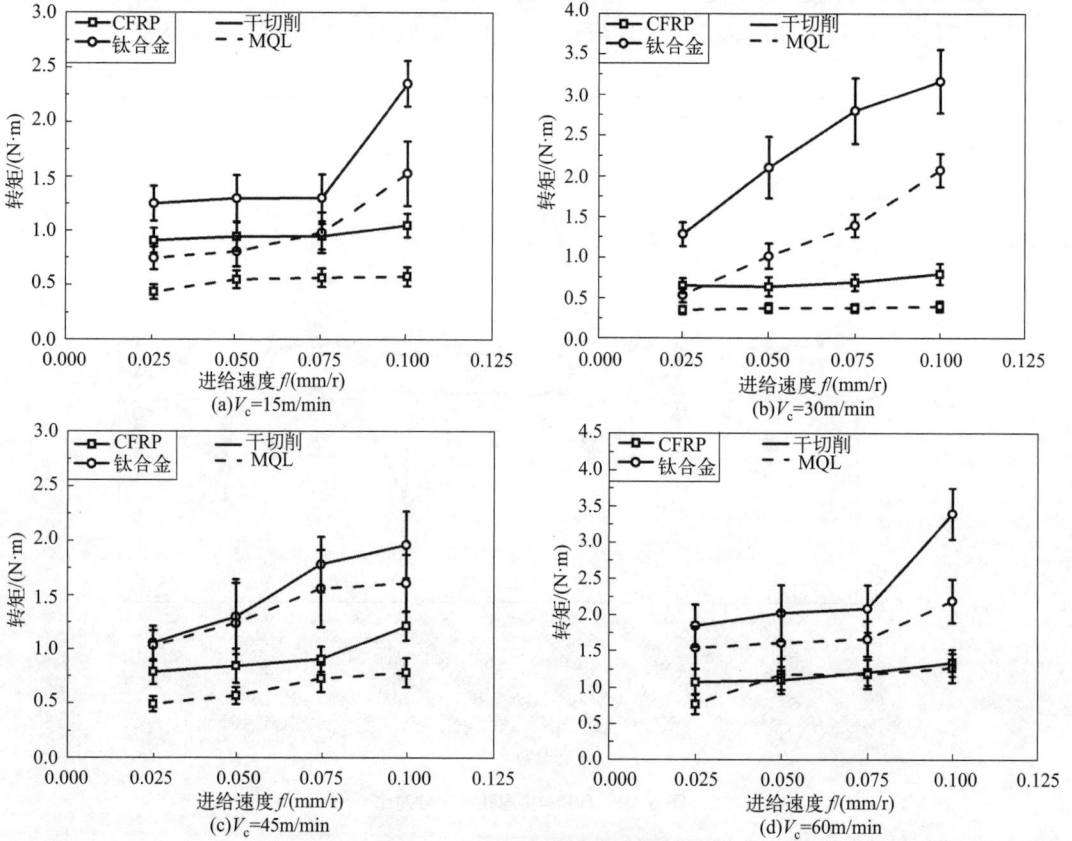

图 5-21 TiAlN 涂层钻头钻削过程中的转矩对比

$$E_k = \frac{T\omega \times 1000}{MRR} \tag{5-1}$$

式中，T 表示钻削转矩；ω 表示刀具转速；MMR 表示材料去除率。

切削比能对比如图 5-22 所示。与干切削相比，MQL 环境下转矩降低，相应地能耗也有所降低。

为了进一步说明在 MQL 条件下钻削转矩降低的原因，对钻头进行了受力分析。其表面产生的切削力分量如图 5-23 所示。钻削轴向力可以分解为作用在横刃以及两个切削刃上的垂直分量。但是，钻削过程中的转矩主要取决于在切削刃处产生的切向力分量和径向力分量，以及钻头边缘与加工孔表面之间的摩擦力。钻削过程中的总转矩可表示为

$$M = F_{t1}x_1 + F_{t2}x_2 + F_{r1}y_1 + F_{r2}y_2 + F_{f1}r + F_{f2}r \tag{5-2}$$

式中，F_{t1} 与 F_{t2} 为切削刃上产生的切向力分量；F_{r1} 与 F_{r2} 为切削刃上产生的径向力分量；F_{f1} 与 F_{f2} 为钻头边缘与孔壁间的摩擦力；x_1、x_2、y_1、y_2 为距钻心的距离；r 为刀具直径。

因此，可以推断 MQL 的引入可以有效降低以上分量之一，从而实现降低切削转矩的作用。但由于黏附的 CFRP 粉末状切屑导致刃口磨损严重，因此，这一降低的分量更可能发

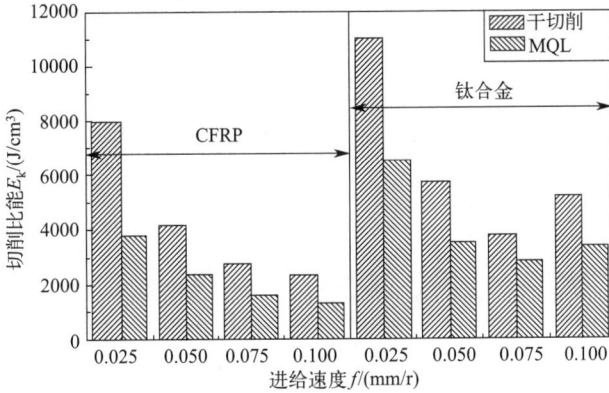

图 5-22　两种冷却润滑条件下的切削比能对比

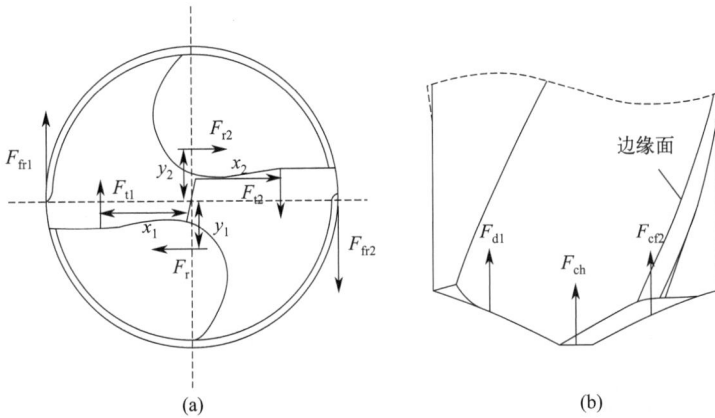

(a)　　　　　　　　　　　　　　　(b)

图 5-23　钻头受力

生在钻头边缘，即降低了钻削过程中刀具与孔壁间的摩擦力。这一点也得到了孔壁形貌的证实。

5.1.2　复合材料及叠层结构钻削加工损伤

文献 [5] 在干切削和低温切削条件下对 T800/X850CFRP 进行了铣削试验，研究了表面粗糙度和微观形貌在干切削和低温切削条件下的变化规律。

CFRP 的表面完整性主要取决于工艺参数（切削速度、进给速度等）和工件材料性能（纤维类型等）。表面粗糙度 Sa 是衡量加工表面完整性的重要指标。对试验中所有样品的表面粗糙度进行测量，测量面积是 $1500\mu m \times 1000\mu m$。图 5-24 显示了在干燥和低温条件下，表面粗糙度随切削速度和进给速度变化的情况。可以看出，所有参数下低温切削产生的表面质量均得到了明显提高。其中，Sa 最大降幅达 27%。低温冷却改变了材料的物理性质及其行为，如在低温下的韧脆行为。材料物理性能的这种差异提高了 CFRP 复合材料中碳纤维的脆性，同时保持了铣刀的锋利度，并显著降低了热损伤。结果表明，低温条件下表面质量较好，表现出更好的切削参数适应性。就切削参数对表面粗糙度的影响而言，干切削和低温条件下，随着进给速度的增大，粗糙度呈现上升趋势，而切削速度对表面粗糙度的影响较小。在干切削条件下，随着切削速度的提高，粗糙度略有下降。这是因为较高的切削温度下树脂被涂抹在切削表面。在低温条件下，切削热的影响被消除了，切削速度对表面粗糙度几乎没有影响。

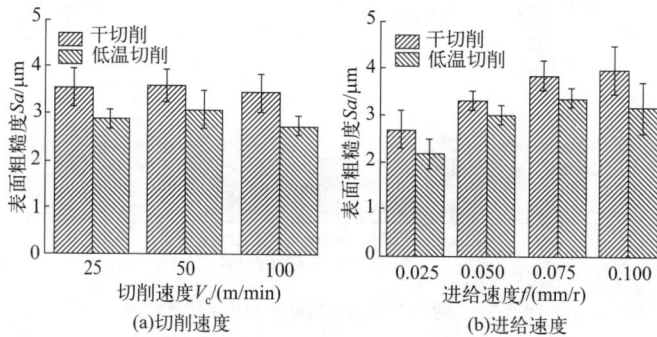

(a)切削速度　　　(b)进给速度

图 5-24　表面粗糙度随切削参数变化的情况

图 5-25 为采用扫描电镜和激光共聚焦显微镜对切削表面进行观察得到的结果。可以看出，纤维方向对表面形貌有着极大的影响，0°的表面相对平整，−45°铺层方向的逆纤维切削区有明显的凹坑。这与材料的去除机理有关。对比低温切削和干切削条件的表面可以看出，低温条件下表面质量得到了明显的提高，切削表面更为光滑，凹坑较浅。在纤维方向角−45°的表面，凹坑深度降低，这与低温下材料去除机理的改变有关。在低温下，树脂的热软化效应被消除，碳纤维的削脆性提高。

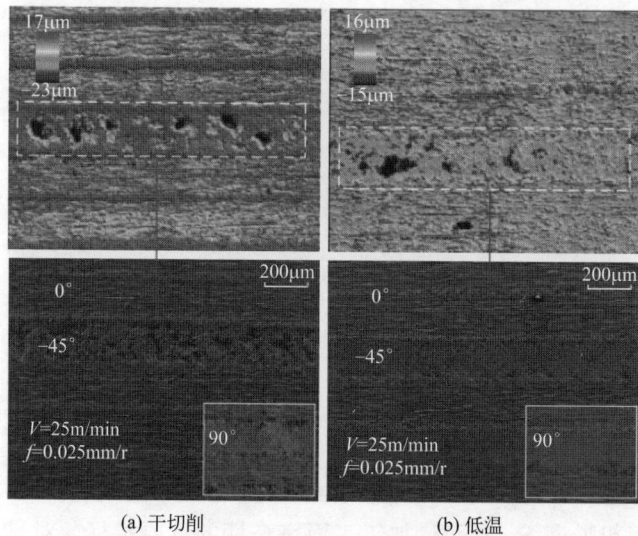

(a) 干切削　　　　　(b) 低温

图 5-25　扫描电镜和激光共聚焦显微镜观察结果

CFRP 的加工表面质量主要取决于加工条件和材料的固有特性。通常采用表面粗糙度（Sa）来评价表面质量。在航空航天领域推荐的 CFRP 表面粗糙度 Sa 小于 $3.2\mu m$。图 5-26 显示了不同切削条件下 CFRP 的典型表面和边缘形貌。干切削条件下的表面沟槽深度明显要比超临界二氧化碳和 CMQL 条件下的深。沟槽出现在刀具纤维夹角的同一层，而另一层则比较光滑，这与材料的去除机理有关。不同层的粗糙度与刀具-纤维角有关。干切削条件下出现了分层、撕裂等表面缺陷；低温切削时，切削边缘出现了微毛刺；CMQL 条件下不存在微毛刺。

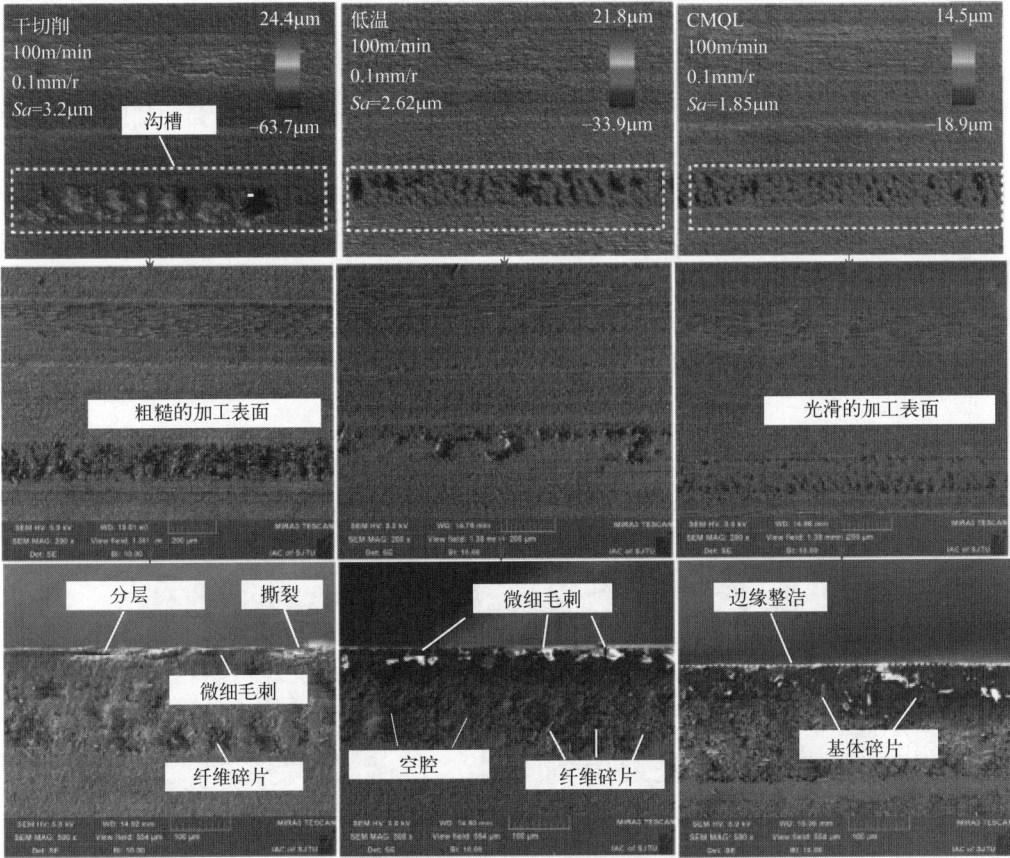

图 5-26 不同切削条件下 CFRP 的典型表面和边缘形貌

图 5-27 显示了 CFRP 的表面粗糙度在不同冷却润滑条件下随切削参数的变化。在 CMQL 条件下的已加工表面处有最低的表面粗糙度值，在干切削条件下表面粗糙度值最高。

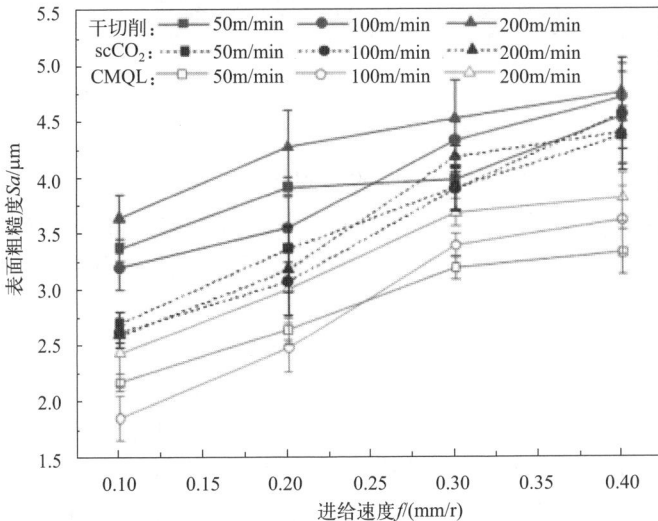

图 5-27 不同冷却润滑条件下 CFRP 的表面粗糙度随切削参数的变化

5.2 微量润滑辅助铝基复合材料加工表面完整性

图 5-28 呈现了干切削条件下硅颗粒增强铝基复合材料（SiP/Al）的表面微观形貌变化与损伤模型。当 $n=6000\text{r/min}$、$f_z=0.04\text{mm/z}$、$a_p=0.5\text{mm}$ 时，得到的加工表面比较平整，但有许多不同的凹坑[图 5-28(a)]。这是因为当整个颗粒被去除，由于脱黏，加工表面会形成与颗粒直径大小相同的凹坑。当 $n=6000\text{r/min}$、$f_z=0.04\text{mm/z}$、$a_p=1.5\text{mm}$ 时，表面也有许多不同形状和大小的凹坑[图 5-28(b)]。这是因为当颗粒被刀具挤压时，铝基体与颗粒会一起脱落。由于颗粒与基体具有良好的结合力，加工表面上会存在大于颗粒直径的凹坑。当颗粒仅在刀具的挤压下断裂时，加工表面上会形成小于颗粒直径的凹坑。图 5-28(c) 为颗粒损伤模型。当颗粒被挤压时，会出现三种类型的损伤模型，包括裂纹、断口和脱黏。

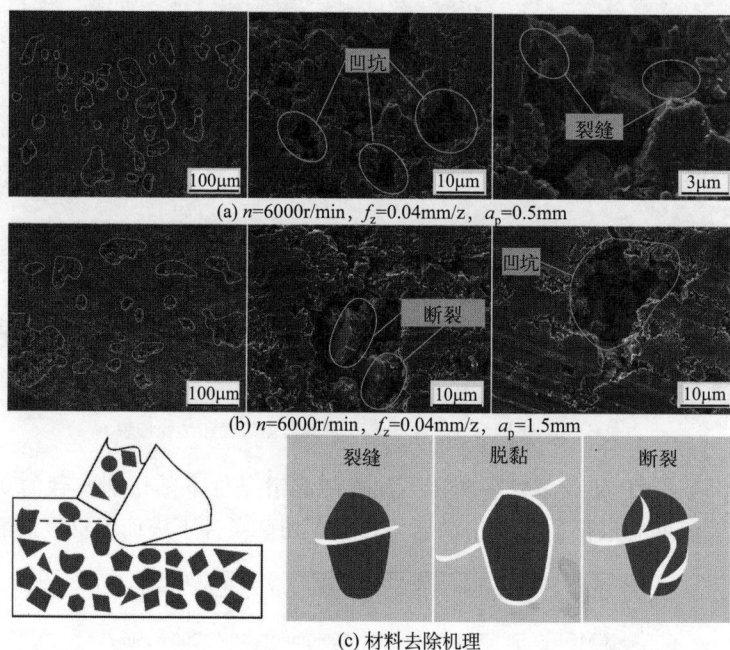

(a) $n=6000\text{r/min}$, $f_z=0.04\text{mm/z}$, $a_p=0.5\text{mm}$

(b) $n=6000\text{r/min}$, $f_z=0.04\text{mm/z}$, $a_p=1.5\text{mm}$

(c) 材料去除机理

图 5-28　加工表面 SEM（一）

图 5-29 显示了干切削条件下加工表面的微观形貌。可以看出，加工表面有许多划痕和黏屑。此外，在坑中还发现了许多破碎的颗粒。从图 5-29(b) 中可以看出，切碎后的颗粒黏附在刀具表面。随着刀具进一步切削，附着在后刀面的颗粒会随着刀具移动，在加工表面造成与刀具轨迹一致的划痕。

图 5-30 给出了不同切削环境下切削参数对已加工表面三维形貌的影响。由图可知，超临界 CO_2 油膜附水滴微量润滑（$scCO_2$-OoWMQL）条件下的工件表面质量优于干切削条件。这是因为高速高压射流的作用，黏刀现象得到了很大的改善。在干切削条件下，切削刃的进给痕迹明显，且加工表面还出现了微沟槽。此外，在加工表面观测到了许多凹坑，这是由于存在硅颗粒且颗粒被拔出断裂造成的。因为基体材料与颗粒之间具有良好的界面强度，颗粒周围的基体也会随颗粒一起被拉出。当 $n=6000\text{r/min}$、$a_p=1\text{mm}$ 时，进给速度对表面

(a) n=6000r/min，f_z=0.04mm/z，a_p=1mm

(b) 材料去除机理

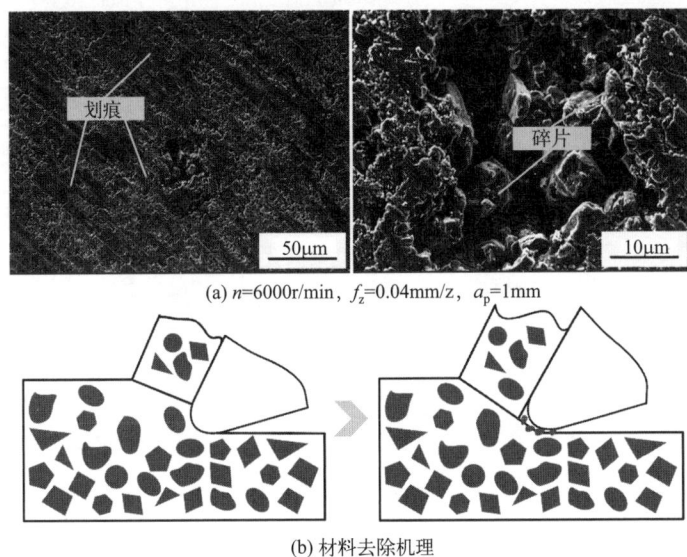

图 5-29　加工表面 SEM（二）

缺陷的影响显著。随着进给速度的增大，凹坑数量增加。当 $n=6000\mathrm{r/min}$、$f_z=0.06\mathrm{mm/}$ z，$a_p=1\mathrm{mm}$ 时，不同切削条件下工件已加工表面沿进给方向的亚表面微观结构对比如图 5-31 所示。与干切削相比，$scCO_2$-OoWMQL 显著改变了亚表面损伤程度，亚表面损伤深度平均由 $15.8\mu\mathrm{m}$ 降低到了 $10\mu\mathrm{m}$。在干切削和 $scCO_2$-OoWMQL 切削条件下，不同切削参数对表面粗糙度的影响如图 5-32 所示。$scCO_2$-OoWMQL 环境下的表面粗糙度小于干切削条件下的表面粗糙度。在干切削条件下，当 $f_z=0.04\mathrm{mm/z}$，$a_p=1\mathrm{mm}$ 时，表面粗糙度随主轴转速的增大而增大。当 $n=8000\mathrm{r/min}$ 时，$scCO_2$-OoWMQL 切削条件下的表面粗糙度最小。当 $n=6000\mathrm{r/min}$，$a_p=1\mathrm{mm}$ 时，表面粗糙度随进给速度的增大而增大。当 $n=6000\mathrm{r/min}$，$f_z=0.04\mathrm{mm/z}$ 时，表面粗糙度随切削深度的增大先增大后减小。

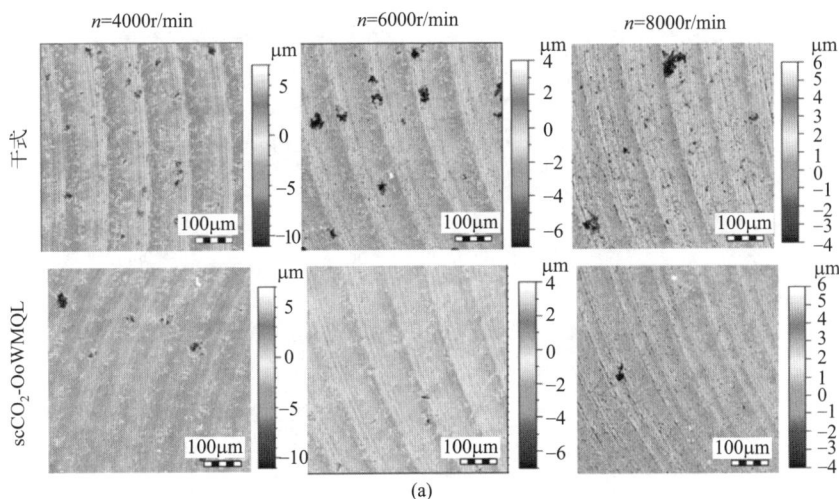

(a)

图 5-30

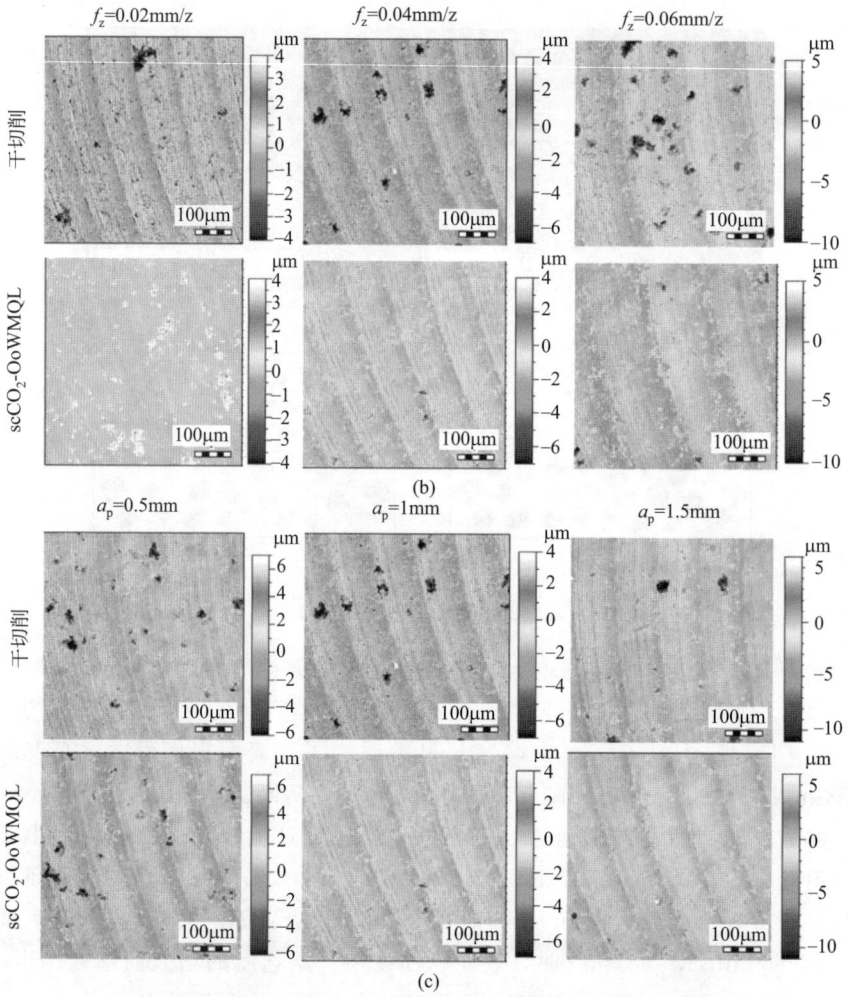

图 5-30 干切削和 $scCO_2$-OoWMQL 切削条件下的三维表面形貌

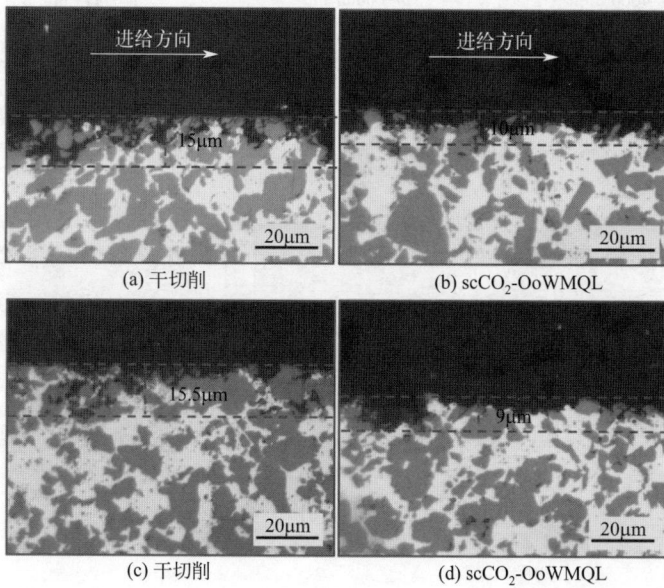

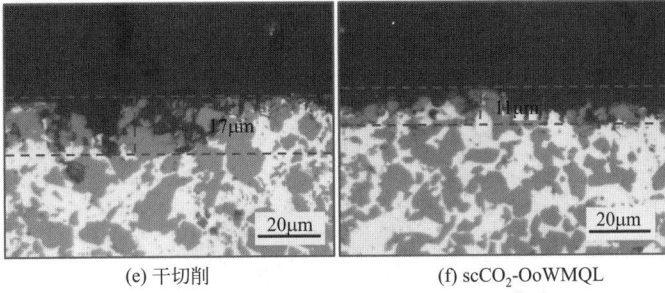

(e) 干切削　　　　　　　　　　(f) scCO₂-OoWMQL

图 5-31　干切削和 scCO₂-OoWMQL 切削条件下亚表面微观结构的图像

（$n=6000\mathrm{r/min}$，$f_z=0.06\mathrm{mm/z}$，$a_p=1\mathrm{mm}$）

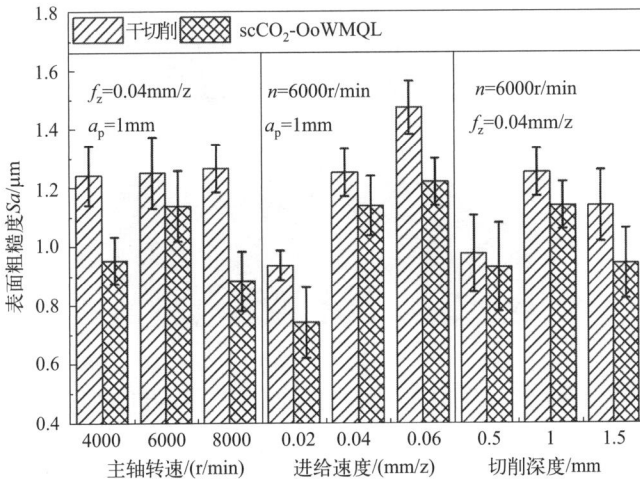

图 5-32　干切削和 scCO₂-OoWMQL 切削条件下的表面粗糙度

5.3　微量润滑辅助钛合金铣削加工表面完整性

5.3.1　钛合金铣削加工表面形貌

铣削工艺包括三类典型形式，即常规铣削、针对复杂曲面特征的刀轴倾斜式铣削以及针对弱刚性特征的铣削。其中，常规铣削是对兼具简单几何属性（如开敞平面）和低难度机械属性（如高刚度）的结构特征实施的加工；针对复杂曲面特征的刀轴倾斜式铣削是对具有复杂几何属性（如复杂曲面）的结构特征实施的加工，并且这种结构特征通常要求刀具以倾斜姿态走刀，以避免干涉；针对弱刚性特征的铣削是对具有高难度机械属性（如弱刚度）的结构特征实施的加工。

以航空发动机核心零件 Ti6Al4V 压气机叶片为工程案例，上述三类铣削形式在其生产中的代表性应用如图 5-33 所示。在图 5-33（a）中，叶根榫头侧面是直平面，形状简单，并且在加工叶根榫头时叶片被锡铋合金夹具牢固夹持，所以叶根榫头侧面加工属于常规铣削。在图 5-33（b）中，叶身型面是自由曲面，形状复杂，铣削刀具的走刀轨迹通常由细密的包络线缠绕组成，为避免干涉，刀具沿走刀轨迹向前运动时需倾斜一定角度，所以叶身型面加工属于针对复杂曲面特征的刀轴倾斜式铣削。在图 5-33（c）中，叶身顶面平坦且较为开敞，在加工叶身顶面时叶片只能依靠远端的叶根部位被夹持，因此叶身顶面部位处于悬臂状态，导致被加工结构刚性很差，所以叶身顶面加工属于针对弱刚性特征的铣削。

(a) 常规铣削

(b) 针对复杂曲面特征的刀轴倾斜式铣削

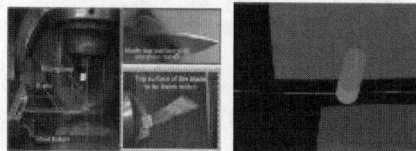
(c) 针对弱刚性特征的铣削

图 5-33　三类典型铣削形式在压气机叶片加工中的应用

5.3.1.1　铣削试验方案

本书铣削试验方案根据 Ti6Al4V 压气机叶片的实际加工工艺来制定。试验在 HURCO VMX42 五轴立式加工中心上进行，机床性能参数如表 5-3 所示。因为三类铣削工艺形式有所差别，所使用的刀具和工艺参数也不一样，所以对这三种铣削形式的试验方案分别介绍。

表 5-3　机床性能参数

X 行程/mm	Y 行程/mm	Z 行程/mm	A 轴/(°)	C 轴/(°)	最大主轴转速 /(r/min)	主轴功率 /kW	定位/重复定位精度 /mm
1067	610	610	±110	±360	12000	18	0.01/0.005

（1）常规铣削

常规铣削试验用的刀具是无涂层硬质合金立铣刀，结构参数如表 5-4 所示。本节重点研究刀具结构参数（前角 γ、刃口半径 r）、切削工艺参数（线速度 V_c、每齿进给量 f_z）、冷却润滑方式（干切削、浇注式、微量润滑、低温 CO_2）对加工表面层完整性的影响，试验工艺方案如表 5-5 所示。切削方式采用顺铣，径向切削宽度 $a_e=0.2$mm，轴向切削深度 $a_p=3$mm。铣削加工方式示意和试验现场如图 5-34(a) 和（b）所示。

表 5-4　常规铣削试验用刀具结构参数

刀具直径 d/mm	齿数	前角 γ/(°)	后角 α/(°)	螺旋角 β/(°)	刃口半径 r/μm
12	4	6,12	11	30	10,30

表 5-5 常规铣削试验工艺方案

试验组	前角 γ /(°)	刃口半径 r /μm	切削线速度 V_c /(m/min)	每齿进给量 f_z /(mm/z)	冷却润滑方式
$1^\#$	6	10	75	0.1	干式
$2^\#$	6	10	75	0.1	浇注式
$3^\#$	6	10	75	0.1	微量润滑
$4^\#$	6	10	75	0.1	低温 CO_2
$5^\#$	12	10	75	0.1	浇注式
$6^\#$	6	30	75	0.1	浇注式
$7^\#$	6	10	115	0.1	浇注式
$8^\#$	6	10	75	0.2	浇注式

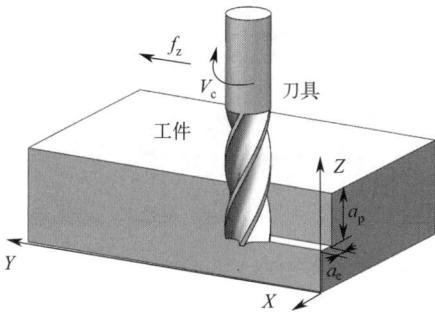

(a) 铣削加工方式示意   (b) 铣削试验现场

图 5-34 常规铣削试验

（2）针对复杂曲面特征的刀轴倾斜式铣削

采用刀轴倾斜式铣削加工构件复杂曲面特征时，由于构件曲面廓形尺寸比表面几何纹理尺寸大得多，工件表面曲率对表面形貌的影响可以忽略，据此，为简化起见，在 Ti6Al4V 工件的平面特征上开展刀轴倾斜式铣削试验。

试验所用的刀具是叶片型面加工常用的切削部带一定锥度的密齿刀，其尺寸如图 5-35 所示。刀具齿数 16，前角 10°，后角 15°，螺旋角 40°，带有 PVDTiAlN 涂层。试验工件采用尺寸为 400mm×250mm×8mm 的 Ti6Al4V 板料。

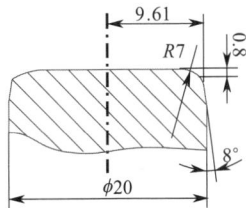

图 5-35 试验用密齿刀轮廓尺寸（单位：mm）

刀轴倾斜式铣削试验方案如表 5-6 所示。主要研究冷却方式、刀轴前倾角对加工表面形貌的影响，并考察了不同进给速度下的表面粗糙度变化。铣削试验现场设置如图 5-36 所示。

表 5-6　刀轴倾斜式铣削试验方案

试验组	线速度 /(m/min)	切削深度 /mm	步距 /mm	每齿进给量 /(mm/z)	刀轴前倾角 /(°)	冷却方式
1#	75	0.3	1.6	0.06	10	浇注式
2#	75	0.3	1.6	0.08	10	浇注式
3#	75	0.3	1.6	0.10	10	浇注式
4#	75	0.3	1.6	0.08	10	干切削
5#	75	0.3	1.6	0.08	20	浇注式

图 5-36　刀轴倾斜式铣削试验现场设置

（3）针对弱刚性特征的铣削

针对弱刚性特征的铣削试验包括两个部分：第一部分研究铣削工艺对弱刚性特征铣削表面形貌的影响，获得其主要特征。第二部分对该工艺下由显著振动引起的特有表面几何缺陷尝试构建新的几何质量评价模型，并开展试验对模型予以验证。在第一部分，为充分降低试验工件的刚度，以充分显现出弱刚性条件下的加工表面形貌特征及其对工艺参数的敏感性，使用刚度较低的铝合金进行铣削试验；在第二部分，则以 Ti6Al4V 为对象开展新模型的验证试验。

根据航空发动机压气机叶片加工的实际特点，针对弱刚性特征的铣削试验选择对表面形貌影响最显著的刀具螺旋角和前倾角作为待研究的两个主要工艺参量。试验用刀具为无涂层整体硬质合金立铣刀，结构参数如表 5-7 所示。试验工件使用薄壁板件，宽度 140mm，厚度 2mm，悬伸长度 80mm，待加工侧面在试验之前进行抛光处理。试验方案如表 5-8 所示。为保证试验结果的准确性，每组试验完后都更换为新工件供下组试验使用。试验现场设置如图 5-37 所示。待加工表面是薄壁工件的窄长侧面，以模拟压气机叶片叶身顶面的加工。试验过程中，通过相应检测仪器对相关的数据进行在线采集。

表 5-7　针对弱刚性特征的铣削试验刀具结构参数

直径/mm	齿数	前角 γ/(°)	后角 α/(°)	螺旋角 β/(°)
12	4	6	11	0,10,20,30,40,50

表 5-8　针对弱刚性特征的铣削试验方案

刀具转速/(r/min)	径向切深/mm	进给速度/(mm/min)	前倾角/(°)	加工方式
2653	0.1	1061	0,10,20,30,40,50	逆铣

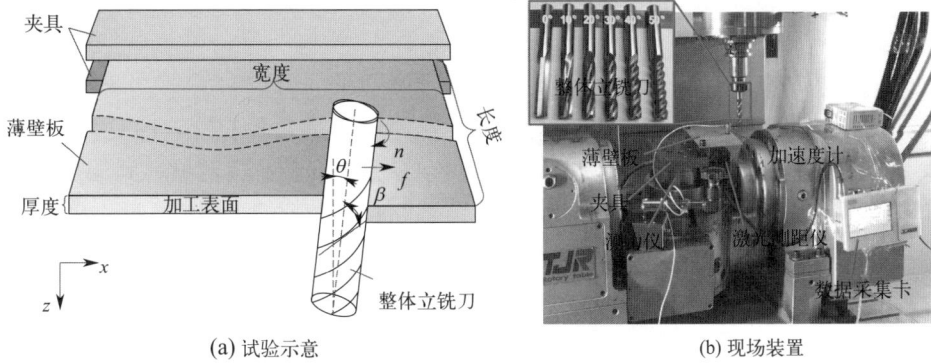

(a) 试验示意

(b) 现场装置

图 5-37　针对弱刚性特征的铣削试验

5.3.1.2　检测方法

上述三类试验中的待测物理量有所不同。总体而言，切削力检测采用的仪器是 KIS-TLER 9272 测力仪[图 5-38(a)]，灵敏度为 0.05N，量程±5kN（X 向、Y 向）、−5～20kN（Z 向）、±200N·m(转矩)。测力仪采集到的力信号先传输给 Kistler5017B 电荷放大器[图 5-38(b)]，然后再经过采集卡输入到电脑中，最后通过 Dynoware 力分析软件可对结果进行分析处理。使用 FLIR A65 型红外热像仪[图 5-38(c)]对铣削过程中的温度进行测量，其可检测的温度范围为−40～＋550℃。粗糙度检测采用的仪器是 Mitutoyo SJ-210 手持式粗糙度仪[图 5-38(d)]，其采样点数为 8，评定距离为 0.8mm。表面形貌检测采用的仪器有：①基恩士 VHX-600 光学显微镜[图 5-38(e)]；②TESCAN MIRA3 场发射扫描电子显微镜[图 5-38(f)]；③Contour GTK-1 白光干涉仪[图 5-38(g)]。振动加速度检测采用的仪器是加速度计[图 5-38(h)]，型号是 KISTLER-1756C5K04，灵敏度为 99.8mV/g；相应的数据采集卡是 NI 8702 B50M1，采集频率为 10kHz，数据分析软件是 CutPro V9.3。此外，还采用了激光位移传感器[图 5-38(i)]对薄壁工件的振动位移进行检测。其型号是 CD5L-25，分辨率为 0.02μm，测量范围为 2mm，采样周期为 0.4ms。

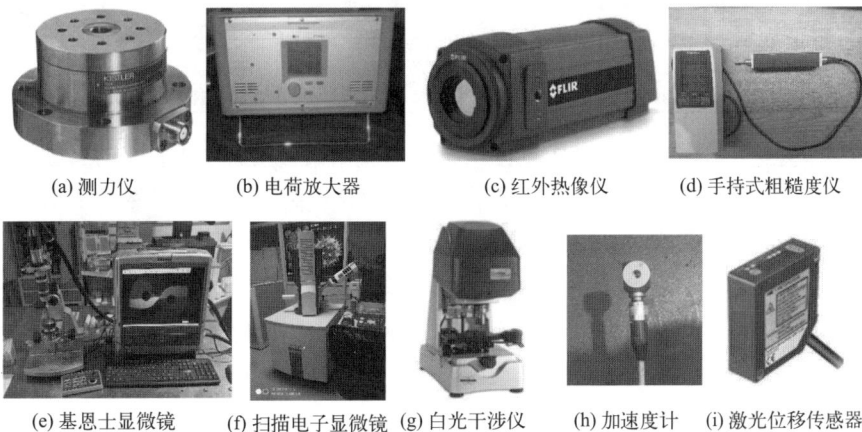

(a) 测力仪　　(b) 电荷放大器　　(c) 红外热像仪　　(d) 手持式粗糙度仪

(e) 基恩士显微镜　(f) 扫描电子显微镜　(g) 白光干涉仪　(h) 加速度计　(i) 激光位移传感器

图 5-38　试验用检测仪器

使用激光位移传感器测量薄壁工件的振动位移如图 5-39 所示。对采集到的动态位移数据还需按公式(5-3)进行处理。

$$A = \frac{L}{L_m} A_m \tag{5-3}$$

式中，A 是被加工部位的实际振动位移；L 是工件的悬伸长度，即被加工部位到夹具的距离；L_m 是激光传感器光斑到夹具的距离；A_m 是激光传感器测量得到的振动位移。

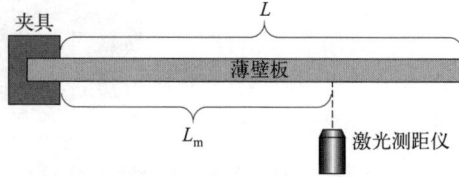

图 5-39 振动位移测量

5.3.1.3 铣削表面形貌特征分析

（1）常规铣削

根据铣削表面形貌各类特征的尺度和属性，可将其分为表面宏观纹理特征、表面微观纹理特征和表面缺陷特征。表 5-9 是试验组 1#～4# 的结果对比。即使用相同刀具在相同切削量、不同冷却润滑条件下得到的铣削表面形貌。从放大 200 倍的宏观纹理来看，由于刀具跳动和刀齿周期性切削留下的纹理非常明显，具有有序、规则的特点；从放大 3000 倍的微观纹理来看，纹理变得无序、随机。

表 5-9 不同冷却润滑条件下的铣削表面形貌

观察倍率	干切削	浇注式	低温 CO_2	微量润滑
200×				
3000×				

图 5-40 是试验组 1#～4# 的表面粗糙度结果。试验结果表明，在垂直于刀具铣削进给方向上，浇注式获得的表面粗糙度最低，其次是干切削；而在进给方向上，仍然是干切削和浇注式得到的表面粗糙度更低些。低温 CO_2 和微量润滑对加工表面粗糙度并未体现出改善作用。

对试验组 2# 和 8# 的表面形貌进行对比，观察每齿进给量变化对表面形貌的影响，结果如图 5-41 所示。可见，加工表面残留条纹特征明显，彼此平行且呈一定间距分布。在较小的每齿进给量下，条纹高度相对更加整齐，表明加工过程更加平稳。

（2）针对复杂曲面特征的刀轴倾斜式铣削

对比试验组 2# 和 5# 的表面形貌，观察不同刀轴前倾角对表面形貌的影响，结果如图 5-42 所示。可见，在刀轴倾斜式铣削下，加工表面由走刀步距和每齿切削进给产生的宏观纹理非常规则，走刀步距产生的纹理平行于走刀方向，而每齿切削进给产生的纹理与走刀方

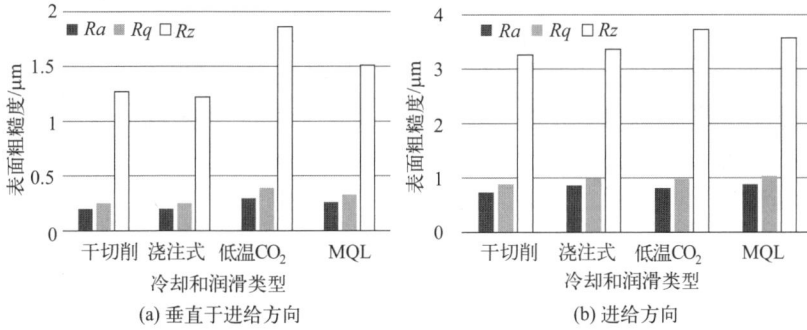

图 5-40　不同冷却润滑条件下的表面粗糙度

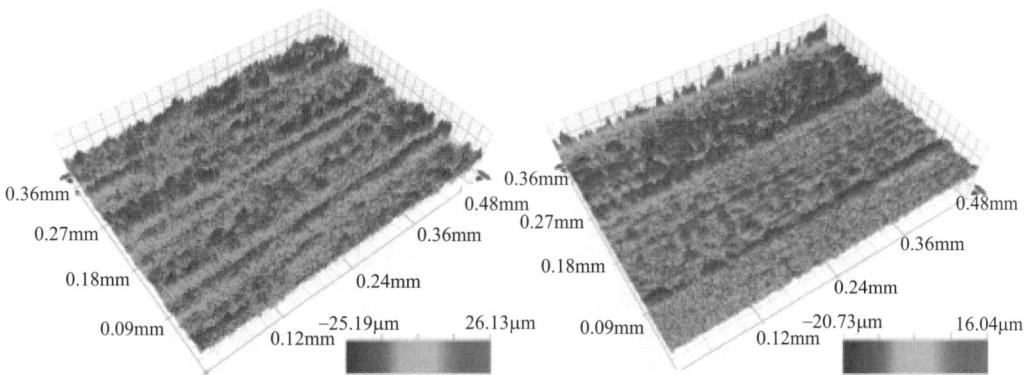

图 5-41　不同每齿进给量下的表面形貌对比

向垂直。此外，每齿切削进给产生的纹理不仅在每齿切削周期中表现出规律性，在每转切削周期中也存在规律性。这主要与刀具的径向跳动误差有关。能够看到，20°前倾角条件下得到的加工表面相比 10°前倾角有明显的改善，在刀齿切入、切出边部以及切削过程弧区底部微小黏屑等表面缺陷特征显著减少。受刀齿尖端黏屑的影响，10°前倾角条件下的加工表面纹理较 20°前倾角略为粗糙，切削条纹略显粗大，间距也略不均匀。

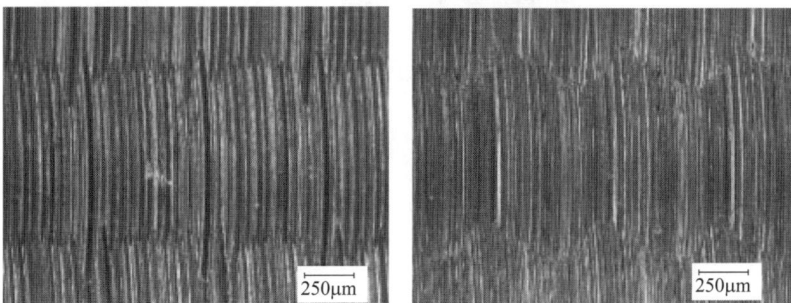

图 5-42　不同刀轴前倾角下的铣削表面形貌

　　对试验组 2# 和 4# 的表面形貌进行对比，观察不同冷却方式对表面形貌的影响，结果如图 5-43 所示。可见，在干切削和浇注式两种切削条件下，在走刀步距的交界条纹上都有黏屑现象。对比两者发现，浇注式切削条件下的黏屑尺寸显著小于干切削条件下的黏屑尺寸。其原因有：一方面，浇注式切削中有切削液持续喷入切削区，能一定程度上辅助断屑并极大促进排屑，使切削产生的切屑及时被清除；另一方面，切削液的注入能够提高刀具-切屑接触界面的润滑和冷却条件，降低切削力和切削区温度，并使刀具和工件材料在接触界面上的黏结摩擦区域缩小，从而有利于切屑分离和表面质量提高。对试验组 $1^{\#}\sim3^{\#}$ 的表面粗糙度进行对比，观察浇注式冷却条件下每齿进给量对表面粗糙度的影响，结果如图 5-44 所示。可见，在每齿进给量为 0.06mm/z 时，无论是垂直于进给方向还是沿进给方向，工件表面粗糙度 Ra 都是最小的，分别为 $0.8\mu m$ 和 $1.2\mu m$。每齿进给量降低使表面粗糙度数值降低的原因是，相邻两齿切削运动几何包络轨迹之间的残留高度随进给量减小而变小。

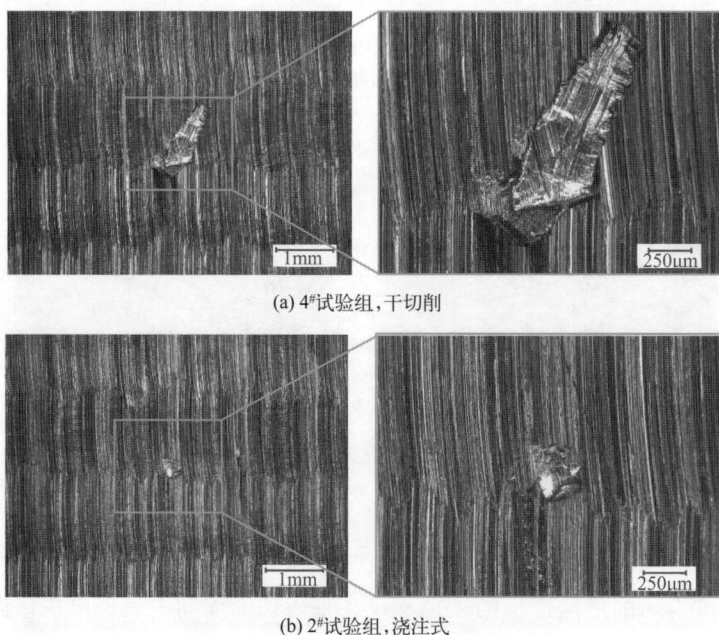

(a) $4^{\#}$试验组，干切削

(b) $2^{\#}$试验组，浇注式

图 5-43　不同冷却条件下的铣削表面形貌

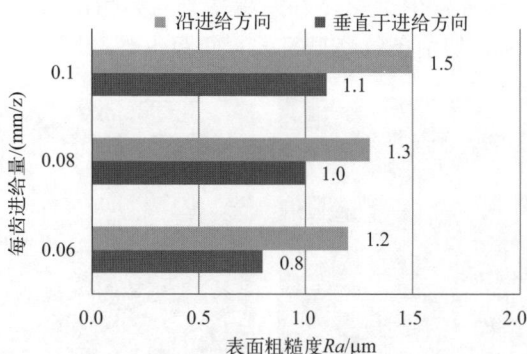

图 5-44　表面粗糙度与每齿进给量的关系

5.3.2　钛合金铣削加工表面层组织

5.3.2.1　检测方法

为获得加工表面层组织所采用的铣削工艺参数是：刀具前角 6°，后角 11°，刀口半径

$10\mu m$，切削线速度 $75m/min$，每齿进给量 $0.1mm/z$，低温 CO_2 冷却。对加工表面层进行切割、镶嵌、抛光和腐蚀后制成金相试样，置于光学显微镜下即可观察变形层组织样貌，如图 5-45 所示。对钛合金表面进行腐蚀所用的腐蚀剂和配比如表 5-10 所示。

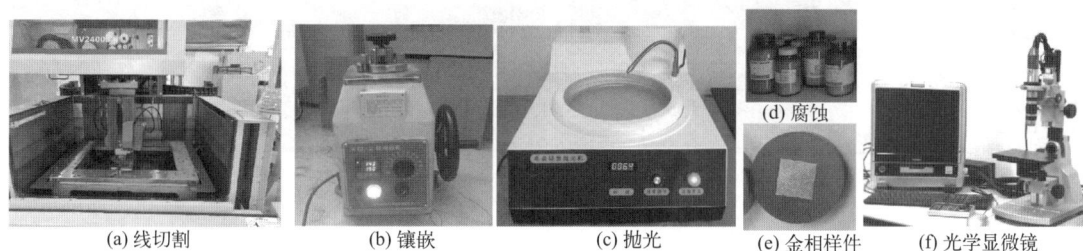

| (a) 线切割 | (b) 镶嵌 | (c) 抛光 | (d) 腐蚀 (e) 金相样件 | (f) 光学显微镜 |

图 5-45　Ti6Al4V 钛合金金相制样和观察

表 5-10　Ti6Al4V 钛合金所用的腐蚀剂和配比

成分	HF	HNO$_3$	H$_2$O
配比	10%	5%	85%

使用捷克 TESCAN 公司生产的扫描电子显微镜（SEM，型号为 MIRA3，见图 5-46）对表面层组织进行分析。该设备搭配有 EBSD 系统（型号为 Nordlys Max3），不但能观察加工表面层微区的晶体学取向，获取晶粒之间的取向差，而且能观察变形层晶粒细化的梯度分布特征以及孪晶结构，同时还可分析 Ti6Al4V 加工表面层的物相变化。使用美国 FEI 公司的 200kV 场发射透射电子显微镜（TEM，型号为 TECNAI G2，见图 5-47）观察表面层组织的微观结构特征。

图 5-46　配有 EBSD 的扫描电镜

图 5-47　200kV 场发射透射电子显微镜

TEM 表征样品采用 FIB(focus ion beam) 技术制备。如图 5-48 所示，在加工表面垂直向下切取一尺寸为 $4\mu m \times 4\mu m \times 48nm$ 的薄片试样即可。制得的试样如图 5-49 所示。使用纳米压痕仪（型号为 TI 950 Triboindenter，见图 5-50）测量加工表面层的显微硬度。其微小压头为四棱锥形，材质为金刚石，压头的压入载荷为 10mN，保压时间为 2s。显微硬度值的计算方法是 $H = P/A$。其中 P 是压入载荷，A 是压痕面积。由于表面层不同层深位置的显微硬度是不同的，因此针对经过精密机械抛光和振动抛光的表面层截面试样，从加工表面向内每间隔 $5\mu m$ 进行一次硬度测量，从而测出表面层显微硬度的梯度分布数据。需要说明的是，由于试样的最外表面位置存在着严重的边界效应，如对其进行硬度检测势必会导致数据失真，因此不对该位置的硬度进行测量。

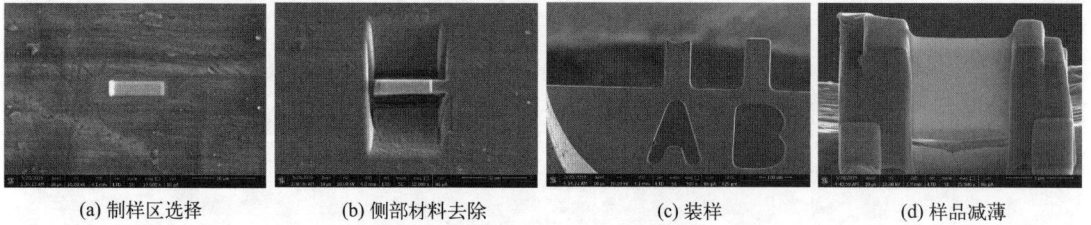

| (a) 制样区选择 | (b) 侧部材料去除 | (c) 装样 | (d) 样品减薄 |

图 5-48　基于 FIB 的 TEM 试样制作过程

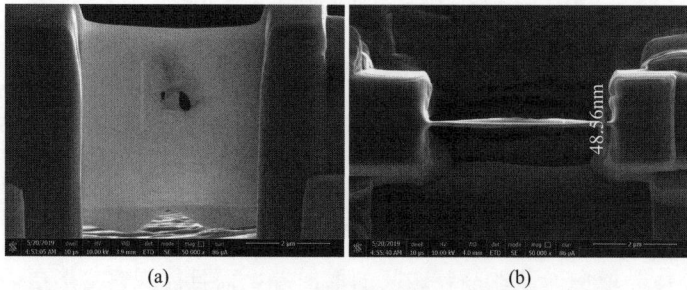

(a)　　　　　　　　　　　　　(b)

图 5-49　用于 TEM 表征的钛合金试样

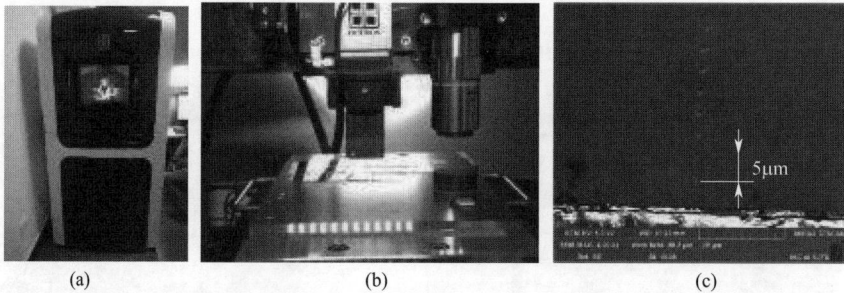

(a)　　　　　　　　　　(b)　　　　　　　　　　(c)

图 5-50　纳米压痕仪与压痕

5.3.2.2　铣削加工表面层微观组织特征

（1）表面变形层

图 5-51 是在低温 CO_2 条件下铣削钛合金表面层的光学显微表征结果。在图 5-51（a）中，由于刀齿的切削运动方向垂直该图像向里，在表面层位置处，看不到晶粒的塑性流动畸变现象。这说明，切削加工表面层的塑性流动变形是各向异性的，在垂直刀齿的运动方向上，金属的晶粒形态变化比较轻微。由于刀齿对工件材料的挤压作用主要沿其切削运动方向，因此塑性变形也主要沿着该方向发生。图 5-51（b）显示了平行于切削方向截面的变形层形态。表层材料明显沿切削方向发生切变滑移，越接近表面，滑移变形程度越严重。表面变形层深度约为 $15\mu m$。由于钛合金具有加工硬化效应，表面层材料受切削力作用而发生流动变形势必将导致加工表面层发生硬化。

图 5-52 是在低温 CO_2 条件下铣削钛合金表面层的 TEM 表征结果。从图中可观察到，

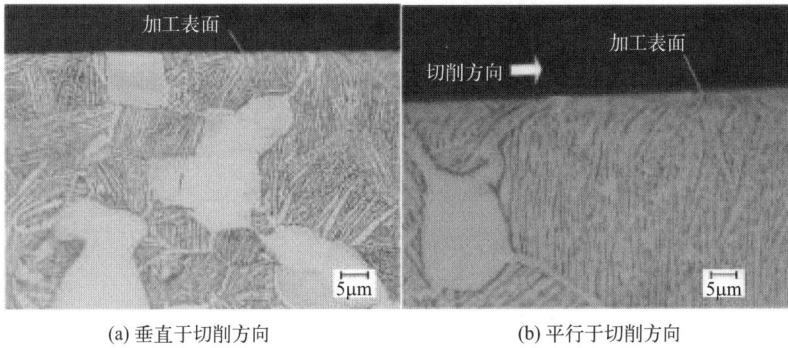

(a) 垂直于切削方向　　　　　　　　(b) 平行于切削方向

图 5-51　钛合金铣削加工表面的变形层

在表面变形层内，局部分布有若干条剪切滑移带。这表明在切削过程中，局部剪切滑移现象不仅发生在切屑上，在已加工表面层上同样也会发生。这些剪切滑移带指向刀齿切削移动方向以及最外表面方向，彼此相对平行且间隔较为均匀，介于 100~200nm，与加工表面之间的夹角约为 18°。加工表面层上的局部剪切带与加工表面不平行，意味着表面变形层在形成过程中，流动方向并不是完全平行于刀齿的切削运动方向（也即加工表面），而是与已加工表面呈一定角度（尽管较小）高速切变流动进而形成应变高度集中的局部剪切带。在剪切滑移带上，晶粒细化特征比较明显。

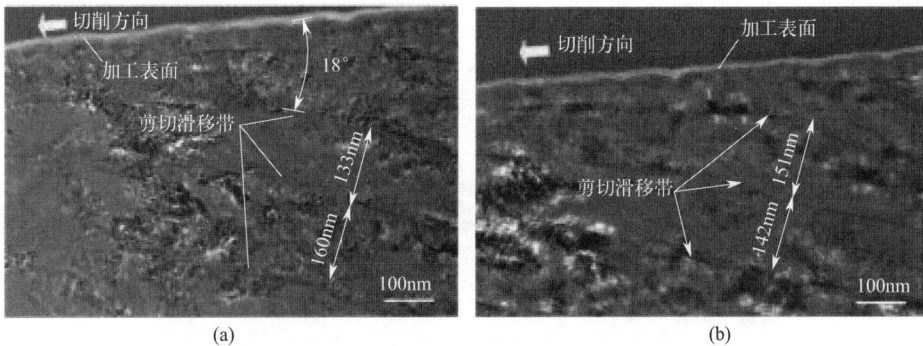

(a)　　　　　　　　　　　(b)

图 5-52　加工表面层上的剪切滑移带

（2）晶态变化

图 5-53 是使用 TEM 获得的加工表面层晶粒细化特征。在距离加工表面几百纳米的范围内，材料组织发生了显著的晶粒细化，且位错富集。从最外表面向内部，晶粒细化现象逐渐减弱，这与加工表面层的塑性变形程度降低直接相关。对近表面区域组织进行电子衍射后得到的花样显示，外围衍射斑点构成圆环形，进一步表明该区域富含多晶结构。加工表面层的这些细小晶粒是材料经过强烈塑性变形后因内部大量位错相互缠结、包络而形成的，其中最外表面的晶粒尺寸甚至达到 30nm 左右。与材料的初始平均晶粒尺寸（约为 15μm）相比，这些细小晶粒无疑将起到显著的细晶强化作用。

图 5-54 是加工表面层局部单个晶胞的放大形貌。可以看到，该晶胞的晶界比较平直，近似平行四边形，晶界处的晶格错乱，位错密度高，而晶胞内的晶格排列则较为整齐，晶胞尺寸约为 50nm。根据其形貌特征，可判断该细小晶胞的形成机制为材料剧烈变形过程中因大量位错增殖、滑移与缠结而诱发的连续型动态再结晶（或原位动态再结晶）。图 5-55 是一

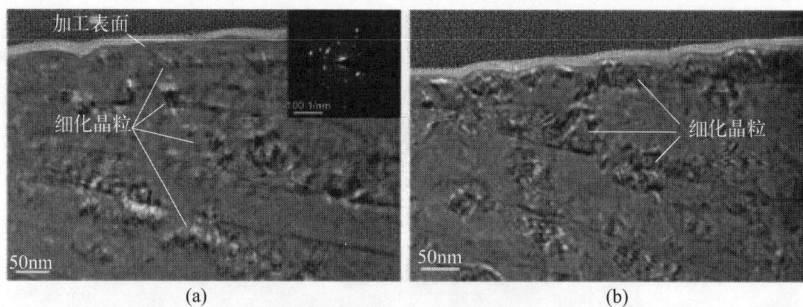

图 5-53　加工表面层的晶粒细化

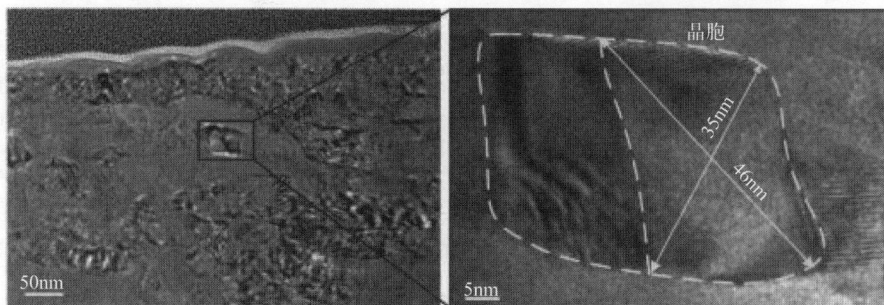

图 5-54　细化晶粒的局部放大图像

处距离加工表面较远的局部区域形貌。该区域的电子衍射斑点排列整齐，可判断该区域是单晶结构。该结果表明，在加工表面层相对最外表面较远的区域，组织受切削作用而发生细化的程度已变得非常低。

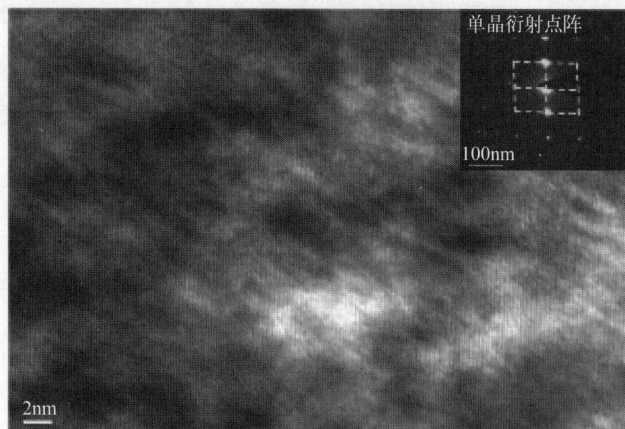

图 5-55　加工表面层上的单晶区域

（3）物相变化

Ti6Al4V 钛合金的微观结构由密排六方 α 相和体心立方 β 相组成，两种相中都固溶有 Al 元素以增强材料的强度。材料中的 V 元素主要起到稳定 β 相的作用。在中低温度下，α 相和 β 相都是比较稳定的。然而，通过切削、磨削等工艺对 Ti6Al4V 钛合金进行加工之后，材料一般会经历从高温逐渐冷却至室温的过程，这时，部分 β 相会转变为 α′ 相。受不同冷却速率影响，α′ 相可能沿基体晶面析出成为平行板条状，也可能生长为网篮组织。由于 α′ 相较

初生 α 相通常具有更高的位错密度，因此其抗疲劳能力也略强。

通过 EBSD 分析对试验用钛合金材料进行了测定，结果如图 5-56 所示。在基体组织中，α 相的体积分数约为 92%，β 相的体积分数约为 8%。在加工表面层中并未发现马氏体 α′ 相的存在。

图 5-56　钛合金组织分析

5.3.3　钛合金铣削加工表面残余应力

通过测量不同冷却润滑方式下的铣削表面层残余应力，验证前述模型，并就冷却润滑方式对铣削表面层残余应力的影响进行分析。在铣削过程中，铣刀刀齿对毛坯表面材料进行交替切削去除，逐渐形成构件的已加工表面层。以工艺参数 $f_z = 0.1\mathrm{mm/z}$，$V_c = 75\mathrm{m/min}$，$\gamma = 6°$，$r = 10\mu m$，浇注式冷却润滑条件为例，在表面层指定位置（对应的刀齿切削通过记为第 j 次）选取沿层深等距排列的系列测量点。在多齿的周期性切削作用下，这些测点的温度变化规律如图 5-57 所示。可以看到，这些测点在刀齿运动向其接近期间，温度随刀齿的靠近只有非常轻微的上升，这在第 $j-2$ 次和第 $j-1$ 次切削通过中可以看出来；一旦刀齿运动至测点位置（即第 j 次切削通过），切削温度急剧上升至最大值，其中最外表面点的温度高达近 350℃，沿着层深向内，测点峰值温度有非常明显的降低；在第 j 次切削通过中，随着刀齿切出切削区，这些测点的温度很快降低下来；随后第 $j+1$ 次切削通过到来，指定测点的温度再次发生剧烈升高，但升高幅值已不及前一次通过的一半；再之后，第 $j+2$ 次切削通过的到来对测点温度已几乎不产生影响，随着刀具持续远离，刀齿切削作用对这些测点的热影响不再产生。由此可见，加工表面层受刀齿切削作用产生的温度变化有着非常强烈的时间梯度和空间梯度效应，温度波动在空间和时间上的聚拢程度都很显著。在研究参数范围内，铣削已加工表面的温度峰值较低，在升温过程中无高温 β 相析出，导致后续急速降温阶段无亚稳 β 相存在，因而不会出现马氏体相变。在本书研究工艺参数范围内，表面层组织物相转变引起的残余应力作用为零。

使用 X 射线衍射仪（XRD）对表 5-11 所示各组下的表面层残余应力进行检测。检测方法为分别在刀具走刀进给方向和垂直于进给方向进行测量，在表面层深度上每隔 $5\mu m$ 距离测试一组残余应力。检测仪器为加拿大 PROTO 公司的快速残余应力分析仪 iXRD 300W，如图 5-58 所示。该仪器的灵敏度高，X 射线穿透深度为 $10 \sim 30\mu m$，检测精度为 $\pm 8\mathrm{MPa}$，被测点尺寸约为 3mm。为了测出加工表面层不同深度位置的残余应力，对待测位置使用高

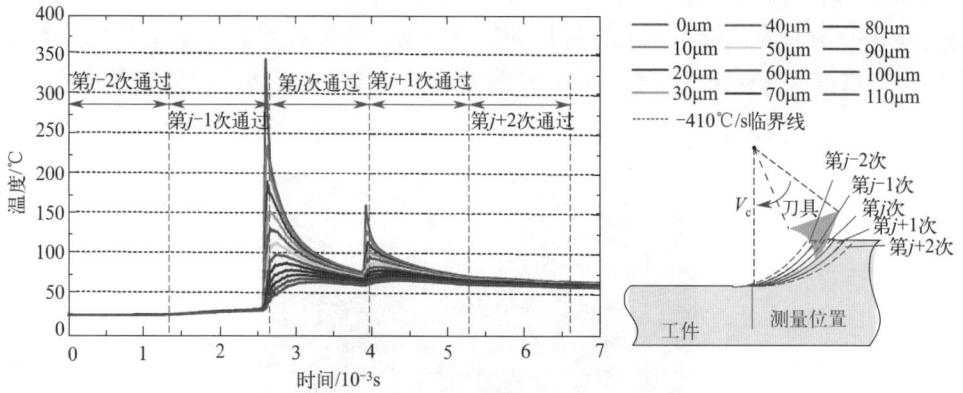

图 5-57　铣削表面层的温度变化

精度的逐层电解抛光处理，每次抛光深度控制在 $5\mu m$ 左右。电解抛光具有抛光尺寸准确、影响区极小的特点，能够较好地保证不同深度位置残余应力测试数据的准确性。

表 5-11　铣削工艺参数表

试验组	前角 $\gamma/(°)$	刃口半径 $r/\mu m$	切削线速度 $V_c/(m/min)$	每齿进给量 $f_z/(mm/z)$	冷却润滑方式
1#	6	10	75	0.1	干切削
2#	6	10	75	0.1	浇注式
3#	6	10	75	0.1	微量润滑
4#	6	10	75	0.1	低温 CO_2

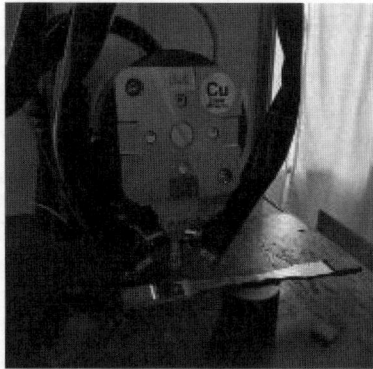

图 5-58　残余应力测量现场

　　在浇注式切削条件下，沿进给方向和垂直于进给方向的铣削表面层残余应力理论预测值和试验测量值对比如图 5-59 和图 5-60 所示。可见，表面层残余应力深度接近 $40\mu m$，以压应力为主；沿进给方向，最外表面残余压应力约为 287MPa，而在垂直进给方向上，最外表面残余压应力则达到 420MPa。从最外表面向内，残余压应力的数值逐渐减小并趋向于零，并且在两个不同方向上的变化趋势近似。

　　在干切削条件下，沿进给方向的铣削表面层残余应力理论预测值和试验测量值对比如图 5-61 所示。可见，该条件下的表面层残余应力也主要是压应力，变化规律与前述浇注式冷却下的结果近似相同，层深约为 $40\mu m$；最外表面的压应力为 204MPa，较浇注式冷却下的

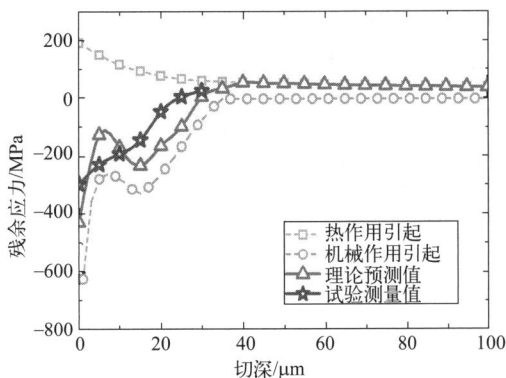

图 5-59　沿进给方向的浇注式铣削表面层残余应力理论预测值和试验测量值对比

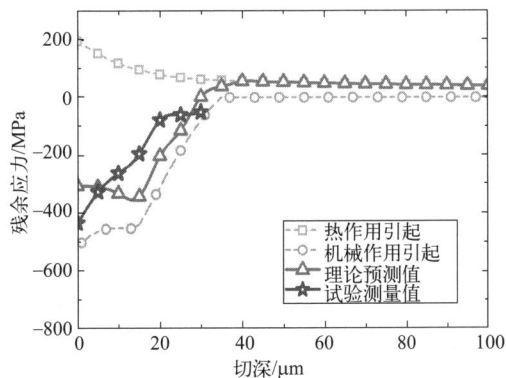

图 5-60　沿垂直进给方向的浇注式铣削表面层残余应力理论预测值和试验测量值对比

结果显著降低。残余压应力数值的减小与干切削条件下的温度升高以及刀齿-工件接触界面上因缺乏润滑致使摩擦力增大都有关系。

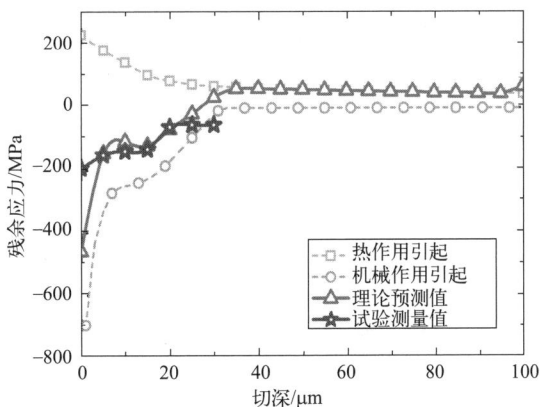

图 5-61　沿进给方向的干式铣削表面层残余应力理论预测值和试验测量值对比

在微量润滑切削条件下，沿进给方向的铣削表面层残余应力理论预测值和试验测量值对比如图 5-62 所示。可见，残余应力仍以压应力为主，最外表面残余压应力为 271MPa，与浇注式冷却条件获得的残余压应力相当。随着层深增大，残余压应力先逐渐减小至零，然后又略微增大。在微量润滑条件下，冷却效果非常有限，不能使切削区的温度得到明显降低，因此其对热应力的制约作用微弱。然而，该方式改善了润滑条件，使刀齿后刀面与工件已加工表面之间的接触摩擦力降低，对残余压应力的形成有一定的促进作用。

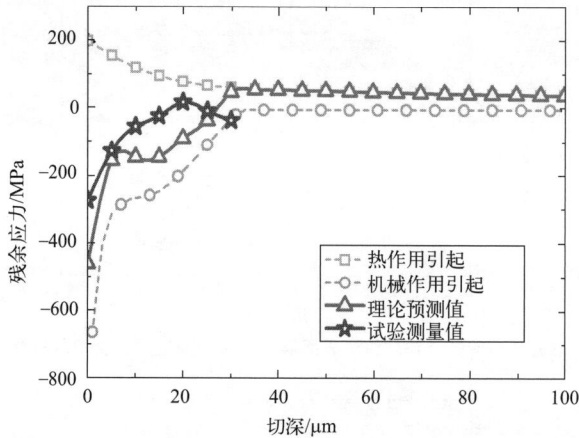

图 5-62　沿进给方向的微量润滑铣削表面层残余应力理论预测值和试验测量值对比

　　在低温 CO_2 切削条件下，沿进给方向的铣削表面层残余应力理论预测值和试验测量值对比如图 5-63 所示。可见，表面层内均为压应力，其中最外表面处最大，为 315MPa。相比前面几种冷却润滑方式，低温 CO_2 冷却获得的沿进给方向的残余压应力更大一些。可推断，低温 CO_2 辅助加工有望使构件获得更强的抗疲劳性能。在前述四种不同冷却润滑方式下，本节解析模型预测得到的残余应力值及其随层深的变化趋势整体上与试验测量结果都能够良好吻合，验证了本节模型的正确性和适用性。

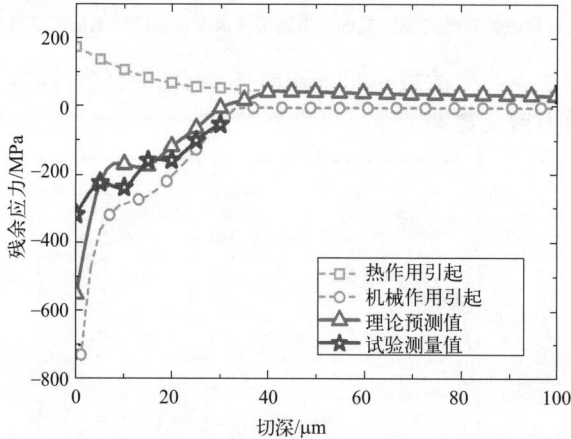

图 5-63　沿进给方向的低温 CO_2 铣削表面层残余应力理论预测值和试验测量值对比

5.4　微量润滑辅助蠕墨铸铁铣削加工表面完整性

5.4.1　蠕墨铸铁铣削加工表面形貌

　　图 5-64 显示了在干切削、$scCO_2$ 和 $scCO_2$-MQL 工况下，加工灰铁、蠕铁和球铁时，已加工表面粗糙度 Ra 随加工参数 V_c、f_z 和 a_p 的变化规律。由图可知，表面粗糙度值随着 V_c 的增大而减小。这是因为随着切削速度增大，切削温度升高，剪切应力有所下降。相反，

表面粗糙度值随 f_z 的增大而增大。这是因为表面粗糙度和每齿进给量成正比，随着每齿进给量的增加，残余轮廓增大（$Ra = \dfrac{f^2}{8r_e}$）。与切削速度和每齿进给量相比，切深的变化对表面粗糙度的影响较小。此外，在相同的加工参数下，在 $scCO_2$-MQL 条件时，表面粗糙度 Ra 值较小。与干切削条件相比，$scCO_2$-MQL 的加工表面粗糙度 Ra 降低了约 $15\% \sim 40\%$。

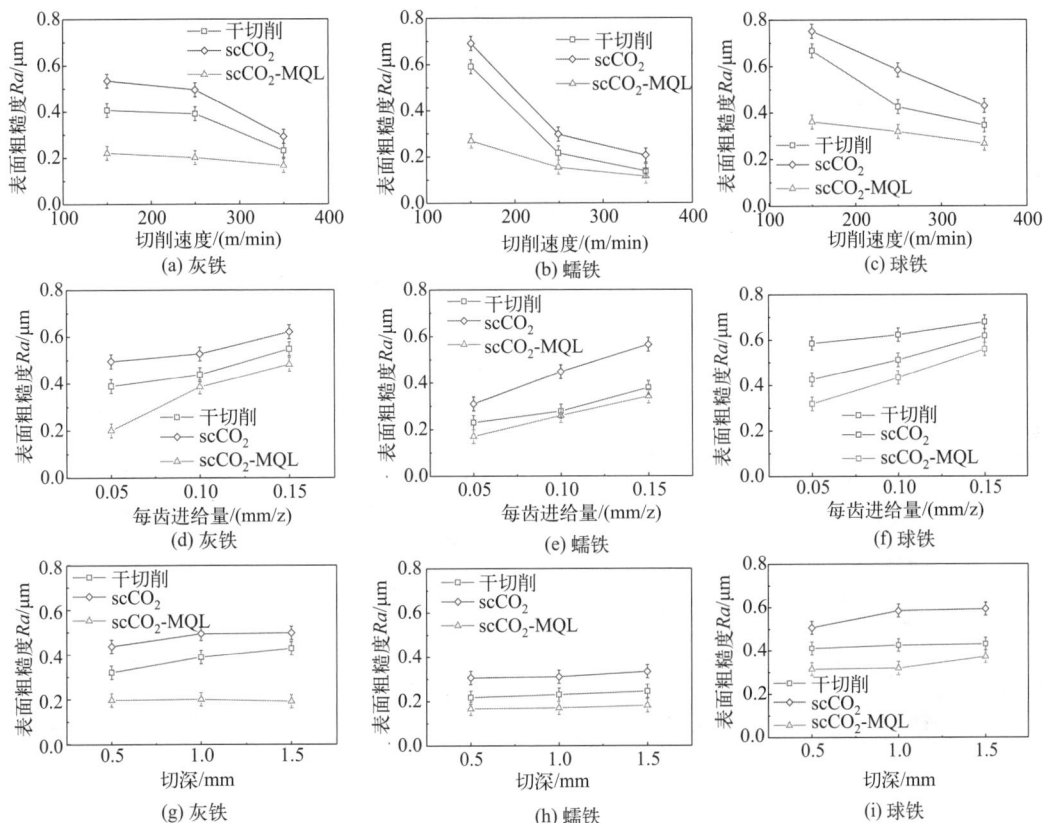

图 5-64　在干切削、$scCO_2$ 和 $scCO_2$-MQL 条件下加工灰铁、蠕铁、球铁时已加工表面粗糙度 Ra 随切削速度、每齿进给量、切深的变化规律

图 5-65～图 5-68 显示了在干切削、$scCO_2$ 和 $scCO_2$-MQL 条件下加工灰铁、蠕铁和球铁时，已加工表面的扫描电镜（SEM）形貌图和能谱分析（EDS）。由图可知，在干切削和 $scCO_2$ 条件下，三种材料的加工表面均出现了明显的凹坑。EDS 图谱进一步证实了这是切削过程中石墨断裂或 Fe_3C 基体造成的。通过 EDS 分析了灰铁的化学成分，它由 Fe、C、Si 等元素组成，是脆性材料，这进一步证实了凹坑是由切削过程中石墨断裂或 Fe_3C 基体造成的。另外，凹坑等缺陷可能还与材料铸造和冶金工艺有关。此外，在加工表面还观察到明显的划痕，恶化了表面粗糙度。这是由于刀具磨损状态下后刀面与已加工表面间的机械犁耕效应，或硬质点机械划伤。经 EDS 分析，划痕区域主要由 Fe、C、Si 等元素组成，是工件的组成成分。在加工球铁时，已加工表面出现了明显的鳞片状，使表面的平整度恶化。这是由于机械载荷作用占主导地位，而不是热载荷。通过 EDS 分析此区域（位置 2）可知，其化学成分主要由 Fe、C 和 Si 元素组成，是材料的组成成分。与干切削和 $scCO_2$ 条件相比，$scCO_2$-MQL 条件下的加工表面虽然也存在一些凹坑，但总体光洁度较好。这是因为 $scCO_2$-MQL 具有优异的润滑效果

和冷却作用，能够有效降低刀具与工件之间的摩擦，从而降低表面粗糙度。

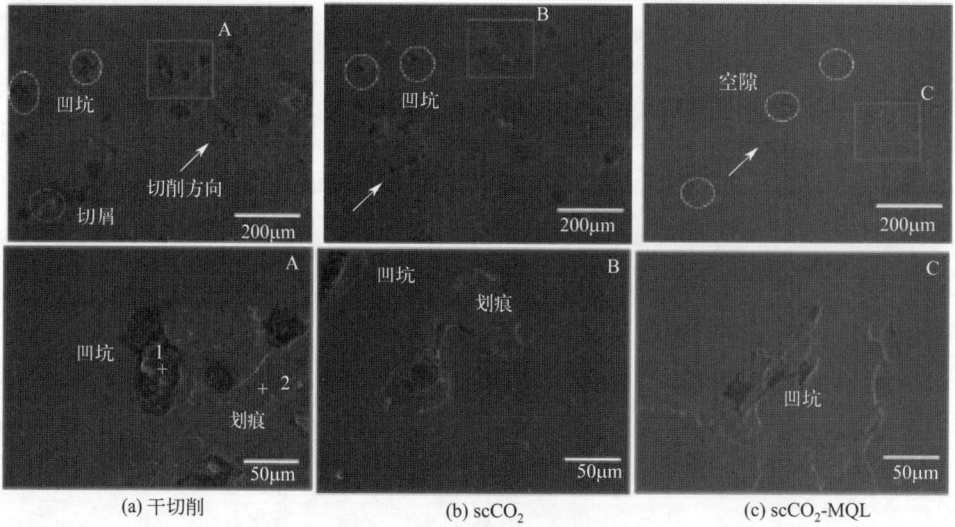

(a) 干切削   (b) scCO₂   (c) scCO₂-MQL

图 5-65　灰铁已加工表面 SEM 形貌图

$V_c = 250\text{m/min}, \ f_z = 0.15\text{mm/z}, \ a_p = 1\text{mm}$

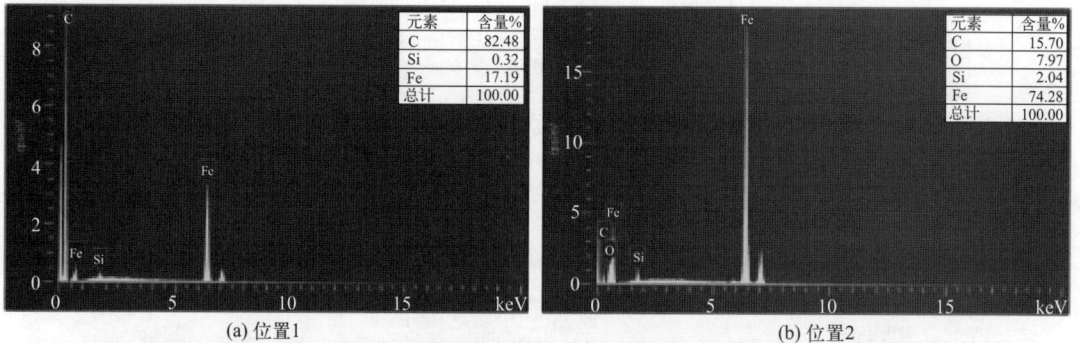

(a) 位置1   (b) 位置2

图 5-66　灰铁已加工表面位置 1、2 的 EDS 图谱（对应图 5-65）

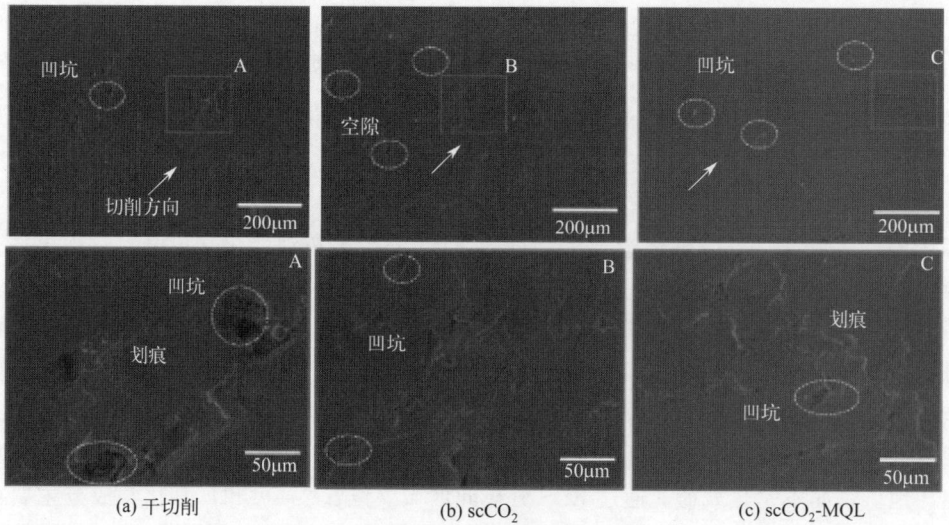

(a) 干切削   (b) scCO₂   (c) scCO₂-MQL

图 5-67　蠕铁已加工表面 SEM 形貌图

$V_c = 250\text{m/min}, \ f_z = 0.15\text{mm/z}, \ a_p = 1\text{mm}$

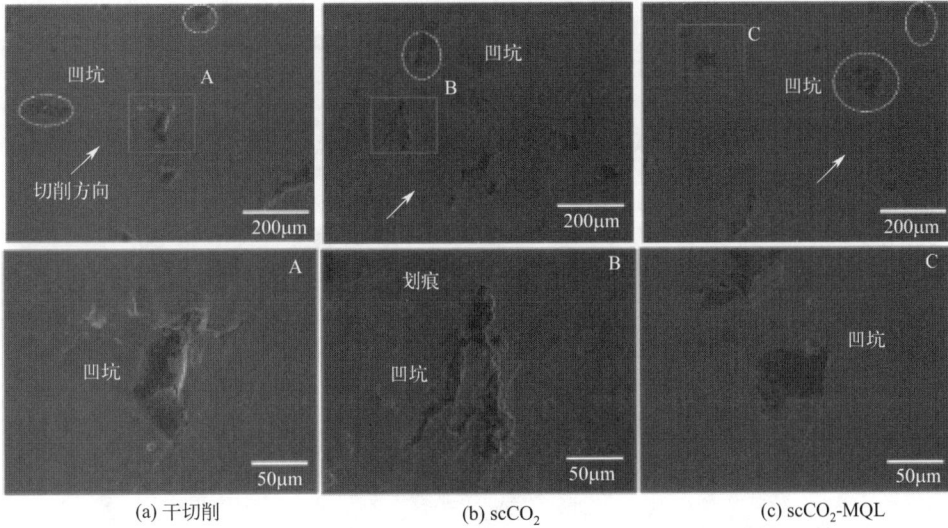

图 5-68　球铁已加工表面 SEM 形貌图

$V_c = 250\text{m/min}$，$f_z = 0.15\text{mm/z}$，$a_p = 1\text{mm}$

5.4.2　蠕墨铸铁铣削加工表面层组织

通过光学显微镜分析了灰铁、蠕铁和球铁三种材料在不同工况下铣削加工表面层的微观组织，结果如图 5-69 所示。可见在切削过程中，晶体晶粒发生塑性变形，石墨发生断裂，但浅表层晶粒组织并未发生相变（组织仍为珠光体或铁素体）。晶粒的塑性变形主要是刀具后刀面与工件加工表面相互挤压造成的。切削加工浅表层的石墨断裂导致加工表面出现凹坑。结果表明，机械载荷在切削过程中起主导作用。

此外，还对比分析了干切削和 $scCO_2$-MQL 条件下铣削加工蠕墨铸铁浅表层的微观组织，结果如图 5-70 所示。可见石墨在铣削过程中发生断裂和晶粒变形，组织为珠光体或铁素体。塑性变形主要由工件表面与刀具后刀面的相互挤压作用产生。

5.4.3　蠕墨铸铁铣削加工表面残余应力

图 5-71 显示了在干切削、$scCO_2$ 和 $scCO_2$-MQL 条件下，加工灰铁、蠕铁和球铁时，已加工表面残余应力（垂直于进给方向）随 V_c、f_z 和 a_p 的变化规律。由图可知，随着切削速度 V_c 和每齿进给量 f_z 的增大，加工表面残余应力呈现减小趋势。这是因为铣削过程中机械应力和热应力耦合机制不同。随着切削速度和进给速度的增大，虽然切削力和温度都有所增加，但在相同条件下，温度的增加速率要高于切削力的增加速率，导致热应力占主导作用。对于灰铁和球铁，当每齿进给量从 0.10mm/r 增加到 0.15mm/r 时，残余压应力转变为残余拉应力。这是因为热效应在较高的进给速度中起主导作用。相反地，残余压应力随着切深 a_p 的增大而增大。这是因为机械应力起主导作用。加工表面残余应力呈现各向异性，且 $scCO_2$-MQL 条件下的残余应力大于干切削条件下的残余应力。这是因为在 $scCO_2$-MQL 条件下，切削温度较低，热效应引起的应力较低。

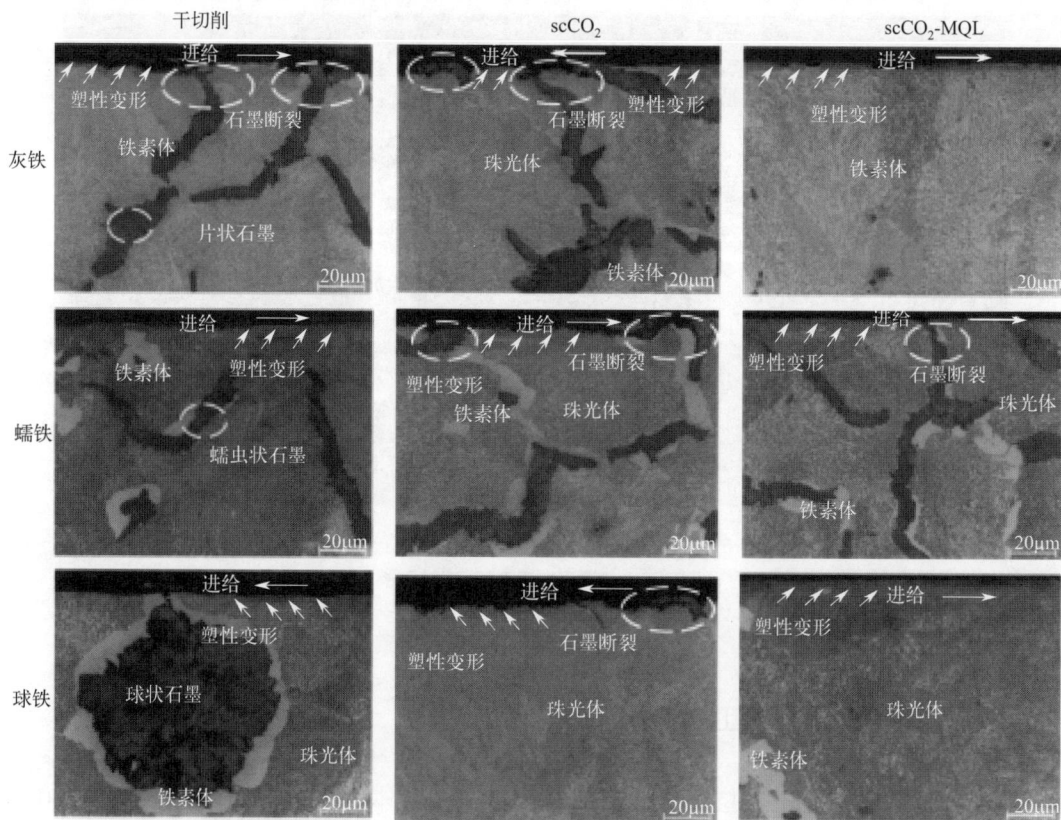

图 5-69　灰铁、蠕铁和球铁在干切削、scCO$_2$、scCO$_2$-MQL 工况下浅表层的微观结构

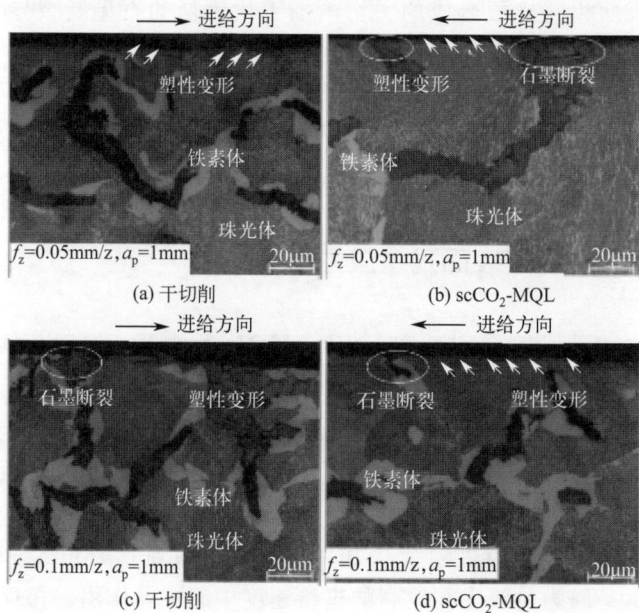

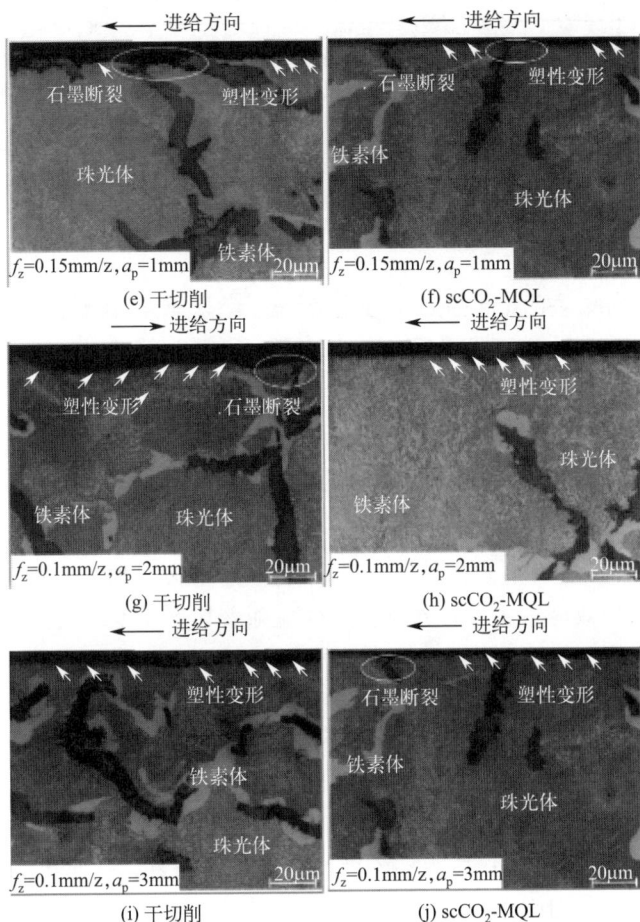

图 5-70　不同切削参数和工况下的蠕墨铸铁加工浅表层微观形貌

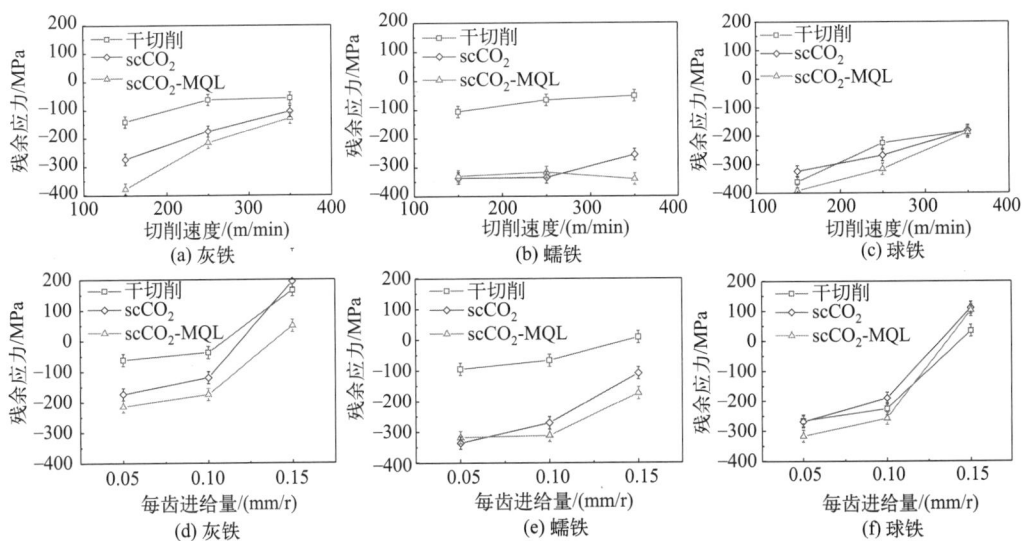

图 5-71

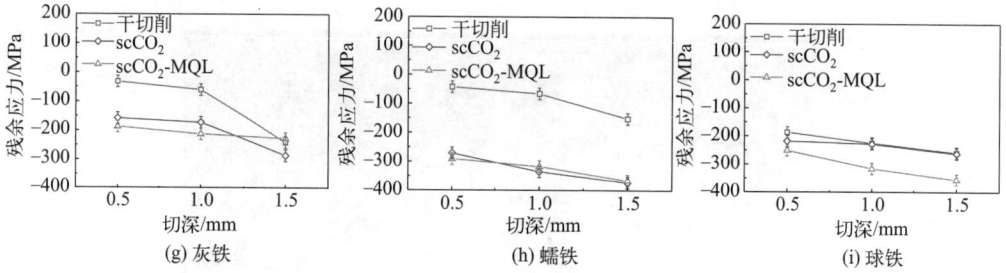

图 5-71　干切削、scCO₂ 和 scCO₂-MQL 工况下加工灰铁、蠕铁、球铁时已加工表面残余
应力随切削速度、每齿进给量、切深的变化规律

图 5-72 为不同切削参数下干切削和 scCO₂-MQL 条件时铣削过程中沿进给方向和垂直进给方向加工浅表面残余应力随层深的变化。加工表面的残余应力表现为残余压应力，且在表面处达到最大值，然后随着深度的增大逐渐转变为残余拉应力，最终接近于零（基体）。其原因是铣削过程中机械载荷和热载荷主导不同。沿垂直进给方向的残余应力[图 5-72(a)]，干切削条件下（实线），随着进给速度（切削深度）的增大，加工表面残余压应力值增大。其原因归结于机械挤压效应占主导，并且挤压效应随着切削深度增大而增强。表面残余压应力约为 60～150MPa，残余压应力深度约为 50～70μm。在 scCO₂-MQL 条件下（虚线），残余压应力随切削深度的增大而增大，在加工表面约为 100～180MPa，深度约为 80～90μm。沿进给方向的残余应力[图 5-72(b)]，干切削条件下（实线），随着切削深度或进给速度的增大，加工表面残余压应力逐渐增大，约为 120～200MPa，深度约为 60～70μm。在 scCO₂-MQL 条件下（虚线），表面残余压应力值约为 170～210MPa，深度约为 90～100μm。scCO₂-MQL 条件下的表面残余压应力和深度均大于干式条件，这是因为低温效应导致的热载荷诱导的拉应力低于干切削条件。结果表明，scCO₂-MQL 条件可以引入更高的压应力和深度，增加硬化层深度，从而提高零件的抗疲劳特性和服役性能。

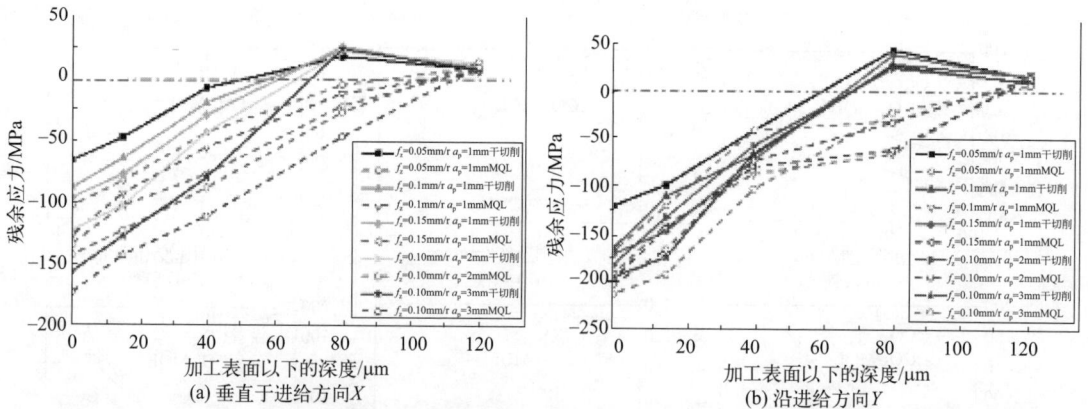

图 5-72　蠕墨铸铁在干式和低温微量润滑工况下浅表层残余应力随层深的变化

5.4.4　蠕墨铸铁铣削加工表面层纳米力学性能

图 5-73(a)～(c)显示了在 scCO₂-MQL 条件下，载荷、硬度和弹性模量随切深的变化曲线，

取稳定状态下硬度和弹性模量的平均值作为对比分析。图 5-74 为不同切削参数下，干切削和 scCO$_2$-MQL 工况时载荷随深度的变化规律，其中右下角插图为相应的纳米压痕形貌。图 5-75 显示了干切削和 scCO$_2$-MQL 工况时，不同参数下蠕墨铸铁加工浅表层的纳米硬度随层深的变化。硬度随深度的增大而降低，并逐渐保持在 4.8~4.9GPa 范围内（珠光体的硬度）。

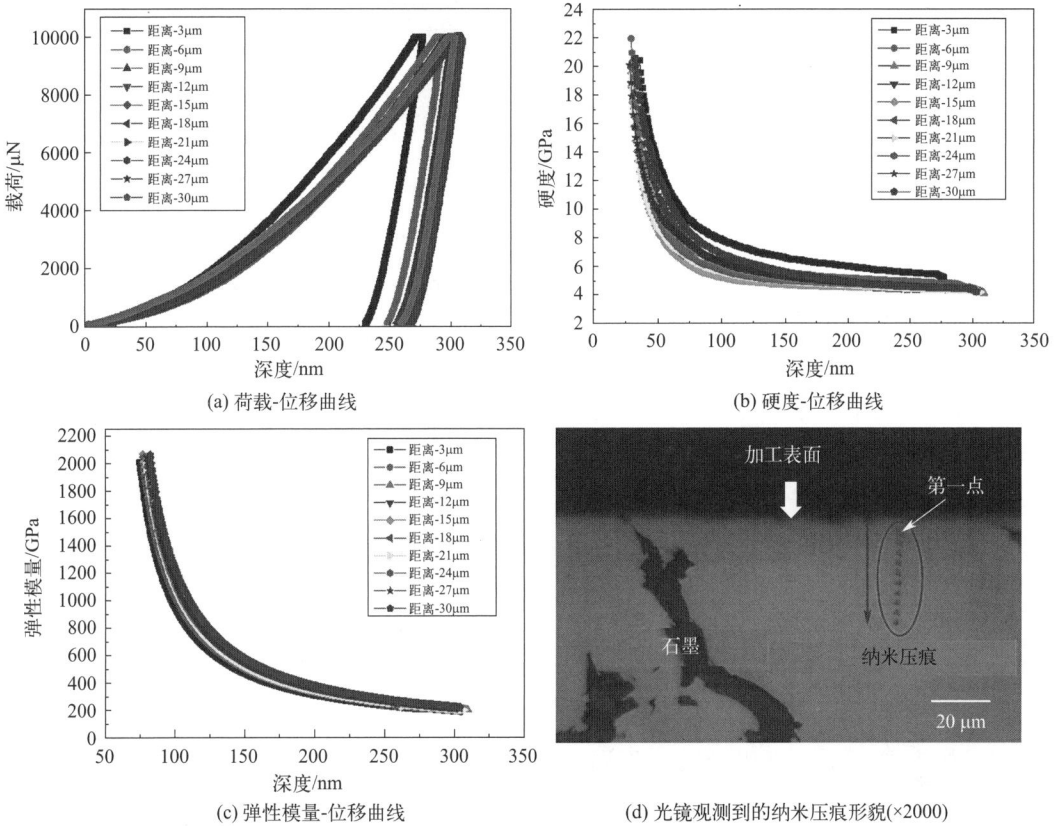

(a) 荷载-位移曲线

(b) 硬度-位移曲线

(c) 弹性模量-位移曲线

(d) 光镜观测到的纳米压痕形貌(×2000)

图 5-73　蠕墨铸铁加工浅表层的纳米力学特性

$f_z = 0.10$mm/r，$a_p = 3$mm，scCO$_2$-MQL

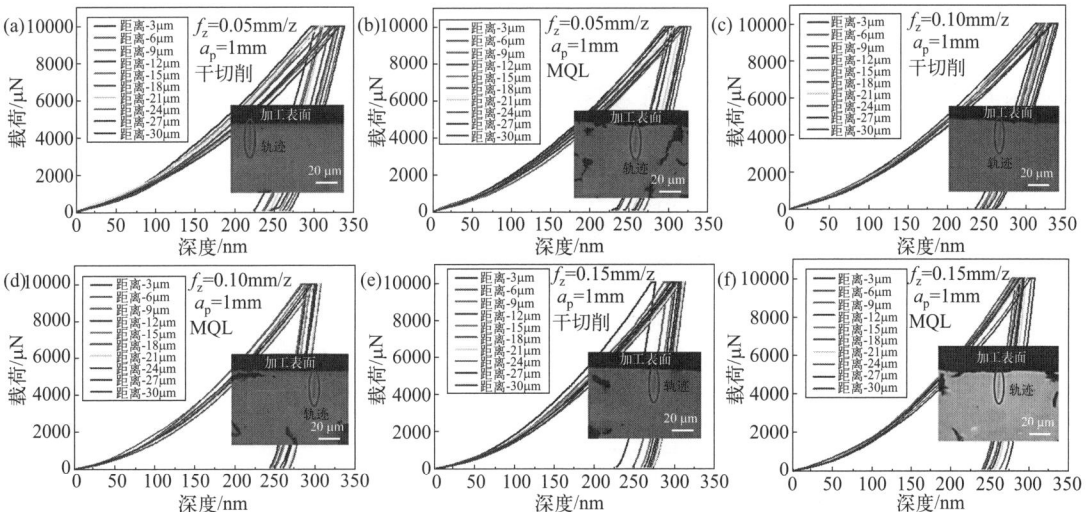

图 5-74

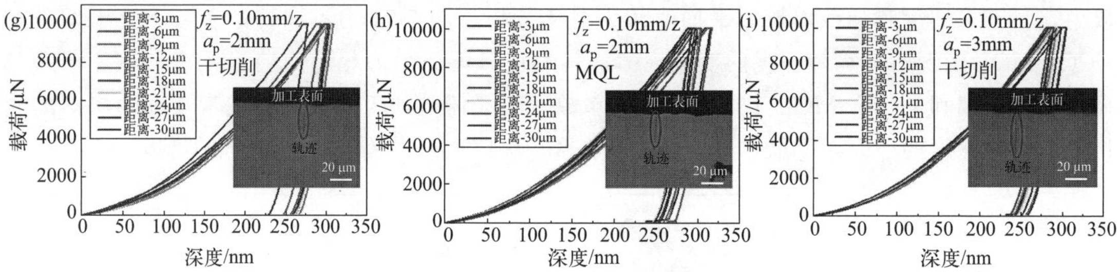

图 5-74 不同切削参数和工况下光镜观测到的纳米压痕

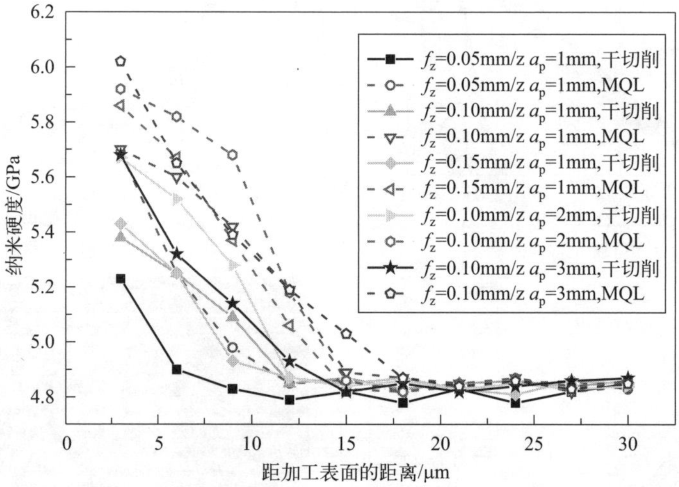

图 5-75 不同切削参数和工况下的浅表层纳米硬度对比

  不同切削参数下干切削和 $scCO_2$-MQL 的硬化层深度如图 5-76 所示。硬化层主要是由切削刀具的机械挤压作用引起的。不同切削参数下，干切削条件的硬化层深度约为 $8 \sim 15 \mu m$，$scCO_2$-MQL 条件的硬化层深度约为 $11 \sim 18 \mu m$。在相同切削参数下，$scCO_2$-MQL 条件的硬化层深度大于干切削条件。这是因为材料在超临界低温条件下诱导的应变硬化。结果表明，$scCO_2$-MQL 的引入可以增加硬化层深度。具有压应力的硬化层可以提高零件的抗疲劳性能，延长其使用寿命。

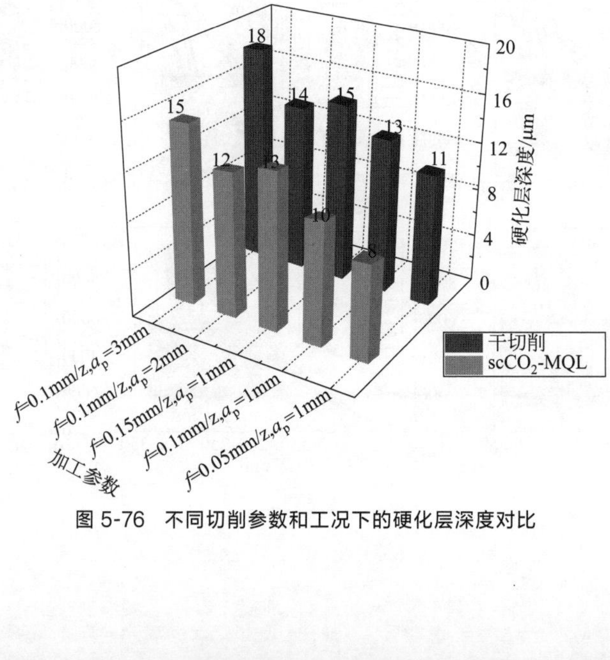

图 5-76 不同切削参数和工况下的硬化层深度对比

5.4.5　蠕墨铸铁铣削加工过程的切削力和温度

图 5-77(a)～(c)给出了在干切削、$scCO_2$ 和 $scCO_2$-MQL 条件下，加工灰铁、蠕铁和球铁时，切削力合力随切削速度（V_c）、每齿进给量（f_z）和切深（a_p）的变化规律。由图可知，切削力合力随 V_c、f_z 和 a_p 的增大而增大。对于同一种材料，在相同的加工参数下，$scCO_2$-MQL 条件的切削力合力最小。这是因为在加工过程中，MQL 不仅有效地减少了刀具与工件之间的摩擦，而且能更好地排屑。此外，$scCO_2$ 条件的切削力合力最大。这是因为在超临界条件下，材料的塑性变形和应变硬化效应加强了。在相同加工参数和润滑条件下，加工灰铁的切削力合力最小；相反，加工球铁的切削力合力最大。这是因为球铁的硬度高于灰铁或蠕铁。在加工参数和材料相同时，发现 $scCO_2$-MQL 条件的切削力合力最小，相比干切削条件下降了约 $20\%～30\%$。这是因为 $scCO_2$-MQL 具有优异的润滑效果。

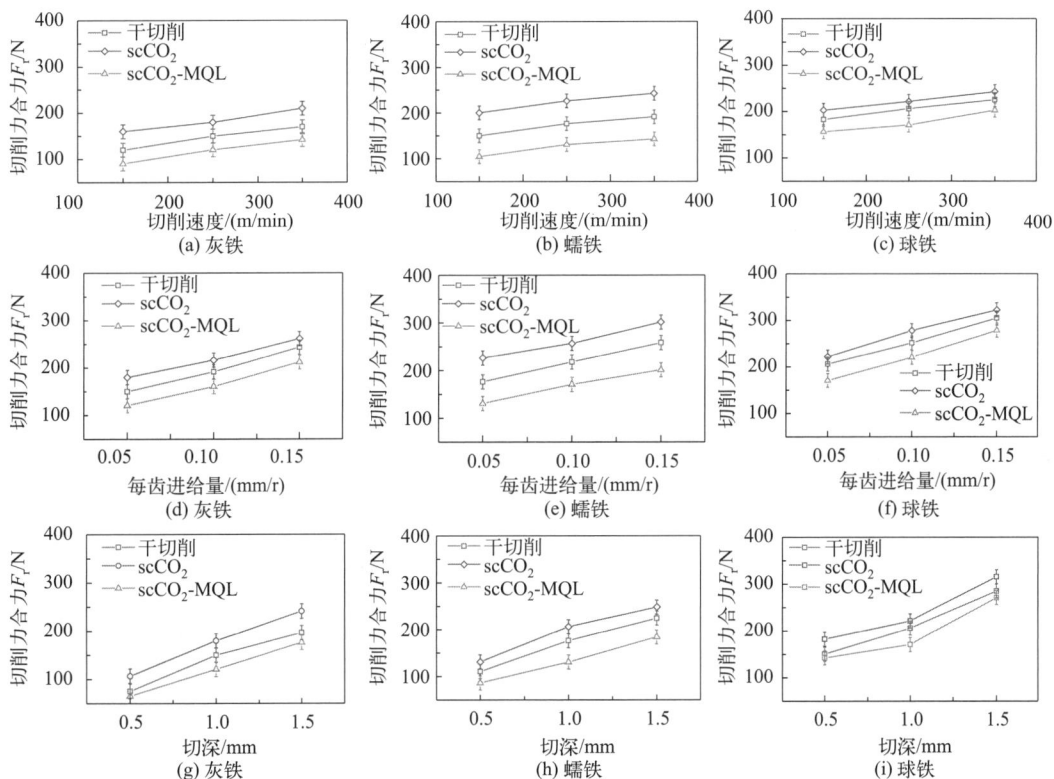

图 5-77　干切削、 $scCO_2$ 和 $scCO_2$-MQL 工况下加工灰铁、蠕铁、
球铁的切削力合力随切削速度、每齿进给量、切深的变化规律

图 5-78(a)～(c)显示了在干切削、$scCO_2$ 和 $scCO_2$-MQL 条件下，加工灰铁、蠕铁和球铁时，切削温度随 V_c、f_z 和 a_p 的变化规律。由图可知，切削温度随 V_c、f_z 和 a_p 的增大而升高。这是因为随着 V_c、f_z 和 a_p 增大，工件材料塑性变形加剧和切屑滑动速度增大。在相同的加工条件和加工参数下比较三种材料的切削温度，发现球铁的切削温度最高。这是因为三种材料的强度、硬度和导热性不同，球铁的硬度和强度在三种材料中最高，但是热导率最低。一方面，较高的硬度和强度加剧了切削过程中的塑性变形和应变

硬化，从而产生了较大的切削力，增加了热量的产生；另一方面，较低的热导率导致切削热的聚集，产生的热量难以从切削区域散出。此外，在加工参数和材料相同时，发现 $scCO_2$-MQL 条件下的切削温度最低，相比干切削条件下降了 $30\%\sim40\%$。这是因为 $scCO_2$-MQL 具有优异的冷却和润滑效果。

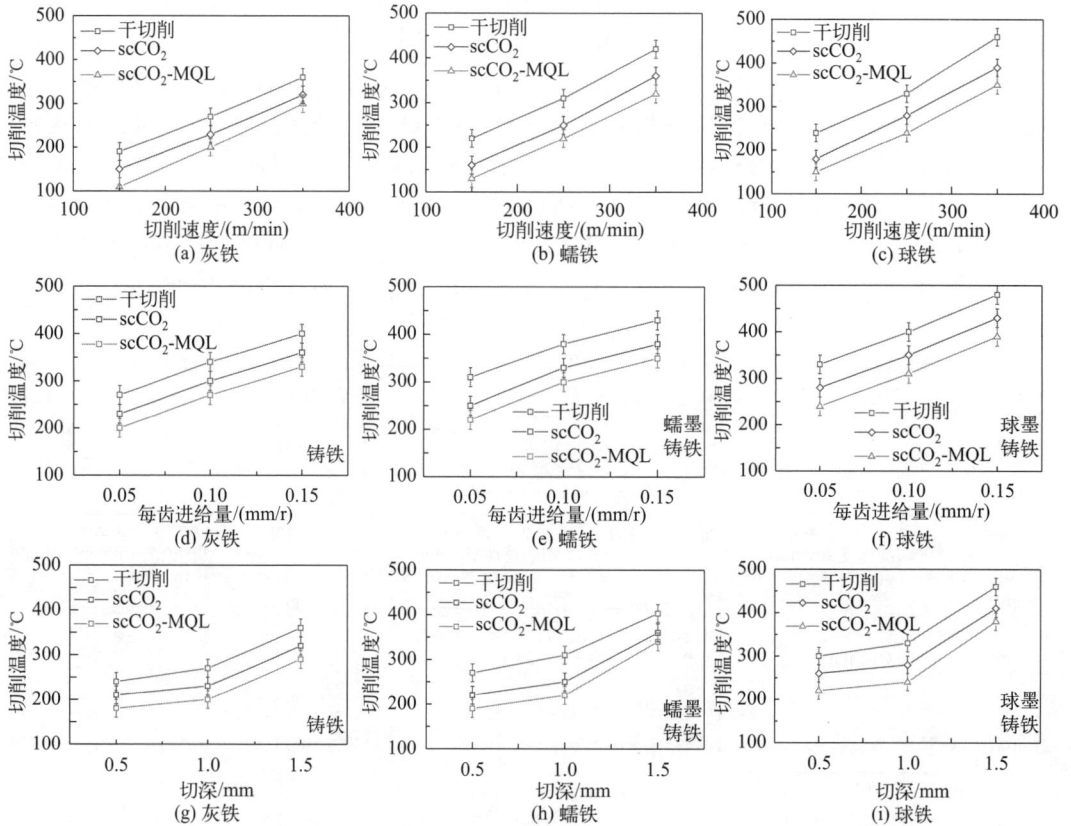

图 5-78　在干切削、$scCO_2$ 和 $scCO_2$-MQL 条件下加工灰铁、蠕铁、
球铁的切削温度随切削速度、每齿进给量、切深的变化规律

图 5-79 显示了干切削和 $scCO_2$-MQL 条件下的红外热成像图。在铣削过程中可观察到明显的切屑飞溅。这是因为切削过程中，切屑经历了强烈的摩擦和剧烈的塑性变形，大部分的热量（约 $80\%\sim90\%$）由切屑带走。此外，相比干切削条件，$scCO_2$-MQL 条件下的切削温度降低了约 $30\%\sim40\%$。这是因为 $scCO_2$-MQL 具有优异的润滑和冷却效果，具体如下：①$scCO_2$-MQL 中的润滑剂可以在切削区形成润滑膜，降低了刀具-工件界面之间的摩擦，从而减少了热的产生。此外，润滑剂的汽化也能带走一部分切削热。②高速高压低温 $scCO_2$ 喷射加强了对流换热。③$scCO_2$ 高压喷射有利于排屑，减小切屑与刀具前刀面的接触长度，从而减少了摩擦热的产生。

干切削和 $scCO_2$-MQL 工况下测得的最高切削温度如图 5-80 所示。切削温度随进给速度和切削深度的增大而升高。这是因为随着进给速度和切削深度的增大，工件材料的塑性变形和切屑的滑动速度增大。采用 $scCO_2$-MQL 技术可显著降低切削温度（降低 $23\%\sim36\%$）。其原因可归结于 $scCO_2$-MQL 优异的冷却和润滑性能。一方面，润滑油膜的形成降低了刀具-工件-切屑界面处的摩擦，从而减少了热的产生；另一方面，高压高速低温 CO_2

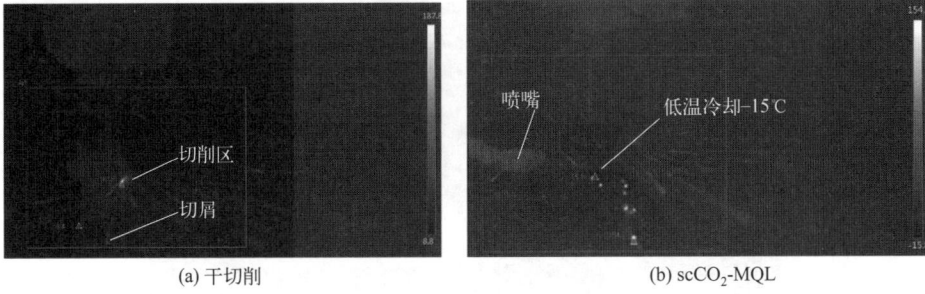

(a) 干切削　　　　　　　　　　　　　(b) scCO₂-MQL

图 5-79　红外热成像图

射流具有优异的传热性能，从而实现了良好的传热（图 5-81）。

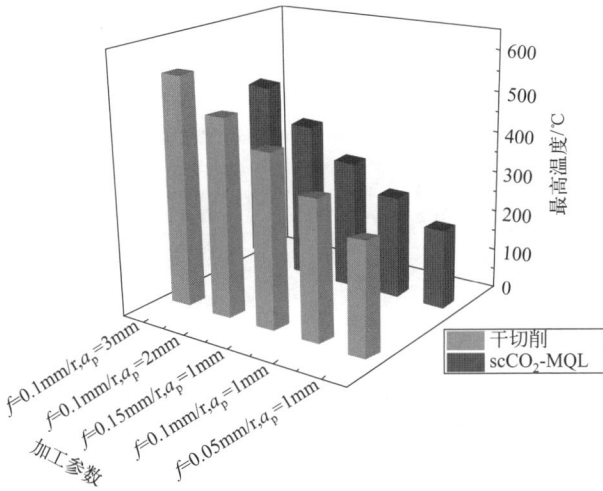

图 5-80　不同切削参数和工况下的最高切削温度对比

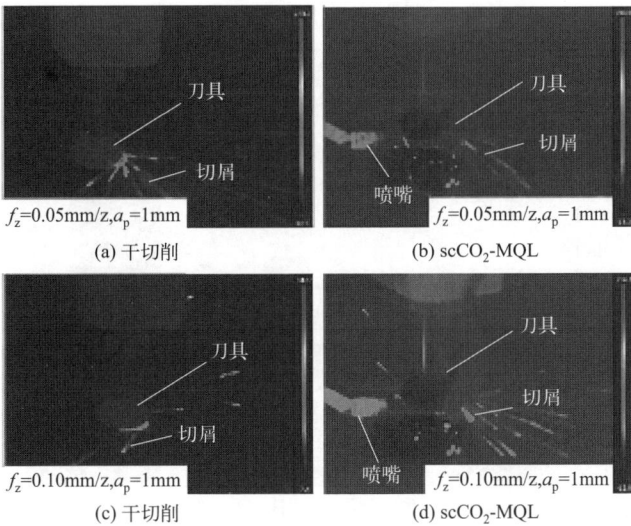

(a) 干切削　　　　　　　　　(b) scCO₂-MQL

(c) 干切削　　　　　　　　　(d) scCO₂-MQL

图 5-81

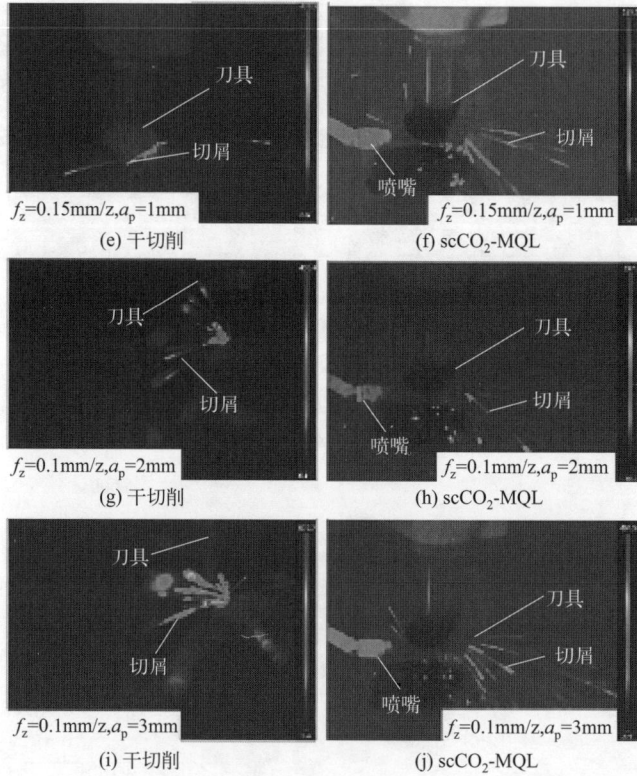

图 5-81　红外捕捉到的不同切削参数和工况下蠕墨铸铁铣削加工过程的温度

5.4.6　蠕墨铸铁铣削加工的刀具磨损

图 5-82 给出了材料去除量和加工参数相同时，在干切削、$scCO_2$ 和 $scCO_2$-MQL 条件下加工灰铁、蠕铁和球铁时刀具后刀面磨损宽度（VB）的对比。图 5-83 显示了在光学显微镜下相应的刀具后刀面磨损形貌。由图可知，在这三种材料中，球铁是最难切削的材料，而

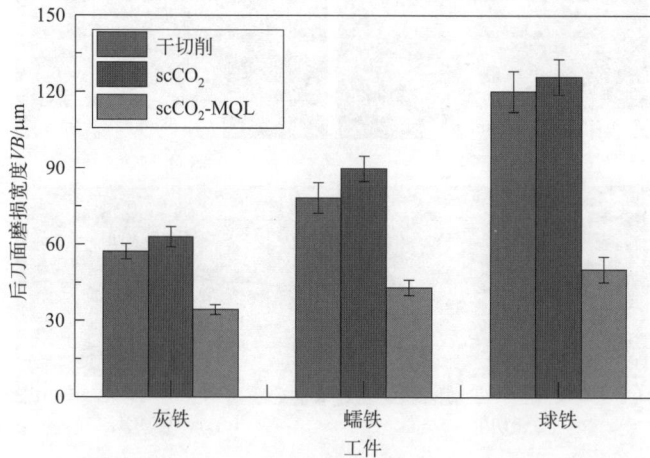

图 5-82　灰铁、蠕铁和球铁在干切削、$scCO_2$、$scCO_2$-MQL 工况时的刀具后刀面磨损宽度 VB 对比

灰铁的可加工性最好（将后刀面磨损宽度 VB 作为可加工性评价标准）。这是因为三种材料的微观组织和力学性能不同。在切削过程中，灰铁中的块片状石墨在刀具-工件界面处能起到润滑剂的作用，而球铁中较细的珠光体增加了材料的强度和硬度。此外，在三种铸铁中，球铁具有最高的抗拉强度和硬度。因此在相同条件下，加工球墨铸铁时，刀具的后刀面磨损宽度最大。对于同一种材料，在 $scCO_2$ 条件下，刀具的后刀面磨损宽度要比干切削条件的大。这是因为在超临界条件下的应变强化效应增强了。在 $scCO_2$ 条件下加工蠕铁的刀具以及在干切削和 $scCO_2$ 条件下加工球铁的刀具，都可以观察到崩刃现象（图 5-83）。一方面可能是相比灰铁，蠕铁和球铁具有更高的硬度和强度，另一方面可能是切削过程中的冲击载荷影响。此外，在相同的材料去除量和加工参数下，相比干切削条件，$scCO_2$-MQL 条件下的刀具寿命延长了 20%～40%。这是因为 $scCO_2$-MQL 增强了切屑-刀具-工件界面的润滑，进而有利于减轻刀具的后刀面磨损。

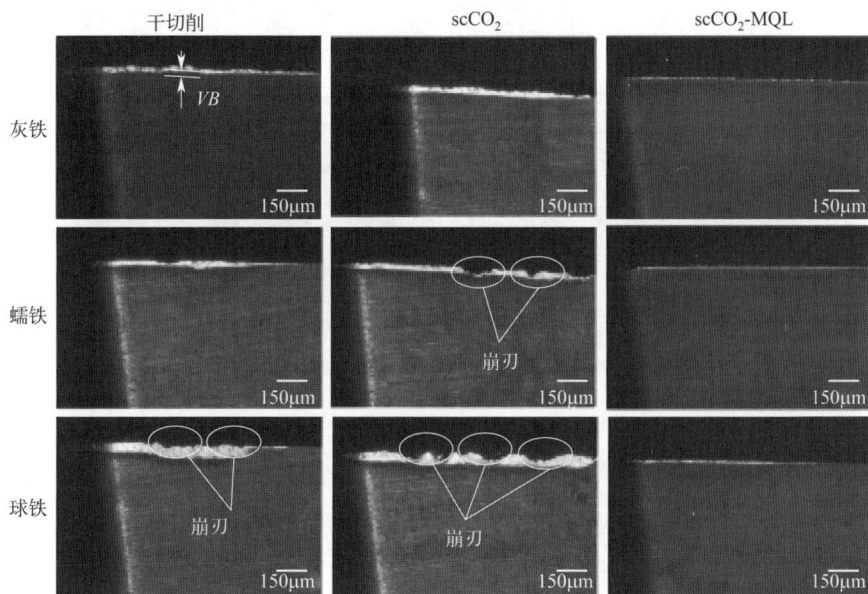

图 5-83　灰铁、蠕铁和球铁在干切削、$scCO_2$、$scCO_2$-MQL 工况时的刀具磨损形貌

图 5-84～图 5-89 显示了在干切削和 $scCO_2$-MQL 条件下加工灰铁、蠕铁和球铁时刀具后刀面磨损的 SEM 形貌图和化学成分 EDS 图谱。在干切削条件下加工灰铁时，在切削刃附近可观察到明显的后刀面磨损带，如图 5-84(a) 所示。由 EDS 图谱（图 5-85）分析可知，位置 1 主要由 C、O 和 W 元素组成，其中 W 元素为 WC 刀具基体的成分，表明涂层经历了剧烈的磨损过程。此外，后刀面有明显的黏结物。通过位置 2 的 EDS 分析其化学成分，发现主要由 Fe 和 C 元素组成，表明了黏结磨损机理。加工蠕铁和球铁时，刀具刃口出现了崩刃现象（图 5-86 和图 5-88），位置 2 的 EDS 检测到了元素 W[图 5-87(b) 和图 5-89(b)]。这是因为相比灰铁，蠕铁和球铁具有更高的强度和硬度。此外，在靠近切削区域的刀面观测到了明显的黏结物[图 5-86(a) 和图 5-88(a)]。由位置 1 的 EDS[图 5-87(a) 和图 5-89(a)]分析可知，此区域主要由 Fe 和 C 元素组成，是工件的化学成分，表明了黏结磨损机理。加工球铁的刀具，在切削刃附近的磨损区还观测到了裂纹和凹坑[图 5-88(a)]。这是因为切削刃在切削过程中承受了较大的冲击载荷。另外，在磨损区观测到了划痕。这是刀具与工件中存在的硬质颗粒摩擦造成的，表明了磨粒磨损机理。与干切削条件相比，在 $scCO_2$-MQL 条件下加

工灰铁和蠕铁时刀具后刀面出现了较轻的磨损[图 5-84(b)和图 5-86(b)]。对磨损区（位置 3）的化学成分进行 EDS 分析[图 5-85(c)和图 5-87(c)]可知，元素主要成分为 Ti 和 Al，表明 TiAlN 涂层未磨尽。然而，加工球铁的刀具，磨损区的涂层几乎磨尽（图 5-88），通过 EDS（图 5-89）证实了在磨损区（位置 3）检测到元素 W。这是因为球铁具有更高的强度和硬度，导致磨损剧烈。

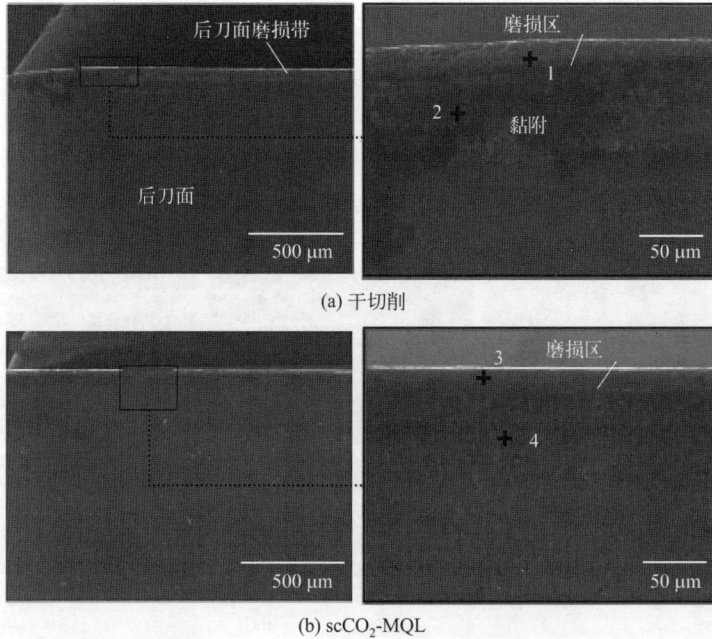

(a) 干切削

(b) scCO$_2$-MQL

图 5-84　加工灰铁时刀具磨损的 SEM 形貌图

$V_c = 250\text{m/min}$，$f_z = 0.15\text{mm/z}$，$a_p = 1\text{mm}$

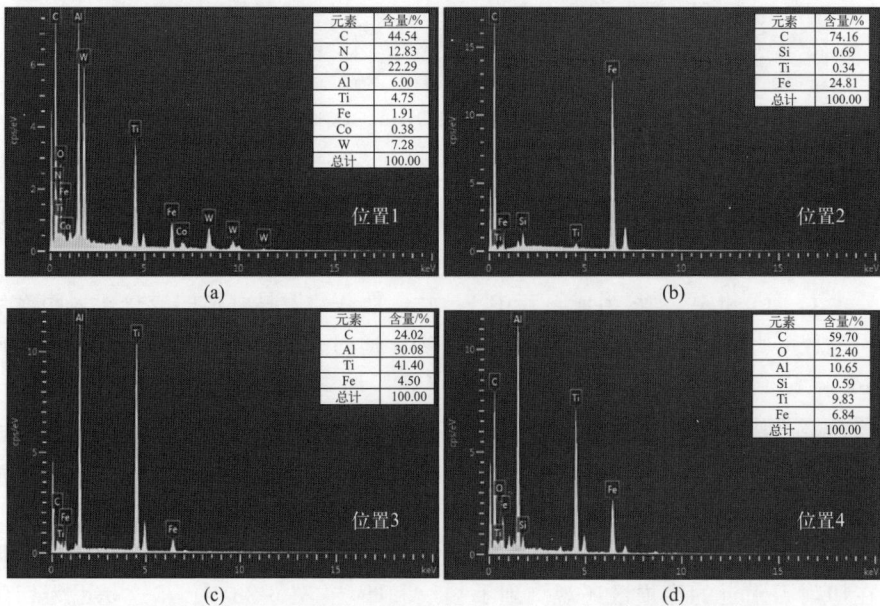

元素	含量/%
C	44.54
N	12.83
O	22.29
Al	6.00
Ti	4.75
Fe	1.91
Co	0.38
W	7.28
总计	100.00

位置1

(a)

元素	含量/%
C	74.16
Si	0.69
Ti	0.34
Fe	24.81
总计	100.00

位置2

(b)

元素	含量/%
C	24.02
Al	30.08
Ti	41.40
Fe	4.50
总计	100.00

位置3

(c)

元素	含量/%
C	59.70
O	12.40
Al	10.65
Si	0.59
Ti	9.83
Fe	6.84
总计	100.00

位置4

(d)

图 5-85　加工灰铁时刀具后刀面位置 1~4 的 EDS 图谱

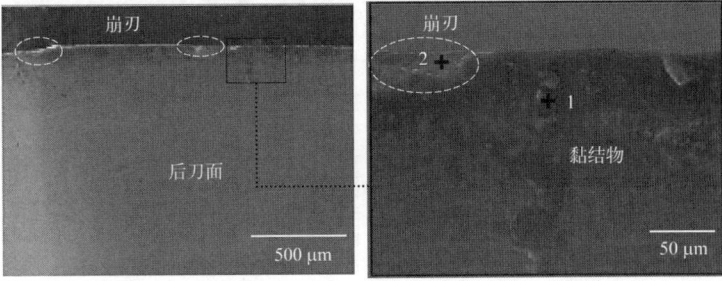

(a) 干切削

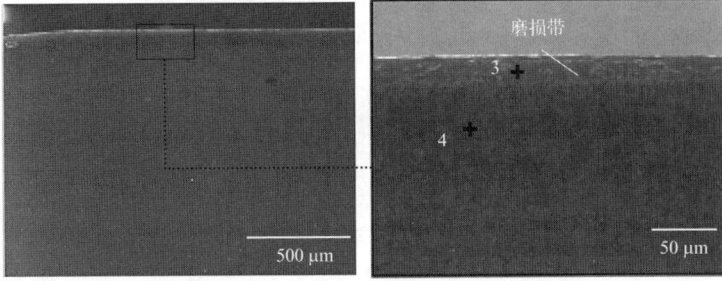

(b) scCO₂-MQL

图 5-86　加工蠕铁时刀具磨损的 SEM 形貌图

$V_c = 250\mathrm{m/min}, \ f_z = 0.15\mathrm{mm/z}, \ a_p = 1\mathrm{mm}$

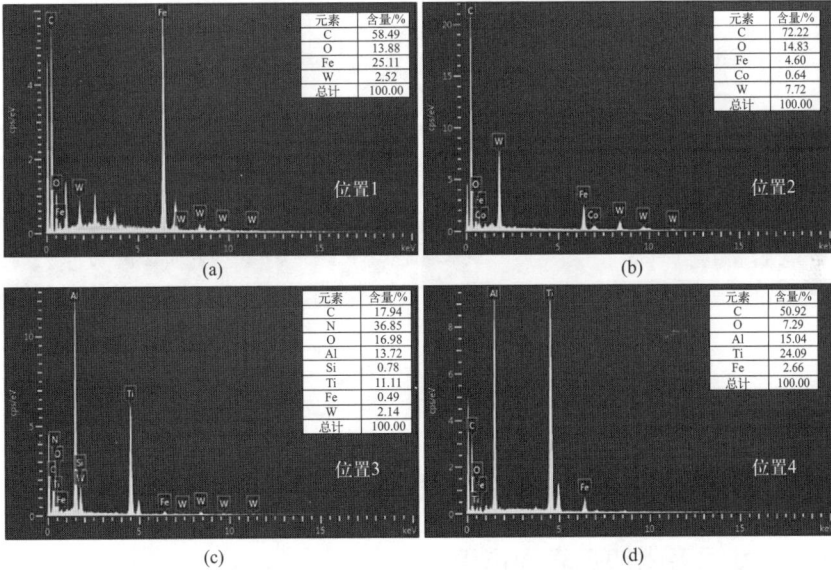

图 5-87　加工蠕铁时刀具后刀面位置 1~4 的 EDS 图谱

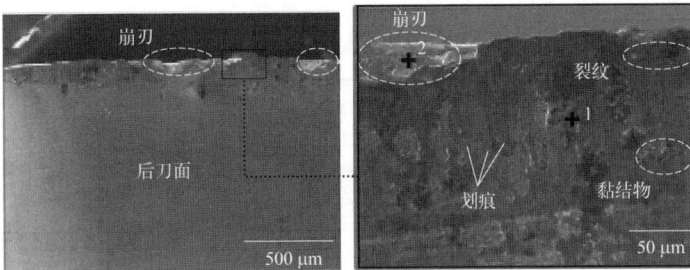

(a) 干切削

图 5-88

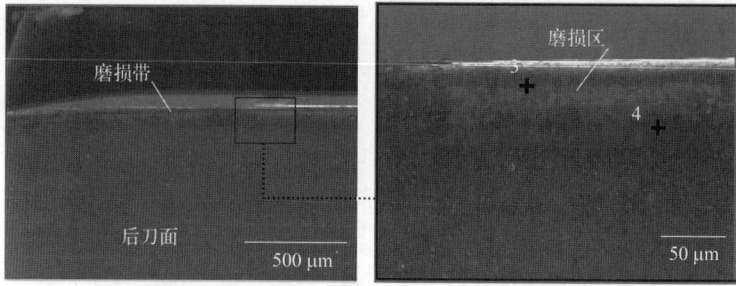

(b) scCO₂-MQL

图 5-88 加工球铁时刀具磨损的 SEM 形貌图

$V_c = 250\mathrm{m/min}$, $f_z = 0.15\mathrm{mm/z}$, $a_p = 1\mathrm{mm}$

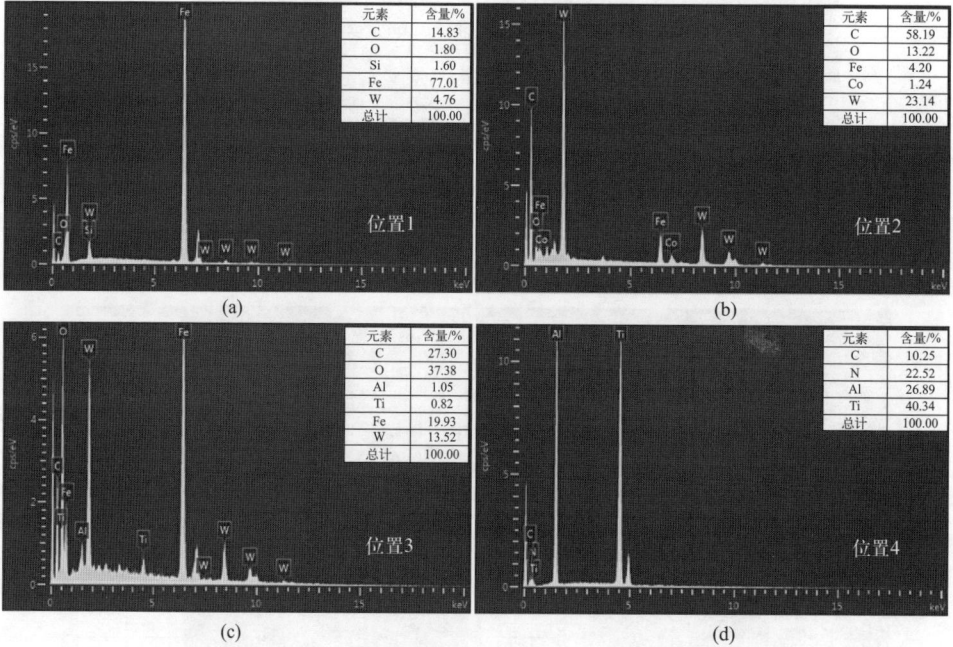

元素	含量/%
C	14.83
O	1.80
Si	1.60
Fe	77.01
W	4.76
总计	100.00

位置1

(a)

元素	含量/%
C	58.19
O	13.22
Fe	4.20
Co	1.24
W	23.14
总计	100.00

位置2

(b)

元素	含量/%
C	27.30
O	37.38
Al	1.05
Ti	0.82
Fe	19.93
W	13.52
总计	100.00

位置3

(c)

元素	含量/%
C	10.25
N	22.52
Al	26.89
Ti	40.34
总计	100.00

位置4

(d)

图 5-89 加工球铁时刀具后刀面位置 1~4 的 EDS 图谱

5.5 微量润滑辅助超高强度钢磨削加工表面完整性

5.5.1 超高强度钢磨削加工表面形貌

不同冷却润滑条件下超高强度钢磨削表面的三维形貌如图 5-90 所示。从图中可以看出在干磨削条件下，磨削表面出现了明显的凸峰和凹谷特征。在磨削过程中使用切削液时，磨削表面的光洁度相比干磨削逐渐得到了改善。在磨削过程中使用超临界二氧化碳低温射流介质时，磨削表面轮廓的最大高度急剧减小，加工表面质量大幅度提升。值得注意的是，在低温射流和油膜附水滴混合冷却润滑条件下形成的磨削表面似乎不如在单一低温射流介质下形成的磨削表面好，混合冷却润滑条件下磨削表面出现了轻微涂覆现象。如果考虑植物油膜的润滑作用，则磨粒与工件之间的摩擦会降低，从而大大降低磨削热量。然而，由于油膜会在磨削过程产生的高温高压下发生破裂，导致水滴附着在砂轮和工件表面，再加上超高强度钢切屑的黏性，从而使得砂轮局部堵塞的可能性提升，导致磨粒参与切削的刃口会变钝，最终导致磨削表面存在残留材料。

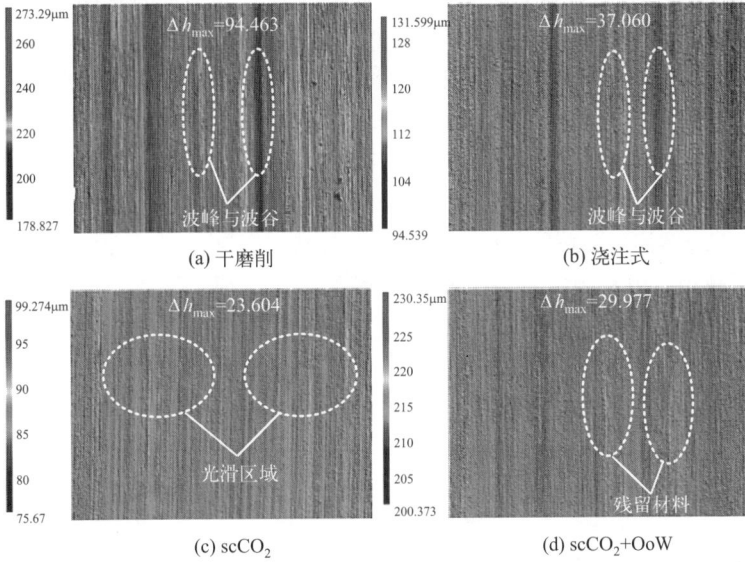

(a) 干磨削　　　　　　　　　　(b) 浇注式

(c) scCO$_2$　　　　　　　　(d) scCO$_2$+OoW

图 5-90　不同冷却润滑条件下超高强度钢磨削表面的三维形貌

图 5-91 是不同冷却润滑条件下磨削表面形貌的扫描电镜图。从图中可以看出，在干式条件下，磨削表面层材料会发生明显的塑性流动，磨削表面在磨粒作用下形成了明显的耕犁痕迹和塑性隆起；由于材料在高温条件下强度会有所降低，在磨粒的强烈挤压作用下磨削表面产生了微坑。当采用切削液浇注环境时，表面的塑性流动相比干磨削有所下降，耕犁痕迹更加均匀。当采用低温射流磨削环境时，表面的塑性流动现象进一步减弱，纹理更加平整光

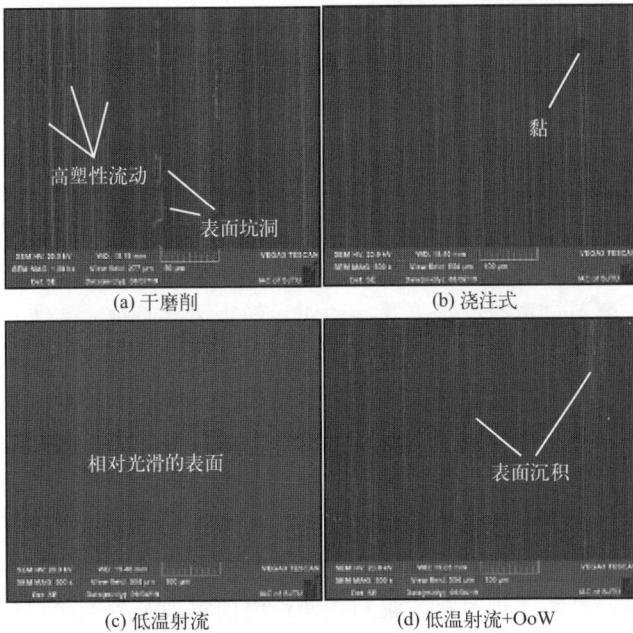

(a) 干磨削　　　　　　　　　　(b) 浇注式

(c) 低温射流　　　　　　　(d) 低温射流+OoW

图 5-91　不同冷却润滑条件下磨削表面的 SEM 形貌

滑。然而，当采用低温射流和微量润滑混合磨削环境时，磨削表面局部区域出现了涂覆现象，这与之前三维形貌中观察到的残留痕迹相符。在磨削弧区加入低温射流冷却介质，可以大幅度强化换热能力，减小材料表面塑性流动。同时，也能保护磨粒的锋利度，使得磨削更加平稳安全地进行，减少磨削表面烧伤的可能性。

图 5-92 是磨削表面的粗糙度随磨削深度和冷却润滑条件变化的直方图。可以看出，在干磨削下，磨削表面的粗糙度值最大，并且随着磨削深度的增大而增大。当采用浇注式时，表面粗糙度有所下降。当采用低温射流时，表面粗糙度达到最小，并且随着磨削深度的增大几乎保持不变。同时，可以看到低温射流和油膜附水滴的混合物使得表面粗糙度值有所上升。这与观察到的表面形貌规律是一致的。总的来说，低温射流一方面可以降低工件磨削表面的热量，从而减小塑性流动；另一方面可以降低砂轮磨损。同时，在加工过程中还应注意砂轮类型和工件材料，考虑到不同冷却润滑条件下磨屑形貌的变化。若冷却润滑方式选取不当，会造成砂轮堵塞，恶化磨削表面质量。

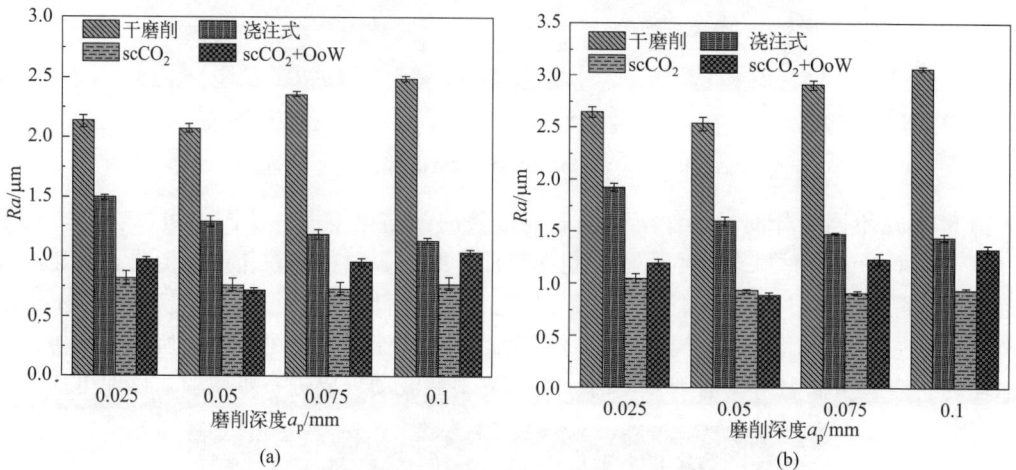

(a)

(b)

图 5-92　不同冷却润滑条件下磨削表面的粗糙度分布规律

图 5-93 是磨削深度为 0.1mm 时不同冷却润滑条件下产生的磨屑形貌扫描电镜图。由图可知，在干磨削条件下，磨削表面层材料会发生明显的塑性流动，且随着磨削深度的增大，塑性流动现象更加明显，在磨削表面产生了微坑。根据磨屑图可以看出，在干磨削下产生的是连续的带状磨屑，磨屑自由表面可以观察到明显的锯齿状特征。当采用浇注式条件时，磨削表面质量逐渐得到提升，并且随着磨削深度的增大，表面质量维持在较好的水平。这意味着在工业生产中可以通过适当提高磨削参数来提高磨削生产效率。从磨屑的形貌来看，浇注式磨削产生的磨屑以球形和断屑状为主。当采用低温射流磨削时，相比于干磨削和浇注式磨削，表面质量得到进一步提升，表面粗糙度得到大幅度提高。从对应的磨屑图可以看出，低温射流磨削产生的磨屑和干磨削具有类似的形貌，均为连续带状，这表明磨粒在切削过程中锐利性保持较好。在磨削弧区加入低温射流冷却介质，可以大幅度提升换热能力，减少材料表面塑性流动。同时，也能保护磨粒的锐利，使得磨削更加平稳安全地进行，减少磨削表面烧伤的可能性。

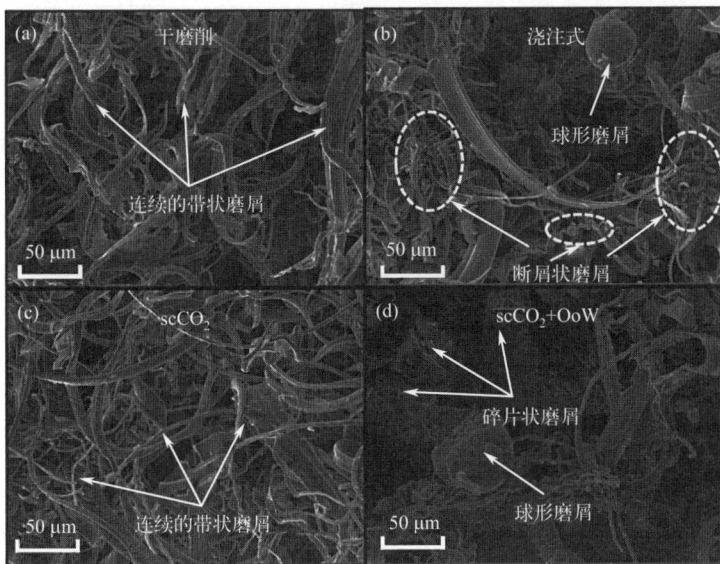

图 5-93　磨削深度为 0.1mm 时不同冷却条件下的磨屑形貌

5.5.2　超高强度钢磨削加工表面层组织

在超高强度钢磨削过程中，从加工表面沿深度方向材料塑性变形的应变场和应变速率场具有较高的梯度分布特征，表面层组织在力热耦合作用下相比于基体组织会发生明显的"变质"，具体表现为晶粒的变形、晶粒细化、表层硬化、位错增殖湮灭以及残余应力的引入等。本小节采用图像处理表面变形层微观组织的方法，获取了低温射流磨削表面的剪切应变、应变率和应变梯度分布特征，如图 5-94 所示。可以看出，低温射流磨削表面的剪切应变达到 1.1，应变率高达 $4 \times 10^6 \mathrm{s}^{-1}$，表层组织应变梯度达到 $0.22 \mu\mathrm{m}^{-1}$。同时，从加工表面沿着深度方向，剪切应变和应变率均呈现单调递减的变化规律。由此可以推断，从加工表面沿着深度方向变形层组织的分布特征会存在差异。

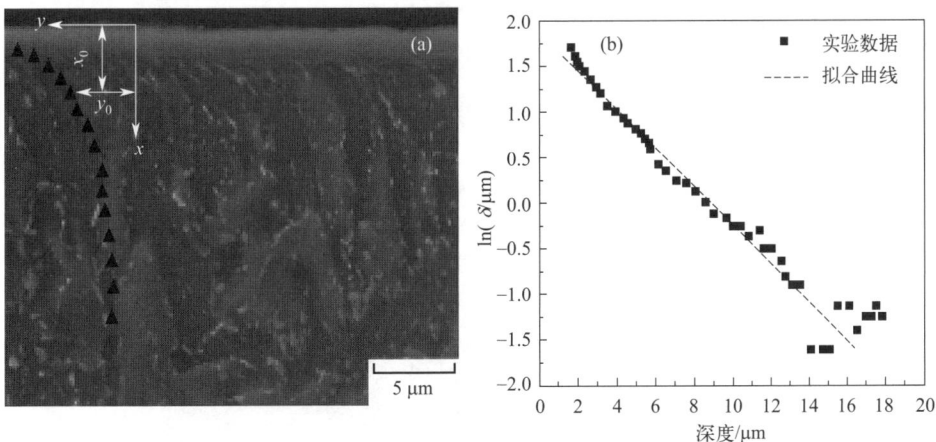

图 5-94

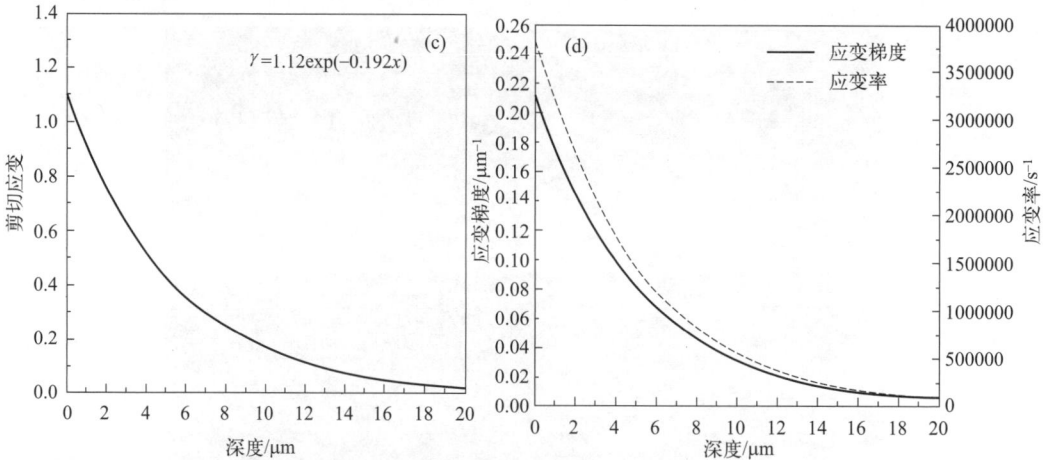

图 5-94 低温射流磨削表面的剪切应变、应变率和应变梯度分布

图 5-95 给出了不同冷却润滑方式下磨削表面的变质层组织形貌。可以看出，经过磨削加工处理，最表层组织发生了明显细化，而细化层的深度在不同的冷却润滑条件下存在差异。低温射流冷却润滑环境与干磨削和浇注式冷却环境相比，能在加工表面产生更深的表面晶粒细化层。

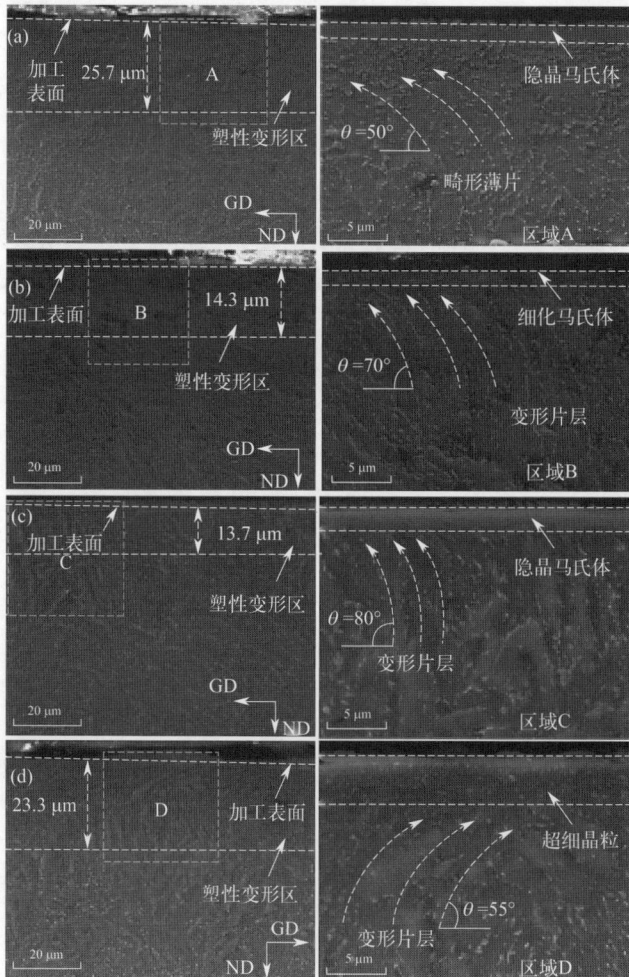

图 5-95 不同冷却润滑条件下表面层组织的变形特征

　　同时，对低温射流下磨削表面层组织的元素分布进行了表征，如图 5-96 所示。从中可以看出，在低温射流磨削条件下，碳、硅、锰等元素在表层出现了明显的偏析现象。据此可以进行合理性预测，低温射流磨削表面层出现了碳化物的弥散析出。

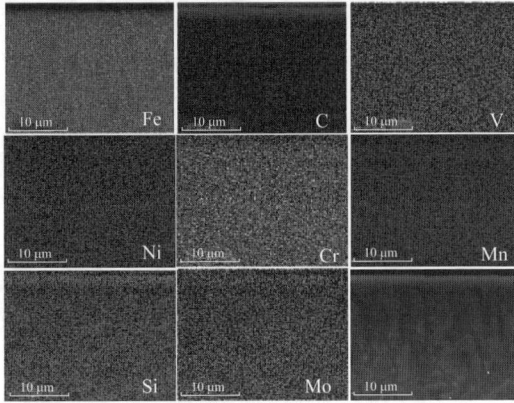

图 5-96　低温射流磨削表面层组织的元素分布

　　图 5-97 为不同冷却润滑条件下磨削表面层组织的 EBSD 分析结果。从中可以得到晶粒的晶界角度以及孪晶分布特征。可以看出在低温射流以及低温射流和微量润滑混合冷却润滑条件下，磨削表面层分布着许多大角度晶粒，且相比于干磨削和浇注式冷却条件更为富集。在干磨削和浇注式冷却条件下，表面层组织的大角度晶粒数量减少，小角度晶粒数量逐渐增多。出现这种现象的原因可归结于磨削过程中大塑性应变导致位错的一系列变化，包括塑性变形引起的位错增殖以及变形过程中的位错缠结、动态回复和再结晶引起的位错湮灭等。其中大应变塑性变形将能量储存在位错富集处，而位错能量对促进再结晶晶体的形核至关重要。此外，通过 EBSD 分析结果还可以看出，在低温射流和微量润滑混合冷却润滑条件下磨削表面层组织中存在少许孪晶，而在干磨削和浇注式冷却条件下孪晶较少。孪晶的形成一方面与材料本身的特性有关，另一方面与组织所处的外界环境也密切相关。具有高层错能的体心立方晶体结构不易产生形变孪晶，原因主要是其滑移系较多，滑移需要的临界切应力低，在积聚足够产生孪晶的应力之前就已经发生了位错滑移。而在晶粒变形过程中加入低温冷却介质，材料的塑性变形能力变差，发生滑移的临界切应力增大，晶粒产生孪晶的可能性变大。

　　图 5-98 为采用新型聚焦离子束切割（FIB）表征技术从磨削表面提取的表层 TEM 试样以及对应的形貌图。其中，TEM 样品的厚度约为 40nm，最顶端镀 Pt 层以保护加工表面不受损伤。TEM 形貌表明磨削表面层组织呈明显的梯度分布，随着深度增大，从表面往里依次出现纳米晶、超细晶、超细片层以及位错结构，而这种梯度分布的纳米组织结构对于零件的抗疲劳性能提升是有利的。下面针对上述四个区域分别进行分析，以得到磨削表层组织的演变规律。

　　（1）纳米晶

　　图 5-99(a) 为纳米晶层的局部放大图，其层深约为 500nm。可以看出，该区域存在大量等轴状的纳米晶，以位错胞或亚晶的形式呈现，其附近位错密集。该区域的选区电子衍射图样为连续的同心衍射环，如图 5-99(b) 所示。表明该区域为多晶结构。

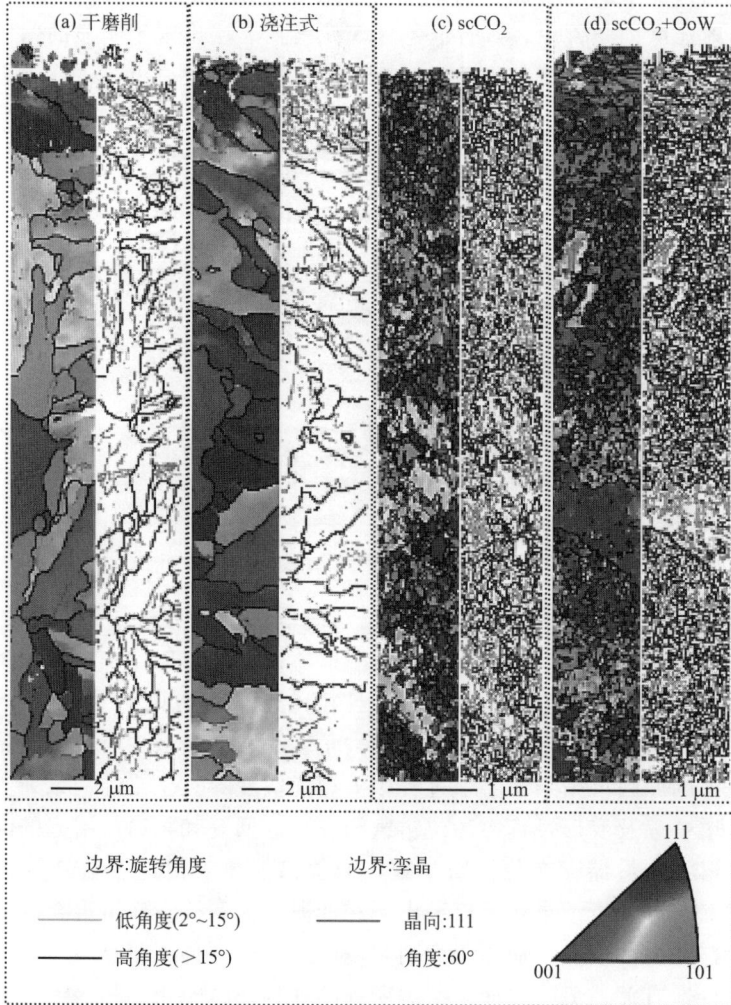

图 5-97 不同冷却润滑条件下磨削表面层组织的 EBSD 分析图

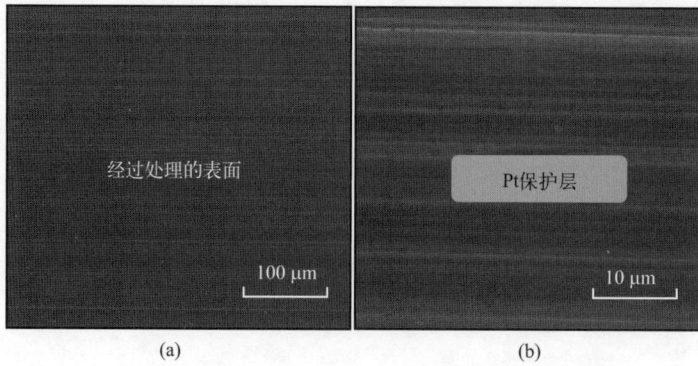

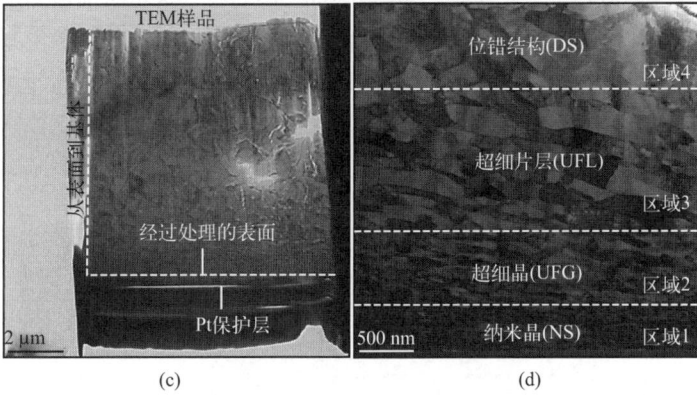

图 5-98　磨削表层组织的晶粒形貌 TEM 分析图

（2）超细晶

图 5-99(c)和(d)为超细晶层的局部放大图。其层深约为 500～1000nm，且主要以位错胞的形式存在。相比最表层，此区域的塑性变形程度有所减弱，晶粒细化的效果也有所降低，位错胞的尺寸明显增大，但仍有大量位错在晶界附近富集。同时，在此区域也观察到了弥散析出的纳米粒子。

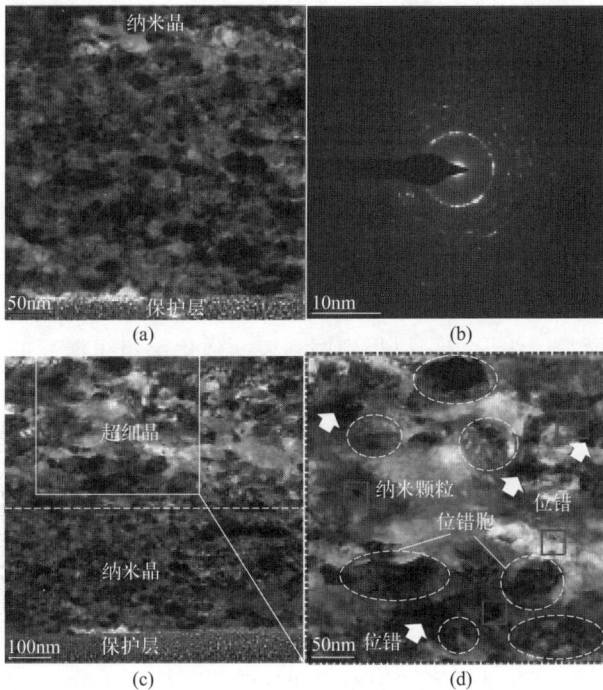

图 5-99　纳米晶和超细晶的微观组织形貌及选区电子衍射

（3）超细片层

图 5-100(a)和(b)为不同放大倍数下超细片层的局部放大图，其层深约为 1～4μm。低倍下观察到该区域的微观组织为片层状板条束，整体与加工表面呈 30°夹角，片层厚度在 50～100nm 的范围内，且随着深度增大而增大。同时，片层内部沿垂直其边界方向存在大量位错

墙。高倍下观察到片层内部出现了大量位错线相互缠结现象，边界以位错墙形式存在。

（4）位错结构

图 5-100(c)和(d)为位错结构层的微观组织形貌，其层深约为 $4\sim10\mu m$。该区域内晶粒细化效果减弱，晶粒尺寸明显增大，但在晶界附近仍富集有大量位错，且位错相互连接构成位错墙。另外，在晶粒内部也偶尔能观察到弥散析出的纳米粒子。

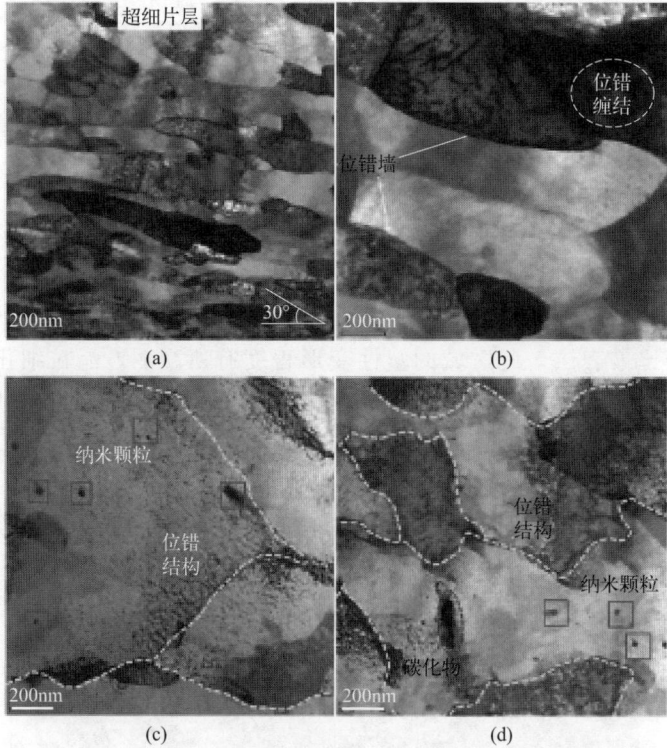

图 5-100　超细片层和位错结构的微观组织形貌

根据不同区域的微观组织形貌可以得到磨削表面强化层组织演变的机理，如图 5-101 所示。晶粒细化的过程具体为：在外界机械作用下，晶粒发生塑性变形，内部位错出现大幅度增殖；在变形过程中，位错开始相互缠结，形成位错墙，位错墙吸收周围的位错形成位错胞；位错胞属于不稳定的亚晶粒，因此逐渐演变为最终的晶粒。此外，在变形层中还可以观察到明显的碳化物弥散析出现象。图 5-102 是低温射流磨削表面组织透射菊池衍射 TKD 分析图，图 $a_1\sim$图 a_3 为最表层超细纳米晶，图 $b_1\sim$图 b_3 为超细晶和超细板条，图 $c_1\sim$图 c_3 为基体组织。从中可以看出除了最外层出现明显的晶粒细化之外，磨削表面强化层出现了均匀且分散析出的纳米粒子化合物，可以起到弥散强化的作用。

图 5-103 为低温射流磨削试样表面层不同深度的施密特因子分布。从图中可以看出，基体材料相关的施密特因子在 0.48 处所占比例最大，同时沿 x 轴方向逐渐减小。此外，可以明显看出，受低温射流磨削工艺影响的表面层的平均施密特因子相对于不受工艺影响的基体区总体呈下降趋势。具体来说，在距离磨削表面较近的顶层区域，施密特因子值较低。SEM 和 TEM 结果表明，低温射流磨削处理后的表层晶粒发生了剧烈的塑性变形，晶粒向加工方向的变形导致了施密特因子的降低。由于低温射流磨削工艺影响层仅有几微米，因此表面层的施密特因子相对于基体材料有轻微下降的趋势，而施密特因子的降低使磨削后试样

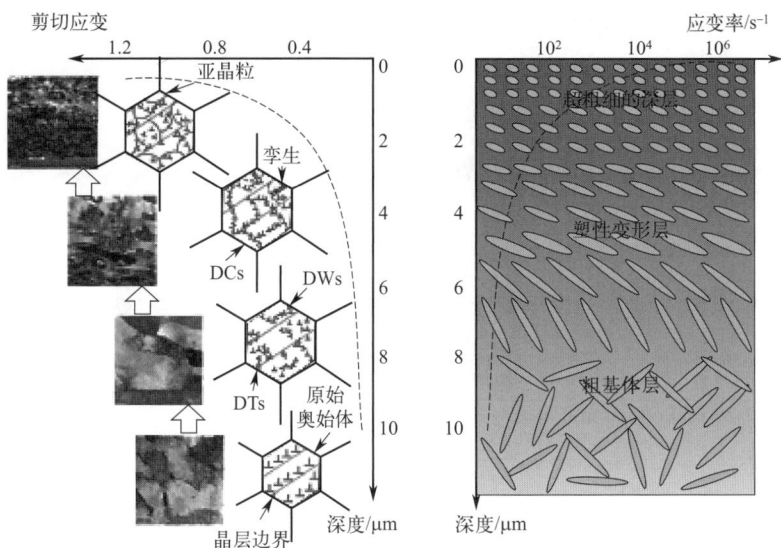

图 5-101　磨削表面强化层组织演变机理

DCs—位错胞；DWs—位错墙；DTs—位错缠结

表面层材料屈服强度增大。

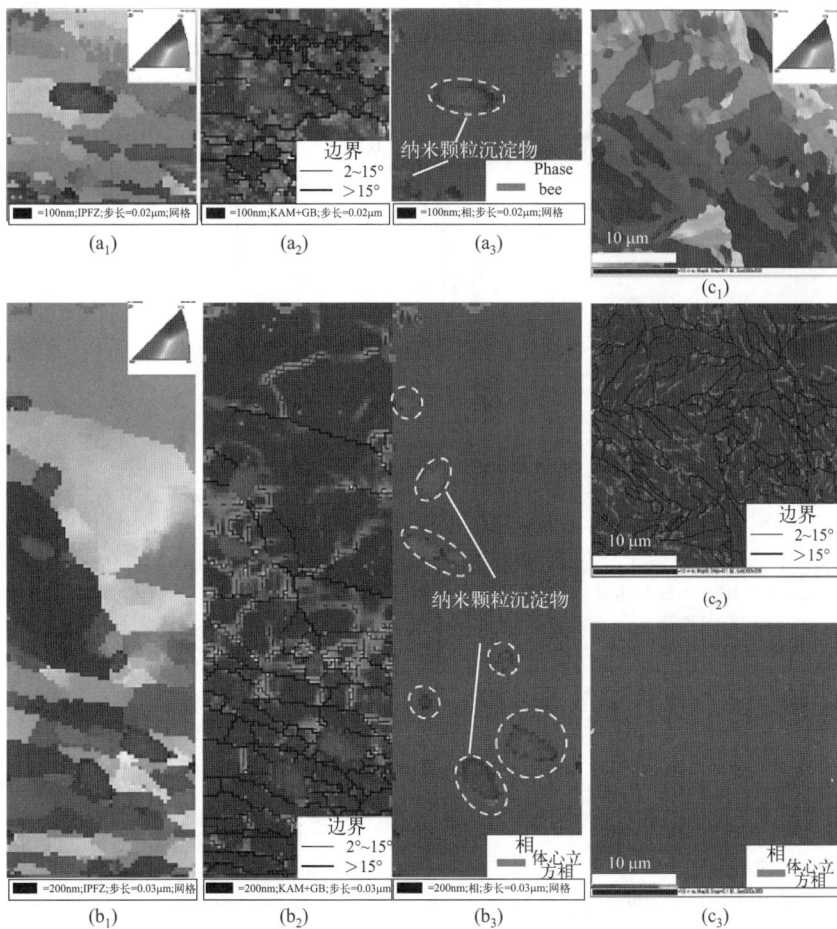

图 5-102　低温射流磨削表层组织 TKD 分析图

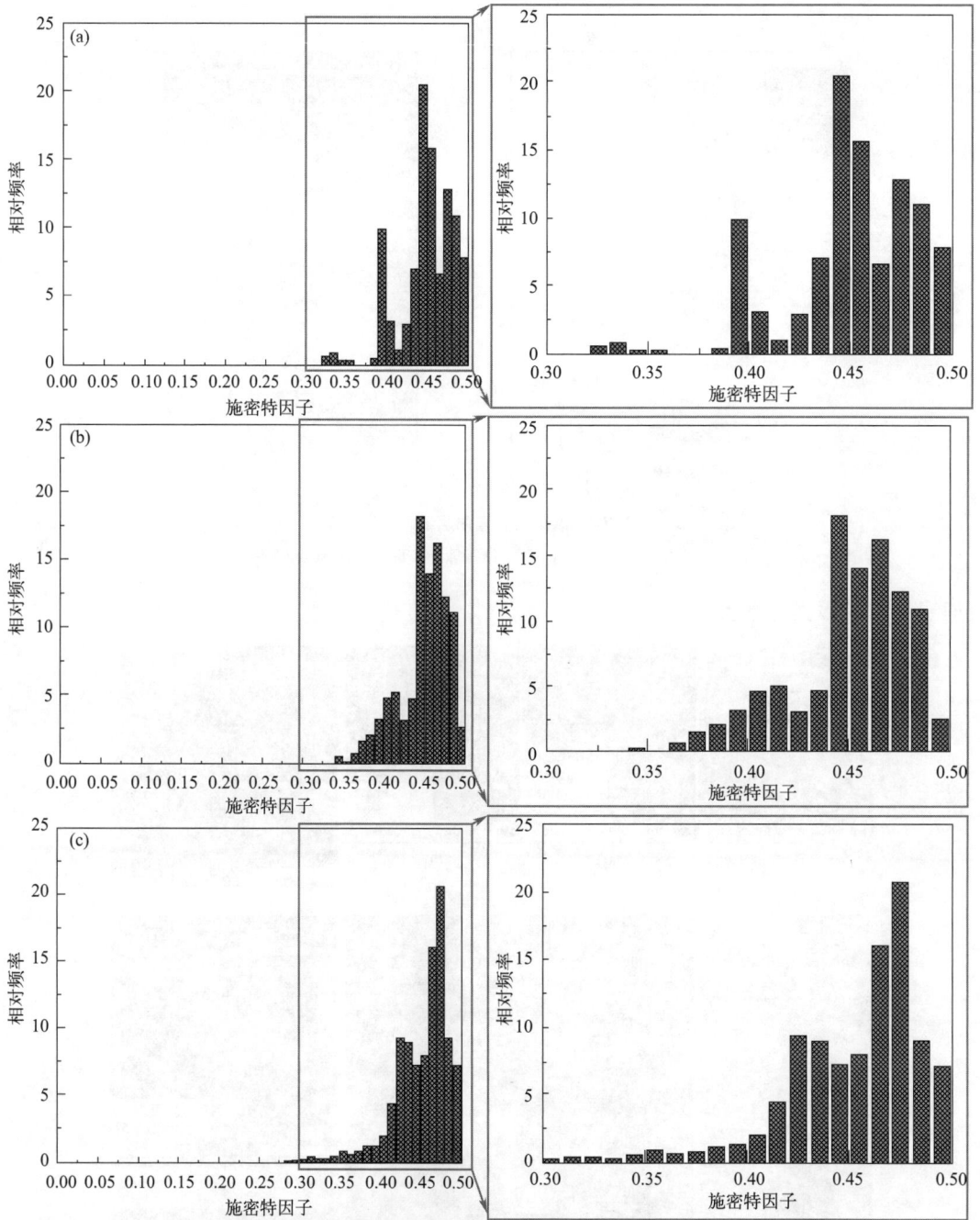

图 5-103 低温射流磨削试样表面层不同深度的施密特因子分布

(a) 0～1μm；(b) 1～6μm；(c) 基体

图 5-104 为低温射流磨削试样表面层不同深度的反极图（inverse pole figures，IPF）。其中极值大小通过色条反映。从基体材料的 IPF 图[图 5-104(c)]中可以看出，在 $Y0$(TD)方向上，{001} 面有轻微的织构痕迹。然而，它的密度相对较低，最大值为 2.31，这可能是材料初始热处理过程引入的。与基体材料的结果相比，在 1～6μm 深度处，织构偏向于 {001} 面 $X0$(RD) 方向，即进给方向。同时，织构密度呈上升趋势，最大值为 5.22。相反，在 {001}、{101} 和 {111} 面相关的 $Y0$(TD) 和 $Z0$(ND) 方向上没有优选取向的证

据[图 5-104(b)]。通过显微组织 SEM 和 TEM 分析可以得知，低温射流磨削过程中由于严重的塑性变形而对亚表层织构演化产生了重要影响。然而，对于包括 {001} 平面沿 Y0 方向的原始织构优先取向在内的所有晶面，在 X0 和 Z0 方向上，表面区域的优先织构取向似乎变得不明显甚至消失，图 5-104 （a）表征了 {111} 面沿 Y0 方向取向的织构迹象可以预测，由于晶粒的动态演化，以细化的纳米晶和超细晶粒为特征，最表层区域的一些晶面发生了重排。材料的显微组织和织构分布对材料的性能有显著影响，通过上述 SEM、TEM 和 EBSD 分析，预计表层的力学性能会发生变化。

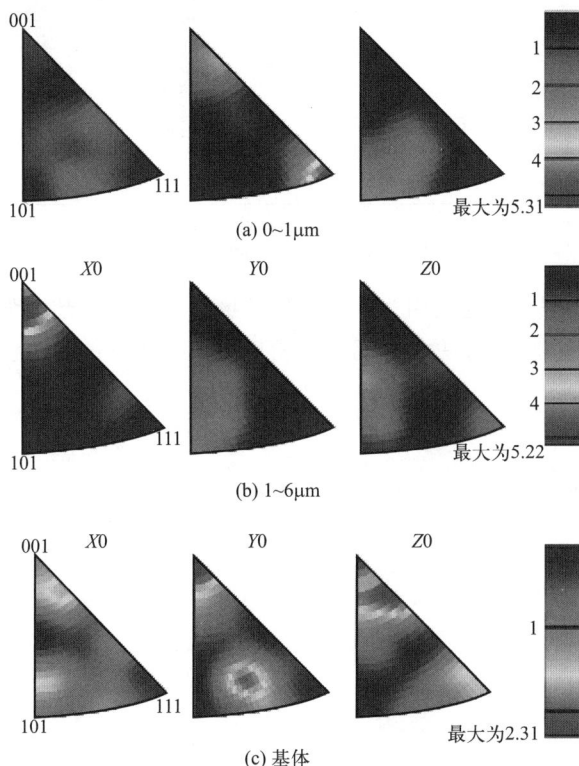

图 5-104 低温射流磨削试样表面层不同深度的反极图

5.5.3 超高强度钢磨削加工表面残余应力

超高强度钢磨削加工中平行于进给方向和垂直于进给方向上的表面残余应力如图 5-105 所示。从图中可以发现，磨削过程在超高强度钢表面引入了残余压应力；在四种冷却润滑条件下，垂直于进给方向的残余压应力远高于平行于进给方向。另外，低温环境下的磨削表面残余压应力远高于干磨削和浇注式冷却润滑环境。这是因为一般情况下机械力载荷通常诱导产生残余压应力，而热载荷则产生残余拉应力，低温射流大幅度降低了磨削过程中的热载荷，从而使得热载荷诱导产生的残余拉应力减小。

在磨削过程中，表面层晶粒发生了显著细化，晶粒内部的位错大量增殖，位错密度大幅提升。根据经典 Hall-Petch 理论，表面层微观组织将发生显著的强化。图 5-106 给出了不同冷却润滑条件下超高强度钢表面层显微硬度的分布规律。从中可以看出，相较于基体组织，不同冷却润滑条件下的磨削表层均发生了显著硬化，其中低温射流辅助磨削表面的显微硬度

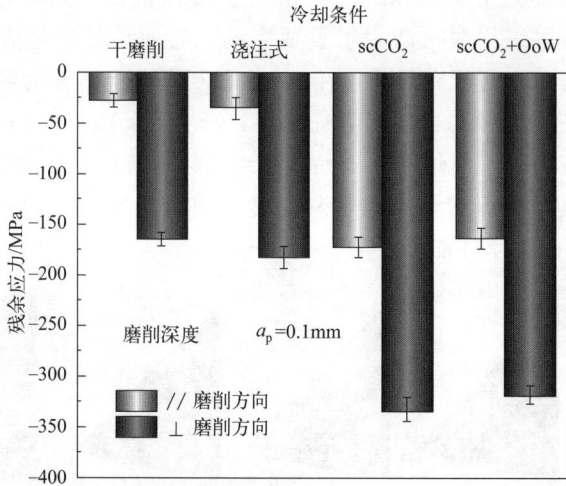

图 5-105 平行和垂直于进给方向表面残余应力的分布

值高于干磨削和浇注式磨削。这是因为在低温射流磨削环境下，超高强度钢表面层微观组织的细化程度更加剧烈，晶粒尺寸更小，而位错密度更大，诱导的加工硬化效果更加显著。

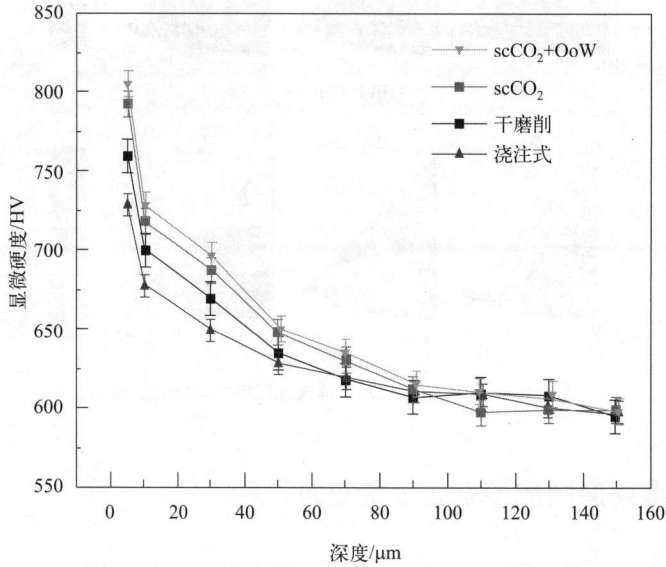

图 5-106 不同冷却润滑条件下的显微硬度分布

5.6 小结

通过对难加工材料微量润滑切削加工表面完整性的研究，得出以下结论：

① 在干切削环境下，CFRP 孔壁表面出现了严重机械、热损伤。纤维拔出、纤维/基体脱黏以及钛合金切屑划痕主导了孔壁的损伤模式。在 MQL 条件下，由于润滑油的冷却和润滑作用，TiAlN 涂层钻头的切削温度明显降低，钛合金切屑变硬变脆，更容易发生脱落。在 MQL 条件下，金刚石涂层钻头产生的毛刺高度更大。这是因为钛合金切屑堵塞导致刀

具-工件界面的摩擦系数增大，并且局部切削温度迅速上升，从而增加了出口钛合金毛刺的形成。

② 对微量润滑辅助钛合金铣削加工表面形貌研究分析得到，在每齿进给量为 0.06mm/z 时，无论是垂直进给方向还是沿进给方向，工件表面粗糙度 Ra 都是最小的，分别为 0.8μm 和 1.2μm。每齿进给量降低使表面粗糙度数值降低的原因是，相邻两齿切削运动几何包络轨迹之间的残留高度随每齿进给量减小而变小。在距离加工表面几百纳米范围内，材料组织发生了显著的晶粒细化，且位错富集。加工表面层的这些细小晶粒是材料经过强烈塑性变形后内部大量位错相互缠结、包络而形成的，最外表面的晶粒尺寸甚至达到 30nm 左右。相比于材料的初始平均晶粒尺寸（约为 15μm），这些细小晶粒无疑将起到显著的细晶强化效果。

③ 对微量润滑辅助蠕墨铸铁磨削加工表面形貌研究分析得到，由于 scCO$_2$-MQL 具有优异的润滑效果和冷却作用，能够有效降低刀具与工件之间的摩擦，从而降低了表面粗糙度。scCO$_2$-MQL 条件可以引入更高的压应力和深度，增加硬化层的深度。具有压应力的硬化层可以提高零件的抗疲劳特性，延长使用寿命。

④ 对微量润滑辅助超高强度钢磨削加工表面形貌研究分析得到，在磨削弧区加入低温射流冷却介质，可以大幅度提升换热能力，减少材料表面塑性流动。同时，也能保持磨粒的锐利，使得磨削更加平稳安全地进行，减少磨削表面烧伤的可能性。由于晶粒的动态演化，以细化的纳米晶和超细晶粒为特征，最表层区域的一些晶面发生了重排。材料的显微组织和织构分布对材料的性能有显著影响。

参考文献

[1]　Xu J Y，Ji M，Paulo D J，et al. Comparative study of minimum quantity lubrication and dry drilling of CFRP/titanium stacks using TiAlN and diamond coated drills [J]. Composite Structures，2020，234：111727.

[2]　Xu J Y，Ji M，Chen M，et al. Experimental investigation on drilling machinability and hole quality of CFRP/Ti6Al4V stacks under different cooling conditions [I]. International Journal of Advanced Manufacturing Technology，2020，109 (15)：1527-1539.

[3]　Ji M，Xu J Y，Chen M，et al. Effects of different cooling methods on the specific energy consumption when drilling CFRP/Ti6Al4V stacks [J]. Procedia Manufacturing，2020，43：95-102.

[4]　邹凡，王贤锋，张烘州，等. 超临界二氧化碳低温铣削 CFRP 复合材料试验研究 [J]. 航空制造技术，2021，64 (19)：14-19.

[5]　Zou F，Dang J Q，Wang X F，et al. Performance and mechanism evaluation during milling of CFRP laminates under cryogenic-based conditions [J]. Composite Structures，2021，277：114578.

[6]　Yu W，Chen J，Ming W，et al. Feasibility of supercritical CO$_2$-based minimum quantity lubrication to improve the surface integrity of 50% SiP/Al composites [J]. Journal of Manufacturing Processes，2022，73：364-374.

第 6 章

纳米生物润滑剂热物理特性
演变机制与加工性能表征

▲▲▲▲▲▲▲

6.1 制备及稳定性

纳米生物润滑剂在机械加工过程中的性能受到纳米添加相物理性质、基础油类型、制备方式以及分散稳定的影响。本节对 MQL 常用基础油和纳米添加相进行了简要回顾，揭示了植物油和纳米添加相分子结构冷却润滑性能的作用机理，综述了纳米生物润滑剂的常用制备方法。纳米生物润滑剂面临的主要挑战是自身稳定性较差，本节最后阐述了纳米添加相在纳米生物润滑剂中的动力学行为与分散稳定作用机制。

6.1.1 基础油

在纳米生物润滑剂的制备中，水和油均是分散纳米颗粒的优良基础流体。但两者在加工过程中的作用效果存在较大差异。油基纳米生物润滑剂具有确保润滑的优点，而水基纳米生物润滑剂提高了机加工的可用性，因为水很容易获得且价格低廉。Kumar 等发现在Ti6Al4V 的微加工中可以采用水基氧化铝纳米生物润滑剂替代传统切削液。Mao 等通过分析纳米生物润滑剂的水基流体和油基流体发现，水基流体的润滑性能比油基流体差，但冷却效果却更好。此外，水基纳米生物润滑剂不适合加工易生锈的零件。同时，单独使用水基纳米流体不能满足强摩擦界面的润滑要求。Najiha 等指出，使用水基纳米生物润滑剂可以实现铝合金材料的切削。相较于传统油基微量润滑，水基纳米生物润滑剂虽然具备优异的热耗散性能，但也存在润滑不足的技术缺陷。纳米生物润滑剂的油基流体通常有植物油、混合植物油、矿物油等。传统矿物油基切削液虽得到了广泛应用，但在加工过程中由于温度升高会释放出毒性，对生态环境和工人的身体健康造成了极大的影响。与矿物油基切削液相比，植物油基切削液在 MQL 中的应用并没有降低加工质量。Yildirim 等研究了植物油基生物润滑剂和传统矿物油微量润滑铣削高温镍基合金的加工性能，发现植物油基生物润滑剂与矿物油相比能获得更长的刀具寿命和更低的切削力。从环境保护的角度来看，植物油因可降解及可持续加工而被认为是一种环境友好的生物润滑剂。植物油作为一种可再生资源，其在机械加工中的应用避免了对环境的负面影响，也是可持续发展的重要方向。

通常将植物油和水等可持续切削液称作生物润滑剂。植物油作为生物润滑剂，具备润滑性能好、可降解性强等特点。并且其黏度高、挥发性低使其能够成为良好的润滑剂。植物油应用于 MQL，相对于传统浇注式切削液用量能够减少 90% 以上，在普通材料切削中取得了良好的应用效果。Xavior 和 Adithan 将椰子油、乳液和与水不混溶的纯切削油作为切削液，使用硬质合金刀具对 AISI 304 钢进行了切割操作。结果表明，椰子油在减少刀具磨损和改善工件表面光洁度方面相比其他两种切削液表现更好。这主要是因为椰子油自身的热稳定性和氧化稳定性。Khan 等使用植物油基切削液作为 MQL 基础流体，对 AISI 9310 材料的车削性能进行了实验研究。结果表明，切削速度和进给速率与切削温度有直接关系，并且与干式和湿式加工相比，植物油 MQL 辅助加工降低了工件表面粗糙度、刀具磨损和切削温度。这主要是由于 MQL 的应用减少了刀尖的磨损和损坏，并且实现了有利的切屑-刀具相互作用，消除了均匀的堆积边缘形成痕迹。

但是，各植物油之间的润滑性能存在较大差异，在加工中也表现出较大的性能差距。Ojolo 等研究了植物油（即花生油、棕榈仁油和椰子油）对低碳钢、铜和铝加工过程中切削力的影响。结果表明，棕榈仁油和花生油是降低切削力的最佳选择。Wang 等将镍基合金 GH4169 作为工件材料，采用 7 种植物油作为基础油，对砂轮-工件界面的摩擦学性能进行了试验评价，结果见表 6-1。根据实验结果，这些植物油的润滑性能排名如下：玉米油＜菜籽油＜大豆油＜葵花油＜花生油＜棕榈油＜蓖麻油（主要从磨削力、磨削比能、摩擦系数、磨削比和表面形态等方面评价这些植物油的润滑性能）。

表 6-1　磨削镍基合金时常见植物油的加工性能

基础油	摩擦系数	磨削比能/(J/mm³)	G 比率
大豆油	0.41	91.02	26.50
花生油	0.45	98.62	22.92
玉米油	0.34	80.90	29.15
菜籽油	0.39	80.94	29.13
棕榈油	0.33	78.85	28.63
蓖麻油	0.30	73.47	26.89
葵花油	0.36	86.54	28.19

注：G 比率（Grinding ratio）：工件材料磨除量与砂轮磨损量之比。

不同植物油的加工性能存在差异是因其分子结构不同，如图 6-1 所示。Singh 等通过微观分析，观察了植物油的分子结构对摩擦学性能的影响，结果发现脂肪酸类型会影响摩擦学性能。葵花油容易发生自氧化是其多不饱和脂肪酸（亚麻酸和亚油酸）含量高的缘故。相反，油菜籽和橄榄油单不饱和（油酸）脂肪酸的含量高，不太容易氧化。因此，相比于其他两种类型的植物油，葵花油氧化稳定性差，导致摩擦学性能降低。此外，Dong 等将植物油作为 MQL 基础油进行加工时，也发现了植物油自身的脂肪酸含量会对加工性能产生影响。Zhang 等在其综述中系统归纳了影响植物油性能的主要参数。天然植物油由各种饱和与不饱和脂肪酸组成，可以根据碳链长度、C═C 数和极性基团对其进行分类。其中，含大量不饱和脂肪酸的油（大豆油、菜籽油、葵花籽油、芝麻油等）在冷却和润滑之间具有良好的平衡。然而，由于自身强度和C═C键的易氧化性，其热稳定性较差。相比之下，饱和脂肪酸含量高的油具有较高的黏度，因此具有较好的润滑性能。由于没有C═C键，其在切削区的承载能力更强。然而，高黏度不利于有效地传热散热，会造成切削区热量堆积，影响加工表面质量。此外，极性原子或基团可以产生更强的物理吸附作用，与金属表面产生皂化效应，形成化学油膜，提高加工性能。

但是，由于植物油具有易氧化特性，限制了其在工业中的应用。于是学者们试图通过混合植物油改善单一植物油的缺陷，以实现冷却和润滑性能之间的平衡。Guo等采用蓖麻油作为基础油，以1∶1的比例将其与六种植物油（大豆油、玉米油、花生油、向日葵油、棕榈油和菜籽油）混合用于磨削加工镍基合金GH4169。实验结果表明，大豆油/蓖麻油混合的综合润滑性能优于蓖麻油，且表现出最佳的润滑性能；与蓖麻油相比，其比切向磨削力和比法向磨削力分别降低了27.03%和23.15%，并得到了最佳的表面质量。同时，在另一项研究中，Guo等采用蓖麻油/大豆油（混合体积比1∶2）作为润滑剂进行磨削加工实验。相比1∶1混合植物油展现了更好的减摩抗磨性能。这是由于1∶2混合植物油中蓖麻油酸和不饱和脂肪酸含量更少，饱合脂肪酸含量更多，有利于形成致密的润滑油膜。此外，Jia等也进行了类似实验。结果表明，大豆油/蓖麻油混合基础油具有最佳的润滑效果，大豆油的添加改善了蓖麻油的流动性、雾化性、热交换性和润湿性。

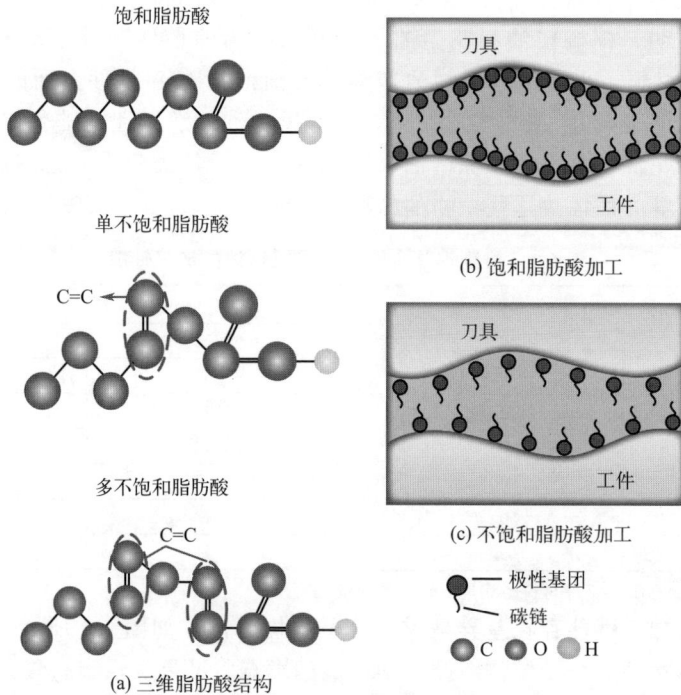

图 6-1　润滑结构

除上述外，加入极压性添加剂也是一种提高植物油抗氧化特性的方法。Ozcelik等在葵花油、菜籽油和工业切削液中添加了不同比例的极压添加剂进行对比实验。结果表明，加工过程中菜籽油和8%极压添加剂的工件表面粗糙度、切削力和前刀面磨损最小。Sani等在植物油中添加磷和氨颗粒形成了新的切削液并进行实验。结果表明与矿物油相比，新型植物油切削液具有更好的摩擦学性能。Padmini等将MoS_2作为极压添加剂加入到了三种植物油

（椰子油、芝麻油和菜籽油）中用于车削 AISI 1040 钢，并对其性能进行了比较。结果表明，加入 MoS_2 纳米添加相后椰子油具有最佳的加工性能，与菜籽油相比，刀具磨损减少了 31.58％。由于纳米添加相自身可作为极压抗磨剂，其具有良好的极压抗磨特性且绿色环保，是传统极压抗磨剂的理想替代品，因此可根据加工需求选择是否添加化学极压抗磨剂。

　　综上所述，在选择基础油时，应率先对加工工况的冷却和润滑需求进行评估。同时，油基纳米生物润滑剂主要用于调控界面摩擦，水基纳米生物润滑剂却相反，油基生物润滑剂的基础油应当优先考虑环保型可再生的植物油。植物油因自身的脂肪酸和极性基团可提高加工过程的润滑性，但存在易氧化等缺陷。对植物油进行改性可以改善其自身存在的缺陷，调配具备组合特性的混合植物油以及添加极压添加剂是提升植物油基流体物理特性的思路。纳米添加相作为一种极压添加剂，具有良好的传热性能以及摩擦学性能，有着很好的前景。

6.1.2　纳米添加相

　　虽然生物润滑剂具有很优异的润滑成膜性能，但难加工材料的磨削过程中很容易导致润滑膜失效，生物润滑剂的性能会受到极大的限制。添加纳米添加相是解决上述难题的有效途径。纳米添加相的加入可极大地提高纯植物油的极压抗磨性能，使润滑油膜的可靠性显著提升。纳米颗粒的表面效应如图 6-2 所示。此外，纳米添加相还能够降低切削区的摩擦以及均匀地承受压缩力，提高散热性能，降低应力集中。Li 等使用石墨烯纳米生物润滑剂铣削 TC4 钢时，证明了石墨烯片能使切削区域形成的流体膜的冷却和润滑性能增强。当使用纹理碳化物刀具车削 Ti6Al4V 钢时，Singh 等揭示了菜籽油基石墨烯纳米生物润滑剂可将 COF 降低 39％。这些结果归因于石墨烯的高导热性和高剪切强度。在铣削 Al6061-T6 时，研究表明，由于纳米颗粒的滚动作用，基于 MoS_2 和 SiO_2 纳米生物润滑剂的应用提高了刀具-工件-切屑的摩擦学特性，降低了切削力和温度，导致工件表面质量更好。Paturi 等发现车削 Inconel 718 时，使用 0.5％（质量分数）的二硫化钨纳米生物润滑剂与纯 MQL 相比，工件表面质量提高了约 35％。Yildirim 等采用了质量分数为 0.5％的 hBN 纳米生物润滑剂加工镍基高温合金，与干切削相比，刀具寿命增加了 105.9％。纳米生物润滑剂的作用效果受到纳米添加相类型、尺寸、形状以及浓度的影响，学者们针对上述变量开展了大量的实验研究。

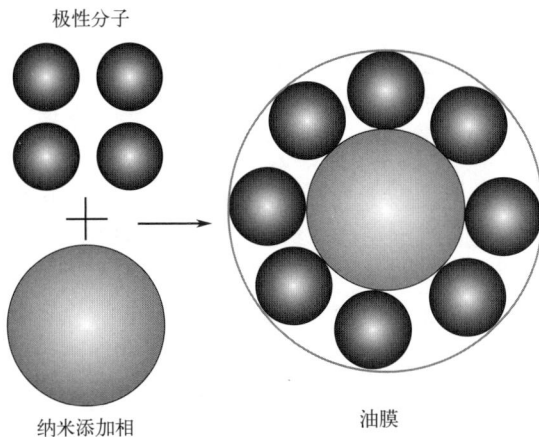

极性分子

纳米添加相　　　　　　　　　油膜

图 6-2　纳米添加相表面效应

（1）形状

纳米添加相的形状不同，其发挥的作用也存在微小差异。常用的纳米添加相如表 6-2 所示。层状结构的纳米添加相在摩擦、挤压和剪切过程中会产生层状剥落。Tevet 等开展了不同层状结构纳米颗粒的摩擦学特性研究。研究结果表明，在边界润滑工况下，纳米添加相存在滚动、滑动和剥落行为，可以提高机械加工表面质量、降低切削力和温度。hBN 因结构，分子层间存在较弱的范德瓦尔斯力，加工时同分子层相互滑动，有助于减少摩擦。GNP 因为具有热导率高、强度大的优点，在冷却和润滑方面成为最有前途的材料。但 GNP 存在价格高昂的局限性。Musavi 等在 A286 高温合金车削加工中发现，球形氧化铜纳米生物润滑剂的润滑性能更好，从而获得了更好的表面质量。这是因为球形纳米添加相在此过程中保持稳定状态。因此通过提高纳米颗粒的球形度可以降低刀具-工件-切屑界面的摩擦和磨损行为。此外，纳米颗粒还具有滚动、表面修复和增加润滑剂黏度的作用。Kao 和 Lin 在研究 TiO_2 纳米生物润滑剂的摩擦学特性时发现，近球形纳米颗粒可降低滚动阻力。因此，近球形纳米颗粒适用于摩擦学和润滑应用，是机械制造加工中较为理想的纳米添加相。线状添加相因为具有优良的导热性能，可以大大降低加工过程中的温度，因此也广泛应用在了纳米生物润滑剂中。然而，纳米生物润滑剂在使用过程中存在不可避免的团聚现象，降低了其在加工区域的摩擦学性能。

表 6-2　机械加工常用的纳米添加相

分类	纳米添加相
球形纳米添加相	Al_2O_3、SiO_2、ZrO_2、SiC、ND 等
线状纳米添加相	CuO_2、MnO_2、TiO_2、ZnO、$CNTs$ 等
层状纳米添加相	cBN、GNP、MoO_3、hBN、MoS_2 等

（2）尺寸

纳米生物润滑剂是维度上至少小于 100nm 的颗粒与基础溶剂的胶体。与用于散热的传统油乳液悬浮液相比，纳米添加相具有以下优点：①具有更大的比表面积，因此传热性能更优；②因布朗运动纳米添加相的分散更稳定，相较于传统流体颗粒堵塞现象不明显；③通过改变纳米生物润滑剂的纳米粒子尺寸可以调节润湿性、浓度和热导率。He 等认为更小的纳米颗粒尺度应用于 MQL 加工可以得到更光滑的表面。然而，有学者发现与上述结论相矛盾的实验现象。Dubey 等使用了两种不同的粒径配制纳米生物润滑剂用于车削加工 AISI 304 钢。结果表明，与直径 30nm 的 Al_2O_3 纳米生物润滑剂相比，直径 40nm 的 Al_2O_3 纳米生物润滑剂获得的表面粗糙度实验值更低。Khajehzadeh 等对水基 TiO_2 纳米生物润滑剂车削 AISI 4140 硬化钢进行了研究。结果表明，随着纳米颗粒尺寸从 10nm 增加到 50nm，刀具后刀面磨损的平均减少量从 46.2% 降到了 34.8%。类似地，Lee 等研究了纳米生物润滑剂气流辅助静电雾化润滑钛合金微磨削的加工性能。结果表明，较大的纳米金刚石颗粒（80nm）更有利于获得低表面粗糙度值。针对纳米生物润滑剂微量润滑加工中纳米颗粒的不利尺寸效应，可以选择较大尺寸的纳米添加相和高黏度的植物油基液配合，降低该效应。

因此，不同尺寸的纳米添加相在摩擦界面的作用机制也存在不同，需要考虑摩擦界面粗糙峰的尺度。在较大切削量下，需要降低加工过程参数如切削力时，应当率先考虑较大尺寸的纳米添加相；而在精加工，需要保证零件表面完整性及刀具寿命时，建议选用较小尺寸的纳米添加相。同时，在使用不同尺寸的纳米添加相时，可以结合相应黏度的基础油，以得到更好的加工质量。

（3）浓度

虽然纳米添加相会使植物油基生物润滑剂产生更好的效果，但是其增益效果也受纳米粒子浓度的影响。Mao 等研究发现，随着纳米颗粒浓度的增大，研磨区的润滑和冷却性能得到了改善。Talib 等发现 hBN 颗粒提供了一层润滑薄膜（图 6-3），减小了摩擦并且防止了磨损。然而，随着 hBN 浓度的增大，残留在粗糙谷中的颗粒限制了附近颗粒的运动，从而产生了大的力，导致摩擦磨损。当 0.1% 和 0.5%（质量分数）的 hBN 颗粒沿着接触表面滑动时，形成更多的损伤区域并导致磨料磨损。0.05%（质量分数）的 hBN 颗粒为最佳浓度。当纳米生物润滑剂的浓度超过一定临界值时，会产生团聚现象，进而影响纳米生物润滑剂的稳定性，导致加工质量恶化。

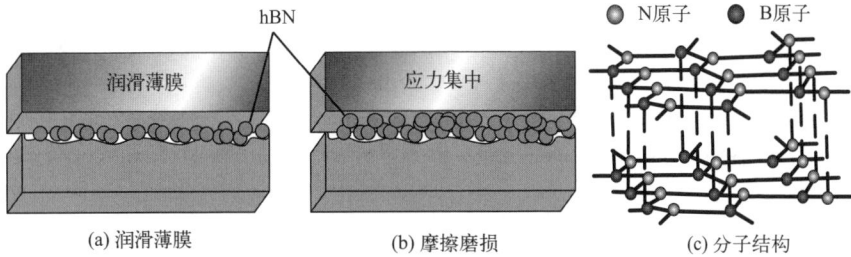

图 6-3　hBN 的作用及其分子结构

Pal 等将 Al_2O_3 纳米添加相与葵花油混合制备了不同浓度（质量分数 0.5%、1.0% 和 1.5%）的纳米生物润滑剂。结果表明，最佳浓度 1.5% 与浇注式条件相比，第 30 个孔处的推力、转矩、表面粗糙度和钻头尖端温度分别降低了 44%、67%、56% 和 26%。此外，不同浓度会导致纳米生物润滑剂的黏度变化。低黏度形成的薄润滑膜无法承受来自额外载荷颗粒的应力，这增加了摩擦，并会损坏滑动表面。Sen 等发现在 Al_2O_3 的浓度为 3% 时纳米生物润滑剂达到最大黏度，润滑性能较好，但此时 Al_2O_3 纳米颗粒会发生团聚，影响导热性。纳米生物润滑剂的浓度与接触角有着直接关系，接触角随着纳米生物润滑剂浓度的增大而急剧减小，此时润湿面积增大。然而，当超过一定浓度时，接触角也会进一步增大。这是因为过量的纳米添加相聚集在一起失去动态稳定性后沉积。因此，浓度过大的纳米生物润滑剂润湿性降低，从而使工件的表面质量恶化。

大量研究结果表明，在运用不同的纳米添加相加工时，存在最优浓度值，并产生最佳的作用效果。通过优选纳米添加相的浓度，可实现纳米生物润滑剂的性能调控。综上所述，纳米添加相的形状、尺寸、浓度都会对机械加工性能产生影响。机械加工性能的好坏是其共同作用的结果，但目前对于纳米添加相还没有形成一个完整的参数，因此在未来的探讨中需要进一步优化。此外，纳米生物润滑剂的制备是其用于机械加工的一个重要环节。在下一节中主要对其制备方法进行简要综述。

6.1.3　制备

纳米生物润滑剂的制备是实验研究中最重要的一步，即将基础流体与纳米添加相"结合"。制备阶段是增强纳米生物润滑剂热物理特性的重要阶段。因此，需要精细地制备来避免化学变化、团聚和纳米添加相的不均匀悬浮。纳米生物润滑剂的合成方法主要有两种，即一步法和两步法。

一步法制备时，通常采用物理方法（如气相沉积、激光烧蚀和超声辅助埋弧）和化学方法（通过还原剂）。纳米颗粒在基液中的制备和分散同时进行，由于避免了纳米粒子与空气接触，避免了粒子氧化；同时也能提升纳米粒子在基液中的分散稳定性。一步法制备不需对纳米粒子进行单独的存储、干燥和运输，简化了制备流程。

两步法制备包括制备纳米添加相以及将纳米添加相分散到基液中。首先，通过气相沉积、化学还原或机械研磨制备纳米颗粒，然后通过机械分散法、超声处理和添加分散剂将其分散到基础液体中。机械分散法是借助外界剪切力或碰撞力等机械能使纳米添加相在液体介质中分散，如球磨和机械搅拌等方法。超声处理是将纳米生物润滑剂直接置于超声场内，用合适频率的超声波使纳米添加相发生运动，从而克服纳米添加相之间的相互吸引力，破坏原颗粒之间以及颗粒与基液分子之间的平衡，使纳米添加相分散到基液中。机械分散法和超声处理都是破坏掉纳米添加相原本的动力学行为（范德瓦耳斯力、布朗力等），减小纳米添加相间的相互作用。添加分散剂可使纳米颗粒间的排斥力增大，当粒子间的排斥力大于吸引力时，阻止了纳米添加相间的团聚，提高了纳米生物润滑剂的稳定性。两步法制备纳米生物润滑剂如图 6-4 所示。

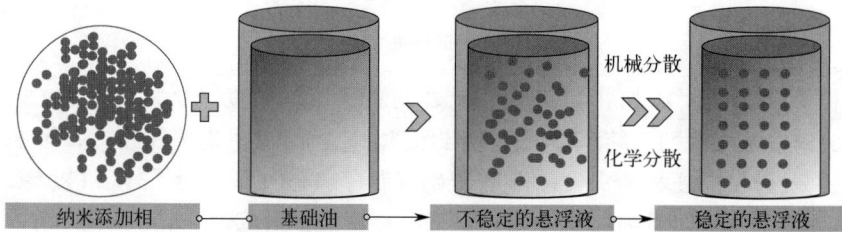

图 6-4　两步法制备

总之，一步法和两步法各有优缺点。一步法具有分散性好以及悬浮稳定性高的优点，但存在成本较高，纳米颗粒的尺寸较难控制，且只适用于低压基础流体的局限性。两步法最具成本效益，可以获得较好的粒径控制，适合大批量生产，但步骤较为复杂，需要更多的时间和实验设备。在具体应用中，需要根据不同的实验要求和纳米生物润滑剂的使用条件选择合适的制备方法。推荐机械加工领域采用两步法制备纳米生物润滑剂。纳米添加相间的布朗运动以及强大的范德瓦耳斯力导致纳米生物润滑剂制备完成后很难保持稳定，因此其关键问题之一是防止团簇现象产生，保持长期稳定性。

6.1.4　稳定性

纳米生物润滑剂制备不是将纳米添加相和生物润滑剂简单混合。由于纳米粒子的高表面活性而使其具有聚集的趋势，悬浮稳定性的不足导致纳米粒子团簇形成和沉积速度的增加。团聚现象使纳米添加相沉降并堵塞喷嘴，从而纳米生物润滑剂的热物理性能降低。因此，应认真考虑纳米生物润滑剂的稳定性。纳米生物润滑剂的稳定性取决于纳米颗粒的特性、基础流体的种类、制备方法以及后续处理。

微观上看，由于纳米生物润滑剂属于液固两相体系，液体分子与纳米颗粒间存在明显的相界面，因此存在基液对颗粒的浮力。布朗运动是指液体或气体中，微观粒子因为分子热运动而无规则地运动。由于纳米颗粒很小且轻，因此其布朗运动很快，能够在短时间内扩散到较大的范围。基液中的纳米添加相处于不规则运动，因此会受到布朗力的作用，存在相互吸引的范德瓦耳斯力势能。由于纳米颗粒表面原子占比大，相邻的颗粒间众多原子相互吸引，因此颗粒之间存在范德瓦耳斯力。而范德瓦耳斯力根据两个粒子之间距离的不同而变化，通常会随着距离的减小而增大，并且与粒子的几何形状、尺寸和表面性质有着直接的关系。范德瓦耳斯力和电双层排斥力都取决于纳米颗粒的大小。当颗粒尺寸较小时，颗粒表面存在较多的原子，导致活性位点密度增加。当范德瓦耳斯力超过电双层排斥力时，团聚现象产生。几位研究人员报告称，纳米生物润滑剂在较高颗粒浓度下的稳定性较差。颗粒浓度的增大使颗粒簇的尺寸变大，这是由于颗粒间的距离减小，范德瓦耳斯力增大，直接影响沉降速度。此外，纳米添加相还存在自身重力。在这些力的共同作用下，金属颗粒易碰撞、团聚并沉降，故纳米生物润滑剂要保持良好的稳定性，需降低碰撞的频率和效率，以减小团聚体的影响。

为了获得稳定的纳米生物润滑剂，通常采用物理或化学法进行处理。物理法是借助外界剪切力或碰撞力等机械能使纳米添加相在液体介质中分散，破坏掉纳米添加相原本的动力学行为，减小纳米添加相间的相互作用。化学法旨在改变悬浮纳米颗粒的表面特性，抑制颗粒团簇的形成，以获得稳定的悬浮液。

常用的物理稳定法包括机械搅拌、超声处理等，其装置如图 6-5(a) 和 (b) 所示。机械搅拌器是提高纳米生物润滑剂稳定性的重要工具。Mansour 等通过使用磁力搅拌工艺，使 TiO_2 纳米添加相均匀分散在了基础油中。但是通过机械搅拌得到的纳米生物润滑剂稳定时间较短。超声处理是提高纳米生物润滑剂稳定性的另一方法，并且与磁力搅拌相比显示出更好的稳定性。超声处理是将纳米生物润滑剂直接置于超声场内，用合适频率的超声波使纳米添加相发生运动，从而克服纳米添加相之间的相互吸引力，破坏原颗粒之间以及颗粒与基液分子之间的平衡，使纳米添加相分散到基液中。Nguyen 等报道了超声处理生产单分散 Al_2O_3 的有效性，在 30% 的振幅下超声处理 500s，纳米颗粒簇的尺寸从 230nm 减小到了 130nm。Sadeghi 等采用超声处理方法制备碳纳米管（CNT）纳米润滑剂时发现，在一定时间范围内随着超声处理时间的增加纳米颗粒团簇的尺寸减小，并且采用了 ζ 电位和 DLS（动态光散射）验证了其稳定性。此外，超声处理可以提高稳定性，但过度超声处理会导致 CNT 长度缩短。为了防止此类缺陷，需要进行优化的超声处理。Elsheikh 等将 CuO 纳米颗粒以体积分数 1% 的浓度加入米糠植物油中，使用磁力搅拌器搅拌 4min，再使用超声波发生器对制备的溶液进行超声处理 2h，以保证分散的均匀性。根据以上研究结果推论，每种纳米生物润滑剂存在一个最佳的超声处理时间。但是目前针对不同纳米生物润滑剂还没有得出准确的处理时间范围。

在基础流体的选择过程中需要考虑纳米添加相的性质（亲水性或疏水性）影响。同时，基础流体有极性或非极性之分。亲水性纳米添加相如金属氧化物颗粒（CuO、SiO_2、Al_2O_3等）容易分散在水等极性溶剂中，而疏水性纳米颗粒（CNT、石墨烯）则易分散在非极性基础流体中。在这些情况下不需要使用额外的稳定剂，因为通过物理法就可以提高其稳定性。然而，为了在非极性溶剂中混合亲水性纳米颗粒形成稳定的纳米生物润滑剂，或者在极性溶剂中混合疏水性纳米颗粒形成稳定的纳米生物润滑剂，需要不同的化学稳定技术。如图 6-5(c) 和 (d) 所示，化学稳定法包括静电稳定（表面活性剂和共价表面官能团）、空间稳定（离子聚合物或离子液体）。

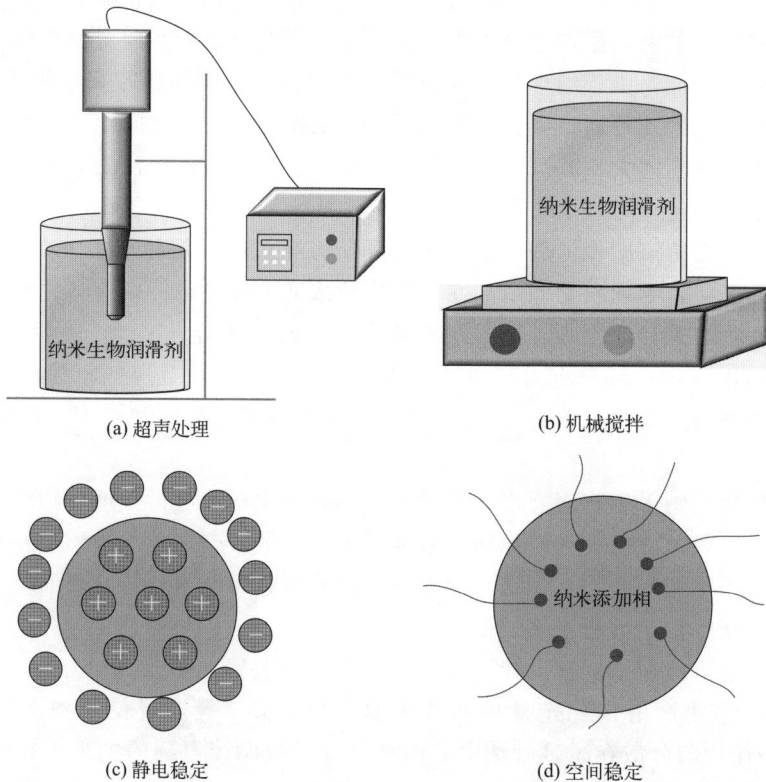

(a) 超声处理

(b) 机械搅拌

(c) 静电稳定

(d) 空间稳定

图 6-5 纳米生物润滑剂装置的物理和化学稳定法

静电稳定这种技术主要是向粒子提供表面电荷。离子吸附在纳米颗粒周围会产生一个双电层，当静电排斥力起主导作用，并且使两个类似带电粒子之间的范德瓦耳斯力平衡时，就可以实现静电稳定。为了提高静电稳定性，需在纳米生物润滑剂悬浮液中加入不同电荷的表面活性剂。常见的表面活性剂如表 6-3 所示。其中两性离子表面活性剂包括阳离子和阴离子亲水基团，可以基于介质的 pH 值形成阳离子和阴离子。Mao 等发现，含十二烷基苯磺酸钠（SDBS）表面活性剂的纳米生物润滑剂，可以防止纳米颗粒聚集并显著改善了切削性能。然而，当 SDBS 的浓度超过 0.5％时，纳米颗粒表面发生过饱和吸附。此时纳米生物润滑剂的悬浮稳定性随着 SDBS 浓度的增加而恶化。Behera 等研究了具有不同表面活性剂的 Al_2O_3 纳米生物润滑剂在 WC 刀具和 Inconel 718 工件上的扩散行为。结果表明，将非离子表面活性剂添加至纳米生物润滑剂时，观察到了最佳的润湿行为，在 Inconel 718 加工中得到了最低的摩擦系数、刀具磨损与切屑卷曲半径。Shukla 等研究了 MoO_3 纳米生物润滑剂与六种不同的表面活性剂混合对车削 AISI 304 钢性能的影响，并通过 ζ 电位和热导率测试得到了混合比和表面活性剂体积分数的最佳值。与不使用表面活性剂相比，SPAN20 表面活性剂在 3∶2 和 0.45％（体积分数）时提供了最佳的加工性能，平均切削力和刀具磨损分别显著降低了 32.05％和 53％，最小表面粗糙度为 1.21μm。Sirin 等以十二烷基硫酸钠（SDS）和阿拉伯树胶（GA）作为表面活性剂添加到混合纳米生物润滑剂 hBN/GNP 中，通过降低表面张力来提高其均匀性，从而提高了热导率。

表 6-3　机械加工领域常用的表面活性剂

类型	名称
非离子型	烷基酚聚氧乙烯醚(APEO)、辛基苯酚聚氧乙烯醚(OPE)、聚乙烯吡咯烷酮(PVP)
阳离子型	十二烷基硫酸钠(SDS)、十二烷基苯磺酸钠(SDBS)、油酸钠(SO)
阴离子型	阿拉伯树胶(GA)、十二烷基三甲基溴化铵(DTAB)、十六烷基三甲基溴化铵(CTAB)、十六烷基三甲基氯化铵(CTAC)
两性离子型	卵磷脂、羟基磺基甜菜碱(HSB)

然而，具体添加哪种表面活性剂未得到有力证明。同时，大多数表面活性剂（SDBS、SDS、GA、CTAB、PVP 等）本质上都是有机的，生物降解性存在一定问题。这些表面活性剂可能由于生物活性和操作条件随着时间的推移而劣化。因此，考虑长期应用时，表面活性剂的稳定性可能是一个主要挑战。

空间稳定也可以称为聚合物稳定技术。该技术涉及在纳米颗粒悬浮液中添加聚合物分子，以防止颗粒聚集和最终沉淀。附着在纳米颗粒表面的聚合物分子可以防止两个纳米颗粒彼此靠近。它会产生空间位阻，阻止纳米颗粒相互黏附。纳米生物润滑剂的空间稳定性也可以使用非离子表面活性剂来实现。这种稳定技术属于非共价功能化。使用空间稳定可以使高颗粒浓度的纳米生物润滑剂稳定，但静电稳定不可以。此外，使用 ζ 电位法无法预测这种稳定效果，因为聚合物不会影响纳米颗粒的电荷。空间稳定性对温度变化和稳定剂浓度以及吸收光谱比较敏感，是目前存在的局限性。

综上所述，纳米生物润滑剂的植物性基油、分子运动以及外界因素等都会影响其稳定性。纳米生物润滑剂的选择和制备方法应综合考虑应用性质和稳定性。为了提高纳米生物润滑剂在不同操作条件下的稳定性，需要对混合稳定方法，即不同物理和化学方法的结合进行更广泛的研究。以上不同的稳定性增强方法，有助于提高纳米生物润滑剂在更多应用中的可用性。

6.2　热物理特性

纳米生物润滑剂因优异的冷却润滑性能被广泛应用于机械加工领域。在近十几年中，科学界对其研究更是呈指数级增长。然而，纳米生物润滑剂的性质会因制备、粒度、分散度和浓度不同而发生变化。纳米添加相的存在不仅可以改变基础流体的热导率、黏度和润湿性，并且可以在加工界面形成一层润滑膜。这种润滑液膜以不同的方式作用于加工界面。一方面，纳米颗粒会填充工件表面的微裂纹和孔隙，它们通过在表面之间滚动而起作用；另一方面，还会导致表面在形成过程中被抛光，进而提高表面完整性。一些研究报道了纳米颗粒的使用导致基础流体热物理性质的改变。本节主要讨论纳米生物润滑剂的热物理性质，如热导率、黏度、润湿性、摩擦学性能。

6.2.1　热导率

纳米生物润滑剂因优异的传热性能得到了广泛应用。热导率反映了纳米生物润滑剂在机械加工中的热传导能力。先前的研究中发现，在基础流体中加入纳米颗粒可以进一步提高传热能力，因为固体介质通常具有比液体更好的传热性能。钛合金常用于制造航空航天结构部件，但其由于高强度低导热性已成为当前的研究热点。在一项研究中发现，在 0.1%（体积分数）的 GNP 下，相比于生物润滑剂，添加 GNP 可以进一步将磨削钛合金温度降低约21.1%。这表明纳米颗粒对于难加工材料钛合金磨削具有十分重要的意义。纳米生物润滑剂具有优异的润滑性能，可以降低切削区的摩擦程度，从而进一步降低切削区温度。纳米生物润滑剂在切削区的主要传热机理可以从两个方面进行分析：①在切削区传热过程中会形成一个热边界层，包括层流和紊流热边界层。层流热边界层接触工件主要作用是热传递。而纳米生物润滑剂在紊流层中的热量积累，可能会造成工件热损伤，因此降低其黏度值有利于传热，见图 6-6。②Mao 等提出了润滑介质的沸腾传热随温度变化的四个阶段，即非沸腾传热、成核沸腾、过渡沸腾和稳定膜沸腾。在成核沸腾区，传热系数随着温度的升高而迅速增大；当达到临界热流密度时，传热系数达到最大值。如果表面温度极高，就会导致液膜沸腾并产生气泡，从而进一步加速热量的传递。如图 6-6 所示，纳米颗粒的结合导致在其周围形成吸附层，吸附层的存在降低了液滴内部之间的热阻，进而有利于热传递。此外，纳米生物润滑剂中的纳米颗粒存在不规则扩散和布朗运动等，它们会吸附周围的生物润滑剂，在纳米颗粒周围形成流体吸附层，与工件接触可以带走一部分热量，增强工件和纳米生物润滑剂之间的热传递。

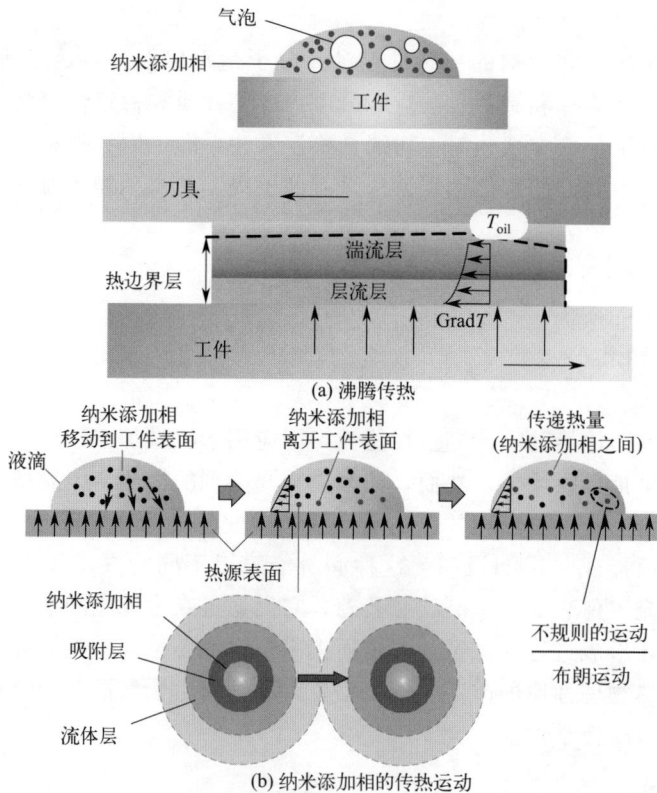

图 6-6　纳米生物润滑剂的传热机理

因此，研究纳米生物润滑剂的热导率对提高加工性能有着十分重要的意义。基础流体的性质，纳米颗粒的浓度、粒径、形状和温度等都影响纳米生物润滑剂的热导率。瞬态热线技术精确度高、稳定性好，常用于测量纳米生物润滑剂的热导率。

研究表明，在基液中添加纳米添加相会提高纳米生物润滑剂的热导率。此外，提高纳米颗粒的浓度和温度也同样会对纳米生物润滑剂的热导率产生影响。图 6-7 显示了纳米生物润滑剂的热导率随温度和纳米添加相浓度的变化。Duangtongsuk 和 Wongwises 对体积分数为 $0.2\%\sim2\%$，TiO_2 纳米生物润滑剂的热导率实验研究中，也得到了同样的规律。图 6-7(a) 显示了 8 种浓度的石墨烯纳米生物润滑剂的热导率随测试温度的变化。从图中可以看出，不管哪种浓度的纳米生物润滑剂，其热导率都随温度升高而进一步提高。Kole 和 Dey 探讨了温度和纳米添加相浓度对纳米生物润滑剂的热导率影响。结果表明，在室温下 2.5%（体积分数）的 CuO 纳米颗粒使基础流体的热导率提高了 10.4%，在 80℃ 时，热导率提高了 11.9%。Saeedinia 等研究了不同温度下纳米添加相质量分数为 $0.2\%\sim2\%$ 的 CuO 纳米生物润滑剂的热导率。结果表明，热导率随着基础流体中加入纳米颗粒浓度增加而增加。在 0.5% 时，热导率最佳，相比纯油提高了 6.2%。如图 6-7(c) 所示，随着石墨烯的浓度（质量分数）从 0.5% 增加到 2.5%，三种纳米生物润滑剂的热导率都得到了提高。石墨烯的质量分数为 0.5%、1%、1.5%、2% 和 2.5% 时，可使基础菜籽油的热导率提高 3.6%、7.2%、10.8%、14.4% 和 18%。Wang 等研究了温度和固体浓度对石墨纳米生物润滑剂热导率的影响。研究发现，向基液中添加体积分数为 1.36% 的石墨可使热导率提高 36%。

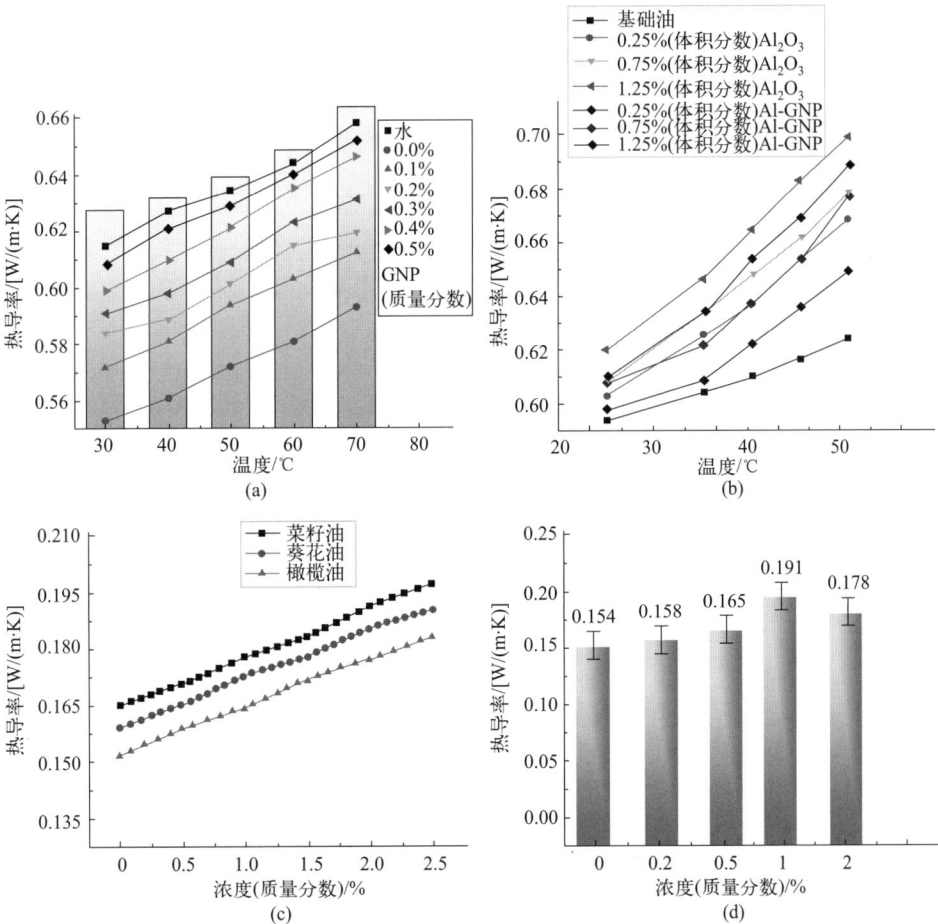

图 6-7　纳米生物润滑剂的热导率与温度和纳米添加相浓度的函数关系

热导率随着浓度和温度的升高而升高，这是由于纳米生物润滑剂随着温度升高团聚现象减轻，使得纳米颗粒在润滑剂中的分散更加均匀，热导率提高。其次，纳米颗粒的热导率远大于基液的热导率，使纳米润滑剂热导率高于基础油。此外，纳米颗粒的随机运动随着温度的升高而更加剧烈，因此能量在流体内部的传递速度更快。总之，纳米颗粒的布朗运动和团聚受到温度变化的影响，表现为纳米生物润滑剂热导率的变化。

除了温度和纳米添加相的浓度会影响纳米生物润滑剂的热导率外，下列因素同样也会影响纳米生物润滑剂的热导率。

（1）粒子尺寸

纳米添加相的尺寸也会影响纳米生物润滑剂的热导率。研究人员调查了颗粒尺寸变化（5～100nm）对合成纳米生物润滑剂热导率的影响。Sharifpur 等制备了各种尺寸（直径31nm、55nm 和 134nm）的 Al_2O_3 纳米生物润滑剂，研究发现 Al_2O_3 的直径越小，纳米生物润滑剂的热导率增强程度越大。Teng 采用不同公称直径（20nm、50nm 和 100nm）的纳米颗粒制备了 4 种浓度（质量分数 0.5%、1.0%、1.5% 和 2.0%）的纳米生物润滑剂。结果发现，小尺寸纳米颗粒制备的纳米润滑剂导热性能更好，直径越小，导热性越好。Xie 等也进行了一项类似的研究，粒径为 5nm、25nm、58nm 和 101nm 制备的纳米生物润滑剂热导率分别从高到低，最高热导率的纳米粒子粒径为 25nm，并得出结论：布朗扩散和表面积都会影响热导率。

因此，较小尺寸的纳米颗粒可提高纳米生物润滑剂的热导率。这可能是因为较小尺寸的纳米颗粒导致较大的表面积和较弱的范德瓦耳斯力，从而导致较少的团聚和更好的稳定性。但是尺寸也不宜过小，直径在 20～40nm 最佳。

（2）颗粒形状

纳米颗粒的形状是影响纳米生物润滑剂热导率的重要参数之一，因为纳米颗粒的表面积与体积比（A/V）会影响纳米润滑剂的热导率。Wei 等发现与球形颗粒相比，棒状颗粒因为具有更大的表面积与体积比而表现出了优异的导热性。Maheshwary 等研究了球形、圆柱形、立方体颗粒的纳米生物润滑剂的热导率。这三种类型的纳米颗粒，立方体的 A/V 最大，因此其传热性能最好。虽然球形纳米颗粒表现出的性能较差，但因较低的制造成本以及优异的摩擦学性能，其在传热领域得到了进一步应用。

（3）纳米添加相的类型

不同类型的纳米颗粒可能会对纳米生物润滑剂的热导率产生影响。然而，纳米颗粒类型并不是决定纳米生物润滑剂热导率的唯一参数。Yang 等对 Al_2O_3、TiO_2、WO_3 和 Fe 纳米生物润滑剂的热导率进行了评估。结果表明，TiO_2 纳米生物润滑剂表现出较高的热导率。Pang 等在甲醇中添加了 Al_2O_3 和 SiO_2 纳米颗粒制备纳米润滑剂（其体积分数为 0.005%、0.01%、0.075%）。结果表明，SiO_2 纳米生物润滑剂的热导率更高。这可能是因为 Al_2O_3 纳米颗粒团聚影响了纳米生物润滑剂的稳定性和热导率。Xie 等研究了在 EG 基础流体中用各种金属氧化物纳米颗粒（如 MgO、Al_2O_3、ZnO、SiO_2 和 TiO_2）合成的纳米生物润滑剂的热导率。结果表明，纳米生物润滑剂的热导率不仅取决于纳米颗粒的固有热导率，还需要综合考虑其他影响因素。

综上所述，使用特别小的尺寸（平均尺寸为 20～40nm）和相对大的表面积和体积比的纳米颗粒可获得具有优异热导率的纳米生物润滑剂。此外，在基础流体（水/植物油）中分散 1%～5%（体积分数）的纳米颗粒（ZnO/GNP/Al_2O_3/CuO/TiO_2/MoS_2/SiO_2/Fe）可使纳米生物润滑剂的热导率提高约 10%～30%。尽管纳米颗粒的加入改善了纳米生物润滑剂的热导率，但在将其用于机械加工时，需要考虑其被人体吸入的风险。

6.2.2　黏度

流体对流动所表现的阻力称为黏度。黏度是影响纳米生物润滑剂传热能力的另一个重要因素，它对润滑剂使用过程中的压力损失和泵送功率有直接影响。黏度不仅对内部摩擦系数有直接影响，同时也影响润滑油膜的形成。高黏度的切削液可以在高温摩擦表面形成润滑膜，提高承载能力，进一步提高润滑效果。如图 6-8 所示，各植物油的黏度值不同主要受其自身的脂肪酸分子结构影响，黏度越高，刀具和工件以及刀具和切屑之间的减摩抗磨能力都得到了改善。这种趋势在蓖麻油中尤为明显。蓖麻油的黏度比其他基础油大得多，因此，蓖麻油的 COF 非常低[15]。纳米颗粒的加入进一步提高了生物润滑剂的黏度，从而可进一步提高润滑性能。Cui 等通过摩擦磨损试验研究了石墨烯纳米生物润滑剂在砂轮-工件界面的摩擦学性能。石墨烯纳米颗粒具有较大的比表面积，因此提高了纳米生物润滑剂的黏度和润滑性能。Zhang 等认为 MoS_2 中层状纳米颗粒较弱的分子间剪切强度也降低了切削区的摩擦。切削区的极端压力将纳米颗粒挤出薄膜，以增强生物润滑剂的极压抗磨特性。添加一定浓度的纳米颗粒有助于润滑，然而，随着纳米颗粒体积分数的增大，最终油滴的黏度将停止变化 [图 6-8(b)]。这种现象可以通过纳米颗粒的团聚来解释，最终引起一定程度的沉淀。此外，液滴中有效活性纳米颗粒数量的减少不利于机械加工。

因此，研究纳米生物润滑剂的黏度对提高加工性能有着十分重要的意义。各种参数都能影响纳米生物润滑剂的有效黏度，如基础流体的黏度，纳米颗粒的浓度、粒径、形状和温度等。活塞式流变仪、旋转流变仪和毛细管黏度计是用于测定纳米生物润滑剂黏度的仪器。

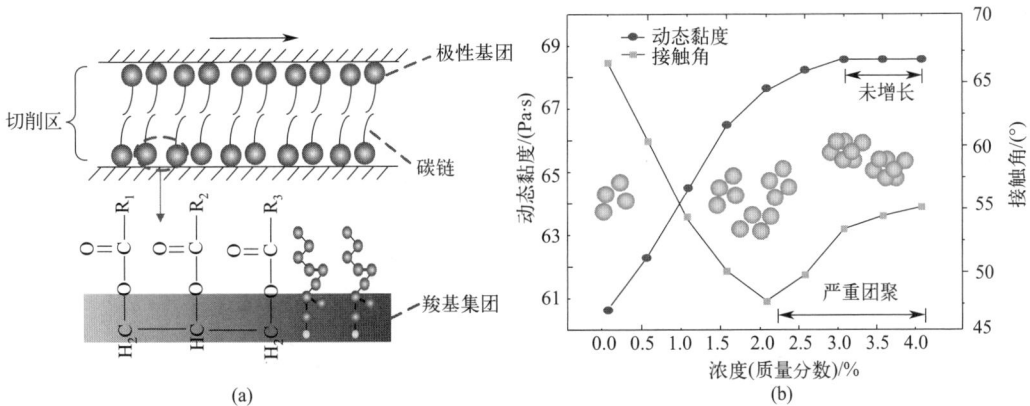

图 6-8　植物油在切削区的润滑性能及不同浓度的润滑性能

纳米生物润滑剂的温度和固体浓度是影响黏度的两个重要因素。许多文献表明，添加纳米添加相会导致基液的黏度增大。此外，随着纳米添加相浓度的增大，团聚行为也增多，导致流体的黏度增大。Saeedi 等在 EG 基液中合成了 CeO_2 纳米颗粒，以研究纳米颗粒的质量分数（0.05%～1.2%）对纳米生物润滑剂黏度的影响。结果表明，纳米生物润滑剂的黏度随着纳米颗粒体积分数的增大而增大。与基础流体相比，1.2% 纳米颗粒的纳米生物润滑剂黏度提高了95％。Krishnakumar等合成了体积分数在0.1％～1％范围内的Al_2O_3-EG纳米生物润滑剂，并且发现其黏度随着纳米生物润滑剂的体积分数增大而增大。

Duangtongsuk和Wongwises通过实验研究了纳米生物润滑剂的动态黏度。在该研究中，使用了分散在水中的TiO_2纳米颗粒，其体积分数为0.2％～2％，温度范围为15～35℃。结果表明，纳米生物润滑剂的黏度随颗粒浓度的增大而增大，随温度的升高而减小。图6-9显示了纳米生物润滑剂的黏度和温度及颗粒浓度的关系。如图6-9（a）所示，纳米生物润滑剂的动态黏度会随着温度的升高而降低。Asadi等研究了温度变化对MWCNT-MgO混合纳米生物润滑剂的动态黏度的影响。如图6-9（b）所示，将温度从25℃升高到50℃会导致纳米生物润滑剂的动态黏度降低约77％。图6-9（c）显示了添加HBN、石墨和MoS_2的纳米生物润滑剂黏度值的变化规律。黏度增大与纳米颗粒体积分数的增大成正比，归因于摩擦副之间流体层厚度的增大。图6-9（d）显示了不同温度下MWCNTs-MgO混合纳米生物润滑剂的动态黏度与纳米颗粒体积分数的关系。可以看出，在不同温度下，混合纳米生物润滑剂的黏度均随纳米颗粒体积分数的增大而增大，且趋势相似。

因此，由于布朗扩散运动、颗粒团聚形成、纳米颗粒和基础流体的滑动运动引起的阻力的影响，流体分子之间的相互作用随着温度的升高而减弱，体现为纳米生物润滑剂黏度的降低。此外，当纳米颗粒浓度升高时，颗粒团聚的形成阻碍了分子间运动使得纳米生物润滑剂的黏度升高。

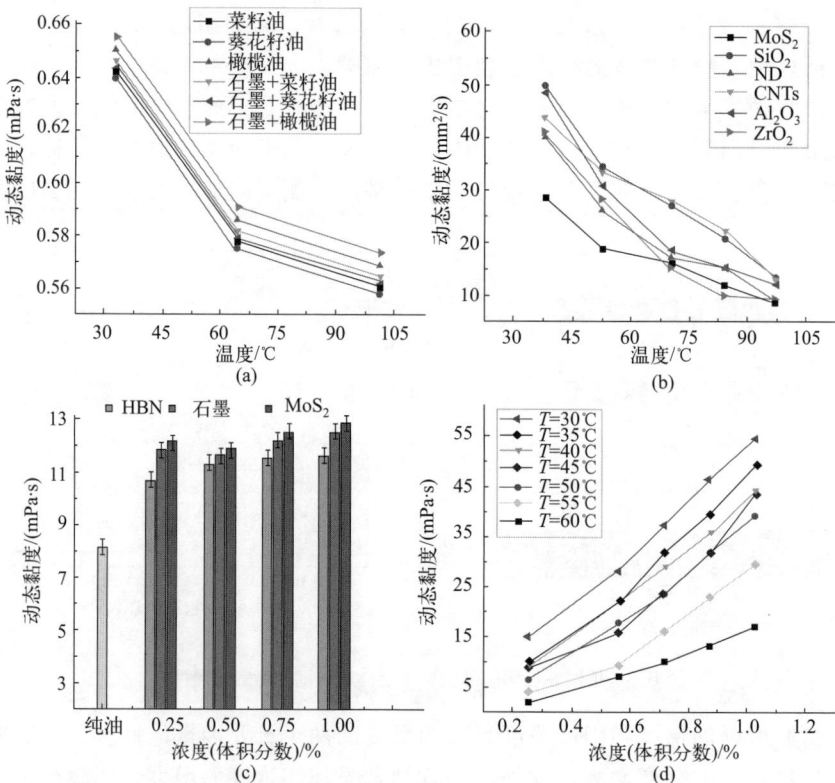

图6-9 纳米生物润滑剂的黏度与温度和颗粒浓度的函数关系

除了温度和纳米添加相的浓度能影响纳米生物润滑剂的黏度外，下列因素同样能影响纳米生物润滑剂的黏度。

（1）颗粒尺寸

纳米添加相的尺寸是影响纳米生物润滑剂黏度的重要参数之一。研究人员研究了颗粒尺寸和形状对纳米生物润滑剂黏度的影响。Hu 等以 Al_2O_3 和 ZnO 纳米颗粒合成了纳米生物润滑剂，纳米颗粒的尺寸为 20～100nm。对于 Al_2O_3 纳米生物润滑剂，在 Al_2O_3 的体积分数为 7.5% 时发现其黏度随着颗粒尺寸的增大而增大。然而，在相同浓度下，颗粒尺寸达到 50nm 以后，趋势相反。对于 ZnO 纳米生物润滑剂，其黏度随着颗粒尺寸的增大而增大。当 ZnO 纳米颗粒的体积分数较小时，其黏度增大程度可忽略不计。Minakov 等研究了颗粒尺寸对各种金属氧化物纳米生物润滑剂黏度的影响。该作者发现所有类型纳米生物润滑剂的黏度均随着颗粒尺寸的增大而减小。Nithiyanantham 等研究了 SiO_2 颗粒的尺寸纳米生物润滑剂黏度的影响。结果表明，由于两个分子之间较小的颗粒间距离和较大的范德瓦耳斯力，在较小的颗粒尺寸下黏度更高。其他研究人员也报道了类似的趋势。与此相反，Li 等研究了纳米颗粒的尺寸对纳米生物润滑剂黏度的影响，发现纳米生物润滑剂的黏度随颗粒尺寸的增大而显著增大。Abdelhalim 等进行了类似的研究，发现随着颗粒粒径的增大，纳米生物润滑剂的黏度略有增大。

（2）颗粒形状和类型

Timofeeva 等研究了颗粒形状对 Al_2O_3 纳米生物润滑剂黏度的影响。结果表明，与其他形状的颗粒相比，圆柱形和片状颗粒的纳米生物润滑剂表现出更高的黏度，主要表面体积比较大增加了黏度。Ferrouillat 等研究了颗粒形状对 SiO_2 和 ZnO 纳米生物润滑剂黏度的影响，发现黏度随形状变化并不大。颗粒形状和尺寸对纳米生物润滑剂黏度的影响需要进一步的系统研究才能得出结论。Cui 等通过对比纳米生物润滑剂纳米添加相（分别为 hBN、GR、MoS_2、MoO_3）与纯基础油（棕榈油）发现，纳米颗粒对基础油黏度的影响各不相同，四种纳米生物润滑剂的黏度均高于纯油的黏度。hBN 纳米生物润滑剂显示出最小的黏度（72.4mPa·s），比纯油的黏度（66.1mPa·s）高 9.5%。GR 纳米生物润滑剂具有最大的黏度（82.2mPa·s），比纯油的黏度高 24.4%。

综上所述，纳米生物润滑剂的温度、浓度以及颗粒的尺寸、形状和类型都会影响其黏度。在选择纳米颗粒的过程中应综合考虑基础流体的类型和纳米颗粒相协调，以获得最优的加工性能。此外，随着颗粒尺寸的增大，纳米生物润滑剂的黏度提高，可能是由于分子间的范德瓦耳斯力增加了流体的阻力。

6.2.3　浸润性能

表面张力对纳米生物润滑剂微量润滑浸润刀具-工件界面有着十分重要的影响。表面张力是影响液滴破碎和撕裂的一个重要参数，而液滴在工件上的状态决定了润湿效果。通常表面张力对纳米生物润滑剂的沸腾传热过程、润湿行为和喷雾特性有显著影响。Bertolini 等测量了纳米生物润滑剂的表面张力。他们发现，在基础流体中加入纳米颗粒会降低其表面张力。此外，表面张力决定了液体的沸点、气泡离场和界面平衡。Zhang 等讨论了基础油的黏度和表面张力对摩擦的影响，发现高黏度和低表面张力的植物油表现出优异的冷却润滑性能。已经观察到纳米生物润滑剂的表面张力与传热系数呈负相关关系。纳米生物润滑剂具有更好的传热系数可能归因于更多气泡的形成以及由于弱结合力而导致的气泡膨胀。Jia 等认为，降低液体的表面张力有利于改善雾化特性，因此，可以进一步提高润滑剂的利用率和迁移渗透性。

液体和工件固体之间的黏附力导致液滴扩散到表面上，而液体内的黏性又防止液滴与表面接触。当一滴液体（切削液）停留在固体表面上形成界面时，液滴和接触表面之间的角度轮廓被称为润湿（接触）角。接触角越小，认为液滴的润湿性越好。相反，当接触角较大时，液滴的润湿能力较差。随着纳米添加相的加入，接触角逐渐减小，润湿性能提高。Li 等获得了各种纳米生物润滑剂在镍基工件上的接触角，如表 6-4 所示。同时，他们在含有 CNT 纳米生物润滑剂的工件表面观察到了较多的气泡，这表明其沸腾传热系数很高。较高的传热系数表明 CNT 纳米生物润滑剂具有较高的载热能力，因此 CNT 纳米生物润滑剂可能是在加工过程中进行有效冷却和润滑的较好选择。Zhang 等发现，接触角会显著影响工件的表面质量。小的接触角会导致工件的表面粗糙度较低，产生良好的冷却和润滑效果。接触角较小、渗透面积较大的纳米生物润滑剂会显著影响润滑和冷却性能。

表 6-4　镍基合金上纳米生物润滑剂的接触角

纳米生物润滑剂	接触角/(°)	纳米生物润滑剂	接触角/(°)
SiO_2	49.2	Al_2O_3	45.5
CNT	47.5	PCD	43.5
MoS_2	46.0	ZrO_2	41.5

沸腾传热与润湿特性存在着很大的关系，特别是在气泡形成、膨胀、分离和运动过程中。纳米生物润滑剂的低表面张力表明对气泡形成和膨胀的结合力较弱。因此，存在许多气泡和高度活跃的沸腾传热。更多气泡的存在和高沸点传热活性有助于获得优异的性能，如降低磨削区的温度，避免工件燃烧，提高工件的加工质量。此外，根据热对流理论，热对流过程中的液滴可分为热边界层和主流区。热边界层的厚度保持不变，主流动区中的流体在吸收足够的热量之前在切削区快速移动。换言之，主流区中的流体不能提供令人满意的热交换效果。如图 6-10 所示，当表面张力降低时，热边界层膨胀，磨料流体在主流区区域的比例降低。这一结果解释了为什么具有较小接触角的 MQL 液滴具有较高的冷却效率。

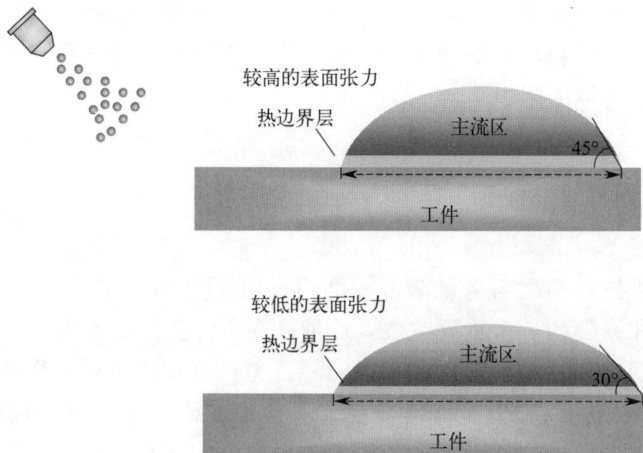

图 6-10　润湿特性对传热的影响

综上所述，冷却润滑的有效性取决于纳米生物润滑剂的润湿特性。表面张力影响沸腾传热过程，接触角提供了润湿性的反向测量。当接触角减小时，热边界层的面积增大，参与传热的流体增加。同时，纳米生物润滑剂较高的热导率与传热系数表明其具有更好的热耗散性能。纳米生物润滑剂可以有效提高传热效率，减少切削过程中引入刀具和工件界面的热载荷。此外，CNT 纳米生物润滑剂具有较高的传热系数，冷却和润滑能力显著，可能是 MQL 硬质合金加工的较好选择。

6.2.4 摩擦学特性

摩擦在机械加工中起着至关重要的作用。由于刀具和切屑以及刀具和工件之间存在摩擦力，因此会产生大量的热，影响刀具寿命和工件表面质量。所以了解加工中切屑-刀具-工件界面的摩擦学行为至关重要。有几个因素会影响加工界面中的摩擦系数，如加工类型、材料、几何形状和刀具磨损以及润滑和冷却条件。在加工过程中加入冷却液可以降低切削温度。此外，已经有学者证明在基础液中加入纳米添加相可以在原来的基础上更好地降低加工温度和摩擦磨损。有学者提出了纳米生物润滑剂在机械加工中起到冷却润滑的四种效应，如图 6-11 所示。

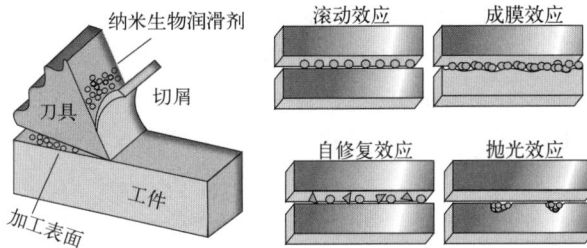

图 6-11 润滑机理

Sikdar 等指出在切削液中加入固体润滑剂有助于填充凹凸表面间隙，促进摩擦副表面的滑动。球形或准球形纳米颗粒可以在摩擦表面形成滚珠轴承效应。在这种情况下，滑动摩擦转化为较低摩擦系数的滚动摩擦。纳米生物润滑剂中的纳米颗粒可避免刀具-工件的直接接触，填充表面间隙，降低摩擦磨损，提高了摩擦学性能。Ouyang 等评估了含有 0.5％（质量分数）石墨烯和 0.7％（质量分数）多壁碳纳米管的蓖麻油在磨损试验中的性能，并通过扫描电子显微镜、能量色散光谱仪和拉曼光谱在钢板和钢球上获得的磨损痕迹。钢球和钢板的磨损分析结果高度一致，表明石墨和烯碳纳米管在低速低负载条件下的摩擦系数和表面磨损量相比纯油分别减少了 26％和 48％。Samuel 等观察到，纳米层随着纳米颗粒浓度的增大而增加，由于表面之间的纳米层，表面上的磨损减少了。这种纳米生物润滑剂层支持更大的负载，在球形颗粒的情况下会引起滚动效应，从而降低摩擦系数和切削力。Kumar 等进行了 4 种水基纳米生物润滑剂（hBN、Al_2O_3、MoS_2 和 WS_2）的摩擦学性能试验，结果 Al_2O_3 纳米生物润滑剂表现出最优的摩擦学性能，Al_2O_3 纳米生物润滑剂相比于干摩擦，摩擦系数降低了 53.89％。hBN、MoS_2 和 WS_2 纳米生物润滑剂可能由于结构是层状的，其中各层通过弱范德瓦耳斯力结合在一起，润滑机制是通过层的滑动。

Gulzar 等和 Ali 等的研究表明，Al_2O_3 和 TiO_2 纳米颗粒可以形成摩擦膜，通过填充表面凹槽和凸起来保护加工材料免受裂纹扩展，并降低表面粗糙度。同时，Peňā-Parás 等证实，由于半球形和小尺寸，TiO_2 填充表面的凹槽减少了摩擦。然而，MQL 应用中气流的变化会影响保护膜的形成。更高的压力会将纳米生物润滑剂输送到更靠近切削边缘的位置，并去除更多的热量。Talib 等发现，当 hBN 纳米粒子浓度高于 0.05％体积分数时，COF 增加，这是因为纳米颗粒的团聚导致纳米生物润滑剂的摩擦学行为恶化；另外由于 hBN 纳米粒子的高硬度，使得 hBN 成为更高浓度的研磨材料刮伤表面。然而，并非所有的纳米颗粒都能提高植物油基润滑剂的加工性能。Alves 等研究了在植物油基润滑剂中添加纳米颗粒的影响，发现在葵花籽油和大豆油中添加 CuO 纳米颗粒分别使摩擦系数提高了约 20％和7.5％。研究表明，在植物油基润滑剂中添加纳米氧化物颗粒可能会恶化成膜。Kumar 解释说，这可能与这些氧化物的第三体行为有关，第三体行为增加了摩擦，降低了样品表面之间的电导率。另外，根据 Azman 等的研究，切削液中的 GNP 纳米颗粒浓度的增加成比例地增加了摩擦系数。这是由于更高浓度的 GNP 纳米颗粒聚集团聚引起的。在适当的纳米粒子浓度下，纳米生物润滑剂浓度的增加以及颗粒与新形成的表面之间的化学相互作用程度增加了摩擦副之间的保护膜，从而提高了表面质量并降低了摩擦系数。

此外，一些高硬度纳米颗粒可以被视为精密抛光材料。抛光后，摩擦副的粗糙度降低，接触面积增加，此后摩擦系数降低。接触表面上的压应力也减少了，从而提高了润滑剂的承载能力。这被称为纳米颗粒的抛光机制。因此，不同纳米颗粒的物理化学性质决定了它们在摩擦界面上的作用。在相对较低的切削区摩擦和热通量密度共同作用下，就比能而言，与干切削、浇注式和 MQL 相比，纳米生物润滑剂 MQL 可以减少 40％～42％、25％～30％ 和17％～19％的比能。Sayuti 等在端面铣削过程中，使用由 5～15nm 的 SiO_2 纳米颗粒制备的纳米生物润滑剂，喷嘴位于 15°、30°、45° 和 60°，观察到纳米添加相起到抛光效果。另外，剪切的纳米颗粒在表面孔隙中的浸渍，显示了颗粒的剪切、表面峰和孔隙填充，导致形成由剪切的整个纳米颗粒组成的薄保护膜。加工界面处的这种复制条件导致材料表面粗糙度的降低，有助于纳米生物润滑剂与新形成表面的化学键增加。Rahman 等在菜籽油和特级初榨橄榄油中添加了 Al_2O_3、MoS_2 和 TiO_2 的纳米颗粒，其浓度（质量分数）分别为 0.5％、2％ 和 4％，作为车削 Ti6Al4V ELI 合金的切削液。该研究证明，含有 0.5％体积 Al_2O_3 颗粒的菜籽油基纳米生物润滑剂引起的抛光效应，表面完整性效果更好。由于在加工界面处形成的摩擦膜中存在的球形 Al_2O_3 纳米颗粒的滚动机制，在切屑-工具-工件界面和 COF 处的温度也降低了。另外，含 0.5％体积 MoS_2 的纳米生物润滑剂被认为在降低加工温度方面是有效的，这可能表明由于轧制效应导致的切削力和 COF 的降低。同样，Al_2O_3 和 TiO_2 纳米颗粒在相互作用表面之间的滚动机制也有助于减摩抗磨。

Cui 等发现层状结构可以使润滑油有效地填充工件表面的凹坑，增加表面光滑度，从而提高润滑性能，如图 6-12(a) 所示。在棕榈油润滑条件下，摩擦系数的平均值为最大值（0.449），如图 6-12(b) 所示。GNP 纳米生物润滑剂条件下的摩擦系数比纯棕榈油 MQL 条件低了 34.3％。平均摩擦系数的实验结果证明，GNP 纳米颗粒表现出优异的减摩性能。这可能是由于 GNP 分子的六边形蜂窝结构。如图 6-12(c) 所示，随着纳米颗粒浓度的增大，与基础流体相比，Al-GNP 混合纳米生物润滑剂和 Al_2O_3 纳米生物润滑剂的刀具磨损率和摩擦系数均降低。此外，在 1％的纳米颗粒浓度下，Al-GNP 混合纳米生物润滑剂表现出最佳性能。Kalita 等通过实验研究观察到，随着 MoS_2 纳米颗粒浓度的增大，润滑效果更好。与含有 2％（质量分数）纳米添加相的纳米生物润滑剂相比，大豆油基纳米润滑剂［纳米添加相 8％（质量分数）］的摩擦系数约降低了 14％。

纳米生物润滑剂的应用极大降低了界面上的摩擦，进一步减少了摩擦热源和切削热的产

(a) 层状纳米颗粒的宏观润滑机理模型

(b) 不同类型纳米生物润滑剂对摩擦系数的影响　　(c) 纳米颗粒浓度对摩擦系数的影响

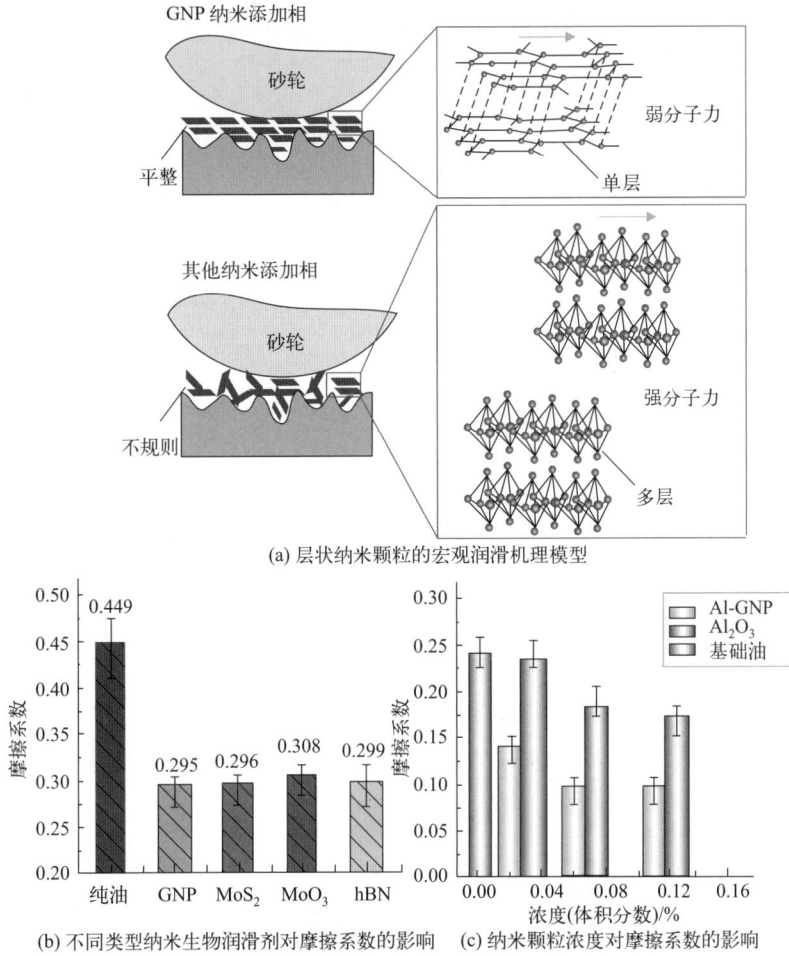

图 6-12　纳米颗粒对摩擦系数的影响

生，进而降低了切削温度。同时，降低了摩擦界面的热负荷和摩擦副的热应力，抑制了残余拉应力和微裂纹的形成，工件的表面质量得到了显著提高。此外，摩擦的减小还减少了切向力载荷、摩擦副界面处干涉凸块之间的剥离现象和机械磨损。纳米生物润滑剂因优异的传热性能、成膜性能、润湿性能以及抗磨减摩性能，提高了机床效率和可靠性。分析表明，纳米生物润滑剂可以很容易地渗透到加工界面，增强传热能力，因此其在机械加工领域 MQL 中得到了不断推广。

6.3　加工应用

　　钛合金、高温合金、高强度钢、复合材料和其他难加工材料由于优异的物理化学特性，被应用在了医疗、航空航天和军事等众多领域。然而，这些难以加工的材料由于较低的热导率、断裂韧性以及较差的可加工性等，使加工过程中的温度大幅提高，从而产生了热损伤。

目前，已经将纳米生物润滑剂作为提高难加工材料加工性能的方法。本节以加工温度、刀具磨损、表面质量、磨削比能作为评估手段，综合定量评估了车削、铣削、磨削加工时材料去除的特点。

6.3.1 车削加工

车削是最基本、最常见的加工方法，工件相对于刀具旋转以连续地去除材料，在此过程中切削刃始终与工件接触。车削在生产中也至关重要，车削的最终目标是获得高度光滑的表面。然而，特别是对于难以切削的材料，车削刀具和工件之间的严重摩擦导致的高温导致切屑黏附在切削刃上，从而影响切削性能，导致工件表面质量恶化。除了合理选择刀具和设置切削参数外，有效的冷却-润滑措施也可以减少切削热量的产生。作为一种新的绿色加工方法，纳米生物润滑剂在机械加工中具有良好的冷却-润滑叠加效果。

如图 6-13 所示，连续切削过程中，刀具与切屑有较长的接触长度并存在持续的强烈接触，存在润滑禁区。因此，高温、高压和高速下的连续接触摩擦会导致工件表面有切屑黏附以及刀具磨损。在连续切削中，纳米生物润滑剂的浸润性能是主要考虑因素，液滴的润湿、扩散和传输非常重要。在切削液浸润切削区时人们普遍认为，刀具和切屑之间存在大量的毛细管。此外，毛细管渗透存在三个阶段，分别为液相渗透、液滴蒸发和气相填充。经历这三个阶段后，润滑剂被吸附在固体表面，形成固体边界润滑层。边界润滑层具有一定的承载能力。刀具-切屑接触区中的毛细管相互作用直接影响刀具前表面上的摩擦，并随后影响摩擦角和剪切角。因此，由于摩擦的减少，热量的产生受到抑制。

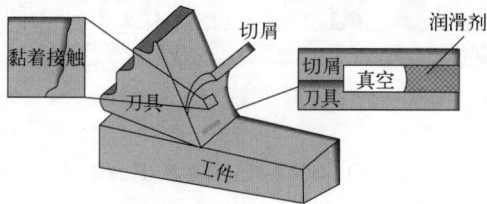

图 6-13 毛细渗透

6.3.1.1 切削温度

切削热是车削过程中不可避免的物理现象。切削热的主要来源是前刀面与切屑之间的摩擦，其次是后刀面与工件之间的摩擦。刀具切削作用下的工件变形也是切削热产生的一个重要因素。刀具-工件界面的急剧温度变化仅限于表面上 $1\sim2\text{mm}$ 的区域。合理选择冷却-润滑方法不仅可以减少切削液使用量，而且可以充分冷却切削区。

Yi 等研究了 MQL、纳米生物润滑剂 MQL 对 Ti6Al4V 车削温度的影响。在车削过程中，当进给速度为 0.05mm/r、气压为 1bar（$1\text{bar}=10^5\text{Pa}$）、氧化石墨烯浓度为 0.5% 时，刀具-切屑界面处的温度值最低；相较于纯 MQL 条件下的 TCIT（刀具-切屑界面）温度降低了 50.53℃。此外，他们还根据氧化石墨烯纳米生物润滑剂的热导率和比热容以及传热系数和摩擦系数创建了车削过程中使用纳米生物润滑剂的传热模型。将模拟结果与实验测量结果进行比较，模拟结果与实验结果接近，表明该传热模型是可靠的。Singh 等研究在不同切削速度下车削 Ti6Al4V 对切削温度的影响时发现，纳米生物润滑剂微量润滑下的切削温度

相比干切削降低了 $31\%\sim42\%$。在纳米生物润滑剂微量润滑下实现的温度降低主要是由于良好的导热性以及刀具-切屑/刀具-工件接触面优异的润滑性能。

　　Gupta 等评估了 Al_2O_3、MoS_2 和石墨纳米生物润滑剂联合 CBN 刀具车削 Ti 合金（Ⅱ级）时的性能。切削速度和进给速度的提高会导致局部温度的升高。与进给速度相比，切削速度对切削温度的影响更大。相较于 Al_2O_3 和 MoS_2 纳米生物润滑剂，石墨纳米生物润滑剂显示出更低的切削温度。这主要是因为石墨纳米生物润滑剂具有最低的黏度和最高的热导率，有助于去除切削区释放的热量。同时，纳米生物润滑剂使切屑-刀具接触表面的摩擦性能得到了改善，而且增强的润湿表面可以促进热量传递。如图 6-14 所示，切削温度 T 不仅随着体积分数的增加而急剧增大，同时也随着 V_c 的增大而增大。当菜籽油与 Al_2O_3、MoS_2 和 TiO_2 制备纳米生物润滑剂，能够提供更好的热耗散性能。而且 Al_2O_3 纳米颗粒与橄榄油制备的纳米润滑剂在中高速时的散热效果更好。0.5%（体积分数）MoS_2 菜籽油纳米生物润滑剂获得最低的切削温度（875℃），再次证实了纳米添加相的浓度对加工时的润滑和冷却性能有很大影响。

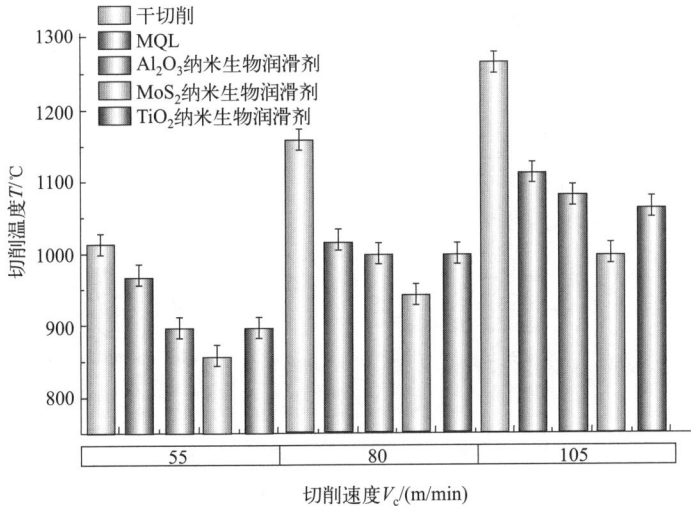

图 6-14　不同工况下切削温度的比较

6.3.1.2　刀具磨损

　　刀具磨损被描述为发生在刀具和工作材料相互接触区域的材料损失，是表明刀具寿命的最基本标志。通常情况下，切削速度会影响刀具磨损，进而影响刀具的使用寿命。同时，刀具磨损影响加工过程中的工件表面完整性、效率、切削力、能耗等指标。由 ISO 3685 可知，刀具磨损程度由刀具前刀面的凹坑深度/宽度、刀具后刀面的磨损（平均值或最大值）和刀具后刀面的缺口磨损决定，如图 6-15(a) 所示。

　　切削力的减小可降低材料去除过程中的机械负载，从而有效地降低刀具磨损。同时，切削温度的降低可抑制工件的热软化，减轻了工件材料在刀具表面的黏附现象。研究人员比较了纳米生物润滑剂在不同润滑条件下对刀具磨损的影响。与干切削的结果相比，在 0.1%（质量分数）的 MoS_2 纳米生物润滑剂 MQL 和纯生物润滑剂 MQL 条件下，Ti6Al4V 的侧面磨损（VB）分别降低了 47.37% 和 31.58%。生物润滑剂 MQL 将刀具寿命提高了 50%，而片状石墨烯纳米生物润滑剂 MQL 将刀具寿命提高了 100%。

Jamil 等研究了低温 CO_2 和基于混合纳米生物润滑剂的 MQL 技术对 Ti6Al4V 车削的影响。图 6-15(b) 显示了转速、进给量和不同冷却环境下主翼面磨损的变化。刀具寿命的标准定义为主切削刃平均侧面磨损 $300\mu m$。在低温 CO_2 作用下刀具失效加工时间为 236s，而在混合纳米生物润滑剂作用的情况下，刀具失效加工时间为 292s。与低温冷却相比，Al_2O_3-MWCNT 纳米生物润滑剂作用下的摩擦系数较低，因此刀具寿命更长。在图 6-15(c) 中可以清楚地看到，在干切削和浇注式的情况下测得的 VB_c 最高，分别为 $83.9\mu m$ 和 $65.3\mu m$。通过改变石墨含量差异并不显著，平均 VB_c 值约为 $47\mu m$；相反，与纯 MQL 技术相比，VB_c 减小了 29%，另外，刀具后刀面没有出现堆积现象，添加 PTFE 颗粒的 MQL 明显降低了刀具磨损。Ti6Al4V 织构刀具的磨损行为如图 6-15(d) 所示。在各种切削速度下，T3（纳米生物润滑剂）的刀具寿命最长，其次是 T2（菜籽油 MQL），最后是 T1（干切削）。此外，Hegab 等研究发现，与不添加任何纳米添加相的测试相比，添加 2%（质量分数）MWCNT 的纳米生物润滑剂可使刀具侧面磨损降低 45%。因此，在相同的切削参数下，使用纳米生物润滑剂有助于提高刀具寿命。

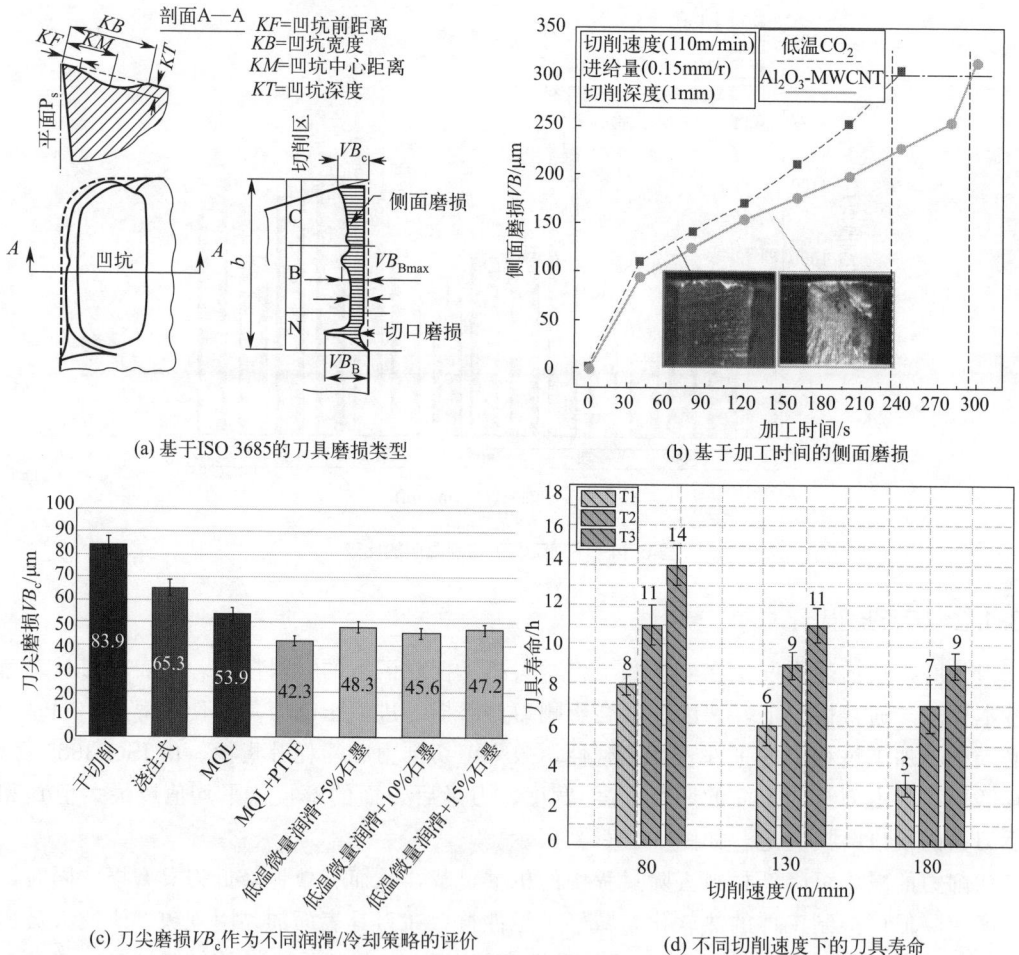

(a) 基于ISO 3685的刀具磨损类型

(b) 基于加工时间的侧面磨损

(c) 刀尖磨损VB_c作为不同润滑/冷却策略的评价

(d) 不同切削速度下的刀具寿命

图 6-15 车削时的刀具磨损

Gupta 等使用 Al_2O_3、MoS_2 和石墨低温微量润滑（MQL）对 Ti 合金进行机加工后，一些切削刀尖的显微图像如图 6-16 所示。图 6-16(a) 描述了刀具边缘的主要尖端断裂和最终损坏。图 6-16(b) 强调了 MoS_2 纳米生物润滑剂 MQL 工况下的刀尖磨损。在石墨纳米生物润滑剂 MQL 工况下，前刀表面出现一些磨损痕迹，如图 6-16(c) 所示。当 Al_2O_3 颗粒撞击在刀具-工件表面时，可能引发刀具表面裂纹，由于切削力导致裂纹扩展，最终使刀具外层失效。采用石墨纳米生物润滑剂时，明显减少了刀具磨损的过程。这主要是由于石墨纳米添加相的黏度较低，使刀具边缘能够在工作表面上更平滑地移动，从而改善了摩擦学行为。使用纳米生物润滑剂 MQL 来减少刀具磨损比单独 MQL 要好。Nguyen 等[149] 研究了不同切削参数下干切削、MQL 和纳米生物润滑剂 MQL 对 *VB* 值的影响。结果表明，与干式条件相比，MQL 和添加 0.5%（质量分数）GNP 的纳米生物润滑剂 MQL 能显著降低侧面磨损，分别降低了约 40% 和 100%。Singh 等比较并研究了车削 Ti6Al4V 时干式、MQL、填充石墨烯颗粒的微织构刀具、纳米生物润滑剂对刀具磨损的影响。结果表明，与干切削条件相比，采用纳米生物润滑剂时，不同切削速度下的刀具寿命提高了 178%～190%。Revuru 等研究了不同冷却润滑条件下的加工性能，在高进给和高切削速度下与干切削相比，使用石墨大豆油基纳米润滑剂的刀具磨损减少了约 85%，与大豆油相比，刀具磨损减少约 20%。这是由于石墨纳米生物润滑剂 MQL 的切削温度比纯大豆油 MQL 低得多，从而抑制活性元素的热软化和化学反应的能力强。纳米润滑剂 MQL 显著降低了刀具磨损，这也证明了其优越性。

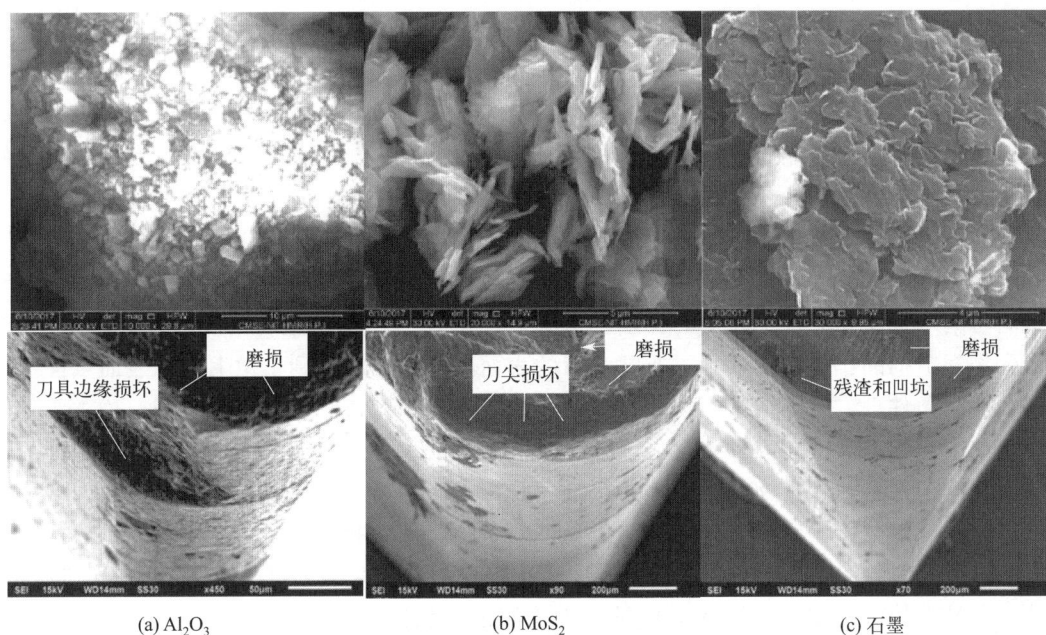

(a) Al_2O_3　　　　　　　(b) MoS_2　　　　　　　(c) 石墨

图 6-16　不同类型纳米生物润滑剂 MQL 条件下的刀具磨损

6.3.1.3　表面质量

纳米生物润滑剂微量润滑可以有效降低切削温度、切削力和刀具磨损，进而提高工件的表面质量。Hegab 等发现与纯植物油生物润滑剂相比，2%（质量分数）MWCNT 的纳米生物润滑剂将功耗降低了 11.5%，同时提高了表面质量。Sahu 等发现采用 MWCNTs 纳米生物润滑剂车削 Ti6Al4V 工件时，在 150m/min 和在 90m/min 的速度下，表面粗糙度与纯油相比分别降低了 7％和 6.1％。Khan 等发现在 4 种切削速度下采用 Al-GNP 纳米生物润滑剂车削钛合金（Ti6Al4V）时，表面粗糙度与纯油相比分别提高了 15.7％、11％、14.7％和 15.2％。此外，在 MQL 条件下应用纹理刀具时，没有观察到堆积边缘。在另外一项研究中，与干切削和纯生物润滑剂相比，颗粒体积分数为 0.1％的纳米生物润滑剂获得的 Ra 分别降低了 40.67％和 10.3％。因此，纳米生物润滑剂 MQL 的使用可提高加工表面完整性，有利于在车削加工中的进一步应用。

纳米颗粒的加入降低了工件的机械载荷和热载荷，可以有效保证被加工零件的表面完整性。与干切削条件下的结果相比，通过 Ti6Al4V 车削获得的纳米生物润滑剂和 MQL 条件下工件的表面粗糙度值分别降低了 40.67％和 10.3％。Singh 等研究了车削 Ti6Al4V 时干切削（T1）、MQL（T2）、纳米生物润滑剂 MQL（T3）对表面粗糙度 Ra 的影响。图 6-17(a) 为不同切削条件下的 Ra 值。T3 环境下不同切削速度的 Ra，相比 T2 条件降低了 41％～53％，相比 T1 条件降低了 58％～68％。在纳米生物润滑剂 MQL 环境下，Ra 值较低主要是因为纳米生物润滑剂具有更好的冷却润滑作用，抑制了切屑黏附到刀具上的倾向。图 6-17(b) 给出了两种研究的冷却环境下，不同切削速度和进给量水平时的表面粗糙度变化。表面粗糙度随切削速度的增大而减小，随进给量的增加而增大。在较小的切削速度（100m/min）和进给量 0.15mm/r、0.175mm/r 和 0.2mm/r 时，与低温 CO_2 环境相比，混合纳米生物润滑剂 MQL 环境下的表面粗糙度分别降低了 15.49％、12.99％和 8.72％。在较大的切削速度（150m/min）和进给量 0.15mm/r、0.175mm/r 和 0.2mm/r 时，表面粗糙度分别降低了 26.2％、18.18％和 11.64％。表面粗糙度的降低可能与工件-刀具表面单位体积液体具有更好的润湿区域有关。此外，含有纳米添加相（Al_2O_3-MWCNTs）的纳米润滑剂的优异的摩擦学性能起到隔离剂的作用，限制了刀具-工件界面的摩擦。分布更均匀的液滴在刀具和工件表面形成一层摩擦学膜，通过限制诱导摩擦，显著提升了摩擦学特性。图 6-17(c) 显示了不同纳米生物润滑剂 MQL 辅助切削条件下 Ti 合金（Ⅱ级）的扫描电子显微镜（SEM）图像。在 Al_2O_3 纳米生物润滑剂 MQL 的作用下，机械加工表面并不完全光滑。这可能与纳米颗粒在钛合金表面的长期停留有关。与 Al_2O_3 纳米生物润滑剂相比，在 MoS_2 纳米生物润滑剂的作用下观察到了非常光滑的表面，并且还观察到了微毛刺和表面点蚀。在相同的加工条件下，石墨纳米生物润滑剂作用的表面非常光滑，但具有微毛刺。这主要是由于石墨纳米生物润滑剂在刀具-工件接触界面上完美地发挥了垫片和滚珠轴承的作用。此外，润湿面积因工件和纳米生物润滑剂之间接触角的增大而减小。Elsheikh 等研究了环保型植物油纳米生物润滑剂 MQL 在 AISI 4340 合金车削中的应用，并且对 Al_2O_3 和 CuO 纳米生物润滑剂进行了对比。CuO 纳米生物润滑剂具有较高的热导率，可增强切削区的冷却过程。此外，它具有较低的黏度。与 Al_2O_3 纳米生物润滑剂相比，CuO 纳米生物润滑剂由于较低的接触角和表面张力增强了在工件-刀具界面上的润湿性和展布性，因此获得了更优的表面形貌。然而，在不同的工作条件下，缺乏指导纳米颗粒选择的文献。除了能提高加工表面的完整性外，纳米生物润滑剂还对控制加工表面上的残余应力具有良好的效果，这可归因于其优异的传热性能。

6.3.2 铣削加工

铣削是平面加工的一种常见方法，与车削不同，铣削时刀具在主轴驱动下高速旋转，而

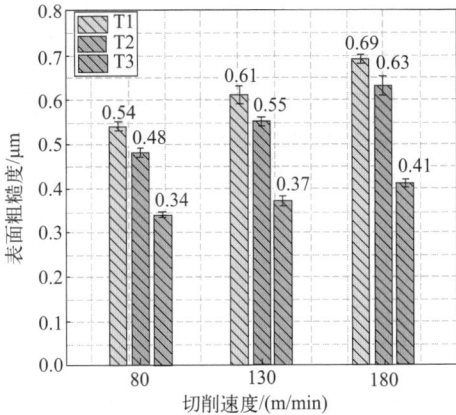

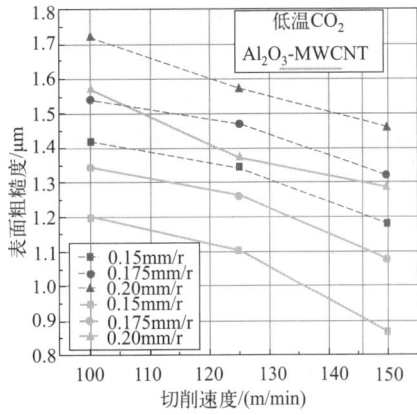

(a) 表面粗糙度Ra随切削速度的变化　(b) 不同切削速度下两种不同环境的表面粗糙度变化

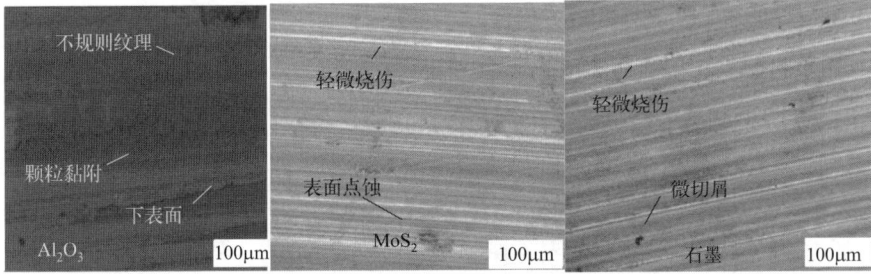

(c) 不同工作条件下的加工表面

图 6-17　车削后工件的表面质量

工件保持静止状态。与车刀单个切削刃的连续加工不同，铣刀具有多个齿，每个切削刃在高速旋转过程中都是间歇性加工的。同时，刀具和工件在切削过程中不是连续接触的，实际切削面积随时变化。此外，铣刀的切削刃与工件之间的接触长度大于车刀的接触长度。上述差异不仅导致铣削和车削之间的各种热力变化和刀具磨损不同，同时它们对工件表面质量的影响也是不同的。如图 6-18 所示，对于单个刀具镶块，前刀面切屑和后刀面工件的两个楔形摩擦副并不总是存在，而是以一定的频率出现和消失。单个切削刃在很短的时间内润滑剂渗透不利于膜的形成。润滑剂膜的强度由于其高频冲击而受到挑战。而且，由于铣刀和车刀的结构与运动不同，冷却-润滑介质的供应模式也不同，这种差异对铣削性能影响较大。因此，必须考虑纳米生物润滑剂的黏度和传热特性。此外，纳米颗粒的承载能力和纳米生物润滑剂的油膜强度也是铣削过程中的重要参数。

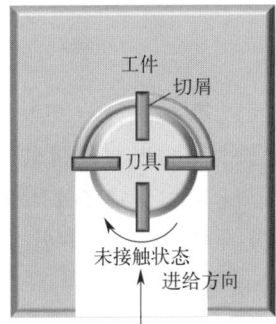

图 6-18　铣削特性

6.3.2.1　切削温度

在金属去除中，高速切削刀具在初级剪切区引起工件材料相当大的塑性变形，在前刀面的次级剪切区和后刀面的第三级剪切区引起摩擦。加工金属塑性变形和摩擦损失所消耗的能量中有 95% 以上转化为热量，导致加工区温度非常高。因此，切削温度直接影响工件表面的完整性和刀具寿命。所以，有必要研究不同冷却润滑条件下的切削温度。

Jamil 等研究了混合纳米生物润滑剂（Al_2O_3-MWCNT）对 Ti6Al4V 铣削过程中温度的影响。在 0.6MPa 的空气压力下，干切削时的温度最高（372℃），而纳米生物润滑剂的颗粒浓度为 0.24%（质量分数）和流速为 120mL/h 时温度最低（148℃）。混合纳米生物润滑剂能显著降低切削温度主要是因为它减少了剪切和摩擦热的产生，同时，避免了切削刀具与切屑的直接接触。Kulkarni 等采用铜包覆的氧化铝纳米生物润滑剂 MQL 对 Al7075-T6 铝合金板材表面进行铣削时发现，纳米生物润滑剂 MQL 条件在切削温度方面明显优于干切削和纯生物润滑剂 MQL 条件，证明了在纯生物润滑剂中加入纳米颗粒，在不影响铣削性能特性的情况下，对降低刀具界面温度有很好的效果。这是由于纳米颗粒添加到选定的基础流体中，导致了颗粒的布朗运动，而连续运动的纳米颗粒表面积更大，有助于在工件-刀具界面更快地传热。图 6-19 显示了不同冷却润滑环境和加工参数对 nickel alloy X-750 最高切削温度的影响。很明显，在 hBN 纳米生物润滑剂 MQL 条件下可获得最低的切削温度（325℃）。与干切削相比，纯生物润滑剂 MQL 和 hBN 纳米生物润滑剂 MQL 条件的最高切削温度分别降低了约 23.1% 和 27.8%。

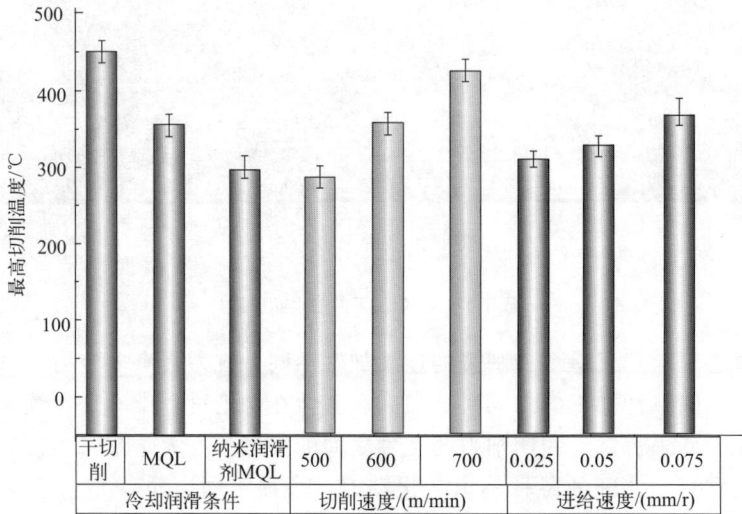

图 6-19 不同工况下影响切割区最高切削温度的柱状图

Li 等在四种冷却润滑条件下铣削 TC4 的实验中测量了表面温度和次表面温度。干式条件下的表面温度峰值和次表面温度峰值分别为 247.01℃ 和 224.13℃。高压气体冷却、纯生物润滑剂 MQL 和石墨烯纳米生物润滑剂 MQL 条件下的表面和次表面温度峰值分别比干式条件小 2.23%、1.84% 和 17.17%、15.49% 以及 29.91%、26.05%。Dong 等以棉籽油为基础油，采用六种不同的纳米添加相，并添加 0.3%（质量分数）的 CTAB 分散剂制备了颗粒体积分数为 1.5% 的纳米生物润滑剂用于铣削 Ti6Al4V。实验结果表明，加工过程中 SiO_2、石墨、Al_2O_3、MoS_2、SiC、CNTs 纳米生物润滑剂的温度峰值分别为 54.9℃、64.5℃、65.1℃、65.8℃、87.2℃、294.1℃，工件温度按 SiO_2<石墨<Al_2O_3<MoS_2<SiC<CNTs 的顺序增大。采用 SiO_2 纳米生物润滑剂可以有效地提高冷却能力。

6.3.2.2 刀具磨损

刀具磨损直接影响铣削过程中工件的切削力、切削温度和表面完整性。因此，刀具磨损也是一个非常重要的评价参数。减少刀具磨损可以有效地提高加工效率，降低加工成本，提高加工质量。因此，有必要研究不同冷却润滑条件对刀具磨损的影响。

Zhou 等发现，与采用传统切削液和微纹理刀具相比，使用微纹理刀具和 Fe_3O_4 纳米生物润滑剂铣削 Ti6Al4V ELI 时，刀具磨损减少了 63.3%。Roushan 等通过将 CuO 纳米生物润滑剂与 PVD 涂层（AlTiN/TiAlN）和未涂层 WC 微型立铣刀混合使用，延长了刀具寿命，并提高了表面质量；与采用传统切削液和微织构刀具相比，刀具磨损显著减少。而且，在高浓度的 CuO 纳米生物润滑剂中，刀具磨损和边缘堆积形成进一步减少。Jamil 等研究了基于 Al_2O_3-MWCNT 纳米生物润滑剂铣削 Ti6Al4V 合金的刀具磨损情况，发现切削刃摩擦力降低进一步提升了工件表面质量、降低了刀具磨损。Kim 等在实验案例中，对微立铣刀铣 10 个槽后的刀具磨损进行了观察和分析。在采用低温 CO_2 气体冷却的 ND 纳米生物润滑剂情况下，刀具磨损值明显低于其他情况。

Li 等研究了四种冷却润滑条件在 Ti6Al4V 合金铣削时对刀具寿命的影响。为了量化冷却润滑条件对刀具磨损的影响，测量了刀具侧面磨损区的最大宽度。图 6-20(a) 比较了四种冷却润滑条件下刀具侧面磨损区的最大宽度。在干切削条件下，刀具侧面磨损区的最大宽度为 $187\mu m$，在气体、纯生物润滑剂 MQL 和石墨烯纳米生物润滑剂 MQL 条件下，刀具侧面磨损区的最大宽度分别为 $175\mu m$、$140\mu m$ 和 $129\mu m$，分别比干切削条件下的刀具侧面磨损区的最大宽度小 6.42%、25.13% 和 31.02%。铣刀磨损曲线如图 6-20(b) 所示。四种冷却润滑条件下的刀具磨损趋势相似，刀具磨损在进入相对稳定状态之前均经历了一段急剧增大的时期，然后进入急剧恶化阶段，直到刀具失效。干切削条件下的刀具寿命为 7920mm，气体、纯生物润滑剂 MQL 和石墨烯纳米生物润滑剂 MQL 条件下的刀具寿命分别比其长 11.11%、44.44% 和 77.78%。当铣削长度达到 5280mm 时，观察并分析了四种冷却润滑条件下刀具侧面的磨损情况，如图 6-20(c) 所示。在干切削和气体条件下，观察到了黏附、边缘碎裂和堆积边缘。然而，在纯生物润滑剂 MQL 和石墨烯纳米生物润滑剂 MQL 条件下仅观察到较少的黏附。显然，在纯生物润滑剂 MQL 和石墨烯纳米生物润滑剂 MQL 条件下，几乎不存在边缘碎裂、堆积边缘和较大的附着力。石墨烯纳米生物润滑剂可显著提高刀具的加工性能。

6.3.2.3 表面质量

工件的表面完整性主要受切削力、切削温度和刀具磨损等因素的影响。表面完整性直接决定了工件的使用性能和可靠性。因此加工表面完整性是铣削加工过程中最重要的评价参数。

Li 等研究了干切削、气体、纯生物润滑剂 MQL 和石墨烯纳米生物润滑剂 MQL 对铣削钛合金表面质量的影响。如图 6-21(a) 所示，机械加工表面在干切削条件下的表面粗糙度为 $0.653\mu m$，是四种冷却润滑条件中最大的。在气体、纯生物润滑剂 MQL 和石墨烯纳米生物润滑剂 MQL 条件下，加工表面的表面粗糙度分别为 $0.647\mu m$、$0.425\mu m$ 和 $0.311\mu m$，比干切削条件下小了 0.92%、34.92% 和 52.37%。这是由于在纯生物润滑剂 MQL 和石墨烯纳米生物润滑剂 MQL 条件下，在铣削区形成的油膜降低了切削力、切削温度和刀具磨损。而切削力和切削温度越大，越易产生表面凹坑和附着力，刀具磨损越大，则会导致较大的犁沟并降低表面质量。同时，在铣削区形成的油膜也可以将加工表面与刀具侧面分离，从而减少黏附、表面凹坑、大沟槽和降低表面粗糙度[图 6-21(b)]。此外，在石墨烯纳米生物润滑

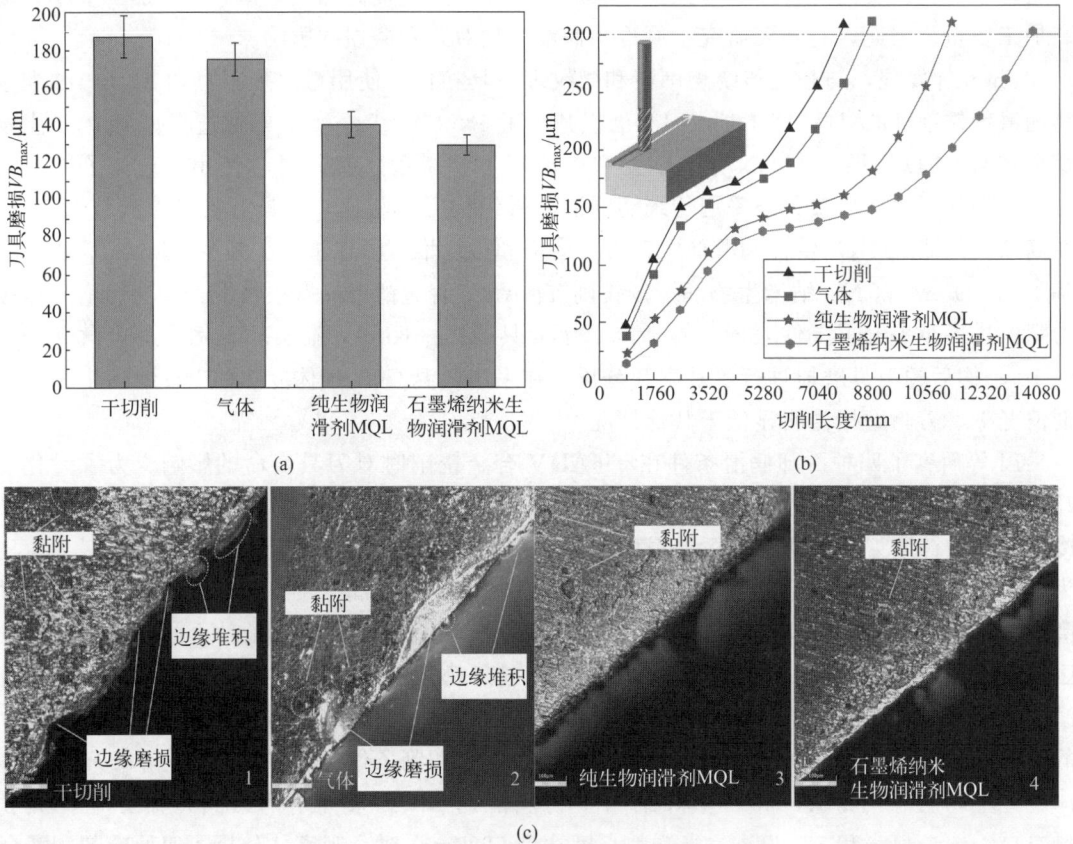

(a)

(b)

(c)

图 6-20　不同冷却润滑策略下的刀具磨损和寿命演变规律

剂 MQL 条件下获得的表面质量要比在纯生物润滑剂 MQL 条件下获得的表面质量好得多。这是因为石墨烯添加剂可以提高油膜的润滑和冷却性能。

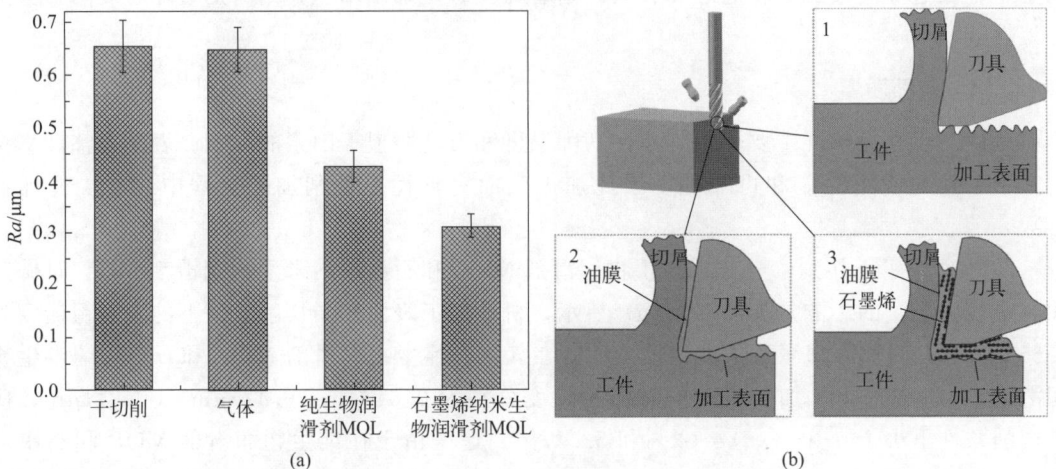

(a)

(b)

图 6-21　四种冷却润滑条件下工件的表面粗糙度及铣削原理

Roushan 等微量润滑（MQL）条件下采用了 CuO 纳米生物润滑剂与未涂覆和涂覆 Al-TiN 的 WC 微型立铣刀，以提高 Ti6Al4V 钛合金微铣削的加工性能。在 0.25%（体积分数）CuO 的纳米生物润滑剂条件下，使用 AlTiN 涂层刀具进行上铣削和下铣削时，获得了最小平均毛刺宽度（分别为 $9.93\mu m$ 和 $10.58\mu m$）。此外，与干切削条件下使用未涂覆 WC 刀具相比，Ra 降低了 81.54%。这是因为 CuO 纳米颗粒是球形，易于渗透和进入微通道，并能在刀具和切屑界面之间形成薄膜，从而增强了润滑效果。Edelbi 等采用双喷嘴 MQL 系统，使用 PVD 涂层硬质合金刀具对 Ti3Al2.5V 进行了铣削加工。结果表明，采用 ZnO 和 Al_2O_3 纳米生物润滑剂获得的表面粗糙度分别在 $0.312\sim1.032\mu m$ 和 $0.374\sim1.124\mu m$ 的范围内，ZnO 纳米生物润滑剂 MQL 条件下观察到的 Ra 相比 Al_2O_3 纳米生物润滑剂 MQL 下观察到的 Ra 平均降低 18.49%。

Yin 等研究了以棉籽油为基础油的几种典型纳米生物润滑剂（Al_2O_3、MoS_2、SiO_2、CNTs、SiC、石墨）对铣削钛合金（Ti6Al4V）表面质量的影响。其中，SiO_2 纳米生物润滑剂处理的表面粗糙度最低（$Ra=0.594\mu m$），比 MQL 处理低了 62.78%；其次是 Al_2O_3 纳米生物润滑剂（$Ra=0.6.33\mu m$），比纯生物润滑剂 MQL 降低了 60.34%。图 6-22 显示了不同加工环境下工件的表面质量。在 CNTs 纳米生物润滑剂条件下，工件表面出现了许多划痕[图 6-22(d)]。毛刺不仅会影响加工表面的粗糙度，还会反过来作用于刀具表面，导致刀具表面产生额外的凹槽，加剧刀具磨损，形成了一个恶性循环。MoS_2 纳米生物润滑剂条件下的工件表面出现了明显的犁沟[图 6-22(b)]，而 Al_2O_3 纳米生物润滑剂条件下的工件表面出现了大量划痕[图 6-22(a)]。相反，SiO_2 纳米生物润滑剂条件下的工件表面具有浅划痕和最低的表面粗糙度[图 6-22(c)]。

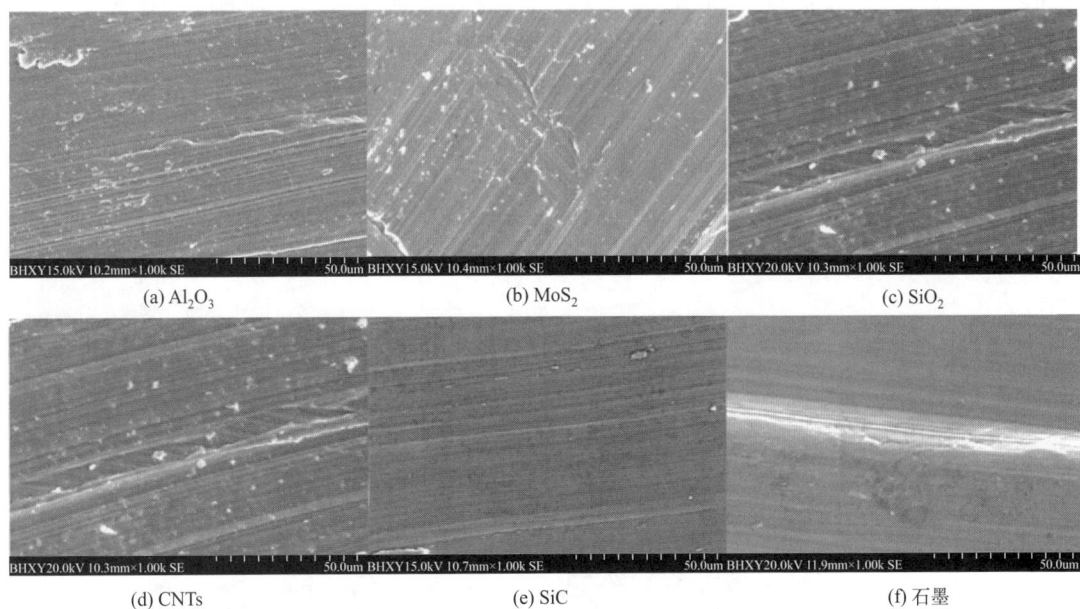

图 6-22　不同纳米生物润滑剂条件下工件表面的扫描电镜图像

6.3.3　磨削加工

磨削是机械加工的一种基本形式，是现代精密加工的重要组成部分。大多数零件的最终

精度和表面质量都通过磨削过程得到保证。其砂轮与工件的接触面积明显大于车削和铣削，
主要特点是具有负前角、严重摩擦和高比能的磨料切削。因此，在磨削区观察到高温，大部分热量流入工件。散热成为磨削加工的主要技术瓶颈，磨削区中的高能量密度显著影响工件的表面质量和性能。因此，必须采取有效措施，减少甚至消除磨削热对工件加工精度和表面质量的影响。采用纳米生物润滑剂可提高散热性能，同时，纳米颗粒的抗磨减摩作用可降低摩擦界面处的热通量。如图 6-23 所示，在自扩散渗透的帮助下，纳米生物润滑剂可以形成覆盖范围更大、耐磨损性更强的润滑膜，润滑膜更容易与摩擦副表面结合，提高了油膜的稳定性。

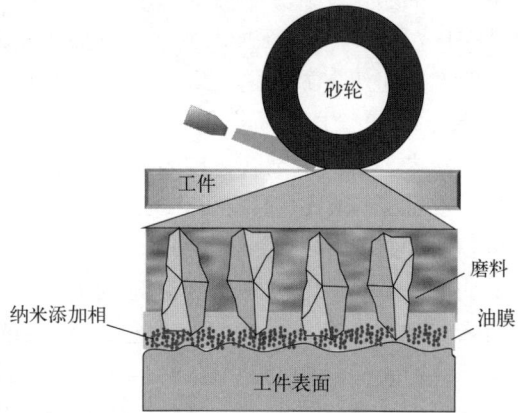

图 6-23 磨削机理

6.3.3.1 磨削温度

Zou 等分析了钛合金带式磨削的输出响应。结果表明，MQL 的应用获得了较低的磨料磨损并且改进了机加工表面。此外，MQL 辅助带式磨削工艺可以获得良好的疲劳强度和紧凑的微观结构。将碳纳米管添加到研磨液中，可在砂轮和工件表面形成润滑油膜，减少磨削热的产生，从而进一步提高了 MQL 的冷却效果。碳纳米管的加入使研磨温度降低了 32%，研磨率进一步提高了 48%，冷却效果显著。

Li 等测量了六种工作条件下工件 Ti6Al4V 的磨削温度，并给出了实验结果。图 6-24 (a) 显示了表面磨削温度的测量装置。将直径为 0.30mm 的 K 型热电偶安装在直径为 0.30mm 的热电偶安装槽中即可测量表面磨削温度。图 6-24 (b) 给出了六种工况下的平均温度峰值。最高温度峰值为 278.932℃，是在干磨削条件下获得的。在另外五种条件下，T_{max} 分别为 229.175℃、203.41℃、183.612℃、194.914℃ 和 200.723℃，相比干

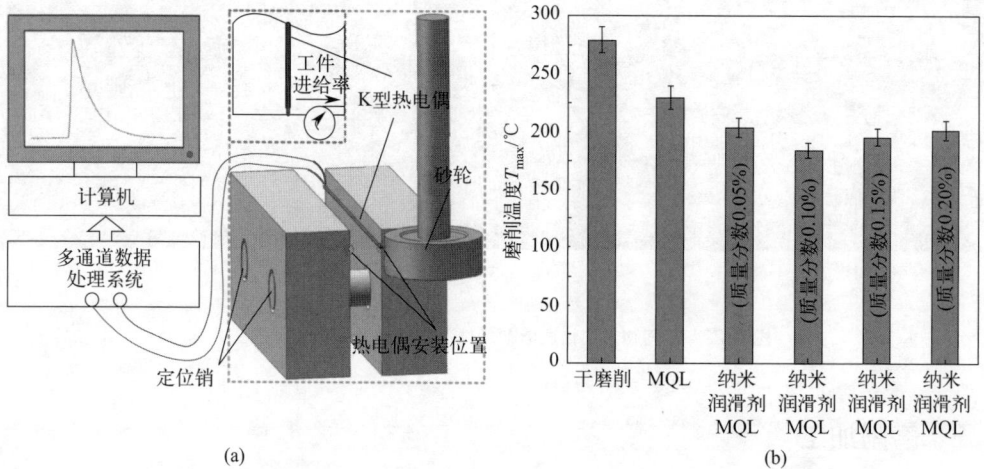

(a)

(b)

图 6-24 表面磨削温度的测量装置及六种工作条件下的平均温度峰值

磨削条件分别降低了 17.838%、27.075%、34.173%、30.121% 和 28.039%。PMQL 条件和四种 GMQL 条件下的研磨温度峰值相对于干磨削条件显著降低，这主要是因为在研磨区域产生的油膜具有优异的冷却能力。如图 6-24(b) 所示，随着颗粒浓度（质量分数）从 0 增加到 0.20%，研磨温度峰值先减小后增大，0.1% 时为最小值。这主要是因为适度的 GNP 可以增强油膜的冷却能力。然而，当浓度过低时，由于冷却不足，GNP 的强化影响将降低。当浓度过高时，过量的 GNP 容易堵塞研磨区域，阻碍润滑油膜的形成，从而导致冷却不足。

此外，一些学者还分析了低温和纳米生物润滑剂耦合作用下的传热行为。Zhang 等模拟了不同冷却条件下磨削区的温度场。结果表明，低温冷空气和纳米生物润滑剂耦合作用下冷却效果最好，其次是单独使用低温冷空气和纳米生物润滑剂。另外，Zhang 等基于沸腾传热传导理论建立了涡旋管中冷空气纳米生物润滑剂的对流传热系数模型，并对涡旋管中不同冷空气分数下研磨区的有限差分和温度场进行了数值模拟。模拟结果表明，随着冷空气分数的增加，最高温度先降低后升高。同时，他还通过在 Ti6Al4V 上的实验验证了 CHTC 模型的有效性。

6.3.3.2 磨削比能

能量消耗随材料去除方法的不同而不同。磨削比能是指去除工件单位体积材料所消耗的能量，可以表征砂轮-工件界面的润滑效果。较小的磨削比能可以改善润滑效果和磨削性能。

Ibrahim 等制备了不同 GNP 浓度的棕榈油基纳米生物润滑剂，并利用 MQL 对 Ti6Al4V 的加工性能进行了评估。图 6-25 显示了不同润滑模式下的磨削比能。如图 6-25(a) 所示，干式、浇注式、LB2000 模式和纯棕榈油/MQL 模式下的磨削比能分别为 193.551J/mm³、53.929J/mm³、79.709J/mm³ 和 75.423J/mm³。如图 6-25(b) 所示，PG0.1/MQL 模式实现了比能消耗的最优值。与浇注式和 LB2000/MQL 润滑技术相比，PG0.1/MQL 模式可显著降低比能 91.87% 和 80.25%。此外，与 LB2000/MQL 润滑模式相比，PG0.2、PG0.3 和 PG0.4 可节省 72.39%、69.74% 和 66.35% 的切削能量。

Singh 等比较分析了三种植物油（菜籽油、橄榄油和葵花籽油）混合不同浓度的石墨烯对 Ti6Al4V 磨削过程中磨削力的影响。从图 6-25(d) 中可以观察到，菜籽油的磨削比能和常规切削液相比下降了 9.72%。未添加石墨烯纳米添加相时，3 种植物油的磨削比能依次为葵花籽油<橄榄油<菜籽油。但当植物油与石墨烯纳米添加相一起使用时，变为橄榄油<葵花籽油<菜籽油。石墨烯的浓度（质量分数）为 1.5% 时，与浇注式相比，磨削能量降低了 33.83%。Li 等通过磨削实验评估了 GNP 对磨削比能的影响。图 6-25(c) 给出了六种工作条件（干磨削、PMQL 和四种 GMQL）下的磨削比能。在干磨削条件下获得了最大的磨削比能（598.384J/mm³）。另外五种条件下的磨削比能相较于干磨削条件分别降低了 42.978%、59.606%、67.375%、62.039% 和 57.912%。这是因为加入 GNP 纳米添加相后油膜表现出优异的润滑性能，改善了切削区域的润滑状态，降低了切削力和摩擦系数。随着 GNP 浓度（质量分数）从 0 提高到 0.2%，磨削比能先降低后升高，0.1% 时为最小值。这是由于适度的 GNP 可以增强油膜的润滑性能。但当浓度过低时，由于研磨区域的润滑不足，GNP 的强化作用会减弱。然而，当浓度过高时，过量的 GNP 容易堵塞研磨区域并阻碍润滑油膜的形成，导致 GNP 的强化效果因润滑不足而降低。

6.3.3.3 表面质量

Ibrahim 等制备了不同 GNP 浓度的棕榈油基纳米生物润滑剂，并利用 MQL 对 Ti6Al4V

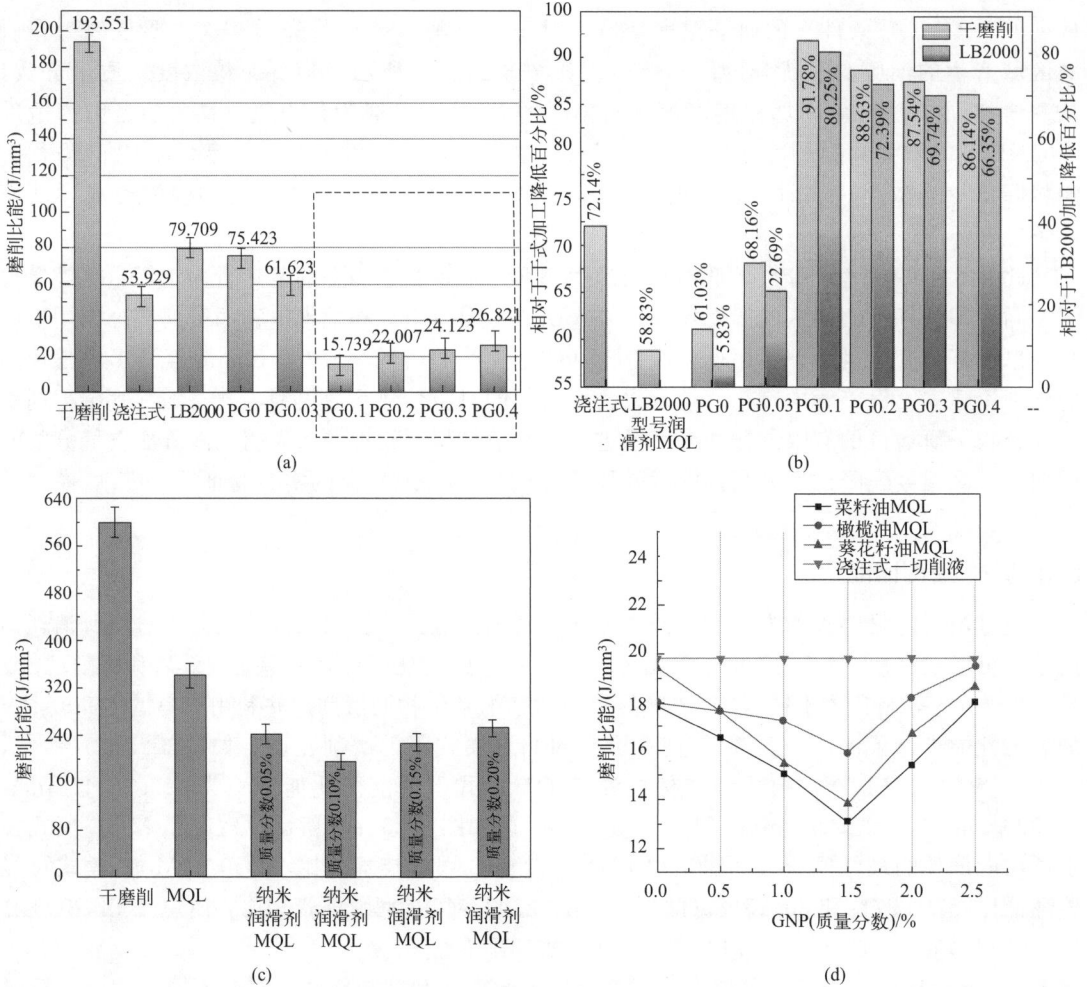

图 6-25 不同润滑模式下的磨削比能

的加工性能进行了评估。在干磨削条件下，可以在接触表面观察到严重的分层，这是由于接触区缺乏润滑和散热。另外，在 MQL 润滑条件下，可以注意到相对光滑的表面和较小的表面损伤，这归因于 LB2000 液滴的润滑作用和有效的冷却特性。棕榈油可以提供足够的润滑效果，因为棕榈油具有紧密黏附在接触表面的高极性分子，可用作抗摩擦层。由于 GNP 和棕榈油的协同润滑作用增强，在 PG0.1/MQL 模式下获得了最佳结果。一方面，GNP 表现出自修复和裂纹桥接效应。将 GNP 增加到 0.4%（质量分数）会导致润滑剂液滴的接触角增大，从而降低这些流体的润湿性。另一方面，GNP 浓度越高，润滑剂黏度越高，这就限制了气溶胶穿透切削区。Zhang 等研究了棕榈油基 MoS_2 纳米生物润滑剂在 MQL 条件下的润滑性能。当用含 2% 纳米颗粒的石蜡油基和棕榈油基纳米生物润滑剂进行 MQL 时，垂直于研磨颗粒方向的 Ra 值分别比干磨削条件低 50.0% 和 61.1%，Rz 值分别低 41.1% 和 48.2%。与不含纳米颗粒的石蜡油和棕榈油 MQL 相比，Ra 分别降低了 25% 和 30%，Rz 分别降低了 15.4% 和 23.7%。这是因为 MoS_2 具有强的吸收能力和高的成膜强度，形成的油膜难以被破坏。MoS_2 纳米材料对耐磨性几乎没有影响，因为它们主要在摩擦副表面上磨损以形成润滑膜。图 6-26 给出了六种工作条件下的表面粗糙度。在表面质量方面，在干磨削条件下，观察到了明显的黏附、磨削烧伤和大犁沟现象。在纯生物润滑剂 MQL 和四种纳米生物润滑剂 MQL 条件下，几乎没有观察到磨削烧伤现象，黏附现象也显著减少。特别是在纳米颗粒 0.1%（质量分数）时，也几乎没有观察到黏附现象。在表面粗糙度方面，最佳条件下的表面粗糙度 Ra 相比干磨削条件降低了 51.797%。

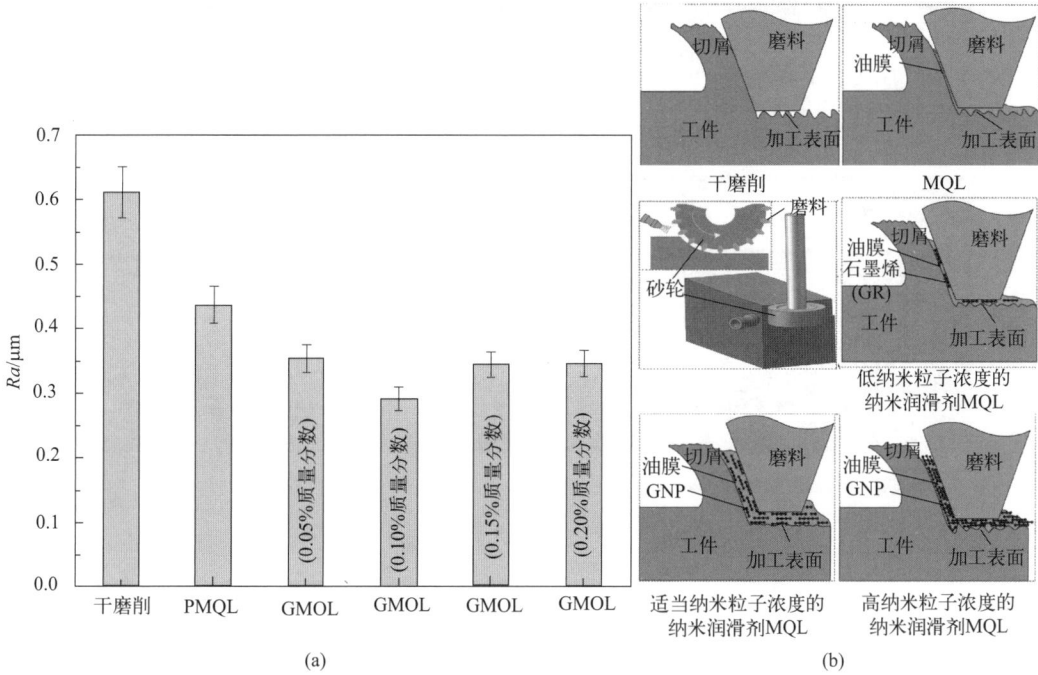

图 6-26　六种工况下的表面粗糙度

Setti 等研究了 Ti6Al4V 磨削性能，Al_2O_3 纳米生物润滑剂通过减少接触表面之间的摩擦和温度产生，提高了 Ti6Al4V 的表面质量。从图 6-27 中可以观察到，纯菜籽油和含有石墨烯添加相的菜籽油导致的表面形貌存在差异。在纯菜籽油的情况下，观察到了由于缺乏传热而产生的粗糙表面和黏屑。然而，当菜籽油中含有石墨烯添加剂时产生了非常精细和无缺陷的表面。石墨烯添加相显著提高了植物油的摩擦学性能。在基于合成切削液的溢流冷却的试样上可以观察到相对粗糙的表面。在干磨削条件下，试样表面质量最差，观察到主要的表面缺陷为表面烧伤。因此，多层石墨烯纳米片具有优越的摩擦学潜力，可作为绿色摩擦学植物油的添加剂。在另外一项研究中，在 0.1%（质量分数）石墨烯的纳米生物润滑剂冷却润滑效果最好，相较于干磨削条件，其 Ra 降低了 51.797%。这主要是因为油膜可以提高磨削区的润滑和冷却性能，从而降低切削热、摩擦系数和切削力，提高表面质量。结果表明，适度的 GNP 可以增强油膜的润滑和冷却能力，有助于提高表面质量和降低表面粗糙度。此外，磨削过程中的加工硬化主要是由磨削热、挤压和切削界面摩擦的协同作用产生的。磨削热可以减弱加工硬化，挤压和摩擦可以增强加工硬化。然而，相对于磨削热引起的弱化效应，挤压和摩擦引起的强化效应在磨削加工表面的加工硬化中起着主要作用。

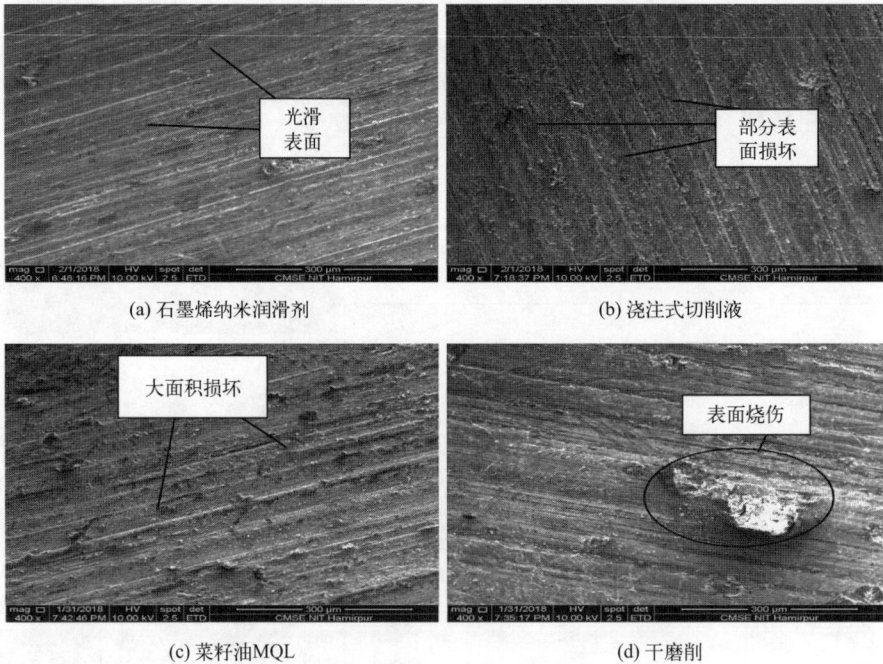

(a) 石墨烯纳米润滑剂

(b) 浇注式切削液

(c) 菜籽油MQL

(d) 干磨削

图 6-27　不同处理条件下试样表面的扫描电镜图像

6.4　小结

① 植物性生物润滑剂具有可降解、污染小的优点，在其中加入纳米添加相可进一步提高其加工性能。制备纳米生物润滑剂时，一步法和两步法各有优缺点，建议在工业领域中采用两步法。纳米生物润滑剂的稳定性是限制其在机械加工领域使用的重要瓶颈，在使用前应进行机械/超声波处理和使用分散剂进行稳定。

② 在基础流体中添加纳米颗粒可提高纳米生物润滑剂的热导率、动态黏度，并改善其润滑性能。纳米生物润滑剂在微量润滑过程中可获得较小的表面张力，而表面张力越小越容易浸润刀具-工件界面，液滴越容易破碎，从而增强了润滑剂的浸润性能和利用率。此外，表面张力与接触角存在映射关系，小的接触角可增大润湿面积，扩展热边界层并提高传热性能。

③ 纳米生物润滑剂是一种高性能的冷却介质，微量使用就能满足冷却润滑需求，使加工界面的摩擦学特性也极大提高，例如，在摩擦和磨损测试中，麻疯树油基 Al_2O_3 纳米生物润滑剂条件的 COF 与干切削条件相比降低了 85%，刀具寿命显著提高。纳米生物润滑剂由于刀具-切屑的连续接触，在车削加工中应着重提升其浸润性能。由于铣削过程中的高频冲击载荷，必须考虑纳米生物润滑剂的油膜强度和抗挤压性。由于材料去除能量高，在磨削中必须同时考虑纳米生物润滑剂的减摩和换热性能。

④ 通过纳米生物润滑剂可实现材料去除摩擦与剪切热源的调控及切/磨削区热耗散的增强。相较于棕榈油润滑工况，石墨烯纳米生物润滑剂润滑工况下的摩擦系数可降低 34.3%；相较于生理盐水，CNT 纳米生物润滑剂可将传热系数提升 145.06%。采用体积分数为 0.2% 的 MWCNTs 纳米生物润滑剂 MQL 车削钛合金 Ti6Al4V 时，在切削速度150m/min、

进给速度 0.1mm/r 和切削深度 1mm 的最佳切削参数下，与传统的浇注式车削工艺相比，刀具磨损减少 34％，切削力平均下降 28％，表面粗糙度下降 7％。

参考文献

[1]　Kumar A S，Deb S，Paul S. Tribological characteristics and micromilling performance of nanoparticle enhanced water based cutting fluids in minimum quantity lubrication [J] . Journal of Manufacturing Processes，2020，56：766-776.

[2]　Mao C，Zhang J，Huang Y，et al. Investigation on the effect of nanofluid parameters on MQL grinding [J]. Materials and Manufacturing Processes，2013，28 (4/6)：436-442.

[3]　Najiha M S，Rahman M M，Yusoff A R. Flank wear characterization in aluminum alloy (6061 T6) with nanofluid minimum quantity lubrication environment using an uncoated carbide tool [J] . Journal of Manufacturing Science and Engineering，2015，137 (6)：061004.

[4]　Liu N C，Zou X，Yuan J，et al. Performance evaluation of castor oil-ethanol blended coolant under minimum quantity lubrication turning of difficult-to-machine materials [J] . Journal of Manufacturing Processes，2020，58：1-10.

[5]　Yildirim C V，Kivak T，Sarikaya M，et al. Determination of MQL parameters contributing to sustainable machining in the milling of nickel-base superalloy Waspaloy [J] . Arabian Journal for Science and Engineering，2017，42 (11)：4667-4681.

[6]　王晓铭，李长河，杨敏，等. 纳米生物润滑剂微量润滑加工物理机制研究进展 [J] . 机械工程学报，2024，6 (9)：286-322.

[7]　宋宇翔，许芝令，李长河，等. 纳米生物润滑剂微量润滑磨削性能研究进展 [J] . 表面技术，2023，52 (12)：1-19，488.

[8]　Xavior M A，Adithan M. Determining the influence of cutting fluids on tool wear and surface roughness during turning of AISI 304 austenitic stainless steel [J] . Journal of Materials Processing Technology，2009，209 (2)：900-909.

[9]　Khan M M A，Mithu M A H，Dhar N R. Effects of minimum quantity lubrication on turning AISI 9310 alloy steel using vegetable oil-based cutting fluid [J] . Journal of Materials Processing Technology，2009，209 (15-16)：5573-5583.

[10]　Ojolo S J，Bamgboye A I，Ogunsina B S，et al. Analytical approach for predicting biogas generation in a municipal solid waste anaerobic digester [J] . Iranian Journal of Environmental Health Sciences and Engineering，2008，5 (3)：179-186.

[11]　Wang Y G，Li C H，Zhang Y B，et al. Experimental evaluation of the lubrication properties of the wheel/workpiece interface in minimum quantity lubrication (MQL) grinding using different types of vegetable oils [J] . Journal of Cleaner Production，2016，127：487-499.

[12]　Singh H，Sharma V S，Dogra M. Exploration of graphene assisted vegetables oil based minimum quantity lubrication for surface grinding of Ti-6Al-4V-ELI [J] . Tribology International，2020，144：106113.

[13]　Dong L，Li C H，Zhou F M，et al. Temperature of the 45 steel in the minimum quantity lubricant milling with different biolubricants [J] . The International Journal of Advanced Manufacturing Technology，2021，113 (9/10)：2779-2790.

[14]　Zhang Y B，Li H N，Li C H，et al. Nano-enhanced biolubricant in sustainable manufacturing：from processability to mechanisms [J] . Friction，2023，11 (5)：836-837.

[15]　Guo S M，Li C H，Zhang Y B，et al. Experimental evaluation of the lubrication performance of mixtures of castor oil with other vegetable oils in MQL grinding of nickel-based alloy [J] . Journal of Cleaner Production，2017，140：1060-1076.

[16]　Guo S M，Li C H，Zhang Y B，et al. Analysis of volume ratio of castor/soybean oil mixture on minimum quantity lubrication grinding performance and microstructure evaluation by fractal dimension [J] . Industrial Crops and Products，2018，111：494-505.

[17]　Jia D Z，Li C H，Zhang Y B，et al. Specific energy and surface roughness of minimum quantity lubrication grinding

Ni-based alloy with mixed vegetable oil-based nanofluids [J] . Precision Engineering, 2017, 50: 248-262.

[18] Ozcelik B, Kuram E, Cetin M H, et al. Experimental investigations of vegetable based cutting fluids with extreme pressure during turning of AISI 304L [J] . Tribology International, 2011, 44 (12): 1864-1871.

[19] Sani A S A, Rahim E A, Sharif S, et al. Machining performance of vegetable oil with phosphonium- and ammonium-based ionic liquids via MQL technique [J] . Journal of Cleaner Production, 2019, 209: 947-964.

[20] Padmini R, Krishna P V, Rao G K M. Effectiveness of vegetable oil based nanofluids as potential cutting fluids in turning AISI 1040 steel [J] . Tribology International, 2016, 94: 490-501.

[21] Wang Y G, Li C H, Zhang Y B, et al. Processing characteristics of vegetable oil-based nanofluid MQL for grinding different workpiece materials [J] . International Journal of Precision Engineering and Manufacturing-Green Technology, 2018, 5 (2): 327-339.

[22] Li M, Yu T B, Zhang R C, et al. MQL milling of TC4 alloy by dispersing graphene into vegetable oil-based cutting fluid [J] . The International Journal of Advanced Manufacturing Technology, 2018, 99 (5/8): 1735-1753.

[23] Rahmati B, Sarhan A A D, Sayuti M. Morphology of surface generated by end milling Al6061-T6 using molybdenum disulfide (MoS_2) nanolubrication in end milling machining [J] . Journal of Cleaner Production, 2014, 66: 685-691.

[24] Sayuti M, Sarhan A A D, Hamdi M. An investigation of optimum SiO_2 nanolubrication parameters in end milling of aerospace Al6061-T6 alloy [J] . The International Journal of Advanced Manufacturing Technology, 2013, 67 (1/4): 833-849.

[25] Paturi U M R, Maddu Y R, Maruri R R, et al. Measurement and analysis of surface roughness in WS_2 solid lubricant assisted minimum quantity lubrication (MQL) turning of Inconel 718 [J] . Procedia CIRP, 2016, 40: 138-143.

[26] Yildirim C V, Kivak T, Erzincanli F. Tool wear and surface roughness analysis in milling with ceramic tools of Waspaloy: a comparison of machining performance with different cooling methods [J] . Journal of the Brazilian Society of Mechanical Sciences and Engineering, 2019, 41 (2): 83.

[27] Yildirim C V, Sarikaya M, Kivak T, et al. The effect of addition of HBN nanoparticles to nanofluid-MQL on tool wear patterns, tool life, roughness and temperature in turning of Ni-based Inconel 625 [J] . Tribology International, 2019, 134: 443-456.

[28] Tevet O, Von-Huth P, Popovitz-Biro R, et al. Friction mechanism of individual multilayered nanoparticles [J]. Proceedings of the National Academy of Sciences of the United States of America, 2011, 108 (50): 19901-19906.

[29] Musavi S H, Davoodi B, Niknam S A. Effects of reinforced nanoparticles with surfactant on surface quality and chip formation morphology in MQL-turning of superalloys [J] . Journal of Manufacturing Processes, 2019, 40: 128-139.

[30] Kao M J, Lin C R. Evaluating the role of spherical titanium oxide nanoparticles in reducing friction between two pieces of cast iron [J] . Journal of Alloys and Compounds, 2009, 483 (1/2): 456-459.

[31] Jamil M, Khan A M, Hegab H, et al. Milling of Ti-6Al-4V under hybrid Al_2O_3-MWCNT nanofluids considering energy consumption, surface quality, and tool wear: a sustainable machining [J] . The International Journal of Advanced Manufacturing Technology, 2020, 107 (9/10): 4141-4157.

[32] He T, Liu N C, Xia H Z, et al. Progress and trend of minimum quantity lubrication (MQL): a comprehensive review [J] . Journal of Cleaner Production, 2023, 386: 135809.

[33] Dubey V, Sharma A K, Pimenov D Y. Prediction of surface roughness using machine learning approach in MQL turning of AISI 304 steel by varying nanoparticle size in the cutting fluid [J] . Lubricants, 2022, 10 (5): 81.

[34] Khajehzadeh M, Moradpour J, Razfar M R. Influence of nanolubricant particles' size on flank wear in hard turning [J] . Materials and Manufacturing Processes, 2019, 34 (5): 494-501.

[35] Lee P H, Kim J W, Lee S W. Experimental characterization on eco-friendly micro-grinding process of titanium alloy using air flow assisted electrospray lubrication with nanofluid [J] . Journal of Cleaner Production, 2018, 201: 452-462.

[36] Yuan S M, Hou X B, Wang L, et al. Experimental investigation on the compatibility of nanoparticles with vegetable oils for nanofluid minimum quantity lubrication machining [J] . Tribology Letters, 2018, 66 (3): 106.

[37] Talib N，Sasahara H，Rahim E A. Evaluation of modified jatropha-based oil with hexagonal boron nitride particle as a biolubricant in orthogonal cutting process [J]. The International Journal of Advanced Manufacturing Technology，2017，92 (1/4)：371-391.

[38] Pal A，Chatha S S，Sidhu H S. Performance evaluation of various vegetable oils and distilled water as base fluids using eco-friendly MQL technique in drilling of AISI 321 stainless steel [J]. International Journal of Precision Engineering and Manufacturing-Green Technology，2022，9 (3)：745-764.

[39] Sen B，Mia M，Gupta M K，et al. Influence of Al_2O_3 and palm oil-mixed nano-fluid on machining performances of inconel-690：if-then rules-based FIS model in eco-benign milling [J]. The International Journal of Advanced Manufacturing Technology，2019，103 (9/12)：3389-3403.

[40] Wang Y G，Li C H，Zhang Y B，et al. Experimental evaluation on tribological performance of the wheel/workpiece interface in minimum quantity lubrication grinding with different concentrations of Al_2O_3 nanofluids [J]. Journal of Cleaner Production，2017，142：3571-3583.

[41] Ali H M，Babar H，Shah T R，et al. Preparation techniques of TiO_2 nanofluids and challenges：a review [J]. Applied Sciences，2018，8 (4)：587.

[42] 高腾，李长河，张彦彬，等. 纳米增强生物润滑剂 CFRP 材料去除力学行为与磨削力预测模型 [J]. 机械工程学报，2023，59 (13)：325-342.

[43] Babita，Sharma S K，Gupta S M. Preparation and evaluation of stable nanofluids for heat transfer application：a review [J]. Experimental Thermal and Fluid Science，2016，79：202-212.

[44] Dhinesh K D，Valan A A. A comprehensive review of preparation, characterization, properties and stability of hybrid nanofluids [J]. Renewable and Sustainable Energy Reviews，2018，81：1669-1689.

[45] Chakraborty S，Sarkar I，Haldar K，et al. Synthesis of Cu-Al layered double hydroxide nanofluid and characterization of its thermal properties [J]. Applied Clay Science，2015，107：98-108.

[46] Chakraborty S，Sarkar I，Ashok A，et al. Thermo-physical properties of Cu-Zn-Al LDH nanofluid and its application in spray cooling [J]. Applied Thermal Engineering，2018，141：339-351.

[47] Mansour D E A，Elsaeed A M，Izzularab M A. The role of interfacial zone in dielectric properties of transformer oil-based nanofluids [J]. IEEE Transactions on Dielectrics and Electrical Insulation，2016，23 (6)：3364-3372.

[48] Nguyen V S，Rouxel D，Hadji R，et al. Effect of ultrasonication and dispersion stability on the cluster size of alumina nanoscale particles in aqueous solutions [J]. Ultrasonics Sonochemistry，2011，18 (1)：382-388.

[49] Sadeghi R，Etemad S G，Keshavarzi E，et al. Investigation of alumina nanofluid stability by UV-Vis spectrum [J]. Microfluidics and Nanofluidics，2015，18 (5/6)：1023-1030.

[50] Shahsavar A，Salimpour M R，Saghafian M，et al. An experimental study on the effect of ultrasonication on thermal conductivity of ferrofluid loaded with carbon nanotubes [J]. Thermochimica Acta，2015，617：102-110.

[51] Elsheikh A H，Elaziz M A，Das S R，et al. A new optimized predictive model based on political optimizer for eco-friendly MQL-turning of AISI 4340 alloy with nano-lubricants [J]. Journal of Manufacturing Processes，2021，67：562-578.

[52] Vatanparast H，Shahabi F，Bahramian A，et al. The role of electrostatic repulsion on increasing surface activity of anionic surfactants in the presence of hydrophilic silica nanoparticles [J]. Scientific Reports，2018，8 (1)：7251.

[53] Mao C，Zou H F，Zhou X，et al. Analysis of suspension stability for nanofluid applied in minimum quantity lubricant grinding [J]. The International Journal of Advanced Manufacturing Technology，2014，71 (9/12)：2073-2081.

[54] Behera B C，Chetan，Setti D，et al. Spreadability studies of metal working fluids on tool surface and its impact on minimum amount cooling and lubrication turning [J]. Journal of Materials Processing Technology，2017，244：1-16.

[55] Sirin E，Kivak T，Yildirim C V. Effects of mono/hybrid nanofluid strategies and surfactants on machining performance in the drilling of Hastelloy X [J]. Tribology International，2021，157：106894.

[56] Amiri A，Naraghi M，Ahmadi G，et al. A review on liquid-phase exfoliation for scalable production of pure graphene，wrinkled，crumpled and functionalized graphene and challenges [J]. FlatChem，2018，8：40-71.

［57］ Koca H D，Doganay S，Turgut A，et al. Effect of particle size on the viscosity of nanofluids：a review ［J］. Renewable & Sustainable Energy Reviews，2018，82：1664-1674.

［58］ Baldin V，da Silva L R R，Gelamo R V，et al. Influence of graphene nanosheets on thermo-physical and tribological properties of sustainable cutting fluids for MQL application in machining processes ［J］. Lubricants，2022，10 (8)：193.

［59］ Gajrani K K，Suvin P S，Kailas S V，et al. Thermal，rheological，wettability and hard machining performance of MoS_2 and CaF_2 based minimum quantity hybrid nano-green cutting fluids ［J］. Journal of Materials Processing Technology，2019，266：125-139.

［60］ Li B K，Li C H，Zhang Y B，et al. Heat transfer performance of MQL grinding with different nanofluids for Ni-based alloys using vegetable oil ［J］. Journal of Cleaner Production，2017，154：1-11.

［61］ Wang J H，Zhuang W P，Liang W F，et al. Inorganic nanomaterial lubricant additives for base fluids，to improve tribological performance：recent developments ［J］. Friction，2022，10 (5)：645-676.

［62］ Li M，Yu T B，Zhang R C，et al. Experimental evaluation of an eco-friendly grinding process combining minimum quantity lubrication and graphene-enhanced plant-oil-based cutting fluid ［J］. Journal of Cleaner Production，2020，244：118747.

［63］ Yang M，Li C H，Zhang Y B，et al. Experimental research on microscale grinding temperature under different nanoparticle jet minimum quantity cooling ［J］. Materials and Manufacturing Processes，2017，32 (6)：589-597.

［64］ Pavan R B，Venu Gopal A，Amrita M，et al. Experimental investigation of graphene nanoplatelets-based minimum quantity lubrication in grinding Inconel 718 ［J］. Proceedings of the Institution of Mechanical Engineers，Part B：Journal of Engineering Manufacture，2019，233 (2)：400-410.

［65］ Singh R K，Sharma A K，Dixit A R，et al. Performance evaluation of alumina-graphene hybrid nano-cutting fluid in hard turning ［J］. Journal of Cleaner Production，2017，162：830-845.

［66］ Singh R，Dureja J S，Dogra M，et al. Wear behavior of textured tools under graphene-assisted minimum quantity lubrication system in machining Ti-6Al-4V alloy ［J］. Tribology International，2020，145：106183.

［67］ Duangthongsuk W，Wongwises S. An experimental study on the heat transfer performance and pressure drop of TiO_2-water nanofluids flowing under a turbulent flow regime ［J］. International Journal of Heat and Mass Transfer，2010，53 (1/3)：334-344.

［68］ Kole M，Dey T K. Role of interfacial layer and clustering on the effective thermal conductivity of CuO-gear oil nanofluids ［J］. Experimental Thermal and Fluid Science，2011，35 (7)：1490-1495.

［69］ Saeedinia M，Akhavan-Behabadi M A，Razi P. Thermal and rheological characteristics of CuO-base oil nanofluid flow inside a circular tube ［J］. International Communications in Heat and Mass Transfer，2012，39 (1)：152-159.

［70］ Wang B G，Wang X B，Lou W J，et al. Thermal conductivity and rheological properties of graphite/oil nanofluids ［J］. Colloids and Surfaces A：Physicochemical and Engineering Aspects，2012，414：125-131.

［71］ Simpson S，Schelfhout A，Golden C，et al. Nanofluid thermal conductivity and effective parameters ［J］. Applied Sciences，2019，9 (1)：87.

［72］ Sharifpur M，Tshimanga N，Meyer J P，et al. Experimental investigation and model development for thermal conductivity of α-Al_2O_3-glycerol nanofluids ［J］. International Communications in Heat and Mass Transfer，2017，85：12-22.

［73］ Teng T P，Hung Y H，Teng T C，et al. The effect of alumina/water nanofluid particle size on thermal conductivity ［J］. Applied Thermal Engineering，2010，30 (14/15)：2213-2218.

［74］ Xie H Q，Wang J C，Xi T G，et al. Thermal conductivity enhancement of suspensions containing nanosized alumina particles ［J］. Journal of Applied Physics，2002，91 (7)：4568-4572.

［75］ Wei B J，Zou C J，Li X K. Experimental investigation on stability and thermal conductivity of diathermic oil based TiO_2 nanofluids ［J］. International Journal of Heat and Mass Transfer，2017，104：537-543.

［76］ Maheshwary P B，Handa C C，Nemade K R. A comprehensive study of effect of concentration，particle size and particle shape on thermal conductivity of titania/water based nanofluid ［J］. Applied Thermal Engineering，2017，119：79-88.

[77]　Afrand M，Toghraie D，Sina N. Experimental study on thermal conductivity of water-based Fe_3O_4 nanofluid: development of a new correlation and modeled by artificial neural network [J]. International Communications in Heat and Mass Transfer，2016，75：262-269.

[78]　Toghraie D，Chaharsoghi V A，Afrand M. Measurement of thermal conductivity of $ZnO-TiO_2$/EG hybrid nanofluid [J]. Journal of Thermal Analysis and Calorimetry，2016，125（1）：527-535.

[79]　Johari M N I，Zakaria I A，Azmi W H，et al. Green bio glycol $Al_2O_3-SiO_2$ hybrid nanofluids for PEMFC: the thermal-electrical-hydraulic perspectives [J]. International Communications in Heat and Mass Transfer，2022，131：105870.

[80]　Yang L，Du K. A comprehensive review on heat transfer characteristics of TiO_2 nanofluids [J]. International Journal of Heat and Mass Transfer，2017，108：11-31.

[81]　Pang C W，Jung J Y，Lee J W，et al. Thermal conductivity measurement of methanol-based nanofluids with Al_2O_3 and SiO_2 nanoparticles [J]. International Journal of Heat and Mass Transfer，2012，55（21/22）：5597-5602.

[82]　Xie H Q，Yu W，Chen W. MgO nanofluids: higher thermal conductivity and lower viscosity among ethylene glycol-based nanofluids containing oxide nanoparticles [J]. Journal of Experimental Nanoscience，2010，5（5）：463-472.

[83]　Cui X，Li C H，Zhang Y B，et al. Tribological properties under the grinding wheel and workpiece interface by using graphene nanofluid lubricant [J]. The International Journal of Advanced Manufacturing Technology，2019，104（9/12）：3943-3958.

[84]　Zhang Y B，Li C H，Jia D Z，et al. Experimental evaluation of MoS_2 nanoparticles in jet MQL grinding with different types of vegetable oil as base oil [J]. Journal of Cleaner Production，2015，87：930-940.

[85]　Lee K，Hwang Y，Cheong S，et al. Understanding the role of nanoparticles in nano-oil lubrication [J]. Tribology Letters，2009，35（2）：127-131.

[86]　Zhang Y B，Li C H，Jia D Z，et al. Experimental study on the effect of nanoparticle concentration on the lubricating property of nanofluids for MQL grinding of Ni-based alloy [J]. Journal of Materials Processing Technology，2016，232：100-115.

[87]　Asadi A，Aberoumand S，Moradikazerouni A，et al. Recent advances in preparation methods and thermophysical properties of oil-based nanofluids: a state-of-the-art review [J]. Powder Technology，2019，352：209-226.

[88]　Saeedi A H，Akbari M，Toghraie D. An experimental study on rheological behavior of a nanofluid containing oxide nanoparticle and proposing a new correlation [J]. Physica E: Low-dimensional Systems and Nanostructures，2018，99：285-293.

[89]　Krishnakumar T S，Viswanath S P，Varghese S M，et al. Experimental studies on thermal and rheological properties of Al_2O_3-ethylene glycol nanofluid [J]. International Journal of Refrigeration，2018，89：122-130.

[90]　Duangthongsuk W，Wongwises S. Measurement of temperature-dependent thermal conductivity and viscosity of TiO_2-water nanofluids [J]. Experimental Thermal and Fluid Science，2009，33（4）：706-714.

[91]　Huminic G，Huminic A. Hybrid nanofluids for heat transfer applications—a state-of-the-art review [J]. International Journal of Heat and Mass Transfer，2018，125：82-103.

[92]　Sirin S，Kivak T. Performances of different eco-friendly nanofluid lubricants in the milling of Inconel X-750 superalloy [J]. Tribology International，2019，137：180-192.

[93]　Soltani O，Akbari M. Effects of temperature and particles concentration on the dynamic viscosity of MgO-MWCNT/ethylene glycol hybrid nanofluid: experimental study [J]. Physica E: Low-dimensional Systems and Nanostructures，2016，84：564-570.

[94]　Asadi A，Asadi M，Rezaei M，et al. The effect of temperature and solid concentration on dynamic viscosity of MWCNT/MgO（20-80）-SAE50 hybrid nano-lubricant and proposing a new correlation: an experimental study [J]. International Communications in Heat and Mass Transfer，2016，78：48-53.

[95]　Elias M M，Mahbubul I M，Saidur R，et al. Experimental investigation on the thermo-physical properties of Al_2O_3 nanoparticles suspended in car radiator coolant [J]. International Communications in Heat and Mass Transfer，2014，54：48-53.

[96]　Hu X C，Yin D S，Chen X，et al. Experimental investigation and mechanism analysis: effect of nanoparticle size on

viscosity of nanofluids [J]. Journal of Molecular Liquids, 2020, 314: 113604.

[97] Minakov A V, Rudyak V Y, Pryazhnikov M I. Systematic experimental study of the viscosity of nanofluids [J]. Heat Transfer Engineering, 2021, 42 (12): 1024-1040.

[98] Khan A I, Valan Arasu A. A review of influence of nanoparticle synthesis and geometrical parameters on thermo-physical properties and stability of nanofluids [J]. Thermal Science and Engineering Progress, 2019, 11: 334-364.

[99] Nithiyanantham U, Zaki A, Grosu Y, et al. Effect of silica nanoparticle size on the stability and thermophysical properties of molten salts based nanofluids for thermal energy storage applications at concentrated solar power plants [J]. Journal of Energy Storage, 2022, 51: 104276.

[100] Ajeeb W, Thieleke da Silva R R S, Murshed S M S. Experimental investigation of heat transfer performance of Al_2O_3 nanofluids in a compact plate heat exchanger [J]. Applied Thermal Engineering, 2023, 218: 119321.

[101] Abdelhalim M A K, Mady M M, Ghannam M M. Rheological and dielectric properties of different gold nanoparticle sizes [J]. Lipids in Health and Disease, 2011, 10 (1): 208.

[102] Rudyak V Y, Minakov A V, Pryazhnikov M I. Preparation, characterization, and viscosity studding the single-walled carbon nanotube nanofluids [J]. Journal of Molecular Liquids, 2021, 329: 115517.

[103] Heidarshenas A, Azizi Z, Peyghambarzadeh S M, et al. Experimental investigation of the particle size effect on heat transfer coefficient of Al_2O_3 nanofluid in a cylindrical microchannel heat sink [J]. Journal of Thermal Analysis and Calorimetry, 2020, 141 (2): 957-967.

[104] Meriläinen A, Seppälä A, Saari K, et al. Influence of particle size and shape on turbulent heat transfer characteristics and pressure losses in water-based nanofluids [J]. International Journal of Heat and Mass Transfer, 2013, 61: 439-448.

[105] Li X K, Zou C J, Qi A H. Experimental study on the thermo-physical properties of car engine coolant (water/ethylene glycol mixture type) based SiC nanofluids [J]. International Communications in Heat and Mass Transfer, 2016, 77: 159-164.

[106] Timofeeva E V, Routbort J L, Singh D. Particle shape effects on thermophysical properties of alumina nanofluids [J]. Journal of Applied Physics, 2009, 106 (1): 014304.

[107] Bhattad A, Sarkar J. Effects of nanoparticle shape and size on the thermohydraulic performance of plate evaporator using hybrid nanofluids [J]. Journal of Thermal Analysis and Calorimetry, 2021, 143 (1): 767-779.

[108] Ferrouillat S, Bontemps A, Poncelet O, et al. Influence of nanoparticle shape factor on convective heat transfer and energetic performance of water-based SiO_2 and ZnO nanofluids [J]. Applied Thermal Engineering, 2013, 51 (1/2): 839-851.

[109] Bertolini R, Ghiotti A, Bruschi S. Graphene nanoplatelets as additives to MQL for improving tool life in machining Inconel 718 alloy [J]. Wear, 2021, 476: 203656.

[110] Golubovic M N, Hettiarachchi H D M, Worek W M, et al. Nanofluids and critical heat flux, experimental and analytical study [J]. Applied Thermal Engineering, 2009, 29 (7): 1281-1288.

[111] Zhang Y B, Li C H, Yang M, et al. Experimental evaluation of cooling performance by friction coefficient and specific friction energy in nanofluid minimum quantity lubrication grinding with different types of vegetable oil [J]. Journal of Cleaner Production, 2016, 139: 685-705.

[112] Jia D Z, Zhang Y B, Li C H, et al. Lubrication-enhanced mechanisms of titanium alloy grinding using lecithin biolubricant [J]. Tribology International, 2022, 169: 107461.

[113] Zhang Y B, Li C H, Jia D Z, et al. Experimental evaluation of the lubrication performance of MoS_2/CNT nanofluid for minimal quantity lubrication in Ni-based alloy grinding [J]. International Journal of Machine Tools & Manufacture, 2015, 99: 19-33.

[114] Sikdar S, Rahman M H, Menezes P L. Synergistic study of solid lubricant nano-additives incorporated in canola oil for enhancing energy efficiency and sustainability [J]. Sustainability, 2022, 14 (1): 290.

[115] Sayuti M, Erh O M, Sarhan A A D, et al. Investigation on the morphology of the machined surface in end milling of aerospace Al6061-T6 for novel uses of SiO_2 nanolubrication system [J]. Journal of Cleaner Production, 2014, 66: 655-663.

[116] Sayuti M，Sarhan A A D，Tanaka T，et al. Cutting force reduction and surface quality improvement in machining of aerospace duralumin Al2017-T4 using carbon onion nanolubrication system ［J］. The International Journal of Advanced Manufacturing Technology，2013，65（9/12）：1493-1500.

[117] Yang Y Y，Yang M，Li C H，et al. Machinability of ultrasonic vibration-assisted micro-grinding in biological bone using nanolubricant ［J］. Frontiers of Mechanical Engineering，2023，18（1）：1.

[118] Ouyang T C，Tang W T，Pan M M，et al. Friction-reducing and anti-wear properties of 3D hierarchical porous graphene/multi-walled carbon nanotube in castor oil under severe condition：experimental investigation and mechanism study ［J］. Wear，2022（498/499）：204302.

[119] Samuel J，Rafiee J，Dhiman P，et al. Graphene colloidal suspensions as high performance semi-synthetic metalworking fluids ［J］. The Journal of Physical Chemistry C，2011，115（8）：3410-3415.

[120] Gulzar M，Masjuki H H，Kalam M A，et al. Tribological performance of nanoparticles as lubricating oil additives ［J］. Journal of Nanoparticle Research，2016，18（8）：223.

[121] Ali M K A，Hou X J，Mai L Q，et al. Improving the tribological characteristics of piston ring assembly in automotive engines using Al_2O_3 and TiO_2 nanomaterials as nano-lubricant additives ［J］. Tribology International，2016，103：540-554.

[122] Peña-Parás L，Rodríguez-Villalobos M，Maldonado-Cortés D，et al. Study of hybrid nanofluids of TiO_2 and montmorillonite clay nanoparticles for milling of AISI 4340 steel ［J］. Wear，2021，477：203805.

[123] Talib N，Nasir R M，Rahim E A. Tribological behaviour of modified jatropha oil by mixing hexagonal boron nitride nanoparticles as a bio-based lubricant for machining processes ［J］. Journal of Cleaner Production，2017，147：360-378.

[124] Alves S M，Barros B S，Trajano M F，et al. Tribological behavior of vegetable oil-based lubricants with nanoparticles of oxides in boundary lubrication conditions ［J］. Tribology International，2013，65：28-36.

[125] Kumar G，Garg H C，Gijawara A. Experimental investigation of tribological effect on vegetable oil with CuO nanoparticles and ZDDP additives ［J］. Industrial Lubrication and Tribology，2019，71（3）：499-508.

[126] Azman S S N，Zulkifli N W M，Masjuki H，et al. Study of tribological properties of lubricating oil blend added with graphene nanoplatelets ［J］. Journal of Materials Research，2016，31（13）：1932-1938.

[127] Ramanan K V，Ramesh Babu S，Jebaraj M，et al. Face turning of incoloy 800 under MQL and nano-MQL environments ［J］. Materials and Manufacturing Processes，2021，36（15）：1769-1780.

[128] Wu X F，Xu W H，Ma H，et al. Mechanism of electrostatic atomization and surface quality evaluation of 7075 aluminum alloy under electrostatic minimum quantity lubrication milling ［J］. Surface Technology，2023，52（6）：337-350.

[129] Rahman S S，Ashraf M Z I，Amin A N，et al. Tuning nanofluids for improved lubrication performance in turning biomedical grade titanium alloy ［J］. Journal of Cleaner Production，2019，206：180-196.

[130] Kalita P，Malshe A P，Arun Kumar S，et al. Study of specific energy and friction coefficient in minimum quantity lubrication grinding using oil-based nanolubricants ［J］. Journal of Manufacturing Processes，2012，14（2）：160-166.

[131] Ulutan D，Ozel T. Machining induced surface integrity in titanium and nickel alloys：a review ［J］. International Journal of Machine Tools and Manufacture，2011，51（3）：250-280.

[132] Hu D Y，Wang X Y，Mao J X，et al. Creep-fatigue crack growth behavior in GH4169 superalloy ［J］. Frontiers of Mechanical Engineering，2019，14（3）：369-376.

[133] Gao T，Zhang Y B，Li C H，et al. Grindability of carbon fiber reinforced polymer using CNT biological lubricant ［J］. Scientific Reports，2021，11（1）：22535.

[134] Duan Z J，Li C H，Ding W F，et al. Milling force model for aviation aluminum alloy：academic insight and perspective analysis ［J］. Chinese Journal of Mechanical Engineering，2021，34（1）：18.

[135] Yang Y Y，Gong Y D，Li C H，et al. Mechanical performance of 316L stainless steel by hybrid directed energy deposition and thermal milling process ［J］. Journal of Materials Processing Technology，2021，291：117023.

[136] Jamil M，Khan A M，Hegab H，et al. Effects of hybrid Al_2O_3-CNT nanofluids and cryogenic cooling on machining

of Ti-6Al-4V [J]. The International Journal of Advanced Manufacturing Technology，2019，102（9/12）：3895-3909.

[137] Hosokawa A，Kosugi K，Ueda T. Turning characteristics of titanium alloy Ti-6Al-4V with high-pressure cutting fluid [J]. CIRP Annals，2022，71（1）：81-84.

[138] Wang X M，Song Y X，Li C H，et al. Nanofluids application in machining：a comprehensive review [J]. The International Journal of Advanced Manufacturing Technology，2023，131：3113-3164.

[139] Artozoul J，Lescalier C，Dudzinski D. Experimental and analytical combined thermal approach for local tribological understanding in metal cutting [J]. Applied Thermal Engineering，2015，89：394-404.

[140] Wu S J，Chen F Y，Wang D Z，et al. Machining mechanism and stress model in cutting Ti6Al4V [J]. The International Journal of Advanced Manufacturing Technology，2023，131（5/6）：2625-2639.

[141] Sharma A K，Katiyar J K，Bhaumik S，et al. Influence of alumina/MWCNT hybrid nanoparticle additives on tribological properties of lubricants in turning operations [J]. Friction，2019，7（2）：153-168.

[142] Schultheiss F，Fallqvist M，M'Saoubi R，et al. Influence of the tool surface micro topography on the tribological characteristics in metal cutting-part II theoretical calculations of contact conditions [J]. Wear，2013（298/299）：23-31.

[143] Yi S，Li N，Solanki S，et al. Effects of graphene oxide nanofluids on cutting temperature and force in machining Ti-6Al-4V. The International Journal of Advanced Manufacturing Technology，2019，103（1-4）：1481-1495.

[144] Singh R，Dureja J S，Dogra M，et al. Influence of graphene-enriched nanofluids and textured tool on machining behavior of Ti-6Al-4V alloy [J]. The International Journal of Advanced Manufacturing Technology，2019，105（1/4）：1685-1697.

[145] Gupta M K，Mia M，Pruncu C I，et al. Modeling and performance evaluation of Al_2O_3，MoS_2 and graphite nanoparticle-assisted MQL in turning titanium alloy：an intelligent approach [J]. Journal of the Brazilian Society of Mechanical Sciences and Engineering，2020，42（4）：207.

[146] Gupta M K，Song Q H，Liu Z Q，et al. Experimental characterisation of the performance of hybrid cryo-lubrication assisted turning of Ti-6Al-4V alloy [J]. Tribology International，2021，153：106582.

[147] Moura R R，da Silva M B，Machado Á R，et al. The effect of application of cutting fluid with solid lubricant in suspension during cutting of Ti-6Al-4V alloy [J]. Wear，2015（332/333）：762-771.

[148] Nguyen D，Lee P H，Guo Y，et al. Wear performance evaluation of minimum quantity lubrication with exfoliated graphite nanoplatelets in turning titanium alloy [J]. Journal of Manufacturing Science and Engineering，2019，141（8）：081006.

[149] Hegab H，Umer U，Deiab I，et al. Performance evaluation of Ti-6Al-4V machining using nano-cutting fluids under minimum quantity lubrication [J]. The International Journal of Advanced Manufacturing Technology，2018，95（9/12）：4229-4241.

[150] Revuru R S，Zhang J Z，Posinasetti N R，et al. Optimization of titanium alloys turning operation in varied cutting fluid conditions with multiple machining performance characteristics [J]. The International Journal of Advanced Manufacturing Technology，2018，95（1/4）：1451-1463.

[151] Sahu N K，Andhare A B，Raju R A. Evaluation of performance of nanofluid using multiwalled carbon nanotubes for machining of Ti-6Al-4V [J]. Machining Science and Technology，2018，22（3）：476-492.

[152] Khan A M，Hussain G，Alkahtani M，et al. Holistic sustainability assessment of hybrid Al-GNP-enriched nanofluids and textured tool in machining of Ti-6Al-4V alloy [J]. The International Journal of Advanced Manufacturing Technology，2021，112（3/4）：731-743.

[153] Gaurav G，Sharma A，Dangayach G S，et al. Assessment of jojoba as a pure and nano-fluid base oil in minimum quantity lubrication（MQL）hard-turning of Ti-6Al-4V：a step towards sustainable machining [J]. Journal of Cleaner Production，2020，272：122553.

[154] 施壮，李长河，刘德伟，等. 不等螺旋角立铣刀瞬时铣削力模型与验证 [J]. 机械工程学报，2024（15）：1-14.

[155] Jamil M，He N，Zhao W，et al. Tribology and machinability performance of hybrid Al_2O_3-MWCNTs nanofluids-assisted MQL for milling Ti-6Al-4V [J]. The International Journal of Advanced Manufacturing Technology，2022，119（3/4）：2127-2144.

[156] Kulkarni H B，Nadakatti M M，Kulkarni S C，et al. Investigations on effect of nanofluid based minimum quantity lubrication technique for surface milling of Al7075-T6 aerospace alloy [J]．Materials Today：Proceedings，2020，27：251-256.

[157] Dong L，Li C H，Bai X F，et al. Analysis of the cooling performance of Ti-6Al-4V in minimum quantity lubricant milling with different nanoparticles [J]．The International Journal of Advanced Manufacturing Technology，2019，103 (5/8)：2197-2206.

[158] Zhou C C，Guo X H，Zhang K D，et al. The coupling effect of micro-groove textures and nanofluids on cutting performance of uncoated cemented carbide tools in milling Ti-6Al-4V [J]．Journal of Materials Processing Technology，2019，271：36-45.

[159] Roushan A，Rao U S，Patra K，et al. Performance evaluation of tool coatings and nanofluid MQL on the micro-machinability of Ti-6Al-4V [J]．Journal of Manufacturing Processes，2022，73：595-610.

[160] Kim J S，Kim J W，Lee S W. Experimental characterization on micro-end milling of titanium alloy using nanofluid minimum quantity lubrication with chilly gas [J]．The International Journal of Advanced Manufacturing Technology，2017，91 (5/8)：2741-2749.

[161] Li M，Yu T B，Yang L，et al. Parameter optimization during minimum quantity lubrication milling of TC4 alloy with graphene-dispersed vegetable-oil-based cutting fluid [J]．Journal of Cleaner Production，2019，209：1508-1522.

[162] Roushan A，Rao U S，Sahoo P，et al. Performance study of uncoated and AlTiN-coated tungsten carbide tools in micro milling of Ti6Al4V using nano-MQL [J]．Journal of the Brazilian Society of Mechanical Sciences and Engineering，2023，45 (1)：63.

[163] Edelbi A，Kumar R，Sahoo A K，et al. Comparative machining performance investigation of dual-nozzle MQL-assisted ZnO and Al_2O_3 nanofluids in face milling of Ti-3Al-2.5V alloys [J]．Arabian Journal for Science and Engineering，2023，48 (3)：2969-2993.

[164] Yin Q A，Li C H，Dong L，et al. Effects of the physicochemical properties of different nanoparticles on lubrication performance and experimental evaluation in the NMQL milling of Ti-6Al-4V [J]．The International Journal of Advanced Manufacturing Technology，2018，99 (9/12)：3091-3109.

[165] Liu M Z，Li C H，Zhang Y B，et al. Analysis of grinding mechanics and improved grinding force model based on randomized grain geometric characteristics [J]．Chinese Journal of Aeronautics，2023，36 (7)：160-193.

[166] Yang M，Li C H，Luo L，et al. Predictive model of convective heat transfer coefficient in bone micro-grinding using nanofluid aerosol cooling [J]．International Communications in Heat and Mass Transfer，2021，125：105317.

[167] Zou L，Li H，Yang Y G，et al. Feasibility study of minimum quantity lubrication assisted belt grinding of titanium alloys [J]．Materials and Manufacturing Processes，2020，35 (9)：961-968.

[168] Gao T，Zhang Y B，Li C H，et al. Fiber-reinforced composites in milling and grinding：machining bottlenecks and advanced strategies [J]．Frontiers of Mechanical Engineering，2022，17 (2)：24.

[169] Zhang J C，Li C H，Zhang Y B，et al. Temperature field model and experimental verification on cryogenic air nanofluid minimum quantity lubrication grinding [J]．The International Journal of Advanced Manufacturing Technology，2018，97 (1/4)：209-228.

[170] 黄保腾，张彦彬，王晓铭，等. SG 砂轮磨削镍基合金 GH4169 砂轮磨损机理与磨削性能的实验评价 [J]．表面技术，2021，50 (12)：62-70.

[171] Ibrahim A M M，Li W，Xiao H，et al. Energy conservation and environmental sustainability during grinding operation of Ti-6Al-4V alloys via eco-friendly oil/graphene nano additive and minimum quantity lubrication [J]．Tribology International，2020，150：106387.

[172] Setti D，Sinha M K，Ghosh S，et al. Performance evaluation of Ti-6Al-4V grinding using chip formation and coefficient of friction under the influence of nanofluids [J]．International Journal of Machine Tools and Manufacture，2015，88：237-248.

[173] Jia D Z，Li C H，Zhang Y B，et al. Grinding performance and surface morphology evaluation of titanium alloy using electric traction bio micro lubricant [J]．Journal of Mechanical Engineering，2022，58 (5)：198-211.

难加工材料纳米润滑剂微量润滑磨削性能表征

▲▲▲▲▲▲▲

7.1 生物润滑剂对磨削性能的影响机理

在微量润滑技术发展初期，学者们常采用矿物油（如液态石蜡）作为微量润滑剂。目前也有部分研究采用矿物性合成油（如 Castrol 品牌）。尽管以矿物油为微量润滑剂能够满足冷却润滑需求，但是仍然没有摆脱对不可再生资源的依赖以及对环境和工人健康的威胁。2002 年，Kelly 和 Cotterell 首次将植物油作为微量润滑剂用于钻削实验，在一定钻削速度下其加工温度、转矩、表面粗糙度优于浇注式。由此开启了生物润滑剂用于微量润滑的研究探索。生物润滑剂可自然降解且对环境友好，完全契合微量润滑技术的清洁化切削初衷。目前，应用于微量润滑的生物润滑剂包括各类植物油原油（如大豆油、棕榈油、花生油、蓖麻油、葵花籽油、菜籽油、芝麻油、玉米油、椰子油等）与合成酯（由可降解组分制备而成）。张彦彬、王晓铭等进行了植物油作为微量润滑剂时加工性能的全面综述，包括微量润滑与浇注式、干切削的应用性能验证性对比，不同植物油用于不同加工工艺和工件材料的优化性分析，以及冷却润滑机理揭示等方面。

植物油原油的主要成分是三酰基甘油酯、少量游离脂肪酸、0.1%~0.5% 的磷脂、微量的甾醇类和维生素 E。每个三酰基甘油酯分子包含三个 C12~C22 的脂肪酸链，包括饱和脂肪酸（如软脂酸、硬脂酸和油酸）和不饱和脂肪酸（如芥酸、桐油酸、蓖麻油酸等）。张彦彬总结了常用植物油包含的脂肪酸分子种类和理化特性，发现影响冷却润滑性能的主要参数包括脂肪酸的碳链长度、脂肪酸的饱和度（C=C 双键数量）、官能团种类、黏度、表面张力、pH 值等。

7.1.1 脂肪酸分子结构

植物性润滑剂的分子由一个甘油酯和三个直链脂肪酸组成。脂肪酸分子的碳链长度在

14～22 之间，包括饱和脂肪酸和不饱和脂肪酸。植物性润滑剂中的脂肪酸种类及含量决定了其理化特性，从而影响其在磨削过程中的冷却润滑性能。

润滑剂含有的极性原子（S、O、N 等）、极性基团（—OH、—COOH、—COOR、—COR、—CN 等）具有优异的表面活性，可通过范德瓦耳斯力与金属材料分子发生物理吸附，形成具有减摩抗磨作用的物理吸附膜，从而减小磨削力。而植物性润滑剂中的脂肪酸和甘油三酯都含有极性基团，因此形成了强度较高的润滑油膜，改善了磨削区的冷却润滑性能。此外，脂肪酸类化合物在高温磨削过程中容易在金属表面发生皂化反应，形成具有垂直吸附特性的单分子层润滑膜。植物油分子在分子间作用力下致密地吸附在工件材料表面上，从而延长了刀具使用寿命。无论是物理吸附成膜还是化学反应成膜，影响润滑膜强度的因素都是脂肪酸的饱和度和碳链长度。

众所周知，含饱和脂肪酸的植物性润滑剂形成的物理吸附膜强度比含不饱和脂肪酸的植物性润滑剂形成的物理吸附膜强度高，而且不饱和脂肪酸中的 C═C 双键越少，润滑膜的强度越高。这是由于 C═C 双键容易氧化，降低了润滑剂的热稳定性和抗氧化性，从而导致其形成的物理吸附膜易失效。另外，不含 C═C 双键、分子链呈直线形的脂肪酸能够形成更紧密、形状统一的分子结构，可提高润滑膜的强度和润滑性能。

在饱和脂肪酸中，当碳原子的数量大于 16 时，碳原子数量的增加将不再影响其摩擦性能。而不饱和脂肪酸中，由于 C═C 键的吸附作用降低了吸附膜致密度，从而降低油膜强度和润滑性能。因此，碳原子数量相同的饱和脂肪酸和不饱和脂肪酸相比，不饱和脂肪酸的润滑膜性能较差。另外，脂肪酸分子间的内聚力与碳原子数量成正比，所以碳链长度长的不饱和脂肪酸的吸附膜强度和润滑性能要高于碳链长度短的。

7.1.2　黏度

黏度是分子间不规则运动产生的变量交换和附着力，是影响植物性润滑剂冷却润滑性能的主要因素之一。在磨削过程中，润滑剂的黏度主要影响其浸润性能、冷却性能以及润滑性能等。

① 黏度对浸润性能的影响。高黏度的润滑剂以一定速度、角度进入磨削区后，受黏性力牵制流动性变差，无法充分渗透至砂轮-工件界面。

② 黏度对冷却性能的影响。进入磨削区的润滑剂以一定速度流动。在砂轮-工件界面形成的润滑油膜进行相对运动的过程中，其中的液层间也进行着相对运动。因此，润滑剂微液滴的换热过程符合流动液体对流换热理论，换热系数与黏度相关。当润滑剂的雷诺数远大于 2300 时，磨削区的油膜以紊流的方式进行对流换热，根据换热理论，热边界层的温度梯度在黏性底层最大，在紊流支层变化平缓。因此，润滑剂的换热性能由黏性底层决定。所以，润滑剂的黏度越大，黏性底层越厚，单位时间内的温升越小，换热能力也就越低。

③ 黏度对润滑性能的影响。减少磨粒前刀面-切屑、后刀面-工件新鲜表面的界面摩擦可以减少热量产生，降低温度，从而改善润滑性能。

7.1.3　表面张力

润滑剂表面张力越小，其液滴群微液滴粒径越小，微液滴进入磨削区后分布越均匀。同时，微液滴的接触角越小，其单位粒径体积下的浸润面积越大。综上所述，表面张力越小的润滑剂浸润性能越好。另外，表面张力可通过对接触角的影响，进一步影响润滑剂的冷却性能。主要体现在两方面：①表面张力越小，微液滴的接触角越小，其浸润面积越大，润滑剂的冷却性能越好。②润滑剂微液滴进入磨削区后停留时间极短，迅速随着砂轮离开磨削区。由对流换热原理可知，对流换热发生时存在热边界层和主流区两部分，热边界层的厚度基本不变。而主流区的换热效能相比热边界层较低，主流区的润滑剂还未吸收足够的热量就被带走。因此微液滴的接触角越小，热边界层面积越大，主流区切削液所占的比例越小，冷却性能越好。

7.1.4　pH值

作为切削加工润滑介质，酸碱性对零件表面质量的影响体现在加工后。碱性润滑剂容易使金属表面产生钝化或生成难溶氢氧化物或氧化物薄膜层。酸性润滑剂不仅会促使金属发生置换反应，从而腐蚀金属，还会使合成酯发生不完全的水解反应，影响加工效果。生物润滑剂一般为酸性，特别是合成酯类生物润滑剂。在其制备过程中，为了提升减摩抗磨性能，通常在碳链上附加多种极性功能团（羟基—OH、羧基—COOH、醚键R—O—R′等）。其中的羧基会在水溶液中电离出氢离子，从而使得润滑剂呈酸性。因此，制备合成酯时通常需要加入一些胺类物质（氨基—NH_2在水溶液中呈碱性，代表物质为二甘醇胺）进行中和并调至碱性。

7.1.5　倾点

生物润滑剂具有合适的倾点是其能够发挥效能的前提。倾点是生物润滑剂流动的最低温度，是表征低温流动性的常规指标。植物油的倾点一般在−19～−15℃，高于矿物油。这是因为植物油存在大量的C═C双键。在微量润滑制造工艺系统中生物润滑剂储存在微量润滑供给装置，当环境温度过低时将导致其失去流动性而无法正常输运。倾点带来的影响通常应从地域性考虑，如我国东北地区、俄罗斯等国家在环境温度低于20℃时植物油将无法使用。因此，降低倾点成为生物润滑剂研究课题之一。

上海大学的陶德华和李清华公开了一种改进植物油抗氧性、倾点的双键饱和异构醚化工艺，分为三步：①通过环氧化工艺饱和C═C双键；②通过醚化反应得到油脂醇醚；③通过酯化反应得到合成油酯。通过该技术，蓖麻油的倾点可由−35℃降低至−58℃，菜籽油的倾点可由−18℃降低至−29℃。北京化工大学的张栩等公开了一种绿色改性植物基衍生油制备低倾点生物润滑油的方法，可将以油酸为主要成分的生物润滑剂的倾点降低至−70℃，同时其闪点也能提高至298℃。北京化工大学的郭朝提出了"两步法制备多元醇酯润滑油"。该技术可将倾点降低至−50℃，闪点最高可提升至305℃。

7.1.6　热稳定性

磨削区高温边界下生物润滑剂的热稳定性是其有效冷却润滑的前提，而闪点是表征其热稳定性的重要参数。植物油的闪点一般在 280℃ 左右，如大豆油 280℃、菜籽油 275℃、棉籽油 280℃、花生油 285℃。当植物油的闪点低于难加工材料磨削加工的温度时，植物油将失效。此外，植物油甘油碳骨架上存在 β-H，电子云密度较大，高温下易受热分解；支链脂肪酸中存在 C=C 双键，高温下易发生分解。针对 C=C 双键，采用环氧化＋开环反应、选择性氢化、氢化裂解是植物油改性的常用方法。而针对 β-H，可使用不含 β-H 的多元醇与脂肪酸或脂肪酸酯发生酯化或酯交换反应来制备多元醇酯润滑油基础油。北京化工大学郭朝提出的"两步法制备多元醇酯润滑油"，最高可将闪点提升至 305℃。上海中孚特种油品有限公司的汪志刚和沈庆公开了一种环保型植物变压器油及其制备方法，通过对菜籽油、花生油"加氢和两次碱洗"改性，最高可将闪点提升至 350℃。尽管如此，针对磨削加工应用，植物油的热稳定性提升仍是需要解决的难题。

7.2　钛合金磨削性能

应用于航空航天领域的钛合金型号主要包括 Ti6Al4V、Ti6Al4V-ELI、Ti13V11Cr3Al 等，用于制造发动机叶片、压气机盘、起落架、隔热罩等。其中常用牌号 Ti6Al4V 的化学成分和力学性能见表 7-1 和表 7-2。钛合金的磨削难题源自三方面：钛合金的强化学活性、极低的热导率、较低的弹性模量。因此，目前研究着重考察工件表面完整性和磨削力/热等性能参数。

表 7-1　Ti6Al4V 的化学成分　　　　　　　　　单位：%

材料	Al	V	Fe	O	N	C	H	Ti	Si
Ti6Al4V	6.18	4.19	0.3	0.15	0.05	0.1	0.015	余量	0.15

表 7-2　Ti6Al4V 的力学性能

材料	硬度	屈服强度	伸长率	拉伸强度	弹性模量	密度	热导率	比热容
Ti6Al4V	30HRC	861MPa	14%	993MPa	114GPa	4.43g/cm³	5.44 W/(m·K)	526.3 J/(kg·K)

7.2.1　磨削力和摩擦系数

磨削过程是磨粒和工件间复杂的干涉动作。磨削力包含材料去除力、耕犁力、界面摩擦力等部分。由于磨粒负前角的切削特性，摩擦力所占的比例高达 80% 以上。因此，不同润滑工况下磨削力的降低主要是摩擦力部分的降低。而摩擦力是产生磨削热的主要原因，所以磨削力不仅是分析界面摩擦学特性的主要参数，同时也是分析磨削热产出和耗散的重要参数之一。学者们针对钛合金的磨削力开展了大量实验研究。

图 7-1 为钛合金磨削中生物润滑剂 MQL 与传统工况的润滑性能对比。Sadeghi 等采用了植物油和合成酯 MQL 磨削 Ti6Al4V。相比于水溶性切削液，植物性润滑剂条件下法向磨削力降低了 72.2%，切向磨削力降低了 61.9%。而与植物性润滑剂 MQL 相比，合成酯 MQL 产生的磨削力更小，切向磨削力降低了 20.5%，法向磨削力降低了 16.7%。一方面，这证实了生物润滑剂代替水溶性切削液具有可行性，磨削力能够取得显著下降的原因在于生

物润滑剂具有优异的润滑性能，其产生的摩擦力小，排屑性能更好；另一方面，进行一定化学修饰后，合成酯相比植物性润滑剂具有更好的磨削性能，原因在于合成酯具有良好的润滑性、润滑膜强度和抗氧化性，从而能更有效地降低摩擦力。李明等采用了植物油 MQL 磨削 TC4，相比干磨削（绿色制造方法之一），法向磨削力降低了 16.6%，切向磨削力降低了 42.9%。进一步地，摩擦系数由 0.562 降低到了 0.384，更能体现植物油 MQL 的优势。Ibrahim 等采用棕榈油和合成酯作为润滑介质进行微量润滑，相比传统工况（浇注式）取得了较低的摩擦系数（图 7-1）。通过以上验证性实验结论不难得知，相比矿物性切削液，植物油和植物性合成酯由于独特的分子结构（长分子链、极性基团），更有助于润滑油膜的形成，从而得到了更好的界面摩擦学特性。

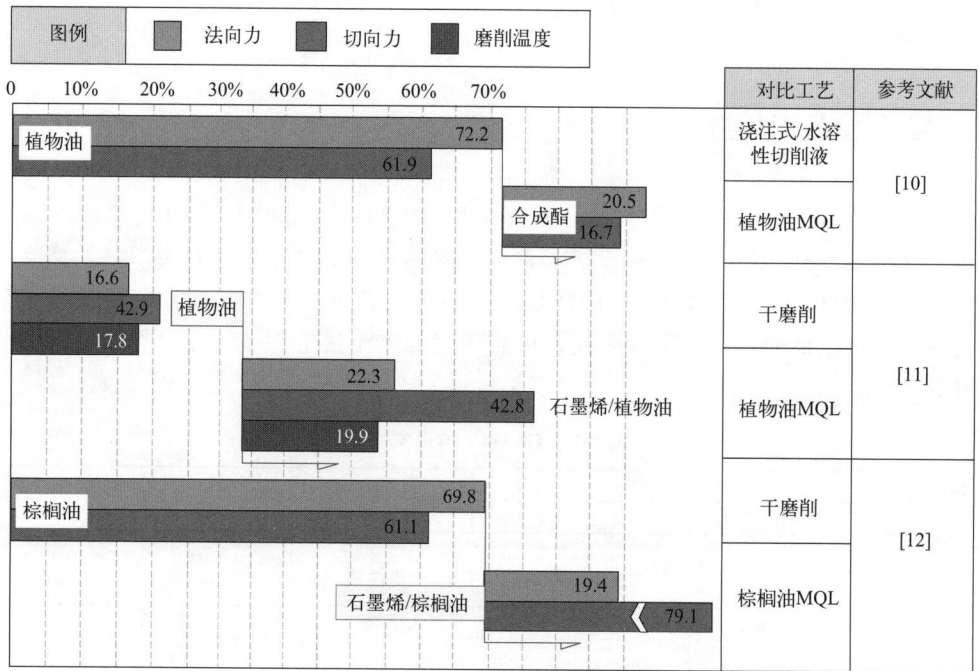

图 7-1 生物润滑剂 MQL 与传统工况的润滑性能对比（钛合金）

不同生物润滑剂的磨削性能研究是工艺优化的前提。Sing 等在磨削 Ti6Al4V-ELI 研究中，采用了芥花油、大豆油和橄榄油作为润滑介质。三种植物油中，芥花油取得了最低的磨削力（$F_t = 4.68N$，$F_n = 15.25N$）、摩擦系数（0.307）和磨削比能（17.16J/mm^3）。从黏度方面考虑：芥花油在 40℃的黏度达到了 38mPa·s，而大豆油和橄榄油在 40℃的黏度分别为 26mPa·s 和 32mPa·s，黏度对摩擦学特性的提升起到了关键作用。从分子结构方面考虑：芥花油主要的脂肪酸成分为芥酸（C22：1），直线度高、碳链长；大豆油主要的脂肪酸成分为亚油酸（C18：2），直线度低、碳链短；橄榄油主要的脂肪酸成分为油酸（C18：1），直线度高、碳链短。因此，芥花油取得了最好的润滑性能。

此外，引入石墨烯纳米粒子制备的纳米增强生物润滑剂，借助石墨烯纳米粒子优异的减摩抗磨和强化换热特性，相比生物润滑剂法向磨削力可降低 22.3%，切向磨削力可降低 42.8%，摩擦系数可降低至 0.283。Ibrahim 等也发现当引入石墨烯时润滑性能有显著的提升，相比棕榈油切向磨削力降低了 79.1%，法向磨削力降低了 19.4%，摩擦系数由 0.247 降低到了 0.061。另外，在工件表面发现了润滑油膜。通过在工件表面选取不同的三个点进行 EDS 分析可知，A、B 和 C 位置的碳元素含量（质量分数）分别为 18.22％、34.43％ 和 19.79％，而在 Ti6Al4V 样品中碳含量不超过 0.03％，如图 7-2 所示。因此，大量碳元素的存在归因于石墨烯纳米增强生物润滑剂在润滑过程中形成了石墨烯润滑膜。Setti 等还发现，随着磨削时间的增加，使用 Al_2O_3 纳米流体可以显著降低摩擦系数，而干磨削和浇注式不具有这种增益效果。工件表面润滑油膜的发现解释了这一优势，EDS 分析也充分证实了纳米粒子的贡献。

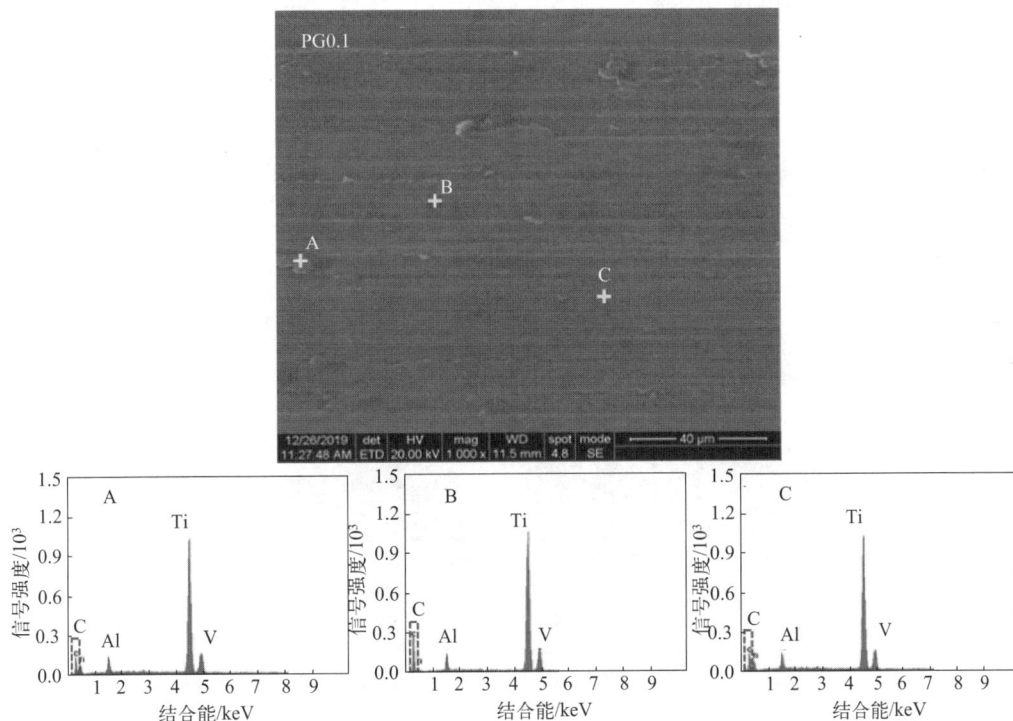

图 7-2　润滑油膜的 EDS 分析

关于纳米增强生物润滑剂，纳米粒子和生物润滑剂的适配性对磨削性能影响显著，主要体现在纳米粒子的种类和质量分数。Singh 等采用石墨烯、石墨和 MoS_2 三种层状纳米粒子与芥花油制备了纳米增强生物润滑剂，并发现石墨烯纳米增强生物润滑剂取得了最好的磨削性能，其摩擦系数和磨削比能分别为 0.253 和 $12.76J/mm^3$。当增大纳米粒子的质量分数时，磨削性能参数均呈现先升高后降低的趋势，存在最优值。石墨烯最优的质量分数为 1.5％。这是因为随着纳米粒子浓度的增大，一方面增加了界面有效润滑的纳米粒子数量；另一方面也增大了生物润滑剂的黏度。然而当浓度过大时，纳米粒子会团聚沉淀从而失效。因此，如何防止团聚、提高纳米粒子的最优质量分数也是目前的研究热点。

7.2.2　砂轮磨损

钛合金磨削一般采用 CBN 和碳化硅砂轮，而生物润滑剂的润滑性能对砂轮磨损和寿命影响显著。Ibrahim 等采用氧化锆球和钛合金工件进行了摩擦磨损实验，模拟磨削工况。结果显示，棕榈油与合成酯（LB2000）条件与干磨削条件相比，磨损率显著降低。当采用石墨烯＋棕榈油时，相比棕榈油磨损率降低了一个数量级（低至 3.65×10^{-4}）。Sett[14] 等观察了不同润滑工况下的砂轮磨损情况。在干磨削较差的润滑性能下磨粒表面形成了明显的磨损平面，如图 7-3 所示。在 MQL 中加入纳米粒子时，磨损情况得到了显著控制，磨粒保持了很好的锋利度。一方面，是因为纳米粒子在 MQL 中受到高压冲击，从而能够进入砂轮气孔起到冷却润滑作用；另一方面，是因为纳米粒子的滑动/滚动防止了砂轮和工件之间的直接接触。此外，由于 MQL 压力的作用，纳米颗粒促进了磨屑从砂轮气孔的排出，从而也保持了砂轮的清洁性。刘国涛等观测了 Ti6Al4V 磨削中的材料去除率 Λ_w，通过 Λ_w 间接表征砂轮的锋利程度和磨损情况。研究发现，纳米增强生物润滑剂 MQL 的材料去除率比浇注式高 71.8%，从而证实了纳米增强生物润滑剂具有优异的润滑性能。

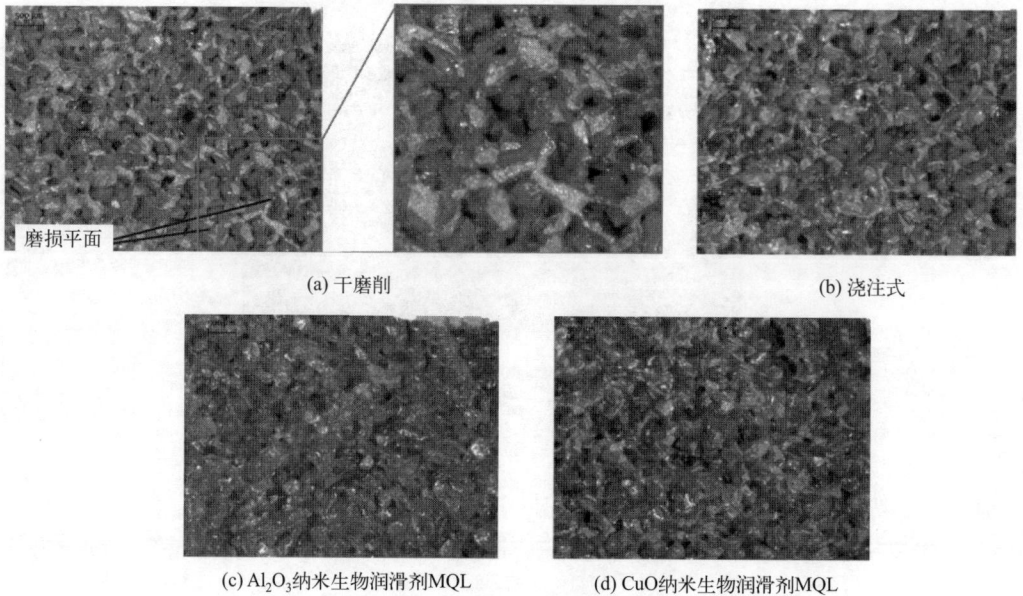

(a) 干磨削   (b) 浇注式

(c) Al_2O_3纳米生物润滑剂MQL   (d) CuO纳米生物润滑剂MQL

图 7-3   不同润滑工况下的砂轮磨损情况

7.2.3   磨削温度

在钛合金磨削中，由于摩擦产生的热量在工件表面集聚导致工件表面烧伤是一个难题。磨削区的总热流密度与磨削力有关，而磨削热量的传递出口有四个，分别是工件、磨粒、磨屑和冷却介质。因此提升冷却介质的热流密度是降低工件表面最高温度（即磨削温度）切实可行的方法之一。

李明等发现在 TC4 磨削过程中，采用植物油 MQL 取得的磨削温度为 229.18℃，相比干磨削下降了 17.8%。进一步添加石墨烯纳米材料后，磨削温度下降至 183.61℃，相比干磨削下降了 34.2%。刘国涛开展了 Ti6Al4V 磨削多因素实验研究，冷却润滑方式（四水平：干磨削、浇注式、MQL、NMQL）是其中因素之一。通过对磨削温度实验结果的信噪比分析可知，与干磨削和 MQL 磨削相比，NMQL 能够得到更高的 S/N 值。这说明纳米增强生物润滑剂在降低磨削温度方面最有效。NMQL 工况下磨削温度最低，可达到 133.8℃。

纳米粒子的加入可使生物润滑剂变为两相流体，从而以纳米粒子为核、生物润滑剂为包覆层形成了微元，在纳米粒子布朗运动效应下换热性能得到显著提升。此外，生物润滑剂的黏度和表面张力也会向有益的方向改变。磨削温度的降低归因于润滑介质的传热性能提升，符合对流传热机制。对流传热系数是影响对流换热能力的关键因素。杨敏建立了纳米粒子射流微量润滑工况下的对流换热系数公式。依据该公式可知，影响对流换热系数的主要因素包括生物润滑剂的比热容、黏度、热导率，纳米材料的热导率、比热容、含量，以及纳米颗粒的布朗运动活度等。以上因素可作为 NMQL 换热性能优化的依据。

7.2.4　磨屑形貌

崔歆以低温气体（−5℃）作为干磨削工况的冷却介质，采用 Al_2O_3 纳米粒子（体积分数 2%）和植物性合成酯制备的纳米增强生物润滑剂用于 NMQL 工况，观测了 Ti6Al4V 磨削加工的磨屑形态，如图 7-4 所示。在干磨削工况下磨粒-切屑界面不存在润滑剂，冷却和润滑能力均不足，因此磨粒新鲜表面十分粗糙且带有明显的犁沟痕迹（由于磨粒过快磨损导致）。而磨屑，首先，其新鲜表面伴有材料黏附、堆积。这是因为高温导致了磨屑材料塑性增强、界面摩擦力增大。其次，磨屑的侧面并不光滑，并带有材料拉扯断裂后形成的锯齿状缺陷。这是由于材料在高温下展现了较强的局部塑性。最后，磨屑的自由表面剪切带分布混乱。这是由于界面的摩擦学特性较差，导致了材料去除过程带有顿挫、爬行现象。在 NMQL 工况下，上述现象得到了明显的改善，但依然存在磨屑新鲜表面不光滑、磨屑侧面带有锯齿状缺陷、磨屑自由表面剪切带局部不均匀的情况。这是由于在较高的力载荷和热载荷作用下，材料去除过程中的热软化效应导致了材料塑性增强、断裂应力降低。Setti 等还发现，与 NMQL 相比，干磨削和浇注式条件下的磨屑长度更长。

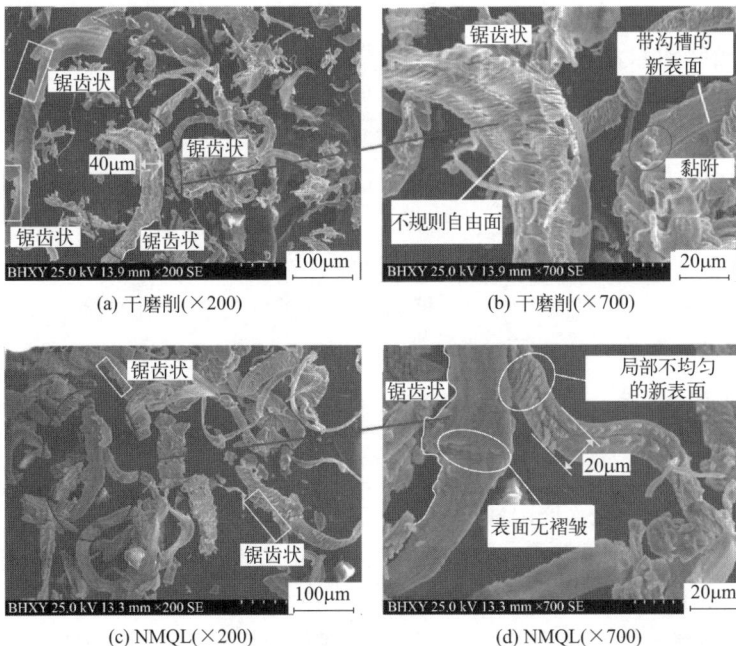

图 7-4　不同冷却润滑方式下的磨屑形貌

7.2.5 表面完整性

工件的表面粗糙度 Ra 值反映的是工件表面微凸峰和微凹谷的平均高度差，由于润滑工况的改变，导致材料去除过程温度场和材料塑性改变，从而对表面粗糙度造成显著影响。在 Sadeghi 的研究中，采用植物油和合成酯作为润滑介质将表面粗糙度 Ra 降低到了 $0.2\sim$ $0.31\mu m$。在不同的润滑介质使用量和气流量条件下，采用合成酯取得的表面粗糙度均低于植物油。李明发现，采用植物油 MQL 粗糙度 Ra 值可降低至 $0.438\mu m$，相比干磨削降低了 28.4%；而进一步采用石墨烯纳米增强生物润滑剂粗糙度降低至 $0.295\mu m$，相比干磨削降低了 51.8%。使用棕榈油时，Ra 值达到 $0.325\mu m$，相比浇注式降低了 43.97%；而采用石墨烯＋棕榈油时，Ra 值达到 $0.278\mu m$，相比浇注式降低了 52.07%。采用水基纳米流体时，粗糙度 Ra 值在 $0.6\sim0.7\mu m$ 的范围浮动，与干磨削的加工效果在同一水平。这也充分证实了生物润滑剂在表面粗糙度方面的提升作用显著。当对比不同植物油时，芥花油、大豆油、橄榄油和葵花油取得的表面粗糙度值接近 $0.41\sim0.44\mu m$，其中芥花油具有微弱优势。当引入纳米材料后 Ra 值显著降低，石墨烯＋芥花油的 Ra 值最低，可达到 $0.21\mu m$；随着纳米材料的浓度改变，Ra 值与磨削力的变化规律相同，也存在最优质量分数。

工件表面的微观硬度反映了加工过程中受热/力影响后的材料属性变化。李明在研究中发现，干磨削工况下微观硬度值达到了 431.53HV，而采用植物油 MQL 和纳米增强生物润滑剂时微观硬度值分别降低至 391.69HV 和 349.37HV，相比干磨削条件下降了 9.2% 和 19.0%。这是因为采用生物润滑剂时磨削力和磨削温度的下降导致了工件表面热影响层厚度减小。

工件表面的微观形貌可直观体现加工缺陷，而抑制加工形成的表面缺陷是提高表面完整性最重要的方法。关于钛合金磨削，常见的表面缺陷有黏附、烧伤、塑性堆积以及划痕。Sadeghi 发现，植物油和合成酯 MQL 与浇注式相比，工件表面塑性变形、热损伤（如磨屑黏附磨粒、表面沉积等）明显减少，如图 7-5 所示。李明发现，采用植物油 MQL 避免了磨削烧伤，但仍然存在黏附、宽犁沟缺陷，而采用 0.1%（质量分数）石墨烯的纳米增强生物润滑剂取得了最优工件表面，不存在明显缺陷。Ibrahim 也得到了相同的结论。Singh 发现采用浇注式时工件表面存在塑性隆起，而采用干磨削时工件表面存在大面积磨削烧伤；采用芥花油 MQL 时工件表面尽管减少了塑性隆起缺陷，但依然粗糙；采用石墨烯＋芥花油 MQL 时得到了光滑的工件表面。同时，植物油的种类和纳米材料的质量分数也对工件表面缺陷的抑制起到显著影响。

7.2.6 磨削缺陷分析及抑制策略

根据研究结果，钛合金的磨削缺陷以及瓶颈可总结为以下两点：

① 低弹性模量导致的摩擦学特性恶化。钛合金的弹性模量为 114GPa，是镍基合金和高强钢的 60% 左右，而磨粒以负前角去除材料，磨削力呈现为"高压低剪"状态，从而导致低弹性模量材料的磨削加工成为难题。磨粒尖端圆角（后刀面）和已加工表面界面存在高压力，磨粒切削后钛合金材料反弹退让，从而导致磨削过程振动、工件表面粗糙度下降。在此情况下，界面的摩擦能与磨削能的比值相比其他工件材料加工过程要高，即产生了更多的摩

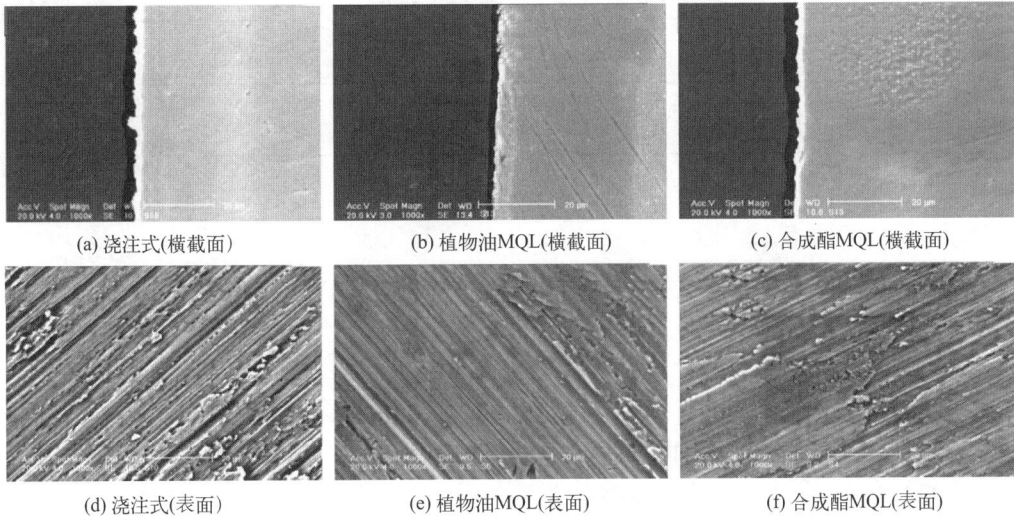

(a) 浇注式(横截面)　　(b) 植物油MQL(横截面)　　(c) 合成酯MQL(横截面)

(d) 浇注式(表面)　　(e) 植物油MQL(表面)　　(f) 合成酯MQL(表面)

图 7-5　不同润滑方式下的工件表面及横截面形貌

擦热，磨粒磨损加剧。

②低热导率导致的工件表面完整性恶化。磨削热在磨削区的传递出口包括工件、磨粒、润滑剂、磨屑和空气。钛合金磨削过程中，传入工件的能量可达到总能量的58%以上。然而，由于钛合金的热导率低，热量无法快速通过基体传出，从而集聚在工件表面。目前的研究结果可证实，这一瓶颈导致的磨削缺陷包含以下几方面：a. 磨削烧伤与磨削裂纹，在工件表面能够观测到的黑色区域即为磨削烧伤；b. 工件表面材料黏附，材料在高温热软化效应下被磨粒碾压至工件表面即为材料黏附；c. 工件表面犁沟与塑性隆起，热软化作用下塑性耕犁现象加剧，材料去除率下降，从而堆积在犁沟两侧形成明显的塑性隆起。

通过磨削加工实验结果可知，瓶颈②（由于热导率低导致的工件表面完整性恶化）对加工结果的影响要强于瓶颈①。目前学者们将目标锁定在了如何提升润滑剂的换热能力，从而降低传入工件的能量比例。在此可做如下总结：

①采用高热导率的石墨烯作为纳米添加相与棕榈油制备的纳米生物润滑剂，具有更好的换热和减摩性能，相较于其他润滑剂取得了最佳的磨削实验结果。

②低温冷却与纳米生物润滑剂耦合使用，能够显著提升纳米生物润滑剂的换热性能，已得到初步实验验证。这是解决钛合金磨削难题的有力工艺之一。

7.3　高温镍基合金磨削性能

镍基合金是高温合金的一类，在 650～1000℃的高温下有较高的强度与一定的抗氧化腐蚀能力。应用于航空航天领域的镍基合金型号主要包括 Inconel 系列（718、600、625 等）、Incoloy 系列（825、A-286 等），主要用在航空发动机耐热部件、涡轮叶片和航天飞机引擎、燃气涡轮机等。除了较低的热导率外，区别于钛合金和高强度钢，镍基合金的高硬度也导致了磨削难题。常用镍基合金 Inconel 718 的化学成分和力学性能见表 7-3 和表 7-4。

表 7-3　Inconel 718 的化学成分　　　　　单位：%

材料	Al	Mn	Fe	Cr	Cu	Ni	Co	Mo	Si	C
Inconel 718	0.95	0.35	余量	18.8	0.3	53.4	1	2.99	0.35	0.08

表 7-4　Inconel 718 的力学性能

材料	硬度	屈服强度	伸长率	拉伸强度	弹性模量	密度	热导率 （100℃）	比热容
Inconel 718	100HRC	550MPa	45%	965MPa	199.9GPa	8.24 g/cm^3	14.7 W/(m·K)	435 J/(kg·K)

7.3.1　磨削力和摩擦系数

Virdi 在研究中采用葵花籽油、米糠油、棕榈油和花生油作为 MQL 润滑剂磨削 Inconel 718 材料时发现，与浇注式相比，生物润滑剂 MQL 显著降低了摩擦系数，然而在磨削力、磨削比能和磨削温度方面生物润滑剂 MQL 不及浇注式。横向对比四种生物润滑剂，棕榈油取得了最优的实验结果，其磨削比能和摩擦系数相比浇注式分别降低了 2.5% 和 25%（图 7-6）。综合 Virdi 的研究可发现，在多种植物油中棕榈油取得了优异的润滑性能。其原因可归纳为两方面：①棕榈油的主要脂肪酸成分棕榈酸（C16：0，占 35%～48%）为饱和脂肪酸，而葵花籽油、花生油、米糠油的主要脂肪酸成分（油酸、亚油酸等）为不饱和脂肪酸；②棕榈油具有更高的黏度值，40℃达到了 38mPa·s。王要刚对比了多种植物性润滑剂（蓖麻油、大豆油、菜籽油、玉米油、花生油、棕榈油、葵花油）MQL 磨削 Inconel 718 的磨削性能。其中，蓖麻油 MQL 时取得了最小的法向和切向磨削力（$F_n = 76.83$N 和 $F_t = 24.33$N）。与其他植物油相比，蓖麻油独特的优势在于：①主要成分蓖麻酸（C18：1）含有极性基团—OH，显著增强了润滑油膜在界面的吸附强度；②蓖麻油的黏度相比其他植物油高出 1 个数量级，40℃时达到 260mPa·s，有利于摩擦学特性的提升。然而，蓖麻油过高的黏度导致了磨削温度的升高，这在李本凯的论文中有所提及，后续将详细讨论。张仙朋在对比 Al_2O_3/SiC 混和纳米粒子分别与棕榈油和蓖麻油制备的纳米增强生物润滑剂时也发现，棕榈油为基础油时取得的磨削力比蓖麻油的小。

相较于生物润滑剂 MQL，Virdi 等采用棕榈油/Al_2O_3 纳米增强生物润滑剂 MQL 磨削 Inconel 718 时，摩擦系数和磨削比能分别降低了 17.7% 和 29.4%；葵花油/Al_2O_3 纳米增强生物润滑剂 MQL 磨削 Inconel 718 时，法向磨削力降低了 4.15%，切向力磨削力降低了 17.5%。摩擦系数从 0.142 减小到 0.117，磨削比能从 39.542 降低到 32.901J/mm^3。王要刚进行的 NMQL 实验中对比了 Al_2O_3 和 MoS_2 的不同性能，相较于 MQL，摩擦系数由 0.45 减小到棕榈油/MoS_2 NMQL 的 0.4 和棕榈油/Al_2O_3 NMQL 的 0.38。这是由于球状的 Al_2O_3 纳米粒子具有较高的硬度，在砂轮和工件之间起到支撑作用，减少了摩擦副的实际接触面积。另外，当其进入磨削区后可使工件表面的凹凸不平处产生滚动效果，将滑动摩擦转化为滚动摩擦，从而产生抗磨效果，减小磨削过程中的切向力。张彦彬采用合成酯与 CNTs、MoS_2 以及 CNTs/MoS_2 制备了润滑介质用于磨削 Inconel 718。结果表明，混合纳米粒子的生物润滑剂相比单一纳米粒子的生物润滑剂展现了更强的冷却和润滑性能；两种不同结构的纳米粒子通过物理协同作用改善了磨削区的润滑状态，磨削力显著降低。不同形态的纳米材料对冷却和润滑性能的提升能力不同，球状和层状的纳米材料更有利于减摩抗磨，

参考文献	[25]		[26]		[25]		[26]		[27,28]
润滑介质	葵花籽油+Al$_2$O$_3$	米糠油+Al$_2$O$_3$	花生油+Al$_2$O$_3$	棕榈油+Al$_2$O$_3$	葵花籽油	米糠油	花生油	棕榈油	蓖麻油

图例：切向力　摩擦系数　磨削温度　磨削比能

加入纳米材料

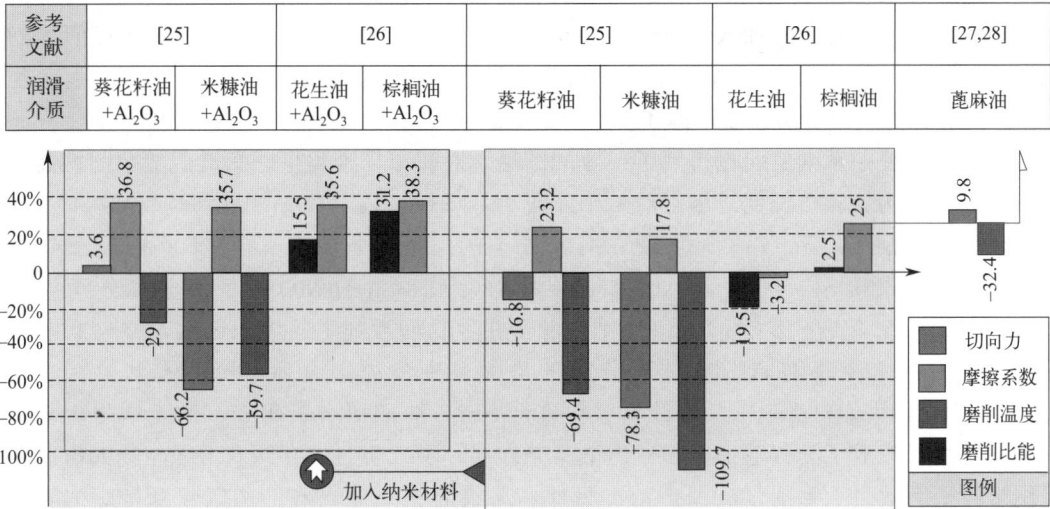

图 7-6　生物润滑剂 MQL 与传统工况的润滑性能对比（镍基合金）

但其热导率较低；管状的 CNTs 具有较高的热导率、换热能力，但不利于润滑。张仙朋采用植物油与 Al$_2$O$_3$、SiC 和 Al$_2$O$_3$/SiC 制备了纳米增强生物润滑剂用于磨削 Inconel 718。当采用单一纳米粒子的生物润滑剂时，磨削力分别为 $F_n=84.91$N、$F_t=25.31$N（Al$_2$O$_3$）和 $F_n=93.21$N、$F_t=30.81$N（SiC）；而采用混合纳米粒子的生物润滑剂后，磨削力减小到了 $F_n=70.91$N、$F_t=20.03$N。相较于 Al$_2$O$_3$ 纳米增强生物润滑剂 MQL 和 SiC 纳米增强生物润滑剂 MQL，Al$_2$O$_3$/SiC 纳米增强生物润滑剂 MQL 的磨削比能分别减小了 20.9％ 和 34.9％。这与张彦彬的实验结果一致。此外，张仙朋研究了混合纳米粒子不同粒径配合对磨削力的影响，发现 Al$_2$O$_3$ 和 SiC 的粒径配比为 70nm∶30nm 时取得的磨削力最小。

进一步地在王要刚的浓度实验研究中发现，随着 Al$_2$O$_3$ 浓度的增大，磨削比能呈现出先下降后上升的趋势，在 1.5％（体积分数）时，磨削比能达到最小值（64.95J/mm^3），与纯油相比降低了 34.1％。因此，适当的纳米粒子浓度可以提高纳米流体的摩擦学性能，而浓度过高会导致纳米颗粒聚集，不利于提高纳米流体的摩擦学性能。

7.3.2　砂轮磨损

镍基合金磨削过程中，砂轮磨损严重、寿命短是主要技术瓶颈之一。砂轮磨损的形式有磨粒损耗、黏附堵塞，甚至是磨粒脱落。此外，单位体积砂轮磨损去除的材料体积（G 比率）也是反映砂轮寿命的参数之一。G 比率越大表征砂轮磨损程度越小，使用寿命越长。Virdi 对比了花生油和棕榈油 MQL 磨削 Inconel 718 的砂轮磨损情况。相较于花生油 MQL，棕榈油 MQL 的 G 比率提高了 50.6％。进一步地在米糠油和葵花籽油 MQL 磨削 Inconel 718 的实验中发现，相较于米糠油 MQL，葵花油 MQL 的 G 比率提高了 3.61％。这是由于葵花籽油的黏度比米糠油高，流动性较低，延长了磨削界面的润滑时间，从而可防止砂轮磨损。采用不同植物油的砂轮寿命规律与磨削力一致，均取决于润滑性能。在葵花籽油中加入 Al$_2$O$_3$ 后，磨削过程中的 G 比率从 0.688 提高到了 1.532。这是因为纳米增强生物润滑剂形成的稳定润滑油膜可保护磨粒不受磨损。另外，增大纳米材料的浓度后，G 比率也显著提高。Hegab 在磨削 Inconel 718 时发现，加入纳米粒子后刀具的磨损情况得到了明显改善。这主要归因于纳米材料的加入，改善了磨粒前刀面-磨屑、磨粒后刀面-已加工界面间的润滑和润湿性能。另外，相较于 Al_2O_3 纳米增强生物润滑剂 MQL，MWCNT 纳米增强生物润滑剂 MQL 工况下刀具磨损量下降了 26.3%。

王要刚开展一系列实验也得到了一致的结论。对比不同种类生物润滑剂的磨削性能，发现不同分子结构、碳链长度等因素对 G 比率产生了不同的影响。采用棕榈油分别和 MoS_2、Al_2O_3 用于磨削 Inconel 718 时发现，纳米粒子的加入均提高了 G 比率。相较于棕榈油 MQL，棕榈油/MoS_2、棕榈油/Al_2O_3 纳米增强生物润滑剂 MQL 的 G 比率分别提升了 23.9% 和 32.9%。进一步探索 Al_2O_3 纳米粒子在生物润滑剂中的体积分数对砂轮磨损的影响规律，发现 G 比率随 Al_2O_3 体积分数的增大呈现出先上升后下降的趋势，在 Al_2O_3 2.5% 时达到最大。对磨削前后的砂轮磨粒进行 SEM 和 EDS 分析可知，纳米增强生物润滑剂在砂轮表面形成了类似毛细管一样的微型储存层，可以暂时储存纳米增强生物润滑剂，保证纳米粒子有效进入磨削区（图 7-7）。另外，球状的 Al_2O_3 可在磨削区起到良好的轴承作用，将磨粒与工件之间的滑动摩擦变为滚动摩擦，并能通过缩小磨粒与工件之间的接触面积来减少磨粒的磨损平面。

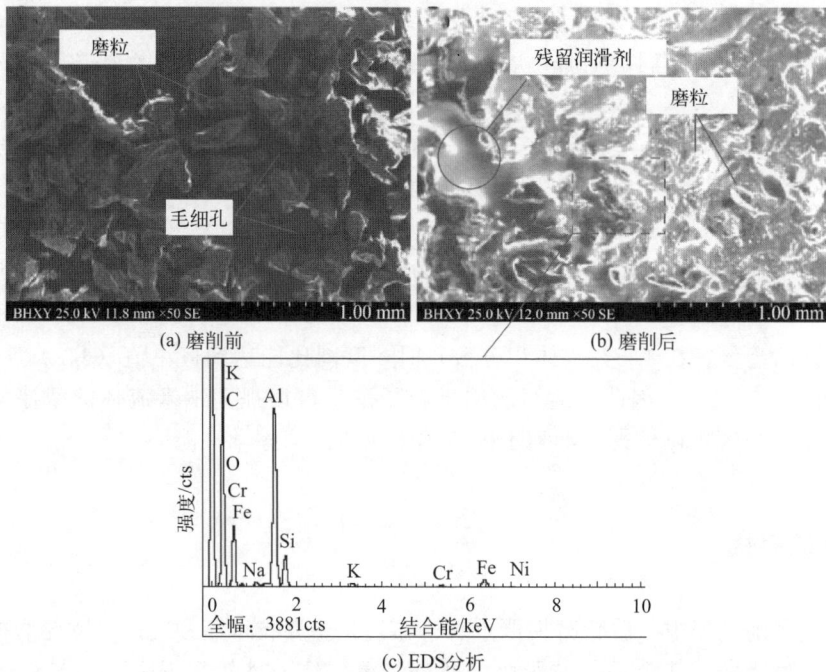

图 7-7　磨削前后的砂轮工件表面形貌及 EDS 分析

7.3.3　磨削温度

镍基合金的磨削加工大多采用刚玉砂轮和 CBN 超硬磨料砂轮，然而在加工过程中最大的问题就是黏附堵塞。低热导率的镍基合金在材料去除过程中会产生大量磨削热并且集中在工件表面，导致磨削温度升高。磨削温度过高造成的热损伤严重影响工件质量，限制了生产效率。因此，润滑剂的有效冷却和传热是对加工过程重要的影响因素之一。

Virdi 在磨削 Inconel 718 的过程中发现，葵花油 MQL 时的磨削温度相比米糠油 MQL 降低了 19.2％；而在葵花籽油中加入 Al_2O_3 纳米粒子后，磨削温度进一步降低，从 105℃ 降到了 80℃。李本凯等在磨削 Inconel 718 的研究中对比了蓖麻油、大豆油、菜籽油、玉米油、花生油、棕榈油、葵花籽油 MQL 条件下的磨削温度，发现采用棕榈油 MQL 可得到最小值（119.6℃），采用蓖麻油 MQL 可得到最大值（176℃）。磨削温度与磨削力的变化趋势不同，究其根本是植物油的理化特性对润滑性能和冷却性能的影响不同：①蓖麻油由于含有 —OH 而黏度过高，因此在换热过程中其分子流动性较差，导致换热效率较低；②尽管在王要刚等的研究中蓖麻油得到了最低磨削力（即最小热量产出），但其较低的换热效率导致传入工件的能量依然达到多种油中的最大值；③棕榈油作为黏度适中的润滑剂得到了最小的磨削温度。

进一步地，李本凯等在棕榈油中加入纳米粒子显著提高了润滑剂的传热性能，并对比了不同纳米增强生物润滑剂（MoS_2、SiO_2、PCD、CNT、Al_2O_3 和 ZrO_2）对磨削温度的影响。CNT 纳米粒子的热导率最高，从而 CNT 纳米增强生物润滑剂条件下产生了最小的磨削温度。由不同纳米粒子浓度的棕榈油/CNT 纳米增强生物润滑剂 MQL 实验可知，纳米粒子的浓度不宜过高或过低，适当的浓度可以降低磨削区温度。

7.3.4　磨屑形貌

王要刚在 Inconel 718 磨削实验中观察了磨屑形态，如图 7-8 所示。与浇注式相比，MQL 工况下的磨屑呈现为更长、更窄的形态，而且表面更为光滑。进一步地，与棕榈油 MQL 相比，棕榈油/Al_2O_3 纳米增强生物润滑剂 MQL 条件下的磨屑更薄。这归因于纳米粒子优异的润滑性能。纳米粒子可以很好被吸附在磨屑表面的纹理上或工件表面的沟槽里，起到滚动轴承的作用，降低磨粒与磨屑之间的摩擦。而且，当 Al_2O_3 的体积分数达到 2％时，磨屑表面光滑并呈现为宽度均匀的条形。磨屑形态的变化反映了材料去除机制，而润滑性能起到重要作用。

7.3.5　表面完整性

Virdi 采用了葵花籽油和米糠油 MQL 磨削 Inconel 718。相比传统浇注式，两种生物润滑剂的微量润滑均能使表面粗糙度 Ra 降低；而相比米糠油 MQL，葵花籽油 MQL 条件下的 Ra 降低了 5.49％。当加入 Al_2O_3 纳米粒子后，葵花籽油/Al_2O_3 纳米增强生物润滑剂 MQL 相较于纯葵花籽油 MQL，Ra 下降了 41.9％。

王要刚对比了不同生物润滑剂用于磨削 Inconel 718 的工件表面质量。蓖麻油作为润滑剂得益于其高黏度值，表面粗糙度 Ra 最低（$0.36\mu m$），并取得了最优的工件表面。进一步采用 MoS_2 和 Al_2O_3 与棕榈油制备了纳米增强生物润滑剂进行 MQL，相比纯棕榈油 MQL，两种纳米粒子的加入都降低了 Ra 值。其中 Al_2O_3 纳米增强生物润滑剂 MQL 相较于 MoS_2 纳米增强生物润滑剂 MQL，Ra 值减小了 13.3％。李本凯研究了多种纳米材料工况下的工件表面质量，发现纳米金刚石的使用相较其他材料更具优势。王要刚在不同纳米粒子浓度的

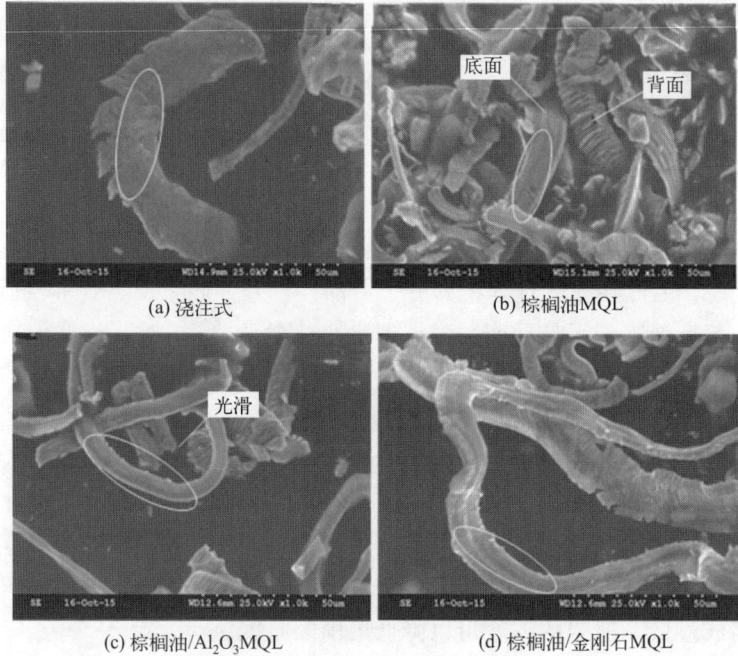

(a) 浇注式   (b) 棕榈油MQL

(c) 棕榈油/Al$_2$O$_3$MQL   (d) 棕榈油/金刚石MQL

图 7-8　不同润滑工况下的磨屑形貌

研究（棕榈油/Al$_2$O$_3$ 纳米增强生物润滑剂 MQL）中发现，当 Al$_2$O$_3$ 的体积分数达到 2% 时工件表面质量最佳（图 7-9），而且 EDS 分析也显示了工件表面 Al 元素含量的增高。

张彦彬采用 CNTs/MoS$_2$ 混合纳米粒子进行了 NMQL 磨削 Inconel 718 实验。相比单一纳米粒子 NMQL，混合纳米粒子 NMQL 条件下的表面粗糙度 Ra 下降了 85.3%。这与磨削力产生的效果是一致的。张仙朋的实验也得到了同样的结论。

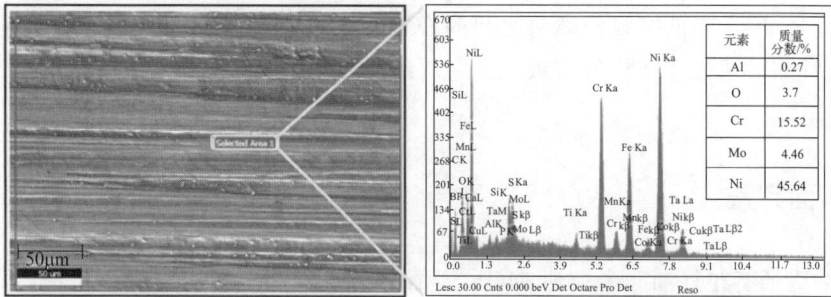

(a) 葵花籽油/Al$_2$O$_3$

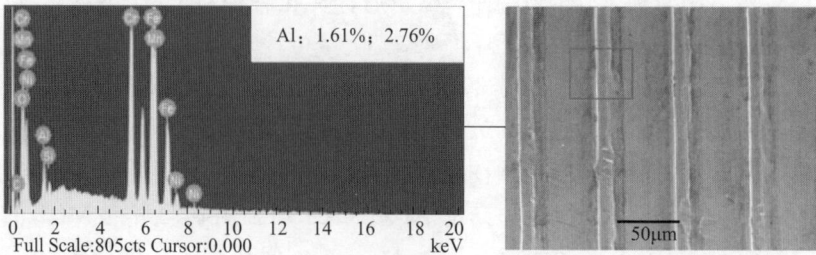

(b) 大豆油/Al$_2$O$_3$

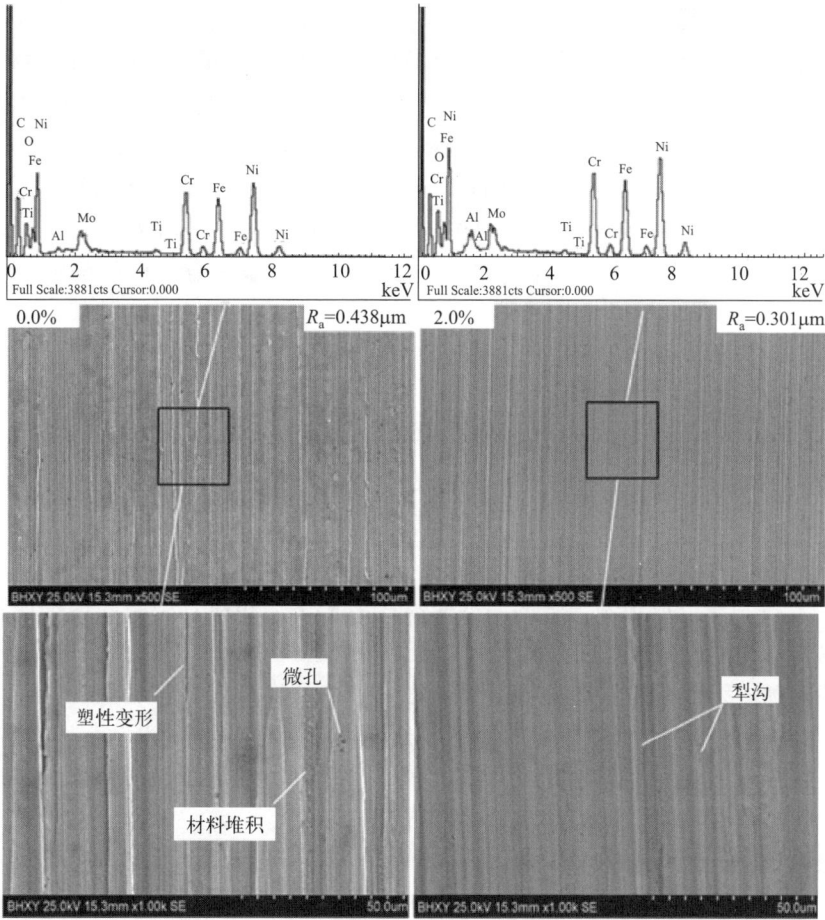

(c) 棕榈油/Al$_2$O$_3$

图 7-9　Al$_2$O$_3$ 纳米增强生物润滑剂 MQL 工况下的工件表面形貌及 EDS 分析

在 Virdi 的实验中，通过观察工件表面形貌可知，几乎所有润滑工况下都存在滑擦和耕犁，有些还存在较深的沟壑和黏附。在浇注式润滑时，严重的耕犁和黏附导致了较差的工件表面，黏附又进一步加重了砂轮、工件之间的摩擦。采用植物油 MQL 后，工件表面质量有所好转，但也会有轻微的因耕犁堆积导致的材料层状堆叠、磨屑黏附以及磨痕。这是由于高温条件下，植物油的黏度比矿物油下降得慢，较高的黏度确保了它们能在工作温度范围内提供更稳定的润滑性。进一步地，纳米增强生物润滑剂 MQL 条件下的工件展示了更光滑的表面、少量较窄的犁沟和轻微的耕犁堆积现象。EDS 分析也证实了工件表面有润滑油膜的存在。而 Peng 采用大豆油/Al$_2$O$_3$ 纳米增强生物润滑剂 MQL 磨削 Inconel 718 时，在工件表面发现了 O 元素。他们归因于工件表面发生了化学反应，形成了润滑油膜，有效改善了磨削的润滑状况。

7.3.6　磨削缺陷分析及抑制策略

根据研究结果，镍基合金的磨削缺陷以及瓶颈可总结为以下几点：

① 高硬度导致的砂轮磨损加剧。镍基合金的硬度可达到 100HRC 左右，是钛合金和高

强度钢的 3～5 倍。而其硬度高是因为：a. 镍基合金的高熔点合金元素（镍、铁、铬等）与其他元素构成高硬度物质，如奥氏体合金、高硬度化合物、高硬度金属间化合物以及硬质颗粒；b. 镍基合金在机加工前一般要进行固溶处理，处理过程中会发生加工硬化；c. 镍基合金在时效处理后，固溶体中析出硬质相，晶格歪曲，从而发生时效强化。在磨削过程中，由高硬度导致的瓶颈如下：a. 由于磨粒去除材料过程中工件的塑性变形程度较低，磨粒与磨屑的干涉面积减小，导致有效磨粒区域单位机械/热载荷升高，从而磨粒磨损加剧；b. 材料中的硬质相与磨粒干涉也加剧了磨粒磨损。因此，学者们也重点对砂轮磨损、G 比率等参数进行了研究。

② 低热导率导致的工件表面烧伤。在 100℃下镍基合金的热导率为 14.7W/(m·K)，尽管高于钛合金的热导率，但是依然存在工件表面磨削烧伤、犁沟和塑性堆积等问题。然而由实验结果可知，此类缺陷并未达到钛合金的严重程度。

因此，润滑剂首先应满足减摩抗磨特性，其次应具有一定的换热能力。在此可做如下总结：

① 生物润滑剂的基础油应具备高黏度、高脂肪酸饱和度、含极性基团等特征（如棕榈油、蓖麻油），以利于形成吸附力强的润滑油膜；纳米添加相应具备高硬度、球状特征（如 Al_2O_3），以利于在高压磨削界面起到优异的滚动减摩抗磨作用。

② 上述推荐的纳米材料热导率较低，因此为了兼顾换热能力，解决磨削烧伤现象，采用混合纳米添加相是可行方案之一。常用的高热导率纳米材料包括 CNTs、SiC 等。

7.4 高强钢磨削性能

高强钢由于具有较高的拉伸强度从而在航空航天领域发挥了重要作用。其主要型号有 AISI 4140、AISI 4340、AISI 52100 等，应用场合包括火箭发动机壳体、飞机起落架、防弹钢板等性能有特殊要求的零部件。高强钢的屈服强度和拉伸强度高于钛合金和镍基合金，在磨削过程中断屑难、砂轮易堵塞、磨削温度较高，从而导致了工件表面层组织发生转变，直观体现为微观硬度和残余应力的变化。常用高强钢的化学成分和力学性能见表 7-5 和表 7-6。

表 7-5 高强钢的化学成分 单位：%

材料	C	Mn	P	S	Cr	Mo	Si	Ni
AISI 4140	0.38～0.43	0.70～1.00	0.035	0.04	0.80～1.1	0.15～0.25	0.17～0.37	0.3
AISI 4340	0.38～0.43	0.6～0.8	0.035	0.04	0.7～0.9	0.2～0.3	0.15～0.35	1.65～2.00
AISI 52100	0.95～1.05	0.25～0.45	0.025	0.025	1.4～1.65	0.08	0.15～0.35	0.3

表 7-6 高强钢的力学性能

材料	硬度	屈服强度	伸长率	拉伸强度	弹性模量	密度	热导率 (100℃)	比热容
AISI 4140	22.2HRC	930MPa	12%	1080MPa	185GPa	7.85 g/cm³	46 W/(m·K)	131 J/(kg·K)
AISI 4340	27.8HRC	835MPa	12%	980MPa	208GPa	7.83 g/cm³	44.5 W/(m·K)	448 J/(kg·K)
AISI 52100	60HRC	1670MPa	12%	1860MPa	210GPa	7.8 g/cm³	44.6 W/(m·K)	460 J/(kg·K)

7.4.1　磨削力和摩擦系数

Sadeghi 采用植物性润滑剂和合成酯 MQL 进行了 AISI 4140 磨削实验，相比浇注式磨削性能显著提升。以切向磨削力为例，植物性润滑剂和合成酯 MQL 相比浇注式分别下降了57.9％和67.5％（图 7-10）。与植物性润滑剂 MQL 相比，合成酯 MQL 产生的磨削力更小，法向磨削力降低了22.8％，切向磨削力降低了22.9％。Yamin Shao 在磨削 AISI 1018 的实验中采用了商业植物油作为 MQL 润滑介质，相比浇注式摩擦系数由 0.299 降低至 0.271。以上结论与钛合金磨削一致，也验证了合成酯的优势。这是由于合成酯制备时引入了极性基团，从而提升了润滑油膜的吸附力。毛聪采用纯水和水基 Al_2O_3 纳米流体作为润滑剂进行了 AISI 52100 磨削实验。相比纯水 MQL，加入纳米粒子后，切向力下降了10.9％，而摩擦系数降低了11.1％。进一步地，毛聪发现芥花油/MoS_2 纳米增强生物润滑剂可取得比水基 Al_2O_3 更低的磨削力。Kumar 和 Ghosh 在葵花籽油 MQL 磨削 AISI 52100 时加入了 MWC-NT 纳米材料形成 NMQL 润滑条件。相比葵花籽油 MQL，葵花籽油/MWCNT 纳米增强生物润滑剂 MQL 条件下磨削比能下降了11.9％，摩擦系数也由 0.37 减小到 0.35。这是因为纳米粒子的加入，增大了润滑剂的黏度（由 44.2mPa·s 增加到 47.96mPa·s），从而加强了润滑剂的润滑性能。Molaie 进行纯水 MQL 磨削 AISI 52100 时，也在加入纳米粒子后得到了更小的结果。

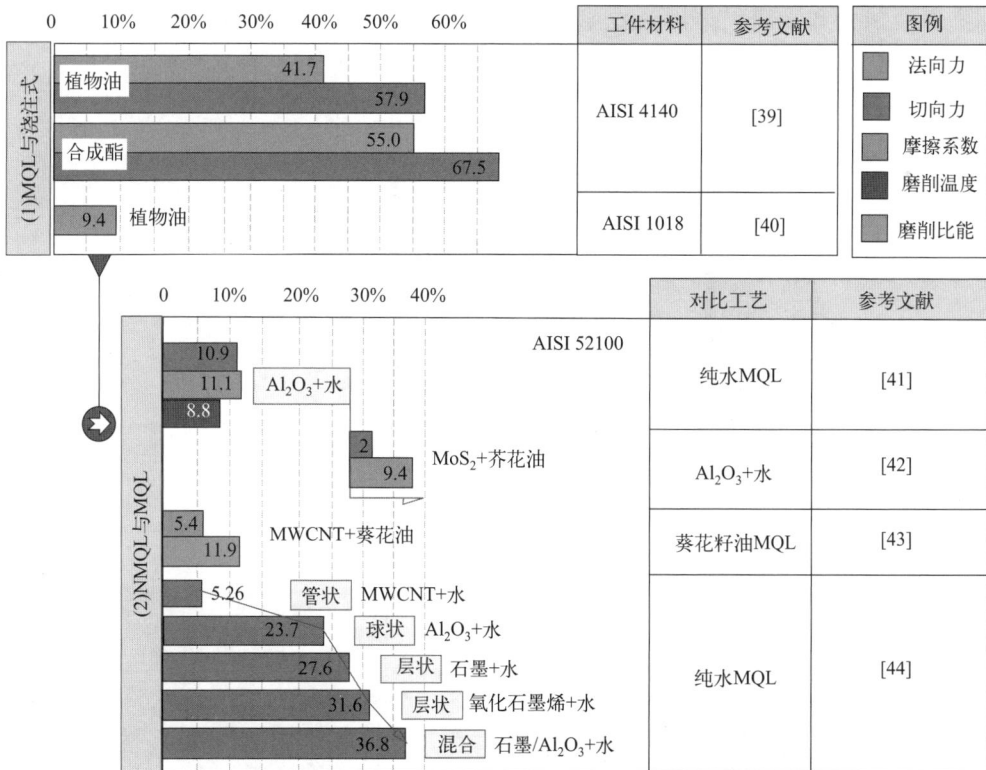

图 7-10　生物润滑剂 MQL 与传统工况的润滑性能对比（高强钢）

Molaie 进一步对比了纯水分别与 Al_2O_3、石墨、氧化石墨烯和碳纳米管四种纳米粒子制备的纳米增强生物润滑剂的磨削性能。结果显示，采用纯水/氧化石墨烯纳米增强生物润滑剂时磨削力最小（$F_n = 74.2N$，$F_t = 26.3N$）。在后续的实验中，学者们又将 Al_2O_3 和石墨纳米粒子混合制备了混合纳米增强生物润滑剂。结果表明，采用混合纳米增强纳米生物润滑剂后磨削性能有所改善。这是由于两种不同形态的纳米粒子摩擦学机制不同。层状结构的氧化石墨烯纳米粒子，可以很容易地进入滑动区，并减少颗粒与金属的直接接触，形成保护和持久的摩擦膜。具有高硬度的球状 Al_2O_3 纳米颗粒可以在摩擦表面之间产生滚珠效应。

7.4.2　砂轮磨损

Belentani 采用了浇注式、植物油 MQL、植物油/水混合物（混合比 1∶5）MQL 磨削 AISI 4340，结果如图 7-11 所示。相比浇注式，微量润滑工况下的砂轮磨损率均有所降低。砂轮磨损程度取决于磨削区的热/力边界条件。浇注式润滑能力不足导致了磨粒磨损加剧；而植物油作为润滑剂依然具有较高的磨损率是由于高黏度润滑剂不具备对砂轮冲洗的功能，从而导致了气孔堵塞。采用植物油/水混合物是以上问题的解决方案，而且随着混合物中水的比例增大，润滑剂对砂轮的冲洗性能也增强，得到了更低的砂轮磨损率。进一步地，Javaroni 采用了低温高压气体射流清洁技术（CWCJ）与 MQL 配合。在 CWCJ 对砂轮的清洁作用下，砂轮磨损率显著优化，如图 7-12 所示。另外，随着高压气体温度的降低，砂轮磨损率进一步降低。Garcia 在磨削 AISI 52100 的实验中发现，将植物油/水混合物（混合比 1∶5）作为润滑剂并和高温气体射流技术（WCJ）配合使用，相比 MQL 砂轮磨损率降低了 33.3%。由此可见，润滑工艺的砂轮清洁性能对砂轮寿命极为关键。

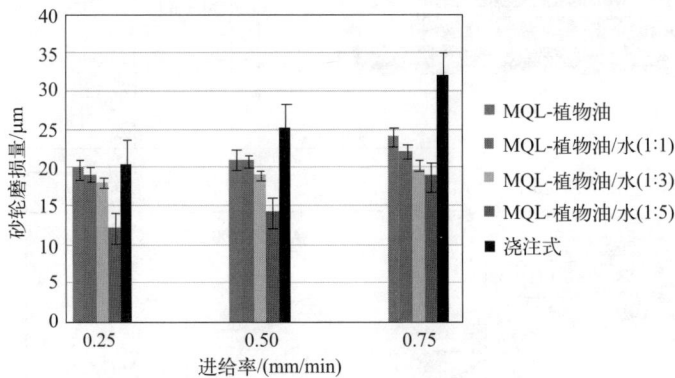

图 7-11　植物油/水混合润滑剂条件下的砂轮磨损量

(a) 浇注式　　　　(b) MQL　　　　(c) MQL+WCJ　　　　(d) MQL+CWCJ

图 7-12　不同润滑工况下的砂轮形貌

Kumar 和 Ghosh 在磨削 AISI 52100 的实验中采用了可溶性合成油、葵花油以及葵花油/MWCNT 纳米增强生物润滑剂作为润滑介质。结果显示，三种润滑剂 MQL 相比浇注式，G 比率分别提高了 23.1%、26.9% 和 69.2%。由此可见，纳米材料对砂轮寿命的影响更为突出。

7.4.3　磨削温度

毛聪分析了 AISI 52100 磨削实验中磨削温度的变化。相比纯水 MQL，加入纳米粒子（Al_2O_3）后磨削温度从 484℃下降到了 442℃，降低了 8.68%。磨削温度的降低也可从工件组织分布得到验证。由于磨削热的影响，加工后的磨削表面一般由白层和暗层组成，两者对工件的使用寿命和工件表面质量均有影响。通过观察不同冷却条件下磨削工件截面的显微组织（图 7-13）发现，采用水作为润滑介质时白层和暗层的厚度分别为 $8\mu m$ 和 $32\mu m$，采用水基纳米流体时为 $4\mu m$ 和 $21\mu m$。因此，磨削温度的降低对高强钢组织的变化影响显著。尽管使用水基纳米流体取得的磨削温度和磨削力有所下降，但仍没有目前学者们使用过植物油与合成酯的提升效果强。

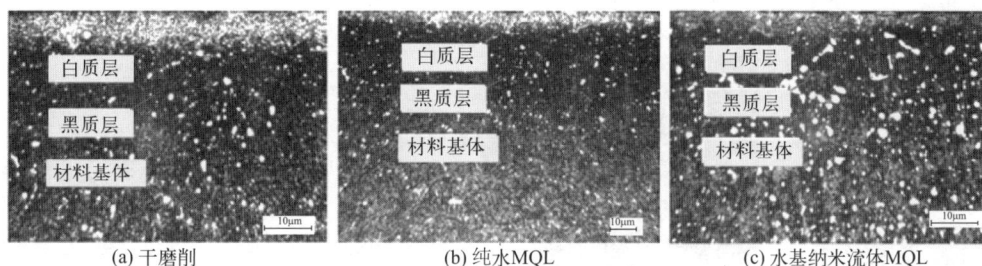

(a) 干磨削　　　　　　(b) 纯水MQL　　　　　　(c) 水基纳米流体MQL

图 7-13　不同冷却条件下的工件截面微观结构

7.4.4　磨屑形貌

Javaroni 探索了浇注式、MQL、MQL＋WCJ、MQL＋WCJ 下的磨屑形貌。在浇注式加工中磨屑呈现为长条状和带状（图 7-14），这表明磨屑的形成是一个延性流动过程。在 MQL 工况中磨屑呈现为球形。在 MQL＋WCJ 中，球形磨屑的数量明显低于 MQL，这表明该工艺的冷却性能强于 MQL。在 MQL＋WCJ（采用－15℃高压气体）条件下，磨屑形态与浇注式类似。

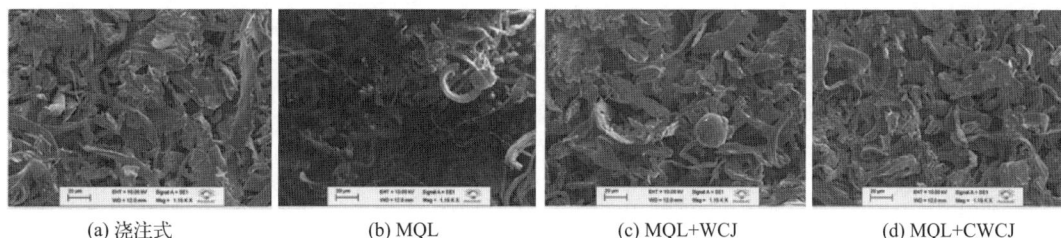

(a) 浇注式　　　　　(b) MQL　　　　　(c) MQL+WCJ　　　　　(d) MQL+CWCJ

图 7-14　不同润滑工况下的磨屑形态

Kumar 和 Ghosh 在磨削 AISI 52100 的实验中观测磨屑形貌发现，生物润滑剂 MQL 改善了材料去除机制。如图 7-15 所示，在葵花籽油工况下为大量的长条形磨屑 1 和少量的微弱塑性变形磨屑 2；而在葵花籽油/CNT 工况下，微弱塑性变形磨屑 2 的数量较少，磨屑由锋利的磨粒剪切而成，说明纳米流体环境具有更好的磨粒锋利度保持能力。当减小润滑剂流量时，长条形磨屑数量增加。但在 50mL/h 的工况下产生了球形磨屑，这说明磨削区温度有所提高，从而导致磨屑材料融化并重新凝固为球形。因此，润滑剂的流量应该控制在适当范围。

7.4.5 表面完整性

Shao 探索了 AISI 1018 磨削工件残余应力的分布规律，发现在 MQL 和浇注式工况中工件表面会产生残余压应力，而在干磨削条件下产生了较高的残余拉应力。Kumar 和 Ghosh 在实验中也得到了相同规律，纳米流体在工件表面产生了残余压应力，如图 7-16 所示。这是由于纳米流体通过减少摩擦和增强热导率，从而更好地降低了磨削区温度。磨削过程中的残余应力形成机制较为复杂，受磨削热和磨削力的综合影响：①磨削力导致工件材料局部塑性变形，并在表面产生残余压应力；②热胀冷缩对残余拉应力也有一定的影响，极高的磨削温度也可能引发相变并引入残余应力。

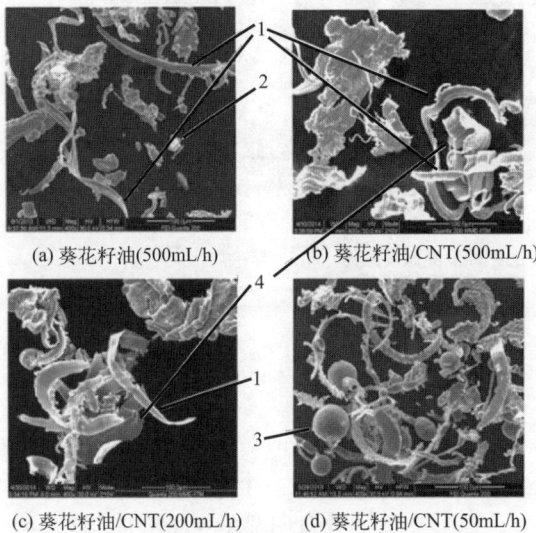

(a) 葵花籽油(500mL/h)　(b) 葵花籽油/CNT(500mL/h)

(c) 葵花籽油/CNT(200mL/h)　(d) 葵花籽油/CNT(50mL/h)

图 7-15　不同润滑剂供给量工况下的磨屑形态

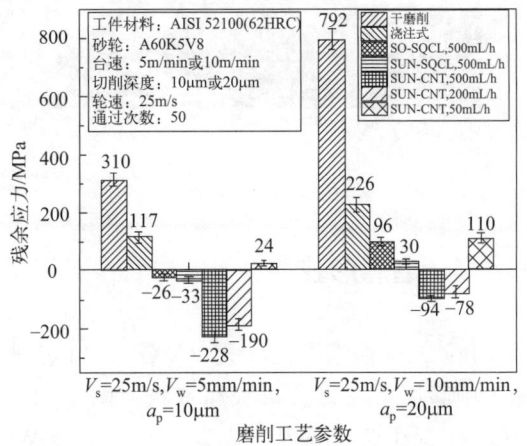

图 7-16　不同润滑剂工况下的工件表面残余应力

V_s—砂轮圆周速度；V_w—工件进给速度

Sadeghi 对比了植物性润滑剂和合成酯 MQL 磨削 AISI 4140 时的工件表面质量。相比植物性润滑剂 MQL，合成酯 MQL 时，表面粗糙度 Ra 下降了 19.0%。两种生物润滑剂 MQL 取得的表面粗糙度都接近于浇注式，当砂轮的磨削深度增加到 $15\mu m$ 时，其 Ra 值低于浇注式。这也充分证明了大去除量（高磨削力）情况下生物润滑剂更具优势。进一步观测工件表面和横截面可知，采用生物润滑剂的工件表面更为光整，相反浇注式的工件横截面观测到毛刺，工件表面存在明显的塑性隆起现象，如图 7-17 所示。毛聪在纯水 MQL 磨削 AISI 52100 的实验中加入 Al_2O_3 纳米粒子后，Ra 减小了 38.71%。尽管如此，在工件表面依然发现了大量的塑性隆起。Belentani 将植物油与水混合作为润滑剂（混合比 1∶5）进行了 AISI 4340 材料磨削实验，结果表面粗糙度 Ra 值由植物油工况下的 $0.7\mu m$ 降低至 $0.35\mu m$。

Molaie 等在磨削 AISI52100 时采用了四种水基 NMQL（Al_2O_3、石墨、氧化石墨烯、MWCNT）。相比纯水 MQL（$Ra = 1.18\mu m$），氧化石墨烯纳米增强生物润滑剂 MQL 得到的表面粗糙度 Ra 最小（$Ra = 0.65\mu m$）。

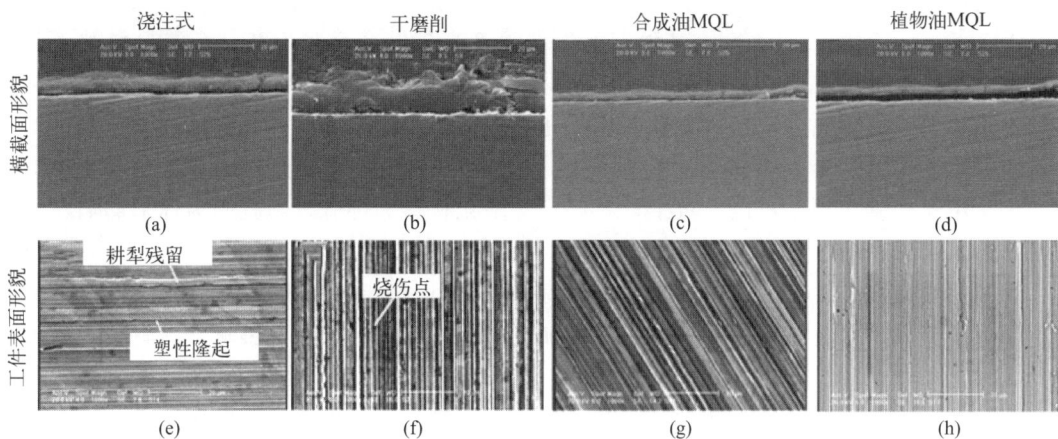

图 7-17　不同润滑剂工况下的工件表面形貌和横截面形貌

当考虑生物润滑剂的流量时，Javaroni 在磨削 AISI 4340 的实验中发现，随着流量增大，工件表面质量也逐渐优化，工件表面的塑性隆起、磨屑黏附等现象在 160mL/h 的流量下得到了有效避免。生物润滑剂 MQL 对砂轮的清洗性能有限，而采用 MQL＋高压气体射流清洁技术（WCJ）时，工件表面质量得到了进一步优化，如图 7-18 所示。

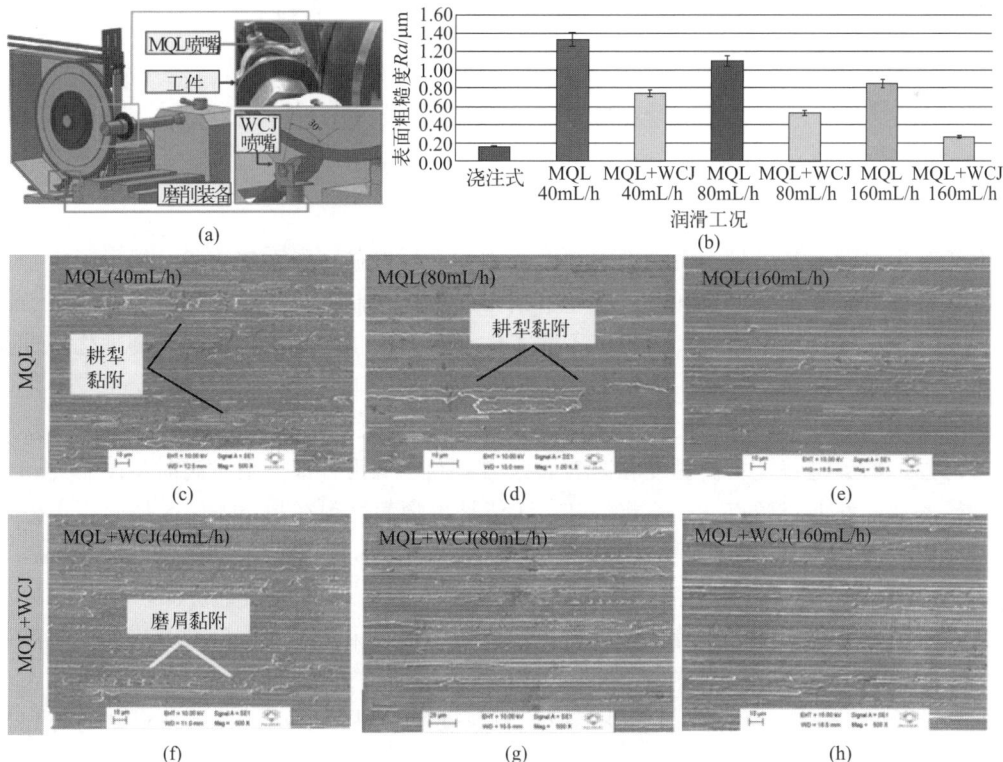

图 7-18　不同润滑剂供给量工况下的工件表面形貌

7.4.6 磨削缺陷分析及抑制策略

根据研究结果，高强钢的磨削缺陷以及瓶颈可总结为以下几点：

① 高强度导致的砂轮堵塞。高强钢的拉伸强度高于钛合金和镍基合金，材料被去除形成磨屑后难以变形，实验结果也显示高强钢磨屑的变形曲率小于前两种材料。因此高强钢磨屑的排出方向指向砂轮，极易堆积在砂轮气孔造成堵塞。所以能够观察到，高强钢磨削时的砂轮堵塞现象比钛合金和镍基合金磨削严重。此外，在高强钢磨削实验中还发现了球形磨屑。这是由于磨削区温度过高导致了材料熔化。融化材料一部分重新凝固为球形磨屑排出切削区，而大部分将流入砂轮气孔造成严重堵塞。

② 高磨削温度导致的工件组织相变。高强钢磨削区的温度过高是由于砂轮堵塞、磨粒磨损导致了摩擦学特性恶化、磨削热产出增加。因此在高磨削温度的影响下，材料组织将发生变化（这已被证实），并进一步导致工件残余应力和微观硬度升高。

因此，解决高强钢磨削瓶颈的关键在于提高对砂轮的清洁性能与磨削区的换热性能。在此可做如下总结：

① 低黏度的生物润滑剂（芥花油、葵花籽油）具有良好的流动性和清洁性，相比高黏度的润滑剂更适合用于高强钢磨削加工；纳米添加相的使用能够显著提升换热性能，但并不需要对其种类和性质做特殊要求。

② 纳米生物润滑剂微量润滑工艺对砂轮的清洁性仍然有待提高，目前有两个可行方案：a. 采用植物油/水混合润滑剂，通过降低黏度、提高热导率从而提高磨削性能；b. 将高压气体射流清洁技术（WCJ）或低温高压气体射流清洁技术（CWCJ）与微量润滑工艺配合使用，也具有明显效果。

7.5 小结

本章对生物润滑剂微量润滑磨削航空航天难加工材料进行了系统综述，揭示了生物润滑剂的理化特性对减摩抗磨、热耗散、砂轮清洁性的作用机制，分析了典型材料钛合金、镍基合金、高强钢的独特磨削瓶颈，给出了不同工件材料磨削工况下的生物润滑剂理化特性需求和配伍性建议。具体结论如下：

① 生物润滑剂分子的长碳链、高脂肪酸饱和度、极性基团是提升磨削区润滑油膜的吸附能力与强度的关键特性；高黏度和高表面张力有利于润滑性能，但过高时将限制冷却性能和对砂轮的清洁性能；倾点、热稳定性和 pH 值是生物润滑剂在高温加工区是否会失效的关键，对于磨削加工，热稳定性是需要着重考虑的因素。

② 钛合金由于具有强化学活性、极低的热导率、较高的弹性模量特征，在磨削加工中存在工件烧伤、材料塑性堆积等缺陷。相比传统切削液，采用生物润滑剂时法向力最高可降低 72.2%；而使用石墨烯＋棕榈油时，相较于纯油切向力最高可降低 79.1%，相较于切削液 Ra 值降低了 52.07%。同时，工件表面的微观硬度、耕犁堆积、磨屑黏附等均得到显著改善。

③ 镍基合金的高硬度和低热导率是磨削瓶颈，导致了砂轮磨损加剧、工件表面烧伤的

缺陷。采用棕榈油作为生物润滑剂，相较于其他种类植物油具有更好的磨削性能；而采用 Al_2O_3＋棕榈油时，相较于浇注式，磨削比能和摩擦系数分别下降了 31.2％和 38.3％。另外，生物润滑剂的使用显著减轻了砂轮磨损，提高了 G 比率，由磨削温度过高导致的工件表面缺陷也得到了控制。

④ 高强钢较高的拉伸强度导致了磨削加工中存在断屑难、砂轮堵塞、磨削温度高的现象，直观体现为微观硬度和残余应力的升高。采用生物润滑剂时相较切削液切向磨削力最高降低 67.5％，采用 MWCNT＋葵花籽油时相较切削液 G 比率提高了 69.2％。同时，磨削温度过高导致的残余应力和微观硬度在使用纳米增强生物润滑剂后显著降低。

⑤ 由于难加工材料的磨削瓶颈不同，所需生物润滑剂的理化特性也具有差异。钛合金磨削需要润滑剂同时具备强润滑和冷却能力，需要高热导率的纳米材料（如石墨烯）与高黏度的生物润滑剂（如蓖麻油、棕榈油）；镍基合金磨削需要润滑剂具备减摩抗磨特性，基础油应具备高黏度、高脂肪酸饱和度、含极性基团等特征（如棕榈油、蓖麻油），纳米添加相应具备高硬度、球状特征（如 Al_2O_3）；高强钢磨削需要润滑剂具备对砂轮的清洁性能，低黏度的生物润滑剂（芥花油、葵花籽油）更为适用，纳米添加相能够显著提升换热性能，但并不需要对其种类和性质做特殊要求。

参考文献

[1]　Kelly J F，Cotterell M G. Minimal lubrication machining of aluminium alloys [J]. Journal of Materials Processing Technology，2002，120 (1-3)：327-334.

[2]　Zhang Y B，Li H N，Li C H，et al. Nano-enhanced biolubricant in sustainable manufacturing：from processability to mechanisms [J]. Friction，2022，10 (6)：803-841.

[3]　Wang X M，Li C H，Zhang Y B，et al. Vegetable oil-based nanofluid minimum quantity lubrication turning：Academic review and perspectives [J]. Journal of Manufacturing Processes，2020，59：76-97.

[4]　Debnath S，Reddy M M，Yi Q S. Environmental friendly cutting fluids and cooling techniques in machining：a review [J]. Journal of Cleaner Production，2014，83：33-47.

[5]　Yin Q G，Li C H，Dong L，et al. Effects of physicochemical properties of different base oils on friction coefficient and surface roughness in MQL milling AISI 1045 [J]. International Journal of Precision Engineering and Manufacturing-Green Technology，2021，8 (6)：1629-1647.

[6]　Zhang Y B，Li C H，Jia D Z，et al. Experimental evaluation of MoS_2 nanoparticles in jet MQL grinding with different types of vegetable oil as base oil [J]. Journal of Cleaner Production，2015，87：930-940.

[7]　Chawaloesphonsiya N，Guiraud P，Painmanakul P. Analysis of cutting-oil emulsion destabilization by aluminum sulfate [J]. Environmental Technology，2018，39 (11)：1450-1460.

[8]　丁文锋，奚欣欣，占京华，等. 航空发动机钛材料磨削技术研究现状及展望 [J]. 航空学报，2019 (6)：36.

[9]　Xiao G，Zhang Y，Huang Y，et al. Grinding mechanism of titanium alloy：research status and prospect [J]. Journal of Advanced Manufacturing Science and Technology，2021，1 (1)：4496-4496.

[10]　Sadeghi M H，Haddad M J，Tawakoli T，et al. Minimal quantity lubrication-MQL in grinding of Ti-6Al-4V titanium alloy [J]. International Journal of Advanced Manufacturing Technology，2009，44 (5/6)：487-500.

[11]　Li M，Yu T B，Zhang R C，et al. Experimental evaluation of an eco-friendly grinding process combining minimum quantity lubrication and graphene-enhanced plant-oil-based cutting fluid [J]. Journal of Cleaner Production，2020，244：13.

[12]　Ibrahim A M M，Li W，Xiao H，et al. Energy conservation and environmental sustainability during grinding operation of Ti-6Al-4V alloys via eco-friendly oil/graphene nano additive and Minimum quantity lubrication [J]. Tribology International，2020，150：106387.

[13] Singh H，Sharma V S，Singh S，et al. Nanofluids assisted environmental friendly lubricating strategies for the surface grinding of titanium alloy：Ti6Al4V-ELI [J]．Journal of Manufacturing Processes，2019，39：241-249.

[14] Setti D，Sinha M K，Ghosh S，et al. Performance evaluation of Ti-6Al-4V grinding using chip formation and coefficient of friction under the influence of nanofluids [J]．International Journal of Machine Tools and Manufacture，2015，88：237-248.

[15] 王晓铭，李长河，张建超，等．冷风微量润滑纳米粒子体积分数对钛合金磨削性能的影响 [J]．金刚石与磨料磨具工程，2020，40（5）：23-29.

[16] Huang B T，Li C H，Zhang Y B，et al. Advances in fabrication of ceramic corundum abrasives based on sol-gel process [J]．Chinese Journal of Aeronautics，2021，34（6）：1-17.

[17] Liu G T，Li C H，Zhang Y B，et al. Process parameter optimization and experimental evaluation for nanofluid MQL in grinding Ti-6Al-4V based on grey relational analysis [J]．Materials and Manufacturing Processes，2018，33（9）：950-963.

[18] Li C H，Li J Y，Wang S，et al. Modeling and numerical simulation of the grinding temperature field with nanoparticle Jet of MQL [J]．Advances in Mechanical Engineering，2013（1）：9.

[19] Yang M，Li C H，Luo L，et al. Predictive model of convective heat transfer coefficient in bone micro-grinding using nanofluid aerosol cooling [J]．International Communications in Heat and Mass Transfer，2021，125：12.

[20] 王晓铭，张建超，王绪平，等．不同冷却工况下的磨削钛合金温度场模型及验证 [J]．中国机械工程，2021，32（5）：572-586.

[21] 杨敏，李长河，张彦彬，等．骨外科纳米粒子射流喷雾式微磨削温度场理论分析及试验 [J]．机械工程学报，2018（18）：10.

[22] Cui X，Li C H，Zhang Y B，et al. Grindability of titanium alloy using cryogenic nanolubricant minimum quantity lubrication [J]．Journal of Manufacturing Processes，2022，80：273-286.

[23] Akhtar W，Sun J，Sun P，et al. Tool wear mechanisms in the machining of Nickel based super-alloys：a review [J]．Frontiers of Mechanical Engineering，2014，9：106-119.

[24] Wang X Y，Huang C Z，Zou B，et al. Experimental study of surface integrity and fatigue life in the face milling of Inconel 718 [J]．Frontiers of Mechanical Engineering，2018，13（2）：243-250.

[25] Virdi R L，Chatha S S，Singh H. Machining performance of Inconel-718 alloy under the influence of nanoparticles based minimum quantity lubrication grinding [J]．Journal of Manufacturing Processes，2020，59：355-365.

[26] Virdi R L，Chatha S S，Singh H. Experiment evaluation of grinding properties under Al_2O_3 nanofluids in minimum quantity lubrication [J]．Materials Research Express，2019，6（9）：8.

[27] Wang Y，Li C，Zhang Y，et al. Experimental evaluation of the lubrication properties of the wheel/workpiece interface in minimum quantity lubrication (MQL) grinding using different types of vegetable oils [J]．Journal of Cleaner Production，2016，127：487-499.

[28] Li B K，Li C H，Zhang Y B，et al. Grinding temperature and energy ratio coefficient in MQL grinding of high-temperature nickel-base alloy by using different vegetable oils as base oil [J]．Chinese Journal of Aeronautics，2016，29（4）：1084-1095.

[29] Zhang X P，Li C H，Jia D Z，et al. Spraying parameter optimization and microtopography evaluation in nanofluid minimum quantity lubrication grinding [J]．International Journal of Advanced Manufacturing Technology，2019，103（5/8）：2523-2539.

[30] Wang Y G，Li C H，Zhang Y B，et al. Processing characteristics of vegetable oil-based nanofluid MQL for grinding different workpiece materials [J]．International Journal of Precision Engineering and Manufacturing-Green Technology，2018，5（2）：327-339.

[31] Zhang Y，Li C，Jia D，et al. Experimental evaluation of the lubrication performance of MoS_2/CNT nanofluid for minimal quantity lubrication in Ni-based alloy grinding [J]．International Journal of Machine Tools Manufacture，2015，99：19-33.

[32] Zhang X，Li C，Zhang Y，et al. Performances of Al_2O_3/SiC hybrid nanofluids in minimum-quantity lubrication grinding [J]．The International Journal of Advanced Manufacturing Technology，2016，86：3427-3441.

[33] Wang Y, Li C, Zhang Y, et al. Experimental evaluation on tribological performance of the wheel/workpiece interface in minimum quantity lubrication grinding with different concentrations of Al_2O_3 nanofluids [J]. Journal of Cleaner Production, 2017, 142: 3571-3583.

[34] Hegab H, Darras B, Kishawy H. Sustainability assessment of machining with nano-cutting fluids [J]. Procedia Manufacturing, 2018, 26: 245-254.

[35] Li B K, Li C H, Zhang Y B, et al. Heat transfer performance of MQL grinding with different nanofluids for Ni-based alloys using vegetable oil [J]. Journal of Cleaner Production, 2017, 154: 1-11.

[36] Li B K, Li C H, Zhang Y B, et al. Effect of the physical properties of different vegetable oil-based nanofluids on MQLC grinding temperature of Ni-based alloy [J]. International Journal of Advanced Manufacturing Technology, 2017, 89 (9/12): 3459-3474.

[37] Zhang Y B, Li C H, Jia D Z, et al. Experimental study on the effect of nanoparticle concentration on the lubricating property of nanofluids for MQL grinding of Ni-based alloy [J]. Journal of Materials Processing Technology, 2016, 232: 100-115.

[38] Peng R T, He X B, Tong J W, et al. Application of a tailored eco-friendly nano fluid in pressurized internal-cooling grinding of Inconel 718 [J]. Journal of Cleaner Production, 2021, 278: 14.

[39] Sadeghi M H, Hadad M J, Tawakoli T, et al. An investigation on surface grinding of AISI 4140 hardened steel using minimum quantity lubrication-MQL technique [J]. International Journal of Material Forming, 2010, 3 (4): 241-251.

[40] Shao Y M, Fergani O, Ding Z S, et al. Experimental investigation of residual stress in minimum quantity lubrication grinding of AISI 1018 steel [J]. Journal of Manufacturing Science and Engineering-Transactions of the Asme, 2016, 138 (1): 7.

[41] Mao C, Tang X J, Zou H F, et al. Investigation of grinding characteristic using nanofluid minimum quantity lubrication [J]. International Journal of Precision Engineering and Manufacturing, 2012, 13 (10): 1745-1752.

[42] Mao C, Zhang J, Huang Y, et al. Investigation on the effect of nanofluid parameters on MQL grinding [J]. Materials and Manufacturing Processes, 2013, 28 (4): 436-442.

[43] Kumar M K, Ghosh A. Assessment of cooling-lubrication and wettability characteristics of nano-engineered sunflower oil as cutting fluid and its impact on SQCL grinding performance [J]. Journal of Materials Processing Technology, 2016, 237: 55-64.

[44] Molaie M M, Zahedi A, Akbari J. Effect of water-based nanolubricants in ultrasonic vibration assisted grinding [J]. Journal of Manufacturing Materials Processing, 2018, 2 (4): 80.

[45] Belentani R D, Funes H, Canarim R C, et al. Utilization of minimum quantity lubrication (MQL) with water in CBN grinding of steel [J]. Materials Research-Ibero-American Journal of Materials, 2014, 17 (1): 88-96.

[46] Javaroni R L, Lopes J C, Diniz A E, et al. Improvement in the grinding process using the MQL technique with cooled wheel cleaning jet [J]. Tribology International, 2020, 152: 13.

[47] Javaroni R L, Lopes J C, Garcia M V, et al. Grinding hardened steel using MQL associated with cleaning system and cBN wheel [J]. International Journal of Advanced Manufacturing Technology, 2020, 107 (5/6): 2065-2080.

第 8 章

CFRP 纳米润滑剂微量润滑磨削力模型与实验验证

碳纤维增强树脂基复合材料（carbon fiber reinforced polymer，CFRP）由于高比强度和高比刚度等优点，在航空航天、轨道交通和国防军工等领域的先进结构中得到了广泛应用。CFRP 构件通常采用近净成形技术制造，为了达到预期的精度、表面质量和装配要求，仍需后续的二次加工。然而由于碳纤维与树脂基体的力学性能差异显著，CFRP 构件的加工难度很大，CFRP 属于典型的难加工材料。另外，树脂基体的吸湿性会导致 CFRP 吸水膨胀，严重影响其力学性能，这就限制了浇注式冷却润滑在 CFRP 磨削加工中的应用，因此目前大多采用干磨削加工。但干磨削加工 CFRP 通常会造成砂轮堵塞和各种损伤，如纤维拔出、纤维断裂、树脂涂覆、界面开裂、纤维基体脱黏和分层。所以，上述浇注式和干磨削的技术瓶颈严重限制了 CFRP 在高端装备制造领域中的应用。围绕上述高端装备制造领域的重大需求与技术瓶颈，提出了纳米流体微量润滑技术（nanofluids minimum quantity lubrication，NMQL）的 CFRP 高质高效低损伤绿色加工策略。首先针对树脂基体对温度敏感的问题确定了 CNTs 纳米流体，并进行了分散机理分析和实验研究优选表面活性剂，以解决 CNTs 易团聚的问题；其次研究了的单颗磨粒切削材料去除机理，以此为基础建立了不同润滑条件下的力学模型并进行了实验验证；最后对不同润滑工况磨削 CFRP 的表面质量、形貌特征和加工损伤进行了工艺研究与实验评价。

8.1 材料去除机理

8.1.1 磨粒与碳纤维的钝圆锥接触力模型

在一个切削弧长内，当接触状态处在初始阶段时，由于切深较小，磨粒对工件待加工表面只产生挤压作用。由图 8-1 可知，该变形区可以看作二维钝圆锥作用在一个平的表面上。

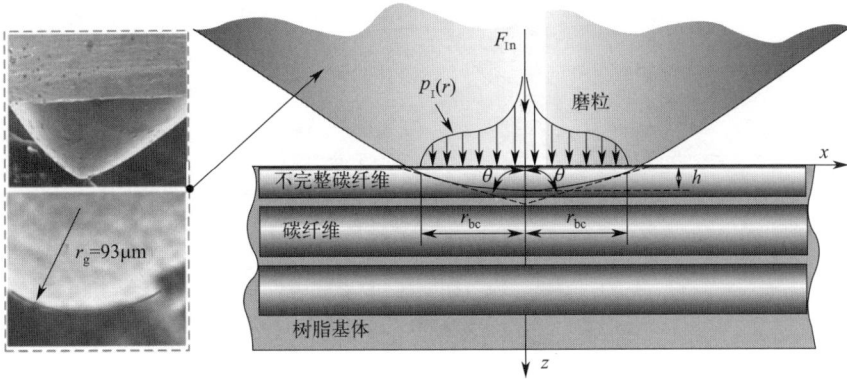

图 8-1　磨粒尖端钝圆锥对碳纤维的接触力学行为

由二维钝圆锥与平面间的 Hertz 接触力学可得，接触区圆锥表面的法向压力分布为

$$p_{\mathrm{I}}(r) = \frac{1}{2} E^{*} \cot\theta \operatorname{arch} \frac{a_{\mathrm{I}}}{r} \tag{8-1}$$

由勾股定理可得

$$a_{\mathrm{I}} = \sqrt{r_{\mathrm{g}}^{2} - (r_{\mathrm{g}} - h)^{2}} \tag{8-2}$$

由相似三角形的几何知识可得

$$\cot\theta = \frac{a_{\mathrm{I}}}{r_{\mathrm{g}} - h} \tag{8-3}$$

而合力为

$$F_{\mathrm{In}} = \frac{1}{2} \pi a_{\mathrm{I}}^{2} E^{*} \cot\theta \tag{8-4}$$

式中，E^{*} 为等效弹性模量，按照下式计算：

$$\frac{1}{E^{*}} = \frac{1 - \nu_{\mathrm{f}}^{2}}{E_{\mathrm{a}}} + \frac{1 - \nu_{\mathrm{g}}^{2}}{E_{\mathrm{g}}} \tag{8-5}$$

其中，E_{a} 为碳纤维的偏轴弹性模量；E_{g} 为磨粒的弹性模量；ν_{f} 为碳纤维的泊松比；ν_{g} 为磨粒的泊松比。以不同角度切削时，沿切削方向的偏轴弹性模量明显不同，其计算方法如下：

$$\frac{1}{E_{\mathrm{a}}} = \frac{1}{E_{\mathrm{l}}} \cos^{4}\alpha + \left(\frac{1}{G_{\mathrm{f}}} - \frac{2\nu_{\mathrm{f}}}{E_{\mathrm{l}}}\right) \sin^{2}\alpha \cos^{2}\alpha + \frac{1}{E_{\mathrm{f}}} \sin^{4}\alpha \tag{8-6}$$

式中，E_{l} 为碳纤维的纵向模量；E_{f} 为碳纤维的横向模量；G_{f} 为碳纤维的剪切模量；α 为碳纤维方向与切削方向的夹角。以 90° 切削时，沿切削方向的偏轴弹性模量与材料的横向模量接近。

8.1.2　椭圆域的接触力学行为

如图 8-2 所示，磨粒尖端对单根碳纤维切削时形成的接触区域为椭圆形。定义其长轴沿 x 轴方向，长度为 $2a_{\mathrm{II}}$，短轴沿 y 轴方向，长度为 $2b_{\mathrm{II}}$，则椭圆的离心率为

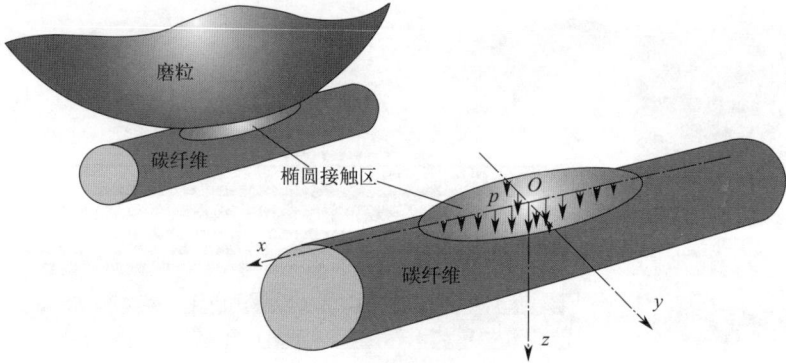

图 8-2 磨粒与碳纤维的局部接触

$$k_{\text{II}} = \sqrt{1 - \frac{b_{\text{II}}^2}{a_{\text{II}}^2}} \tag{8-7}$$

式中

$$a_{\text{II}} = \sqrt{r_g^2 - (r_g - h)^2} \tag{8-8}$$

如图 8-3 所示，在三角形 $O_g O_f C$ 中，由余弦定理可得

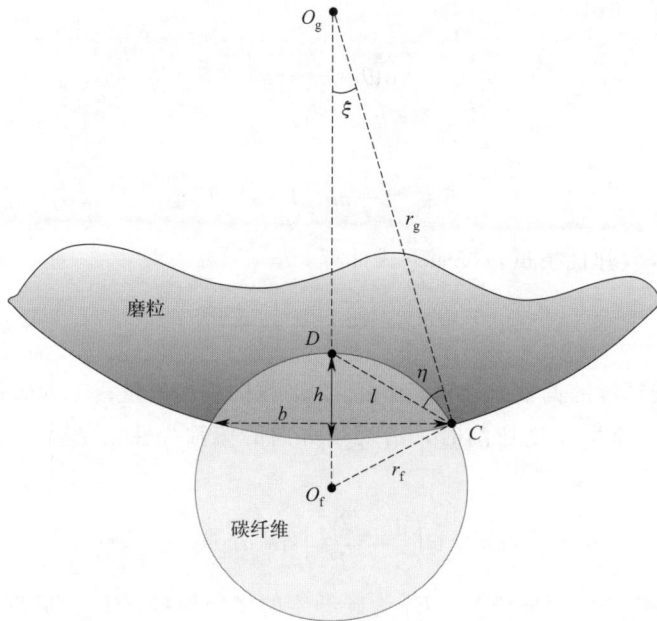

图 8-3 求解 b

$$\cos\xi = \frac{r_g^2 + (r_f + r_g - h)^2 - r_f^2}{2r_g(r_f + r_g - h)} \tag{8-9}$$

在三角形 $O_g DC$ 中，由余弦定理可得

$$l^2 = (r_g - h)^2 + r_g^2 - 2r_g(r_g - h)\cos\xi \tag{8-10}$$

$$\cos\eta = \frac{l^2 + r_g^2 - (r_g - h)^2}{2lr_g} \tag{8-11}$$

$$b = 2l\sin(\xi + \eta) \tag{8-12}$$

由弹性半空间的点载荷知识可知，磨粒、工件之间椭圆接触域的 Hertz 压力分布为

$$p = p_{\mathrm{II\,max}}\left[1 - \left(\frac{x}{a_{\mathrm{II}}}\right)^2 - \left(\frac{y}{b_{\mathrm{II}}}\right)^2\right]^{1/2} \tag{8-13}$$

由材料力学最大延长线应变理论可得碳纤维的断裂准则为

$$\sigma_z - \nu(\sigma_x + \sigma_y) = \sigma \tag{8-14}$$

沿 z 轴的应力计算结果为

$$\frac{\sigma_x}{p_{\mathrm{II\,max}}} = \frac{2b_{\mathrm{II}}}{k^2 a_{\mathrm{II}}}(\Omega_x + \nu\Omega'_x) \tag{8-15}$$

$$\frac{\sigma_y}{p_{\mathrm{II\,max}}} = \frac{2b_{\mathrm{II}}}{k^2 a_{\mathrm{II}}}(\Omega_y + \nu\Omega'_y) \tag{8-16}$$

$$\frac{\sigma_z}{p_{\mathrm{II\,max}}} = -\frac{b_{\mathrm{II}}}{k^2 a_{\mathrm{II}}}\left(\frac{1 - T^2}{T}\right) \tag{8-17}$$

其中

$$\Omega_x = -\frac{1}{2}(1 - T) + \xi[F(\phi, k) - E(\phi, k)] \tag{8-18}$$

$$\Omega'_x = 1 - \frac{a_{\mathrm{II}}^2 T}{b_{\mathrm{II}}^2} + \xi\left[\frac{a_{\mathrm{II}}^2}{b_{\mathrm{II}}^2}E(\phi, k) - F(\phi, k)\right] \tag{8-19}$$

$$\Omega_y = \frac{1}{2} + \frac{1}{2T} - \frac{a_{\mathrm{II}}^2 T}{b_{\mathrm{II}}^2} + \xi\left[\frac{a_{\mathrm{II}}^2}{b_{\mathrm{II}}^2}E(\phi, k) - F(\phi, k)\right] \tag{8-20}$$

$$\Omega'_y = -1 + T + \xi[F(\phi, k) - E(\phi, k)] \tag{8-21}$$

$$T = \sqrt{\frac{b_{\mathrm{II}}^2 + z_{\mathrm{II}}^2}{a_{\mathrm{II}}^2 + z_{\mathrm{II}}^2}} \tag{8-22}$$

$$\xi = \frac{z_{\mathrm{II}}}{a_{\mathrm{II}}} = \cot\phi \tag{8-23}$$

式中，椭圆积分 $F(\phi, k)$ 和 $E(\phi, k)$ 通过查表获得，参数 $\phi = \operatorname{arccot}\dfrac{z_{\mathrm{II}}}{a_{\mathrm{II}}}$。

8.1.3　单根碳纤维磨削模型

在单颗磨粒切削去除材料的过程中，作为 CFRP 增强相的碳纤维是被去除的主要部分。CFRP 在单颗磨粒切削力的作用下发生细观破坏与去除的过程中，树脂基体包覆在碳纤维外部，对碳纤维起到约束作用。单颗磨粒切削 CFRP 的细观行为可以看作切削外力作用下碳纤维外部树脂基体或界面的开裂和单根碳纤维变形及断裂过程的整体集成表现。因为 CFRP 中树脂基体的分布是连续不断的，所以其约束效应呈现为包覆在碳纤维上的材料对碳纤维的约束。另外需要注意的是，应准确了解处于薄弱环节的界面相与树脂基体在切削去除过程中的开裂行为。

在发生磨粒对整根碳纤维的切断时，可通过扫描电镜观察碳纤维切屑形貌，以确定其断面的断裂形态。目前，对碳纤维拉伸失效过程的理解已比较成熟。例如，由 Hearle 和 Cross

发现的纤维断裂破坏形态与本书中的碳纤维断裂破坏形态相同。因此，确定碳纤维主要发生拉伸断裂破坏。如图 8-4 所示，碳纤维的断裂破坏断面分为五个区域，分别为起始断裂区（A）、延伸区（B）、滑移区（C）、裂纹快速增加区（D）、最终断裂破坏区（E）。

为从细观尺度上对单颗磨粒切削 CFRP 的材料去除行为进行分析研究，采用了复合材料力学知识中的代表性体积单元概念，截取研究对象为被切削 CFRP 中包含树脂基体、单根碳纤维及界面相的一个代表性体积单元。在代表性体积单元的尺度条件下，磨粒磨削 CFRP 单根碳纤维的物理材料表征如图 8-5 所示。其中，周围等效均质材料看作是碳纤维与树脂基体整

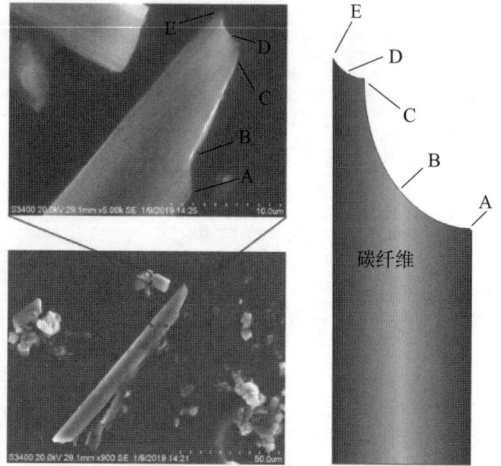

图 8-4　碳纤维断裂破坏形态

体组成的。另外，代表性体积单元中的单根碳纤维受到以下作用：周围材料的支撑与约束作用、界面相的黏结作用和单颗磨粒的切削力作用。由碳纤维的受力状态可知，其与弹性地基梁的受力状态类似。所以，为了符合实际情况地分析碳纤维在单颗磨粒切削作用下的变形状态，可利用弹性地基梁理论计算其挠度。

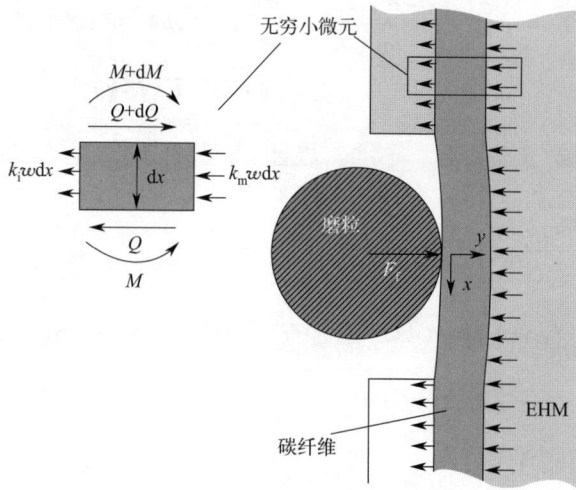

图 8-5　单根碳纤维切削模型

设定单根碳纤维代表性体积单元中的 x-y 坐标系，如图 8-5 所示。其中，w 代表单颗磨粒切削方向上碳纤维的挠度，沿 y 方向；x 为沿碳纤维方向的坐标；k_m 反映了碳纤维弯曲时周围等效均质材料对其法向约束的程度，称为周围材料支撑的第一参数，可通过 Boit 方程求解：

$$k_m = \frac{1.23E}{C(1-\nu_m^2)} \left[\frac{Ed_f^4}{C(1-\nu_m^2)E_f I_f} \right]^{0.11} \tag{8-24}$$

式中，E 为 CFRP 的等效弹性模量，GPa；d_f 为碳纤维直径，μm；ν_m 为基体的泊松比；I_f 为碳纤维的界面惯性矩，m^4；C 为作用方式系数（均布压力：$C=1$；均布偏转：

$C=1.13$），本书选 $C=1.13$。

取长度为 $\mathrm{d}x$ 的碳纤维微元为研究对象，其力与弯矩的平衡方程为

$$\begin{cases} \sum Q=0 & Q-(Q+\mathrm{d}Q)+(k_{\mathrm{m}}+k_{\mathrm{i}})w\mathrm{d}x=0 \\ \sum M=0 & M-(M+\mathrm{d}M)+(Q+\mathrm{d}Q)\mathrm{d}x+(k_{\mathrm{m}}+k_{\mathrm{i}})\mathrm{d}x^2=0 \end{cases} \tag{8-25}$$

式中，k_{i} 为界面等效模量；Q 为剪切力；M 为弯矩。忽略掉上式中的二阶微分变量，得

$$\begin{cases} \mathrm{d}Q=(k_{\mathrm{m}}+k_{\mathrm{i}})w\mathrm{d}x \\ \mathrm{d}M=Q\mathrm{d}x \end{cases} \tag{8-26}$$

截面转角 α 就是梁的弯曲变形中横截面相对其原来位置转过的角度。由材料力学中的平面假设知识可知，在碳纤维弯曲变形前垂直于其轴线（x 轴）的截面，在碳纤维弯曲变形后仍垂直于挠曲线。所以，截面转角 α 就是 y 轴与挠曲线法线的夹角。它应等于挠曲线的倾角，即等于 x 轴与挠曲线切线的夹角，故有

$$\tan\alpha\ \frac{\mathrm{d}w}{\mathrm{d}x} \tag{8-27}$$

$$\alpha=\arctan\frac{\mathrm{d}w}{\mathrm{d}x} \tag{8-28}$$

纯弯曲情况下，弯矩与曲率之间的关系为

$$\frac{1}{\rho}=\frac{M}{EI} \tag{8-29}$$

取碳纤维的微分弧 $\mathrm{d}s$ 放大，如图 8-6 所示。$\mathrm{d}s$ 两端法线的交点即曲率中心，这就确定了曲率半径。显然

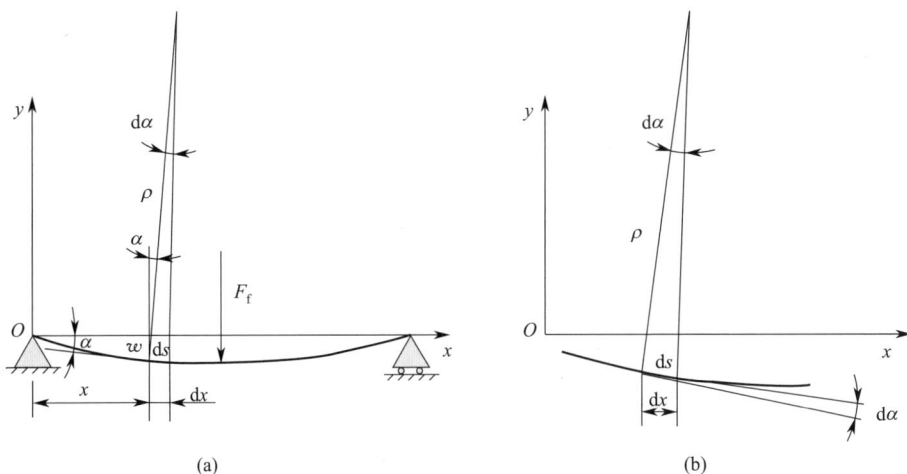

图 8-6　碳纤维的挠曲变化

$$\mathrm{d}s=\rho\mathrm{d}\alpha$$

$$\frac{1}{\rho}=\frac{\mathrm{d}\alpha}{\mathrm{d}s}$$

于是式（8-29）转化为

$$\frac{\mathrm{d}\alpha}{\mathrm{d}s}=\frac{M}{E_{+}I_{+}} \tag{8-30}$$

代入式(8-28) 得

$$\frac{\mathrm{d}\alpha}{\mathrm{d}s}=\frac{\mathrm{d}\alpha}{\mathrm{d}x}\times\frac{\mathrm{d}x}{\mathrm{d}s}=\frac{\mathrm{d}}{\mathrm{d}x}\left(\arctan\frac{\mathrm{d}w}{\mathrm{d}x}\right)\frac{\mathrm{d}x}{\mathrm{d}s}=\frac{\dfrac{\mathrm{d}^2w}{\mathrm{d}x^2}}{1+\left(\dfrac{\mathrm{d}w}{\mathrm{d}x}\right)^2}\times\frac{\mathrm{d}x}{\mathrm{d}s} \tag{8-31}$$

式中，$\mathrm{d}s=\left[1+\left(\dfrac{\mathrm{d}w}{\mathrm{d}x}\right)^2\right]^{1/2}\mathrm{d}x$。所以式(8-31) 转化为

$$\frac{\mathrm{d}\alpha}{\mathrm{d}s}=\frac{\dfrac{\mathrm{d}^2w}{\mathrm{d}x^2}}{\left[1+\left(\dfrac{\mathrm{d}w}{\mathrm{d}x}\right)^2\right]^{3/2}} \tag{8-32}$$

代入式(8-30) 得

$$\frac{\dfrac{\mathrm{d}^2w}{\mathrm{d}x^2}}{\left[1+\left(\dfrac{\mathrm{d}w}{\mathrm{d}x}\right)^2\right]^{3/2}}=\frac{M}{EI} \tag{8-33}$$

在小变形情况下，碳纤维的挠度远小于跨度，转角 α 非常小，于是有

$$\alpha\approx\tan\alpha=\frac{\mathrm{d}w}{\mathrm{d}x} \tag{8-34}$$

由于 $\dfrac{\mathrm{d}w}{\mathrm{d}x}$ 很小，$\dfrac{\mathrm{d}^2w}{\mathrm{d}x^2}$ 与 1 相比可以省略，于是

$$\frac{\mathrm{d}^2w}{\mathrm{d}x^2}=\frac{M}{E_f I_f} \tag{8-35}$$

所以碳纤维弹性地基梁的变形控制方程为

$$E_f I_f\frac{\mathrm{d}^4w}{\mathrm{d}x^4}+(k_m+k_i)w=0 \tag{8-36}$$

求解变形控制方程式(8-36)，其通解为

$$w=\mathrm{e}^{-\lambda x}(A\cos\lambda x+B\sin\lambda x)+\mathrm{e}^{\lambda x}(C\cos\lambda x+D\sin\lambda x)$$

式中，$\lambda=\sqrt[4]{\dfrac{k_m+k_i}{4EI}}$；常数 A、B、C 和 D 由边界条件确定。本模型中，单根碳纤维可看作无限长梁，受到集中载荷 F 的作用，取受力点为坐标原点。利用其对称性，可只研究碳纤维的右半部分。由定性分析得知，当 $x\to\infty$ 时，$w(x)\to0$，并注意当 $x\to\infty$ 时，$\mathrm{e}^{\lambda x}\to\infty$，$\mathrm{e}^{-\lambda x}\to\infty$。由上式可得

$$\infty(C\cos\lambda x+D\sin\lambda x)\to0 \tag{8-37}$$

显然，只有当 $C=D=0$ 时上式才能成立。所以得到碳纤维的挠曲线函数表达式

$$w=\mathrm{e}^{-\lambda x}(A\cos\lambda x+B\sin\lambda x) \tag{8-38}$$

求其一阶导数得

$$\frac{\mathrm{d}w}{\mathrm{d}x}=-\lambda\mathrm{e}^{-\lambda x}\left[A(\cos\lambda x+\sin\lambda x)+B(\sin\lambda x-\cos\lambda x)\right] \tag{8-39}$$

由边界条件 $w'(0)=0$，得 $A=B$，所以

$$w=A\mathrm{e}^{-\lambda x}(\cos\lambda x+\sin\lambda x) \tag{8-40}$$

将式(8-40) 微分三次，得

$$\frac{\mathrm{d}^3 w}{\mathrm{d}x^3} = 4\lambda^3 A \mathrm{e}^{-\lambda x} \cos\lambda x \tag{8-41}$$

利用对称性可知，当 $x=0$ 时，$\alpha=0$，

$$Q = -\frac{F_f}{2} = -E_f I_f \frac{\mathrm{d}^3 w}{\mathrm{d}x^3} \tag{8-42}$$

式中，Q 表示碳纤维微元的受力。最终解得

$$A = \frac{F_f}{8\lambda^3 E_f I_f} \tag{8-43}$$

所以，当 $x>0$ 时

$$w = \frac{F_f}{8\lambda^3 E_f I_f} \mathrm{e}^{-\lambda x}(\cos\lambda x + \sin\lambda x) \tag{8-44}$$

$$\frac{\mathrm{d}w}{\mathrm{d}x} = -\frac{F_f}{4\lambda^2 E_f I_f} \mathrm{e}^{-\lambda x} \sin\lambda x \tag{8-45}$$

$$\frac{\mathrm{d}^2 w}{\mathrm{d}x^2} = \frac{F_f}{4\lambda^2 E_f I_f} \mathrm{e}^{-\lambda x}(\sin\lambda x - \cos\lambda x) \tag{8-46}$$

碳纤维变形引起的应力与挠度的关系为

$$\sigma_f = E_f \eta w'' \tag{8-47}$$

式中，η 为碳纤维上任意点距中性轴的距离。若该点在中性轴的右侧，η 为负；若该点在中性轴的左侧，η 为正。当 η 取为 r_f 与 $-r_f$ 时，变形应力取得最大值。因为碳纤维的抗压强度比抗拉强度大，所以当 $\eta=r_f$、$x=0$ 时，碳纤维受到最大应力。当达到碳纤维的抗拉强度 σ 时发生断裂失效，故

$$E_f r_f w''(0) = \sigma \tag{8-48}$$

所以

$$E_f = \frac{4\lambda I_f \sigma}{r_f} \tag{8-49}$$

进而可求得由磨粒切削产生的摩擦力

$$f = \mu F_f \tag{8-50}$$

该摩擦力在法向和切向的分量分别为

$$f_n = f\sin\gamma_0 \tag{8-51}$$

$$f_t = f\cos\gamma_0 \tag{8-52}$$

图 8-7 为单颗磨粒切削碳纤维时的切削力。

为了计算方便，取磨粒切削接触长度 l_g 的中点进行单根碳纤维的切削力在切向和法向的分解。所以

$$\cos\gamma_1 = \frac{r_g - z_2}{r_g} \tag{8-53}$$

$$\gamma_0 = \frac{\gamma_1}{2} \tag{8-54}$$

磨粒切削的接触长度为

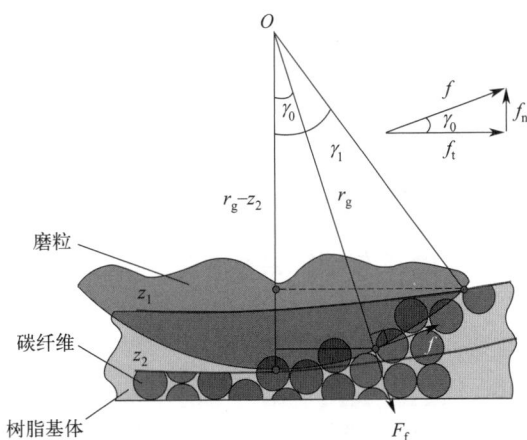

图 8-7 单颗磨粒切削碳纤维时的切削力

$$l_g = r_g \gamma_1 \tag{8-55}$$

在切削过程中还同时存在磨粒对不完整碳纤维的切削。由材料力学截面法求内力的知识可知，内力与外力有关，与材料属性无关，与所处截面有关，不同的截面内力就不同。所以可通过不完整碳纤维的横截面积和磨粒对整根碳纤维的切削力计算磨粒对不完整碳纤维的切削力。单颗磨粒对不完整碳纤维的切削，分为图 8-8(a) 和 (b) 两种情况。可按式(8-56)分别计算其横截面积 S，在图 8-8(a) 情形下，取"＋"，在图 8-8(b) 情形下，取"－"。

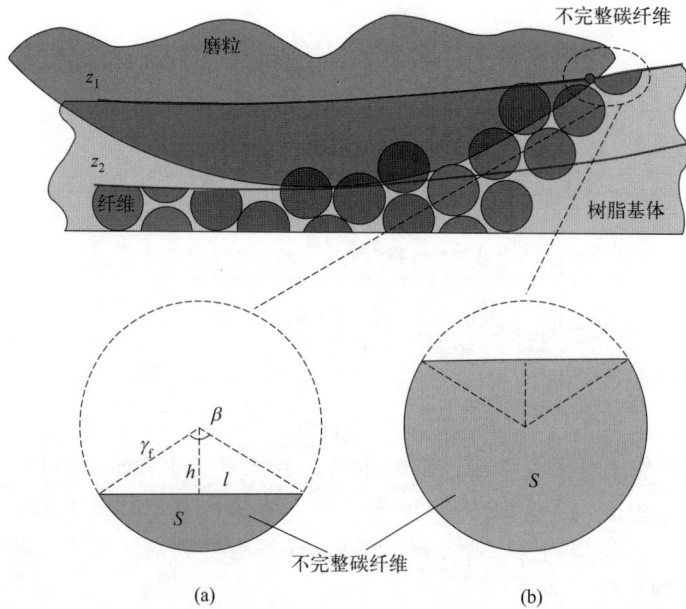

图 8-8 不完整碳纤维的横截面

$$S = \frac{1}{2} r_f^2 \beta \pm \frac{1}{2} l h_i \tag{8-56}$$

式中，β 为不完整碳纤维横截面的圆心角；h_i 为整根碳纤维横截面圆心到不完整碳纤维横截面的距离。这两个参数由碳纤维的随机排布状态确定。定义 ψ 为不完整碳纤维横截面积与整根碳纤维横截面积的比值，则

$$\psi = \frac{S}{\pi r_f^2} \tag{8-57}$$

$$F_{\text{II}i} = \psi F_f = \psi \frac{4\lambda I_f \sigma}{r_f} = \frac{4S\lambda I_f \sigma}{\pi r_f^3} \tag{8-58}$$

8.1.4 磨粒对碳纤维断面挤压的力学行为

切削过程中，被磨粒上一次圆周运动切断的碳纤维受到磨粒两侧面的挤压作用会进一步发生断裂。所以，可应用纤维压曲失效理论求解挤压作用下单根碳纤维的挤压模型和挤压力学模型。另外，考虑压曲破坏受到被切断碳纤维初始弯曲变形程度的作用，引入切断后碳纤维的弯曲变形量。图 8-9 为单颗磨粒对碳纤维断面的挤压模型。

在磨粒切削的全过程中存在磨粒两侧面对断裂碳纤维断面的挤压作用。断裂碳纤维在磨

粒挤压作用下的断裂形式有以下两种类型：弯曲应力下的断裂或者剪切应力下的断裂。这两种情况下的应力分别表示为

$$\sigma_{\text{shear}} = \frac{G_{\text{unit}}}{1 + \pi\left(\dfrac{f_0}{l}\right)\dfrac{G_{\text{unit}}}{\sigma_\tau}} \tag{8-59}$$

$$\sigma_{\text{bending}} = \frac{G_{\text{unit}}}{1 + \pi^2\left(\dfrac{f_0}{2l^2}\right)\dfrac{d_f E_f}{\sigma_c}} \tag{8-60}$$

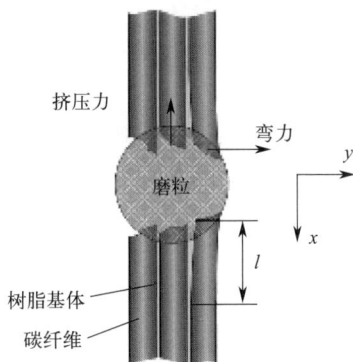

图 8-9　单颗磨粒对碳纤维断面的挤压模型

式中，d_f 为碳纤维直径；l 为碳纤维与磨粒接触点以下的变形碳纤维长度；σ_τ 为碳纤维的剪切极限强度；E_f 为碳纤维的弹性模量；σ_c 为碳纤维的压缩极限强度；f_0 为已变形碳纤维的起始最大变形，取 $f_0 = w(0)$；G_{unit} 为压剪区内碳纤维单元（宽度为 d_f，长度为 l）的面内剪切模量，其按照碳纤维不同变形长度的应变能平衡方程求解，计算公式如下：

$$G_{\text{unit}} = \frac{E_f V_f}{2}\left(\frac{d_f}{l}\right)^2\left[1 + \left(\frac{d_f}{l}\right)^2\frac{E_f}{4G_f}\right] \tag{8-61}$$

考虑上述两种断裂形式（剪切应力下的断裂和弯曲应力下的断裂），最终由极限应力来计算单根碳纤维所受的挤压力，具体如下：

$$F_{\text{shear}} = \sigma_{\text{shear}}\frac{\pi d_f^2}{4} \tag{8-62}$$

$$F_{\text{bending}} = \sigma_{\text{bending}}\frac{\pi d_f^2}{4} \tag{8-63}$$

所以，磨粒侧面与断裂碳纤维断面之间的摩擦力为

$$F_{\text{side}} = \mu(F_{\text{shear}} + F_{\text{bending}}) \tag{8-64}$$

作用在椭圆接触区内的总载荷为

$$F_{\text{II}\,n} = \frac{2\pi a_{\text{II}} b_{\text{II}} p_{\text{II}\,\max}}{3} \tag{8-65}$$

磨粒底面与碳纤维之间的摩擦力为

$$F_{\text{II}\,f} = \mu F_{\text{II}\,n} \tag{8-66}$$

8.2　单颗磨粒磨削力模型

8.2.1　几何运动学分析

因为切削区的形状和大小对磨粒与碳纤维的接触状态及切削行为有重要影响，所以有必要对不同切削参数条件下的切削区进行几何学分析。

磨粒切过整个切削区的时间为

$$t = \frac{\sqrt{a_p d_s}}{V_s} \tag{8-67}$$

单颗磨粒转动一周所用的时间为

$$t_0 = \frac{\pi d_s}{V_s} \tag{8-68}$$

磨粒的切削路径方程如下：

$$\begin{cases} y = V_w t + \dfrac{d_s}{2}\sin\left(\dfrac{V_s}{\dfrac{d_s}{2}}t\right) \\ z = \dfrac{d_s}{2}\left[1-\cos\left(\dfrac{V_s}{\dfrac{d_s}{2}}t\right)\right] \end{cases} \tag{8-69}$$

进而由几何关系可得

$$L = y_{2\max} - y_{2\min} \tag{8-70}$$
$$h = z_1 - z_2 \tag{8-71}$$

由图 8-10 可知，切深对切削区几何形状的影响比较显著。切削区随着切深增大变长变宽，且在达到最大切屑厚度之前，切屑厚度变大。随着切削速度的增大，切削区变短变窄，同样，切屑厚度也变小。而且，随着切削速度的均匀增大，切削区长度和宽度的变化率也是减小的。说明随着切削速度的增大，其对切削区形状大小的影响效果在减弱。在达到最大切屑厚度之前，切削速度增大，切屑厚度减小，而在达到最大切屑厚度之后，斜率相同。切削区的长度和宽度随着工件进给速度的增大而增大，切屑厚度亦是如此。而且，随着切削速度的均匀增大，切削区的长度和宽度也是均匀增大。说明随着工件进给速度的增大，其对切削区形状大小的影响效果无变化。在达到最大切屑厚度之前，工件进给速度增大，切削厚度变大，而在达到最大切屑厚度之后，斜率相同。

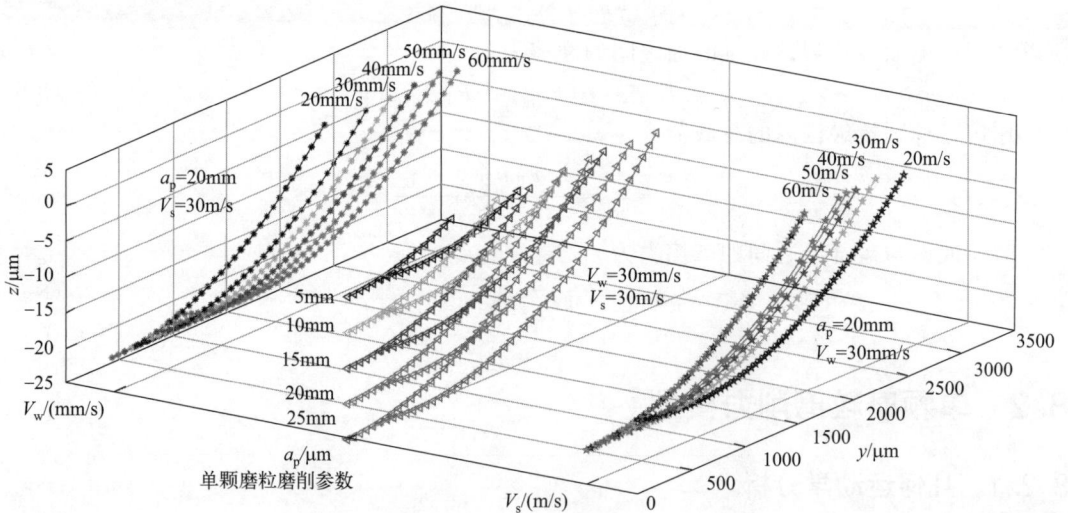

图 8-10 磨削参数对切削区的几何运动学影响规律

8.2.2 碳纤维随机分布模型

对单向 CFRP 的横截面进行抛光，利用激光共聚焦显微镜或 SEM 可获得碳纤维在树脂基体中的排列情况。实际上，碳纤维在 CFRP 内是随机均匀分布的。控制碳纤维间距的最小值 $l_{min}=0$ 和最大值 $l_{max}=d_f$，限制碳纤维体积分数过大而引起的碳纤维间距过小，以避免纤维干涉。碳纤维随机分布模型的生成原理和仿真结果如图 8-11 所示。第一步，在边长为 l_r 的正方形区域中生成一个随机坐标点 $(x_1，y_1)$。第二步，创建代表第二根碳纤维的第二个随机坐标点。第二个随机坐标点受到与第一个随机坐标点 $(x_1，y_1)$ 的距离 l_1 和方向角 θ_{r1} 的限制。其中，l_1 被指定为介于 l_{min} 和 l_{max} 之间的随机值，而 θ_{r1} 是介于 0 和 2π 之间的随机角。第三步，重复第二步以在第一根碳纤维周围生成新的碳纤维，直到无法插入更多的碳纤维。最后，将相同的算法转移到第二根碳纤维，并重复第二和第三步。在使用这种方法时，对每根碳纤维执行上述算法，直到正方形区域被填充。

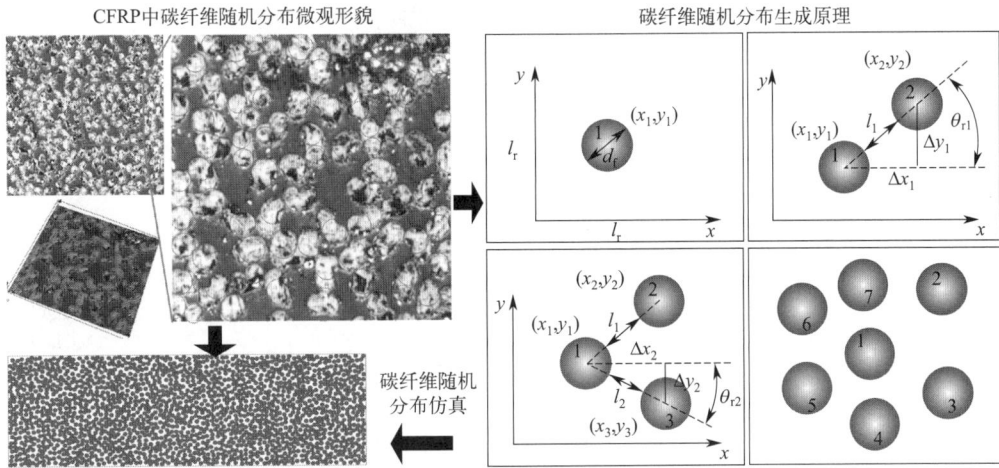

图 8-11　碳纤维随机分布生成原理与仿真结果

8.2.3　摩擦系数

为了精确确定单颗磨粒切削过程中的摩擦分力，首先需要确定摩擦系数。因此，本节采用了摩擦磨损试验机求解不同润滑工况下的摩擦系数。摩擦磨损实验参数设置如表 8-1 所示。摩擦磨损试验机为 CETR 公司生产的 UMT-3 型，用于表征样品表面的摩擦学性能，如图 8-12 所示。该试验机的运动方式具有回转式和往复式等多种模式，本实验选用往复式运动；该摩擦磨损试验系统配备了多个摩擦副测试模块（面-面、点-面和点-点接触），可直接更换，能模拟不同摩擦副之间的运动实验条件，本实验选用点-面接触；该摩擦磨损试验设备具有多个可替换模型（环块模型、球-盘模型和销-盘模型），本实验选用销-盘模型。摩擦系数即为摩擦力与法向力的比值，其测试过程是通过上端的双通道力传感器将水平力和垂直力传输并实时记录到电脑中，从而获得试样的摩擦系数随时间的变化规律（图 8-13）。

表 8-1　摩擦磨损实验参数设置

条件	数值	条件	数值
测试频率/Hz	50	实验持续时间/s	1200
载荷/N	10	实验温度/℃	22±5

由摩擦磨损试验结果可知，在干切削、微量润滑、纳米流体微量润滑工况下的摩擦系数

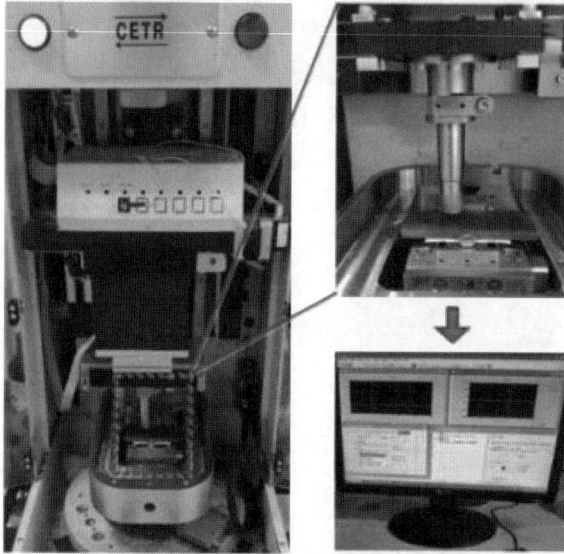

图 8-12 UMT-3 型多功能摩擦磨损试验机

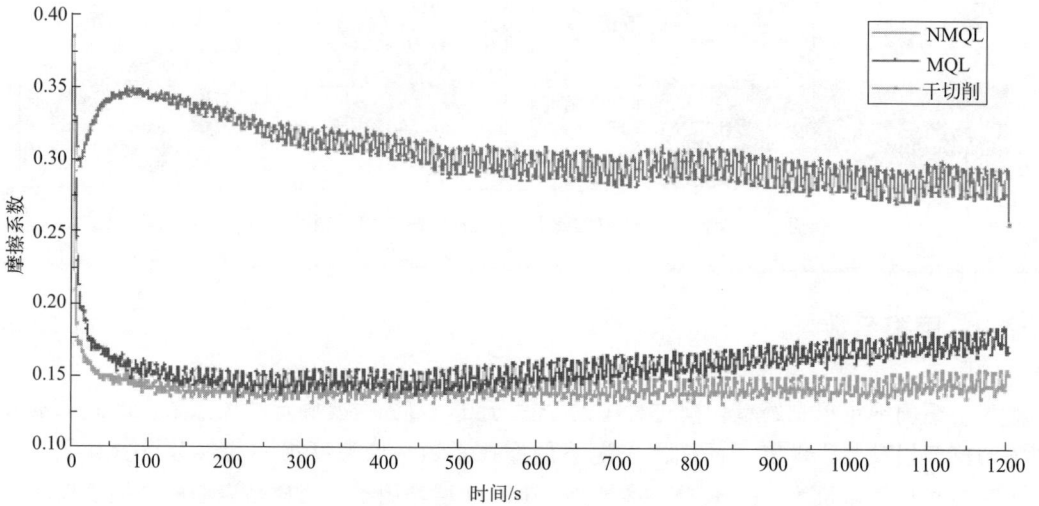

图 8-13 不同润滑工况下摩擦系数的变化曲线

分别为 0.303、0.156 和 0.141，如图 8-14 所示。当磨粒与碳纤维之间为钝圆锥 Hertz 接触时，忽略由于磨粒与工件固体弹性常数的差异而产生的法向力和切向力之间的任何相互作用。Amonton 摩擦定律确定切向力为

$$F_{It} = \frac{3\mu F_{In}}{2\pi a_I^3}(a_I^2 - r^2)^{1/2} \tag{8-72}$$

8.2.4 力学建模

单颗磨粒磨削力模型的建模流程如图 8-15 所示。已知磨削加工参数（磨削深度、砂轮

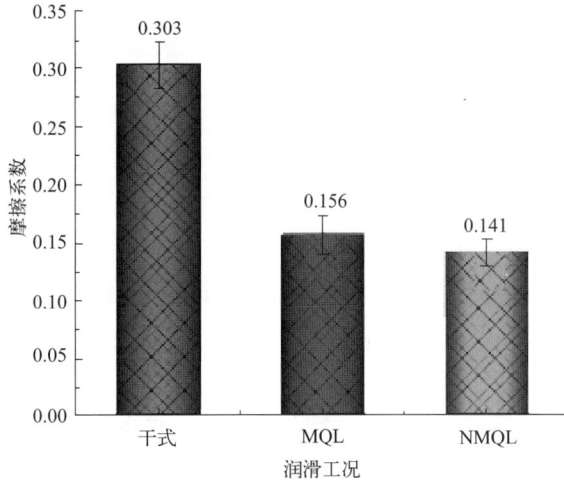

图 8-14　不同润滑工况下的平均摩擦系数

圆周速度和工件进给速度），可确定磨粒在切削弧长上的位置。已知 CFRP 机械性能参数和磨粒几何尺寸参数的条件下，可确定碳纤维的排布状态，进而就能确定被磨粒切削的碳纤维数量和磨粒与碳纤维的接触状态及去除行为，然后依据不同的材料去除机理和接触应力分布，可求出磨粒对所切削碳纤维的力的总和。此时引入不同润滑条件下的摩擦系数，可求出单颗磨粒的切削力，最终分解到切向和法向，可得到切向力和法向力。

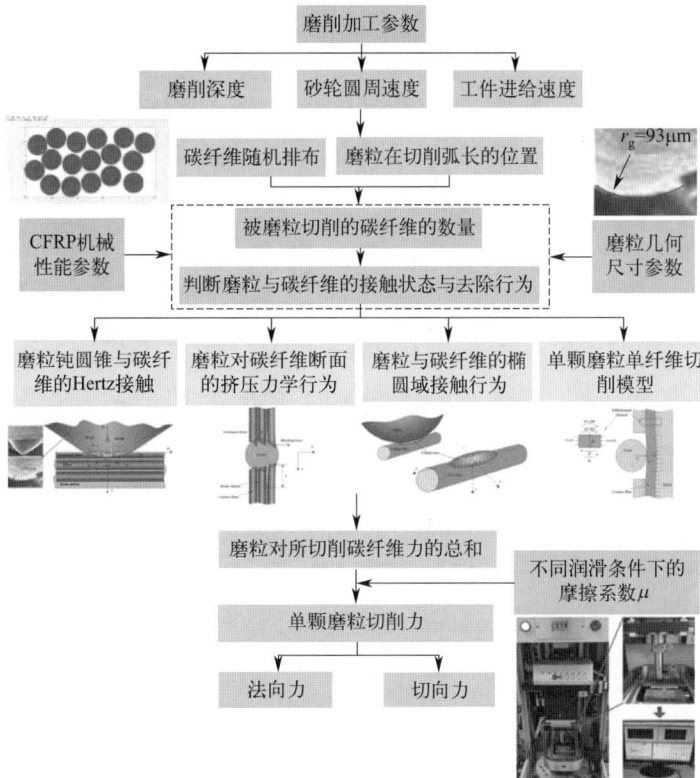

图 8-15　单颗磨粒切削力模型的建模流程

8.3 实验验证与结果分析

8.3.1 实验设备

单颗磨粒实验设备如图 8-16 所示。其中 x 轴和 y 轴采用 Shinano 步进电动机（分辨率＝ $1\mu m$，型号 Y110TA100），z 轴采用松下伺服制动电动机（分辨率＝0.1μm，型号 DZY90TA50-ZS）。采用 5.5kW 高速磨削电主轴（额定转速＝18000r/min，型号 CHM6068B-18-5.5SCF）。从图 8-16 中可以看出，三向测力仪夹持在工作台上，采集磨削过程中的力信号。选用金刚石磨粒，通过钎焊固定在砂轮盘镶块上；粒度约为 $500\mu m$，每组磨削力分 5 次测定，取平均值。

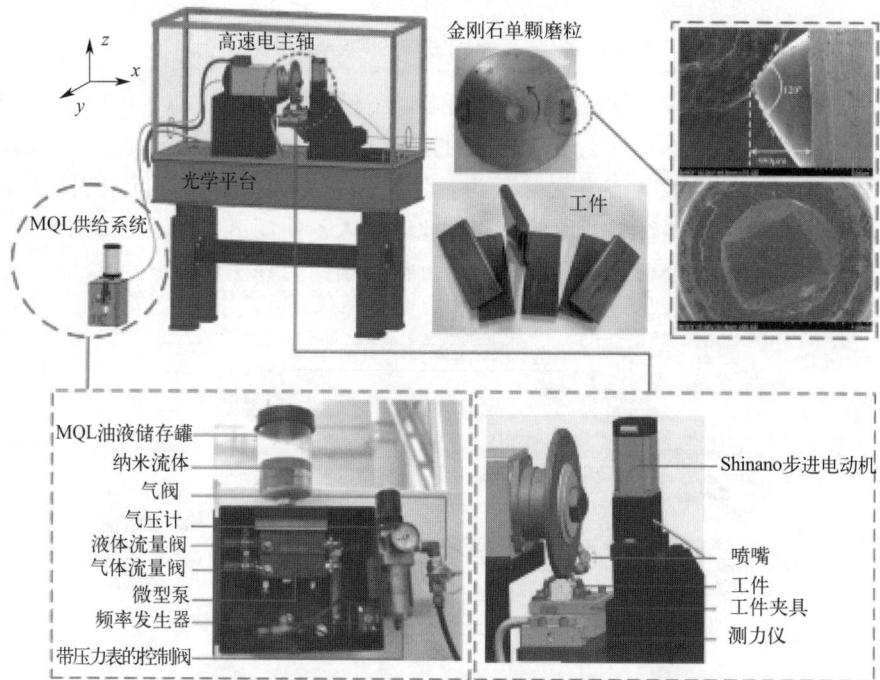

图 8-16 单颗磨粒磨削实验设备

其中，微量润滑装置为上海金兆节能科技有限公司开发生产的 KINS KS-2106 微量润滑系统。该系统包括产生喷雾的空气辅助雾化喷嘴、可调流量油泵和压缩空气流量调节装置等。该系统通过脉冲发生器调节润滑油和压缩气体，进而控制气体与油的流量比（气液比）。压缩气体与纳米流体在喷嘴处混合雾化后，在高压气体的作用下喷射至磨削区。在数据采集过程中，采用 YDM-Ⅲ99 三向测力仪测量磨削三向力。

8.3.2 材料参数

实验选用的工件材料为树脂基碳纤维复合材料，尺寸为 $70mm \times 30mm \times 6mm$，性能如表 8-2 所示。单颗磨粒划擦实验选用金刚石磨粒，直径为 $500\mu m$，其物理力学性能如表 8-3

所示。微量润滑液为纳米粒子体积分数 2% 的 CNTs 纳米流体，基础油为棕榈油。碳纳米管易缠绕和团簇的特性导致其摩擦学性能较差，但是可以用表面活性剂来解决这个技术难题，所以在 CNTs 纳米流体中加入表面活性剂 APE-10。

表 8-2　CFRP 及各组分的物理力学性能参数

材料	性能参数	单位	数值
CFRP	密度	g/cm³	1.575
	硬度	HRB	68~72
	横向弹性模量	GPa	9.65
碳纤维	密度	g/cm³	1.8
	弹性模量	GPa	230
	横向弹性模量	GPa	19.6
	轴向抗拉强度	GPa	3.45
	剪切强度	GPa	0.38
	泊松比	—	0.3
	断裂韧性	J/m²	2
	断裂伸长率	%	1.5
	单丝直径	μm	7.0
树脂	密度	g/cm³	1.05
	弹性模量	GPa	3.4
	轴向抗拉强度	MPa	85
	剪切强度	GPa	1.02
	泊松比	—	0.4
	断裂韧性	J/m²	500
	断裂伸长率	%	5.5
	热变形温度	℃	101
界面相	黏结强度	MPa	30
	等效模量 k_b	GPa/m	115

表 8-3　金刚石磨粒的物理力学性能

材料	性能	单位	数值
PCD	密度	10^3 kg/m³	4.12
	硬度	GPa	50
	弹性模量	GPa	776
	泊松比	—	0.07
	横向断裂强度	GPa	1.2

8.3.3　实验方案

在干磨削、微量润滑、纳米流体微量润滑三种冷却润滑方式下进行。实验方案与实验条件如表 8-4、表 8-5 所示。

表 8-4　实验方案

序号	润滑方式	参数
1	干磨削	无
2	MQL	纯棕榈油
3	NMQL	CNTs 纳米粒子,粒径 50nm 基础油(棕榈油)

表 8-5　实验条件

实验参数	单位	数值
砂轮圆周速度 V_s	m/s	30
切深 a_p	μm	20
工件进给速度 V_w	mm/s	30
气压	bar	6.0
气液比	—	0.3
MQL 流量率	mL/h	60
MQL 喷嘴距离	mm	120
MQL 喷嘴角度	(°)	15

8.3.4　模型验证

图 8-17 为不同润滑工况下的单颗磨粒切削力预测值与实验值对比。由图可知，单颗磨粒切削力预测值和实验值具有较高的相关度。干磨削条件下的单颗磨粒法向切削力，预测值与实验值的误差为 24.9%，切向切削力预测值与实验值的误差为 19.42%。微量润滑条件下的单颗磨粒法向切削力，预测值与实验值的误差为 20.01%，切向切削力预测值与实验值的误差为 21.23%。纳米流体微量润滑条件下的单颗磨粒法向切削力，预测值与实验值的误差为 24.39%，切向切削力预测值与实验值的误差为 20.82%。进一步地，对单颗磨粒切削力预测值和实验值之间的估计误差进行计算分析，从结果可以看出预测模型具有较好的预测效果。

8.3.5　纳米润滑剂 MQL 的力降低机制

通过对比不同润滑工况下的单颗磨粒切削力实验结果发现，微量润滑和纳米流体微量润滑均能有效降低切削力。与干切削相比，法向力分别降低了 20.7% 和 22.1%，切向力分别降低了 26.39% 和 39.81%。单颗磨粒对 CFRP 切削时，如果碳纤维在平行于切削方向上具有较强的约束，磨粒与碳纤维之间会形成局部接触，当碳纤维椭圆接触区域的局部接触应力达到其极限断裂强度后被切断；当平行于切削方向的支撑约束作用较弱时，待切削的碳纤维会发生弯曲，造成多根碳纤维的堆挤，这样就会导致碳纤维在局部接触应力与弯曲应力的共同作用下发生断裂破坏，最终造成碳纤维弯曲变形区在切削进给方向的分布长度变长，切削变形区增大，切削抗力也随之变大，而且还容易导致碳纤维和树脂基体界面的开裂。图 8-18 为单颗磨粒切削力的降低机制。由图可知，由于磨削温度升高，软化后的树脂基体对碳纤维的约束强度减弱。弱约束条件下的多根碳纤维出现了堆挤效应，此时相当于磨粒对多根碳纤维的切削，并且这种条件下的碳纤维断裂模式会出现拉拔断裂。另外，材料受压缩变形大，能量吸收得就多，所以相比 MQL 和 NMQL 工况，干磨削工况下软化的树脂基体和弱约束条件下的碳纤维在受到磨粒的切削时发生断裂所需的能量就更多，切削力更大。

(a) 干磨削

(b) MQL

(c) NMQL

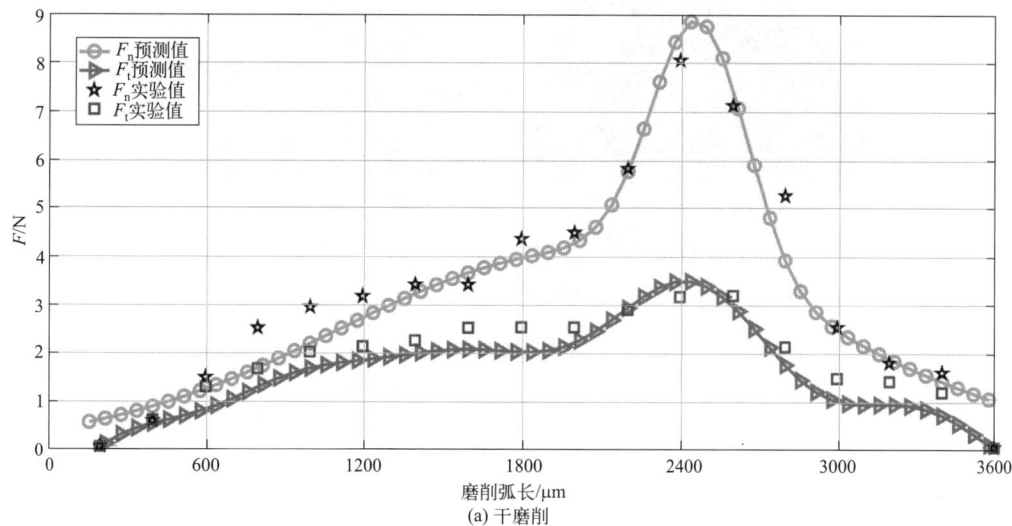

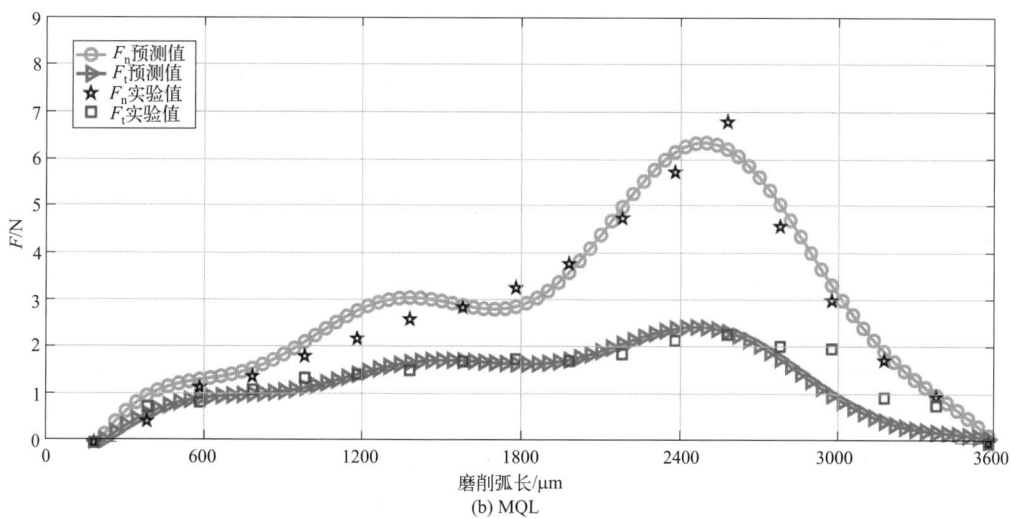

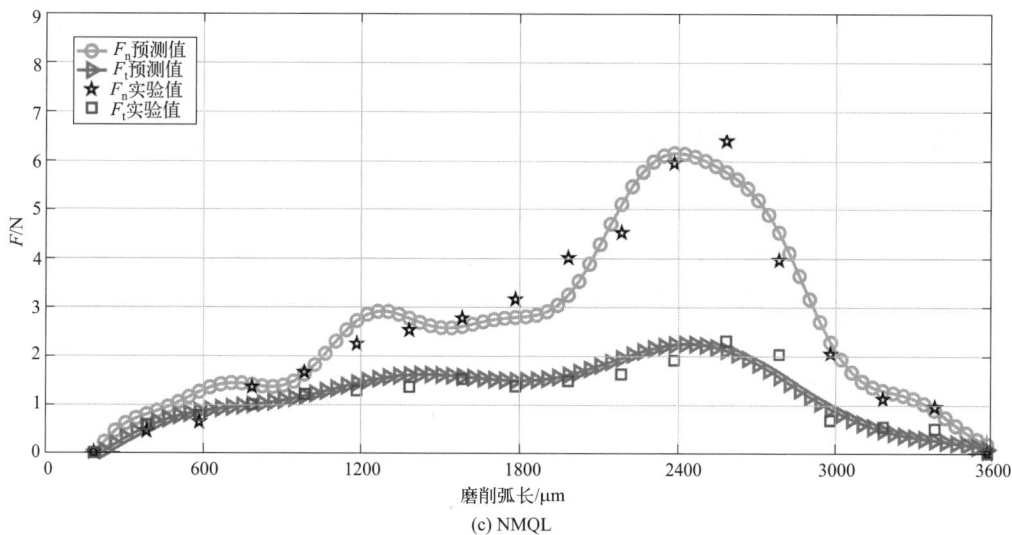

图 8-17　不同润滑工况下切削力的预测及实验结果

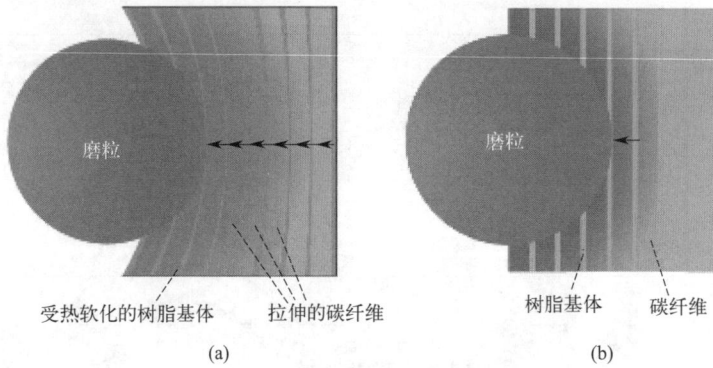

受热软化的树脂基体   拉伸的碳纤维   树脂基体   碳纤维

(a)   (b)

图 8-18　单颗磨粒切削力的降低机制

8.4　表面质量及形貌特征评价与加工缺陷量化表征

8.4.1　表面粗糙度

为表征磨削表面的表面特征和使用性能，优先使用包含微观不平度大部分信息的轮廓算数平均偏差 Ra 值。考虑到 CFRP 磨削表面会有纤维拔出的现象，选用反映轮廓峰高的微观不平度十点平均高度 Rz。在水平方向上的粗糙度表征参数选择常用的轮廓单元的平均宽度（间距参数） Rsm 值。图 8-19 为不同润滑工况下 CFRP 磨削表面进给方向和纤维方向上的表面粗糙度 Ra 值，每个值由五组测量值取平均值得到。在进给方向上，MQL 和 NMQL 条件下的 Ra 值相比干磨削条件分别降低了 18.80％ 和 17.70％。而在纤维方向上，MQL 和 NMQL 条件下的 Ra 值相比干磨削条件分别降低了 9.02％ 和 12.68％，且 MQL 工况下的标准差较小。

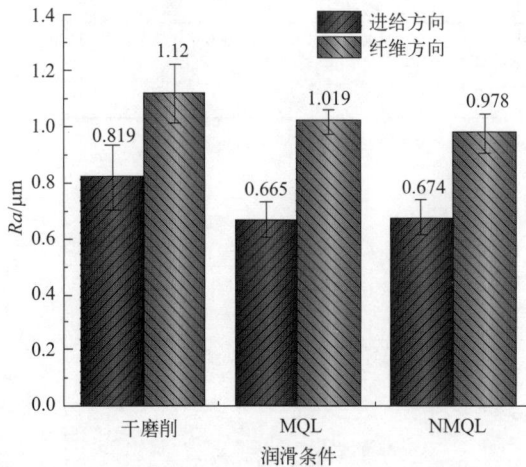

图 8-19　不同润滑工况下的表面粗糙度 Ra 值

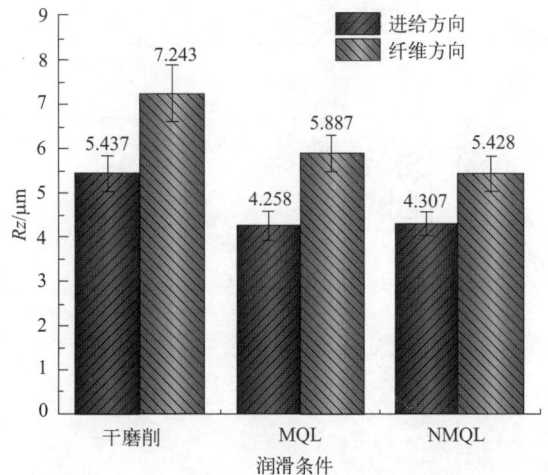

图 8-20　不同润滑工况下的表面粗糙度 Rz 值

图 8-20 为不同润滑工况下 CFRP 磨削表面进给方向和纤维方向上的表面粗糙度 Rz 值，每个值由五组测量值取平均值得到。在进给方向上，MQL 和 NMQL 条件下的 Rz 值相比干磨削条件分别降低了 21.68％ 和 20.78％。而在纤维方向上，MQL 和 NMQL 条件下的 Rz 值相比干磨削条件分别降低了 18.72％ 和 25.06％。

图 8-21 为不同润滑工况下 CFRP 磨削表面进给方向和纤维方向上的表面粗糙度 Rsm 值，每个值由五组测量值取平均值得到。在进给方向上，MQL 和 NMQL 条件下的 Rsm 值相比干磨削条件分别降低了 30.16% 和 25.40%。而在纤维方向上，MQL 和 NMQL 条件下的 Rsm 值相比干磨削条件分别降低了 -4.72% 和 11.43%。

8.4.2　分形维数

工程表面呈现出非平稳的随机性、自仿射性、自相似性、无序性、多尺度特征，而且随机粗糙表面非稳定的自相似特点会使传统的表面形貌表征参数不具备唯一性。分形维数是可以定量刻画分形特征的无标度参数，理论上可用于研究任何尺度下的表面形貌变化特征。分形维数反映的是表面复杂结构的数量和微细程度，以及微细结构在整个表面中所占的相对比例。分形维数越大，表面上复杂结构的数量越多且越精细。选用不同的分形维数计算的结果会相差很大。本节采用盒维数法来计算 CFRP 加工表面的二维分形维数，又称计盒维数。它是应用最广泛的维数之一，具有编程方便、计算结果准确、概念清晰等优点。其基本定义为：设 F 是 $\mathbf{R}^n$ 上任意非空的有界子集，$N_\delta(F)$ 是直径最大为 δ、可以覆盖 F 的集的最少个数，则 F 的上、下盒维数分别为

$$\underline{\mathrm{Dim}_{\mathrm{B}}}F = \lim_{\delta \to 0} \frac{\lg N_\delta(F)}{-\lg\delta} \tag{8-73}$$

$$\overline{\mathrm{Dim}_{\mathrm{B}}}F = \overline{\lim_{\delta \to 0}} \frac{\lg N_\delta(F)}{-\lg\delta} \tag{8-74}$$

如果上、下盒维数相等，则称这个共同的值为 F 的盒维数，记为

$$\mathrm{Dim}_{\mathrm{B}}F = \lim_{\delta \to 0} \frac{\lg N_\delta(F)}{-\lg\delta} \tag{8-75}$$

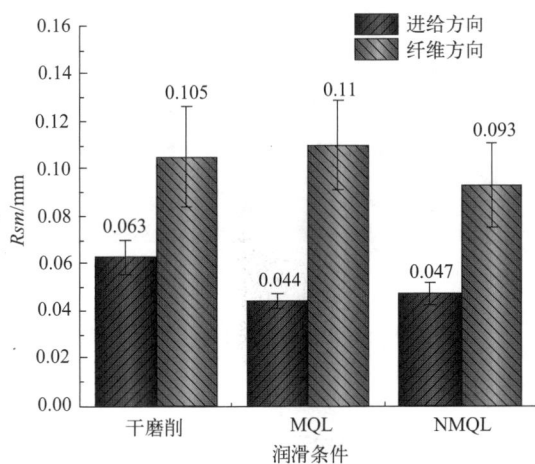

图 8-21　不同润滑工况下的表面粗糙度 Rsm 值

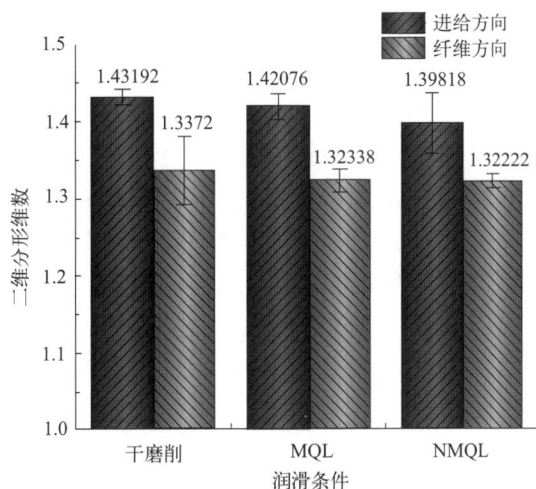

图 8-22　表面粗糙度轮廓曲线信号的二维分形维数

差分计盒维数是对盒维数方法的改进，其在计算效率和分形维数取值的动态范围方面是最好的。而且，差分计盒维数方法的精确性和推广性等也比较好。由表面粗糙度数据计算得到的分形维数值如图 8-22 所示。无论是在进给方向上还是在纤维方向上，与干磨削和 MQL

相比，NMQL 的 CFRP 表面分形维数均最小，两个方向上相比干磨削分别降低了 2.36％和 1.12％。说明 NMQL 条件下磨削 CFRP 表面轮廓高度的幅值变化剧烈程度小，表面相对平缓。在纤维方向上，NMQL 条件下分形维数的标准差最小。

首先将 SEM 图像的大小转换为 256 像素×256 像素，然后通过计算机程序实现分形维数计算，最后进行拟合可得到图 8-23 所示的直线。其相关系数 $R = 0.9943$，表明拟合相关性较高。由图中直线的斜率可得出该扫描电镜图像的分形维数 $D = 2.4842$，表明该 SEM 图的分形特征明显，所以证实了采用分形维数描述 CFRP 磨削表面形貌特征的可行性。

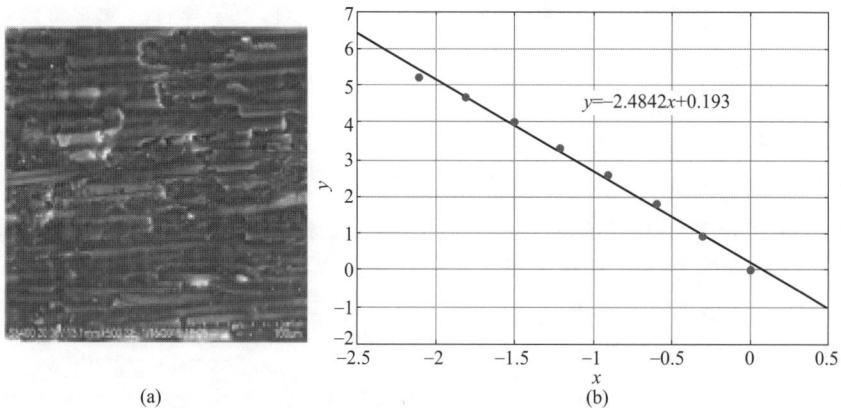

(a)　　　　　　　　　　　(b)

图 8-23　CFRP 磨削加工表面的 SEM 图像（a）与分形维数计算的拟合直线（b）

对放大 300 倍和 500 倍的 SEM 微观形貌图进行三维分形维数的计算，不同工况的 CFRP 磨削表面三维分形维数 D 值如图 8-24 所示。放大 300 倍的 SEM 图像，NMQL 磨削表面的分形维数为 2.319，相对干磨削和 MQL 降低了 0.047 和 0.2085。放大 500 倍的 SEM 图像，NMQL 磨削表面的分形维数为 2.2976，相对干磨削和 MQL 降低了 0.1866 和 0.0961。在放大 300 倍和 500 倍的 SEM 图下，NMQL 均得到了最小的三维分形维数，具有最好的分形特征，磨削表面最平整。

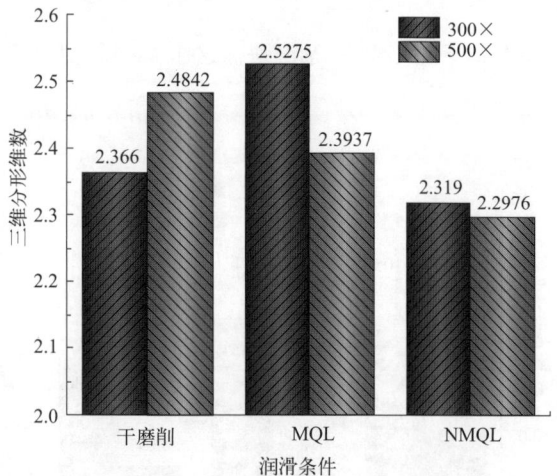

图 8-24　SEM 图像的三维分形维数

8.4.3　多重分形谱

分形维数 D 只能对加工表面的整体形貌特征进行表征，因此本节引入了多重分形方法来研究 CFRP 加工表面的局部形貌特征。将表面粗糙度信号 s 划分为 N 个区域，则第 i 个区域的表面粗糙度信号表示为 s_i（$i = 1, 2, \cdots, N$）。设 ε_i 为第 i 个区域的尺度值，p_i 为该区域 s_i 的生成概率，不同的 s_i，p_i 不同，可用不同的标度指数 α_i 来描述：

$$p_i(\varepsilon) \in \varepsilon_i^{\alpha_i} \quad i = 1, 2, \cdots, N \tag{8-76}$$

式中，α_i 是奇异指数，与所在区域的生成概率有关，因为它反映分形上各小区域的奇异程度。实际各区域的 ε_i 选为相同的 ε 值。不同的 p_i 形成不同的概率分布子集。相同 α 值的子集的分形维数定义为 $f(\alpha)$，由分形维数的定义：$N_\alpha(\varepsilon) \sim \varepsilon^{-f(\alpha)}$。其中 $N_\alpha(\varepsilon)$ 表示在 ε 下 α 对应的概率子集数量。通常将 $f(\alpha)$ 称为多重分形谱。α 和 $f(\alpha)$ 是表征多重分形特征的参数。

对概率 $P_i(\varepsilon)$ 用 q 次方进行加权求和定义配分函数 $\chi_q(\varepsilon)$，数学表达式为

$$\chi_q(\varepsilon) = \sum P_i(\varepsilon)^q = \varepsilon^{\tau(q)} \tag{8-77}$$

式中，q 称为权重因子。如果上式后面的等式成立，即配分函数和 ε 有幂函数关系，则可以从 $\ln\chi_q \in \ln\varepsilon$ 曲线的斜率得到

$$\tau(q) = \frac{\ln\chi_q(\varepsilon)}{\ln\varepsilon} \quad \varepsilon \to 0 \tag{8-78}$$

一般把 $\tau(q)$ 称为质量指数。由 $\tau(q)$ 可得到广义分形维数

$$D(q) = \frac{\tau_q}{q-1} = \frac{\ln\chi_q(\varepsilon)}{(q-1)\ln\varepsilon} \quad \varepsilon \to 0 \tag{8-79}$$

对 $\tau(q)$、q 作 Lengder 变换，可以得到奇异指数 α 和多重分形谱 $f(\alpha)$。

$$\alpha = \frac{\mathrm{d}\tau(q)}{\mathrm{d}q} \tag{8-80}$$

$$f(\alpha) = \alpha q - \tau(q) \tag{8-81}$$

将式(8-77) 代入式(8-78) 得到

$$\tau(q) = \frac{\ln\sum P_i(\varepsilon)^q}{\ln\varepsilon} \quad \varepsilon \to 0 \tag{8-82}$$

将式(8-82) 代入式(8-81) 并对 q 求导得到

$$\alpha = \frac{\sum \ln P_i(\varepsilon) P_i(\varepsilon)^q}{\sum P_i(\varepsilon)^q} \tag{8-83}$$

将式(8-83)、式(8-82) 代入式(8-81) 得

$$f(\alpha) = \frac{\dfrac{\sum \ln P_i(\varepsilon) P_i(\varepsilon)^q q}{\sum P_i(\varepsilon)^q} - \ln\sum P_i(\varepsilon)^q}{\ln\varepsilon} \tag{8-84}$$

令 α、$f(\alpha)$ 的表达式(8-83)、式(8-84) 的分子项分别为 αq 和 fq，即

$$\alpha q = \frac{\sum \ln P_i(\varepsilon) P_i(\varepsilon)^q}{\sum P_i(\varepsilon)^q} \tag{8-85}$$

$$fq = \frac{\sum \ln P_i(\varepsilon) P_i(\varepsilon)^q q}{\sum P_i(\varepsilon)^q} - \ln\sum P_i(\varepsilon)^q \tag{8-86}$$

则 α、$f(\alpha)$ 的表达式都可以表示为 q 的函数：

$$\alpha = \frac{\alpha q}{\ln\varepsilon} \tag{8-87}$$

$$f(\alpha) = \frac{fq}{\ln\varepsilon} \tag{8-88}$$

多重分形是由粗糙度轮廓值计算各数值的概率，并统计概率差别，通过加权处理将表面分成许多个 α 子集进行研究。每个子集代表一种概率分布，即 $P(\varepsilon) \in \varepsilon^\alpha$。定义分形谱的宽

度 $\Delta\alpha$ 为

$$\Delta\alpha = \alpha_{max} - \alpha_{min} \tag{8-89}$$

根据 $P(\varepsilon) \in \varepsilon^{\alpha}$，进一步推导可以得到

$$\Delta\alpha = \frac{\ln\dfrac{P_{max}}{P_{min}}}{\ln\dfrac{1}{\varepsilon}} \tag{8-90}$$

由式(8-90)可知，多重分形谱的 $\Delta\alpha$ 反映概率分布范围。概率分布越均匀，相应地 $f(\alpha)$ 曲线越窄，即 $\Delta\alpha$ 越小。

多重分形谱的形状反映了各种概率分布的特征。定义谱差 Δf 为

$$\Delta f = f(\alpha_{min}) - f(\alpha_{max}) \tag{8-91}$$

式中，α_{min} 对应最大概率子集；α_{max} 对应最小概率子集。根据 $N_{\alpha}(\varepsilon) \sim \varepsilon^{-f(\alpha)}$，进一步推导可以得到

$$\Delta f = \frac{\ln\dfrac{N_{P_{max}}}{N_{P_{min}}}}{\ln\varepsilon} \tag{8-92}$$

式中，$N_{P_{min}}$ 代表最小概率子集数目；$N_{P_{max}}$ 代表最大概率子集数目。由 Δf 可计算具有最大与最小概率单元的数目比例。应用到加工表面粗糙度轮廓曲线中，由于 $\varepsilon < 1$，当 $\Delta f < 0$ 时，$N_{P_{max}} > N_{P_{min}}$，多重分形谱为右钩状态，表现为粗糙度轮廓曲线中较大高度值占主要地位，其对应的加工表面形貌高度较高，加工表面出现峰的概率大；当 $\Delta f > 0$ 时，$N_{P_{max}} < N_{P_{min}}$，多重分形谱为左钩状态，表现为粗糙度轮廓曲线中较小高度值占主要地位，其对应的加工表面形貌高度较低，加工表面出现谷的概率大。当 $\Delta f = 0$ 时，加工表面出现峰、谷的概率相等。图8-25为进给方向上CFRP磨削表面粗糙度的多重分形谱。由图可知，不同润滑条件下的多重分形谱在进给方向上都为左钩形状，谱宽和谱差均为正值。这表明表面粗糙度轮廓曲线中较小高度值占主要地位，对应的CFRP磨削加工表面形貌高度较低，加工表面出现谷的概率较大。

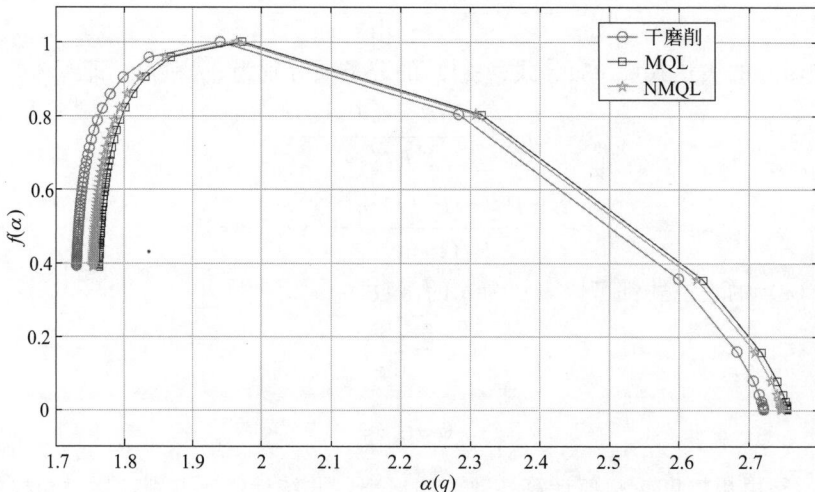

图8-25 CFRP磨削表面进给方向上表面粗糙度的多重分形谱

图 8-26 为进给方向上 CFRP 表面粗糙度轮廓曲线的谱宽和谱差。可以看出，MQL 和 NMQL 磨削表面的多重分形谱的谱宽 $\Delta\alpha$ 较小。说明加工表面高度的起伏程度小，粗糙度低。三种润滑方式下多重分形谱的谱差 Δf 对比结果与谱宽 $\Delta\alpha$ 相同，而谱差 Δf 越小说明其加工表面峰和谷的概率分布越趋于相等。干磨削的谱差 Δf 大，说明其对应的加工表面出现峰的概率较小，而出现谷的概率较大。这是因为干磨削的 CFRP 表面发生多根纤维块状拔出，产生了凹坑。

图 8-27 为纤维方向上 CFRP 磨削表面粗糙度的多重分形谱。由图可知，不同润滑条件下的多重分形谱都表现为左钩状态，

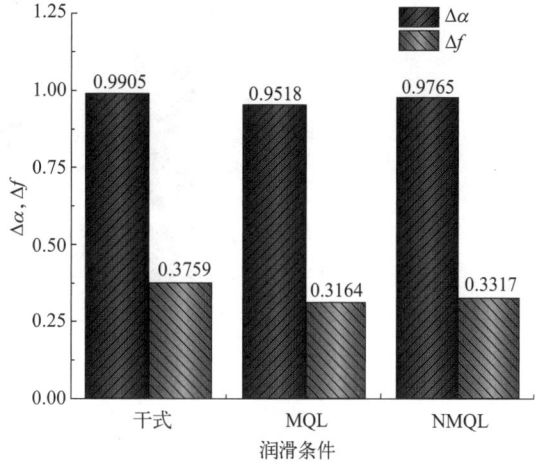

图 8-26　CFRP 磨削表面进给方向上表面粗糙度的谱宽和谱差

谱宽和谱差都大于 0。这说明其表面粗糙度轮廓曲线中较小高度值占主要地位，对应的 CFRP 磨削加工表面形貌高度较低，加工表面出现谷的概率较大。

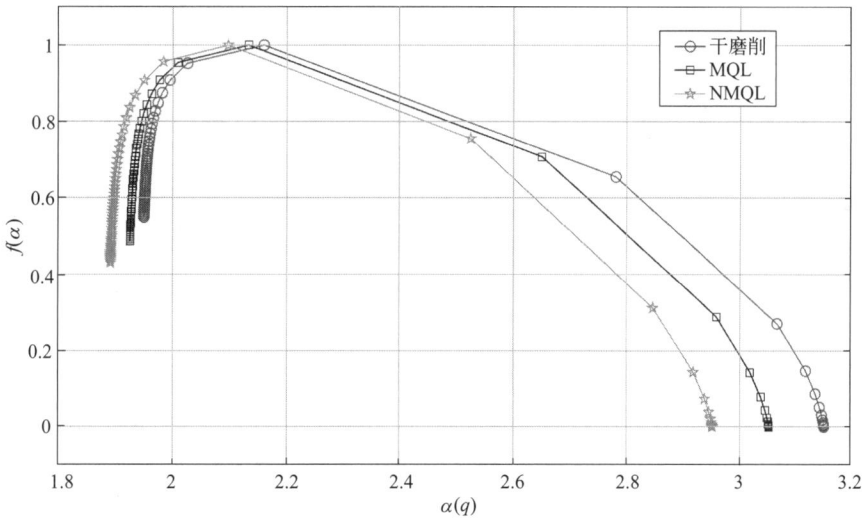

图 8-27　CFRP 磨削表面纤维方向上表面粗糙度的多重分形谱

图 8-28 为纤维方向上 CFRP 表面粗糙度轮廓曲线的谱宽和谱差。可以看出，MQL 和 NMQL 磨削表面的多重分形谱的谱宽 $\Delta\alpha$ 和谱差 Δf 均较小，且减小量比在磨削进给方向上大。说明此方向的加工表面高度的起伏程度小，粗糙度低，MQL 和 NMQL 对提高纤维方向的表面质量具有更显著的作用。三种润滑方式下多重分形谱的谱差 Δf 对比结果与谱宽 $\Delta\alpha$ 基本相同，而谱差 Δf 越小说明其加工表面峰和谷的概率分布越趋于相等。干磨削的谱差 Δf 大，说明其对应的加工表面出现峰的概率较小，而出现谷的概率较大。这是因为干磨削的 CFRP 表面发生多根纤维块状拔出，产生了凹坑。

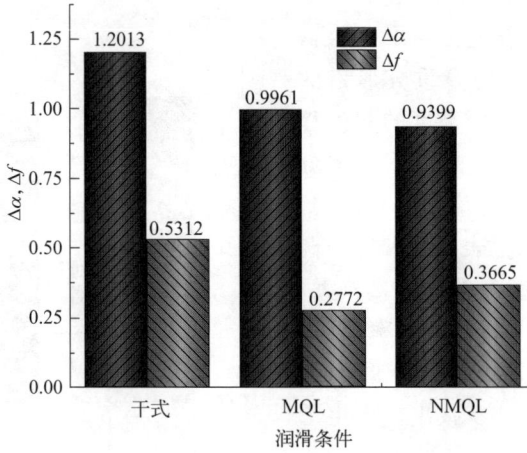

图 8-28　CFRP 磨削表面纤维方向上表面粗糙度的谱宽和谱差

8.4.4　表面微观形貌

表面粗糙度由于是与尺度有关的参数，因此不能真实地反映 CFRP 磨削加工表面的真实微观形貌特征。另外，表面粗糙度测量值受采样条件和测量装置的分辨率影响，不能反映出磨削表面形貌的固有特征。低的表面粗糙度并不能保证 CFRP 磨削表面就没有明显的加工缺陷。相较于表面粗糙度，加工表面形貌及缺陷是研究 CFRP 加工表面质量的主要侧重点之一。图 8-29 为不同润滑条件下 CFRP 磨削表面的 SEM 微观形貌。干磨削的边缘发生了明显的崩边，而 MQL 和 NMQL 磨削的边缘较为整齐，未见崩边现象发生。干磨削中，CFRP 表面出现了多纤维拔出和多纤维断裂等严重损伤。另外，仅在干磨削中发生了严重的树脂涂覆现象。这是由于复合材料中的树脂基体对温度比较敏感，随温度的升高其强度和性能降低。一方面，受热软化的树脂黏附在砂轮上进而被挤压涂覆在 CFRP 表面，或者被涂覆在 CFRP 表面；另一方面，黏附在砂轮上的树脂会粘连携带大量纤维碎屑，造成严重的砂轮堵塞现象，进一步恶化加工条件。在干磨削和 MQL 磨削中均发生了纤维局部去除现象，而在 NMQL 磨削中未发生或较少发生纤维局部去除。这是由于 CNTs 纳米粒子在磨粒和碳纤维界面形成了一层密布的保护膜，如图 8-30 所示。除上述外，三种加工工况下均出现了单纤维断裂和空隙现象。这是纤维拔出或者纤维剥离造成的。

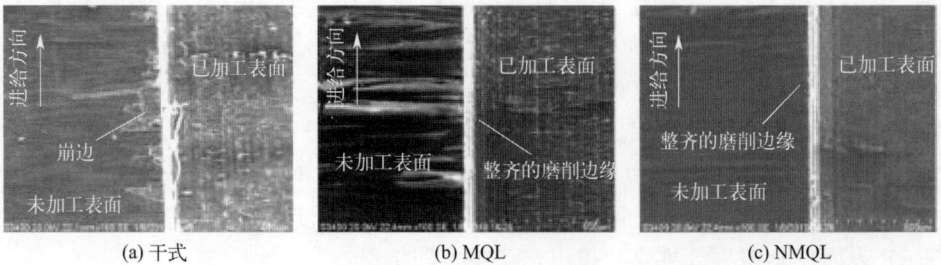

(a) 干式　　　　　　　　(b) MQL　　　　　　　　(c) NMQL

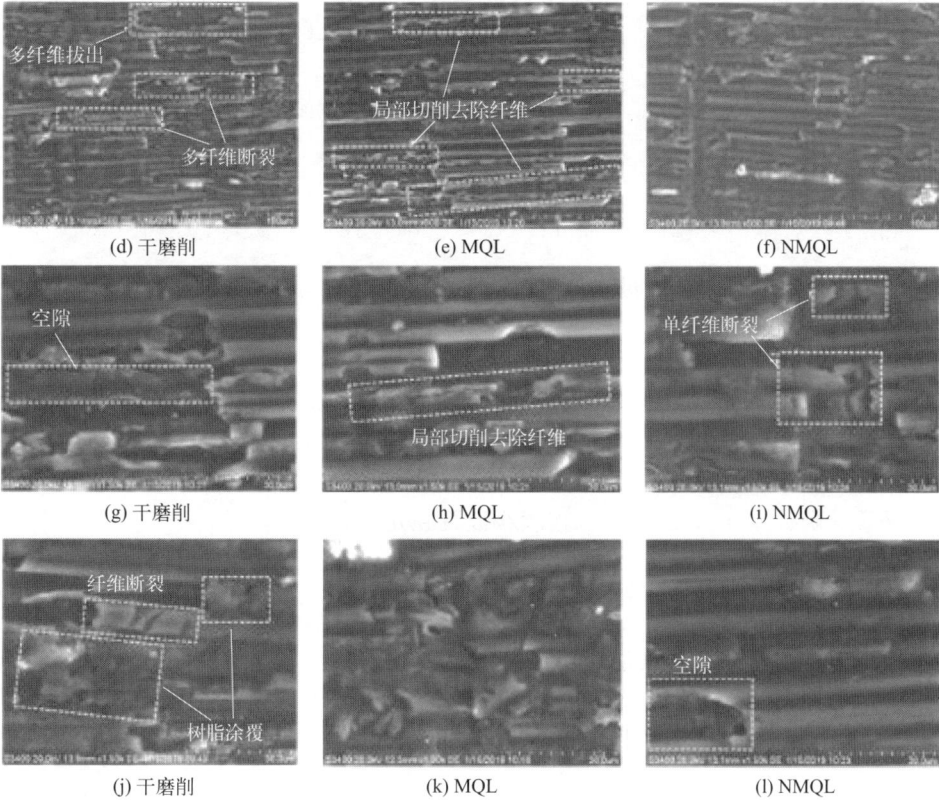

图 8-29　CFRP 磨削表面的 SEM 图

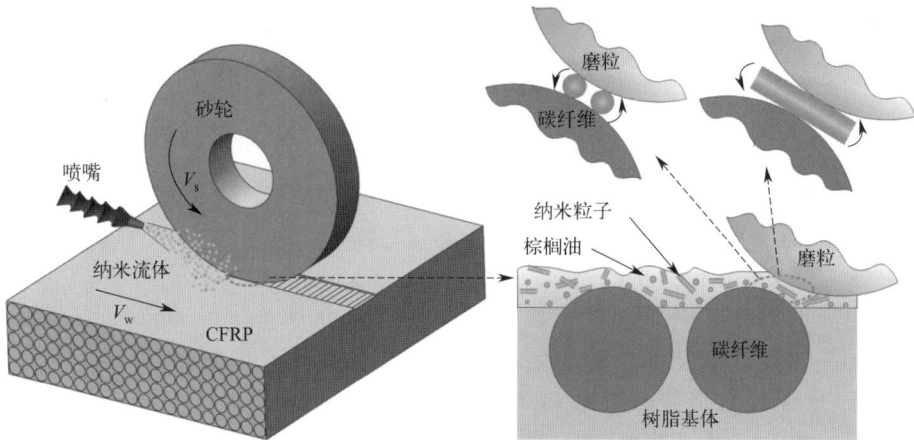

图 8-30　碳纳米管纳米流体在磨粒/碳纤维界面的保护作用

8.4.5　表面损伤量化表征

CFRP 加工表面容易出现树脂基体涂覆、碳纤维拔出、碳纤维断裂、分层等各种各样的加工缺陷。CFRP 的磨削加工表面微观形貌在不同方向上的粗糙度纹理变化不同,这些粗糙度纹理变化的特征主要反映在加工表面信号的高频纹理信息部分，而高频纹理信息可以表征 CFRP 的加工损伤。所以，需要对表面粗糙度信号进行小波分解和小波分析。

设 $\psi(t) \in L^2(R)$，$L^2(R)$ 表示平方可积的函数空间，其傅里叶变换为 $\hat{\psi}(\omega)$。当 $\hat{\psi}(\omega)$ 满足允许条件

$$C_\psi = \int_R \frac{|\hat{\psi}(\omega)|}{|\omega|} \mathrm{d}\omega < \infty \tag{8-93}$$

时，称 $\psi(t)$ 为一个基本小波或母小波。一个小波序列是将母小波伸缩和平移得到的。当连续伸缩和平移时，得小波序列

$$\psi_{a,b}(t) = \frac{1}{\sqrt{|a|}} \psi\left(\frac{t-b}{a}\right) \quad a,b \in \mathbf{R}, a \neq 0 \tag{8-94}$$

式中，a 为尺度伸缩因子；b 为平移因子。

对于任意的函数 $f(t) \in L^2(R)$，连续小波变换定义为

$$(W_\psi f)(a,b) = \langle f, \psi_{a,b} \rangle = |a|^{-1/2} \int_R f(t) \psi^*\left(\frac{t-b}{a}\right) \mathrm{d}t \tag{8-95}$$

式中，上标 $*$ 表示共轭。其逆变换定义为

$$f(t) = \frac{1}{C_\psi} \int_{R^*} \int_R \frac{1}{a^2} (W_\psi f)(a,b) \psi\left(\frac{t-b}{a}\right) \mathrm{d}a\,\mathrm{d}b \tag{8-96}$$

在低频时小波变换的时间分辨率较低，而频率分辨率较高，在高频时则恰恰相反。这正符合低频信号变换缓慢而高频信号变换迅速的特点。

sym 小波的构造与 db 小波族相似，而 sym 小波对称性更好，适合图像处理，能减少重构时的相移。考虑构造 db 小波使用的 m_0 函数，若将其看作 $z = \mathrm{e}^{iw}$ 的函数 W，则在构造 W 时采用不同的方式可得到性质不同的小波。定义 W 满足如下的形式：

$$W(z) = U(z)\overline{U\left(\frac{1}{z}\right)} \tag{8-97}$$

因此 W 就可看作最小相移滤波器。令 $U(z)$ 的根的模平方小于 1，就得到了 db 小波；若大于 1，得到的就是 symN 小波。

symN 小波的支撑范围为 $2N-1$，消失矩为 N，并具备较好的正则性。与 dbN 小波相比，symN 小波在滤波器长度、连续性、支集长度等方面相同，但其对称性更好，可以减少对信号分析和重构时的相位失真，所以本节选择 sym2 小波进行 5 层小波分解。以 NMQL 磨削为例，图 8-31 为其粗糙度轮廓曲线进行小波分解之后的各层信号。在提取的多层信号中，a_5 为分解后得到的信号近似成分，$d_1 \sim d_5$ 为分解后得到的信号细节成分。

不同润滑条件下的 CFRP 加工表面粗糙度信号进行小波分解后，低频细节信号和高频细节信号所占能量比例如图 8-32 所示。干磨削的 CFRP 表面高频细节信号所占能量比例最高（进给方向 0.0097，纤维方向 0.0014），MQL 次之，NMQL 最低（进给方向 0.0053，纤维方向 0.0006）。进给方向上，与干磨削相比，NMQL 条件下 CFRP 表面高频细节信号所占能量比例降低 46.85%。说明 NMQL 对应的加工表面粗糙度纹理特征变

5层小波分解:$s=a_5+d_5+d_4+d_3+d_2+d_1$

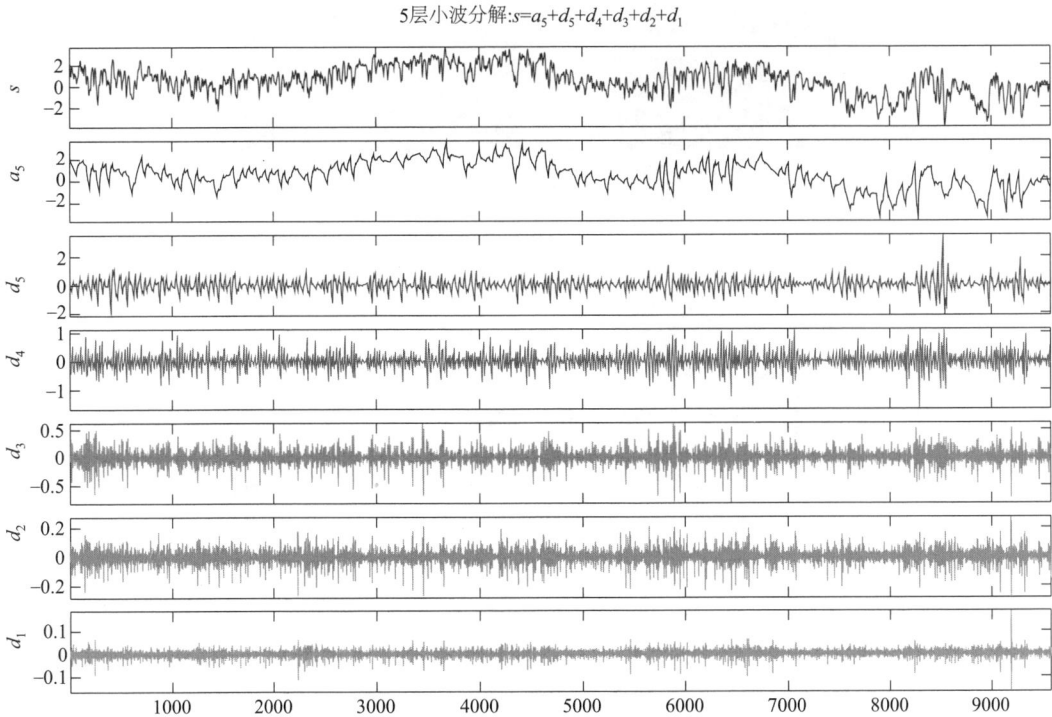

图 8-31　粗糙度轮廓曲线进行小波分解后的各层信号

化最小。

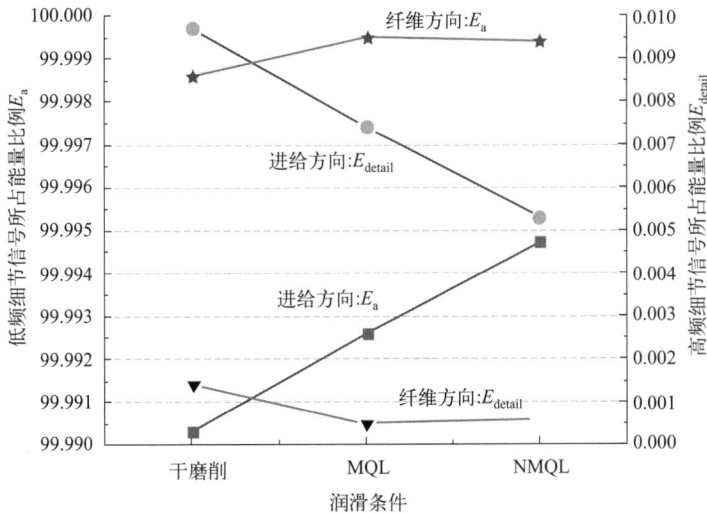

图 8-32　粗糙度信号一维小波分解能量分布

以 MQL 磨削表面的 SEM 图像为例，对其进行小波分解后得到四个子图像，如图 8-33 所示。

CFPR 的磨削表面会出现纤维拔出、破碎和树脂涂覆、分层等特征形貌，而这些变化特征主要反映在 SEM 图像的高频信息部分。因此，对 SEM 图像进行小波分解，通过 MAT-LAB 平台计算各分解子图像所占的能量比例，以对比 CFPR 磨削表面的奇异形貌特征在各

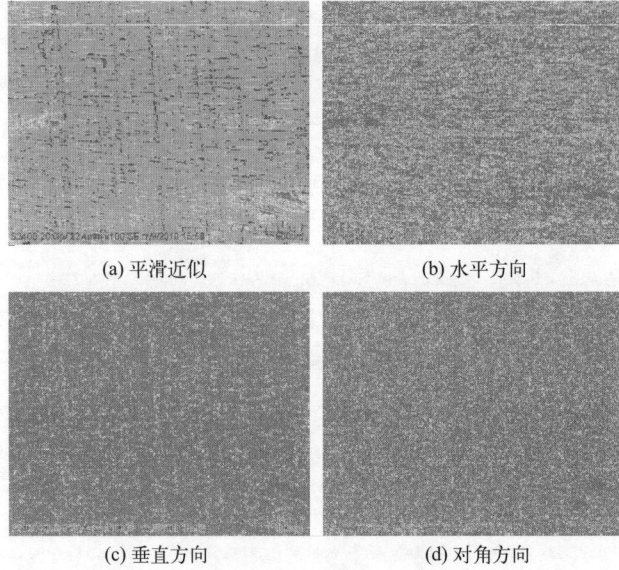

(a) 平滑近似 (b) 水平方向

(c) 垂直方向 (d) 对角方向

图 8-33　磨削表面 SEM 图像的小波分解子图像

分解方向的变化趋势，进而确定 CFPR 磨削加工表面的明显缺陷变化在不同方向上的能量分布。CFPR 加工表面图像小波分解后，各高频细节子图像所占能量比例如图 8-34 所示。干磨削表面图像小波分解图中的三个细节子图像所占能量比例均为最高，水平方向子图像所占的能量比例为 1.1457，垂直方向子图像所占的能量比例为 0.8738，对角方向子图像所占的能量比例为 0.3297。所以，可以得出该磨削表面的明显缺陷变化特征在水平方向所占的比例最大。由此可以得出，该加工图像表面形貌的纹理变化信息主要表现在水平细节部分。MQL 磨削表面图像小波分解图中的三个细节子图像所占能量比例介于干磨削和 NMQL 之间，水平和垂直方向子图像所占的能量比例几乎相等，即在纤维方向和进给方向上的缺陷变

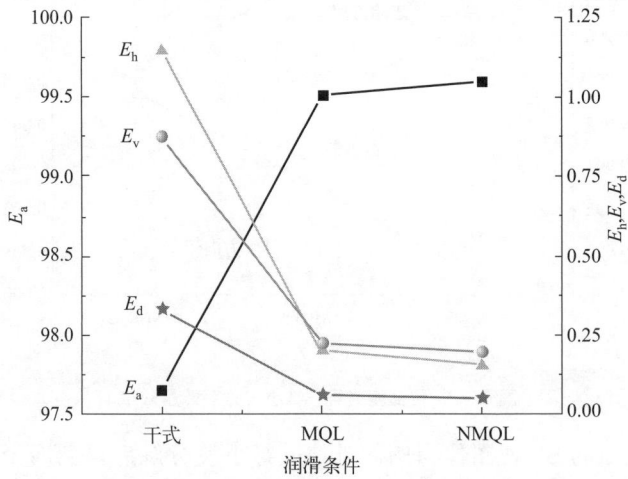

图 8-34　小波分解后的细节子图像能量分布

E_a—低频细节信号所占能量比例；E_d—对角高频细节信号所占能量比例；E_h—水平高频细节信号所占能量比例；

E_v—垂直高频细节信号所占能量比例

化特征所占比例相同。NMQL 磨削表面图像小波分解图中的三个细节子图像所占能量比例均为最低，水平方向子图像所占的能量比例为 0.155，垂直方向子图像所占的能量比例为 0.1952，对角方向子图像所占的能量比例为 0.0522。说明 NMQL 磨削表面的明显缺陷变化特征在水平方向（纤维方向）所占的比例小于垂直方向（进给方向），这也与一维粗糙度信号小波分析的能量比例情况相吻合。

8.4.6　砂轮堵塞

砂轮堵塞是影响砂轮磨削性能的主要因素，而且不同润滑工况对砂轮堵塞有直接的影响。选用优良的润滑方式和切削液对改善砂轮堵塞有重要作用。砂轮堵塞的类型主要有黏着型、依附型、嵌入型、混合型四种。图 8-35 为不同类型的砂轮堵塞。

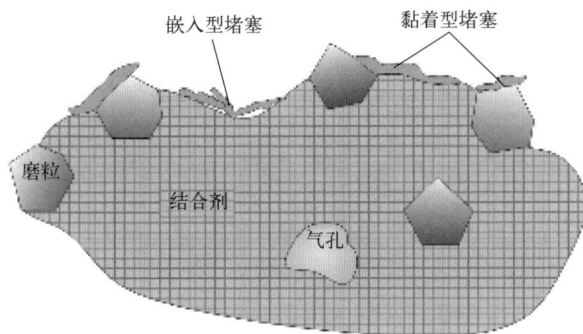

图 8-35　砂轮堵塞类型

黏着型砂轮堵塞指磨屑熔化后黏附在磨粒凸出切削刃的四周或结合剂上。由于树脂基体对温度较为敏感，受热软化后粘连大量碳纤维碎屑一同黏附在砂轮表面。依附型砂轮堵塞是指磨屑靠暂时的动力依附在磨粒切削刃的后刀面上的一种机械性堵塞状况。这种暂时的动力主要来自涉及电、热和物理等内在和外来的几个因素。嵌入型砂轮堵塞是指磨屑嵌在砂轮表面气孔处的堵塞状况。混合型砂轮堵塞是指上述三种类型的砂轮堵塞在某一处的聚集和集合。

图 8-36 为不同工况磨削 CFRP 的砂轮堵塞情况对比。可明显看出干磨削的砂轮堵塞极为严重，MQL 和 NMQL 磨削的砂轮表面较为清洁，未发现大量纤维碎屑的黏附堵塞，且有明显的油膜在砂轮表面铺展覆盖（这有利于砂轮工件界面的润滑，减少砂轮堵塞）。这是因为干磨削工况的磨削温度高，易导致树脂基体软化，而软化后的树脂基体会粘连纤维磨屑一同黏附在磨粒和结合剂上，且随着磨削过程累积。另外，干磨削工况下的砂轮磨粒磨损严重，砂轮与工件界面的接触面积增大。这将导致磨屑排除更加困难，磨屑黏附现象更加严重。而 MQL 和 NMQL 磨削时微量润滑油和纳米流体在砂轮-工件界面间的油膜有效减少和避免了磨屑对砂轮的堵塞，而且这两种工况的磨削温度低，防止了树脂基体的受热软化，纤维磨屑不会被粘连黏附在砂轮表面。另外，喷嘴喷出的高压气体对砂轮表面也有一定的清洁作用，可将依附型和嵌入型砂轮堵塞的磨屑去除，进一步减少砂轮表面的堵塞，提高砂轮使用寿命。

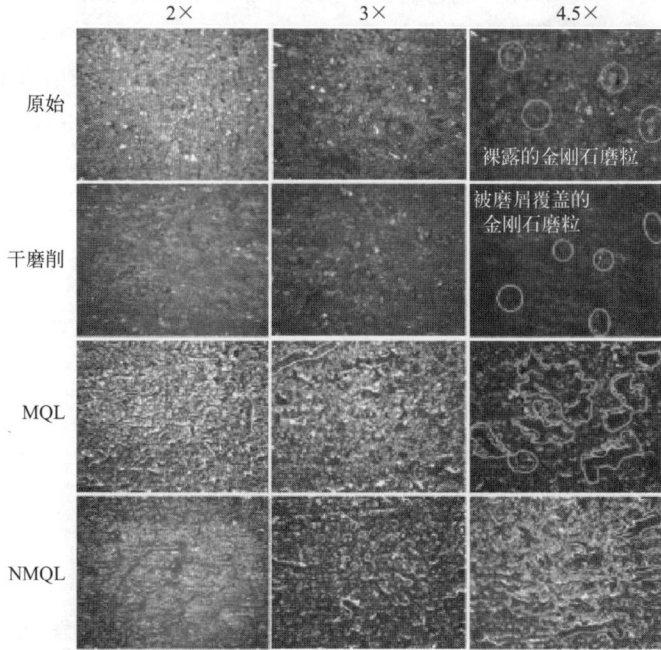

图 8-36　砂轮堵塞情况对比

8.5　小结

　　针对 CFRP 中碳纤维排布均匀随机，磨粒在整个切削弧长上的不同阶段与碳纤维的接触状态不同等问题，考虑不同润滑工况下磨粒与 CFRP 工件之间摩擦系数的不同，建立了不同润滑工况下单颗磨粒磨削 CFRP 的力学模型并进行了实验验证，研究了 NMQL 技术的 CFRP 磨削加工性能，重点表征分析了磨削表面完整性和加工缺陷。首先，对比了表面粗糙度 Ra、Rz 和 Rsm。其次，利用分形维数定量表征了加工表面不同维度（二维和三维）的整体分形特征，进一步地，采用多重分形谱和谱宽、谱差分析了 CFRP 加工表面的局部形貌特征。再次，利用 SEM 图定性分析了不同工况磨削 CFRP 的表面微观形貌和细节加工缺陷与损伤，进一步地，利用小波分析和小波分解能量分布比例分析了加工表面粗糙度信号和 SEM 图像在不同方向的高频纹理特征变化，定量表征了磨削加工缺陷。最后，通过显微镜成像捕捉不同工况加工 CFRP 后的砂轮表面图像，分析了不同润滑工况下的砂轮堵塞和油膜铺展状态。

　　① 通过对比不同润滑工况下的 CFRP 单颗磨粒实验切削力发现，微量润滑和纳米流体微量润滑均能有效降低切削力，与干磨削相比，法向力分别降低了 20.7％ 和 22.1％，切向力分别降低了 26.39％ 和 39.81％。通过摩擦磨损实验得到了不同润滑条件下的摩擦系数，结果表明纳米流体微量润滑条件下的摩擦系数最小。

　　② 通过对比不同润滑工况下 CFRP 单颗磨粒切削实验与切削力预测模型得到的结果发现，切削力预测值曲线与实验值曲线相关程度较高。对于法向切削力，预测值曲线与实验值曲线的相关系数为 91.8％（干磨削）、94.2％（微量润滑）、84.56％（纳米流体微量润滑）；对于切向切削力，预测值曲线与实验值曲线的相关系数为 76.96％（干磨削）、79.15％（微

量润滑)、66.97%(纳米流体微量润滑)。对于法向切削力,预测值与实验值的误差为 24.9%(干磨削)、20.01%(微量润滑)、24.39%(纳米流体微量润滑);对于切向切削力, 预测值与实验值的误差为 19.42%(干磨削)、21.23%(微量润滑)、20.82%(纳米流体微量润滑)。

③ 与干磨削相比,进给方向上 NMQL 磨削的表面粗糙度 Ra、Rz 和 Rsm 分别降低了 17.70%、20.78% 和 25.40%,纤维方向上分别降低了 12.68%、25.06%、11.43%。在切削方向和纤维方向上,与干磨削加工相比,NMQL 磨削的表面粗糙度轮廓曲线的二维分形维数分别降低了 2.36% 和 1.12%。与干磨削相比,NMQL 磨削表面的 SEM 微观形貌图的三维分形维数降低了 4.75%(放大 300 倍和 500 倍的平均值)。

④ 在进给方向上,MQL 和 NMQL 磨削 CFRP 表面的谱宽和谱差均略低于干磨削,且 MQL 略优于 NMQL。但是在纤维方向上,MQL 和 NMQL 则表现出较为明显的优势。其中,NMQL 磨相比干磨削谱宽和谱差分别降低了 21.76% 和 31%。

⑤ NMQL 磨削的 CFRP 表面粗糙度高频细节信号所占的能量比例最低(进给方向 0.0053,纤维方向 0.0006),相比干磨削的 CFRP 表面高频细节信号所占能量比例降低 46.85%。说明 NMQL 对应的加工表面粗糙度纹理特征变化最小。

⑥ NMQL 磨削表面 SEM 小波分解图中的三个细节子图像所占的能量比例均为最低,水平高频所占的能量比例为 0.155,垂直高频所占的能量比例为 0.1952,对角高频所占的能量比例为 0.0522。所以该磨削表面的明显缺陷变化特征在水平方向(纤维方向)所占的比例小于垂直方向(切削方向)。这也与一维粗糙度信号小波分析的能量比例情况相吻合。

⑦ 相较于干磨削,MQL 和 NMQL 磨削在砂轮-工件界面间的油膜可有效降低或防止树脂基体对磨粒的黏附堵塞,有效改善砂轮堵塞情况。

参考文献

[1]　Johnson K L. Contact mechanics [M]. Cambridgeshire:Cambridge University Press,1985.

[2]　Reifsnider K L,Case S W. Damage tolerance and durability of material systems [M]. Japan:Society of Materials Science,2002:435.

[3]　椭圆积分表编写小组. 椭圆积分表 [M]. 北京:机械工业出版社,1979.

[4]　Biot M A. Bending of an infinite beam on an elastic foundation [J]. Journal of Applied Mathematics and Mechanics,1922,2(3):165-184.

[5]　Cook R,Young W. Advanced mechanics of materials [M]. New York:Wiley,1985.

[6]　沈观林,胡更开,刘彬. 复合材料力学 [M]. 北京:清华大学出版社,2013.

[7]　高帅. 植酸用作水基润滑添加剂的摩擦学性能研究 [D]. 青岛:青岛理工大学,2016.

[8]　Gao T,Li C,Zhang Y,et al. Dispersing mechanism and tribological performance of vegetable oil-based CNT nanofluids with different surfactants [J]. Tribology International,2019,131:51-63.

[9]　Sarkar N,Chaudhuri B B. An efficient approach to estimate fractal dimension of textural images [J]. Pattern recognition,1992,25(9):1035-1041.

[10]　Sarkar N,Chaudhuri B B. An efficient differential box-counting approach to compute fractal dimension of image [J]. IEEE Transactions on systems,man,and cybernetics,1994,24(1):115-120.

[11]　杨彦从,彭瑞东,周宏伟. 三维空间数字图像的分形维数计算方法 [J]. 中国矿业大学学报,2009,38(2):251-258.

[12]　葛世荣. 粗糙表面的分形特征与分形表达研究 [J]. 摩擦学学报,1997,17(1):73-80.

[13]　孙霞. 分形原理及其应用 [M]. 北京:中国科学技术大学出版社,2003.

[14] 孙霞，吴自勤．规则表面形貌的分形和多重分形描述［J］．物理学报，2001，50（11）：2126-2131.

[15] 何维军．基于分形、小波理论的碳纤维复合材料加工表面形貌研究［D］．大连：大连理工大学，2008.

[16] 孙延奎．小波分析及其工程应用［M］．北京：机械工业出版社，2009.

[17] 孙洁娣，靳世久．基于小波包能量及高阶谱的特征提取方法［J］．天津大学学报，2010，43（6）：562-566.

[18] 李弼程，罗建书．小波分析及其应用［M］．北京：机械工业出版社，2005.

[19] 李建平．小波分析与信号处理：理论、应用及软件实现［M］．重庆：重庆出版社，1997.

[20] 刘海渔．砂轮磨损机理分析及砂轮堵塞的实验研究［D］．湖南：湖南大学，2006.

[21] 谭美田．难加工材料的磨削 第二篇 难加工材料磨削时砂轮的堵塞［J］．机械工艺师，1983（6）：39-42.

[22] 田欣利，纪凯文，吴志远，等．金刚石砂轮磨削 Si_3N_4 陶瓷产生堵塞的影响因素［J］．装甲兵工程学院学报，2015，29（6）：89-92.

[23] 高腾，李长河，张彦彬，等．纳米增强生物润滑剂 CFRP 材料去除力学行为与磨削力预测模型［J］．机械工程学报，2023，59（13）：325-42.

第 9 章

磁场牵引纳米润滑剂微量润滑磨削力模型与实验验证

9.1 磁场牵引纳米润滑剂微量润滑技术

9.1.1 磁牵引浸润增益机理

图 9-1 为磁场牵引纳米润滑剂微量润滑磨削新方法的加工原理。首先利用永磁铁在砂轮表面产生梯度磁场，磁场的强度沿砂轮径向呈现梯度变化。这是磁性纳米润滑剂吸附浸润的动力源。目前的纳米润滑剂多采用不导磁的纳米粒子制备而成，为了使纳米润滑剂磁功能化，采用 Fe_3O_4 与冷却润滑性能优异的石墨烯混合制备磁性纳米润滑剂。然后，磁性纳米润滑剂在高压气体的作用下由喷嘴喷出，雾化成为微液滴群；微液滴群穿过砂轮表面的气流场，在磁场力的吸引作用下向砂轮表面撞击并形成润滑油膜。由于磁场力的作用能够增加微液滴在砂轮表面的吸附率，从而提高了润滑剂进入磨削区的效率。当润滑剂到达磨削区入口时，砂轮磁场力的吸附作用可提高润滑剂在磨削区微纳通道剪切流动的速度和流量，从而提

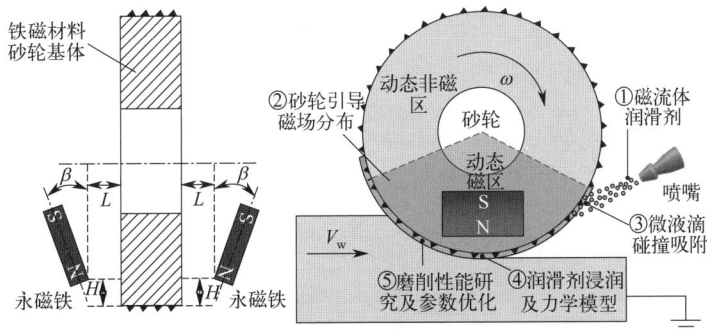

图 9-1 磁场牵引纳米润滑剂微量润滑磨削原理

升了润滑化剂在大磨削弧长空间的浸润效率，能够有效提升磨削区的减摩抗磨性能。通过上述对新工艺的研究，能够降低难加工材料大弧长磨削加工过程中的磨削力，提高工件表面质量。

9.1.2 磁性纳米润滑剂制备

由于纳米粒子在纳米流体中的分散性是影响润滑性能的关键因素，本节采用最为常用、效果最好的两步法配置纳米流体，如图 9-2 所示。首先将纳米粒子与基础油混合，并添加分散剂；然后将配制好的纳米流体置于数控超声波振荡器上进行 20min 的超声波振动，以提高分散性。由学者高腾的研究可知，对于碳族纳米粒子，APE-10 相比其他分散剂具有更好的分散性能。因此，纳米流体配置选用 APE-10 作为分散剂。

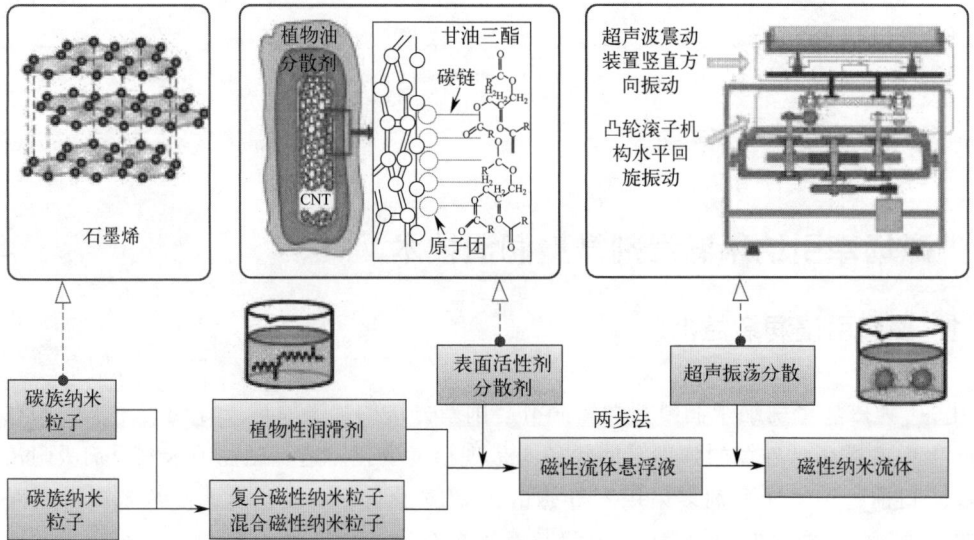

图 9-2 磁性纳米润滑剂制备方法

郭树明等通过研究发现，棕榈油由于具有高黏度、长分子链、极性基团等特性，应用于纳米润滑剂微量润滑中展现出了优异的润滑性能。另外，油酸是 Fe_3O_4 的优良分散剂，棕榈油的油酸含量为 42% 左右，高于其他种类的植物油。因此，采用棕榈油作为纳米流体的基础油。这样既能保证 Fe_3O_4 的分散性，同时能兼顾优良的润滑性能。棕榈油的主要物理性质见表 9-1。

表 9-1 棕榈油的物理性质

物理性质	数值
颜色	淡黄色
密度(20℃)	0.93g/mL
黏度(20℃)	66.1mPa·s
闪点	165℃
酸值	0.16mg/g
皂化值	195.07mg/g
主要脂肪酸种类及含量	油酸 42.02%，棕榈酸 40.24%，亚油酸 12.32%，硬脂酸 4.27%

9.2　磁场牵引纳米润滑剂浸润模型

9.2.1　微量润滑剂输运的物理学建模

磨削区由砂轮表面和工件表面构成。磨削区的厚度方向尺度为 $10\mu m$ 数量级，而长度方向（磨削弧长）尺度为 $1\sim10mm$ 数量级。由于尺度差异较大，可忽略磨削区的圆弧特性，将其定义为两平板构成的微尺度空间。进一步地，对于普通磨削加工，在磨削过程中砂轮线速度一般为 $10\sim30m/s$，工件进给速度为 $0.1\sim1m/min$，可将磨削区定义为上板运动、下板静止的微尺度空间，如图 9-3 所示。

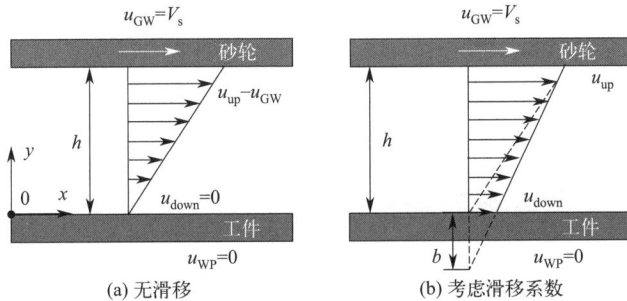

图 9-3　润滑剂输运的物理学建模

润滑剂微液滴被砂轮携带至磨削区入口后，进一步向磨削区输运并起到冷却润滑作用是微量润滑工艺实现高性能加工的前提。润滑剂的输运问题属于流体动力学和磁流体动力学范畴，现根据物理过程和几何特性进行边界条件求解。

根据磨削区空间的几何特性，可将润滑剂输运问题归类为平行平板微缝隙流动问题。对于切削液的连续高压射流，切削液的输运动力源为流体压力和砂轮的剪切作用。而微量润滑剂不同，微液滴群在到达磨削区入口后基本失去了动能，其进一步向磨削区输运只能依靠剪切输运。至此，我们可以将这一问题归类为流体动力学中经典的库埃特流动，也称为剪切流。经典的库埃特流动认为流体在运动过程中与壁面之间不存在滑移现象，也就是壁面附近的流体与壁面速度相同，在高度方向上流体速度呈线性变化趋势。但随着流体动力学在物理中应用的研究发展，学者们发现这一假设并不适用于所有工况，特别是对于高剪切速度界面，磨削加工就是高剪切率特性的典型。此外，若假设边界不存在滑移现象，那么在不同磨削参数下润滑剂的输运问题只存在唯一解，显然不符合真实情况。因此，进一步将边界滑移现象引入物理模型，并认为砂轮-润滑剂、润滑剂-工件界面都存在滑移。那么，此物理模型可描述为"考虑边界滑移的库埃特流动"问题。

如图 9-3(b) 所示在二维空间建立坐标系，润滑剂在砂轮的拖曳作用下流动，其流动控制方程为

$$\frac{\mathrm{d}^2 u}{\mathrm{d}y^2} = \frac{1}{\eta} \times \frac{\mathrm{d}p}{\mathrm{d}x} \tag{9-1}$$

式中，u 是流体的流动速度，m/s，是坐标 y 的函数；η 是液体的动力黏度，$N \cdot s/m^2$；p 是润滑剂流动方向上流体受到的压力，N。对式(9-1)积分可得到流速 u 的表达式：

$$u = \frac{1}{2\mu} \times \frac{\mathrm{d}p}{\mathrm{d}x} y^2 + C_1 y + C_2 \tag{9-2}$$

进一步考虑边界滑移现象，引入表征边界滑移程度的边界滑移系数 b。其定义为，润滑剂速度曲线轮廓延长线和壁面速度相等的点到壁面的距离。b 值与固液界面的接触状态和压力有关。显然砂轮表面和工件表面具有显著的材料和形貌差异，因此也会导致滑移系数的不同。在之前的研究中，学者们仅考虑设置一个滑移系数表征上、下两个固液界面。这种方法不符合本研究的工程实际，因此分别设置砂轮-润滑剂界面和工件-润滑剂界面的滑移系数为 b_1 和 b_2。其物理意义如图 9-4 所示。

此时，润滑剂流速 u_{L} 的边界条件与 b_1 和 b_2 相关。在边界条件 $y=0$ 和 $y=h$ 时，润滑剂流速分别为 $u_{\mathrm{L}} = u_{\mathrm{ds}} = V_s b_2 / (h + b_2)$ 和 $u_{\mathrm{L}} = V_s - u_{\mathrm{ups}} = V_s - V_s b_1 / (h + b_1)$。其中，$u_{\mathrm{L}}$ 为润滑剂流速，m/s；b_1 和 b_2 分别为砂轮-润滑剂界面和工件-润滑剂界面的滑移系数，m；u_{up} 和 u_{down} 分别为润滑剂-砂轮界面和润滑剂-工件界面的滑移速度，m/s；u_{ds} 为润滑剂在下壁面即工件表面的滑移速度变化量，m/s；u_{ups} 为润滑剂在上壁面即砂轮表面的滑移速度变化量，m/s；V_s 为砂轮线速度，m/s；h 为砂轮与工件界面之间的距离，m。

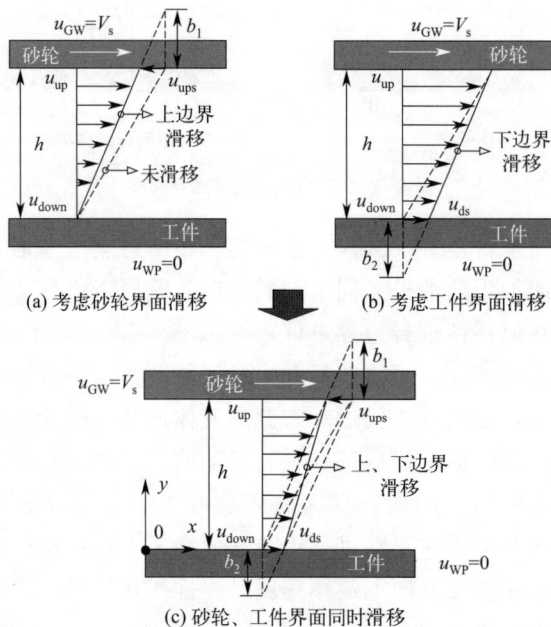

图 9-4 考虑不同滑移系数的润滑剂输运物理学模型

将边界条件代入公式(9-2)中，可求得润滑剂流速的分布公式：

$$u_{\mathrm{L}} = \frac{V_s}{h} \times \left(\frac{h}{h + b_1} - \frac{b_2}{h + b_2} \right) y + \frac{V_s b_2}{h + b_2} \tag{9-3}$$

进一步地，若磨削区的宽度为 B，那么磨削区的润滑液流量 Q 可通过积分推导得出：

$$Q = \frac{V_s h B}{2} \times \left(\frac{h}{b_1 + h} - \frac{b_2}{b_2 + h} \right) + \frac{V_s h b_2 B}{b_2 + h} \tag{9-4}$$

9.2.2　微界面润滑剂的受力分析及速度分布

对于具有速度梯度的流体层，由牛顿流体的本构模型可知，流体层之间受到的剪切应力 τ 与流体的速度梯度有关。在磨削加工中，由于流体在砂轮的拖曳作用下发生剪切流动，流体层之间的剪切应力达到临界剪切应力值 τ_0（润滑剂微元与固体界面的正压力为 0），同时发生滑移现象。在临界剪切应力下，可求出速度梯度

$$\frac{\mathrm{d}u}{\mathrm{d}y}=\frac{\tau_0}{\eta} \tag{9-5}$$

τ_0 是润滑剂初始的临界剪切屈服应力，是黏度 η 和速度梯度的函数。润滑剂由磨削区入口进入微界面的初始速度为 $2\sim5\mathrm{m/s}$，而砂轮线速度可在 $10\sim30\mathrm{m/s}$ 的范围内进行调节（对于普通磨削加工）。根据牛顿流体的本构模型中流体层之间受到的剪切应力 τ 与速度的关系可以可得出 τ_0 的范围为 $13000\sim65000\mathrm{N/m}^2$。

将式（9-3）对 y 方向求导可得到速度梯度是 b_1 和 b_2 的函数，进一步联立式（9-5）可得到等式

$$\frac{\tau_0}{\eta}=\frac{V_\mathrm{s}}{h}\times\left(\frac{h}{h+b_1}-\frac{b_2}{h+b_2}\right) \tag{9-6}$$

下面分别求解砂轮-润滑剂界面和润滑剂-工件界面对应的滑移系数。值得注意的是，两个界面的滑移系数在系统中的求解互不干扰，这也是滑移系数的定义所在。因此，对于砂轮-润滑剂界面和润滑剂-工件界面分别令 $b_2=0$ 和 $b_1=0$，求得

$$b_1=\frac{\eta V_\mathrm{s}}{\tau_0}-h \qquad b_2=\frac{\eta V_\mathrm{s}}{\tau_0}-h \tag{9-7}$$

进一步地，在磨削区中引入与砂轮界面垂直的磁场，润滑剂微元与固体界面的正压力将会受到磁场力的影响。据 Bair 和 Winer 的报道，当润滑剂微元与固体界面的正压力为 p 时，固液界面的临界剪切应力值可表示为

$$\tau_\mathrm{c}=\tau_0+kp \tag{9-8}$$

式中，k 是固液界面的摩擦系数，是与固液分子间作用力相关的常数。

由式（9-8）可知，磁场的引入会增大或减小固液界面的压力值。由此会改变临界剪切应力和速度梯度，从而滑移速度也会发生改变。润滑剂微元受到的正压力是磁场体积力 F_m 和重力 G 的合力，由于磁场力和黏性力的数量级远高于重力，因此将重力项忽略，进而 $p=F_\mathrm{m}$。

对于砂轮-润滑剂界面和工件-润滑剂界面，由于磁场的加入分别使界面的压力增大和减小，临界剪切应力 τ_c1 和 τ_c2 分别为

$$\tau_\mathrm{c1}=\tau_0+k_1F_\mathrm{m} \qquad \tau_\mathrm{c2}=\tau_0-k_2F_\mathrm{m} \tag{9-9}$$

式中，k_1 和 k_2 分别是砂轮-润滑剂界面和工件-润滑剂界面的摩擦系数，是与界面吸附力相关的常数。当液体不变时，k 的大小与粗糙度呈正相关。由于砂轮的表面粗糙度高于工件，因此 $k_1>k_2$。

联立式（9-7）和式（9-9），可求得引入磁场后两界面的滑移系数：

$$b_1=\frac{\eta V_\mathrm{s}}{\tau_0+k_1F_\mathrm{m}}-h \qquad b_2=\frac{\eta V_\mathrm{s}}{\tau_0-k_2F_\mathrm{m}}-h \tag{9-10}$$

而润滑剂作为磁流体，单位体积润滑剂受到的磁场力可用下式求解：

$$F_m = \mu_0 (\boldsymbol{M} \cdot \nabla) \boldsymbol{H} \tag{9-11}$$

式中，$\boldsymbol{M}$ 是润滑剂的磁化强度，A/m；$\boldsymbol{H}$ 是磨削区的磁场强度，A/m；μ_0 是真空磁导率，取 $4\pi \times 10^{-7} \text{N/A}^2$。在磨削区微界面，$\boldsymbol{M}$ 和 $\boldsymbol{H}$ 的方向是平行的，则有 $\boldsymbol{M} = MH/|\boldsymbol{H}|$。进一步地，根据向量的关系 $\nabla(\boldsymbol{H} \cdot \boldsymbol{H}) = 2(\boldsymbol{H} \cdot \nabla) \cdot \boldsymbol{H}$，可将式（9-11）转换为标量式

$$F_m = \mu_0 M \nabla H \tag{9-12}$$

式中，$M = |\boldsymbol{M}|$，$H = |\boldsymbol{H}|$。

将式（9-10）、式（9-12）代入式（9-3）和式（9-4）可得磁场影响下的润滑剂速度分布及流量公式：

$$u_L = \frac{y}{\eta h} \left[2h\tau_0 - \eta V_s + h\mu_0 M \nabla H (k_1 - k_2) \right] + \left[V_s - \frac{h}{\eta}(\tau_0 - k_2 \mu_0 M \nabla H) \right] \tag{9-13}$$

$$Q = \frac{yb}{2\eta} \left[2h\tau_0 - \eta V_s + h\mu_0 M \nabla H (k_1 - k_2) \right] + hb \left[V_s - \frac{h}{\eta}(\tau_0 - k_2 \mu_0 M \nabla H) \right] \tag{9-14}$$

式中，润滑剂黏度 η 是磁场的函数，可通过对黏度变化趋势进行拟合得到其与磁场强度的关系，其表达式为

$$\eta = \frac{K}{(1 + a e^{-bH})} + c \tag{9-15}$$

拟合结果见表 9-2。本节采用 Fe_3O_4 纳米润滑剂作为代表进行研究。

表 9-2　磁性纳米润滑剂黏度的拟合结果

纳米润滑剂种类	K	a	b	c	拟合系数 R^2
Fe_3O_4	74.3	200.1	0.028	74.3	0.997
Fe_3O_4 修饰石墨烯纳米润滑剂	11.76	87.4	0.024	71.1	0.994
Fe_3O_4 与石墨烯混合纳米润滑剂	59.54	73.1	0.023	72.3	0.999

9.2.3　磁场影响下的浸润速度与流量数值解

图 9-5 是不同磁场强度下的润滑剂浸润速度曲线。当磁场强度为 0A/m 时，在上边界的润滑剂浸润速度为 11.96m/s，在下边界的润滑剂浸润速度为 8.04m/s；相比砂轮线速度 20m/s，润滑剂的浸润速度较低，从而无法浸润完整磨削区域。

当加入磁场以后，润滑剂浸润速度曲线整体向右移动。对于上边界，速度增加率逐渐降低，当磁场强度为 110000A/m 时，润滑剂浸润速度达到了 16.27m/s。这是由于磁场力对润滑剂的作用增强了润滑剂在砂轮界面的吸附力，从而降低了滑移趋势。可以预见，当磁场增加至足够大时润滑剂的浸润速度可以达到 20m/s，但本节中的磁场强度最高只能达到 110000A/m。对于下边界，润滑剂浸润速度的增加率保持恒定值，当磁场达到 110000A/m 时，润滑剂浸润速度达到 12.4m/s。这是由于磁场力的引入抵消了润滑剂和工件界面的吸附力与摩擦力，从而增强了滑移趋势。因此，在砂轮-工件界面施加与润滑剂运动方向垂直的磁场能够增强润滑剂的浸润性能。

由于磨削参数的改变，最终体现在磨削区微通道界面的是上界面速度和界面高度的变化。因此，选取砂轮线速度（10～35m/s）和界面高度（20～45μm）作为自变量，通过计算得到不同磁场强度下单位时间内润滑剂的流量变化规律（图 9-6）。

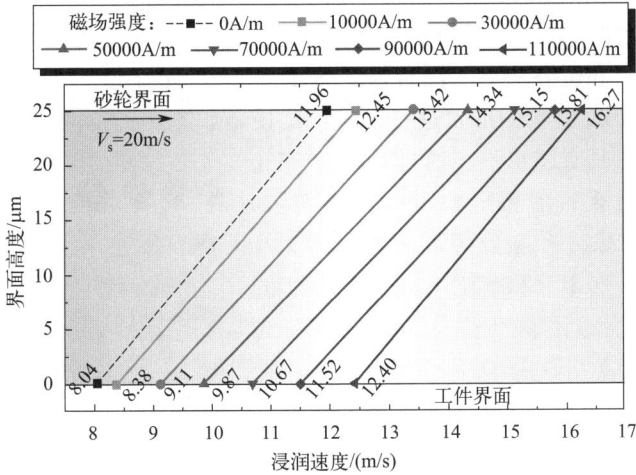

图 9-5 不同磁场强度下的润滑剂浸润速度曲线

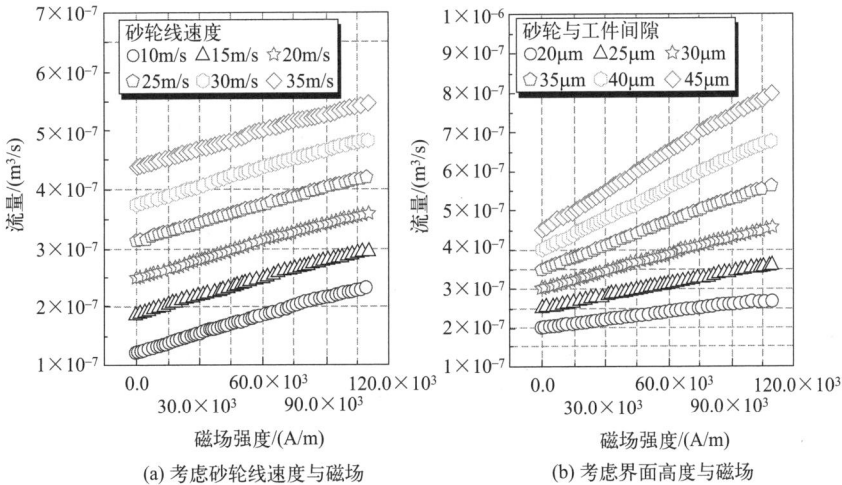

(a) 考虑砂轮线速度与磁场   (b) 考虑界面高度与磁场

图 9-6 不同条件下的润滑剂浸润流量

随着磁场强度的增大，单位时间内润滑剂的浸润流量呈现近似线性增加的趋势，这和得到的速度曲线变化规律相同。如图 9-6(a) 所示，随着砂轮线速度的增大，润滑剂流量线性增大。这是由于砂轮线速度的提升增大了润滑剂的惯性力。如图 9-6(b) 所示，随着界面高度的增大，润滑剂流量也增大。在磁场强度为 0 时，流量的增大是由于浸润空间的增大。而当施加磁场（例如为 110000A/m）时，流量的增大不仅有浸润空间增大的作用，更有提升磁场强度的作用。这可以从流量曲线的斜率不同证明。

9.3 磁场辅助纳米润滑剂微量润滑力学模型

9.3.1 磨粒几何学和运动学模型

CBN 磨粒虽然硬度（显微硬度 7200～9800HV）次于金刚石，但其热稳定性和化学稳定性高，尤其是不会与铁及铁合金发生反应。此外，CBN 磨粒的热导率是刚玉磨粒的几十倍甚至上百倍，因此适合用于低热导率难加工材料（特别是钛合金）的磨削加工。在磨削区中，CBN 磨粒的形状和位姿决定了微接触区的几何特性。因此为了精确表征磨粒-工件界面的摩擦学特性，对 CBN 磨粒的形状进行了统计建模，如图 9-7 所示。

CBN 磨粒的形状具有随机性。通过对 500～600 个磨粒的形状统计发现，磨粒形状可分为四面体、六面体、八面体、椭球体和圆锥等，而四面体、八面体、椭球体三种形状的磨粒占总磨粒数的 97.49%。采用高温烧结法将磨粒与结合剂制备为 CBN 砂轮，磨粒中心点处于结合剂平面内的磨粒能起到磨削作用。而磨粒中心点处于结合剂平面外的磨粒，在力的作用下将在修整或磨削过程中脱落。因此，暴露在结合剂外的磨粒只有一部分能够起到磨削作用。进一步地，将三种磨粒引入磨削工况能够发现，无论哪种磨粒，参与材料去除的磨粒表面（与材料干涉面）都可归纳为三个面，即两个平面（前刀面）和一个圆弧面（后刀面）。因此，针对这三个面进行 CBN 磨粒建模。本节提出了一种新的磨粒模型，即截角六面体。针对磨粒-工件界面的实际磨削情况确定此模型的重要参数有 3 个，两个前刀面夹角即磨粒顶角 α、后刀面面积 S 和磨粒粒径 D，如图 9-8 所示。

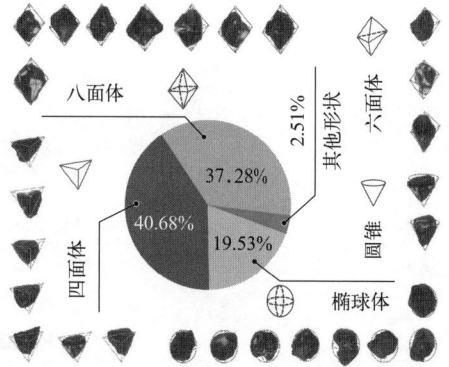

图 9-7　CBN 磨粒的形状统计

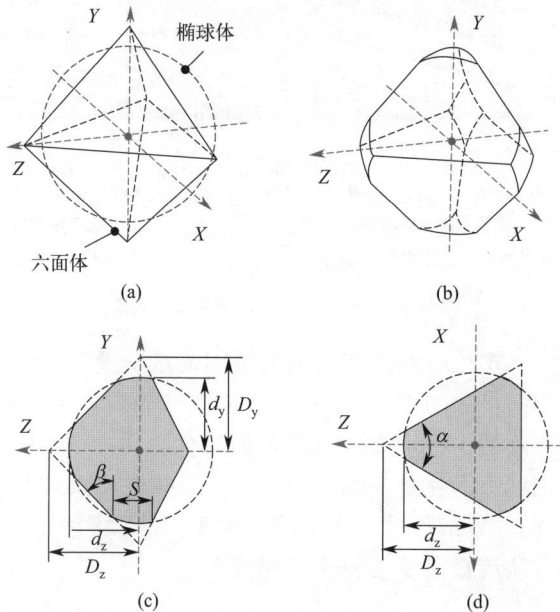

图 9-8　截角六面体磨粒几何模型

① 磨粒顶角 α：尽管磨削过程中有不同形状的磨粒参与材料去除，但都可用截角六面体模拟。而两个前刀面夹角 α 可表征不同磨粒的形状，并且其在 60°～90° 范围内浮动。统计中发现 60°（对应四面体）占 37%，90°（对应八面体）占 40%，两者近似相等。因此 α 符合标准均匀分布，即 $\alpha \sim U$（60°，90°）。两个前刀面的切削状态能够代表不同形状的磨粒与

材料干涉的实际情况。

② 磨粒粒径 D：服从正态分布，显然 $D=2D_z$。根据国际标准 ISO 6106，使用的砂轮目数为 $240^{\#}$，磨粒直径为 53μm（$D_{\min}$）$\sim 63\mu$m（$D_{\max}$）。因此，磨粒粒径的概率密度分布函数可表示为

$$\phi(D)=\frac{1}{\sqrt{2\pi}\sigma}\mathrm{e}\left[\frac{(D-D_{\text{mean}})^2}{2\sigma^2}\right] \tag{9-16}$$

式中，$\sigma=(D_{\max}-D_{\min})/6$，$D_{\text{mean}}=(D_{\max}+D_{\min})/2$。$D_z$ 为 Z 方向磨粒的粒径，mm；$D_{\max}$、$D_{\min}$、D_{mean} 分别为 Z 方向磨粒粒径的最大值、最小值、平均值，mm。

③ 后刀面面积 S：圆弧形后刀面的存在原因是加工过程中磨粒夹角的磨损。磨粒的初始状态带有尖角，然而随着磨削加工的进行，磨粒将经历急剧磨损、稳定磨损和材料剥落三个阶段。其中稳定磨损阶段是正常工作阶段，而且在此状态下，磨粒的后刀面呈现为圆弧面。后刀面面积 S 与球直径 $2d_z$ 相关。d_z 可通过磨粒统计获得。据统计，$d_z\approx(0.82\sim 0.9)D_z$，且服从均匀分布，即 $d_z\sim U(0.82D_z,0.9D_z)$。

进一步地，根据截角六面体可求得磨粒的后刀面面积 S（约等于球冠面积）：

$$S\approx 2\pi RH=2\pi d_y\left[d_y-d_y\cos\left(\frac{\pi}{4}-\arccos\frac{D_y}{\sqrt{2}d_y}\right)\right] \tag{9-17}$$

为了在程序中构建磨粒的姿态，可构建磨粒六边形 6 个顶点的坐标点矩阵 G_v：

$$G_v=\begin{bmatrix} 0 & D_y & 0 \\ -\dfrac{\sqrt{3}}{2}D_z & \left(1-\dfrac{\sqrt{3}}{2\tan\dfrac{2}{\alpha}}\right)D_z & 0 \\ \dfrac{\sqrt{3}}{2}D_z & \left(1-\dfrac{\sqrt{3}}{2\tan\dfrac{2}{\alpha}}\right)D_z & 0 \\ 0 & 0 & D_z \\ 0 & 0 & -D_z \end{bmatrix} \tag{9-18}$$

进一步建立截角六面体，通过 Matlab 软件计算得到的磨粒如图 9-9 所示。图中磨粒颜色变化对应磨粒高度。

在磨削过程中磨粒和工件发生干涉，从而去除工件材料。影响磨粒-工件接触区几何模型的因素有两个：磨粒姿态和磨粒突出结合剂高度。图 9-10 为砂轮表面磨粒的分布及位姿。

① 磨粒姿态：以磨粒中心 O 点为原点构建磨粒的笛卡尔坐标系。由于砂轮是 CBN 磨粒与结合剂充分混合后高温烧结制备而成的，因此磨粒在结合剂中的位姿状态是完全随机的。对于一组磨粒来说，磨粒绕 X 轴的旋转角度 γ_x、绕 Y 轴的旋转角度 γ_y、绕 Z 轴的旋转角度 γ_z 应服从均匀分布（$0°$，$360°$）。进一步地，若设定图 9-10 中磨粒的姿态为 $\gamma_x=\gamma_y=\gamma_z=0°$，结合截角六面体的形状特性可知，当 γ_y 和 γ_z 的变化范围是 $[-\alpha,\alpha]$ 时，能够代表磨粒的所有情况；当 γ_x 的变化范围为 $[-\alpha,\beta]$ 时，能够代表磨粒的所有情况。其中，β 为前刀面倾角。由此可确定 $\gamma_x\sim U[(\alpha-\pi)/2,\pi/2-\beta]$，$\gamma_y\sim U[(\alpha-\pi)/2,(\pi-\alpha)/2]$，$\gamma_z\sim U[(\alpha-\pi)/2,(\pi-\alpha)/2]$。

根据上述分析，六个定顶点绕 X 轴、Y 轴、Z 轴的旋转矩阵 $R_x(\gamma_x)$、$R_y(\gamma_y)$、$R_z(\gamma_z)$ 分别为

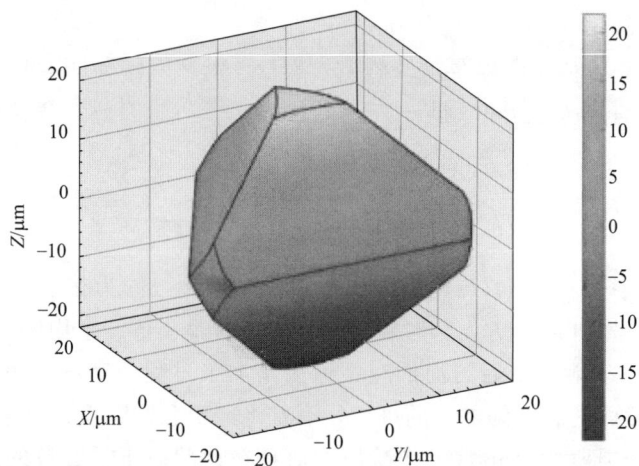

图 9-9 Matlab 生成的截角六面体磨粒

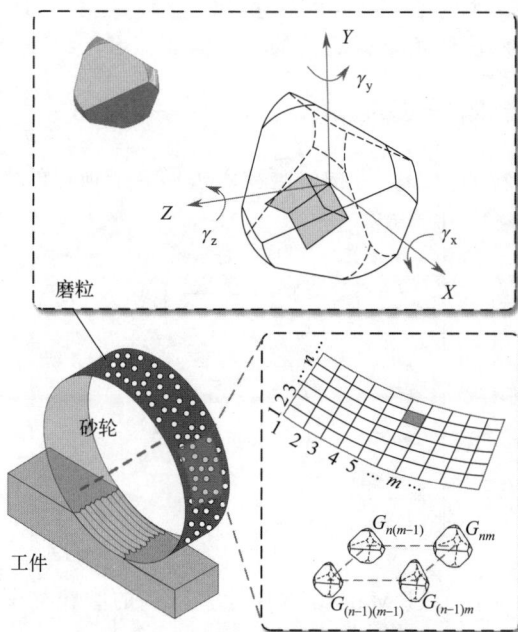

图 9-10 砂轮表面磨粒的分布及姿态

$$R_{x}(\gamma_{x}) = \begin{pmatrix} 1 & 0 & 0 \\ 0 & \cos\gamma_{x} & \sin\gamma_{x} \\ 0 & -\sin\gamma_{x} & \cos\gamma_{x} \end{pmatrix} \tag{9-19}$$

$$R_{y}(\gamma_{y}) = \begin{pmatrix} \cos\gamma_{y} & 0 & -\sin\gamma_{y} \\ 0 & 1 & 0 \\ \sin\gamma_{y} & 0 & \cos\gamma_{y} \end{pmatrix} \tag{9-20}$$

$$R_{z}(\gamma_{z}) = \begin{pmatrix} \cos\gamma_{z} & \sin\gamma_{z} & 0 \\ -\sin\gamma_{z} & \cos\gamma_{z} & 0 \\ 0 & 0 & 1 \end{pmatrix} \tag{9-21}$$

磨粒旋转后的六个顶点坐标可用 $G_{v\gamma}=G_v R_x R_y R_z$ 来描述。

② 磨粒突出结合剂高度 Z：磨粒突出高度服从均匀分布，区间为 $[-L_r, L_r]$。其中 L_r 为磨粒间距。可由公式(9-22)计算得到。进一步采用"磨粒振荡法"模拟磨粒位置，可以得到理论磨粒间距

$$L_r = D_{mean}\left(\sqrt{\frac{\pi}{8(31-S_0)}}-1\right) \tag{9-22}$$

式中，S_0 为砂轮组织号。

根据以上建模可知，在磨削区中单一磨粒的形状、位置、姿态几何信息可以由7个参数确定。这7个参数的赋值方法已经在上文解决。由此，在磨削区内若存在一磨粒 G_{nm}，则此磨粒可用数组表示为

$$G_{nm}=[\alpha, D, d_z, \gamma_x, \gamma_y, \gamma_z, Z] \tag{9-23}$$

磨粒的突出高度决定了其是否和工件材料接触，但即使接触也不一定处于切削状态。根据磨粒切入深度的不同，磨粒与工件的接触状态可分为切削、耕犁、滑擦和未接触。张彦彬考虑磨粒运动和前后磨粒在运动过程中的遮蔽关系，提出了"动态有效磨粒"求解模型。

对于工程化砂轮（如钎焊CBN砂轮），磨粒的间距和突出高度是可以设置的参数并且相等。此时所有磨粒都能够与工件材料接触，磨粒中心点间距 $\lambda = L_r + D$。但对于磨粒随机排布的普通砂轮，磨粒中心点间距 λ 又称为动态有效磨粒的间距。考虑动态有效磨粒突出高度的差异，可进一步推导出磨粒的切削深度：

$$a_{gmax(n)}=2\lambda_{(n\sim n-1)}\frac{V_w}{V_s}\sqrt{\frac{a_p}{D}}+(a_{p(n)}-a_{p(n-1)}) \tag{9-24}$$

式中，$a_{gmax(n)}$ 表示第 n 个动态有效磨粒的切削深度；$\lambda_{(n\sim n-1)}$ 表示第 $n-1$ 个和第 n 个动态有效磨粒的间距；$a_{p(n)}$ 和 $a_{p(n-1)}$ 分别表示第 n 个、第 $n-1$ 个动态有效磨粒的突出高度。

9.3.2　单颗磨粒磨削力模型

若给定单颗磨粒的切削深度 a_g，通过分析磨粒在 X、Y、Z 三个方向的旋转角度可知，磨粒与工件的接触面最多存在3个，即前刀面Ⅰ、前刀面Ⅱ和后刀面Ⅲ，如图9-11所示。

前刀面Ⅰ和Ⅱ与工件的干涉面积 $S_{RⅠ}$ 和 $S_{RⅡ}$ 大小一样，为

$$\begin{aligned}S_{RⅠ}&=S_{RⅡ}\\&\approx\frac{1}{2}\left[2a_g\tan\beta+2(D_z-d_z)\tan\frac{\alpha}{2}\right]\frac{a_g}{d_z}D_z\sin\frac{\alpha}{2}\\&=\left[a_g\tan\beta+(D_z-d_z)\tan\frac{\alpha}{2}\right]\frac{a_g}{d_z}D_z\sin\frac{\alpha}{2}\end{aligned} \tag{9-25}$$

以坐标系为基准，将表面法线方向作为对角线构建长方体，可定义 θ_x、θ_y、θ_z 三个角度，如图9-11所示。

前刀面Ⅱ的三个角度可由磨粒的形状参数和姿态参数求解，分别为

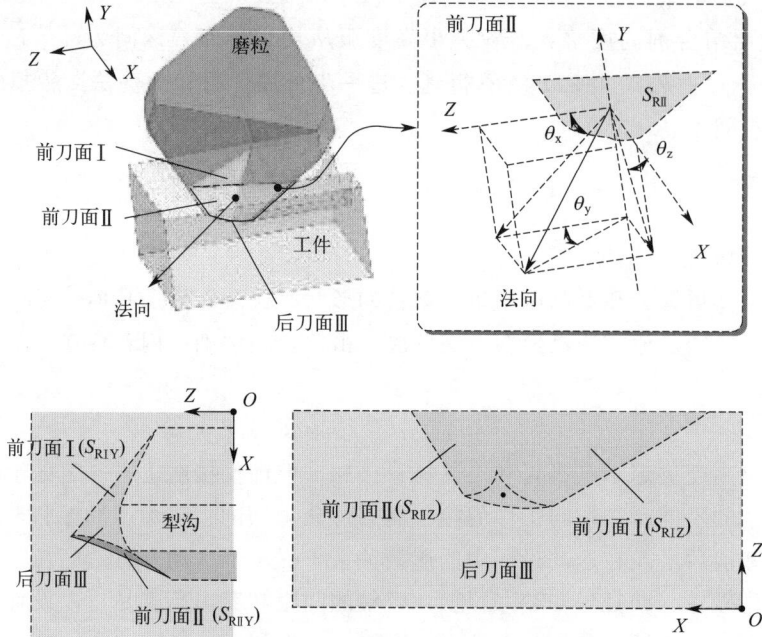

图 9-11　磨粒-工件的干涉面和几何关系

$$\begin{cases} \theta_{x\text{II}} = \gamma_x + \beta \\[2mm] \theta_{y\text{II}} = \gamma_y + \dfrac{\pi - \alpha}{2} \\[2mm] \theta_{z\text{II}} = \gamma_z + \dfrac{\alpha}{2} \end{cases} \tag{9-26}$$

由于前刀面 I 与 II 对称，根据几何关系可得到前刀面 I 的磨粒形状参数和姿态参数关系，这里不再详述。

以 X、Y、Z 坐标轴作为法向量构建通过 O 点的平面，那么可以得到前刀面 I 和 II 在三个平面上的投影面积（$S_{\text{R}\text{I}X}$、$S_{\text{R}\text{I}Y}$、$S_{\text{R}\text{I}Z}$ 和 $S_{\text{R}\text{II}X}$、$S_{\text{R}\text{II}Y}$、$S_{\text{R}\text{II}Z}$）。其中，前刀面的投影面积均取正值，后刀面 III 与工件的干涉面积可根据后刀面面积 S 的公式求解，在此不再详述。

工件材料在磨粒干涉作用下，存在断裂去除、塑性变形和弹性滑擦三种情况。同时，工件材料在磨粒表面流动产生摩擦力（可依据界面法向应力和摩擦系数求得）。因此，下面探讨三种不同情况下的磨粒表面应力分布，如图 9-12 所示。

① 材料塑性变形：在磨粒作用下材料塑性变形的方向为前刀面的法线方向，因此磨粒前刀面对材料作用的法向应力 σ_n 和材料的屈服极限 σ_s 相等。进一步推导可得出前刀面 II 在三个方向的应力分量 $\sigma_{x\text{II}}$、$\sigma_{y\text{II}}$、$\sigma_{z\text{II}}$：

$$\begin{cases} \sigma_{x\text{II}} = \dfrac{\sigma_n}{\sqrt{1 + (1 + \tan\theta_{x\text{II}})^2 (\tan\theta_{x\text{II}} \tan\theta_{z\text{II}})^2}} \\[4mm] \sigma_{y\text{II}} = \sigma_{x\text{II}} \tan\theta_{z\text{II}} \\[3mm] \sigma_{z\text{II}} = \dfrac{\sigma_{x\text{II}} \tan\theta_{z\text{II}}}{\tan\theta_{x\text{II}}} \end{cases} \tag{9-27}$$

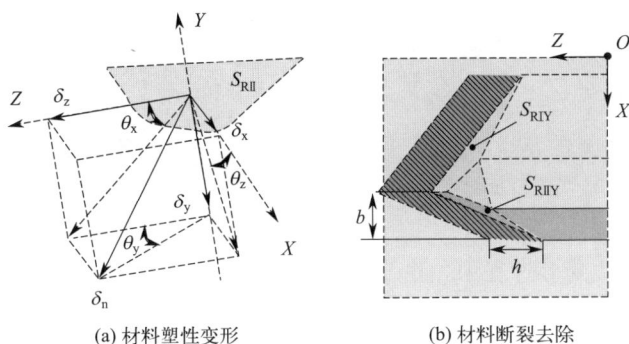

(a) 材料塑性变形　　　　　(b) 材料断裂去除

图 9-12　磨粒表面应力及坐标方向投影（1）

由于前刀面Ⅰ与Ⅱ对称，同理可得到前刀面Ⅰ的应力关系，这里不再详述。

② 材料断裂去除：在磨粒作用下工件材料沿着磨粒前进的方向断裂，材料断裂去除所需的能量由磨粒的前刀面提供。若单位时间内磨粒向 Z 轴方向移动的距离为 h，则被去除材料在 X-Z 平面的投影如图 9-12(b) 所示。根据材料断裂所需的能量和磨粒表面的应力关系可得出

$$\tau_b hb = \tau_z S_{R\mathrm{II}Z} \tag{9-28}$$

式中，h 和 b 分别为前刀面Ⅱ在 Y 方向投影面的高度和长度；τ_b 为剪切断裂极限，其与断裂极限 σ_b 的关系为 $\tau_b = (0.5 \sim 0.58)\sigma_b$。

进一步地，根据长方体的几何关系可得到磨粒表面其他方向的应力：

$$\begin{cases} \tau_{x\mathrm{II}} = \dfrac{\tau_z \tan\theta_{x\mathrm{II}}}{\tan\theta_{z\mathrm{II}}} \\ \tau_{y\mathrm{II}} = \tau_{x\mathrm{II}} \tan\theta_{z\mathrm{II}} \\ \tau_{n\mathrm{II}} = \sqrt{\tau_{x\mathrm{II}}^2 + \tau_{y\mathrm{II}}^2 + \tau_z^2} \end{cases} \tag{9-29}$$

由于前刀面Ⅰ与Ⅱ对称，同理可得到前刀面Ⅰ的应力关系，这里不再详述。

③ 材料弹性滑擦：材料的弹性滑擦只发生在磨粒的后刀面，力的建模在后面讨论。

由于磨粒形态和姿态的变化，在前刀面作用下工件材料存在两种状态：耕犁和切削。因此分别对这两种情况的微接触面进行应力分布分析，并建立力学模型，如图 9-13 所示。由于前刀面Ⅰ和前刀面Ⅱ的建模过程一致，因此仅以前刀面Ⅱ为例进行计算。

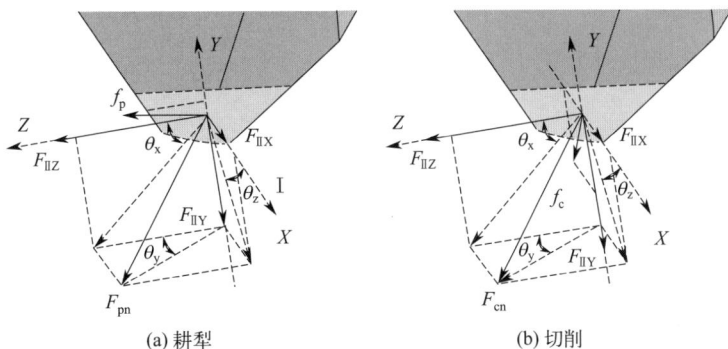

(a) 耕犁　　　　　(b) 切削

图 9-13　磨粒表面应力及坐标方向投影（2）

a. 耕犁：当前刀面处于耕犁状态时，与前刀面接触的工件材料变形程度过小，从而只发生塑性变形，并未发生材料去除。前刀面的应力 $\sigma_{n\mathrm{I}} = \sigma_{n\mathrm{II}} = \sigma_s$。因此，由材料屈服极限

引起的力为

$$F_{\mathrm{pn}\,\mathrm{II}} = S_{\mathrm{R}\,\mathrm{II}}\,\sigma_{\mathrm{s}} = \left[a_{\mathrm{g}}\tan\beta + (D_{\mathrm{z}} - d_{\mathrm{z}})\tan\frac{\alpha}{2} \right] \frac{a_{\mathrm{g}}}{d_{\mathrm{z}}} D_{\mathrm{z}} \sin\frac{\alpha}{2}\,\sigma_{\mathrm{s}} \tag{9-30}$$

根据不同投影面上的应力分量，可求得沿着 X、Y、Z 方向材料塑性变形的分力（$F_{\mathrm{pX}\,\mathrm{II}}$、$F_{\mathrm{pY}\,\mathrm{II}}$、$F_{\mathrm{pZ}\,\mathrm{II}}$）。前刀面 I 与前刀面 II 的干涉面积大小一样，故其材料塑性变形力及在不同方向上的分力（$F_{\mathrm{pX}\,\mathrm{I}}$、$F_{\mathrm{pY}\,\mathrm{I}}$、$F_{\mathrm{pZ}\,\mathrm{I}}$）的求解与前刀面 II 的求解方法一样。

此外，在材料塑性变形过程中，由于磨粒向 Z 方向运动，从而工件材料沿着前刀面相反的方向流动引起摩擦力。摩擦力的方向如图 9-13(a) 所示。摩擦力 f_{p} 可由下式计算：

$$f_{\mathrm{p}} = \mu F_{\mathrm{pn}} \tag{9-31}$$

式中，μ 是摩擦系数。

进一步地，可根据几何关系求得前刀面 II 和 I 沿着 X、Y、Z 方向的摩擦分力 $f_{\mathrm{pX}\,\mathrm{II}}$、$f_{\mathrm{pY}\,\mathrm{II}}$、$f_{\mathrm{pZ}\,\mathrm{II}}$ 和 $f_{\mathrm{pX}\,\mathrm{I}}$、$f_{\mathrm{pY}\,\mathrm{I}}$、$f_{\mathrm{pZ}\,\mathrm{I}}$。

b. 切削：当前刀面处于切削状态时，与前刀面干涉的材料沿 Z 轴方向断裂去除，前刀面需提供材料断裂去除应力 τ_{n}。此外，被去除材料也会塑性变形，因此能观察到变形的磨屑，而前刀面所需提供的应力与前述相同，为 σ_{s}。所以，前刀面的应力 $\sigma_{\mathrm{n}} = \tau_{\mathrm{n}} + \sigma_{\mathrm{s}}$。此时，力的模型可表示为

$$F_{\mathrm{cn}\,\mathrm{II}} = S_{\mathrm{R}\,\mathrm{II}}\,\sigma_{\mathrm{n1}} = \left[a_{\mathrm{g}}\tan\beta + (D_{\mathrm{z}} - d_{\mathrm{z}})\tan\frac{\alpha}{2} \right] \frac{a_{\mathrm{g}}}{d_{\mathrm{z}}} D_{\mathrm{z}} \sin\frac{\alpha}{2} (\tau_{\mathrm{n}\,\mathrm{II}} + \sigma_{\mathrm{s}}) \tag{9-32}$$

根据不同投影面上的应力分量，可求得沿 X、Y、Z 方向的材料去除力（$F_{\mathrm{cX}\,\mathrm{II}}$、$F_{\mathrm{cY}\,\mathrm{II}}$、$F_{\mathrm{cZ}\,\mathrm{II}}$）。前刀面 I 与前刀面 II 的干涉面积大小一样，故其去除力及在不同方向上的分力（$F_{\mathrm{cX}\,\mathrm{I}}$、$F_{\mathrm{cY}\,\mathrm{I}}$、$F_{\mathrm{cZ}\,\mathrm{I}}$）的求解与前刀面 II 的求解方法一样。

由于磨屑被去除后沿着前刀面向上翻出，因此磨粒受到沿着前刀面向下的摩擦力，如图 9-13(b) 所示。该摩擦力可由下式计算：

$$f_{\mathrm{c}} = \mu F_{\mathrm{cn}} \tag{9-33}$$

进一步地，可根据几何关系求得前刀面 II 和 I 沿着 X、Y、Z 方向的摩擦分力（$f_{\mathrm{cX}\,\mathrm{II}}$、$f_{\mathrm{cY}\,\mathrm{II}}$、$f_{\mathrm{cZ}\,\mathrm{II}}$ 和 $f_{\mathrm{cX}\,\mathrm{I}}$、$f_{\mathrm{cY}\,\mathrm{I}}$、$f_{\mathrm{cZ}\,\mathrm{I}}$）。

c. 滑擦：弹性滑擦存在于后刀面-工件界面。弧形的后刀面与工件材料仅存在弹性滑擦行为，提供了摩擦力。Durgumahanti 等推导了后刀面的摩擦力计算公式，与后刀面的面积 S 和平均接触应力 P 呈正相关。进一步地，Malkin 推导了 P 的表达公式。借鉴上述推导，可得到法向摩擦力和切向摩擦力。

$$\begin{cases} f_{\mathrm{n}} = SP = \dfrac{4P_0 S V_{\mathrm{w}}}{V_{\mathrm{s}} D_{\mathrm{s}}} \\[2mm] f_{\mathrm{t}} = \mu_1 f_{\mathrm{n}} = \mu_1 SP \end{cases} \tag{9-34}$$

式中，D_{s} 为砂轮直径；P_0 是与磨粒后刀面面积相关的常数。

对磨粒与工件接触的耕犁、切削状态判别，可从两方面考虑：

① 当磨粒的切入深度 a_{g} 小于临界深度 a_{gc} 时，磨粒处于耕犁状态，反之则处于切削状态。在本书中，借鉴了张彦彬的研究结论取 $a_{\mathrm{gc}} = 1.18\mu\mathrm{m}$。

② 磨粒沿 Y 轴旋转的角度可改变前刀面在 X-Y 平面的投影面积，当投影面积小于临界值时，与前刀面接触的工件材料变形程度过小，从而只发生塑性变形，并未发生材料去除。其原理与磨粒切削深度的临界值相同。如图 9-14 所示，临界状态的判别可用角度 θ_{y} 表征

（前刀面法线在 X-Z 平面的投影与 Z 轴的夹角）。根据临界
切削深度 $a_{gc} = 1.18\mu m$ 可求得临界角度 $\theta_{yc} \approx 63°$。

磨粒与工件作用状态的判别条件如下：

a. 切削：$\theta_y \leqslant \pi/2 - \theta_{yc}$；

b. 耕犁：$\pi/2 - \theta_{yc} < \theta_y < \pi/2$；

c. 未接触：其余。

9.3.3　磨削力模型

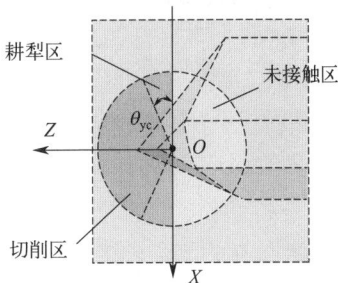

图 9-14　磨粒干涉状态的判别条件

如前所述磨削区中的动态有效磨粒，其前刀面分为耕犁和切削两种状态，而磨削力是所
有磨粒受力的和。如图 9-15 所示，磨削力预测模型的运行流程分为以下几步：①根据砂轮
参数构建砂轮几何模型及矩阵；②根据磨削参数求解磨削区动态有效磨粒分布矩阵、数量及
其各自的切削深度；③根据磨粒与工件的干涉行为判别条件选择单颗磨粒的具体计算公式；
④对所有磨粒的受力进行叠加求解总磨削力。

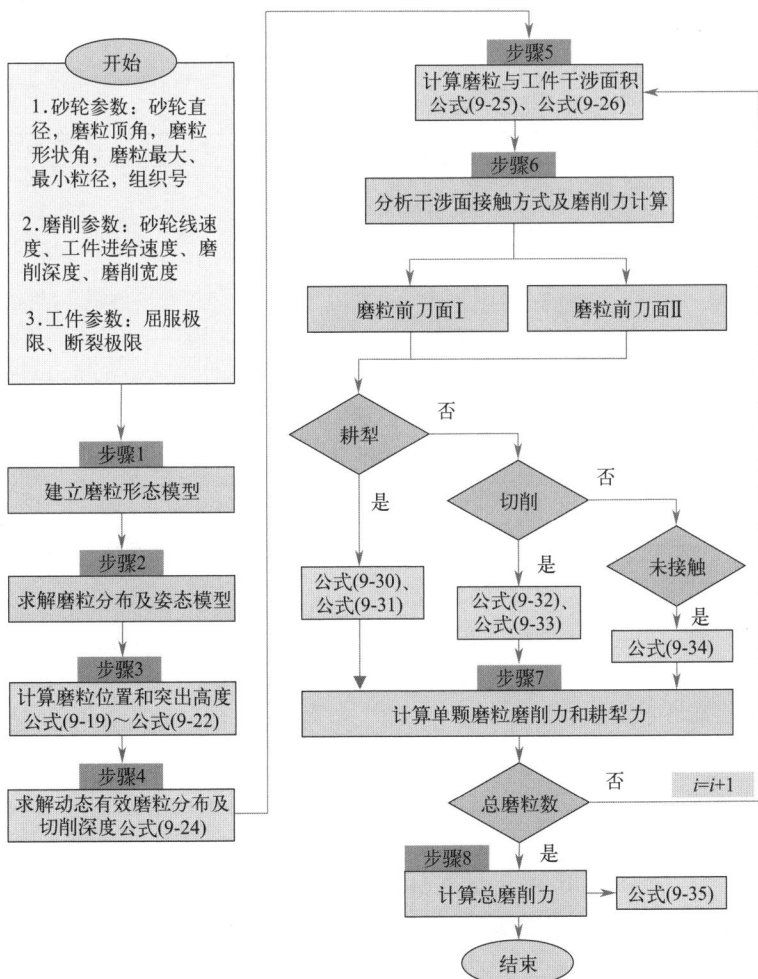

图 9-15　磨削力预测流程图

磨削力模型可表示为

$$\begin{cases} F_t = \sum_1^{N_d} [F_{pt\,(agn)} + F_{ct\,(agn)} + f_{pt\,(agn)} + f_{ct\,(agn)} + f_{t\,(agn)}] \\ F_n = \sum_1^{N_d} [F_{pn\,(agn)} + F_{cn\,(agn)} + f_{pn\,(agn)} + f_{cn\,(agn)} + f_{n\,(agn)}] \end{cases} \tag{9-35}$$

式中，F_t 为砂轮切向磨削力；F_n 为砂轮法向磨削力；N_d 为磨削区的动态有效磨粒数；agn 为第 n 个磨粒的切削深度，$1 \leqslant n \leqslant N_d$。式中单颗磨粒的各项数值与磨粒和工件的接触状态有关，若未接触则为 0，若接触则根据判据判别。当处于切削状态时，计算切削力、耕犁力为 0；若处于耕犁状态，则计算耕犁力、切削力为 0。

9.3.4 实验验证

本次模拟仿真采用 $240^\#$ CBN 砂轮（牌号为 CBN240N100B1A1），其具体尺寸参数为 300mm×20mm×76.2mm。工件材料为 Ti6Al4V。目前，在模型中仅存在一个未知参数 P_0，可通过一组实验测得的磨削力进行求解。对于磨削深度 $25\mu m$、工件进给速度 0.1m/s、砂轮线速度 20m/s 的磨削工况，P_0 为 2×10^{11}。其余参数见表 9-3。磨削加工实验装置如图 9-16 所示。

表 9-3 输入参数

类型	参数	数值
砂轮参数	砂轮直径 D_s/mm	300
	磨粒顶角 α/(°)	60～90
	砂轮组织号	12
	磨粒形状角 β/(°)	30～50
	磨粒最大粒径 D_{max}/mm	63
	磨粒最小粒径 D_{min}/mm	53
磨削参数	砂轮线速度 V_s/(m/s)	10～30
	进给速度 V_w/(m/s)	0.01～0.2
	磨削深度 a_p/μm	10～40
	磨削宽度 b/mm	20
工件材料参数	断裂极限/MPa	1505
	屈服极限/MPa	1120

（1）不同磁场强度下的磨削力预测及验证

根据磨削力预测结果与实验结果的拟合过程可得到微量润滑磨削工况下的摩擦系数（可达到 0.51），其对应的未加磁场情况下的切削液浸润速度是 10m/s，是砂轮线速度（即磨粒运动速度）20m/s 的 0.5。也就是说，磨削区只有一半数量的磨粒在润滑工况下切削，而另一半磨粒处于干切削状态，磨削力模型得到的摩擦系数 0.51 是这两个区域的数值和。为了建立磁场强度对磨削力影响的数值关系，进行了干磨削工况下的磨削加工实验，将法向力和切向力代入力模型可反推出摩擦系数为 0.67。因此，可推算出润滑剂完全浸润情况下的摩擦系数为 0.34。进一步地，由于浸润流量随磁场强度的变化是线性的，在磁场强度为 110000A/m 时，润滑剂的浸润速度为 16.27m/s，将其与磁场强度为 0 时的润滑剂浸润速度作为边界条件联立，可得到界面摩擦系数的表达式

$$\mu = -7 \times 10^{-7} H + 0.507 \tag{9-36}$$

图 9-16　磁场辅助磨削实验设置

通过公式(9-36)可将磁场引入磨削力模型，进一步可得出磁场强度对磨削力的影响规律，如图 9-17 所示。由结果可知，随着磁场强度的增大，磨削力呈现下降的趋势，与原理分析符合。

（2）不同磨削参数下的磨削力预测及验证

① 不同磨削深度：设置固定的工件进给速度和砂轮线速度，计算微量润滑工况不同磨削深度条件下的切向力和法向力，预测结果和实验结果对比如图 9-18 所示。

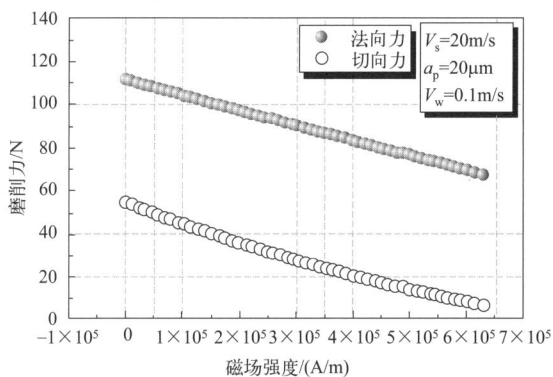

图 9-17　不同磁场强度影响下的磨削力

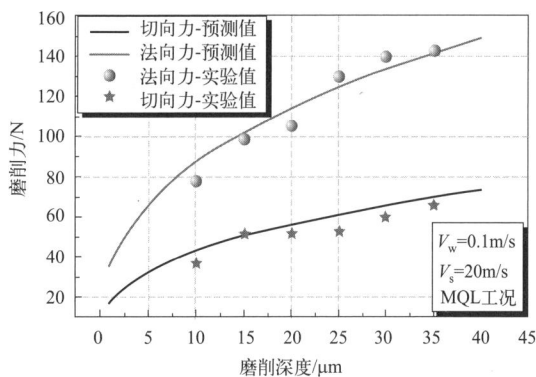

图 9-18　不同磨削深度影响下的磨削力

随着磨削深度的增大，磨削力呈现增大趋势，而增长率逐渐减小。磨削力增大的原因是磨削深度的增大显著扩大了磨削区面积，单位时间内去除材料的体积增大。而随着磨削深度的增大，动态有效磨粒数量也随之增多，从而导致每个磨粒的切削深度相比之前减小，这是磨削力增长率降低的原因。磨削力预测值和实验结果的吻合度较高，对于切向力，预测的平均偏差为 9.2%；对于法向力，预测的平均偏差为 5.7%。

② 不同砂轮线速度：设置固定的工件进给速度和磨削深度，计算微量润滑工况不同砂轮线速度条件下的切向力和法向力，预测结果和实验结果对比如图 9-19 所示。

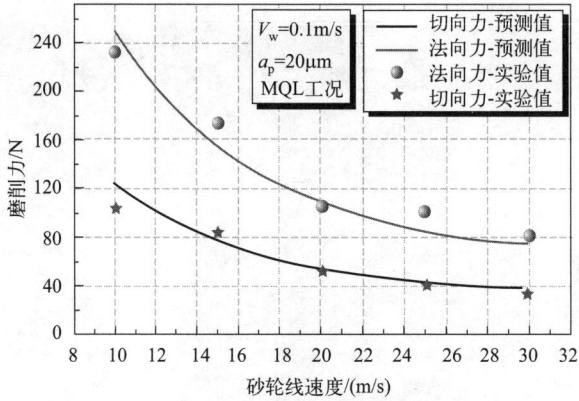

图 9-19　不同砂轮线速度影响下的磨削力

　　随着砂轮线速度的增大，磨削力呈现下降趋势，而下降率逐渐减小。仅改变砂轮线速度不会改变磨削区的面积，而且固定时刻动态有效磨粒数也不会变化。但是单位时间内干涉磨粒会随着砂轮线速度的增大而增加，磨粒的切削深度会减小，从而出现了磨削力下降的趋势。相比普通磨削，高速/超高速磨削正是利用这一点提升了磨削性能。磨削力预测值和实验结果的吻合度较高，对于切向力，预测的平均偏差为 9.7%；对于法向力，预测的平均偏差为 8.8%。

　　③ 不同工件进给速度：设置固定的砂轮线速度和磨削深度，计算微量润滑工况不同工件进给速度条件下的切向力和法向力，预测结果和实验结果对比如图 9-20 所示。

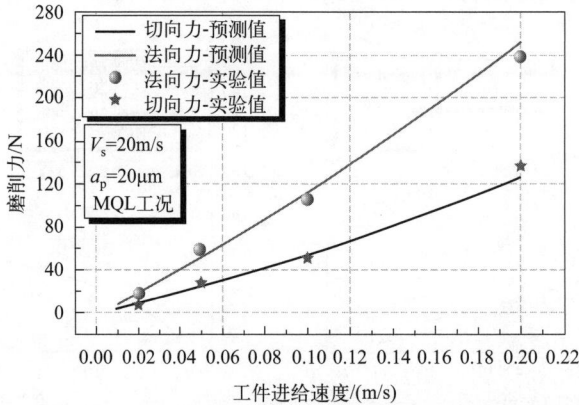

图 9-20　不同工件进给速度影响下的磨削力

　　随着工件进给速度的增大，磨削力呈现增大趋势，而增长率也有逐渐增大的趋势。仅改变工件进给速度不会改变磨削区的面积，而且固定时刻动态有效磨粒数也不会变化。但是磨粒的切削深度会随着工件进给速度的增大而增大，从而出现了磨削力增大的趋势。由于磨粒形状的原因，磨粒切削深度的增大会导致其和工件的接触面积呈指数增长关系，这是增长率增大的原因。尽管通过增大工件进给速度能够显著提升磨削效率，但磨粒磨损也会由于磨削力的增大而变得更加严重。磨削力预测值和实验结果的吻合度较高，对于切向力，预测的平均偏差为 9.4%；对于法向力，预测的平均偏差为 9.1%。

9.4 钛合金磨削性能研究

钛合金在航空航天领域的应用占有很大的比重,尤其是在航空发动机的风扇叶片、叶轮、叶盘和机匣等零件中,钛合金的质量占比高达 33%。磨削加工是保证钛合金零件加工精度和表面质量的必要工艺,但是,热导率低的特性导致了钛合金在磨削中有大量磨削热产出积累使磨削区温度急剧上升,从而导致残余应力、表面粗糙度上升乃至工件烧伤的严重问题,特别是在大弧长磨削中。

因此,本节以钛合金为工件材料进行磨削实验研究,通过分析磁场辅助纳米润滑剂微量润滑磨削 Ti6Al4V 过程中的工艺参数[磨削力、磨削温度、表面粗糙度(Sa、Sdr、Sku)以及工件表面质量]从而探索不同磁性纳米润滑剂在磁场作用下对钛合金工件表面完整性的影响。

9.4.1 实验方案

实验中采用的磨削方式有普通磨削和大弧长磨削两种。其中,通过普通磨削实验研究验证磁场作用下不同磁性纳米润滑剂在磨削中的摩擦学特性以及磨削加工性能,采用的磨削工艺参数如表 9-4 所示;而通过大弧长的磨削实验验证磁场影响下不同磁性纳米润滑剂的浸润和换热性能,采用的磨削参数与普通磨削实验一致。

表 9-4 磨削工艺参数

磨削工艺参数	数值	磨削工艺参数	数值
砂轮速度 V_s/(m/s)	20	喷嘴距离/mm	12
进给速度 V_w/(m/s)	0.1	喷嘴角度/(°)	15
磨削深度 a_p/μm	20	微量润滑剂空气压力/MPa	0.6
微量润滑剂流量率/(mL/h)	50		

9.4.2 磨削力

实验采用往复式磨削加工,每一次走刀磨到工件时产生的磨削力波形如图 9-21 所示。由于磨削中轴向力几乎不变且接近于 0,因此忽略轴向磨削力。通过磨削力曲线的振幅和均值可以描述工况性能。磨削力均值展示了润滑剂能够实现的润滑性能,磨削力均值较小的工况,其润滑性能较优异。而振幅展示了润滑剂减摩抗磨的稳定性,当润滑状态不稳定时磨削力曲线的波动会变大。此外,润滑性能差的润滑剂会使磨粒在工作中产生振动,从而导致磨削力出现较大的变化,振幅较大。润滑状态稳定时会产生稳定的波形,磨削力的振幅也较小。

没有磁场作用的 Fe_3O_4 工况中磨削力波动最大[图 9-21(d)],其他工况中磨削力变化比较稳定,波动不明显。这是因为 Fe_3O_4 不是一种良好的润滑剂,球状结构在磨削中多以滚动减摩的方式工作,从而导致了磨粒-工件界面的减摩抗磨性能较差。微量润滑工况中磨削

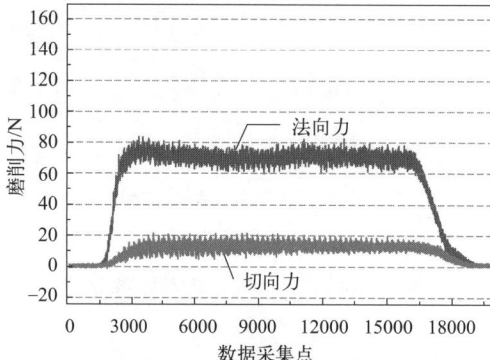

(a) 混合纳米润滑剂-有磁场

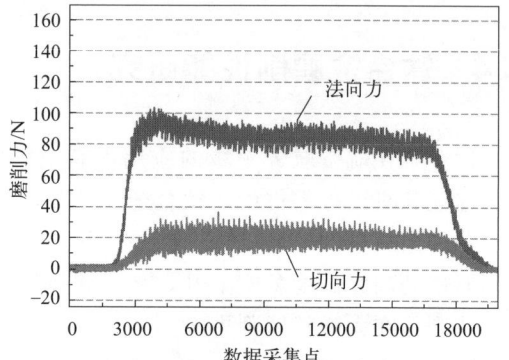

(b) 混合纳米润滑剂-无磁场

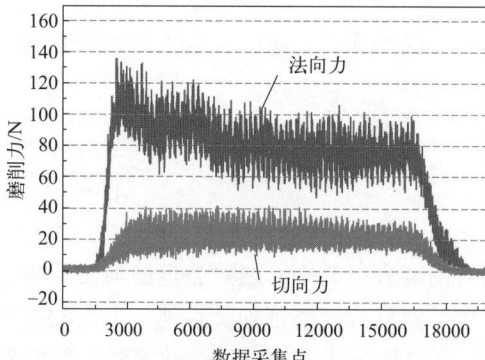

(c) Fe_3O_4-有磁场

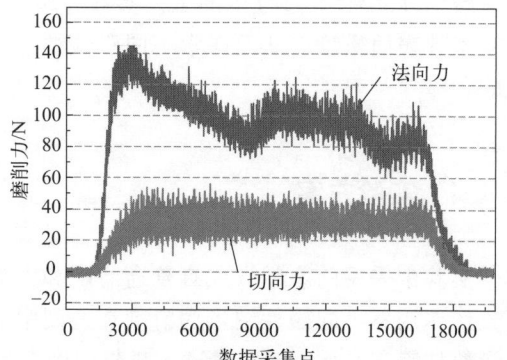

(d) Fe_3O_4-无磁场

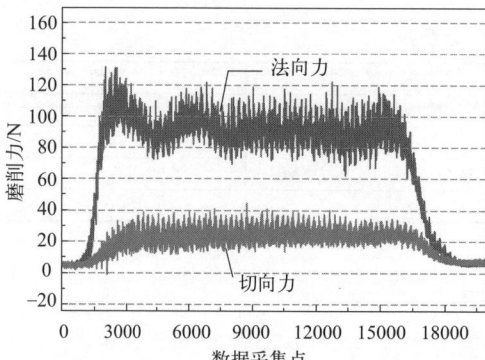

(e) GR-有磁场

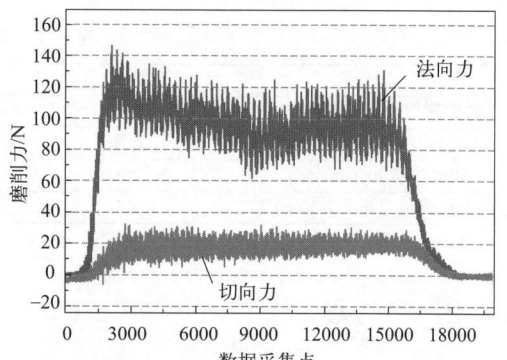

(f) GR-无磁场

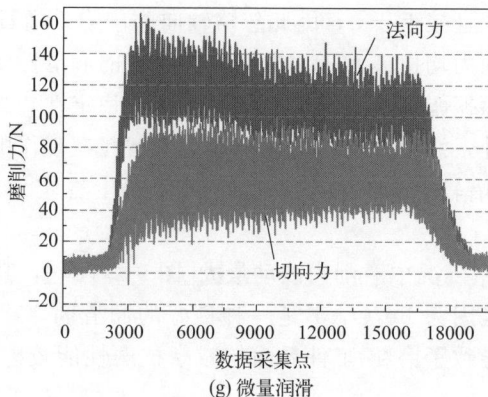

(g) 微量润滑

图 9-21　不同润滑工况下的磨削力测量结果

力振幅最大，如图 9-21(g) 所示。这说明棕榈油能够提供稳定的润滑状态，但是其润滑和换热性能差。在不加磁场时，石墨烯纳米润滑剂、Fe_3O_4 纳米润滑剂以及混合纳米润滑剂工况中磨削力振幅有所减小，如图 9-21(f)、(d) 和 (b) 所示。从图中可以看出，混合纳米润滑剂相比单一的纳米润滑剂磨削力更稳定。这是由于两种不同结构的纳米粒子通过物理协同作用改善了磨削区的润滑状态。进一步地，在上述三种纳米润滑剂工况中引入磁场，可以看到石墨烯纳米润滑剂工况中磨削力没有明显的变化[图 9-21(e)]。这是因为石墨烯的相对磁导率近似为 1，磁场对其润滑性能没有影响。而 Fe_3O_4 纳米润滑剂在磁场作用下，纳米粒子有一定规律的排布，磨削力波动得到了缓解，润滑状态稳定，但是其润滑性能较差导致磨削力振幅变大[图 9-21(c)]。对于混合纳米润滑剂来说，引入磁场作用后，Fe_3O_4 纳米粒子稳定的润滑状态和石墨烯纳米粒子优异的润滑性能得到了充分的发挥，从而产生了稳定的磨削力曲线，磨削力的振动也有所缓解[图 9-21(a)]。

　　进一步地，对每种润滑工况进行 20 次走刀，在每一次走刀得到的磨削力波形中取稳定阶段求平均值，计算磨削力均值和方差，结果如图 9-22 所示。在磨削加工中，摩擦消耗能占磨削能量的 90％以上，这些能量都转化为了磨削热，对工件表面质量造成了显著影响。而润滑效果越差，磨削力越大，去除相同体积的材料消耗的能量就越多。

　　由图可知，在纯油工况时得到了最大的法向磨削力和切向磨削力，分别为 109.9N 和 52.58N。加入纳米粒子后（没有磁场作用时），磨削力均有所减小，三种纳米润滑剂工况下的法向磨削力由大到小的排序为：Fe_3O_4＞石墨烯＞混合。这也证明了混合纳米粒子的润滑性能优于单一纳米粒子，而层状石墨烯的润滑性能优于球状 Fe_3O_4。相较于纯油，混合纳米润滑剂工况下的法向和切向磨削力分别减小了 22.4％和 63.9％。

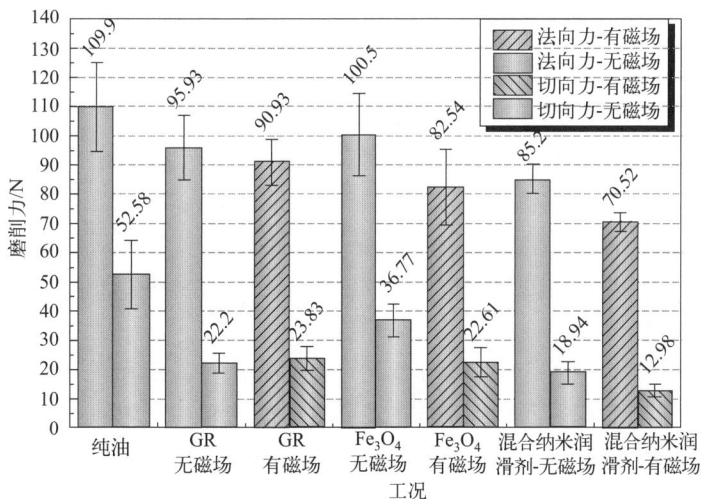

图 9-22　不同润滑工况下的磨削力均值和方差

　　进一步地，在磁场的作用下，三种纳米润滑剂工况下的磨削力均有一定的减小。此时，石墨烯纳米润滑剂条件下的磨削力变化不大；Fe_3O_4 纳米润滑剂条件下的磨削力明显减小，法向和切向磨削力分别减小了 17.8％和 33％；混合纳米润滑剂条件下的法向和切向磨削力分别减小了 17.2％和 31.5％。在磁场作用下，三种纳米润滑剂工况下的磨削力由大到小的排序为：石墨烯＞Fe_3O_4＞混合。混合纳米润滑剂条件下的法向磨削力相比石墨烯纳米润滑剂条件和 Fe_3O_4 纳米润滑剂条件分别减小了 22.4％和 14.6％。

层状的石墨烯依靠层-层间较弱的原子结合力形成了低剪切力平面，在上、下层相互运动时纳米粒子沿低剪切力平面断裂层而延展成膜，层间结合力越弱，越容易铺展成膜。在磨削中，层状纳米粒子的自铺展浸润方式能够形成覆盖面更大、减摩抗磨能力更强的润滑油膜，并更易与摩擦副表面结合，提升油膜稳定性。从材料去除机制方面考虑，工件表面的润滑油膜能够在磨削过程中的滑擦、耕犁阶段发挥更大的作用。磨削加工中，后一磨粒的加工轨迹是在前一磨粒轨迹基础上形成的，即后一磨粒加工的表面为前一磨粒加工后形成的新鲜表面。由于前一磨粒加工后，工件表面形成了稳定的润滑油膜，因此当后一磨粒进入滑擦、耕犁阶段时，工件表面的油膜起到良好的润滑效果，大幅减小了刀具-工件界面的摩擦力。

球状的 Fe_3O_4 在磨削中即使充分浸润，也很难形成稳定的润滑油膜，而是始终以滚动减摩的方式工作，致使其减摩抗磨性能与层状纳米粒子相比较差。对于混合纳米润滑剂，球状结构的 Fe_3O_4 纳米粒子借助层状的石墨烯纳米粒子浸润到磨削区的过程中，在一定程度上增大了其自身的浸润深度。所以相比单一的 Fe_3O_4 润滑剂和石墨烯润滑剂，混合润滑剂的润滑性能有一定程度的改善。

加入磁场后，Fe_3O_4 纳米粒子沿着磁力线呈现有规则、相对稳定的排布，从而在工件表面形成了比较稳定的润滑油膜。但是对于混合纳米粒子，在磁场引导下 Fe_3O_4 沿着磁力线方向形成有规则的排布，层状的石墨烯在球状的 Fe_3O_4 纳米粒子之间向磨削区浸润，在此相互作用增强浸润深度。同时石墨烯具有优异的润滑性能，因此混合纳米润滑剂兼具良好的浸润性能和润滑性能。

9.4.3 工件表面粗糙度

图 9-23 为不同润滑工况下的工件表面三维形貌。通过整体的三维形貌可以看出，使用纯油时的工件表面存在大量的毛刺和凹坑；加入 Fe_3O_4 后，表面毛刺并没有减少，这也和 Fe_3O_4 的球状结构有关，滚动减摩的方式在磨削中并不能起到良好的减摩抗磨性能。在棕榈油中加入石墨烯后，依靠其优异的润滑性能，工件表面的毛刺现象明显改善。引入磁场后，石墨烯润滑剂工况的工件表面没有明显变化，而 Fe_3O_4 工况下毛刺显著减少。这是由于在磁场的影响下，规则排布的球状 Fe_3O_4 随着砂轮转动，像磨粒一样冲刷工件表面，起到抛光的作用将毛刺切削掉了。

混合纳米润滑剂条件下的表面毛刺现象相比石墨烯条件时更严重。这是因为在较短时间内，石墨烯浸润到磨削区并以延展成膜的方式形成润滑油膜，而球状 Fe_3O_4 的加入影响了石墨烯的铺展，导致润滑油膜不稳定，降低了表面质量。在混合纳米润滑剂条件的基础上引入磁场后，工件表面的毛刺显著减少。一方面，是因为磁场为纳米润滑剂的浸润提供了牵引力，可使纳米润滑剂更快更充分地输运至磨削区；另一方面，是因为磁场的施加导致了 Fe_3O_4 有规律地排布，石墨烯在规则排布的 Fe_3O_4 周围也趋向于更有规律的排布，而无论是与砂轮垂直排布还是与砂轮平行排布都有利于成膜。这一点在第 4 章已经详细分析过。总之，引入磁场后，不但石墨烯纳米润滑剂的浸润速度有所增大，形成稳定润滑油膜的速度也有提升。

工件表面质量是评价磨削加工性能的重要指标之一。本节采用表面粗糙度表征工件表面质量，用到的表面粗糙度参数为 Sa（算术平均高度）、Sdr（界面扩展面积比）和 Sku（峭度）。下面对工件表面粗糙度进行了统计分析。图 9-24 为 Sa、Sdr 以及 Sku 的测量结果。

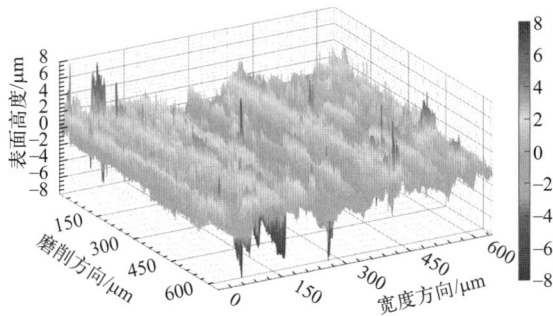

(a) 纯油-无磁场

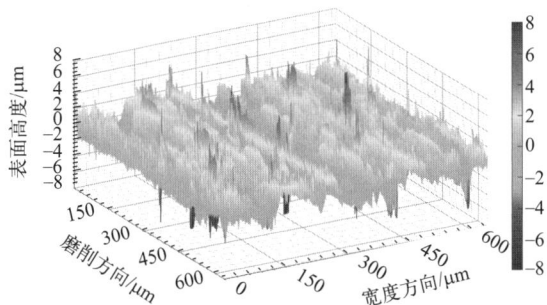

(b) 四氧化三铁-无磁场

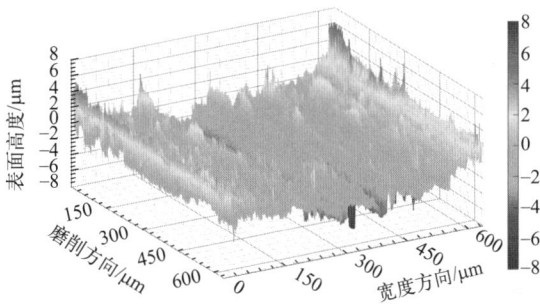

(c) 四氧化三铁-有磁场

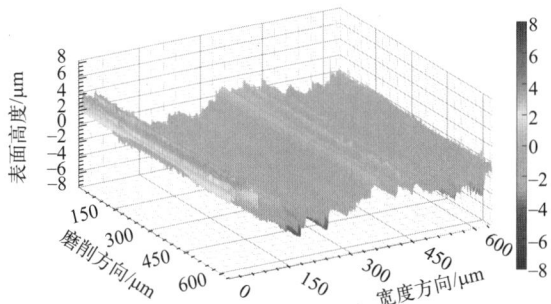

(d) 石墨烯-无磁场

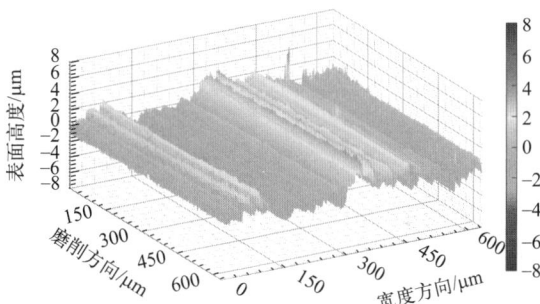

(e) 石墨烯-有磁场

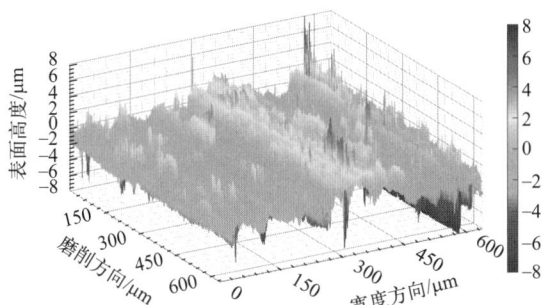

(f) 混合纳米润滑剂-无磁场

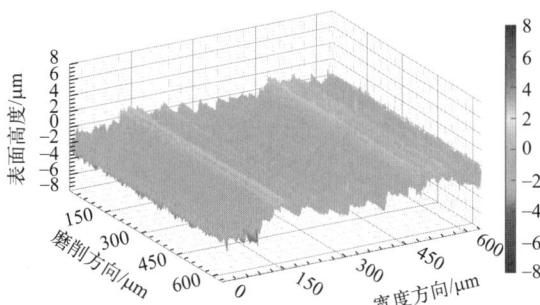

(g) 混合纳米润滑剂-有磁场

图 9-23　不同润滑工况下的工件表面三维形貌

在图 9-24（a）中，纯油工况时的 Sa 最大，为 $0.67\mu m$，而在磁场作用下的混合纳米润滑剂取得了最小值（$0.49\mu m$），相比纯油降低了 27.4%。在图 9-24（b）中，没有磁场作用的 Fe_3O_4 纳米润滑剂条件下的 Sdr 相比纯油工况并没有降低很多，说明工件的表面积没有减少。这是由于 Fe_3O_4 纳米润滑剂工况时润滑状态不稳定，材料不容易去除，耕犁现象没

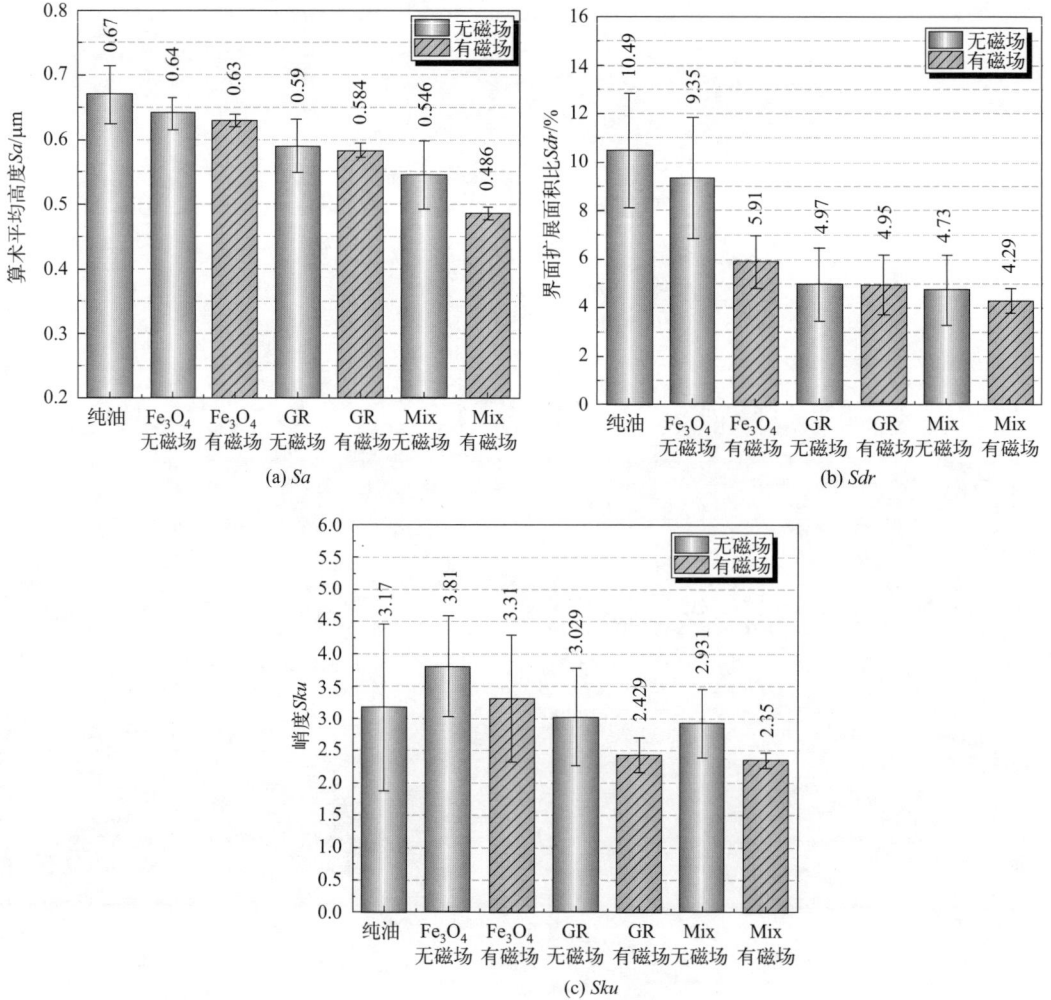

(a) Sa

(b) Sdr

(c) Sku

图 9-24　不同润滑工况下的表面粗糙度值

Mix—混合纳米润滑剂

有明显改善。原因是，润滑性能差时摩擦力增大。而润滑性能好的工况（如石墨烯润滑剂条件），摩擦力减小、耕犁现象减弱，从而 Sdr 显著减小。在磁场作用的混合纳米润滑剂工况下，Sdr 进一步减小到 4.29%，相比纯油工况（$Sdr=10.49\%$），降低了 59.1%。此时，混合纳米润滑剂中的石墨烯浸润性能提升，在其优异的换热和润滑性能基础上，材料去除更容易，摩擦力减小，工件表面也变得光滑。从工件表面的峭度来看，$Sku<3$ 时，工件表面分布平坦。从图 9-24(c) 中可以看出，相比其他工况，磁场作用的混合纳米润滑剂条件下的 Sku 最小且小于 3，说明工件表面的高度分布比较平坦。这也证实了三维形貌中的现象。

9.4.4　工件表面完整性

通过表面微观形貌和表面元素分析可以定性和定量地表征表面质量。图 9-25 和图 9-26 分别展示了纯油和石墨烯纳米润滑剂、Fe_3O_4 纳米润滑剂和混合纳米润滑剂工况下的工件表面微观形貌和 EDS 分析。从表面形貌可以看到，在工件表面存在的主要缺陷有碾压黏附、碎屑黏附、材料剥离去除和微凹坑等。

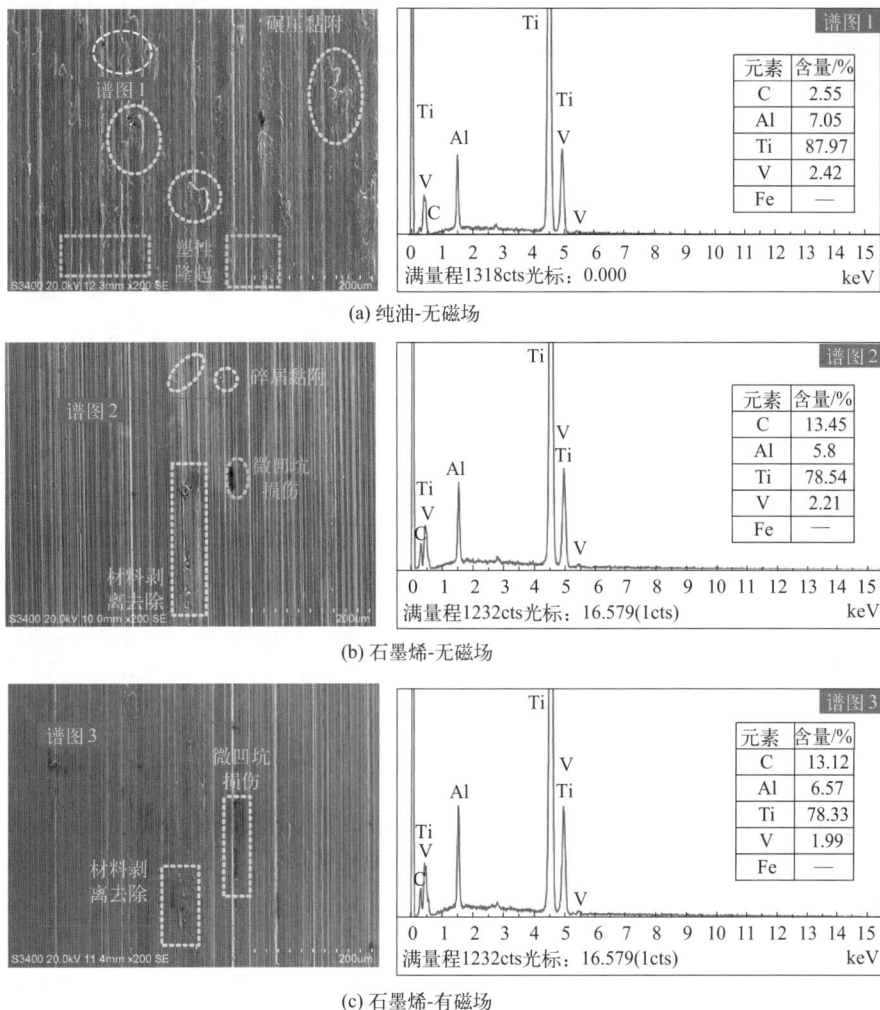

(a) 纯油-无磁场

元素	含量/%
C	2.55
Al	7.05
Ti	87.97
V	2.42
Fe	—

(b) 石墨烯-无磁场

元素	含量/%
C	13.45
Al	5.8
Ti	78.54
V	2.21
Fe	—

(c) 石墨烯-有磁场

元素	含量/%
C	13.12
Al	6.57
Ti	78.33
V	1.99
Fe	—

图 9-25　纯油和石墨烯纳米润滑剂工况下的工件表面微观形貌及 EDS 分析

使用纯油时工件表面出现了大量的碾压黏附，如图 9-25(a) 所示。这是由于润滑状态较差，润滑油膜不稳定会导致磨粒磨损加剧、变钝，使工件材料去除变得更难。未被完全去除掉的材料不仅会向犁沟两侧堆积，还会沿着磨粒的进给方向堆积在磨粒前端，最后会被碾压黏附在工件表面。在没有磁场作用的 Fe_3O_4 纳米润滑剂工况中，表面出现了较多的碎屑黏附，如图 9-26(a) 所示。这是由于磨削过程中 Fe_3O_4 纳米润滑剂的换热能力不足，大量的磨削热无法散出，使得工件和磨屑的温度过高。进一步地，在 Fe_3O_4 纳米润滑剂工况中引入磁场，Fe_3O_4 纳米粒子有规则地排布，能够形成稳定润滑状态，所以划痕比较规则。但是 Fe_3O_4 纳米粒子的热导率低，换热能力差，磨削区的温度无法降低，工件表面碎屑黏附依然较多甚至出现了烧伤的现象。在石墨烯纳米润滑剂工况中，碎屑的黏附明显减少，如图 9-25(b)、(c) 所示。这归因于石墨烯纳米润滑剂具有较高的热导率，实现了强化换热，降低了磨削区的温度。但是，由于磨削负前角加工的特性，在磨粒去除材料时，石墨烯纳米润

元素	含量/%
C	7.7
Al	6.9
Ti	83.15
V	1.95
Fe	0.3

满量程1232cts光标：16.579(2cts)

(a) 四氧化三铁-无磁场

元素	含量/%
C	4.09
Al	7.53
Ti	85.97
V	2.2
Fe	0.22

满量程1232cts光标：16.579(1cts)

(b) 四氧化三铁-有磁场

元素	含量/%
C	7.37
Al	7.14
Ti	83.15
V	2.24
Fe	0.1

满量程1232cts光标：16.579(0cts)

(c) 混合纳米润滑剂-无磁场

元素	含量/%
C	12.63
Al	6.56
Ti	98.92
V	1.85
Fe	0.04

满量程1232cts光标：16.579(1cts)

(d) 混合纳米润滑剂-有磁场

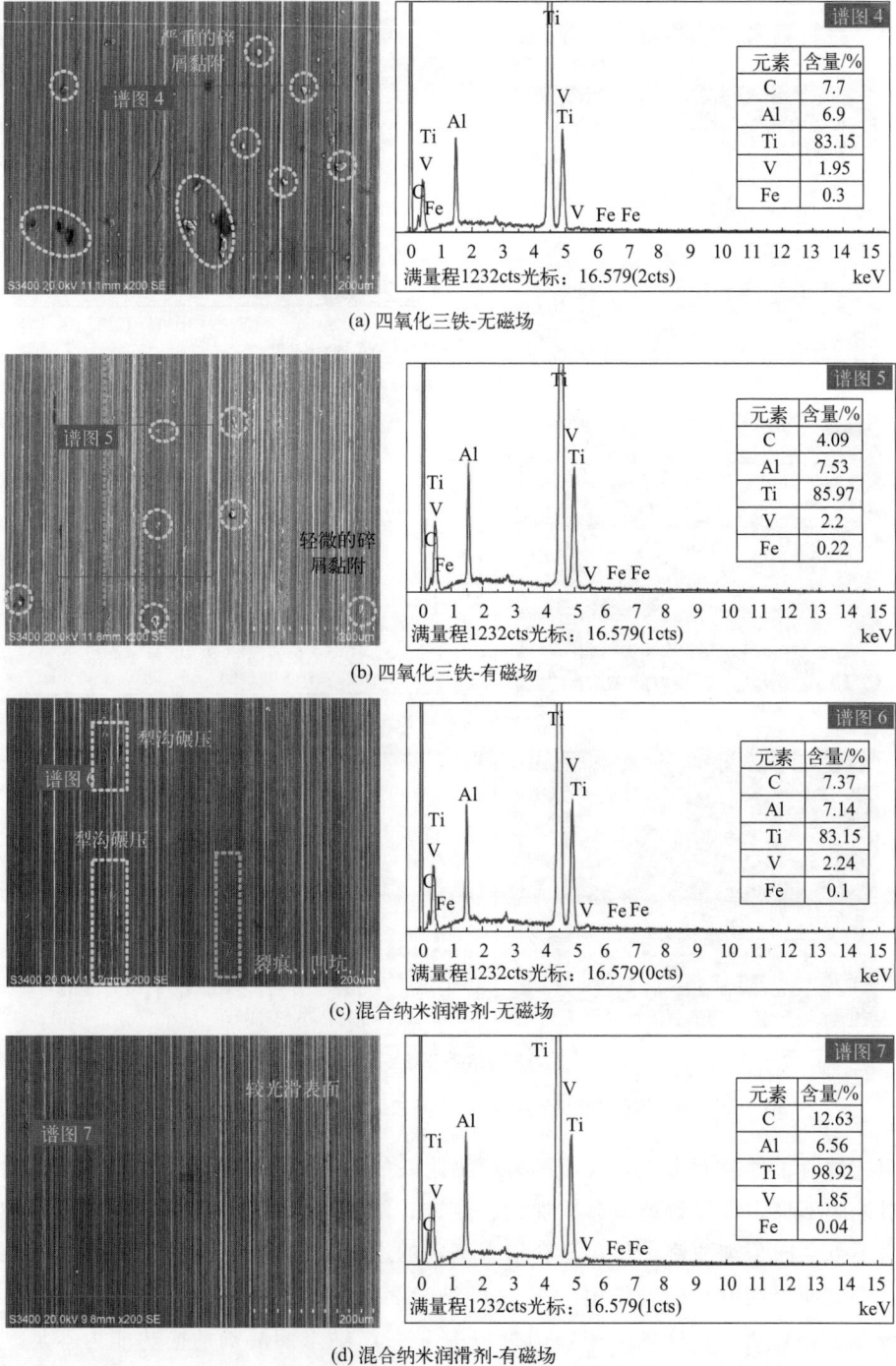

图 9-26　Fe_3O_4 纳米润滑剂和混合纳米润滑剂工况下的工件表面微观形貌及 EDS 分析

滑剂没有及时填充到后刀面与工件的新鲜表面之间，增加了界面间的摩擦，在犁沟附近会出现轻微的材料剥离去除现象。

由上述分析可知，Fe_3O_4 纳米粒子因对磁场的响应必不可少，但冷却润滑性能较差是其应用瓶颈，而进一步混合石墨烯纳米粒子可增强润滑性能。没有磁场作用时，混合纳米润滑剂工况下的工件表面出现了采用单一纳米粒子时存在的犁沟碾压黏附、微凹坑等缺陷,如图 9-26(c) 所示;而引入磁场后,工件表面缺陷明显减少,表面质量显著提高,如图 9-26 (d) 所示。这是由于磁场为 Fe_3O_4 纳米粒子的定向、规则排布提供了牵引力,同时可携带石墨烯纳米粒子以更快的速度输运至磨削区深处。此外,热导率高的石墨烯纳米粒子能有效地将磨削区的热量换出,降低磨削温度。

结合图 9-25 和图 9-26,进一步对不同工况的工件表面进行了 EDS 分析。从工件表面的元素含量可以看到,在没有 Fe_3O_4 纳米粒子的工况中,没有发现 Fe 元素存在,在有 Fe_3O_4 纳米粒子的工况中,发现了少量 Fe 元素。这说明 Fe_3O_4 纳米粒子在工件表面有些许残留,可以形成一定的润滑油膜。在含有 Fe_3O_4 纳米粒子的工况中,有磁场作用时工件表面的 Fe 元素含量比没有磁场作用时少。这是由于磁场对 Fe_3O_4 纳米粒子的吸附作用从而带走了一部分 Fe_3O_4 纳米粒子,也从侧面证明了磁场的作用。从 C 元素的含量可以看到,纯油工况时工件表面的 C 元素含量很小,有/无磁场作用的 Fe_3O_4 工况中,C 元素含量没有明显变化;而石墨烯纳米润滑剂条件下,工件表面的 C 元素含量高达 13.45%,相比纯油工况增加了 81.04%;有磁场作用的混合纳米润滑剂工况下,工件表面的 C 元素含量也达到了 12.63%。这说明石墨烯纳米粒子本身作为一种润滑剂可以在工件表面形成一层稳定的润滑油膜,而在磁场作用下,混合纳米润滑剂也可以形成良好的润滑油膜。综合工件表面形貌可以得出,磁场作用下磁性石墨烯纳米润滑剂可以减少普通石墨烯纳米润滑剂工况时工件表面产生的缺陷,提高工件表面质量。

9.5 小结

本章分析了磁场强度对润滑剂浸润速度和流量的影响规律,针对难加工材料磨削加工工况,构建了基于截角六面体磨粒模型的磨削力新模型,并进一步进行了难加工材料钛合金 Ti6Al4V 的磨削性能研究,证实了磁场在磁流体微量润滑磨削中的作用。具体研究内容如下:

① 揭示了磨削区润滑剂剪切输运动力学机理和磁场吸附强化浸润机制,建立了润滑剂剪切流浸润速度和流量数学模型;进一步将磁场引入,通过润滑剂受力分析揭示了磁场强度对界面滑移系数的影响规律,从而将磁场强度引入了润滑剂浸润速度和流量数学模型。通过数值解可知,随着磁场强度的增大,润滑剂的浸润速度和流量呈现增大趋势。

② 根据 CBN 砂轮磨粒的形态及尺寸分布规律,首次提出了截角六面体磨粒模型构建方法;进一步地,建立了基于截角六面体的磨粒-工件界面应力分布模型和单颗磨粒力学模型以及耕犁、切削行为的前刀面干涉角度临界判据;结合动态有效磨粒模型建立了磨削力新模型。

③ 建立了磁场强度、润滑液浸润速度和磨削区界面摩擦系数的量化关系模型,由此将磁场强度变量引入了磨削力模型;通过磨削力计算结果可知,磁场强度增大能显著降低磨削力。进行了 Ti6Al4V 磁场牵引纳米润滑剂微量润滑磨削验证实验,在 $V_s = 10 \sim 30 m/s$、$V_w = 0.01 \sim 0.2 m/s$、$a_p = 10 \sim 40 \mu m$ 的范围内,磨削力预测值和实验值具有很高的吻合度;切向磨削力最小平均偏差为 9.2%,法向磨削力最小平均偏差为 5.7%。

④ 分别进行了有无磁场作用的石墨烯纳米润滑剂、Fe_3O_4 纳米润滑剂、石墨烯/Fe_3O_4

混合纳米润滑剂工况下钛合金普通磨削实验。结果表明在磁性纳米润滑剂工况中引入磁场后，磨削力减小，在混合纳米润滑剂工况时得到了最小的法向磨削力（70.52N）和切向磨削力（12.98N）、最小的表面粗糙度（0.49μm）和界面扩展面积比（4.29%）。

⑤ 在普通磨削中，球状的 Fe_3O_4 纳米粒子多以滚动减摩的方式工作，导致磨粒-工件界面的减摩抗磨性能较差；层状的石墨烯纳米流体可以迅速浸润到磨削区并以延展成膜的方式形成润滑油膜；磁场作用下，Fe_3O_4 纳米粒子的有规律排布为石墨烯纳米流体提供了更规则的浸润通道，加快了石墨烯纳米流体的浸润速度，工件表面质量显著提高。

参考文献

[1] Gao T，Li C，Zhang Y，et al. Dispersing mechanism and tribological performance of vegetable oil-based CNT nanofluids with different surfactants [J]. Tribology International，2019，131：51-63.

[2] Guo S M，Li C H，Zhang Y B，et al. Experimental evaluation of the lubrication performance of mixtures of castor oil with other vegetable oils in MQL grinding of nickel-based alloy [J]. Journal of Cleaner Production，2017，140：1060-1076.

[3] 尹振鑫. 高压高剪切流体边界滑移机理与剪切特性研究 [D]. 北京：北京理工大学，2015.

[4] Bair S，Winer W O. The high shear stress rheology of liquid lubricants at pressures of 2 to 200MPa [J]. Journal of Tribology，1990，112（2）：656-656.

[5] Wang S，Li C H，Zhang D K，et al. Modeling the operation of a common grinding wheel with nanoparticle jet flow minimal quantity lubrication [J]. International Journal of Advanced Manufacturing Technology，2014，74（5/8）：835-850.

[6] Zhang Y B，Li C H，Ji H J，et al. Analysis of grinding mechanics and improved predictive force model based on material-removal and plastic-stacking mechanisms [J]. International Journal of Machine Tools and Manufacture，2017，122：81-97.

[7] Durgumahanti U S P，Singh V，Rao P V. A new model for grinding force prediction and analysis [J]. International Journal of Machine Tools and Manufacture，2010，50（3）：231-240.

[8] Malkin S. Grinding technology：theory and applications of machining with abrasives [J]. International Journal of Machine Teds and Manufacture，1991，31（3）：435，436.

[9] 贾东洲，李长河，张彦彬，等. 钛合金生物润滑剂电牵引磨削性能及表面形貌评价 [J]. 机械工程学报，2022，58（5）：198-211.

[10] 王晓铭，李长河，张建超，等. 冷风微量润滑纳米粒子体积分数对钛合金磨削性能的影响 [J]. 金刚石与磨料磨具工程，2020，40（5）：23-29.

[11] 王晓铭，张建超，王绪平，等. 不同冷却工况下的磨削钛合金温度场模型及验证 [J]. 中国机械工程，2021，32（5）：572-586.

[12] 崔歆，李长河，张彦彬，等. 磁力牵引纳米润滑剂微量润滑磨削力模型与验证 [J]. 机械工程学报，2024，60（9）：1-15.

第 10 章

超声赋能微量润滑磨削区浸润
动力学与磨削性能评价

10. 1　超声振动辅助磨削技术

　　超声辅助加工是最新发展起来的加工技术，是将超声振动与传统的机械加工相结合的一种加工方法。它是将高频超声振动加在刀具或工件上，利用超声振动的能量来改变去除机理，改善加工过程，可获得更好的加工效果。随着超声波振动辅助加工日渐发展，其广泛应用于磨削加工中，而且越来越多的国内外学者对超声振动磨削加工及工件表面创成机理进行了研究，并得出了一些具有指导性的结论。

10. 2　二维超声振动辅助磨削系统运动学分析

10. 2. 1　磨削系统的阻抗匹配

　　为了使整个多角度二维超声振动辅助磨削系统达到谐振的状态，需要对装配好的超声振子进行阻抗匹配分析。多角度二维超声振动辅助磨削系统由两个相同的超声振子组成且均使用圆锥形变幅杆，因此可以选择其中一个进行阻抗匹配分析。首先给出假设，变截面杆由均匀、各向同性的材料构成；因各连接处均为刚性连接且连接面间涂抹凡士林油，所以机械损耗很小，可忽略不计；振动在变幅杆横截面上的分布是均匀的，且沿变幅杆的轴向传播。然后根据上述假设可以得到变幅杆在连接点处的输入阻抗 Z_1，其计算如下。

　　首先根据牛顿定律写出纵向振动圆锥形变幅杆的动力学方程

$$\frac{\partial(S\sigma)}{\partial x}\mathrm{d}x = S\rho\,\frac{\partial^2\xi}{\partial t^2}\mathrm{d}x \tag{10-1}$$

式中，S 为变幅杆的横截面积函数，$S=S(x)$；ξ 为质点位移函数，$\xi=\xi(x)$；σ 为应力函数，$\sigma=\sigma(x)=E\dfrac{\partial\xi}{\partial x}$，$E$ 为变幅杆材料的弹性模量；ρ 为变幅杆材料的密度。

然后在简谐振动的情况下可由式（10-1）得到变幅杆的纵向波动方程

$$\frac{\partial^2\xi}{\partial x^2}+\frac{\partial S}{S\partial x}\frac{\partial\xi}{\partial x}+K^2\xi=0 \tag{10-2}$$

式中，K 为圆波数，$K=\dfrac{2\pi f}{c}$，f 为频率，c 为纵波在变幅杆中的传播速度，$c=\sqrt{\dfrac{E}{\rho}}$。

如图 10-1 所示，F_1、F_2 为作用于变幅杆两端面的力，ξ_1、ξ_2 为变幅杆两端面的位移，且两端面的直径分别为 D_1、D_2，横截面积为 S_1、S_2。由此可得变幅杆上任意点处的横截面与直径的函数关系：

$$S=S_1(1-\alpha x)^2 \tag{10-3}$$

$$D=D_1(1-\alpha x)^2 \tag{10-4}$$

式中，$\alpha=\dfrac{D_1-D_2}{D_1 L}=\dfrac{N-1}{NL}$，$N=\dfrac{D_1}{D_2}$。

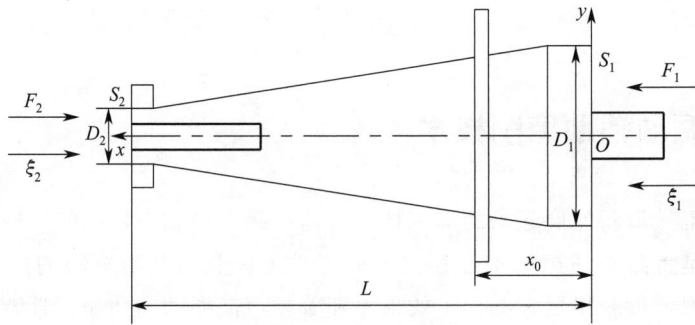

图 10-1 圆锥形变幅杆

根据弹性力学可将方程（10-2）变换为

$$\xi=\frac{1}{x-\dfrac{1}{\alpha}}(-a_1 K\sin Kx+a_2\sin Kx) \tag{10-5}$$

$$\frac{\partial\xi}{\partial x}=-\frac{1}{x-\dfrac{1}{\alpha}}(-a_1 K\sin Kx+a_2 K\cos Kx)-\frac{1}{\left(x-\dfrac{1}{\alpha}\right)^2}(a_1\cos Kx+a_2\sin Kx) \tag{10-6}$$

由边界条件 $\xi_1=\xi\big|_{x=0}$，$\dfrac{\partial\xi}{\partial x}\bigg|_{x=0}=0$，$F_2=-S_2 E\dfrac{\partial\xi}{\partial x}\bigg|_{x=L}$，$\xi_2=\xi\big|_{x=L}$，可得到圆锥形变幅杆在连接点处的输入阻抗 Z_1：

$$Z_1=\frac{F_2}{\xi_2}=-S_2 E\frac{\alpha}{\alpha\sin KL-k\cos KL}\left[\left(\frac{K^2}{\alpha}-\frac{\alpha}{\alpha L-1}\right)\sin KL+\left(K+\frac{K}{\alpha L-1}\right)\cos KL\right]$$

$$\tag{10-7}$$

当变幅杆两端的直径相等时，即为等截面杆，此时 $\alpha=0$，其机械阻抗为

$$Z_0=-ESK\tan Kl \tag{10-8}$$

则工件底座与变幅杆连接点处的输入阻抗为

$$Z_2 = -EI \frac{\beta^3(\cos\beta l_0 - 1)}{\cos\beta l_0 \, \text{sh}\beta l_0 - \sin\beta l \, \text{ch}\beta l_0} \tag{10-9}$$

式中，I 为工件底座的转动惯量；sh 为双曲正弦函数；l 为工件底座的长度；l_0 为工件连接处的长度；$\beta = \sqrt[4]{\dfrac{4\pi^2 f^2 \rho S}{EI}}$。

最后根据阻抗匹配原理可得到超声振动磨削系统的组合共振方程

$$Z_1 + Z_2 = 0 \tag{10-10}$$

给出频率 f、变幅杆长度 L 和工件连接处长度 l_0 三者中的任意两个，即可求得第三个变量。图 10-2 为实验中所用的两个不同方向超声振子的机械阻抗。可以看出切向超声振子的谐振频率在 19960Hz，轴向超声振子的谐振频率在 19933Hz，处于设计频率（20kHz）允许的范围内。通过计算得知，修正变幅杆的长度或工件底座的长度，可以有效改变超声振动系统的谐振频率。所以给定了设计频率之后，若整个超声振动系统出现失谐现象，可以通过修正某一部件的长度参数来达到理想的共振效果。

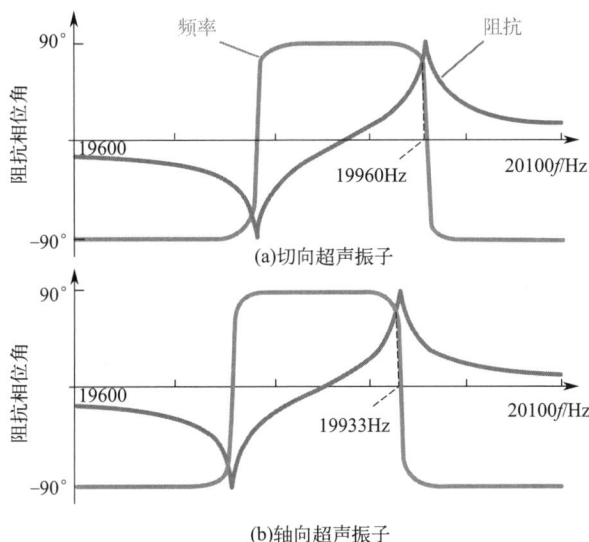

图 10-2 超声振子机械阻抗图

10.2.2 磨粒运动学分析

二维超声振动辅助磨削系统的运动简图如图 10-3 所示。

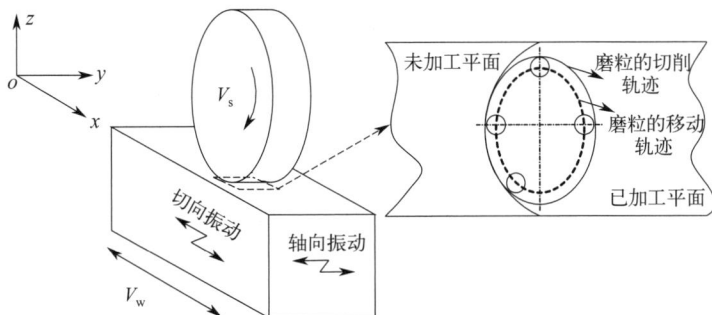

图 10-3 二维超声振动辅助磨削系统的运动简图

在二维超声波辅助振动磨削过程中，在工件上施加平行于砂轮线速度方向（x 方向）的切向超声振动和垂直于砂轮线速度方向（y 方向）的轴向超声振动，磨粒相对工件运动的几何参数方程为

$$x = A\cos(2\pi ft) + V_w t \tag{10-11}$$

$$y = B\cos(2\pi ft + \varphi) \tag{10-12}$$

式中，A 为切向超声波振动的振幅；B 为轴向超声波振动的振幅；f 为超声波振动频率；V_w 为工作台进给速度；φ 为切向超声波振动与轴向超声波振动的相位差。

仅施加切向超声振动时，砂轮与工件的运动简图如图 10-4 所示。

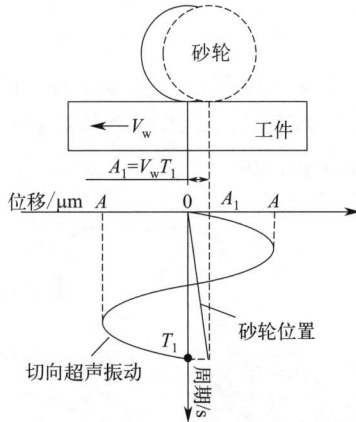

图 10-4　切向振动砂轮与工件的运动简图

当砂轮在初始时刻 0 点处于切削状态时，工件在工作台的带动下以速度 V_w 沿水平方向移动，并受到同一水平面的切向超声振动且振幅为 A，在位移轴的正方向和负方向将会出现两种不同的超声振动磨削效应，分别如下：

① 当砂轮处于 $0 \sim T_1/2$ 周期段时，即切向超声振动的波峰处于位移轴的正方向，此时工件移动方向与切向超声振动方向相反。工件位移公式为

$$A_n = V_w \frac{n}{f} \tag{10-13}$$

式中，n 为周期个数；f 为超声振动频率；A_n 为第 n 个周期工件的位移。当切向超声振动的振幅 A 大于工件位移 A_1 时，砂轮磨粒从切削区分离，且分离幅度较大，并对已加工过的表面进行再次光磨作用。由图 10-4 可以看出，当超声振动达到 $T_1/2$ 周期，并满足 $A > A_1/2$ 时，对已加工表面实现两次光磨作用，可有效降低表面粗糙度值，提高工件表面质量；当 $A \leqslant A_1/2$ 时，砂轮磨粒从切削区分离的幅度较小，这种多次光磨作用出现较大程度的减小，超声振动效应不明显。

② 当砂轮处于 $T_1/2 \sim T_1$ 周期段时，即切向超声振动的波峰处于位移轴的负方向，此时工件移动方向与切向超声振动方向相同。这个阶段砂轮磨粒在超声振动的作用下提前进入切削区，并完成切削阶段。然后，由工作台带动工件移动到已完成的切削区来完成多次光磨的作用。同时，此阶段由于超声振动的高频振动，缩短了砂轮磨粒对工件的作用时间，有效降低了磨削硬质合金时产生的表面损伤，从而提高了工件表面质量。

切向超声振动的一个周期经历了这两个阶段，且均出现多次光磨的现象。图 10-4 中，当砂轮移动到 A 位置时，需要经历 A/A_1 个超声振动周期。因此在超声振动的频率和振幅

一定的情况时，且在保证磨削效率的前提下，可以适当降低工作台的进给速度来尽可能地增加超声振动磨削中光磨作用的次数。

仅施加轴向超声振动时，砂轮与工件的相对运动简图如图 10-5 所示。

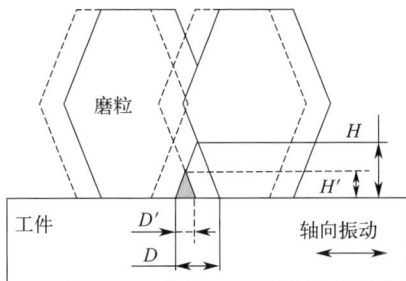

图 10-5　轴向振动砂轮与工件的运动简图

由图 10-5 可知，轴向超声振动方向与工件运动方向垂直。此时，超声振动对砂轮磨粒与工件相对运动的影响主要表现在磨削工件表面犁沟的宽度及断续的磨削痕迹上。普通磨削形成的磨粒间的凸起较高且宽，如图 10-5 中以 D 为底、H 为高的三角形截面。施加轴向超声振动之后，形成虚线部分磨粒的位置，明显减小了三角形截面的宽度和高度，形成了更小的以 D' 为底、H' 为高的三角形截面，降低了工件表面粗糙度，工件表面质量进一步提高。若要完全消除这种磨粒间的凸起，需要满足轴向超声振动的振幅大于砂轮磨粒的平均粒径。

当工作台静止时，工作台进给速度 $V_w = 0$。公式（10-11）和公式（10-12）这两个方程是用参数 t 来表示的砂轮磨粒与工件相对运动的几何参数方程，把参数 t 消去后，就可得到相对运动的几何方程：

$$\frac{x^2}{A^2} + \frac{y^2}{B^2} - \frac{2xy}{AB}\cos\varphi = \sin^2\varphi \tag{10-14}$$

上式为椭圆方程，即砂轮磨粒与工件相对运动的直角坐标方程。椭圆的形状由切向超声振动与轴向超声振动的相位差 φ 决定，下面讨论几种特殊的情形。

当 $\varphi = 0$，即切向超声振动与轴向超声振动的相位相等时，由公式（10-14）可得

$$\frac{x}{y} = \frac{A}{B} \tag{10-15}$$

因此，砂轮磨粒与工件的相对运动轨迹是一条过原点的直线，斜率为两个振幅之比 $\frac{A}{B}$。在时刻 t，砂轮磨粒离开平衡位置的位移

$$S = \sqrt{x^2 + y^2} = \sqrt{A^2 + B^2}\cos(2\pi ft + \varphi) \tag{10-16}$$

所以，切向超声振动与轴向超声振动的谐振动的频率与原来的频率相等，振幅等于 $\sqrt{A^2 + B^2}$，沿直线 $\frac{x}{y} = \frac{A}{B}$ 振动。

$\varphi = \pi$ 时，切向超声振动与轴向超声振动的相位相反，即砂轮磨粒在另一条直线 $\frac{x}{y} = -\frac{A}{B}$ 上做同频率、同振幅的谐振动。将 $\varphi = 0$ 和 $\varphi = \pi$ 时的砂轮磨粒与工件相对运动轨迹结合，即为图 10-6(a) 所示的仿珩磨的运动轨迹。

当 $\varphi = \pi/2$ 时，由公式（10-14）可得

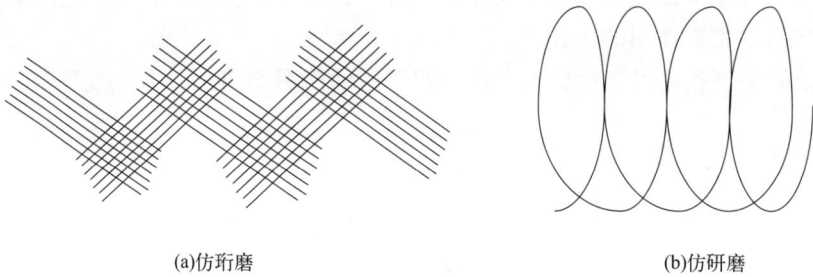

(a)仿珩磨   (b)仿研磨

图 10-6 仿珩磨的运动轨迹与仿研磨的运动轨迹

$$\frac{x^2}{A^2}+\frac{y^2}{B^2}=1 \tag{10-17}$$

即砂轮磨粒与工件的相对运动轨迹是以坐标轴为主轴的椭圆，砂轮磨粒沿椭圆轨迹的运动方向，如图 10-3 所示。在砂轮磨粒做椭圆运动的同时，并以进给速度 V_w 沿切向做匀速直线运动得到的相对运动轨迹如图 10-6(b) 所示。

根据图 10-3 可以得到单颗磨粒的切削接触弧长模型，如图 10-7 所示。

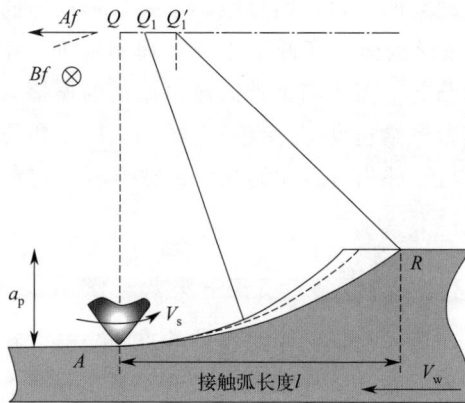

图 10-7 砂轮磨粒的切削接触弧长模型

接触弧长公式为

$$l=\sqrt{a_p d_s} \tag{10-18}$$

式中，a_p 为切深；d_s 为砂轮直径。由接触弧长公式(10-18) 可以得到砂轮磨粒完成切削过程所需的时间 Δt：

$$\Delta t=\frac{l}{V_s} \tag{10-19}$$

由于超声振动的周期 $T=\frac{1}{f}$，因此砂轮磨粒完成切入工件到切出工件的时间内，超声振动次数 m 为

$$m=\frac{\Delta t}{T}=f\Delta t=\frac{f\sqrt{a_p d_s}}{V_s} \tag{10-20}$$

由公式(10-20)可知，为了使超声振动发挥最大效应，在砂轮磨粒切入工件到切出工件的时间内完成一次或者多次超声振动，需要满足砂轮磨粒完成切削过程所需的时间 Δt 大于

超声振动的周期 T。当给定切深 $d_p = 1 \times 10^{-5} \mu m$、超声振动频率 $f = 20kHz$、砂轮线速度 $V_s = 30m/s$ 和砂轮直径 $d_s = 0.3m$ 时，可计算出磨粒完成切削过程中的振动次数 $m \approx 1.2$，即砂轮磨粒完成切削过程所需的时间 Δt 大于超声振动的周期 T，并完成 1.2 次振动。因此可以通过控制磨削参数切深 d_p 和砂轮线速度 V_s 使砂轮磨粒在磨削区内振动多次，从而更好地磨削加工表面。

10.2.3 磨粒切削几何学分析

在控制超声波发生器的相位调整部分使砂轮磨粒与工件产生不同的相对运动轨迹基础上，通过调整轴向超声振子与切向超声振子的夹角 θ，使得两个不同角度的余弦曲线拟合，可得到不同形状的椭圆轨迹。当轴向超声振子的旋转角度为 θ 时，根据公式（10-12）可得到其在 y 方向的分量为

$$y_\theta = y\sin\theta = B\cos(2\pi ft + \varphi)\sin\theta \tag{10-21}$$

其在 x 方向的分量为

$$x_\theta = y\cos\theta = B\cos(2\pi ft + \varphi)\cos\theta \tag{10-22}$$

切向超声振子的位置不变，因此改变轴向超声振子的角度后，x 方向砂轮磨粒相对工件运动的几何参数方程为

$$x' = x - x_\theta \tag{10-23}$$

将公式（10-11）和公式（10-22）代入公式（10-23）可得到

$$x' = A\cos(2\pi ft) + V_w t - B\cos(2\pi ft + \varphi)\cos\theta \tag{10-24}$$

轴向超声振动在 y 方向的分量即 y 方向砂轮磨粒相对工件运动的几何参数方程：

$$y' = y_\theta = B\cos(2\pi ft + \varphi)\sin\theta \tag{10-25}$$

因此对 x 方向的几何参数方程式（10-24）和 y 方向的几何参数方程式（10-25）进行拟合，即可得到多角度二维超声振动的椭圆形几何方程。

根据公式（10-24）和公式（10-25），当两个超声振子的相位差 $\varphi = \dfrac{\pi}{2}$ 时，通过 Matlab 进行拟合仿真得到的不同角度的椭圆轨迹如图 10-8 所示。当角度 θ 的变化范围在 $0° \sim 90°$ 时，随角度 θ 的增大，椭圆呈顺时针旋转且长轴与短轴的比值逐渐增大；当角度 θ 的变化范围在 $90° \sim 180°$ 时，随角度 θ 的增大，椭圆呈顺时针旋转且长轴与短轴的比值逐渐减小。另外，在不考虑轴向超声振子和切向超声振子相对作用力的情况下，通过仿真得到的 $0° \sim 90°$ 与 $90° \sim 180°$ 的椭圆轨迹关于 x 轴和 y 轴对称。

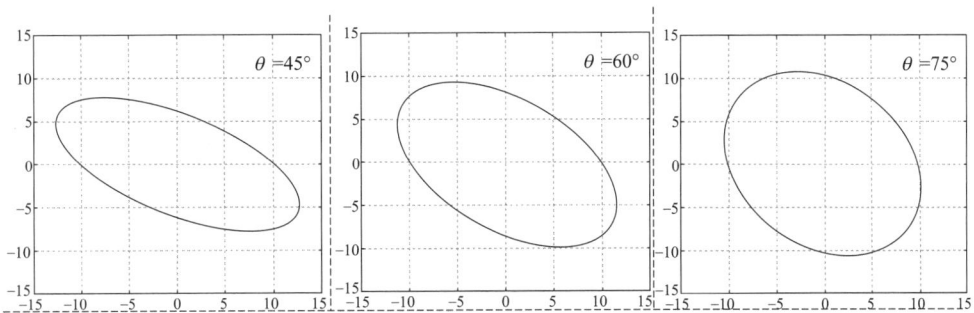

图 10-8

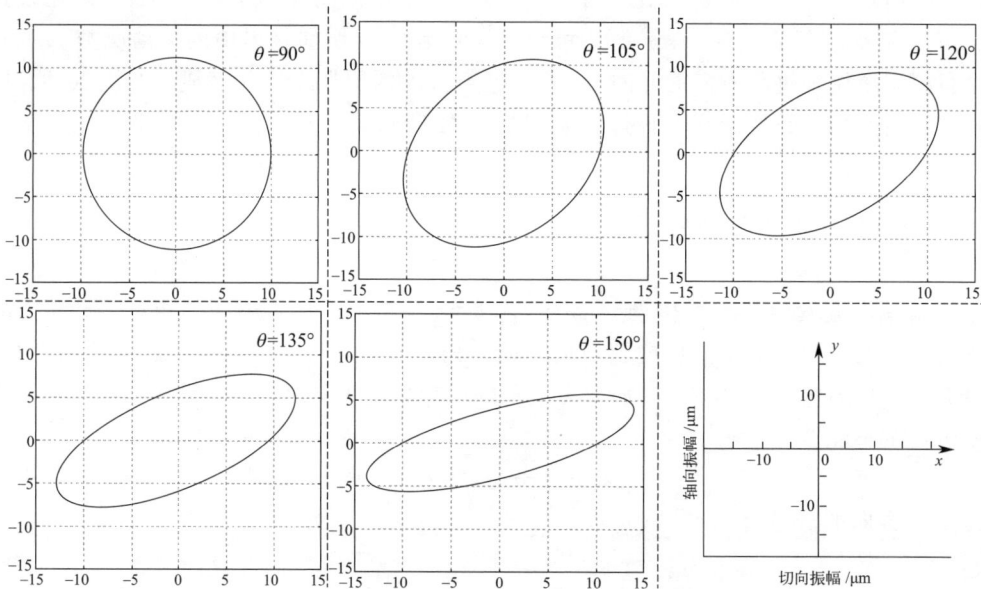

图 10-8　不同角度的砂轮与工件的椭圆轨迹

在椭圆运动轨迹的基础上加入砂轮的旋转就形成了不同形态的仿研磨运动轨迹，如图 10-9 所示。可以看出，椭圆轨迹的短轴越小，其形成的仿研磨的运动轨迹越紧凑，对提高工件表面质量具有积极作用。当角度 θ 为 45°或 135°时，仿研磨的运动轨迹最为紧凑，所以

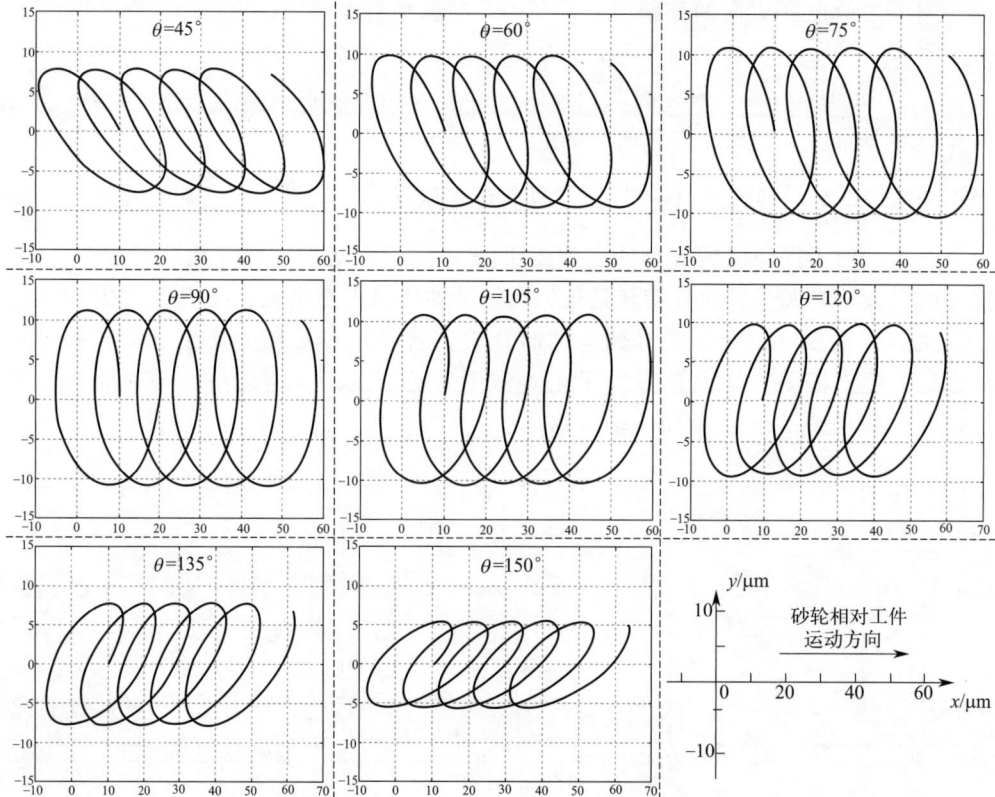

图 10-9　不同形态的仿研磨运动轨迹

对提高工件表面质量的作用效果最大。但是当继续旋转轴向超声振子，使椭圆轨迹的短轴继续减小直到为 0 时，会发现二维超声振动磨削系统的轴向超声振动方向与切向超声振动方向在同一直线上，相当于仅施加了一维切向超声振动，二维超声振动磨削性能下降。因此，存在一个中间角度形成的最优化的椭圆运动轨迹。这个轨迹可使切向超声振动和轴向超声振动的合成达到最优的效果，从而得到最理想的工件表面质量。

在仿研磨运动轨迹的基础上，将砂轮的旋转加入到轨迹仿真中，得到如图 10-10 所示的在磨削区中一个周期 T 内砂轮与磨粒的相对运动轨迹。在图 10-8 和图 10-9 中，45°～90°和 135°～90°的轨迹呈对称关系，轨迹形状大致相同，仅朝向不同。而在图 10-10 中，可以看到 45°～150°的相对运动轨迹各不相同，且 45°和 135°的相对运动轨迹差异明显。45°时初始阶段轨迹变向的曲率较大，到了后半部分又出现了一次更大幅度的变向，而 135°时仅在轨迹的初始阶段出现了一次变向，且曲率较小。

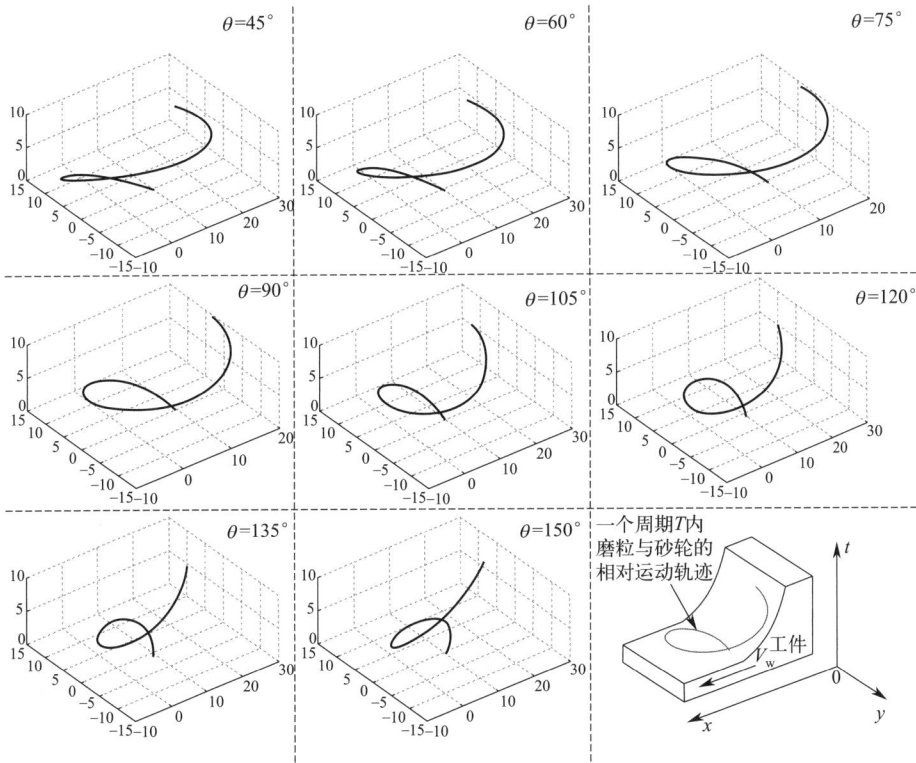

图 10-10　一个周期 T 内磨粒与砂轮的相对运动轨迹（单位：μm）

根据公式(10-24) 和公式(10-25) 可得到多角度二维超声振动辅助磨削过程中，t 时刻磨粒与工件的相对运动速度方程：

$$\begin{cases} V_x = -2A\pi f\sin(2\pi ft) + V_w + 2B\pi f\sin(2\pi ft + \varphi)\cos\theta \\ V_y = -2B\pi f\sin(2\pi ft + \varphi)\sin\theta \end{cases} \tag{10-26}$$

所以，根据速度方程式(10-26) 可以求得 Δt 时间段内多角度二维超声振动辅助磨削的相对位移 $l_{\Delta t}$：

$$l_{\Delta t} = \int_t^{\Delta t + t} \sqrt{V_x^2 + V_y^2}\,\mathrm{d}t \tag{10-27}$$

由速度方程式(10-26) 也可看出，不同角度的二维超声振动磨削中砂轮磨粒相对工件的运动呈不同的周期性变化,周期变化的运动必然会对磨削加工过程产生一定程度的影响。由位移方程式(10-27),可以清晰地了解某一时刻 t 砂轮磨粒与工件的相对运动位置,揭示了这一时刻砂轮磨粒对工件的作用机理。

10.3 多角度二维超声振动辅助磨削加工机理

10.3.1 润滑剂泵吸浸润机理

由浙江工业大学江华生等对唇形密封轴表面椭圆形微织构的研究可知,多角度二维超声振动辅助磨削中砂轮磨粒与工件表面的相对运动所形成的不同形状的椭圆形微织构具有不同程度的润滑液泵吸作用。椭圆形轨迹的长半轴与短半轴的比值越大,其泵吸作用越强,因为比值越大,椭圆轨迹越细长,其对润滑液的轴向导流能力越强。另外,椭圆轨迹的面积也会在一定程度上影响泵吸作用,随面积的增大泵吸作用相应增大。所以轴向超声振子与切向超声振子的夹角 θ 在 $45°\sim135°$ 时,泵吸作用效果随着 θ 的增加呈现先减小后增大的非线性变化规律。

当轴向超声振子与切向超声振子的夹角为 $90°$ 时,由于椭圆形微织构的几何形状沿砂轮周向对称,不具有使润滑液产生沿砂轮轴向流动的方向性效应,因此没有泵吸作用,磨削区中润滑液的浸润效果较差。当夹角为 $45°$ 时,泵吸作用效果最强,因为椭圆形微织构对润滑液沿轴向流动产生了强烈的导向作用。此时,大量的润滑液被泵入磨削区,润滑效果良好。

10.3.2 润滑剂空化作用机理

在超声振动的激励下液体内部或液-固耦合界面上会出现结构断裂并形成空泡,即产生空化作用。液体中的空泡普遍会经历生长、发育和溃灭的动力学过程,当其溃灭时会产生局部的高温、高压现象,从而对周围的液体或固体介质产生很大的冲击作用。所以,空化作用也可以看作液体介质出现空泡及其发展的动力学过程。在 Al_2O_3/SiC 混合纳米流体中,Al_2O_3 和 SiC 均为硬质纳米粒子,均可作为砂轮磨料的组成成分。因此在空泡溃灭时,对 Al_2O_3/SiC 混合纳米粒子产生了很大的冲击作用,从而这两种硬质纳米粒子对工件表面产生了抛光作用。

10.3.3 磨削表面创成机理

在工件磨削加工过程中引入多角度二维超声振动,使砂轮磨粒在磨削区进行螺旋式或直线交错式切削,在一个振动周期内,磨粒周围有多个磨刃参与切削,形成一种"多刃切削"的过程,有利于磨粒保持锋利的切削刃及降低工件表面的磨削温度。与普通磨削过程中磨粒对工件的作用方式不同,超声振动磨削的切削路径更长,即砂轮磨粒对工件切削作用的区域更大,而且磨粒在各个面上的切削刃周期性地与工件表面接触并进行切削作用。从微观角度来看,磨削区内形成了切削和分离交替存在的加工状态。即宏观上呈现连续的切削过程,而微观上呈现出断续的切削过程。多角度二维超声振动磨削过程中,通过调整轴向超声振子摆放参数使砂轮上参与切削的磨粒形成的螺旋式运动轨迹相互干涉,在工件表面形成了相互交织的运动轨迹，因此形成了多角度二维超声辅助磨削中独特的微分化的切削效果。一定程度上的轨迹干涉，可使单颗磨粒切削的沟槽变宽，单位时间内去除的材料体积增加，同时，众多磨粒之间的干涉程度增大，磨粒间的未切除痕迹在宽度及高度上明显减小。因此材料去除率有效提高，磨削工件表面粗糙度降低，磨削表面质量得到了较大程度的改善。

当在多角度二维超声振动辅助磨削中引入带有纳米粒子的微量润滑液时，由于泵吸作用，可使大量润滑液注入到磨削区，并能借助空化作用使润滑液中的纳米粒子在砂轮磨粒与工件形成的楔形区产生微加工的作用效果，消除工件表面微小凸起，有效提高了工件表面质量。

10.4　多角度二维超声振动辅助磨削性能

10.4.1　多角度二维超声振动磨削装置设计

多角度二维超声振动辅助纳米流体微量润滑磨削工艺系统将可变角度的二维超声波振动技术应用在了磨削加工中，如图 10-11 所示。该系统共包含三大部分，分别为：第一部分，多角度二维超声振动装置；第二部分，纳米流体微量润滑磨削装置；第三部分，参数在线测量装置。上述工艺系统包括磁性工作台，工作台上通过磁力固定测力仪，测力仪上设有固定板，固定板用于固定两个不同方向超声振子的支架，两个超声振子均通过卡槽固定在支架上，切向超声振子通过球形万向节与承载工件且带有滑轨的支承座相连，滑轨支承座上方设有工件夹具，滑轨支承座下方设有 T 形滑块，T 形滑块下方设有带轴承的油压千斤顶，用于提高系统的稳定性。

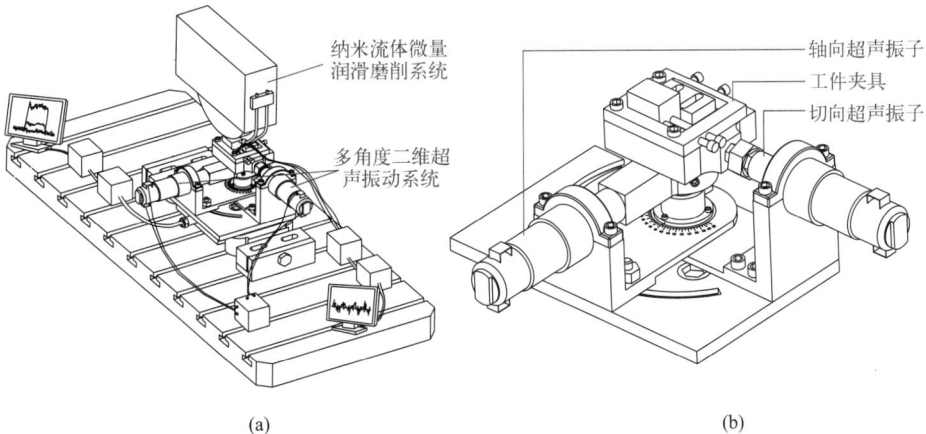

(a)　　　　　　　　　　　　　　　　(b)

图 10-11　多角度二维超声振动辅助纳米流体微量润滑磨削实验平台轴测图

轴向超声振子与轴向支承座相连，通过调节轴向可调支架的角度使磨粒与工件产生不同的相对运动轨迹。其旋转范围为 $45°\sim180°$，从而实现不同的磨削效果。此外，纳米流体通过油气两相流喷嘴进行雾化喷射到磨削区，与超声振动耦合形成研磨的作用机理。

由图 10-12 图可知，改变二维超声振动的角度，砂轮磨粒与工件的相对运动轨迹也发生相应的变化，从而可使磨削力、磨削温度以及工件表面质量发生变化。具体为：首先通过调节超声波发生器控制两个方向的超声电信号的相位差。当相位差为 π/2 时，切向超声振动与轴向超声振动耦合，砂轮磨粒与工件形成椭圆形的相对运动轨迹，加以工作台的进给方向，可形成仿研磨的运动轨迹；当相位差为 0 和 π 时，切向超声振动与轴向超声振动耦合，砂轮磨粒与工件形成两组直线相互交叉的相对运动轨迹，加以工作台的进给方向，可形成仿珩磨的运动轨迹；其次，改变两个方向的超声振子的安装角度，从而改变椭圆运动轨迹的形状以及两组相互交叉直线的倾斜角度，使工件磨削表面形成更加致密的织构纹路。

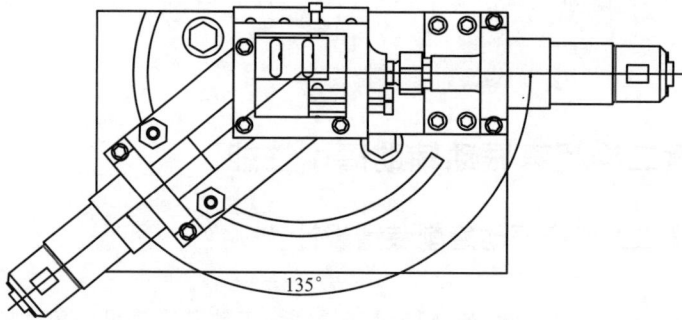

图 10-12 夹角为 135° 时的二维超声波振动装置

二维超声振动装置可通过磁性力直接吸合到精密磨床的磁力工作台上，无须对精密磨床的加工主轴进行改造，保证了机床的加工精度及超声振动能量的有效传递。

多角度二维超声振动辅助纳米流体微量润滑磨削性能实验方案如表 10-1 所示。

表 10-1　实验方案

序号	1	2	3	4	5	6	7	8	9	10	11	12	13	14	15	16
润滑方式	浇注式									Al_2O_3/SiC 混合纳米流体微量润滑						
振动角度	切向	轴向	45°	60°	75°	90°	105°	120°	135°	45°	60°	75°	90°	105°	120°	135°

10.4.2　工件表面粗糙度

首先，多角度二维超声振动辅助磨削加工得到的表面形貌特点明显，所以使用表示微观不平度的 Ra 值足以表征表面粗糙度的表面特征和使用性能。其次，因二维超声辅助振动磨削加工具有犁沟宽化的作用效果，所以使用可以完整地表征粗糙度间距特性的 Rsm 值。为了揭示二维超声振动磨削相较于一维超声振动磨削的优越性，轴向超声振子与切向超声振子之间的角度变化对二维超声振动磨削性能的影响以及多角度二维超声振动与混合纳米流体微量润滑耦合磨削的磨削性能，进行了下述两方面的对比分析。

（1）多角度二维超声振动与一维超声振动的表面粗糙度对比分析

多角度二维超声振动辅助磨削与一维超声振动辅助磨削得到的工件表面粗糙度 Ra 值和 Rsm 值对比如图 10-13 和图 10-14 所示。

图 10-13 中，一维切向超声振动辅助磨削得到的工件表面粗糙度 Ra 值相比一维轴向超声振动辅助磨削较低，为 $0.319\mu m$。由超声振动磨削加工机理可知，切向超声振动辅助磨削主要通过多次光磨作用来提高工件表面质量，而轴向超声振动辅助磨削可以宽化犁沟和减小表面凸起的高度、宽度。比较可知，切向超声振动相比轴向超声振动能更大程度地降低表

面粗糙度 Ra 值，提高工件表面质量。

二维超声振动在 $45°\sim90°$ 的表面粗糙度 Ra 值逐渐增大，$45°$ 时取得最低值（$0.241\mu m$），相比切向超声振动的表面粗糙度 Ra 值降低了 24.5%，得到了最好的工件表面质量。另外，$75°$ 和 $90°$ 时的表面粗糙度 Ra 值高于一维切向超声振动，低于一维轴向超声振动，分别为 $0.343\mu m$ 和 $0.344\mu m$。在这几组不同角度的对比中，这两个角度的 Ra 值也是最高的，得到的工件表面质量较差。说明当轴向超声振子与切向超声振子的夹角为 $75°$ 和 $90°$ 时，对工件表面质量的提高并不明显。二维超声振动在 $105°\sim135°$ 时不同程度地降低了 Ra 值，提高了工件表面质量，但均不如 $45°$ 时的效果明显。

图 10-14 中，一维轴向超声振动辅助磨削得到的工件表面粗糙度 Rsm 值相比一维切向超声振动辅助磨削较高，为 $0.041mm$。说明轴向超声振动具有明显的犁沟宽化效果。二维超声振动在 $45°\sim135°$ 的 Rsm 值并无明显的变化规律，其中 $45°$ 时取得了和一维轴向超声振动相同的 Rsm 值，但是其标准差更小。说明其犁沟平均宽度和一维轴向超声振动时相同，且工件表面整体犁沟宽化更均匀。当角度在 $60°$、$105°$ 和 $135°$ 时，Rsm 值分别为 $0.034mm$、$0.038mm$ 和 $0.039mm$，均比 $45°$ 时低。说明这三个角度对犁沟宽化效果的影响不明显。$75°$、$90°$ 和 $120°$ 时的 Rsm 值均较高，具有明显的犁沟宽化效果，但是标准差较大。说明工件表面犁沟宽度不均匀，工件表面整体质量不佳。

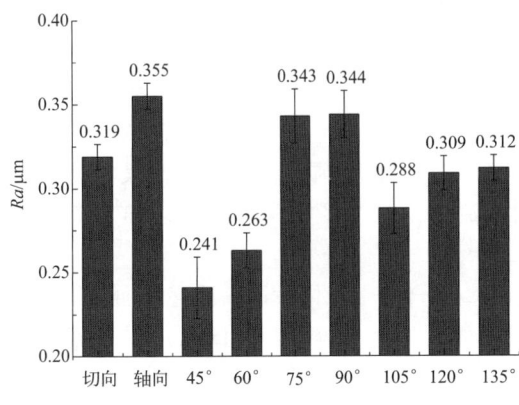

图 10-13　表面粗糙度 Ra 值对比　　　　　图 10-14　表面粗糙度 Rsm 值对比

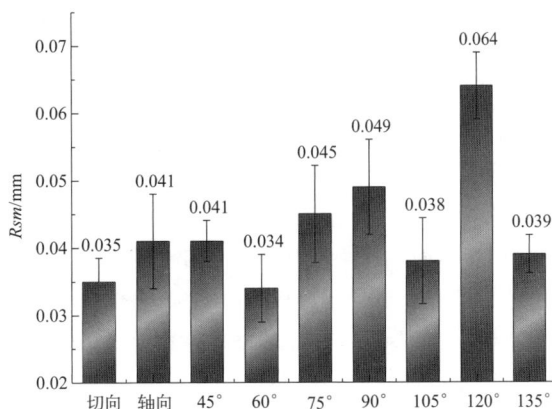

轴向超声振子与切向超声振子的夹角 θ 在 $45°\sim135°$ 时，泵吸作用效果随 θ 的增大呈现先减小后增大的非线性变化规律。另外，椭圆形轨迹的长半轴与短半轴的比值越大，其泵吸作用越强。因为比值越大，椭圆轨迹越细长，其对润滑液的轴向导流能力越强。当轴向超声振子与切向超声振子的夹角为 $90°$ 时，由于椭圆形微织构的几何形状关于砂轮圆周速度的周向对称，不具有使润滑液产生沿砂轮轴向流动的方向性效应，因此没有泵吸作用，磨削区中润滑液的浸润效果较差，所以得到的工件表面质量相对较差。当夹角为 $45°$ 时，泵吸作用效果最强，因为椭圆形微织构对润滑液沿轴向流动产生了强烈的导向作用。此时，大量的润滑液被泵入磨削区，润滑效果良好，因此得到了最好的工件表面质量。由图 10-8 的仿真结果可知，$45°$ 和 $135°$ 时椭圆的形状相同，仅偏转方向不同。但是从图 10-13 和图 10-14 的实验结果来看，夹角为 $135°$ 时得到的工件表面质量相比 $45°$ 时较差。这是因为轴向超声振子与切向超声振子互为钝角时，会产生相对的作用力使合振位移减小。

（2）多角度二维超声振动磨削条件下混合纳米流体微量润滑与浇注式润滑的对比分析

多角度二维超声振动磨削条件下 Al_2O_3/SiC 混合纳米流体微量润滑与浇注式润滑的表面粗糙度 Ra 值和 Rsm 值对比如图 10-15 和图 10-16 所示。

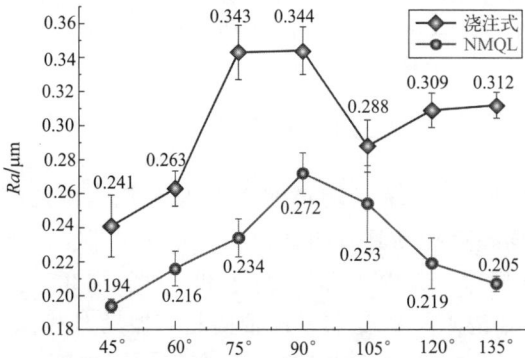

图 10-15　纳米流体微量润滑与浇注式润滑的表面粗糙度 Ra 值对比

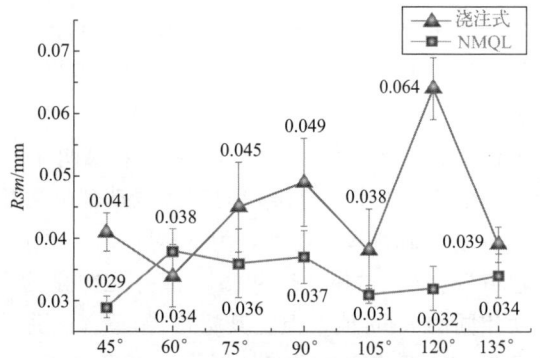

图 10-16　纳米流体微量润滑与浇注式润滑的表面粗糙度 Rsm 值对比

由图 10-15 可知，角度在 45°～90°变化时，二维超声振动辅助条件下 Al_2O_3/SiC 混合纳米流体微量润滑磨削加工得到的表面粗糙度 Ra 值逐渐增大，与浇注式润滑的变化趋势相同；在 45°时取得了最低的 Ra 值（0.194μm），相比浇注式润滑降低了 19.5%，而且其标准差极低，反映了良好的工件表面质量。混合纳米流体微量润滑在夹角为 90°时得到了最高的 Ra 值（0.272μm），相比浇注式降低了 20.9%。角度在 90°～135°变化时，混合纳米流体微量润滑磨削加工得到的 Ra 值逐渐减小，但相比 90°～45°时下降幅度较小，工件表面质量相对较差。在 45°～135°的整个区间变化时，混合纳米流体微量润滑较浇注式表现出了良好的磨削加工性能，得到的 Ra 值均相对较低。

由图 10-16 可知，在 45°～135°的整个区间变化时，混合纳米流体微量润滑磨削加工得到的表面粗糙度 Rsm 值相比浇注式润滑均较小，说明其整体犁沟宽度较窄；而且 Rsm 值曲线随角度的变化波动较小，最小值为 0.029mm，最大值为 0.038mm，说明多角度二维超声振动与混合纳米流体耦合磨削时一定程度上减弱了犁沟的宽化效果，但得到的工件表面质量仍然良好。

多角度二维超声振动磨削条件下 Al_2O_3/SiC 混合纳米流体微量润滑较浇注式润滑得到了良好的工件表面质量，这是因为在超声振动的激励下液体内部或液-固耦合界面上出现了结构断裂并形成空泡，即产生空化作用。液体中的空泡普遍会经历生长、发育和溃灭的动力学过程，当其溃灭时会产生局部的高温、高压现象，从而对周围的液体或固体介质产生很大的冲击作用。所以，空化作用也可以看作液体介质出现空泡及其发展的动力学过程。在 Al_2O_3/SiC 混合纳米流体中，Al_2O_3 和 SiC 均为硬质纳米粒子，均可作为砂轮磨料的组成成分。因此在空泡溃灭时，对 Al_2O_3/SiC 混合纳米粒子产生了很大的冲击作用，从而这两种硬质纳米粒子对工件表面产生了抛光的作用，有效降低了表面粗糙度 Ra 值和 Rsm 值，提高了工件表面质量。

10.4.3　工件表面形貌

（1）多角度二维超声振动磨削与一维超声振动磨削的对比分析

在浇注式润滑条件下，一维切向、一维轴向超声振动磨削以及夹角 θ 为 45°、60°、90°、

120°和135°时二维超声振动磨削得到的工件表面 SEM 图如图 10-17 所示。为了更直观地看到多角度二维超声振动磨削得到的工件表面特征，对其 SEM 图局部进行了放大。

由图 10-17 可知，在浇注式润滑条件下，一维切向超声振动磨削得到的工件表面未出现断续凸起的情况，而一维轴向超声振动磨削得到的工件表面出现了不明显的断续现象，且断续周期较大；当夹角 θ 为 90°时，工件表面出现了多处周期性断续现象，并且其周期相比一维轴向超声振动较小。因此得到轴向超声振动是引起工件表面出现断续的主要原因，而切向超声振动的加入有助于减小断续凸起的周期。

图 10-17 中，夹角 θ 为 45°、60°、120°和135°时二维超声振动磨削得到的工件表面均出现了周期性的断续现象，而且周期大小不一。其中，夹角为 45°时工件表面出现了大量的周期性断续现象。通过对 8 组放大图进行对比，看到其周期在所有的 SEM 图中最小，因此夹角为 45°时得到的工件表面具有很强的规律性；而且由表面粗糙度 Ra 值和 Rsm 值的分析可知，这种小周期的断续凸起现象可以有效提高工件表面质量。另外，60°和 120°的椭圆形仿真轨迹的长轴与短轴比相同，仅方向不同。但根据图 10-17 中夹角为 60°和 120°的 SEM 图对比发现，夹角为 60°的表面断续凸起的现象较 120°的表面多，而且周期更小。说明切向超声振子与轴向超声振子的夹角为钝角时，不利于工件表面质量的提高。

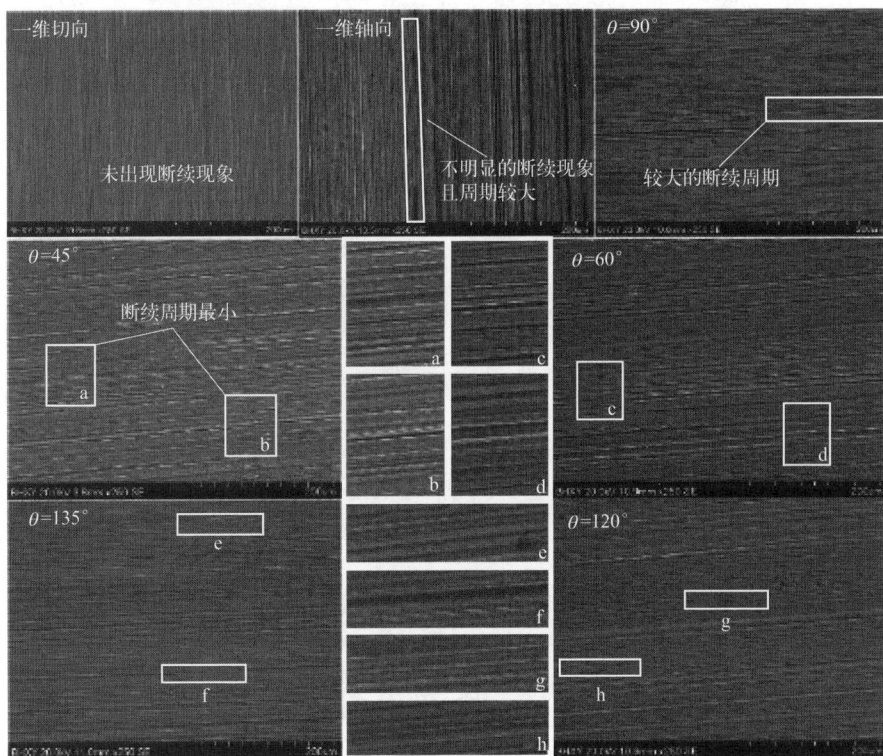

图 10-17　多角度二维超声振动磨削与一维超声振动磨削的 SEM 图对比

（2）多角度二维超声振动磨削条件下混合纳米流体微量润滑与浇注式润滑的对比分析

多角度二维超声振动磨削条件下，混合纳米流体微量润滑与浇注式润滑得到的工件表面 SEM 图如图 10-18 所示，图 10-18(b)、(d)、(f) 分别为图 10-18(a)、(c)、(e) 的放大图。由于在图 10-15 表面粗糙度 Ra 值的分析中夹角为 45°和135°的二维超声振动辅助纳米流体

微量润滑得到的 Ra 值较低，因此选择这两组与夹角为 45°的二维超声振动辅助浇注式润滑进行对比分析。

由图 10-18 可知，夹角为 45°的二维超声振动辅助浇注式润滑得到的工件表面出现了多处犁沟较差的情况，而夹角为 45°的二维超声振动辅助混合纳米流体微量润滑得到的工件表面明显优于浇注式，大量的断续凸起被消除了。另外，对比图 10-18（b）、（d）发现，混合纳米流体微量润滑的工件表面犁沟宽度相比浇注式有所减小，减小了大约 $1\sim2\mu m$。这是由于夹角为 45°时强烈的泵吸作用将大量 Al_2O_3/SiC 混合纳米流体泵入到了磨削区，同时在超声振动的激励下对磨粒-工件界面楔形区的工件表面产生了抛光作用。

图 10-18 中，夹角为 135°的二维超声振动辅助混合纳米流体微量润滑得到的工件表面质量介于夹角为 45°的二维超声振动辅助浇注式润滑和混合纳米流体微量润滑之间，工件表面出现了少量的较差犁沟形貌，且 135°时的犁沟宽度比 45°时（NMQL）的犁沟宽度小大约 $1\sim2\mu m$，再次验证了夹角为钝角时两个不同方向的超声振子具有较强的相互干涉。

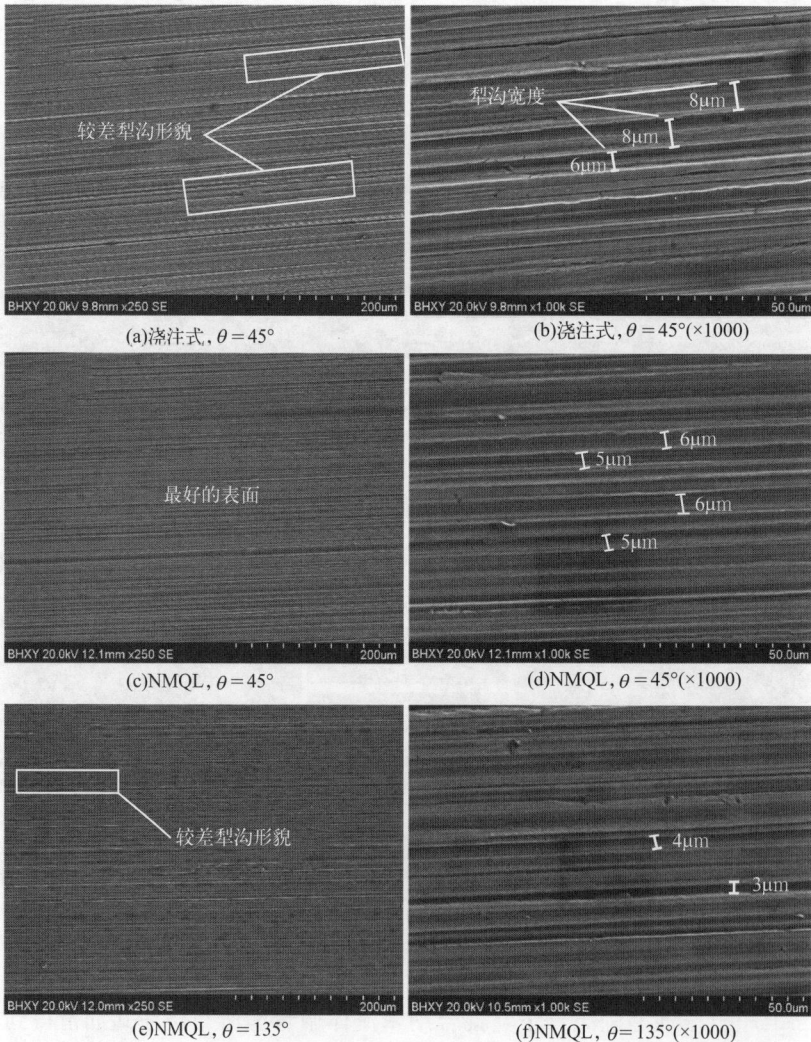

(a)浇注式，$\theta=45°$
(b)浇注式，$\theta=45°$（×1000）
(c)NMQL，$\theta=45°$
(d)NMQL，$\theta=45°$（×1000）
(e)NMQL，$\theta=135°$
(f)NMQL，$\theta=135°$（×1000）

图 10-18　多角度二维超声振动磨削条件下混合纳米流体微量润滑与浇注式润滑的 SEM 图对比

10.4.4　工件表面自相关分析

多角度二维超声振动辅助 Al_2O_3/SiC 混合纳米流体微量润滑磨削加工的工件表面是通过滑擦、耕犁、侵蚀以及多次光磨、微去除等复合加工而获得的，因此表面轮廓的最终形成是多种作用的综合结果，既包含有规律性的磨削所形成的周期性成分，也包含由变化因素所导致的随机成分。其二维测量结果是一个非常复杂的随机信号，使用传统的粗糙度参数虽然能说明一些问题，但无法表达出其微观形貌的全部信息。

根据上述对不同润滑方式下超声振动辅助磨削的表面粗糙度以及 SEM 图的对比分析，优选夹角为 45°的二维超声振动辅助浇注式润滑和夹角为 45°、135°的二维超声振动辅助混合纳米流体微量润滑与一维切向、一维轴向超声振动的工件表面自相关函数曲线进行了对比分析（图 10-19），以揭示这几种表面包含的微观形貌信息。

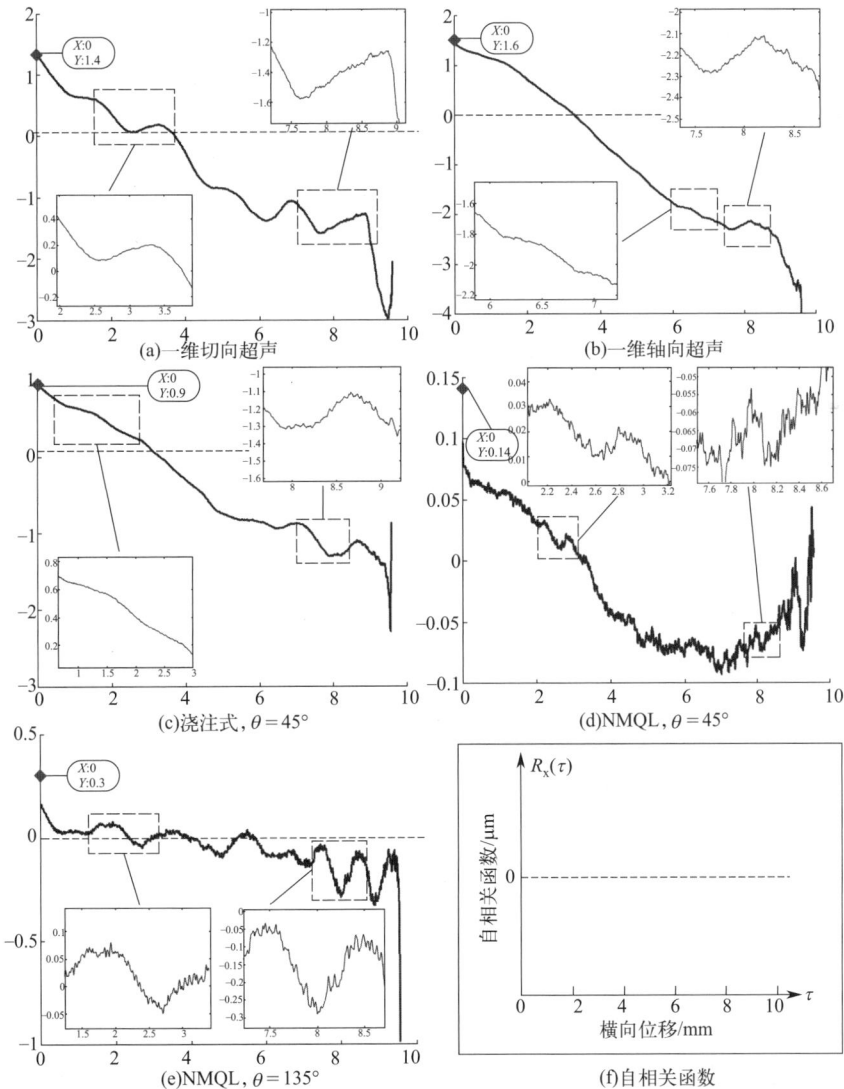

图 10-19　工件表面自相关函数曲线对比

由图 10-19 可知，当 $\tau=0$ 时，一维切向、一维轴向超声振动以及夹角为 45°的二维超声振动辅助浇注式润滑和夹角为 45°、135°的二维超声振动辅助混合纳米流体微量润滑得到的最大的自相关值 $R_\mathrm{x}(0)$ 分别为 $1.4\mu m$、$1.6\mu m$、$0.9\mu m$、$0.14\mu m$、$0.3\mu m$。根据自相关函数数字化估计公式的定义，可以推断一维轴向超声振动辅助浇注式润滑磨削得到的工件表面轮廓纵向参数值最大，得到了较差的工件表面质量。而一维切向振动得到的表面轮廓纵向参数值相对一维轴向超声振动较小，说明一维切向超声振动的多次光磨作用得到的工件表面质量相对一维轴向超声振动的犁沟宽化作用较高。从不同角度的二维超声振动与一维超声振动的最大自相关值 $R_\mathrm{x}(0)$ 比较中可以看出，二维超声振动得到了更低的自相关值 $R_\mathrm{x}(0)$，说明工件表面轮廓曲线在纵向上扩散度相对一维振动较小，也表征着表面轮廓曲线均一性的增强。

在多角度二维超声振动磨削中，夹角为 45°的浇注式润滑和夹角为 45°、135°的混合纳米流体微量润滑三种工况下得到的工件表面自相关函数曲线均具有不同程度的振荡现象，而且随着润滑方式和角度的改变，振荡的振幅和频率也有所变化，说明这三种工况得到的表面轮廓曲线均具有周期性。进一步地观察自相关曲线的放大部分，可以发现在整条曲线周期性振荡的同时，还具有连续的局部振荡。自相关曲线的小型周期特性说明多角度二维超声振动辅助加工具有"微加工"效应，因此提高了加工精度。另外，"微加工"效应在小范围又形成了不同的表面曲线特性，使轮廓波动平均间距减小、波纹细密性提高。

根据图 10-19 中各自相关函数曲线的局部放大部分比较可知，夹角为 45°的二维超声振动辅助混合纳米粒流体微量润滑的振幅较大且频率高，说明其工件表面轮廓曲线具有较强的周期性，表示更规则的轮廓曲线变化。这是因为夹角为 45°的二维超声振动辅助混合纳米粒流体微量润滑的多次光磨作用和空化引起的抛光作用对工件表面起到了最好的"微加工"效果。

10.5　小结

① 根据砂轮磨粒切削接触弧长模型，计算了磨粒从切入工件到切出工件所需的时间，并结合超声振动的振动周期，得到了磨粒从切入工件到切出工件过程中超声振动系统完成的振动次数。从砂轮磨粒与工件相对运动的几何学和运动学角度，分析了多角度二维超声振动辅助磨削加工机理，并通过数学模型利用 Matlab 仿真得到了不同角度变化时的椭圆轨迹形状。

② 当角度 θ 的变化范围在 45°～90°时，随角度 θ 的增大，椭圆呈顺时针旋转且长轴与短轴的比值逐渐增大；当角度 θ 的变化范围在 90°～180°时，随角度 θ 的增大，椭圆呈顺时针旋转且长轴与短轴的比值逐渐减小。另外，在不考虑轴向超声振子和切向超声振子相对作用力的情况下，通过仿真得到的 0°～90°与 90°～180°的椭圆轨迹关于 x 轴和 y 轴对称。

③ 轴向超声振子与切向超声振子的夹角 θ 在 45°～135°时，泵吸作用效果随 θ 的增大呈现先减小后增大的非线性变化规律。空化作用对 Al_2O_3/SiC 混合纳米粒子产生了很大的冲击作用，使硬质纳米粒子对表面产生了抛光的作用。

④ 一维切向超声振动辅助磨削得到的工件表面粗糙度 Ra 值相比一维轴向超声振动辅助磨削较低，为 $0.319\mu m$，即切向超声振动的多次光磨作用相比轴向超声振动的犁沟宽化作用能更大程度地降低表面粗糙度 Ra 值，提高工件表面质量。二维超声振动在 45°～90°的表面粗糙度 Ra 值逐渐增大，45°时取得了最低值（$0.241\mu m$），相比切向超声振动的表面粗糙度 Ra 值降低了 24.5%，得到了最好的工件表面质量。二维超声振动在 105°～135°时不同

程度地降低了 Ra 值，提高了工件表面质量，但均不如 45°时的效果明显。

⑤ 在多角度二维超声振动磨削条件下 Al_2O_3/SiC 混合纳米流体微量润滑与浇注式润滑得到的表面粗糙度对比中，45°时的混合纳米流体微量润滑取得了最低的 Ra 值（0.194μm），相比浇注式润滑降低了 19.5%。另外，在 45°~135°的整个区间变化时，混合纳米流体微量润滑较浇注式润滑均表现出了良好的磨削加工性能，得到的 Ra 值均相对较低。

⑥ 在工件表面自相关分析中，多角度二维超声振动磨削中夹角为 45°的浇注式润滑和夹角为 45°、135°的混合纳米流体微量润滑三种工况得到的自相关函数曲线具有周期性振荡的同时，还具有连续的局部振荡。说明存在"微加工"效应，使轮廓波动平均间距减小、波纹细密性提高，进而提高了加工精度。

参考文献

[1]　Gao T，Zhang Y B，Li C H，et al. Fiber-reinforced composites in milling and grinding：machining bottlenecks and advanced strategies [J]. Frontiers of Mechanical Engineering，2022，17（2）：24.

[2]　Sonia P，Jain J K，Saxena K K. Influence of ultrasonic vibration assistance in manufacturing processes：a review [J]. Materials and Manufacturing Processes，2021，36（13）：1451-1475.

[3]　Wang X M，Li C H，Zhang Y B，et al. Vegetable oil-based nanofluid minimum quantity lubrication turning：academic review and perspectives [J]. Journal of Manufacturing Processes，2020，59：76-97.

[4]　Yang Z C，Zhu L D，Zhang G X，et al. Review of ultrasonic vibration-assisted machining in advanced materials [J]. International Journal of Machine Tools and Manufacture，2020，156：103594.

[5]　Dong G J，Lang C Y，Li C，et al. Formation mechanism and modelling of exit edge-chipping during ultrasonic vibration grinding of deep-small holes of microcrystalline-mica ceramics [J]. Ceramics International，2020，46（8）：12458-12469.

[6]　Zhao B，Chang B Q，Wang X B，et al. System design and experimental research on ultrasonic assisted elliptical vibration grinding of Nano-ZrO₂ ceramics [J]. Ceramics International，2019，45（18）：24865-24877.

[7]　Zhao B，Guo X C，Yin L，et al. Surface quality in axial ultrasound plunging-type grinding of bearing internal raceway [J]. International Journal of Advanced Manufacturing Technology，2020，106（11/12）：4715-4730.

[8]　Zhao P Y，Zhou M，Huang S N. Sub-surface crack formation in ultrasonic vibration-assisted grinding of BK7 optical glass [J]. International Journal of Advanced Manufacturing Technology，2017，93（5/8）：1685-1697.

[9]　Ran Y C，Kang R K，Dong Z G，et al. Ultrasonic assisted grinding force model considering anisotropy of SiCf/SiC composites [J]. International Journal of Mechanical Sciences，2023，250：108311.

[10]　Wang H，Pei Z J，Cong W L. A mechanistic cutting force model based on ductile and brittle fracture material removal modes for edge surface grinding of CFRP composites using rotary ultrasonic machining [J]. International Journal of Mechanical Sciences，2020，176：105551.

[11]　江华生，孟祥铠，沈明学，等. 唇形密封轴表面方向性微孔的润滑特性 [J]. 化工学报，2015，66（2）：678-686.

[12]　江华生. 唇形密封轴表面椭圆形微织构的泵吸率分析 [J]. 嘉兴学院学报，2018，30（6）：6.

[13]　郭策，祝锡晶，刘国东，等. 超声振动珩磨作用下空化泡动力学及影响参数 [J]. 应用声学，2015，34（1）：51-57.

[14]　郭策. 超声振动珩磨作用下磨削液多空化泡动力学及其非线性振动 [D]. 太原：中北大学，2016.

[15]　Yan Y，Bo Z，Liu J. Ultraprecision surface finishing of nano-ZrO₂，ceramics using two-dimensional ultrasonic assisted grinding [J]. International Journal of Advanced Manufacturing Technology，2009，43（5/6）：462.

[16]　Yan Y Y，Zhao B，Wu Y，et al. Study on material removal mechanism of fine-crystalline ZrO₂ ceramics under two dimensional ultrasonic grinding [J]. Materials Science Forum，2006，（532/533）：532-535.

[17]　Zhao B，Yan Y Y，Wu Y，et al. Study on motion model of abrasive particle and surface formation mechanics under two dimensional ultrasonic grinding [J]. Key Engineering Materials，2006，（315/316）：314-318.

[18]　刘立飞，张飞虎，刘民慧. 碳化硅陶瓷的超声振动辅助磨削 [J]. 光学精密工程，2015，23（8）：2229-2235.

第 11 章

静电雾化微量润滑微液滴雾化成膜机制与加工性能评价

▲▲▲▲▲▲▲

　　工业应用中，大多数 MQL 使用的是气助式两相流的雾化方式。该雾化方式是通过气动力、液体表面张力、压力梯度、速度梯度等的综合作用，将切削液雾化成小液滴并送往切削区。然而，在高压气体的作用下很容易导致小液滴的飞溅与飘散，从而增大了环境中的气雾浓度。由刘晓丽的实验研究可知，MQL 加工环境中油雾浓度随气压的增大而增大。图 11-1 为气动雾化 MQL 的技术瓶颈。当油雾中的小颗粒（例如 PM10、PM2.5）超过一定浓度（PM10 $>$ 5mg/m^3，PM2.5 $>$ 0.5mg/m^3）时，会对处于这种环境中的工人的呼吸系统造成严重的威胁，诱发过敏、肺炎甚至癌症等疾病。另外，气动雾化微量润滑雾滴的表面能逐渐降低；射流的运动轨迹、雾滴粒径及其分布、雾滴与工件界面的接触状态不能实现参数化可控输运；射流的穿透力、吸附力和浸润性能不足，对高黏度生物润滑剂的雾化效果不是很理想，粒径较大、尺寸分布不均、表面活性度低等，均会影响切削区的成膜性能。

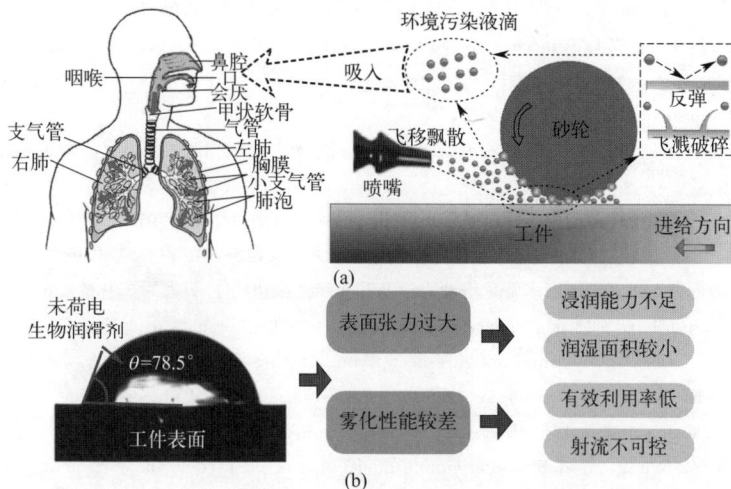

图 11-1　气动雾化微量润滑的技术瓶颈

11.1　静电雾化微量润滑技术

为解决上述气助式微量润滑的技术瓶颈，学者们开发了静电雾化微量润滑。由于静电雾化产生的粒径较小、沉积性能与包覆性能较好，该技术已被广泛应用于纳米薄膜制备、静电喷涂、雾化燃烧等领域。所以，研究学者们希望通过静电雾化纳米生物润滑剂来进一步提升微量润滑的雾化和加工性能，进而实现可持续制造。

11.1.1　静电雾化原理

泵入毛细管的液体在表面张力和加速力（如重力和/或电）的作用下会产生一系列振荡和非振荡行为，通常称为滴流和射流模式。在无荷电的情况下，首先，液滴在其自身重力的作用下下降；然后，泵送压力克服表面张力及其黏性滞后，滴下模式随之改变。如果对毛细管施加高压静电，则毛细管内的液体将带电，液体内将出现正、负离子，并且在毛细管电极和目标电极之间将形成电场。如果对毛细管施加负高压静电，则液体内部将产生负离子和自由电子。如图 11-2（a）所示，在电场力的作用下，液体内部的负离子和自由电子向液体顶部移动，形成了电位梯度，从而在顶部产生了电荷浓度。液顶最初达到瑞利极限（亚瑞利极限），并开始破裂形成泰勒锥。带电液体受到额外的电场力，由均匀电荷引起的排斥力分布在液滴表面。如果施加的电压发生变化，那么毛细管将在这些力的耦合下产生不同的喷射模式。同轴注射后，由于内部和外部流体不相容，内部流体将被外部流体覆盖，形成封装液滴［图 11-2（a）］。遵循与静电雾化相同的原理，同轴静电喷雾（CES）在不同电压下的喷射状态会发生变化。随着电压的增大，喷射模式从下降状态变为稳定的锥形喷射状态［图 11-2（b）］；电压进一步增大，喷射模式变为摆动模式。与滴落模式相比，锥形喷射模式更稳定，是单相静电雾化中应用最广泛的模式。

电晕放电是气体介质在不均匀电场中的局部自持放电。如图 11-2（d）所示，与高压静电连接的电极在其周围产生不均匀的强电场，当局部电场强度超过临界场强时，气体分子被电离。此时，静电电压可以表示为 V_s［式（11-1）］，并且该过程也被称为电晕过程。

$$V_s = E_s \frac{r}{2} \ln \frac{r+2d}{r} \tag{11-1}$$

式中，E_s 是尖端的电场强度，kV/m；r 是电极尖端的半径，m；d 是针板距离，m。

假设电极连接到负高压电源，则在电晕区域产生四种主要效应，如图 11-2（d）所示。第一，中性气体分子被电离，自由电子从原始轨道层逃逸，产生阳离子和自由电子。第二，自由电子与气体分子结合形成阴离子。第三，电极产生的自由电子在电场力的作用下高速撞击气体分子，形成阳离子和额外的电子，这种现象被称为电子雪崩效应。最后，当还原反应发生时，自由电子与阳离子结合。在确定了针板放电的几何模型和边界条件后，学者通过有限元方法分析了负高压电条件下的颗粒密度分布。负离子密度分布如图 11-2（d）所示。在向靶极扩散的过程中，离子密度逐渐减小，电晕区的离子密度最高。电晕区中阳离子被吸引到负电极，而阴离子和自由电子被排斥离开电极。电晕区中的电子和离子在电场力的作用下向目标电极移动，并在雾化液滴移动和充电时与雾化液滴碰撞［图 11-2（c）］。如果电源是正的高压，那么粒子在电晕区域中的运动将被逆转，阳离子被排斥向目标电极的方向，自由电子和阴离子被电极吸收以进行还原。

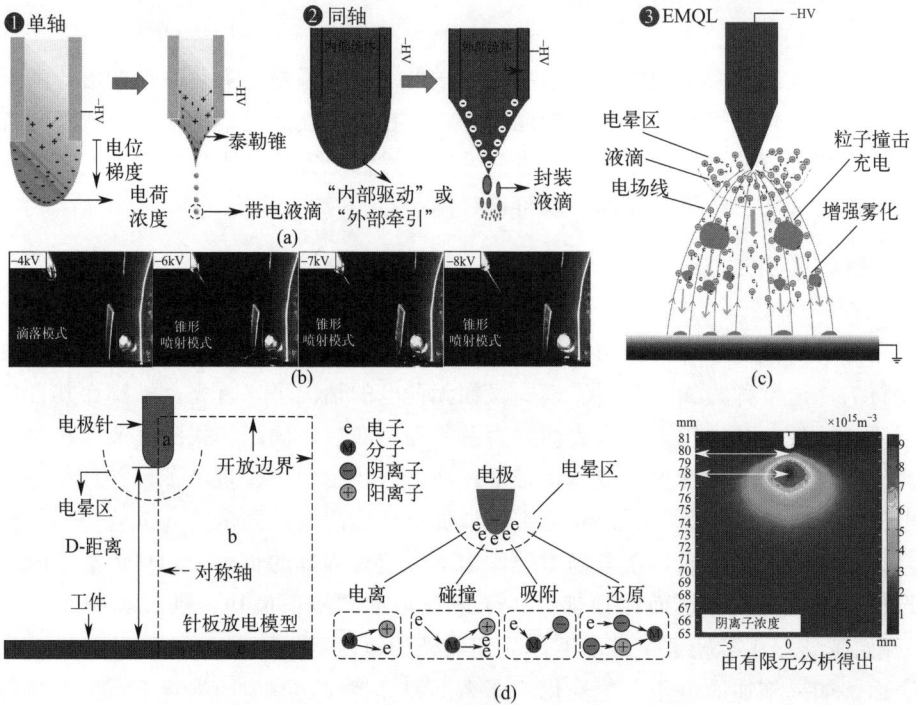

图 11-2 静电雾化赋能机制

11.1.2 静电雾化微量润滑装置

静电雾化可分为三类：静电雾化润滑（EAL）或静电喷雾润滑（ESL）、同轴静电喷雾（CES）和静电雾化微量润滑（EMQL）。EAL 或 ESL 装置由单个注射泵、静电喷嘴和高压电极组成，该设备通常用于静电喷涂。CES 是指在静电力的作用下将两种不相容的液体分解成微小的带电液滴的过程，与 EAL 或 ESL 装置相比，该实施装置多了一个液体注入泵［图 11-3(a)］。

科学家们还提出了一种多能场耦合雾化方法，以提高静电雾化的效率并保持良好的雾化效果。该技术分为两类：接触充电［图 11-3(a) ~ (c)］和电晕充电。接触式电荷静电雾化装置主要用于现有应用。目前，对 EMQL 装置的改进主要集中在增强充电喷嘴的结构。如图 11-3(d) ~ (h) 所示，电晕充电系统在喷嘴处配备了电晕放电电极，当电极电压超过一定阈值时，其周围会产生电晕放电。图 11-3(g) 和 (h) 展示了磁场增强电晕放电雾化装置，其中向电晕区施加横向磁场，以增强充电性能。磁增强静电雾化的知识尚未得到深入挖掘，这可能是下一步的发展趋势。与 EAL/ESL 相比，EMQL 具有更高的可操作性和安全系数，只需在原始设备配置的基础上稍作修改即可。然而，其发展模式不利于技术的提高。因此，应在可控性方面开发 EMQL 设备，并应开发数字设备，如智能调节设备［图 11-3(i)］和智能供应设备［图 11-3(j)］。

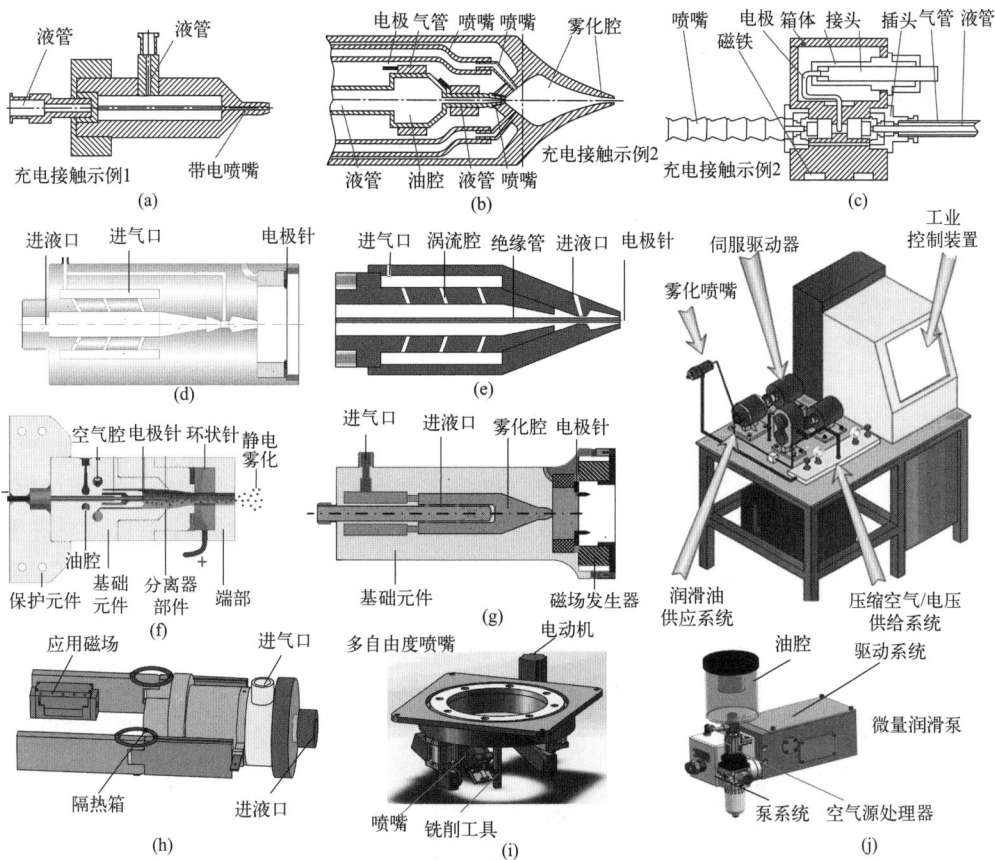

图 11-3　静电雾化实施装置

11.2　静电雾化微量润滑机理

11.2.1　微液滴作用机理

　　MQL 经常应用于车、铣、磨削加工中，起到冷却、润滑、排屑的作用。传统 MQL 技术的压缩空气气压阈值在 $0.4\sim0.6$MPa，被高压气体雾化后的切削液以高速射流的形式输送至切削区。由于在上述工况中刀具/工件高速旋转，在其切削区的外围会产生复杂的气流场，特别是在磨削加工中，高速旋转的砂轮会产生气障层从而阻止切削液进入，这也是导致浇注式有效流量率低的主要原因。而雾化的液滴在空气流的拖曳下可以有效地穿透气障层进入切削区，并沉积成油膜。另外，MQL 中压缩空气的喷射除了能清洗切屑，还能加速切削区对流换热的效果。从微观作用机制来讲，MQL 的机理分析主要依靠的是毛细管假设模型。Toshiyuki 等分析认为，由于毛细管的高度很小，油雾无法直接进入毛细管，即使微液滴小于毛细管的高度，在运动的过程中也很难保证不与毛细管壁碰撞，况且液滴也不是理想球体。对于沸点较低的液滴，则可以将其汽化以剪切流的形式进入毛细管（图 11-4）。

　　虽然液滴不能直接进入毛细管内部，但是液滴的粒径大小依然对加工过程有重要的影响。Maruda 等通过控制空气流量和喷嘴距离得到了不同粒径及分布的液滴，并通过分析机

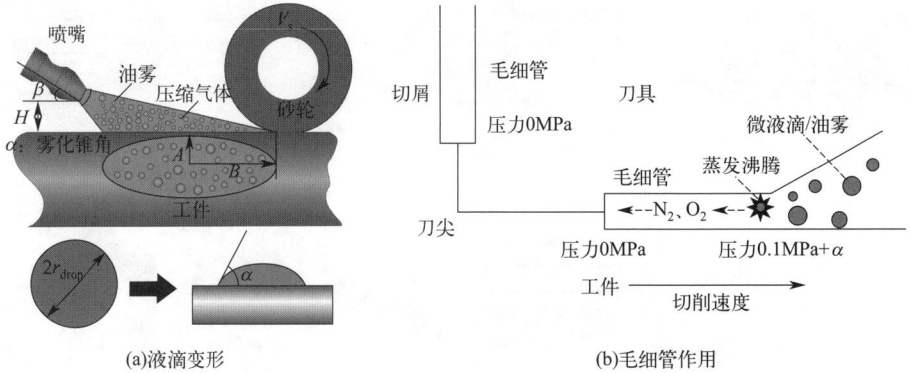

图 11-4 微液滴作用机理

加工表面切削液添加剂主要元素（P）的含量发现，粒径越小的液滴越容易在切削区成膜（图 11-5）。若只考虑切削区粒径的大小对加工的影响，可以认为粒径越小越有利于加工。然而，粒径小的液滴也易受空气扰流的影响，从而降低油雾的沉积不利于加工，并且增大环境中的油雾浓度。矛盾的是，空气压力增大有利于粒径的减小，但不利于小粒径的沉积。这也是 MQL 加工中存在最佳平衡参数的有效依据。

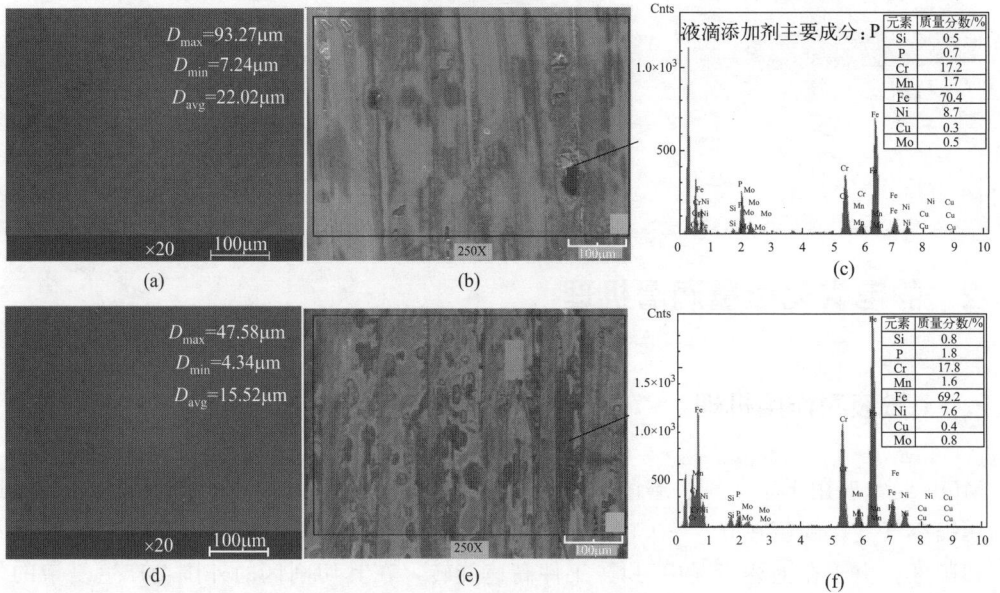

图 11-5 雾化质量与加工性能评估

11.2.2 雾化增益机制

由上述可知，雾化质量对 MQL 微液滴在切削区的传质传热、成膜特性具有很大的影响。评价雾化质量的参数主要有液滴平均粒径和粒径尺寸分布。静电雾化微量润滑的雾化特性与传统 MQL 相比有哪些方面的不同？许多学者通过实验给出了对比结果。吕涛等使用接触荷电静电微量润滑装置测试了不同条件下的雾化特性，结果如图 11-6(a) 和(b) 所示。

荷电电压为 -15kV 时液滴的平均粒径较不荷电的传统 MQL 降低了 21.3%，同时粒径分布也更加均匀。除了雾化质量的提高，荷电液滴的接触角随着电压的增大而减小，这是表面张力降低的结果 [图 11-6(b)]。对静电雾化微量润滑的雾化粒径实验结果见表 11-1。从表 11-1 中可以看出，随电压的增大，雾化粒径越来越小。其实，粒径变化趋势也会产生变化。

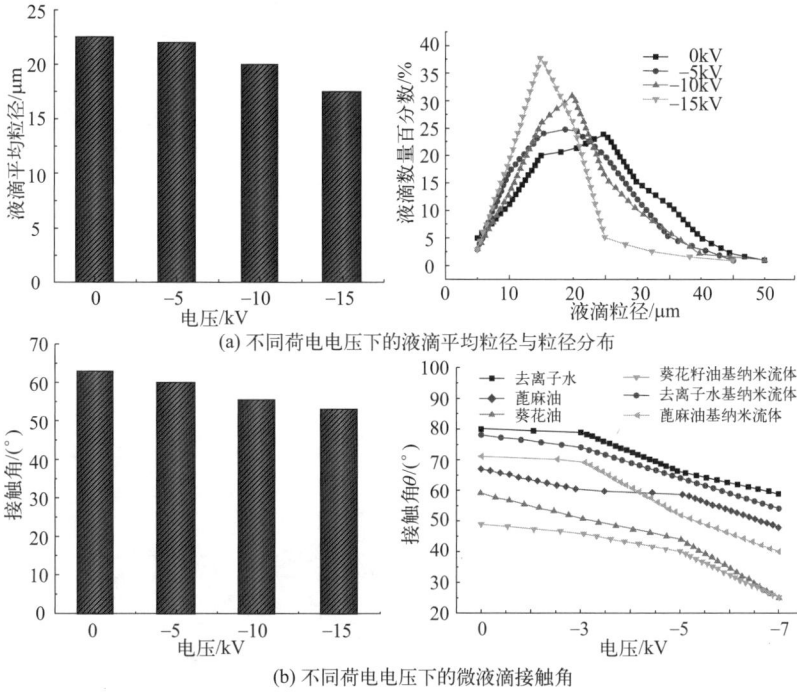

(a) 不同荷电电压下的液滴平均粒径与粒径分布

(b) 不同荷电电压下的微液滴接触角

图 11-6　静电雾化微量润滑雾化质量评价

表 11-1　与 MQL 相比静电微量润滑的雾化粒径降低率

参考文献	介质类型	电压值/kV	降低率
[55]	石墨烯油基纳米流体	-2、-4、-6、-8、-10	$21.7\%\sim47.8\%$
[60]	LB-2000 生物润滑剂	-5、-10、-15	$6.3\%\sim19\%$
[61]	LB-2000 生物润滑剂	-3、-5、-7、-9、-12	$9.1\%\sim33.3\%$
[62]	LB-2000 生物润滑剂	±5、±10、±15、±20	$5.9\%\sim44.1\%$
[56]	LB-2000 生物润滑剂	-5、-20	$20.6\%\sim37.7\%$
[57]	LB-2000 生物润滑剂	-5、-15	$20.6\%\sim35.4\%$
[58]	大豆油	20、25、30、35	$14.5\%\sim27.3\%$
[59]	大豆油：蓖麻油(1:2)	10、20、30、40、50、60	$12.3\%\sim35.4\%$

施加电压的内混式喷嘴产生的液膜具有明显的泰勒锥特征，且随电压的增大，泰勒锥的密度变大（图 11-7）。贾东洲等根据液体破碎过程体积不变原则构建了与液膜厚度、横向波长和纵向波长相关的雾化粒径模型 [式(11-2)]。

$$D = \sqrt[3]{6r_0(1-\sqrt{\alpha})\left(\frac{3\pi\sigma^*}{\rho_g v_g^2}\right)\sqrt{\frac{3m_1\sigma^*}{\rho_1\left(\frac{1}{2}C_D\rho_g v_r^2 S_1\right)}}} \tag{11-2}$$

式中，D 为液滴平均粒径，m；r_0 为喷嘴出口半径，m；σ^* 为液体荷电后的有效表面张力，N/m；S_1 为环形液膜的迎风面积，m^2；C_D 为曳力系数；ρ_g 为气体密度，kg/m^3；

v_r 为喷嘴的气液相对速度，m/s；m_1 为喷嘴出口液膜的质量，kg；v_g 为喷嘴出口气体的初始速度，m/s；α 为环形液膜的含气率（r_g^2/r_0^2）；r_g 为气核半径，m。

荷电后的液滴在输运过程中会发生二次甚至多次雾化，这是雾化粒径降低的原因。液滴荷电后，其表面存在的同性粒子之间会产生排斥力，从而削弱液滴的表面张力。当静电排斥力达到液滴的表面张力时，液滴会发生破碎（图 11-7）。此时，液滴表面的荷电量为

$$Q_0 = 8\pi\sqrt{\varepsilon_0 \gamma R^3} \tag{11-3}$$

Q_0 也被称为临界荷电量（C）。式中，γ 为液滴的表面张力，N/m；R 为液滴半径，m；ε_0 为真空介电常数，F/m。与工作界面接触前，液滴表面的静电排斥力为

$$f = \frac{Q^2}{64\pi^2 \varepsilon R^3} \tag{11-4}$$

式中，Q 为液滴表面的荷电量。此时，液滴的表面张力降为

$$\gamma' = \gamma - \frac{Q^2}{64\pi^2 \varepsilon R^3} \tag{11-5}$$

进而造成液滴接触角/润湿角的降低。

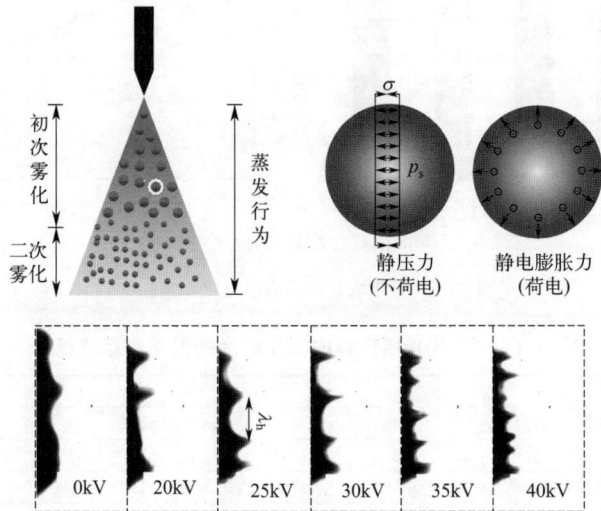

图 11-7 荷电液滴破碎机理

雾化性能和液滴表面的荷电量密切相关，表征液滴荷电能力的参数为荷质比（液滴荷电量与质量的比值：CMR$=Q/m$）。相同荷电条件下，荷质比越大的切削液，其荷电能力越强。Lv 等在实验中研究了水基纳米流体和油基生物润滑剂的荷电能力，结果表明，随电压的增大，两种切削液的荷质比均上升。然而，水基纳米流体的荷质比在所有电压下均高于油基生物润滑剂，且上升的幅度也很高。同样，他们在另一项实验中研究了纳米粒子浓度对纳米流体荷电能力的影响，结果表明，随纳米粒子浓度的增大，纳米流体的荷电能力也增大（图 11-8）。下面建立液滴荷电数学模型来分析这种现象。

$$Q = 4\pi\varepsilon_0 \frac{3\varepsilon_r}{\varepsilon_r + 2} E d^2 \frac{t}{t + \tau} \tag{11-6}$$

式中，ε_0 为空间介电常数；ε_r 为液体相对介电常数，F/m；d 为液滴直径，m；E 为电场强度，V/m；t 为荷电时间，s；τ 为时间常数：

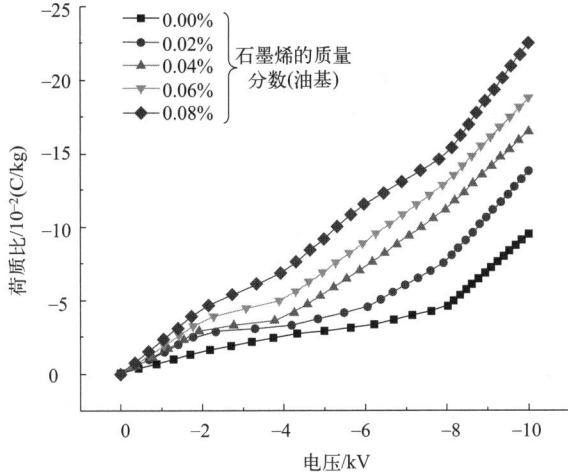

图 11-8　不同条件下的荷质比

$$\tau = K \rho_\Omega \varepsilon_0 \tag{11-7}$$

式中，K 为液体的介电常数；ρ_Ω 为液体的电阻率，$\Omega \cdot m$。由数学模型也可以看出，液体的荷电能力主要与其自身的物理性质有关，特别是导电性与介电常数这两个电学性质。水基切削液和加入纳米粒子后的切削液的电导率大于油基生物润滑剂，这可能是上述结果的主要原因。

在了解了荷质比的概念后，也可以用它来解释静电雾化微量润滑液滴尺寸分布均匀性更强的原因。当液滴表面的荷电量达到临界荷电量 Q_0 时，液滴破碎。此时，液滴的荷质比称为临界荷质比。王贞涛等给出了考虑 Weber 数的液滴临界荷质比数学模型：

$$\beta = \frac{6\eta \sqrt{\varepsilon \left(\gamma_0 - \alpha t - \dfrac{\rho_g r \upsilon^2}{We_c} \right)}}{\rho_1 r^{3/2}} \tag{11-8}$$

式中，η 为 Rayleigh 极限系数；ε 为空气介电常数，F/m；γ_0 为初始表面张力，N/m；ρ_g 为气体介质的密度，kg/m^3；ρ_1 为液体的密度，kg/m^3；r 为液滴半径，m；We_c 为临界 Weber 数；υ 为射流速度，m/s；t 为温度，K；α 为温度系数。另外，也可以根据上述临界荷电量建立临界荷质比数学模型：

$$\frac{Q}{m} = \frac{8\pi \sqrt{\sigma \varepsilon r^3}}{\dfrac{4\pi r^3 \rho}{3}} = \frac{6 \sqrt{\sigma \varepsilon}}{\sqrt{r^3 \rho}} \tag{11-9}$$

由式(11-8)、式(11-9) 可以看出，影响临界荷质比最大的因素是粒径，影响程度成反比。这就意味着，荷电后液滴破碎程度越大，越难破碎，从而造成了液滴尺寸的分布集中。同样，这也是粒径不会一直变小的主要原因。

11.2.3　成膜冷却增益机制

静电雾化微量润滑与传统 MQL 之间的差异在于两个方面：雾化性能（包括沉积性能、液滴粒径大小和分布）和液滴性能（荷电与不荷电）。雾化性能对润滑冷却性能的影响主要在于液滴粒径。静电雾化微量润滑雾化出的液滴粒径更小，更容易进入切削区，从而形成了更加致密稳定的润滑膜。而且，静电雾化 MQL 能够在降低气压的条件下，获得更小、尺寸分布更均匀的液滴，这并不会导致小粒径液滴被气压迁移至沉积区外。另外，液滴荷电后，表面活度增加，表面张力降低，这会大大提升液滴在毛细管微通道中的渗透性能与切削区液滴的铺展性能（图 11-9）。生物润滑剂的黏度及表面张力高，不利于切削区的传热与铺展，这限制了其使用。更为关键的是，过高的温度会降低生物润滑剂的热氧化稳定性，导致油膜失效，从而使切削区发生严重的摩擦。荷电后的液滴改善了这一点，而且，荷电后液滴的黏度变化甚微，不会影响润滑性能。加入纳米粒子后生物润滑剂的荷电性能进一步提升，静电雾化纳米生物润滑剂对润滑冷却的增强效果更加显著。除上述外，贾东洲研究发现，喷嘴与工件之间存在电场会增强切削区与空气的对流换热效果。与自然对流相比，存在电晕风的静电雾化微量润滑强化了空间对流换热效果（图 11-10）。

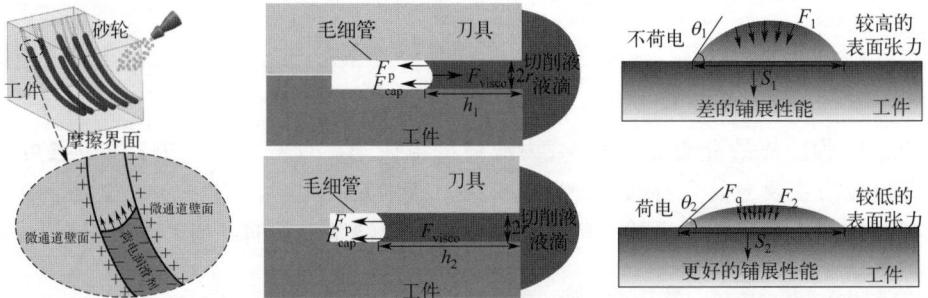

图 11-9　静电雾化微量润滑的传热润滑增强机制

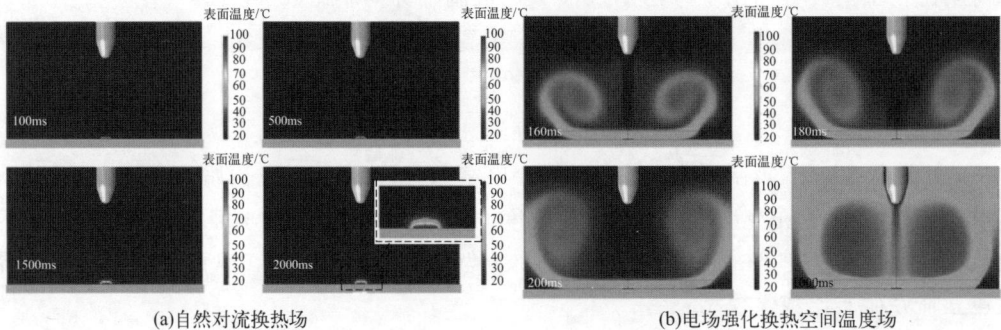

(a)自然对流换热场　　　　　　　　　　(b)电场强化换热空间温度场

图 11-10　电场强化换热仿真效果

11.3　静电雾化微量润滑加工性能

在 $-5kV$ 的外加电压下，EMQL 与干切削和传统 MQL 相比，铣刀寿命分别提升了约 77.8% 和 60%。Bartolomeis 等在铣削铬镍基合金时发现，与 MQL 相比，EMQL 条件下的刀具寿命提升了 72%。同时，在 AISI-304 的车削中，与干切削加工相比，MQL 并没有对刀具磨损起到明显的改善作用。与气动雾化 MQL 的结果相比，当 AISI-304 在 $+20kV$ 下进行 EMQL 铣削时，刀具磨损减少了 100%。Su 等报道，在钛合金 Ti6Al4V 的铣削中，与传统的空气辅助 MQL 技术相比，EAL 技术可将刀具磨损减少 42.4%。在 Cr12 的研磨中，在一定电压范围内实施的 EMQL 具有比 MQL 更高的 G 比率。在硬化钢 SCM-440 的钻孔中，使用直径 8mm 的钻头以 0.2mm/r 的进给量钻出 1000 个孔（直径为 40mm）后，相对于干切削加工，ESL 和 MQL 的钻头磨损分别减少了 34.6% 和 19.2%。

在 AISI-304 的铣削过程中，与干切削加工的情况相比，EMQL 条件下侧面的刀具磨损明显改善 [图 11-11（a）]，但 MQL 没有表现出更好的性能。如图 11-11（b）所示，在所有润滑条件下都会出现不同程度的黏附和磨损。在干切削条件下，刀具与工件直接接触，导致严重的磨料磨损。此外，由于缺少冷却介质，切削区的热量容易积聚诱发高温，进一步导致黏附磨损。MQL 可以将一定体积的切削液输送到切削区域，使切削区域具有一定的润滑和冷却能力。然而，由于切削液渗透不良，磨损情况可以描述为类似于干切削。Lee 等使用气流辅助电喷雾润滑（AF-ESL）装置对钛合金 Ti6Al4V 进行了微研磨，发现其无法与传统的 MQL 相比。这一发现也间接表明，静电雾化的润滑方法越来越被研究人员接受。在他们的实验中，比较了不同润滑条件下的磨削力比和磨料磨损 [图 11-11（c）]。结果表明，在降低磨削力比方面，具有小油雾流量的 AF-ESL 不如具有大流量的纯空气润滑。此外，由 SEM 图像发现，添加纳米颗粒后磨损情况大大改善，工件材料黏附更少，尤其是添加较大尺寸的纳米颗粒。润滑不足引起的磨料磨损可以解释空气润滑加工后期磨削力比的波动。

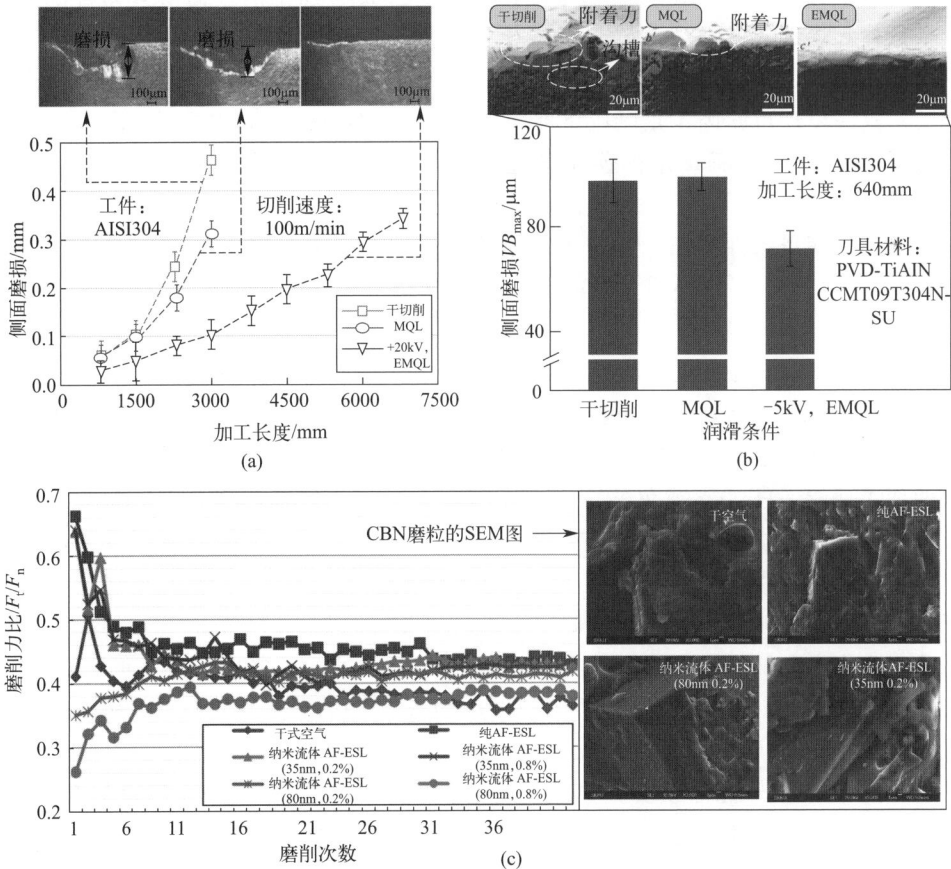

图 11-11　静电雾化在改善刀具磨损方面的评估

工件的表面粗糙度是评价冷却和润滑性能的一个重要参数。Jia 等对高温镍基合金 GH4169 进行了磨削表面粗糙度研究。结果表明，与其他润滑条件相比，干磨削可以产生最大的 Ra 和 Rsm。这一发现可归因于干磨削过程中缺乏冷却和润滑介质，以及砂轮和工件之间的直接接触，从而在磨削区域产生了大量磨削热。此外，在没有润滑层的情况下，工件的摩擦更严重，导致工件表面更粗糙。尽管传统的气动 MQL 可以向磨削区域提供少量冷却和润滑介质，但由于雾化不令人满意和液滴的高表面张力等因素，其润滑效果不如溢流。EMQL 获得了最佳的表面质量，相较于干磨削，Ra 和 Rsm 分别降低了约 31.1％和 37.3％；相较于 MQL 条件，Ra 和 Rsm 分别降低了 17.1％和 25％。工件的表面形貌也表明，由于干磨削中缺乏润滑和冷却介质，加工表面有更宽的沟槽以及剥落和黏附。与干磨削相比，MQL 磨削的加工质量更好，但不如溢流加工，EMQL 磨削产生了更光滑的表面。Lv 等对比了不同润滑条件下 AISI 304 不锈钢的铣削性能。结果表明，与 MQL 相比，采用 SiO_2 水基纳米流体的 EMQL 获得的表面粗糙度降低了约 47％。

Lin 等分析了 45 钢的磨削表面。从表面形貌图中观察到，在 4kV 电压下，通过 EMQL 加工的表面相比通过 MQL 加工的表面更光滑，如图 11-12(a) 所示。这与上述研磨镍基合金的结论相同。对加工表面的 EDS 图进行分析，结果表明，通过 EMQL 加工的表面上 C 和 Fe 元素的含量发生了变化，特别是 C 元素含量下降，Fe 元素含量上升。对地面（$0\mu m$）和距离地面 $10\mu m$ 的内部微观结构的分析显示，通过 EMQL 加工的表面铁素体含量增加，珠光体（铁素体和渗碳体的混合物）含量减少 [图 11-12(c)]。同时，与通过 MQL 加工的表面相比，通过 EMQL 加工的表面显微硬度降低了 7.3％～7.6％ [图 11-12(d)]，这与金相含量有关。这一发现可归因于正电压条件。在正电压条件下，带负电荷的空位从工件内部沿着晶界迁移，错位到表面，并将碳原子拖到晶界，最终以络合物的形式出现 [图 11-12(b)]。这种现象也加速了碳原子的扩散，降低了渗碳体在表面的含量。Lin 等通过铣削铝合金，测量了不同润滑条件下加工过程中功率的变化。在加工过程中，EMQL 的加工功率一度达到最低水平 [图 11-12(e)]。磨削比能的计算结果表明，EMQL 的磨削比能接近湿切削，但低于 MQL。

在不锈钢 AISI 304 的铣削过程中，在 $-4kV$ 下获得的机械加工性能优于在 $-2kV$ 下获得的机械加工性能。然而，当电压在 $-10～-4kV$ 范围内时，EMQL 条件下的切削力、刀具磨损、切削温度和表面粗糙度随着电压的增大而逐渐恶化，并且 EMQL 在 $-4kV$ 时获得了最佳的加工性能。Huang 等在车削 AISI 304 时对比了不同荷电电压 EMQL 的加工性能，结果表明，$-5kV$ 充电电压下的刀具磨损小于 $-10kV$。此外，Huang 等比较了正负电压在 AISI 304 铣削中的加工效果，与传统 MQL 加工相比，正负电压的 EMQL 都显示出了更好的加工性能。在四种电压（5kV、10kV、15kV 和 20kV）下，随着正电压的提高，EMQL 条件下的刀具寿命和加工表面粗糙度逐步改善。然而，对于正电压条件下的 EMQL，磨削 Cr12 时 4kV 下的磨削力、磨削力比、磨削温度和 Ra 值均低于 3kV、2kV 和 1kV，但这个趋势在 5kV 处出现拐点。

在 AISI 52100 的摩擦磨损实验中，在负电压条件下，通过 EMQL 获得的 COF 和磨损直径在一定电压范围内随着电压的增大而减小，但当电压极高时观察到拐点 [图 11-13(a) 和 (b)]。EMQL 的磨损表面相比传统 MQL 技术的磨损表面更好。当 EMQL 与负电压一起使用时，随着电压的增大，磨损表面的黏附磨损及磨料磨损更加严重，而采用正电压时则相反，强正电压的抗磨性能优于弱负电压 [图 11-13(c)]。

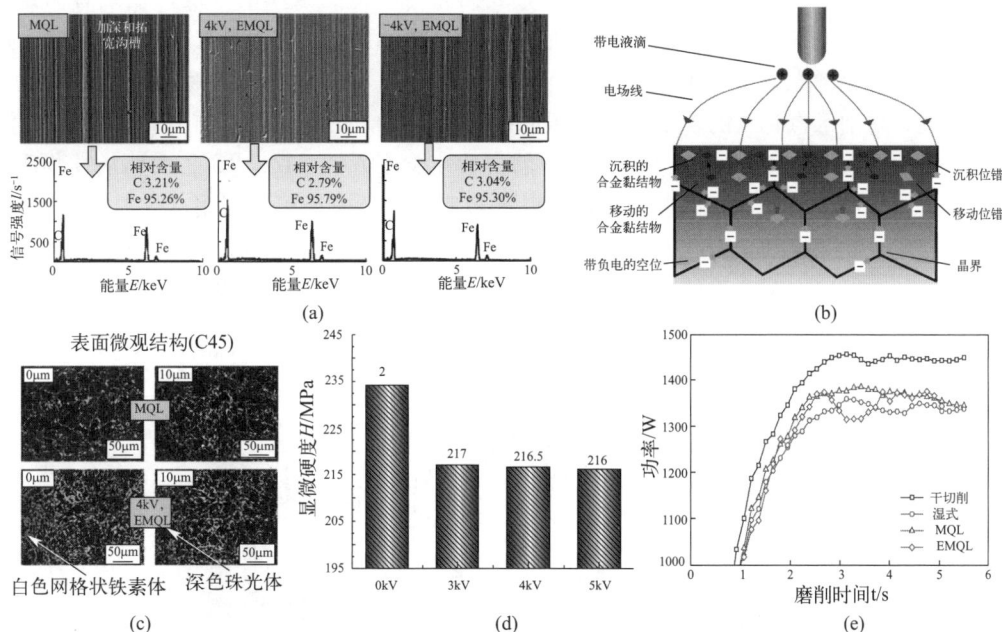

图 11-12　静电雾化在提高机械加工表面质量方面的评估

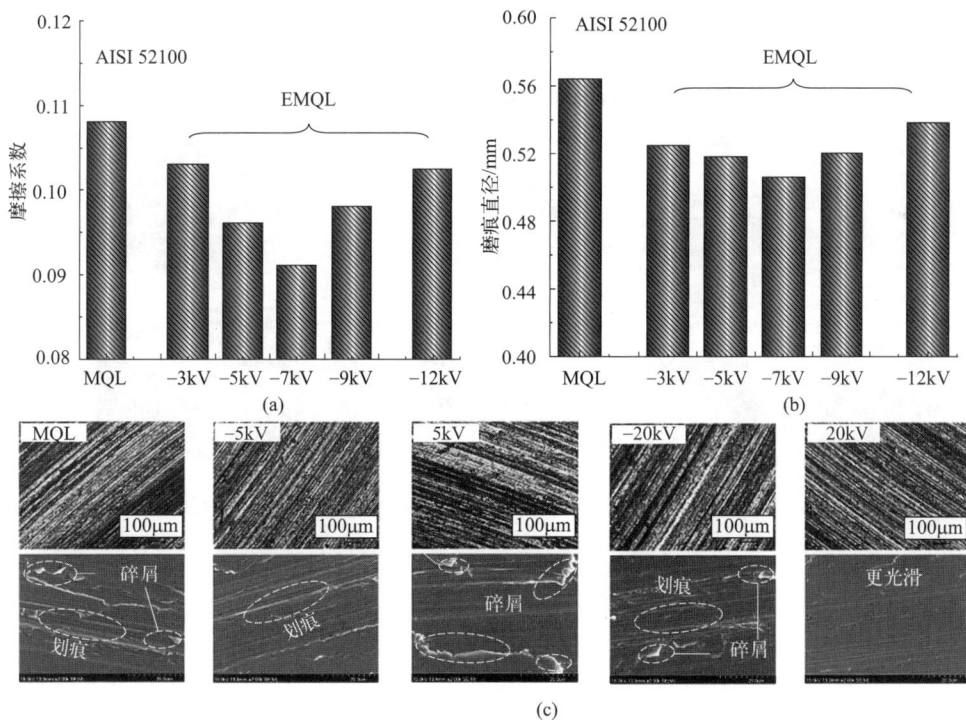

图 11-13　静电雾化场参数对加工表面完整性的影响

　　EMQL 加工性能的上述拐点可以用下列几种方式来解释：①在电压超过一定阈值后，由于雾化锥角过大，进入切削区的液滴数量减少，导致更多液滴偏离输送轨道。这种情况不利于润湿切削区域，甚至不利于降低油雾浓度，与空气压力过大的效果类似。②如毛细管渗透模型所示，我们可以推断，随着电压进一步增强，表面张力降低到很小的程度，毛细管力系数 C 降低，导致液滴在毛细管中的渗透长度出现拐点［图 11-14(a)］。③根据 Chen 等的说法，较高的电场强度可能会增大金属氧化物还原为金属的趋势。Huang 等还通过对磨损表面氧化物含量的分析发现，切削区氧化膜的含量随负电压的提高而降低，正电压表现出氧化膜含量的增加。这也验证了 EMQL 在正电压条件下具有优异的抗磨性能［图 11-14(b)］。④表面活性物质（负电荷）对金属的流变行为具有增塑作用，润滑剂液滴携带的电荷可以吸附在工具和工件表面，降低工具与工件的强度和硬度（即 Rehbinder 效应）。当电荷密度较低时，它倾向于吸附在功函数较低的工件上，这有利于工件的切割。当电荷密度较高时，刀具的强度可能被削弱，从而增加工件材料在前刀面的附着，进而导致刀具磨损增加［图 11-14(c)］。

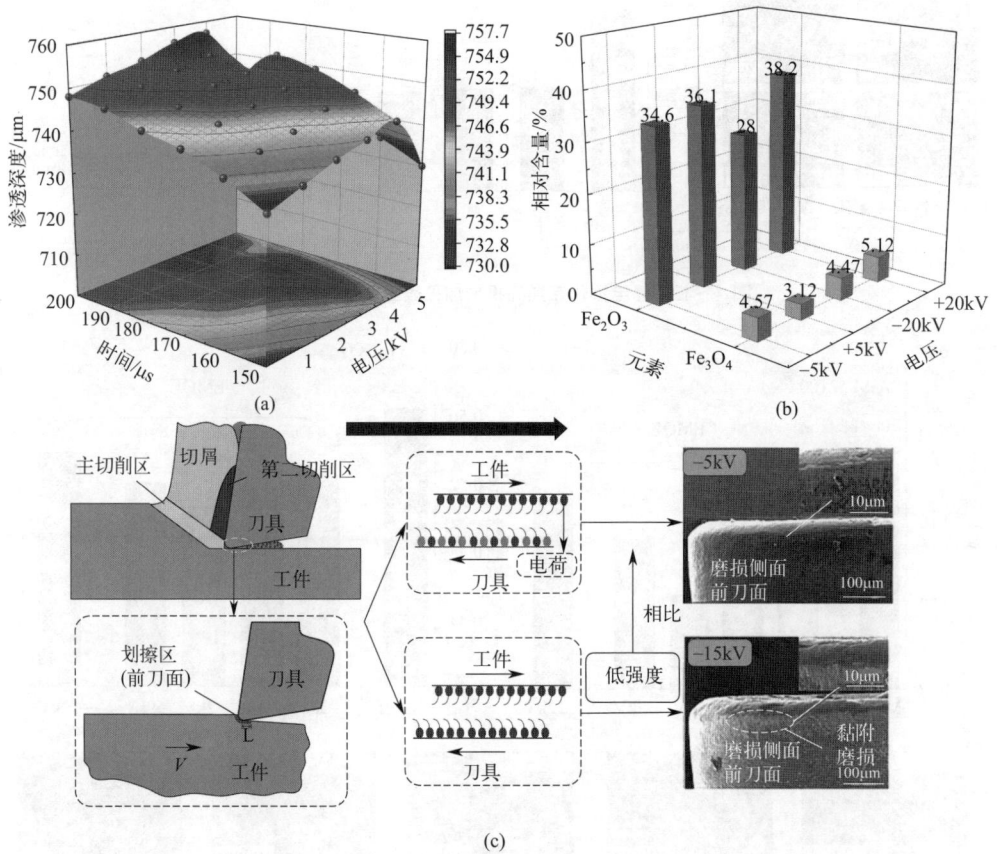

图 11-14　电压对切削区液滴行为的影响机制

11.4　静电雾化微量润滑可持续性

MQL 的发展，颠覆了传统浇注式冷却润滑的实施方式，在成本和环境方面均有极大的改善。纳米生物润滑剂的应用提升了 MQL 的冷却润滑性能，但是较高的黏度、较大的表面张力不利于纳米生物润滑剂的进一步推广。静电雾化微量润滑加工起初是青岛理工大学的李长河教授团队和浙江工业大学的许雪峰教授团队为改善 MQL 加工过程中的油雾飘散问题提出的，后来经过多位学者的研究发现，这项技术不仅可以有效降低油雾浓度，而且其独特的雾化方式还能够改善切削液在切削区的行为，这种改善正是对上述纳米生物润滑剂局限性的补足。

很多学者都研究了静电雾化微量润滑在降低油雾浓度方面的效果。Xu 等使用静电微量润滑装置在不同的流量、气压条件下测量了荷电雾化与非荷电雾化的沉积量。结果表明，荷电时所有条件下的沉积量均大于非荷电时。Shah 等在硅片上收集施加不同电压装置产生的雾滴并进行了分析。结果表明，与不加电压相比，施加 20kV 的电压装置产生的荷电液滴沉积数量增加了约 183%，并且覆盖面积也从 15.35% 增大至 22.65%。另外，Lv 等建立了测量模拟 EMQL 加工过程中荷电液滴吸附和沉积特性的实验平台并进行了实验 [图 11-15 (a)]。结果表明，在前、上、后、侧四个收集板上，荷电液滴的收集量均大于不荷电液滴；而且，不带电的液滴很难吸附在侧面和背面上，但 -10kV 的充电电压下液滴的吸附量分别增加了约 50%、55.2%，这也体现了 EMQL 相对于传统气助式 MQL 的技术优势。同时，他们还测量了不同电压、流量、气压、主轴旋转速度、切削深度下半封闭铣床内的油雾浓度。结果表明，上述所有条件下 EMQL 加工的油雾浓度均低于 MQL 加工。在分析完沉积性能后不难解释油雾浓度降低的原因，与 MQL 加工相比，EMQL 加工时漂浮在空气中的微小液滴在荷电的情况下更容易沉降和吸附。另外，他们在荷电电压为 -4kV 时得到最小的油雾浓度为 PM10$=0.9$mg/m^3，PM2.5$=0.52$mg/m^3，接近美国国家职业安全与健康研究所（NIOSH）制定的标准（PM10$\leqslant5$mg/m^3，PM2.5$\leqslant0.5$mg/m^3）。此外，在 -4kV 下油雾浓度随气压、流量、主轴旋转速度、切削深度的增大而增大，如图 11-15（b）所示。在另一项研究中，Su 等对比了不同工况下的油雾浓度。结果表明，与 MQL 相比，EAL 加工时的 PM2.5 与 PM10 浓度分别下降了 49%、62.9%；并且，加工时的油雾浓度相比未加工时要高。这与 Lv 得出的结论相同。对于 EAL 降低油雾浓度可解释为：一是静电雾化后荷电液滴的吸附性能增大；二是 EAL 系统无气体压力，液滴的输运过程主要依靠电场力和重力，输运稳定性增大。

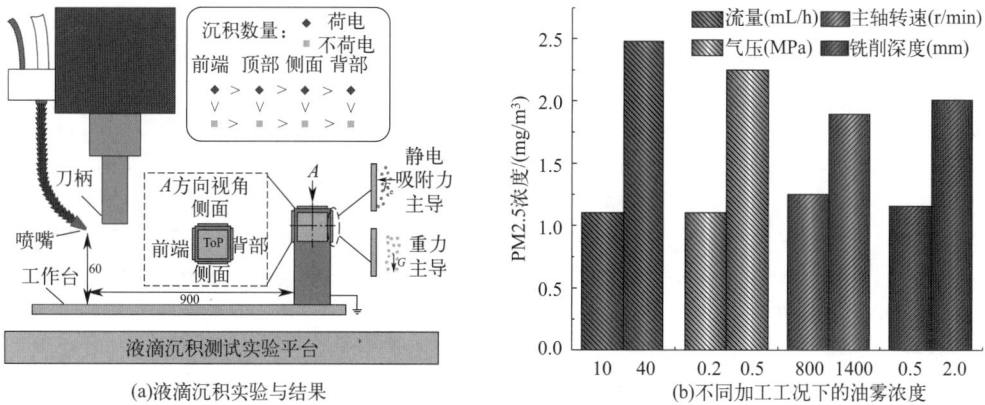

图 11-15　静电雾化微量润滑油雾检测结果

综上所述，静电雾化微量润滑在促进低碳、可持续性制造方面极具发展前景，主要体现在以下几点：①纳米生物润滑剂替代传统矿物基切削液，满足了可再生、可降解的要求，减轻了对石油这类国家战略物资的依赖；②静电雾化微量润滑最大程度上降低了切削环境油雾问题，为制造业提供了安全、友好的工作环境；③优异的润滑冷却性能，该技术仅以 5% 的切削液用量就能获得相比浇注式更优的加工效果，降低了加工成本和切削液的使用量，满足了难加工材料的可持续加工要求。然而，静电雾化微润滑还存在系统稳定性、实施安全性以及极端参数下应用性能评价等方面的研究空白，其刀具-工件界面渗透膜的物理机制尚未充分探索，未来应该注重此类技术的继续发展。

11.5 小结

本章分析了纳米生物润滑剂的作用机理以及静电雾化微量润滑的雾化特性，并验证了静电雾化纳米生物润滑剂的加工效果，得出以下结论：

① 微量润滑的雾化特性对加工效果以及环境质量有至关重要的作用，可以通过调控雾化参数实现对雾化特性的控制，若不考虑气压对沉积效果的影响，小粒径的油雾更利于加工。与气动雾化微量润滑相比，静电雾化微量润滑可以在降低气压的条件下减小油雾粒径以及改善粒径分布。液滴荷电后在静电膨胀力的作用下，粒径降低约 $5.9\%\sim47.8\%$。

② 静电雾化微量润滑由于独特的工艺特征（包括空间电场的存在、微液滴表面电荷的存在、优异的雾化性能）进一步增强了雾化介质的冷却润滑性能，弥补了高黏度、高表面张力、大粒径的生物润滑剂冷却成膜能力不稳定的缺点，优异的润滑冷却性能使得静电雾化微量润滑的加工性能更加优异，相比于传统气动雾化微量润滑，该工艺在刀具寿命方面增加了约 $48.1\%\sim100\%$，在刀具磨损方面降低了约 $25\%\sim42.4\%$，在加工表面质量上降低了 Ra 约 $12.6\%\sim39.3\%$。

③ 静电雾化纳米生物润滑剂微量润滑在促进制造业低碳、可持续转型升级上极具发展前景，在保证加工质量的同时，还改善了传统气动雾化方式带来的油雾问题。与气动雾化微量润滑相比，静电雾化微量润滑应用时，PM2.5/PM10 降低约 $6.2\%\sim68.3\%$。

参考文献

[1] Boswell B, Islam M N, Davies I J, et al. A review identifying the effectiveness of minimum quantity lubrication (MQL) during conventional machining [J]. International Journal of Advanced Manufacturing Technology, 2017, 92 (1/4): 321-340.

[2] 刘晓丽，李亮，赵威，等. 基于微量润滑的切削油雾化特性测试与分析 [J]. 工具技术，2011，45 (12): 16-18.

[3] 贾东洲，李长河，王胜，等. 微量润滑磨削悬浮微粒分布特性研究 [J]. 制造技术与机床，2014 (2): 58-61.

[4] 赵威，何宁，李亮，等. 微量润滑系统参数对切削环境空气质量的影响 [J]. 机械工程学报，2014，50 (13): 184-189.

[5] Hadad M. An experimental investigation of the effects of machining parameters on environmentally friendly grinding process [J]. Journal of Cleaner Production, 2015, 108: 217-231.

[6] Kelder EM, Marijnissen J C M, Karuga S W. EDHA for energy production, storage and conversion devices [J]. Journal of Aerosol Science, 2018, 125: 119-147.

[7] Zhao C, Chen G P, Wang H, et al. Bio-inspired intestinal scavenger from microfluidic electrospray for detoxifying lipopolysaccharide [J]. Bioactive Materials, 2021, 6 (6): 1653-1662.

[8] Gan Y H, Tong Y, Ju Y G, et al. Experimental study on electro-spraying and combustion characteristics in mesoscale combustors [J]. Energy conversion and management, 2017, 131: 10-17.

[9] Rosell-Llompart J, Grifoll J, Loscertales I G. Electrosprays in the cone-jet mode: from Taylor cone formation to spray development [J]. Journal of Aerosol Science, 2018, 125: 2-31.

[10] Huo Y P. Study on the fragmentation mechanism of charged droplets and the dynamic characteristics of current body [D]. Zhenjiang: Jiangsu University, 2015.

[11] Wang X Y. Study on atomization mechanism of charged droplets [D]. Zhenjiang：Jiangsu University，2006.

[12] Wang Z H. Study and application of atomization of liquid jet in high voltage electrostatic field [D]. Chongqing：Chongqing University，2009.

[13] Shrimpton J S. Pulsed charged sprays：application to DISI engines during early injection [J]. International Journal for Numerical Methods in Engineering，2003，58：513-536.

[14] Taylor G. Disintegration of water drops in an electric field [J]. Proceedings of the Royal Society of London，1964，280：383-397.

[15] Tang K Q，Gomez A. Charge and fission of droplets in electrostatic sprays [J]. Physics of Fluids，1994，6：404-414.

[16] Huo Y P，Wang J F，Mao W L，et al. Measurement and investigation on the deformation and air-assisted breakup of charged droplet [J]. Flow Meas Instrum，2012，27：92-98.

[17] Huang S Q，Yao W Q，Hu J D，et al. Tribological performance and lubrication mechanism of contact-charged electrostatic spray lubrication technique [J]. Tribology Letters，2015，59（2）：15.

[18] Huang S Q，Lv T，Wang M H，et al. Enhanced machining performance and lubrication mechanism of electrostatic minimum quantity lubrication-EMQL milling process [J]. International Journal of Advanced Manufacturing Technology，2018，94（1/4）：655-666.

[19] Su Y，Jiang H，Liu Z Q. A study on environment-friendly machining of titanium alloy via composite electrostatic spraying [J]. The International Journal of Advanced Manufacturing Technology，2020，110：1305-1317.

[20] Lu J H，Du L，Jiang K H，et al. Analysis of space charge characteristic quantity of AC corona discharge of conductor [J]. Proceedings of the CSEE，2021，41：8619-8631.

[21] Liao R J，Wu F F，Liu K L，et al. Simulation of characteristics of electrons during a pulse cycle in bar-plate DC negative corona discharge [J]. Transactions of China Electrotechnical Society，2015，30（10）：319-329.

[22] Su Y，Lu Q，Yu T，et al. Machining and environmental effects of electrostatic atomization lubrication in milling operation [J]. The International Journal of Advanced Manufacturing Technology，2019，104：2773-2782.

[23] Jiang H，Su Y. Study on atomization characteristics and machining performance of coaxial electrostatic atomization cutting [J]. Modular Machine Tool and Automatic Manufacturing Technique，2021，6：146-149.

[24] Tang Z C，Su Y. Study on coaxial electrostatic atomization cutting [J]. Tool Engineering，2018，52：77-81.

[25] Hu W W. Development of embedded control system for high voltage electrostatic minimum quantity lubrication device [D]. Hangzhou：Zhejiang University of Technology，2017.

[26] Xiong Z P. Research on integrated equipment of charged aerosol lubrication and its milling characteristics [D]. Hangzhou：Zhejiang University of Technology，2016.

[27] Su Y. A controllable nano fluid droplet spray cutting method and device：CN 104029079A [P]. 2014-09-10.

[28] Tang Z C. Research on high efficiency cutting method based on coaxial electrostatic atomization of nanofluid [D]. Zhenjiang：Jiangsu University of Science and Technology，2018.

[29] Yu T. Atomization and charging characteristics of nanofluid composite electrostatic spray cutting [D]. Zhenjiang：Jiangsu University of Science and Technology，2019.

[30] Gao J. An electrostatic atomizing nozzle for micro lubricating cutting and its application method：CN 112439570A [P]. 2021-03-05.

[31] Li C H，Jia D Z，Wang S，et al. Nano fluid electrostatic atomizing controllable jet stream minimal lubricating and grinding system：CN 103072084A [P]. 2013-05-01.

[32] Li B K Li C H，Wang Y G，et al. Nano-liquid electrostatic atomization and thermoelectric heat pipe integrated trace lubrication grinding device：CN 104875116A [P]. 2015-09-02.

[33] Li C H，Jia D Z，Zhang D K，et al. Nano-enhanced magnetic field under controllable particle transport jet grinding equipment MQL：CN 103612207B [P]. 2015-09-23.

[34] Zhang Y B. Nanofluid minimum quantity lubrication electrostatic atomization controllable jet flow turning system：CN 104209806B [P]. 2014-09-03.

[35] Xu X F，Hu X D，Feng B H，et al. Electrostatic minimum quantity lubrication device：CN 209793270U [P]. 2019-12-17.

[36] Xu X F，Hu X D，Feng B H，et al. Gas-liquid-electricity confluence and conveying device for electrostatic minimum quantity lubrication：CN 209936485U［P］．2019-04-11.

[37] Yang M. Multi-energy-field driven electrostatic atomization trace lubricant conveying device：CN114012498A［P］．2021-11-24.

[38] Zhang X Y. Nanofluid electrostatic atomization controllable conveying micro quantity lubricating system for auxiliary electrode focusing：CN 108161750A［P］．2018-06-15.

[39] Zhang Y B，Li C H，Jia D Z，et al. Nanometer fluid MQL electrostatic atomization process with controlled jet of cold system：CN 104191376B［P］．2016-05-04.

[40] Guo S M. Experimental study and grinding mechanism on mixed vegetable oil based electrostatic atomization and MQL［D］. Qing dao：Qingdao University of Technology，2018.

[41] Zhang X Y. Experimental study and atomization mechanism on vegetable oil based electrostatic atomization and MQL［D］. Qing dao：Qingdao University of Technology，2018.

[42] Makhesana M A，Patel K M，Khanna N. Analysis of vegetable oil-based nano-lubricant technique for improving machinability of Inconel 690［J］. Journal of Manufacturing Processes，2022，77：708-721.

[43] Li C H，Zhang Q，Wang S，et al. Useful fluid flow and flow rate in grinding：an experimental verification［J］. International Journal of Advanced Manufacturing Technology，2015，81（5/8）：785-794.

[44] Tawakoli T，Hadad M J，Sadeghi M H. Influence of oil mist parameters on minimum quantity lubrication - MQL grinding process［J］. International Journal of Machine Tools and Manufacture，2010，50（6）：521-531.

[45] Wang Y G，Li C H，Zhang Y B，et al. Comparative evaluation of the lubricating properties of vegetable-oil-based nanofluids between frictional test and grinding experiment［J］. Journal of Manufacturing Processes，2017，26：94-104.

[46] 张春燕，王贵成，裴宏杰，等. 基于毛细管理论的 MQL 理论模型及应用［J］. 机械设计与制造，2009（9）：62-64.

[47] 袁松梅，朱光远，王莉. 绿色切削微量润滑技术润滑剂特性研究进展［J］. 机械工程学报，2017，53（17）：131-140.

[48] Obikawa T，Asano Y，Kamata Y. Computer fluid dynamics analysis for efficient spraying of oil mist in finish-turning of Inconel 718［J］. International Journal of Machine Tools and Manufacture，2009，49（12/13）：971-978.

[49] Maruda R W，Krolczyk G M，Feldshtein E，et al. A study on droplets sizes，their distribution and heat exchange for minimum quantity cooling lubrication（MQCL）［J］. International Journal of Machine Tools and Manufacture，2016，100：81-92.

[50] Zhang S，Zhang C，Shi W，et al. Investigation of oil droplet coverage rate and droplet size distribution under minimum quantity lubrication condition［J］. Journal of Mechanical Engineering，2018（3）：169-177.

[51] Park K H，Olortegui-Yume J，Yoon M C，et al. A study on droplets and their distribution for minimum quantity lubrication（MQL）［J］. International Journal of Machine Tools and Manufacture，2010，50（9）：824-833.

[52] Kong X，Yuan S，Zhu G，et al. Influence of MQL system parameters on atomization characteristics［J］. China Mechanical Engineering，2021，32（5）：579-586.

[53] 裴宏杰，李付，陈钰荧，等. 微量润滑系统的喷射雾化特性研究［J］. 航空制造技术，2022，65（7）：70-76.

[54] 吕涛，黄水泉，胡晓冬，等. 静电微量润滑气雾特性及其切削加工性能研究［J］. 机械工程学报，2019，55（1）：129-138.

[55] 陈晓杰，苏宇. 不同润滑液的电润湿性能研究［J］. 润滑与密封，2021，46（2）：50-55.

[56] Lv T，Huang S Q，Liu E T，et al. Tribological and machining characteristics of an electrostatic minimum quantity lubrication（EMQL）technology using graphene nano-lubricants as cutting fluids［J］. Journal of Manufacturing Processes，2018，34：225-237.

[57] Xu X F，Huang S Q，Wang M H，et al. A study on process parameters in end milling of AISI-304 stainless steel under electrostatic minimum quantity lubrication conditions［J］. International Journal of Advanced Manufacturing Technology，2017，90（1/4）：979-989.

[58] Huang S Q，Lv T，Wang M H，et al. Effects of machining and oil mist parameters on electrostatic minimum quan-

tity lubrication-EMQL turning process [J]. International Journal of Precision Engineering and Manufacturing-Green Technology，2018，5（2）：317-326.

[59]　贾东洲，张乃庆，刘波，等. 静电雾化微量润滑粒径分布特性与磨削表面质量评价 [J]. 金刚石与磨料磨具工程，2021，41（3）：89-95.

[60]　张晓阳，李长河，张彦彬，等. 电场参数对雾化特性及微量润滑磨削性能影响的实验研究 [J]. 制造技术与机床，2018，(10)：105-111.

[61]　Jia D Z，Li C H，Zhang Y B，et al. Experimental research on the influence of the jet parameters of minimum quantity lubrication on the lubricating property of Ni-based alloy grinding [J]. International Journal of Advanced Manufacturing Technology，2016，82（1/4）：617-630.

[62]　Lv T，Xu X F，Yu A B，et al. Oil mist concentration and machining characteristics of SiO_2 water-based nano-lubricants in electrostatic minimum quantity lubrication-EMQL milling [J]. Journal of Materials Processing Technology，2021，290：1-15.

[63]　Maski D，Durairaj D. Effects of electrode voltage，liquid flow rate，and liquid properties on spray chargeability of an air-assisted electrostatic-induction spray-charging system [J]. Journal of Electrostatics，2010，68（2）：152-158.

[64]　王贞涛，王军锋，顾利平. 生物柴油雾滴静电破碎机理与实验研究 [J]. 高电压技术，2013，39（1）：135-140.

[65]　Quinchia L A，Delgado M A，Reddyhoff T，et al. Tribological studies of potential vegetable oil-based lubricants containing environmentally friendly viscosity modifiers [J]. Tribology International，2014，69：110-117.

[66]　Huang S Q，Wang Z，Yao W Q，et al. Tribological evaluation of contact-charged electrostatic spray lubrication as a new near-dry machining technique [J]. Tribology International，2015，91：74-84.

[67]　黄水泉，李中亚，姚伟强，等. 荷电植物润滑油的摩擦学性能研究 [J]. 摩擦学学报，2014（4）：371-378.

[68]　Xu X F，Huang S Q，Wang M H，et al. A study on process parameters in end milling of AISI-304 stainless steel under electrostatic minimum quantity lubrication conditions [J]. The International Journal of Advanced Manufacturing Technology，2017，90：979-989.

[69]　Bartolomeis A D，Newman S T，Shokrani A. Initial investigation on surface integrity when machining Inconel 718 with conventional and electrostatic lubrication [J]. Procedia CIRP，2020，87：65-70.

[70]　Lv T，Huang S Q，Hu X D，et al. Study on aerosol characteristics of electrostatic minimum quantity lubrication and its turning performance [J]. Journal of Mechanical Engineering2019，55：10.

[71]　Su Y，Lu Q，Yu T，et al. Machining and environmental effects of electrostatic atomization lubrication in milling operation [J]. The International Journal of Manufacturing Technology，2019，104：2773-2782.

[72]　Huang S Q，Lv T，Wang M H，et al. Enhanced machining performance and lubrication mechanism of electrostatic minimum quantity lubrication-EMQL milling process [J]. The International Journal of Manufacturing Technology，2018，94：655-666.

[73]　Xu X F，Feng B H，Huang S Q，et al. Capillary penetration mechanism and machining characteristics of lubricant droplets in electrostatic minimum quantity lubrication（EMQL）grinding [J]. Journal of Manufacturing Processes，2019，45：571-578.

[74]　Reddy N S K，Yang M. Development of an electro static lubrication system for drilling of SCM 440 steel [J]. Proceedings of the Institution of Mechanical Engineers Part B-Journal of Engineering Manufacture. 2010，224：217-224.

[75]　Lee P H，Kim J W，Lee S W. Experimental characterization on eco-friendly micro-grinding process of titanium alloy using air flow assisted electrospray lubrication with nanofluid [J]. Journal of Cleaner Production，2018，201：452-462.

[76]　Jia D Z，Zhang N Q，Zhou Z M，et al. Particle size distribution characteristics of electrostatic minimum quantity lubrication and grinding surface quality evaluation [J]. Diamond and Abrasives Engineering，2021，41：89-95.

[77]　Lv T，Xu X F，Yu AB，et al. Oil mist concentration and machining characteristics of SiO_2 water-based nano-lubricants in electrostatic minimum quantity lubrication-EMQL milling [J]. Journal of Materials Processing Technology，2021，290：15.

[78]　Lin J B，Lv T，Huang S Q，et al. Experimental investigation on grinding performance based on EMQL technology

[J]. China Mechanical Engineering，2018，29：10.

[79] Liu X T，Cui J Z，Qu T. Effect of austenizing under an electric field on microstructure and hardenability of a low carbon steel [J]. Journal of Iron and Steel Research，2004，16：4.

[80] Wang X F，Wu G H，Sun D L，et al. The effect of aging in electric field on the dimensional stability of 2024 alloy. Transactions of Metal Heat Treatment，2003，24：52-54.

[81] Li T Y，Xu J Y，Li C，et al. Energy consumption of high-speed milling of AlSi7Mg aluminum alloys under the electrostatic minimum quantity lubrication [J]. Surface Technology，2022，51：317-326.

[82] Xu X F，Lv T，Luan Z Q，et al. Capillary penetration mechanism and oil mist concentration of Al_2O_3 nanoparticle fluids in electrostatic minimum quantity lubrication（EMQL）milling [J]. The International Journal of Advanced Manufacturing Technology，2019，104：1937-1951.

[83] Huang S Q，Lv T，Wang M H，et al. Effects of machining and oil mist parameters on electrostatic minimum quantity lubrication-EMQL turning process [J]. International Journal of precision Engineering Manufacturing-Green Technology，2018，5：317-326.

[84] Shah P，Gadkari A，Sharma A，et al. Comparison of machining performance under MQL and ultra-high voltage EMQL conditions based on tribological properties [J]. Tribology International，2021，153：7.

[85] Huang S Q，Wang Z，Yao W Q，et al. Tribological evaluation of contact-charged electrostatic spray lubrication as a new near-dry machining technique [J]. Tribology International，2015，91：74-84.

[86] Park K H，Olortegui-Yume J，Yoon M C，et al. A study on droplets and their distribution for minimum quantity lubrication（MQL）[J]. International Journal of Machine Tools and Manufacture，2010，50：824-833.

[87] Chen R J，Zhai W J，Qi Y L. Mechanism and technique of friction control by applying electric voltage.（Ⅱ）Effects of applied voltage on friction [J]. Mocaxue Xuebao，1996，16：235-238.

[88] Cui X，Li C H，Zhang Y B，et al. A comparative assessment of force，temperature and wheel wear in sustainable grinding aerospace alloy using bio-lubricant [J]. Frontier of Mechanical Engineering，2023，18（1）：1-33.

[89] Yang Y Y，Yang M，Li C H，et al. Machinability of ultrasonic vibration assisted micro-grinding in biological bone using nanolubricant [J]. Frontier of Mechanical Engineering，2023，18（1）：1-16.

[90] Duan Z J，Li C H，Zhang Y B，et al. Mechanical behavior and semiempirical force model of aerospace aluminum alloy milling using nano biological lubricant [J]. Frontier of Mechanical Engineering，2023，18（1）：1-15.

[91] 贾东洲，李长河，王胜，等. 纳米流体静电雾化可控射流微量润滑磨削系统：CN 103072084B [P]. 2013-05-01.

第 12 章

难加工材料微量润滑及低温辅助切削加工机理与切削性能

▲▲▲▲▲▲▲

12.1 微量润滑及低温辅助切削加工基础理论

我国是制造大国，但制造业中的环境污染给工业生产和人们生活带来了许多问题。随着"绿色制造"的提出，有效改变了制造业中的环境污染问题，"绿色制造"已逐渐成为世界制造业未来发展的趋势。其中，"清洁切削"是实现机械加工环境、操作人员和生产资源和谐可持续发展的有效途径，已经被广泛应用于航空、航天、汽车、船舶等各大工业领域。所谓"清洁切削"，是指以减少或避免使用大量冷却润滑液为导向，通过微量润滑（minimum quantity lubrication，MQL）及低温辅助微量润滑（cryogenic minimum quantity lubrication，CMQL）等手段完成零件材料去除的机械加工技术。随着"清洁切削"的提出，国内外学者对此进行了大量的研究，主要集中在新型冷却润滑介质调控、微量润滑及低温辅助切削过程建模、刀具磨损机理、加工表面创成等方面。

12.1.1 微量润滑及低温辅助切削加工工作原理

为了保证加工表面质量和加工精度，需严格控制切削过程中的切削温度和切削力。传统冷却润滑方式常将高压冷却液浇注到切削区域，容易产生环境污染且冷却效果较差。MQL是在压缩空气中混入微量润滑油/水，形成微米级雾状气液两相射流，对切削区进行冷却润滑的新技术。其具有环境污染低和资源利用率高的优点，已成为替代传统切削液的一种有效手段。但微量润滑由于参与冷却的介质较少，导致切削过程中无法起到较好的冷却效果。基于此，上海交通大学团队将微量润滑技术和低温辅助结合开发了超临界二氧化碳低温辅助微量润滑加工技术（$scCO_2$-MQL 或 CMQL）。该技术具备较好的润滑和冷却性能。CMQL 的工作原理和实物如图 12-1 所示。

此系统包括三个独立的储液器，分别装载着液态二氧化碳、植物油和去离子水，并使用

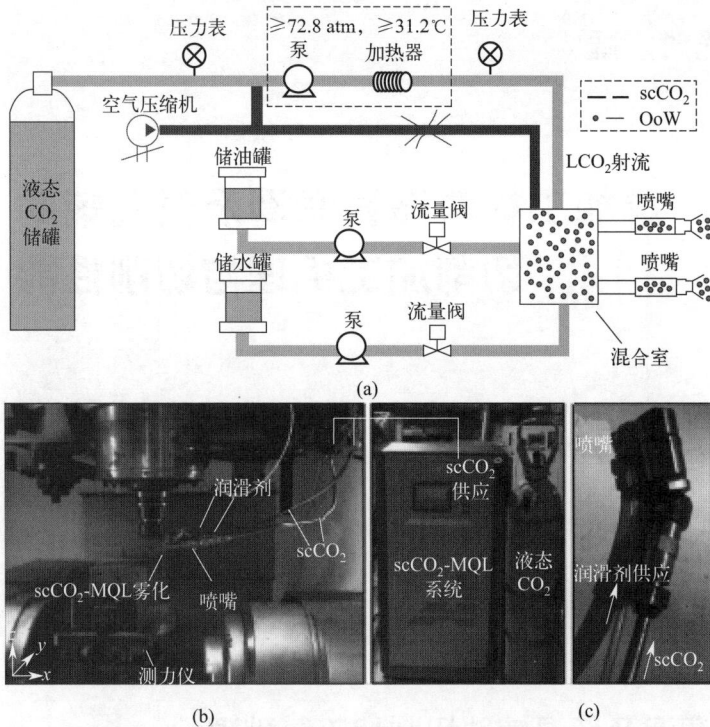

图 12-1　超临界二氧化碳低温辅助微量润滑工作原理和实物

空气压缩机为雾化提供动力。超临界二氧化碳（scCO$_2$）可通过加压、加热、雾化等一系列过程获取，其压力和温度的最低值分别维持在 72.8atm（大气压）和 31.2℃。植物油和去离子水润滑介质首先由单独的运输通道输送到混合容器中，然后在压缩空气作用下进行雾化，最后和 scCO$_2$ 混合形成低温微量润滑介质（温度约为−78℃）后进入喷嘴，喷向加工区域。一方面，scCO$_2$-MQL 中的微量润滑液可减少刀具-切屑摩擦，降低切削力，延缓刀具磨损；另一方面，scCO$_2$-MQL 中的超临界二氧化碳介质可强化对流换热效应，大幅降低切削温度。

12.1.2　微量润滑辅助切削加工流场分析

　　针对微量润滑切削中的流场分布特征，上海交通大学团队做了大量研究工作，包括外冷式 MQL 切削区流场建模及仿真、内冷孔 MQL 出口流场建模与仿真以及 MQL 流场分布试验测量及工艺参数优化等。文献［3］采用 Fluent 多相流中的离散相模型，通过积分拉格朗日坐标系下的颗粒作用力微分方程求解切削液雾化颗粒的轨道，从而对螺纹车削中切削区的 MQL 流场分布特征进行了研究。结果发现压缩空气离开喷嘴时的最高速度接近 220m/s，高速气流能够通过切屑侧面进入前刀面切削区域，并在切屑与前刀面之间形成涡流；在切屑表面和切屑-刀具分离处存在高压区域，进入此区域的气流速度降低；进入切削区域的雾滴速度和直径较大，只有在雾炬边缘会有较小的雾滴。

　　文献［4］以实际粒子图像测速法（particle image velocity，PIV）的流场检测试验结果为基础反向建立了内冷孔出口 MQL 双螺旋流场模型，并研究了雾化参数和内冷孔结构参数对内冷孔出口流场的作用，如图 12-2 所示。结果发现较高的入口压强有利于增大出口流场速度和减小平均雾滴粒径，而流量对速度场和颗粒分布的影响较小；当内冷孔由方形变化到扇形再变化到圆形时，出口流速增大且雾化速度加快；当增大内冷孔螺旋角的角度时，出口流速减小而雾滴粒径增大，冷却润滑效果变差。与此同时，基于 PIV 技术也获取了不同加工方式下的 MQL 流场分布特征（图 12-3），并基于试验结果对 MQL 的工作参数进行了优化。试验与仿真结果规律一致，有效验证了仿真模型的准确性。

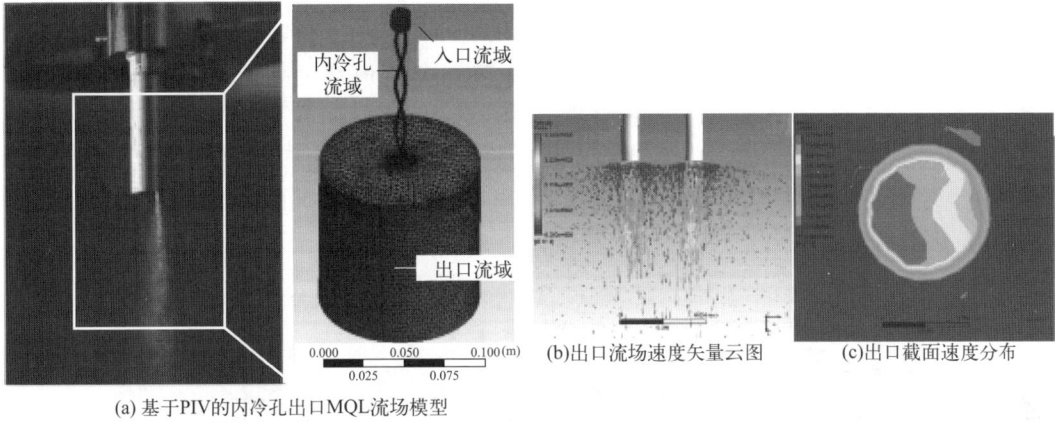

(a) 基于PIV的内冷孔出口MQL流场模型

(b)出口流场速度矢量云图

(c)出口截面速度分布

图 12-2 基于 PIV 的内冷孔出口 MQL 流场模型以及入口压力 0.2MPa 时的出口流场速度矢量云图和出口截面速度分布

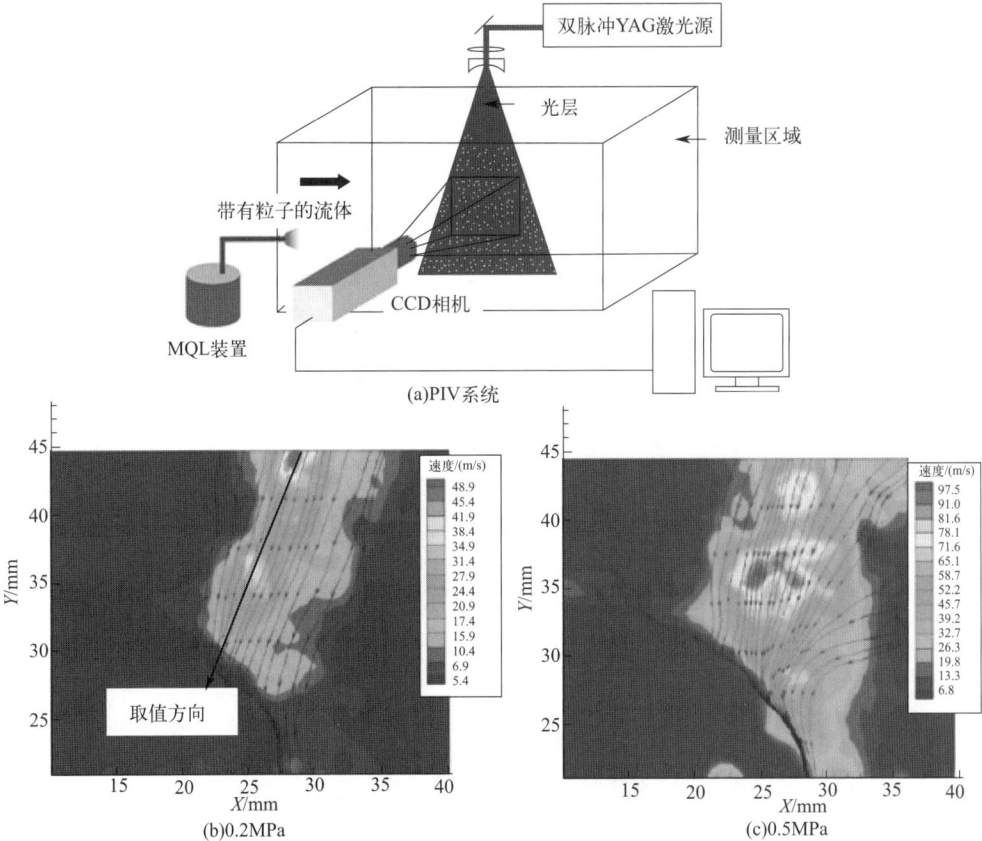

(a)PIV系统

(b)0.2MPa

(c)0.5MPa

图 12-3 PIV 系统组成以及 0.2MPa 和 0.5MPa 压缩空气下的微量润滑流场测量结果

12.1.3 微量润滑及低温辅助切削摩擦磨损特性

针对 MQL 及 CMQL 过程中的摩擦磨损特性，上海交通大学团队也开展了相应研究。文献 [5] 对现有的销盘式摩擦磨损试验机进行了改造，并加入了低温辅助微量润滑环境，用于表征各种冷却润滑条件下硬质合金与复合材料切削过程的摩擦学性能，如图 12-4 所示。图 12-5 为不同条件下摩擦系数随摩擦时间的变化规律。可见干切削条件下，摩擦系数高达 0.55，且并不稳定；$scCO_2$ 条件下，摩擦系数降至 0.30，但超过一定时间后，摩擦系数显著增大；$scCO_2$-WMQL 条件下，摩擦系数为 0.31，且随时间变化基本保持稳定；而 $scCO_2$-OMQL 和 $scCO_2$-OoWMQL 由于具有优异的冷却润滑性能，摩擦系数降至 0.10。由此可以得出，在低温射流中加入 MQL 润滑介质，可显著改善切削区的摩擦特性，从而达到控制切削力/热的目的。

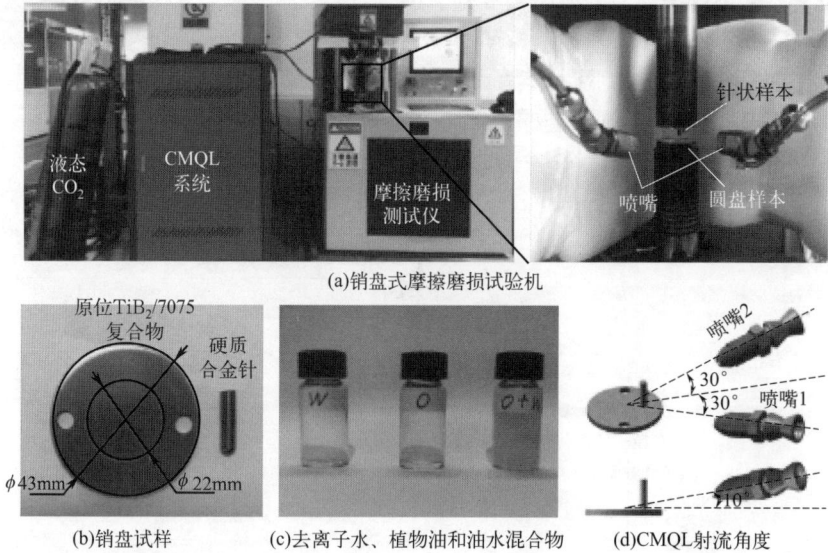

图 12-4 CMQL 条件下的销盘式摩擦磨损试验机，销盘试样，去离子水、植物油和油水混合物以及 CMQL 射流角度

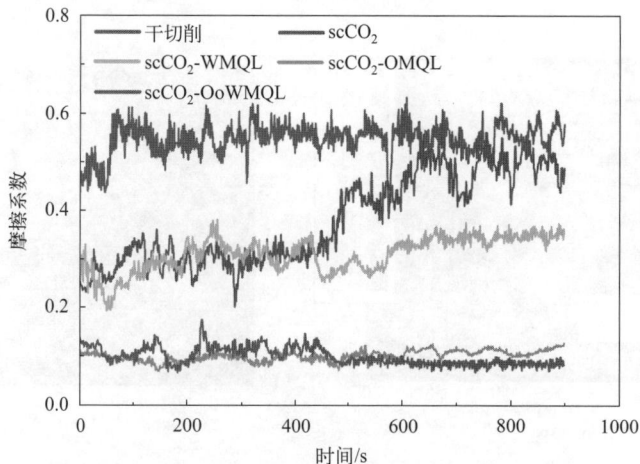

图 12-5 不同 CMQL 条件下摩擦系数随摩擦时间的变化规律

12.2　典型难加工材料微量润滑及低温辅助切削机理

12.2.1　微量润滑及低温辅助钛合金切削加工机理

Ti6Al4V 合金是一种典型的难切削材料。为了提高其加工性能，实现清洁生产，采用了生态友好的冷却润滑技术。因此，本节旨在研究干切削、超临界二氧化碳（$scCO_2$）、sc-CO_2 与防冻水基微量润滑（$scCO_2$-WMQL）和 $scCO_2$ 与油-水基微量润滑（$scCO_2$-OoWMQL）条件下铣削 Ti6Al4V 时的刀具磨损、表面形貌、切削转矩和表面轮廓，建立了平均预测误差为 15.87% 的后刀面磨损宽度理论模型（由于改善了润滑性，与单独使用 sc-CO_2 相比，$scCO_2$-OoWMQL 条件下的 VB 降低了 67.2%），并使用连续小波变换详细研究了加工表面轮廓的特性（作为一种新的可持续和高效的冷却润滑技术，$scCO_2$-OoWMQL 的性能优于单独使用 $scCO_2$）。

图 12-6 是铣削过程。基于线性切削刃的力模型，铣削力可分为切削力分量和切削刃力分量。切削力分量由主要变形区剪切滑移引起，切削刃力分量由第三变形区（刀具-切屑界面）的耕犁、摩擦引起。加工表面的形成过程如图 12-7 所示。拐点 O 上方的金属将发生压缩和剪切变形，最终沿剪切面 OM 方向剪切滑动，成为切屑。但由于切削刃半径 r_β 的存在，在拐点 O 下的金属不能沿 OM 方向滑动形成切屑，而是通过刀具后刀面的挤压和摩擦留在被加工表面上。这种现象被称为第三变形区的耕犁效应。在通过切削刃圆弧部分 B 点后，材料被宽度为 VB 的后刀面磨损挤压摩擦。此时，由于压应力的释放，材料开始恢复弹性（回弹），被加工表面继续与刀具后刀面在材料回弹件 CD 上摩擦。

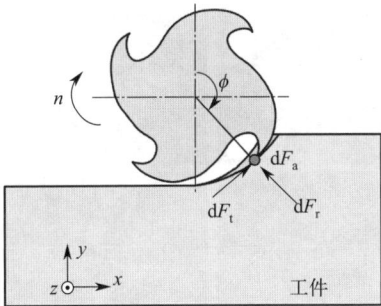

图 12-6　铣削工艺原理

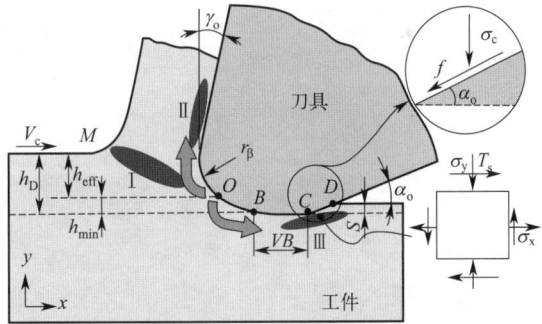

图 12-7　已加工表面的形成过程

图 12-8 描绘了喷嘴与刀具的相对位置。两个喷嘴与刀具的距离分别为 53mm 和 52mm，喷雾方向与进给方向的夹角分别为 25° 和 30°。

图 12-9 给出了 4 种润滑条件下后刀面磨损（VB）的实验值和预测值。不同润滑条件下的后刀面磨损（VB）光学显微图如图 12-10 所示。该理论模型的平均预测误差为 15.87%。不同润滑条件下的刀具后刀面磨损宽度（VB）从大到小排序为 $scCO_2$＞干切削＞$scCO_2$-WMQL＞$scCO_2$-OoWMQL（286.7μm＞135.9μm＞121.5μm＞94.0μm）。说明 VB 与 K_{re}（刀具刃口切削力系数）呈正相关，刀具磨损会增大刀具刃口切削力。值得注意的是，尽管 $scCO_2$ 具有优异的冷却性能，但其 VB 比干切削大 111%。原因可归结于：①$scCO_2$ 切削条件下刀具刃口切削力系数的增大表明了刀具-工件界面的摩擦加剧。②铣削是断续切削，在

scCO$_2$ 射流和非连续切削的冷却作用下，切削刃受到交变热应力作用。因为硬质合金刀具对急剧高温敏感，所以容易疲劳损坏。③在 scCO$_2$ 下，切屑容易黏结在刀具，这增大了热应力分布的不均匀性。与 scCO$_2$ 相比，scCO$_2$-WMQL 和 scCO$_2$-OoWMQL 条件下的 VB 分别降低了 57.6% 和 67.2%。这种降低可以归因于 MQL 改善了刀具-工件界面的润滑性。

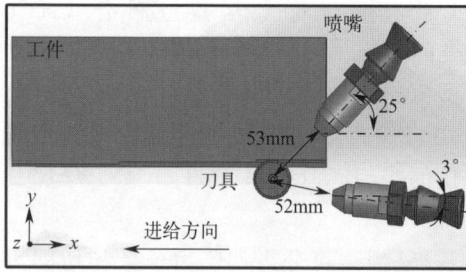

图 12-8　喷嘴的位置

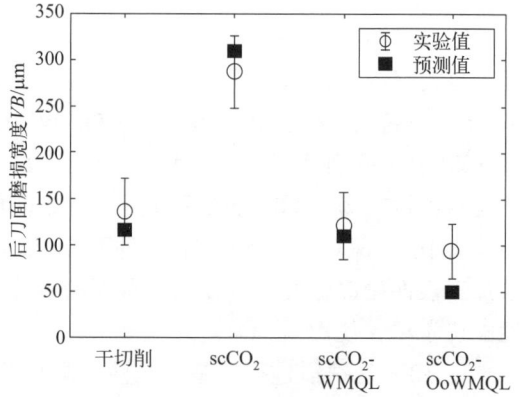

图 12-9　VB 的预测值和实验值

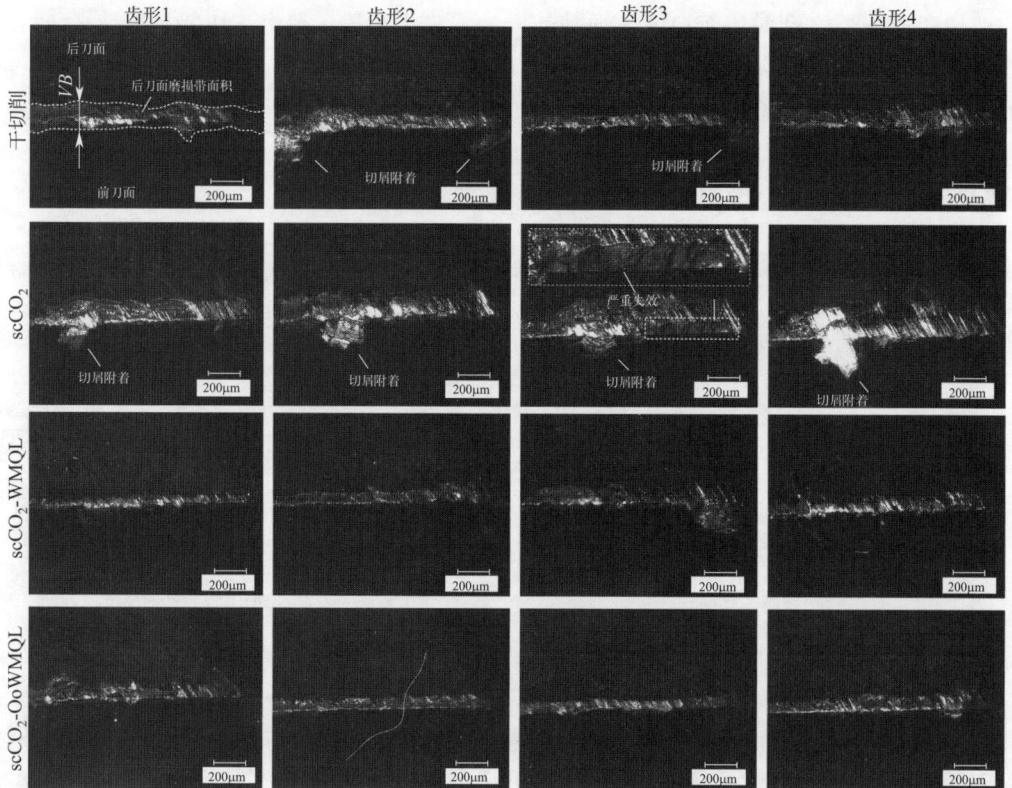

图 12-10　不同冷却润滑条件下刀具刃口后刀面磨损的光学显微图

　　刀具后刀面磨损形貌的 SEM 显微图如图 12-11 所示。在所有冷却润滑条件下均观察到了切削刃的微崩刃。干切削和 scCO$_2$ 条件下，锯齿状的切屑黏结在刀具刃口，干切削情况下刀具刃口后刀面的黏结要比 scCO$_2$-WMQL 和 scCO$_2$-OoWMQL 严重。在 scCO$_2$-WMQL

和 $scCO_2$-OoWMQL 条件下，刀具磨损均匀。由以上分析可知，在铣削 Ti6Al4V 时，MQL 可以很好地抑制刀具磨损。

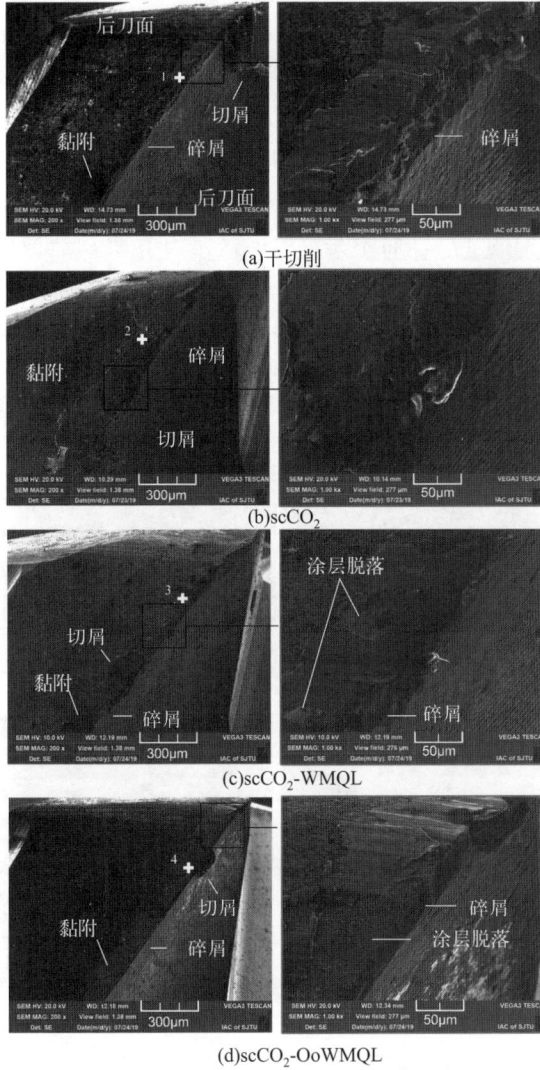

图 12-11　刀具后刀面磨损形貌的 SEM 显微图

图 12-12 为切削力矩随旋转角度变化的极坐标图。极坐标图中的每个"花瓣"都代表着

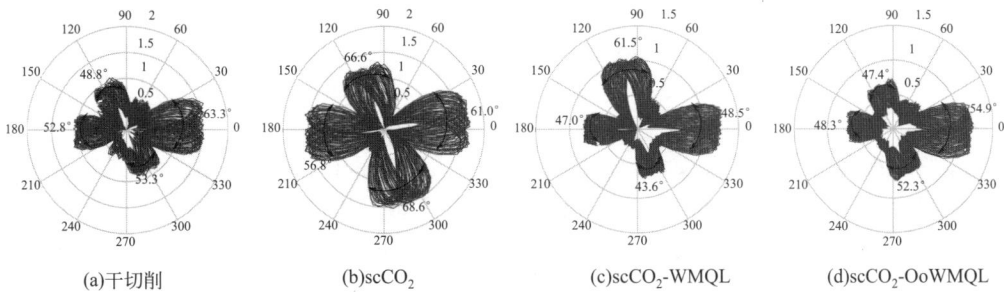

图 12-12　切削力矩随旋转角度变化的极坐标图（单位：N·m）

切削某一齿的力矩，力矩角波形在 $n-1$ 旋转周期滞后于 $n-2$ 旋转周期。原因归结于：①切削力数据采集卡有截断误差，导致计算机记录的旋转角度连续滞后于实际旋转角度。②刀具磨损和破损，如切屑导致实际刀具半径减小，刀具需要旋转更多的角度来接触工件。比较移位扭矩波形的移动角度（图 12-12 中每个"花瓣"的角度）可以定性分析刀具磨损，四种切削条件下的位移角由大到小依次为 $scCO_2 >$ 干切削 $> scCO_2$-WMQL $> scCO_2$-OoWMQL（200.6°＞218.2°＞253.1°＞203.0°）。

加工表面形貌的 SEM 显微图如图 12-13 所示。无论哪种切削条件，都能观察到平行进给方向的划痕。在干切削条件下，在加工表面上观察到进给痕迹，两个相邻刀痕之间的距离是 $N_t f_t$（对应图 12-13 中的 $4f_z$，而不是 f_t），这是刀具跳动造成的。此外，在 $scCO_2$ 中还发现了黏屑，这是由于在冷热交替作用下，刀具-切屑界面的摩擦加剧。在 $scCO_2$-OoWMQL 中，只有少量切屑留在加工表面上，因此表面光泽度更高。

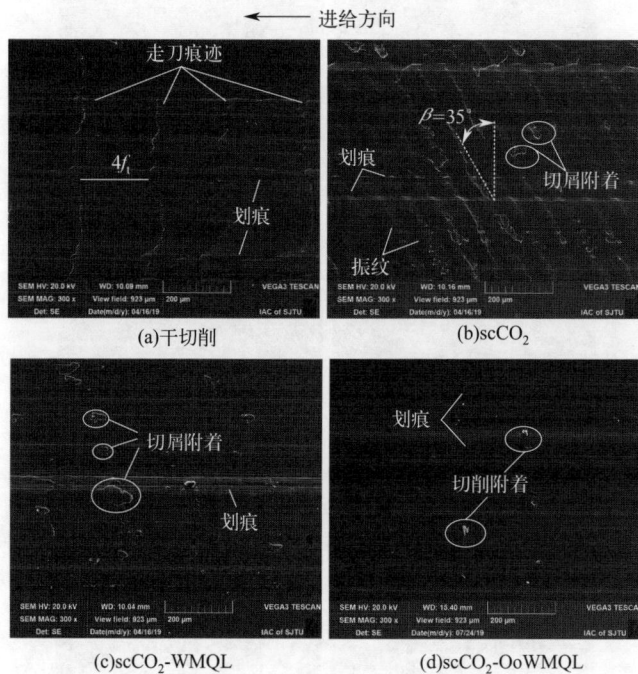

图 12-13　加工表面的 SEM 显微照片

图 12-14 为共聚焦激光扫描显微镜（配备 VK-H1XM 分析软件的 Keyence VK-X250）获得的加工表面三维形貌。干切削和 $scCO_2$ 条件下的加工表面不仅存在由强迫振动引起的斜向振纹，还存在由颤振引起的轴向振纹。相邻两个轴向振纹之间的距离分别为 $14.1f_t$（0.63mm）和 $16.3f_t$（0.73mm），使表面质量严重恶化。在 $scCO_2$-WMQL 和 $scCO_2$-OoWMQL 条件下，只有斜向振纹。在干切削和 $scCO_2$ 条件下，刀具磨损和切屑附着严重。

理想情况下，表面轮廓取决于齿数、刀具半径。基于该方法，$f_t = 0.045$mm 和 $f_t = 0.18$mm 的表面轮廓仿真结果如图 12-15 所示。利用 Morlet 小波对模拟轮廓进行连续小波变换得到尺度谱图，如图 12-16 所示。尺度谱的横轴表示切削长度域，这与切削时间成正比；纵轴是分析小波的标尺，表示空间频域。较高的尺度（对应较低的频率）意味着在长度域上剖面的两个相邻峰/谷之间间距较大，反之亦然。$V_c = 40$m/min、$f_t = 0.045$mm、a_e（径向切削深度）$= 0.7$mm，在每个切削条件下得到的铣削表面轮廓及 Morlet 小波变换尺

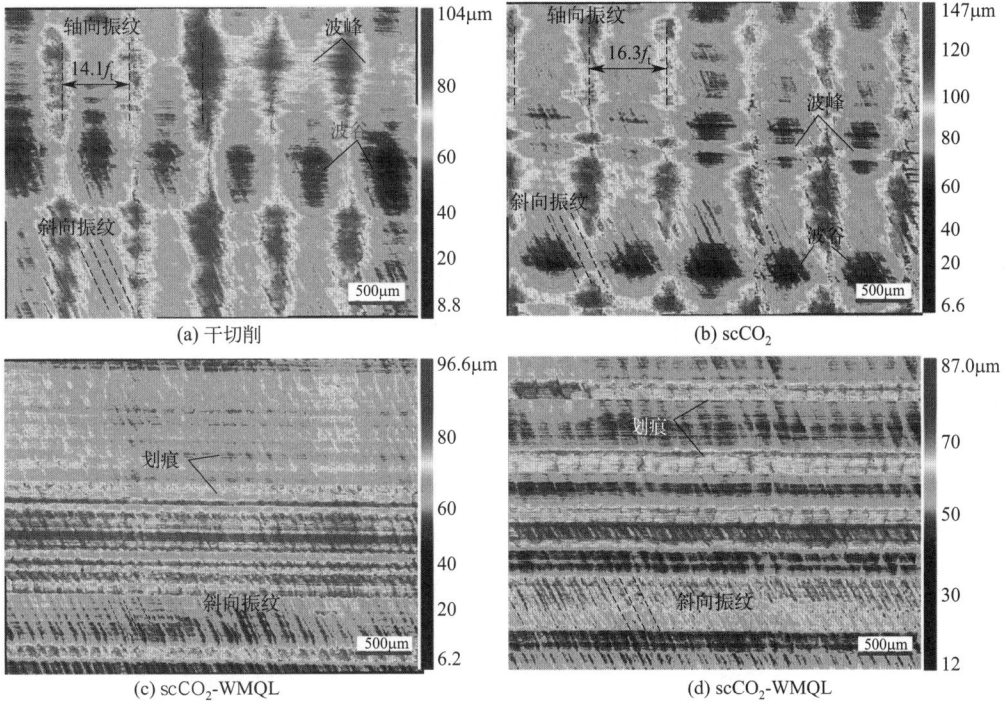

图 12-14　已加工表面三维形貌

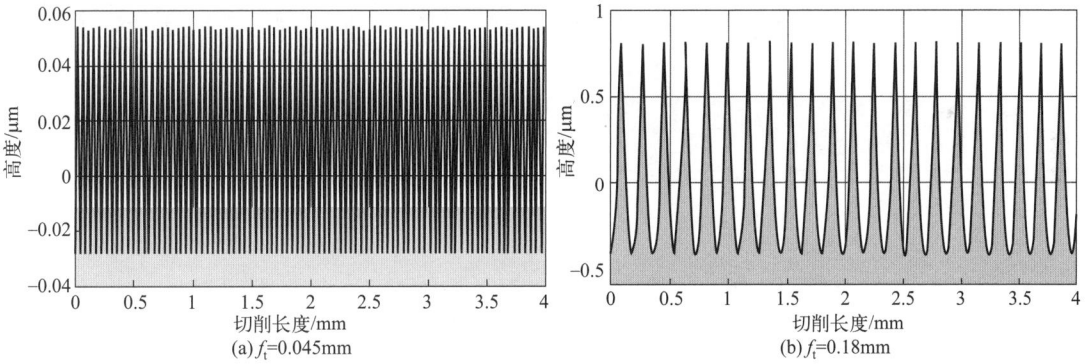

图 12-15　模拟理想表面轮廓

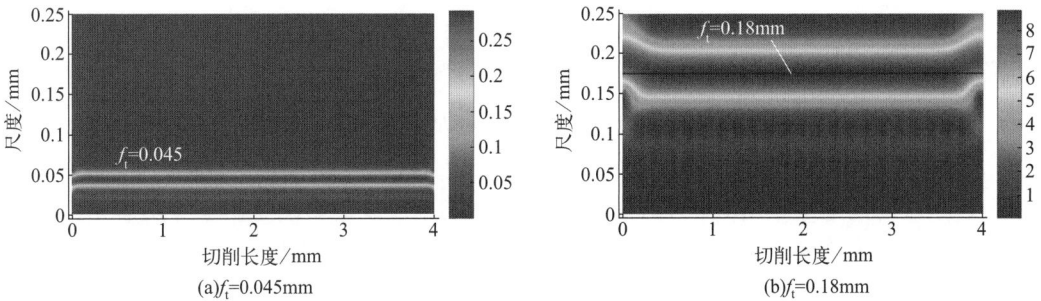

图 12-16　表面轮廓的 CWT

度图如图 12-17 和图 12-18 所示。实际铣削过程中，由于刀具跳动、振动、材料塑性变形、刀具磨损、切削附着等原因，实际表面轮廓与理想表面轮廓存在较大偏差。scCO$_2$-WMQL 的中心频带更连续，表明 scCO$_2$-WMQL 提供了更规则的切削表面。scCO$_2$-WMQL 和 scCO$_2$-OoWMQL 的尺度谱频带位于尺度区间 $[f_t, N_t f_t] = [0.045, 0.18]$ mm，具体为 0.15mm 和 0.18mm。由于刀具跳动，铣削表面轮廓相邻两个峰值之间的峰值间距处于 $[f_t, N_t f_t]$ 区间内，f_t 对应无跳动情况，$N_t f_t$ 对应大跳动情况，如图 12-18 所示。干切削和 scCO$_2$ 条件下，除了刀具跳动引起的尺度区间 $[f_t, N_t f_t]$ 中的频带，在大约等于 0.25mm 的尺度上也观察到了具有高振幅的局部（对应低频）波段分量，这大于刀具跳动引起的尺度区间 $[0.045, 0.18]$ mm。

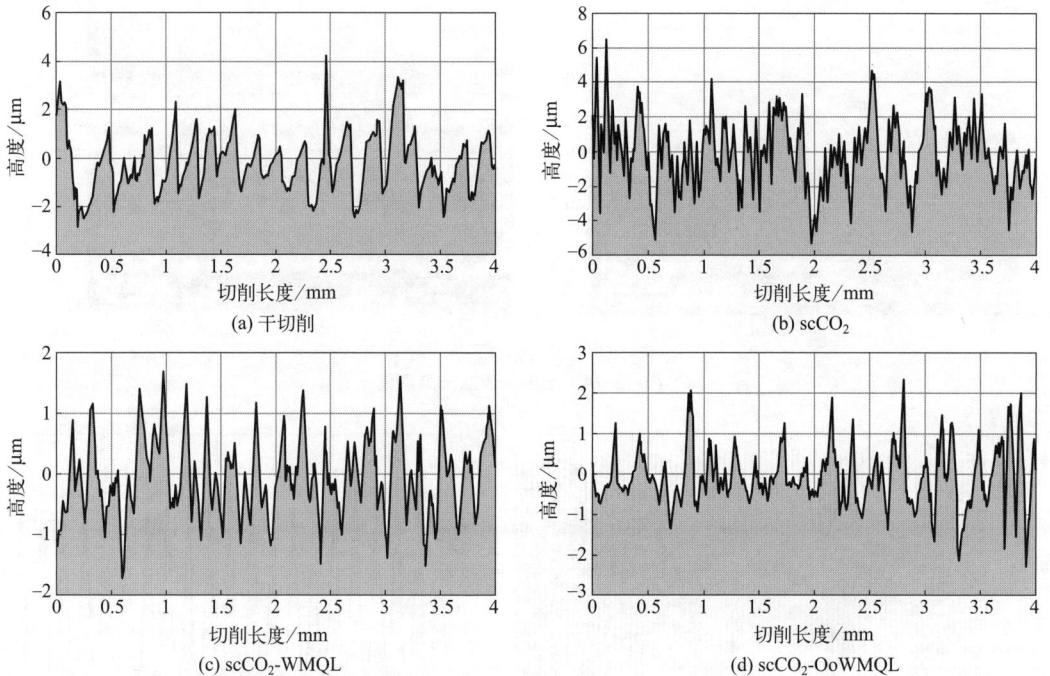

图 12-17 干切削、 scCO$_2$、 scCO$_2$-WMQL 和 scCO$_2$-OoWNQL 条件下的
铣削表面轮廓（V_c= 40m/min, f_t= 0.045mm, a_e= 0.7mm）

下面研究了钛合金在干切削、超临界二氧化碳（scCO$_2$）以及超临界二氧化碳混合油膜附水滴（scCO$_2$-Oow）三种切削方式下，切削力、切削温度和表面粗糙度的变化规律。

（1）微量润滑方式对切削力的影响机理

当每齿进给量 f_z=0.045mm，径向切宽 a_e=0.3mm，轴向切深 a_p=3mm 时，切削速度 V_c 对切削力 F 的影响见图 12-19(a_1) $\sim$ (d_1)。从图中可以发现，三种条件下 F_x、F_y、F_z 和 F_c 随着切削速度的增大一开始均呈现增大趋势。这是因为在低速下，随着切削速度的增大，单位时间应变率增大，加工硬化变严重，切削温度的影响不明显。随着切削速度进一步增大，切削力开始减小。这主要是因为切削温度升高，使工件强度下降，同时较高的切削速度条件下切除单位体积金属的能耗降低。另外从图中还可以发现，在较低的切削速度下，scCO$_2$ 条件下的 F_y、F_z 和 F_c 相对较大，但随着切削速度的增大，干切削条件下的 F_y 和 F_c 更大。这是因为钛合金化学活性大，在 300℃、500℃和 600℃时可分别与氢、氧和氮

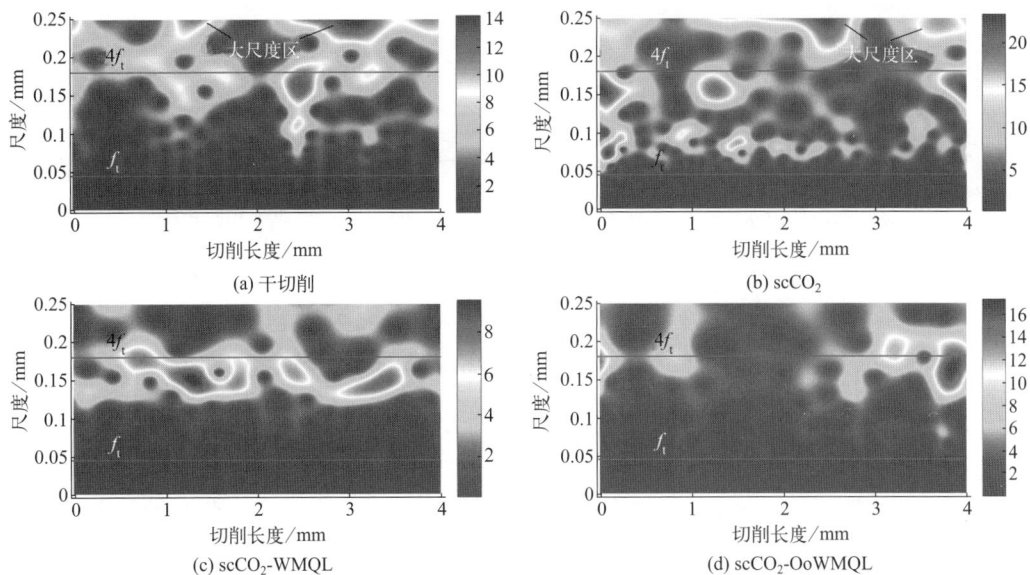

(a) 干切削

(b) scCO₂

(c) scCO₂-WMQL

(d) scCO₂-OoWMQL

图 12-18　干切削、 scCO₂、 scCO₂-WMQL 和 scCO₂-OoWMQL 条件下表面廓线的尺度谱

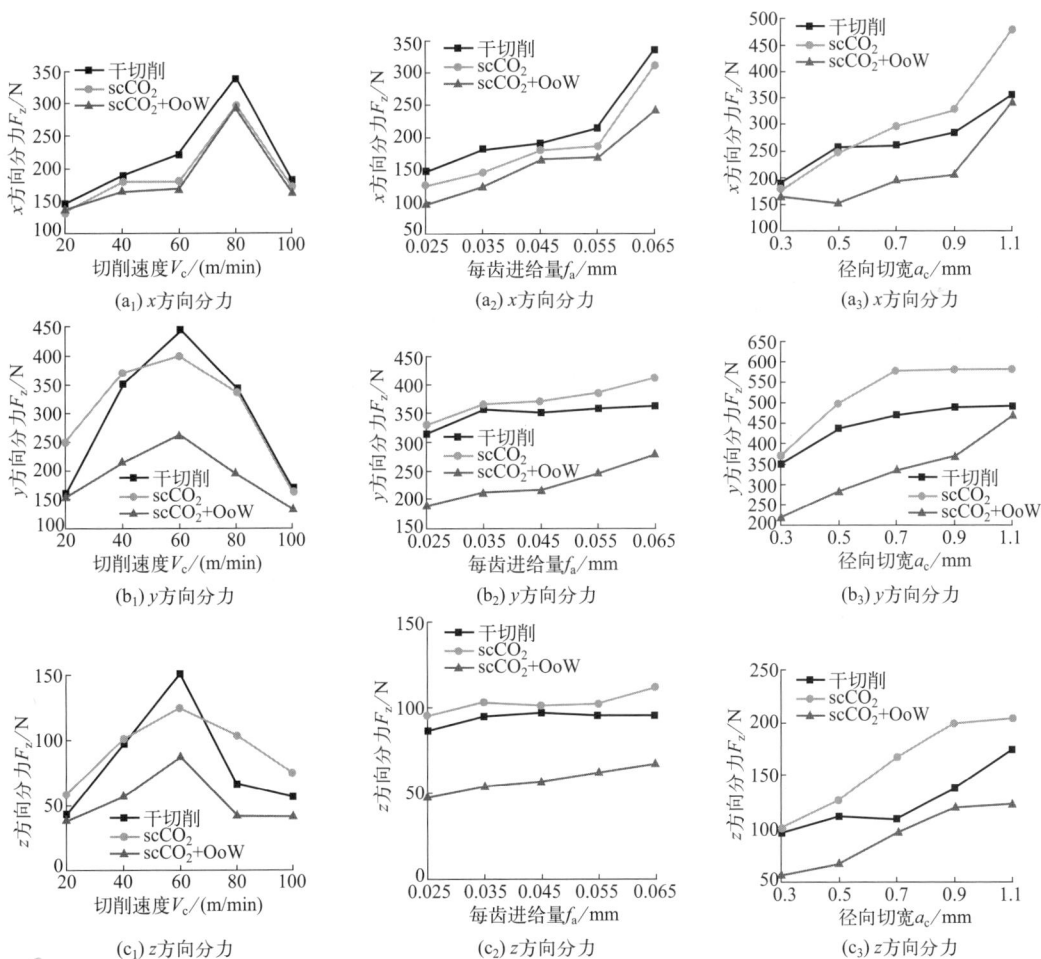

(a₁) x 方向分力

(a₂) x 方向分力

(a₃) x 方向分力

(b₁) y 方向分力

(b₂) y 方向分力

(b₃) y 方向分力

(c₁) z 方向分力

(c₂) z 方向分力

(c₃) z 方向分力

图 12-19

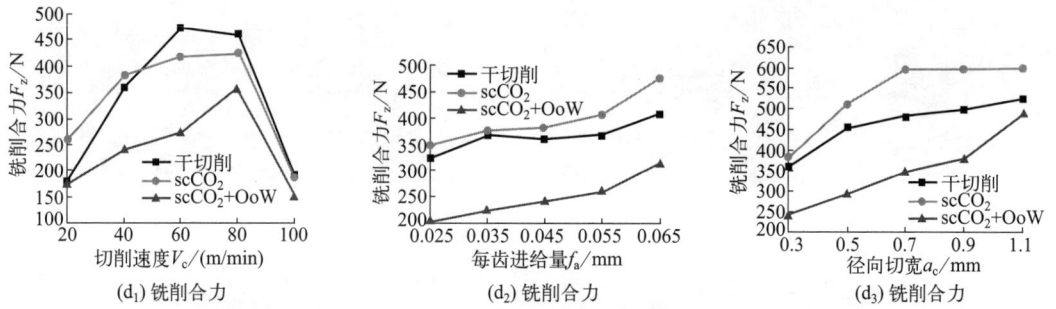

图 12-19 不同润滑状况在不同切削参数条件下对切削力的影响规律

发生化学作用，形成硬脆表层。当切削速度较低时，温度低于 $300℃$，此时 $scCO_2$ 条件下钛合金的强度和硬度随温度降低而增大。随着切削速度的增大，干切削条件下切削区域的实际温度达到 $300℃$ 以上，而 $scCO_2$ 条件下的切削温度依然远低于 $300℃$，此时硬脆表层对切削力的影响起主要作用。

当 $V_c=40m/min$、$a_e=0.3mm$、$a_p=3mm$ 时，每齿进给量对切削力的影响见图 12-19（a_2）～（d_2）。由图可知，三种条件下 F_x、F_y、F_z 和 F_c 随着每齿进给量的增大基本都呈现小幅度增大趋势，但切削力与每齿进给量不成线性关系。这是因为随着每齿进给量增大，切削厚度增大，切削面积增大，但切削厚度增大的同时也会使变形系数和摩擦因数减小。同时可以发现，$scCO_2$ 条件下 F_y、F_z 和 F_c 相对较大。这是因为 $scCO_2$ 条件下钛合金的强度和硬度随温度降低而增大。随着每齿进给量的增大，干切削条件下切削区域的实际温度依然小于 $300℃$，钛合金没有形成硬脆表层。F_x 依旧是在干切削条件下较大，与摩擦有关。

当 $V_c=40m/min$、$f_z=0.045mm$、$a_p=3mm$ 时，径向切宽对切削力的影响见图 12-19（a_3）～（d_3）。从图中可以看出，三种条件下 F_x、F_y、F_z 和 F_c 随着径向切宽的增大基本都呈增大的趋势。这是因为随着径向切宽的增大，工件和刀具间的铣削包角增大，刀具的铣削面积增大，导致摩擦力增大。同时从图中可以发现，$scCO_2$ 条件下的切削力相对较大。原因是 $scCO_2$ 条件下钛合金的强度和硬度随温度降低而增大。虽然随着径向切宽增大，实际切削区域的温度高于 $300℃$ 形成硬脆表层，但在较大径向切宽下，强度和硬度对切削力的影响起主要作用。

从上述中可以发现，几乎在所有切削参数下，$scCO_2$ 和 OoW 混合冷却都可以获得最小的切削力。这是因为 OoW 具有良好的润滑性能。当微量水和微量植物油雾化喷到加工区时，因为油具有亲水特性，油分子会吸附在水滴表面并形成一层油膜；经 $scCO_2$ 运输到工件和刀具表面后，由于水滴表面油膜的扩张性，在工件和刀具表面会形成油膜并产生良好的润滑效果，同时水滴汽化相变吸热，防止油膜被高温破坏。虽然较低的温度使钛合金的强度和硬度增大，切削力会有增大趋势，但低温条件进一步保证了 OoW 优越的润滑性能，减小了刀具与切屑、工件表面之间的摩擦力，从而进一步减小了切削力。

（2）微量润滑方式对切削温度的影响机理

当 $f_z=0.045mm$、$a_e=0.3mm$、$a_p=3mm$ 时，切削速度对切削温度的影响见图 12-20（a）。从图中可以发现，随着切削速度的增大，切削温度开始呈上升趋势。这是因为在单位时间内，切削所需要的功率增大，产生的切削热也在增加。之后上升趋势减缓，并在切削速度大于 $80m/min$ 时有小幅下降趋势。同时可以看出，相比干切削条件，$scCO_2$ 冷却与 sc-

CO_2 和 OoW 混合冷却可以大幅度降温。一方面是因为两种冷却方式本身具有优良的降温效果；另一方面是因为红外热成像仪有测量误差，受环境、切屑和冷却液的影响，无法真实反映切削区域的温度。

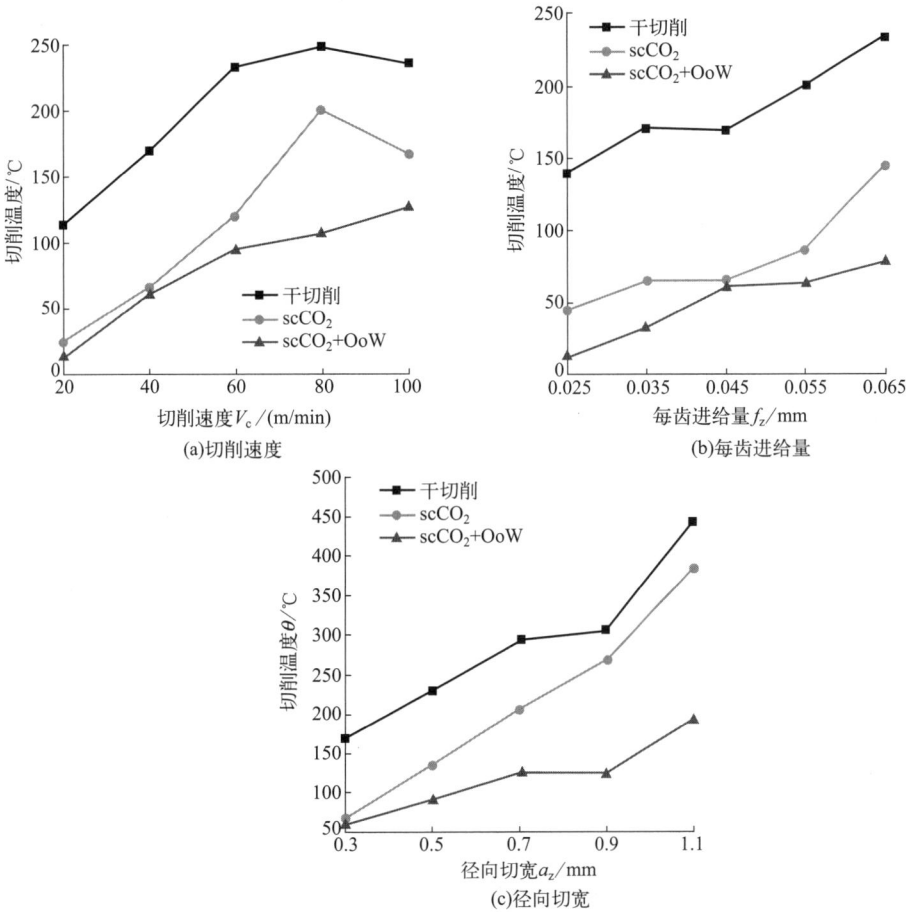

图 12-20 不同润滑状况在不同切削参数条件下对切削力的影响规律

当 $V_c = 40\text{m/min}$、$a_e = 0.3\text{mm}$、$a_p = 3\text{mm}$ 时，每齿进给量对切削温度的影响见图 12-20(b)。可以看出，随着每齿进给量的增大，切削温度整体呈现升高趋势。这是因为单位时间材料去除率增大，消耗的功率增大，更多的能量转化为切削热。

当 $V_c = 40\text{m/min}$、$f_z = 0.045\text{mm}$、$a_p = 3\text{mm}$ 时，径向切宽对切削温度的影响见图 12-20(c)。从图中可以看出，随着径向切宽的增大，切削温度也整体呈现升高趋势。一方面是因为铣削为断续加工，刀齿切入工件时有冲击作用，随着径向切宽的增大，冲击作用增大，摩擦生热增多；另一方面是因为随着径向切宽的增大，相邻刀齿中前齿切出和后齿切入的间隔时间缩短，冷却时间缩短。同时，从图中可以看出，随着径向切宽的增大，$scCO_2$ 降温的效果相比 $scCO_2$ 和 OoW 混合减弱。这是因为随着切宽的增大，切削区域面积增大，$scCO_2$ 强制对流换热的效果很难实际作用在所有切削区域。另外，也说明了 OoW 具有良好的渗透作用，雾滴可以到达实际切削区域起到冷却润滑的效果。

在所有切削参数下，$scCO_2$ 和 OoW 混合冷却润滑条件下切削温度都是最低的，取得了理想的冷却效果，降温幅度均大于 50%。这是因为 $scCO_2$ 强制对流增大散热面积起到冷却效果，水滴表面的油膜起到良好的润滑效果并减少了摩擦热，水雾滴作为传输介质将润滑油带入切削区，同时汽化相变吸热进一步起到良好的冷却作用，并保护油膜不被高温破坏。

12.2.2 微量润滑及低温辅助高温合金切削加工机理

实验用的镍基高温合金 Inconel 718 的金相组织如图 12-21 所示，并观察到分散相以镍基体为主的奥氏体。镍基高温合金 Inconel 718 的加工过程中，切削速度对切削力的影响如图 12-22 所示。由图可知，随着切削速度从 20m/min 提高到 110m/min，三个方向的切削力相应增大。但切削力增大趋势在 80m/min 变得缓慢，这是因为机械冲击对残余应力的影响减小了，且高的切削速度带走了更多的热量。

图 12-21 镍基高温合金 Inconel 718 基体的金相组织

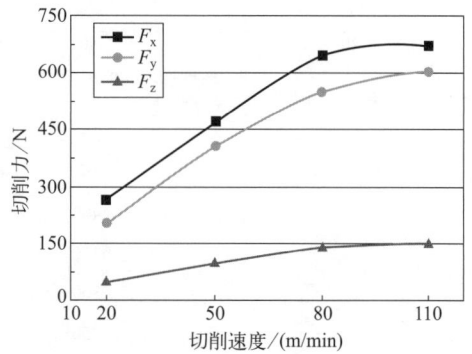

图 12-22 镍基高温合金 Inconel 718 切削过程中切削速度对切削力的影响规律

图 12-23 给出了不同切削速度下的切屑微观组织照片（×500）。可以看到，在较高的切

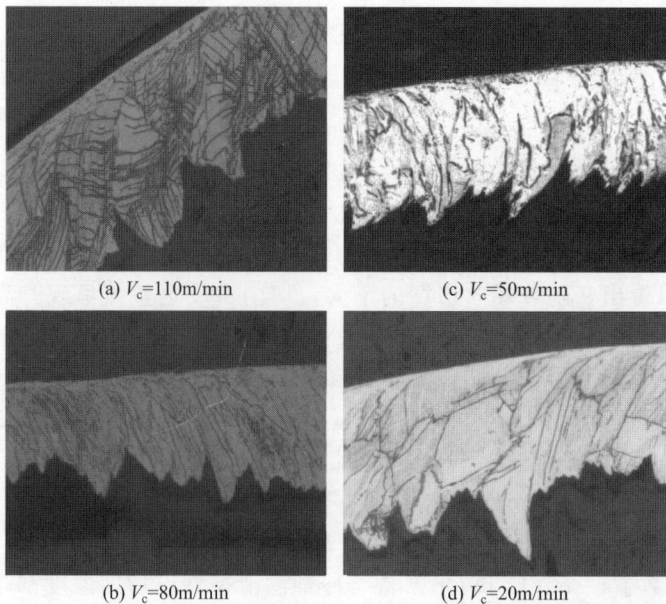

(a) V_c=110m/min

(c) V_c=50m/min

(b) V_c=80m/min

(d) V_c=20m/min

图 12-23 镍基高温合金 Inconel 718 切削过程的切削速度对切屑形态与微观组织的影响

削速度（110m/min 和 80m/min）下，严重的晶粒变形沿晶界形成最终的切屑，在 110m/min 时，晶粒内部甚至发生了断裂。这表明切削速度越高，切屑形成过程中消耗的能量越大，产生的热量也越多。同时，在较低的切削速度（50m/min 和 20m/min）下，晶粒变形不再严重，20m/min 时的切屑晶粒与图 12-21 中的基体晶粒基本相似。

镍基高温合金 Inconel 718 是以 Ni 为基体，由 γ 相、δ 相、碳化物、γ′ 强化相和 γ″ 强化相组成的。Inconel 718 在不同表征角度下的 EBSD 结果如图 12-24 所示。Inconel 718 的基体组织以面心立方（FCC）结构的 γ 相为主，晶粒尺寸约为 30～80μm［图 12-24（a）］。此外，在 Inconel 718 中，还存在 γ 基体中析出的 γ′ 强化相、γ″ 强化相、δ 强化相以及退火孪晶。同时，从图 12-24(b) 中可以看出，大量的高角度晶界（HAGBs）错位角（>15°）和极少量的低角度晶界（LAGBs）错位角（2°～15°）随机分布在基体中。

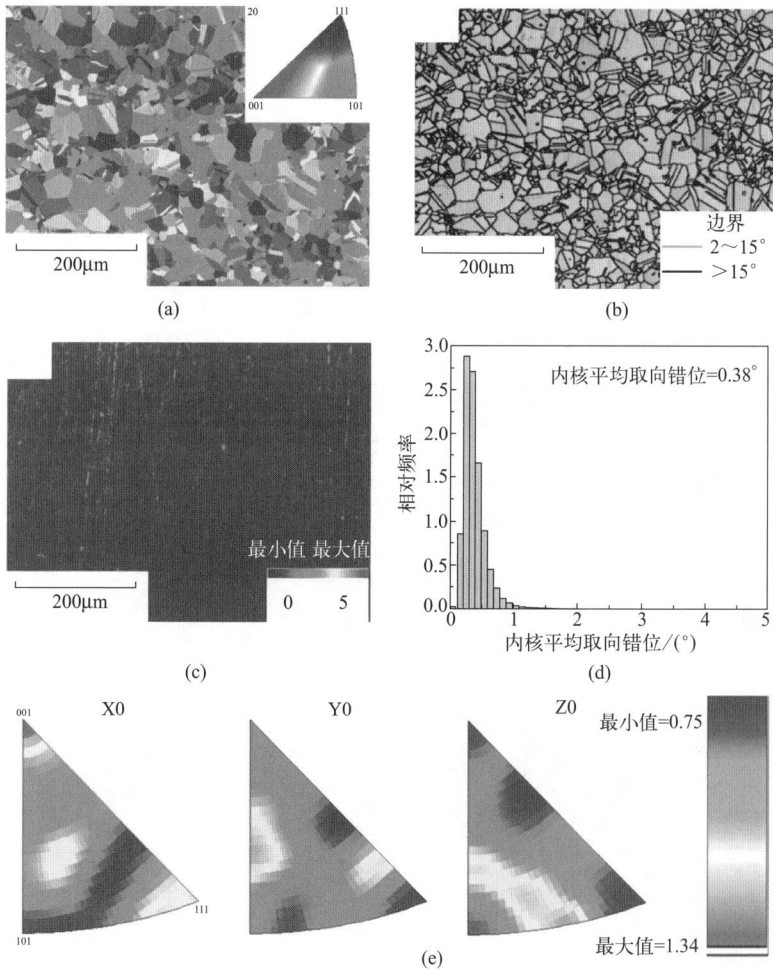

图 12-24　实验用镍基高温合金 Inconel 718 的 EBSD

图 12-25 分析了 Inconel 718 切削过程中冷却润滑工况和切削速度对切削力的影响。基于 Salomon 的高速切削理论，切削力先随着切削速度的提高而增大。当切削速度达到一定值时，切削力又随着切削速度增大逐渐降低。然而结果表明，切削力随切削速度的提高而增大。这是因为实验使用的切削速度没有达到陶瓷刀具的高速加工阶段。研究结果表明，低温

冷却可有效地降低切削力。另外，scCO₂＋MQL 加工的切削力小于 scCO₂ 加工。

图 12-26 分析了 Inconel 718 切削过程中冷却润滑工况和切削速度对切削温度的影响。由图可知，随着切削速度的增大，切削温度逐渐升高。这是由于切削速度增大，导致单位时间内的材料去除量增加，从而切削热增多。从热成像相机中可看出，大量的切削热堆积在刀具-工件界面（图 12-27）。

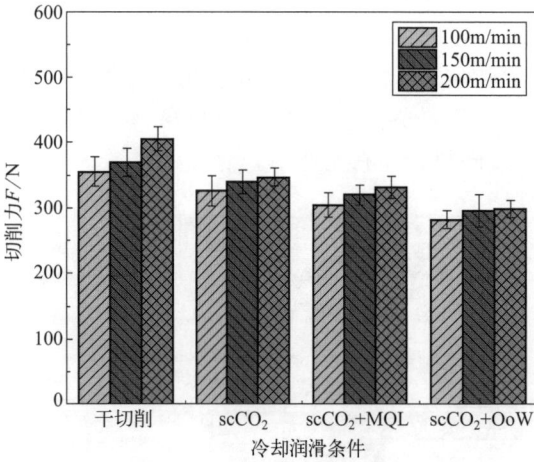

图 12-25　Inconel 718 切削过程中冷却润滑
工况对切削力的影响

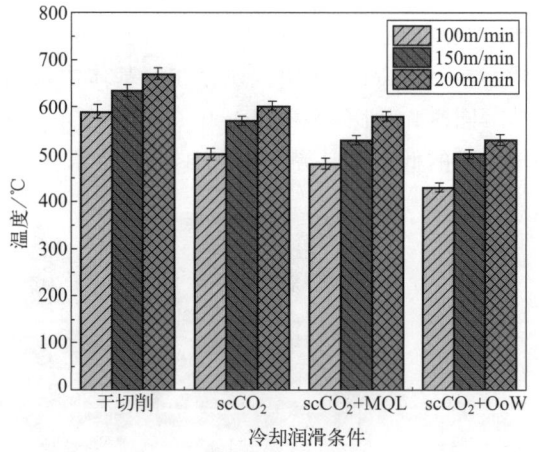

图 12-26　Inconel 718 切削过程中冷却润滑
工况对切削温度的影响

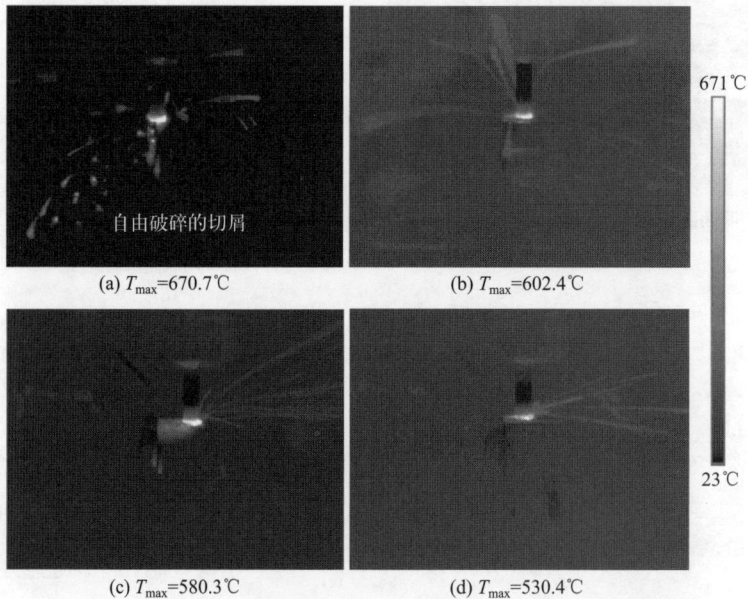

(a) $T_{max}=670.7℃$

(b) $T_{max}=602.4℃$

(c) $T_{max}=580.3℃$

(d) $T_{max}=530.4℃$

图 12-27　Inconel 718 切削过程中不同冷却润滑条件下的红外热成像图

图 12-28 显示了干切削条件下切削速度 200m/min 和切削长度 90mm 时陶瓷刀具铣削镍基高温合金 Inconel 718 的刀具磨损形貌。由图可知，工件材料明显黏附在刀具上，进而降低了陶瓷刀具的性能，沿切削深度方向发生微崩刃和沟槽磨损，后刀面积累层（BUL）也黏附到刀具后刀面上。对于前刀面，主要是切削过程中镍基高温合金材料的黏结导致的黏结

磨损，并且在 Inconel 718 中的碳化物颗粒如 NbC、MoC 等硬质点（图 12-29）也会对刀具表面产生划痕，导致磨料磨损。在初始和稳定磨损阶段，工件的附着层具有一定的保护作用，从而减缓了刀具磨损。然而，随着切削的进行，进入快速磨损阶段，附着层在碳化物颗粒和铣削冲击的联合作用可能会开裂脱落，而工件材料中活泼元素铁、镍和铬的扩散会削弱刀具的强度，从而加速刀具的磨损甚至导致刀具失效，如图 12-30 所示。

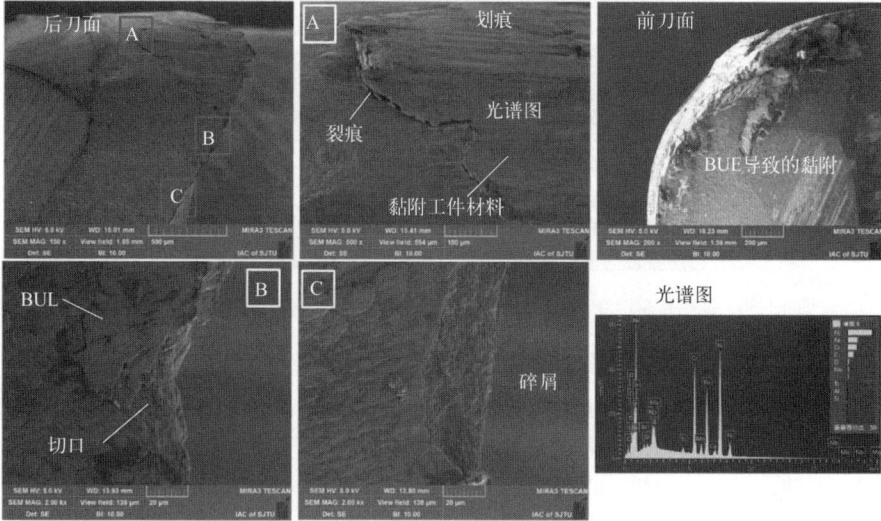

图 12-28　干切削条件下的刀具磨损形貌（切削速度 200m/min，切削长度 90mm）

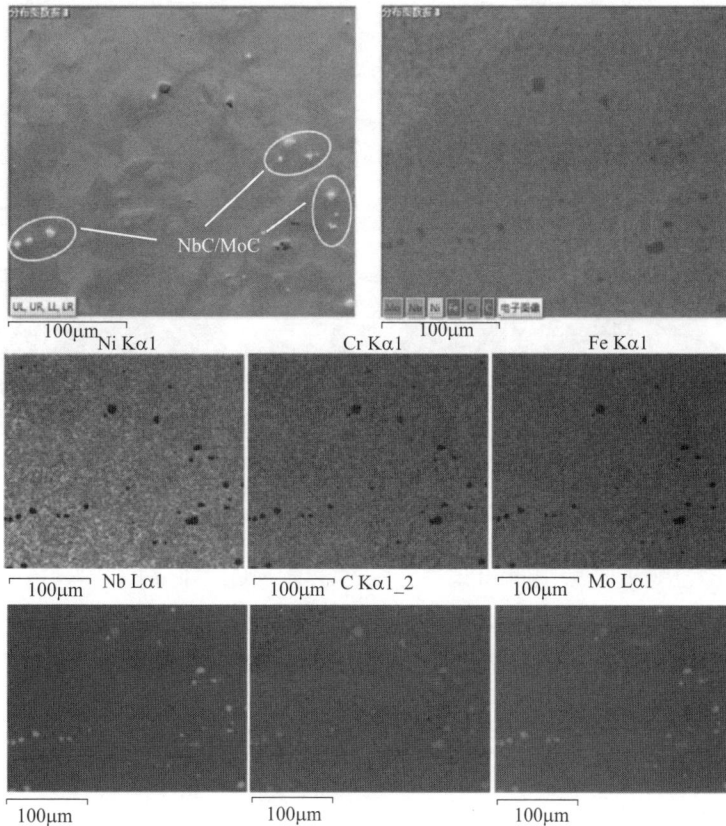

图 12-29　镍基高温合金 Inconel 718 中的碳化物硬质点

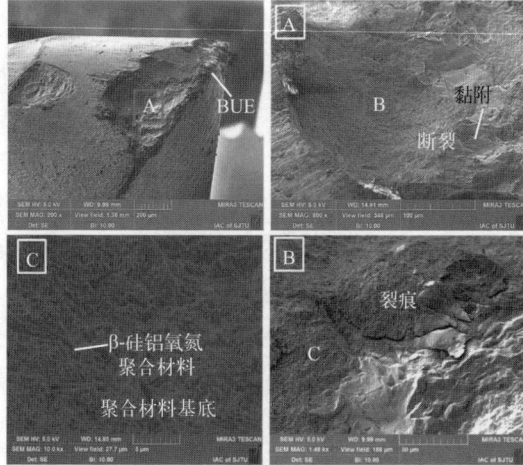

图 12-30　镍基高温合金 Inconel 718 切削过程中的刀具崩刃（切削长度 360mm）

　　与干铣削条件相比，$scCO_2$ 冷却条件下陶瓷刀具前刀面黏附的积屑瘤（BUE）较少，如图 12-31(b) 所示。这是由于超临界二氧化碳的低温冷却作用有利于减少工件材料的黏结。此外，冷却系统中的高压气流也有助于将切屑从切削区快速带走，进而减少了 BUE 的产生。虽然超临界二氧化碳的辅助冷却有利于降低切削热，但缺少润滑作用也导致了刀具刃口的裂纹和微崩刃（图 12-31 中 B），刀具主要以黏结磨损和磨料磨损为主。

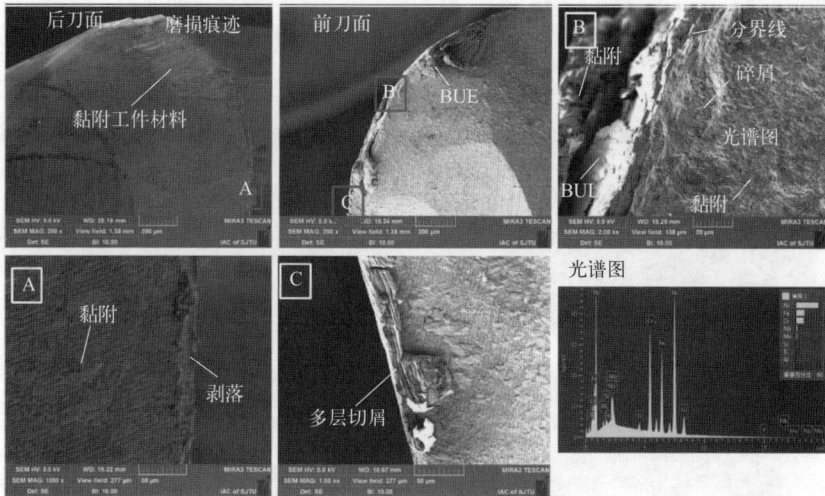

图 12-31　$scCO_2$ 条件下的刀具磨损形貌（切削速度 200m/min，切削长度 90mm）

　　积屑瘤、微裂纹等刀具磨损也出现在了 $scCO_2$＋MQL 和 $scCO_2$＋OoW 条件下，如图 12-33 和图 12-34 所示。然而，其刀具磨损程度要比干铣削小，与干铣削相比，其刀具呈现出优异的性能。这是因为冷却条件下的切削力和切削温度较低，有利于形成润滑膜，润滑效果好，抗磨性强。在 $scCO_2$＋MQL 和 $scCO_2$＋OoW 冷却条件下，陶瓷刀具的磨损主要是磨料磨损和黏结磨损，并伴有少量微裂纹。

　　Inconel 182 的金相组织为树枝状的奥氏体组织，如图 12-34 所示。这是由于焊接过程中没有发生同素异形体转变，并且伴有大量的晶界迁移（MGB）的再结晶特征，其中再结晶

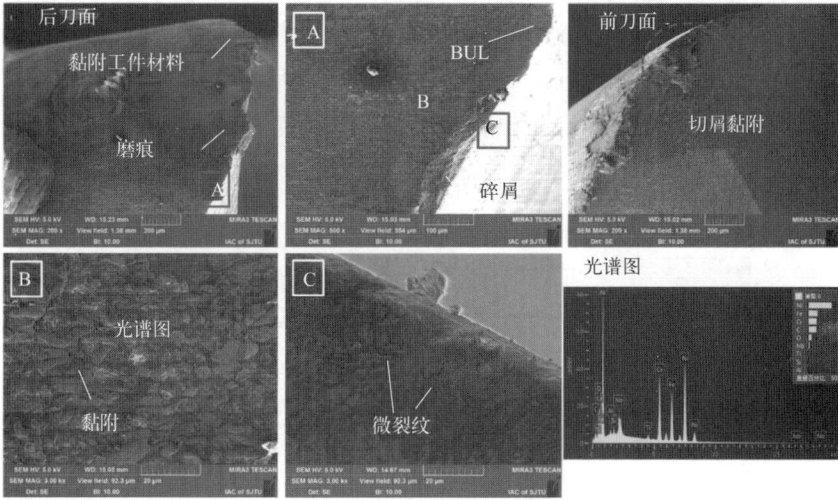

图 12-32 scCO$_2$+ MQL 条件下的刀具磨损形貌（切削速度 200m/min，切削长度 90mm）

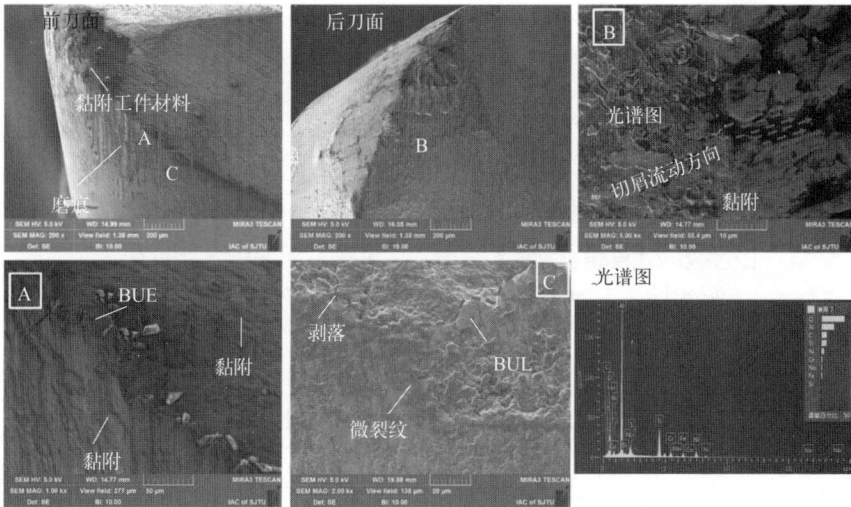

图 12-33 scCO$_2$+ OoW 条件下的刀具磨损形貌（切削速度 200m/min，切削长度 90mm）

的晶界穿过了凝固亚组织。在焊接凝固阶段，溶质发生重新分布，导致在凝固后冷却阶段的枝晶晶界上分布了多种类型的析出相。

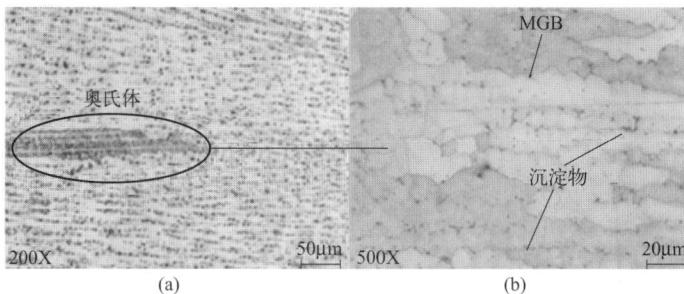

图 12-34 Inconel 182 的金相组织

两种类型的面铣削实验，即顺铣削和逆铣削在五轴立式数控加工中心（DMU 70V）进行，并配备外部 Accu-Lube 型 MQL 系统。不同 MQL 的喷嘴位置如图 12-35 所示。主要分为四种：顺铣加工过程中喷嘴位于刀具切出工件位置；逆铣加工过程中喷嘴位于刀具切入工件位置；顺铣加工过程中喷嘴位于刀具切入工件位置；逆铣加工过程中喷嘴位于刀具切出工件位置。

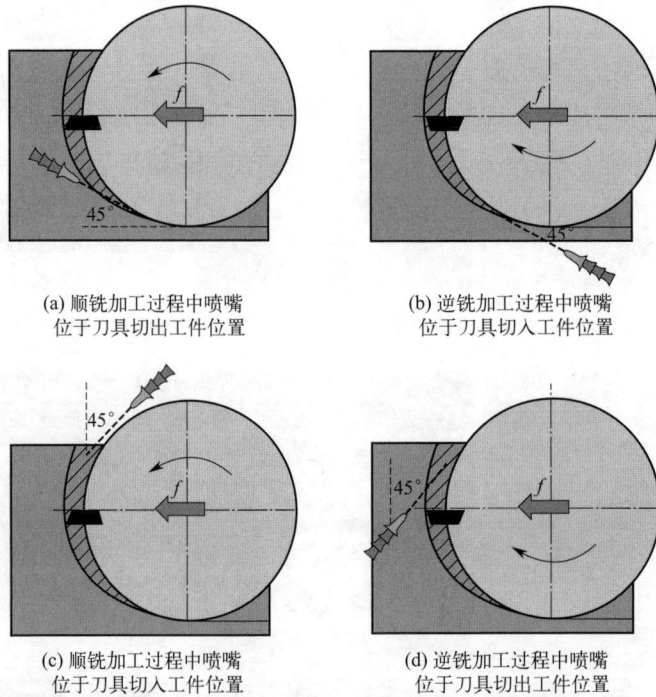

(a) 顺铣加工过程中喷嘴
位于刀具切出工件位置

(b) 逆铣加工过程中喷嘴
位于刀具切入工件位置

(c) 顺铣加工过程中喷嘴
位于刀具切入工件位置

(d) 逆铣加工过程中喷嘴
位于刀具切出工件位置

图 12-35　MQL 喷嘴布局

下面研究了不同润滑条件下无涂层和 PVD 涂层刀具在顺铣和逆铣加工过程中刀具后刀面磨损的演变过程。对于逆铣加工（图 12-36），可以注意到无涂层刀具即使在 MQL 条件下磨损也非常快，甚至没有经历正常磨损阶段，直接就进入了急剧磨损状态，后刀面磨损远远超过刀具磨钝标准（$VB = 0.3\text{mm}$）。这是由于无涂层刀具的耐磨性不足，即使使用 MQL 也容易在高温或高压环境下发生严重磨损。然而，PVD 涂层刀具经历了初始磨损、正常磨损和急剧磨损阶段，随着材料去除量的增加，后刀面磨损逐渐增大。在材料去除量 12.8cm^3 时，干切削条件下 PVD 涂层刀具的后刀面磨损量达到约 0.66mm，MQL 条件下 PVD 涂层刀具的后刀面磨损量明显减小，约为 0.12mm，刀具寿命显著提高。总的来说，MQL 可生物降解油形成的一层分子层薄膜可以有效地进入并停留在刀具-工件界面，促进边界润滑，减少摩擦，降低切削温度。在 MQL 条件下，PVD 涂层刀具的使用寿命相比干切削条件有显著提高，MQL 喷嘴位于刀具切出工件位置的润滑效果优于切入工件位置。

对于顺铣加工（图 12-37），无涂层刀具磨损严重，当 MQL 喷嘴位于刀具切入工件位置时，无涂层刀具的后刀面磨损量减小，材料去除体积 6.4cm^3，后刀面磨损为 0.08mm，表明 MQL 润滑具有防护作用。相比之下，PVD 涂层刀具拥有磨损演变进程，经历了初始磨损、正常磨损和急剧磨损阶段。MQL 条件下 PVD 涂层刀具的后刀面磨损量在材料去除量为 12.8cm^3 时接近 0.07mm，低于干切削条件下的 0.17mm。

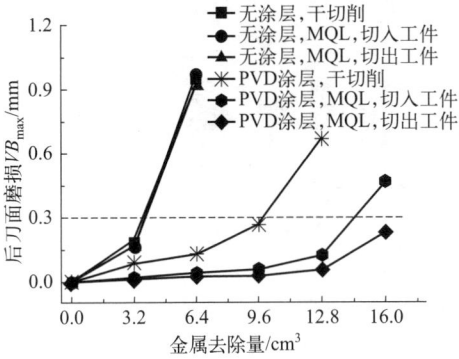

图 12-36 逆铣加工 Inconel 182 时刀具
磨损随材料去除量变化的规律

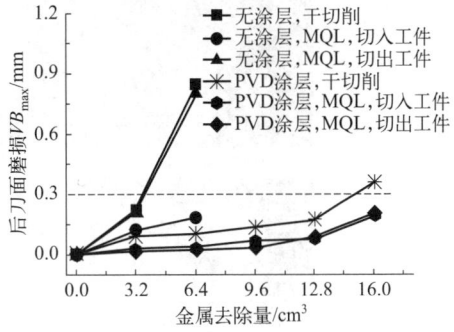

图 12-37 顺铣加工 Inconel 182 时刀具
磨损随材料去除量变化的规律

综上，对于 PVD 涂层刀具，无论是顺铣还是逆铣，MQL 均能有效降低后刀面磨损，而顺铣时 MQL 喷嘴位于刀具切入工件和刀具切出工件位置以及逆铣时 MQL 喷嘴位于刀具切出工件位置，均可作为铣削 Inconel 182 的最佳润滑方式。

不同润滑条件下，材料去除体积为 $6.4cm^3$ 时的无涂层刀具后刀面磨损形貌如图 12-38 所示。对于逆铣加工，无涂层刀具在所有润滑条件下都表现出严重损坏和灾难性断裂。这是因为 Inconel 182 具有较强的黏结特性，工件中的活泼元素易扩散至切削界面。在切削初期，材料中的硬质点容易挤压和划伤刀具表面，且在刀具表面形成积屑瘤（BUE）。随着刀具逐渐切入，切削负荷增大，刀具表面的 BUE 会被撞击和撕裂，造成刀具的严重损坏和灾难性断裂。但在顺铣加工时，对于无涂层刀具，干切削和 MQL 喷嘴位于刀具切出工件位置条件下，严重的沟槽磨损和均匀的后刀面磨损是主要的失效模式。在不同润滑条件下，材料去除体积为 $12.8cm^3$ 时的 PVD 涂层刀具后刀面磨损形貌如图 12-39 所示。对比材料去除体积为 $6.4cm^3$ 时无涂层刀具的磨损形貌，PVD 涂层刀具在顺铣和逆铣情况下磨损均有明显改善。值得注意的是，在没有 MQL 的逆铣过程中，PVD 涂层刀具表现出严重的刀具磨损和灾难性断裂。

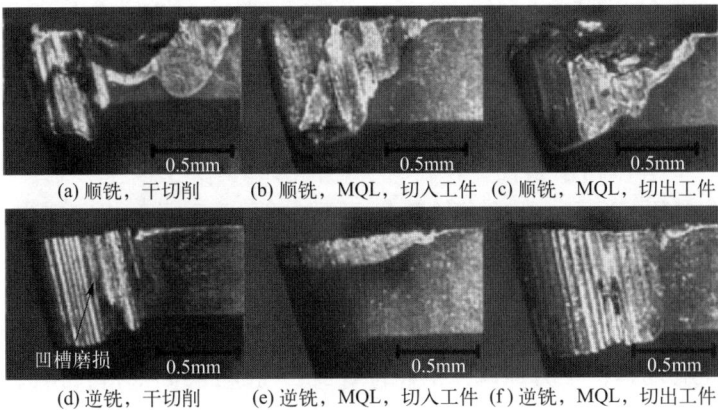

(a) 顺铣，干切削　　(b) 顺铣，MQL，切入工件　(c) 顺铣，MQL，切出工件

(d) 逆铣，干切削　　(e) 逆铣，MQL，切入工件　(f) 逆铣，MQL，切出工件

图 12-38 无涂层刀具后刀面磨损形貌对比

不同润滑条件下，材料去除体积为 $6.4cm^3$ 时的无涂层刀具和材料去除体积为 $12.8cm^3$ 时的 PVD 涂层刀具前刀面的磨损形貌分别如图 12-40 和图 12-41 所示。对于逆铣加工，在

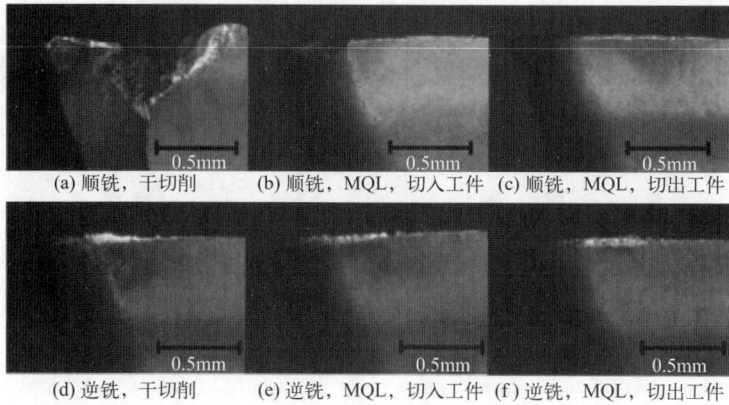

(a) 顺铣，干切削 (b) 顺铣，MQL，切入工件 (c) 顺铣，MQL，切出工件

(d) 逆铣，干切削 (e) 逆铣，MQL，切入工件 (f) 逆铣，MQL，切出工件

图 12-39　PVD 涂层刀具后刀面磨损形貌对比

干切削条件下，无涂层和 PVD 涂层刀具的刃口均显示出灾难性破损。应用 MQL 后，当喷嘴位于刀具切入工件位置时，PVD 涂层刀具刀片的失效模式是沟槽磨损而不是灾难性的刀具破损。当 MQL 喷嘴位于刀具切出工件位置时，PVD 涂层刀具出现涂层剥落。对于顺铣加工，无涂层刀具由于缺乏涂层保护，即使在 MQL 条件下，在前刀面上也出现了月牙洼磨损。PVD 涂层刀具的前刀面无明显的月牙洼磨损，涂层剥落是其主要失效模式。

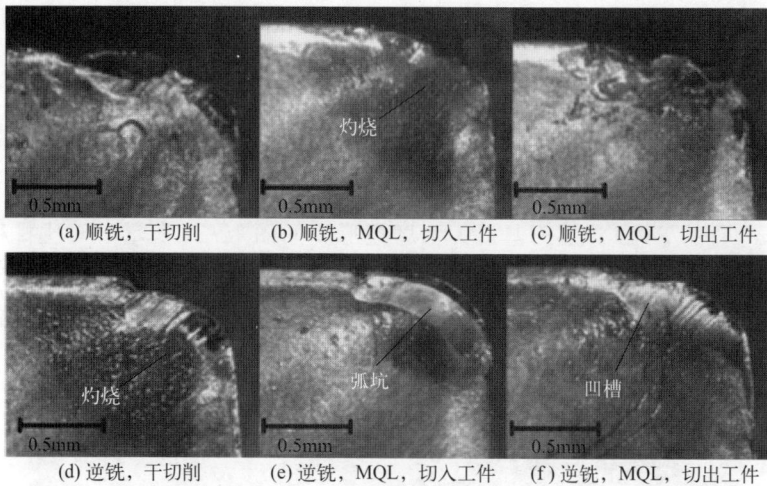

(a) 顺铣，干切削 (b) 顺铣，MQL，切入工件 (c) 顺铣，MQL，切出工件

(d) 逆铣，干切削 (e) 逆铣，MQL，切入工件 (f) 逆铣，MQL，切出工件

图 12-40　无涂层刀具前刀面磨损形貌对比

在逆铣加工中，在干切削条件下，在刀具切削刃和刀尖上发生灾难性断裂失效，如图 12-42 所示。在大多数情况下，强力黏结和高温是导致严重刀具磨损和灾难性失效的主要原因。从 SEM 和 EDS 图像中发现，A 区只存在刀具基体元素 W 和 C，表明涂层已经磨尽，碳化钨（WC）基体暴露，这将导致刀具灾难性断裂失效。B 区的 EDS 表明，由于切削区温度较高，除刀具基体元素 W 和 C 外，来自 Inconel 182 工件中的 Ni、Cr 和 Mn 也黏附在刀具磨损区。当 MQL 喷嘴位于刀具切入工件位置时，MQL 起到润滑作用的薄膜层附着在刀具表面起到了保护层的作用，从而延缓了刀具磨损，没有灾难性断裂失效发生，如图 12-43 所示。EDS 结果显示除 W、O、C 元素外，刀具表面有 Ni 元素，表明黏结磨损发生。逆铣加工和 MQL 喷嘴位于切出工件位置时，刀具磨损的 SEM/EDS 图如图 12-44 所示。可见刀具刃口出现均匀磨损，无黏结和崩刃发生，主要是磨料磨损。此外，在 EDS 中发现 O 元

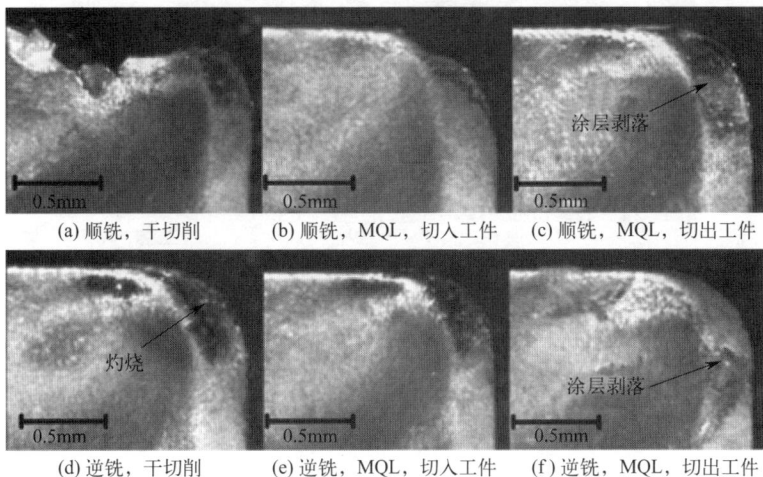

(a) 顺铣，干切削　　　(b) 顺铣，MQL，切入工件　　　(c) 顺铣，MQL，切出工件

(d) 逆铣，干切削　　　(e) 逆铣，MQL，切入工件　　　(f) 逆铣，MQL，切出工件

图 12-41　PVD 涂层刀具前刀面磨损形貌对比

素，说明有部分氧化。Barshilia 等学者发现 TiAlN/TiN 涂层在大约 800℃ 时开始氧化，且随着温度的持续升高，涂层材料中的 Al（或 Ti）与空气中的 O 会形成一层致密的 Al_2O_3（或少量 TiO_2）薄膜，并覆盖在涂层表面。这增强了涂层的抗氧化性，并减少了扩散磨损。当温度高于 1100℃ 时，涂层的结合强度和热硬度明显下降，从而导致 Al_2O_3 薄层剥落。因此，逆铣加工时，刀具表面磨损主要是磨料磨损和氧化磨损，MQL 能够有效地改善刀具与工件界面的摩擦特性，防止刀具黏结磨损。

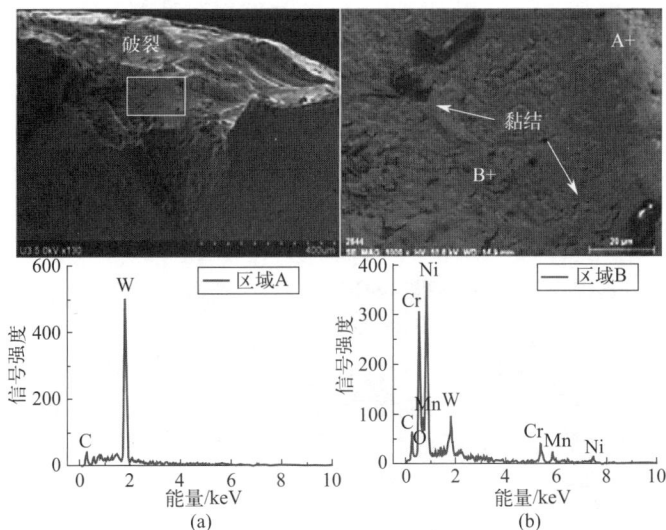

图 12-42　逆铣加工和干切削条件下刀具磨损的 SEM/EDS

顺铣过程中没有 MQL 的 PVD 涂层刀具的磨损 SEM 和 EDS 形貌如图 12-45 所示。切削刃没有断裂失效，但有明显高温合金黏结（EDS 图谱中的 Ni、Cr）。因此，黏结磨损是其主要的磨损模式。当 MQL 喷嘴位于刀具切入工件位置进行喷射时，切削区得到充分润滑，从而缓解了刀具磨损，沿刀具刃口出现均匀的磨料磨损，如图 12-46 所示。虽然沿切削刃没有出现积屑瘤，但在刀具前刀面和后刀面也发现了黏结，EDS 显示 J 位置的主要元素为 Ni、

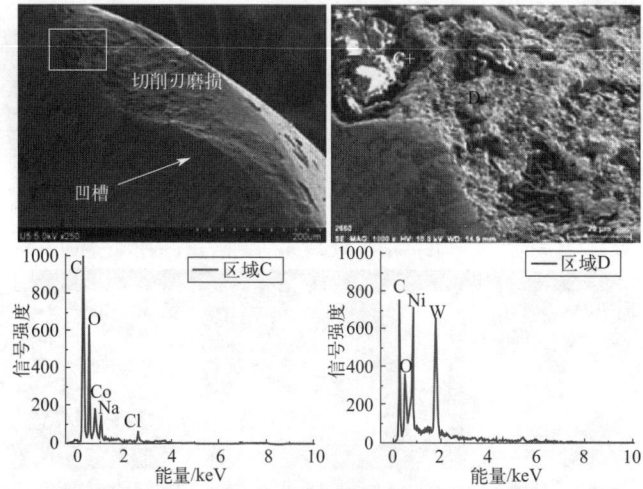

图 12-43 逆铣加工和 MQL 喷嘴在切入工件位置时刀具磨损的 SEM/EDS

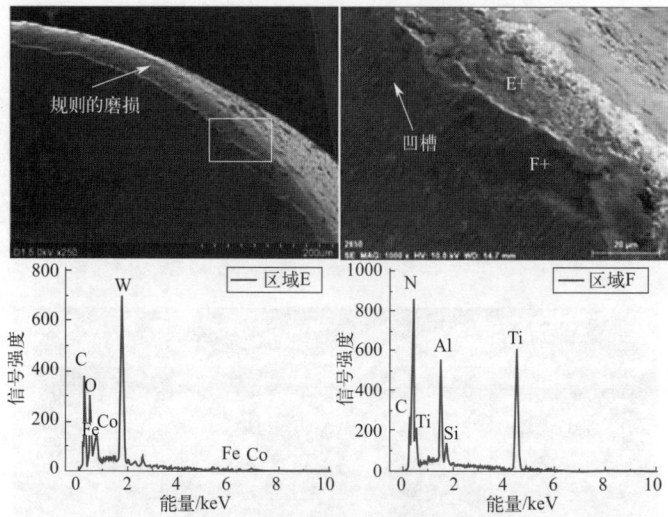

图 12-44 逆铣加工和 MQL 喷嘴切出工件条件下刀具磨损的 SEM/EDS

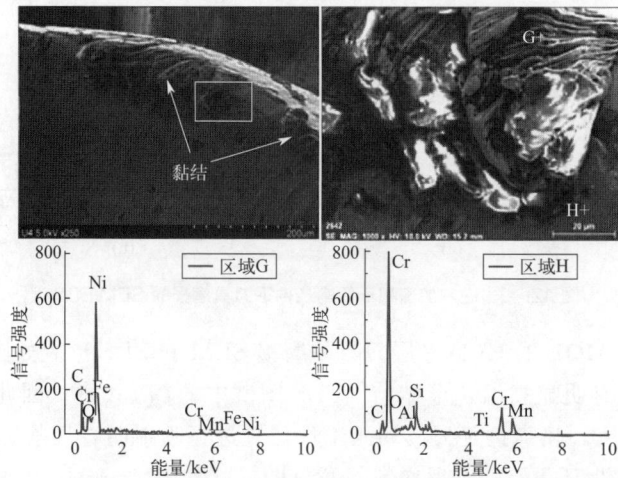

图 12-45 顺铣加工和干切削条件下 PVD 涂层刀具磨损的 SEM/EDS

Cr、Fe、Mn、C，从 K 位置可以看出，除基体元素 W 和 C 外，还存在少量 Ni 和 O 元素，表明发生了氧化磨损。此外，还观测到明显的涂层剥落。在顺铣过程中，MQL 喷嘴位于刀具切出工件位置进行喷射时，切削区得到充分润滑，延缓了刀具磨损，如图 12-47 所示。EDS 显示 L 区的主要元素为 Ni、Cr、Fe、C、Si、Mn，是 Inconel 182 中的元素。

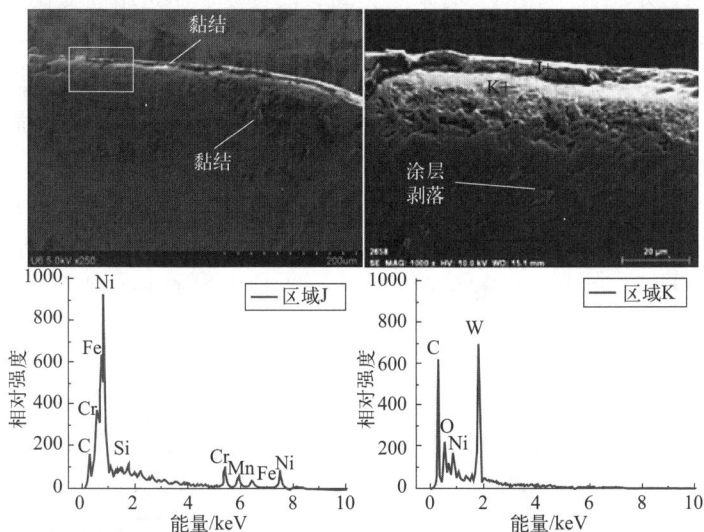

图 12-46　顺铣加工和 MQL 喷嘴切入工件条件下刀具磨损的 SEM/EDS

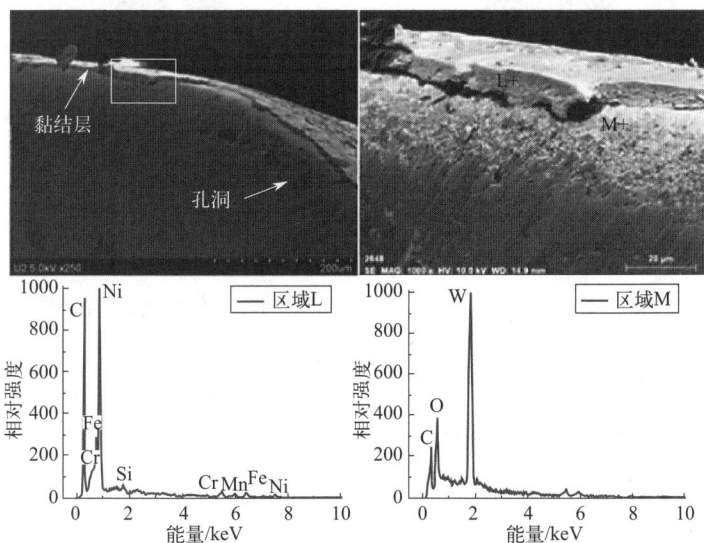

图 12-47　顺铣加工和 MQL 喷嘴切出工件条件下刀具磨损的 SEM/EDS

12.2.3　微量润滑及低温辅助复合材料切削加工机理

（1）CFRP 及 CFRP/Ti 叠层结构

1）低温铣削 CFRP 的加工性能

碳纤维增强复合材料（carbon fiber reinforced polymer，CFRP）因优异的性能在航空

航天领域得到了广泛应用。其因非均质性、各向异性以及较高的温度敏感性，在机械加工中容易发生不可逆的损伤。通过对 T800/X850 高强度碳纤维复合材料层合板进行干燥和低温条件下的铣削试验，探究了超临界二氧化碳低温冷却方法用于 CFRP 复合材料机械加工的可行性。研究结果表明，低温切削相比干切削可以显著降低切削温度，提高表面质量；低温切削条件下的切削弯矩相比干切削会有一定提高；高转速、小进给、低温冷却的组合，有助于提高 CFRP 层合板的加工质量和加工效率。

无线测力刀柄可以采集 X 和 Y 方向的弯矩以及加工过程中的轴向力。在铣削过程中，刀具上的切削力方向是不断变化的。Spike 刀柄测量的弯矩等于 X 和 Y 向切削力矢量和与力臂的乘积，相比切削力更适合分析，能直接反映当前的加工状况。图 12-48 给出了切削速度为 25m/min 时切削弯矩在 X 和 Y 方向的极坐标图。本小节采用的是小螺旋角铣刀，轴向力很小，切削能量消耗主要为切削弯矩。切削弯矩是 CFRP 复合材料切削过程中重要的指标，可以用于衡量材料加工性能。在铣削过程中存在切入、平稳铣削、切出 3 个状态。选取平稳铣削阶段的切削弯矩进行量化分析。

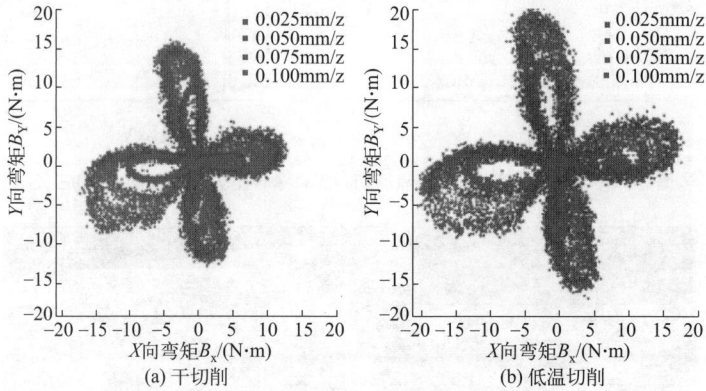

图 12-48　切削速度为 25m/min 的切削弯矩

图 12-49 是常温和低温切削稳定阶段的弯矩均值随着切削参数的变化情况。可以看出切削弯矩随着进给量的增大显著上升，随着切削速度增大总体上稍有减小。这是因为进给量增大，铣削时每齿切削厚度增大。主轴转速提高，切削力有一定的下降趋势，这是因为主轴转速提高后，切削剪切角增大，导致剪切面减小。同时，随着切削速度提高，切削温度会有一定的升高，导致摩擦系数降低，变形系数减小，故单位面积切削弯矩会减小，所以切削弯矩

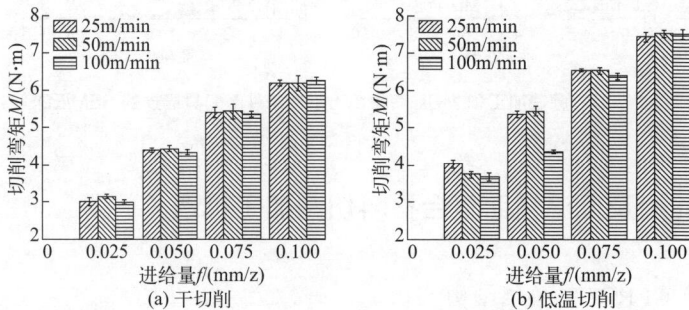

图 12-49　切削弯矩随着切削参数的变化

有减小的趋势。低温条件下 CFRP 的切削弯矩显著大于干切削条件。这是由于低温下 CFRP 的强度和弹性模量得到了提高，材料去除过程中需消耗更多的能量。另外，在低温环境下树脂的热软化现象被避免了，碳纤维和树脂基体间的界面结合力显著高于干切削时，从而导致纤维断裂机理发生一定的改变，从弯曲断裂部分转变为消耗能量更多的剪切断裂。

在复合材料铣削中，切削温度是重要的过程物理量，因为它会对复合材料的表面质量和刀具寿命产生很大影响。此外，切削温度过高也会导致基体材料的软化，降低层间的强度，影响加工后产品的使用性能。

图 12-50 描述了切削温度的比较（干切削和低温二氧化碳）。其中加工参数为切削速度 50m/min，进给量 0.1mm/z。可以看出，在低温冷却条件下切削温度得到了很大程度的降低，最高温度从 109℃降低到了 57℃，降幅达到 52℃。这样的降温效果主要是由于低温二氧化碳迅速带走了切削过程产生的热量，避免了热累积。

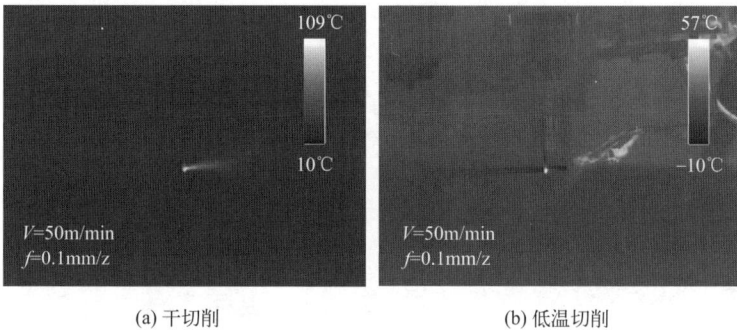

(a) 干切削　　　　　　　　　　　(b) 低温切削

图 12-50　切削温度对比

图 12-51 展示了最高切削温度随着切削速度和进给速度的变化情况。可以看出，在低温冷却的条件下，切削温度得到了极大降低，降幅在 50% 以上。特别是在高切削速度的条件下，干切削的切削温度已经达到玻璃化温度，而低温切削的切削温度远低于玻璃化温度，避免了复合材料在加工中的热损伤。就切削参数对切削温度的影响而言，低温条件下切削温度随着切削速度和进给速度的提高表现出上升的趋势，其中切削速度的影响更为显著。这是因为当每齿进给量保持不变时，单位时间内刀具和工件之间的摩擦长度会随着切削速度的增大而增大，使得加工过程中的总产热量增加。进给量提高时，单位时间去除了更多的材料，切削能耗显著提高，其中一部分转化为切削热。

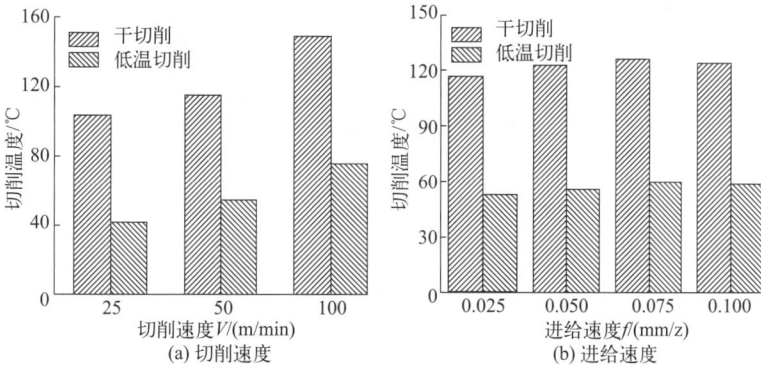

(a) 切削速度　　　　　　　　　　(b) 进给速度

图 12-51　最高切削温度随切削参数变化

下面对 CFRP 在低温条件下的加工性能进行了研究。以干切削、低温超临界二氧化碳（scCO$_2$）和植物油基低温微量润滑（CMQL）进行对比，分析了不同切削参数下冷却类型对碳纤维复合材料铣削性能的影响。

摩擦学试验结果如图 12-52 所示。随着温度的升高，摩擦系数显著降低。当切削温度从 10℃增大到 200℃时，摩擦系数降低约 50%。一般情况下，高温会导致 CFRP 弹性模量的退化，从而导致接触应力减小，且 CFRP 中环氧树脂的弹性模量随温度的升高显著降低。高温下接触应力的减小和摩擦机理的改变是导致摩擦系数减小的原因。对比乳化切削液发现，可溶性植物油的润滑效果更显著，MQL 中的水溶性植物油对金刚石涂层和碳纤维复合材料表面具有良好的润滑作用，可使摩擦系数显著降低（约 50%）。金刚石涂层/CFRP 与可溶性植物油/乳化切削液的浸润接触角如图 12-53 所示。研究发现，植物油与金刚石涂层具有良好的亲和性，接触角仅 8.4°，即使通过添加添加剂提高乳化切削液与金刚石涂层的亲和力，其接触角（67.1°）仍然比植物油的大得多。这说明在 MQL 切削条件下，植物油可非常容易地附着在金刚石涂层刀具表面，润滑效果好。切削液/乳化液和 CFRP 的实验结果与金刚石涂层一致。

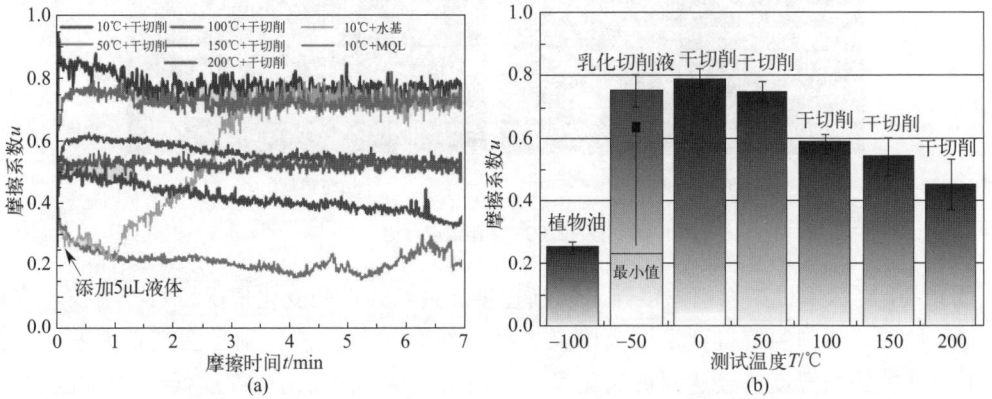

图 12-52 不同冷却润滑条件下 CFRP 的摩擦特性

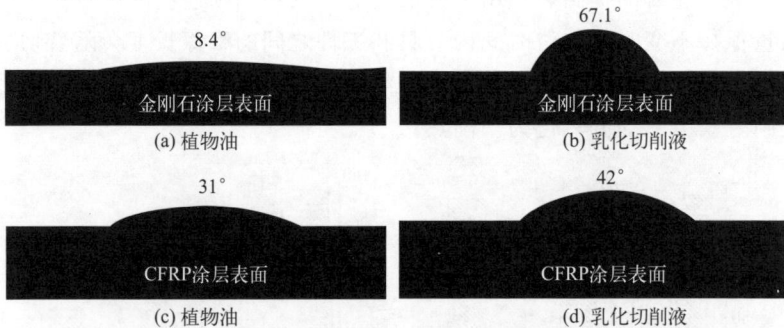

图 12-53 金刚石涂层与 CFRP 在不同润滑状态下的接触角

切削温度是评价 CFRP 铣削效果的一项重要指标。CFRP 材料切削过程中的产热和散热如图 12-54 所示。摩擦产生的热量在整个切削温度中占比很大（甚至超过 70%）。切削过程中，在区域 Ⅰ 和区域 Ⅱ 产生的热量将被切屑带走。区域 Ⅲ 的热量主要由工件已加工表面与刀具后刀面的摩擦产生，这部分切削热将传导到工件和刀具后刀面。图 12-55 显示了不同冷却润滑条件下切削温度随切削参数的变化规律。由图可知，$scCO_2$ 和 CMQL 条件下的温度比干切削条件低 58.5％和 70.3％，冷却方式对切削温度的影响要比切削速度和进给量显著，且 CMQL 的效果优于 $scCO_2$。原因归结于：①低温油滴的导热性明显高于空气；②CMQL 中的润滑油减少了刀具与碳纤维复合材料的摩擦。分析切削参数对温度影响发现，随着切削速度的增大，切削温度升高。这是因为随着切削速度的增大，在单位时间内刀具与 CFPR 之间的摩擦长度明显增大，从而产生了更多的热量。随着进给速度的增大，切削温度升高。这是因为随着进给速度的增大，单位时间内材料去除量也增多，消耗了更多的能量。

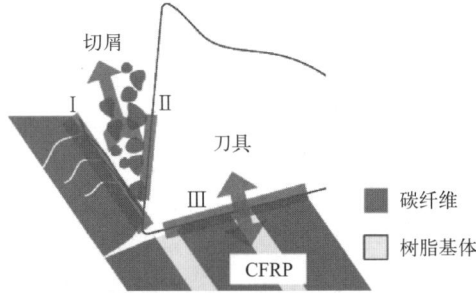

图 12-54　CFRP 切削过程中的产热与散热

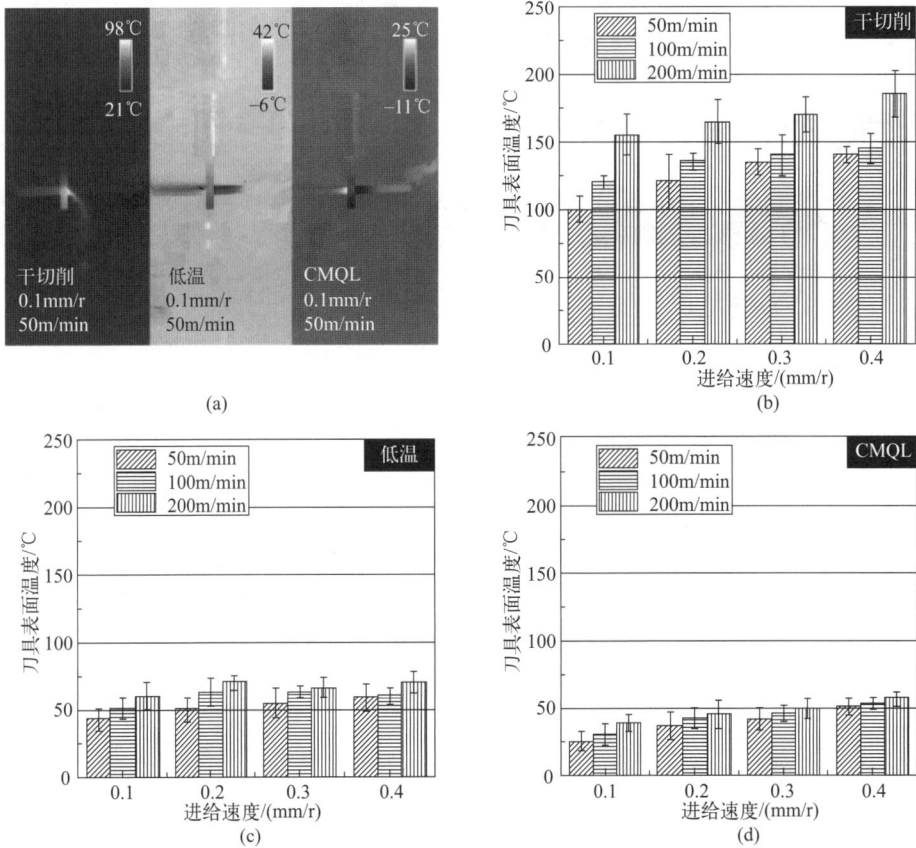

图 12-55　在不同冷却润滑条件下切削刀具表面温度随切削参数的变化规律

切削力是评价机械加工性能的重要指标。图 12-56(a) 显示了铣削 CFRP 期间的原位切削力信号。可以看出，轴向力 (F_z) 几乎为零。切削力峰值与铣刀齿的峰值相同，如图 12-56(b) 所示。图 12-56(c) 给出了不同冷却润滑条件下切削合力随切削参数的变化规律。由图可知，$scCO_2$ 条件下的切削力最大，CMQL 条件下最小，干切削条件介于两者之间。与低温条件相比，干切削条件下 CFRP 的树脂基体在高温下软化，导致摩擦系数降低。在 CMQL 条件下，植物油在刀具表面会形成低温润滑膜，油膜的引入改变了摩擦机理，降低了摩擦系数。对于切削参数，切削力随着进给量的增加而显著增大，随着切削速度的增大略有下降。切削力随进给量的增加而增大的原因是随着进给量的增加，单位时间内材料去除量增多，导致能耗增加。切削力随切削速度的增大而减小的原因是高切削速度导致高切削温度，从而使树脂基体软化。CFRP 顺铣加工的受力如图 12-57 所示。切削力的三个分量 (F_x、F_y、F_z) 可以表示为切向、径向以及轴向的切削力函数 (F_t、F_r、F_a)。图 12-58 显示了不同冷却润滑条件下的切削力系数。由图可知，K_{re}（径向耕犁力系数）总是远大于 K_{te}（切向耕犁力系数）和 K_{ae}（轴向耕犁力系数）。表明 CFRP 铣削中回弹现象严重，摩擦和犁耕在切削过程中占主导作用。与干切削条件相比，$scCO_2$ 的 K_{re} 提高了 54.19%，但 CMQL 的 K_{re} 降低了 60.12%。这与摩擦学试验结果一致。在 CMQL 条件下，引入润滑剂导致摩擦系数和摩擦力减小。切削力系数 (K_{tc}) 主要反映剪切机制，它随冷却环境的变化很小，最大差异约为 14%。

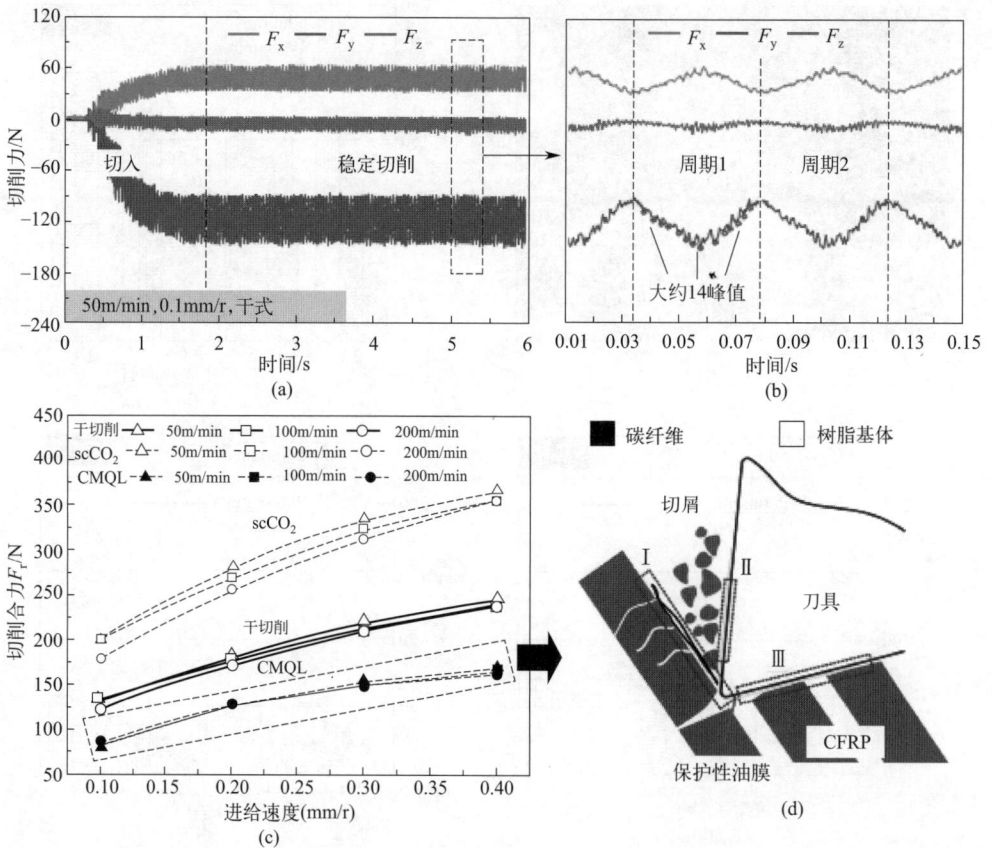

图 12-56　在不同冷却润滑条件下切削力随切削参数的变化

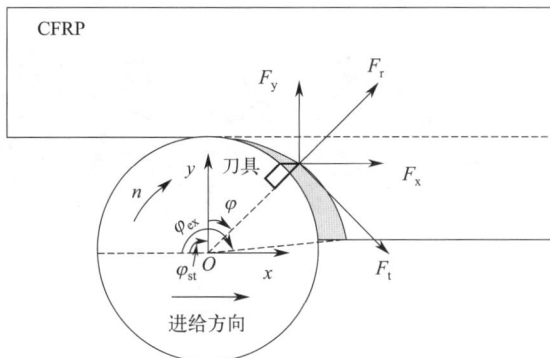

图 12-57　CFRP 顺铣过程中的切削力

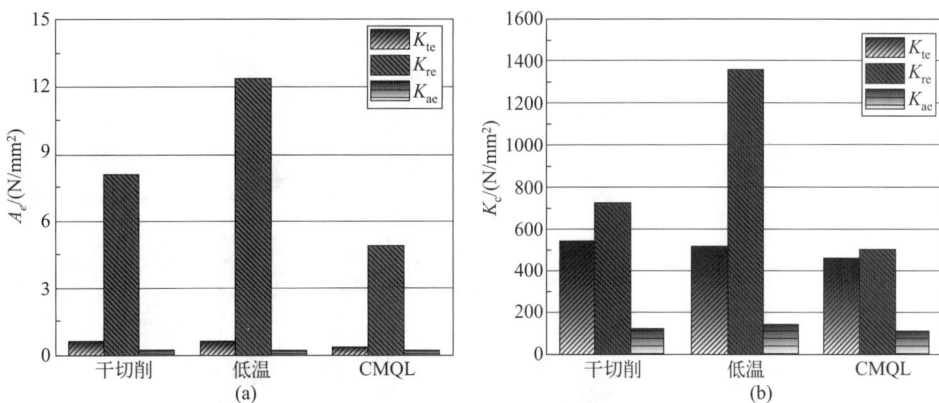

图 12-58　不同冷却润滑条件下的切削力系数

CFRP 的材料去除和表面创成机理如图 12-59 所示。将纤维方向与切削方向的夹角定义为刀具-纤维角（θ），其主要影响碳纤维的断裂和纤维基体脱黏的材料去除机制。

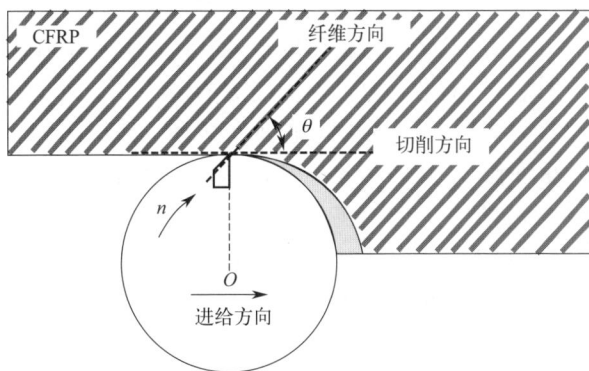

图 12-59　刀具-纤维角

图 12-60 显示了 $\theta = 0°$ 时，相同切削参数（$v = 100\text{m/min}$，$f = 0.1\text{mm/r}$）、不同冷却条件下 CFRP 的材料去除和表面生成机理。在干切削和低温条件下，材料去除机理为层间剪切断裂，其原因是切削温度过高导致基体软化，从而在强度较低的纤维-基体界面处发生断裂。CMQL 冷却条件下，随纤维强度的增加纤维-基体界面的强度也随之提高，材料去除机

理主要是微观脆性断裂而不是纤维基体的脱黏。

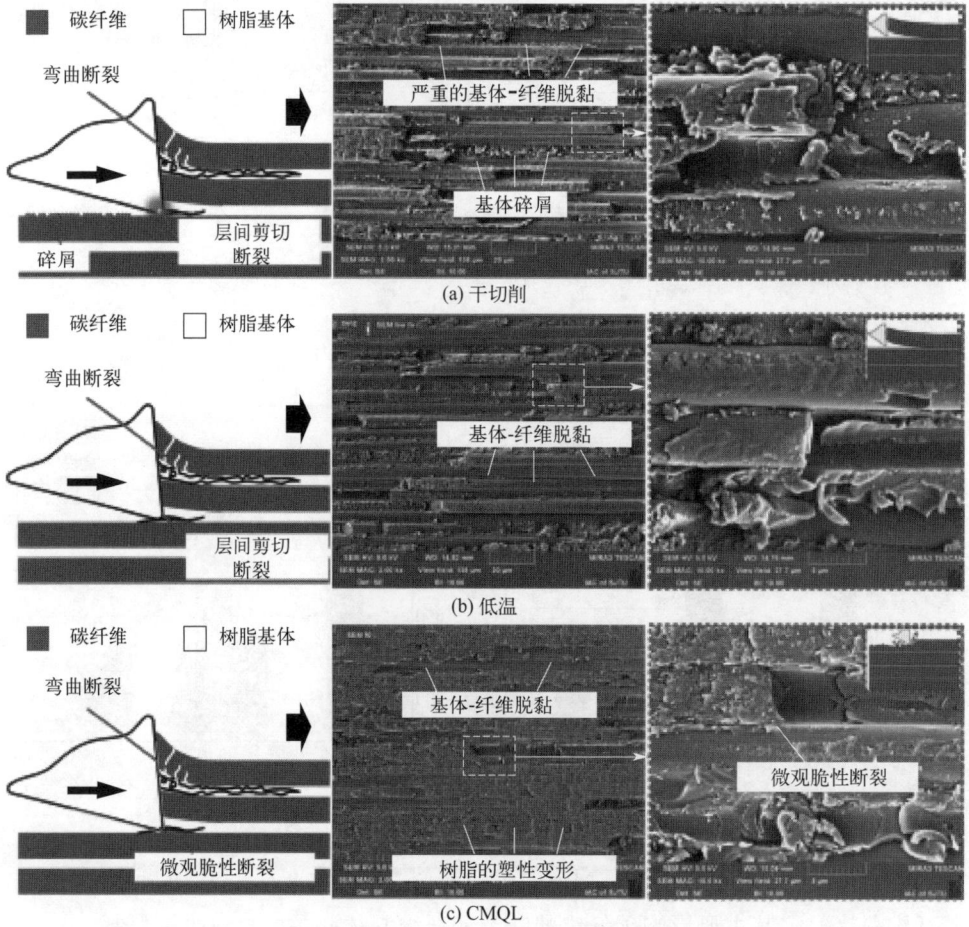

图 12-60　纤维角 0° 时的材料去除过程

　　图 12-61 显示了 $\theta=45°$ 时，不同冷却条件下 CFRP 的材料去除和表面生成机制。在所有冷却条件下，纤维断裂均以挤压断裂产生的斜向断裂为主，并伴有少量剪切断裂。在干切削过程中，由于犁耕和摩擦的影响，树脂黏结在已加工表面上。

　　图 12-62 显示了 $\theta=90°$ 时，不同冷却条件下 CFRP 的材料去除和表面生成机制。加工表面主要由整齐的纤维横向断裂组成，相对平坦。在不同冷却条件下，碳纤维的剪切断裂是材料去除的主要方式。不同冷却条件下产生的已加工表面表现出不同的特征，干切削产生的表面树脂黏结严重；在低温切削产生的表面上，由于大切削力的作用树脂基体在刀具后刀面产生耕犁效应因此其表面有轻微的树脂黏结；在 CMQL 切削环境下，铣削温度大大降低，刀具后刀面与工件已加工表面之间的摩擦减少。

　　图 12-63 显示了 $\theta=135°$ 时，不同冷却条件下 CFRP 的材料去除和表面生成机制。纤维基体脱黏和弯曲诱导的纤维断裂是材料去除的主要方式。纤维基体脱黏导致空洞，弯曲和剪切导致纤维的裂纹和撕裂，从而导致纤维断裂。在干切削条件下，较高的切削温度使树脂基体软化，导致基体-纤维界面的强度下降。同时，在高切削力的作用下，表面形成大量空腔，产生大量纤维/基体碎片。在低温条件下，切削温度下降，导致空腔数量减少和深度减小。

(a) 干切削

(b) 低温

(c) CMQL

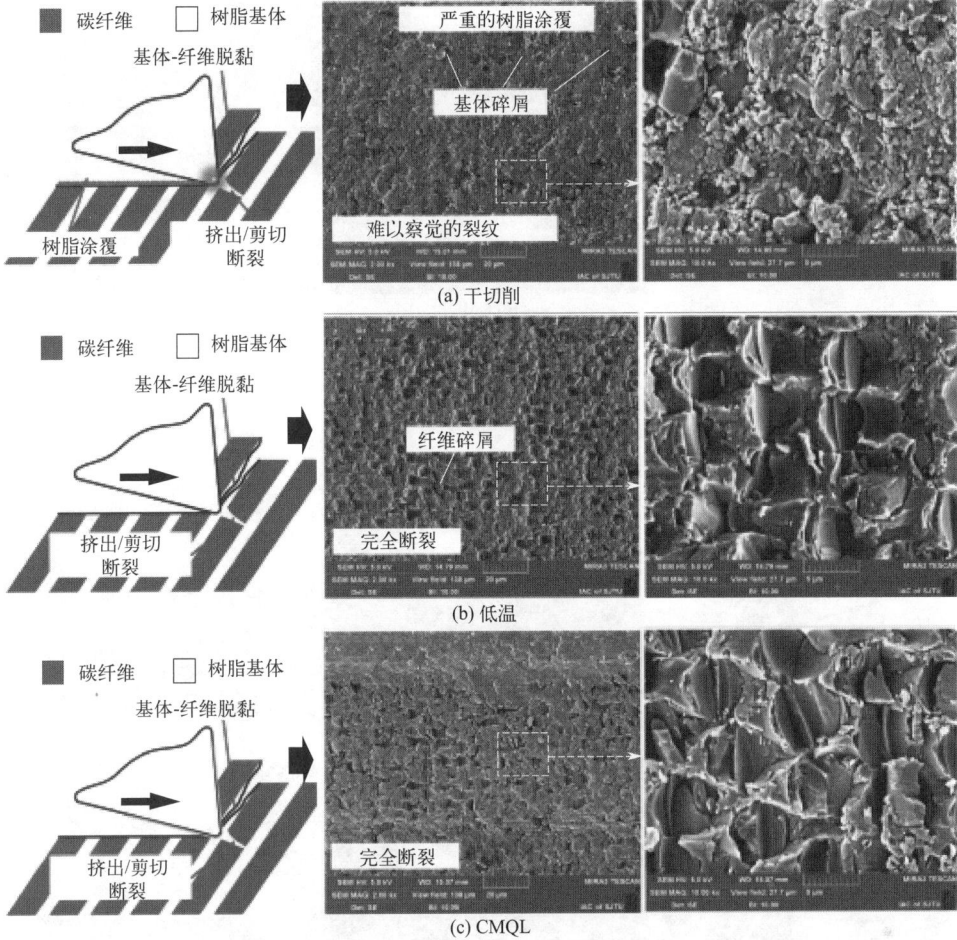

图 12-61 纤维角 45° 时的材料去除过程

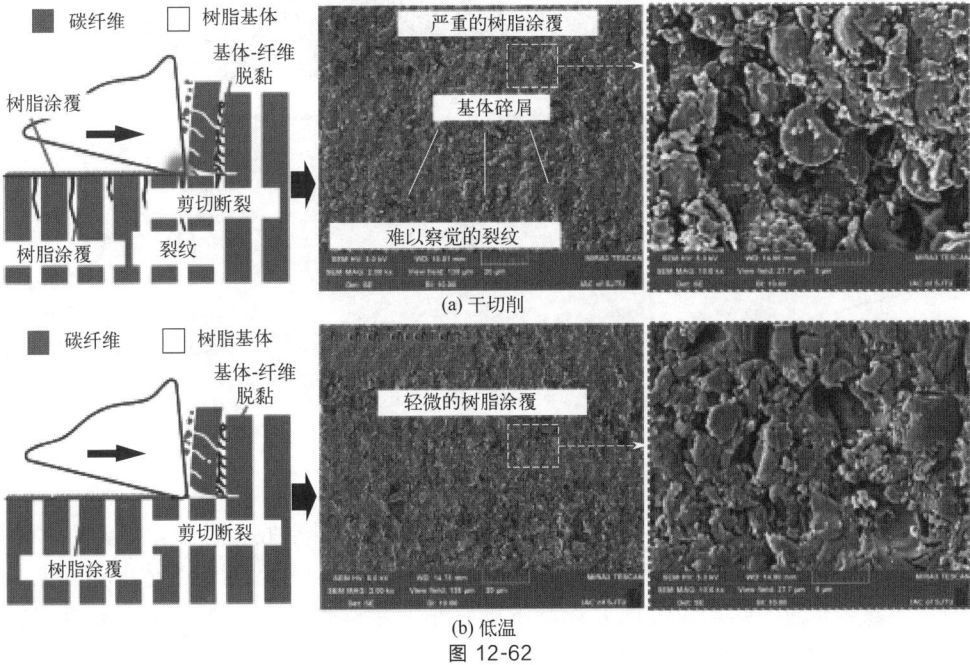

(a) 干切削

(b) 低温

图 12-62

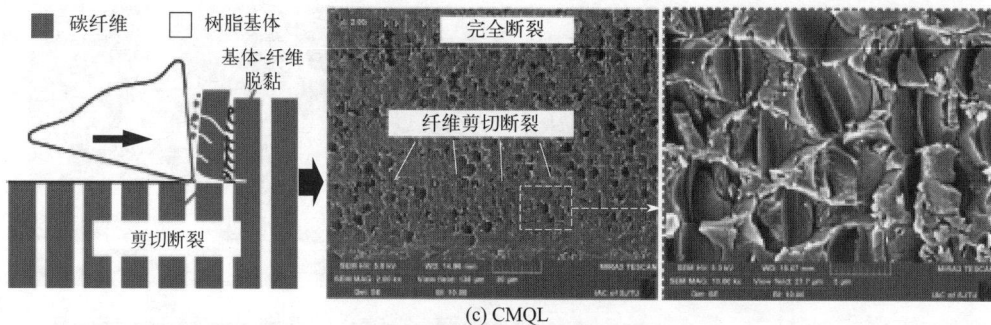

图 12-62　纤维角 90° 时的材料去除过程

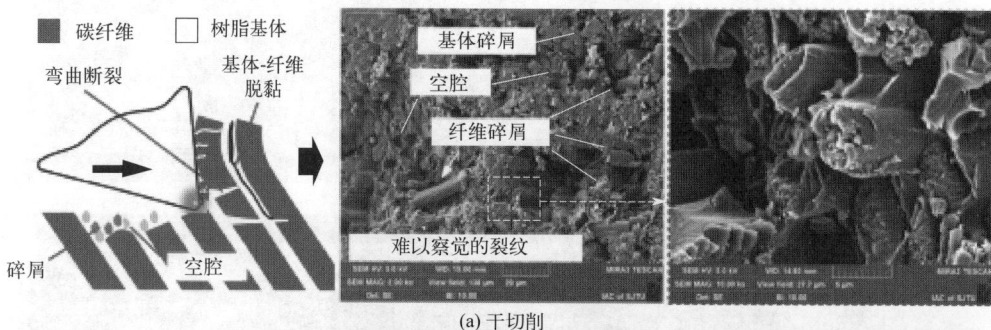

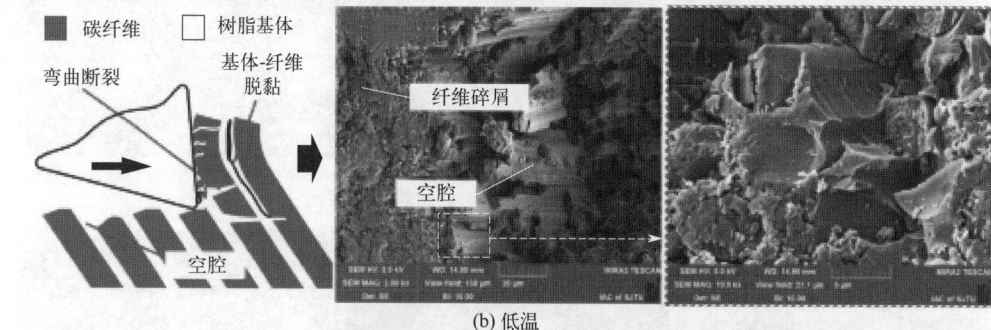

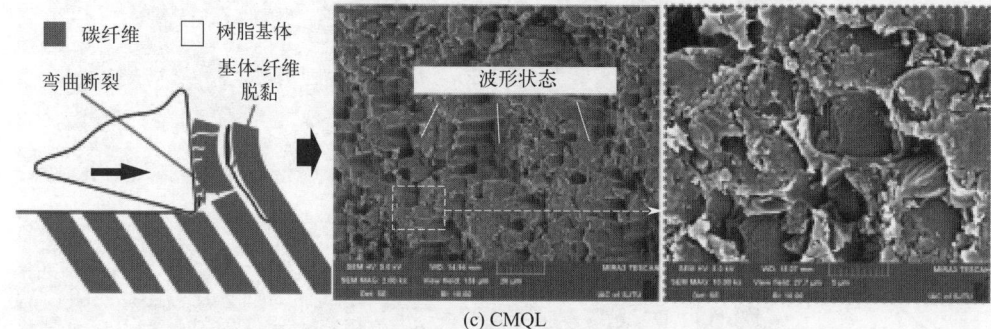

图 12-63　纤维角 135° 时的材料去除过程

在 CMQL 条件下，切削温度进一步降低，从而有效地控制了空腔。综上，冷却条件对材料去除和表面生成机制的影响可以归结为：①切削温度的降低避免了树脂基体的热软化，从而提高了纤维-基体界面的强度；②低温环境下碳纤维的易碎性提高；③当引入润滑剂时，刀具后刀面和工件已加工表面之间的摩擦减少。

2）钻削 CFRP/Ti6Al4V 叠层的加工性能

上海交通大学的徐锦泱研究了 MQL 对 TiAlN 和金刚石涂层刀具钻削 CFRP/Ti6Al4V 叠层的加工性能影响，主要对比了切削力、叠层结构的分层损伤和刀具磨损特征。CFRP/Ti6Al4V 叠层的钻削实验如图 12-64 所示。

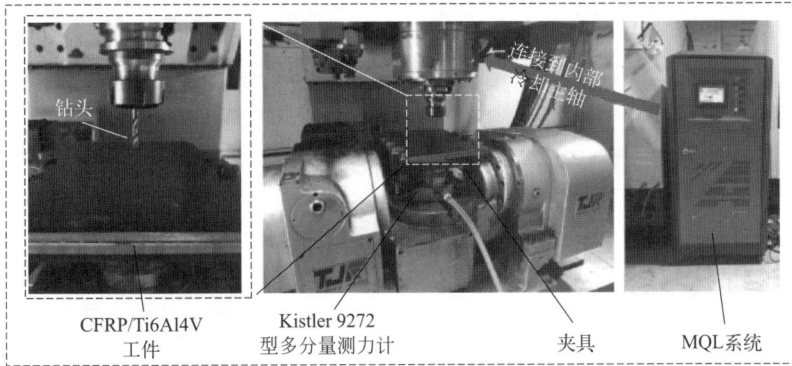

图 12-64　CFRP/Ti6Al4V 叠层的钻削实验

在钻削过程中，进给推力是用于评价各种复合材料或复合材料/金属叠层的可加工性和功耗的基本指标之一。因为它影响钻孔质量和刀具磨损。此外，进给推力对钻削引起的分层损伤也有显著影响。因此，分析 MQL 条件下复合材料/钛合金叠层钻削过程中的进给推力显得尤为关键。TiAlN 涂层和金刚石涂层刀具在干切削和 MQL 条件下钻削 CFRP 的进给推力随切削参数的变化关系如图 12-65 所示。对于 TiAlN 涂层钻头 ［图 12-65(a)］，进给推力随着进给速度的增大而增大，随切削速度的增大有减小趋势。这是由于随着进给速度的增大，未变形切屑厚度增加，导致更高的钻削阻力。相反，提升切削速度增大了钻头界面处消耗的摩擦功，从而提高了切削温度，进而导致工件软化。对于金刚石涂层钻头 ［图 12-65(b)］，进给推力随进给速度的增大有增大趋势，但是，在 MQL 条件下，金刚石涂层钻头的进给推力与切削速度之间的关系和 TiAlN 涂层钻头不同。此外，与干切削条件相比，MQL 加工可以产生更高的进给推力。这与金属加工不同，其归结于金属与复合材料不同的材料去除机理。

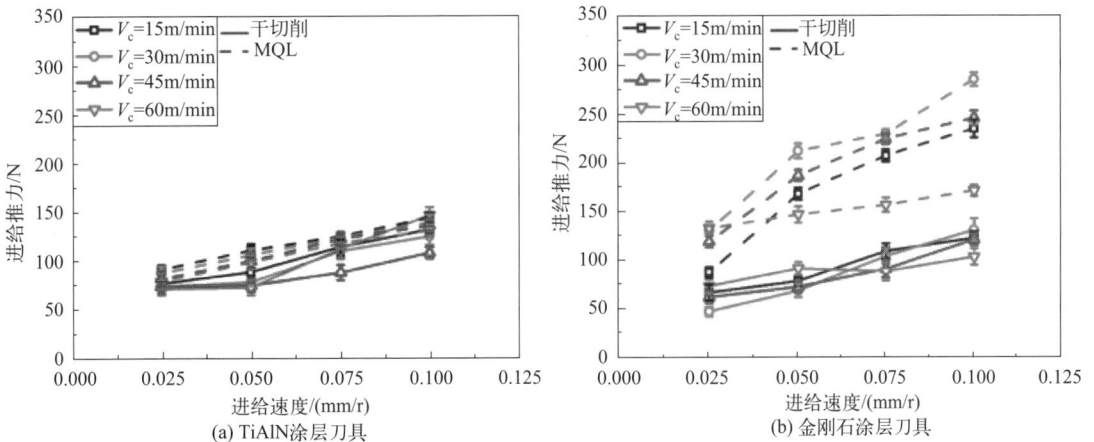

图 12-65　在干切削和 MQL 条件下钻削 CFRP 的进给推力随切削参数的变化关系

  MQL润滑油产生的冷却效果可以防止CFRP基体软化和塑化，保留了碳/环氧体系的脆性特点，并且MQL条件下更高的推力作用使CFRP相也不发生软化。复合材料的切削加工特点是纤维断裂［图12-66（a）和（b）］，在MQL条件下喷射的润滑油趋向于在复合材料中的孔隙内流动，因此无法在切削界面形成保护性润滑膜。相比之下，金属切削加工的特点主要是弹塑性变形。它倾向于生成一个更平滑的切削表面，有利于形成保护性润滑膜［图12-66(c)］。对于复合材料，该润滑剂具有湿润和浸泡的作用，使复合材料的粉末切屑黏结并附着在刀具表面，因此，切削界面处的摩擦行为没有得到改善，而且恶化加重了，导致推力的增大。此外，MQL的使用增大了切削区域的湿度，从而改变了摩擦学特性。金刚石涂层对湿度和摩擦非常敏感，随着湿度的增大，金刚石涂层切削界面的系数趋于升高，从而导致切削力的增大。

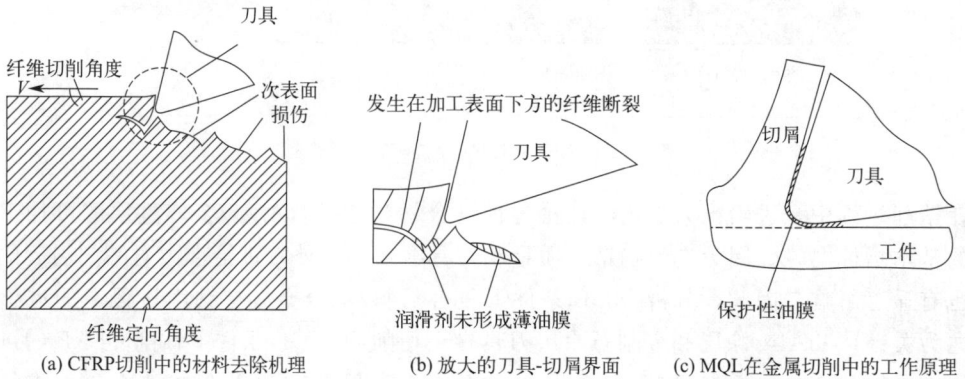

(a) CFRP切削中的材料去除机理 (b) 放大的刀具-切屑界面 (c) MQL在金属切削中的工作原理

图 12-66 MQL条件下的材料去除机理

  干切削和MQL条件下钻削参数对TiAlN和金刚石涂层钻头切削钛合金的进给推力的影响规律如图12-67所示。无论是使用TiAlN涂层钻头还是使用金刚石涂层钻头，加工Ti6Al4V的进给推力均要比加工CFRP大。这可归结于复合材料和金属材料的去除机理不同。加工钛合金时，切屑是弹塑性变形阶段分离出的连续和锯齿状的碎屑，从而导致更高的机械阻力。相比之下，CFRP主要是脆性断裂，形成粉状切屑，因此产生的推力要小得多。此外，两种涂层钻头的推力均随着进给速度的增加而增大。这是因为进给速度的

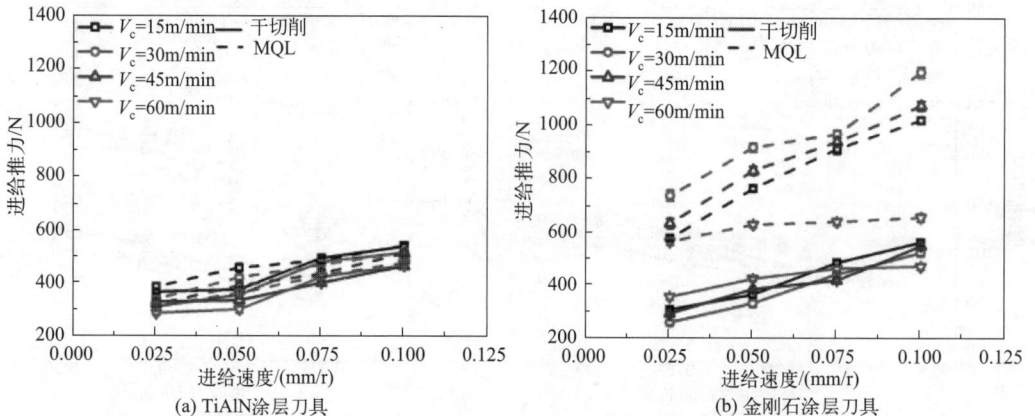

(a) TiAlN涂层刀具   (b) 金刚石涂层刀具

图 12-67 在干切削和MQL条件下钻削钛合金的进给推力随切削参数的变化关系

增大将导致切屑厚度的增加和变形系数的减小。MQL 条件下的推力要比干切削条件大，原因归结于：①与铝合金相比，钛合金是典型的难加工材料，MQL 的使用降低了切削区温度，同时削弱了热软化的作用，再加上钻头内冷孔喷出气体的冷却作用，导致切屑与孔壁之间的摩擦增大。②对于钛合金来说，切削刃应尽量锋利，但润滑油所诱导的 CFRP 切屑黏结（粉末黏附刃口）使切削刃变钝，加剧了钻头的磨料磨损，导致切削载荷增大。

对于 TiAlN 涂层的钻头，进给推力随切削速度的增加而减小。这是由于随着切削速度的增大，切削温度升高，导致了热软化效应。对于金刚石涂层钻头而言，在 MQL 条件下，情况变得更加复杂。除上述外，还研究了切削速度对金刚石涂层钻头钻削 CFRP/Ti 叠层的进给推力影响。结果表明，推力随着切削速度的增大先增大后减小，如图 12-68 所示。原因可归结于：沿钻头方向出现了严重的切屑堵塞现象。但随着切削速度的进一步提高，钛合金切屑的离心力越来越大，容易断裂。

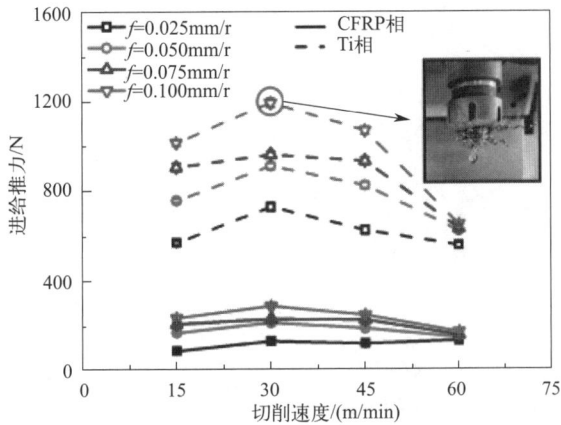

图 12-68　金刚石涂层钻头钻削 CFRP/Ti 叠层的进给推力

为了分析 MQL 对钻头切削 CFRP/Ti 的相互作用机理，开展了润湿性实验，并在已加工的复合材料和金属表面进行了接触角测量，结果如图 12-69 所示。接触角表示液体/蒸汽界面与固体表面接触的角度，表征固体表面的亲水/疏水能力。

如图 12-69(a) ～ (c) 所示，钛合金是一种超亲水性材料，其接触角为 26.2°～28.8°，

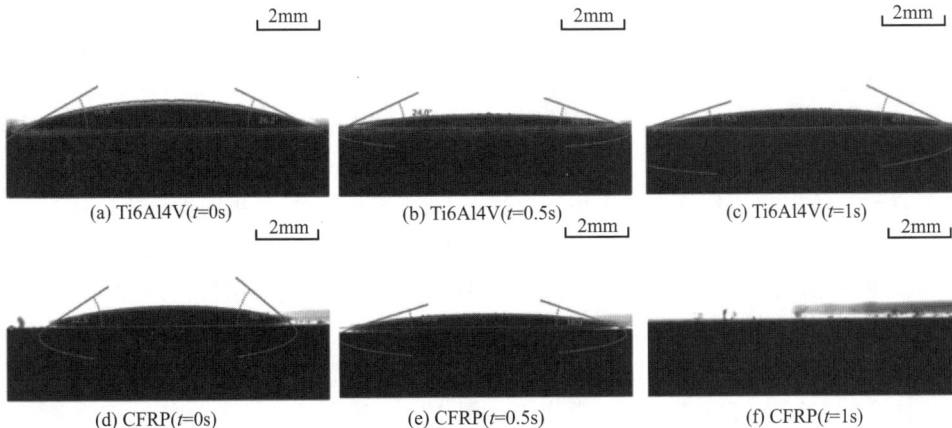

(a) Ti6Al4V(*t*=0s)　　　(b) Ti6Al4V(*t*=0.5s)　　　(c) Ti6Al4V(*t*=1s)

(d) CFRP(*t*=0s)　　　(e) CFRP(*t*=0.5s)　　　(f) CFRP(*t*=1s)

图 12-69　已加工复合材料和金属表面润湿性实验

随着接触时间的延长，接触角逐渐减小，最终稳定在 20°左右。表明润滑剂容易在金属表面上伸展并形成一层薄薄的油膜，进而可减少钻削界面处的摩擦功，从而降低钛合金的切削力。如图 12-69(d) ～（f）所示，当润滑油首先滴到已加工的碳/环氧树脂表面时，接触角大约在 32.5°～40.1°。虽然 CFRP 是一种表面能较低的材料（约 $43～47mJ/m^2$），但植物油的表面张力比蒸馏水小，因此 CFRP 倾向于形成较小的接触角，产生亲水性行为。原因归结于：①复合相的基体是环氧树脂，具有很强的吸液能力。②由于断裂纤维的去除和碳/环氧界面的脱黏导致环氧基体的损失，切削后的复合材料表面由大量的微孔洞构成（图 12-70），有利于吸收 MQL 中的润滑油，因此降低了钻头-复合材料切削界面形成润滑膜的可能性。

图 12-70　已加工复合材料的 SEM 形貌

刀具磨损是机械加工过程中最重要的指标之一，直接影响刀具寿命、表面质量和生产成本。在加工 CFRP/Ti6Al4V 叠层时，刀具磨损是由于刀具刃口与 CFRP 中硬质碳化物的摩擦造成的磨料磨损以及钛合金的黏结作用。MQL 在大多数金属加工中起着至关重要的作用，能够减少刀具磨损，延长刀具使用寿命。为了揭示 MQL 对复合材料/钛叠层结构刀具磨损和切削性能的影响机理，在相同钻削参数下开展了干切削和 MQL 的 TiAlN 涂层和金刚石涂层刀具磨损对比实验，每个钻头都连续加工 8 个复合材料/钛叠层孔。钻孔实验后，对钻头的磨损特征进行了分析。

在干式条件下，TiAlN 涂层和金刚石涂层钻头的钻尖底刃磨损形貌如图 12-71 所示。对于 TiAlN 涂层钻头，观测到了涂层脱落与黏屑 ［图 12-71(a)］；对于金刚石涂层钻头，在钻尖刃口观测到了微崩刃 ［图 12-71(b)］。这主要归结于涂层硬度和韧性。在 MQL 条件下，TiAlN 涂层和金刚石涂层钻头的钻尖磨损形貌如图 12-72 所示。对于 TiAlN 涂层钻头，可以观测到轻微的涂层脱落与黏屑 ［图 12-72(a)］。原因是润滑油使切屑聚集并粘在刀具表面。另外，由于在钻尖切削刃处切削速度接近于零，复合材料切屑无法完全弹出，因此增加了刀具与未切削的钛材料之间的摩擦，导致局部温度过高，从而形成钛合金切屑的黏结。对于金刚石涂层钻头，在钻尖刃口观测到了微崩刃 ［图 12-72(b)］。

在干切削条件下，TiAlN 涂层和金刚石涂层钻头的拐角刃口磨损形貌如图 12-73 所示。对于 TiAlN 涂层钻头，拐角刃口完好，并观测到了黏屑 ［图 12-73(a)］；对于金刚石涂层钻

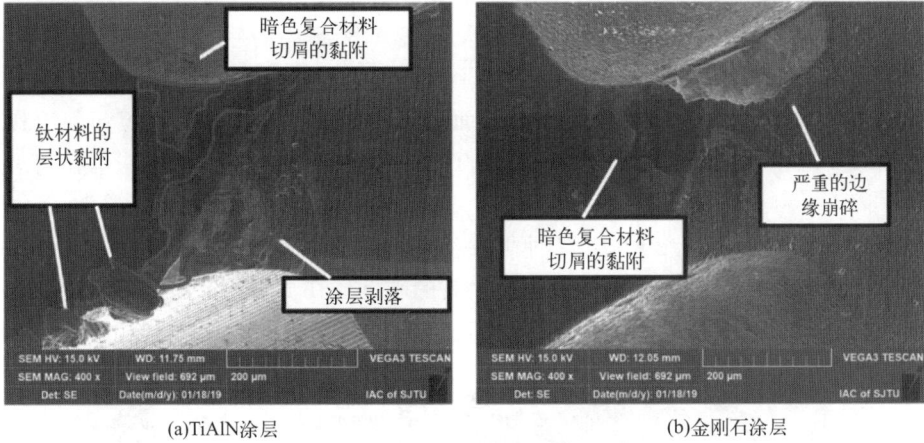

(a)TiAlN涂层　　　　　　　　　　　　(b)金刚石涂层

图 12-71　干切削条件下钻尖底刃的磨损形貌

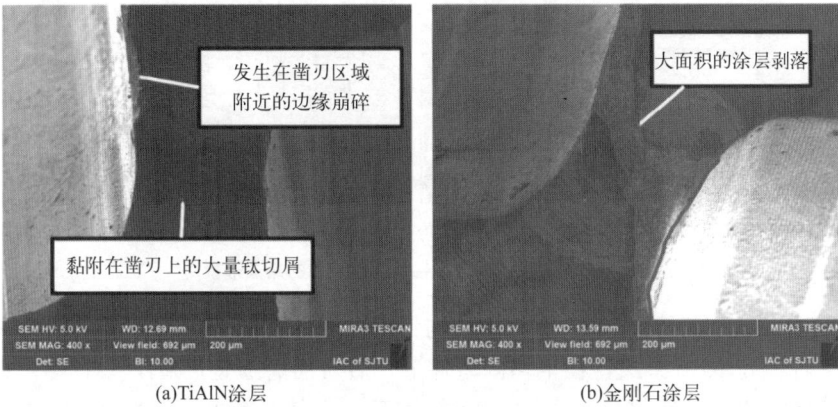

(a)TiAlN涂层　　　　　　　　　　　　(b)金刚石涂层

图 12-72　MQL 条件下钻尖底刃的磨损形貌

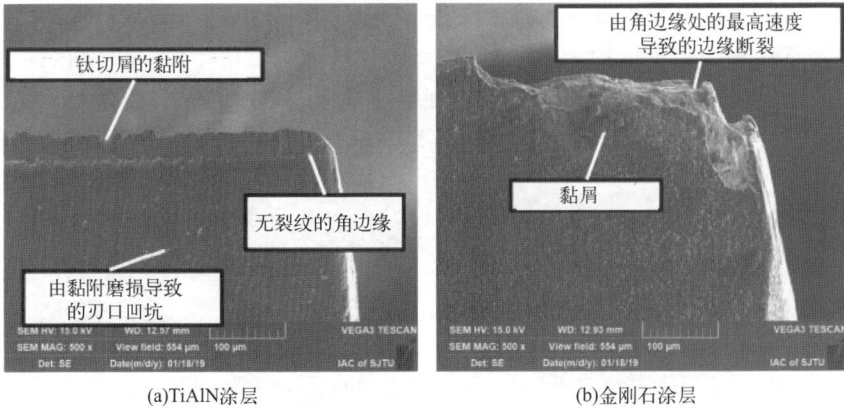

(a)TiAlN涂层　　　　　　　　　　　　(b)金刚石涂层

图 12-73　干切削条件下钻头拐角刃口的磨损形貌

头，在拐角刃口观测到了微崩刃，并观测到了黏屑 ［图 12-73(b)］。这主要归结于不同涂层的物理特性。由于最高切削速度的存在，最高温度发生在钻角边缘。由于 TiAlN 涂层的热导率极低，大量的切削热转移到切屑中，使切屑软化，容易引起黏结磨损。相比之下，金刚石涂层的导热性能更优越，切削热主要由钻头基体传递，导致钻头边缘温度较高。当温度分别高于 600℃和 700℃时，金刚石很可能发生氧化和石墨化，脆性石墨在钻削过程中容易开裂。此外，金刚石涂层的厚度（$t_c = 10\mu m$）大于 TiAlN 涂层的厚度（$t_c = 3 \sim 4\mu m$），在相同基体刃口的情况下，金刚石涂层钻头的钝圆半径比 TiAlN 涂层钻头的钝圆半径大，因此增大了钻头-工件界面之间的摩擦接触。当表面涂层脱落时，刀具基体承担切削工作，导致刀具急剧磨损，甚至失效。在 MQL 条件下，TiAlN 涂层和金刚石涂层钻头的拐角刃口磨损形貌如图 12-74 所示。对于 TiAlN 涂层钻头，观测到了轻微的涂层脱落 [图 12-74(a)]。这主要是由于未切削的钛合金在 MQL 条件下发生硬化，增大了钻角刃口上的冲击载荷作用。对于金刚石涂层钻头，由于金刚石涂层具有极高的硬度，在 MQL 条件下切削刃仅有少量的涂层剥落 [图 12-74(b)]。

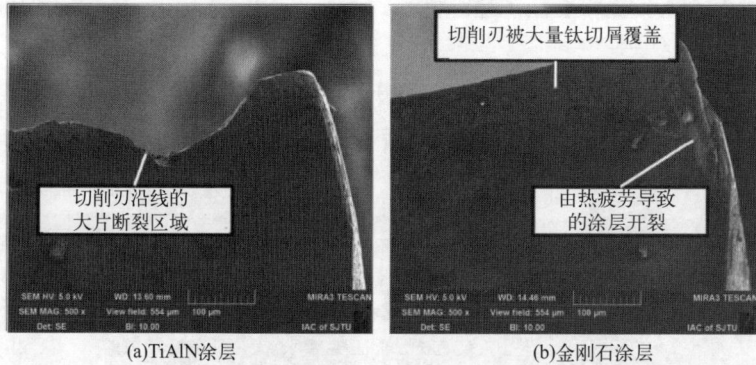

(a)TiAlN涂层　　　　　　　　　(b)金刚石涂层

图 12-74　MQL 条件下钻头拐角刃口的磨损形貌

TiAlN 涂层和金刚石涂层钻头在干切削与 MQL 条件下的后刀面磨损形貌如图 12-75 和 12-76 所示。对于 TiAlN 涂层，在干切削条件下，后刀面磨损宽度 $VB = 31\mu m$，观测到切削刃有钛合金黏屑 [图 12-75 (a)]；在 MQL 条件下，后刀面磨损宽度减小到 $25\mu m$，切削刃保持相对光滑，如图 12-76(a) 所示。对于金刚石涂层钻头，由于金刚石涂层的高导热性和低摩擦系数，钻头刃口上几乎没有钛合金的黏结 [图 12-75(b) 和图 12-76(b)]。在干切削条件下，金刚石钻头的 VB 值约为 $23\mu m$。而 MQL 条件下，由于 CFRP 黏附的磨料磨损作用和大面积的涂层剥落，金刚石钻头的后刀面磨损宽度达到 $57\mu m$。因此，MQL 并不能增强刀具的抗磨损性能。

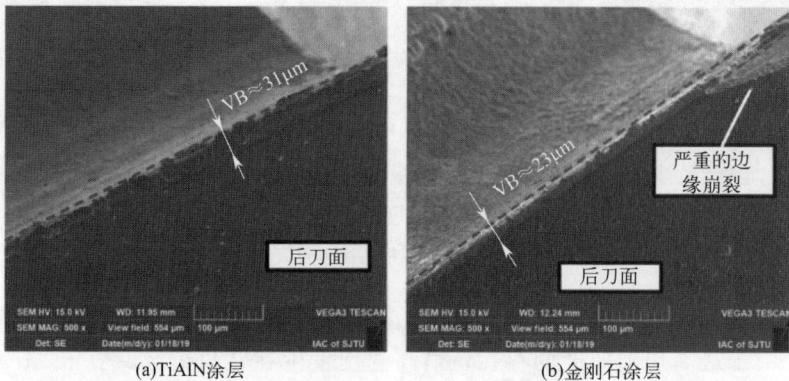

(a)TiAlN涂层　　　　　　　　　(b)金刚石涂层

图 12-75　干切削条件下钻头后刀面的磨损形貌

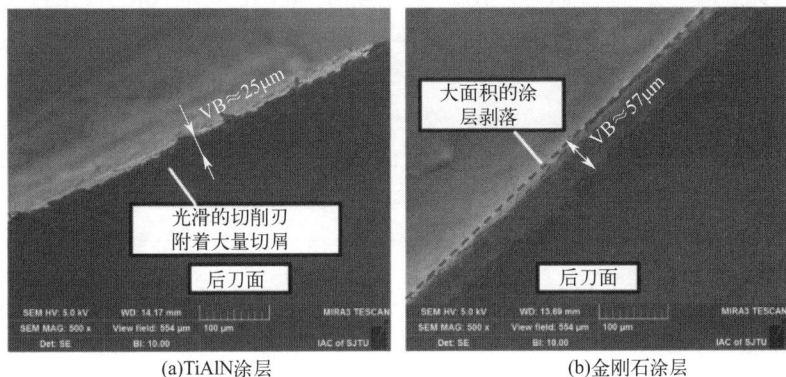

(a)TiAlN涂层　　　　　　　　　　(b)金刚石涂层

图 12-76　MQL 条件下钻头后刀面的磨损形貌

（2）金属基复合材料

Chen 等开展了不同冷却润滑条件下金属基复合材料（$TiB_2/7075$）的切削性能研究，发现采用 $scCO_2$ 时，切削温度显著降低；在 $scCO_2$-WMQL 条件下，切削温度低于 $scCO_2$ 条件，但在 $scCO_2$-OMQL 条件下，切削温度高于 $scCO_2$ 条件。低温加工可使铣削环境中的最高温度降低 10% 以上，在 $scCO_2$-WMQL 条件下可降低 36.76%；可使切削区的切削温度降低 20% 以上，在 $scCO_2$-WMQL 条件下可降低 40.88%。干切削条件下的刀具寿命最短，$scCO_2$、$scCO_2$-WMQL、$scCO_2$-OMQL 和 $scCO_2$-OoWMQL 条件下的刀具寿命延长，与干切削相比，分别提升了 38.46%、98.08%、117.31% 和 198.08%。特别是 $scCO_2$-OoWoMQL 在延长硬质合金刀具寿命方面具有相当大的优越性。

原位 $TiB_2/7075$ 复合材料的组织主要为 α(Al) 相和 TiB_2 颗粒（图 12-77）。Al 是基体合金的元素，Ti 是 TiB_2 颗粒的元素。由于热挤压，晶粒在挤压方向上被拉长。TiB_2 颗粒采用原位混合盐法生成，粒径为纳米级（20～500nm）。此外，原位 $TiB_2/7075$ 复合材料中含有一些硬质相（$Al_{12}Mg_2Cr$）。

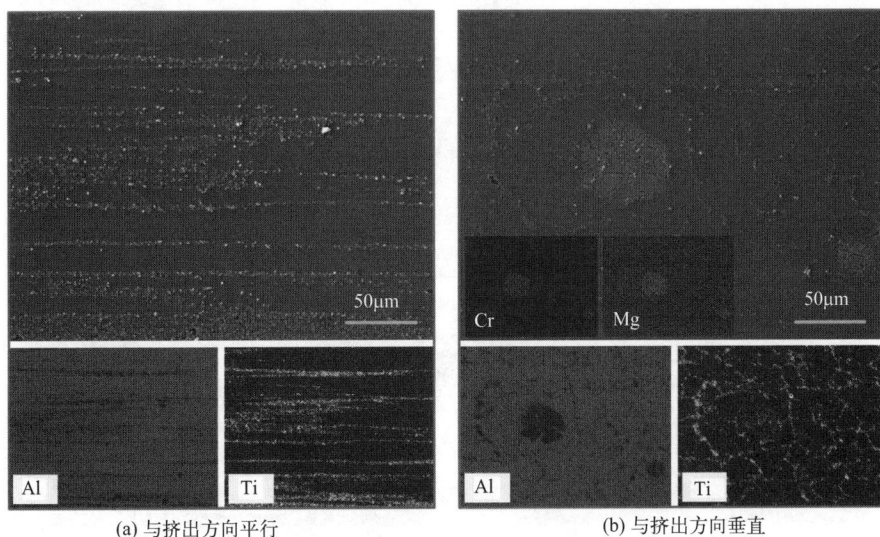

(a) 与挤出方向平行　　　　　　　　　(b) 与挤出方向垂直

图 12-77　原位 $TiB_2/7075$ 复合材料的显微组织及 EDS 分析

为了进一步探究硬质合金/原位 TiB_2/7075 复合材料在各种 CMQL 条件下的摩擦学性能，开展了销盘式摩擦磨损实验，分析了五种不同的冷却和润滑条件（表 12-1）对其摩擦磨损的影响。

表 12-1　五种不同的冷却和润滑条件

条件	参数	数值
干切削	—	—
$scCO_2$	切削液	—
	压力	7.5bar
$scCO_2$-WMQL	切削液	水基切削液（20%防冻液＋30%乙醇＋50%水）
	流量	50mL/h
	压力	7.5bar
$scCO_2$-OMQL	切削液	可溶性植物油
	流量	50mL/h
	压力	7.5bar
$scCO_2$-OoWMQL	切削液	50%水基切削液＋50%可溶性植物油
	流量	50mL/h
	压力	7.5bar

注：$1bar=1\times10^5Pa$。

销盘摩擦副分别采用硬质合金销和 TiB_2/7075 复合摩擦盘，如图 12-78(b) 所示。销的直径为 4mm，高度为 18mm，销顶为半球形，表面粗糙度与铣削刀具相同。盘的直径为 43mm，厚度为 3mm，两侧有两个直径为 6mm 的孔，用于定位和固定。所有样品圆盘表面的粗糙度均为 $0.6\mu m\pm0.05\mu m$，避免了表面粗糙度对摩擦磨损的影响。MQL 中使用的切削液为水基切削液、可溶性植物油和油水混合物，如图 12-78(c) 所示。低温雾化射流从喷嘴喷向摩擦磨损区，喷嘴 1 和喷嘴 2 之间的角度为 60°，喷嘴与水平面之间的倾斜角为 10°，如图 12-78(d) 所示。喷嘴与销钉之间的距离恒定，为 100mm，与铣削实验喷嘴与刀具的距离保持一致。在摩擦实验过程中，圆盘不旋转，且销钉在底部做直径为 22mm 的圆周运动。

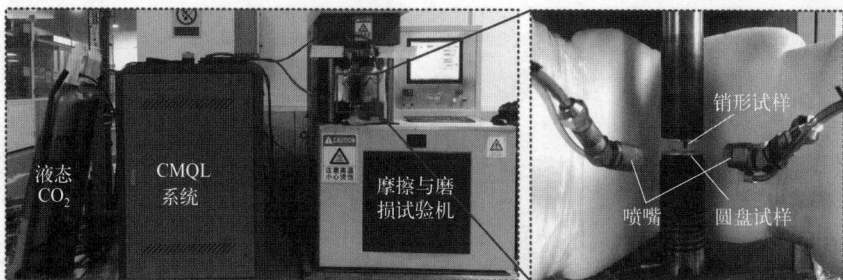

(a) 带有CMQL系统的销盘摩擦

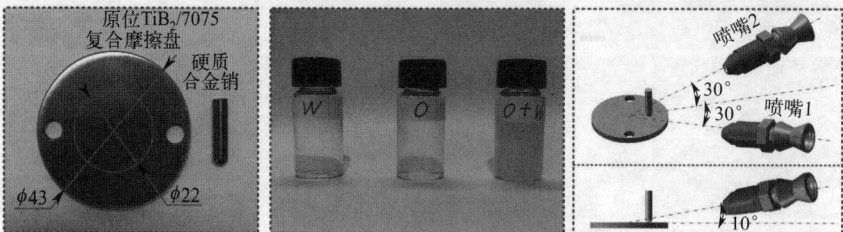

(b) 销盘样品　　(c)水基切削液、可溶性植物油和油水混合物　　(d) CMQL喷嘴射流角

图 12-78　不同 CMQL 条件下的摩擦磨损实验

在实验之初，销的半球形顶部与盘进行点接触，随着摩擦的进行，接触形式改变为面接触，且接触面积逐渐增大。考虑实际切割情况，设置引脚线速度为 50m/min（换算为转速 723r/min）时，轴向负荷设置为 100N，摩擦时间设置为 15min，COF 自动记录每秒一次。实验结束后，对针样进行清洗，并采用扫描电镜和能谱仪（MIRA3 和 Aztec X-MaxN80）进行表面形貌和化学成分的分析。

为了验证 CMQL 延长刀具寿命的可行性，并研究刀具磨损机理，在 DMU 70V 加工中心进行了铣削实验，并由 CMQL 系统提供冷却和润滑条件，如图 12-79（a）所示。CMQL 系统的两个独立喷嘴固定在主轴上，通过连接板和螺栓跟随铣刀运动，以保证喷嘴与铣刀之间的相对位置保持不变。低温雾化射流从喷嘴喷向切削区，喷嘴 1 和喷嘴 2 之间的角度为 60°，喷嘴倾斜角为 10°［图 12-79（b）和（c）］。

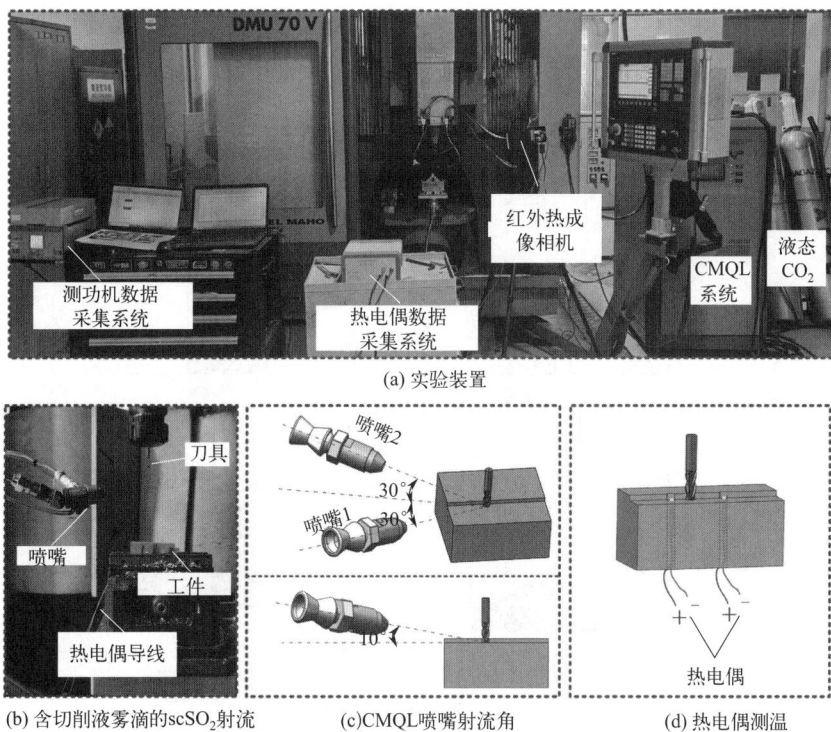

(a) 实验装置

(b) 含切削液雾滴的scSO₂射流　(c)CMQL喷嘴射流角　(d) 热电偶测温

图 12-79　CMQL 条件下的刀具寿命实验

硬质合金刀具的直径为 4mm，有三个螺旋槽，其材料为 GK05A，无涂层，前角 15°，后角 12°，螺旋角 40°，刃口钝圆半径为 5μm。实验过程采用顺铣加工，主轴转速为 4000r/min，每齿进给量为 0.05mm/z，径向切宽为 0.5mm，轴向切深为 2mm，采用的五种冷却润滑条件与摩擦磨损实验相同。铣削过程中，每隔一段时间利用 KEYENCE VHX-500FE 光学显微镜对刀具刃口的后刀面磨损宽度（VB）进行观测和测量，并取其平均值绘制刀具磨损曲线。

为了获取铣削过程中的力/温度，进一步解释刀具磨损机理，将 TiB_2/7075 复合材料（尺寸为 50mm×50mm×25mm）进行装夹，采用 FLIR A615 红外热成像相机对铣削过程中的温度进行捕捉。相机与切削区之间的距离为 800mm，TiB_2/7075 复合材料的发射率设置为 0.28。在铣削实验前，需对红外测温进行验证。即在工件表面放置热电偶丝，在 sc-

CO_2-OoWMQL 条件下，利用热电偶丝和红外热成像相机进行温度测量。验证重复了三次，热电偶丝测得的温度为$-10.3℃$、$-9.8℃$和$-10.5℃$，红外热成像相机捕捉到的工件表面温度分别为$-10.1℃$、$-9.7℃$和$-10.2℃$。因此，可以认为红外热成像仪的测量结果是可靠的。实验过程中采用 OMEGA TT-K-36 热电偶测量切削区温度。

如图 12-80 所示，水基切削液、可溶性植物油和油水混合物的接触角均小于 90°，因此这三种切削液都可以湿润刀具和工件表面。可溶性植物油的表面张力和接触角均小于水基切削液，因此可溶性植物油的润湿性优于水基切削液。油水混合液滴的形态为水基切削液液滴外包裹一层油膜，因此油水混合液滴的接触角介于水基切削液与可溶性植物油的接触角之间，但更接近于可溶性植物油。所以，油水混合物的润湿性略差于可溶性植物油，但也显著优于水基切削液。

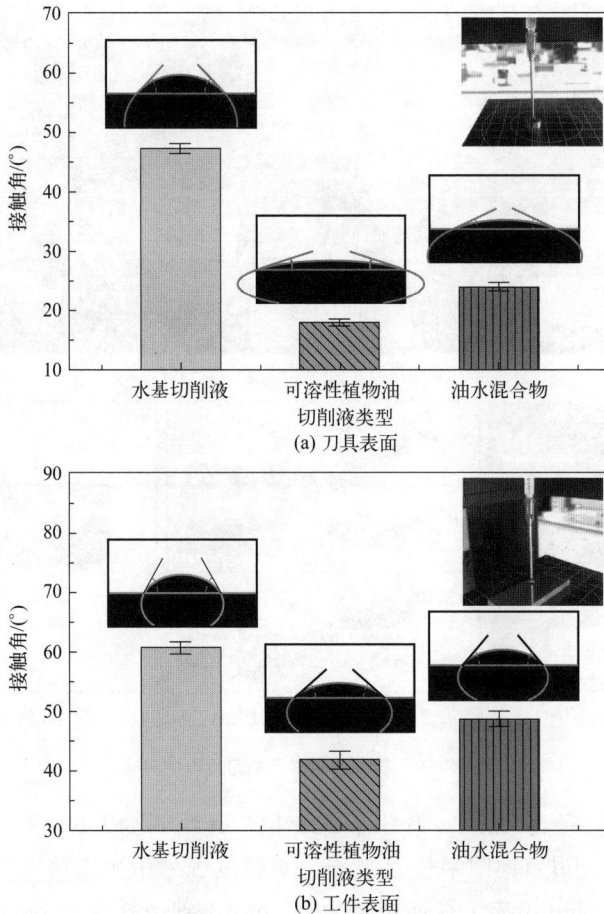

(a) 刀具表面

(b) 工件表面

图 12-80　各种切削液在刀具表面和工件表面上的接触角

图 12-81 显示了不同冷却和润滑条件下硬质合金销和 TiB_2/7075 复合材料盘的摩擦系数（COF）。在干切削条件下，由于缺乏有效润滑和冷却，COF 最大，高达 0.55。干切削条件下的 COF 随着摩擦的进行并不稳定。在 $scCO_2$ 条件下，由于良好的冷却性，$scCO_2$ 射流将切削区的磨屑吹走，COF 降低到了 0.30。但切削时间超过 500s 后，其 COF 大大增加，接近干切削条件下的 COF。在 $scCO_2$-WMQL 条件下，平均 COF 为 0.31，与 $scCO_2$ 条件下前 500s 的 COF 基本一致，表明喷洒水基切削液液滴没有起到进一步的润滑作用。而在切削时

间超过 500s 后，$scCO_2$-WMQL 的 COF 保持在 0.31 左右，说明切削过程更加稳定。此外，$scCO_2$-OMQL 和 $scCO_2$-OoWMQL 的 COF 值基本相同，进一步表明水基切削液液滴并不能有效降低硬质合金与 TiB2/7075 复合材料之间的摩擦。在 $scCO_2$-OMQL 和 $scCO_2$-OoWMQL 条件下，由于可溶性植物油液滴具有良好的润湿性和润滑性，COF 进一步降低到 0.10。当喷入切削区后，$scCO_2$-MQL 射流中的干冰颗粒迅速升华为气态 CO_2，体积膨胀 600 倍以上。气体膨胀力能去除切削区内的磨屑，促进切削液雾颗粒更好地渗透到切削区内。这些细小的雾状颗粒可在切削区形成均匀的低温润滑油膜，提高润滑性能。由于可溶性植物油的润滑性能远优于水基切削液，因此在 $scCO_2$ 介质中，OMQL 具有比 WMQL 更好的减摩效果。

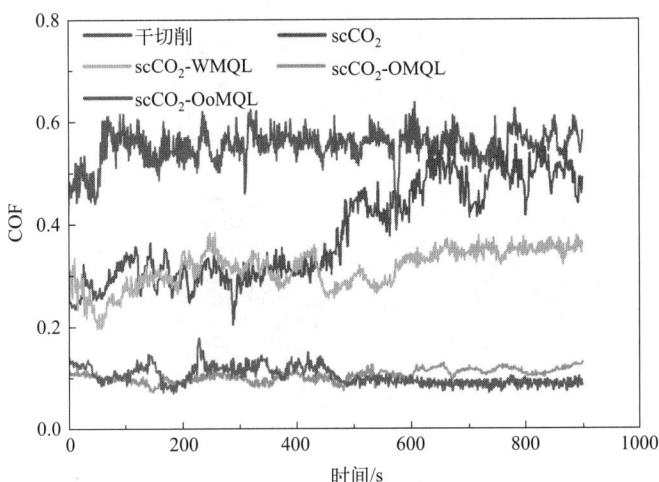

图 12-81　COF 随摩擦时间的变化

摩削实验结束后，对硬质合金销的磨损形貌进行了观测和分析，结果如图 12-82 所示。在干切削过程中，销钉磨损区有复合材料黏结。此外，还发现有氧元素分布。由此可知，在缺少冷却和润滑的情况下原位 $TiB_2/7075$ 复合材料很容易黏附到硬质合金上，导致 COF 较高。新生成的黏附物活性较高，在摩擦产生的热量作用下易被氧化。喷射 $scCO_2$ 后，黏附物要比干切削时少得多，但仍然存在。$scCO_2$ 在摩擦过程中大大降低了切削区温度，抑制了新产生磨屑的活性，阻止了其对硬质合金的黏结，高速的 $scCO_2$ 射流可及时将新产生的磨屑吹离切削区。然而，由于缺乏有效的润滑，许多复合材料重新黏结到销钉表面，造成 COF 迅速上升，几乎与干切削相等。添加水基切削液的 $scCO_2$ 并没有降低 COF，但有效抑制了黏结发生。在 $scCO_2$-OMQL 和 $scCO_2$-OoWMQL 条件下无黏附发生，复合材料对硬质合金的附着在高压力和润滑条件下被有效抑制了。这一发现对硬质合金刀具铣削 $TiB_2/7075$ 复合材料的黏附磨损抑制具有积极的意义。

铣削实验验证了 CMQL 的有效性。铣削过程中的机械负荷和热负荷对刀具磨损的影响最大。切削温度分别由红外热成像相机和热电偶进行测量。热电偶测量切削区的切削温度，红外热成像相机采集铣削过程中刀具与切削区相邻工件的温度场。图 12-83 为红外热成像相机的温度场。图 12-84 展示了不同冷却润滑条件下的红外热成像相机和热电偶测量的切削温度。干切削时，切削温度最高。当 $scCO_2$ 射流喷射时，切削温度大大降低。在 $scCO_2$-WMQL 条件下，切削温度比 $scCO_2$ 条件低。但是在 $scCO_2$-OMQL 条件下，切削温度 sc-

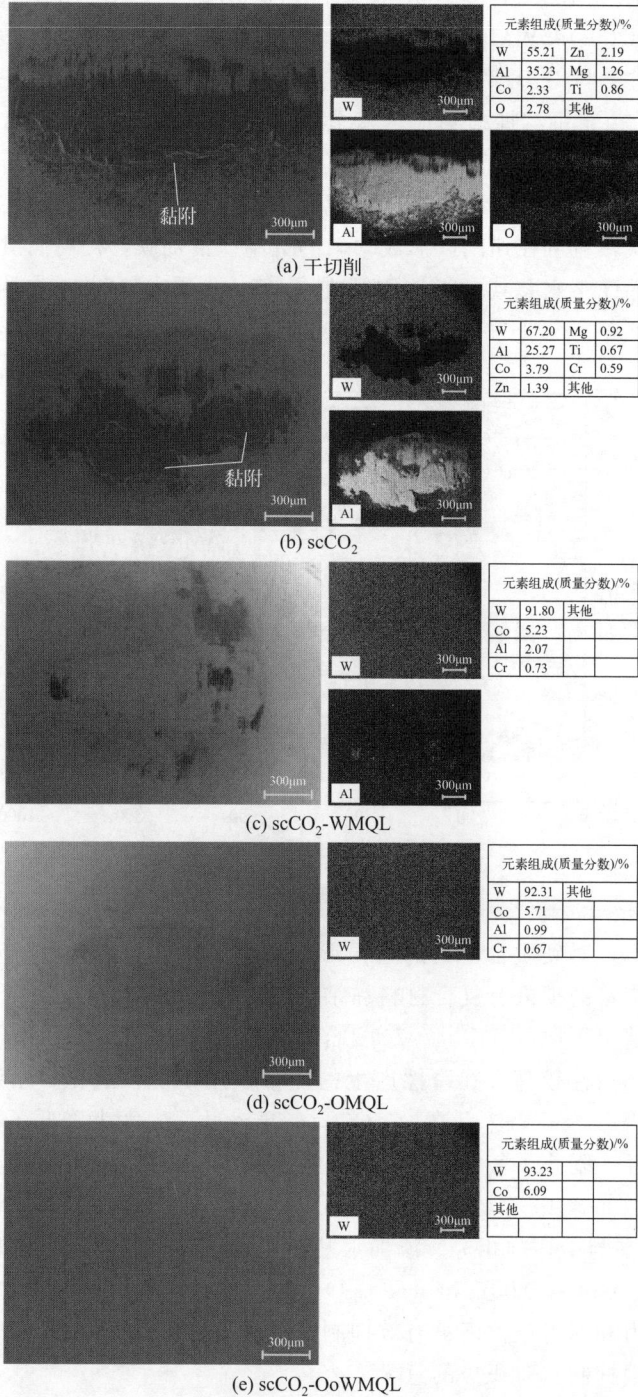

(a) 干切削

元素组成(质量分数)/%			
W	55.21	Zn	2.19
Al	35.23	Mg	1.26
Co	2.33	Ti	0.86
O	2.78	其他	

(b) scCO$_2$

元素组成(质量分数)/%			
W	67.20	Mg	0.92
Al	25.27	Ti	0.67
Co	3.79	Cr	0.59
Zn	1.39	其他	

(c) scCO$_2$-WMQL

元素组成(质量分数)/%	
W	91.80 其他
Co	5.23
Al	2.07
Cr	0.73

(d) scCO$_2$-OMQL

元素组成(质量分数)/%	
W	92.31 其他
Co	5.71
Al	0.99
Cr	0.67

(e) scCO$_2$-OoWMQL

元素组成(质量分数)/%	
W	93.23
Co	6.09
其他	

图 12-82 不同 CMQL 条件下销钉的磨损形态

CO$_2$ 条件高。铣削过程中的热量主要由材料变形和摩擦产生。一方面,CMQL 改善了摩擦条件,从而降低了 COF,减少了摩擦产热。另一方面,CMQL 增强了散热。CMQL 通过切削液液滴的沸腾换热和冷冻射流的强制对流换热来实现有效冷却。植物油的热导率和对流换热系数都低于水,而且水基切削液中的乙醇易挥发,因此水基切削的冷却性能优于可溶性植物油。所以，scCO$_2$-WMQL 条件下切削温度低于 scCO$_2$-OMQL 的，scCO$_2$-OoWMQL 的介于二者之间。通过热电偶和红外热成像相机得到一致的变化规律。

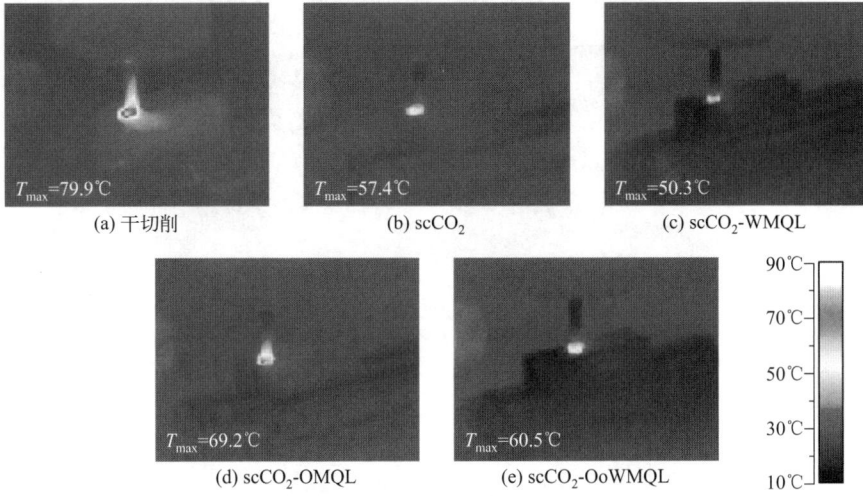

(a) 干切削　　　　(b) scCO$_2$　　　　(c) scCO$_2$-WMQL

(d) scCO$_2$-OMQL　　　　(e) scCO$_2$-OoWMQL

图 12-83　红外热成像相机捕捉到的温度场

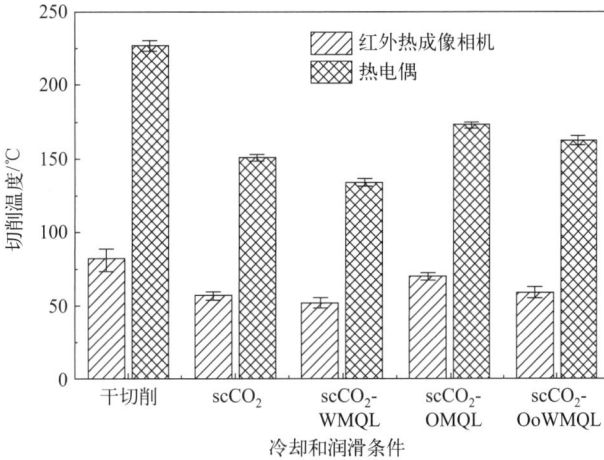

图 12-84　红外热成像相机和热电偶测量的切削温度

铣削加工的原理如图 12-85 所示。当铣刀从位置 O 进给到位置 O' 时，根据铣刀从位置 O 进给到位置 O' 的角度，结合主轴转速 N 和进给速度 V_f，可以得到铣刀位移 [图 12-85 (c)]。

此外，还研究了不同冷却和润滑条件对产生切屑最大未变形切削厚度时 F_t、F_n 和 μ_e 的影响，如图 12-86 所示。scCO$_2$ 条件下，F_t 显著下降，scCO$_2$ 与 OMQL 结合后 F_t 值的下降幅度更大。而在 scCO$_2$ 条件下，WMQL 对 F_t 的影响几乎可以忽略。与 F_t 相比，F_n 受冷却和润滑条件的影响小得多。COF 反映了不同冷却和润滑条件下的摩擦性能。由于铣削过程相比摩削实验更为复杂，铣削实验得到的 COF 与摩削实验得到的 COF 有一定误差。计算等效 COF 的 F_t 包含了切削产生的分力和摩擦产生的分力，因此铣削实验得到的等效 COF 要大于摩削实验得到的 COF。在铣削实验中，切削过程受冷却和润滑条件的影响较小，冷却和润滑性能越好，摩擦分量越小，F_t 也就越小。显然，在 scCO$_2$ 条件下，等效

COF 降低，表明 $scCO_2$ 射流在铣削过程中发挥了减摩作用。当 WMQL 与 $scCO_2$ 结合时，等效 COF 没有显著降低，而当 OMQL 与 $scCO_2$ 结合时，等效 COF 进一步降低。总的来说，$scCO_2$-OoWMQL 在铣削过程中具有最好的润滑和减摩效果。

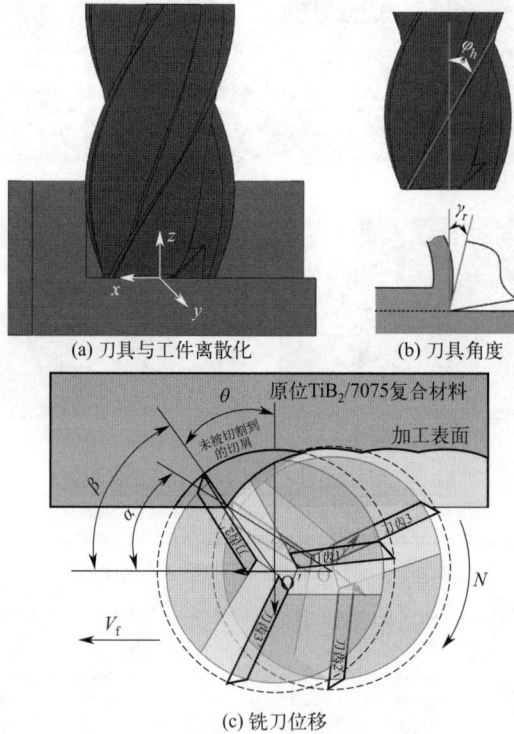

(a) 刀具与工件离散化   (b) 刀具角度

(c) 铣刀位移

图 12-85 铣削原理

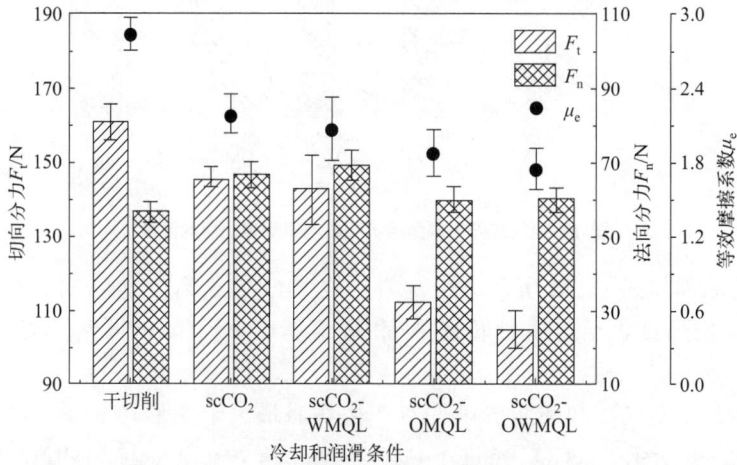

图 12-86 瞬时切向分力和等效摩擦系数

    为比较不同冷却和润滑条件下硬质合金刀具铣削 $TiB_2/7075$ 复合材料的刀具寿命和磨损机理，将刀具的最大后刀面磨损宽度（VB）设定为 0.1mm。图 12-87 显示了不同冷却和润滑条件下最大后刀面磨损宽度随切削时间的变化。干切削条件下的刀具寿命最短，仅为 5.2min。$scCO_2$、$scCO_2$-WMQL、$scCO_2$-OMQL 和 $scCO_2$-OoWMQL 条件下的切削时间分别为 7.2min、10.3min、11.3min、15.5min，相比干切削条件下的切削时间分别提升了

38.46%、98.08%、117.31%、198.08%。特别是 scCO$_2$-OoWoMQL 在延长硬质合金刀具寿命方面具有显著的效果。

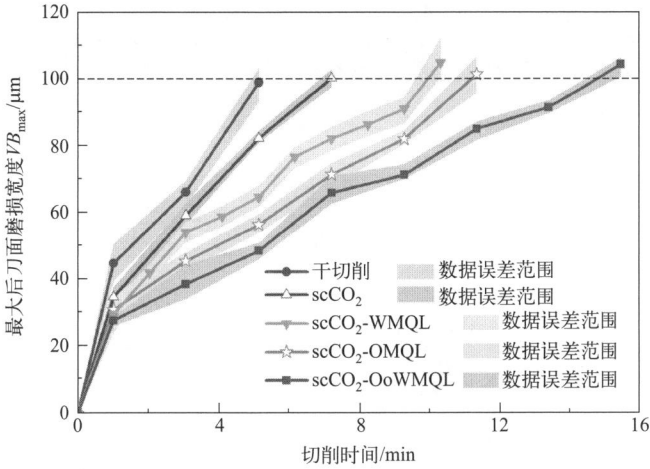

图 12-87　不同 CMQL 条件下最大后刀面磨损宽度随时间的变化

图 12-88 显示了光学显微镜观测到的不同冷却和润滑条件下硬质合金刀具磨损的形貌。铣刀的后刀面呈明显的磨损带，宽度均匀，铣削过程中没有发生崩刃。TiB$_2$/7075 复合材料的基体材料主要为铝合金，在铣削过程中容易发生切屑黏附。在干切削条件下，光学显微镜显示硬质合金刀具的后刀面黏附了大量的切屑。铝合金的活性高，切削区存在高的应力和高的切削温度，所以切屑容易黏附在刀具上。黏结物的产生、剥离、再生和再剥离的反复过程加剧了刀具磨损。在 scCO$_2$、scCO$_2$-WMQL 和 scCO$_2$-OMQL 条件下，未发现明显的切屑黏附。当刀具未达到磨钝标准时，刀具的刃口仍然比较锋利。scCO$_2$ 射流具有良好的冷却性能，降低了切削温度。此外，切削液的雾状颗粒喷洒到切削区后形成油膜，也避免了刀具材料与切屑材料的接触磨损。当铣刀的后刀面磨损宽度接近磨钝标准时，又再次发生切屑黏附。在 scCO$_2$-OoWMQL 条件下，刀具切削刃上没有黏屑。OoW 的最外层为润滑性能良好的可溶性植物油，内部为冷却性能良好的水基切削液。因此，scCO$_2$-OoWMQL 冷却润滑的综合性能最好，避免切屑黏附的效果也最好。

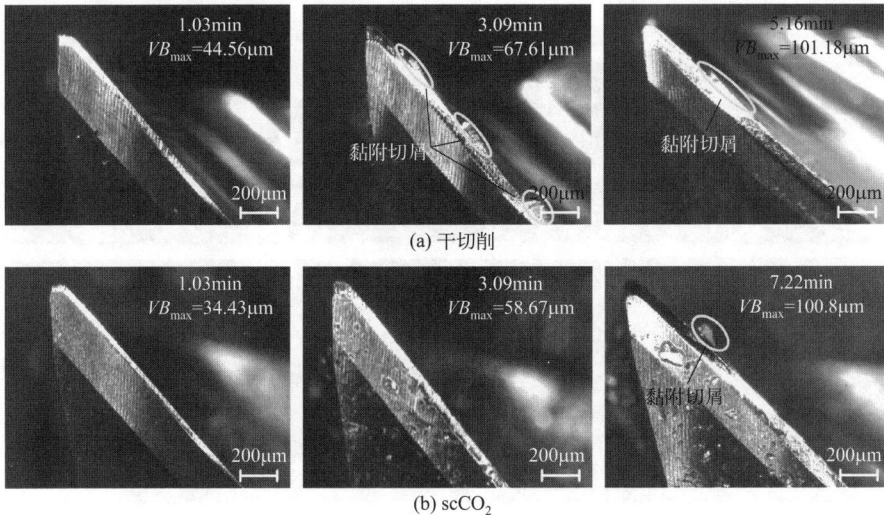

图 12-88

(c) scCO$_2$-WMQL

(d) scCO$_2$-OMQL

(e) scCO$_2$-OoWMQL

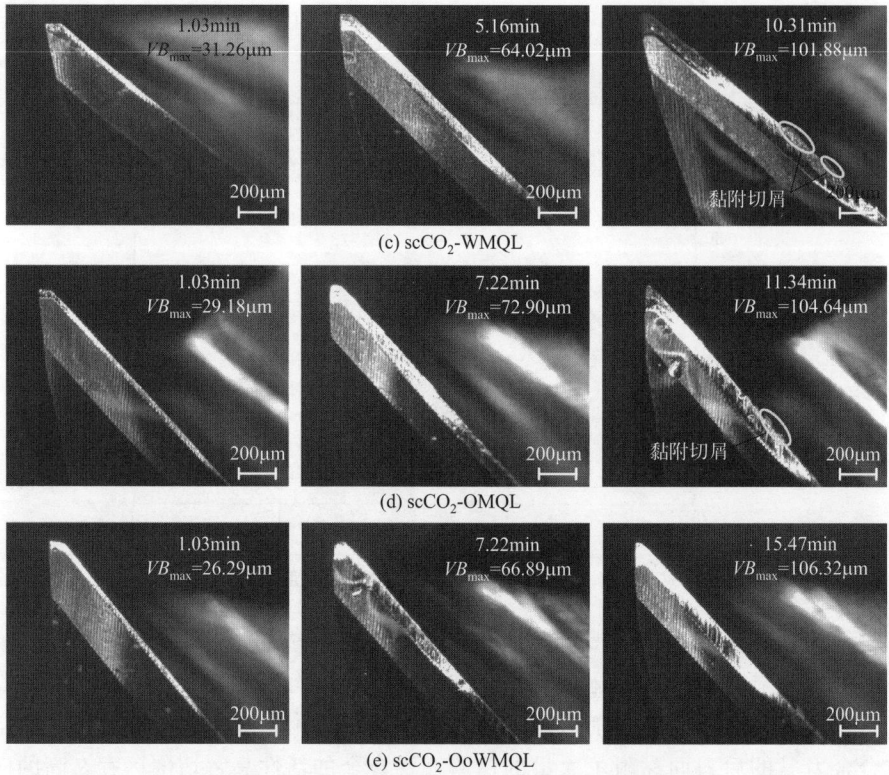

图 12-88 不同 CMQL 条件下的刀具磨损形貌

图 12-89 为刀具切削刃在不同冷却和润滑条件下磨损的微观形貌和 EDS 图谱。在五种冷却润滑条件下，刀具的后刀面有明显的划痕。从元素分布图中也可以看出，TiB$_2$ 粒子是聚簇状。一方面，这些高硬度陶瓷颗粒在铣削过程中容易划伤刀具后刀面，造成硬质合金刀具的磨料磨损；另一方面，在切削中新加工表面的材料具有较高的活性，容易发生黏附。此外，在干切削条件下刀具后刀面上发现了一些氧元素。这是因为干切削条件下的切削温度最高，黏结物暴露在空气中，容易发生氧化。五种冷却和润滑条件下铣削 TiB$_2$/7075 复合材料硬质合金刀具磨损的共同特点是以磨料磨损和黏附磨损为主。

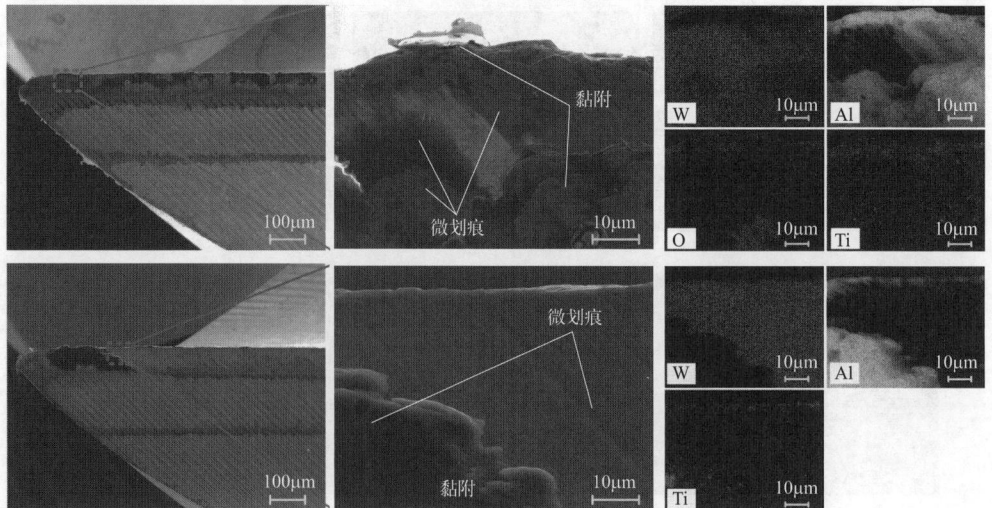

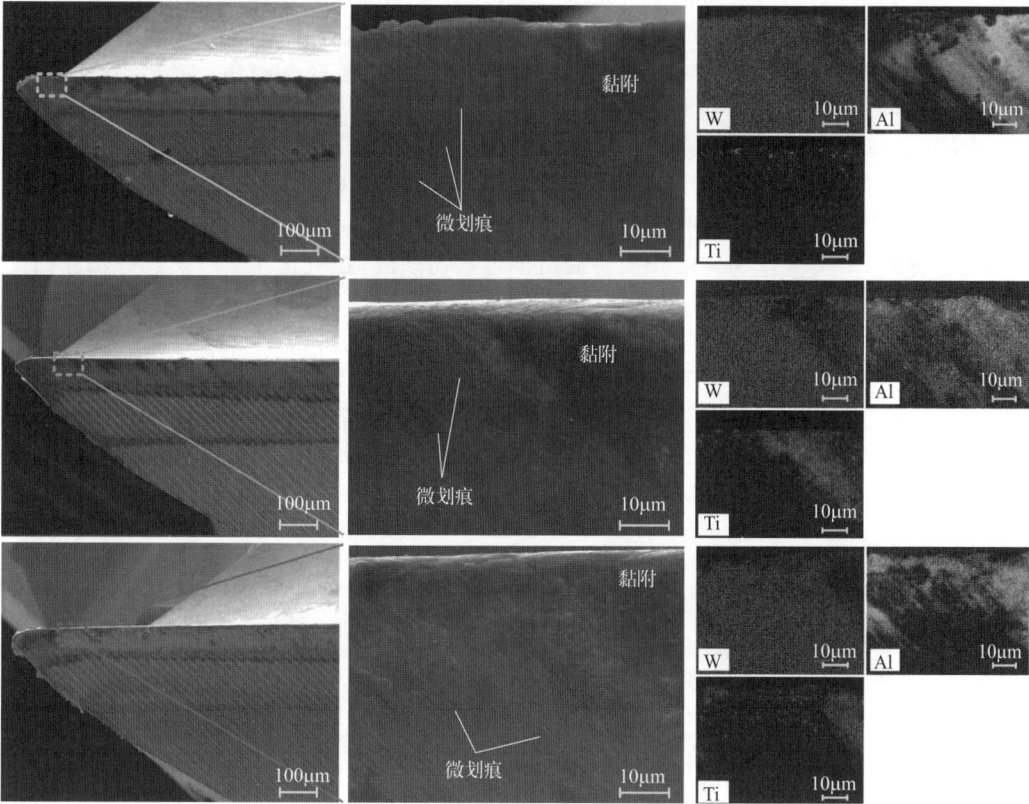

元素组成(质量分数)/%								
干切削	W	Al	Co	O	Zn	Mg	Ti	其他
	55.64	34.23	3.64	2.35	1.35	0.77	0.75	<0.5
scCO$_2$	W	Al	Co	O	Zn	Mg	Ti	其他
	68.98	22.52	4.37	—	1.57	0.78	1.14	<0.5
scCO$_2$-WMQL	W	Al	Co	O	Zn	Mg	Ti	其他
	77.27	15.32	4.53	—	0.89	0.62	0.63	<0.5
scCO$_2$-OMQL	W	Al	Co	O	Zn	Mg	Ti	其他
	75.89	13.63	4.31	—	1.10	0.66	3.51	<0.5
scCO$_2$-OoWMQL	W	Al	Co	O	Zn	Mg	Ti	其他
	81.54	9.01	4.56	—	0.61	0.62	2.69	<0.5

图 12-89　刀具磨损微观形貌及能谱分析

12.3　小结

通过分析难加工材料微量润滑及低温辅助切削加工机理,可得出以下结论:

① 通过喷嘴喷向加工区域,scCO$_2$-MQL 中的微量润滑液可减小刀具-切屑摩擦,降低切削力,延缓刀具磨损;scCO$_2$-MQL 中的超临界二氧化碳介质可强化对流换热效应,大幅降低切削温度。在低温射流中加入 MQL 润滑介质,可显著改善切削区的摩擦特性,从而达到控制切削力、切削热的目的。

② 微量润滑及低温辅助钛合金切削加工时,几乎在所有切削参数下,scCO$_2$-OoW 混合冷却都可以获得最小的切削力,这是因为 scCO$_2$-OoW 具有良好的润滑性能。当微量水和微量

植物油雾化喷到加工区时,因为油具有亲水特性,油分子会吸附在水滴表面并形成一层油膜,经 scCO$_2$ 运输到工件和刀具表面,由于水滴表面油膜的扩张性,在工件和刀具表面会形成油膜并产生良好的润滑效果,同时水滴汽化相变吸热,防止油膜被高温破坏。虽然较低的温度使钛合金的强度和硬度增大,切削力会有增大趋势,但低温条件进一步保证了 OoW 优越的润滑性能,减小了刀具与切屑、工件表面之间的摩擦力,从而进一步减小了切削力。scCO$_2$ 和 OoW 混合冷却润滑条件下切削温度是最低的,取得了理想的冷却效果,降温幅度均大于 50%。这是因为 scCO$_2$ 强制对流换热面积增大,起到冷却效果,水滴表面的油膜起到良好的润滑效果并减少了摩擦热,水雾滴作为传输介质将润滑油带入切削区,在汽化相变吸热进一步起到良好冷却作用的同时保护油膜不被高温破坏。

③ 微量润滑及低温辅助钛合金切削加工时,MQL 可生物降解油形成的一层分子层薄膜可以有效地进入并停留在刀具-工件界面,促进边界润滑,减少摩擦,降低切削温度。与干切削条件相比,MQL 条件下 PVD 涂层刀具的使用寿命有显著提高,并且 MQL 喷嘴位于刀具切出工件位置的润滑效果优于刀具切入工件位置。逆铣加工时,刀具表面磨损主要是磨料磨损和氧化磨损,MQL 能够有效地改善刀具与工件界面的摩擦特性,防止刀具黏附磨损。

参考文献

[1] An Q L, Cai C Y, Zou F, et al. Tool wear and machined surface characteristics in side milling Ti6Al4V under dry and supercritical CO$_2$ with MQL conditions [J]. Tribology International, 2020, 151: 106511.

[2] Dang J Q, Zhang H, An Q L, et al. Surface modification of ultrahigh strength 300M steel under supercritical carbon dioxide (scCO$_2$)-assisted grinding process [J]. Journal of Manufacturing Processes, 2021, 61: 1-14.

[3] 姜立. 微量润滑的流场分析及应用于外螺纹车削的试验研究 [D]. 上海: 上海交通大学, 2013.

[4] 梁旭. 冷却润滑条件对切削性能影响和刀具内冷孔结构设计研究 [D]. 上海: 上海交通大学, 2020.

[5] Chen J, Yu W W, Zuo Z Y, et al. Tribological properties and tool wear in milling of in-situ TiB$_2$/7075 Al composite under various cryogenic MQL conditions [J]. Tribology International, 2021, 160: 107021.

[6] 梁旭, 蔡重延, 安庆龙, 等. TC4 铣削中超临界 CO$_2$ 混合油膜附水滴的冷却润滑性能[J]. 中国机械工程, 2020, 31 (3): 328-335.

[7] Cai X J, Qin S, Li J L, et al. Experimental investigation on surface integrityof end milling nickel-based alloy—inconel 718[J]. Machining Science and Technology, 2014, 18: 31-46.

[8] Zhang H, Dang J Q, An Q L, et al. Investigation of machinability in milling of Inconel 718 with solid Sialon ceramic tool using supercritical carbon dioxide (scCO$_2$)-based cooling conditions [J]. Ceramics International, 2022, 48 (4): 4940-4952.

[9] Wang C D, Chen M, An Q L, et al. Tool wear performance in face milling inconel 182 using minimum quantity lubrication with different nozzle positions[J]. International Journal of Precision Engineering and Manufacturing, 2014, 15, (3): 557-565.

[10] 邹凡, 王贤锋, 张烘州, 等. 超临界二氧化碳低温铣削 CFRP 复合材料试验研究[J]. 航空制造技术, 2021, 64 (19): 14-19.

[11] Zuo F, Dang J Q, Wang X F, et al. Performance and mechanism evaluation during milling of CFRP laminates under cryogenic-based conditions[J]. Composite Structures, 2021, 277: 114578.

[12] Xu J Y, Ji M, Davim J P, et al. Comparative study of minimum quantity lubrication and dry drilling of CFRP/titanium stacks using TiAlN and diamond coated drills[J]. Composite Structures, 2020, 234: 111727.

[13] Chen J, Yu W W, Zuo Z Y, et al. Tribological properties and tool wear in milling of in-situ TiB$_2$/7075 Al composite under various cryogenic MQL conditions[J]. Tribology International, 2021, 160: 107021.

第 13 章

低温赋能微量润滑磨削温度场模型与实验验证

难加工材料在切削过程中伴随着弹塑性变形及剧烈摩擦，切削区长期处在高温/高应力状态下，导致刀具逐渐发生磨损，工件表面质量也随之恶化。应用最广泛的浇注式工艺虽具有冷却、润滑、排屑方面的优势，但在切削加工中依然存在不可忽视的缺陷。例如，高温会使刀具-工件界面的切削液出现局部沸腾现象，而产生的微气泡形成连续的油汽膜导致热阻大幅提高，从而严重降低热量传递效率。在实际应用中，切削液使用量非常大，其成本占总生产成本的 18%，远高于刀具成本的 7%。另外，切削液会对环境造成严重的污染，而且其受热挥发形成的微颗粒易危害工人身体健康。因而，浇注式不满足清洁生产要求。

根据环境保护和可持续发展的要求，必须减少切削液给环境带来的污染，实现清洁化生产。绿色切削加工是未来机械制造领域必然的发展趋势。近年来，利用可持续性科学和工程学原理进行绿色加工新技术开发已经成为制造业的主要研究热点。

13.1 低温微量润滑技术

准干式微量润滑技术是利用高速气体将雾化微液滴喷入切削区，降低刀具-工件间的摩擦热和切削力。基于绿色加工要求，以植物油替代传统矿物油作为基础油，不仅具有同样良好的润滑性能，还因可生物降解而对环境无污染。但微量润滑冷却性能不足，高温易导致油膜破裂、解吸附甚至氧化失效，切削区域不能形成连续的润滑。

低温冷却技术是将低温介质喷射到切削区，通过巨大温差和增大换热面积进行强化对流换热，进而有效降低切削区的温度。目前，针对难加工材料，低温介质主要有 LN_2、LCO_2、$scCO_2$ 和 CA（低温冷风）。低温可以降低工件的热软化程度，改善切削性能，不仅能提高工件材料去除率，还能有效延长刀具寿命。另外，在保证高刀具寿命和高生产率的前提下，低温加工的成本要低于传统加工方式。但是低温技术缺乏润滑性能，其抗磨减摩能力有待提升。

为实现难加工材料的绿色高质量切削加工，低温微量润滑技术（cryogenic minimum quantity lubrication，CMQL）应运而生。CMQL 通过将低温冷却和 MQL 技术有机结合，实现了两种技术的优势互补。这种结合不仅显著降低了切削区域的温度，确保了油膜的持续润滑能力，而且对于提高工件的整体质量和降低刀具磨损具有决定性的影响。因此，CMQL 技术展现出独特的优势，对于提高生产效率和加工质量具有重要意义。另外，CMQL 环保无污染，符合绿色清洁加工要求。

低温和 MQL（NMQL）的工作原理完全不同，两者结合之后的冷却-润滑机理会发生本质变化。由于改变了热软化效应，工件材料去除的本构关系也会发生改变，这将直接影响切削温度、力、刀具磨损及工件表面质量。然而，没有相关的机制来解释这些变化的规律，也没有建立统一的指标体系来综合衡量 CMQL 的性能。因此，本章内容为 CMQL 作用机理的分析。

13.1.1　CMQL 的润滑机理

微量润滑油（植物油）在高压、高速气体的携带作用下以气雾形式渗入切削区，通过极性基团吸附在刀具-切屑以及刀具-工件表面形成边界润滑膜，在一定程度上隔阻了刀具前刀面-切屑以及后刀面-工件界面的直接干摩擦。但在切削区的高速、高温、高压条件下，润滑油的黏度降低，油膜变得稀薄并发生破裂，无法完全覆盖工件表面的微沟槽。另外，超过临界温度后，润滑膜会出现解吸附现象，润滑性能下降，导致刀具-工件界面出现干摩擦。采用 CMQL，低温状态下的润滑油黏度变大，油膜厚度可保持使摩擦面完全隔开的有效状态，承载能力提升，如图 13-1(a) 所示。同时，低温介质可使切削区的温度维持在相对较低的水平，不仅能使润滑膜保持较高的吸附性，还可避免高温导致油膜氧化失效，如图 13-1(b) 所示。但低温会使微液滴的表面张力和接触角出现一定程度增大，导致润滑油对刀具-工件表面毛细通道的渗透能力降低，对润滑能力产生不利影响，如图 13-1(c) 所示。

13.1.2　CMQL 的冷却机理

在切削过程中，冷却介质与切削区的刀具、工件进行换热时，遵循牛顿对流换热公式

$$Q = hA\Delta T$$

式中，h 为对流换热系数，$W/(m^2 \cdot K)$；A 为接触面积，m^2；T 为温度，℃。

由上式可知，热流量与切削区的温差成正比，温差越大，交换的热量越多，冷却效果越明显。LN_2 的温度为 $-196℃$，与切削区的高温形成了巨大温差，对高速切削过程中的高温环境可起到明显降温作用。$LCO_2/scCO_2$ 的温度为 $-78.5℃$，适用于中等速度的切削过程。CA 的温度范围通常为 $-60\sim-10℃$，并且温度可控，可以根据实际情况进行调整，从而控制切削区的温度。另外，高速流动的低温冷风有助于增大对流换热面积，可进一步增强换热能力。

低温环境有利于提高润滑膜的生存能力，有效降低刀具-工件间的摩擦，抑制加工热效应。另外，低温介质可能导致润滑油凝固，在切削区的摩擦界面会发生润滑油由固态到液态的相变过程，从而吸收一定热量。CMQL 的冷却叠加机理如图 13-2(a) 所示。切削过程中，冷却-润滑介质的喷射位置会对冷却效果产生影响。以 LN_2+MQL 为例，为起到最佳的降温

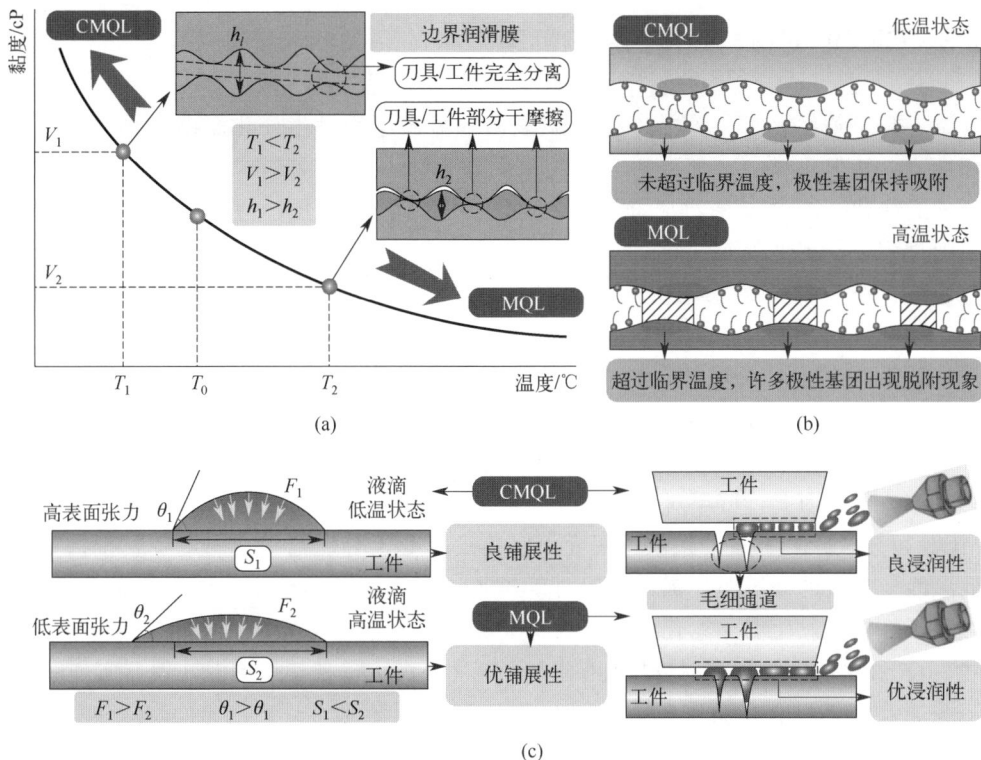

(a)

(b)

(c)

图 13-1 CMQL 和 MQL 的润滑油在黏度、活性和润湿性方面的比较

效果，冷却-润滑介质应同时喷射到前刀面和后刀面。LN_2 通过直接喷射的方式作用于刀具与工件的接触界面实现快速冷却，然而这种方法可能会因为液氮的大量使用而增加生产成本。一种有前景的冷却技术是在车刀内部设置通道，让 LN_2 在其中循环，从而实现刀具的深度冷却，如图 13-2(b) 所示。这样车刀可以始终处于低温状态，间接对切削区冷却，同时大幅度减少了 LN_2 的使用量，符合绿色加工要求。

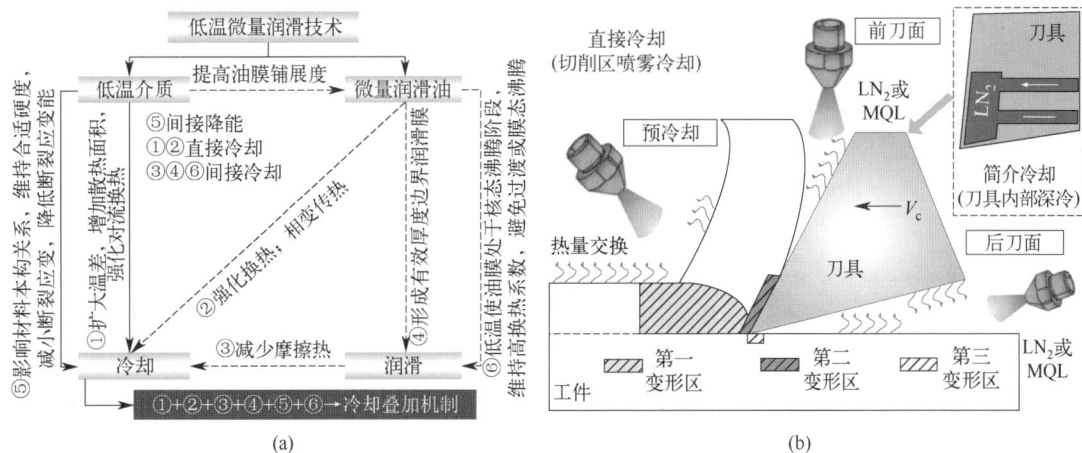

(a)

(b)

图 13-2 CMQL 的冷却叠加机制和改善冷却效果的措施

13.1.3　CMQL 对材料硬度的影响机理

高温、高压条件会使金属材料表面/亚表面的显微组织发生变化而出现热软化现象，导致摩擦加剧、切削热增加、切屑对刀具的黏附作用加强，严重影响工件表面加工质量。因此，合理的冷却-润滑方式有助于抑制热软化，提升切削性能。

切削过程中，工件表面的硬度主要受加工硬化和温度影响。无论什么加工条件，加工硬化现象始终存在，而温度可通过冷却方式进行控制。CMQL 不仅可以冷却切削区域，还可以改变工件材料的性能。但低温和 MQL 的影响机制并不相同。MQL（NMQL）是通过润滑作用降低工件-刀具间的摩擦热，减弱热软化程度，不会使工件出现过度硬化的现象。相比之下，低温不仅能有效抑制热软化，还能使工件材料的晶粒细化和致密，从而显著提高硬度，甚至可能导致过度硬化。由于低温介质（尤其是 LN_2 和 LCO_2）的降温能力要远高于 MQL（NMQL），因此，低温对工件硬度的提升程度要高于 MQL（NMQL）。

MQL 可通过减弱材料的热软化程度而使其硬度处于合理范围之内，有利于提高切削性能。低温能使材料的硬度明显提升，但对于难加工材料，如钛合金、镍基合金及高强度钢，其韧性和延性并未发生明显变化，导致材料去除更加困难，切削力变大，刀具磨损加剧。将低温和 MQL 相结合，理论上材料硬度增大的幅度要高于单独使用低温，但事实并非 CMQL 的冷却叠加效应可以直接解释的。Huang 对比研究了车削 Ti6Al4V 时 CA、MQL、CA＋MQL 对工件硬度的影响。图 13-3 显示 CA＋MQL 冷却条件下的工件表面硬度明显高于MQL，却低于 CA。这是因为单独使用 CA 会导致材料硬化程度提升，从而增大了加工难度。而 CA＋MQL 结合使用时，低温油膜的润滑作用能够降低工件与刀具之间的黏附力，有助于减轻工件在加工过程中的塑性变形，从而降低加工过程中的硬度。因此，采用CMQL 可以在一定程度上降低工件表面质量，防止切削力过大，提升切削性能。

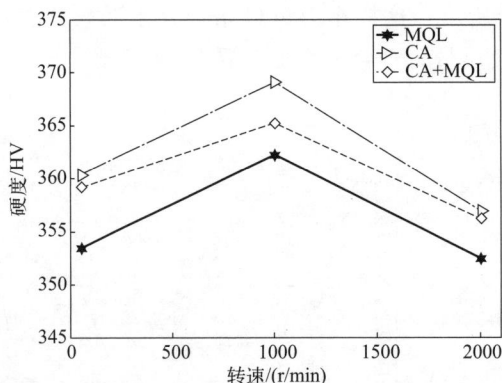

图 13-3　各种冷却条件下产生的表面硬度

13.1.4　CMQL 对切削力的影响机理

切削过程中使用 MQL（或 NMQL）可明显降低切削力。这是因为极性油雾颗粒吸附在刀具-工件表面形成了一层物理膜，起到润滑和承载作用。另外，在润滑油中添加纳米粒子，

如 MoS_2、碳纳米管、Al_2O_3 等，使其进入刀具-工件界面起到"滚珠"作用，以滚动摩擦代替原本的滑动摩擦，可有效降低切削力。

不同的低温介质（LN_2、LCO_2、CA）以及不同的喷射位置，会对主切削力（切向力）、轴向力、径向力的变化趋势产生不同影响。低温介质通常喷射到前刀面或/和后刀面。以车削过程的 LN_2 冷却为例，喷到前刀面可防止热软化而降低刀具-切屑间的黏附力，有利于降低摩擦力。但 LN_2 的深冷作用会使工件过度硬化，从而克服材料变形的难度增大，导致切削力升高。材料硬化和降低摩擦的竞争关系影响低温加工过程中切削力的变化趋势，这与工件的冷却程度直接相关。

不同的刀架结构会影响 LN_2 在前刀面-切屑间隙的喷射深度，进而影响工件冷却程度。对于模式 A［图 13-4(a)］，不管采用哪种喷射位置，其主切削力均高于干切削。由于断屑器的作用，切屑被提升至一个远离喷嘴的位置，改变了 LN_2 的喷射路径，使其能够更直接地喷射到切屑根部。这种直接的冷却作用提高了冷却效率，使得工件材料的硬度增大。虽然 LN_2 可以降低摩擦力，但降低的幅度小于工件深冷硬化后切削力升高的幅度，因而主切削力增大。LN_2 只喷射在后刀面或前刀面上时，相较于干切削，进给力分别下降了 2.3%、9.5%，表明摩擦力的降低量大于切削力的升高量。但 LN_2 同时喷射在前/后刀面时，深冷作用使材料去除的难度增大，切削力的升高量大于摩擦力的降低量，因此相比单独喷射在前刀面，进给力增大，但增大的幅度不大，只有 1.7%。径向力增大是因为 LN_2 使工件局部硬度增大，温度越低，硬化程度越高，径向力越大。

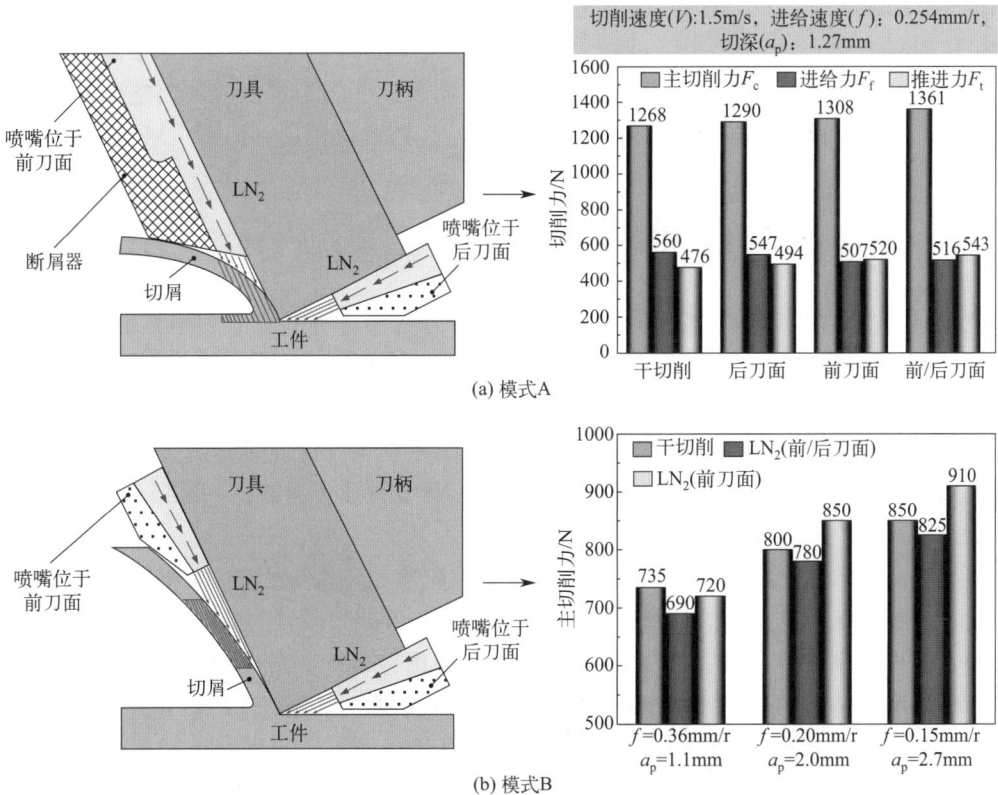

图 13-4 不同刀架结构对工件冷却程度和切削力的影响

对于模式 B [图 13-4(b)]，LN_2 在前刀面的喷射位置远离切屑的根部，这意味着液氮对工件表面的冷却作用相对较弱，因此工件表面的硬化程度较低。由于工件表面的硬化程度较低，因此材料去除过程中对切削力的影响程度较小。此时，LN_2 的喷射位置对工件-刀具界面摩擦力的影响将直接决定切削力变化。不同切削参数下，相较于干切削，同时喷射在前/后刀面的主切削力均降低，最大降幅为 8.1%。但是只喷射在前刀面时，相较于同时喷射在前/后刀面，主切削力均升高（最大升幅为 8.8%），甚至高于干切削。这表明仅喷射在前刀面时不足以有效降低工件与刀具界面的摩擦力，因此其降低摩擦力的能力相对于同时喷射在前/后刀面的情况有所下降。

综上所述，LN_2 的深冷作用引起工件表面冷却程度的差异，导致切削力有不同变化趋势。这同样适用于铣削和磨削过程。而在使用 LCO_2 和 CA 作为冷却介质时，其冷却温度要远低于 LN_2，因此工件材料的硬化程度要低得多。这种较低的硬化程度有助于减少加工过程中的切削力，但由于材料硬度的降低，对切屑黏附作用的抑制效果也相应减弱。这意味着在加工过程中，虽然 LCO_2 和 CA 能够提供一定的冷却效果，但可能不如 LN_2 在防止切屑黏附和提高加工质量方面的效果显著。Elanchezhian 在磨削 Ti6Al4V 的过程中发现，使用 LCO_2 作为冷却剂能有效抑制热软化，同时避免了工件表面的过度硬化，相较于传统的湿式冷却，切向力和法向力分别下降 21% 和 9%。Sun 在车削 Ti6Al4V 时发现，使用 CA（经过 LN_2 冷却，温度约 $-130 \sim -110$℃）的主切削力和径向力要高于使用常温压缩空气。但 Rahman 车削 ASSAB 718HH 时使用 -10℃的 CA 进行冷却，发现相较于干磨削，三个切削力分量均有效降低。因而，依然无法确切地得出低温介质能使切削力增大或减小的结论。

采用 CMQL 技术，在低温降低黏附作用和 MQL（NMQL）的润滑作用下，刀具-工件界面的摩擦力降低量大于硬化导致的切削力升高量，竞争能力增强，进而整体降低了切削力。另外，低温油膜的承载能力也对降低了切削力起到增益作用。因而 CMQL 可以有效降低切削力。

13.1.5 CMQL 对刀具磨损的影响机理

随着材料技术的革新，在刀具表面涂覆一层特殊材料是提高刀具切削性能的主要方式。切削加工中，涂层刀具的使用量约占所有类型刀具的 68%。刀具寿命与刀具磨损机理紧密相关，是决定加工性能的重要指标。难加工材料切削过程中伴随着机械载荷冲击和高温、高压、高速的恶劣环境，刀具-工件接触界面会剧烈摩擦以及发生复杂的物理和化学反应，导致刀具基体出现不同类型的磨损。常见的刀具磨损类型为月牙洼磨损、涂层磨损、黏着磨损和扩散磨损。磨损形态如图 13-5 所示。

切屑表面微凸起在前刀面滑动会导致涂层磨蚀剥落，刀具温度分布不均匀会使表面产生热裂纹，进而破坏刀具基体。切屑对前刀面的持续作用导致月牙洼产生，如图 13-5(a) 所示。随着磨损加剧，月牙洼扩展，切削刃的强度逐渐减弱，最终导致崩刃，如图 13-5(d) 和 (f) 所示。刀具-工件表面接触时，表面凸点处会出现"点焊"现象，在相对滑动、动载荷的作用下，焊点断裂，熔化的工件材料黏附在刀具表面形成积屑瘤或积屑层，如图 13-5(b) ~ (e) 所示。以车削 Ti6Al4V 为例，高温、高压作用下，前刀面涂层磨损，工件中的 Ti 元素与 O、S、Cl 等元素发生化学作用形成一层低硬度化合物，导致刀具表面与基体的成分出现差异，弱化了刀具抗磨损性能，降低其寿命。图 13-5(g) 中的虚线区域表示已经扩

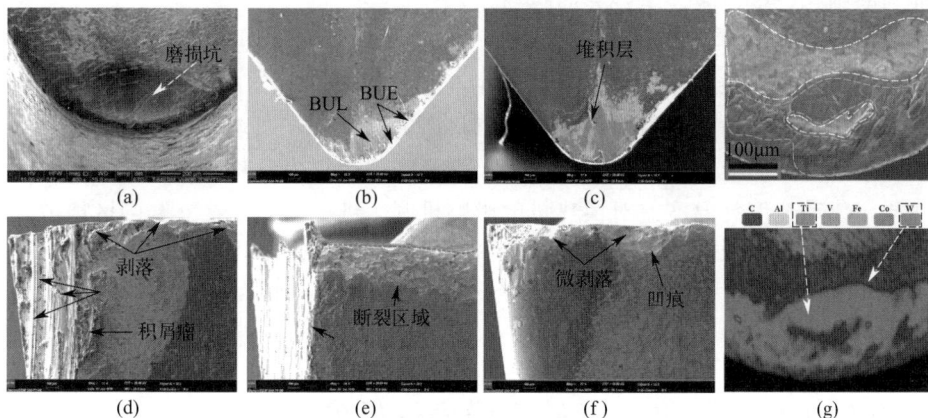

图 13-5　不同类型的刀具磨损模式

散到刀具的 Ti 元素。

切削加工中，刀具磨损不可避免，但采取合理的措施可减缓磨损。由上述刀具的不同磨损机制可知，降低刀具温度并且改善刀具-工件界面的润滑效果是提高刀具寿命的重要措施。CMQL 可以同时满足这两个条件。CMQL 的叠加冷却作用可使刀具处于低温状态，从而减缓了刀具磨损并延长了其使用寿命。另外，低温还可大幅降低工件的热软化程度，抑制刀具-工件在接触界面的高温黏附作用，有效防止积屑瘤或积屑层堆积。同时，如果刀具使用了耐磨的表面涂层，这种涂层可以在低温状态下保持高硬度，进一步提高抗磨能力，延长涂层的使用时间。然而，Sartori 指出无论采取何种冷却润滑措施，黏附现象都无法彻底消除，只能减缓。此外，低温有助于抑制难加工合金中特殊元素的化学反应活性，极大减缓扩散磨损速度。Bordin、Sivalingam、Gajrani 在切削 Ti6Al4V 时发现，相较于干切削，低温状态下的钛元素扩散量分别下降了 33.7%、43.9%、64.5%，低温显著抑制了钛元素的扩散。刀具涂层磨损脱落最主要的原因是前刀面-切屑剧烈摩擦。低温条件下 MQL（NMQL）产生的高黏度油膜能够有效将前刀面与切屑隔开，极大减缓了涂层磨损。进一步地，CMQL 的冷却-润滑效果能够有效遏制前刀面月牙洼的出现，崩刃现象也得以避免。Sartori 使用 WC 涂层刀具车削 Ti6Al4V 时发现，LN_2 ＋MQL 和 LCO_2 ＋MQL 条件下刀具的前刀面均未出现月牙洼，而单独使用低温介质或 MQL 时，前刀面出现了不同深度的月牙洼。

13.1.6　研究目的

航空航天难加工金属高效精密低损伤磨削加工已成为航空航天领域中不可或缺的方法。然而，磨削热损伤导致工件表面完整性恶化，这是难加工金属磨削的技术瓶颈。低温微量润滑技术已经应用于磨削过程。但由于 LN_2、LCO_2 及 $scCO_2$ 这三种低温介质成本高，且对输运系统和机床结构要求严格，其在磨削加工的应用存在较大局限性。

低温冷风具有通用性强、冷却效果好、成本低等优点，在磨削中得到了应用。低温冷风技术的最大优势在于能实现介质温度精准可控，可适应不同塑性金属的切削加工。对于非难加工材料，如低碳钢等，合理的低温域可使工件维持有利于切削的硬度，防止高温使工件塑性过大而与刀具黏结，降低切削性能。对于钛合金等难加工材料，冷风和润滑油的耦合作用可有效抑制磨削热产生，减轻工件表面热损伤。

然而，低温冷风微量润滑技术（CAMQL）在磨削加工中尚处于效果验证性的实验阶段且相关研究依然匮乏，相应理论研究明显存在不足，尤其是砂轮工件界面低温流动液膜换热机理及热力学作用规律尚且不清。因此，本章将研究砂轮和工件界面的流动液膜换热机理，建立磨削区微间隙流动液膜换热量理论模型，揭示磨削过程中砂轮和工件界面有效润滑油膜的物理性质、流动速度、温度差对换热量的影响机制。进一步地，建立磨削区离散化热源工件表面温度场模型，揭示砂轮-工件不同接触阶段的热量分配机制和磨削区的温度场衰减-叠加演变机制。

13.2 砂轮工件界面低温流动液膜换热机理

低温冷风微量润滑技术对磨削加工过程的热耗散具有显著的增益效果。本节主要研究低温微量润滑砂轮工件界面流动液膜换热机理，首先基于润滑油低温物理特性，建立磨削区微间隙流动液膜换热量理论模型，然后建立低温流动液膜对流换热系数模型，然后搭建对流换热系数测量实验平台，最后，探究低温冷风微量润滑技术的叠加冷却效应对磨削区换热量的影响机制，通过实验测量值与理论计算值对比分析工件表面温度分布规律，为在磨削加工中应用 CAMQL 实现有效热耗散提供理论依据。

13.2.1 砂轮工件界面低温流动液膜的换热量模型

由于砂轮表面的磨粒分布随机且不均匀，因此每个磨粒的大小、形状和空间排列都不规则。这种无规律的分布增加了磨削区内润滑油膜流动行为的复杂性，因为润滑油必须在这些不规则排列的磨粒间隙内流动。磨削区内润滑油膜的流动特性与传热过程关系密切。影响液膜流动的因素众多，尤其是在砂轮与工件的粗糙间隙内，导致液膜的流动状态异常复杂，难以用数学模型精准描述磨削区的油膜流动过程。因此，在满足工程应用精度许可的前提下，可对砂轮和工件界面处的几何结构进行合理简化，以便于建立数学模型探究润滑油膜流动过程中的传热性能。依据砂轮宽度、磨粒几何尺寸、磨粒间隙等砂轮特性参数，可将砂轮与工件的不规则界面间隙等效转化为两个平行平板，以探究润滑油膜的流动和传热问题，如图 13-6 所示。

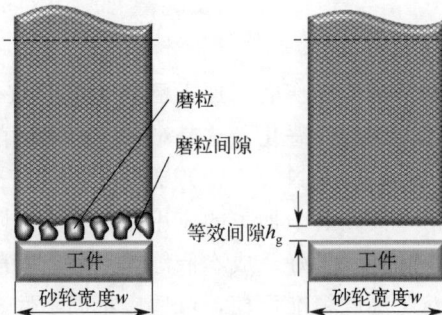

图 13-6 粗磨砂轮等效示意图

　　雾化液滴群在楔形区工件表面形成有效油膜后，在砂轮高速旋转的携带作用下沿切向磨削力方向流入磨削区。进入砂轮-工件界面的油膜主要受到外部的砂轮剪切力和内部的层间黏滞力，因此可认为在砂轮-工件接触界面的微区间内油膜仅沿砂轮旋转方向一维流动。假设在砂轮-工件等效间距为 h_g 的平行平板间充满不可压缩的黏性润滑油，其沿 x 方向流动且压力梯度为常数。由于砂轮（上平板）和工件（下平板）的间隙极小，可近似认为上、下两板的温度相同。假设特定温度下润滑油膜的密度 ρ_f、黏度 μ_f 以及热导率 λ_f 是定常数，忽略重力。液膜流动模型如图 13-7 所示。

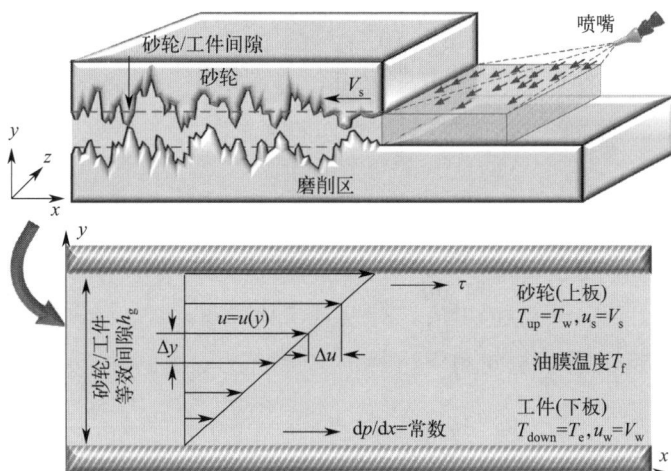

图 13-7　砂轮-工件界面液膜流动模型

　　由上述假设条件可知，润滑油仅在 x 方向流动，y 方向和 z 方向的速度分量为 0。但由于润滑油膜自身黏性力的阻滞作用，其在 y 方向不同高度处沿 x 方向的流动速度存在差异，即

$$u = u(y) \tag{13-1}$$

此时，间隙内润滑油膜流动的基本方程为：

① 连续方程：

$$\frac{\partial(\rho_f u)}{\partial x} = 0 \tag{13-2}$$

② 运动方程：

$$\frac{\mathrm{d}}{\mathrm{d}y}\left(\mu_f \frac{\mathrm{d}u}{\mathrm{d}y}\right) = 0 \tag{13-3}$$

③ 能量方程：

$$\mu_f\left(\frac{\mathrm{d}u}{\mathrm{d}y}\right)^2 + \frac{\mathrm{d}}{\mathrm{d}y}\left(\lambda_f \frac{\mathrm{d}T}{\mathrm{d}y}\right) = 0 \tag{13-4}$$

　　由于磨削区的润滑油是在砂轮驱动下流动的，且砂轮线速度远大于工件进给速度，因此依据流体力学平板间黏性流体流动理论，可认为上板界面处的油膜具有最大流速 V_s，下板界面处的油膜流速为 V_w。所以，板间流体流动的边界条件为

$$\begin{cases} u_{\mathrm{up}} = V_s, T_{\mathrm{up}} = T_w\,(y = h_g) \\ u_{\mathrm{down}} = V_w, T_{\mathrm{down}} = T_w\,(y = 0) \end{cases} \tag{13-5}$$

对式（13-3）积分可得

$$\mu_{\mathrm{f}} \frac{\mathrm{d}u}{\mathrm{d}y} = \tau_{\mathrm{f}} \tag{13-6}$$

将式(13-6)代入式(13-4)可得

$$\tau_{\mathrm{f}} \frac{\mathrm{d}u}{\mathrm{d}y} + \frac{\mathrm{d}u}{\mathrm{d}y} \left(\lambda_{\mathrm{f}} \frac{\mathrm{d}T}{\mathrm{d}y} \right) = 0 \tag{13-7}$$

对式(13-7)积分可得

$$\tau_{\mathrm{f}} u_{\mathrm{f}} + \lambda_{\mathrm{f}} \frac{\mathrm{d}T}{\mathrm{d}y} = 常数 \tag{13-8}$$

将边界条件($y = h_{\mathrm{g}}$，$u = V_{\mathrm{s}}$）代入式(13-8)可得

$$\tau_{\mathrm{f}} V_{\mathrm{s}} + \lambda_{\mathrm{f}} \frac{\mathrm{d}T}{\mathrm{d}y} \bigg|_{y=h_{\mathrm{g}}} = 常数 \tag{13-9}$$

由热传导定律（傅里叶定律）可得单位宽度的热流量 q_{e} 为

$$q_{\mathrm{e}} = \lambda_{\mathrm{f}} \frac{\mathrm{d}T}{\mathrm{d}y} \tag{13-10}$$

联合式(13-8)～式(13-10)可得

$$\mu_{\mathrm{f}} u \frac{\mathrm{d}u}{\mathrm{d}y} + \lambda_{\mathrm{f}} \frac{\mathrm{d}T}{\mathrm{d}y} = \tau_{\mathrm{f}} V_{\mathrm{s}} + q_{\mathrm{e}} \tag{13-11}$$

将式(13-6)代入式(13-11)可得

$$\mu_{\mathrm{f}} \mathrm{d}u + \frac{\lambda_{\mathrm{f}}}{\mu_{\mathrm{f}}} \mathrm{d}T = \frac{\tau_{\mathrm{f}} V_{\mathrm{s}} + q_{\mathrm{e}}}{\tau_{\mathrm{f}}} \mathrm{d}u \tag{13-12}$$

对式(13-12)积分可得

$$\frac{u^2}{2} + \int_{T_{\mathrm{f}}}^{T_{\mathrm{up}}} \frac{\lambda_{\mathrm{f}}}{\mu_{\mathrm{f}}} \mathrm{d}T = (V_{\mathrm{s}} + \tau_{\mathrm{f}} q_{\mathrm{e}}) u \tag{13-13}$$

将边界条件（$y = h_{\mathrm{g}}$，$u = V_{\mathrm{s}}$，$T = T_{\mathrm{up}}$）代入式（13-13）可得

$$q_{\mathrm{e}} = \frac{\tau_{\mathrm{f}}}{V_{\mathrm{s}}} \left(\frac{V_{\mathrm{s}}^2}{2} + \int_{T_{\mathrm{f}}}^{T_{\mathrm{up}}} \frac{\lambda_{\mathrm{f}}}{\mu_{\mathrm{f}}} \mathrm{d}T \right) \tag{13-14}$$

若想求得单位宽度的热流量 q_{e}，需求得上壁面处的剪应力 τ_{f}。平板间液体流速的计算公式为

$$u(y) = \frac{\mathrm{d}p}{2\mu_{\mathrm{f}} \mathrm{d}x} y^2 \tag{13-15}$$

在 $y = h_{\mathrm{g}}$ 处，有

$$V_{\mathrm{s}} = \frac{h_{\mathrm{g}}^2}{2\mu_{\mathrm{f}}} \cdot \frac{\mathrm{d}p}{\mathrm{d}x} \tag{13-16}$$

取两板间长度为 $\mathrm{d}x$ 的微流体段，当其处于受力平衡状态时

$$\frac{\mathrm{d}p}{\mathrm{d}x} = \frac{\tau_{\mathrm{f}}}{h_{\mathrm{g}}} \tag{13-17}$$

将式(13-17)代入式(13-16)可得

$$\tau_{\mathrm{f}} = \frac{2\mu_{\mathrm{f}} V_{\mathrm{s}}}{h_{\mathrm{g}}} \tag{13-18}$$

将式(13-18)代入式(13-14)可得

$$q_{\mathrm{e}} = \frac{2\mu_{\mathrm{f}}}{h_{\mathrm{g}}} \left[V_{\mathrm{s}}^2 + 2 \frac{\lambda_{\mathrm{f}}}{\mu_{\mathrm{f}}} (T_{\mathrm{w}} - T_{\mathrm{f}}) \right] \tag{13-19}$$

式中，T_w 为工件温度，℃；T_f 为液膜温度，℃。

因此，整个磨削区流动液膜的换热量 Q_f 为

$$Q_f = \frac{2\mu_f l_c w}{h_g} \left[V_s^2 + 2 \frac{\lambda_f}{\mu_f} (T_w - T_f) \right] \tag{13-20}$$

13.2.2　低温流动液膜对流换热系数模型

低温液膜流入磨削区后，除了发生核态沸腾换热外，在砂轮施加的剪切作用下流动时还伴有强化对流换热。砂轮和工件的接触区域接近密闭空间，液膜与周围环境的换热过程可忽略，磨削区液膜的对流换热系数主要受到核态沸腾和流动状态的影响。由于核态沸腾换热和流动换热同步发生，对流换热系数在这两个过程中是相同的。此外，油膜的对流换热系数主要与润滑油的物理性质（密度、黏度、比热容）、温度及流动状态有关，不受液膜厚度、铺展面积影响。因此，为便于后续理论分析和实验测量，采用自由流动液膜的方式进行研究。基于此，本小节将主要通过液膜流动换热过程建立对流换热系数数学模型。

由于流动液膜的厚度极小，工件表面过热时，液膜与工件界面将迅速产生大量微气泡。随着微气泡持续吸收热量，其体积将逐渐增大，对液膜的扰动作用也将加强。在一个完整换热周期内，磨削区液膜的总换热量 Q_t 包括流动液膜的换热量 Q_f 和沸腾气泡群的换热量 Q_b：

$$Q_t = Q_f + Q_b \tag{13-21}$$

磨削区液膜总换热量 Q_t 的计算公式为

$$Q_t = c_f \rho_f w l_c h_f (T'_f - T_f) \tag{13-22}$$

式中，w 为砂轮宽度，mm；l_c 为磨削区长度，mm；h_f 为砂轮-工件等效间隙，mm；c_f 为液膜的比热容，J/（kg·℃）。

对于流动液膜，换热量 Q_f 的计算公式为

$$Q_f = \frac{\lambda_f}{h_f} Nu_f A_f (T_w - T_f) \tag{13-23}$$

式中，A_f 为液膜有效覆盖面积，mm^2；T_f 为流动液膜的温度，℃；T_w 为工件表面温度，℃。

文献 [81] 的实验结果表明，流动液膜的努塞特数可近似表示为

$$Nu_f = 0.322 Re_f^{1/2} Pr_f^{1/3} \tag{13-24}$$

式中，Re_f 为液膜流动雷诺数，$Re_f = v_f \rho_f h_f / \mu_f$，其中 v_f 为液膜流动速度，m/s；Pr_f 为液膜普朗特数，$Pr_f = \mu_f \rho_f / \lambda_f$。

通过式(13-23) 可计算目标变量液膜的热导率 λ_f，但是流动液膜的换热量 Q_f 无法直接获取，需间接计算。对于液膜核态沸腾，过热的工件表面会持续产生气泡成核点，成核点吸收热量，形成微气泡。根据 Basu 等的实验结果，过热表面的成核点数量 N_b（单位面积）可近似表示为

$$\begin{cases} N_b = 0.34(1 - \cos\varphi_s)(T_w - T_{sat})^2 & T_w - T_{sat} < 15℃ \\ N_b = 3.4 \times 10^{-5}(1 - \cos\varphi_s)(T_w - T_{sat})^{5.3} & T_w - T_{sat} > 15℃ \end{cases} \tag{13-25}$$

式中，φ_s 为气泡和壁面的静态接触角，范围为 $18° \sim 90°$，可取平均值 $54°$。

任意单个气泡，首先都在成核点上生成，随后吸热，体积增大。假定液膜核在沸腾状态

下工件表面形成的气泡形状为球形，当气泡即将脱离工件表面时应用 Fritz 公式可求得气泡直径：

$$d_b = 0.0208\varphi_s \sqrt{\frac{\sigma_f}{g(\rho_f - \rho_g)}} \tag{13-26}$$

因此，单个气泡从气核处生成到成长脱离所吸收的热量为

$$Q_d = \zeta_b \rho_g \frac{\pi d_b^3}{6} \tag{13-27}$$

磨削区所有气泡吸收的热量为

$$Q_b = N_b w l_c Q_d \tag{13-28}$$

将参数代入相关计算式即可求得流动液膜的对流换热系数为

$$\lambda_f = \frac{(Q_t - Q_b)h_f}{Nu_f A_f(T_w - T_f)} \tag{13-29}$$

13.2.3 低温冷风微量润滑对磨削区温度的影响机制

低温冷风和雾化液滴群构成的两相流介质在协同耦合作用下可对砂轮-工件系统产生叠加冷却效应，如图 13-8 所示。磨削过程中，低温雾化液滴群铺展后进入磨削区形成有效厚度液膜，起到润滑和承载功能，大幅减弱磨粒与工件的摩擦强度，减少摩擦产热量。在砂轮高速旋转的携带作用下，油膜高速流过磨削区，起到有效强化换热效果。低温冷风可在一定程度上将油膜及工件表面的温度抑制在合理范围内，使油膜处在核态沸腾阶段，有效提高换热系数，提高换热量。

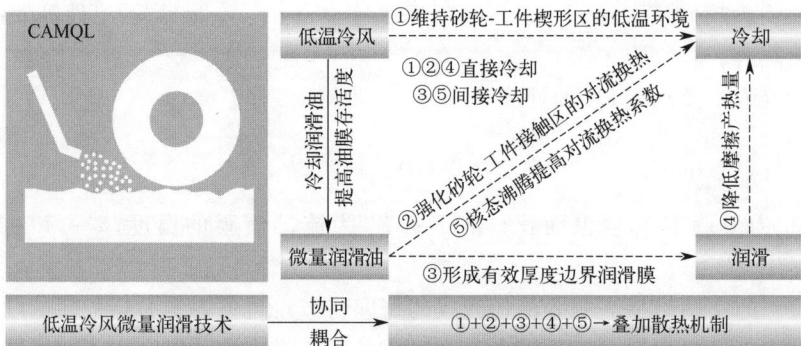

图 13-8　CAMQL 辅助磨削叠加散热机制

（1）砂轮和工件界面的摩擦产热量变化规律

磨削过程中，磨粒、切屑以及冷却液的动能增量可忽略不计，输入磨削区的能量可近似完全转化为砂轮-工件相互干涉作用时产生的热量：

$$Q_t = F_t l_c = F_t \sqrt{D_s a_p} \tag{13-30}$$

式中，F_t 为切向磨削力，N；l_c 为砂轮-工件的接触弧长，mm；D_s 为砂轮直径，mm；a_p 为磨削深度，μm。

为计算 CAMQL 辅助砂轮和工件界面的摩擦产热量，需进行磨削实验测量不同工况下的切向磨削力 F_t 分布。研究表明，磨削深度对磨削力的影响程度高于砂轮转速和工件进给速度。因此，本节的磨削参数设置以磨削深度 a_p 为变量，砂轮线速度 V_s 和工件进给速度

V_w 固定。磨削力测量实验的磨削参数及 CAMQL 参数如表 13-1 所示。

表 13-1　CAMQL 和磨削参数设置

参数设定		数值
磨削类型		平面磨削,顺磨
冷却润滑方式		干磨削,CAMQL
砂轮线速度 V_s/(m/s)		30
工件进给速度 V_w/(mm/s)		6
磨削深度 a_p/μm		10,20,30
CAMQL	冷风温度/℃	-10、-20、-30、-40、-50
	气压/MPa	0.4
	液流量/(mL/h)	60

不同 CAMQL 参数及磨削参数下,钛合金磨削加工过程的切向磨削力 F_t 如图 13-9 所示。从图中可以直观看出,干磨削工况下的切向磨削力 F_t 随着磨削深度增大而大幅提高。这是由于随着磨削深度增大,接触弧长同步增大,单位时间内切入工件的磨粒数量大幅增加,同时材料去除体积也随之增大,导致磨粒与工件的干涉强度剧烈。不同磨削深度下,切向磨削力 F_t 均随冷风温度的降低呈现出下降趋势。磨削深度 $a_p = 30\mu$m 时,$-50 \sim -10$℃冷风下的切向磨削力 F_t 相比干磨削分别下降了 10.5%、16.3%、24.4%、35.6%、39.2%。可以看出冷风温度越低,低温润滑油发挥的减磨和承载能力越强,磨削力下降幅度越大。

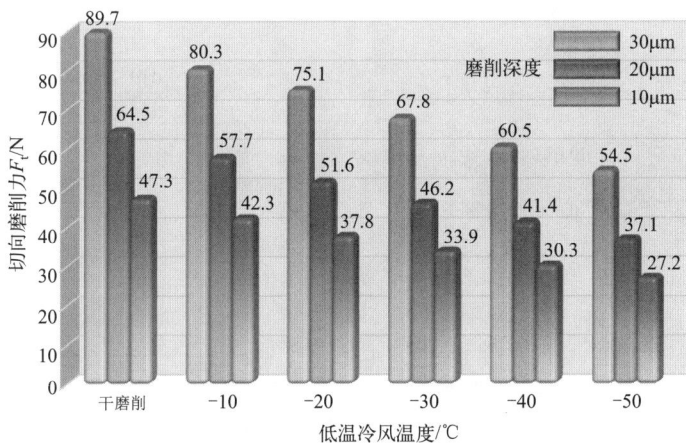

图 13-9　不同磨削深度和 CA 温度下的切向磨削力分布

不同磨削深度及冷风温度下磨削区的产热量 Q_t 分布如图 13-10 所示。从图中可以看出,干磨削工况下磨削区的产热量 Q_t 随着磨削深度增大而大幅提高。这是由于随着磨削深度增大,切向磨削力 F_t 和砂轮-工件的接触弧长 l_c 同步增大,材料去除率大幅增加,同时所消耗的能量随之增加。不同磨削深度下,磨削区的产热量 Q_t 均随冷风温度的降低呈现出下降趋势。磨削深度 $a_p = 30\mu$m 时,$-50 \sim -10$℃冷风下的产热量 Q_t 相比干磨削分别下降了 10.4%、16.5%、24.5%、32.3%、39%。可以看出冷风温度越低,越能使高黏度润滑油维持油膜有效厚度并覆盖工件表面微沟槽,大幅减弱磨粒与工件的摩擦强度,抑制摩擦热产生。同时,低温润滑油可相对较长时间保持高吸附性,避免高温引起油膜氧化失效。因此,对于 CAMQL 辅助磨削,降低冷风温度有助于减少磨削区的产热量。

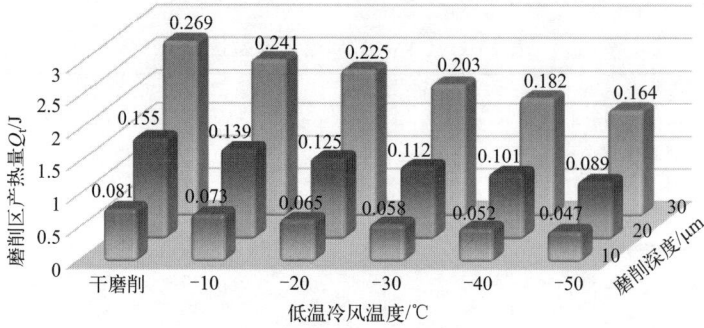

图 13-10　不同磨削深度和 CA 温度下磨削区的产热量

（2）砂轮和工件界面的液膜换热量变化规律

基于式（13-20），代入相关参数后即可计算出 CAMQL 辅助磨削钛合金不同冷风温度下砂轮-工件界面流动液膜的换热量 Q_l，如图 13-11 所示。从图中可以看出，磨削区流动液膜的换热量 Q_l 随着冷风温度降低而逐步提高，$-50℃$ 下的换热量 Q_l 相较于 $-10℃$ 提高了 28.9%。流动液膜的对流换热系数 λ_f 随冷风温度降低而增大，因此在相对较低的环境温度下，磨削区流动液膜的换热量相对提升。磨削区的润滑油膜温度越低，与工件的温差越大，依据牛顿冷却定律单位时间从工件表面传递的热量越多。冷风温度越低，喷嘴终端处润滑油的黏度越大，砂轮-工件楔形区形成的液膜厚度 h_f 相对越大，单位时间内进入磨削区的油量越大，有助于进一步提升液膜的换热量。

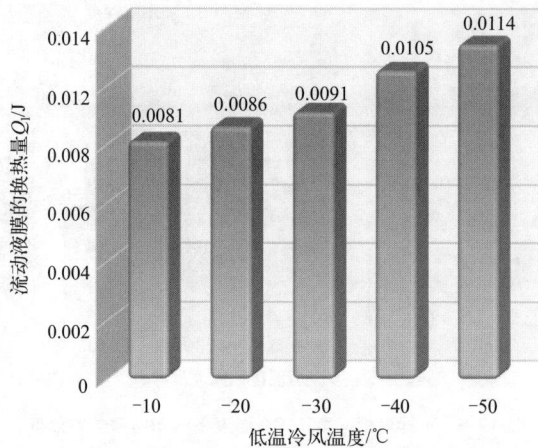

图 13-11　不同 CA 温度下流动液膜的换热量

磨削产生的热量主要来源于磨粒-工件间的摩擦能以及工件材料弹塑性变形的形变能。在磨削区存在润滑介质换热的条件下，依据工件材料、磨粒以及润滑介质的热导率差异，磨削热分别向工件、磨粒、磨屑和润滑介质传递。在低温环境下磨削区的产热量减少，同时部分热量传递至流动液膜，因此，磨削区的剩余热量为

$$Q'_t = Q_t - Q_l \tag{13-31}$$

排除掉流动液膜的换热量后，剩余热量 Q'_t 可按照干磨削过程的热量分配方式计算传入工件的热量 Q_w。Rowe 等给出了干磨削热量分配系数 R_d 的计算公式：

$$R_{\mathrm{d}} = \left(1 + \frac{0.974K_{\mathrm{g}}}{\sqrt{r_{\mathrm{e}}V_{\mathrm{s}}K_{\mathrm{w}}\rho_{\mathrm{w}}c_{\mathrm{w}}}}\right)^{-1} \tag{13-32}$$

式中，K_{g} 为磨粒的热导率，$\mathrm{W/(m \cdot K)}$；r_{e} 为磨粒与工件的接触半径，mm；K_{w} 为工件的热导率，$\mathrm{W/(m \cdot K)}$；ρ_{w} 为工件的密度，$\mathrm{kg/m^3}$；c_{w} 为工件的比热容，$\mathrm{J/(kg \cdot K)}$。

明确磨削区的热量流向后，即可得到流入工件的热量 Q_{w}：

$$Q_{\mathrm{w}} = R_{\mathrm{d}}Q_{\mathrm{t}} \tag{13-33}$$

结合式(13-31)～式(13-33)，可得不同冷风温度和磨削深度下传入工件的热量 Q_{w} 的变化趋势，如图 13-12(a) 所示。传入工件的热量 Q_{w} 随着磨削深度增大而大幅提高。这是由于随着切深增大，磨削区的产热量同步增加。不同磨削深度下，传入工件的热量 Q_{w} 均随冷风温度的降低而呈现出下降趋势。以磨削深度 $a_{\mathrm{p}} = 30\mu\mathrm{m}$ 为例，$-50\,℃$ 下传热量 Q_{w} 相较于 $-10\,℃$ 下降了 21.1%。这体现出 CAMQL 能够显著降低磨削过程中传入工件的热量，展现了优异热耗散性能。图 13-12(b) 为不同磨削深度及冷风温度下液膜换热量 Q_{l} 与磨削区产热减少量 ΔQ_{t} 的比值 η_{h} 的变化趋势。η_{h} 体现了液膜换热量与产热减少量对热耗散性能的贡献度。

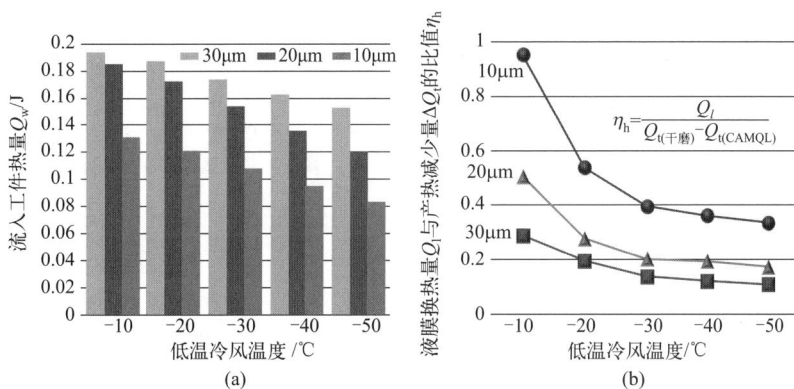

图 13-12　不同 CAMQL 参数下流入工件的热量变化趋势

从图 13-12 中可以看出，不同磨削深度下，随着冷风温度降低，η_{h} 呈现下降趋势。尤其是 $a_{\mathrm{p}} = 10\mu\mathrm{m}$ 时，η_{h} 的下降幅度较大，$-50 \sim -10\,℃$ 时下降幅度达到了 59.6%。这说明 CAMQL 通过减少磨削区的产热量对热耗散性能的贡献显著强于液膜换热量。这是由于砂轮和工件接触区的液膜厚度极小且油量极低，砂轮高速旋转过程中油膜在磨削区的有效换热时间极短，导致磨削区液膜的换热量较为有限。尤其是磨削深度较大时磨削区的产热量将大幅提升，而同一冷风温度下液膜的换热量不变，相对而言液膜的换热能力将不足以满足恶劣磨削工况下的热耗散要求，因此 η_{h} 大幅度降低。这说明 CAMQL 降低磨削区产热量的能力相较于液膜的换热能力在实现有效热耗散和抑制工件表面热损伤方面占据了主导作用，并且冷风温度越低效果越突出。

13.3　低温冷风微量润滑磨削工件表面温度场模型

由于砂轮-工件的接触区近乎密闭空间以及砂轮表面的微细化磨粒随机分布，现有的直接或间接测量设备难以精准捕捉磨削过程中工件表面微观化的温度演变过程。目前对磨削温度的数学建模及模拟方法均建立在一个共同假设基础上，即在砂轮-工件接触区域内，热源是均匀-连续分布的。实际上，磨削热是通过磨粒-工件相互干涉作用产生的，而砂轮表面磨粒的位姿也完全随机。每颗与工件接触的磨粒都可认为是移动热源，且每颗移动热源产生的热量也不尽相同。因此，基于砂轮磨粒位姿随机性分布和不同磨削阶段有效磨粒热量分配的磨削区温度场动态演变机制仍旧需深入研究。

针对上述研究难题，基于 CBN 砂轮表面形貌模型，在磨削 Ti6Al4V 工况条件下，提出了一种基于砂轮表面磨粒位姿随机化离散热源磨削温度场分布预测模型，在确定每颗有效磨粒与工件微观尺度干涉作用的基础上，分别计算不同阶段单颗磨粒产生的温度场，最终将离散温度场叠加即可得到磨削区的温度场。

13.3.1 基于离散热源工件表面磨削热变化规律

磨削过程是大量离散磨粒同时与工件相互作用去除材料的过程，因此，磨削热为多颗有效磨粒产生的热量总和。鉴于单颗磨粒-工件的接触面积与磨削区面积相比可以忽略不计，可采用传热学中的点热源理论对磨削热进行分析。每颗磨粒产生的热量引起局部温度场，将所有局部温度场叠加，即可得到整个磨削区的温度场分布。

点热源在经过工件表面内任意一点的极短时间内释放热量后会瞬间卸载。但该热源产生的温度场并不会瞬间降至无热源加载状态，而是按照一定的衰减系数 λ_a（与工件材料属性及冷却条件有关）逐级降低，并且该热源在后续时刻的热残余效应仍会对临近位置的温度变化产生影响。同样，磨削弧区内的热源区段也符合上述规律。图 13-13（b）揭示了磨削弧区内任意热源区段的温度衰减机制。为清晰表达所描述对象，沿旋转方向对砂轮表面的热源进行了微区段化，如图 13-13（a）所示。①在磨削区内，从切出端到切入端依次记为 $1 \sim n$，所对应的工件位置依次记为 $P_n \sim P_1$；每个区段的长度记为 $\mathrm{d}l_c$，对应的移动时间为 Δt。②在磨削区外，砂轮旋转逆向依次记为 $1' \sim n'$。以第 1 区段的热源为例，在 $n\Delta t$ 时刻行进至 P_n 位置，后续残余离散热源依次位于 $P_{n-1} \sim P_1$。从 P_{n-1} 开始，磨削区工件表面 $P_{n-1} \sim P_1$ 位置处的温度依次按照 λ_a 逐级衰减；到达 P_1 时，工件表面的温度已衰减至 $\lambda_a^{n-1}T$，对邻近区域温度的影响可忽略。任意单个区段的热源从 P_1 行进至 P_n，可定义为"一个完整弧区周期"，所用的时间为 $n\Delta t$。

当切削深度较小（浅磨削）时，以近似为矩形的磨削区进行磨削。根据二维线性热源理论，可以计算出每个微段热源对应的衰减系数 λ_a。在磨削区工件表面，微段热源加热后任意时刻 t、任意位置 x 的温度计算方程为

$$T(x,t) = \frac{Q_c}{c_w \rho_w (4\pi \alpha_w t)} \mathrm{e}^{-\frac{x^2}{4a_w t}} \tag{13-34}$$

式中，Q_c 为任意微段热源的瞬时热量（受段内有效磨粒数 N_e^n 的影响），J；c_w 为材料的比热容，J/(kg·℃)；ρ_w 为材料的密度，kg/m³；λ_w 为材料的热导率，W/(m·K)；α_w 为材料的热扩散系数 $[\alpha_w = \lambda_w/(c_w \rho_w)]$，m/s。

根据逆向分析，热源（随着砂轮高速运动）在磨削区任意一段随时间（对应于工件表面位置）所产生的温度为热传导衰减后的温度，则 P_1 和 P_n 之间任意段 P_m（$1 \leqslant m \leqslant n-1$）的温度为

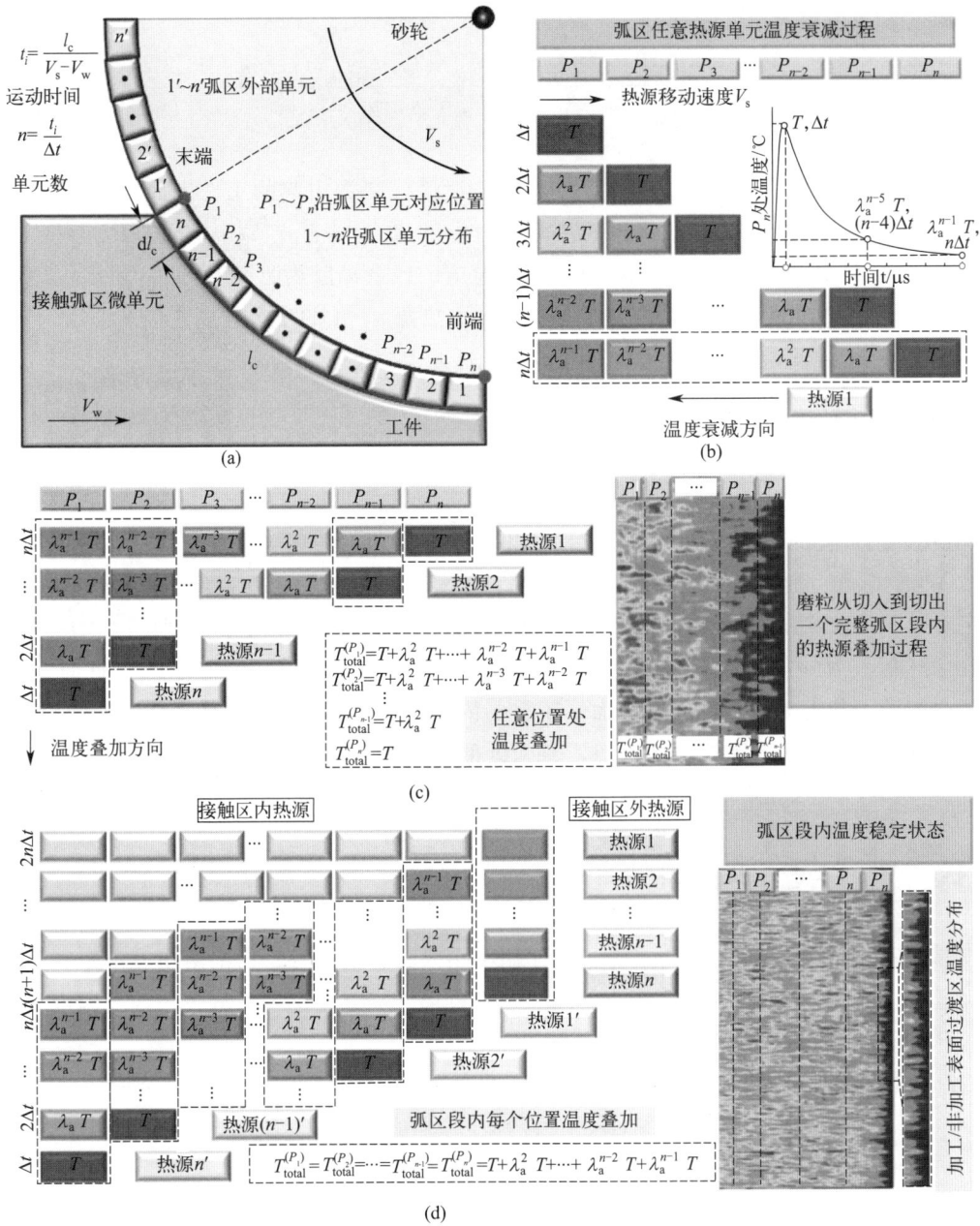

图 13-13　砂轮与工件接触区的温度阻尼叠加机制

$$T\left[P_m,(n-m)\Delta t_1\right]=\frac{Q_c}{c_w\varrho_w\left[4\pi\alpha_w(n-m)\Delta t_1\right]}\mathrm{e}^{\frac{(n-m)\Delta t_1(v_s-v_w)^2}{4a_w}} \tag{13-35}$$

工件热传导对任意热源的温度衰减系数为

$$\lambda'_a=1-\frac{T\left[P_m,(n-m)\Delta t_1\right]-T\left[P_{m-1},(n-m+1)\Delta t_1\right]}{T\left[P_m,(n-m)\Delta t_1\right]} \tag{13-36}$$

磨削区与周围环境之间的对流换热对温度衰减也有显著影响。在磨削过程中，对流换热

系数 h_s 主要受冷却和润滑环境的影响。引入对流换热系数 h_s 后，任意段 P_m（$1 \leqslant m \leqslant n - 1$）的温度衰减系数可由下式计算：

$$\lambda_a^{(m)} = \lambda'_a (1 - h_s) = \left\{ 1 - \frac{T[P_m, (n-m)\Delta t_1] - T[P_{m-1}, (n-m+1)\Delta t_1]}{T[P_m, (n-m)\Delta t_1]} \right\} (1 - h_s)$$

(13-37)

图 13-13（c）揭示了一个完整弧区周期内连续区段热源引起的工件表面温度叠加机制。当区段热源 1 位于 P_n 时，后续区段的热源依次位于 $P_{n-1} \sim P_1$。每个位置处的最终温度为所对应的区段热源与前端所有热源在该位置所对应的残余离散热源产生的温度叠加总和。以位置 P_1 为例，区段热源 n 产生的温度为 T，区段热源 $n-1$ 的残余效应产生的温度为 $\lambda_a T$。依次类推，区段热源 1 的残余温度为 $\lambda_a^{n-1} T$。因此，P_1 处的总温度为 $T_{\text{total}}^{(P_1)} = T + \lambda_a T + \cdots + \lambda_a^{n-1} T$。由于区段热源移动的顺序性，位置 $P_2 \sim P_n$ 的总温度逐级减去热源 $n-1 \sim 1$ 各自对应的末端残余温度。因此，在 $n\Delta t$ 时刻，P_n 处的温度为 T。磨削区从磨粒切入端到切出端的温度呈现逐级衰减的趋势。

随着磨削进程的推进，前端磨粒逐级移出磨削区，而后端逐级移入新磨粒，这也将引起磨削区的温度发生逐级变化。图 13-13(d) 揭示了经过磨粒逐级更迭，磨削区温度最终达到"稳定阶段"的演变过程。当区段热源 1 的末端残余离散热源完全移出磨削区时，热源 n 恰好移出磨削区，而热源 $1'$ 位于 P_1 处，其后续热源 $2' \sim n'$ 依次位于 $P_{n-1} \sim P_1$。此时，$P_1 \sim P_n$ 的温度除了热源 $n' \sim 1'$ 的温度叠加，还需要依次逐级与热源 $n \sim 2$ 的残余温度进行叠加。经过 $2n\Delta t$，也就是两个完整弧区周期，磨削区的温度理论上达到稳定状态。但实际上温度呈现出非均匀-非连续的离散状态，整体处于相对稳定的动态更迭状态。

13.3.2 磨削区温度场模型

磨削是大量离散磨粒同时与工件相互作用以去除材料的过程，磨削热由若干个有效磨粒产生的热量累积形成。每个有效磨粒产生的热量可形成局部温度场，将各个局部温度场进行叠加，即可得到整个磨削区的温度场分布。

各向同性金属材料非瞬态静止点热源产生的三维温度场可表示为

$$T(x', y', z', t) = \frac{Q_w}{c_w \rho_w \sqrt{(4\pi\alpha_w t)^3}} e^{-\frac{(x-x')^2 + (y-y')^2 + (z-z')^2}{4\alpha_w t}}$$

(13-38)

式中，(x', y', z') 为任意点热源的位置坐标；Q_w 为磨削区传入工件的总热量，J。

考虑到各运动点热源强度和切削深度的后续影响，以时间间隔 Δt_2 为微元进行离散化。考虑到各晶粒与工件的相互作用时间极短，沿晶粒运动方向分布的离散热源强度可近似变化为"楔形热源"。因此，任意离散热源 j 的强度为

$$Q_w^{(j)} = Q_w \frac{j\Delta t_2}{t_k - t_0}$$

(13-39)

式中，Δt_2 为微时间间隔，s；t_0 为热源移动的初始时间，s；t_k 为移动热源的终止时间，s；j 为相邻热源的间隔数。

任意磨粒 i 在磨削区产生的温度场由下式计算：

$$T(x^{'(i)},y^{'(i)},z^{'(i)},t_k^{(i)}) = \sum_{j^{(i)}=1}^{(t_k^{(i)}-t_0^{(i)})/\Delta t_2} \frac{Q_w^{(i)} \dfrac{j^{(i)}\Delta t_2}{t_k^{(i)}-t_0^{(i)}}}{c_w\rho_w\sqrt{(4\pi\alpha_w j^{(i)}\Delta t_2)^3}} e^{\frac{(x-x^{'(i)})^2+(y-y^{'(i)})^2+(z-z^{'(i)})^2}{4\alpha_w j^{(i)}\Delta t_2}}$$

$$(13\text{-}40)$$

式中，$(x^{'(i)}，y^{'(i)}，z^{'(i)})$ 为任意点热源的位置坐标，与砂轮转动速度有关。

在磨削区内同时有数百个有效磨粒与工件接触，因此磨削区的温度场由多个非瞬态运动点热源产生的温度场叠加形成。在实际磨削过程中，磨削区是任意时刻工件表面上某一区域与砂轮对应区域的重叠部分。由于砂轮转速 V_s 远大于工件进给速度 V_w，当工件沿进给方向前进 l_c 时，砂轮周长已旋转 n' 段，即 n' 个磨削区。砂轮表面各区段的磨粒位姿分布不相同，导致有效磨粒数 N_e 和最终切削深度 h_m 在不同时刻对磨削热的影响存在较大差异。任意时刻 t 对应的砂轮形貌特征为 G_N $(t，N_e)$，通过递归运行砂轮表面形貌模型程序可生成磨削过程中不同时刻的砂轮特征群 $[G_N$ $(t，N_e)]$。因此，根据温度衰减-叠加机制，砂轮去除工件材料的过程中在任意时刻 t 磨削区的温度场为

$$T[t,G_N(t,N_e)] = \sum_1^n \left[\sum_{i=1}^{N_e^{(n)}} T(x^{'(i)},y^{'(i)},z^{'(i)},t_k^{(i)})(1+\lambda_a^{(2)}+\lambda_a^{(3)}+\cdots+\lambda_a^{(n-2)}+\lambda_a^{(n-1)}) \right]$$

$$(13\text{-}41)$$

由式(13-41) 可知，在计算磨削温度时，唯一未知量是每个有效磨粒产生的热量。因此，需进行求解。

(1) 磨削区有效磨粒热量分配机制

单颗磨粒滑擦实验表明，不同磨粒-工件接触状态所产生的热量不同。基于随机化磨粒分布，若要计算单颗磨粒产生的温度场，需要按照磨粒-工件接触状态将具有升温效应的热量分配到各颗有效磨粒。

在砂轮速度 v_s 一定的条件下，任意有效磨粒 i 产生热量的时间（即切出时刻 $t_{(i)k}$ 与切入时刻 $t_{(i)0}$ 间的时间段 $t_{(i)k}-t_{(i)0}$）与磨粒切削距离 $l^{(i)}$ 相关。实际磨削过程中，砂轮-工件接触区的弧度非常小，可忽略不计，则磨粒 i 的切削长度 $l^{(i)}$ 与最大切入深度 $h_{(i)m}$ 成正比。当磨粒突起高度取最大值时，该磨粒的实际切削长度与磨削区弧长相等。此时最终切入深度达到最大值。

① 滑擦/耕犁阶段。滑擦/耕犁阶段的磨粒仅使材料发生弹塑性形变，并不去除材料。依据对砂轮表面的形貌仿真并分类统计可知，这两个阶段任意磨粒 i 的最大未变形切屑厚度 $h_{(i)m}$ 呈现随机分布的规律。研究表明，磨粒产生的热量与最大未变形切屑厚度成正比关系。因此，可近似认为滑擦/耕犁阶段的磨粒产生的热量也随机分布。依据有效磨粒确定机制，可计算出滑擦/耕犁阶段的磨粒所对应的最大未变形切屑厚度 $h_{(i)m}$ 的分布值域。为提高准确度，将每个阶段的 $h_{(i)m}$ 值域分成 20 个微区间，并统计出每个微区间中的磨粒频数，如图 13-14 所示。每个微区间的磨粒频数与对应阶段的有效磨粒总数（$N_{sliding}$ 和 $N_{plowing}$）的比值即为滑擦/耕犁阶段对应磨粒的热量概率密度。

$$\begin{cases} Q_{\text{sliding}}^{(i)} = \dfrac{N_{\text{sliding}}^{(r_n \sim r_{n+1})}}{N_{\text{sliding}}} Q_{\text{sliding}} \\[4mm] Q_{\text{plowing}}^{(i)} = \dfrac{N_{\text{plowing}}^{(r_n \sim r_{n+1})}}{N_{\text{plowing}}} Q_{\text{plowing}} \end{cases} \tag{13-42}$$

滑擦阶段h_m范围：0~0.01μm 耕犁阶段h_m范围：0.01~3μm
滑擦阶段有效磨粒数N_{sliding}：146 耕犁阶段有效磨粒数N_{plowing}：289

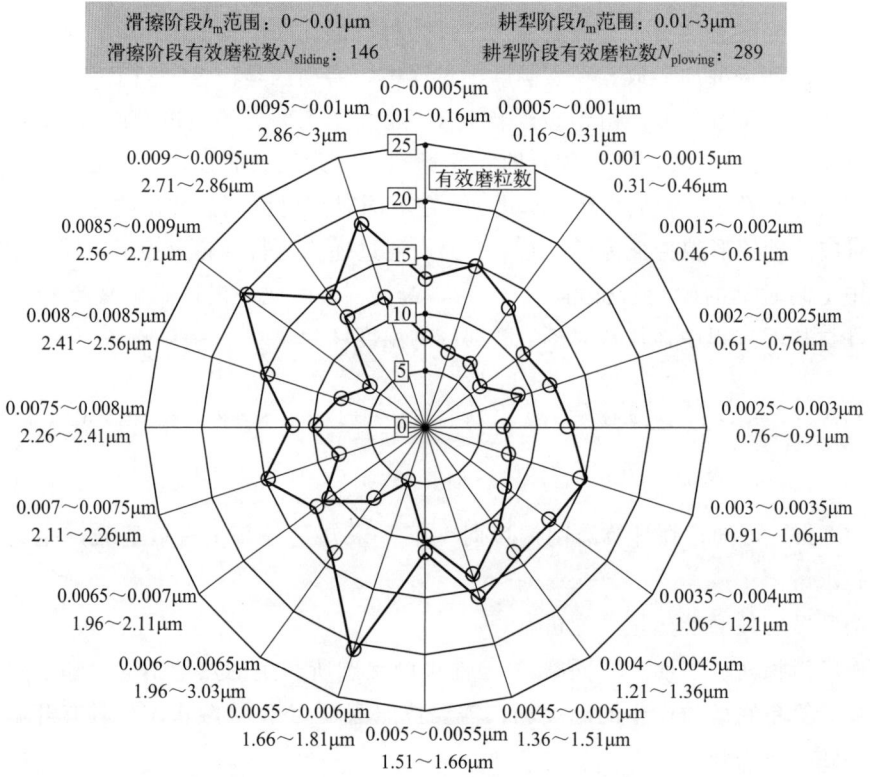

图 13-14 不同 h_m 滑擦/耕犁阶段对应的有效磨粒数分布

② 切削阶段。在切削阶段能够实现工件材料的去除。研究表明，单颗磨粒产生的热量与去除材料的体积成正比。因此，在切削阶段，通过任意有效磨粒 i 去除的材料体积与磨削区去除的材料总体积比的比值可以得到磨粒 i 的热量 $Q_{\text{cutting}}^{(i)}$。如图 13-15 所示，任意有效磨粒 i 对应切屑的横截面积为

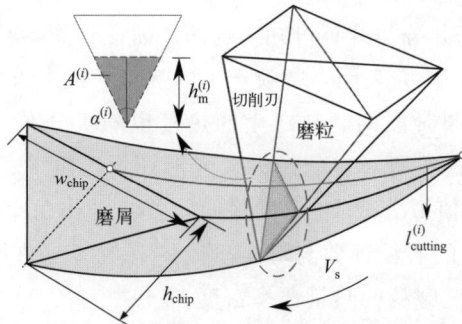

图 13-15 切削阶段晶粒和切屑几何特征之间的相关规律

$$A^{(i)} = h_m^{2(i)} \tan\frac{\alpha^{(i)}}{2} \tag{13-43}$$

将 $A^{(i)}$ 在区间 $\left[l_{\text{cutting\_cri}}^{(i)},\ l_{\text{cutting}}^{(i)}\right]$ 内积分，可得处于切削阶段任意磨粒 i 去除的工件材料体积 $V^{(i)}$：

$$V^{(i)} = \int_{l_{\text{cutting\_cri}}^{(i)}}^{l_{\text{cutting}}^{(i)}} A^{(i)} \mathrm{d}l \tag{13-44}$$

按照比例关系将切削阶段热量 Q_{cutting} 分配到每颗磨粒上，则

$$Q_{\text{cutting}}^{(i)} = \frac{V^{(i)}}{\sum\limits_{1}^{N_{\text{cutting}}} V^{(i)}} Q_{\text{cutting}} \tag{13-45}$$

（2）砂轮和工件不同接触阶段产热量

砂轮去除工件材料过程中所消耗的功率绝大部分会转化为热量，而磨削功率与磨削比能相关。磨削比能可反映磨粒与工件的干涉程度，即去除材料的难易程度。磨削比能高，说明材料去除难度大，转化的磨削热量高。不同磨削阶段的磨粒-工件之间作用机制不同，因而每个阶段的磨削比能占比差异较大。因此，可通过不同磨削阶段的磨削比能分布来分析各阶段的磨削热量。

① 滑擦阶段。磨粒与工件接触后，工件受到磨粒挤压会发生弹塑性变形，但磨粒未能嵌入工件而导致磨粒尖端与工件表面出现滑动摩擦的现象。滑擦阶段不会去除材料，但剧烈摩擦产生的热量是引起总磨削比能升高的重要原因。当磨粒尖端的接触应力大于等于材料的屈服极限时，材料会发生塑性形变。即

$$\sigma_{\text{n\_sliding}} = \frac{f_{\text{n\_sliding}}}{0.54\pi \bar{r}_e^2} \geqslant \sigma_s \tag{13-46}$$

式中，$\sigma_{\text{n\_sliding}}$ 为磨粒尖端的接触应力，MPa；σ_s 为工件材料的屈服极限，MPa；r_e 为磨粒尖端边缘平均半径，μm；$f_{\text{n\_sliding}}$ 为滑擦阶段单颗磨粒的法向力，N。

滑擦阶段磨削比能 U_{sliding} 的计算公式如下：

$$U_{\text{sliding}} = f_{\text{t\_sliding}} \left(\frac{v_c}{v_w} N_{\text{sliding}} h_{\text{plowing\_cri}}\right)^2 \frac{D_s}{4a_p} \times \frac{\bar{w}_g}{\bar{h}_g} \tag{13-47}$$

式中，N_{sliding} 为磨削区参与滑擦的磨粒数量（所有有效磨粒）；$\bar{h}_g$ 为平均槽深，μm；$\bar{w}_g$ 为平均槽宽，μm。

② 耕犁阶段。磨粒嵌入工件表面后，形变材料沿磨粒横向位移并在两侧发生塑性堆积。材料被磨粒推动的过程中由于弹性挠曲而附着在切削刃两侧，引起剧烈摩擦，导致磨削热增加。虽然耕犁阶段不去除材料，但磨粒挤压材料形成犁沟，且材料塑性应变能和摩擦能会引起磨削比能增加。当磨粒嵌入深度达到最大值时，耕犁阶段的法向力 $f_{\text{n\_plowing}}$ 最大。假定磨粒-工件接触面的宽度等于犁沟宽度，法向力可用式(13-48)计算：

$$f_{\text{n\_plowing max}} = \sigma_s S_{\text{contact}} = \sigma_s\left[(2h_{\text{cutting\_cri}} + 0.255 r_e) r_e\right] \tag{13-48}$$

耕犁阶段摩擦产生的磨削比能 $U_{\text{plowing\_rubbing}}$ 计算公式如下：

$$U_{\text{plowing\_rubbing}} = \frac{f_{\text{t\_plowing max}} v_c N_{\text{plowing}}}{v_w a_p w} \tag{13-49}$$

式中，w 为砂轮宽度，mm；N_{plowing} 为磨削区参与耕犁的有效磨粒数量。

材料塑性变形引起的磨削比能可通过下式计算：

$$U_{\text{plowing\_acumulaton}} = gH_c \tan\overline{\alpha_{\text{semi}}}(1+H_g)(1.8-0.02\overline{\alpha_{\text{semi}}}) \tag{13-50}$$

式中，H_c 为工件的洛氏硬度，GPa；H_g 为沟槽两侧堆积材料的平均高度 $\overline{h}_p$ 与平均沟槽宽度 $\overline{w}_g$ 的比值；$\overline{\alpha_{\text{semi}}}$ 为磨粒平均半顶角；g 为 H_c 和 H_s 的相关系数。

参数 g 和 H_g 均与磨粒平均半顶角 $\overline{\alpha_{\text{semi}}}$ 具有强相关性，其关系式为

$$g = \frac{H_s}{H_c} = 5.64 - 0.14\overline{\alpha_{\text{semi}}} + 0.001\overline{\alpha_{\text{semi}}}^2 \tag{13-51}$$

$$H_g = 0.43 + 0.00514\overline{\alpha_{\text{semi}}} \tag{13-52}$$

因此，耕犁阶段总的磨削比能为

$$U_{\text{plowing}} = U_{\text{plowing\_rubbing}} + U_{\text{plowing\_acumulaton}} \tag{13-53}$$

③ 切削阶段。当磨粒切入深度不断增大且磨粒推动前方隆起的材料高度达到临界状态，即磨粒与隆起材料的接触应力大于等于剪切极限时，材料从切削刃前面滑出形成磨屑。切削阶段的磨削比能计算公式为

$$U_{\text{cutting}} = \frac{F_{\text{t\_cutting}}v_s}{v_w a_p w} \tag{13-54}$$

切削阶段的切向力 $F_{\text{t\_cutting}}$ 计算公式为

$$F_{\text{t\_cutting}} = a_p w \tau_s (e^{\mu_c(\frac{\pi}{2}-|\gamma_0|\frac{\pi}{180})} - \tan|\gamma_0| + 1) \tag{13-55}$$

将式（13-54）代入式（13-55）后可得

$$U_{\text{cutting}} = \frac{V_s}{V_w}\tau_s (e^{\mu_c(\frac{\pi}{2}-|\gamma_0|\frac{\pi}{180})} - \tan|\gamma_0| + 1) \tag{13-56}$$

式中，τ_s 为材料的剪切极限，MPa；μ_c 为磨粒与工件的摩擦系数，与冷却润滑情况有关；γ_0 为磨粒负前角，通常为 $-80°\sim-40°$，取均值 $-60°$。

干磨削过程中，磨削区按照比例系数 R_d 传入工件的热量 Q_w 为

$$Q_w = Q_t R_d = F_t \left[\left(l_c + \frac{0.974\lambda_g}{\sqrt{r_e V_s \lambda_w \rho_w c_w}} \right)(D_s a_p) \right]^{-1} \tag{13-57}$$

式中，F_t 为切向磨削力，N；l_c 为砂轮-工件接触弧长，mm；D_s 为砂轮直径，mm；a_p 为切深，μm；λ_g 为磨粒的热导率，W/(m·K)；r_e 为接触半径，mm；λ_w 为工件的热导率，W/(m·K)；ρ_w 为工件密度，kg/m³；c_w 为工件比热容，J/(kg·K)。

在加工参数一定的情况下，通过上述三个部分即可计算出各个阶段的磨削比能。依据占比关系，可求出每个阶段的热量为

$$\begin{cases} Q_{\text{sliding}} = \dfrac{U_{\text{sliding}}}{U_{\text{sliding}} + U_{\text{plowing}} + U_{\text{cutting}}} Q_w \\[3mm] Q_{\text{plowing}} = \dfrac{U_{\text{plowing}}}{U_{\text{sliding}} + U_{\text{plowing}} + U_{\text{cutting}}} Q_w \\[3mm] Q_{\text{cutting}} = \dfrac{U_{\text{cutting}}}{U_{\text{sliding}} + U_{\text{plowing}} + U_{\text{cutting}}} Q_w \end{cases} \tag{13-58}$$

13.3.3　温度场分布数值分析

图 13-16 为砂轮-工件接触区的温度场形貌，直观展示了基于砂轮磨粒位姿随机化分布磨削区工件表面离散温度场的动态演变过程。磨削区被大量点热源（磨粒）离散加热，从图中可以清晰识别单颗磨粒引起的温升高低，但各离散热源对工件表面整体温升的影响不大，这是由于每颗磨粒的产热时间极短（$10 \sim 25 \mu s$ 不等）。然而，大量点热源产生的热量相互叠加会使工件表面的温度逐渐升高。在砂轮-工件初始接触阶段，与工件相互作用的磨粒数量相对较少，热量叠加区域范围小且离散度高，因此接触区整体温升程度相对较低，工件表面瞬时最高温度约为 245.7℃。随着砂轮持续旋转，与工件接触的磨粒逐级大幅增多，产生的热量逐级/逐层叠加在前端磨粒递减的残余热量之上，引起热量叠加区域范围显著增大，离散度下降且连续性增强，接触区后端的整体温度迅速升高。随着后续磨粒产生的热量持续相互叠加影响，瞬时高温点也不断增加，但多集中在热量累计叠加层数较多的后段区域且分布无明显规律。在接触区前段高温点分布较少，这可能是局部磨粒突出高度较大，与工件作用产生的热量较高所致。在 $58\mu s$、$87\mu s$、$116\mu s$ 时刻，最高瞬时温度分别为 378.4℃、469.1℃、542.9℃，呈现逐步增大的趋势。

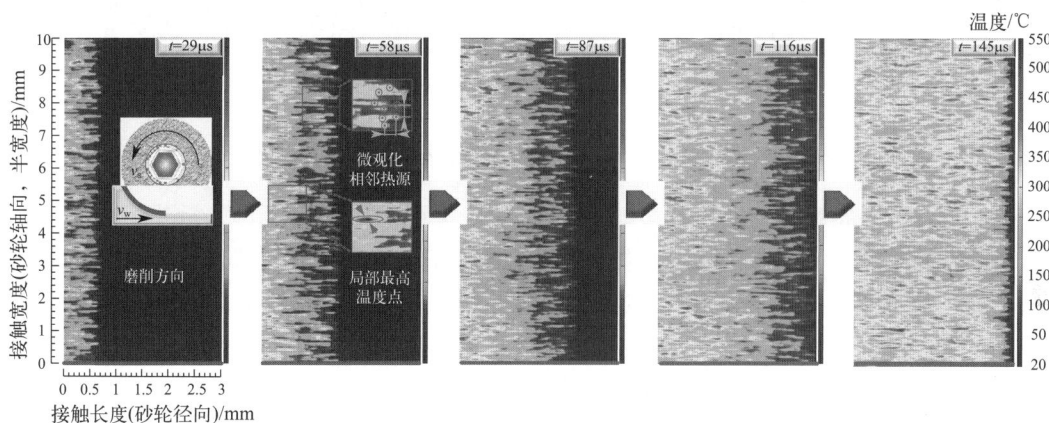

图 13-16　工件表面离散温度场的变化

① 非均匀-非连续性温度场。为进一步探究磨削区不同位置的温度分布规律，对于第一个完整弧区周期，分别沿磨削区周向取 4 个截面和轴向取 1 个截面进行分析，如图 13-17(a)所示。对于截面 1~4（$x = 0.6$mm、$x = 1.2$mm、$x = 1.8$mm、$x = 2.4$mm），轴向（y 方向）上的各点虽然在工件表面的周向（x 方向）上处于同一位置，但在磨削过程中温度均不相等，且处于一种相对稳定的波动状态，显示出非均匀和非连续性，如图 13-17（c）~（f）所示。这是由于磨粒的突出高度和位姿随机化。突出高度较大的磨粒在工件表面某一点的分布密度相对较大，而在相邻点处分布密度相对较小。基于磨粒产生的热量大小与突出高度正相关，同一截面上相邻点的温度会存在一定差异，这就导致了波动状态出现。虽然温度波动，但整体温度水平却存在差异，从截面 1 到截面 4 的平均温度及最大温度呈现逐级降低的趋势，这与温度衰减机制相对应。截面 5（$y = 2.5$mm）清晰地显示了温度沿着磨削区周向波动式下降，如图 13-17(b) 所示。相较于最高温度 532.7℃，在 $x = 0.6$mm、$x = 1.2$mm、

$x=1.8$mm、$x=2.4$mm 处分别下降了 38.1%、52.7%、70.7%、81.4%。

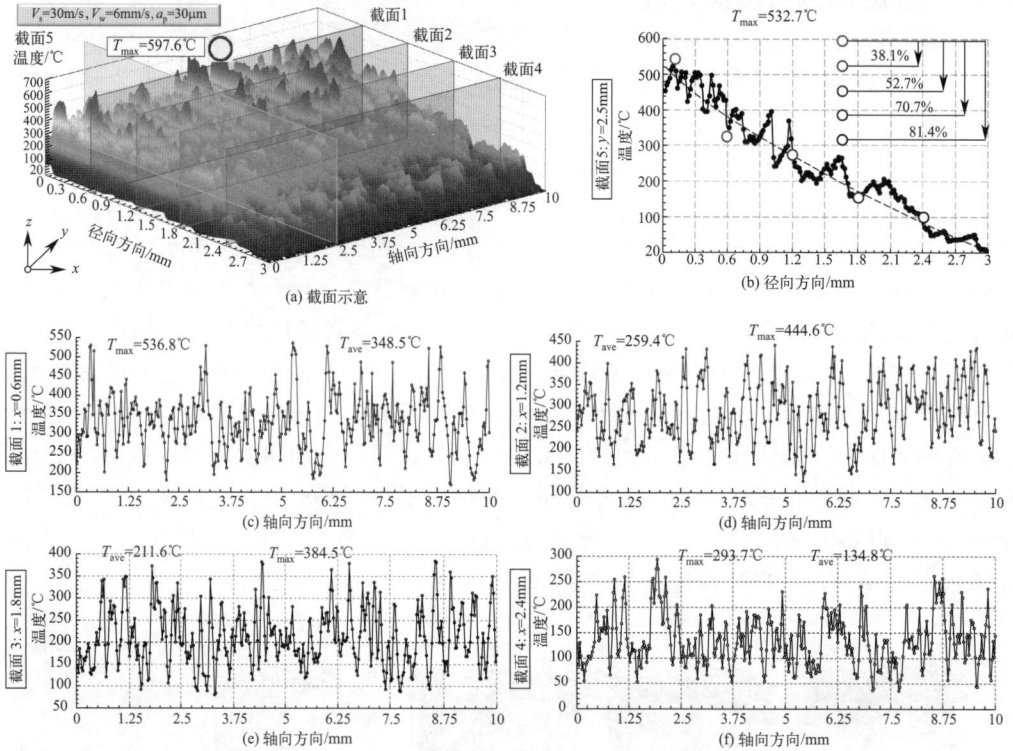

图 13-17 第一个完整弧区中不同轴/径向截面的温度分布

对于第二个完整弧区周期，沿磨削区径向（$x=0\sim2.8$mm）以 0.07mm 为微间隔取 70 个截面，对每个截面上沿周向（y 方向）各点的温度求取平均值，结果如图 13-18 所示。各截面的平均温度同样处于非均匀和非连续的波动状态，在最大值 417.8℃ 和最小值 366.7℃ 内波动，幅度范围仅有 12.25%。这说明第二个完整弧区周期及后续时刻，磨削区的温度将维持在一个小波动幅度范围内相对稳定的动态更迭状态。

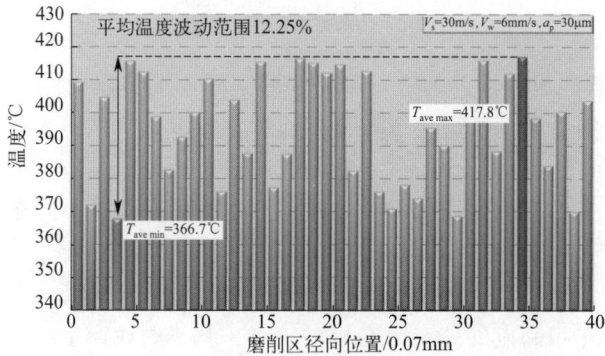

图 13-18 第二个完整弧区中径向截面的平均温度分布

根据上述分析结果可知，在过往关于磨削温度的理论模型研究中，认为热量沿磨削区周向/轴向均匀-连续分布的假设是不符合实际情况的，这也进一步证明了本节中基于砂轮表面磨粒随机化工件表面离散温度场分布模型的合理性。

② 磨削区高温点预测。由上述分析可知，砂轮与工件接触并经过两个完整弧区周期后，工件表面的温度将达到相对稳定的动态更迭状态，高温点也将随时间动态更新分布。由于砂轮高速旋转，任意微区段的磨粒与工件的相互作用时间极短（约 $116\mu s$），产生的磨屑在高温作用下熔化，但有黏附在工件表面的现象往往发生在磨屑随砂轮旋转一周或多周之后。因此，分析砂轮与工件持续作用后的工件表面高温点分布很有意义。图 13-19 直观展示了磨削 Ti6Al4V 时不同时刻接触区工件表面高温点的动态分布规律。从图中可以看出，由于磨粒位姿随机化分布，可能出现的黏附点/烧伤点分布并无明显的规律。从 2s 到 3s，高温点的分布逐渐致密，这可能引起工件表面更多的位置出现热软化现象，并且黏附点/烧伤点的数量有增多的趋势。这是由于磨削区除了部分熔化的磨屑黏滞于工件表面外，有相当数量的磨屑随砂轮高速旋转再次进入磨削区，在高温作用下黏附在工件表面，出现了"点焊"现象。受到动载荷作用，焊点断裂，加剧了磨粒与工件的摩擦，导致局部温度升高，进而引起烧伤点数量增加。随时间推移，黏附/烧伤的现象可能会进一步加强，因此采取合适的加工参数、有效的冷却-润滑方式对上述负面影响进行抑制显得尤为重要。

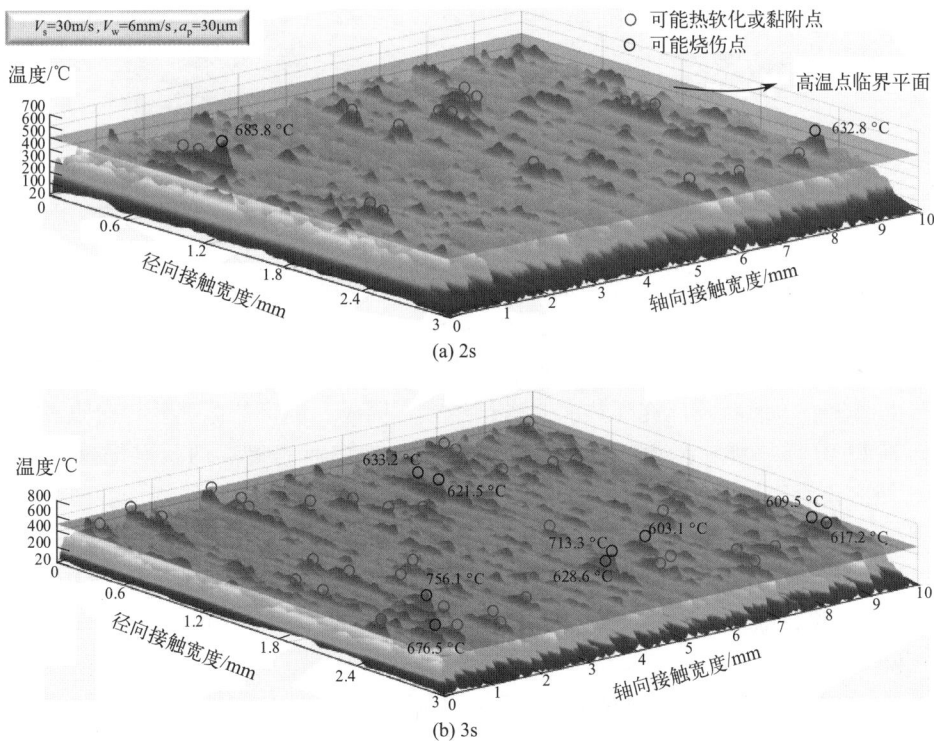

(a) 2s

(b) 3s

图 13-19　磨削区高温点的动态分布

13.3.4　实验验证

为了验证上述数值计算方法的可行性和准确性，进行了 CBN 砂轮在不同切削深度下干磨削 Ti6Al4V 的实验。

（1）实验设备

为验证基于磨粒-工件微观接触状态的非连续-非均匀温度场计算方法的可行性和准确

性，制备了多组具有微通孔阵列的工件试样，如图 13-20 所示，以便测量在磨削过程中不同位置处的磨削温度大小。磨削区微通孔阵列的长度设计为 5mm，略大于采用摩擦参数所计算的最大砂轮-工件接触长度，这是为了保证最大程度地测量沿磨削区周向的温度分布。微通孔阵列的宽度设计为 18mm，略小于砂轮宽度，这与仿真模型选取的区域一致。考虑到通孔加工工艺和热电偶安装可靠性，微通孔的直径设计为 0.5mm。利用电子显微镜对砂轮表面观测，经测量相邻磨粒的间距大致为 0.08～0.2mm。这也确保了砂轮经过微通孔时存在有效数量的磨粒与工件相互作用，且产生的温度能被热电偶捕捉到。沿工件长度方向和宽度方向上相邻微孔的间距设计为 0.4mm 和 0.5mm，在考虑通孔加工难度的前提下，确保磨削区内存在足够多的温度采集点。

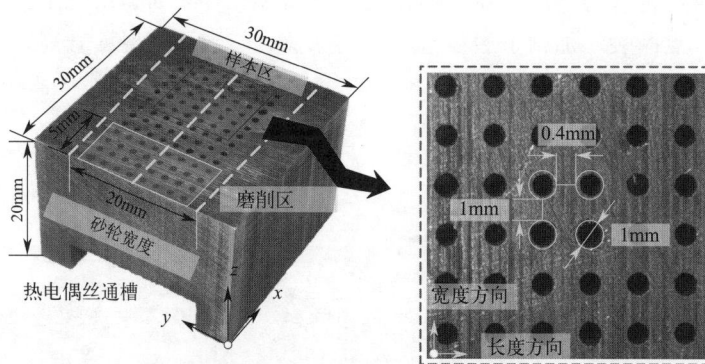

图 13-20　微通孔阵列 Ti6Al4V 样品

平面磨削实验采用 K-P36 数控平面磨床配合 CBN 砂轮。磨削温度测量通过使用 MX100 采集器（多通道）和双极热电偶实现，如图 13-21（a）所示。实验前将热电偶两极焊合，为确保热电偶丝焊合点处于闭合状态以测量磨削温度，使用激光共聚焦显微镜观察焊合点。焊合后的热电偶丝插入通孔并填充隔热树脂进行绝热，同时，确保热电偶丝焊合点与通孔终端平齐，如图 13-21（b）所示。磨削过程中，砂轮与工件表面测量点的接触时间较短（大约 500ms），而实验所用热电偶的响应时间为 450～500ms。因此该热电偶测量磨削温度时其响应时间满足要求。

通过切削深度对磨削温度的影响验证温度场模型，因此，实验过程中砂轮转速 V_s 和工件进给速度 V_w 保持在 30m/s 和 6mm/s 不变，磨削深度分别为 $10\mu m$、$20\mu m$、$30\mu m$。

（2）模型验证

① 数值计算与测量温度比较方法。磨削过程中工件表面的高温点易产生热损伤，因此重点采集工件表面不同位置处的最高温度。此外，工件表面任意测量点的温度受热电偶测温区域内多颗磨粒与工件相互干涉的综合影响，为验证温度场模型计算的准确性，可将仿真工件表面按照微通孔尺寸进行区域化划分。磨削区的局部区域化工件表面如图 13-22 所示。数值仿真区域 1～8 的面积略大于微通孔的面积，这是为了保证数值计算的温度选取范围尽量覆盖仿真区域。区域内网格的交点为温度数值计算点，数值大小主要受其周围磨粒数量和切入深度的影响。通过选取各个区域内所有数值计算点中的温度最大值与相应位置测量点的温度进行比较。

经过区域划分和程序对相应位置网格交点筛选后，区域 1～8 内的数值计算点为 20 个。在一定加工参数（$V_s = 30$m/s，$V_w = 6$mm/s，$a_p = 30\mu m$）的条件下，磨削达到稳定状态后，

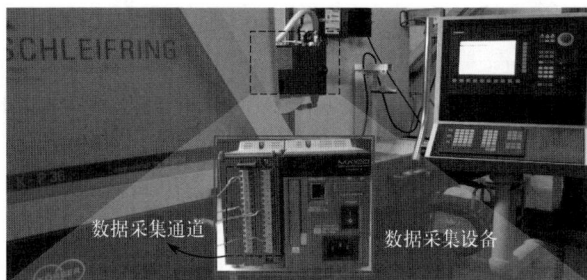

(a)

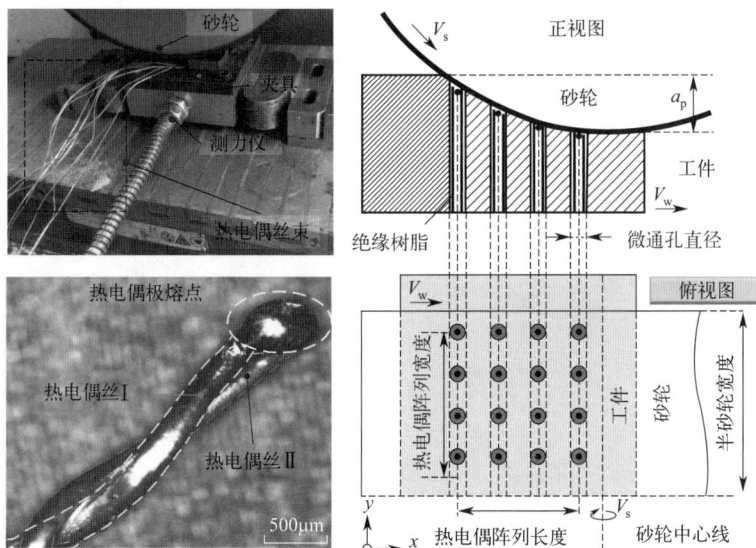

(b)

图 13-21　磨削区温度测量的实验设置

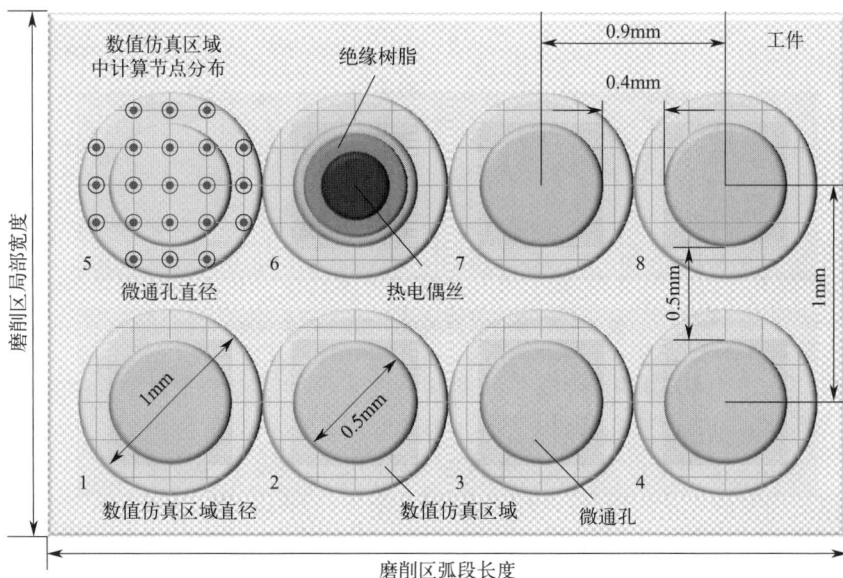

图 13-22　区域化数值模拟的工件表面

区域 1~8 的数值计算温度与相应位置热电偶的测量温度比较结果如图 13-23 所示。由于磨粒位置分布、数量及切入深度存在差异，每个区域内数值计算点的温度分布不均。通过比较可以发现，区域 1~8 内计算温度的最大值均大于实测值，这可能是由于实验测量过程中部分热量以对流或传导的方式耗散到了周围环境中。区域 1 和区域 3~8 的数值计算最高温度与相应测量温度的误差小于 10%，最大和最小误差分别为 9.8% 和 4.9%。而区域 2 的误差值达到 14.9%，略大于 10%。误差增大，这说明在砂轮经过温度测量点的时间段内，相较于实际磨削过程，仿真区域内切入深度较大的磨粒分布密度较高。由于 8 组数据相对较少，并不能完全反映整个磨削区工件表面数值计算温度的准确性。因此，在相同加工参数下，通过反复磨削实验对 64 组数据进行了采集和对比。结果误差超过 10% 的区域共有 9 个，占比为 14%。

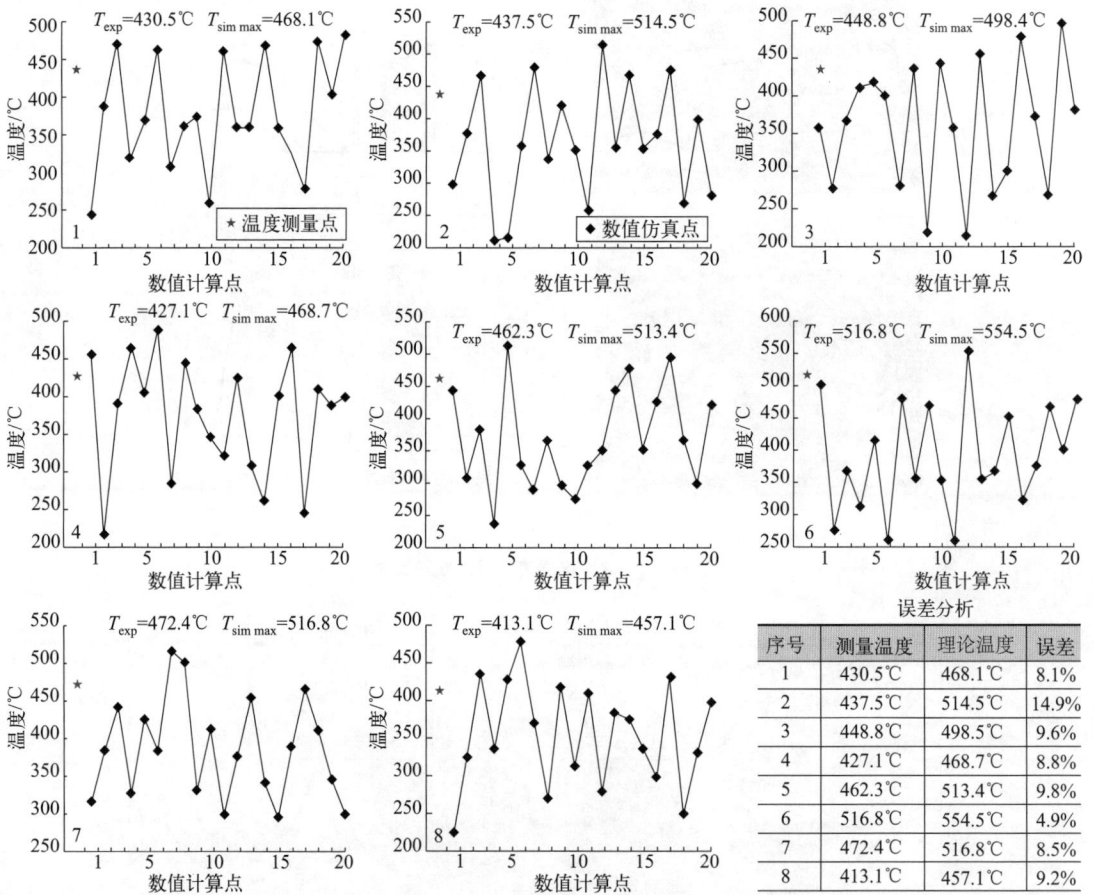

图 13-23　数值计算与测量的温度误差对比

序号	测量温度	理论温度	误差
1	430.5℃	468.1℃	8.1%
2	437.5℃	514.5℃	14.9%
3	448.8℃	498.5℃	9.6%
4	427.1℃	468.7℃	8.8%
5	462.3℃	513.4℃	9.8%
6	516.8℃	554.5℃	4.9%
7	472.4℃	516.8℃	8.5%
8	413.1℃	457.1℃	9.2%

② 非均匀-非连续温度分布。对于砂轮初始切入工件的"第一个完整弧区周期"，在磨削过程中同时对工件表面上多个测温点（$x=0.6\text{mm}$、1.2mm、1.8mm、2.4mm；$y=1\text{mm}$、3mm、5mm、7mm）的温度进行采集，并将各点处的磨削温度信号按照其所在位置进行整理。多个位置测温点的温度变化规律及与相应数值计算温度的对比如图 13-24 所示。

在"第一个完整弧区周期"内，工件宽度方向上的测量温度非均匀分布，存在无规律差异。在 $x=0.6\text{mm}$、1.2mm、1.8mm、2.4mm 处的测量温度平均值分别为 482.5℃、438.3℃、

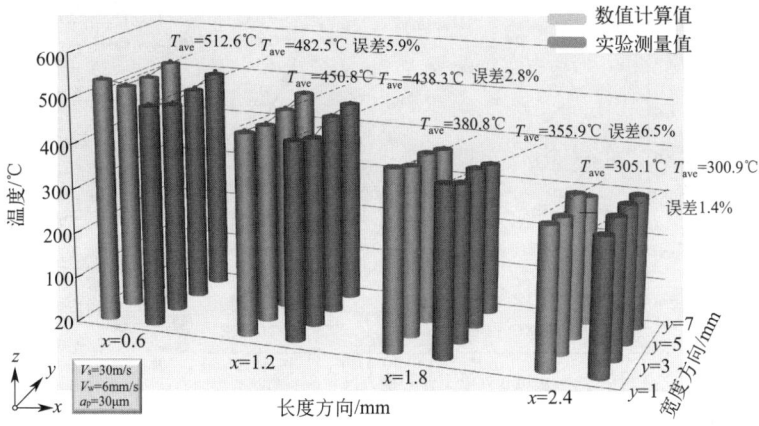

图 13-24　不同位置的工件表面温度

$355.9℃$、$300.9℃$，沿工件长度方向呈逐级下降的趋势，与数值仿真规律一致。对于平均温度，实验测量值略小于对应位置的数值计算值，这可能是热耗散导致的。误差分别为 5.9%、2.8%、6.5%、1.4%，这说明温度计算模型能够有效预测磨削初始阶段的温度变化规律。

　　对于砂轮去除工件材料的稳定阶段，不同磨削深度条件下，分别沿工件宽度（$x=15mm$，$y=1\sim8mm$）和长度方向（$x=15mm$，$y=1\sim8mm$）测量表面温度。如图 13-25 所示，磨削深度一定时，测量温度沿工件长度和宽度方向以一定幅度呈现非均匀-非连续分布。这是由于砂轮表面磨粒的几何及空间形态随机化分布，进而引起与工件发生干涉作用的磨粒突出高度存在差异。测量的温度随着磨削深度减小而逐级降低，这是由于去除材料体积减小，所消耗的能量降低，进而产生的热量降低。不同磨削深度下均出现了实验测量值高于数值计算值以及实验测量与数值计算值之间的误差超过 10% 的现象，这说明实际砂轮表面磨粒的分布与仿真生成的随机化磨粒分布存在一定程度的差异。例如，对于在工件表面相同位置发生干涉作用的磨粒，可能实际砂轮较大突出高度的磨粒分布密度较大，而仿真砂轮表面较小突出高度的磨粒分布密度较大；也有可能实际砂轮磨粒的平均突出高度要大于仿真砂轮。从图中可以看出，不同磨削深度下，沿工件长度和宽度方向上实验测量和数值计算的温度平均值误差均低于 10%，这说明温度计算模型同样能够有效预测磨削稳定后的温度分布规律。

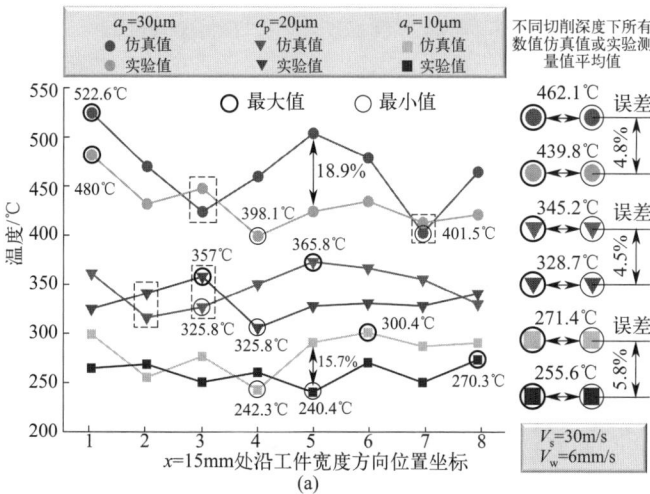

图 13-25

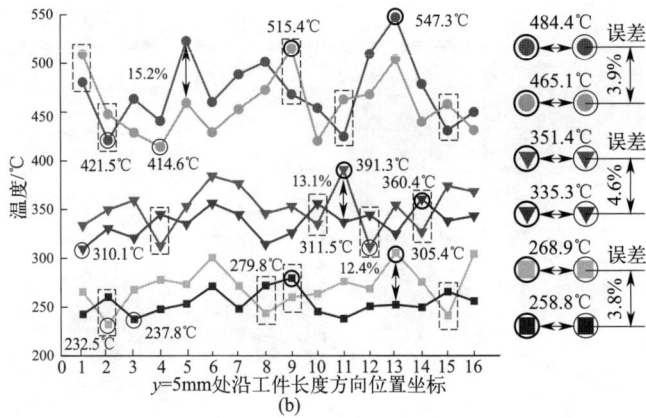

图 13-25 不同切削深度下工件长、宽方向的温度

13.3.5 低温冷风微量润滑磨削工件表面温度理论值与实验值

难加工金属材料，尤其是 Ti6Al4V，导热性能相对较差，导致磨削过程中磨削区产生的热量无法及时耗散，大量聚集在工件加工表面，极易引起工件表面烧伤，严重影响加工质量。利用 CAMQL 技术的叠加热耗散能力能有效降低磨削区聚集的热量，大大减少传入工件的热量，进而降低工件表面温度。基于温度场模型和实验测量平台，结合不同低温冷风温度（$-10℃$、$-20℃$、$-30℃$、$-40℃$、$-50℃$）和磨削深度（$10\mu m$、$20\mu m$、$30\mu m$）下最终传入工件的热量 Q_w，对比分析 CAMQL 辅助磨削工件表面温度理论值与实验值，结果如图 13-26 所示。

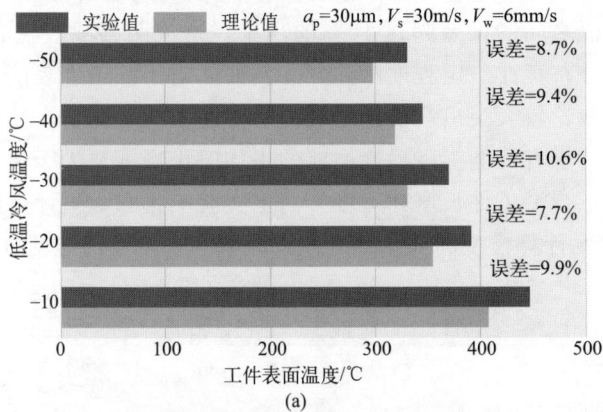

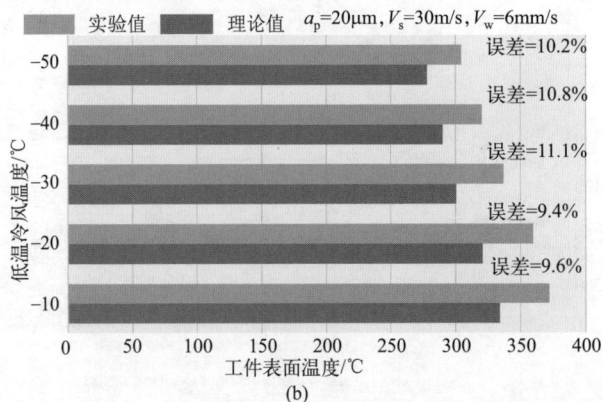

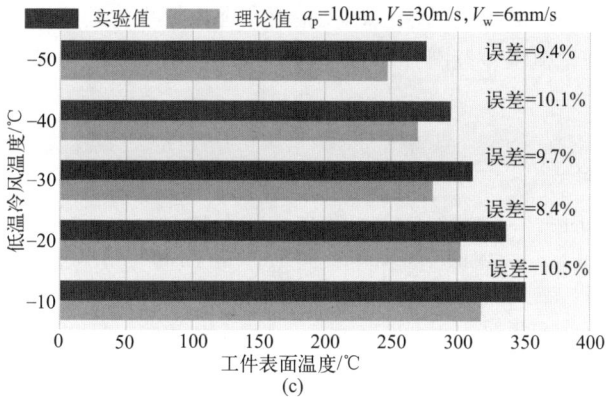

图 13-26　工件表面温度理论值与实验值的比较

从图中可以直观看出，不同磨削参数下，工件表面温度的理论计算值和实验测量值均随冷风温度降低呈现出减小趋势，说明 CAMQL 在磨削过程中发挥出了显著的冷却润滑能力。通过对比可以看出，实验值均略高于理论值。这可能是由于实际加工过程中，低温润滑油在雾化、成膜及向磨削区输运时不可避免地存在与周围环境热量交换的现象，导致温度一定程度地升高，进而引起运动黏度、表面张力等物理性质的减小，致使实际冷却润滑效果要差于理论分析的情况。然而，由于砂轮高速旋转，磨削区内磨粒-工件的干涉及冷却润滑时间极短，且低温润滑油会迅速且持续地补充到磨削区，因此润滑油的物理性质改变对冷却润滑能力的影响有限。实验值和理论值的变化趋势基本一致，不同磨削深度及冷风温度下实验/理论值的误差范围分别为 7.7％、10.6％、9.4％、11.1％、8.4％、10.5％。

13.4　小结

本章基于砂轮表面磨粒位姿随机化离散热源磨削工件表温度场模型，揭示了磨削区温度场衰减-叠加演变机制和不同砂轮-工件接触阶段热量分配机制。为验证工件表面不同位置的温度，本章提出了区域化仿真/实验温度比较方法，设计了双极热电偶阵列测量方法来获取工件表面不同位置的温度，改进了以往基于单热电偶的测温技术。主要结论如下：

① 不同加工参数下，通过温度场数学模型计算的工件表面温度与实验测量结果吻合性较好。基于离散化数值计算点，磨削深度 $a_p=30\mu m$ 时，64 组实验测量温度与数值计算温度的比较结果显示，误差低于 10％的区域共有 56 个，占比 86％。

② 无论是实验测量结果还是数学模型计算结果，均证明了磨削温度场的非均匀-非连续性，即磨削区温度不沿工件长度/宽度方向等值分布。对于砂轮初始切入工件的"第一个完整弧区周期"，沿磨削区长度方向等距位置上测量温度平均值分别为 482.5℃、438.3℃、380.8℃、305.1℃，呈逐级下降的趋势，测量值间的误差分别为 5.9％、2.8％、6.5％、1.4％。对于磨削稳定阶段，特定位置处测量温度沿工件长度和宽度方向均以一定幅度呈现非均匀-非连续分布。在三种磨削深度条件下，与数值计算值相比，误差小于 10％的区域占比 93.1％。这证明了温度场模型能够有效预测磨削过程不同阶段工件表面不同位置的温度变化规律。

③ 基于离散热源工件表面温度场模型，实验值和理论值变化趋势基本一致，不同磨削深度及冷风温度下的实验/理论值误差范围分别为 7.7%、10.6%、9.4%、11.1%、8.4%、10.5%。

参考文献

[1] Abdelrazek A H, Choudhury I A, Nukman Y, et al. Metal cutting lubricants and cutting tools: a review on the performance improvement and sustainability assessment [J]. International Journal of Advanced Manufacturing Technology, 2020, 106 (9/10): 4221-4245.

[2] Gajrani K K, Suvin P S, Kailas S V, et al. Hard machining performance of indigenously developed green cutting fluid using flood cooling and minimum quantity cutting fluid [J]. Journal of Cleaner Production, 2019, 206: 108-123.

[3] Mao C, Zou H F, Huang Y, et al. Analysis of heat transfer coefficient on workpiece surface during minimum quantity lubricant grinding [J]. International Journal of Advanced Manufacturing Technology, 2013, 66 (1/4): 363-370.

[4] Shokrani A, Dhokia V, Newman S T. Environmentally conscious machining of difficult-to-machine materials with regard to cutting fluids [J]. International Journal of Machine Tools and Manufacture, 2012, 57: 83-101.

[5] Chetan, Ghosh S, Rao P V. Application of sustainable techniques in metal cutting for enhanced machinability: a review [J]. Journal of Cleaner Production, 2015, 100: 17-34.

[6] Araujo A S, Sales W F, da Silva R B, et al. Lubri-cooling and tribological behavior of vegetable oils during milling of AISI 1045 steel focusing on sustainable manufacturing [J]. Journal of Cleaner Production, 2017, 156: 635-647.

[7] Mia M, Gupta M K, Singh G, et al. An approach to cleaner production for machining hardened steel using different cooling-lubrication conditions [J]. Journal of Cleaner Production, 2018, 187: 1069-1081.

[8] Deng Z H, Zhang H, Fu Y H, et al. Research on intelligent expert system of green cutting process and its application [J]. Journal of Cleaner Production, 2018, 185: 904-911.

[9] Wang Y G, Li C H, Zhang Y B, et al. Experimental evaluation of the lubrication properties of the wheel/workpiece interface in minimum quantity lubrication (MQL) grinding using different types of vegetable oils [J]. Journal of Cleaner Production, 2016, 127: 487-499.

[10] Beheshti A, Huang Y, Ohno K, et al. Improving tribological properties of oil-based lubricants using hybrid colloidal additives [J]. Tribology International, 2020, 144: 106130.

[11] Bertolini R, Lizzul L, Pezzato L, et al. Improving surface integrity and corrosion resistance of additive manufactured Ti6Al4V alloy by cryogenic machining [J]. International Journal of Advanced Manufacturing Technology, 2019, 104 (5/8): 2839-2850.

[12] Agrawal C, Khanna N, Pruncu C I, et al. Tool wear progression and its effects on energy consumption and surface roughness in cryogenic assisted turning of Ti-6Al-4V [J]. International Journal of Advanced Manufacturing Technology, 2020, 111 (5/6): 1319-1331.

[13] Hribersek M, Pusavec F, Rech J, et al. Modeling of machined surface characteristics in cryogenic orthogonal turning of inconel 718 [J]. Machining Science and Technology, 2018, 22 (5): 829-850.

[14] Ucun I, Aslantas K, Bedir F. The effect of minimum quantity lubrication and cryogenic pre-cooling on cutting performance in the micro milling of Inconel 718 [J]. Proceedings of the Institution of Mechanical Engineers Part B-Journal of Engineering Manufacture, 2015, 229 (12): 2134-2143.

[15] Palanisamy D, Senthil P. A comparative study on machinability of cryo-treated and peak aged 15Cr-5Ni precipitation hardened stainless steel [J]. Measurement, 2018, 116: 162-169.

[16] Navas V G, Fernández D, Sandá A, et al. Surface integrity of AISI 4150 (50CrMo4) steel turned with different types of cooling-lubrication [J]. Procedia CIRP, 2014, 13: 97-102.

[17] Reddy P P, Ghosh A. Some critical issues in cryo-grinding by a vitrified bonded alumina wheel using liquid nitrogen jet [J]. Journal of Materials Processing Technology, 2016, 229: 329-337.

[18] Fernández D, Sandá A, Bengoetxea I. Cryogenic milling: study of the effect of CO_2 cooling on tool wear when machining Inconel 718, grade EA1N steel and Gamma TiAl [J]. Lubricants, 2019, 7: 10.

[19]　Mulyana T，Abd Rahim E，Yahaya S N M. The influence of cryogenic supercritical carbon dioxide cooling on tool wear during machining high thermal conductivity steel [J]．Journal of Cleaner Production，2017，164：950-962.

[20]　Zou L，Huang Y，Zhou M，et al. Effect of cryogenic minimum quantity lubrication on machinability of diamond tool in ultraprecision turning of 3Cr2NiMo steel [J]．Materials and Manufacturing Processes，2018，33（9）：943-949.

[21]　Yuan S M，Yan L T，Liu W D，et al. Effects of cooling air temperature on cryogenic machining of Ti-6Al-4V alloy [J]．Journal of Materials Processing Technology，2011，211（3）：356-362.

[22]　Zhang H P，Zhang Z S，Zheng Z Y，et al. Tool wear in high-speed turning ultra-high strength steel under dry and CMQL conditions [J]．Integrated Ferroelectrics，2020，206（1）：122-131.

[23]　Khan M A，Jaffery S H I，Khan M，et al. Statistical analysis of energy consumption，tool wear and surface roughness in machining of Titanium alloy（Ti-6Al-4V）under dry，wet and cryogenic conditions [J]．Mechanical Sciences，2019，10（2）：561-573.

[24]　Kaynak Y，Lu T，Jawahir I S. Cryogenic machining-induced surface integrity：a review and comparison with dry，MQL，and flood-cooled machining [J]．Machining Science and Technology，2014，18（2）：149-198.

[25]　Pu Z，Outeiro J C，Batista A C，et al. Enhanced surface integrity of AZ31B Mg alloy by cryogenic machining towards improved functional performance of machined components [J]．International Journal of Machine Tools and Manufacture，2012，56：17-27．

[26]　Umbrello D，Micari F，Jawahir I S. The effects of cryogenic cooling on surface integrity in hard machining：a comparison with dry machining [J]．CIRP Annals-Manufacturing Technology，2012，61（1）：103-106.

[27]　Yang S，Dillon O W，Puleo D A，et al. Effect of cryogenic burnishing on surface integrity modifications of Co-Cr-Mo biomedical alloy [J]．Journal of Biomedical Materials Research Part B-Applied Biomaterials，2013，101B（1）：139-152.

[28]　Klocke F，Lung D，Krämer A，et al. Potential of modern lubricoolant strategies on cutting performance [J]．Key Engineering Materials，2013（554/557）：2062-2071.

[29]　Pusavec F，Krajnik P，Kopac J. Transitioning to sustainable production - part I：application on machining technologies [J]．Journal of Cleaner Production，2010，18（2）：174-184.

[30]　Damir A，Shi B，Attia M H. Flow characteristics of optimized hybrid cryogenic-minimum quantity lubrication cooling in machining of aerospace materials [J]．CIRP Annals-Manufacturing Technology，2019，68（1）：77-80.

[31]　Li B，Wong C H. Molecular dynamics study of ultrathin lubricant films with functional end groups：thermal-induced desorption and decomposition [J]．Computational Materials Science，2014，93：11-14.

[32]　Rusanov A I. Temperature dependence of liquid contact angle at a deformable solid surface [J]．Colloid Journal，2020，82（5）：567-572.

[33]　Shi B，Elsayed A，Damir A，et al. A hybrid modeling approach for characterization and simulation of cryogenic machining of Ti-6Al-4V alloy [J]．Journal of Manufacturing Science and Engineering-Transactions of the ASME，2019，141（2）：021021.

[34]　Liu N M，Chiang K T，Hung C M. Modeling and analyzing the effects of air-cooled turning on the machinability of Ti-6Al-4V titanium alloy using the cold air gun coolant system [J]．International Journal of Advanced Manufacturing Technology，2013，67（5/8）：1053-1066.

[35]　Mia M，Gupta M K，Lozano J A，et al. Multi-objective optimization and life cycle assessment of eco-friendly cryogenic N-2 assisted turning of Ti-6Al-4V [J]．Journal of Cleaner Production，2019，210：121-133.

[36]　Wang Z Y，Rajurkar K P. Cryogenic machining of hard-to-cut materials [J]．Wear，2000，239（2）：168-175.

[37]　Pradeep A V，Dumpala L，Ramakrishna S. Effect of MQL on roughness，white layer and microhardness in hard turning of AISI 52100 [J]．Emerging Materials Research，2019，8（1）：29-43.

[38]　Umbrello D，Bordin A，Imbrogno S，et al. 3D finite element modelling of surface modification in dry and cryogenic machining of EBM Ti6Al4V alloy [J]．CIRP Journal of Manufacturing Science and Technology，2017，18：92-100.

[39]　Rotella G，Dillon O W，Umbrello D，et al. The effects of cooling conditions on surface integrity in machining of Ti6Al4V alloy [J]．International Journal of Advanced Manufacturing Technology，2014，71（1/4）：47-55.

[40]　Pusavec F，Hamdi H，Kopac J，et al. Surface integrity in cryogenic machining of nickel based alloy-Inconel 718

[J]. Journal of Materials Processing Technology，2011，211（4）：773-783.

[41] Chaabani S，Arrazola P J，Ayed Y，et al. Surface integrity when machining Inconel 718 using conventional lubrication and carbon dioxide coolant [J]. Procedia Manufacturing，2020，47：530-534.

[42] Ross K N S，Manimaran G. Effect of cryogenic coolant on machinability of difficult-to-machine Ni-Cr alloy using PVD-TiAlN coated WC tool [J]. Journal of the Brazilian Society of Mechanical Sciences and Engineering，2019，41（1）.

[43] Sivaiah P，Chakradhar D. Influence of cryogenic coolant on turning performance characteristics：a comparison with wet machining [J]. Materials and Manufacturing Processes，2017，32（13）：1475-1485.

[44] Klocke F，Settineri L，Lung D，et al. High performance cutting of gamma titanium aluminides：influence of lubri-coolant strategy on tool wear and surface integrity [J]. Wear，2013，302（1/2）：1136-1144.

[45] Rawers J，Duttlinger N. Mechanical and hardness evaluations of Fe-18Cr-18Mn alloys [J]. Materials Science and Technology，2008，24（1）：97-99.

[46] Zhao Z，Hong S Y. Cooling strategies for cryogenic machining from a materials viewpoint [J]. Journal of Materials Engineering and Performance，1992，1（5）：669-678.

[47] Huang P，Li H C，Zhu W L，et al. Effects of eco-friendly cooling strategy on machining performance in micro-scale diamond turning of Ti-6Al-4V [J]. Journal of Cleaner Production，2020，243：118526.

[48] Leksycki K，Feldshtein E，Lisowicz J，et al. Cutting forces and chip shaping when finish turning of 17-4 PH stainless steel under dry，wet，and MQL machining conditions [J]. Metals，2019，10：1187.

[49] Yuan S，Yan L，Liu W，et al. Effects of cooling air temperature on cryogenic machining of Ti－6Al－4V alloy [J]. Journal of Materials Processing Technology，2011，211（3）：356-362.

[50] Nouioua M，Yallese M，Khettabi R，et al. Investigation of the performance of the MQL，dry，and wet turning by response surface methodology（RSM）and artificial neural network（ANN）[J]. International Journal of Advanced Manufacturing Technology，2017，93（5/8）：2485-2504.

[51] Darshan C，Jain S，Dogra M，et al. Influence of dry and solid lubricant-assisted MQL cooling conditions on the machinability of Inconel 718 alloy with textured tool [J]. International Journal of Advanced Manufacturing Technology，2019，105（5/6）：1835-1849.

[52] Zhang Y B，Li C H，Jia D Z，et al. Experimental evaluation of MoS_2 nanoparticles in jet MQL grinding with different types of vegetable oil as base oil [J]. Journal of Cleaner Production，2015，87：930-940.

[53] Yildiz Y，Nalbant M. A review of cryogenic cooling in machining processes [J]. International Journal of Machine Tools and Manufacture，2008，48（9）：947-964.

[54] Y H S. Lubrication mechanisms of LN_2 in ecological cryogenic machining [J]. Machining Science and Technology，2007，10（1）：133-155.

[55] Ślimak K，Wstawska I. The influence of cooling techniques on cutting forces and surface roughness during cryogenic machining of titanium alloys [J]. Archives of Mechanical Technology and Materials，2016，36（1）：12-17.

[56] Hong S Y，Ding Y，Jeong J. Experimental evaluation of friction coefficient and liquid nitrogen lubrication effect in cryogenic machining [J]. Machining Science and Technology，2002，6（2）：235-250.

[57] Sivaiah P，Chakradhar D. Comparative evaluations of machining performance during turning of 17-4 PH stainless steel under cryogenic and wet machining conditions [J]. Machining Science and Technology，2018，22（1）：147-162.

[58] Bermingham M J，Kirsch J，Sun S，et al. New observations on tool life，cutting forces and chip morphology in cryogenic machining Ti-6Al-4V [J]. International Journal of Machine Tools and Manufacture，2011，51（6）：500-511.

[59] Kim D Y，Kim D M，Park H W. Predictive cutting force model for a cryogenic machining process incorporating the phase transformation of Ti-6Al-4V [J]. International Journal of Advanced Manufacturing Technology，2018，96（1/4）：1293-1304.

[60] Hong S Y，Ding Y C，Jeong W C. Friction and cutting forces in cryogenic machining of Ti-6Al-4V [J]. International Journal of Machine Tools and Manufacture，2001，41：2271-2285.

[61] de Paula Oliveira G，Fonseca M C，Araujo A C. Residual stresses and cutting forces in cryogenic milling of Inconel

718 ［J］. Procedia CIRP，2018，77：211-214.

［62］ Huang X D，Zhang X M，Mou H K，et al. The influence of cryogenic cooling on milling stability ［J］. Journal of Materials Processing Technology，2014，214 (12)：3169-3178.

［63］ Gong L，Zhao W，Ren F，et al. Experimental study on surface integrity in cryogenic milling of 35CrMnSiA high-strength steel ［J］. International Journal of Advanced Manufacturing Technology，2019，103 (1/4)：605-615.

［64］ Ravi S，Kumar M P. Experimental investigations on cryogenic cooling by liquid nitrogen in the end milling of hardened steel ［J］. Cryogenics，2011，51 (9)：509-515.

［65］ Elanchezhian J，Kumar M P. Effect of nozzle angle and depth of cut on grinding titanium under cryogenic CO_2 ［J］. Materials and Manufacturing Processes，2018，33 (13)：1466-1470.

［66］ Sun S，Brandt M，Dargusch M S. Machining Ti-6Al-4V alloy with cryogenic compressed air cooling ［J］. International Journal of Machine Tools and Manufacture，2010，50 (11)：933-942.

［67］ Rahman M，Kumar A S，Salam M U，et al. Effect of chilled air on machining performance in end milling ［J］. International Journal of Advanced Manufacturing Technology，2003，21 (10/11)：787-795.

［68］ Thakur A，Gangopadhyay S. State-of-the-art in surface integrity in machining of nickel-based super alloys ［J］. International Journal of Machine Tools and Manufacture，2016，100：25-54.

［69］ Shokrani A，Dhokia V，Munoz-Escalona P，et al. State-of-the-art cryogenic machining and processing ［J］. International Journal of Computer Integrated Manufacturing，2013，26 (7)：616-648.

［70］ Yildirim C V，Kivak T，Sarikaya M，et al. Evaluation of tool wear，surface roughness/topography and chip morphology when machining of Ni-based alloy 625 under MQL，cryogenic cooling and CryoMQL ［J］. Journal of Materials Research and Technology-JMR&T，2020，9 (2)：2079-2092.

［71］ Li L，He N，Wang M. High speed cutting of Inconel 718 with coated carbide and ceramic inserts ［J］. Journal of Materials Processing Technology，2002，129 (1/3)：127-130.

［72］ Dutta S，Kanwat A，Pal S K，et al. Correlation study of tool flank wear withmachined surface texture in end milling ［J］. Measurement，2014，46：4249-4260.

［73］ Zhao Z，Hong S Y. Cryogenic properties of some cutting tool materials ［J］. Journal of Materials Engineering and Performance，1992，1 (5)：705-714.

［74］ Sartori S，Ghiotti A，Bruschi S. Hybrid lubricating/cooling strategies to reduce the tool wear in finishing turning of difficult-to-cut alloys ［J］. Wear，2017，376：107-114.

［75］ Bordin A，Bruschi S，Ghiotti A，et al. Analysis of tool wear in cryogenic machining of additive manufactured Ti6Al4V alloy ［J］. Wear，2015，328：89-99.

［76］ Sivalingam V，Sun J，Yang B，et al. Machining performance and tool wear analysis on cryogenic treated insert during end milling of Ti-6Al-4V alloy ［J］. Journal of Manufacturing Processes，2018，36：188-196.

［77］ Gajrani K K. Assessment of cryo-MQL environment for machining of Ti-6Al-4V ［J］. Journal of Manufacturing Processes，2020，60：494-502.

［78］ Jung I S，Lee J S. Effects of orientation sngles on film cooling over a flat plate：boundary layer temperature distributions and adiabatic film cooling effectiveness ［J］. Journal of turbomachinery，2000，122 (1)：153-160.

［79］ Mostafavi A，Jain A. Theoretical analysis of unsteady convective heat transfer from a flat plate with time-varying and spatially-varying temperature distribution ［J］. International Journal of Heat and Mass Transfer，2022，183：122061.

［80］ Xie J L，Zhao R，Duan F，et al. Thin liquid film flow and heat transfer under spray impingement ［J］. Applied Thermal Engineering，2012，48：342-348.

［81］ Jiang S，Dhir V K. Spray cooling in a closed system with different fractions of non-condensibles in the environment ［J］. International Journal of Heat and Mass Transfer，2004，47 (25)：5391-5406.

［82］ Basu N，Warrier G R，Dhir V K. Onset of nucleate boiling and active nucleation site density during subcooled flow boiling ［J］. Journal of Heat Transfer，2002，124 (4)：717-728.

［83］ Peng K L，Lu P，Lin F H，et al. Convective cooling and heat partitioning to grinding chips in high speed grinding of a nickel based superalloy ［J］. Journal of Mechanical Science and Technology，2021，35 (6)：2755-2767.

［84］ Zhao Z C，Qian N，Ding W F，et al. Profile grinding of DZ125 nickel-based superalloy：grinding heat，temperature field，and surface quality ［J］. Journal of Manufacturing Processes，2020，57：10-22.

［85］ Lavine A S. A simple model for convective cooling during the grinding process ［J］. Journal of Manufacturing Science and Engineering，1988，110 (1)：1-6.

［86］ Rowe W B. Grinding temperatures and energy partitioning ［J］. Proceedings：Mathematical，Physical and Engineering Sciences，1997，453：1083-1104.

［87］ 王晓铭，张建超，王绪平 等. 不同冷却工况下的磨削钛合金温度场模型及验证 ［J］. 中国机械工程，2021，32 (5)：572-578.

［88］ Fujimoto M，Ichida Y. Micro fracture behavior of cutting edges in grinding using single crystal cBN grains ［J］. Diamond and Related Materials，2008，17 (7/10)：1759-1763.

［89］ Ghosh A，Chattopadhyay A K. Performance enhancement of single-layer miniature cBN wheels using CFUBMS-deposited TiN coating ［J］. International Journal of Machine Tools and Manufacture，2007，47 (12/13)：1799-1806.

［90］ Ghosh A，Chattopadhyay A K. Experimental investigation on performance of touch-dressed single-layer brazed cBN wheels ［J］. International Journal of Machine Tools and Manufacture，2007，47 (7/8)：1206-1213.

［91］ Jiang J L，Ge P Q，Bi W B，et al. 2D/3D ground surface topography modeling considering dressing and wear effects in grinding process ［J］. International Journal of Machine Tools and Manufacture，2013，74：29-40.

［92］ Singh V，Rao P V，Ghosh S. Development of specific grinding energy model ［J］. International Journal of Machine Tools and Manufacture，2012，60：1-13.

［93］ Ghosh S，Chattopadhyay A B，Paul S. Modelling of specific energy requirement during high-efficiency deep grinding ［J］. International Journal of Machine Tools and Manufacture，2008，48 (11)：1242-1253.

［94］ Li H N，Axinte D. On a stochastically grain-discretised model for 2D/3D temperature mapping prediction in grinding ［J］. International Journal of Machine Tools and Manufacture，2017，116：60-76.

［95］ Kumar M K，Ghosh A. On grinding force ratio，specific energy，G-ratio and residual stress in SQCL assisted grinding using aerosol of MWCNT nanofluid ［J］. Machining Science and Technology，2021，25 (4)：585-607.

［96］ Setti D，Sinha M K，Ghosh S，et al. Performance evaluation of Ti-6Al-4V grinding using chip formation and coefficient of friction under the influence of nanofluids ［J］. International Journal of Machine Tools and Manufacture，2015，88：237-248.

［97］ Ding Y C，Shi G F，Zhang H，et al. Analysis of critical negative rake angle and friction characteristics in orthogonal cutting of Al1060 and T2 ［J］. Science Progress，2020，103 (1)：36850419878065.

［98］ 刘明政，李长河，张彦彬，等. 低温冷风微量润滑磨削钛合金换热机理与对流换热系数模型 ［J］. 机械工程学报，2023，59 (23)：343-357.

冷等离子体赋能微量润滑
加工机理与材料去除机制

▲▲▲▲▲▲▲

在微量润滑辅助切削过程中，微量润滑液在工件表面的浸润性是影响微量润滑辅助加工效果的一个重要参数。大气压冷等离子体射流可快速提高金属表面的亲水和亲油性，适合对切削区域进行浸润性改性。但现有研究中冷等离子体射流的活性粒子浓度有限，导致对切削界面浸润性的调控效率较低。为实现对切削区域冷却润滑环境的有效调控，需探究高效、对表面损伤低的冷等离子体射流亲水性改性方法。冷等离子体射流的改性效率、温度、长度等特性主要由放电形式、工作气体成分决定。

本章将在分析大气压冷等离子体射流产生方法及原理的基础上，对不同放电形式、工作气体成分所得的冷等离子体射流的特性及改性效率进行研究；以金属表面的水接触角为评价指标，确定适合对金属表面快速亲水性改性、用于冷等离子体赋能微量润滑辅助加工过程的冷等离子体射流放电形式及发生装置，为后续研究提供基础。

14.1 等离子体及其产生方法

14.1.1 等离子体简介

如图 14-1 所示，等离子体是物质的第四态，广泛存在于自然界中。宇宙中超过 99% 的物质处于等离子体态，极光、太阳、闪电等均为典型的天然等离子体。另外，小到日常生活中所用的臭氧发生器、霓虹灯、等离子体显示屏，大到能源与国防领域中的受控核聚变托卡马克、氢弹、高功率微波器等装备均离不开等离子体。

根据等离子体中电子温度的不同，可将等离子体分为高温等离子体和低温等离子体。如表 14-1 所示，高温等离子体中的电子温度（T_e）可达 $10^8 K$ 以上，等离子体完全电离，粒子密度很大，如自然界中的太阳核心、实验室中的托卡马克装置所产生的等离子体。低温等离子体中的电子温度一般低于 10^5 K，等离子体部分电离，实验室中一般由气体放电产生，相对高温等离子体较易获得和维持。根据低温等离子体热力学平衡状态的不同，又可将其分为热等离子体和冷等离子体。热等离子体中的电子温度和离子温度（T_i）均较高且近似相等（$T_e \approx T_i \approx 10^4 \sim 10^5$ K），处于局部热力学平衡（LTE）状态，宏观温度较高。焊接电弧、碘钨灯等均为此类等离子体。冷等离子体中的电子温度远高于离子温度（$T_e \approx 10^4 \sim 10^5$ K，$T_i \approx 10^3$ K），一般处于非局部热力学平衡（NLTE）状态，宏观温度较低甚至接近室温。生活中常见的冷等离子体有极光、日光灯等。

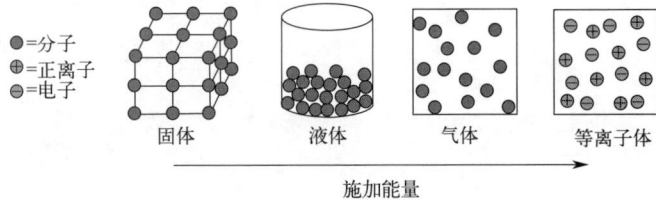

图 14-1　物质的四种状态

表 14-1　等离子体分类

分类	高温等离子体	低温等离子体	
		热等离子体	冷等离子体
宏观温度	$10^6 \sim 10^9$ K	$10^3 \sim 10^5$ K	$10^2 \sim 10^5$ K
热力学性质	热力学平衡	热力学平衡或近热力学平衡	非热力学平衡

冷等离子体具有较高的化学活性和较低的宏观温度，在材料合成、生物医疗、表面改性等领域有广泛的应用。传统的冷等离子体发生装置多在低气压环境下将气体电离产生等离子体，需要较昂贵的真空获得设备，且抽取真空耗时较长，样品尺寸受真空腔体限制，因此改性效率有限。与低气压冷等离子体相比，大气压冷等离子体可在大气压开放环境条件下产生和维持，无须真空系统，改性效率较高且成本较低，更适合工业应用。

气体放电是产生人工等离子体的主要方式，是通过电场或其他能量施加方法激励气体发生电离的过程。在电离过程中，气体分子中的外层电子吸收能量后脱离原子核的束缚，使气体变成由分子、原子、原子团、带电离子和自由电子等活性粒子组成的宏观电中性的非平衡态物质，即等离子体。等离子体中活性粒子的运动主要有弹性碰撞和非弹性碰撞行为。

（1）弹性碰撞

发生弹性碰撞的粒子系统没有动能损失，只有粒子之间的速度发生了改变。弹性碰撞过程中粒子的内能守恒，不会引起系统温度的变化，也不会产生新的光子或粒子，所以对等离子体的特性影响较小。

（2）非弹性碰撞

非弹性碰撞过程中，粒子的速度及所处状态或者所带电荷的种类及大小会发生变化，也可能有新的光子或粒子产生，这些粒子的集体行为直接影响等离子体的特性。非弹性碰撞过程中主要存在激发、电离、复合、电荷交换、电子吸附等行为。

① 激发。气体分子或原子与光子等其他粒子发生碰撞，处在低能级的电子吸收能量后运动到高能级，使原子处于激发态，如图 14-2 所示。但被激发的电子并不能一直位于高能级，将跃迁到基态的低能级处。在自跃迁过程中，能量以光子的形式辐射出来。

② 电离。原子的核外电子在碰撞过程中吸收足够大的能量后脱离原子核的束缚而变成自由电子的过程称为电离。图 14-3 为原子吸收光子的能量后发生电离。如果原子电离后的剩余光子能量被核外电子吸收，则核外电子会脱离原子核的束缚而变成自由电子，那么就会形成多级电离。电离过程按电离程度可分为完全电离、部分电离、弱电离三种。电离程度可用电离度 α_i 表示，电离度与气体电离后的成分、密度及温度有关。式(14-1) 为等离子体电离度的定义。

$$\alpha_i = \frac{N_e}{N_e + N_a} \tag{14-1}$$

式中，α_i 为电离度；N_e 为粒子浓度；N_a 为未电离的中性粒子浓度。

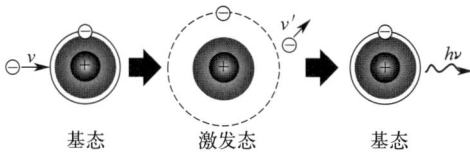

图 14-2　原子被激发和辐射光子的过程　　　　图 14-3　原子吸收光子的能量发生电离

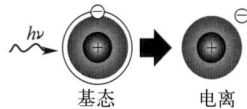

③ 复合。复合过程是电离的逆过程，是指带电粒子碰撞后变成中性粒子的过程。有电子与离子复合和离子与离子复合两种情形。电子与离子复合的过程如式(14-2) 所示。其中 A、B 为两种元素，A^* 表示受激原子或原子处于亚稳态。式(14-2a) 所示的碰撞过程有光子产生并伴随发光现象。式(14-2d) 所示的碰撞过程为三体复合，ε 为产生的非辐射能量消耗。

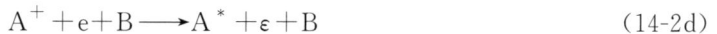

$$A^+ + e \longrightarrow A^* + h\nu \tag{14-2a}$$

$$A^+ + e \longrightarrow A^* \tag{14-2b}$$

$$AB^+ + e \longrightarrow A^* + B^* \tag{14-2c}$$

$$A^+ + e + B \longrightarrow A^* + \varepsilon + B \tag{14-2d}$$

离子与离子复合的过程如式(14-3) 所示。其中 AB 表示中性分子。

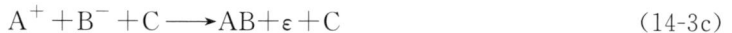

$$A^+ + B^- \longrightarrow AB + h\nu \tag{14-3a}$$

$$A^+ + B^- \longrightarrow A^* + B^* \tag{14-3b}$$

$$A^+ + B^- + C \longrightarrow AB + \varepsilon + C \tag{14-3c}$$

④ 电荷交换。电荷交换是指高速运动的带电离子与低速运动的中性粒子相撞时，带电状态发生改变的现象，如式(14-4) 所示。电荷交换现象对于分析热核等离子体非常重要，是造成能量损耗的主要因素之一。

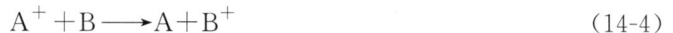

$$A^+ + B \longrightarrow A + B^+ \tag{14-4}$$

⑤ 电子吸附。电子在与中性原子或分子的碰撞中，被中性粒子捕获形成负离子的过程称为电子吸附。电子吸附的过程一般都会辐射出光子，并伴随发光现象，如图 14-4 所示。

气体经过放电后，粒子之间经过上述的碰撞过程会产生光子、电子、正离子、负离子以及处于激发态的原子、分子或自由基团。已有研究表明，气体放电后在切削过程中的作用机理主要包括 Rehbinder 效应、强化对流传热、表面钝化、润滑加工界面、清洁切削区、加速断屑和排屑、缓解热电磨损等。

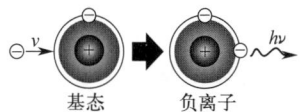

图 14-4　电子吸附过程

Rehbinder效应：指极性离子吸附于晶体表面会诱发多种物理化学过程，并引起晶体表面材料力学和物理特性的变化。切削加工时，等离子体中的活性粒子更易与具有复杂热力学特性的切削区域发生作用，使得被加工材料的微观硬度、断裂强度及塑性变形抗力等降低，从而具有更好的切削加工性。

强化对流传热：等离子体射流可促进切削区的气体流动，增强对流传热效应。同时，等离子体中的活性粒子可增大气体的热导率，使切削区的散热速度加快。但研究表明，由于切削区会产生大量的热，等离子体的强化对流传热效应对切削区的冷却作用达不到降低切削温度的目的。

表面钝化：切削加工时，切削加工区具有复杂的热力学环境。等离子体中含有大量渗透性极强、具有氧化性的臭氧、氧原子、氧气分子等活性粒子，使得刀具-工件接触的新生界面快速氧化、钝化，这有利于抑制黏着磨损、粘刀等现象。

润滑加工界面：等离子体射流中的活性粒子易吸附于刀具-工件、刀具-切屑接触界面并生成边界薄膜，这有利于提高刀具-工件、刀具-切屑接触界面的摩擦磨损特性，起到降低刀具磨损、提高表面质量的作用。

清洁切削区：等离子体以高速气流的形式喷向切削区，可将切削区的金属碎屑、黏附物等清除。

加速断屑和排屑：切屑形成时会产生大量的裂纹，等离子体中的活性粒子可迅速渗透到裂纹中，在Rehbinder效应的作用下能加速裂纹的扩展并促使切屑断裂。切屑形成并发生断裂后，在等离子体的高速气流作用下，不仅可加速散热，也有利于切屑的流动和排出。

缓解热电磨损：切削加工时，刀具与工件的材质不同，在切削热的作用下会产生热电势，使得刀具-工件、刀具-切屑接触界面产生电涡流，进而加剧刀具的磨损。等离子体虽然整体为电中性，但内部含有大量正负粒子，可起到降低或消除热电势的作用。

14.1.2 大气压冷等离子体产生方法

大气压冷等离子体是指在大气压条件下通过气体放电产生的非平衡态冷等离子体。等离子体发生装置主要包括工作气体、功率源和等离子体发生器。常用的工作气体主要有氦气、氮气、氩气、氧气和空气及其混合气体。另外，也有在工作气体中加入少量四氟化碳、六氟化硫、氯气及氢气等刻蚀气体的。功率源即等离子体电源，常见的主要有直流电源、交流电源、射频电源及脉冲直流电源等。等离子体发生器主要有介质阻挡放电（dielectric barrier discharge，DBD）和裸露金属电极放电（bare metal discharge，BMD）两种。

大气压下，冷等离子体的产生方法主要包括气体放电、热致电离、光致电离及激光辐照电离。其中，气体放电产生的冷等离子体宏观温度较低、可控性较好，已在实验室和工业领域得到广泛应用。气体放电过程中，对放电电极间的工作气体施加较高电压，在电场作用下，阴极电子逸出并被持续加速，和气体分子发生电离（碰撞电离、潘宁电离、光电离）、激发、复合等反应过程。对于大气压冷等离子体，碰撞电离是产生带电粒子最重要的形式：电子由阴极向阳极运动时与气体分子碰撞，电离分子产生新的电子；初始电子和新电子继续向阳极运动，引起新的碰撞电离，形成电子雪崩及流注通道，击穿放电间隙并产生等离子体。根据气体放电时高压、低压电极间是否有绝缘材料，可将产生冷等离子体的方法主要分为介质阻挡放电和裸露金属电极放电两种。

介质阻挡放电的电极表面或两电极间有绝缘介质，如玻璃、陶瓷、聚合物材料等，由于放电过程均匀、平稳，又称为无声放电。放电过程中，电荷累积于绝缘介质表面，形成反向电场并抑制放电电流的增大，从而有效避免了向火花放电或电弧放电过渡。图 14-5 为介质阻挡等离子体发生器的结构。介质阻挡放电是指在电极之间有绝缘电介质阻挡，放电过程需击穿绝缘介质。相比裸露金属电极放电（下面简称裸电极放电），介质阻挡放电是更为常见的大气压放电形式。基于图 14-5 的原理，学者们研发出了针电极、环电极、针-筒电极、板-板电极、针-板电极、针-环电极、单电极、空心电极等多种介质阻挡等离子体发生器。介质阻挡放电过程较均匀稳定，形成的冷等离子体活性粒子浓度较高且宏观温度较低，已被应用于多种材料的亲水性改性。

裸露金属电极放电是指电极之间没有绝缘电介质阻挡，电极裸露在放电间隙内。在电极间施加电压时，其通过类辉光放电或电晕放电直接将工作气体击穿并形成冷等离子体。其中，类辉光放电主要产生在间隙较小的平行板电极间，可在较低放电电压下产生较大尺度的冷等离子体。但在处理材料时，材料尺寸会受到电极间隙的限制。当电极间隙较大时，放电电压需较高，放电过程不稳定，易转变为电弧放电。电晕放电多采用针-板或针-环电极结构。其放电过程为，首先在电场强度较高的针电极尖端或边缘产生电晕层，然后形成流注并扩散至另一电极，最终电晕电流在气流作用下被吹出形成冷等离子体射流。如图 14-6 所示。裸露金属电极放电时，只需将工作气体击穿，没有绝缘电介质的阻挡。裸露金属电极放电有利于在较低电压下产生大面积的等离子体，同时电极结构也相对简单，等离子体的气体温度接近室温。裸露金属电极放电产生等离子体时，中性粒子浓度相对较高，在消毒灭菌、等离子体薄膜沉积、刻蚀及生化清洗等领域应用较为广泛。

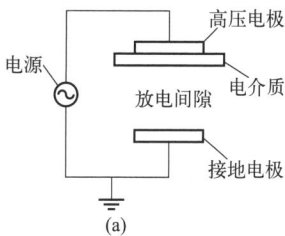

图 14-5　介质阻挡放电的电极结构　　　　图 14-6　裸露金属电极放电的电极结构

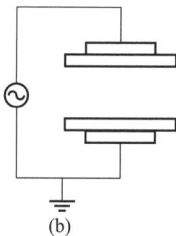

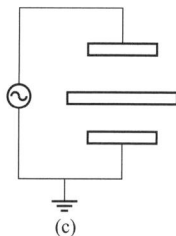

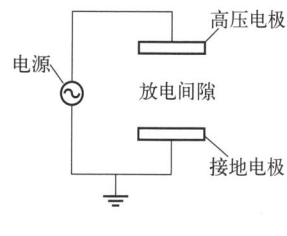

下面介绍几种典型的介质阻挡放电和裸露金属电极放电的电极结构，并分析其所产生的等离子体性能，为选取适合辅助切削的冷等离子体射流的放电形式和电极结构的设计提供基础。

聂秋月等采用毫米量级的石英玻璃管设计了图 14-7 所示的针-环、针、环电极结构，并在大气压条件下成功实现了冷等离子体射流的产生。针电极为空心金属毛细管，试验的工作气体为 99.996% 的氦气，电源频率为 30kHz，电压峰值 0~5kV 连续可调。通过将电极并列，获得了一维厘米量级大气压冷等离子体射流。进一步研究发现，以七针六阵列为基础模型，可组装成"类蜂巢"结构的大尺度/大面积大气压冷等离子体射流源。

Hong 等提出了一种螺环-环式电极（图 14-8），实现了沿面介质阻挡放电（surface dielectric barrier discharge，SDBD）。试验中采用 99.999% 的高纯氦气作为工作气体，电源频率为 8kHz，电压幅值为 0~20kV。大气压条件下所得的射流长度约为 30mm，等离子体的气体温度为 350~400K。

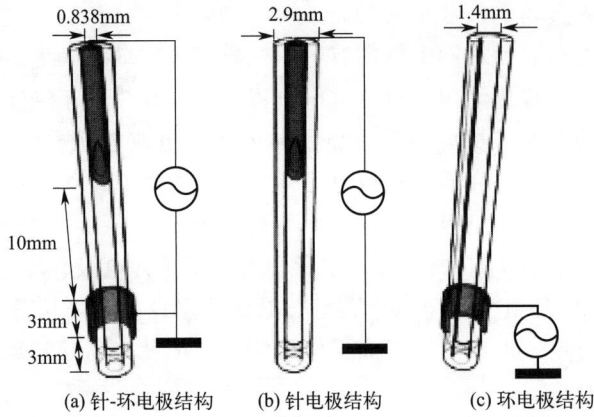

(a) 针-环电极结构　　(b) 针电极结构　　(c) 环电极结构

图 14-7　电极结构

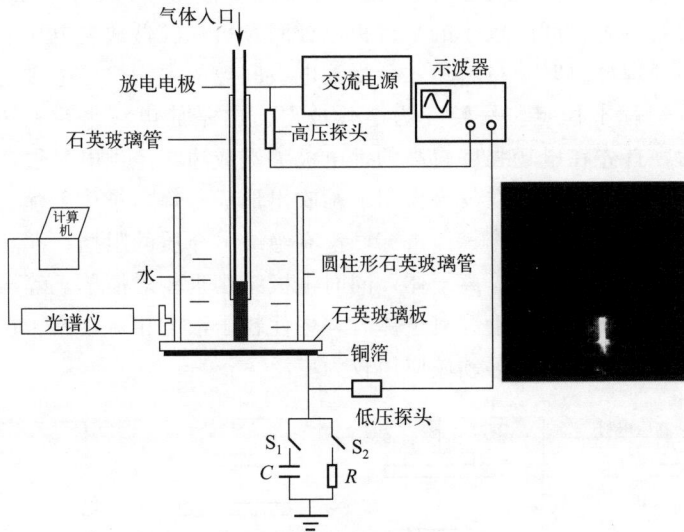

图 14-8　螺环-环式电极

Boswell 等提出了一种射频等离子体射流推进装置，如图 14-9 所示。该装置采用氮气和氩气作为工作气体，在射频电源作用下对充满气体的氧化铝管加热并产生等离子体。当压力为 1.5Torr（1Torr＝133.322Pa）、气体流量为 $100cm^3/min$ 时，产生的等离子体射流的气体温度约 1430K。此条件下如果从喷嘴喷出的射流速度为 300m/s，相应的推力可达到 0.9m·N。

Su 等提出了一种微波等离子体发生器，在大气压条件下研究等离子体炬中的气体加热和裂解特性，如图 14-10 所示。该装置在频率为 2.45GHz、功率为 2kW 的电源驱动下，以氩气、空气、氮气为工作气体，产生的等离子体射流的最大长度可达 17cm，温度约 6000K。试验发现，氮气等离子

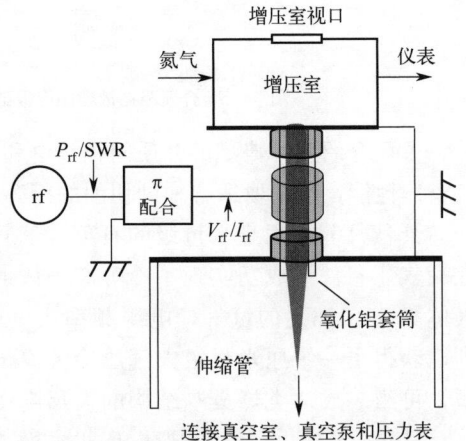

图 14-9　射频等离子体射流推进装置
P_{rf}/SWR—脉冲重复频率/驻波电；V_{rf}—射频供电；I_{rf}—冲击响应函数

体的温度相对较低。

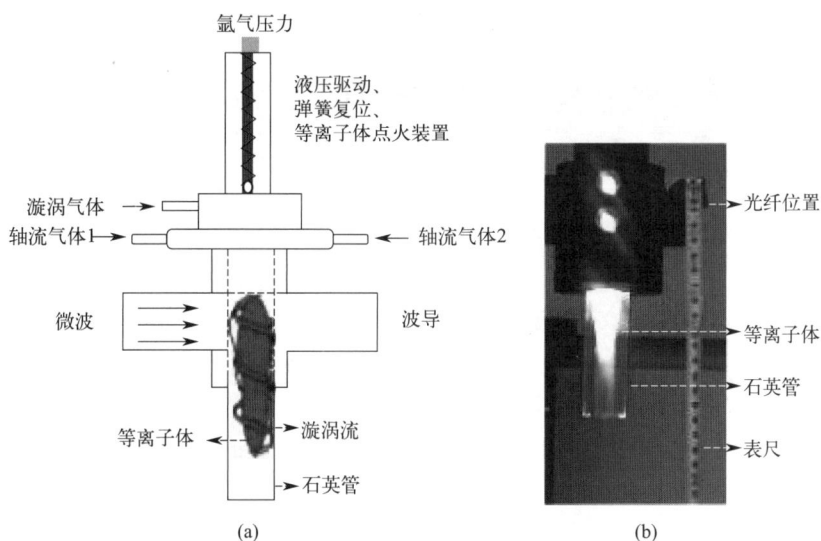

图 14-10　微波等离子体发生器结构

　　Li 等提出了裸露金属电极放电等离子体发生装置，氦气、氩气、氮气和空气为工作气体，13.56MHz 的射频电源为驱动源。利用该装置，在不同气体组分和浓度时调节电源参数，可获得不同放电模式下均匀的等离子体。

　　刘新等采用裸露金属电极放电，研究了氮气、空气等气体的放电特性，研制出了大气压氮气冷等离子体射流（图 14-11），并用在了辅助切削试验。该方法产生的等离子体射流的气体温度接近室温，但长度仅为毫米量级。试验表明，氮气冷等离子体射流对提高摩擦磨损性能、抑制刀具磨损、降低切削温度、提高工件表面质量等具有较好的效果。该研究同时指出，介质阻挡放电产生的等离子体射流与金属极易发生击穿放电，对表面具有刻蚀和烧蚀作用；而裸露金属电极放电产生的等离子体射流不会与低电位的导体发生放电，具有较好的安全性。因此，裸露金属电极放电产生的等离子体射流更适合用于对金属的辅助切削加工。

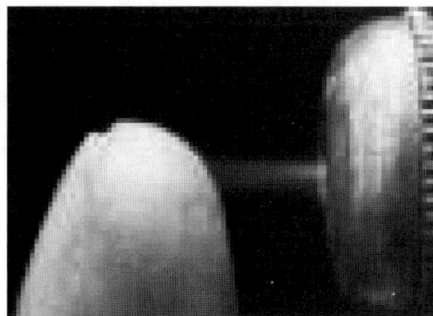

图 14-11　氮气裸露金属电极放电冷等离子体射流

　　上述分析表明，采用不同的工作气体、电源及放电结构，在合适的条件下均可产生大气压冷等离子体射流，但不同的工作条件需设计不同的电极。为抑制金刚石切削黑色金属时的刀具磨损，对等离子体射流的温度、输送途径、成分等都有特殊的要求。因此，接下来将设计以放电电极为核心的大气压裸露金属电极放电冷等离子体射流发生装置，以满足冷等离子体辅助切削的要求。

14.2 冷等离子体射流发生装置及特性

14.2.1 冷等离子体射流发生装置

14.2.1.1 大气压等离子体射流发生装置

在大气压下将气体电离后生成等离子体并形成射流输送至切削区域是等离子体辅助切削的前提。结合上述对不同等离子体及射流产生方法的分析，本节将设计合适的具有可扩展性的电极结构，并研究裸电极放电的伏安特性、射流尺度及温度等，为进一步研究冷等离子体射流的输送方法和温度控制提供试验条件。

为满足不同条件下对电极结构的要求，本节设计了一种可扩展的裸电极放电结构，后续的研究均在此结构上进行扩展。图 14-12 为大气压裸电极放电装置，主要包括电源系统、供气系统和电极系统。其中，电极系统是核心部分。

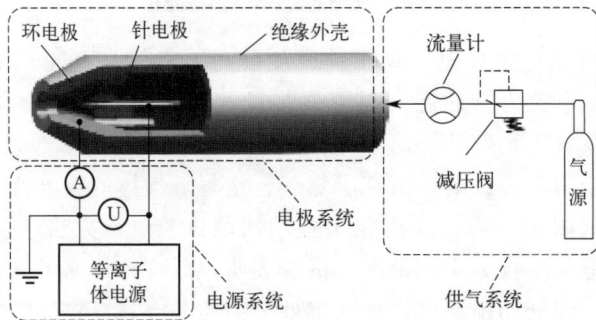

图 14-12　大气压裸露金属电极放电装置

（1）电源系统

已有报道表明，低频交流电源、射频电源、微波电源、脉冲电源及高压直流电源等均可用于大气压冷等离子体的产生。其中低频交流电源具有无须阻抗匹配，在复杂工况下抗干扰能力强等优点，被本节选为低温等离子体试验电源。电源参数如表 14-2 所示。

试验过程中，采用 Tektronix TPO 2014B 数字示波器监测电压和电流。其中电压采用 Tektronix Tek6015A 高压探头实时测量，电流采用 Pearson 2877 感应电流环实时测量。

（2）供气系统

供气系统的作用是按需求将工作气体输送至电极系统，主要包括气源、减压阀及质量流量控制器、管路和接头等。

气源可根据等离子体的应用领域进行选择。可产生等离子体的气体有空气、氮气、氦气、氩气和氧气等。气体可采用气瓶供给，也可采用空气压缩机、制氮机等实时制备。工作气体需经过充分过滤和干燥，以保证放电过程的稳定。

气源输出气体后，采用减压阀控制进入气路的气体压力。气体的流量是影响放电过程和等离子体特性的重要参数，本系统中采用质量流量控制器对气体流量进行精确控制。实验中采用的质量流量计型号为 D08-2F。

表 14-2　低温等离子体电源的参数

参数	值
生产厂家	南京苏曼等离子科技有限公司
型号	CTP-2000
输入电压/V	220
频率/kHz	$3\sim100$
输出电压/kV	$0\sim20$
额定功率/W	500
尺寸/mm	$250\times250\times360$

（3）电极系统

电极系统是等离子体发生器的核心部分，供气系统和电源系统都是为电极系统服务的。为保证等离子体产生后可形成射流并输送至切削区域，电极系统采用针-筒式。针-筒式电极系统主要包括针电极、环电极、支撑架和绝缘外壳。

针电极采用钨针。为使放电更容易进行，用钨极磨削机将针尖磨成特定角度，并保证针尖处于针电极的轴线，且与电源的高压端连接，如图 14-13（a）所示。

环电极采用导电性良好的黄铜。为使气体电离后的流场均匀变化并形成射流，环电极内部设计为锥形腔体，末端为 4mm 小孔，且与电源的低压端连接，如图 14-13（b）所示。

支撑架为耐高温工程塑料 PEEK，起固定针电极的作用。为使导线和气体通过，支撑架内部加工多个通孔，如图 14-13（c）所示。

绝缘外壳采用尼龙材料，用来固定针电极、环电极和支撑架，并将电极系统中的导体与外部隔离。绝缘外壳分为两部分，采用螺纹连接，如图 14-13（d）所示。

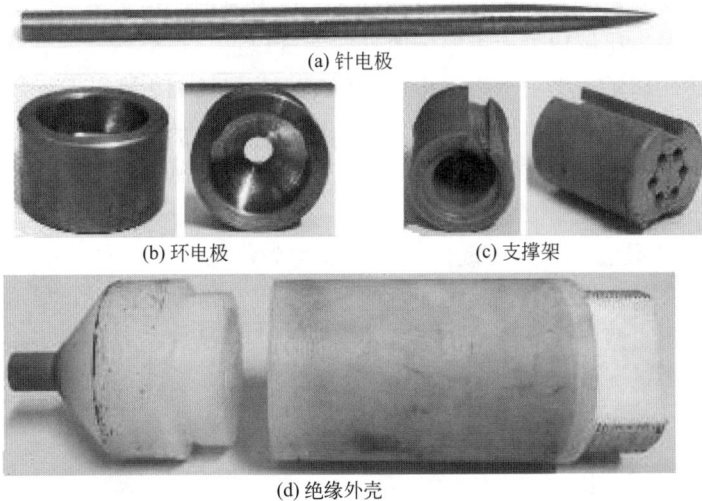

(a) 针电极

(b) 环电极　　　　(c) 支撑架

(d) 绝缘外壳

图 14-13　电极系统的部件

将各部件组装在一起后，即可形成裸露金属电极系统，如图 14-14 所示。电极系统的外部导线与电源系统连接，进气管与供气系统连接。

14.2.1.2　混氧大气压等离子体射流发生装置

裸露金属电极放电氮气混氧冷等离子体射流发生装置如图 14-15 所示。射流工作气体由

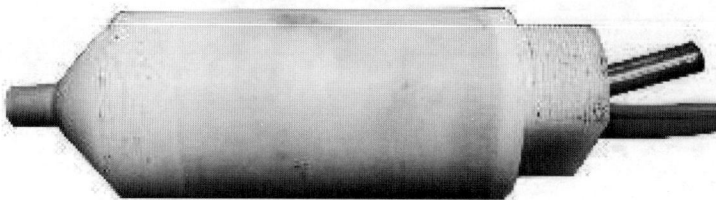

图 14-14　裸电极系统

两路独立的气流组成：一路为高纯氮气（99.999％）；另一路为高纯氧气（99.999％）。两路气流的流量由两个不同的质量流量控制器调节，经充分混合后通入电极，放电产生氮气混氧冷等离子体射流。

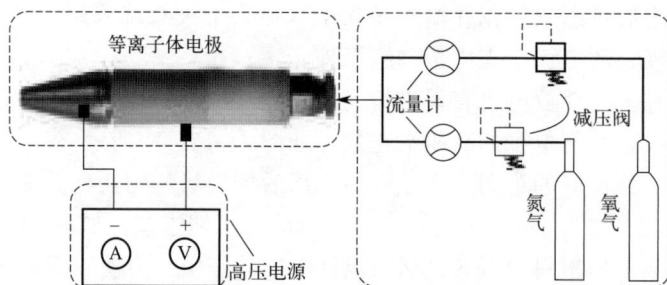

图 14-15　裸露金属电极放电氮气混氧冷等离子体射流发生装置

14.2.1.3　混水冷等离子体射流发生装置

在工作气体中混入氧气，可有效提高冷等离子体射流的改性效率。但由于氧分子具有电负性，射流长度随混氧比例增大而缩短，改性效率难以进一步提高。与氧分子相比，水分子经电离后形成的活性粒子种类更丰富，包括·OH、H^+、OH^- 等，因此，如能将水混入工作气体，有望进一步提高冷等离子体射流的改性效率。本小节将首先研制裸露金属电极放电氮气混水冷等离子体射流发生装置，然后在此基础上，研究所得冷等离子体射流的特性及其对金属表面的亲水性改性作用效果。

① 后置雾化发生装置。为获得改性效率高、均匀、稳定的混水冷等离子体射流，本小节首先设计了与混氧射流发生装置结构相近的"后置雾化"发生装置，如图 14-16（a）所示。混水射流的工作气体由两路独立的气流组成：一路为高纯氮气；另一路为超声雾化发生器生成的水汽。

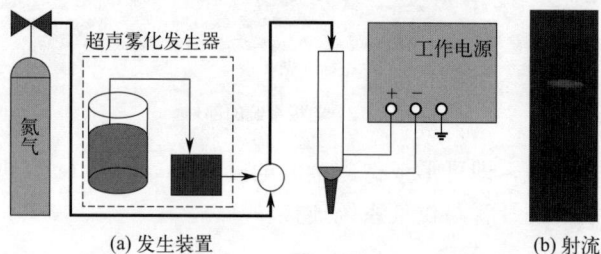

(a) 发生装置　　　　　　　　(b) 射流

图 14-16　后置混水冷等离子体射流发生装置及射流

　　试验发现，该装置放电不稳定，在电极喷嘴外难观察到冷等离子体射流，如图 14-16 (b) 所示。由此可见，采用与混氧冷等离子体射流发生装置类似的结构，并不能产生均匀、稳定的混水冷等离子体射流。与氧分子相比，水分子同样呈电负性，对放电过程有抑制作用，而水的介电常数相对更大，导致冷等离子体射流的形成更加困难。虽然以往的研究在低气压下采用相似装置可形成稳定的氩气混水冷等离子体射流，但大气压下气体分子的平均自由程较短，更难被击穿。另外，氮气的放电特性与以往研究中采用的氩气、空气等气体相差较大。

　　② 前置雾化发生装置。为获得稳定的混水冷等离子体射流，设计了图 14-17(a) 所示的"前置雾化"发生装置，将水汽输送至电极喷嘴出口，与放电形成的冷等离子体射流混合，以减少混入放电区域的水汽比例。该装置虽能形成稳定的冷等离子体射流，但对 TC4 钛合金表面开展改性试验发现，改性效率未明显提升，改性 60s 后接触角仍超过 20°，如图 14-17(b) 所示。

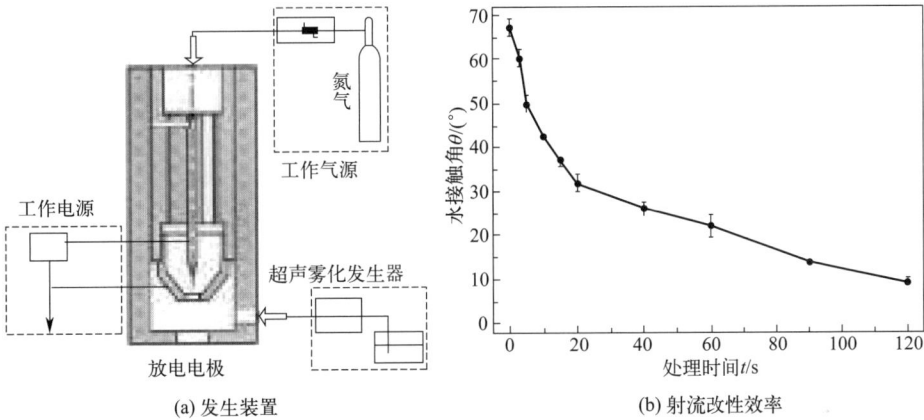

图 14-17　前置混水冷等离子体射流发生装置及射流改性效率

　　相比图 14-16 所示的后置雾化发生装置，图 14-17 所示的前置雾化发生装置中大部分水汽未进入放电区域，对放电过程的抑制作用相对较小，故可形成较稳定的冷等离子体射流。但由于大部分水汽未被有效电离，活性粒子浓度无明显提升，因此冷等离子体射流的改性效率未明显提高。由此可见，为获得均匀、稳定、改性效率高的混水冷等离子体射流，既需保证混入的水汽成分被有效送至放电区域参与电离，又需避免混入过多水汽抑制放电过程。但气体质量流量控制器难以精确控制微量水汽流量，更难控制水汽的液滴直径，因此难以实现对工作气体中含水量的微量、精确调节。

　　③ 后置鼓泡发生装置。在上述研究的基础上，提出了图 14-18 所示的装置，将工作气体分为两路。一路同样为高纯氮气，但另一路不是由超声雾化发生器将水汽混入，而是采用鼓泡器润湿气体，将湿润氮气混入工作气体。两路气流流量由不同的流量控制器调节。采用精密天平（FA2004，上海越平科学仪器有限公司，中国）测试湿润氮气的含水量，测试结果如表 14-3 所示。

　　测试过程中，先在鼓泡器中通 1h 高纯氮气，以确保鼓泡器及管路中的空气被充分排出；然后在鼓泡器中通高纯氮气 3h，测试通入氮气前后鼓泡器重量的变化，经计算后即可得到湿润氮气的含水量。由表 14-3 可知，在不同流量下，湿润氮气的含水量均为约 3%。通过调

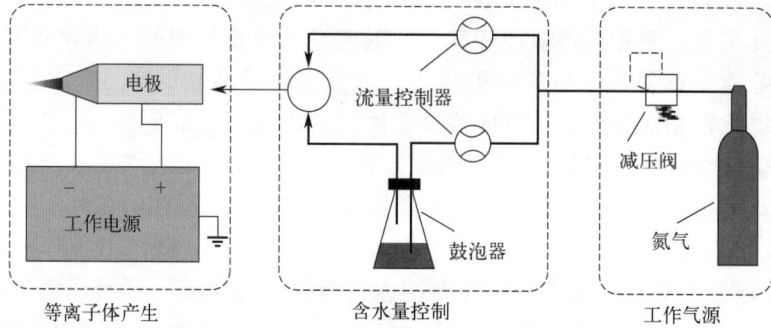

图 14-18　鼓泡器式混水冷等离子体射流发生装置

表 14-3　不同混水比例下工作气体的含水量

干燥氮气/(L/min)	湿润氮气/(mL/min)	混合比例/%	含水量/%
10	0	0	0
9.95	50	0.5	0.015
9.9	100	1	0.03
9.85	150	1.5	0.045
9.8	200	2	0.06
9.75	250	2.5	0.075
9.7	300	3	0.09
9.5	500	5	0.15
9	1000	10	0.3
5	5000	50	1.5
0	10000	100	3

节干燥高纯氮气和含水湿润氮气的混合比例，即可获得含水量能在 0.015%～3% 范围内精确调节的工作气体。因此，采用鼓泡器润湿工作气体后，可实现对工作气体含水量的微量控制，且能确保混入的水汽被输送至放电区域。

14.2.2　冷等离子体射流的特性

14.2.2.1　普通冷等离子体射流的特性

采用上述搭建的裸露金属电极放电装置进行气体放电研究，探索适合辅助切削的工作气体及放电参数。使用时需先打开供气系统，待工作气体输送至电极系统后再打开电源系统。使用结束时需先关闭电源系统，然后再关闭供气系统。

（1）工作气体

分别采用空气、氮气和氩气作为工作气体，流量为 12L/min。调整等离子体电源，逐渐增大电压，观察气体放电过程，结果如图 14-19 所示。

结果表明，工作气体为空气，当电源电压达到 3.6kV 时，等离子体发生器的喷嘴处出现淡黄色射流，如图 14-19（a）所示。但射流的长度较短，约为 15mm。放电过程不稳定，有不规律的"噼啪"声出现。工作气体为氮气，当电源电压达到 2.7kV 时，等离子体发生器的喷嘴处出现明显的紫色等离子体射流，长度约为 45mm，如图 14-19（b）所示。放电过程中，等离子体射流的形态稳定，无明显噪声。工作气体为氩气，当电源电压达到 4.0kV

时，等离子体发生器中有明显的噪声出现，但喷嘴出口
处仍然无射流形成，如图 14-19（c）所示。观察等离子
体发生器内部发现，针电极与环电极之间发生了丝状放
电，但并未产生射流。因此，推测在高压作用下，针电
极与环电极间被直接击穿，没有产生可见的等离子体
射流。

上述试验表明，氮气的放电电压最低，空气稍高，
而氩气则难以放电。氮气放电时射流较长，空气次之，
氩气则没有射流形成。由于射流的长度直接影响等离子
体的输送和应用，因此选用氮气作为裸露金属电极放电
的工作气体，并进一步研究裸电极放电的特性。

（2）放电形式

如图 14-20 所示，随着电压的增大，针电极的尖端

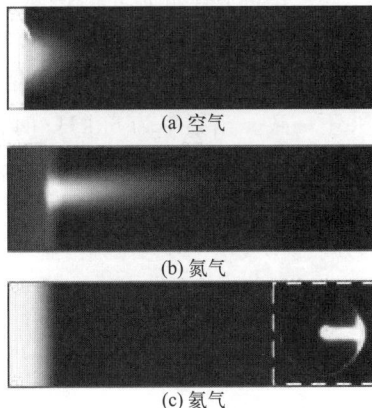

(a) 空气

(b) 氮气

(c) 氩气

图 14-19　不同气体的放电情况

开始放电，并出现明显的亮点。电压继续增大，针电极尖端放电产生的亮光更加明显，然后
针电极与环电极之间发生击穿，继而针电极与环电极之间的整个区域出现均匀稳定的辉光放
电。达到稳定的辉光放电后，继续增大裸露金属电极两端的电压，针电极与环电极之间发生
剧烈的火花放电。此时，放电过程极不稳定，会伴随不规律的火花放电噪声。

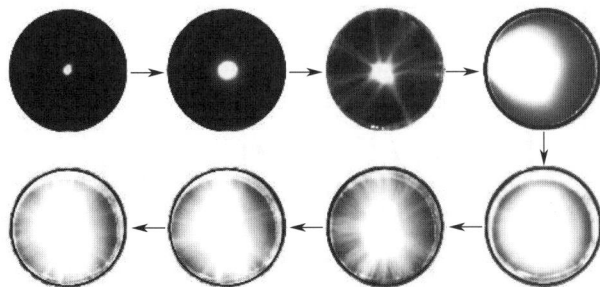

图 14-20　氮气裸露金属电极放电过程

图 14-21 的上方曲线为电压波形，下方曲线为电流波形。在辉光放电阶段之前，电压波
形为正弦，电流波形呈周期性变化。火花放电阶段，电压及电流波形均出现不规则的波动，
证明放电过程不稳定，与试验观察的现象吻合。

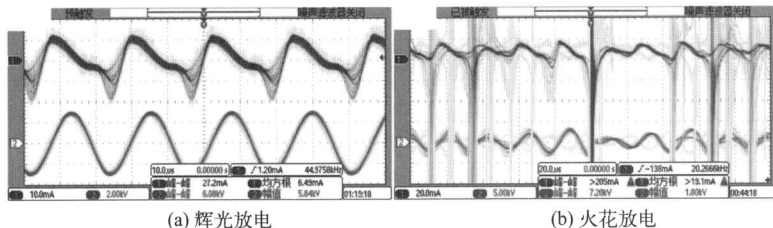

(a) 辉光放电　　　　　　　　(b) 火花放电

图 14-21　氮气裸露金属电极放电过程中放电波形

为确定可产生大气压冷等离子体的放电电压、频率、气体流量等参数，在不同频率和不
同气体流量时逐渐增大电压，将不同电压时的电流记录下来，并绘制了电流-电压之间的关
系曲线。试验中气体的压力为 0.5MPa。

（3）不同频率和流量时的伏安特性

试验结果如图 14-22 所示。结果表明，相同频率、不同气体流量时具有相似的伏安的特性曲线，即气体流量对伏安特性的影响较小。但不同频率时，气体放电的伏安特性曲线的规律并不一致。当频率为 60kHz 时，随着驱动电压的增大，电流近似呈线性增大。当频率为 50kHz 时，随着驱动电压的增大，电流呈先增大后减小的趋势。当频率为 40kHz 和 30kHz 时，随着驱动电压的增大，电流呈先缓慢增大后急剧增大的趋势。因此，本试验条件下频率是影响气体放电的主要因素。

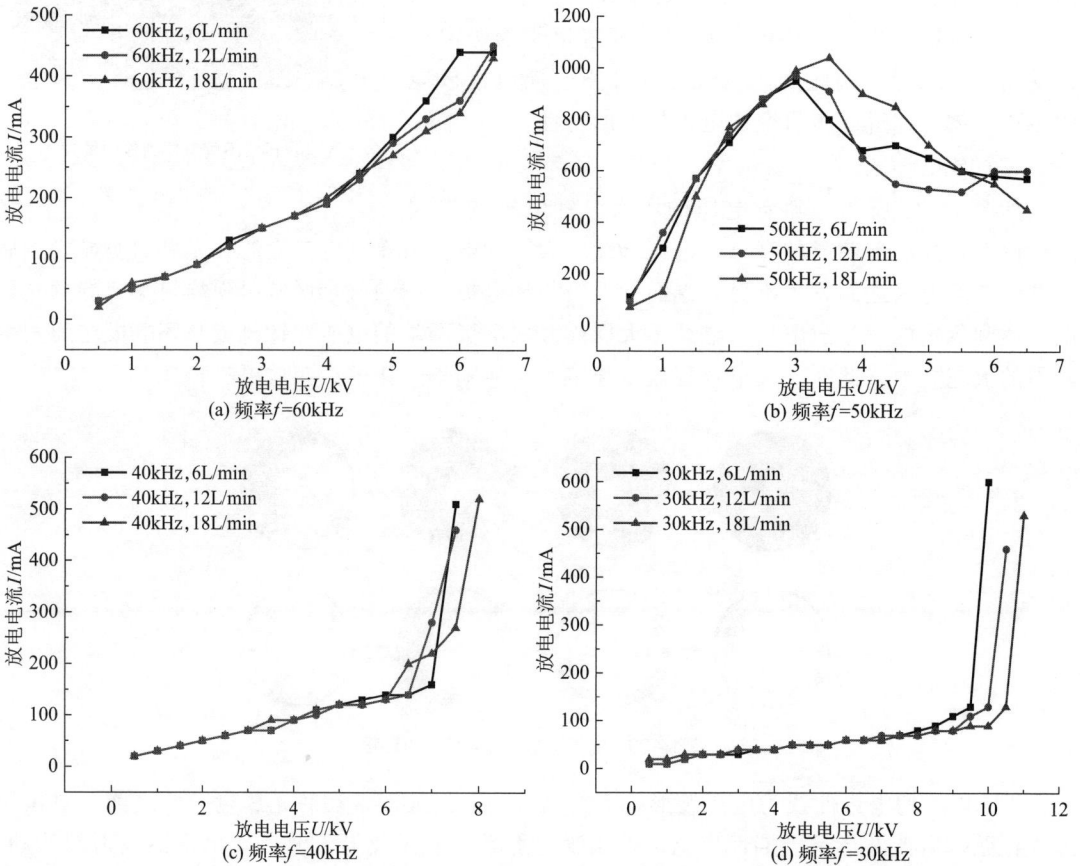

图 14-22　不同频率和气体流量时裸电极放电的伏安特性

当频率分别为 60kHz、50kHz、40kHz 和 30kHz 时，不同气流量产生辉光放电形成明显等离子体射流的驱动电压分别为 6.5kV、3.0kV、7.0kV 和 10.0kV。结果表明，频率为 50kHz 时辉光放电所需的电压最小。频率为 60kHz、40kHz、30kHz 时，随着频率的降低，产生辉光放电所需的电压增大。结合图 14-22 可发现，伏安曲线出现趋势突变的点所对应的电压即为出现明显等离子射流所需的驱动电压。

进一步分析放电电流发现，频率为 50kHz 时，不仅辉光放电所需的电压最低，而且放电电流最大。因此，可推测频率为 50kHz，氮气裸露金属电极放电时电离程度最高，放电后的等离子体中带电粒子最丰富，导电性最佳。

上述伏安特性试验表明，频率对氮气放电的伏安特性影响较明显，而气体流量对氮气放电的伏安特性影响较小。当频率为 50kHz 时，可在较低电压下实现辉光放电生成等离子体射流。

（4）冷等离子体射流的温度

为使等离子体射流适合辅助切削，需考察等离子体射流的温度。较低温度的冷等离子体射流对切削区域有较好的冷却润滑效果。选择上述放电参数和气体流量，产生明显等离子体射流时测量其温度，结果如图 14-23 所示。

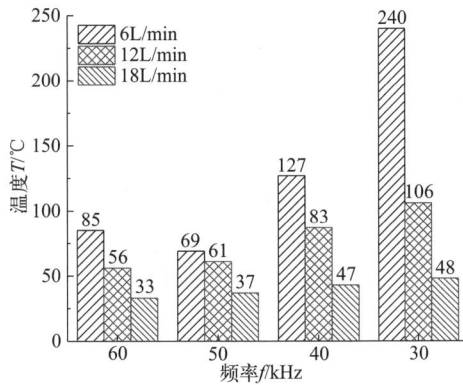

图 14-23　不同频率和气体流量时冷等离子体射流的温度

试验结果表明，随电源频率的降低，等离子体射流的温度总体呈上升趋势。随气体流量的增大，等离子体射流的温度总体呈下降趋势。当气体流量为 18L/min 时，随电源频率的降低，等离子体射流的温度相比较小气体流量时变化较小。当电源频率为 60kHz、50kHz 时，射流温度均低于 100℃；气体流量为 12L/min 时，射流温度约为 60℃；气体流量为 18L/min 时，射流温度约为 40℃。当电源频率为 40kHz、30kHz 时，射流温度明显增大；气体流量为 6L/min 时，射流温度均超过 100℃；气体流量为 18L/min 时，射流温度约为 50℃。

综合分析氮气裸露金属电极放电的伏安特性曲线和冷等离子体射流的温度发现，最优电源频率为 50kHz。气体流量越大，等离子体射流的温度越低，但射流的温度仍然高于室温及气体的本体温度，且射流的长度仅为毫米量级，因此需进一步研究等离子体射流的输送方法及温度控制方法。

14.2.2.2　混氧冷等离子体射流的特性

采用示波器测试不同混氧比例所得的冷等离子体射流的放电电压及电流波形发现，混入氧气后，射流放电电压无明显变化，但放电电流随混氧比例的增大逐渐降低，如图 14-24 所示。纯氮冷等离子体射流的放电电流峰值 $I_p \approx 7.6mA$，当混氧比例为 1% 时，放电电流峰值 $I_p \approx 6.3mA$。

采用数码相机（Nikon D70）拍摄不同混氧比例所得的冷等离子体射流，并测量其长度。拍摄过程中相机参数设置如下：光圈值为 $f/3.3$，ISO 为 −800，曝光时间为 2.5s。混入氧气后，随着混氧比例的增大，射流逐渐由亮黄色变为蓝紫色，长度逐渐变短，如图 14-25 所示。当混氧比例为 0.4% 时，射流长度由约 15.3mm 缩短至约 10.9mm。继续增大工作气体中的氧气比例，射流长度进一步缩短，当混氧比例为 1% 时，射流长度仅约 6.4mm，难以被引入切削区域调控加工过程。

总之，随着混氧比例的增大，冷等离子体射流的放电电流逐渐降低，长度逐渐变短。当

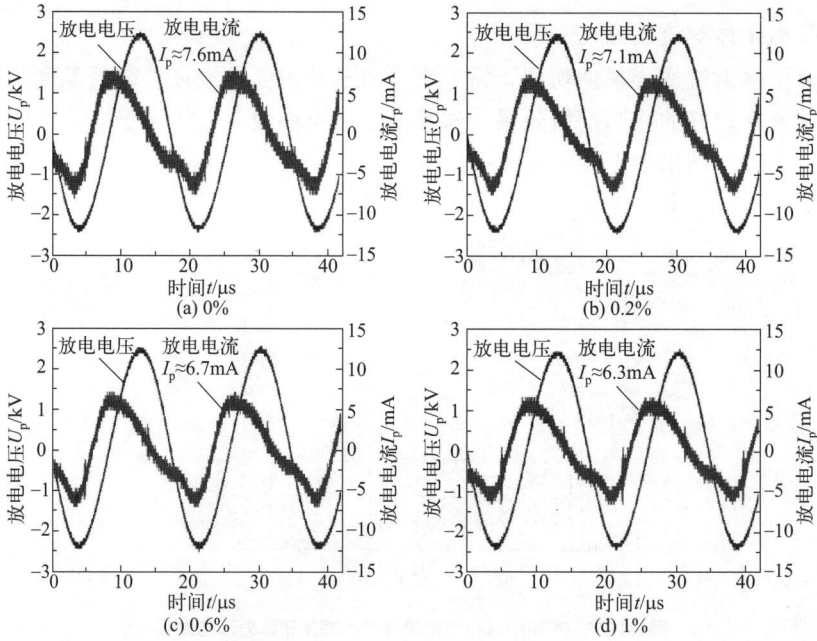

图 14-24　不同混氧比例冷等离子体射流的放电电压及电流曲线

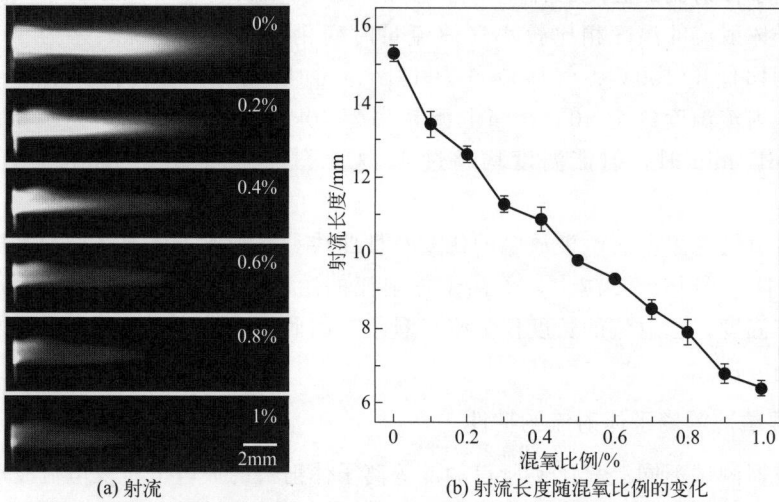

图 14-25　不同混氧比例的冷等离子体射流及射流长度随混氧比例的变化

混氧比例为 1% 时，所得射流已不适用于辅助切削过程。这是由于氧分子具有电负性，会吸附放电通道中的自由电子，抑制放电。

14.2.2.3　混水冷等离子体射流的放电特性

测试不同含水量所得的冷等离子体射流的放电电压、电流，结果如图 14-26 所示。由图 14-26 可知，随着工作气体含水量的增大，冷等离子体射流的放电电压无明显变化，但放电电流略有降低。当工作气体的含水量为 0.015% 时，射流的放电电流峰值 I_p 约为 7.4mA；当工作气体的含水量增至 0.09% 时，放电电流峰值 I_p 降至约 6.5mA。

采用 Nikon D70 数码相机拍摄不同工作气体含水量所得的冷等离子体射流，结果如图

14-27 所示。相机参数设置与拍摄混氧冷等离子体射流时相同。由图 14-27 可知，随着工作气体含水量的增大，射流颜色由亮黄色逐渐变暗，长度逐渐变短。当工作气体的含水量为 0.06％时，射流长度由约 15.3mm 缩短至约 10.1mm；当含水量为 0.09％时，射流长度仅为约 6.8mm。

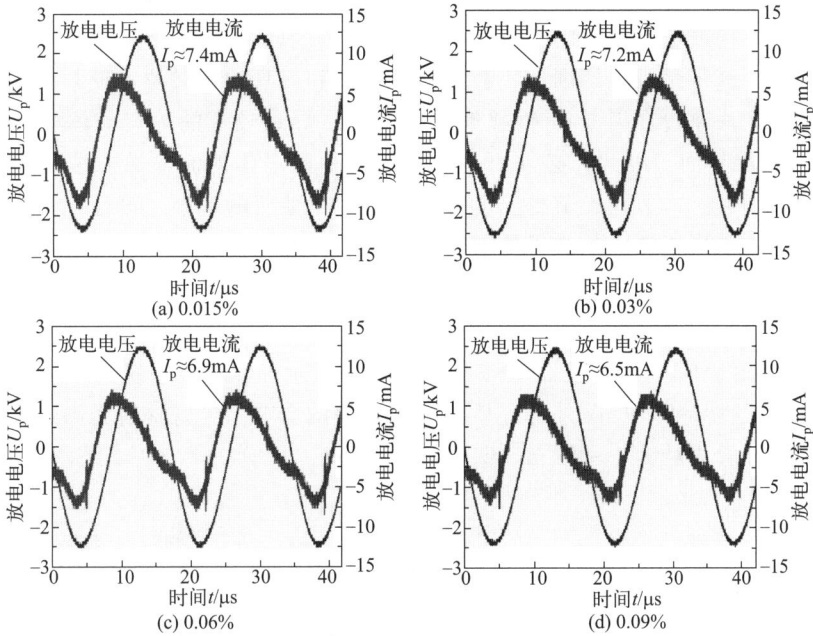

图 14-26　不同工作气体含水量所得的冷等离子体射流的放电电压及电流曲线

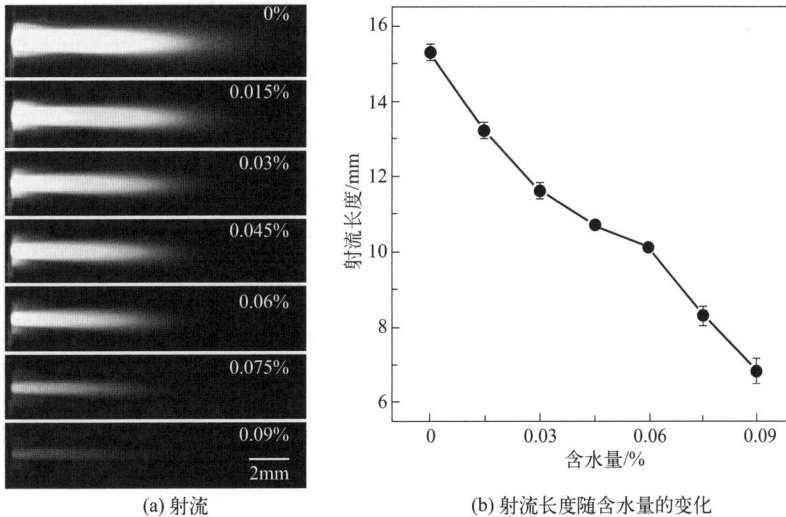

(a) 射流　　　(b) 射流长度随含水量的变化

图 14-27　不同工作气体含水量所得的冷等离子体射流及射流长度随含水量的变化

　　冷等离子体射流长度的缩短及放电电流的降低主要是由于水分子的电负性对放电过程的抑制作用。由此可见，如要获得尺度较大、均匀、稳定的大气压裸电极放电氮气混水冷等离子体射流，需控制工作气体的含水量在 0.09％以内，而采用图 14-16 所示的后置式混水冷等离子体射流发生装置难以在该含水量范围内的工作气体下产生稳定的冷等离子体射流。

14.3 冷等离子体射流的输送方法

14.3.1 柔性冷等离子体射流发生装置

上节分析了不同放电参数时的裸电极放电特性，发现试验条件下产生的大气压冷等离子体射流的长度仅为毫米量级。切削加工时，由于工件和刀具的相对位置较紧凑，等离子体射流发生器的电极无法布置在刀具-工件接触界面周边，导致较短的等离子体射流难以有效输送至刀具-工件接触界面。因此，必须研制出有效的等离子体射流输送方法，才能将等离子体用于辅助切削等领域。本节在上节提出的等离子体发生装置的基础上设计了一种可延长等离子体传输距离的大气压柔性冷等离子体射流发生装置，并分析了产生的冷等离子体射流的尺寸特征和伏安特性。

大气压柔性冷等离子体射流发生装置是在裸露金属电极放电装置上扩展而成的，也包括供气系统、电源系统和电极系统三部分，如图 14-28 所示。在电极系统的喷嘴处，连接了一段耐高温的绝缘柔性导管，屏蔽外部环境对导管内部的影响。导管材料为高透明的聚四氟乙烯，试验选用的导管内径为 1~3mm，壁厚为 0.5mm。

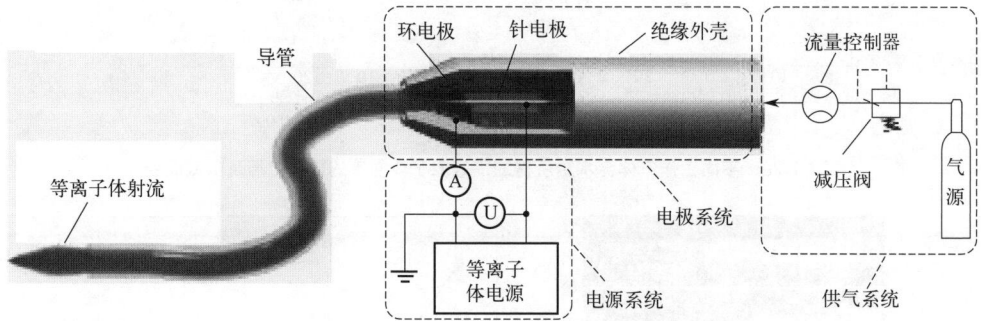

图 14-28 大气压柔性冷等离子体射流发生装置

在没有屏蔽外部环境对等离子体的影响时，等离子体从电极系统的喷嘴处喷出后，会与外部环境中的气体分子、尘埃颗粒等发生弹性碰撞和激发、电离、复合、电荷交换、电子吸附等非弹性碰撞行为，导致射流长度仅为毫米级时发生等离子体湮灭。采用绝缘导管屏蔽外部环境对等离子体的影响，可降低等离子体输送过程中的活性粒子与其他粒子发生弹性碰撞和非弹性碰撞的概率。这也是柔性等离子体发生装置可延长等离子体射流长度的理论基础。

14.3.2 柔性冷等离子体射流的尺度特性

采用大气压柔性冷等离子体射流发生装置产生的氮气裸露金属电极柔性等离子体射流如图 14-29 所示。由图可知，柔性等离子体射流具有较长的输送距离，而且其输送路径不受限制，可将柔性导管的形状任意放置。从整体来看，柔性射流的亮度从电极系统的喷嘴处沿输送路径逐渐减弱，如图 14-29(a) 所示。

(a) 射流全貌　　　　　　　　　　　(b) 射流出口

图 14-29　氮气裸电极柔性等离子体射流

　　为进一步分析柔性等离子体射流的特性，在不同驱动电压 U 和气体流量 Q 时测量了柔性等离子体射流能达到的最大长度 L，结果如图 14-30 所示。气体流量较小时（$Q=6L/min$），柔性等离子体射流的长度即可达数十厘米至一百厘米量级。气体流量为 6L/min，驱动电压仅为 2.5kV 时，柔性等离子体射流的长度就接近 10cm。随着驱动电压增大至 2.7kV 时，柔性等离子体射流的长度可达到 60cm。驱动电压继续增大，柔性等离子体射流的长度增加并不明显，但其亮度逐渐增强。

　　如图 14-30（b）所示，当气体流量为 12L/min 时，射流长度随驱动电压的变化规律与气体流量为 6L/min 时相似，但射流的长度均大于气体流量为 6L/min 时。当驱动电压为 7.0kV 时，柔性等离子体射流的长度可达 100cm。

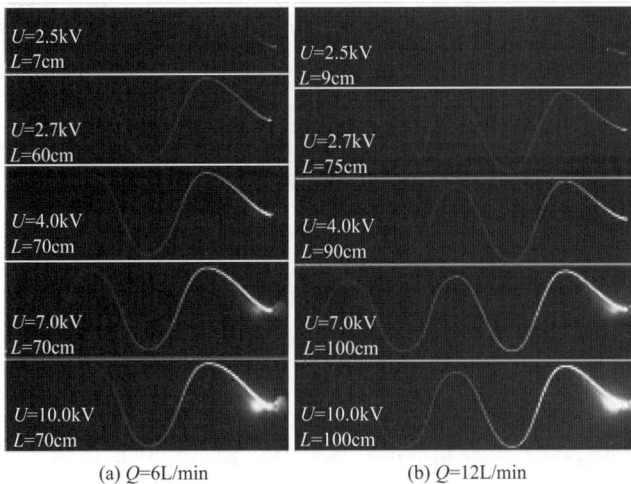

(a) $Q=6L/min$　　　　　　　　　　　(b) $Q=12L/min$

图 14-30　不同气体流量和驱动电压时的柔性冷等离子体射流

　　将气体流量继续增大至 18L/min，驱动电压为 2.7kV 时柔性等离子体射流的长度达到 75cm，与气体流量为 12L/min、驱动电压为 2.7kV 时具有相似的效果，如图 14-31 所示。当驱动电压增大到 10kV 时，柔性射流的长度可达 120cm。

　　在需要更长的输送路径时，可继续增大气体流量和驱动电压。当气体流量为 20L/min、驱动电压为 15kV 时，柔性等离子体射流的长度可达到 200cm，如图 14-32 所示。

　　测量柔性冷等离子体射流距离喷嘴不同位置处的发射光谱后发现，随着传输距离的增大，射流的发射光谱强度逐渐减弱，如图 14-33 所示。喷嘴出口处的发射光谱最强，射流中的活性粒子浓度和能量最高。距离喷嘴 30cm 处，发射光谱强度有所减弱，但衰减程度较低。距离喷嘴 60cm 和 100cm 处，射流发射光谱的强度已经大幅减弱，部分波长对应的成分已经消失。因此，为保证等离子体传输至刀具-工件接触界面具有较高的活性粒子浓度，切

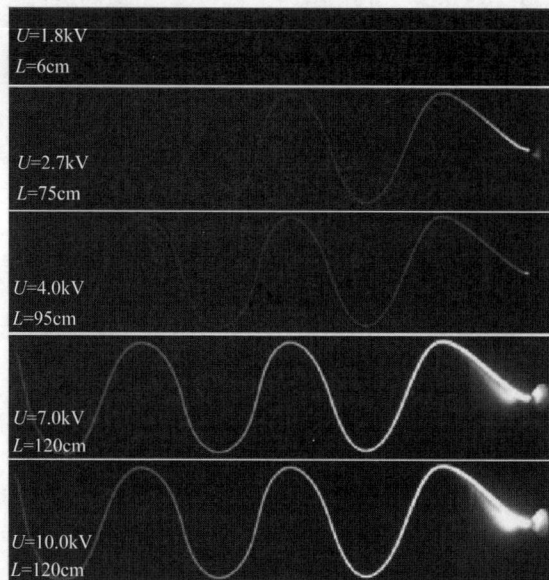

图 14-31　大流量时（Q= 18L/min）的柔性冷等离子体射流

图 14-32　200cm 长的柔性冷等离子体射流

削加工时柔性冷等离子体射流的长度应小于 30cm。

　　为研究等离子体发生器喷嘴处连接绝缘柔性导管后对等离子体产生过程中放电特性的影响，将电源频率设置为 50kHz，氮气流量设置为 12L/min，分析了形成普通冷等离子体射流和柔性冷等离子体射流时放电电压随驱动电压的变化趋势。如图 14-34 所示，普通冷等离子体射流和柔性冷等离子体射流具有相似的放电特性，放电电压均随驱动电压的增大呈先增大后减小直至相对平稳的规律。放电电压的最大值在驱动电压 2.5～3.0kV 之间，即产生稳定辉光放电的区间。驱动电压大于 3.0kV 后，放电形式转变为火花放电，放电电压保持相对稳定。

14.4　冷等离子体射流的温度控制

14.4.1　控温装置

　　上节研制的柔性冷等离子体射流，已可实现等离子体的有效输送，等离子体射流的长度从毫米量级延长至数百毫米至米级。等离子体实现有效运输后，便可直接送达刀具-工件接触界面，实现等离子体辅助切削。另外，为抑制金刚石刀具切削黑色金属时的磨损，需降低切削温度，从而远离金刚石发生石墨化的临界温度。因此，需要研究等离子体射流的温度特

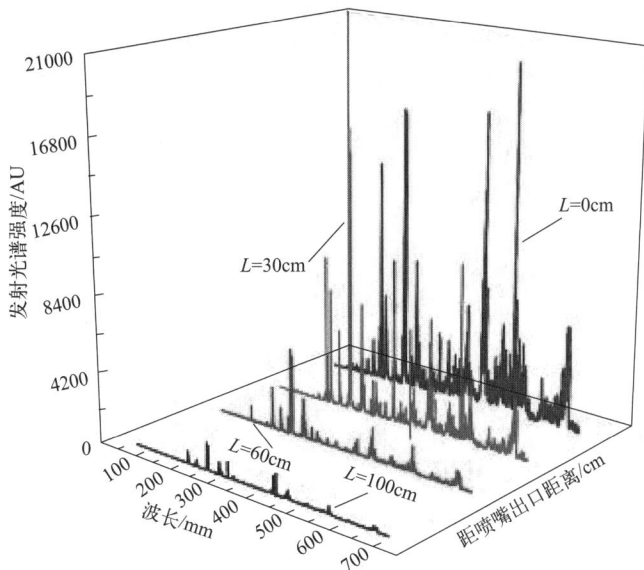

图 14-33　柔性冷等离子体射流距离喷嘴出口不同位置处的发射光谱

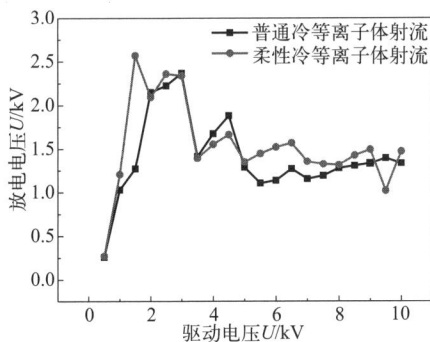

图 14-34　柔性冷等离子体与普通冷等离子体射流的放电电压对比

性，并采用适当的策略降低等离子体射流的温度。本节拟采用涡流转换，将工作气体预冷后再输送至电极系统，生成温度低于室温且可控的大气压冷等离子体射流。

等离子体射流的控温装置设计在大气压柔性等离子体射流发生装置的供气系统与电极系统之间，如图 14-35 所示。

本节采用涡流管作为降低工作气体温度的制冷器。供气系统提供具有一定压力的工作气体，并通向气体控制装置，然后输入涡流管。工作气体经涡流管冷却后，进入电极系统。通过电源系统控制电极系统的放电过程，即可产生温度可控的大气压柔性等离子体射流。涡流管具有结构简单、无能耗、温度可控等特点，适合作为等离子体放电过程中工作气体的制冷器。

图 14-36 为涡流管的原理和实物。涡流管是利用涡流冷却效应实现气体冷却的一种无运动、结构简单的能量分离装置。如图 14-36(a) 所示，具有一定压力的气体从气体入口进入涡流管后迅速膨胀，然后在涡流管内高速旋转。旋转过程中，不同温度的气体处于不同的层次。温度最低的气体处于轴线位置，温度最高的气体处于涡流管内壁。调节涡流管的控制

阀，可使靠近管壁的高温气体从热端气体出口喷出。涡流管轴线区域的低温气体被控制阀阻挡后，反向旋转运动至冷端气体出口喷出。通过调节控制阀，可实现热端气体与冷端气体的比例调节。涡流管工作过程中，没有运动部件，涡流管本身无能耗，冷端温度可低至0℃以下，热端温度可达到100℃以上。

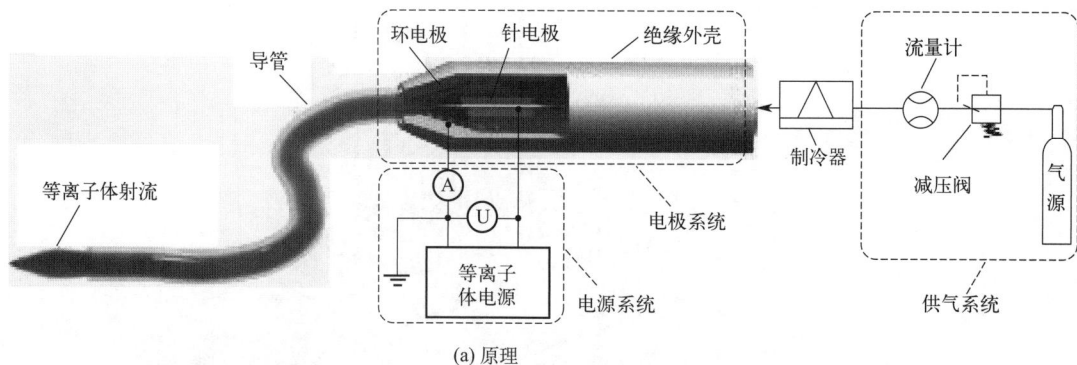

(a) 原理

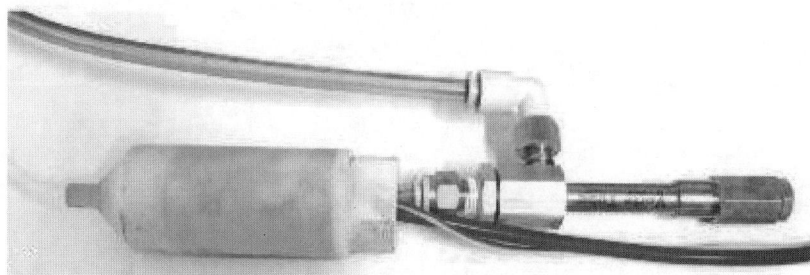

(b) 实物

图 14-35　控温冷等离子体射流发生装置

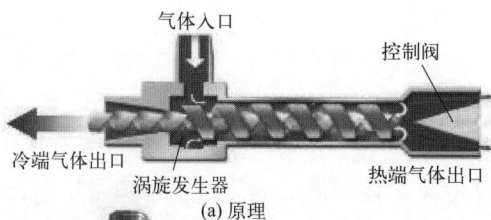

(a) 原理

(b) 实物

图 14-36　涡流管的原理及实物

　　试验中选用尚尔 SR-W04 型涡流管，总长度 145mm，最大直径 50mm。使用时先向涡流管中通入气体，然后调节控制阀，直至冷端气体温度达到最低。在最佳冷却条件下，测得的空气、氮气和氦气的冷却效果如表 14-4 所示。测试时，工作气体的温度约为 26℃，气体压力设置为 0.7MPa。试验中，温度测量采用瑞典 FLIR Systems AB 公司生产的 ThermaCAM A40 红外热成像仪。

表 14-4　涡流管对不同气体的冷却效果

气体	总流量/(L/min)	冷端流量/(L/min)	冷端温度/℃	气体	总流量/(L/min)	冷端流量/(L/min)	冷端温度/℃
空气	2	1.55	22.3	氮气	14	9.60	20.2
空气	6	4.20	23.3	氮气	30	19.40	11.1
空气	10	6.50	23.1	氮气	40	27.90	5.7
空气	14	9.10	21.6	氮气	50	36.40	3.2
空气	20	8.00	11.4	氦气	2	1.55	24.8
空气	30	19.65	4.3	氦气	6	4.00	23.6
空气	40	27.55	2.3	氦气	10	6.50	23.2
空气	50	36.45	0.3	氦气	14	9.00	21.9
氮气	2	1.55	24.8	氦气	30	19.40	12.3
氮气	6	4.20	24.2	氦气	40	26.20	6.1
氮气	10	6.50	23.0	氦气	50	32.80	1.4

由表 14-4 可知，试验选用的涡流管对不同气体具有相似的冷却效果，冷端气体的温度随气体流量的增大而降低。但气体流量低于 14L/min 时，涡流管对气体的冷却效果较弱，冷却后气体的温度不低于 20℃。当气体流量达到 50L/min 时，空气可冷却至 0.3℃，氮气可冷却至 3.2℃，氦气可冷却至 1.4℃，具有明显的冷却效果。因此，若需较好的冷却效果，涡流管需通入大流量的工作气体。

14.4.2　冷等离子体射流的温度特性

图 14-37 为大气压氮气裸电极放电柔性等离子体射流的红外热成像图。图中柔性管的长度为 1m。试验时氮气流量为 12L/min，驱动电压分别为 3.0kV、5.5kV 和 8.0kV。试验结果表明，驱动电压越高，等离子体射流的总体温度越高，沿射流传播方向不同位置处的温度呈现先升高后降低的趋势。

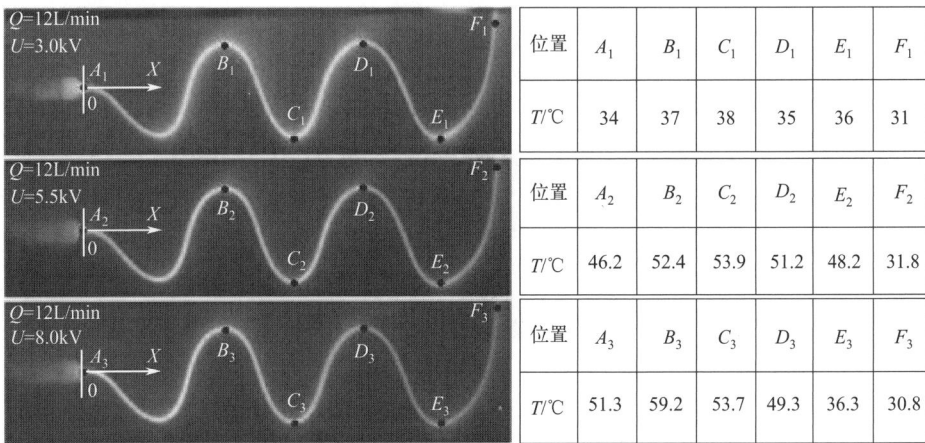

图 14-37　氮气裸电极放电柔性等离子体射流的红外热成像图

图 14-38 为不同氮气流量和驱动电压时氮气裸电极放电柔性等离子体射流不同位置的温度。气体流量较小时，沿射流输送方向等离子体的温度逐渐降低，如图 14-38(a) 所示。当

气体流量较大时，沿射流输送方向等离子体的温度呈先升高后逐渐降低的波动，如图 14-38（b）和（c）所示。试验结果表明，驱动电压越高，等离子体射流的温度波动越明显。相同气体流量时，随驱动电压增大，等离子体的温度升高。

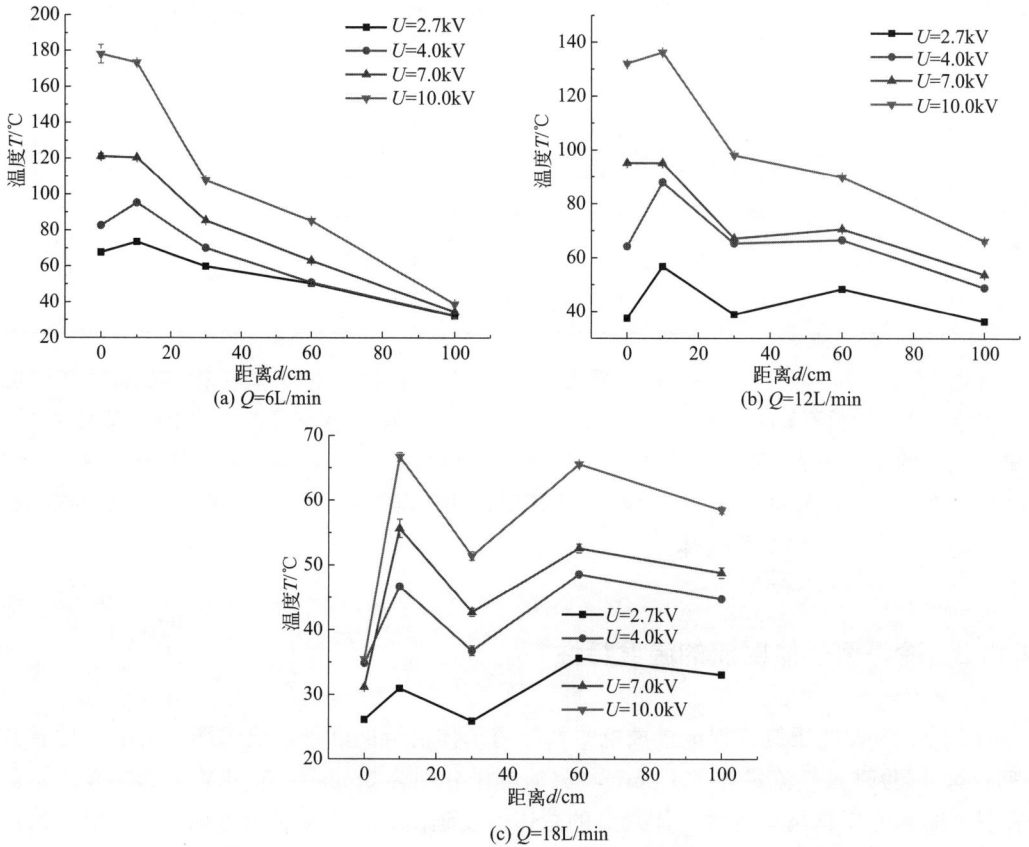

(a) Q=6L/min

(b) Q=12L/min

(c) Q=18L/min

图 14-38　不同氮气流量和驱动电压时裸电极放电柔性等离子体射流的温度

当驱动电压为 10.0kV，气体流量从 6L/min 增加至 18L/min 时，柔性冷等离子体射流的最高温度从约 180℃降至约 70℃。当驱动电压为 2.7kV，气体流量从 6L/min 增加至 18L/min 时，柔性冷等离子体射流的最高温度从约 70℃降低至约 35℃。当气体流量为 18L/min，驱动电压为 2.7kV 时，等离子体发生器喷嘴出口的温度最低可达到约 25℃。试验中发现，柔性导管内的等离子体温度有先升高后降低的趋势，但降低趋势较小，整体还是升高趋势，推测在输送过程中等离子体射流的温度变化是由等离子体中的粒子碰撞引起的。等离子体从发生器喷出后进入柔性导管，屏蔽了外部环境对射流的影响。但等离子体中粒子间的相互作用加剧，特别是没有其他粒子的阻碍，会使等离子体中各粒子间的碰撞频率增加，因此射流的温度升高。

综合前述对柔性冷等离子体射流的长度及温度特性的分析，在后续未指定等离子体产生条件时，选择氮气流量为 12L/min。为防止等离子体中的活性粒子浓度大幅降低，柔性管的长度选为 10cm。温度测试结果如图 14-39 所示。等离子体射流的温度沿输送方向仍然呈先升高后降低的趋势，但柔性导管尾部出口的温度与等离子体发生器喷嘴出口的温度基本一致。由此可知，当柔性导管较短时，输送过程对等离子体射流温度的影响较小。当驱动电压

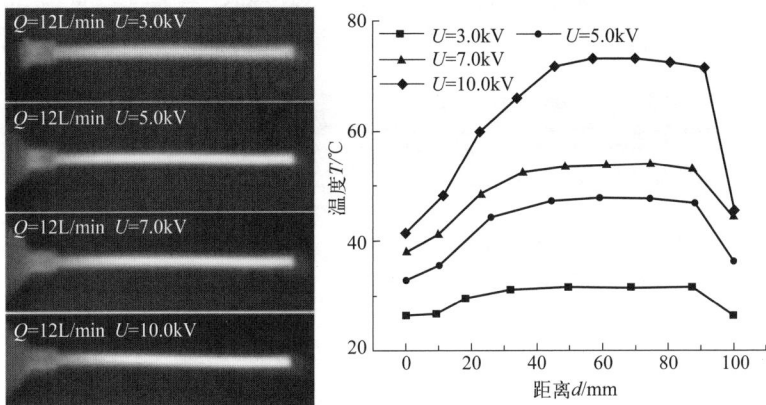

图 14-39　氮气柔性等离子体射流的温度（L= 10cm）

为 3.0kV 时，射流各部位的温度基本稳定在 25～35℃。

　　在等离子体辅助切削工艺中，为获得更好的润滑冷却效果，将氮气经涡流管冷却后再输入等离子体发生器，以便产生温度更低的冷等离子体射流，测温结果如图 14-40 所示。试验时的氮气流量为 50L/min，驱动电压分别为 3.0kV 和 5.5kV。

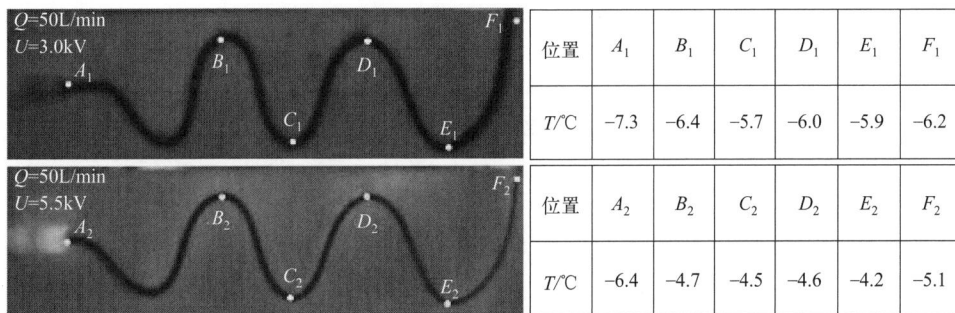

位置	A_1	B_1	C_1	D_1	E_1	F_1
$T/℃$	−7.3	−6.4	−5.7	−6.0	−5.9	−6.2

位置	A_2	B_2	C_2	D_2	E_2	F_2
$T/℃$	−6.4	−4.7	−4.5	−4.6	−4.2	−5.1

图 14-40　涡流冷却氮气柔性等离子体射流的温度

　　结果表明，氮气经涡流管冷却后再由裸电极放电产生的冷等离子体射流的温度分布较均匀。这是因为氮气经涡流管冷却后，等离子体中各粒子的运动速度减缓，相互碰撞的概率降低。当氮气流量为 50L/min，驱动电压为 5.5kV 时，柔性等离子体射流的最高温度仅为−4.2℃。当驱动电压降至 3.0kV 时，柔性等离子体射流的整体温度均低于常温，处于−7.3～−5.7℃。

　　将柔性导管的长度设置为 10cm，在不同氮气流量和驱动电压时测量柔性等离子体射流不同位置的温度，结果如图 14-41 所示。当氮气流量较小时，涡流管的冷却效果较差，柔性等离子体射流的温度仍然较高。如图 14-41(a) 和（c）所示，当氮气流量为 18L/min 时，柔性等离子体射流的温度及其变化趋势与不采用涡流管冷却时相似。当氮气的流量达到 50L/min 时，由于涡流管具有明显的冷却效果，柔性等离子体射流的整体温度明显降低，如图 14-41(b) 和（d）所示。采用涡流管冷却，氮气流量为 50L/min 时，等离子体发生器出口处射流的温度均低于−5℃。沿射流输送方向，柔性等离子体的温度变化较小。驱动电压为 3.0kV 时，柔性等离子体的整体温度约为−7℃。

　　综上分析可知，不采用涡流管冷却，当氮气流量为 12L/min、驱动电压为 3.0kV 时可获得温度约为30℃的柔性等离子体射流。采用涡流管冷却，当氮气流量为50L/min、驱动电压为3.0kV时可获得温度约为−7℃的柔性冷等离子体射流。

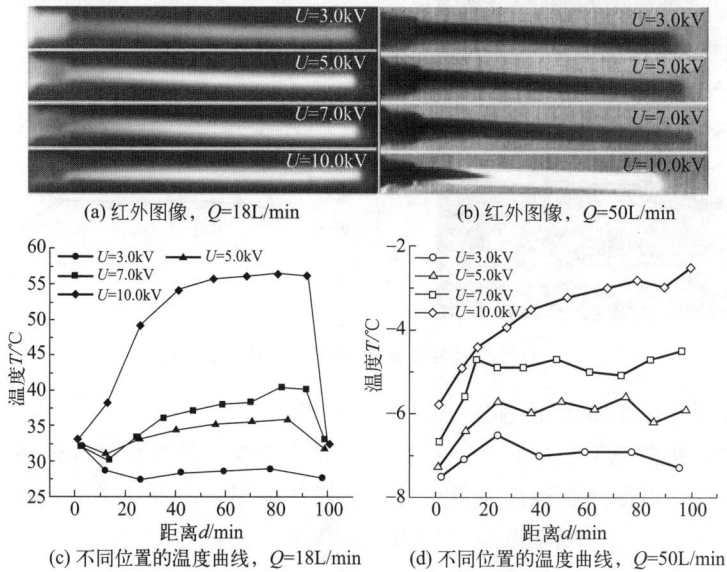

(a) 红外图像，Q=18L/min   (b) 红外图像，Q=50L/min

(c) 不同位置的温度曲线，Q=18L/min   (d) 不同位置的温度曲线，Q=50L/min

图 14-41　涡流冷却氮气柔性等离子体射流的温度（L= 10cm）

14.5　冷等离子体赋能微量润滑的作用机制

14.5.1　材料表面润湿性

浸润性是指液体在固体表面铺展的倾向性，也称为润湿性。表面润湿性是固体材料的一个重要物理化学性质，是材料选用时的重要参考因素，常用接触角 θ 来衡量，如图14-42所示。极端润湿性表面主要分为超亲液和超疏液两类。根据对水和油的不同作用，又可分为超疏水、超亲水、超疏油和超亲油四类，或者超疏水-超亲油、超亲水-水下超疏油、超双疏和超双亲四种。

图 14-42　接触角

根据接触角 θ 的大小可以将固体表面分为亲水表面和疏水表面。

① 亲水表面：$0°<\theta<90°$，液体可润湿固体；当 $0°\leqslant\theta<10°$ 时，称为超亲液表面，液体可在固体表面完全铺展。

② 疏水表面：$\theta>90°$，液体不能完全润湿固体；当 $\theta>150°$ 时，称为超疏水表面，固体对液体具有优异的疏水性。

因此，如能在精密加工过程中，实时、快速提高冷却介质在难加工金属材料表面的浸润性，则有望改善加工过程中切削区的冷却润滑环境，解决切削区高温带来的一系列问题。

冷等离子体富含活性粒子且具有较低的温度，可有效改善金属材料表面的浸润性且不造成明显表面损伤，如图 14-43 所示。另外，冷等离子体的产生及应用过程不涉及化学物质，几乎不会对环境带来负面影响。因此，如能将冷等离子体引入切削区域，实时提高待加工表面及新生表面的浸润性，则无须改变冷却介质成分，即可提高其在切削区的浸润性和润滑能力，有望显著改善难加工金属材料的切削加工性能。

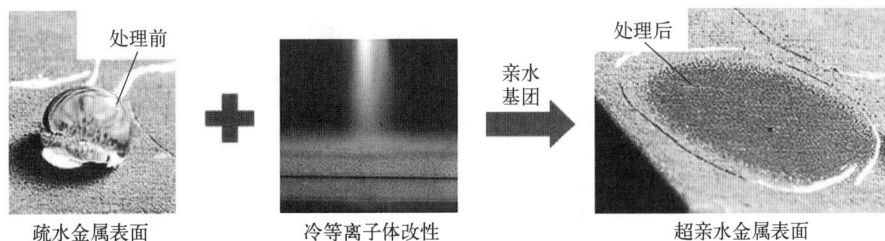

图 14-43　大气压冷等离子体对金属表面的改性过程

（1）普通等离子体射流改性

采用裸电极放电冷等离子体射流分别处理了 TC4、Inconel 718、纯铁、纯铝、纯钼、纯锌、紫铜等金属材料。试验过程中，各金属材料样片尺寸均为 20mm×20mm×3mm，工作气体流量为 10L/min，含水量为 0.045%，放电电压峰值为 2.5kV，频率为 60kHz，电极喷嘴与各金属表面间的距离为 10mm，处理时间为 10s。采用 Nickon D70 数码相机拍摄处理前后各金属表面上接触角的照片。采用 SL200KS 接触角测量仪测量处理前后金属表面的水接触角，测量过程中所用水滴的体积为 15μL。数码相机及接触角测量仪上电荷耦合器（charge coupled device，CCD）摄像头所拍摄的照片如图 14-44 所示。

由图 14-44 可知，经冷等离子体射流处理 10s 后，各金属表面的浸润性得到了明显改善，水滴在表面可充分铺展，水接触角 θ 明显减小。由此可见，对于镍基高温合金、纯铁等多种难加工金属材料，冷等离子体射流均可实现快速亲水性改性，有望在加工过程中促进冷却介质浸润切削区。

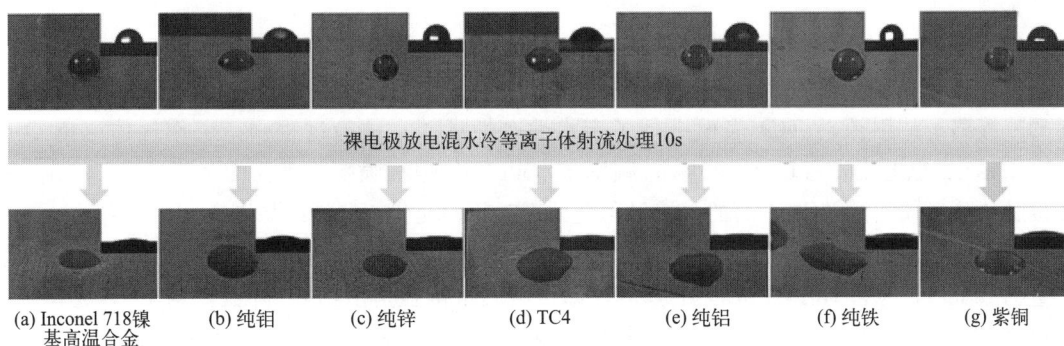

图 14-44　冷等离子体射流对金属表面的亲水性改性效果

（2）混氧等离子体射流的改性效率

为研究在工作气体中混入氧气对冷等离子体射流亲水性改性效率的影响，采用了不同混氧比例的冷等离子体射流处理 TC4 表面，并以水接触角为评价指标，衡量不同冷等离子体射流的改性效率。研制改性效率更高的冷等离子体射流，是为了更好地调控金属材料的切削过程。而在金属材料的切削过程中，为保证冷等离子体射流发生装置与切削区域不发生相互干涉，电极喷嘴与刀具、工件间需保持一定距离。因此，改性试验过程中，调节电极喷嘴与 TC4 表面间的距离 $d=10\text{mm}$；工作气体流量 $Q=10\text{L/min}$，放电电压峰值 $U_\text{p}=2.5\text{kV}$，频率 $f=60\text{kHz}$。采用接触角测量仪（SL200KS）测试 TC4 表面的接触角随处理时间的变化，测试结果如图 14-45 所示。

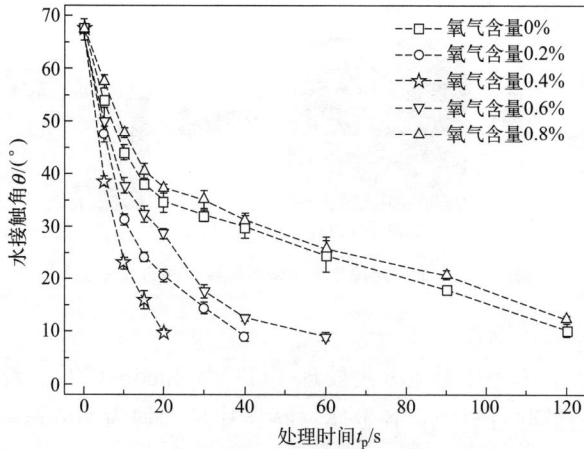

图 14-45　水接触角随不同混氧比例冷等离子体射流处理时间的变化

由图 14-45 可知，采用纯氮冷等离子体射流处理 TC4 表面 60s 后，水接触角仍为 $25°$，需约 120s 才可将表面改性至超亲水状态。在工作气体中混入氧气后，冷等离子体射流的改性效率明显提升。当混氧比例为 0.2% 时，仅需约 40s 即可将表面改性至超亲水状态。混氧比例为 0.4% 时，改性效率进一步提高，将表面改性至超亲水状态仅需约 20s，相比未混入氧气的纯氮冷等离子体射流所需时间明显缩短。继续提高混氧比例至 0.6% 发现，由于氧分子的电负性抑制放电的作用效果较明显，冷等离子体射流的长度变短，改性效率有所降低。当混氧比例为 0.8% 时，冷等离子体射流对 TC4 表面的改性效率低于未混入氧气的纯氮冷等离子体射流。

（3）混水等离子体射流的改性效率

为研究工作气体含水量对冷等离子体射流改性效率的影响，采用不同含水量的工作气体所得的冷等离子体射流对 TC4 表面进行了亲水性改性试验。试验过程中，工作气体流量 $Q=10\text{L/min}$，放电电压峰值 $U_\text{p}=2.5\text{kV}$，频率 $f=60\text{kHz}$，电极喷嘴距表面的距离 $d=10\text{mm}$。采用接触角测量仪测试 TC4 表面的水接触角随处理时间的变化，测试结果图 14-46 所示。

由图 14-46 可知，混入水汽后，冷等离子体射流的改性效率明显提升。当工作气体的含水量为 0.045% 时，对 TC4 表面处理 5s，即可将其水接触角由约 $67°$ 降低至约 $19°$，处理 10s 后可将 TC4 表面改性至超亲水状态，相比纯氮及混氧冷等离子体射流所需的时间明显缩短。增加工作气体的含水量至 0.06%，冷等离子体射流的改性效率变化不大。继续增加工作气体的含水量发现，由于冷等离子体射流的长度明显缩短，改性效率开始降低。当含水量为 0.075% 时，处理 10s 后 TC4 表面的水接触角约为 $32°$，未呈超亲水状态，改性效率有所下降。

综上所述，通过采用鼓泡器对气体润湿，精确控制工作气体的含水量，可显著提高冷等离子体射流对金属表面的亲水性改性效率。对比混氧、混水冷等离子体射流的长度及改性效率可知，工作气体的含水量为 0.045% 的混水冷等离子体射流具有更高的改性效率，可在

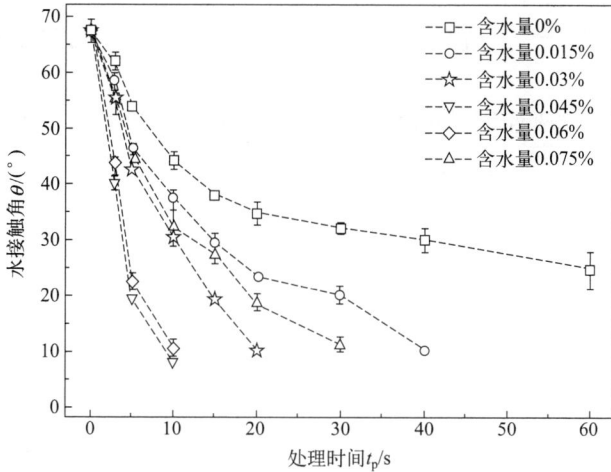

图 14-46 水接触角随不同含水量冷等离子体射流处理时间的变化

10s 内将 TC4 表面改性至超亲水状态，所需时间相比未混水的纯氮冷等离子体射流可缩短 90% 以上，相比混氧冷等离子体射流也可缩短至少 50%。同时，冷等离子体射流的长度可达 10mm 以上，适合用于辅助加工过程。因此在后续机理研究及辅助加工试验中，均选用工作气体的含水量为 0.045% 的裸露金属电极放电混水冷等离子体射流。

14.5.2 冷等离子体对材料表面浸润性的作用机理

冷等离子体亲水性改性是指采用冷等离子体处理聚合物、金属等材料，从而提高材料表面的浸润性。冷等离子体中富含高能活性粒子，如电子（能量 1~10eV）、激发态原子或分子（能量 0~20eV）、光子（能量 3~40eV）等，这些高能电子及重离子的能量大多高于材料表面 C—C（3.45eV）、C—H（4.3eV）、H—CH$_3$（4.48eV）、C—O（3.48eV）、C—F（4.69eV）等典型化学键的键能。因此，采用冷等离子体处理材料表面时，高能电子及重离子可将材料表层分子链的化学键打断，引发一系列物理化学反应。其中，和亲水性改性密切相关的反应主要包括含氧官能团引入、交联、刻蚀等。

（1）含氧官能团引入

材料表层分子链的化学键被打断后，打断位置将出现悬空键，形成表面自由基。冷等离子体射流中的 O、—OH 等自由基可与表面自由基结合，形成 C—O、C＝O 等亲水性含氧官能团，从而提高材料表面的亲水性。

（2）交联

材料表层分子链的表面自由基除可与冷等离子体射流中的自由基结合生成新基团外，还可和其他表面自由基相互作用，发生交联反应。交联抑制了改性后分子链的迁移，有助于表面亲水性的保持。

（3）刻蚀

冷等离子体对材料的刻蚀包括物理刻蚀和化学刻蚀。物理刻蚀的主要作用机理为高能重离子轰击表面产生的溅射效应；化学刻蚀的主要作用机理为强氧化性粒子与表面物质发生化学反应后生成气体并挥发。刻蚀可生成微观粗糙结构，结合引入的含氧基团，进一步提高材料表面的亲水性。但对于金属材料的辅助加工过程，冷等离子体的刻蚀作用会给表面质量带来不利影响。

以往关于冷等离子体改性聚合物材料的试验研究表明，冷等离子体可快速提高多种聚合物材料表面的浸润性。另外，改性后的表面在放置过程中会逐渐恢复至原有的浸润性。这一浸润性恢复现象被称为冷等离子体改性的时效性。冷等离子体改性聚合物的时效性主要是由于冷等离子体的作用深度较浅，改性后未受影响区域的分子链向表层迁移。另外，放置环境中的低表面能基团也会附着在材料表面，导致材料表面能降低、浸润性变差。

近年来，大连理工大学的刘新等发现，冷等离子体还可提高铝、不锈钢等金属材料表面的浸润性，将其改性至超亲水状态。利用冷等离子体对金属材料表面的亲水性改性，可促进冷却介质浸润切削区域，改善金属材料的切削加工性能。但现有冷等离子体对金属材料表面的亲水性改性效率较低，难以实现对切削过程中金属材料表面浸润性的实时调控。另外，冷等离子体对金属材料表面浸润性的改性机理、影响规律、改性时效性等仍有待深入研究。

（1）表面形貌

材料表面的浸润性主要由表面微观结构及化学成分决定。为研究冷等离子体射流对金属表面的亲水性改性作用机理，下面选取钛合金 TC4、镍基高温合金 Inconel 718、纯铁等三种典型难加工金属材料进行实验。首先采用扫描电子显微镜（SEM）观测改性前后的表面形貌，结果如图 14-47 所示。

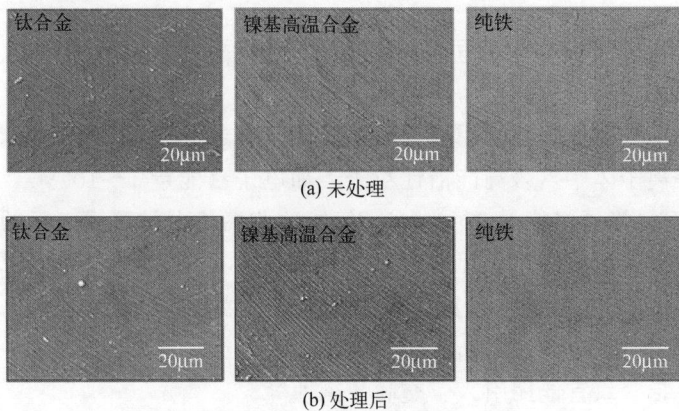

图 14-47　冷等离子体射流处理前后的表面形貌

由图 14-47 可知，各金属材料表面形貌在改性前后无明显变化，表明冷等离子体射流的亲水性改性作用机理与表面形貌关系不大。另外，测试结果表明，冷等离子体射流在实现快速亲水性改性的同时，对金属表面结构无明显损伤。

（2）化学成分

在观测表面形貌的基础上，借助 X 射线光电子能谱（XPS）分析冷等离子体射流处理前后金属表面的化学成分，以进一步探明冷等离子体射流亲水性改性的作用机理。采用单色 Al Kα X 射线源，功率为 150W，样品放入后分析腔压力设为 7.1×10^{-5} Pa，探测器与样品法线间的夹角为 45°。测试完成后，以 284.6eV 处 C1s 为基准峰，对全谱进行荷电校正。处理前后各材料表面的元素相对含量如图 14-48 所示。经冷等离子体射流处理后，钛合金、镍基高温合金及纯铁表面碳（C）元素的含量有所降低，氧（O）元素的含量明显提高。

图 14-48 的测试结果表明，经射流处理后，金属表面的化学成分发生了明显变化，氧元素的含量明显提高。为进一步分析金属表面的化学成分变化对表面浸润性的影响，采用 XP-SPeak v4.1 软件，对处理前后金属表面的高分辨率 C1s 峰进行了拟合。拟合结果如图 14-49 所示。处理前后金属表面的高分辨率 C1s 峰涉及四种含碳基团，即 C—C/C—H（284.6eV）、C—O（286.05eV±0.15eV）及 O—C＝O（288.1eV±0.15eV）。

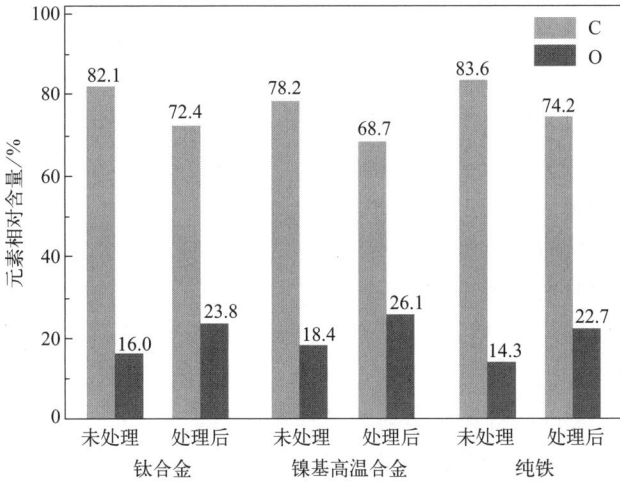

图 14-48　冷等离子体射流处理前后表面的元素相对含量

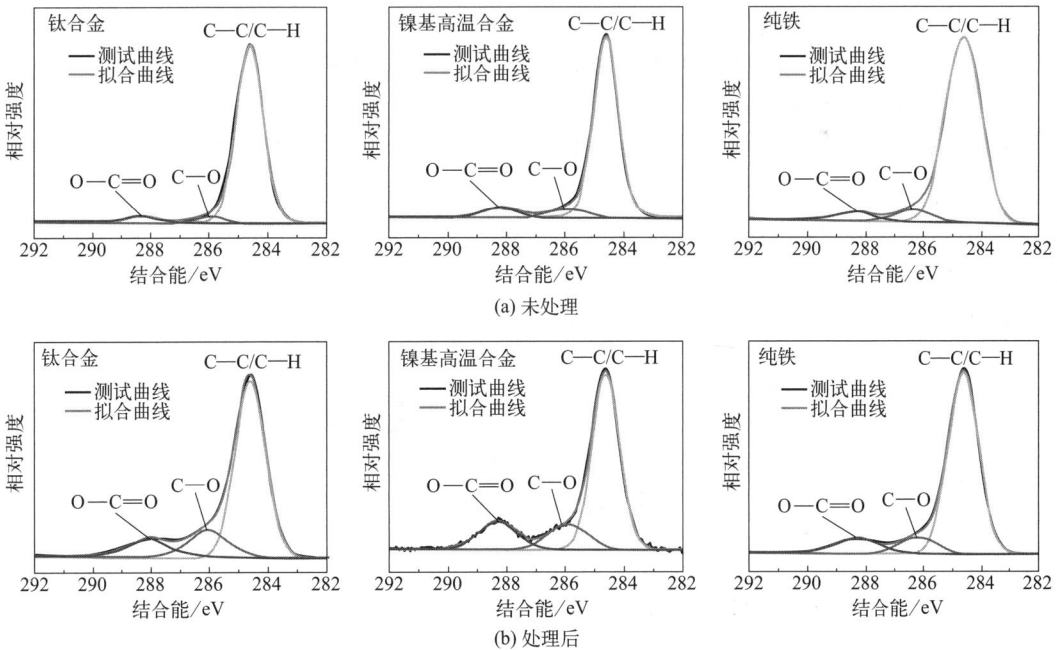

(a) 未处理

(b) 处理后

图 14-49　冷等离子体射流处理前后表面的高分辨率 C1s 峰拟合结果

由图 14-49 可知，对于不同金属材料，处理后 C—O、O—C＝O 等含氧极性基团的峰强均明显提高。这是由于冷等离子体射流作用在金属材料表面时，射流中 O、—OH 等活性粒子可打断表层分子链的 C—C、C—H 等非极性基团，形成悬空键及自由基，并与之发生化学反应，生成 C—O、O—C ═O 等含氧极性基团。在表面形貌未发生明显变化的情况下，含氧极性基团含量的增加提高了材料的表面能，故表面的浸润性得到明显改善。

（3）时效性

亲水性改性试验结果表明，冷等离子体射流可快速提高金属表面的浸润性，有望实时改善辅助加工过程中切削区域的冷却润滑环境。但冷等离子体射流亲水性改性作用效果的保持时间仍有待研究。在辅助加工过程中，如亲水性改性作用效果在处理后快速消失，可能导致其对冷却润滑环境的改善效果较为有限。因此，将经冷等离子体射流处理 10s 后的超亲水 TC4 样片放置在空气中，观测样片的水接触角随储存时间的变化。测试结果如图 14-50 所示。

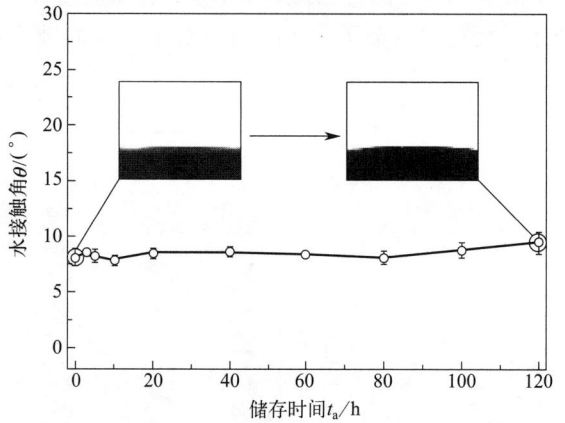

图 14-50　TC4 表面水接触角的变化

由图 14-50 可知，经过冷等离子体射流处理后的超亲水 TC4 样片的水接触角在 120s 的放置时间内无明显变化，表明冷等离子体射流的亲水性改性效果可在短时间内保持。在切削过程中，金属表面处于改性—切削—新生表面—改性的循环状态中，冷等离子体射流的亲水性改性效率和保持时间足够用于持续改善切削区的冷却润滑环境。

但在冷等离子体射流辅助加工完成后，亲水性改性效果继续长久保持可能会影响金属材料的后续应用。为研究亲水性改性作用对金属材料后续应用的影响，研究了经冷等离子体射流处理 10s 后，TC4 表面的水接触角在较长储存时间内的变化情况。测试结果如图 14-51 所示。

由图 14-51 可知，经冷等离子体射流处理后放置在空气中时，TC4 表面的水接触角逐渐增大，在 1h 后由约 8.2°增大至约 22.4°，6h 后恢复至原有的浸润性。放置在水中时，表面的超亲水性可保持较长时间，6h 后，表面的水接触角仍小于 10°。镍基高温合金、纯铁、纯铝、纯钼等其他金属材料经冷等离子体射流处理后，放置在空气中时表面浸润性同样逐渐恢复，放置在水中时则可长久保持，如表 14-5 所示。

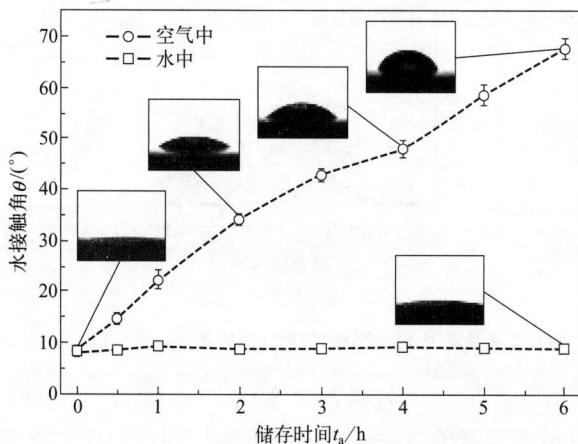

图 14-51　不同储存环境下钛合金 TC4 表面水接触角的变化

表 14-5　不同储存环境下金属表面水接触角的变化

金属材料	亲水性改性后的水接触角/(°)	空气中储存 6h 后的水接触角/(°)	水下储存 6h 后的水接触角/(°)
镍基高温合金	9.7	61.9	10.7
纯钼	12.1	54.5	13.5
纯锌	7.5	72.8	9
钛合金	8.2	66.5	8.9
纯铝	6.5	71.2	7.7
纯铁	8	81	8.3
紫铜	13.2	67.6	14.1

各金属表面的浸润性在空气中和水下具有不同的变化趋势，这主要是由于不同环境的界面能有明显差异。由于改性前后金属表面结构无变化，储存过程中浸润性的恢复主要是因为表面化学成分的变化。在储存过程中，金属表面吸附的 C—O、C═O 等高表面能基团逐渐被环境中的 C—H、C—C 等低表面能基团取代，于是表面的化学成分及浸润性逐渐恢复至改性前的状态。与空气相比，水的表面能明显更高，与改性后金属表面间的界面能差值较小。因此，改性后金属表面的化学成分及浸润性可在水中长久保持。

总之，对于不同金属材料，冷等离子体射流均可通过改变表面的化学成分，实现对表面的高效、低损伤亲水性改性。冷等离子体射流的亲水性改性效果可保持 120s 以上，能持续改善切削区的冷却润滑环境。放置在空气中时，亲水性改性效果在 6h 内逐渐消失，不会对金属材料的后续应用带来明显影响。亲水性改性效果在水中可长久保持。对于轴承、摩擦副等零部件，表面的超亲水性有助于表面油膜的附着并因此减小传动过程的摩擦系数，可将加工后的零部件储存在水中，以长久保持其超亲水性。

14.6　冷等离子体对材料力学特性的影响机制

14.6.1　冷等离子体对材料去除机理的研究

14.6.1.1　单颗粒划痕试验

（1）单颗粒划痕试验装置

本节基于三坐标数控微加工平台，自行搭建了可在划痕过程中实时引入冷等离子体射流的单颗粒划痕试验装置，如图 14-52 所示。单颗粒划痕试验装置主要由电主轴、进给平台、角位移台、测力仪传感器及气浮隔振平台组成。其中电主轴的最高转速为 60000r/min，转速由电主轴控制器调节，最大径向跳动小于 $1\mu m$。在单颗粒划痕试验过程中，电主轴无须转动，仅用来夹持压头。单颗粒划痕试验所用的压头为标准维氏压头，顶端金刚石的横刃长度为 200nm，锥角为 136°。进给平台 x、y、z 向的最大进给量分别为 100mm、100mm 和 200mm，各方向的最大进给速度均为 10mm/s，进给精度可达 $0.2\mu m$。通过控制进给平台的 z 轴及 y 轴运动，可控制金刚石压头的压入及划痕过程。采用数显千分表测试进给平台的运动精度发现，x、y 向进给 20mm 后，z 向的偏移均小于 $1\mu m$。角位移台安装在进给平台上，划痕样片由夹具固定在角位移台上，可沿 x 轴及 y 轴旋转，结合数显千分表，能实现划痕前样片的调平及划痕过程中压入深度的设置。三向压电式测力仪传感器安装在角位移台下方，用于测量金刚石压头与样片接触时的 z 轴坐标。划痕试验开始前，控制进给平台 z 轴使金刚石压头缓慢靠近样片，当测力仪传感器检测到力信号突变时，视为压头已与样片接触，以此时的 z 轴坐标为零点，进给相应压入深度。

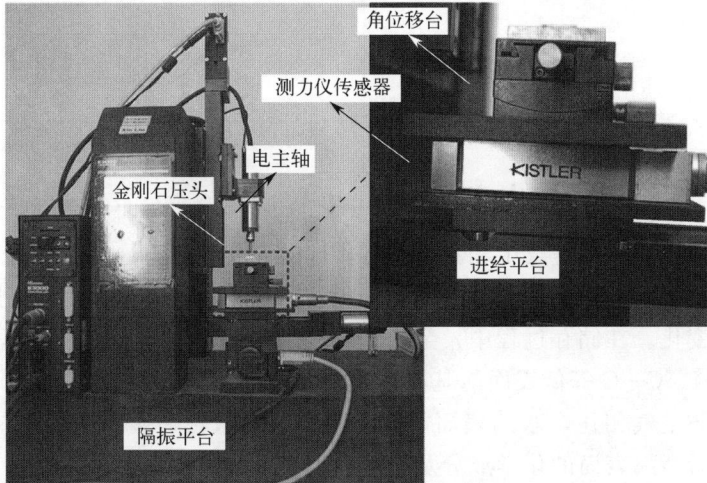

图 14-52　单颗粒划痕试验装置

单颗粒划痕试验分两组进行：一组为普通单颗粒划痕试验；另一组为冷等离子体射流实时作用下的单颗粒划痕试验。单颗粒划痕试验的主要目的为研究冷等离子体射流对不同晶格类型金属材料表面断裂力学性能的影响规律和冷等离子体射流辅助切削过程的作用机理。因此，选取具有不同晶格类型的典型难加工材料（钛合金 TC4、纯铁、镍基高温合金 In-conel718 和单晶硅）开展单颗粒划痕试验。其中，钛合金 TC4 的主要成分 α-Ti 为密排六方晶格，纯铁在常温下为体心立方晶格，镍基高温合金 Inconel 718 中的 γ 基体及主要强化相 γ' 相为面心立方晶格，单晶硅属于点阵结构的晶体结构。单颗粒划痕试验过程中，钛合金 TC4、纯铁及镍基高温合金 Inconel 718 样片的尺寸均为 $20\text{mm} \times 20\text{mm} \times 3\text{mm}$。样片双面抛光，抛光后测试样片的平面度发现，对于直径 10mm 的检测面积，平面度公差可达 $1\mu\text{m}$。

调整角位移台倾斜至一定角度，使得样片沿 y 向进给 15mm 后，终点位置相对起点在 z 方向上升 $50\mu\text{m}$。由于金刚石压头保持固定，调整压头与样片接触后沿 y 向进给，则压头在样片进给过程逐渐压入，压入深度随样片进给线性增大至 $50\mu\text{m}$。划痕试验完成后，采用扫描电子显微镜观测划痕形貌。

（2）钛合金 TC4 单颗粒划痕试验

由图 14-53 可知，当压入深度较小时，在冷等离子体射流作用下，钛合金 TC4 表面的划痕形貌与普通划痕有明显差别，冷等离子体射流作用下所得的划痕表面及边缘处裂纹均明显较多，表明冷等离子体射流可促进钛合金 TC4 表面的脆性断裂。随着压入深度逐渐增大，冷等离子体射流的作用效果有所减弱。当压入深度较大时，冷等离子体射流作用下所得的划痕边缘处裂纹仍相对较多，但其表面形貌与普通划痕试验所得的表面形貌相近。试验结果表明，冷等离子体射流对钛合金 TC4 的单颗粒划痕过程具有明显作用效果，可促进材料表面由塑性断裂转变为脆性断裂。但随着压入深度的增大，冷等离子体射流的作用效果有所减弱。

图 14-54 为恒深度划痕。当压入深度为 $2\mu\text{m}$ 及 $10\mu\text{m}$ 时，在冷等离子体射流的作用下，

单颗粒划痕试验所得的划痕表面可观察到明显裂纹；而普通划痕试验所得的划痕表面较平整，表面几乎无裂纹生成。当压入深度为 $30\mu m$ 及 $50\mu m$ 时，冷等离子体射流作用下所得的划痕表面裂纹有所减少，与普通划痕试验所得的划痕表面相比，裂纹仍相对更多，但差别不如压入深度 $2\mu m$ 及 $10\mu m$ 时明显。

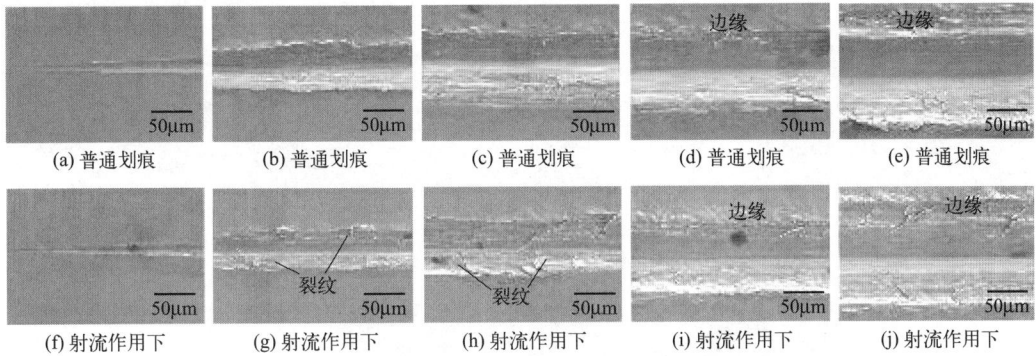

图 14-53　压入深度线性加深单颗粒划痕钛合金 TC4 所得划痕表面形貌

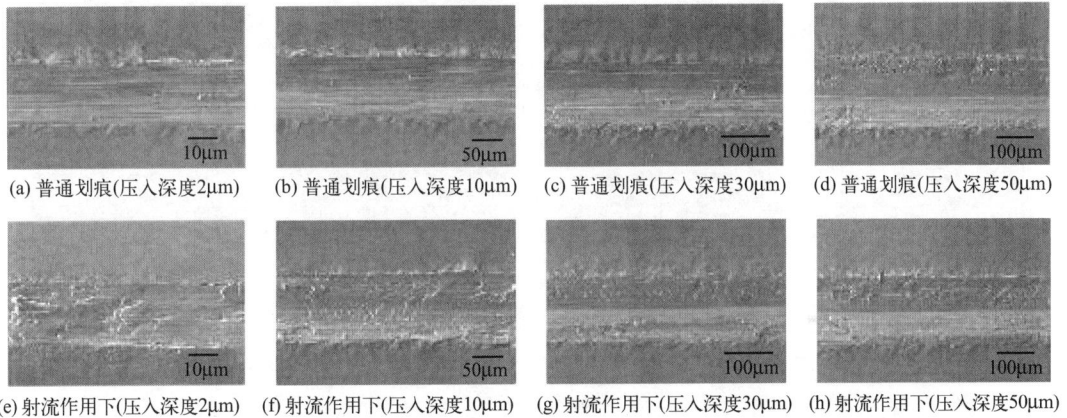

图 14-54　不同压入深度单颗粒划痕钛合金 TC4 所得划痕表面形貌

（3）纯铁及镍基高温合金 Inconel7 18 单颗粒划痕试验

对于纯铁及镍基高温合金 Inconel 718，单颗粒划痕试验结果如图 14-55 及图 14-56 所示。在不同压入深度下，冷等离子体射流作用效果均不显著。冷等离子体射流作用下所得的划痕表面形貌与普通划痕试验所得的表面形貌无明显差别，表明冷等离子体射流对纯铁及镍基高温合金 Inconel 718 的单颗粒划痕过程无明显影响。

（4）单晶硅单颗粒划痕试验

扫描电镜观察到的划痕形貌如图 14-57 所示。可以看出，几条划痕的前段是塑性域变形，无崩碎的裂纹以及凹坑、碎裂等情况。当划痕深度超过单晶硅的脆塑转变临界深度时，开始产生裂纹，并出现裂纹的扩展，与 Lawn 提出的压痕模型相吻合。在划痕后段，能明显看出侧向裂纹对称于划痕方向并向两侧扩展，在划痕两侧出现径向裂纹。其中，相比于普通划痕试验以及氮气作用下刻画产生的划痕，冷等离子体射流作用下所得的划痕塑性域刻画长度明显更长，即脆塑转变临界深度更大。

使用 AFM 对几条划痕的塑性及混合切削区域进行观测，结果图 14-58 所示。由于仪器

(a) 普通划痕   (b) 普通划痕   (c) 普通划痕   (d) 普通划痕

(e) 射流作用下   (f) 射流作用下   (g) 射流作用下   (h) 射流作用下

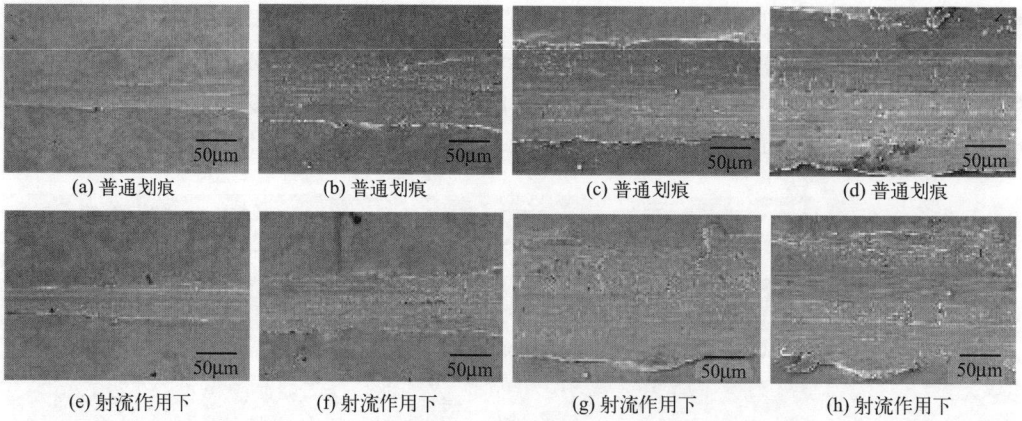

图 14-55　压入深度线性加深单颗粒划痕纯铁所得划痕表面形貌

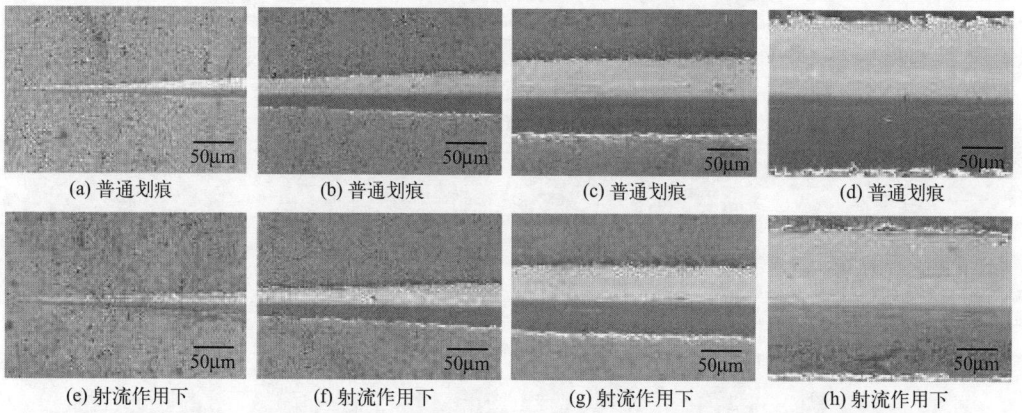

(a) 普通划痕   (b) 普通划痕   (c) 普通划痕   (d) 普通划痕

(e) 射流作用下   (f) 射流作用下   (g) 射流作用下   (h) 射流作用下

图 14-56　压入深度线性加深单颗粒划痕镍基高温合金 Inconel 718 所得划痕表面形貌

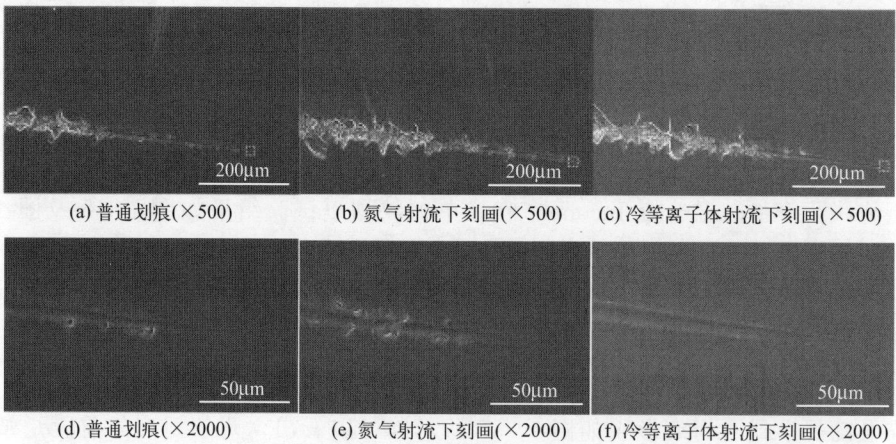

(a) 普通划痕(×500)   (b) 氮气射流下刻画(×500)   (c) 冷等离子体射流下刻画(×500)

(d) 普通划痕(×2000)   (e) 氮气射流下刻画(×2000)   (f) 冷等离子体射流下刻画(×2000)

图 14-57　不同气氛下压入深度线性加深的划痕微观形貌

测量方式的限制，选取划痕塑性区开始至刻画 $100\mu m$ 后的区域进行测量，测量范围为 $100\mu m \times 20\mu m$。可以看出普通划痕、氮气作用下所得的划痕侧壁很粗糙，同时出现了脆性裂纹。而在冷等离子体射流作用下刻画产生的划痕侧壁更加平滑，表面无明显裂纹，与纳米划痕试验的结果相吻合。证明冷等离子体射流可以实时调控单晶硅材料的脆塑转变过程，能增大脆塑转变临界切深，延后裂纹的形成。因此，如能将冷等离子体射流实时引入单晶硅的加工过程，有望实现塑性域切削，改善材料的切削加工性能。

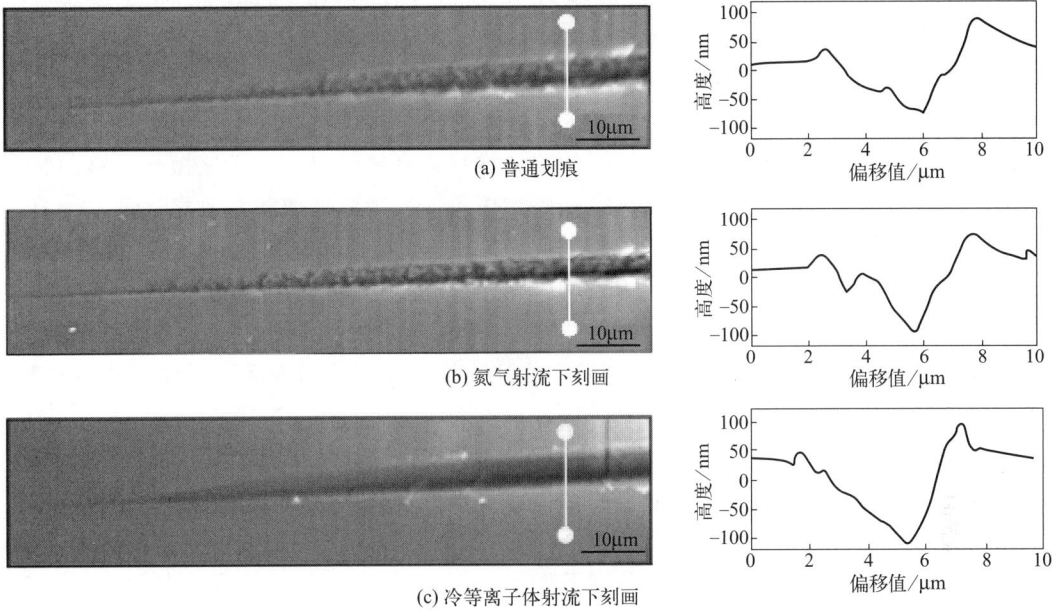

(a) 普通划痕

(b) 氮气射流下刻画

(c) 冷等离子体射流下刻画

图 14-58　不同气氛下压入深度线性加深的划痕 AFM 显微图及截面数据

14.6.1.2　纳米压痕试验

（1）纳米压痕试验装置

纳米压痕试验是基于原位纳米测试系统进行的。如图 14-59 所示，该装置配备了多个高精度位移传感器，可以对材料表面进行微纳压痕、划痕等测试，具备原位成像功能，可在高低温环境下进行测试。该系统具有力控制和位移控制等控制方式，可以获得材料表面微纳结构形貌和相关力学性能参数；既可进行单点连续测试，也可以多点测试，对超光滑样品可实现超快速面阵测试。

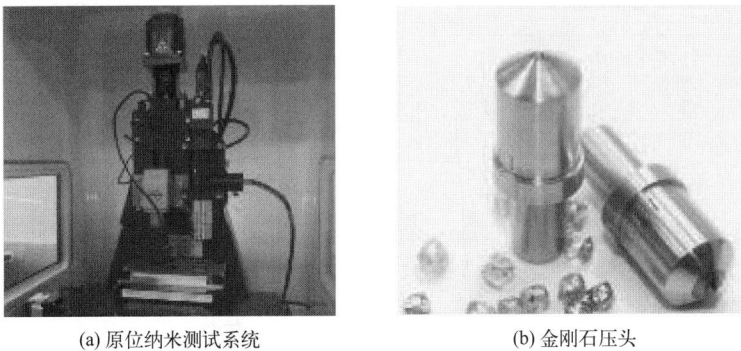

(a) 原位纳米测试系统

(b) 金刚石压头

图 14-59　压痕试验装置

应用于纳米压痕的测试理论主要包括 Oliver-pharr 方法、Cheng-Cheng 方法、Ma 方法。以上三种分析方法根据不同的假设依据和理论简化模型，在直接测试参数（载荷、位移等）和分析参数（硬度、弹性模量等）之间建立相应的函数关系。目前最常用的理论依据是 Oliver-pharr 方法，本小节试验也基于此方法开展。

压痕试验所用的压头零件号为 TI-0083，系列号为 2464950-08，材质为金刚石，半角为 65.27°，夹角为 142.30°，弹性模量为 1140GPa，泊松比为 0.07。单晶硅样品通过 AB 胶固定在样品台上，尺寸为 10mm×10mm×0.625mm，硅片晶向为 <100>，单面抛光处理后，平整度 <10μm，表面粗糙度 $Ra < 0.5nm$，符合纳米压痕试验所需样品的要求。

（2）纯钛纳米压痕试验

试验样品为 7.5mm×7.5mm×2mm 的纯钛样片，经砂纸打磨、机械抛光至镜面状态。试验采用原位纳米测试系统进行纳米压痕试验，压入方式为线性加载，加载时间 20s，保载时间 10s，卸载时间 20s。最大载荷分别设置为 200mN、1000mN 和 2000mN。使用的压头为金刚石三棱锥玻式压头，钝圆半径 R 约 100nm。冷等离子体处理过程中射流对准样片中心区域，喷口距离样片表面 10mm，处理时间 30s。对未处理样品和冷等离子体射流处理后的样品分别进行测试，对比压入硬度和载荷-位移曲线变化，判断冷等离子体射流对材料微观力学性能的影响。

纯钛在不同最大载荷下的载荷-位移曲线和压入硬度如图 14-60 所示。部分曲线中存在压入深度突变现象，这可能是测试区域存在材料缺陷导致的，该现象对试验结果不产生影响。在最大载荷分别为 200mN、1000mN、2000mN 时，等离子体处理后的样品最大压入深度均有所下降，相对于未处理的样品分别下降了 11%、9% 和 3%。而等离子体处理后的样品

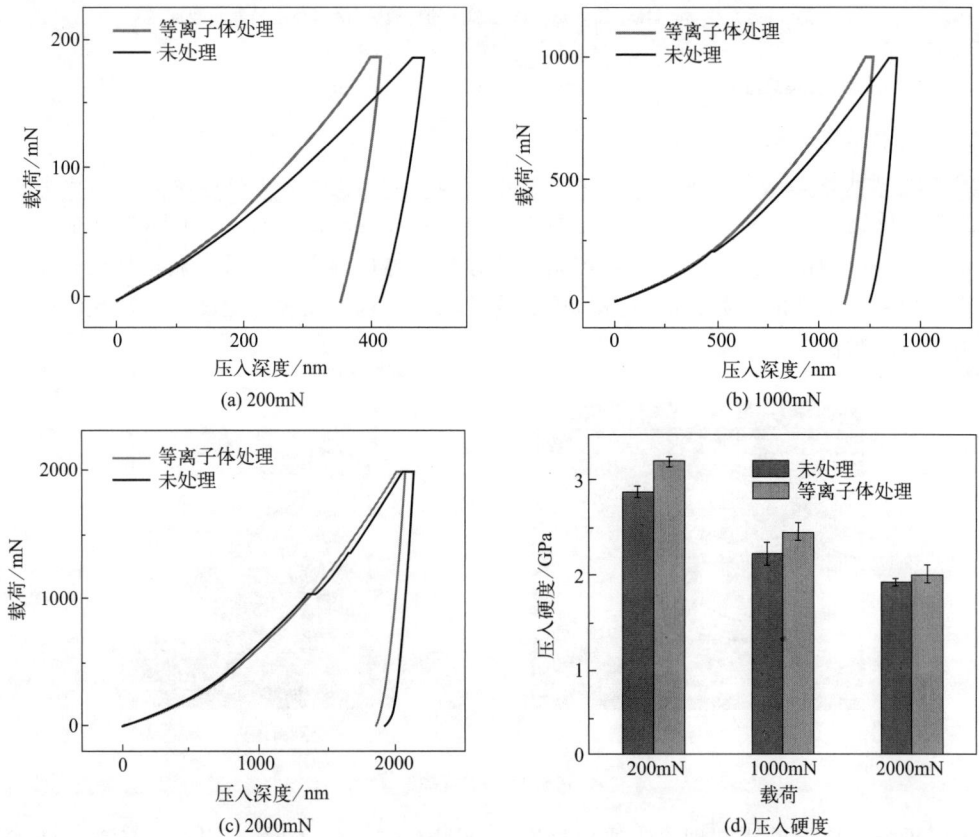

图 14-60 纯钛在不同最大载荷下的载荷-位移曲线及压入硬度

压入硬度均有所提高，相对于未处理的样品分别提高了 12％、11％和 5％。随着最大载荷增加，等离子体对纯钛微观力学性能的影响程度逐渐下降，这表明等离子体对纯钛的作用深度有限。经等离子体射流处理后，纯钛的表层微观硬度增大，塑性降低。这种微观力学性能变化在微铣削加工中更有利于材料去除和切屑断裂。

（3）纯钼纳米压痕试验

纯钼在不同最大载荷下的载荷-位移曲线和压入硬度如图 14-61 所示。等离子体处理后的样品与未处理样品的载荷-位移曲线基本重合，压入硬度也无明显变化，这表明等离子体对纯钼的微观力学性能无显著影响。

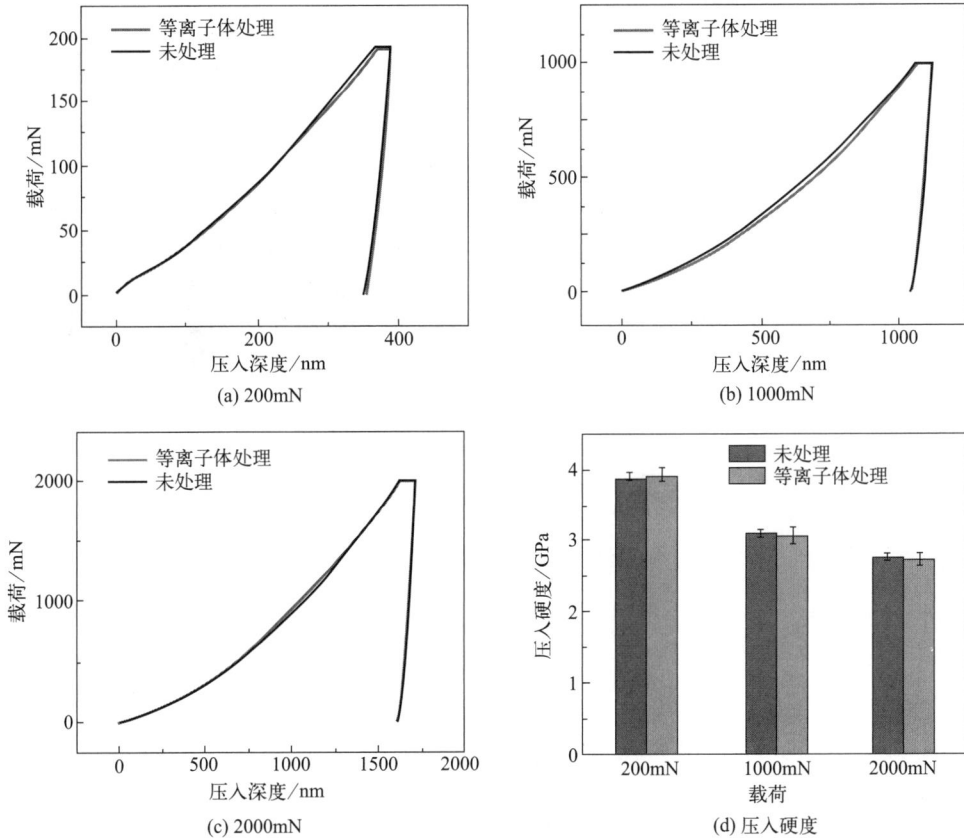

图 14-61　纯钼在不同最大载荷下的载荷-位移曲线及压入硬度

（4）纯镍纳米压痕试验

纯镍在不同最大载荷下的载荷-位移曲线和压入硬度如图 14-62 所示。等离子体处理后的样品与未处理样品载荷-位移曲线基本重合，压入硬度也无明显变化。因此，等离子体对纯镍的微观力学性能同样无明显影响。

等离子体对纯钼和纯镍的微观力学性能均无明显影响，而使纯钛的表层微观硬度增大、塑性降低。后续将通过对微观组织的观测来推测该影响的产生原因及影响深度。

（5）单晶硅纳米压痕试验

首先采用玻氏金刚石压头对未处理单晶硅表面进行纳米压痕试验，每次压入的最大载荷分别为 20mN、30mN、40mN 和 50mN，加载时间为 25s，卸载时间为 25s，并使用 Oliver-

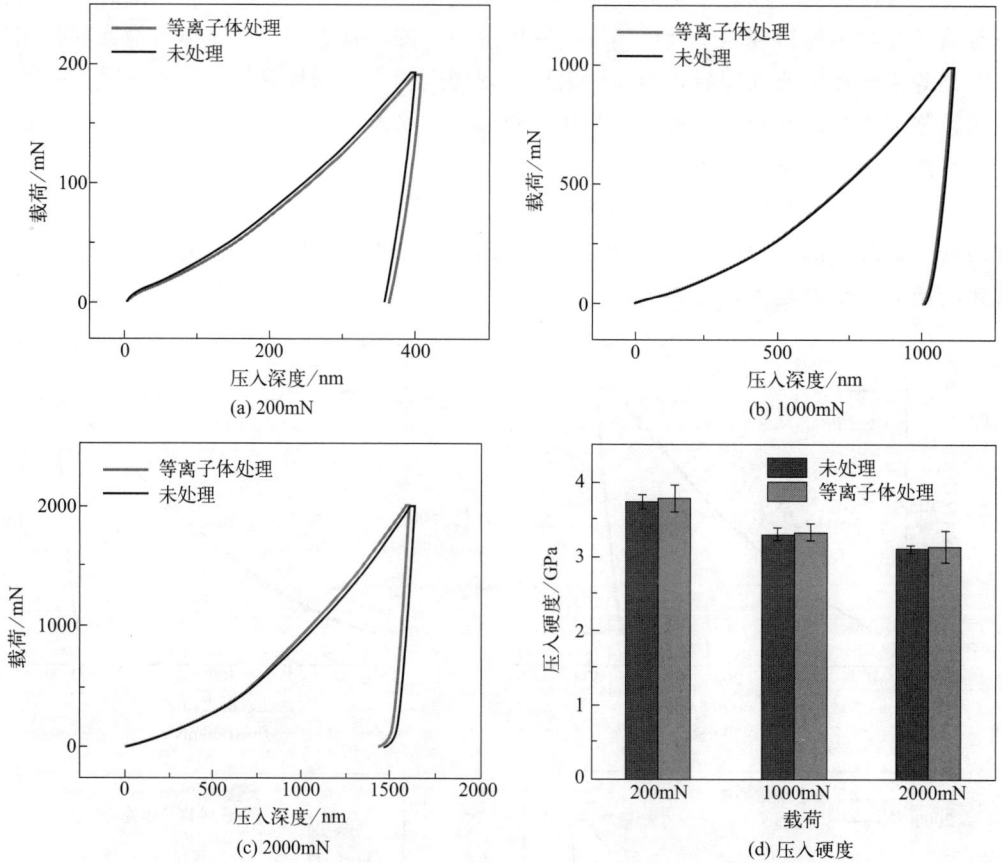

图 14-62 纯镍在不同最大载荷下的载荷-位移曲线及压入硬度

Pharr 方法计算材料表面硬度。然后将样品取出，采用冷等离子体射流对单晶硅表面进行处理，处理时射流对准样片中心区域，喷嘴距离样片表面约 10mm，处理时间为 60s。最后对冷等离子体射流处理后的样品重新进行上述试验，对比分析处理前后样品的压入硬度和载荷-位移曲线，研究冷等离子体射流对单晶硅表面微观力学性能的影响。

图 14-63 为试验获得的单晶硅法向载荷与压入深度的数据曲线。可以看出，在不同的法向载荷作用下，金刚石压头的加载、卸载曲线的形态与变化规律大致相同；未处理样品的弹性功和塑性功分别参照文献［43］的方法计算为约 3.26×10^{-9} J 和约 3.13×10^{-9} J；等离子

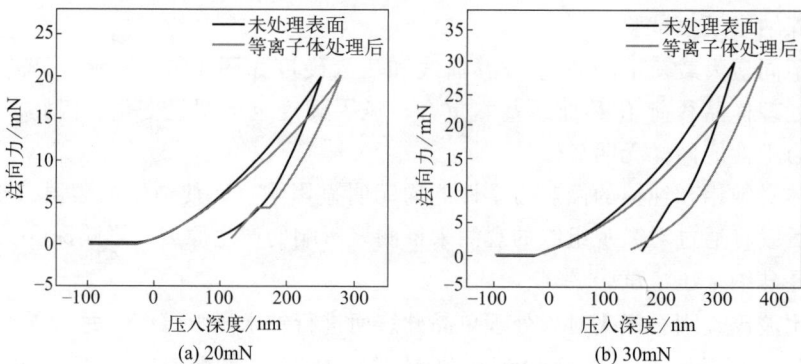

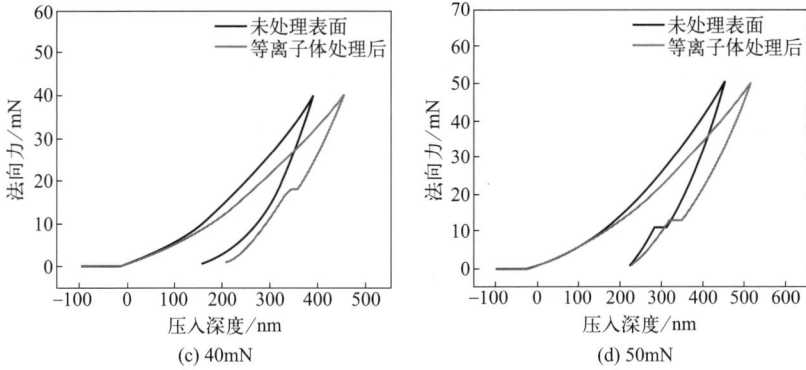

(c) 40mN　　　　　　　(d) 50mN

图 14-63　单晶硅的载荷-位移曲线

体处理后，弹性功和塑性功分别增加到约 4.22×10^{-9} J 和约 3.32×10^{-9} J。在相同的加载力下，与未处理样品相比，射流处理后的样品有更大的压深，如表 14-6 所示。

表 14-6　纳米压痕实验中的最大压入深度

法向载荷/mN	20	30	40	50
未处理表面最大压入深度/nm	242.8	331.6	393.6	452.2
处理后表面最大压入深度/nm	281.3	380.9	456.6	518.2

根据 Oliver-Pharr 法计算冷等离子体射流处理前后材料的力学参数，结果如图 14-64 所示。经冷等离子体射流处理后，单晶硅表面的压入硬度、弹性模量均有所下降，接触深度有所提高，可以得出材料的临界切削参数有所提高，即材料的塑性有所提高。

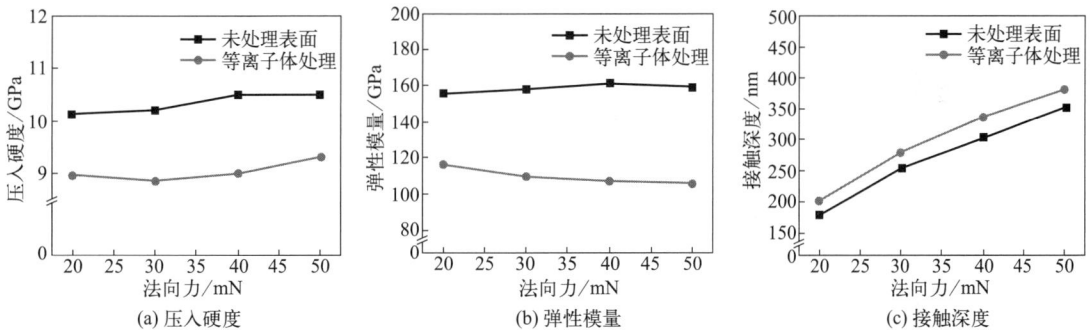

(a) 压入硬度　　　　　(b) 弹性模量　　　　　(c) 接触深度

图 14-64　单晶硅的力学性能

14.6.2　冷等离子体射流对材料断裂力学特性的影响

试验结果表明，冷等离子体射流通过快速提高金属表面的浸润性，可有效改善金属表面的冷却效率，有望在加工过程中改善切削区的冷却润滑环境。在加工过程中，金属材料的断裂力学特性对切削加工性能也有重要影响。Rehbinder 效应指出，活性粒子吸附在材料表面微观裂纹处，可促进裂纹的扩展，从而促进材料表面发生断裂。冷等离子体射流中富含活性粒子，但关于冷等离子体射流对金属材料断裂过程影响的研究尚未见报道。分析研究冷等离子体射流对金属材料断裂力学特性的作用机理和影响规律，有助于确定射流用于辅助切削时工件材料、切削用量的适用范围。

本小节将在不同气氛下对钛合金 TC4、不锈钢、纯铁等金属材料开展拉伸试验，研究冷等离子体射流对金属材料拉伸力学性能的作用机理和影响规律。

14.6.2.1 拉伸试验

（1）拉伸试验装置

拉伸试验装置、试验过程及拉伸样片如图 14-65 所示。采用微机控制电子万能试验机，对钛合金 TC4、不锈钢等多种金属材料开展拉伸试验；样片厚度为 0.1mm，线切割成标准拉伸试样，标距为 40mm。拉伸过程采用恒速率加载，加载速率为 1mm/min。

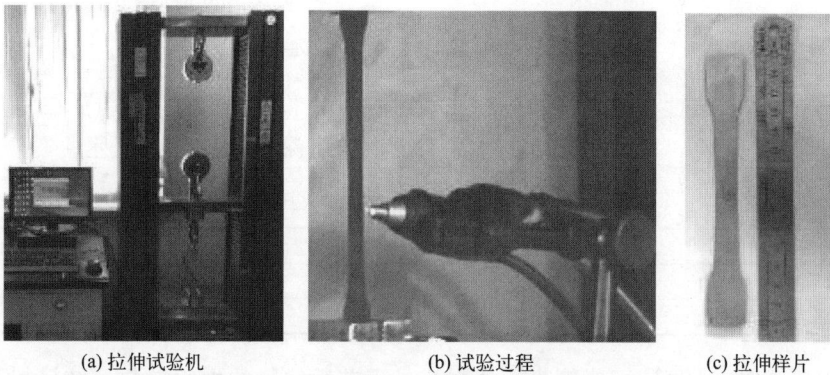

(a) 拉伸试验机　　　　　　(b) 试验过程　　　　　　(c) 拉伸样片

图 14-65　拉伸试验装置、试验过程及样片

试验分三组在室温下进行：一组为普通拉伸试验；一组为冷等离子体射流气氛下拉伸试验，在拉伸过程中采用裸电极放电冷等离子体射流实时处理样片，工作气体流量为 10L/min，含水量为 0.045%，放电电压峰值为 2.5kV，频率为 60kHz，电极喷嘴距样片距离为 10mm；一组为氮气气氛下拉伸试验，氮气由电极喷嘴喷出，氮气流量同样为 10L/min，作为对照组，消除引入冷等离子体射流后气流冲击对拉伸过程的影响。冷等离子体射流及氮气气氛下拉伸试验过程中，电极由磁力表座固定后吸附在拉伸试验机的活动横梁上，在拉伸过程中随拉伸试验机下端夹头一起向下移动。采用涡流管将冷等离子体射流温度调整到与氮气温度相同，以消除射流温度对金属材料拉伸力学性能的影响。

（2）普通金属材料拉伸试验

在不同气氛下对钛合金 TC4、铁素体 430 不锈钢、奥氏体 304 不锈钢等典型难加工金属材料开展拉伸试验，采用 NikonD70 数码相机拍摄样片断裂位置，所得断裂位置照片及工程应力-应变曲线如图 14-66～图 14-68 所示。试验发现，对于钛合金 TC4，在冷等离子体射流作用下进行拉伸试验时，样片在等离子体处理区域附近发生断裂；在氮气、空气气氛下进行拉伸试验时，样片在标距内随机位置发生断裂［图 14-66(a)］。对比不同气氛下的工程应力-应变曲线发现，冷等离子体射流可显著降低材料的抗拉强度、屈服强度及断后伸长率，冷等离子体射流作用下拉伸试验的材料抗拉强度相比普通拉伸试验可降低约 18.3%［图 14-66(b)］，而氮气作用下拉伸试验的材料抗拉强度则与普通拉伸试验相近。由此可见，冷等离子体射流作用在钛合金 TC4 的拉伸过程中时，可降低材料抗拉强度，促进拉伸样片断裂。其作用效果与气流冲击无关，推测是冷等离子体射流中活性粒子的 Rehbinder 效应导致的。

而对于铁素体 430 不锈钢、奥氏体 304 不锈钢等材料，冷等离子体射流不能有效调控拉

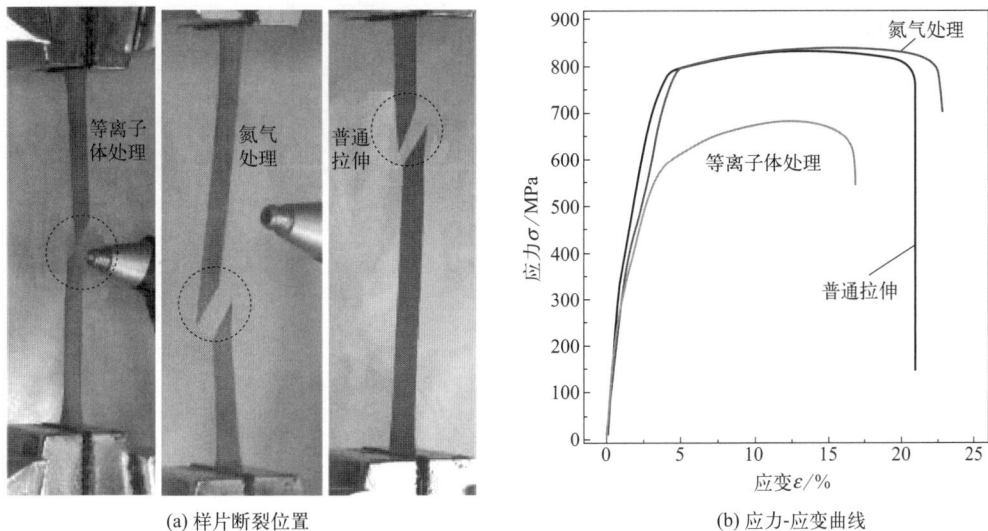

(a) 样片断裂位置

(b) 应力-应变曲线

图 14-66　钛合金 TC4 样片的断裂位置及工程应力-应变曲线

伸试验过程中样片断裂位置，样片在标距内随机位置发生断裂，如图 14-67 和图 14-68 所示。对比不同气氛下的工程应力-应变曲线发现，冷等离子体射流作用下拉伸试验的样片抗拉强度及断后伸长率与普通拉伸试验、氮气作用下拉伸试验相差不大，表明冷等离子体射流对铁素体 430 不锈钢、奥氏体 304 不锈钢的拉伸力学性能无明显作用效果。

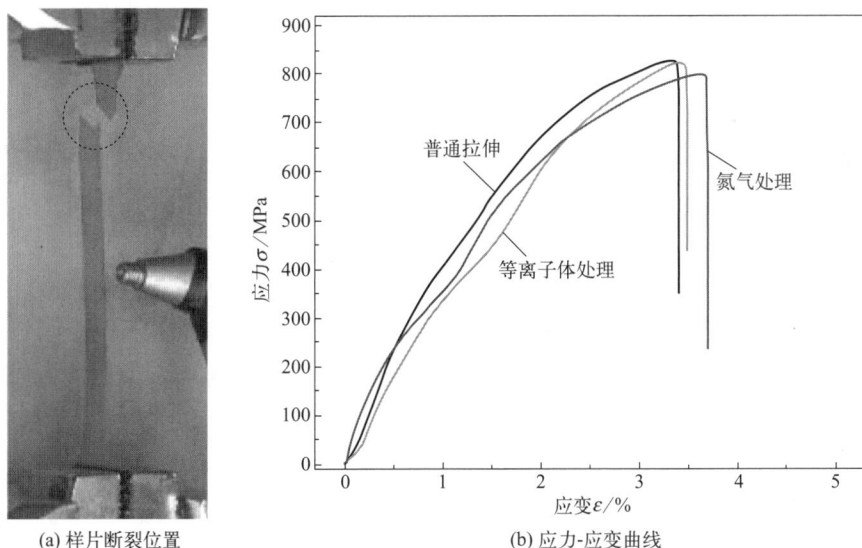

(a) 样片断裂位置

(b) 应力-应变曲线

图 14-67　铁素体 430 不锈钢样片的断裂位置及工程应力-应变曲线

　　分析各材料特性发现，钛合金 TC4 的主要成分为密排六方晶格的 α-Ti；不锈钢的主要成分为铁、铬等，其中铁素体不锈钢为体心立方晶格，奥氏体不锈钢为面心立方晶格。由此推测，冷等离子体射流对不同晶格类型金属材料的力学性能可能具有不同的作用效果。

　　为进一步研究冷等离子体射流对不同晶格类型金属材料拉伸力学性能的影响规律，选取纯钛、纯锌、纯镍、纯铁、纯钼、纯铝、紫铜等多种金属材料在不同气氛下开展了拉伸试

(a) 样片断裂位置

(b) 应力-应变曲线

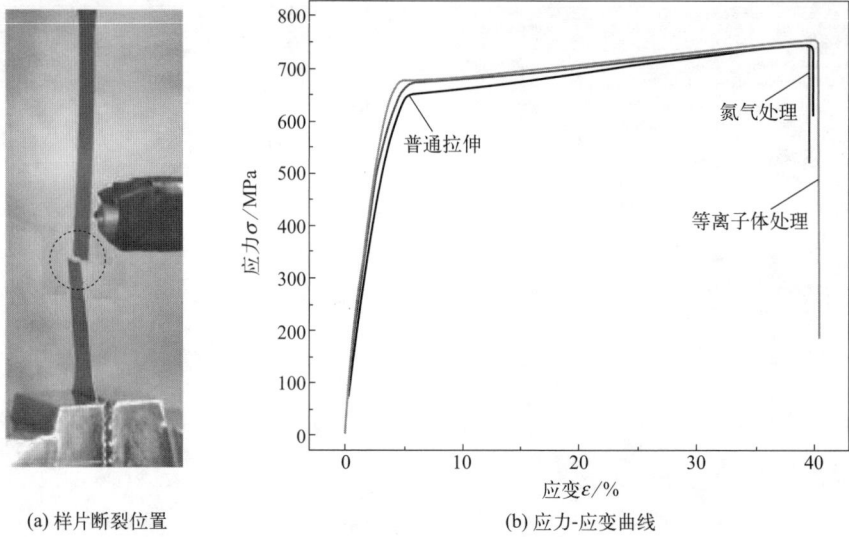

图 14-68　奥氏体 304 不锈钢样片的断裂位置及工程应力-应变曲线

验，其样片断裂位置及工程应力-应变曲线如图 14-69～图 14-71 所示。图 14-69 中圆圈处为断裂位置。其中，纯钛、纯锌的晶格类型为密排六方晶格，纯镍、纯铝、紫铜的晶格类型为面心立方晶格，纯铁、纯钼的晶格类型为体心立方晶格。

由图 14-69 可知，对于纯钛及纯锌，在冷等离子体射流作用下进行拉伸试验时，样片在处理区域附近发生断裂；在氮气、空气气氛下进行拉伸试验时，样片在标距内随机位置发生断裂。而对于纯镍、纯铁、纯钼、纯铝、紫铜等材料，冷等离子体射流对材料拉伸过程的作用效果并不明显，样片在标距内随机位置发生断裂。

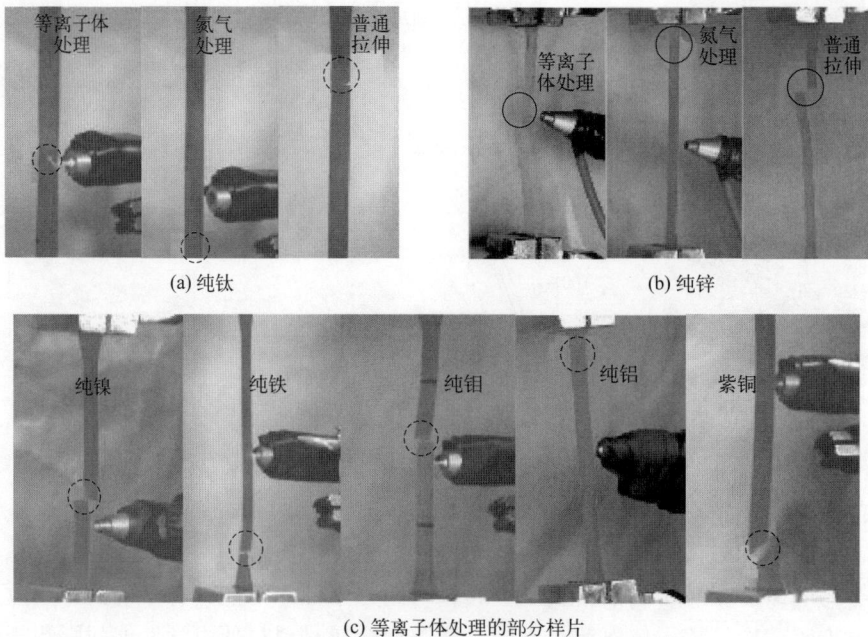

(a) 纯钛

(b) 纯锌

(c) 等离子体处理的部分样片

图 14-69　不同气氛下拉伸试验的样片断裂位置

对比不同气氛下各材料拉伸过程的工程应力-应变曲线发现，对于纯钛及纯锌，冷等离子体射流可降低材料的抗拉强度、屈服强度及断后伸长率（图 14-70），从而促进拉伸样片断裂。以纯钛为例，与普通拉伸相比，冷等离子体射流作用下抗拉强度降低约 30.2%，断后伸长率也明显降低，而氮气作用下抗拉强度和断后伸长率则与普通拉伸相近。对于纯镍、纯铁、纯钼、纯铝、紫铜等材料，在冷等离子体射流作用下，材料的抗拉强度及断后伸长率与普通拉伸、氮气作用下相差不大，如图 14-71 所示。表明冷等离子体射流对这几种材料的拉伸力学性能无明显影响。

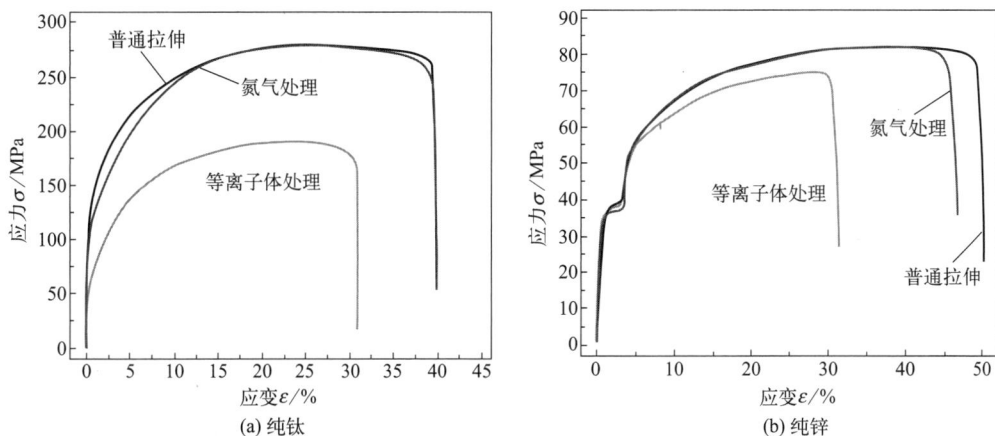

图 14-70　不同气氛下纯钛及纯锌的工程应力-应变曲线

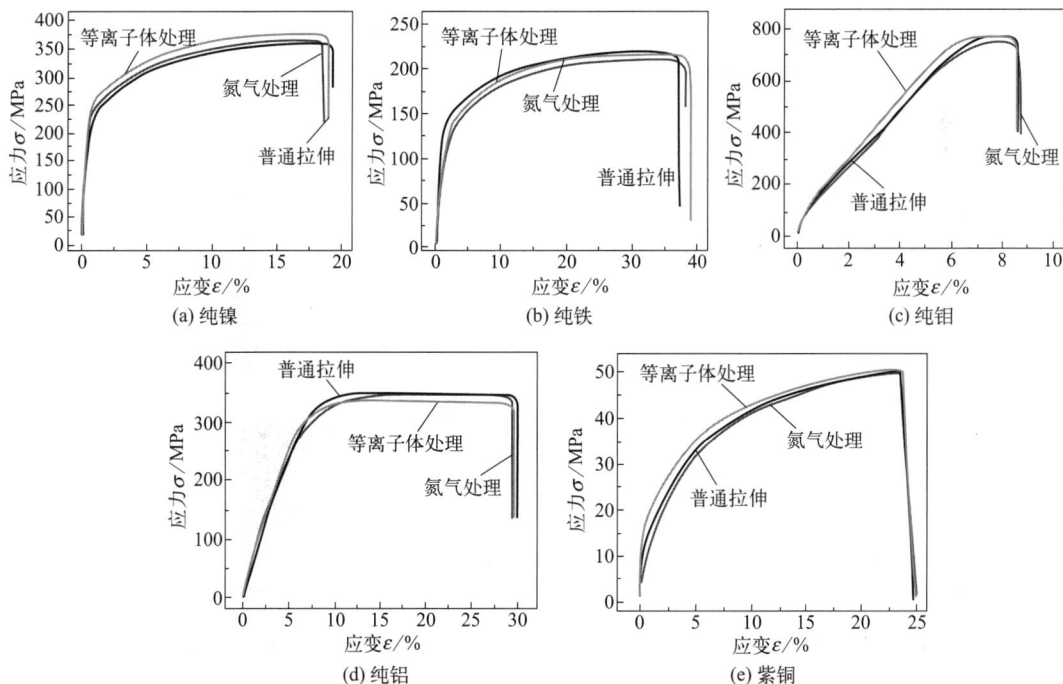

图 14-71　不同气氛下纯镍、纯铁、纯钼、纯铝及紫铜的工程应力-应变曲线

试验结果表明，冷等离子体射流对 TC4 钛合金、纯钛、纯锌等晶格类型为密排六方晶

格材料的拉伸过程有明显影响，可降低材料断后伸长率、抗拉强度，促进拉伸样片断裂；而对于晶格类型为体心立方晶格或面心立方晶格的铁素体 430 不锈钢、奥氏体 304 不锈钢、纯铁、纯镍等材料，冷等离子体射流对材料拉伸过程无明显影响。

（3）预处理后拉伸试验

由上述结果可知，冷等离子体射流作用在钛合金 TC4、纯钛等密排六方晶格金属材料的拉伸过程中时，可降低材料抗拉强度，促进拉伸样片断裂。冷等离子体射流对钛合金 TC4、纯钛等高塑性材料断裂力学性能的作用效果对加工过程可能有积极作用，但材料力学性能的变化可能对后续应用产生不利影响。为研究冷等离子体射流对材料力学性能的作用效果对后续应用的影响，采用冷等离子体射流对钛合金 TC4、纯钛拉伸样片预处理后再进行拉伸试验，观测样片断裂位置及工程应力-应变曲线。将拉伸样片安装在拉伸试验机夹具上并进行预紧后，再采用冷等离子体射流对样片进行预处理。预处理过程中电极喷嘴距样品距离、放电电压峰值、频率等参数均与前述拉伸试验中相同，处理时间为 3min，用记号笔标记预处理区域。预处理结束后，在 30s 内对样片开展拉伸试验。试验结果如图 14-72、图 14-73 所示。图中圆圈处为断裂位置。

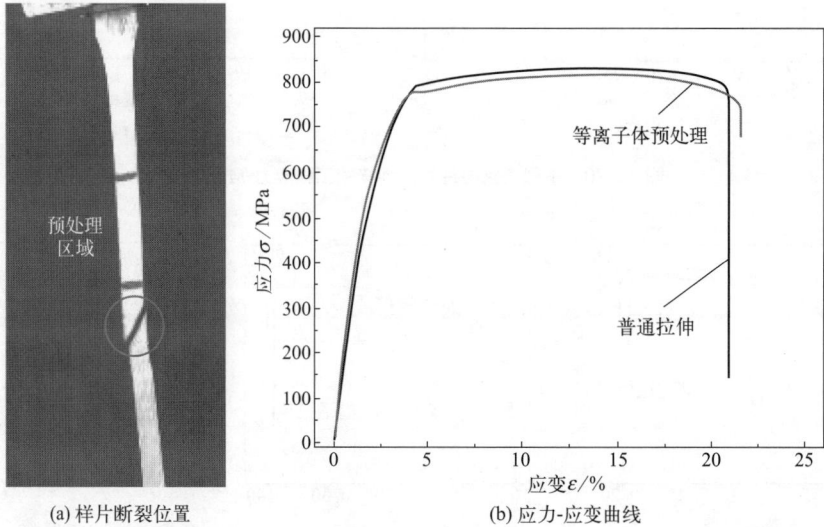

(a) 样片断裂位置　　　　　(b) 应力-应变曲线

图 14-72　经冷等离子体射流预处理后钛合金 TC4 样片的断裂位置及工程应力-应变曲线

由图 14-72、图 14-73 可知，冷等离子体射流预处理后立刻进行拉伸试验，钛合金 TC4、纯钛样片均在标距内随机位置断裂，与未经等离子体预处理的普通样片情形相近。分析工程应力-应变曲线发现，预处理后钛合金 TC4、纯钛样片的抗拉强度和断后伸长率与普通样片相比无明显差别。

上述试验结果表明，冷等离子体射流须在拉伸过程中对金属材料实时处理才会降低材料抗拉强度及断后伸长率，促进拉伸样片断裂，经冷等离子体射流预处理后，材料的拉伸力学性能无明显变化。这是由于冷等离子体射流的作用深度有限，材料预处理后所生成的影响层较浅，难以对拉伸过程有明显影响。而采用冷等离子体射流对拉伸过程实时处理时，射流持续作用于拉伸样片上某一区域并不断生成影响层。随着拉伸过程的进行，该区域逐渐变薄，射流的作用效果越加明显，最终导致样片断裂发生在该区域。由此可见，冷等离子体射流对材料拉伸力学性能的作用效果不会给加工后所得表面的应用

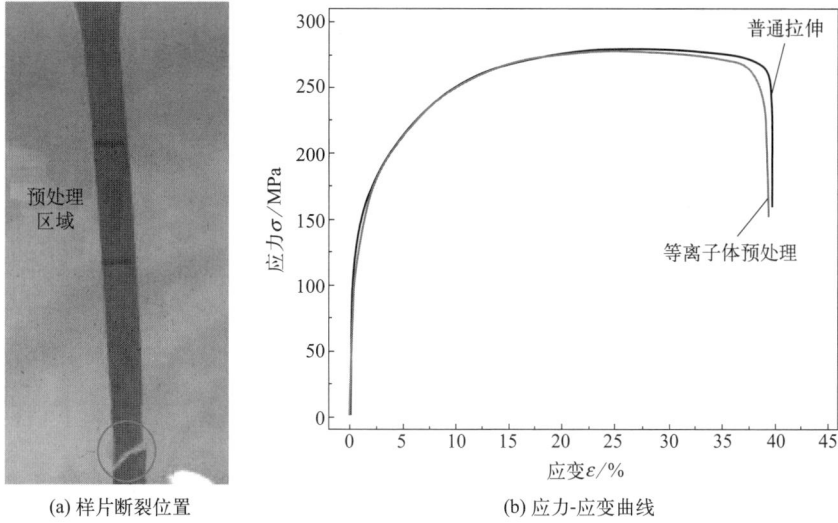

(a) 样片断裂位置　　　　　　　　(b) 应力-应变曲线

图 14-73　经冷等离子体射流预处理后纯钛样片的断裂位置及工程应力-应变曲线

带来明显不利影响。

（4）不同厚度样片拉伸试验

上述试验研究表明，在钛合金 TC4、纯钛等密排六方晶格金属材料的拉伸过程中引入冷等离子体射流，可显著降低材料的抗拉强度及断后伸长率。但由于冷等离子体射流的作用深度有限，射流预处理对拉伸过程无明显作用效果。由此推测，即便是在拉伸过程中实时引入冷等离子体射流，随着样片厚度的变化，射流的作用效果也可能有所不同。为研究冷等离子体射流对不同厚度拉伸样片的作用效果，在不同气氛下对不同厚度的纯钛样片开展了拉伸试验。样片断裂位置及工程应力-应变曲线分别如图 14-74、图 14-75 所示。图 14-76 为冷等离子体射流作用下材料的抗拉强度相比普通拉伸试验的降低幅度。

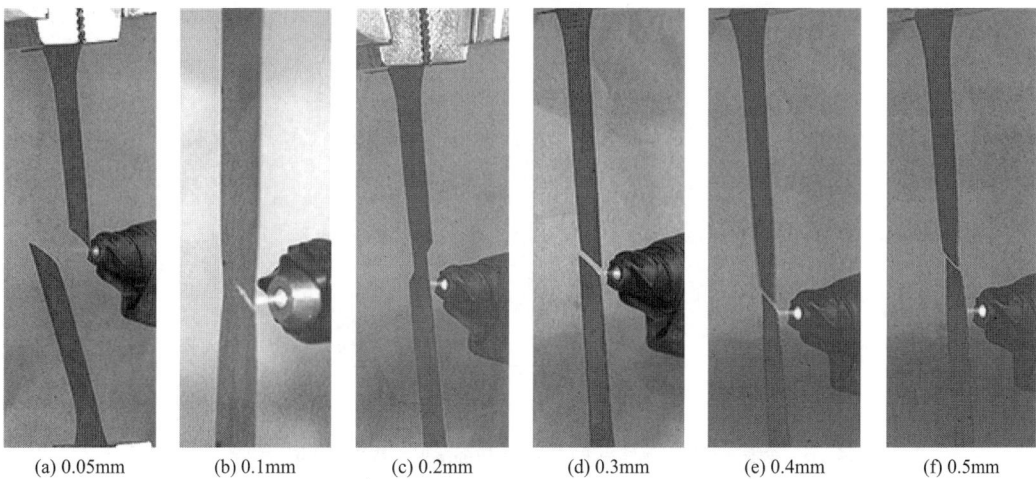

(a) 0.05mm　　(b) 0.1mm　　(c) 0.2mm　　(d) 0.3mm　　(e) 0.4mm　　(f) 0.5mm

图 14-74　不同厚度纯钛样片的断裂位置

由图 14-74 可知，当样片厚度为 0.05mm、0.1mm 及 0.2mm 时，样片在冷等离子体射流处理区域发生断裂。观测工程应力-应变曲线发现，材料的抗拉强度及断后伸长率相比普通拉伸试验明显降低，如图 14-75(a)～(c) 所示。表明冷等离子体射流可有效调控材料拉伸过程。随着样片厚度的增大，冷等离子体射流对材料拉伸过程的作用效果逐渐减弱。当样片厚度为 0.3mm 及 0.4mm 时，冷等离子体射流虽仍可调控样片在处理区域附近发生断裂（图 14-74），但材料抗拉强度及断后伸长率的降低幅度变小（图 14-76）。当样片厚度为 0.5mm 时，冷等离子体射流未能调控样片在处理区域附近发生断裂（图 14-74），材料的抗拉强度及断后伸长率与普通拉伸试验相差不大，如图 14-75(f) 所示。表明此时冷等离子体射流对拉伸过程已无明显作用效果。

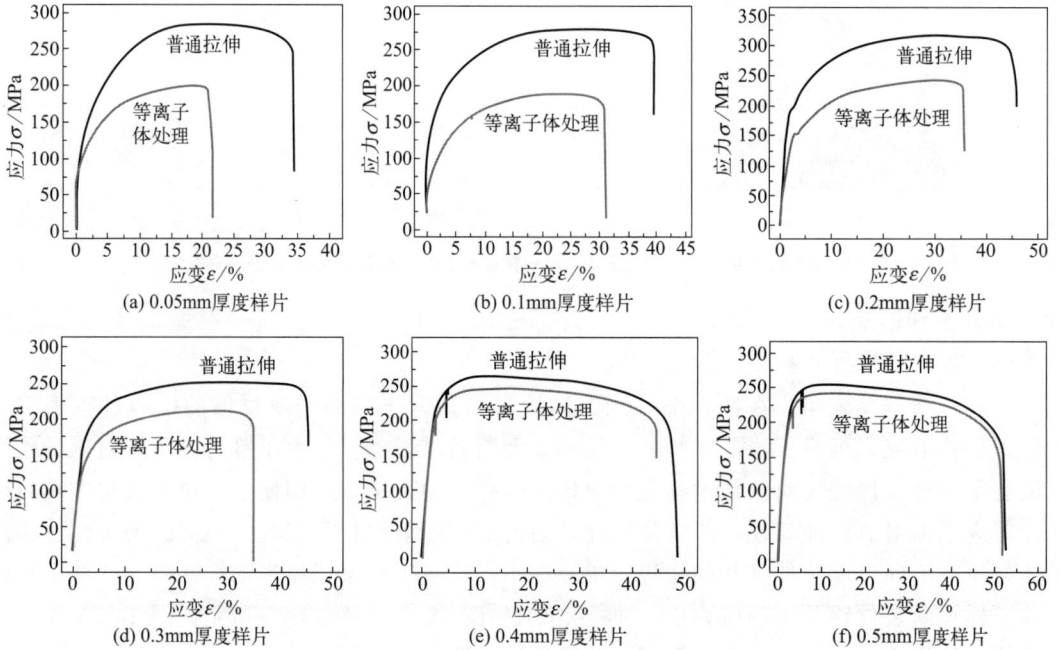

图 14-75 不同厚度纯钛样片的工程应力-应变曲线

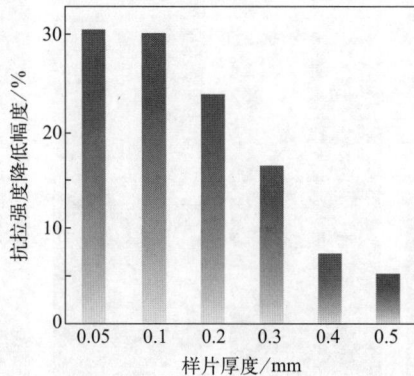

图 14-76 冷等离子体射流作用下材料的抗拉强度相比普通拉伸试验的降低幅度

综上所述，冷等离子体射流对纯钛样片拉伸过程的作用效果随样片厚度的增大逐渐减弱。当样片厚度小于等于 0.2mm 时，射流对拉伸过程的作用效果较明显；当样片厚度达到 0.5mm 时，射流对拉伸过程无明显影响。

14.6.2.2　冷等离子体射流对材料断裂特性的影响机制

上述实验结果表明，冷等离子体射流可有效调控晶格类型为密排六方晶格的钛合金 TC4、纯钛、纯锌等材料的断裂性能，但作用效果随深度增大逐渐减弱；而对于晶格类型为体心立方晶格及面心立方晶格的纯铁、纯镍、镍基高温合金 Inconel 718 等材料，冷等离子体射流对材料的断裂性能无明显作用效果。为分析冷等离子体射流对不同晶格类型材料具有不同作用效果的原因，采用聚焦离子束（focused ion beam，FIB）、透射电子显微镜（transmission electron microscope，TEM）等技术观测了冷等离子体射流处理前后钛合金 TC4、纯铁及镍基高温合金 Inconel 718 样品截面微观组织的变化。

钛合金 TC4、纯铁及镍基高温合金 Inconel 718 样品的尺寸均为 8mm×8mm×1.5mm，经机械抛光后，对样品进行离子减薄，以消除抛光过程对样品截面微观组织的影响。采用 FIB 系统观测冷等离子体射流处理前后样品的截面微观组织。首先借助 FIB 系统的离子束在样品表面刻蚀出一横断面，然后采用电子束观测样品的微观组织，如图 14-77 所示。测试过程中，离子束垂直于样品表面，电子束与样品表面间的角度为 52°。刻蚀前先采用 FIB 的气相沉积装置在样品表面沉积 Pt 保护层。刻蚀区域尺寸为 $15\mu m \times 20\mu m \times 15\mu m$，电压为 30kV，预切时电流为 20nA，粗修时电流为 9.1nA，精修时电流为 0.44nA。采用 FIB 系统观测完未处理样品的截面微观组织后将样品从 FIB 系统中取出，采用冷等离子体射流对其进行处理，然后再采用 FIB 系统观测其截面微观组织。图 14-78、图 14-79 为 FIB 系统测得的冷等离子体射流处理前后钛合金 TC4、纯铁、镍基高温合金 Inconel 718 的截面微观组织。

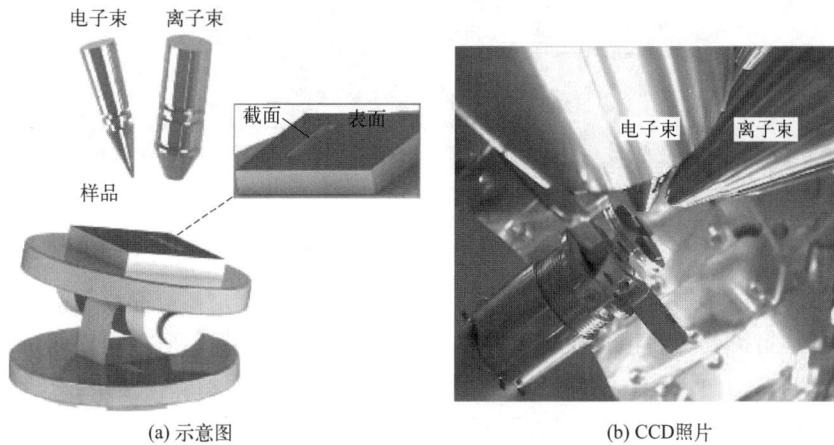

(a) 示意图　　　　　　　　(b) CCD照片

图 14-77　聚焦离子束系统测试样品截面微观组织的过程示意图及 CCD 照片

由图 14-78(a) 可知，经机械抛光及离子减薄后，未经冷等离子体射流处理的钛合金 TC4 样品沿表面深度方向晶粒未发生明显变化，表明机械抛光后可能存在的影响层已被离子减薄完全去除。将样品从 FIB 系统中取出，采用冷等离子体射流处理后再观测其截面微观组织发现，钛合金 TC4 样品表面深度方向出现了一部分较不均匀的变质层，厚度约为 $1\sim2\mu m$ [图 14-78(b)]。

而对于纯铁及镍基高温合金 Inconel 718，冷等离子体射流处理前后，样品沿表面深度方向晶粒分布未发生明显改变，未观察到明显的变质层，如图 14-79 所示。

为进一步分析钛合金 TC4 表面变质层微观组织的变化，借助聚焦离子束系统，采用"取出法"（lift-out method）将包含变质层的截面区域切断并用机械纳米手取出，然后采用

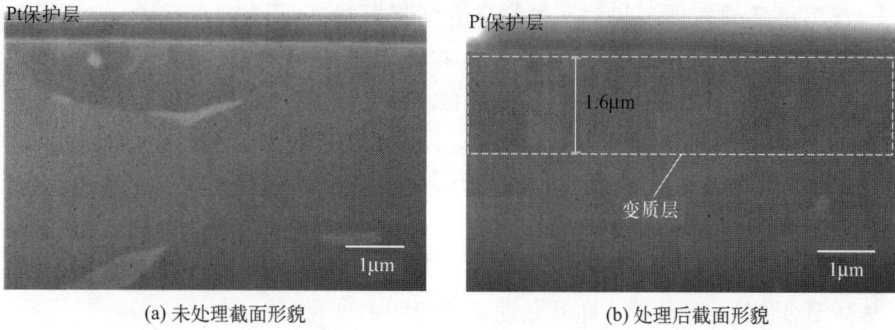

(a) 未处理截面形貌　　　　　　　　　(b) 处理后截面形貌

图 14-78　由 FIB 系统测得的冷等离子体射流处理前后钛合金 TC4 截面微观组织

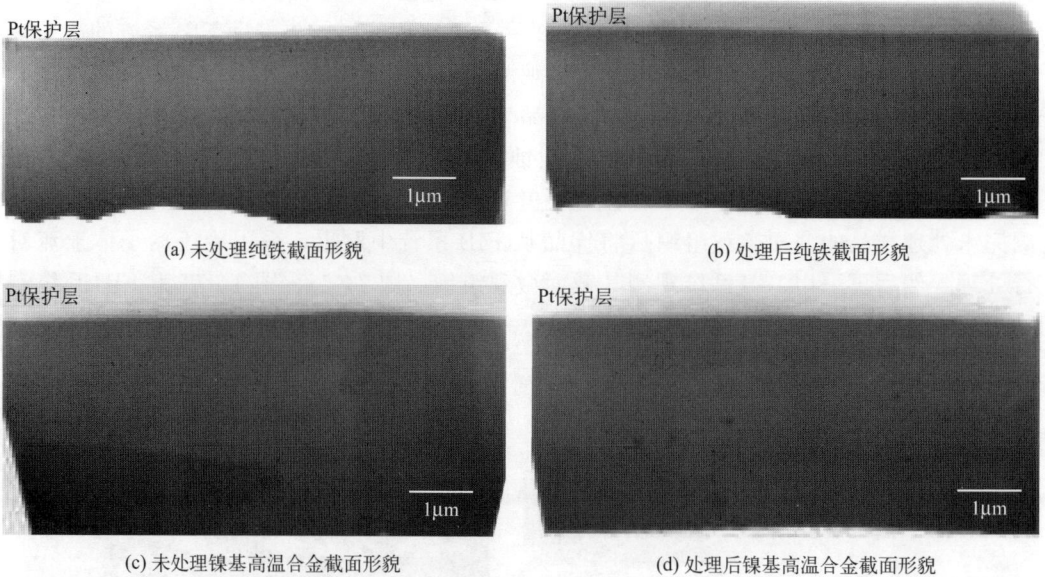

(a) 未处理纯铁截面形貌　　　　　　　　(b) 处理后纯铁截面形貌

(c) 未处理镍基高温合金截面形貌　　　　(d) 处理后镍基高温合金截面形貌

图 14-79　由 FIB 系统测得的冷等离子体射流处理前后纯铁、镍基高温合金 Inconel 718 截面微观组织

离子束对其减薄至厚度约为 100nm，制得符合透射电镜观测要求的样品，最后采用 TEM 观测了冷等离子体射流处理后包含变质层的钛合金 TC4 截面区域。所得明场像如图 14-80(a) 所示。由图 14-80(a) 可知，冷等离子体射流处理在样品表面诱导了大量的位错缠结和位错胞等亚结构，同时还可观察到由位错网络演变而成的亚晶粒。

　　图 14-80(b) 为典型表面亚结构的高倍明场像。图中 a 和 b 晶粒的晶界相应的选区电子衍射花样如图 14-80(c) 所示。图中衍射花样存在两套 $Z = [\overline{1}2\overline{1}0]$ 晶带轴下密排六方结构钛的衍射斑点，且相应的夹角约为 6°，说明该晶界是亚晶界（a 和 b 晶粒为亚晶粒）。因此，经冷等离子体射流处理后，钛合金 TC4 表面形成了大量的亚结构，包括位错缠结、位错胞和亚晶粒等。

　　由此推测，经冷等离子体射流处理后，钛合金 TC4 表面沿深度方向产生了变质层，变质层区域内存在较多位错缠结、位错胞、亚晶粒等亚结构，如图 14-81 所示。图中"T"图案表示位错。冷等离子体射流中富含高能活性粒子，在对材料处理的过程中，可能会导致位错增殖，形成大量位错缠结。随着位错引起的畸变能逐渐增加，为了平衡系统能量，高密度的位错逐渐演变成位错胞和亚晶粒等亚结构。当变质层进一步发生塑性变形时，位错运动可

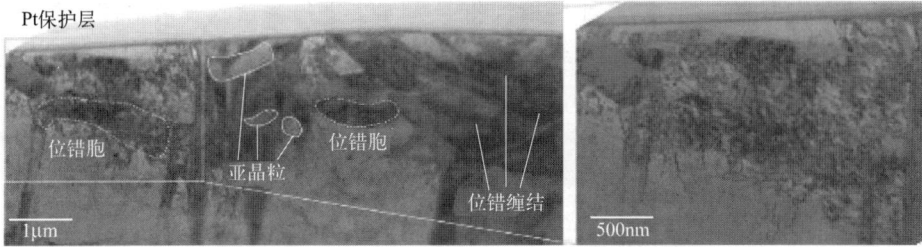

(a) 冷等离子体射流处理后钛合金TC4截面的明场像

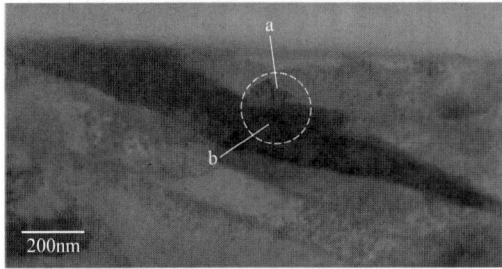

(b) 典型表面亚结构的高倍明场像

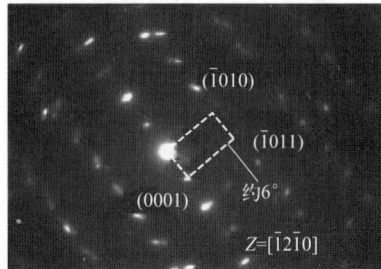

(c) 选区电子衍射花样图像

图 14-80　冷等离子体射流处理后钛合金 TC4 截面的明场像及选区电子衍射花样图像

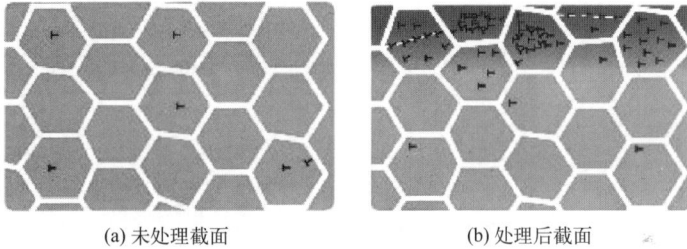

(a) 未处理截面　　　　　　　(b) 处理后截面

图 14-81　冷等离子体射流处理对钛合金 TC4 表面变质层微观组织的影响

能会受到亚结构阻碍，导致裂纹更易在变质层内形核，从而降低表面塑性和断裂韧性。因此，在单颗粒划痕过程中，冷等离子体射流作用下所得的划痕表面裂纹明显更多。拉伸试验过程中，冷等离子体射流处理区域的位错胞、亚晶粒等亚结构较多（图 14-82），导致该区域位错运动困难，裂纹更易形核，故拉伸样片在射流处理区域发生断裂。

综上所述，冷等离子体射流可在密排六方晶格的钛合金 TC4 表面沿深度方向生成 1~2μm 的变质层区域，从而降低材料表面塑性和断裂韧性，因此改善了材料的切削加工性能。而对于体心立方或面心立方晶格的纯铁及镍基高温合金 Inconel 718，经冷等离子体射流处理后，沿表面深度方向晶粒无明显变化，未能观察到明显的变质层；冷等离子体射流对材料断裂性能也无明显作用效果，难以通过降低材料表面塑性或断裂韧性来改善切削加工性能。

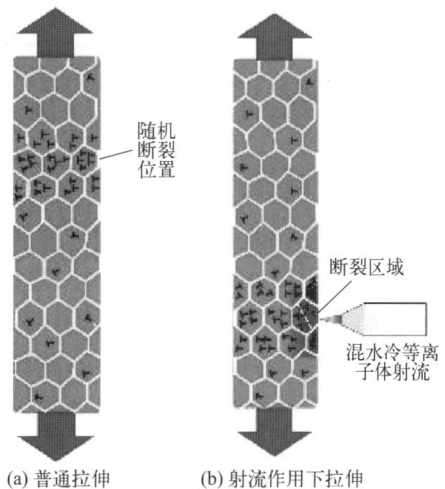

(a) 普通拉伸　　　(b) 射流作用下拉伸

图 14-82　冷等离子体射流处理
对钛合金 TC4 拉伸过程的影响

对材料表层微观组织采用掠入射 X 射线衍射的方法进行测试。其散射深度依赖材料种类和 X 射线波长，典型的散射深度为纳米/微米级，该深度可满足测试 $0\sim2\mu m$ 范围的要求。

该试验所采用的 X 射线衍射仪阳极靶材为铜靶，最大功率 2.2kW，可控最小步进为 $0.0001°$。测试样品为 $12mm\times12mm\times2mm$ 的块状样片，经砂纸打磨、机械抛光至镜面状态。根据截面微观组织观测结果可知等离子体影响范围在距材料表面 $0\sim2\mu m$ 内，故需根据测试深度选取合理的入射角度。测试深度控制在 $0.5\mu m$ 左右，根据计算选取测试纯钼、纯钛、纯镍的入射角分别为 $1.5°$、$0.5°$、$1.5°$，此时对应深度分别为 $0.435\mu m$、$0.562\mu m$、$0.687\mu m$。纯钼、纯钛和纯镍的衍射角范围分别选取 $30°\sim90°$、$30°\sim90°$、$20°\sim90°$。等离子体处理前后的 X 射线衍射图谱如图 14-83 所示。

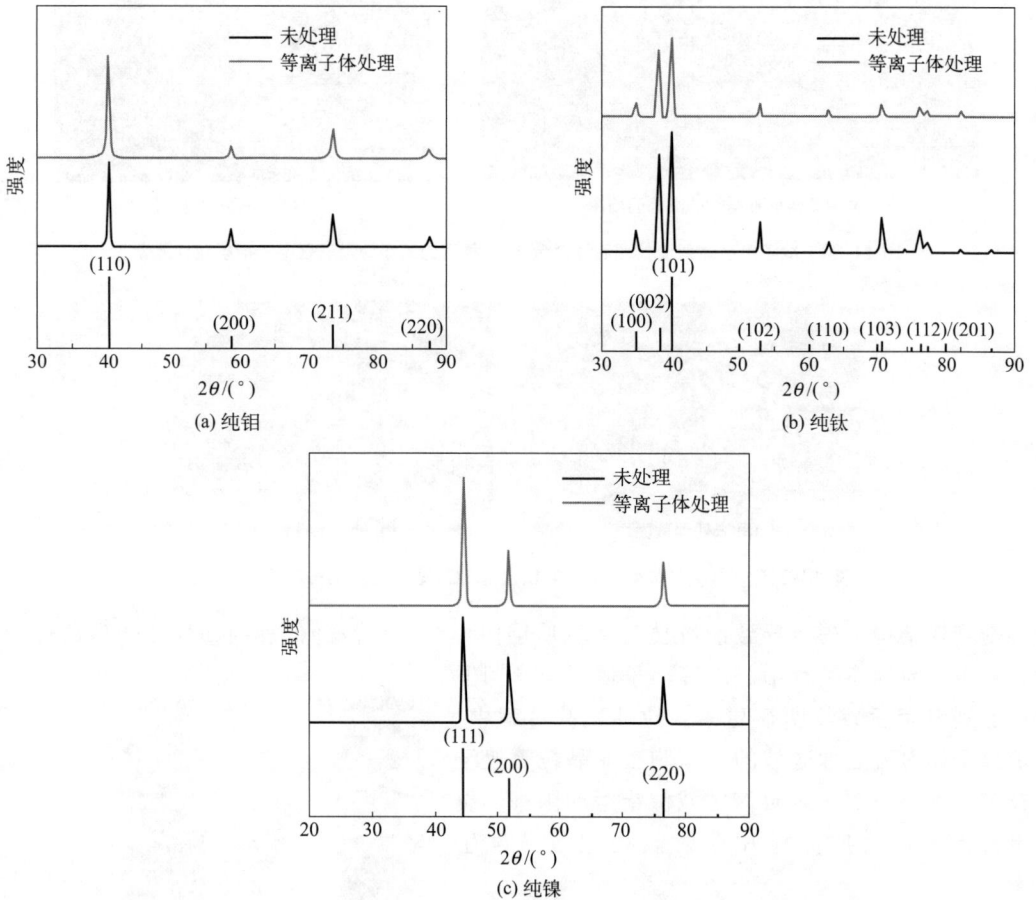

图 14-83 等离子体处理前后纯钼、纯钛、纯镍的 X 射线衍射图谱

通过测试结果可以看出，纯钼和纯镍在等离子体处理前后峰位衍射角均无变化。这表明在等离子体处理前后样品晶型和结构无改变，不同衍射角对应峰的强度、半高宽变化也基本相同。而纯钛在等离子体处理后各衍射角对应峰的强度均存在不同程度的降低，且处理前后部分峰位衍射角出现了少许偏移。

利用 Jade 软件对得到的 XRD 图谱进行分析可知，纯钛的 (002)、(101) 晶面在处理后峰位衍射角向左偏移 $0.06°$、$0.1°$，部分高衍射角峰在处理后衍射角向左偏移约 $0.2°\sim0.3°$。数量较多的 (002)、(101)、(102)、(103)、(112) 晶面在等离子体处理后峰强分别下降了

31％、33％、55％、65％、58％，半高宽也存在不同程度的增加。由此现象推测可能是由于纯钛在等离子体处理后表层材料产生了晶格畸变的现象，晶格畸变引起材料内能增高，位错密度增加，微观应力增大，阻碍位错滑移变形，从而使材料强度、硬度提高，塑性和韧性下降。

14.7　小结

本章在分析大气压冷等离子体射流产生方法的基础上，结合从降低刀具-工件界面化学亲和性和改善切削区的热力作用两个方面抑制金刚石刀具磨损的目标，提出研制一种冷却润滑效果好、易输送至刀具-工件接触界面进行特性调控的大气压冷等离子射流。最终设计出一种可扩展的大气压冷等离子体射流发生装置，并利用该装置探究了大气压裸电极放电的特性。采用大气压等离子射流处理钛合金 TC4、纯钛、纯铁、镍基高温合金 Inconel 718 等多种金属材料，研究了冷等离子体射流对材料表面浸润性、化学成分、冷却效率的作用机理和影响规律，同时在空气、氮气、冷等离子体射流气氛下对钛合金 TC4、纯钛、纯铁、镍基高温合金 Inconel718 等多种金属材料开展了拉伸试验、单颗粒划痕试验，研究了冷等离子体射流对金属材料断裂力学性能的作用机理和影响规律，并得出以下结论：

① 本章设计的大气压冷等离子体射流发生装置由供气系统、电源系统和电极系统组成。电极系统采用针筒式结构，该装置可方便地扩展出冷等离子体射流输送装置和温度控制装置。大气压条件下，氮气适合裸电极放电产生冷等离子体射流。采用柔性等离子体射流方案可实现等离子体的有效输送，柔性射流的长度随驱动电压和气体流量的增大而增加。当氮气流量为 20L/min、驱动电压为 15kV 时，柔性射流的长度可达到 200cm。冷等离子体传输过程中，发射光谱的强度会逐渐减弱，即冷等离子体中的活性粒子浓度会逐渐降低，但距喷口 30cm 以内衰减幅度较小。柔性冷等离子体射流与普通冷等离子体射流具有相似的伏安特性，即柔性射流方案不会影响放电过程。

② 采用涡流管对工作气体预冷却可降低等离子体射流的温度，且工作气体流量越大，等离子体温度越低。另外，驱动电压越高，等离子体射流的总体温度越高，且沿射流传播方向不同位置处的温度呈现先升高后降低的趋势。当柔性导管长度为 10cm 时，输送过程对等离子体射流的温度影响较小。氮气经涡流管冷却后，气体中的粒子运动速度减缓，相互碰撞的概率降低，使得放电后产生的等离子体射流的温度分布更均匀。当驱动电压为 3.0kV、氮气流量为 50L/min 时，可获得整体温度约为 −7℃ 的柔性冷等离子体射流。

③ 冷等离子体射流可实现对钛合金 TC4、纯铁等多种金属表面的高效、低损伤亲水性改性。经冷等离子体射流处理 10s 后，各金属表面浸润性得到明显改善，液滴在表面可更充分铺展。分析冷等离子体射流的亲水性改性作用机理发现，射流中的活性粒子可改变表面化学成分，打断表面的 C—C、C—H 键，生成 C—O 键及 C＝O 键，从而提高表面能及浸润性，对金属表面结构无明显影响。

④ 冷等离子体射流可有效调控钛合金 TC4、纯钛、纯锌等晶格类型为密排六方晶格材料的力学性能，降低材料抗拉强度和塑性。冷等离子体射流可在密排六方晶格的钛合金 TC4 表面沿深度方向生成厚度为 $1\sim2\mu m$ 的变质层，变质层内有较多位错缠结、位错胞、亚晶粒等亚结构，位错运动会受到亚结构阻碍，导致裂纹更易在变质层内形核。因此，在冷等

离子体射流作用下，材料表面塑性及断裂韧性明显降低，单颗粒划痕所得的表面裂纹更多。

⑤ 冷等离子体射流可能通过调控材料力学性能，降低材料表面塑性和断裂韧性，有效改善钛合金 TC4 等密排六方晶格金属材料和单晶硅材料的切削加工性能。对于晶格类型为体心立方或面心立方晶格的金属材料，由于冷等离子体射流对材料力学性能无明显作用效果，需结合加工的冷却介质，利用冷等离子体射流对切削区域的亲水性改性作用改善材料的切削加工性能。同时，由于冷等离子体射流对材料表面断裂力学性能的影响深度有限，冷等离子体射流可能更适用于切削深度较小的微细、精密加工过程。

参考文献

[1] 刘新. 离子化气流辅助切削机理与应用基础研究 [D]. 大连：大连理工大学，2012.

[2] 邵涛，严萍. 大气压气体放电及其等离子体应用 [M]. 北京：科学出版社，2015.

[3] Lu P，Guo M Y，Xu Z J，et al. Application of nanofibrillated cellulose on BOPP/LDPE film as oxygen barrier and antimicrobial coating based on cold plasma treatment [J]. Coatings，2018，8 (6)：207.

[4] Metelmann H，Seebauer C，Miller V，et al. Clinical experience with cold plasma in the treatment of locally advanced head and neck cancer [J]. Clinical Plasma Medicine，2018，9：6-13.

[5] Liao X Y，Li J，Muhammad A I，et al. Application of a dielectric barrier discharge atmospheric cold plasma (DBD-ACP) for eshcerichia coli inactivation in apple juice [J]. Journal of Food Science，2018，83 (2)：401-408.

[6] 朱士尧. 等离子体物理基础 [M]. 北京：科学出版社，1983.

[7] 赵青，刘述章，童洪辉. 等离子体技术及应用 [M]. 北京：国防工业出版社，2009.

[8] Liu X，Huang S，Chen F Z，et al. Research on the cold plasma jet assisted cutting of Ti6Al4V [J]. The International Journal of Advanced Manufacturing Technology，2015，77 (9/12)：2125-2133.

[9] 刘新，黄帅，瞿娇娇，等. 304不锈钢离子化气流辅助切削试验 [J]. 农业机械学报，2014，45 (5)：334-346.

[10] 陈发泽. 油水分离用超浸润表面制备及其性能研究 [D]. 大连：大连理工大学，2018.

[11] 黄帅. 冷等离子体辅助金刚石切削黑色金属基础研究 [D]. 大连：大连理工大学，2017.

[12] Liu X，Chen F Z，Huang S，et al. Characteristic and application study of cold atmospheric-pressure nitrogen plasma jet [J]. IEEE Transactions on Plasma Science，2015，43 (6)：1959-1968.

[13] Zhang D，Wang Y，Liu F，et al. Sub-microsecond pulsed atmospheric-pressure glow discharge with bare metal electrodes [J]. High Voltage Engineering，2013，39 (10)：2560-2567.

[14] 李和平，李果，王森，等. 裸露金属电极大气压射频辉光放电研究进展 [J]. 科技导报，2009，27 (5)：81-86.

[15] 聂秋月. 大气压冷等离子体射流实验研究 [D]. 大连：大连理工大学，2010.

[16] Hong Y，Lu N，Pan J，et al. Electrical and spectral characteristics of an atmospheric pressure argon plasma jet generated with tube-ring electrodes in surface dielectric barrier discharge [J]. Thin Solid Films，2013，531：408-414.

[17] 洪义. 大气压针-环式介质阻挡放电等离子体射流源的电极结构设计和特性研究 [D]. 大连：大连理工大学，2013.

[18] Charles C，Boswell R W. Measurement and modelling of a radiofrequency micro-thruster [J]. Plasma Sources Science & Technology，2012，21 (2)：22002.

[19] Greig A，Charles C，Paulin N，et al. Volume and surface propellant heating in an electrothermal radio-frequency plasma micro-thruster [J]. Applied Physics Letters，2014，105 (5)：54102.

[20] Su L，Kumar R，Ogungbesan B，et al. Experimental investigation of gas heating and dissociation in a microwave plasma torch at atmospheric pressure [J]. Energy Conversion and Management，2014，78：695-703.

[21] Li H，Sun W，Wang H，et al. Electrical features of radio-frequency, atmospheric-pressure, bare-metallic-electrode glow discharges [J]. Plasma Chemistry and Plasma Processing，2007，27 (5)：529-545.

[22] Van Deynse A，De Geyter N，Leys C，et al. Influence of water vapor addition on the surface modification of polyethylene in an argon dielectric barrier discharge [J]. Plasma Processes and Polymers，2014，11 (2)：117-125.

[23] Van Deynse A，Cools P，Leys C，et al. Influence of ambient conditions on the aging behavior of plasma-treated poly-

ethylene surfaces [J]. Surface and Coatings Technology, 2014, 258: 359-367.

[24] Schmidt-Bleker A, Norberg S A, Winter J, et al. Propagation mechanisms of guided streamers in plasma jets: the influence of electronegativity of the surrounding gas [J]. Plasma Sources Science & Technology, 2015, 24 (3): 35022.

[25] 陆遥. 钛基超双疏表面的制备及其润湿性控制 [D]. 大连: 大连理工大学, 2013.

[26] Guo J, Yang F, Guo Z. Fabrication of stable and durable superhydrophobic surface on copper substrates for oil-water separation and ice-over delay [J]. Journal of Colloid and Interface Science, 2016, 466: 36-43.

[27] Zhang Q, Jin B, Wang B, et al. Fabrication of a highly stable superhydrophobic surface with dual-scale structure and its antifrosting properties [J]. Industrial and Engineering Chemistry Research, 2017, 56 (10): 2754-2763.

[28] Jiang W, Mao M, Qiu W, et al. Biomimetic superhydrophobic engineering metal surface with hierarchical structure and tunable adhesion: design of microscale pattern [J]. Industrial and Engineering Chemistry Research, 2017, 56 (4): 907-919.

[29] Donnelly V M, Kornblit A. Plasma etching: yesterday, today, and tomorrow [J]. Journal of Vacuum Science and Technology A: Vacuum, Surfaces, and Films, 2013, 31 (5): 50825.

[30] Wenzel R N. Surface roughness and contact angle [J]. The Journal of Physical and Colloid Chemistry, 1949, 53 (9): 1466-1467.

[31] Izdebska-Podsiadły J, Dörsam E. Effects of argon low temperature plasma on PLA film surface and aging behaviors [J]. Vacuum, 2017, 145: 278-284.

[32] Oberbossel G, Probst C, Giampietro V R, et al. Plasma afterglow treatment of polymer powders: process parameters, wettability improvement, and aging effects [J]. Plasma Processes and Polymers, 2017, 14 (3): 1600144.

[33] Tompkins B D, Fisher E R. Evaluation of polymer hydrophobic recovery behavior following H_2O plasma processing [J]. Journal of Applied Polymer Science, 2015, 132 (20): 41978.

[34] Wang C X, Lv J C, Gao D W, et al. Surface modification and aging effect of polysulfonamide yarns treated by atmospheric pressure plasma [J]. Fibers and Polymers, 2013, 14 (9): 1478-1484.

[35] Mendez-Linan J I, Ortiz-Ortega E, Jimenez-Moreno M F, et al. Aging effect of plasma-treated carbon surfaces: an overlooked phenomenon [J]. Carbon, 2020, 169: 32-44.

[36] Nguyen L, Hang M M, Wang W X, et al. Simple and improved approaches to long-lasting, hydrophilic silicones derived from commercially available precursors [J]. ACS Applied Materials and Interfaces, 2014, 6 (24): 22876-22883.

[37] Zhu X T, Zhang Z Z, Men X H, et al. Plasma/thermal-driven the rapid wettability transition on a copper surface [J]. Applied Surface Science, 2011, 257 (8): 3753-3757.

[38] Zille A, Fernandes M M, Francesko A, et al. Size and aging effects on antimicrobial efficiency of silver nanoparticles coated on polyamide fabrics activated by atmospheric DBD plasma [J]. ACS Applied Materials and Interfaces, 2015, 7 (25): 13731-13744.

[39] 宋金龙. 工程金属材料极端润湿性表面制备及应用研究 [D]. 大连: 大连理工大学, 2015.

[40] Ellinas K, Pujari S P, Dragatogiannis D A, et al. Plasma micro-nanotextured, scratch, water and hexadecane resistant, superhydrophobic, and superamphiphobic polymeric surfaces with perfluorinated monolayers [J]. ACS Applied Materials and Interfaces, 2014, 6 (9): 6510-6524.

[41] Fang D, He F, Xie J L, et al. Calibration of binding energy positions with C1s for XPS results [J]. Journal of Wuhan University of Technology-Materials Science Edition, 2020, 35 (4): 711-718.

[42] Ayiania M, Smith M, Hensley A J R, et al. Deconvoluting the XPS spectra for nitrogen-doped chars: an analysis from first principles [J]. Carbon, 2020, 162: 528-544.

[43] Oliver W C, Pharr G M. Measurement of hardness and elastic modulus by instrumented indentation: advances in understanding and refinements to methodology [J]. Journal of Materials Research, 2004, 19: 3-20.

[44] Cheng Y, Cheng C. Relationships between hardness, elastic modulus, and the work of indentation [J]. Applied Physics Letters, 1998, 73 (5): 614-616.

[45] Cheng Y, Cheng C. Scaling, dimensional analysis, and indentation measurements [J]. Materials Science and Engi-

neering：R：Reports，2004，44（4/5）：91-149.

[46] 刘文杰，宗学文，陈桢，等 . 不同铸型对 TC4 钛合金的微观组织、织构和持久性的影响［J］. 稀有金属材料与工程，2020，49（8）：2880-2887.

[47] 张桂伟 . Al 含量对激光增材制造 TC4 组织及性能的影响［D］. 大连：大连理工大学，2018.

[48] 赵雅，李世霞，屈海东，等 . 焊接方法对 430 不锈钢焊接接头组织性能的影响［J］. 热加工工艺，2020，49（23）：137-140.

[49] 史学红，李彦鑫，侯向东，等 . 载荷对高氮不锈钢和 304 不锈钢磨损行为的影响［J］. 中国冶金，2020，30（10）：49-53，91.

[50] 董慧君 . 奥氏体与铁素体循环变形微观演变对比研究［D］. 大连：大连理工大学，2019.

[51] Lu K，Lu L，Suresh S. Strengthening materials by engineering coherent internal boundaries at the nanoscale［J］. Science，2009，324（5925）：349-352.

[52] 李京 . TC6 钛合金深冷激光喷丸强化机理及振动疲劳性能研究［D］. 镇江：江苏大学，2020.

[53] 胡赓祥，蔡珣，戎咏华 . 材料科学基础［M］. 上海：上海交通大学出版社，2010.

第 15 章

难加工材料冷等离子体赋能微量润滑切削性能研究

15.1 冷等离子体赋能微量润滑辅助微铣削钛合金 TC4

冷等离子体射流中的活性粒子作用在金属材料表面时，可有效提高表面浸润性，改善切削区域的冷却环境。对于钛合金 TC4，冷等离子体射流还可降低材料的表面塑性及断裂韧性。冷等离子体射流对金属材料特性的作用效果有望改善材料的切削加工性能。

本节将对钛合金 TC4 开展了冷等离子体赋能微量润滑辅助微铣削试验，在不同冷却润滑环境下测试切削力、表面质量及刀具磨损，以验证混水冷等离子体射流对切削界面的作用机理，研究混水冷等离子体射流对材料切削加工性能的作用效果。

15.1.1 微铣削试验装置

混水冷等离子体射流辅助微铣削试验装置搭建在图 15-1（a）所示的三坐标数控微加工平台上。采用基于 Labview 软件的图形化编程环境，运用 G 代码编写加工程序，控制进给平台的运动轨迹及加工路径。

采用相同切削用量，在五种冷却润滑环境（干式微铣削、混水冷等离子体射流辅助微铣削、氮气辅助微铣削、MQL 辅助微铣削、混水冷等离子体射流＋MQL 复合辅助微铣削）下开展微铣削试验。加工过程如图 15-1(b)、(c) 所示。混水冷等离子体射流工作气体流量为 10L/min，含水量为 0.045％，放电电压峰值及频率分别为 2.5kV 和 60kHz；采用涡流管将射流温度调整至与氮气温度相同。混水冷等离子体射流辅助加工过程中，射流放电电极与微加工平台的电主轴保持相对固定，以保证切削区域持续处于混水冷等离子体射流气氛中。电极喷嘴距工件表面距离为 10mm。MQL 冷却介质由 MQL 系统生成，流量为 50mL/h，压力为 0.2MPa。

采用泰勒三维形貌仪测量加工后的材料表面粗糙度 Ra；采用扫描电子显微镜观测加工后的工件表面微观形貌及刀具形貌。

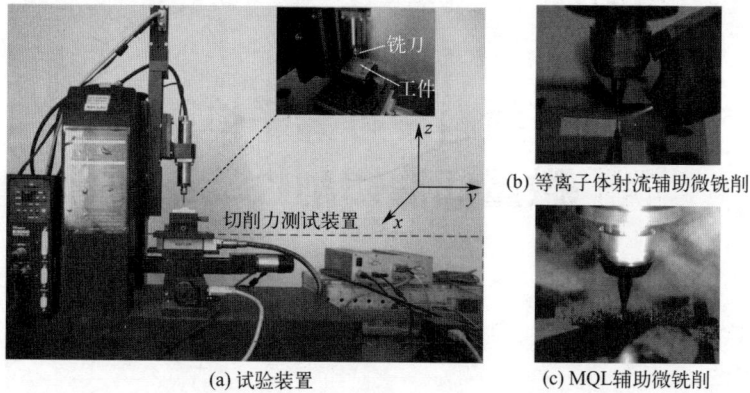

图 15-1 混水冷等离子体射流辅助微铣削试验装置及试验过程

采用三向压电式测力仪采集切削力数据。规定 F_x 为 XY 平面内进给方向的切削力；F_y 为 XY 平面内垂直于进给方向的切削力；F_z 为切深方向的切削力。测力仪传感器安装在待铣削工件下方，采样频率为 $50000Hz$，采样时间为 $30s$。在测力仪使用前，应对其进行静态和动态标定。静态标定时，使用多功能测力仪标定加载器对测力仪施加标准载荷，对整个测试系统进行归一化调节；采用钢球冲击法对测力仪进行动态标定。每次测试完成后，对数据首先进行去零漂及滤波处理，然后再采用 Matlab 软件拟合分析，即可得到三个方向的平均切削力。

钛合金 TC4 样片的尺寸为 $40mm×40mm×3mm$，加工前经退火处理以去除残余应力。铣刀的型号为 ALC-EM2SC1-3，刀具刃径为 $1mm$，刃长为 $3mm$，螺旋角为 $30°\sim40°$。加工过程中，铣刀转速为 $20000r/min$，进给速度为 $50mm/min$。

15.1.2 微铣削力

拉伸试验及单颗粒划痕试验结果表明，混水冷等离子体射流对钛合金 TC4 的断裂力学性能有明显调控效果，但作用效果随深度增大逐渐减弱。为研究混水冷等离子体射流在不同切削深度下对钛合金 TC4 切削过程的作用效果，在不同切深（$10\mu m$、$30\mu m$、$50\mu m$）下开展了微铣削试验。经测试、计算得到的平均切削力如图 15-2～图 15-4 所示。

如图 15-2 所示，当切深为 $10\mu m$ 时，引入混水冷等离子体射流可大幅降低微铣削钛合金 TC4 过程中的各向切削力。混水冷等离子体射流作用下，进给方向切削力 F_x、切深方向切削力 F_z 与干微铣削相比分别降低约 47.8% 和 41.1%。表明混水冷等离子体射流通过降低材料表面塑性和断裂韧性，可有效降低切削力。而氮气辅助微铣削的各向切削力与干微铣削相比均未明显降低。另外，由于 MQL 冷却介质可改善润滑环境，降低切削过程中刀具-工件间的摩擦系数，引入 MQL 冷却介质后，各向切削力也有所降低。在 MQL 的同时引入混水冷等离子体射流，可进一步降低切削力。冷等离子体赋能微量润滑辅助微铣削的进给方向切削力 F_x、切深方向切削力 F_z 与仅使用 MQL 辅助微铣削相比分别降低约 14.9% 和 9.9%，与干微铣削相比分别降低约 54.7% 和 44.1%。

(a) F_x

(b) F_y

(c) F_z

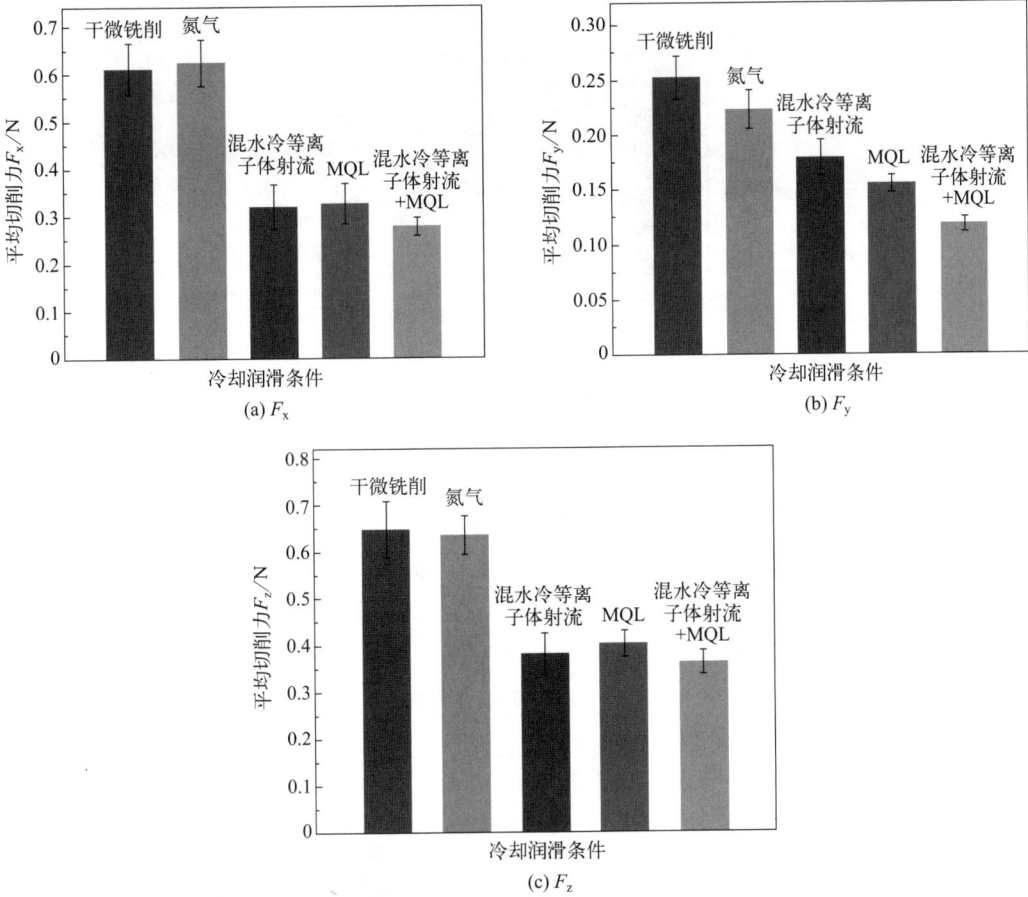

图 15-2　切深为 $10\mu m$ 时微铣削钛合金 TC4 的平均切削力

当切深为 $30\mu m$ 时，引入混水冷等离子体射流仍可降低各向切削力（图 15-3），但作用效果相比切深 $10\mu m$ 时有所减弱。与干微铣削相比，混水冷等离子体射流辅助微铣削的进给方向切削力 F_x、切深方向切削力 F_z 可分别降低约 20.9% 和 17.6%。混水冷等离子体射流、MQL 复合可明显降低切削力，与干微铣削相比，F_x 和 F_z 可分别降低约 55% 和 44.2%；与 MQL 辅助微铣削相比，F_x 和 F_z 可分别降低约 25% 和 15.9%。

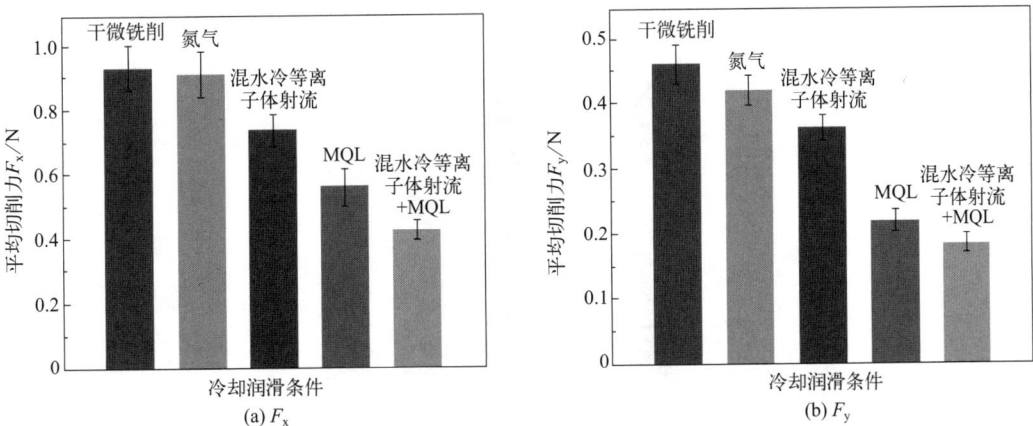

(a) F_x

(b) F_y

图 15-3

(c) F_z

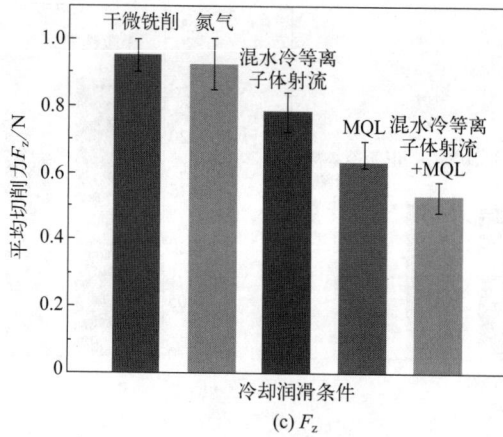

图 15-3　切深为 30μm 时微铣削钛合金 TC4 的平均切削力

随着切深进一步增大，当切深为 50μm 时，单独引入混水冷等离子体射流对切削力的作用效果已不明显，此时各向切削力在干微铣削、氮气辅助微铣削、混水冷等离子体射流辅助微铣削三种加工方式下相差不大（图 15-4）。但 MQL 仍可有效降低切削力，相比干微铣削，其 F_x 和 F_z 可分别降低约 34.1％和 33.3％。混水冷等离子体射流及 MQL 复合作用下，各向切削力均相对最小，F_x 和 F_z 相比干微铣削可分别降低约 46.1％和 42.8％，相比 MQL 辅助微铣削也可降低约 18.2％和 14.3％。

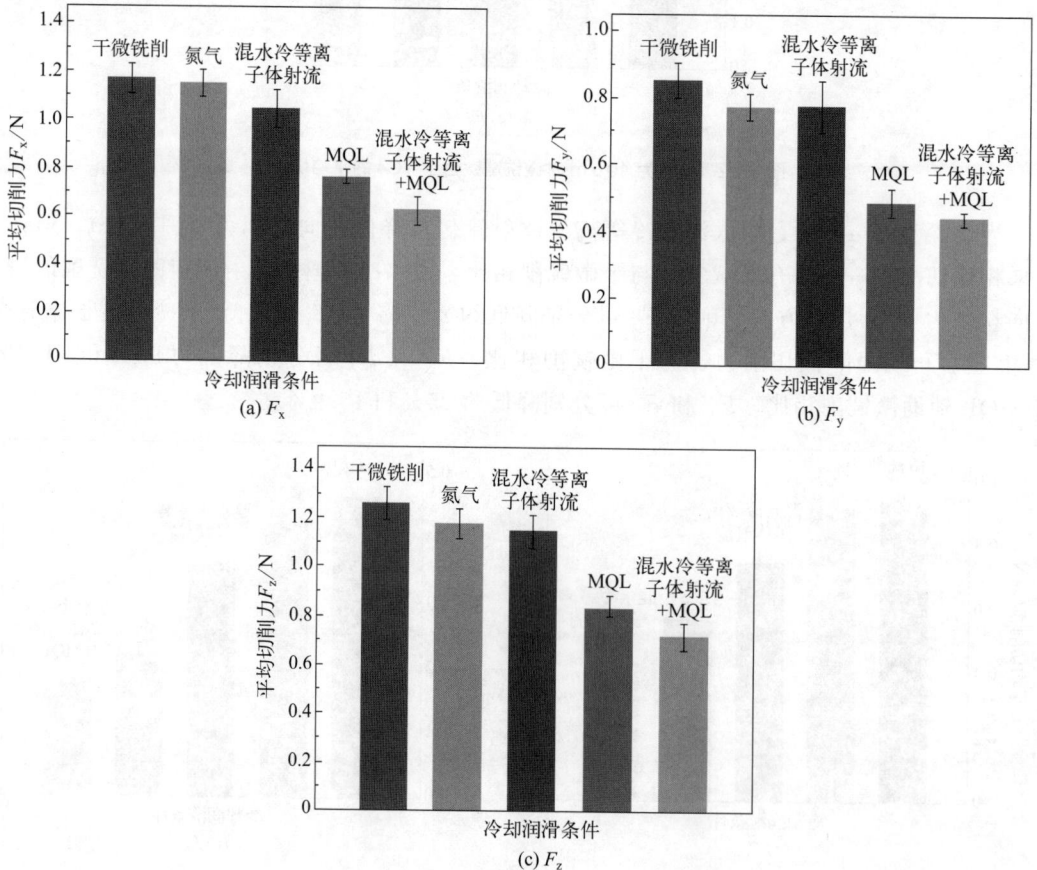

(a) F_x

(b) F_y

(c) F_z

图 15-4　切深为 50μm 时微铣削钛合金 TC4 的平均切削力

　　综上所述，当切深较小时，单独引入混水冷等离子体射流可通过降低材料的表面塑性及断裂韧性，有效降低微铣削钛合金 TC4 过程中的各向切削力。但随着切深增大，单独引入混水冷等离子体射流对切削力的影响不再明显。这主要是因为射流对材料表面断裂力学性能的影响深度有限。另外，在不同切深下，混水冷等离子体射流及 MQL 复合作用时，各向切削力均相对最小。这是因为 MQL 可改善切削区润滑状态，混水冷等离子体射流在促进钛合金 TC4 表面断裂的同时，还可快速提高表面浸润性，促进 MQL 冷却介质在切削区的浸润。

15.1.3　表面形貌

　　上节试验结果表明，混水冷等离子体射流及 MQL 可有效降低微铣削钛合金 TC4 过程中的切削力。切削过程中的切削力对表面形貌具有重要影响，因此混水冷等离子体射流有望改善表面形貌。本小节将通过观测表面粗糙度及表面微观形貌，研究混水冷等离子体射流对微铣削钛合金 TC4 所得表面形貌的影响。

　　（1）表面粗糙度

　　不同切深及冷却润滑环境下微铣削钛合金 TC4 所得的表面粗糙度 Ra 如图 15-5 所示。

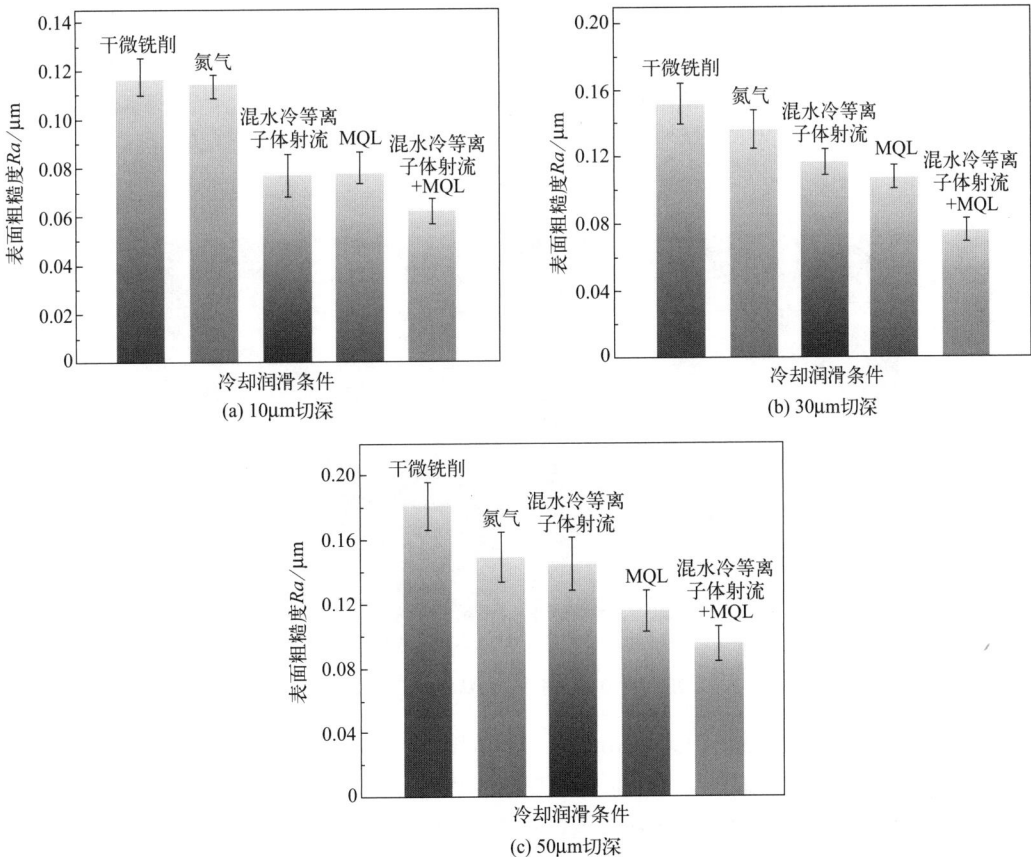

图 15-5　不同切深及冷却润滑环境下微铣削钛合金 TC4 的表面粗糙度 Ra

　　由图 15-5(a) 可知，当切深为 $10\mu m$ 时，干微铣削所得的表面粗糙度 Ra 约为 $0.116\mu m$；

引入氮气对表面粗糙度影响不大，而引入混水冷等离子体射流后，表面粗糙度 Ra 降至约 $0.077\mu m$，相比干微铣削降低约 33.6%。混水冷等离子体射流及 MQL 复合作用下所得的表面粗糙度 Ra 相对最低，可达约 $0.062\mu m$，相比干微铣削降低约 46.5%，相比 MQL 辅助微铣削降低约 20.2%。

随着切深增大，单独引入混水冷等离子体射流对表面粗糙度的作用效果有所减弱。如图 15-5(b) 所示，当切深为 $30\mu m$ 时，混水冷等离子体射流辅助微铣削所得的表面粗糙度 Ra 约为 $0.118\mu m$，相比干微铣削降低 23.1%，相比氮气辅助微铣削降低约 14.7%。在混水冷等离子体射流及 MQL 复合作用下，表面粗糙度 Ra 相对最低，约 $0.075\mu m$，相比干微铣削降低约 50.3%，相比 MQL 辅助微铣削降低约 30.2%。

如图 15-5(c) 所示，当切深为 $50\mu m$ 时，干微铣削所得的表面粗糙度 Ra 约为 $0.18\mu m$，引入混水冷等离子体射流后，降至约 $0.145\mu m$。但此时氮气辅助微铣削所得的 Ra 与混水冷等离子体射流辅助微铣削相近，表明气流促进切屑排出及对切削区域的冷却作用是 Ra 降低的主要原因，而混水冷等离子体射流中活性粒子促进表面断裂的作用效果在该切深下对 Ra 影响不大。另外，冷等离子体赋能微量润滑辅助微铣削所得的表面粗糙度 Ra 仍相对最低，可达约 $0.095\mu m$，相比干微铣削降低约 47.2%，相比 MQL 辅助微铣削降低约 18.1%。

（2）表面微观形貌

由表面粗糙度测试结果可知，在微铣削过程中引入混水冷等离子体射流及 MQL，可有效降低钛合金 TC4 的表面粗糙度 Ra。为进一步研究混水冷等离子体射流及 MQL 对钛合金 TC4 表面质量的影响，采用 SEM 观测了不同冷却润滑环境下所得钛合金 TC4 表面的微观形貌。图 15-6～图 15-8 分别为 $10\mu m$、$30\mu m$、$50\mu m$ 切深下，已加工表面微观形貌的测试结果。

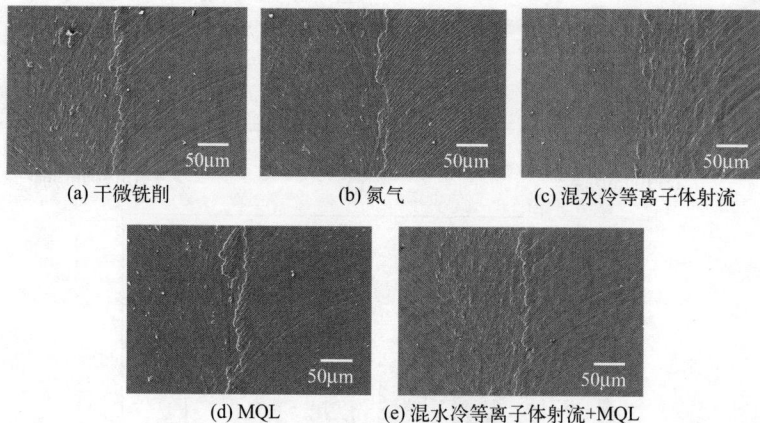

(a) 干微铣削　　　　(b) 氮气　　　　(c) 混水冷等离子体射流

(d) MQL　　　　(e) 混水冷等离子体射流+MQL

图 15-6　切深为 $10\mu m$ 时微铣削钛合金 TC4 的表面形貌

由图 15-6(a) 可知，当切深为 $10\mu m$ 时，干微铣削所得的钛合金 TC4 表面有明显刀痕，且两次走刀间存在因材料高塑性所致的挤压变形。引入氮气对表面微观形貌影响不大，表面刀痕及两次走刀间的挤压变形仍较为严重，如图 15-6(b) 所示。由于混水冷等离子体射流可降低钛合金 TC4 表面的塑性和断裂韧性，促进表面断裂，混水冷等离子体射流辅助微铣削所得表面的刀痕、两次走刀间挤压变形均有明显缓解 ［图 15-6(c)］。MQL 辅助微铣削通过对切削区域冷却润滑，明显减轻了表面刀痕，但由于未改变钛合金 TC4 的断裂力学特性，

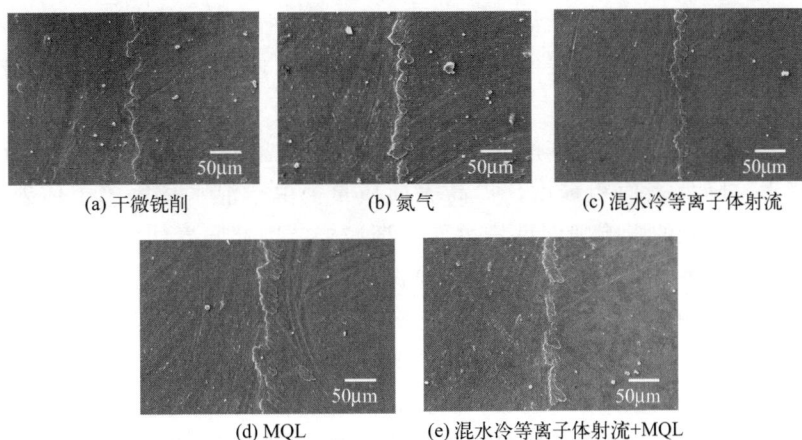

(a) 干微铣削　　　　　　(b) 氮气　　　　　　(c) 混水冷等离子体射流

(d) MQL　　　　　　(e) 混水冷等离子体射流+MQL

图 15-7　切深为 30μm 时微铣削钛合金 TC4 的表面形貌

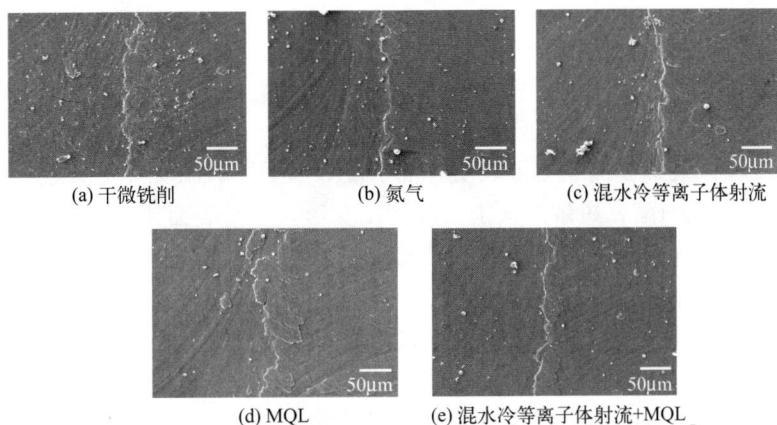

(a) 干微铣削　　　　　　(b) 氮气　　　　　　(c) 混水冷等离子体射流

(d) MQL　　　　　　(e) 混水冷等离子体射流+MQL

图 15-8　切深为 50μm 时微铣削钛合金 TC4 的表面形貌

因高塑性所致的两次走刀间挤压变形仍较严重，如图 15-6(d) 所示。同时引入混水冷等离子体射流和 MQL 后，表面刀痕及两次走刀间挤压变形均明显减轻，表面质量得到了显著提高，如图 15-6(e) 所示。

当切深为 30μm 时，单独引入混水冷等离子体射流对所得表面形貌的改善效果有所减弱。由图 15-7(a)～(c) 可知，相比干微铣削及氮气辅助微铣削，混水冷等离子体射流辅助微铣削可在一定程度上减轻表面刀痕，缓解挤压变形，提高表面质量。MQL 辅助微铣削可有效减轻表面刀痕，但对挤压变形的缓解效果并不明显 [图 15-7(d)]。混水冷等离子体射流及 MQL 复合作用下，表面刀痕明显减轻，两次走刀间的挤压变形相比 MQL 辅助微铣削也有所缓解，如图 15-7(e) 所示。

随着切深继续增大，当切深为 50μm 时，干微铣削所得的表面不仅有明显刀痕及挤压变形，并且还存在较明显的切屑黏附 [图 15-8(a)]。混水冷等离子体射流辅助微铣削所得的表面微观形貌与氮气辅助微铣削相近，切屑黏附现象得到了缓解，但表面刀痕及挤压变形仍较严重，如图 15-8(b)、(c) 所示。混水冷等离子体射流、氮气辅助微铣削过程中的气流冲击可促进部分切屑排出切削区域，故可减轻切屑黏附。但由于此时切深较大，混水冷等离子体射流促进钛合金 TC4 表面断裂的作用效果难以缓解刀痕及挤压变形。引入 MQL 后，润滑环境得到了改善，所得表面质量有所提高，如图 15-8(d) 所示。混水冷等离子体射流及

MQL 复合作用下,所得表面切屑黏附及表面刀痕均有明显缓解,如图 15-8(e) 所示。但由于混水冷等离子体射流促进材料表面断裂的作用效果难以体现,两次走刀间的挤压变形仍较严重。

总之,当切深为 10μm 时,单独引入混水冷等离子体射流即可有效缓解表面刀痕及两次走刀间挤压变形,降低表面粗糙度,提高表面质量。由于混水冷等离子体射流对钛合金 TC4 表面断裂力学性能的影响随深度增大而逐渐减弱,因此随着切深增大,单独引入混水冷等离子体射流对表面质量的作用效果也逐渐减弱。在不同切深下,混水冷等离子体射流及 MQL 复合作用下所得的表面质量相对最好。MQL 可改善切削区润滑环境,减轻所得表面刀痕。混水冷等离子体射流可促进材料表面断裂,缓解挤压变形,且其亲水性改性作用效果还可促进 MQL 冷却介质浸润切削区域。因此,两者复合作用可获得相对最好的表面质量。当切深为 50μm 时,混水冷等离子体射流对钛合金 TC4 表面断裂力学性能的作用效果难以体现,不同加工条件所得的表面均存在较严重的挤压变形。

15.1.4 刀具磨损

表面粗糙度及微观形貌测试结果表明,混水冷等离子体射流及 MQL 复合作用可有效减轻钛合金 TC4 的表面刀痕,缓解两次走刀间挤压变形,提高表面质量。由于钛合金 TC4 具有较高塑性和强度,加工时刀具磨损较为严重,导致表面质量随切削距离的延长而快速恶化,成为制约加工精度及成本的重要因素。

加工过程中的切削力、材料表面切屑堆积等因素对刀具磨损有重要影响。与干微铣削相比,混水冷等离子体射流+MQL 复合辅助微铣削可显著降低切削力,且能缓解材料表面切屑堆积,故有望减缓刀具磨损,延长刀具有效切削距离。本小节对钛合金 TC4 材料开展了干微铣削、混水冷等离子体射流+MQL 复合辅助微铣削试验,测试微铣削过程中刀具形貌、表面质量及切削力随切削距离的变化,以研究混水冷等离子体射流及 MQL 冷却介质对刀具磨损的影响。试验过程中,铣刀转速为 20000r/min,进给速度为 50mm/min,切削深度为 30μm。在该切削深度下,混水冷等离子体射流促进表面断裂的作用效果可以体现,同时材料去除率也相对较高。图 15-9 为微铣削钛合金 TC4 过程中的刀具磨损形貌,图 15-10 为表面粗糙度 Ra 随切削距离的变化,图 15-11 为各向切削力随切削距离的变化。

由图 15-9(a) 可知,干微铣削钛合金 TC4 400mm 后,刀具出现较明显磨损。观测所得表面粗糙度 Ra 及表面微观形貌发现,干微铣削条件下,表面粗糙度 Ra 由切削距离 300mm 时的约 0.16μm 增大至 500mm 时的约 0.25μm(图 15-10),表面刀痕较严重,表面质量明显下降,难达到钛合金 TC4 的精密加工要求。测试切削力发现,切削距离 400mm 后各向切削力开始明显增大(图 15-11)。另外,由于刀具磨损已较明显,垂直于进给方向的切削力 F_y 显著增大。

继续开展干微铣削试验至切削距离 800mm 时,刀具磨损较为严重 [图 15-9(b)],表面粗糙度 Ra 增大至 0.4μm 以上(图 15-10),各向切削力急剧增大(图 15-11),此时刀具已难以实现钛合金 TC4 的微铣削加工。

采用冷等离子体射流+MQL 复合辅助微铣削钛合金 TC4 800mm 后,如图 15-10 所示,表面粗糙度 Ra 为约 0.093μm,相比干微铣削明显降低。观测刀具形貌发现,刀具仅出现轻

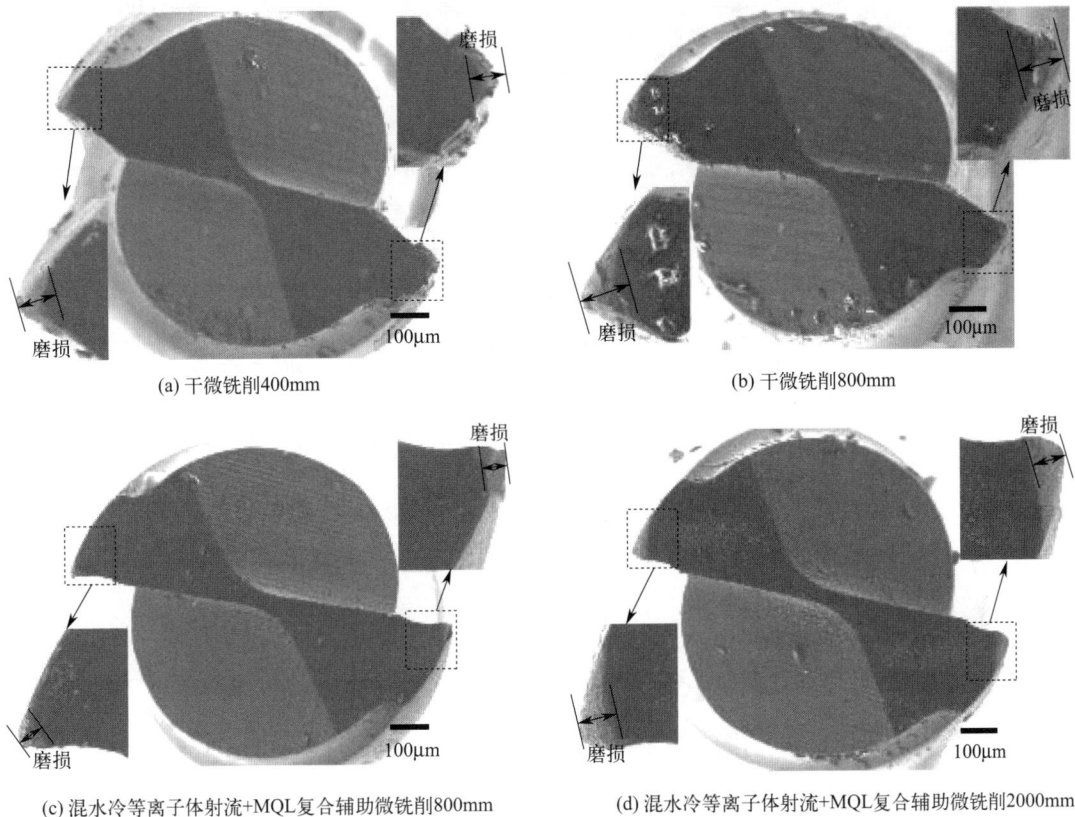

(a) 干微铣削400mm

(b) 干微铣削800mm

(c) 混水冷等离子体射流+MQL复合辅助微铣削800mm

(d) 混水冷等离子体射流+MQL复合辅助微铣削2000mm

图 15-9　微铣削钛合金 TC4 的刀具磨损形貌

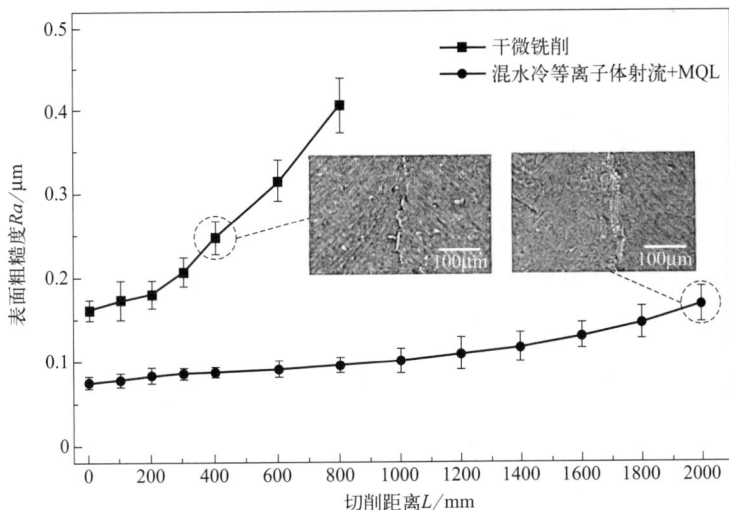

图 15-10　微铣削钛合金 TC4 的表面粗糙度 Ra 随切削距离的变化

微磨损，如图 15-9(c) 所示。当切削距离为 2000mm 时，刀具切削刃出现较明显的磨损，端面存在 MQL 冷却介质导致的切屑黏附 [图 15-9(d)]，各向切削力明显增大（图 15-11）。但观测表面粗糙度及表面形貌发现，如图 15-10 所示，此时混水冷等离子体射流＋MQL 复合辅助微铣削所得表面粗糙度 Ra 仍可达约 $0.165\mu m$，相比干微铣削 400mm 所得 Ra 明显

(a) F_x

(b) F_y

(c) F_z

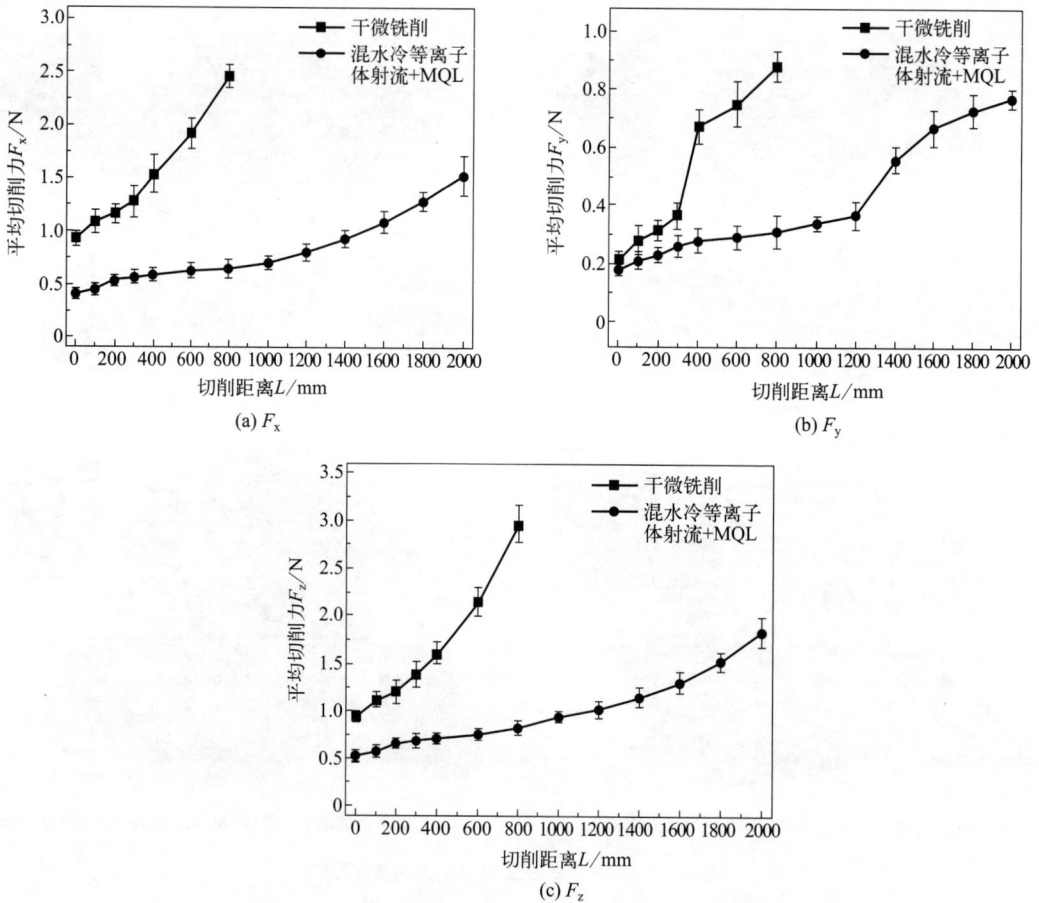

图 15-11 微铣削 TC4 钛合金切削力随切削距离的变化

更低，表面刀痕也相对较轻，表面质量明显更好。

试验结果表明，混水冷等离子体射流及 MQL 复合作用下，微铣削钛合金 TC4 过程中的刀具磨损明显减轻。这是由于在混水冷等离子体射流及 MQL 复合作用下，微铣削过程中钛合金 TC4 材料的表面塑性及断裂韧性降低，塑性变形有所缓解，同时切削区冷却润滑环境得到了有效改善。切深为 $30\mu m$ 时，对于钛合金 TC4 的精密加工过程，刀具的有效切削距离相比干微铣削可提高 5 倍以上。

15.2　冷等离子体赋能微量润滑辅助微铣削镍基高温合金 Inconel 718

上节试验结果表明，当切深较小时，混水冷等离子体射流通过降低钛合金 TC4 表面塑性和断裂韧性，可有效降低微铣削过程中的切削力，提高表面质量。当切深较大时，单独引入混水冷等离子体射流对加工过程影响有限，但混水冷等离子体射流通过提高表面浸润性，结合 MQL 冷却介质，仍可有效改善钛合金 TC4 材料的切削加工性能。对于镍基高温合金 Inconel 718、纯铁等材料，拉伸试验及单颗粒划痕试验结果表明，混水冷等离子体射流对材料的断裂力学性能无明显影响。由此可见，混水冷等离子体射流对不同类型金属材料加工过程的作用机理及影响规律可能有所不同。

本节将在不同冷却润滑环境下对镍基高温合金 Inconel 718 开展微铣削试验，研究混水冷等离子体射流及 MQL 对其加工过程的影响。镍基高温合金 Inconel 718 样片的尺寸为 30mm×30mm×3mm，加工前经退火处理以去除残余应力。铣刀型号为 ALC-EM2SC1-3，刀具刃径为 1mm，刃长为 3mm，螺旋角为 30°～40°。加工过程中，铣刀转速为 20000r/min，进给速度为 50mm/min，切深为 10μm。

15.2.1　切削力

不同冷却润滑环境下，微铣削镍基高温合金 Inconel 718 过程中的各向切削力如图 15-12 所示。由图 15-12 可知，单独引入混水冷等离子体射流对各向切削力无明显影响，干微铣削、氮气辅助微铣削及混水冷等离子体射流辅助微铣削的各向切削力相差不大。引入 MQL 可明显降低切削力，与干微铣削相比，进给方向切削力 F_x、切深方向切削力 F_z 降低约 33.3%和 31.2%。混水冷等离子体射流及 MQL 复合作用下的各向切削力相对最小，F_x、F_z 相比干微铣削降低约 44.2%和 36.4%，相比 MQL 辅助微铣削降低约 16.2%和 7.5%。

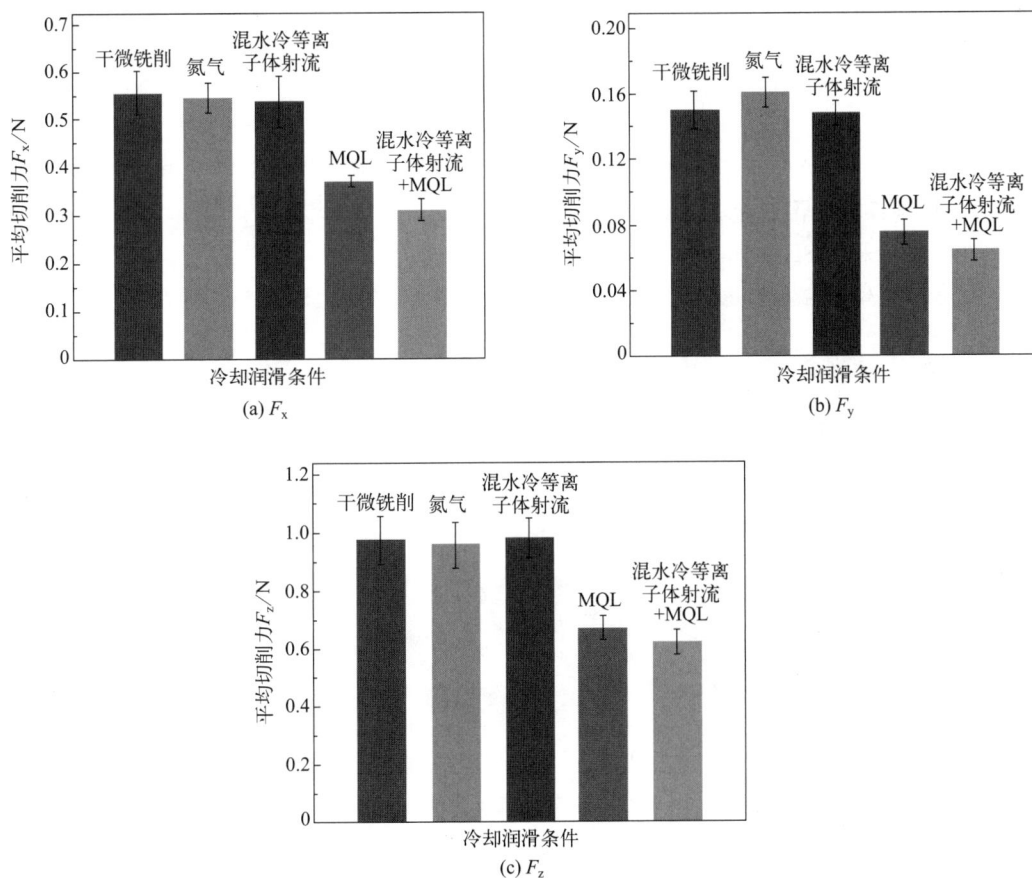

图 15-12　微铣削镍基高温合金 Inconel 718 的平均切削力

由于混水冷等离子体射流对镍基高温合金 Inconel 718 的断裂力学性能无明显作用效果，故单独引入混水冷等离子体射流对微铣削过程中的切削力影响不大，而 MQL 通过改善切削区润滑状态可有效降低切削力。混水冷等离子体射流及 MQL 复合作用时，混水冷等离子体射流通过对镍基高温合金 Inconel718 的表面亲水性改性能促进 MQL 冷却介质浸润表面，从而进一步改善冷却润滑环境，因此其切削力相比 MQL 辅助微铣削可进一步降低。

15.2.2 表面形貌

采用泰勒三维形貌仪测量了不同加工条件所得的镍基高温合金 Inconel 718 表面粗糙度 Ra，测试结果如图 15-13 所示。由图 15-13 可知，干微铣削所得的表面粗糙度 Ra 相对最高，约为 $0.125\mu m$。氮气辅助微铣削及混水冷等离子体射流辅助微铣削所得的表面粗糙度 Ra 相近，相比干微铣削降低约 11%。MQL 辅助微铣削所得的表面粗糙度 Ra 相比干微铣削降低约 30.6%。混水冷等离子体射流＋MQL 复合辅助微铣削所得的表面粗糙度 Ra 相对最低，相比干微铣削降低约 45.1%，相比 MQL 辅助微铣削降低约 20.9%。

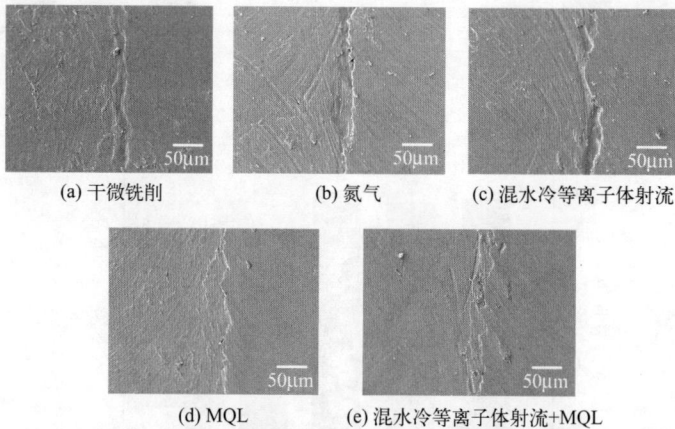

图 15-13 微铣削镍基高温合金 Inconel 718 的表面粗糙度 Ra

为进一步研究混水冷等离子体射流及 MQL 对微铣削镍基高温合金 Inconel718 表面质量的影响，采用 SEM 观测了不同加工条件下所得镍基高温合金 Inconel 718 表面的微观形貌，结果如图 15-14 所示。

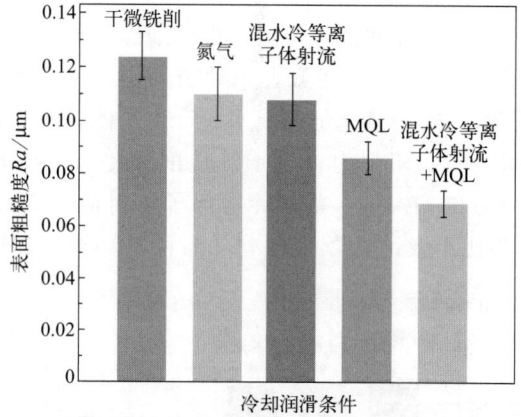

(a) 干微铣削 (b) 氮气 (c) 混水冷等离子体射流
(d) MQL (e) 混水冷等离子体射流+MQL

图 15-14 微铣削镍基高温合金 Inconel718 的表面形貌

由图 15-14(a) 可知，由于缺乏冷却润滑，干微铣削镍基高温合金 Inconel718 所得的表面刀痕较严重，且可观察到较明显的切屑黏附、两次走刀间挤压变形。引入氮气或混水冷等离子体射流后，气流对切削区域的冷却和冲击作用使得切屑黏附现象有所缓解，表面质量有所提高，但由于缺乏润滑介质，所得表面刀痕仍较明显，如图 15-14(b)、(c) 所示。引入 MQL 后，所得表面刀痕、两次走刀间挤压变形有所减轻 [图 15-14(d)]。混水冷等离子体射流及 MQL 复合作用下，所得表面刀痕、两次走刀间挤压变形进一步减轻，表面质量相对最好，如图 15-14(e) 所示。

试验结果表明，由于混水冷等离子体射流对镍基高温合金 Inconel718 的断裂性能无明显影响，单独引入混水冷等离子体射流对表面质量的提高效果较为有限。当切削区存在 MQL 冷却介质时，混水冷等离子体射流对表面的亲水性改性作用效果得以体现，可促进冷却介质浸润切削区域。因此，混水冷等离子体射流及 MQL 冷却介质复合作用下表面质量显著提高，相比单独引入 MQL 冷却介质所得的表面质量明显更高。

15.2.3　刀具磨损

由于镍基高温合金 Inconel 718 硬度较高、导热性差、变形抗力大，切削加工时刀具磨损严重，表面质量随切削距离的增大迅速恶化。混水冷等离子体射流及 MQL 复合作用下，切削区的冷却润滑环境得到了明显改善，微铣削镍基高温合金 Inconel 718 过程中的各向切削力显著降低。由此可见，混水冷等离子体射流及 MQL 有望缓解微铣削镍基高温合金 Inconel718 过程中的刀具磨损。为研究混水冷等离子体射流、MQL 对微铣削镍基高温合金 Inconel718 刀具磨损的影响，本小节在干微铣削、混水冷等离子体射流＋MQL 复合辅助微铣削加工条件下开展了试验，观测刀具形貌、表面粗糙度 Ra 及表面微观形貌随切削距离的变化。图 15-15 为微铣削镍基高温合金 Inconel718 的刀具磨损形貌，图 15-16 为表面粗糙度 Ra 随切削距离的变化，图 15-17 为各向切削力随切削距离的变化。

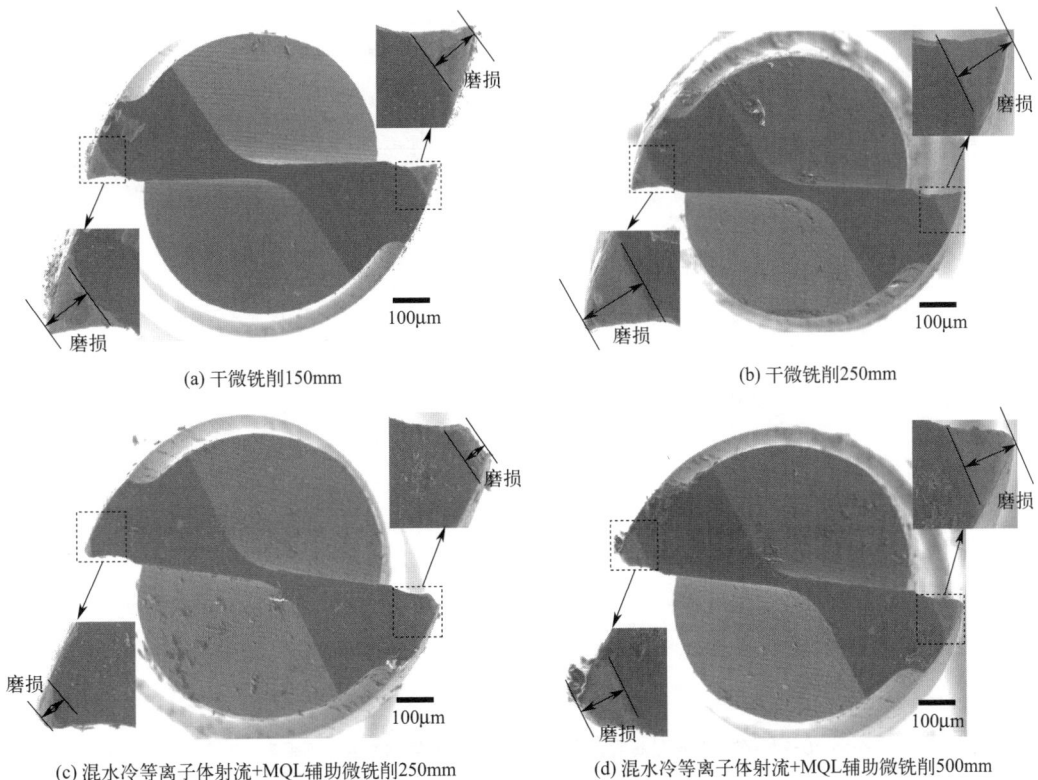

(a) 干微铣削150mm

(b) 干微铣削250mm

(c) 混水冷等离子体射流+MQL辅助微铣削250mm

(d) 混水冷等离子体射流+MQL辅助微铣削500mm

图 15-15　微铣削镍基高温合金 Inconel 718 的刀具磨损形貌

如图 15-15（a）所示，干微铣削镍基高温合金 Inconel 718 150mm 后，刀具切削刃即出现较明显的磨损。观测表面粗糙度及切削过程中的切削力发现，干微铣削条件下表面粗糙度 Ra 由约 $0.125\mu m$ 增大至约 $0.23\mu m$（图 15-16），各向切削力也有明显增大（图 15-17）。

图 15-16 微铣削镍基高温合金 Inconel718 的表面粗糙度 Ra 随切削距离的变化

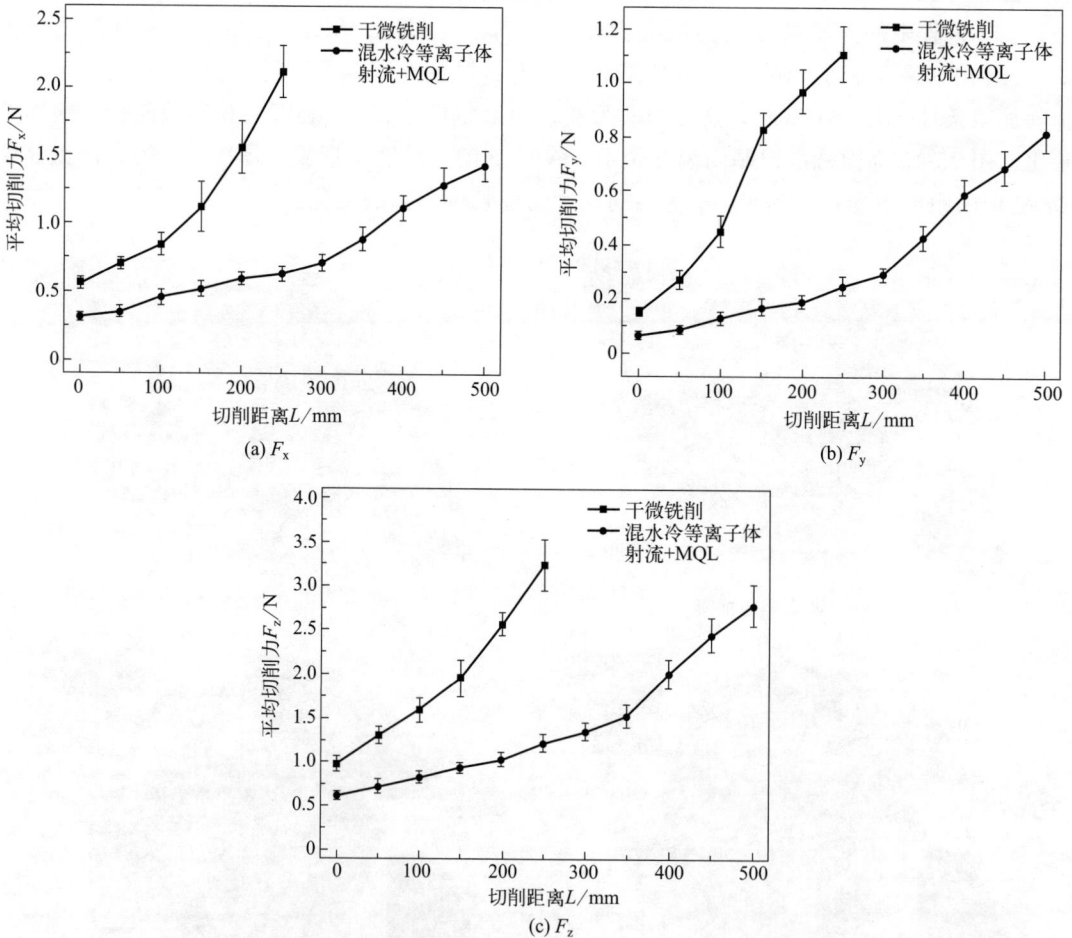

如图 15-15（b）所示，当切削距离为 250mm 时，刀具磨损较严重。观测表面粗糙度及表面形貌发现，干微铣削条件下表面粗糙度 Ra 已急剧增大至 $0.5\mu m$ 以上，表面存在明显的刀痕及切屑黏附（图 15-16）。此时各向切削力也急剧增大（图 15-17），表明刀具已难以继续加工镍基高温合金 Inconel 718。

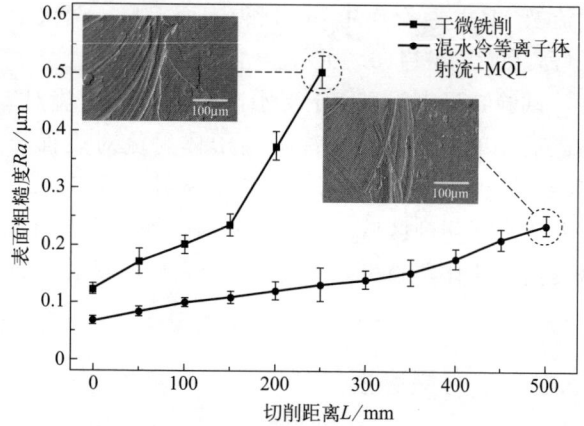

(a) F_x

(b) F_y

(c) F_z

图 15-17 微铣削镍基高温合金 Inconel 718 的切削力随切削距离的变化

如图 15-15（c）所示，采用冷等离子体＋MQL 条件下微铣削 250mm 后，刀具磨损相比干微铣削明显更轻，表面粗糙度 Ra 可达约 $0.13\mu m$（图 15-16），与干微铣削相比明显更低。

当切削距离为 500mm 时，冷等离子体＋MQL 条件下微铣削的刀具也出现了明显磨损 [图 15-15(d)]，切削力显著增大（图 15-17）。但观测表面粗糙度 Ra 及表面形貌发现，表面粗糙度 Ra 为约 $0.24\mu m$，表面刀痕明显较轻，表面质量相比干微铣削后所得的表面明显更好，如图 15-16 所示。

试验结果表明，混水冷等离子体射流及 MQL 冷却介质复合作用下，微铣削镍基高温合金 Inconel 718 过程中的刀具磨损得到了明显缓解，通过图 15-16 切削距离与表面粗糙度关系分析可知，刀具有效切削距离可延长 2 倍以上。这是因为混水冷等离子体射流及 MQL 冷却介质可改善冷却润滑环境，降低切削力。但混水冷等离子体射流对镍基高温合金 Inconel 718 的断裂力学性能无明显影响，难以促进表面断裂，因此混水冷等离子体射流及 MQL 对镍基高温合金 Inconel 718 刀具磨损的作用效果不如对钛合金 TC4 明显。

15.3 冷等离子体赋能微量润滑辅助微铣削纯铁

混水冷等离子体射流可通过调控钛合金 TC4、镍基高温合金 Inconel718 的力学性能及表面浸润性，并结合 MQL 冷却介质有效改善切削加工性能。与钛合金 TC4、镍基高温合金 Inconel718 相比，纯铁材料的硬度更低、塑性更高。其特性与上述两种材料差异较大，而切削加工性能同样不佳。为研究混水冷等离子体射流及 MQL 对纯铁加工过程的影响，本节将在不同冷却润滑环境下对纯铁开展微铣削试验，测试加工过程中的切削力、表面质量及刀具磨损。纯铁样片的尺寸为 30mm×30mm×3mm，加工前经退火处理以去除残余应力。铣刀型号 ALC-EM2SC1-3，刀具刃径为 1mm，刃长为 3mm，螺旋角为 30°～40°。加工过程中，铣刀转速为 20000r/min，进给速度为 50mm/min，切深为 $10\mu m$。

15.3.1 微铣削力

不同冷却润滑环境下微铣削纯铁的各向切削力如图 15-18 所示。由图可知，引入氮气或混水冷等离子体射流后，微铣削纯铁过程中的各向切削力无明显变化，与干微铣削相近。MQL 辅助微铣削过程中，各向切削力相比干微铣削有明显降低。在混水冷等离子体射流及 MQL 复合作用下，各向切削力相对最小，进给方向切削力 F_x、切深方向切削力 F_z 相比干微铣削降低约 53.9% 和 43%，相比 MQL 辅助微铣削降低约 18.8% 和 7.9%。

拉伸试验及单颗粒划痕试验结果表明，混水冷等离子体射流对纯铁材料的断裂力学性能无明显作用效果。当切削区域缺乏润滑介质时，混水冷等离子体射流对纯铁材料的亲水性改性作用效果也难以体现，故单独引入混水冷等离子体射流后，切削力无明显变化。而引入 MQL 可改善切削区润滑状态，从而降低切削力。在切削区存在 MQL 冷却介质时，混水冷等离子体射流对材料表面的亲水性改性作用效果可促进 MQL 冷却介质浸润切削区域，故混水冷等离子体射流＋MQL 辅助微铣削的切削力相比 MQL 辅助微铣削可进一步降低。

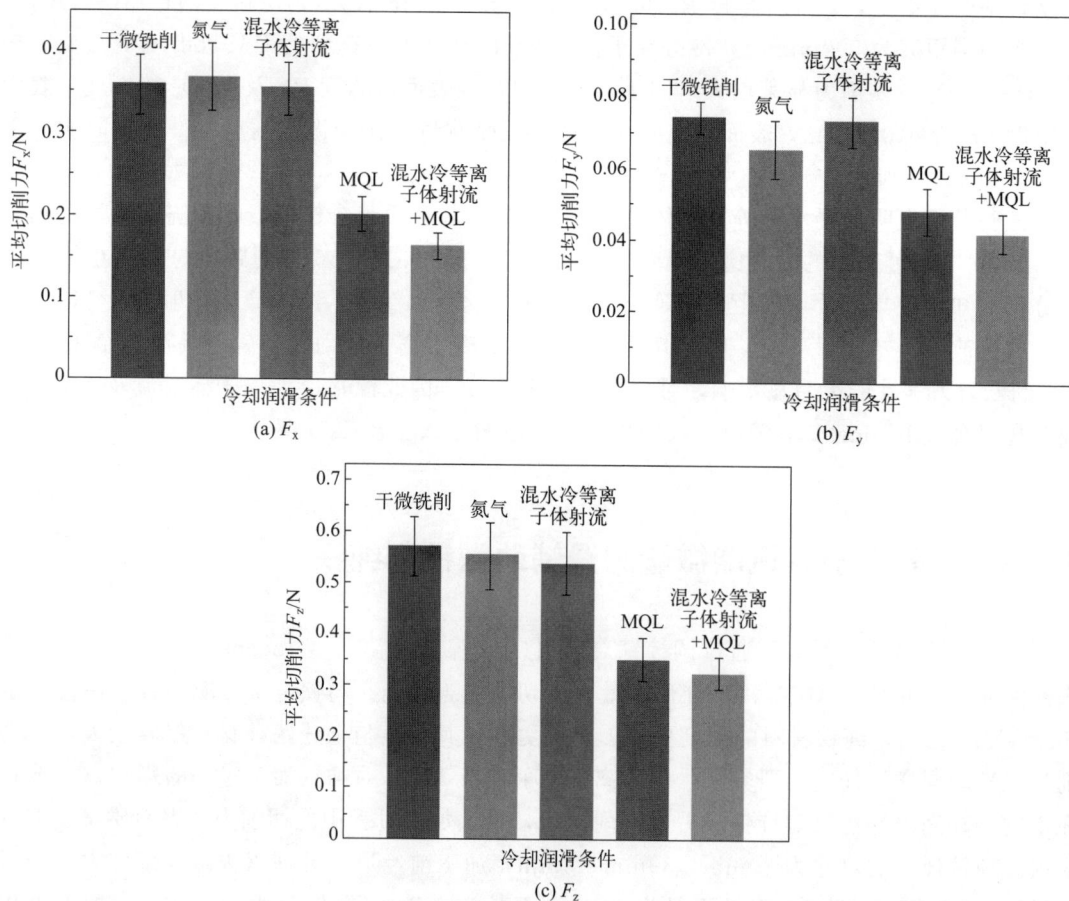

(a) F_x

(b) F_y

(c) F_z

图 15-18 微铣削纯铁的平均切削力

15.3.2 表面形貌

切削力测试结果表明，混水冷等离子体射流及 MQL 复合作用可有效降低微铣削纯铁过程中的各向切削力。为研究混水冷等离子体射流及 MQL 对微铣削纯铁所得表面质量的影响，分别对不同加工条件下所得纯铁的表面粗糙度 Ra、表面微观形貌进行了测试。测试结果如图 15-19、图 15-20 所示。

由图 15-19 可知，干微铣削纯铁所得的表面粗糙度 Ra 约为 $0.08\mu m$。观察表面形貌发现，表面较平整，但存在裂纹、切屑黏附及较明显的两次走刀间挤压变形，如图 15-20 所示。引入氮气或冷等离子体射流后，表面粗糙度 Ra 有所降低，但由于切削区缺乏有效润滑介质，表面仍可观察到较明显裂纹，如图 15-20（b）、

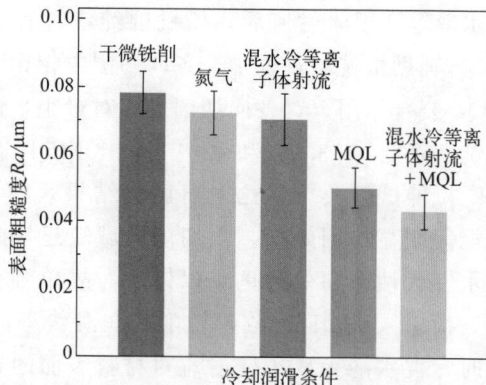

图 15-19 微铣削纯铁的表面粗糙度 Ra

(a) 干微铣削　　　　(b) 氮气　　　　(c) 混水冷等离子体射流

(d) MQL　　　　(e) 混水冷等离子体射流+MQL

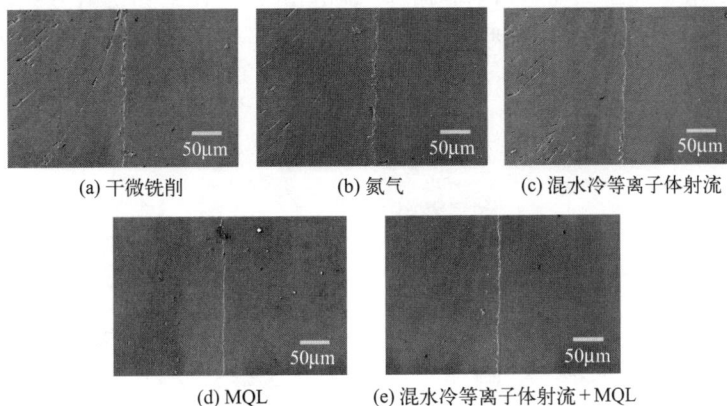

图 15-20　微铣削纯铁的表面形貌

(c) 所示。引入 MQL 后，表面粗糙度 Ra 明显降低，表面裂纹、两次走刀间挤压变形有所减轻 [图 15-20(d)]，表面质量得到提高。在混水冷等离子体射流及 MQL 复合作用下，表面粗糙度 Ra 相对最低，可达约 $0.043\mu m$（图 15-19），相比干微铣削、MQL 辅助微铣削降低约 44.8% 和 14.1%；观察所得表面微观形貌发现，表面无明显裂纹或刀痕，表面质量显著提高，如图 15-20(e) 所示。

　　试验结果表明，单独引入混水冷等离子体射流对微铣削纯铁所得表面质量的提高效果较为有限；在混水冷等离子体射流及 MQL 复合作用下，表面质量相对最佳。由于混水冷等离子体射流对纯铁材料的断裂力学性能无明显作用效果，故单独引入混水冷等离子体射流与氮气辅助微铣削相似，均是通过气流对切削区域的冷却和冲击缓解表面切屑黏附。混水冷等离子体射流对表面的亲水性改性作用可促进 MQL 冷却介质浸润，两者复合可明显改善切削区冷却润滑环境，故可得到相对最好的表面质量。

15.3.3　刀具磨损

　　在混水冷等离子体射流+MQL 复合作用下，微铣削纯铁过程中的切削力显著降低，表面质量明显提高。为研究混水冷等离子体射流+MQL 对微铣削纯铁过程中刀具磨损的影响，对纯铁开展了干微铣削、混水冷等离子体射流+MQL 辅助微铣削试验，测试刀具形貌、表面质量及切削力随切削距离的变化。图 15-21 为刀具磨损形貌，图 15-22、图 15-23 分别为表面粗糙度 Ra、切削力随切削距离的变化。

　　如图 15-21(a) 所示，干微铣削纯铁时，切削 400mm 后刀具出现明显磨损；如图 15-21(b) 所示，当切削距离为 800mm 时，刀具切削刃磨损严重，在端面可观察到切屑黏附。观测表面粗糙度 Ra、表面形貌、切削力发现，表面粗糙度 Ra 由开始切削时的约 $0.08\mu m$ 增大至约 $0.28\mu m$（图 15-22），表面裂纹及刀痕严重，切削力急剧增大（图 15-23），表明刀具已难以实现纯铁材料的高质量加工。

　　如图 15-21(c) 所示，混水冷等离子体射流+MQL 辅助微铣削纯铁 800mm 后，刀具磨损相比干微铣削明显较轻，但刀具端面出现切屑黏附及堆积。此时表面粗糙度 Ra 约 $0.07\mu m$（图 15-22），相比干微铣削明显更低，切削力相比干微铣削也明显更小（图 15-23）。

如图 15-21(d) 所示，继续铣削至切削距离为 1600mm 发现，刀具切削刃有较明显磨损，刀具端面切屑黏附严重，切削力开始明显增大（图 15-23）。但观测表面粗糙度 Ra 及表面形貌发现，表面粗糙度 Ra 可达约 $0.16\mu m$，表面裂纹较轻，相比干微铣削 800mm 所得的表面质量明显更好（图 15-22）。

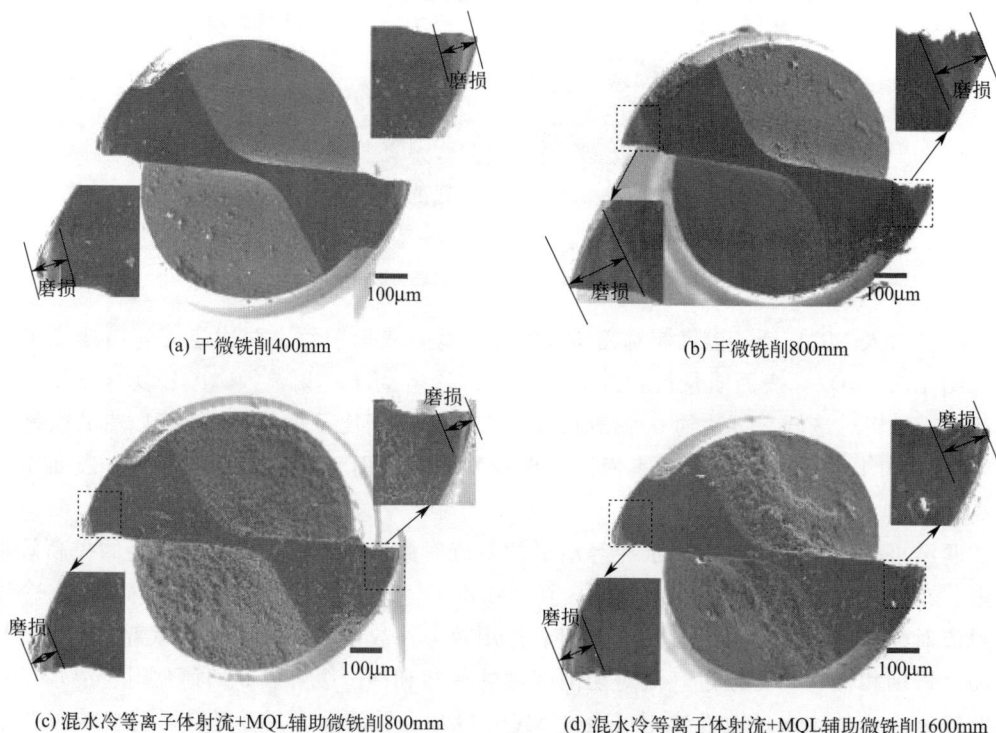

(a) 干微铣削400mm   (b) 干微铣削800mm

(c) 混水冷等离子体射流+MQL辅助微铣削800mm   (d) 混水冷等离子体射流+MQL辅助微铣削1600mm

图 15-21　微铣削纯铁的刀具磨损形貌

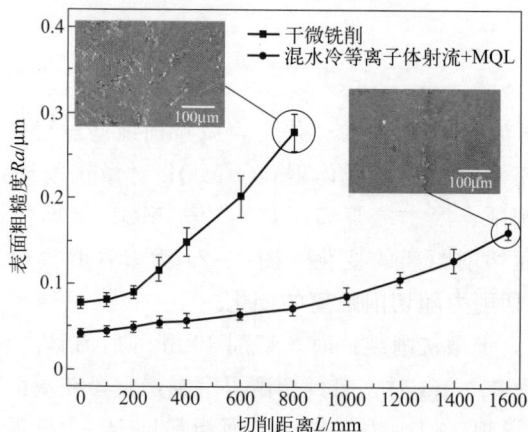

图 15-22　微铣削纯铁的表面粗糙度 Ra 随切削距离的变化

　　试验结果表明，混水冷等离子体射流、MQL 复合作用可缓解微铣削纯铁过程中的刀具磨损，刀具有效切削距离可延长 2 倍以上。这是由于混水冷等离子体射流、MQL 复合作用能有效改善切削区的冷却润滑环境，降低切削力。但纯铁具有较高塑性，导致加工过程中切

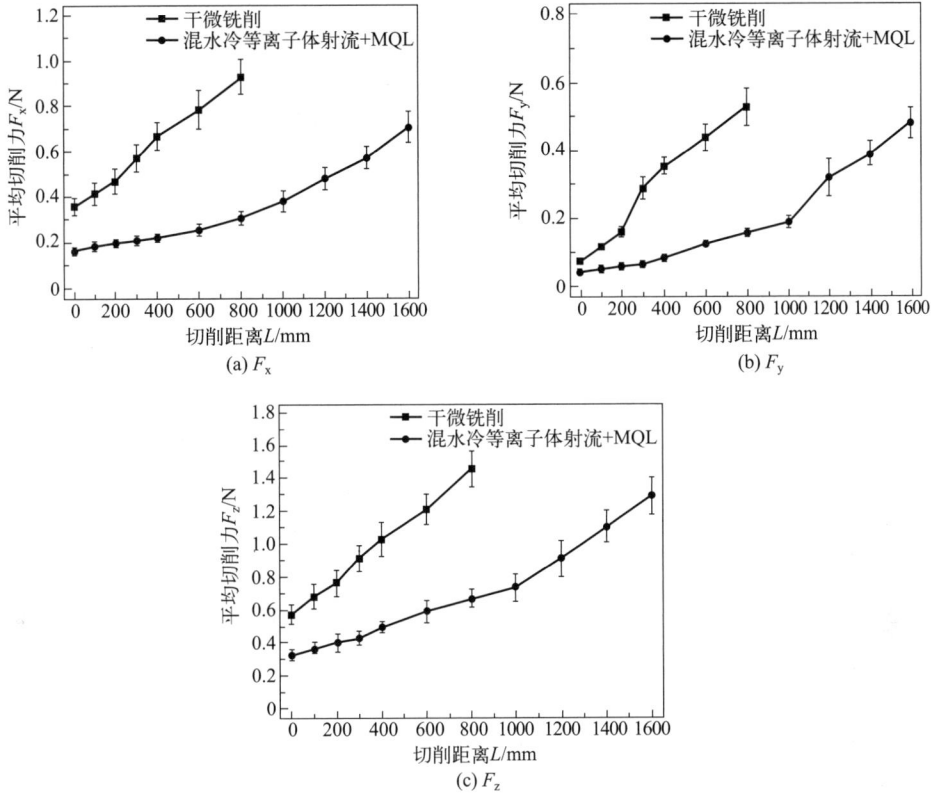

(a) F_x

(b) F_y

(c) F_z

图 15-23　微铣削纯铁的切削力随切削距离的变化

屑黏附较严重，而混水冷等离子体射流对纯铁材料的表面塑性、断裂韧性无明显影响，引入 MQL 后，良好的润滑环境加剧了刀具端面的切屑黏附。混水冷等离子体射流及 MQL 复合辅助微铣削纯铁 1600mm 后，刀具磨损仍相对较轻，但切屑的黏附及堆积导致切削力增大，表面质量下降，限制了刀具的有效切削距离。

15.4　小结

本章针对钛合金 TC4、镍基高温合金 Inconel 718 和纯铁开展了干微铣削、冷等离子体射流辅助微铣削、氮气辅助微铣削、MQL 辅助微铣削、冷等离子体赋能微量润滑微铣削试验，并对不同冷却润滑条件下获得的微铣削力、表面形貌和刀具磨损进行了评价。

① 随着切深增大，混水冷等离子体射流对钛合金 TC4 材料表面断裂力学性能的作用效果逐渐难以体现，因此单独引入混水冷等离子体射流对切削过程的作用效果越来越不明显。但当切削区域存在 MQL 冷却介质时，混水冷等离子体射流还可通过亲水性改性促进 MQL 冷却介质浸润切削区域，从而显著提高表面质量。当切深为 $30\mu m$ 时，冷等离子体赋能微量润滑微铣削所得的表面粗糙度 Ra 相比干微铣削、MQL 辅助微铣削降低约 50.3% 和 30.2%。在混水冷等离子体射流、MQL 复合作用下，微铣削过程中钛合金 TC4 材料的表面塑性和断裂韧性降低，切削区的冷却润滑环境得到改善，故刀具磨损明显减轻。相比干微铣

削，刀具的有效切削距离可延长 5 倍以上。

② 冷等离子体赋能微量润滑微铣削镍基高温合金 Inconel 718 过程中的 F_x、F_z 相比干微铣削降低约 44.2% 和 36.4%，相比 MQL 辅助微铣削降低约 16.2% 和 7.5%；所得表面粗糙度 Ra 相比干微铣削和 MQL 辅助微铣削降低约 45.2% 和 20.9%，表面刀痕明显减轻。混水冷等离子体射流及 MQL 复合作用下，刀具微铣削镍基高温合金 Inconel718 的有效切削距离相比干微铣削可延长 2 倍以上。但混水冷等离子体射流对材料断裂力学性能无明显作用效果，故混水冷等离子体射流及 MQL 对微铣削镍基高温合金 Inconel 718 刀具磨损的作用效果不如对钛合金 TC4 明显。

③ 冷等离子体赋能微量润滑微铣削纯铁过程中的 F_x、F_z 与干微铣削相比降低约 54.2% 和 43%，与 MQL 辅助微铣削相比降低约 18.8% 和 7.9%；表面粗糙度 Ra 可达约 $0.043\mu m$，相比干微铣削和 MQL 辅助微铣削降低约 44.8% 和 14.1%。由于混水冷等离子体射流及 MQL 可有效改善切削区的冷却润滑环境，冷等离子体赋能微量润滑微铣削纯铁过程的刀具磨损相比干微铣削明显减轻，刀具的有效切削距离被延长 2 倍以上。但纯铁材料具有较高塑性，导致加工过程切屑黏附较严重，而混水冷等离子体射流不能有效降低纯铁材料的表面塑性及断裂韧性，引入 MQL 冷却介质后，良好的润滑环境加剧了刀具端面的切屑黏附。切屑的黏附及堆积导致切削力明显增大，表面质量有所下降，从而刀具的有效切削距离难以被进一步延长。

参考文献

[1] Wang Y S，Zou B，Huang C Z. Tool wear mechanisms and micro-channels quality in micro-machining of Ti-6Al-4V alloy using the Ti（C7N3）-based cermet micro-mills [J]. Tribology International，2019，134：60-76.

[2] 史寅栋. 钛合金切削加工性影响因素及表面质量控制的研究 [D]. 太原：中北大学，2018.

[3] Yang S C，Cui X Y，Zhang Y H，et al. Effect of tool wear on surface qualities in milling of TC4 [J]. Materials Science Forum，2016，836-837：132-138.

[4] Lu X H，Hu X C，Wang H，et al. Research on the prediction model of micro-milling surface roughness of Inconel718 based on SVM [J]. Industrial Lubrication and Tribology，2016，68（2）：206-211.

[5] Sivalingam V，Zan Z L，Sun J，et al. Wear behaviour of whisker-reinforced ceramic tools in the turning of Inconel 718 assisted by an atomized spray of solid lubricants [J]. Tribology international，2020，148：106235.

[6] Musfirah A H，Ghani J A，Che Haron C H. Tool wear and surface integrity of Inconel 718 in dry and cryogenic coolant at high cutting speed [J]. Wear，2017，376-377：125-133.

[7] Lu X H，Jia Z Y，Wang H，et al. Tool wear appearance and failure mechanism of coated carbide tools in micro-milling of Inconel 718 superalloy [J]. Industrial Lubrication and Tribology，2016，68（2）：267-277.

[8] Singh G，Gupta M K，Mia M，et al. Modeling and optimization of tool wear in MQL-assisted milling of Inconel 718 superalloy using evolutionary techniques [J]. The International Journal of Advanced Manufacturing Technology，2018，97（1/4）：481-494.